TENTH EDITION

Sensation & Perception

感觉与知觉

第十版

【美】E. Bruce Goldstein, James R. Brockmole 著

张明 等译

中国轻工业出版社

图书在版编目（CIP）数据

感觉与知觉：第十版／（美）E. 布鲁斯·戈尔茨坦（E. Bruce Goldstein），（美）詹姆斯·R.布洛克摩尔（James R. Brockmole）著；张明等译. —北京：中国轻工业出版社，2018.2（2022.5重印）
　　ISBN 978-7-5184-1760-5

Ⅰ. ①感… Ⅱ. ①E… ②詹… ③张… Ⅲ. ①感觉-研究 ②感知-研究 Ⅳ. ①B842.2

中国版本图书馆CIP数据核字（2017）第309968号

版权声明

Sensation & Perception, 10th Edition
E. Bruce Goldstein, James R. Brockmole
张明　等　译

Copyright © 2017, 2014 Cengage Learning.

Original edition published by Cengage Learning. All Rights reserved. 本书原版由圣智学习出版公司出版。版权所有，盗印必究。

China Light Industry Press is authorized by Cengage Learning to publish and distribute exclusively this simplified Chinese edition. This edition is authorized for sale in the People's Republic of China only (excluding Hong Kong, Macao SAR and Taiwan). Unauthorized export of this edition is a violation of the Copyright Act. No part of this publication may be reproduced or distributed by any means, or stored in a database or retrieval system, without the prior written permission of the publisher.

本书中文简体字翻译版由圣智学习出版公司授权中国轻工业出版社独家出版发行。此版本仅限在中华人民共和国境内（不包括中国香港、澳门特别行政区及中国台湾）销售。未经授权的本书出口将被视为违反版权法的行为。未经出版者预先书面许可，不得以任何方式复制或发行本书的任何部分。
ISBN: 978-7-5184-1760-5

Cengage Learning Asia Pte. Ltd.
151 Lorong Chuan, #02-08 New Tech Park, Singapore 556741

本书封底贴有Cengage Learning防伪标签，无标签者不得销售。

总 策 划：石　铁
策划编辑：孙蔚雯　　　　　　　　责任终审：杜文勇
责任编辑：孙蔚雯　　　　　　　　责任监印：刘志颖

出版发行：中国轻工业出版社（北京东长安街6号，邮编：100740）
印　　刷：三河市双升印务有限公司
经　　销：各地新华书店
版　　次：2022年5月第1版第2次印刷
开　　本：889×1194　1/16　印张：30.00
字　　数：465千字
书　　号：ISBN 978-7-5184-1760-5　　定价：148.00元
著作权合同登记　图字：01-2017-5128
读者服务部邮购热线电话：010-65125990，65262933　　传真：010-65181109
发行电话：010-85119832　传真：010-85113293
网　　址：http://www.wqedu.com
电子信箱：1012305542@qq.com
如发现图书残缺请直接与我社读者服务部（邮购）联系调换
170632Y2X101ZYW

致 Barbara：

沿着一条漫长而蜿蜒曲折的路，我们一直走到了本书的第 10 版！感谢你对本书所有版本坚定不移的爱与支持。

也将这本书献给所有陪着我一路走来的各位编辑，特别是 Ken King，他在 1976 年鼓励我开始了本书的写作；还有 Marianne Tafinger、Jaime Perkins 和 Tim Matray。感谢大家对本书的信任，以及在本书创作过程中所提供的支持。

最后，谨以此书纪念 Scratchgravel 出版社的 Anne Draus（1952—2014）。从手稿到成书，她为本书的每一个版本都付出了辛勤的劳动。Anne 不仅仅提供了出版服务，她更是一个温暖、有爱心的人，她的离世令人惋惜。

——Bruce Goldstein

致 Jessica：

忘不了你迷人的笑容、甜美的笑声、热情的拥抱以及秘制的意大利面酱。

——James Brockmole

作者简介

E. Bruce Goldstein 美国匹兹堡大学心理学名誉副教授，美国亚利桑那大学心理学兼职教授。他曾因在课堂教学和教材编写上的杰出成就被匹兹堡大学授予"钱塞勒杰出教学奖"。他于美国塔夫斯大学获得化学工程学士学位，并于美国布朗大学获得实验心理学博士学位。他曾在美国哈佛大学生物学系任博士后研究员，之后到匹兹堡大学任职。他发表的论文涉及多个领域，包括视网膜和大脑皮层的生理学研究、视觉注意研究以及图像知觉研究等。他还著有《认知心理学：心智、研究与你的生活》（*Cognitive Psychology: Connecting Mind, Research, and Everyday Experience*）；主编了《布莱克威尔知觉手册》（*Blackwell Handbook of Perception*），以及两卷本的《赛奇知觉百科全书》（*Sage Encyclopedia of Perception*）。

James R. Brockmole 美国诺特丹大学心理学名誉副教授。他于美国诺特丹大学获得心理学和社会学学士学位，并在美国伊利诺伊大学厄巴纳-香槟分校获得认知心理学硕士和博士学位。他曾在美国密歇根州立大学从事博士后研究，之后加入英国爱丁堡大学哲学、心理学和语言科学学院，并于2009年回到母校诺特丹大学执教和从事研究工作。他的研究主要集中于视觉信息在大脑和心智中的表征，视觉注意的分配与调控，以及知觉、记忆和行为之间的交互作用。他主编了《记忆中的视觉世界》（*The Visual World in Memory*）、《视觉认知》（*Visual Cognition*）的特刊《捆绑》（*Binding*）。他还曾任《注意力、知觉和心理物理学》（*Attention, Perception, & Psychophysics*）和《实验心理学杂志：人类感知与表现》（*Journal of Experimental Psychology: Human Perception and Performance*）的副主编。

译者序

古希腊哲学家普罗塔哥拉曾说过,"我们人类是一组感官的集合体"。一个人通过感官获得信息,进而认识世界、形成思想和意识。如果没有了视觉、听觉、触觉、味觉和嗅觉,那么使人类贵为万物之灵的大脑也只能算是被关押于监牢的囚犯罢了。长期以来,心理学研究者在感知觉领域开展了大量研究工作、积累了丰富的研究成果,这些研究发现不仅在帮助人们了解感知觉的基本规律,更有益于人们进一步理解较高级的心理过程。值得注意的是,随着研究资料的积累,如何将这些重要又庞杂的感知觉研究发现有组织、有亲和力地呈现给心理学学习者,逐渐成为了摆在心理学教学工作者面前的难题。

美国匹兹堡大学的Goldstein博士在将近40年的时间里不断探索着这一难题的答案。在本书中,他将有关感知觉的"事实"组织起来,并兼顾经典研究与最新的研究进展;更重要的是,他还赋予这些看似冷冰冰的科学研究发现以温度,通过有趣、有吸引力的故事性材料向读者揭示了感知觉能力的深层机制。我想,对于大多数心理学专业的学生来说,感知觉方面的相关知识都是他们叩开心理学大门后遇见的第一道风景。相信Goldstein博士精心编写的这本教科书可以带领我们初探"感知觉"这道风景,并引领我们深入欣赏这风景背后所蕴含的无限美感。

本书译自原书的第十版,这一版本相较之前的版本在结构上有了较大的改善,行文和逻辑变得更为流畅、通顺,同时还增加了约190条参考文献,并对相关领域的最新研究进展进行了介绍。作为感知觉领域的研究者和教学工作者,我们很庆幸可以找到这样一本有吸引力的教科书,盼望读者可以像阅读一本"侦探小说"一样,一步一步了解和探索感知觉的精深奥秘;更盼望在不久的将来,我国也可以涌现更多像本书一样真正用心写给学生、有趣且严谨的原创性教科书。

这本书由我主持翻译和统稿,参加翻译的译者是张明(第1、2章),巨兴达(第3、4章),张阳(第5、7章),王爱君(第6章),张帆(第8章),唐晓雨(第9、10章),杨志刚(第11、12章),梅松丽(第13章),刘幸娟(第14、15章),桑汉斌、鲁柯、牛溪溪(前言、附录、术语表)。此外,牛溪溪、刘小源、桑汉斌、何嘉莹、陈艾睿、王天琪、罗琴、韩胜杰、张天阳等在审稿、译稿的整理和审读校对过程中做了大量的工作。借此机会对参与书稿翻译和审校工作的老师和同学们致以由衷的谢意。正是各位辛勤的劳动才使这本书的中文版得以与读者见面。

尽管我和各位译者花费了很多的时间和精力在此书稿之中,但译文中的疏误在所难免,还望读者诸君不吝指正。

张 明

2017年初冬于苏州

前 言

1976年我第一次开始写作本书的时候，Hubel和Wiesel正在研究纹状皮层中的特征探测器，并于5年之后获得了诺贝尔奖；知觉领域最热门的新发现之一是经验可以影响幼猫的神经元响应特性；人们对于气味知觉的机制还知之甚少。现如今，我们已经利用脑成像技术绘制出了视觉皮层上的一些特定区域，也识别出了视觉皮层上那些能对复杂的视觉刺激做出反应的神经元。研究人员不仅在探究感知客体的机制，也在探究对客体的知觉与如何操纵客体之间的机制。此外，经验可以塑造知觉和神经响应的观点也已经被普遍的认可，研究不再只限于幼猫，而是扩展到成人，并且遗传学方法和神经元的记录也揭示了特异性嗅觉感受器以及嗅觉和味觉的皮层机制。

但有些事情并没有发生变化，教师依然站在讲台上向学生讲授何为知觉，而学生也依然苦读课本来强化在课堂所学知识。教师们对于教材的选择也没改变，他们希望教材对学生来说是通俗易懂的，既要有经典研究，也要包括最新的进展，既会介绍有关知觉的事实，也会呈现包罗万象的主题和原理。

最开始讲授知觉课程的时候，我看着手头上可以利用的教材，感到很失望，因为似乎没有一本书是写给学生的。这些书中描述了有关知觉的"事实"，但并不是以一种看似很有趣或很有吸引力的方式来呈现的。因此，我编写了《感觉与知觉》的第一版，于1980年出版，且在书中呈现了一个个故事性的材料，希望学生们能参与学习的过程。这些故事很有吸引力，因为它叙述了很多新的发现；这些故事又像一本科学的"侦探小说"，揭露了潜藏于感知能力深层的机制。

尽管我写作本书的目的是为了"讲一个故事"，但毕竟教材是为教学而设计的。所以，本书除了呈现关于知觉研究的小故事之外，也包含了大量的专栏，这些专栏大多数是为了强调一些特定的材料，以帮助学生更好地学习。

本书特色

- **"演示"专栏。**这是本书众多版本中十分受欢迎的一个专栏，它与正文融为一体，并且很容易利用它来解决在阅读时遇到的小困惑，因此要让学生尽可能地利用好这些"演示"专栏。

- **"方法"专栏。**这个专栏对于介绍有关知觉的知识很重要，而让学生们知道这些知识的发现过程同样重要。"方法"专栏与正文讨论相辅相成，突出显示这一部分不仅是为了强调方法的重要性，也是为了在本书后面部分引用这些方法时更容易回过头来查阅。

- **"思考时刻"专栏。**这是在每章结束时出现的专栏，这个专栏可以让学生了解一些特别有趣的现象和新的发现。例如，为什么刺激的物理属性和人对它的感知之间的差异那么重要（第1章）；驾驶过程中的分心问题（第6章）；听觉和视觉的联系（第12章）；普鲁斯特效应（第15章）。

- **"发展维度"专栏。**这是从第九版加入的专栏，并获得了较好的评价。所以在本版中依然保留了该专栏，并且对其进行了一些细微的调整。这一专栏出现在每章的结束部分，主要是介绍婴儿期和童年早期的知觉。

- **"测一测"。**这是在每章的中间和结尾部分出现的版块，它会提出一些测试题。题目涉及内容很广，学生必须深入地探究才能解决这些问题，因此需要学生更积极地进行学习。

- **"想一想"。**这是在每章的结束部分出现的版块，它会提出一些思考题，学生需要利用已经学习到的知识或者本章以外的知识才能解决这些问题。

- **彩色插图。**描述知觉的所有主题时，本就应该是有声有色的。所以，当本书的第七版（2007）采用了全彩版时，我特别高兴。书中的全彩插图不仅看起来清晰明了，而且能更好地服务于教育教学。本版中共有 500 多幅图片，其中有 85 幅是为本版新增的。

本版的变化

本版在结构组织上有了很大的改善，行文更为流畅，逻辑更为通顺。此外，本书新增了约 190 条参考文献，并且在每一章中也都对所涉及领域中的最新进展进行了介绍。本版中部分新增的内容如下。

知觉原则（第 1—4 章）

- 新增的讨论强调了物理属性和知觉之间的差异。
- 新增了质疑谢弗勒尔错觉和赫曼错觉的侧抑制解释的研究（Geier & Hudach，2010）。
- 视觉分类在大脑皮层中的分散式映射（Huth et al.，2012）。

视觉特性（第 5—10 章：客体和场景；注意、动作、运动、颜色、深度和大小）

- 贝叶斯推理和客体知觉（Geisler，2011；Tanenbaum et al.，2011）。
- 梭状回面孔区对于面孔的单侧化反应（Meng et al.，2012）。
- 海马旁回位置区对于三维空间感觉的响应（Mullally & Maguire，2011）。
- 注意与大脑皮层中的神经活动的同步性（Baldauf & Desimone，2014；Bosman et al.，2012）。
- 驾驶过程中的分心（Hickman & Hanowski，2012；Strayer et al.，2013）。
- 2014 年获得诺贝尔奖的关于大脑中的"全球定位系统"的研究（O'Keefe，Moser and Moser's research；Moser，2014）。
- 修订了关于赖卡特运动探测器的叙述。
- 扩充了关于 Newton 颜色实验以及三色理论和拮抗加工理论史的讨论。
- 关于交叉视差和非交叉视差的讨论。

听觉（第 11、12 章：音高，定位和组织）

- 音高知觉的生理基础的更新反映了思想的转变，从 Békésy 的位置理论转变为基底膜的滤波作用，并强调了时间因素。
- 对可分辨和不可分辨谐波的音高知觉（Oxenham，2013）。
- 音高在听觉皮层上的定位（Norman Haignere et al.，2013）。
- 隐性听力丧失（Kujawa & Liberman，2009；Plack et al.，2013）。
- 新增了音乐知觉部分，强调了节奏、音乐组织以及对于音乐的躯体运动反应（Chen et al.，2008；Grahn & Rowe，2009；Krumhansl，1985；Patel et al.，1996）。

言语（第 13 章）

- 知觉失真的言语（Davis et al.，2005）。
- 皮层对于音素和音位特征的响应（Mesgarani et al.，2014）。
- 语言产生和知觉在大脑皮层中的联结（Mesgarani et al.，2014）。
- 婴儿言语知觉的社会闸门假说（Kuhl，2014）。

肤觉（第 14 章）

- SA1 和 PC 神经纤维对于粗糙纹理和精细纹理的反应（Weber et al.，2013）。
- 药品对于降低疼痛的期待效应（Bingel et al.，2011）。
- 对于社会疼痛和生理疼痛的比较（Eisenberger，2014；Woo et al.，2014）。

化学感觉（第 15 章）

- 嗅觉缺失症的社会影响（Croy et al.，2013）。
- 修订对可辨别的气味数量的估计（Bashid et al.，2014）。
- 气味分子在梨状皮层上的分布式表征（Omanski et al.，2014）。

本版的写作要记

本书前九版的写作是由我独自完成的。如今，由于圣母大学的 James Brockmole 的加入，使本版的写作变成了团队共同努力的成果。我们在第九版的基础之上对本书进行了修订，我负责第 1—5 章和第 11—15 章的修订，Jim 负责第 6—10 章的修订。让 Jim 修订这几章有很多好处。首先，文中新增了他的一些观点，例如，进一步修订了有关赖卡特运动探测器的解释，补充了 Newton、Helmholtz 和 Hering 对色觉进行讨论时的一些历史逸事，他也创作了数个发展维度专栏。其次，这些章节的修订过程是我们合作完成的。我们交换阅读、互相评论对方所修订的章节，并提出一些建议，比如新增或删减哪些内容。另一个合作者是一直与我配合的开发编辑——Shannon LeMay-Finn，他是本书成功的关键，他确保我们能够准确翔实地叙述书中的内容，并且保证本书风格的连贯性。本版不仅继承了先前版本的优点，还涵盖了新的研究以及各领域的变化趋势。

目 录

第1章
知觉概述 ………………………………………… 3

为什么读这本书 ………………………………… 4
知觉加工 ………………………………………… 5
 什么是"感觉" ………………………………… 5
 近远刺激（第一步和第二步）………………… 6
 感受器加工（第三步）………………………… 7
 神经加工（第四步）…………………………… 7
 行为反应（第五—七步）……………………… 8
 先验知识 ………………………………………… 9
 演 示 | 感知一张图 …………………………… 9
研究知觉加工 …………………………………… 11
 两种与"刺激"有关的认知加工中的关系（关系A和关系B）……………………………… 11
 生理和知觉的关系（关系C）………………… 12
 影响知觉的认知因素 ………………………… 13
测一测 1.1 ……………………………………… 13
知觉测量 ………………………………………… 13
 费希纳测量阈限的方法 ……………………… 13
 方 法 | 极限法 ……………………………… 14
 知觉领域的五个问题 ………………………… 15
 方 法 | 量值估计 …………………………… 16
思考时刻：为什么刺激的物理属性和人对其感知之间的差异很重要？…………………………… 17
测一测 1.2 ……………………………………… 19
想一想 …………………………………………… 19
关键术语 ………………………………………… 19

第2章
知觉加工的开始 ………………………………… 21

知觉加工的开始 ………………………………… 21
光、眼睛和视觉感受器 ………………………… 22
 光：视觉刺激 ………………………………… 22
 眼睛 …………………………………………… 22
 演 示 | 如何知觉到盲点 …………………… 24
 演 示 | 填充盲点 …………………………… 25
光聚焦于视觉感受器 …………………………… 25
 演 示 | 注意焦点上的物体 ………………… 25
视觉感受器与知觉 ……………………………… 27
 光能转化为电能 ……………………………… 27
 暗适应 ………………………………………… 28
 方 法 | 测量暗适应曲线 …………………… 28
 光谱感受性 …………………………………… 31
 方 法 | 测量光谱感受性曲线 ……………… 31
测一测 2.1 ……………………………………… 33
神经元上的电信号 ……………………………… 33
 记录神经元的电信号 ………………………… 34
 方 法 | 单独追踪神经元的范式 …………… 34
 动作电位的基本属性 ………………………… 35
 动作电位发生的化学基础 …………………… 35
 突触间隙的化学传导 ………………………… 36
神经网络的聚合与知觉 ………………………… 38
 神经聚合导致视杆细胞比视锥细胞更灵敏 … 39
 缺乏聚合导致视锥细胞比视杆细胞更灵敏 … 40
 演 示 | 中央凹与外周视网膜的对比 ……… 40

思考时刻：知觉加工起始的重要性 ⋯⋯⋯⋯ 41
发展维度：婴儿的视敏度 ⋯⋯⋯⋯⋯⋯⋯⋯ 42
　方　法｜优先注视法 ⋯⋯⋯⋯⋯⋯⋯⋯ 43
测一测 2.2 ⋯⋯⋯⋯⋯⋯⋯⋯⋯⋯⋯⋯⋯⋯⋯ 45
想一想 ⋯⋯⋯⋯⋯⋯⋯⋯⋯⋯⋯⋯⋯⋯⋯⋯ 45
关键术语 ⋯⋯⋯⋯⋯⋯⋯⋯⋯⋯⋯⋯⋯⋯⋯ 46

第 3 章
神经加工 ⋯⋯⋯⋯⋯⋯⋯⋯⋯⋯⋯⋯⋯⋯ 49

视网膜内的抑制过程 ⋯⋯⋯⋯⋯⋯⋯⋯⋯⋯ 50
　鲎体内的侧抑制 ⋯⋯⋯⋯⋯⋯⋯⋯⋯⋯⋯ 50
　用侧抑制解释知觉 ⋯⋯⋯⋯⋯⋯⋯⋯⋯⋯ 50
　用侧抑制解释谢弗勒尔错觉和赫曼方格时存在的
　　问题 ⋯⋯⋯⋯⋯⋯⋯⋯⋯⋯⋯⋯⋯⋯⋯ 54
测一测 3.1 ⋯⋯⋯⋯⋯⋯⋯⋯⋯⋯⋯⋯⋯⋯⋯ 56
从视网膜到视觉皮层及更深层次的神经加工 ⋯ 56
　视神经中单根神经纤维的响应 ⋯⋯⋯⋯⋯ 56
　Hubel 和 Wiesel 有关感受野研究的基本理论 ⋯ 59
　　方　法｜呈现刺激以检测感受野 ⋯⋯⋯⋯ 59
　视皮层神经元的感受野 ⋯⋯⋯⋯⋯⋯⋯⋯ 60
特征探测器是否在知觉中发挥作用 ⋯⋯⋯⋯ 63
　选择性适应 ⋯⋯⋯⋯⋯⋯⋯⋯⋯⋯⋯⋯⋯ 63
　　方　法｜用心理物理学方法检测选择性适应对方向的效
　　　应 ⋯⋯⋯⋯⋯⋯⋯⋯⋯⋯⋯⋯⋯⋯⋯ 63
　选择性饲养 ⋯⋯⋯⋯⋯⋯⋯⋯⋯⋯⋯⋯⋯ 64
高级神经元 ⋯⋯⋯⋯⋯⋯⋯⋯⋯⋯⋯⋯⋯⋯ 66
感觉编码 ⋯⋯⋯⋯⋯⋯⋯⋯⋯⋯⋯⋯⋯⋯⋯ 67
思考时刻："可变的"感受野 ⋯⋯⋯⋯⋯⋯ 69
测一测 3.2 ⋯⋯⋯⋯⋯⋯⋯⋯⋯⋯⋯⋯⋯⋯⋯ 70
想一想 ⋯⋯⋯⋯⋯⋯⋯⋯⋯⋯⋯⋯⋯⋯⋯⋯ 70
关键术语 ⋯⋯⋯⋯⋯⋯⋯⋯⋯⋯⋯⋯⋯⋯⋯ 71

第 4 章
皮层组织 ⋯⋯⋯⋯⋯⋯⋯⋯⋯⋯⋯⋯⋯⋯ 73

视觉皮层的空间组织 ⋯⋯⋯⋯⋯⋯⋯⋯⋯⋯ 74
　纹状皮层（V1 区）的神经网络 ⋯⋯⋯⋯⋯ 74
　　方　法｜脑成像 ⋯⋯⋯⋯⋯⋯⋯⋯⋯⋯ 75
　　演　示｜手指的皮层放大效应 ⋯⋯⋯⋯ 76
　皮层的柱状组织 ⋯⋯⋯⋯⋯⋯⋯⋯⋯⋯⋯ 76
　朝向—敏感神经元如何对场景反应 ⋯⋯⋯ 78
测一测 4.1 ⋯⋯⋯⋯⋯⋯⋯⋯⋯⋯⋯⋯⋯⋯⋯ 79
内容、空间和方式通路 ⋯⋯⋯⋯⋯⋯⋯⋯⋯ 79
　内容和空间的信息通路 ⋯⋯⋯⋯⋯⋯⋯⋯ 79
　　方　法｜脑毁损 ⋯⋯⋯⋯⋯⋯⋯⋯⋯⋯ 79
　内容和方式的信息通路 ⋯⋯⋯⋯⋯⋯⋯⋯ 81
　　方　法｜神经心理学的双分离 ⋯⋯⋯⋯ 81
模块化 ⋯⋯⋯⋯⋯⋯⋯⋯⋯⋯⋯⋯⋯⋯⋯⋯ 82
　猴子颞下皮层中的面孔神经元 ⋯⋯⋯⋯⋯ 83
　人类的梭状回面孔区 ⋯⋯⋯⋯⋯⋯⋯⋯⋯ 84
　人类的位置和躯体区 ⋯⋯⋯⋯⋯⋯⋯⋯⋯ 84
分布式表征 ⋯⋯⋯⋯⋯⋯⋯⋯⋯⋯⋯⋯⋯⋯ 84
　证明分布式表征的两个实验 ⋯⋯⋯⋯⋯⋯ 84
　多维刺激的分布式表征 ⋯⋯⋯⋯⋯⋯⋯⋯ 86
知觉与记忆的交汇 ⋯⋯⋯⋯⋯⋯⋯⋯⋯⋯⋯ 87
思考时刻：心身问题 ⋯⋯⋯⋯⋯⋯⋯⋯⋯⋯ 88
发展维度：体验和神经反应 ⋯⋯⋯⋯⋯⋯⋯ 89
　经验可以塑造神经放电 ⋯⋯⋯⋯⋯⋯⋯⋯ 90
　专家系统假说 ⋯⋯⋯⋯⋯⋯⋯⋯⋯⋯⋯⋯ 90
测一测 4.2 ⋯⋯⋯⋯⋯⋯⋯⋯⋯⋯⋯⋯⋯⋯⋯ 91
想一想 ⋯⋯⋯⋯⋯⋯⋯⋯⋯⋯⋯⋯⋯⋯⋯⋯ 91
关键术语 ⋯⋯⋯⋯⋯⋯⋯⋯⋯⋯⋯⋯⋯⋯⋯ 92

第 5 章
知觉客体和场景 ·········· 95

演 示 | 场景中的知觉难题 ·········· 95
为什么设计一个知觉机器如此困难 ·········· 97
　　感受器接收的刺激是模棱两可的 ·········· 97
　　客体有可能是被隐蔽的或模糊的 ·········· 98
　　客体从不同的角度看是不同的 ·········· 99
知觉组织 ·········· 100
　　格式塔取向的知觉组织 ·········· 100
　　格式塔知觉组织原则 ·········· 102
　　知觉分割 ·········· 105
　　演 示 | 在风景画中寻找面孔 ·········· 108
测一测 5.1 ·········· 109
感知场景和场景中的客体 ·········· 109
　　感知场景要点 ·········· 109
　　方 法 | 使用掩蔽实现快速的刺激呈现 ·········· 109
　　环境中的规则：知觉中的信息 ·········· 111
　　演 示 | 想象场景和客体 ·········· 112
　　推理在知觉中的作用 ·········· 113
测一测 5.2 ·········· 115
神经活动和客体/场景知觉的联系 ·········· 115
　　知觉面孔和位置时的大脑反应 ·········· 116
　　聚焦海马旁回位置区 ·········· 116
　　神经读心术 ·········· 117
　　方 法 | 神经读心术 ·········· 117
思考时刻：面孔是特殊的吗？ ·········· 119
发展维度：婴儿的面孔知觉 ·········· 122
测一测 5.3 ·········· 123
想一想 ·········· 124
关键术语 ·········· 125

第 6 章
视觉注意 ·········· 127

场景浏览 ·········· 128
　　演 示 | 在拥挤的人群中寻找一张面孔 ·········· 128
影响注意的因素是什么 ·········· 129
　　视觉凸显 ·········· 129
　　演 示 | 注意捕获 ·········· 130
　　认知因素 ·········· 131
注意的作用 ·········· 133
　　注意加速反应 ·········· 133
　　方 法 | 预线索化 ·········· 133
　　注意影响凸显 ·········· 135
　　注意影响生理反应 ·········· 135
测一测 6.1 ·········· 138
注意和体验完整的世界 ·········· 138
　　捆绑为什么是必要的 ·········· 138
　　特征整合理论 ·········· 139
　　演 示 | 联合搜索 ·········· 141
非注意的时候发生了什么 ·········· 141
　　非注意盲视 ·········· 141
　　变化盲视 ·········· 142
　　演 示 | 变化检测 ·········· 142
　　注意对场景知觉是否必要 ·········· 143
分心 ·········· 145
　　分心和任务特征 ·········· 145
　　注意和知觉负载 ·········· 146
思考时刻：驾驶过程中的分心 ·········· 146
发展维度：注意和知觉完形 ·········· 148
　　方 法 | 习惯化 ·········· 148
测一测 6.2 ·········· 150
想一想 ·········· 151
关键术语 ·········· 151

第7章
动作执行 153

知觉研究的生态学方法 153
　环境中观察者移动所产生的信息 154
　自产信息 155
　感觉不是独自发挥作用的 155
　演　示 | 保持平衡 156

行走和驾驶 157
　行走 157
　驾驶 158

寻路 158
　地标的重要性 159
　大脑的"全球定位系统" 160
　寻路的个体差异 162

测一测 7.1 163

作用于物体的动作 164
　可供性：客体的功用 164
　碰触和抓握的生理机制 164

观察他人的动作 166
　在大脑中模仿他人的动作 166
　预测他人的意图 168

思考时刻：基于动作的知觉解释 169

发展维度：模仿动作 171

测一测 7.2 173

想一想 173

关键术语 173

第8章
感知运动 175

运动知觉的功能 175
　运动提供有关物体的信息 175
　运动引起注意 176
　运动有助于理解所处环境中的事件 177
　没有运动知觉的生活 178

运动知觉的研究 178
　我们是在什么时候感知到运动的 178
　比较真实运动和似动 179
　如何解释运动知觉 180

运动知觉：环境中的信息 181

运动知觉：视网膜或眼睛的信息 181
　赖卡特探测器 181
　伴随放电理论 183
　演　示 | 用后像消除图像位移信号 184
　演　示 | 通过推挤眼睑来看到运动 185

测一测 8.1 186

运动知觉和大脑 186
　大脑的运动区域 186
　毁损、失活和刺激的影响 187
　方　法 | 经颅磁刺激 187
　方　法 | 微刺激 188
　从单个神经元的角度来看运动 189
　演　示 | 移动木棒穿过圆孔 189

运动和人体 191
　躯体的似动现象 191
　光点式步行者的运动 191

思考时刻：对静止图片的运动响应 194

发展维度：新生儿的生物性运动知觉 195

测一测 8.2 196

想一想 197

关键术语 197

第9章
颜色知觉 199

颜色知觉的功能 200

颜色与光 200
　反射与传播 201
　颜色混合 203
颜色的知觉维度 204
测一测 9.1 205
颜色视觉三色理论 206
　三色理论的颜色匹配证据 206
　　方　法 | 颜色匹配 206
　三色理论的生理学证据 207
　三种感受器机制对颜色视觉来说是必要的吗 208
颜色视觉的拮抗加工理论 210
　拮抗加工理论的 Hering 现象学证据 210
　Hurvich 和 Jameson 对拮抗机制的心理物理测量 212
　　演　示 | 后像 212
　　方　法 | 色调消除 212
　拮抗加工理论的生理学证据 213
　三种类型的感受器如何产生拮抗反应 214
大脑皮层的颜色加工 215
　大脑皮层中存在单一颜色中心吗 215
　大脑皮层中拮抗神经元的类型 216
颜色缺陷 216
　全色盲 217
　二色性色盲 217
测一测 9.2 218
动态世界中的颜色 219
　颜色恒常性 219
　　演　示 | 适应红色 220
　　演　示 | 颜色和周围环境 221
　明度恒常性 221
　　演　示 | 半影与明度知觉 223
　　演　示 | 知觉角落的明度 224
思考时刻：颜色是由神经系统创造的 225
发展维度：婴儿的颜色视觉 226
测一测 9.3 227
想一想 228
关键术语 228

第 10 章
深度知觉和大小知觉 231

深度知觉 232
动眼线索 232
　演　示 | 感受眼睛的变化 233
单眼线索 233
　图示线索 233
　运动产生的线索 235
　演　示 | 消失和堆积 237
双眼深度信息 237
　演　示 | 两只眼睛：两个观点 238
　双眼的深度知觉 238
　双眼像差 239
　像差（几何）产生立体视觉（知觉）242
　对应问题 244
双眼深度知觉的生理学依据 245
测一测 10.1 247
大小知觉 247
　Holway 和 Boring 的实验 247
　大小恒常性 250
　演　示 | 在一定距离进行大小知觉 250
　演　示 | 大小—距离调整机制和埃默特定律 250
深度错觉和大小错觉 252
　缪勒－莱尔错觉 252
　演　示 | 书的缪勒－莱尔错觉 253
　庞佐错觉 254
　埃姆斯房间 254
　月亮错觉 255
思考时刻：跨物种的深度信息 256
发展维度：婴儿的深度知觉 258
　双眼像差 258
　图示线索 258
　　方　法 | 优先趋近 259
测一测 10.2 259
想一想 260
关键术语 260

第 11 章
听觉 263

听知觉过程 264
声音的物理属性 264
 作为压力变化的声音 265
 纯音 265
  方　法 | 用分贝压缩巨大的压强范围 267
 复合声与频谱 268
声音的知觉属性 269
 阈限和响度 269
 音高 270
 音色 271
测一测 11.1 272
由压力变化到电活动 272
 外耳 273
 中耳 273
 内耳 274
听神经对频率的表征 277
 Békésy 发现基底膜如何振动 277
 耳蜗的滤波器功能 278
  方　法 | 神经频率调谐曲线 279
 外毛细胞：耳蜗的放大器 279
测一测 11.2 281
音高知觉的生理机制 281
 位置和音高 281
 时间信息和音高 282
 位置和音高（再次登场） 282
 有待解决的问题 283
 知觉音高的大脑通路 283
 音高和大脑 284
听力丧失 286
 老年性耳聋 287
 噪声诱发的听力丧失 287
 隐性听力丧失 288
思考时刻：人工耳蜗 289

发展维度：婴儿的听觉 290
 阈限和听力曲线 290
 识别母亲的声音 290
测一测 11.3 291
想一想 292
关键术语 292

第 12 章
听觉：定位和组织 295

定　位

听觉定位 296
 声音定位的双耳线索 296
 声音定位的单耳线索 299
听觉定位的生理机制 301
 Jeffress 神经耦合模型 301
 哺乳动物的宽调谐曲线 302
 定位的皮层机制 303
室内听觉 305
 知觉先后到达耳中的两个声音 306
 建筑声学 306
测一测 12.1 308

组　织

听觉场景：将不同的声源分离 308
 位置 309
 起始时间 309
 音色和音高 309
 听觉连续性 311
 经验 311
音乐组织：旋律 312
 什么是旋律 312
 乐句 313
 分组 313
 调性 314
  方　法 | 语言中的事件相关电位 315
 期待 316

音乐组织：节奏 317
　　什么是节奏 317
　　节拍 318
　　拍子 318
　　方　法 | 转头偏好程序 319
思考时刻：听觉和视觉的联系 320
　　听觉和视觉：知觉 320
　　听觉和视觉：生理 321
测一测 12.2 322
想一想 323
关键术语 324

第 13 章
言语知觉 327

言语刺激 327
　　听觉信号 328
　　言语的基本单位 329
听觉信号的多样性 330
　　语境差异 330
　　讲话者差异 331
知觉音素 331
　　类别知觉 331
　　面孔信息 333
　　语言知识信息 333
测一测 13.1 334
知觉词语和句子 334
　　知觉句子中的词语 334
　　演　示 | 知觉不完整的句子 334
　　知觉打乱顺序的词语 335
　　演　示 | 声音的组织序列 336
　　知觉失真的言语 337
言语知觉和大脑 339
思考时刻：言语知觉与行为 341
发展维度：婴儿的言语知觉 343
　　音素的类别知觉 343

　　学习一门语言的发音 344
测一测 13.2 345
想一想 346
关键术语 346

第 14 章
肤觉 349

皮肤和手部的知觉
肤觉系统概要 350
　　皮肤 350
　　机械感受器 350
　　从皮肤至皮层的触觉通路 352
　　躯体感觉皮层 353
　　触觉皮层的可塑性 354
感知细节 354
　　方　法 | 测量触觉敏锐度 355
　　触觉敏锐度的感受器机制 355
　　演　示 | 比较两点阈 355
　　触觉敏锐度的皮层机制 356
振动和纹理感知 357
　　皮肤的振动 357
　　表面纹理 357
　　演　示 | 用笔感知纹理 359
客体感知 359
　　演　示 | 区分客体 359
　　触觉识别 360
　　客体触知觉的皮层生理机制 360
测一测 14.1 363
疼痛知觉
疼痛的闸门控制模型 364
自上而下加工 365
　　期望 365
　　注意 366
　　情绪 366
大脑和疼痛 367

大脑区域 ············ 367
　　化学制剂和大脑 ············ 368
观察他人的疼痛 ············ 369
思考时刻：社会疼痛和生理疼痛 ············ 370
测一测 14.2 ············ 371
想一想 ············ 371
关键术语 ············ 371

第 15 章
化学感觉 ············ 375

味觉 ············ 376
味觉品质 ············ 376
　　基本味觉品质 ············ 376
　　味觉品质和物质作用之间的关联 ············ 376
味觉品质的神经编码 ············ 377
　　味觉系统的构成 ············ 377
　　群体编码 ············ 378
　　特异性编码 ············ 379
味觉的个体差异 ············ 381
测一测 15.1 ············ 382

嗅觉和味道
嗅觉的功能 ············ 383
嗅觉能力 ············ 384
　　检测气味 ············ 384
　　方　法 | 测量检测阈 ············ 384
　　辨别不同气味 ············ 384
　　识别气味 ············ 385
　　演　示 | 命名和气味识别 ············ 385
　　嗅觉的个体差异 ············ 385
分析气味：嗅觉黏膜和嗅球 ············ 385
　　嗅觉特性的疑问 ············ 385
　　嗅觉黏膜 ············ 386
　　嗅感觉神经元如何对气味做出反应 ············ 387

　　方　法 | 钙成像 ············ 388
　　嗅球中的加工 ············ 389
　　方　法 | 光学成像 ············ 389
　　方　法 | 2-脱氧葡萄糖技术 ············ 390
皮层对气味的表征 ············ 390
　　梨状皮层对气味分子的表征 ············ 390
　　气味客体是如何被表征的 ············ 391
测一测 15.2 ············ 393
味道知觉 ············ 393
　　演　示 | 捏住和不捏住鼻子的状态下的味觉 ············ 393
　　口腔和鼻腔中的味觉和嗅觉 ············ 393
　　神经系统中的味觉和嗅觉 ············ 394
　　认知因素对味道的影响 ············ 395
　　食物摄入对味道的影响：感觉特异性饱腹感 ············ 396
思考时刻：普鲁斯特效应：记忆、情绪和嗅觉 ············ 397
发展维度：婴儿的化学敏感性 ············ 398
测一测 15.3 ············ 398
想一想 ············ 399
关键术语 ············ 399

附　录
附录 A　调整法和恒定刺激法 ············ 400
附录 B　差别阈限 ············ 401
附录 C　量值估计和幂定律 ············ 402
附录 D　信号检测的方法 ············ 403
信号检测实验 ············ 403
　　基本实验 ············ 404
　　赢利 ············ 404
　　ROC 曲线能告诉我们什么 ············ 405
信号检测论 ············ 406
　　信号和噪声 ············ 406
　　概率分布 ············ 406
　　决策标准 ············ 407
　　ROC 曲线上的敏感性效应 ············ 408

总术语表 ············ 410
参考文献 ············ 437

知觉就是一个奇迹。页面上的斑纹莫名其妙地成了人行道、石子路和古老的爬满常春藤的房子。更神奇的是,如果你真的身处这一场景中,所看到的这个二维平面印象将会被转换成可以漫步其中的三维空间。这本书就是解释这一奇迹是怎么发生的。

© Bruce Goldstein

第 1 章

知觉概述

本章内容

为什么读这本书
知觉加工
什么是"感觉"
近远刺激（第一步和第二步）
感受器加工（第三步）
神经加工（第四步）
行为反应（第五—七步）

先验知识
研究知觉加工
两种与"刺激"有关的认知加工中的关系（关系 A 和关系 B）
生理和知觉的关系（关系 C）
影响知觉的认知因素
知觉测量

费希纳测量阈限的方法
知觉领域的五个问题
思考时刻：为什么刺激的物理属性和人对其感知之间的差异很重要？
想一想
关键术语

我们要思考的一些问题

- 为什么读这本书？
- 从看到一个刺激（比如一棵树）到知觉到一棵树，需要哪些认知加工过程？
- 知觉物体与识别物体有什么区别？
- 研究知觉的心理学家如何测量人类知觉周围环境的方式？

想象你要完成下面这一假想的科学项目。

项目：设计一个可以定位、描述以及识别周围环境中所有物体的设备。该设备可以估计物体与自身之间的距离以及判断物体间的关系。除此之外，设计的这个设备还可以从一处移至另一处，且沿途不碰到障碍物。

额外要求：让这个设备能有意识体验，类似人们看到一个场景产生感受一样。

警告：这个项目极其困难。到目前为止，即使是拥有世界上最强计算机的顶级计算机科学家也都没有解决办法。

提示：人类和动物已通过各种机智的方法解决了这些问题。他们使用：（1）两个被称为"眼睛"的球形传感器，通过其中的光感化学物质来感受光刺激；（2）两个被称为"耳朵"的位于头部两侧的探测器，通过细小的振动的纤毛来感受气压的变化；（3）附在皮肤上的各种形状的小的压力探测器，感受皮肤表面的刺激；（4）两种化学探测器，探测吸入的气体和咽下的固体及液体的特性。

附加说明：设计出这些探测器只是创造这样一个系统的第一步。此外，还需要信息加工系统。如果是人类的话，这样的信息加工系统是被称为大脑的"计算机"，它有 1000 亿个活跃的神经元且相互间关系复杂，至今仍未能被完全破译。在这一项目中，探测器虽然是重要的组成部分，但是起关键作用的是"计算机"，探测器收集的信息必须通过计算机来分析。由于人类系统中大脑的加工机制还没有完全被破译出来，同时在意识经验这个难题上，即使是世界上最强大的人工智能在此方面的进步也微乎其微，因此应该先聚焦于主要的问题，然后再解决让设备有意识经验这个难题。

刚才介绍的这个"科学项目"就关乎**知觉**，知觉是由感官刺激引发进而产生的意识经验。本书的目的就是让读者了解，人类和动物是如何从感受器官——眼、耳、皮肤、鼻和舌——开始，再经由类似计算机的大脑的加工而产生知觉的。我们希望了解人类是如何感知周围环境并进行反应的，然而悖论是我们仍然不懂这种几乎不费力就能产生的知觉。在大多数场景中，我们只需用眼睛就能看见周围的东西，用耳朵就能听见周围的声音，吃一个东西就能品尝出味道，这都毫不费力。

由于知觉如此简单，因此大多数人都把知觉当作"就那么发生了"的事情，完全不知道感官加工的复杂过程是多么令人惊异。反对者们可能会说，"拿视知觉举例，眼内形成了关于周围环境的表征图像，而这个图像包含了让大脑产生意识的全部信息，因此视知觉就很简单地发生了。"这一认为知觉并不复杂的观点误导了 20 世纪五六十年代的计算机科学家，他们预测只需 10 年左右就能创造出像人类一样能轻松地感知周围环境的"知觉机器"。半个世纪过去了，虽然在 1997 年计算机击败了世界象棋冠军，并在 2010 年击败了两个《危险边缘》(*Jeopardy!*) 游戏的冠军，但是计算机科学家的预期仍未实现。从计算机的视角来看，相比于参与世界象棋比赛或利用大量的知识来回答智力问题，知觉一个场景更加困难。本章将介绍研究知觉的原因、知觉产生的过程以及如何测量知觉。

为什么读这本书

最直接的回答就是读者选了一门需要读这本书的课。因此，如果读者想在课堂上取得好成绩，读这本书就至关重要。除此之外，还有很多其他原因。比如，本书有利于读者其他课程的学习甚至有利于其未来职业的发展。如果读者计划将来去研究所做一名研究知觉的研究者或教师，本书将会为读者建立起牢固的知识背景。书中提及的研究者早在他们读大学时就在看本书的旧版。

本书的内容也与医学或其他领域相关，因为书中讨论的多数内容都是关于机体是如何工作的。理解知觉机制后，就可以将知识应用到医学领域，设计仪器来修复视觉障碍或者听觉障碍人群的知觉功能，以及治疗疼痛等。还有其他一些应用，比如设计出可以在陌生环境中寻路的机器人小车、可以辨别出人脸的机场安检人脸识别系统、可以听懂人类说话内容的语音识别系统，以及在各种条件下都可以引起司机注意的高速公路信号等。

但研究知觉的原因其实远不止这些实用的应用。学习知觉可以使你更了解自身知觉经验的特征。在经历一些人们认为理所当然的体验时，比如在品尝食物、在博物馆中观赏名画或是听别人的谈话时，试着问自己这样一些问题，"为什么在我感冒时会失去味觉？""艺术家是如何创作出这样一幅可以让人感到近远深度的画的？"以及"为什么不熟悉的语言听起来好像是字词间没有停顿的声音流？"本书不仅会回答这些问题，还会回答你可能从未想过的问题，比如，"为什么我们在昏暗的条件下看不清颜色"，以及"步行经过周边的场景时，为什么这些场景看起来没有移动"。因此，即使你没打算成为一名医生或者机器人小车的设计师，阅读完本书后，知觉机制的复杂以及美妙也会给你留下深刻的印象，甚至让你对周围的世界有更深层次的理解。

由于知觉是人们一直都存在的经历，因此了解其本身如何工作一定十分有趣。想一想你此时此刻的知觉体验。如果你正在触摸这本书的页面，或者看周围的物体，你会真切地知觉到该页面或者物体切实存在。因为触摸页面时，你直接与它接触，此时所看到的确实就在那儿。学习知觉后，你会发现人们看到的、听到的、尝到的、感觉到的或闻到的所有东西都是自身神经系统活动以及过去知识经验共同作用的结果。

思考一下，如果我们想看、想听、想品尝、想闻和想感觉的东西只能通过刺激身体中响应光、声、化学物质和皮肤压力的感受器来实现；当移动手指到这本书的页面上来时，我们之所以能感受到页面和它的质地，是因为手指通过按压和移动激活了皮肤表层的微小的感受器。因此，我们要感受到任何东西都依赖于感受器的激活，如果没有感受器，什么也感受不到，若是感受器发生变化，我们的感觉会与现在完全不同。知觉依赖于感受器的特性是本书的一个主题。

几年前，我收到了一位名叫 Jenny 的学生（不是我自己的学生，是来自其他学校的学生）的邮件，她当时正在使用这本书的旧版①。在邮件中，她对这本书发表了很多自己的见解，其中有一点与"为什么阅读这本书"这个问题尤为相关，且深深地触动了我。她说："因为读了这本书，我才懂得了大脑中每秒都在进行令人着迷的加工活动，而这些活动是我之前从来都没想过的。"虽然你阅读本书的目的可能与Jenny完全不同，但是希望你也能感兴趣或有所收获。

知觉加工

知觉发生的地方就像披头士乐队的一首歌的名字，在一段"漫长而蜿蜒曲折的路"的终点（McCartney，1970）。这条路始于人们自身之外的环境刺激，如树木、建筑物、鸟鸣以及空气中的味道，终于知觉、识别以及行为反应。图1.1展示了从刺激出现到行为反应的七个步骤的图示，我们称之为**知觉加工**。首先刺激出现在环境中（以一棵树为例），然后人们产生了关于这棵树的意识经验，识别出这是一棵树，最后对树进行反应。

这一加工过程涉及本书的全部内容，因此图1.1可以看作关于接下来的内容的一个简略图示。图中每个"方块（步骤）"实际上包括很多活动。比如"神经加工"，不仅涉及神经元如何活动，还涉及神经元间的相互作用以及不同脑区间的神经元的活动。我们称其为缩略图的另外一个原因是，神经加工不完全是按照上述顺序进行的，过程中可能会有重复。如研究表明，知觉（我看到了某物）与识别（那是一棵树）并不总是有前后顺序的，有时候可能是同时发生的，有时候顺序恰恰相反（Gibson & Peterson，1994），并且当知觉或识别引导行为时（凑近一点看那棵树），行为活动还会改变知觉和识别（近点观察发现不是之前以为的栎树而是枫树）。这就是为什么图中的知觉、识别和行为反应间是双

---

① "我"是谁？本书会在多处以第一人称进行表述，比如"我"收到邮件、"我"课堂上的一个学生、"我"告诉学生或者"我"有一次有意思的经历。本书有两位作者，读者可能会好奇这个"我"究竟是这两位作者中的谁。除非特别说明，本书的"我"是作者Goldstein，书中大多数涉及第一人称的内容都来自于Goldstein撰写的《感觉与知觉》的第九版。

箭头。此外，还有从行为返回到刺激的箭头，这是因为在行为活动后，知觉加工形成了一个循环，比如，走向一棵树，改变了观看者对这棵树的知觉。

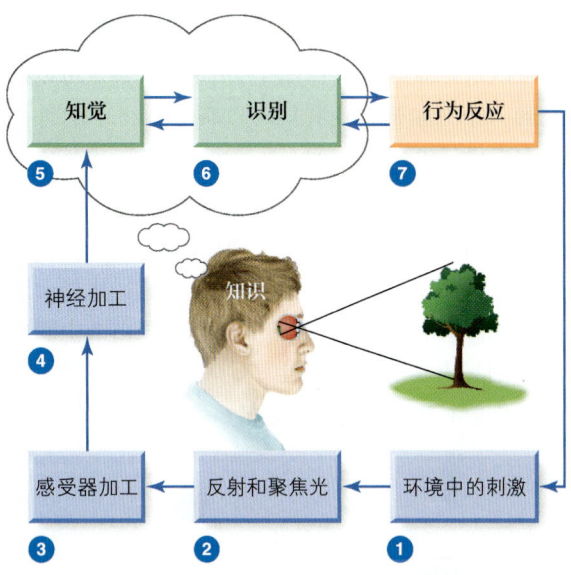

图1.1 知觉加工。这七个加工步骤以及人脑中关于树的先验知识解释了人们在看见环境中的刺激（比如一棵树）时，是如何感知、识别并采取相应反应的。图1.3至图1.6会更详细地介绍知觉加工的各个步骤。

虽然图1.1是知觉加工的缩略图，但它有利于人们思考知觉是如何发生的，并且介绍了知觉的一些基本原理。本书内容的编排正是基于此图。本章的第一部分将简短地介绍知觉加工的各个步骤，第二部分将介绍考察刺激与知觉关系的研究方法。

什么是"感觉"

在介绍知觉之前，首先想想为什么这本书叫《感觉与知觉》，而图1.1被称为知觉加工。为了回答这个问题，让我们先思考感觉与知觉这两个术语。如果必须要区分一下感觉与知觉，那么**感觉**发生在感觉系统的初期加工阶段，即当光刺激到眼睛的感受器的时候。而知觉是一种高水平的复杂加工，比如与脑活动相关的解释与记忆。因此，在心理学导论教材中通常都会提到，感觉是对刺激的基本属性的加工（Carlson，2010），而知觉则涉及解释事件或加工整个客体等更高水平的脑活动

（Myers，2004）。

牢记感觉和知觉的区别，然后看图1.2。图1.2a 是极其简单的图形，一个圆点。暂且假设看这样简单的图没有涉及高级水平上的加工过程，此时发生的是感觉。再看图1.2b 中的三个圆点，此时可以认为知觉发生了，因为由这三个圆点可以感受到一个三角形。而我们可以将图1.2c 中的许多圆点看成一座房子，这一定是知觉加工，因为这一过程涉及对圆点的关系的觉知以及关于房子的过去经验。图1.2a 虽然只有一个圆点，刺激十分简单，但是我们仍可以通过多种方法来加工它。比如，这是白色背景中的一个小黑点，还是一张白纸中间的一个洞？由于有解释发生了，所以我们对图1.2a 的体验是不是就变成了知觉呢？

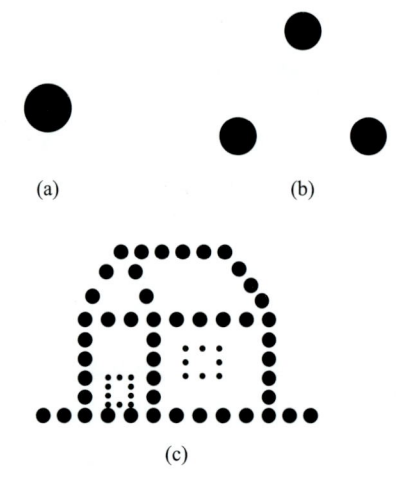

图1.2 （a）一个圆点；（b）一个三角形；（c）一座房子。这些刺激帮助我们区分感觉和知觉。

这个例子说明了感觉和知觉的界限并不总是很清晰的。正如本书所述，有些体验发生在感觉系统运作的起点——感受器或其附近，有些体验则依赖于大脑中存储的知识以及过去的经验。本书认为将某些加工称为感觉，而将其他大部分加工称为知觉，并不妨碍读者对感觉经验如何产生的理解，因此本书将主要用"知觉"这一术语。

我们不使用感觉（sensation）这一术语的主要原因是，除研究知觉的文献以外（Gilchrist，2012），感觉这一术语几乎不会被现在的研究文献所使用，比如，关于味觉（the sense of taste）的研究中偶尔会写成味感觉（taste sensation），但是知觉这一术语十分常用。虽然在介绍心理学的书籍中可能区分感觉与知觉，但是当代知觉研究者们并不区分这两者。

那为什么这本书的书名还叫《感觉与知觉》呢？这是历史的原因。在早期知觉心理学的历史中经常会使用"感觉"这一术语，沿袭下来的课程及书本中都会加上感觉。但是当研究者们最终停止使用感觉这一术语时，课程及书本还是保持原样。因此，感觉在早期历史中占据了重要位置（将在第5章简要介绍），但是我们现在关注的是如何通过感官形成知觉体验。回归正题，下面开始以人观察视野中的树为例，介绍知觉加工的第一步和第二步。

近远刺激（第一步和第二步）

人类的身体内部就存在感知觉刺激，这使我们能感觉身体的疼痛，以及躯体和四肢的位置。但是为了方便读者理解，本书主要关注环境中的外界刺激。当刺激到达眼睛中的感受器时（图1.3），知觉加工的前两步就发生了。

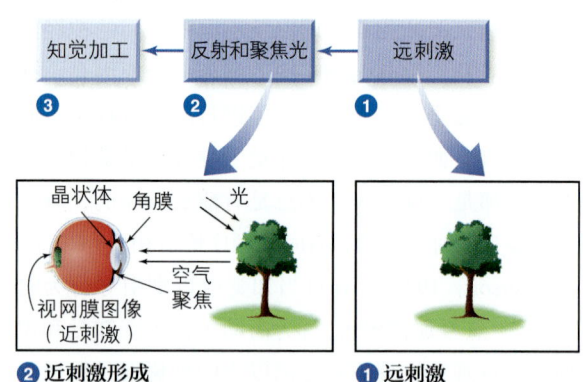

图1.3 知觉加工的第一步和第二步。第一步：关于树的信息通过光来传导。第二步：当光从树上反射回来时，穿透空气后进入人眼的感光系统，此过程中光经过转换就变成了近刺激，即在视网膜上形成了关于树的图像表征。

从某人正在观察的这一棵树开始，我们称之为**远刺激**（第一步）。之所以被称为远刺激是因为它距离人较远，即树处于环境中。人对树的知觉不是基于进入他眼中的树，而是树反射的光到达了视觉感受器（第二步）。树反射光体现了知觉的一个中心原则——转换原则，即在远刺激输入产生知觉的过程中，刺激和由刺激产生的反应发生了转换或变化。

第一个转换发生在光投射到树上，树又将光反射到人眼的过程中。反射光依赖于投射到树上的光的特征（是正午的光、阴天的光还是从下方照亮树的聚光灯的光）、树的特征（它的纹理、形状以及它反射的光）以及光的传播媒介——空气——的特征（空气是干净的、脏的还是有雾的？）。

当反射的光到达眼睛时，眼内的视觉系统通过眼前部的角膜以及后部的晶状体对其聚焦。在正常情况下，这会在人眼的视网膜感受器上形成一棵树的图像。视网膜是一个 0.4 毫米厚的由神经细胞组成的网络结构，这一结构覆盖在眼球内侧，上面有视觉感受器。视网膜上的图像就是近刺激，因为它在感受器的近处（第二步）。如果视觉系统不能正常工作，到达视网膜的成像的近刺激可能会变得模糊不清。

关于树的图像呈现在视网膜上涉及另一个知觉的原则——表征原则，即知觉不是基于人们和刺激的直接联系，而是基于刺激在感受器上形成的表征以及人类神经系统由此而产生的活动。

远刺激（第一步）和近刺激（第二步）间的差异体现了转换和表征两种原则。远刺激（树）被转换成近刺激，人眼内形成了关于树的表征图像。但是从"树"到"视网膜上树的表征图像"的转换仅仅是一系列转换的开始。接下来的转换发生在眼球后部的感受器内。

感受器加工（第三步）

感受器是一群专门响应来自环境的各种能量的细胞，而且每一类感受系统的感受器都相对应地响应一类能量。视觉感受器对光能进行反应，听觉感受器对气压的改变进行反应，触觉感受器对皮肤受到的压力进行反应，而嗅觉和味觉感受器则是对进入鼻子和嘴巴的化学物质进行反应。当位于眼睛内侧的视觉感受器接收了从树上反射过来的光时，视觉感受器会历经这两个阶段：（1）来自环境的光能转换成电能；（2）通过对不同特性的刺激进行反应

来形成知觉（图 1.4）。

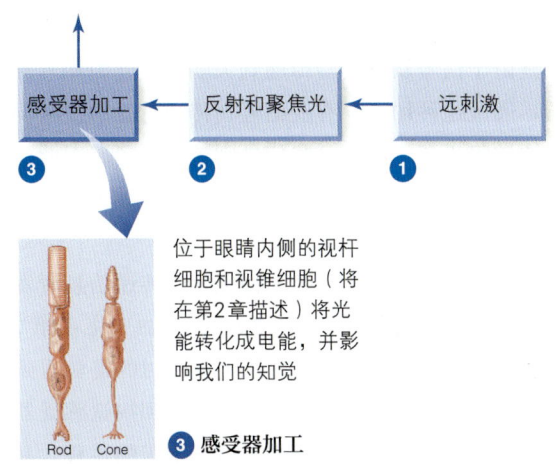

图1.4 知觉加工的第三步：接收过程包括转换（光转换成电信号）以及通过感受器上的视色素参与知觉加工。结果是形成了关于树的电信号表征。

视感受器之所以能将光能转换成电能，是因为视感受器中包含一种对光敏感的化学物质——视色素，它们会对光进行反应。从一种形式的能量（例子中的光能）转换到另一种形式的能量（电能）的过程被称为换能作用。另外一个关于换能的例子是，当你在自动柜员机上按下"取出"的按钮或图标时，手指施加的压力被转换成了电能，实现了从机器中取钱的服务。

视色素的换能作用对知觉十分重要，如果没有这一功能，视网膜上形成的树所表征的信息无法到达大脑，知觉也就无法形成了。此外，视色素以两种方式参与知觉加工：（1）看见昏暗的光是由于感受器上对光敏感的色素高度集中；（2）色素有不同的种类，分别对应可见光谱上不同的光。一些色素对光谱中的蓝绿光反应更好，而另外一些色素对光谱中的红黄光反应更好。我们将在第 2 章中讨论换能以及不同属性的色素是如何影响知觉的。

神经加工（第四步）

经过换能后，树就被表征成了成千上万个视觉感受器中的电信号。这些信号接下来会发生什么呢？在第 2 章中你将看到，这些信号游经相互连

接的神经元网络：（1）从感受器中传递出电信号，经过视网膜，到达大脑，然后在大脑内传递；（2）在传递的过程中，这些信号发生改变。这些改变的发生是由于信号从感受器传递到大脑神经元时相互影响。通过这种加工，有些信号在传递过程中被减弱了或被阻止了，而另一些信号则被放大了，因此这些被放大了的信号就进入了大脑。这一加工在信号传递到大脑的各处时都在发生。

这些信号在错综复杂的神经元中传递信息时发生的改变叫**神经加工**（**图 1.5**）。这一加工将在第 2 章和第 3 章中详细描述。现在主要探讨的是从看到一棵树在眼中形成树的图像表征开始到视觉感受器将这一图像转变成电信号都是持续加工的过程。其他感觉通道也存在相似的加工。比如，声能（气压的改变）在耳内被转换成电信号，继而由听觉神经将信息传出至耳外，然后经过一些其他结构进入大脑。

不同的感觉通道的电信号会到达大脑皮层特定区域的**初级接收区**（如图 1.5 所示）。**大脑皮层**是一个 2 毫米厚的皮层，它具有产生知觉、语言、记忆和思维等其他的功能。视觉的初级接收区占据大部分的**枕叶**区域；听觉区则占据一部分的**颞叶**区域；皮肤觉，包括触觉、温觉和痛觉，位于**顶叶**区域。具体学习每种感觉时，你将会看到一旦信号到达了初级感受区域，便被传递到大脑的各个结构中去了。例如，**额叶**接收来自所有感觉通道的信息，协调从两个或多个感觉通道接收的信息，这在知觉中起到了重要作用。

在感受器和大脑之间以及大脑内部发生的这一系列信号转换表明了大脑中形成的电信号与从感受器传出的电信号并不相同。然而，重要的是，即使这些信号改变了，它们仍然是对树的表征。实际上，电信号在转换和加工过程中的改变对于知觉加工的下一步——行为反应——十分重要。

行为反应（第五—七步）

最后，经过反射、聚焦、换能、传递以及加工之后就到了行为反应阶段（**图 1.6**）。这个阶段的变化可能是最神奇的，因为电信号（第四步）被转化成了意识体验：这个人觉察到了树（第五步）并辨识出（第六步）。想一想 P 博士的案例，他是神经病学家 Oliver Sacks（1985）在名为《别把妻子当帽子》（*The Man Who Mistook His Wife for a Hat*）一书中描述的一位病人。这一案例可以帮助区分知觉与识别；前者是意识到树的存在；后者是对客体进行分类，例如给"树"下定义。

P 博士是一位有名的音乐家和音乐老师，刚开始，他发现自己虽然能根据声音辨别自己的学生，但是很难用眼睛来辨别他们。之后，他开始错误地知觉其他的常见物体，比如，把停车计时

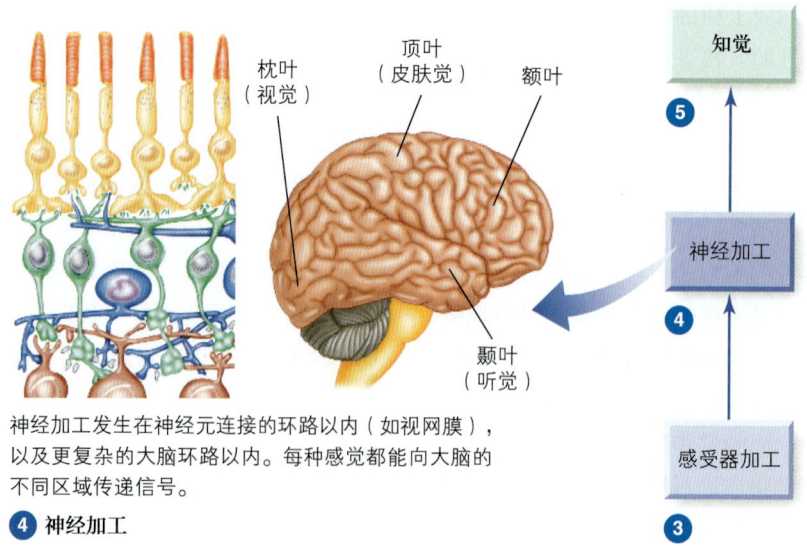

神经加工发生在神经元连接的环路以内（如视网膜），以及更复杂的大脑环路以内。每种感觉都能向大脑的不同区域传递信号。

❹ 神经加工

图 1.5 知觉加工的第四步：包括早期在视网膜内神经元网络中电信号间的相互作用、中期传至大脑的加工过程以及最后在大脑内部信号间的传递。

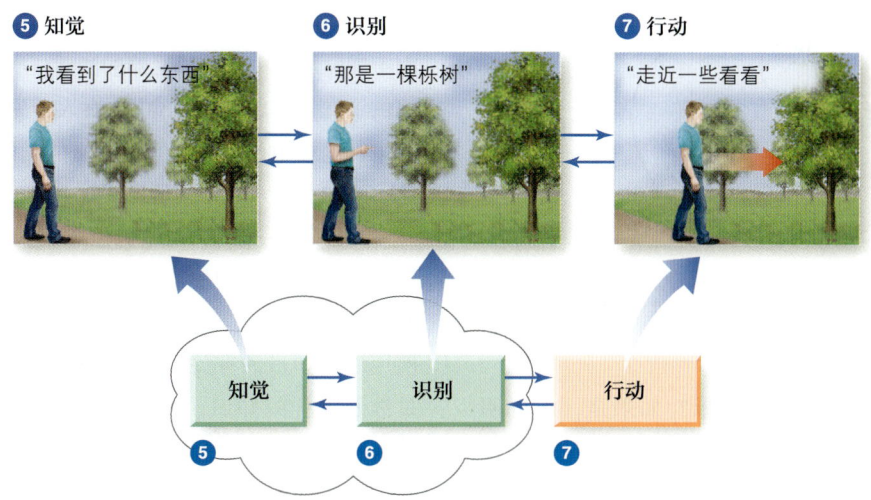

图1.6 知觉加工的第五—七步。行为反应：知觉、识别和行动。

器误认作一个人，或是觉得家具上雕刻的把手在和他对话。很明显，他已经不仅仅是健忘了，而是有更严重的问题。他是瞎了或是疯了吗？而眼部检查显示他的视觉正常，其他的检查也显示他没有疯。

P博士的问题最终被诊断为视觉失认症，脑瘤导致他不能识别物体。他能知觉到物体的各个部分，但是不能辨认整个物体。所以当Sacks给他看一副手套时，他说，"如果非要用一句话描述这个物体，它是一个连续展开的表面，好像有五个外翻……"当Sacks问他这是什么的时候，P博士猜测，"它是某种容器，比如，可能是零钱包，存放不同大小的硬币"。对P博士来说，脑瘤导致他无法进行简单的客体识别。他能知觉到客体并能识别它的组成部分，但是无法将小部分整合起来，因此不能将客体识别成一个整体。这个案例表明了区分知觉和识别十分重要。

最后的行为反应是动作（第七步），这一步涉及肌肉活动。比如，有人决定走向一棵树，想在下面野炊或是爬上树。就算没有直接与树接触，但是当他看向树的不同部分时，就已经在采取行动了，即使他一直在一个地方站着不动。

一些研究者将动作看作知觉加工的一个重要结果，因为这是生存的重要部分。David Milner和Melvyn Goodale（1995）提出在动物进化的早期，视觉加工的主要目的不是产生意识知觉或者关于周围环境的图示，而是帮助动物领路捕捉猎物，避免障碍物以及侦察食肉动物，这些对动物的生存都是极其重要的。

实际上，知觉通常引导着动作。无论是当动物听到树枝折断的声音时提高警惕性，还是一个人可能仅仅因为觉得某事物有趣而想接触或凑近它，这都说明知觉是一个持续变化的过程。比如，树呈现在我们眼睛内的图像会随着我们身体或眼睛的每一次移动而改变，而且这个改变会产生新的表现和一系列新的转换。因此，虽然我们能将知觉加工描述成从远刺激开始到知觉、识别和行动结束的一系列步骤，但是所有的加工过程都是灵活且持续变化的。

先验知识

知觉加工的范式中还包括另外一个因素：知识。它是知觉主体关于情境的知识经验信息。在图1.1中，知识被放在了人的大脑中，这是因为它能影响知觉加工中的很多步骤。正如下面的"演示"专栏所示，一个人带入情境中的知识可能是几年前储存的信息或者是最近才获取的信息。

演 示 | 感知一张图

在看图1.7的图片之后，闭上你的眼睛，翻到第12页，睁眼后迅速闭眼，图1.11短暂暴露出来。判断图片上的是什么，然后睁开你的眼睛阅读图1.11下面的说明。试一试，然后阅读后面的内容。

图1.7 根据指导语看"演示:感知一张图"专栏。(来源: Bugelski & Alampay, 1961)

是否觉得图 1.11 像只老鼠?如果是,那你明显是受似鼠轮廓的第一印象的影响。但是先看图 1.14 而非图 1.7 的人通常会将图 1.11 看成一个人(让其他人也试一下)。这个**人—鼠范例**表明了近期习得的知识(那个图示是一只鼠)可以影响知觉。

关于几年前习得的知识如何影响知觉加工的一个例子是**分类**——将一个客体置于一个类别中,也就是命名一个客体。"树""鸟""树枝""车"以及其他所有可以命名的物体都是分类的例子,这些类别都是人在年幼的时候习得的、已经成为知识基础的一部分。

自下而上加工和自上而下加工是另外一种区分知觉者带入情境中的知识如何对知觉加工产生影响的方法。**自下而上加工**(也称为**数据驱动加工**)是一种基于刺激到达感受器的加工。除了如药物诱发知觉或头部撞击导致"看见了星星"等特殊的情境外,由于知觉加工中涉及感受器的激活,所以刺激为知觉提供了先导作用。图 1.8 中的女人看见了树上的一只飞蛾,这是由于她视网膜上飞蛾的图像诱发了加工。这一图像是输入数据,是自下而上加工的基础。

自上而下加工(也称为**概念驱动加工**)是指基于已有知识经验的加工。当这个女人把她看到的东西分类为"飞蛾"或是一种特殊的飞蛾时,她正在使用以前学过的有关飞蛾的知识。虽然知觉并不总是涉及这样的知识,但大部分时候还是会涉及的,只是我们很少意识到。

为了体验行动中自上而下的加工,阅读下面的句子:

M * RY H * D * L * TTL * L * MB

如果你能够在所有元音都省略的情况下把句子读出来,应该是使用了关于英语单词的知识——如何将单词串成一个句子以及利用对童谣的熟悉度来生成句子(Denes & Pinson, 1993)。

学生经常会问自上而下的加工是否总是参与知觉加工过程。答案是"非常经常"涉及。在某些只有非常简单的刺激的情景下,自上而下的加工才可能不参与知觉过程。比如,对一个常见闪光的知觉

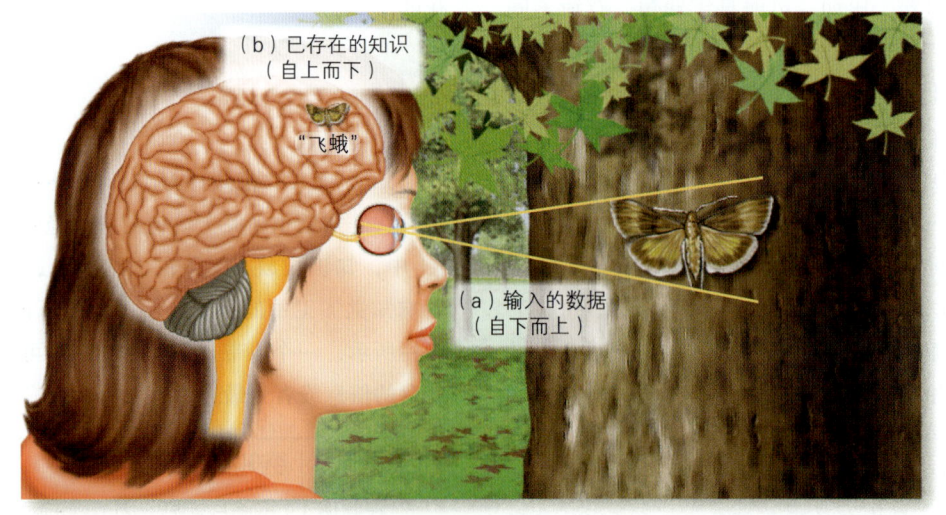

图1.8 知觉是由自下而上的加工(从感受器开始)与自上而下的加工(将人的知识经验代入加工)的交互作用决定的。在这个例子中,(a)飞蛾在女人视网膜中的成像引起自下而上的加工;(b)关于飞蛾的先验知识诱发自上而下的加工。

可能不会受先前知识经验的影响。然而，随着刺激越变越复杂，自上而下加工的比重也会随之增加。实际上，人们过去的知识经验经常影响其对真实场景的知觉。但是在大多数情况下，我们可能没有意识到它的作用。这本书的主题之一就是关于环境中的事物的知识如何影响了人们的知觉。

研究知觉加工

知觉研究的目标是了解从刺激出现开始到对其感觉、识别以及做出反应等知觉加工的各个步骤（为了方便起见，下文将统一使用知觉这一术语来表示所有的行为结果）。图 1.9 展示了通过考察三者间的关系来研究知觉的方法，如**图 1.9** 所示。

- 关系 A：刺激—知觉关系
- 关系 B：刺激—生理关系
- 关系 C：生理—知觉关系

以倾斜效应的研究为例，解释在真实实验中如何考察三者间的关系。**倾斜效应**是指和加工倾斜（除了横竖外的其他方向）的线相比，人们对垂直线或水平线的加工更好。下文介绍了如何通过考察和刺激有关的关系 A 和关系 B 来研究倾斜效应。

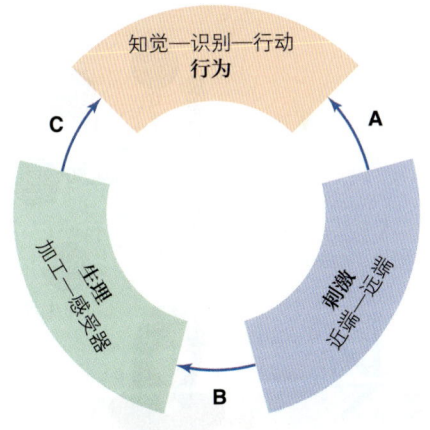

图1.9 简化的知觉过程，展示了文中描述的三种关系。三个扇形框代表的是知觉加工七个步骤的三种主要成分：刺激（第一、二步）；生理（第三、四步）；三种行为反应（第五—七步）。通过考察关系A（刺激—知觉关系）、关系B（刺激—生理关系）和关系C（生理—知觉关系）来研究知觉。

两种与"刺激"有关的认知加工中的关系（关系A和关系B）

行为（图 1.9 中的箭头 A，从刺激到行为反应）和生理（图 1.9 中的箭头 B，从刺激到生理反应）过程都涉及刺激。关系 A，即**刺激—知觉关系**，连接刺激（图 1.1 中的第一步和第二步）与行为反应（第五—七步），是第一个涉及"刺激"的关系。在生理学方法被普遍使用之前，关系 A 是知觉研究前 100 年间研究者主要考察的关系。

下面，以与倾斜效应相关的一个实验为例。实验中，向被试呈现被称为"栅格"的黑白条纹刺激，测量被试所能觉察到的线条间的最窄宽度，即**栅格敏锐度**。测量栅格敏锐度的一个方法是要被试指出栅格的朝向，并不断缩短线条间的距离。最后，线条间的距离小到被试无法知觉到的宽度，圆圈里整个区域看起来像是统一的整体，此时，被试无法指出栅格的朝向。而当被试能指出栅格正确朝向时，线条间最小的宽度就是栅格敏锐度（**图 1.10**）。在测量不同朝向的栅格敏锐度后，研究者发现当栅格处于垂直或者水平方向时，被试的敏感度最佳（Appelle，1972）。这就是倾斜效应的行为学证据。

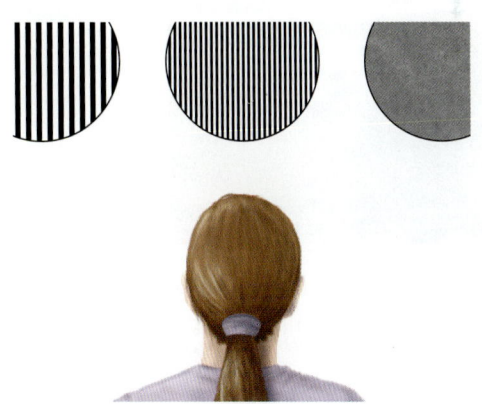

图1.10 测量被试对栅格的敏感度。在黑白相间的栅格中，被试能够知觉的最小的线条宽度就是被试的栅格敏锐度。依次呈现不同线条宽度的刺激，让被试指出栅格的朝向，直到线条宽度小到被试无法指出正确的朝向。

第二个与刺激有关的关系（图 1.9 中的箭头 B）是**刺激—生理关系**，表示的是刺激（第一、二步）和生理反应的关系（第三、四步）。David Coppola

图1.11 看见的是"鼠"还是"人"？若仔细观察图1.7中似鼠的图片，会使你倾向将此图片知觉为一只鼠。但是如果之前看的是图1.14中似人的版本，那么你更有可能将本图知觉为人。

等人（1998）通过给白鼬呈现不同朝向的线条（**图1.12a**）来测量倾斜效应的生理基础。他们使用了被称为光学脑成像的技术（测量白鼬视觉皮层一大块范围的活动），发现垂直朝向或水平朝向的栅格比倾斜朝向的栅格诱发的反应更强（**图1.12b**）[①]。这就是倾斜效应的生理学证据。

(a) **刺激**：垂直朝向、水平朝向、倾斜朝向

(b) **大脑反应**：垂直和水平朝向激起更大的脑反应

图1.12 Coppola等人（1998）用白鼬测量了线条朝向（刺激）和大脑活动（生理）间的关系。水平和垂直刺激诱发的脑区活动最强。

在人类身上进行的刺激—知觉实验与在白鼬身上进行的刺激—生理实验的结果相似。相比倾斜方向

的栅格，对水平和垂直方向的栅格有更好的敏锐度（关系 A），并产生更强的生理反应（关系 B）。当对刺激产生的行为和生理反应相似时，研究者们通常会据此推导出生理反应与知觉间的关系 C。而且在上述例子中，这一关系表现为对横向和竖向刺激的更强的生理反应与对此更好的知觉之间的联系。不过在某些案例中，研究者们已经直接测量了生理—知觉关系。

生理和知觉的关系（关系C）

生理—知觉关系涉及生理反应（图 1.1 中的第三、四步）与行为反应（第五—七步）（图 1.9 中的箭头 C）。Christopher Furmanski 和 Stephen Engel（2000）通过测量同一被试对不同朝向的线条的大脑活动水平和知觉行为的敏感程度来考察这一关系。行为的测量过程是逐渐减少栅格上明暗线条的对比度，直到被试没法分辨线条的朝向。结果发现，与倾斜朝向（45°和 135°）相比，在水平朝向（90°）和垂直朝向（0°）时，被试能够观察到线条间更小的对比度。这表明被试对水平朝向及垂直朝向更加敏感（**图 1.13a**）。使用功能性磁共振成像（functional magnetic resonance imaging, fMRI）技术可监测生理反应（这一技术将在第 4 章中介绍），结果发现与倾斜朝向相比，水平朝向和垂直朝向的线条引起了更强的脑区反应（**图 1.13b**）。

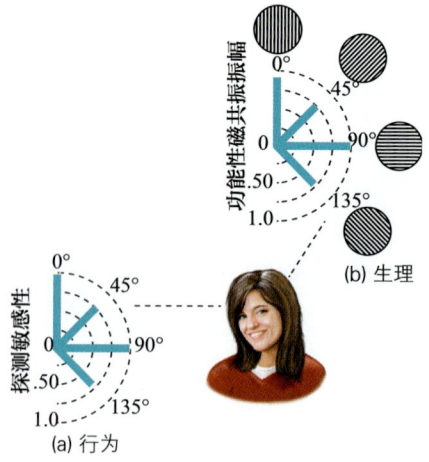

图1.13 Furmanski和Engel（2000）考察了对被试进行的栅格朝向行为实验和生理实验。（a）绿色线条表示对不同朝向的栅格的敏感度。对垂直（0°）和水平（90°）最敏感；（b）绿色线条表示不同朝向的fMRI的幅值。在0°和90°时幅值最大。

[①] 因为大量的生理学实验是在动物身上进行的，所以学生经常担心研究者是如何对待这些动物的。在美国，所有的动物研究都遵循严格准则，这些准则由美国心理学协会和神经科学协会等组织设定以保护动物。准则的核心就是尽量保证动物不经受生理或者心理上的痛苦。动物研究为失明或失聪等感官残疾的人群提供了重要的帮助，并且可以帮助发展缓解剧烈疼痛的技术。

这一实验的结果与其他两个实验的结果一致，都说明出现了倾斜效应。这个实验的亮点在于测量的是同一个被试的行为和生理反应。视觉系统偏好水平和垂直朝向刺激的原因在于在环境中普遍存在着垂直和水平刺激，这将在第5章中讨论。

影响知觉的认知因素

通过测量图 1.9 中的三个关系来研究知觉时，还需要考虑人们关于情境的知识、记忆和期望对知觉的影响。这些是在我们开始描述自上而下的加工时提到的因素，被称为**影响知觉的认知因素**。这些认知影响在图 1.1 的知觉循环图中被表示为大脑中的"知识"。研究者们通过测量知识、记忆和期望等因素是如何对图 1.9 中的关系产生影响的，来研究认知的影响。

在人—鼠范例中，如果仅仅给被试呈现图 1.11 来测量刺激—知觉关系，一些人看到的可能是老鼠，另一些人看到的可能是人。但是若先呈现图 1.7 中更像鼠的照片，这一额外增加的"知识"会使大多数人认为图 1.11 是老鼠。因此，在这个范例中，知识影响了刺激—知觉关系。我们将从这本书中了解到，认知对知觉的影响并不仅仅体现在从人—鼠范例中刚学习到的知识对知觉的影响上，也包括长期积累的知识经验对知觉的影响。

图1.14　人—鼠范例中人的版本。

回顾这三种关系，会明显发现每一种关系为知觉加工的不同方面提供了信息。因此，我们必须同时测量行为（A）和生理（B 和 C）的关系。只有同时考虑行为和生理，我们才能对知觉的机制进行全面的理解。

测一测 1.1

1. 为什么研究"知觉"？
2. 论述知觉加工的七个过程，从远刺激开始到知觉、识别和行为的行为反应。
3. 高级加工或认知加工在知觉中的作用是什么？你是否理解自上而下加工和自下而上加工的差异。
4. 可以通过测量三种关系来研究知觉意味着什么？举例证明如何通过测量每类关系来研究倾斜效应。

知觉测量

上一部分将知觉过程细化为各个加工阶段（步骤）（图 1.1），并介绍了如何通过考察三种不同的关系来研究知觉加工（图 1.9）。但我们实际上是通过测量什么来考察这些关系的呢？这一部分将介绍一些测量行为反应的方法。接下来，在后面的章节中，我们将介绍一些生理学方法。

在考察刺激与行为的关系的实验中测量的是什么呢？图 1.10 中展示的是栅格敏锐度实验，它测量的是被试能够看到的线条宽度的阈限，该阈限即指可观察到的线条的最小宽度。**阈限**测量的是知觉系统的极限，即最小值，如可观察到的线条的最小宽度、能看到的最弱的光，能听到的最小声音强度，能闻到或尝到的最小浓度的化学物质。阈限在知觉心理学以及普通心理学的研究历史中都具有重要地位，因此在介绍其他测量知觉的方法前，先详细介绍阈限。正如我们现在看到的，在早期的感觉研究中，研究者就已经意识到了准确测量阈限的重要性。

费希纳测量阈限的方法

古斯塔夫·费希纳（Gustav Fechner，1801—1887）是德国莱比锡大学的物理学教授，他兴趣广泛，曾发表过关于电力、数学、颜色知觉、美学（对艺术和美的鉴赏）、心理、灵魂以及意识本质方面的论文。但是在他所有的成就中，最有意义的就是为心理学研究提供了新的视角。

费希纳对心理的思考与19世纪中期人们对心理的看法完全相反。那时的普遍观点认为，心理是无法被研究的，而且身体与心理是截然分离的。那时的人们认为身体是客观存在的物质，可以被看见、测量和研究，而心理被认为是非物质的，因为人们看不见它，也无法测量和研究。另一个认为心理无法测量的原因是我们无法用自己的心理去测量心理本身。

在对心理无法被研究的观点持怀疑态度的背景下，费希纳对这一问题思考了很多年。在1850年10月22日的早上，他躺在床上突然灵光一闪，意识到身体和心理不应该被认为是完全分开的，而应该是同一整体的两个部分（Wozniak，1999）。最重要的是，费希纳提出可以通过测量物理刺激（身体部分）与个体经验（心理部分）的关系来研究心理。这一方法的提出是基于：随着光这一物理刺激的强度的增加，个体对光的亮度的知觉也增强了。

费希纳在提出这一观点的10年后（1860/1966）发表了著作《心理物理学纲要》（*Elements of Psychophysics*），在这本书中他提出了**心理物理学**这一术语，用以研究精神（心理）和物质（物理）的关系，并提出了测量这种关系的多种方法。《心理物理学纲要》的重要贡献之一是提出了测量阈限的方法。其中一种方法叫**极限法**，将在下面的"方法"专栏中介绍。

我们在介绍新方法时偶尔会在"方法"专栏描述它，学生们有时会因为觉得不重要而跳过这些内容。然而，这种想法要不得，因为这些方法是研究知觉时极其重要的工具。这些"方法"与后面即将介绍的实验息息相关，也为理解这些实验提供了背景知识。

方　法 ｜ 极限法

在极限法中，主试以升序（强度逐渐增大）或降序（强度逐渐减少）来呈现刺激。图1.15展示了测量听觉阈限的实验结果。

在第一个系列的试次中，主试开始时向被试提供强度为103单位的声音，被试听见声音并给出"能（听见）"的反应。用Y来标记表格在上方声强为103单位时被试的反应。随后主试呈现另外一个强度稍低的声音，被试对这个声音进行反应。重复这一过程，让被试对每一个强度的声音进行判断，直到被试反应为"不能（听见）"时停止。从"能"到"不能"的改变用虚线标记，这是转折点，该系列试次的阈限是99和98的均值，或98.5。接下来的一个系列的试次从被试明显不能感受到的强度（阈下）开始，所以被试在第一个（强度为95）试次中反应为"不能"，不断增加声音强度直到被试说"能"（强度达到100时）。在从阈下开始的系列试次中得到的过渡点的值与之前的结果有些许不同。由于存在差异，所以需要不断重复施测，一半试次从阈上开始，一半试次从阈下开始。最后阈限的值通过平均所有转折点的值得到。

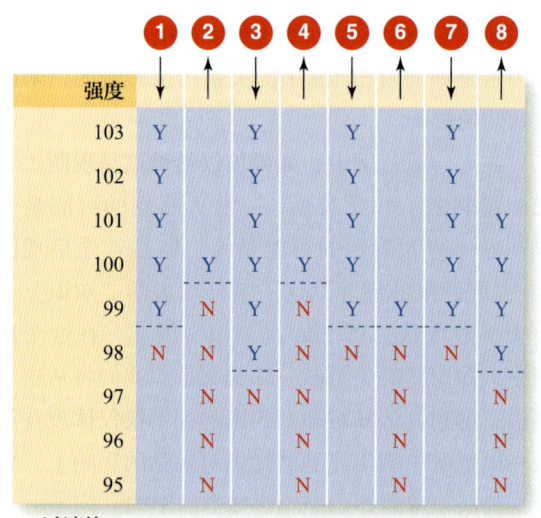

图1.15　用极限法测量阈限的实验结果。虚线表示每一系列刺激的转折点。本实验中的阈限，即转折点的平均值为98.5。

极限法平均了多个试次的结果，以避免个体知觉的变化性对测量结果的影响。费希纳提出了另外两种方法，调整法和恒定刺激法，也考虑到了这一点，在附录A中有介绍。这些**经典的心理物理学方法**，为心理测量提供了方法，开创了科学研究心理学之路。由于费希纳的思想影响巨大，因此为了纪念他，心理物理学界将他产生灵感并使心理物理学诞生的这一天——10月22日——命名为"费希纳之日"。这值得大家铭记。

上面用来证明极限法的例子涉及测量**绝对阈**

限，即能观察到的最小刺激量。另外一种阈限叫**差别阈限**，即能被觉察到的两种不同刺激的最小差异量。在《心理物理学纲要》中，费希纳不仅提出了他的心理物理学方法，还描述了恩斯特·韦伯（Ernst Weber，1795—1878）的贡献。韦伯是一位心理学家，在费希纳的书出版的几年前，他测量了不同感觉的差别阈限。关于差别阈限的细节请看附录B。

韦伯和费希纳的方法不仅测量了人们探测刺激的能力，还为考察刺激的加工机制提供了方法。比如，你进入了一个黑暗的地方并在其中待上一会儿，刚开始你也许不能看到多少东西（图1.16a），但视觉会越来越好，最终看见了光和之前看不见的物体（图1.16b）。这种视觉的改善就是因为在黑暗中感受光的阈限会变得越来越低。

通过测量个体的阈限在每一时刻的变化，就可以建立暗适应曲线，展示长时间在黑暗环境中，个体的阈限是如何越变越低的。因此，测量阈限可以让我们避免简单地说"在黑暗中待久了会看得更清楚"，且为个体视觉能力改善过程的每一刻发生的变化提供了量化的描述。第2章展示了研究者们如何通过测量暗适应曲线来确定视觉在黑暗中有所改善的生理机制，我们还将在后面讲述其他通过测量阈限来揭示知觉机制的实验。

虽然测量阈限的方法很重要，但是我们都知道知觉测量远远不止阈限的测量。为了了解有关知觉经验的更多知识，除了需要测量阈限，还需要测量知觉经验的其他部分。通过考虑五个知觉领域的问题以及解决这些问题的技术，我们将介绍研究者们用来测量阈上知觉的方法。

知觉领域的五个问题

第一个问题从容易被探测到的远高于阈值的刺激开始。

问题1：对刺激的知觉程度到底如何呢？

方法：量值估计 物体有大有小（比如大象和小虫），声音有强有弱（摇滚乐和一声口哨），光线有明有暗（刺眼的阳光和闪烁的星光），刺激有重有轻（严重的污染和轻微的味道）。费希纳感兴趣的不仅仅是通过心理物理法测量阈值，他还有志于确定物理刺激（比如，摇滚乐和一声口哨）与对其强度的感知（比如，觉察到一个声音很吵，而另一个很柔和）之间的关系。费希纳创建了物理刺激和知觉之间的数学公式，而现代心理学家采用一种名为"**量值估计**"（在费希纳的时代尚没有被提出）的方法对费希纳的公式进行了改进（Stevens，1957，1961）。

(a)

(b)

图1.16　（a）刚从光亮处进入一个黑暗的场景中可能发生的视知觉。（b）经过10~15分钟适应了黑暗后，人们是怎么知觉周围场景的。适应了黑暗场景后，知觉的改善，这反映了视觉系统对光的阈限的降低。

方法 | 量值估计

量值估计的实验程序相对简单：首先给被试呈现一个标准刺激（比如，中等强度的一道光）并给这个刺激的强度赋值为 10。然后被试会看到不同强度的光，这些光刺激与原始光呈一定比例。此时，被试需要根据标准刺激的强度值来对这些光的强度进行评估赋值。其中，亮度的分值就是刺激的**知觉强度**。如果出现的光是标准刺激的 2 倍，那就评 20 分；如果是标准刺激一半的亮度，就评 5 分；以此类推。因此，被试对每一道光的强度都有一个评分。

本章最后的"思考时刻"会对用量值估计来测量亮度的实验结果进行讨论，而且关于物理强度和知觉大小的数学公式在附录 C 中也有讨论。

问题 2：刺激是什么？

方法：识别测验 对事物进行命名的时候，你正在对它们进行分类。这个分类过程被称为**识别**，可以通过很多种类的知觉实验进行测量。这些实验可以应用于测量脑损伤病人的识别能力。正如在本章开始部分提到的，P 博士的大脑损伤导致他无法辨认通常的物体，比如对一副手套的识别。可以通过要求脑损伤病人命名物体或者描述物体来对他们的识别能力进行测试。

识别测验同样可应用于测量正常被试的知觉能力。第 5 章将会介绍一个实验，该实验表明，尽管看到所有的细节需要更多的时间（见**图 1.17**），但是被试依然能够识别快速闪现的图片（"这是一个两岸盖满了房子的船坞"）。

识别测验不仅局限于视觉测量，也可用于测量听觉（"这是汽车的引擎声"）、触觉（通过手指触摸来识别一件物体）、味觉（"这是巧克力的味道"）以及嗅觉（"这是一朵玫瑰"）。因为识别物体对我们的生存至关重要，所以很多知觉研究者已经将研究重点从"你看到了什么"（知觉）转移到"那个叫什么"（识别）上。

图 1.17 图中是用于识别实验的刺激之一，刺激连续闪现，被试经常能够识别出这些快速闪现的画面的大致内容，比如靠近水域和船的房子，但是需要更多的时间来感知到细节。

问题 3：对刺激的反应有多快？

方法：反应时 对于刺激的反应速度可以通过测量**反应时**（从刺激呈现到被试对刺激做出反应的这段时间的时长）来获得。下面是反应时实验，要求被试注视着屏幕中的十字（见**图 1.18a**），同时让被试注意左侧矩形中的位置 A。因为被试正在看着十字，但是同时又需要注意左侧矩形的顶部位置，这个任务类似于当你在看一个目标时又需要分配注意到别的地方。

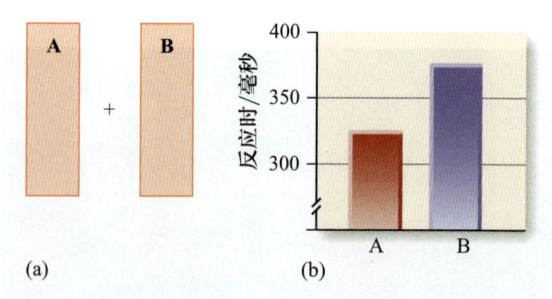

图 1.18 （a）反应时实验，被试被告知注视"+"号，但是要分配注意给 A，然后对屏幕中任何位置上可能闪现的黑色目标做尽可能快的按键反应。（b）反应时以毫秒计，结果说明了被试对注意的位置 A 的反应速度显著快于对不注意的位置 B 的反应速度。（来源：Egly et al., 1994）

当注意指向左侧矩形的顶部时，被试的任务就是对出现在屏幕中任意位置的黑色目标做出又快又准的按键反应。结果如图 1.18b 所示，相比于位置 B，当目标出现在位置 A 时，也就是注意指向的位置时，其反应速度更快（Egly et al., 1994）。这些结果与我们在第 7 章将要讨论的主题是相关的，即开车的时候打电话是如何影响我们的驾驶能力的？

问题 4：如何形容外部环境？

方法：现象学报告 看看周围，描述一下看到了什么。你能够叫出你识别的物体的名字，或者可以描述光的明暗以及颜色，或者周围空间的事物是如何分布的，或者两件物品是相同还是具有不同大小或颜色。描述外部环境的方法被称为**现象学报告**。例如，在图 1.19a 中你看到的是一个花瓶还是两张人脸？这幅图在第 5 章也出现了，是用来探讨人们在背景下是如何对物体进行知觉加工的。

另外一个现象学报告的例子就是描述你在图 1.19b 中看到的**赫曼方格**。人们经常报告白色区域的交叉处都是黑色的点，但是当他们仔细看一个交叉处时，会发现那个黑点消失了（可以尝试看一下）。我们会在第 3 章讨论这个交叉错觉。

现象学报告之所以很重要是因为它可以使我们想要解释的知觉现象变得明确，一旦某个现象被确定下来，我们才可以通过其他方法去研究它。比如，只有当赫曼方格被确定，我们才能用其他实验方法去探讨为什么这些黑点会出现。

问题 5：我如何与它互动？

方法：物理任务和判断 前面所有的问题都聚焦于如何用不同的方法测量我们所知觉的事物。最后一个问题关心的不是知觉而是知觉加工之后的行为。很多知觉研究者认为，知觉的一个主要功能就是使我们在环境中采取行动。从这个角度看这件事：当穴居人类在森林里看到一只危险的老虎时，他可以站在原地并惊叹于老虎美丽的皮毛，或者是强有力的虎爪，但是如果他没有在老虎看到他之前藏起来或者逃跑，就有可能丧命于此。用更为日常的例子来说，我们看到了一个食盐罐，然后准确地在桌子上拿到它，或者从校园的一个地方到另一个地方去上课。关于知觉和动作的研究将在第 7 章中进行探讨，在那些研究中，被试需要完成知觉和动作任务，比如在不同的条件下拿到目标物，走迷宫，或者开车。

有的物理任务也会让被试在实际完成实验之前做出判断。比如，我们在第 7 章会看到，相比于有人帮忙搬箱子时，被试认为自己单独搬运时的箱子更沉。

这个例子涉及知觉研究的很多可用方法，并且对使用了上述方法以及其他方法的研究都进行了讨论。尽管我们不能在每一个实验中都很详细地介绍研究方法，但是会在"方法"专栏中介绍重要的方法，比如本章介绍的极限法和量值估计。另外，对很多生理学方法在之后的"方法"专栏也会有相应介绍。行为和生理方法将会在本书中扮演重要的角色。本书会以讲故事的方式向读者娓娓道来，在这个故事中，行为和生理方法都非常重要。比起单独介绍这两种方法的使用，二者的结合更有助于我们对知觉产生更为全面的理解。

思考时刻
为什么刺激的物理属性和人对其感知之间的差异很重要？

知觉研究中最关键就是刺激的物理属性和人对其的感知之间的区别。为了说明这个差异，请考虑图 1.20 中的两种情况。在图 1.20a 中，人眼注视的一个灯泡的光的强度是 10。在图 1.20b 中，人眼注

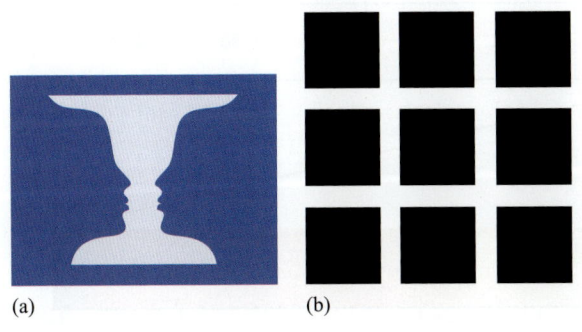

图1.19 （a）花瓶—脸图片用来研究人们是如何对背景上的物体进行知觉加工的。（b）赫曼方格。注意白色"通道"交叉处的黑色点。即使通道全是同样的白色，这些黑点还是会出现。

视的两个灯泡发出的光的强度是 20。这些都是光的物理属性。如果我们用光照仪表测量这些光的强度，会发现相比图 1.20 a，在图 1.20 b 中的人们接收的光强是图 1.20b 中的 2 倍。

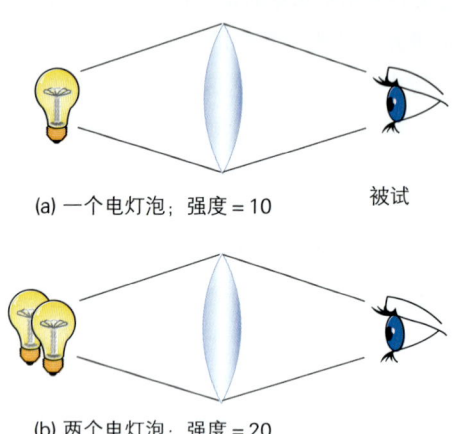

(a) 一个电灯泡；强度 = 10

(b) 两个电灯泡；强度 = 20

图1.20 被试看不同物理强度的光（用一只眼睛表示）。（b）中的光强是（a）中的2倍。然而当要求被试去评价光强时，被试认为（b）中的光强只比（a）高了20%~30%。

但是人们对其的感知是如何的呢？对光知觉的测量不是由强度所决定的，而是由量值估计方法得到的感知亮度所决定的。当光强从图 1.20 a 到图 1.20 b 增强 2 倍，我们感知到的亮度会发生什么样的变化？事实就是从图 1.20 b 中感受到的光会比图 1.20 a 更亮，但是并没有 2 倍的亮度。如果将图 1.20 a 中的光强判断为 10，那么人们在图 1.20 b 中感知到的光强只有 12 ~ 13 左右（Stevens，1962，也见附录 C）。因此，光的物理强度和我们感知到的光的强度并不是一一对应的关系。

另外一个关于刺激的物理属性和对其的感知存在区别的例子就是图 1.19b 中的赫曼方格，因为当白色通道是同样的白色时，人们会感知到交叉点上有黑色的点。在这种情况下，刺激的物理属性和我们所感知到的并不是一致的。

赫曼方格使我们产生了错觉，即我们所感知的黑点并不是实际所呈现的物理特性。但是有时候我们又无法知觉到实际呈现的物理刺激，正如**图 1.21**所示的**电磁波谱**。电磁波谱的范围包括从短波频谱的伽马射线到长波的 AM 电台和交流电路。但是可以看到的只有夹在红外线和紫外线中间的一小部分可见光。我们看不到紫外线以及更短的波（尽管蜂鸟可以看到紫外线波段的光）。同样我们也不能看到过长的波，比如红外线或者波长更长的光线。这也许是一件好事，要不然我们就可以通过空气看到手机通话发出的各种信息了。

这些例子说明了刺激的物理属性与我们对它的知觉是两种不同的概念。Ludy Benjamin 在他的《心理学史》（A History of Psychology，1997）一书中提出：''如果改变刺激的物理属性总是能够引起相对应的类似的知觉变化，那么人就不需要心理学了；人的知觉加工就可以完全由物理属性来解释''（p.120）。但是知觉是心理活动，并不是物理过程，而且知觉反应与刺激的物理属性的变化并不是一一对应的。

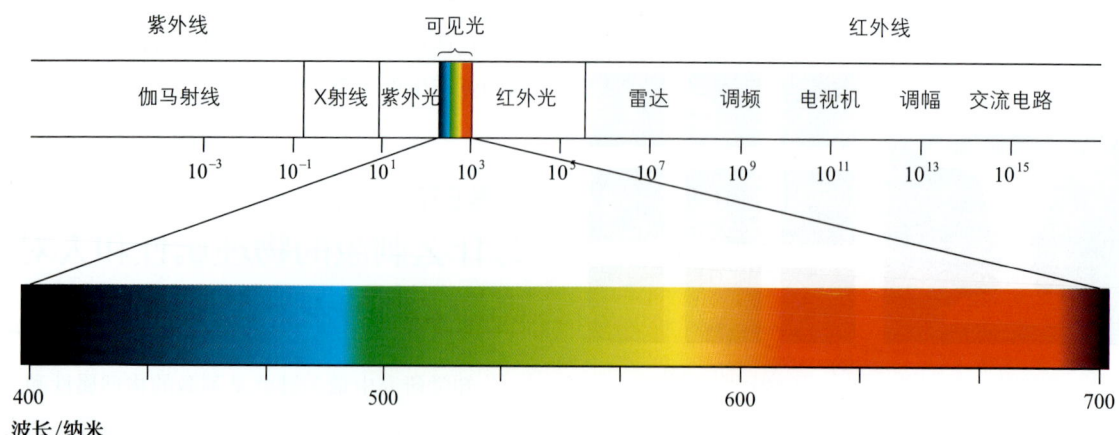

图1.21 图中顶部的是电磁光谱，从伽马射线到交流电路。图片底部是可见光，它只占电磁光谱的一小部分。我们无法看到可视光谱之外的光。

因此，我们在整本书中都在仔细区分刺激的物理属性以及对应的知觉反应。

测一测 1.2

1. 费希纳对心理学的贡献是什么？
2. 描述一下探讨外部世界的五个问题，以及解决这些问题的测量技术。
3. 为什么区分刺激的物理属性和人对其感知的差异很重要？

想一想

1. 这一章讲述了看似很简单的知觉，但当我们在思考并不明显的经验知觉的"幕后"活动时，发现这一过程是非常复杂的。以个人经验为例，"结果"看起来很简单，但实际上涉及了许多人都没有意识到的复杂的加工过程。

2. 举个例子，在这个例子中，一开始你以为看到了某些东西，或听到了某些声音。但随后发现，一开始的知觉是错的。在这个例子中，自下而上和自上而下的加工的作用是什么？

关键术语

表征原则（principle of representation, p.7）
差别阈限（difference threshold, p.15）
初级接收区（primary receiving area, p.8）
刺激—生理关系（stimulus-physiology relationship, p.11）
刺激—知觉关系（stimulus-perception relationship, p.11）
大脑皮层（cerebral cortex, p.8）
电磁波谱（electromagnetic spectrum, p.18）
顶叶（parietal lobe, p.8）
动作（action, p.9）
额叶（frontal lobe, p.8）
反应时（reaction time, p.16）
分类（categorize, p.10）
感觉（sensation, p.5）
感受器（sensory receptor, p.7）
赫曼方格（Hermann grid, p.17）
换能作用（transduction, p.7）
极限法（method of limits, p.14）
近刺激（proximal stimulus, p.7）
经典心理物理学方法（classical psychophysical methods, p.14）
绝对阈限（absolute threshold, p.14）
量值估计（magnitude estimation, p.15）
颞叶（temporal lobe, p.8）
倾斜效应（oblique effect, p.11）
人—鼠范例（rat-man demonstration, p.10）
神经加工（neural processing, p.8）
生理—知觉关系（physiology-perception relationship, p.12）
识别（recognition, p.16）
视觉失认症（visual form agnosia, p.9）
视色素（visual pigment, p.7）
现象学报告（phenomenological report, p.17）
心理物理学（psychophysics, p.14）
影响知觉的认知因素（cognitive influences on perception, p.13）
阈限（threshold, p.13）
远刺激（distal stimulus, p.6）
栅格敏锐度（grating acuity, p.11）
枕叶（occipital lobe, p.8）
知觉（perception, p.3）
知觉加工（perceptual process, p.5）
知觉强度（perceived magnitude, p.16）
知识（knowledge, p.9）
转换原则（principle of transformation, p.7）
自上而下加工（top-down processing, p.10）
自下而上加工（bottom-up processing, p.10）

本书所传达的一个重要信息是：我们的经验是由知觉系统的各种特质决定的。本章的开头为我们讲述了知觉过程是如何启动的，之后阐述了当我们的视觉体验发生时，视锥细胞与视杆细胞是分别在何种情况下开始工作的，即视锥细胞主司昼光觉与色觉，而视杆细胞对暗光敏感且无色觉。

© Bruce Goldstein

第 2 章

知觉加工的开始

本章内容

知觉加工的开始
光、眼睛和视觉感受器
光：视觉刺激
眼睛
光聚焦于视觉感受器
视觉感受器与知觉
光能转化为电能
暗适应

光谱感受性
神经元上的电信号
记录神经元的电信号
动作电位的基本属性
动作电位发生的化学基础
突触间隙的化学传导
神经网络的聚合与知觉
神经聚合导致视杆细胞比视锥细胞

更灵敏
缺乏聚合导致视锥细胞比视杆细胞更敏锐

思考时刻：知觉加工起始的重要性
发展维度：婴儿的视敏度

想一想
关键术语

我们要思考的一些问题

■ 聚焦系统是如何影响知觉的？
■ 视色素是如何影响知觉的？
■ 给神经元"通电"的通路是如何影响知觉的？

一棵树是如何被知觉成"一棵树"的呢？第 1 章的图 1.1 是这样解释的：从树上反射出来的光将关于树的信息（远刺激）传递到我们眼中。光到达视网膜上的感受器时，产生近刺激。这时，光转变为电信号，电信号携带着有关于树的信息，并将这些信息运送到大脑中，最终，这些电信号将在大脑中转变成为关于树的知觉。

本章的重点是知觉过程的启动。尽管本章通过一些视觉的案例来描述知觉过程的起始，但是其中的许多原理机制也适用于其他的感觉。就像第 1 章提到的，我们能看见树，是因为树以光的形式反射进了眼睛；我们能听见树叶沙沙作响，是因为声能以空气中气压变化的形式传入耳朵。在这两个例子中，外界刺激使大脑活跃，知觉便开始了，触摸到树皮的纹理、闻到树上的花香、品尝到树上的果实，都遵循着这个过程。当你读完这本书后会发现，尽管我们有很多种感觉，但是每一种感觉发生的过程都遵循着同一原理。

知觉加工的开始

人们普遍认为知觉开始于知觉过程的启动，但是正如我们所看到的，在知觉过程开始前就做好充足的准备，便能够更好地完成知觉。所以，要了解知觉，必须首先了解知觉的起始。就视觉来说，视觉的起始是物体以光的形式反射进了眼睛。

图 2.1 解释了视觉过程的前四个步骤，图片中从右到左的步骤与图 1.1 匹配。按照图片底部的黑色字所标注的顺序来看：步骤———远刺激（树）；步骤二——树以光的形式反射进眼睛，从而在视觉感受器上产生了近刺激；步骤三——光在视觉感受器上转变为电信号；步骤四——电信号在神经元网状结构间传输时被加工。本章主要讲的是知觉过程的每一步中的物理机制是怎样影响下一步骤的，即图 2.1 中的蓝色字：（1）视觉聚焦；（2）感知明暗；（3）感知细节。我们从光、眼睛、眼睛背面的视网膜上的感受器开始讲起。

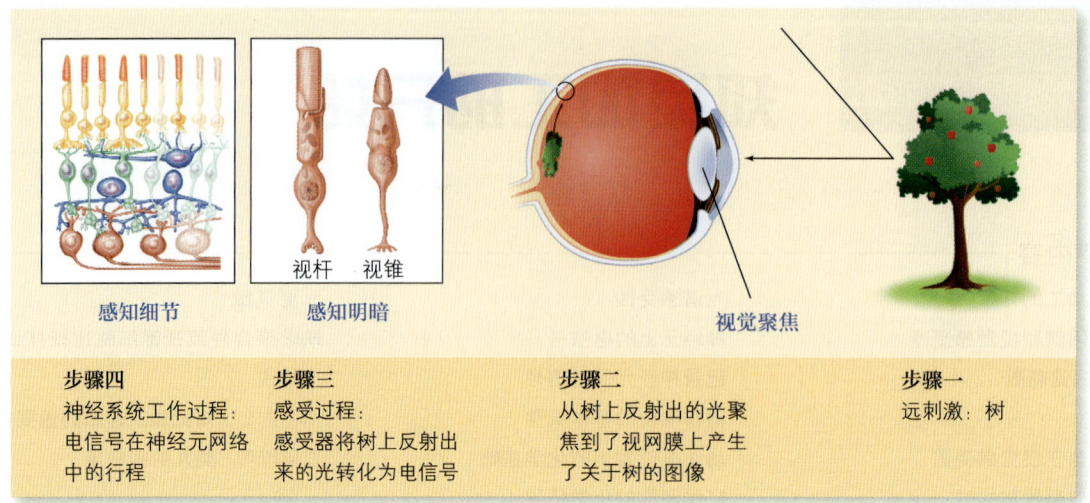

图2.1 本章预览。本章将具体介绍视觉过程的前三个步骤并引出第四个步骤。黑色的字是对物理过程的解释，蓝色的字为物理过程对应产生的知觉效果。

光、眼睛和视觉感受器

能够看见树或其他的物体，有赖于物体上的光被反射进了眼睛。

光：视觉刺激

视觉以可见光为基础，可见光是电磁光谱中的一个能量波段。电磁光谱是由电荷所产生的电磁能的连续体，以光波的形式向外辐射（见图1.21）。光谱中的能量用**波长**来衡量，波长指的是电磁波顶端之间的距离。从最短波的 γ 射线（波长约为 10^{-12} 米）到长波的无线波（波长约为 10^4 米）之间都是电磁光谱的波长范围。

可见光，是可被人们觉察到的电磁光谱之内的能量，波长范围约为 400～700 纳米，1 纳米 $=10^{-9}$ 米，说明可见光的最大波长略小于 1 毫米的 1‰。对于人类和有些动物来说，可见光的波长与光谱中的不同颜色有关，例如，蓝色波长较短，绿色波长中等，黄色、橙色和红色波长较长。

眼睛

眼睛中存在视觉感受器，眼睛最早出现于寒武纪（5.7亿—5亿年前），表现为原始动物（诸如扁

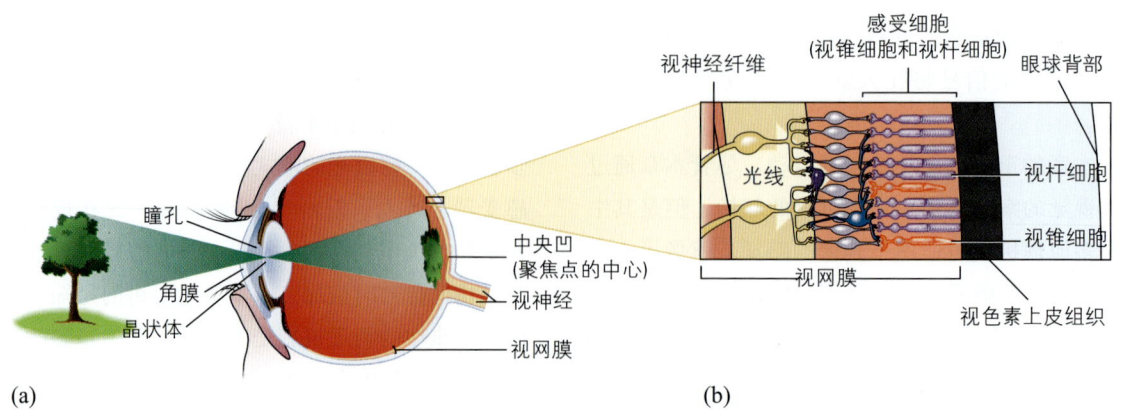

图2.2 树的图像聚焦到视网膜上，最后落到眼球背部。右图是视网膜的特写，主要有视网膜上的感受器和一些其他组成视网膜的神经元。

形虫）的眼点，眼点可以辨别明暗但不能觉察环境特征。进化前的眼睛是不能够觉察物体细节的，而进化后的眼睛内有高级的光学系统，这种光学系统能在眼中成像，从而提供物体形状、细节的信息及其在场景中的布局（Fernald，2016）。

环境中的物体以光的形式透过瞳孔反射进眼睛，由角膜和晶状体聚焦，最后在视网膜上形成关于物体的图像，视觉感受器存在于神经元网状结构中，覆盖在眼球背部（图 2.2a）。视觉感受器包含视锥细胞和视杆细胞，故称它们为锥体和杆体外节（图 2.3）。外节是感受器的一部分，包含一种叫视色素的光敏化学成分，视色素能对光做出反应然后触发电信号。感受器上的电信号穿过视网膜上的神经元网状结构（图 2.2b），在眼球背部的视神经上显现出来。视神经上有 100 万个可以向大脑传递电信号的视神经纤维。

视锥感受器与视杆感受器不只是形状不同，它们在视网膜上的分布也不同。图 2.4 描述了二者的分布情况，从中可以总结出以下几点：

1. 中央凹所占的区域极小，上面只分布了视锥细胞，当我们直接观察物体时，物体的图像会被投射到中央凹上。
2. 除中央凹以外的全部区域都被称作外周视网膜，视锥细胞与视杆细胞同时分布在上面。值得注意的是，尽管中央凹上只分布了视锥细胞，但是在外周视网膜上也有大量的视锥细胞。由于中央凹的范围过小（大约只有这个"o"这么大），所以只有占总数的 1% 的视锥细胞分布在上面，约 50000 个，而视网膜上的视锥细胞的总数约为 600 万个（Tyler，1997a，1997b）。
3. 外周视网膜上的视杆细胞比视锥细胞要多得多，视网膜上的视杆细胞有 1.2 亿个，而视锥细胞总共只有 600 万个。

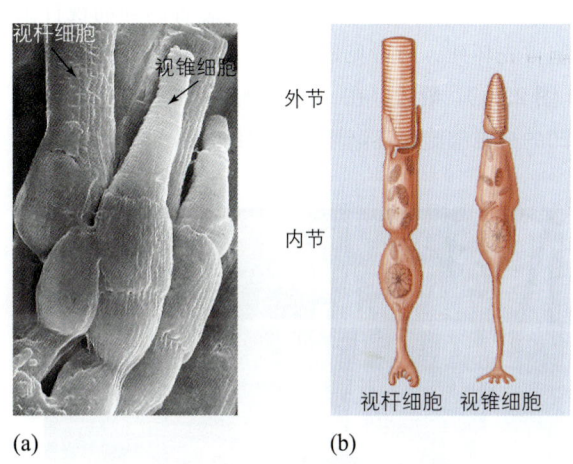

图 2.3 （a）电子显微镜下的视杆细胞与视锥细胞，外节呈杆状和锥状。（b）视杆和视锥感受器的内节和外节部分，外节上有视觉光敏色素。（来源：Lewis et al.，1969）

弄清视锥细胞与视杆细胞不同分布的一个方法

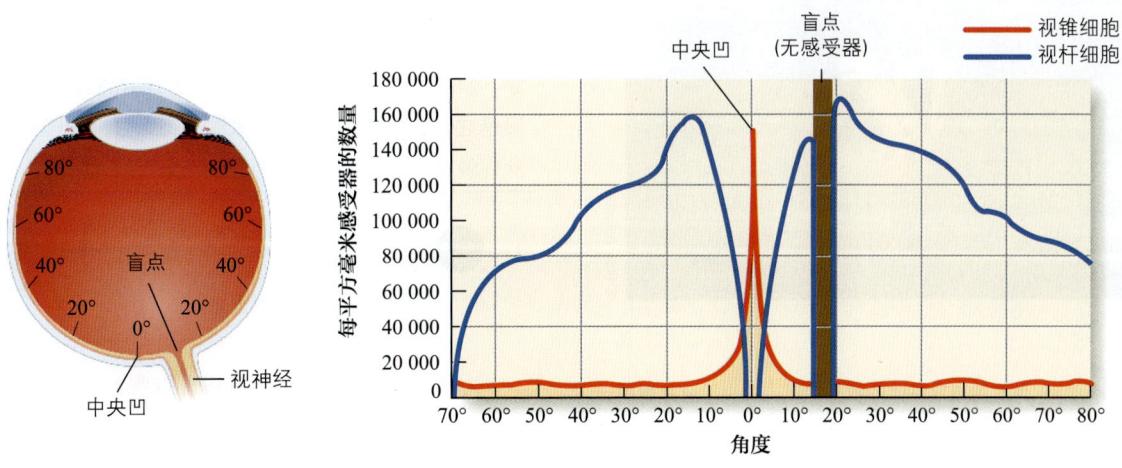

图 2.4 视杆细胞和视锥细胞在视网膜上的分布情况。左图以中央凹为 0° 做对比，眼睛各个位置的度数，右图是其对应的图，横坐标为度数。右图中棕色的柱形区域表示视网膜在此处没有感受器，因为神经节细胞在此处离开眼睛形成了视神经。（来源：Lindsay & Norman，1977）

是观察当视网膜的一个区域受损时会发生什么。其中一个案例就是**黄斑病变**,这一症状常见于老年人,患者的中央凹和周围的一部分区域会坏死(黄斑是一种医学术语,指的是中央凹及其周围的一小部分区域),导致视觉中央的一个区域产生盲点,即所看见的景象并不完整,中间缺少一部分(图2.5a)。

另外一个案例就是**色素性视网膜炎**,这一症状表现为视网膜脱落,是一种遗传疾病(但是并不会遗传给家族里的每一个人)。患者的外周视杆细胞首先坏死,所看见景象的外周区域变得昏暗模糊(图2.5b)。最后,在一些十分严重的案例中,中央凹的视锥细胞也逐渐坏死,最终导致全盲。

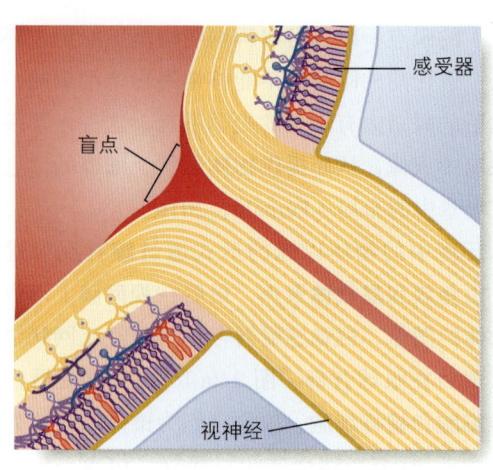

图2.6 视神经与眼球分离的位置没有感受器,这使得感受器的神经节细胞纤维汇聚成了视神经。感受器的缺失导致此处产生了视觉盲点。

图2.5 (a)患有黄斑变性时的视觉状况,中央凹及其周围一部分区域坏死,眼前呈现的景象缺少一部分。(b)当患有色素性视网膜炎时,起初外周视网膜脱落,导致视野的外周区域变得模糊,这种情况有时又称为"视野狭窄"。

在了解图2.4中视锥细胞与视杆细胞的分布情况之前,我们还应该注意到视网膜上的一个区域,该区域由图2.4中的棕色柱状条表示,这个区域上面没有感受器。图2.6展示了这一区域的具体位置的特写,即视神经的神经纤维传出眼睛时的位置。这一区域由于缺少感受器,因此被称作**盲点**。虽然平时注意不到这个盲点,但可通过下面的"演示"专栏的介绍知觉到盲点。

演 示 | 如何知觉到盲点

将书放置在桌面上,双眼置于书的上方,闭上右眼,左眼与图2.7中的十字对齐。注视十字时确保书页的平整并慢慢向其靠近,靠近的过程中眼睛不要离开十字,但同时用余光注意旁边的圆点。在眼睛与书或电子设备之间的距离为7~21厘米时,圆点会从眼前消失。此现象发生时,就是圆点的图像正落到了盲点上。

图2.7 盲点演示。

为什么我们通常意识不到盲点呢?一个原因是盲点位于视野旁边,在这个位置上,物体并不能被聚焦。而且,我们不了解去哪里寻找盲点(与演示步骤相反,将注意放在了圆点上),所以盲点很难被觉察。

但这其中最重要的原因是大脑中的一些机制"填充"了图像消失的位置（Churchland & Ramachandran, 1996）。下一个"演示"专栏阐释了这个填充过程的重要性质。

演示 ｜ 填充盲点

闭上右眼，左眼与图2.8中的十字对齐，向圆盘渐渐靠近。当圆盘中心落入盲点时，注意圆盘的辐条是怎样填充进洞的（Ramachandran, 1992）。

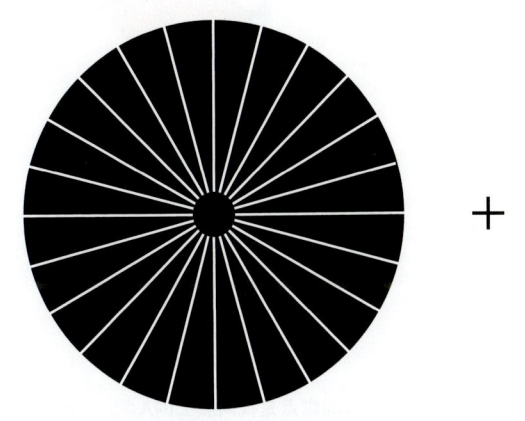

图2.8 按照说明注视图案，注意观察圆盘中心落入盲点时发生的视觉现象。（来源：Ramachandran, 1992）

这个演示说明了大脑并不是什么都没有填充进盲点的；相反，它创建了与周围模式匹配的知觉，如第一个演示中的空白部分，第二个演示中的圆盘辐条。这种"填充"方式可以在一定程度上说明大脑是怎样让我们对世界产生连贯知觉的。现在回到知觉加工的开始这个问题上，物体上反射出来的光被聚焦到了感受器上。

光聚焦于视觉感受器

反射进眼睛里的光要通过一个二元光学系统最终聚焦到视网膜上，二元光学系统即角膜和晶状体。角膜是眼睛前方的透明覆盖物，占眼睛聚焦力的80%，但它就像眼镜上的镜片，被固定在一个位置便不能调节焦距。眼睛聚焦力的其余20%由晶状体提供，它可以通过改变自身形状来调节眼睛焦距，去对焦不同距离的物体。晶状体形状的改变由睫状肌来完成，这样可以通过提高自身的弯曲程度来提升晶状体的聚焦力，即曲光的能力（对比图2.9b和图2.9c）。

通过考虑当一个正常视力的人的眼睛放松时，观察远距离物体的时候发生了什么，我们就可以知道为什么眼睛需要调节焦距。如果物体位于6米以外，光线到达眼睛时在本质上是平行的（图2.9a），角膜与晶状体共同将水平光线聚焦于视网膜上的A点。但是如果物体向眼睛靠近，物体上反射出来的光线会从更多的角度进入眼睛，如果不是有眼球的存在，焦点会被向后推，直到落在眼球后面B点的地方（图2.9b）。因为在到达B点之前，光停在了眼球的背部，所以视网膜上的图像就不在焦点上了。如果物体继续停留在这个位置，它被看见时就是模糊的。

可调节的晶状体通过控制调节功能来防止视觉模糊。**调节**指的是当眼前的睫状肌收紧时，晶状体形状发生的变化，即增大晶状体的弯曲度让它变得更厚（图2.9c）。弯曲度的增加提升了穿过晶状体的光线的弯曲程度，这样焦点被拉回到了A点，物体便能够在视网膜上成像。这说明眼睛在环顾四周时，会通过调节系统不断地调整焦距来观察周围的事物，特别是那些近距离物体的焦距。下面这个"演示"专栏说明了调节过程是必不可少的，因为所有的物体在一开始都不是被聚焦在焦点上的。

演示 ｜ 注意焦点上的物体

调节过程并不需要意识参与，所以我们通常注意不到：晶状体通过不断地调整自身聚焦力来看清楚不同距离的物体。因为这一无意识聚焦过程的高效运行，人们提出这样的假设：视野中的物体无论远近都能够被聚焦。这种假设可以通过以下方法被否定：手臂伸直，手里握住一支钢笔或是铅笔，笔尖向上，闭上一只眼睛，用睁开的眼睛注视位于笔后面至少6米的物体，此时能够注意到笔尖在眼前并不清晰（确保注视焦点在较远的物体上），有些轻微的模糊。

然后继续注视远距离物体，并同时将笔慢慢向身体移动，此时能够注意到，随着笔的慢慢靠近，笔尖变得越来越模糊。当笔与身体的距离约为3.7米时，将注视点转换到笔上。转换后，笔尖变得清晰了，但远距离物体变得模糊了。

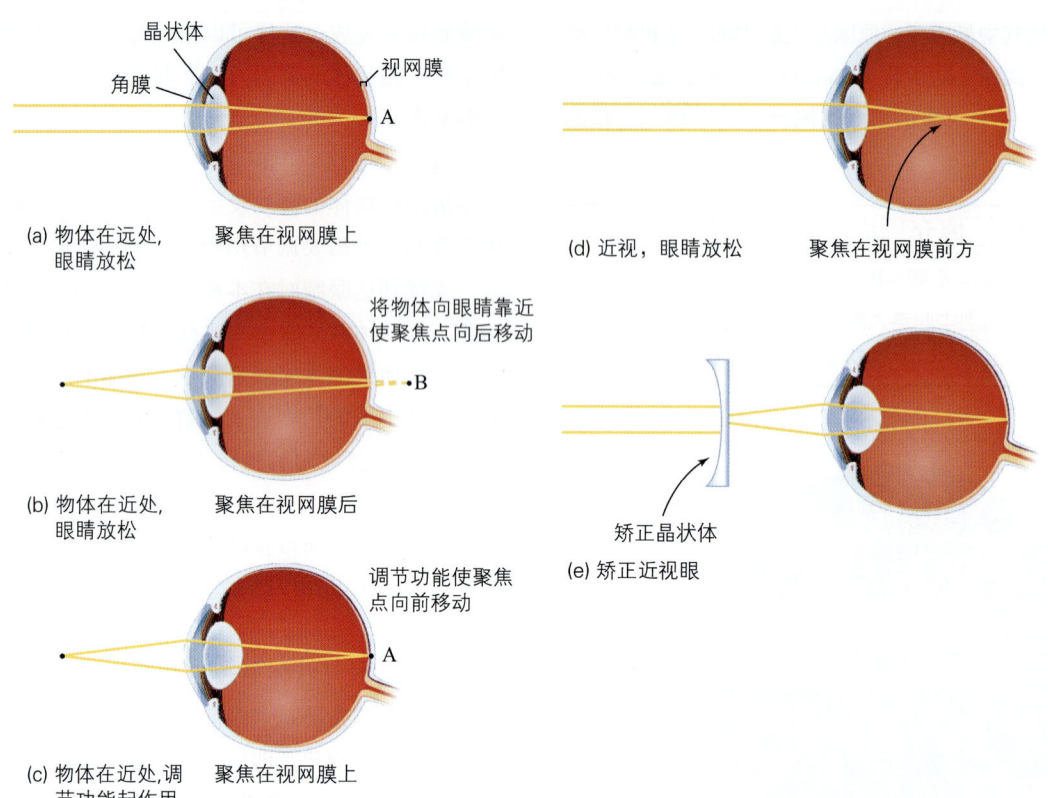

图2.9　眼睛对光线的聚焦。（a）6米外的光源发出的光几乎是平行的，这些平行光线的焦点是视网膜上的A点。（b）将物体向眼睛靠近，使聚焦点向后移动到B点，但光线此时停在了眼球后部，所以图像并没有聚焦在视网膜上。（c）调节功能（晶状体变厚）提高了晶状体的聚焦能力，将近处物体的焦点向前移到视网膜上的A点。调节功能是眼睛的睫状肌在发挥作用，图中并没有体现。（d）对于近视的人来说，远处光点传来的平行光线只聚焦到了视网膜前方，所以远处物体看起来是模糊的。（e）通过矫正晶状体使得光线弯曲，这样就可以将光线重新聚焦到视网膜上。

将注视点从远距离物体转换到近距离的笔尖上，这一过程就是调节功能在发挥作用，无论远近，物体都能被聚焦，但这种聚焦并不是同时发生的。看见不同距离的物体，是调节功能发挥的作用。但是人老后，由于晶状体的硬化和睫状肌的松弛，调节功能的效率会下降，以至不能阅读或是看见近距离物体。这种症状被称作**老花眼**（属于老年眼病），可以通过佩戴老花镜的方式缓解，老花镜可以代替晶状体来聚焦近处物体。

近视，又称**近视眼**，表现为看不清楚远处的物体，也是可以通过矫正晶状体来缓解的眼部问题。约7000万美国人存在此种视力问题，图2.9d解释了这种症状存在的原因。通过光学系统进入眼睛的平行光线聚焦于视网膜的前方，所以视网膜上的成像是模糊的。这其中有两个原因：（1）**屈光近视**，角膜与晶状体对光线的过度弯曲；（2）**轴性近视**，眼轴过长。无论是哪种原因导致的，都表现为远距离物体的图像不能被清晰地聚焦，所以看起来是模糊的。对晶状体进行矫正可以解决这个问题，具体见**图**2.9e。

远视，也即**远视眼**的症状表现为可以看清远处的物体但很难看清近处的物体，原因是物体反射出来的平行光线的聚焦点落在了视网膜后方，是眼球过短导致的。年轻人的眼睛调节功能可以将图像向前带回到视网膜上，但老年人的调节能力已经衰退，因此一般选择用矫正镜片来使聚焦点落在视网膜上。

物体在视网膜上的清晰成像只是视觉过程的开始。不过，就算物体清晰地成像在了视网膜上，在视网膜上也不能看见图像，因为产生视觉的是大脑而不是视网膜。在大脑产生视觉之前，到达视网膜上的光线必须先激活视网膜上的感受器。

视觉感受器与知觉

进入感受器的光被那些对光敏感的视色素分子吸收了,这时电信号被激活。这个步骤对于视觉过程非常重要,因为这时产生的电信号将远刺激的性质以电信号的方式传入大脑。视色素的功能远不止于此,它还决定了觉察弱光和可见光谱上各种光的能力,帮助形成知觉。本节主要讲述换能的过程以及感受器是如何形成知觉的。

光能转化为电能

换能指的是能量从一种形式转化为另一种形式(见第 1 章)。视锥细胞与视杆细胞上发生的视觉换能指的是光能转化为电能。要想理解视杆细胞和视锥细胞是如何产生电信号的,首先要了解在感受器外节上有约百万个对光敏感的视色素分子(图 2.3)。视色素包含了视蛋白和视黄醇两部分,视蛋白是一种较长的蛋白质,视黄醇是一种较小的光敏成分。**图 2.10a** 是视蛋白与视黄醇的模型(Wald,1968),这上面只展示了视蛋白的一小部分。事实上,视蛋白的长度是视黄醇的 100 倍。

尽管视黄醇相对于视蛋白来说体积较小,但它是视色素分子中非常重要的部分,因为只有视黄醇与视蛋白的结合体才能吸收可见光。视色素分子上的视黄醇在吸收光的时候会改变自身的形状,由弯(图 2.10a)变直(图 2.10b),变形的过程被称为**异构化**。变形引起一系列化学反应(见图 2.11)。最后,感受器上的上千个带电分子转变为电信号。

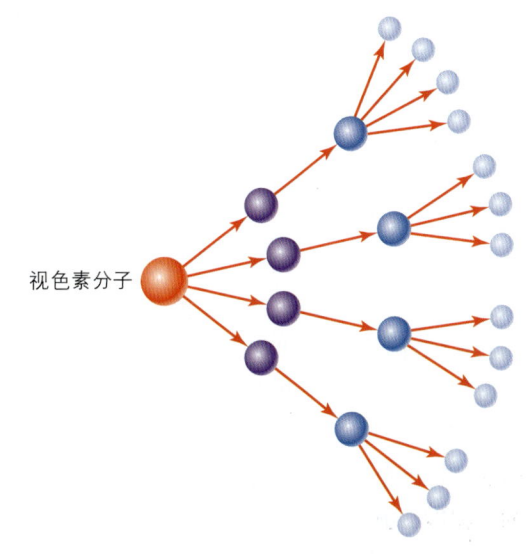

图2.11 一个视色素分子在吸收了一个光量子后,由于异构化而产生了连锁反应。实际上,每一个视色素分子都会激活上百个分子,这些分子会继续激活其他分子。一个视色素分子的异构化会激活100万个其他的分子,从而激活感受器。

异构化所引起的连锁反应的重要性在于它增强了异构化的效果。异构一个视色素分子能够激发一系列化学反应,这些反应能释放 100 万个带电分子,这一化学反应使感受器被激活了(Baylor,

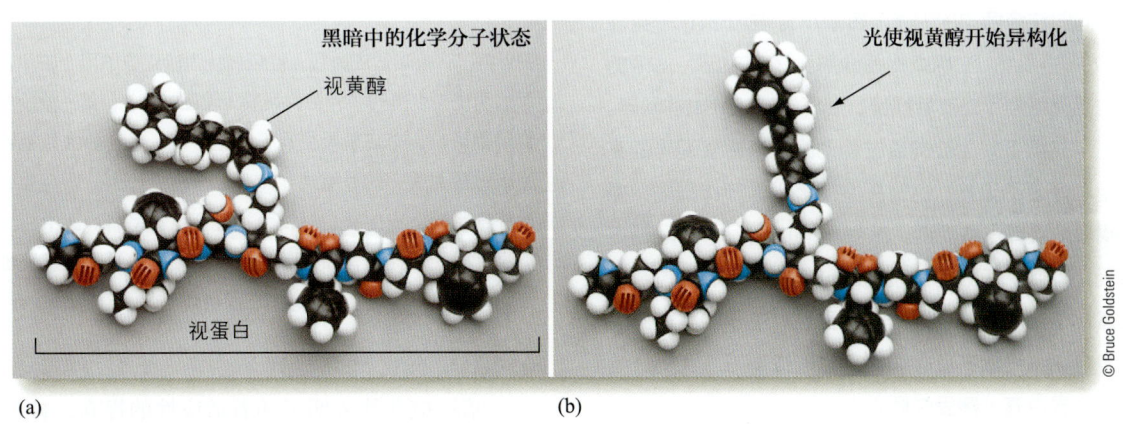

图2.10 视色素分子的模型。模型中横向排列的为视蛋白,但只是其中一小部分,模型只展示了与视黄醇相连接的一小部分,与视蛋白顶端相连接的为光敏视黄醇。(a)视黄醇在吸收光之前的形状。(b)视黄醇吸收了光之后的形状。这种形状改变的过程被称为异构化,会导致感受器上产生电反应。

1992；Hamer et al.，2005）。

视色素不但可以产生感受器上的电信号，还能塑造知觉的特定形式。我们将通过对比视锥细胞与视杆细胞活动时引起的知觉，来证明视色素的特性对知觉的影响。视色素对知觉形态的影响分为两部分：（1）暗适应的过程；（2）如何对可见光谱上的各种光进行知觉。

暗适应

在第 1 章中"知觉测量"的部分提到过：当我们从光线充足的地方走进一片漆黑之地的时候，一开始会很难看清周围的事物，但过一会儿便会慢慢地开始能分辨明暗和那些之前看不清的物体了（图1.16）。这种在黑暗中提高了视敏度的过程被称为**暗适应**，可以参照**暗适应曲线**图来测定。本节内容讲的是视锥细胞与视杆细胞如何控制视觉的这一重要方面：视觉系统适应黑暗的能力。我们将解释暗适应曲线怎样测量，以及黑暗中视敏度的增加与视锥、视杆细胞特性之间的关系。

测量暗适应曲线

对于暗适应的研究，最早开始于测量暗适应曲线，暗适应曲线是光消失后，光的感受性与时间之间的关系的函数曲线。

方　法 | **测量暗适应曲线**

测量暗适应曲线的第一步是让被试注视中央注视点，同时注意旁边的闪光（图 2.12）。由于被试一直注视中央注视点，注视点的图像落到了中央凹，一旁的光也因此落到了分布着视锥、视杆细胞的外周视网膜。在正常光照下，让被试通过转动旋钮来调整闪光的亮度至刚好看不见光，这时亮度的最小值称作阈限，通过阈限能换算出感受性。感受性 =1/ 阈限，阈限越高感受性越低。在眼睛适应光的过程中，可以通过测量**光适应感受性**来测量对光的感受性。由于实验室此时开着灯，闪光的亮度必须很高才能被看见。实验开始时，临界值高，感受性低。

闪光测试点的光适应感受性一旦被测出，就立即关灯，此时被试处于黑暗之中。然后被试可以开始调节闪光，直到恰好看不见，记录黑暗情况下感受性的增长轨迹。随着对光的敏感度的增加，被试必须通过不断地下调光的亮度，使光保持着恰好不被看见的状态。图 2.13 中的红色曲线是对暗适应的测量结果。

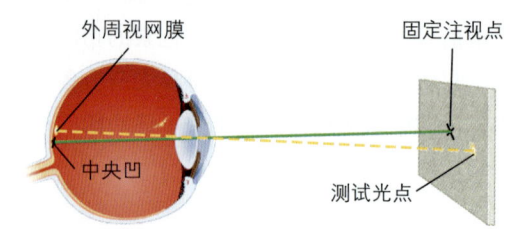

图2.12　暗适应测试。固定注视点的图像落到了中央凹上，测试光点的图像落到了外周视网膜上。

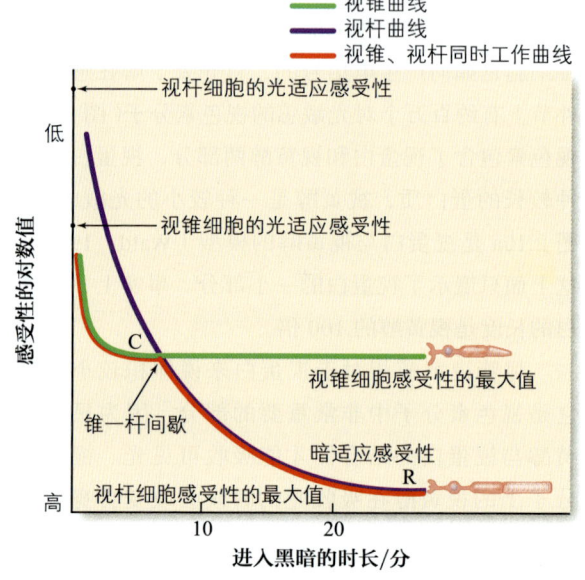

图2.13　三条暗适应曲线。红色曲线为暗适应的两个阶段，此时的测试光点落在了外周视网膜上（图2.12），第一阶段受视锥细胞影响，第二阶段受视杆细胞影响。绿色曲线为视锥细胞暗适应曲线，此时测试光点落在了中央凹上。紫色曲线为视杆细胞暗适应曲线，被试为视杆全色盲患者。图中曲线向下表示感受性提高，曲线都起始于纵轴上的光适应感受性，但关灯时间和测量的开始时间之间稍有延迟。

暗适应曲线表明了随着适应性的提高，被试对光越来越敏感。曲线越靠近底部代表感受性越高，所以暗适应曲线向下的运动轨迹代表着被试感受性的提升。红色曲线表明被试感受性的提升分为两个阶段：关灯后的第3—4分钟迅速提升，之后保持平稳，在第7—10分钟时再一次开始提升，一直保持到第20—30分钟的时候（图2.13）。暗适应结束时测到的感受性即暗适应感受性，比在暗适应之前测得的光适应感受性提高了约10万倍。

探索频道的《流言终结者》（Mythbusters）节目曾经在2007年的一期节目中介绍过暗适应，这期节目主要调查一个关于海盗的谣言：海盗只要戴着眼罩蒙住一只眼睛，这只眼睛就能保持夜视，因为当他们从明处走到甲板下的暗处时，只要摘下眼罩就能看见东西。为了判定眼罩是否有这么神奇，节目组在黑暗的房间中做了一些测试，包含两种条件：一种是双眼进入房间前都处于明亮的环境，另一种是预先蒙上一只眼睛30分钟，再进入房间。果不其然，被试在第二种条件下完成测试的速度比在第一种条件下快得多。任何一个学过感觉与知觉课程的人都可以告诉节目组眼罩发挥作用的原因：眼睛处于黑暗之中的时候会激发暗适应过程，这就能提高在黑暗中的视觉感受性。

眼罩能够帮助海盗在甲板下面看见东西的现象引申出了一个未证实的假设：戴眼罩能够保持较高的视觉感受性。但有一个证据对这个假设进行了反驳：因为蒙住一只眼睛会削弱深度知觉，这会对海盗在甲板上的工作产生不利的影响。第10章会具体讲两只眼睛同时工作对深度知觉的重要性。

虽然节目组证实了事先处在暗中的眼睛更容易看见东西，但本书还要对其中的细节做进一步的解释。暗适应的第一部分是视锥细胞起的作用，第二部分是视杆细胞起的作用。我们将通过重复刚才的实验来对视杆细胞和视锥细胞的适应进行测量。

测量视锥细胞的适应性

因为闪光落到了外周视网膜，上面包含了视锥与视杆两种视觉感受细胞，所以图2.13中的红色曲线存在两个阶段。如果要单独测量视锥细胞对黑暗的适应，必须要确保闪光的图像只落在了视锥细胞上，因此我们让被试直接注视闪光，就能使光的图像直接落到只分布着视锥细胞的中央凹上，并且控制闪光的大小使图像能够全部落到中央凹上。图2.13的绿色曲线是单独测量视锥细胞暗适应的测量结果，它与红色曲线的第一阶段重合，与第二阶段存在差异。那么红色曲线的第二阶段是视杆细胞在起作用吗？通过第二个实验可以得到肯定的答案。

测量视杆细胞的适应性

图2.13的绿色曲线代表当闪光只落到中央凹时，视锥细胞的暗适应性。在暗适应过程的最初，由于视锥细胞对光更敏感，它控制了暗适应第一阶段的视觉，所以视杆细胞此时的变化并不能被观察到。为了揭示暗适应开始时视杆细胞的感受性变化，可以对没有视锥细胞的被试进行暗适应的测量。视锥细胞缺失是一种罕见的遗传缺陷，称为视杆全色盲，这一视网膜上只存在视杆细胞的症状为进一步研究视杆细胞的暗适应性排除了视锥细胞的干扰。（或许有人会提出疑问，为什么不直接使闪光落到外周视网膜上，那里有绝大部分的视杆细胞，但外周视网膜上同时也分布着足以对暗适应曲线产生影响的视锥细胞。）

因为视杆全色盲患者没有视锥细胞，所以在光消失之前测得的光适应感受性全由视杆细胞决定。图2.13中标注了的视杆细胞的光适应感受性，可以从图中看出，实验中测得的视杆细胞的感受性明显低于视锥细胞。在实验中也同样可以看到，暗适应一旦开始，视杆细胞的感受性迅速提升，图中的紫色曲线代表的就是视杆细胞的感受性，它一直延伸到暗适应的最后，约25分钟处（Rushton，1961）。紫色曲线的后一部分与红色曲线的第二阶段重合。

根据这几个暗适应实验，我们可以总结出暗适应的过程。灯光一消失，视锥与视杆细胞的感受性都开始提升。然而，因为在暗适应刚开始时，视锥细胞的感受性比视杆细胞要高，所以在实验中刚一进入黑暗时，是视锥细胞在工作。就好像在暗适应一开始时，视锥细胞在台前，视杆细胞在幕后。在进入黑暗约3～5分钟时，视锥细胞的感受性达到最高，之后趋于平稳。同时，视杆细胞在"幕后"继续调节自身感受性，在进入黑暗约7分钟时，与视锥细胞达到相同水平，后又逐渐超过视锥细胞，这时由图可明显看出，紫色曲线与红色曲线的第二阶段重合，重合的起始点被称作锥—杆间歇。

为什么视锥细胞只用了3～4分钟其感受性便达

到了最高水平（C点），而视杆细胞却用了20～30分钟（R点）？视色素的再生过程可以对其进行解释，视锥细胞对视色素的再生要比视杆细胞快得多。

视色素再生

在之前描述异构化的内容中提到：视黄醇在吸收光之后，由弯（图2.10a）变直（图2.10b），图2.14的上半部分演示了这个过程，以及最终视黄醇与视蛋白的分离，这一系列的转变过程引起了**视色素褪色**，表现为化学分子的颜色变浅（图2.14下半部分）。图2.14表示的就是褪色的过程。图2.14a是光照后的青蛙视网膜的照片，上面的红色是视色素的颜色。随着光的持续照射，越来越多的视黄醇被异构化，然后与视蛋白分离，所以视网膜的颜色转变为图2.14b与图2.14c的样子。

视色素在褪色后对于视觉过程就不再起作用了，为了继续将光能转化为电能，视黄醇需要重新弯曲并且与视蛋白相连接，这个过程即**视色素再生**。

当在光照条件下读书时，一部分视色素分子就会如图2.14所示，在持续褪色和异构化的同时，另一部分持续再生。这说明了在正常光照的条件下，眼睛里会同时存在褪色的视色素和完整的视色素，但切断光源后，褪色的视色素依然可再生，但异构化不再进行。最终，再生的视色素浓度增加，视网膜上只存在完整的视色素分子。

视色素在黑暗中的重构所引起的浓度增加是暗适应时测得的感受性提升的原因。William Rushton（1961）演示了视色素浓度与感受性之间的关系，他通过测量视网膜的暗化，测出了人类视色素的再生（图2.14中从右到左的过程）。

Rushton的研究表明：视锥色素只要6分钟就可以再生完毕，而视杆细胞需要30分钟。对比了视色素再生进程与暗适应曲线，他发现视锥细胞的暗适应速度与锥体色素再生的速度相同，视杆细胞也是如此。这个结果证明了知觉与生理机能之间的两个重要联系：

1. 对光的敏感程度取决于化学元素的浓度，即视色素的浓度。
2. 在黑暗条件下灵敏度的提升速度取决于一种化学反应，即视色素的再生。

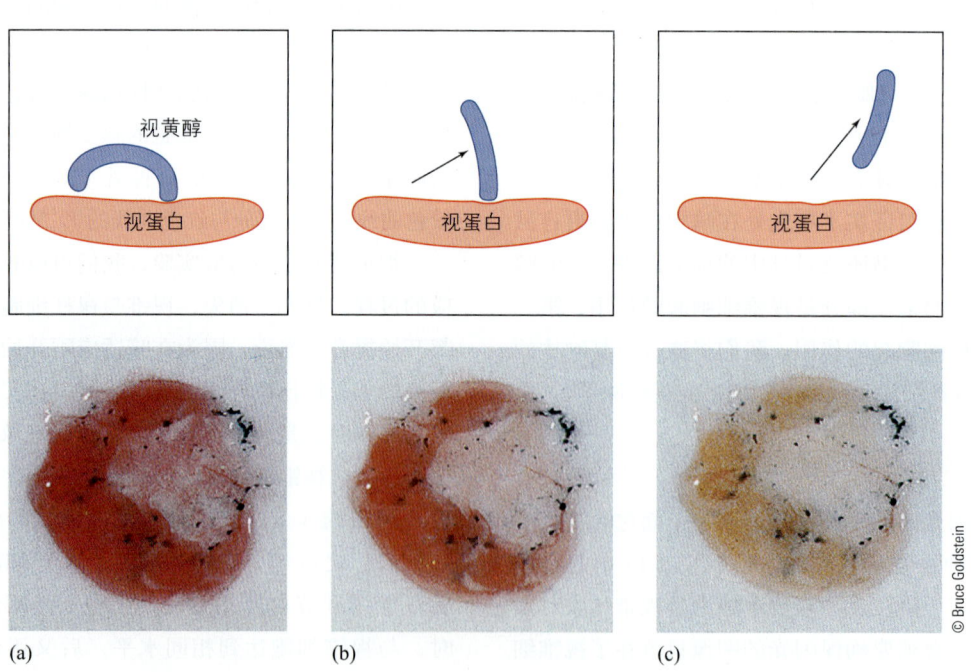

图2.14 在黑暗时取下青蛙的视网膜，然后暴露在光下。上半部分为视黄醇吸收光后和视蛋白之间关系的变化。图中只展示了视蛋白分子的一小部分。下半部分为视网膜暴露在光下后，视黄醇颜色的变化过程。（a）拍摄于视网膜刚刚接触到光时。感受器上的视色素并未开始褪色，浓度很高，所以呈深红色。（b和c）视黄醇异构化后与视蛋白分离，视网膜开始褪色。

阻止视色素的再生会对视力产生什么影响？结果就是视网膜从视色素上皮层（见图 2.2b）脱落，视色素上皮层含有大量的酶，是视色素复原所必需的。这种情况被称为**视网膜脱落**，由眼睛或大脑受到外伤所致，例如，棒球运动员的眼睛被平飞球打伤。视网膜脱落导致那些褪色过后已经分离的视黄醇与视蛋白不能被复原，由脱落的视网膜所负责的视野区域不再起作用，最终失明。目前只有激光手术可以治愈这种病。

光谱感受性

之前关于视锥与视杆细胞的讨论重点强调了在适应黑暗时它们是如何控制视觉的。这两种细胞对可见光谱（见图 1.21）上不同种光的反应也有所不同，可以通过测量二者的**光谱感受性**——眼睛对不同波长的光的感光感受性——来研究这两种细胞的不同反应。对光谱感受性的测量结果即**光谱感受性曲线**，代表了波长与感受性之间的关系。

光谱感受性曲线

下面介绍的就是测量光谱感受性曲线的心理物理法。

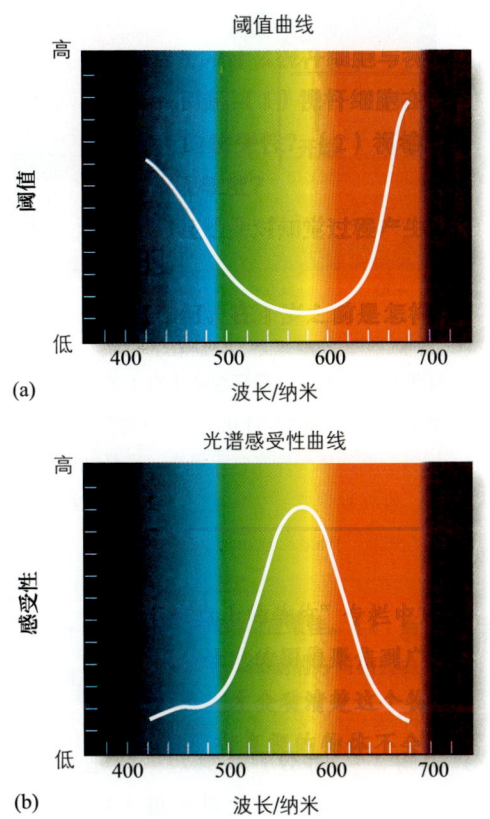

图 2.15　(a) 波长与可见阈值之间的关系。(b) 波长与相对感受性之间的关系——光谱感受性曲线。(来源：Wald, 1964)

| 方　法 | 测量光谱感受性曲线 |

每次以一种波长为自变量，然后测量被试对每种波长的感受性。只有一种补偿的光被称作**单色光**，可以由特殊滤波器或光谱仪发出。用来测定被试的光谱感受性，可以使用第 1 章和附录 A 中提到测量阈值的方法。对阈值的测量往往不是对每种波长条件都进行测量，而是通过分段的方法，所以这次首先从 400 纳米开始，然后是 410 纳米，等等。图 2.15a 的曲线代表了测量结果，可以看出，阈值在短波和长波处较高，在光谱中部较低，也就是说，看见光谱上中等波长的颜色比两极波长的颜色需要更少的光线投入。

观察到光谱上各波长颜色的能力一般不用图 2.15a 所示的方式表达，而是通过感受性与波长的比来表示。因为感受性 =1/ 阈值，所以可以将图 2.15a 中的曲线转换为**图 2.15b** 所示的曲线，即光谱感受性曲线。

测量视锥细胞光谱感受性曲线时，可以让被试直接注视着条件光线，使其只刺激中央凹上的视锥细胞。**测量视杆细胞光谱感受性曲线**时，可以在暗适应后（此时，视杆细胞由于感受性更高而控制着视觉）测试感受性，此时应限定注视点，将测试闪光聚焦在外周视网膜上。

从图 2.16 可以看出视杆细胞对波长 500 纳米的光最敏感，视锥细胞对波长 560 纳米的光最敏感，即视杆细胞比视锥细胞对短波的光更敏感。这种差异意味着：随着从光适应转入暗适应，视力从由视锥细胞主导转变为由视杆细胞主导，视力也因此转变为黑暗时对短波的光更敏感，即光谱最左侧接近于蓝色与绿色的光。

这种转变所带来的影响经常在生活中体现，例如，黄昏时的绿叶在视野中会显得更突出，这种在暗适应中对短波感受性增强的现象被称为

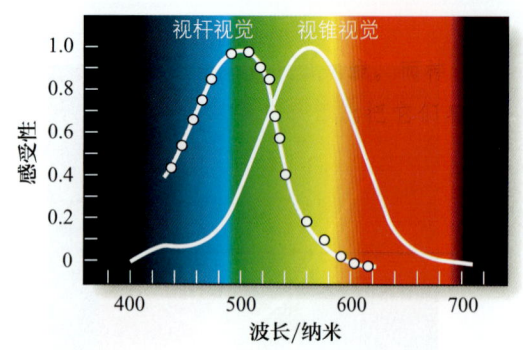

图2.16 视锥视觉（左）与视杆视觉（右）的光谱感受性曲线。两条曲线的最高值都约为1.0。但它们的感受性取决于环境状态：视锥细胞的感受性在白天更高，视杆细胞的感受性在黑夜更高。视杆视觉感受性曲线上的圆点为视杆视色素的吸收光谱。（来源：Wald & Brown, 1958）

浦肯野位移，由约翰·浦肯野（Johann Purkinje）在1825年提出。我们常常可以体验到在暗适应过程中的这种颜色感受性的变化，例如，可以先闭上一只眼睛5～10分钟使其进入暗适应，然后转动两只眼睛，同时注意观察图2.17中的两朵花，就会发现在暗适应的眼中，蓝色花比红色花更明亮一些。

图2.17 证明浦肯野位移用到的花。

视锥与视杆色素的吸收光谱

既然研究者们可以发现视锥细胞和视杆细胞的暗适应的速度差异（视锥细胞较快），那么也同样可以发现两种细胞的另一种差异，即两种细胞的光谱感受性曲线分别与视锥色素和视杆色素的吸收光谱之间关系的不同。视色素的**吸收光谱**是光吸收量与波长之间关系的图谱，视锥色素和视杆色素的吸收光谱见图2.18。视杆细胞的吸收量的最高点位于波长500纳米处，即光谱的蓝—绿区域。

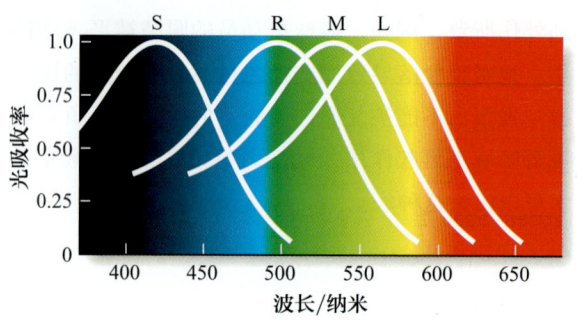

图2.18 吸收光谱。视杆色素（R）、短波视锥色素（S）、中等波长视锥色素（M）和长波视锥色素（L）。（来源：Dartnall, Bowmaker, & Mollon, 1983）

图中有三条代表不同视锥色素的曲线，每种色素都单独包含感受器。短波色素（S）的吸收量的最高点位于波长419纳米处；中等波长色素（M）的吸收量的最高点位于波长531纳米处；长波色素（L）的吸收量的最高点位于波长558纳米处。由于这三条曲线是看见不同颜色的基础，所以关于三条曲线的具体细节将在第9章阐述。

视杆色素的吸收光谱曲线与视杆细胞光谱感受性曲线非常相似（见图2.18），三条视锥色素曲线共同导致了光谱感受性曲线的最高点在波长560纳米处。短波色素由于感受器较少，所以数量少，光谱感受性曲线大部分取决于中等波长和最长波长的视锥色素（Bowmaker & Dartnall, 1980；Stiles, 1953）。

黑暗中（暗适应时）感受性的提升和光谱上不同波长的感受性（光谱感受性）都由视锥细胞与视杆细胞的性质决定。即使知觉并不在眼睛上发生（由生理上的刺激引起的意识经验），但是眼睛上发生的变化导致了经验的差异。

我们已经讲完了知觉过程的前三个阶段，树（步骤一）反射出来的光通过光学系统被聚焦在视网膜上（步骤二），视觉感受器将光能转化为电能形成知觉（步骤三）。接下来介绍步骤四，电信号的传送与加工。在对电信号以及它们在从感受器向大脑传输的过程中发生的变化进行描述之前，我们将用几页的内容对电信号进行简单的介绍。

测一测 2.1

1. 描述光、眼睛的结构、视锥与视杆感受器。视锥细胞与视杆细胞在视网膜上是如何分布的？
2. 物体向眼睛移动会对物体上反射出来的光聚焦到视网膜上的位置产生什么影响？
3. 眼睛是如何通过调节功能来调整光线的聚焦的？描述以下几种视力问题：老花眼、近视眼和远视眼。这些问题如何通过调节功能或佩戴眼镜来解决？
4. 在进行视锥细胞的暗适应测量时，应将光刺激落到视网膜的哪个部位？这与视锥细胞和视杆细胞在视网膜上的分布有什么关系？在测试视锥细胞的适应性时，怎样排除视杆细胞的干扰？在测试视杆细胞适应性时，怎样排除视锥细胞的干扰？
5. 视锥细胞与视杆细胞的感受性在进入黑暗后是怎样开始变化的？在进入黑暗 20 ~ 30 分钟后，这种变化是如何进行的？视杆细胞的感受性是什么时候开始变化的？什么时候超过了视锥细胞？
6. 说一下在视色素分子的光吸收和再生过程中发生了什么，以及视色素的再生与暗适应之间的关系。
7. 什么是光谱感受性？视锥细胞和视杆细胞的光谱感受性曲线是如何确定的？
8. 什么是视色素吸收光谱？视锥色素与视杆色素的吸收光谱之间有何差异？它们之间又存在什么关系？

神经元上的电信号

电信号产生于**神经元**，如图 2.19 所示。神经元的基本结构（图 2.19 右侧部分）包括：**细胞体**，负责维持细胞的生命；**树突**，是细胞体的分支，负责接收其他神经元传递的电信号；**轴突**或**神经纤维**，内部充满了可以传导电信号的液体。神经元的基本结构存在这样的变异：神经元上的轴突有长有短，甚至有的没有轴突。感受器对于知觉来说尤其重要，这些感受器就是用来专门接收环境刺激的神经元。在图 2.19 中，是左边的感受器在接收触觉刺激。

单独的一个神经元不能工作，处于离析状态，神经系统上分布着数亿个神经元，而每一个神经元都与多个神经元相连接。就视觉来说，每一只眼睛都包含至少 1 亿个感受器，它能将信号传输给视网膜上的神经元。这些信号被眼睛后侧的视神经传输给一组被称作外侧膝状体的神经元，然后到达皮层上的视觉感受区（图 2.20）。神经元通过这一系列的传输路径传递了关于树的信息。

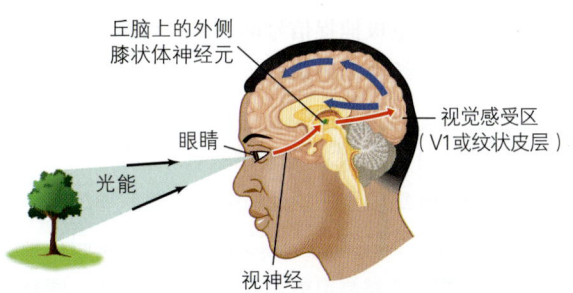

图2.20 视觉系统的侧面图，展示了视觉通路上的三大主要板块：眼睛、外侧膝状体和视觉感受区（又称纹状皮层或V1区）。

研究电信号怎样表达关于树的信息，可以使用单独记录跟踪神经元的方法。这种方法可以这么理解：你走进一间里面有 100 人的大房间，人

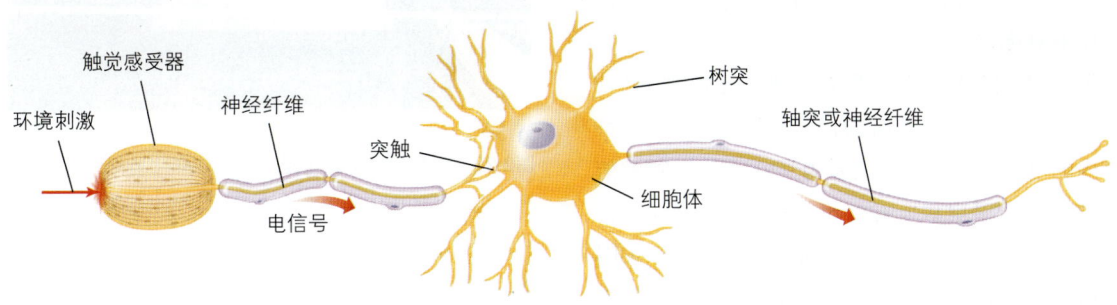

图2.19 由细胞体、树突、轴突或神经纤维组成的神经元（图右侧）。图左侧的神经元感受器代替细胞体接收外界刺激。

们此时正在激烈地讨论刚刚听完的政治演讲，你知道这次演讲造成了很大轰动。但要想知道具体讲了什么，就只需要集中注意听某一个人的讲话。

正如只注意人群中的一个人说的话，可以得到一些有价值的信息，只追踪记录一个神经元，也可以得到神经系统中的有用信息。尽可能多地追踪不同的神经元是非常重要的，就像人们对演讲的看法各有不同，神经元对一些特殊刺激所做出的反应也各有不同。

通过单独追踪神经元来记录电信号的方法在近代的大脑研究领域开始被使用。20世纪五六十年代精密电子学和计算机的发展，使更详尽地了解神经元的活动变为可能。

记录神经元的电信号

通过用小电极捕捉信号的方法，可从神经元的轴突（或神经纤维）记录电信号。

方　法	单独追踪神经元的范式

图2.21a 给出了一个经典的单独追踪神经元的范式。两个电极装置：一个记录电极，触点埋在神经元里面，一个参照电极，放置在神经元外，使其不受电信号的影响。两个电极与仪表连接，记录两个电极触点间电荷的不同，并在屏幕上显示出来，如图2.22，表示的就是用实验室装置记录神经元中的电信号。

当轴突或神经纤维休眠时，两个电极间电荷之差为 −70 毫伏（毫伏，1 毫伏 =1/1000 伏特），如图2.21a 右侧所示。这说明轴突内部电荷比外部低70 毫伏。这个数值一直保持到神经元上信号消失，被称作**静息电位**。

图2.21b 描述了感受器上的神经元被刺激后，信号沿着轴突传递。此时的信号经过记录电极时，轴突内的电荷与外部电荷之差为 +40 毫伏。随着信号连续通过记录电极，神经纤维内部的电荷回落，逐渐开始为负（图2.21c），直到达到静息水平（图2.21d）。这个信号被称作**动作电位**，持续时间约为1 毫秒（1/1000 秒）。

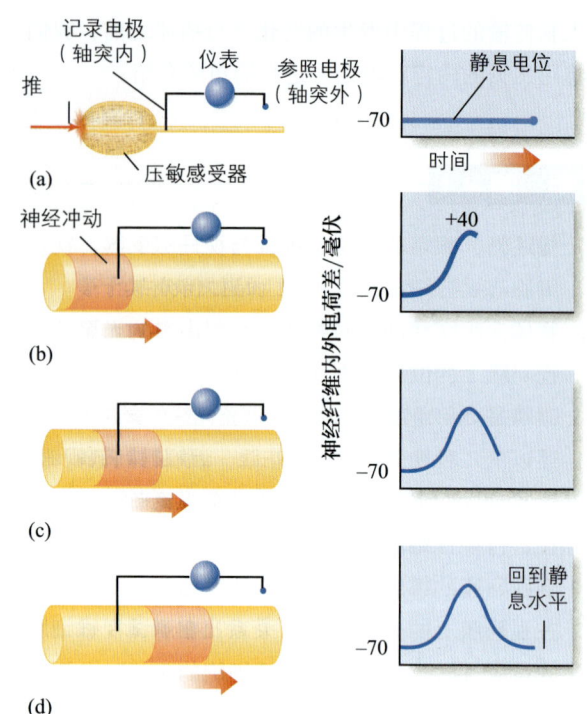

图2.21 （a）神经纤维处于静息状态时，内外电荷差为 −70 毫伏，电荷差由蓝色圆点代表的仪表测出，在图右侧展示。（b）红色波段代表的神经冲动经过电极，神经纤维内靠近电极的部位开始活跃，此时为动作电位上升期。（c）神经冲动离开电极后，神经纤维内的电荷逐渐转负，此时为动作电位下降期。（d）最终，神经元回到静息水平。

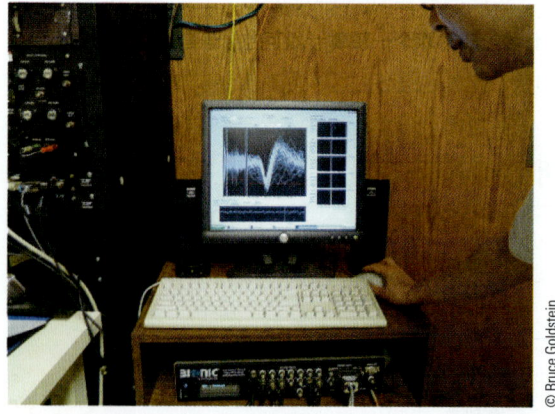

图2.22 计算机屏幕上记录了实验中单个神经元反应的电信号。屏幕上的电信号为两个电极之间的电压差在时间上的变化。图中的电信号相互叠加，产生了密集的白色轨迹（照片是卡耐基·梅隆大学的Tai Sing Lee的实验室）。

动作电位的基本属性

扩散反应是动作电位的一个重要的性质，扩散反应一旦开始，动作电位就会一路扩散到轴突并且大小增量不变。如果将图 2.21 中的记录电极移到轴突的末端，电反应到达电极的时间变长，但直到反应完成时，电荷增量不变（从 -70 毫伏渐增到 +40 毫伏）。这个性质的重要性在于它能促使神经元对信号完成超长距离的传输。

另外一个性质是无论刺激有多强，动作电位能始终保持不变。可以通过测定神经元在不同强度的刺激条件下如何释放动作电位来证明这个性质（见图 2.23）。为了展示更多的动作电位，将时间刻度压缩了一下，所以图中记录的每一个动作电位都像是锋利的长钉。

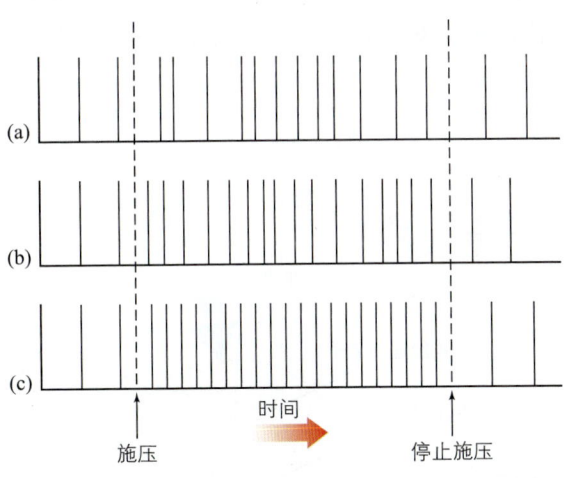

图2.23 神经纤维分别对（a）温和刺激、（b）中等刺激和（c）强刺激的反应。刺激强度的增加引起了神经纤维中电信号的释放速度与对称性的上升，但并没有影响动作电位的大小范围。

图 2.23 的三段记录代表了轴突对于三种强度的皮肤按压刺激分别做出的反应。图 2.23a 代表了温和刺激时轴突的反应，图 2.23b 和图 2.23c 代表随着刺激压力强度逐渐上升，轴突的反应发生的变化。对比三条记录可以得出这样的结论：改变刺激强度不会影响动作电位的大小范围，但会影响释放速度。

虽然增强刺激可以提升动作电位的释放速度，但是每秒产生沿轴突传导的神经冲动的数量存在上限。这种限制的存在受轴突的性质——**不应期**——的影响。不应期指轴突上每次神经冲动之间间隔的这段时间。由于大部分神经元的不应期为 1 毫秒，所以神经元释放电位的速度上限为每秒 500～800 次脉冲。

动作电位还有一个性质，以图 2.23 的三段记录的起点为例：在进行刺激之前，就已经有少量的动作电位产生，这种不需要外界环境刺激就产生动作电位的现象被称作**自发性活动**，这种现象的产生为神经元释放动作电位建立了一个基线水平。刺激发生后放电量上升，超过了自发水平，但是在接下来讲到的这种条件下，放电量会下降到自发水平以下。

动作电位发生的化学基础

是什么引起了轴突带电量的快速变化？是移动电荷，也可以将其视为电子信号，即家用电器上的金属丝或电线传导的电信号。但动作电位并不是在干燥环境中的金属丝上传递信号，而是在湿润的身体中传递信号。

神经元之所以能传输"湿润"的电信号，是因为神经元存在于液体的环境中，它被富含离子的液体溶液包围着，而**离子**是一种带电分子（图 2.24）。随着混合物溶于水，分子会得电子或失电子，从而产生了离子。例如，水中加了盐（氯化钠，NaCl）会产生带正电荷的钠离子（Na^+）和带负电荷的氯离子（Cl^-）。轴突外的溶液富含带正电荷的钠离子（Na^+），轴突内的溶液富含带正电荷的钾离子（K^+）。

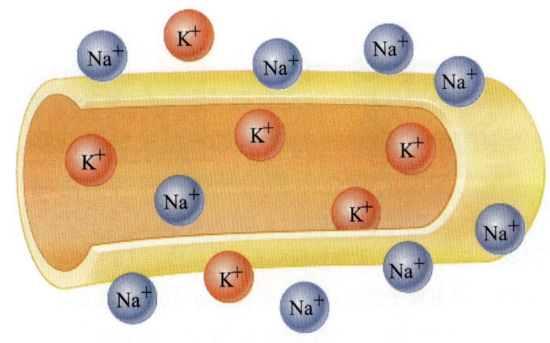

图2.24 神经纤维内高浓度的钠离子（Na^+）和神经纤维内高浓度的钾离子（K^+）。没有展示带负电荷的氯离子。

离子是怎样引发动作电位的？想象自己此时在靠近记录电极的一个轴突外观察着这个轴突（图2.25a，必须把自己缩小到非常小的尺寸）。在动作电位到达轴突之前，周围的一切都呈静止状态。随着动作电位的接近，可以看见细胞膜上的通道已经打开，带正电荷的钠离子（Na⁺）正穿过通道冲进轴突（图2.25b）。通道打开的原因在于细胞膜**渗透性**的上升，渗透性指的是分子穿透细胞膜的难易程度。例子中的渗透性是具有选择性的，这意味着神经纤维只对某种特殊的分子（例子中的 Na⁺）具有高渗透性，但对其他分子没有。钠离子的流入引起了轴突内正电荷的增加，电势由静息电位时的−70毫伏达到了动作电位的峰值（+40毫伏），电荷上升的过程被称作**动作电位上升期**（图2.25b）。

继续观察轴突，可以发现当神经元内的电荷上升到+40毫伏时，钠离子通道关闭（钠离子不能再穿过细胞膜），钾离子通道打开（钾离子可以穿过细胞膜）。带正电荷的钾离子冲出轴突，使轴突内的电荷由正转负（+40毫伏到−70毫伏），电荷下降的过程被称作**动作电位下降期**（图2.25c），电势能降回静息电位时的−70毫伏时，钾离子停止流出（图2.25d）。

也许此时你会有一个疑问：产生动作电位时钠离子的流入和钾离子的流出为什么没有引起钠离子在轴突内的堆积和钾离子在轴突外的堆积？其实是因为神经纤维内的一个重要机制——钠钾泵——的存在，它能持续不断地将钠离子从神经纤维内"抽"出，并将钾离子不断"抽"入神经纤维内部。

突触间隙的化学传导

由钠钾离子在轴突内的运动引发的动作电位并没有改变动作电位的增量，但是当动作电位即将传出轴突时会发生什么情况？动作电位携带的信息怎

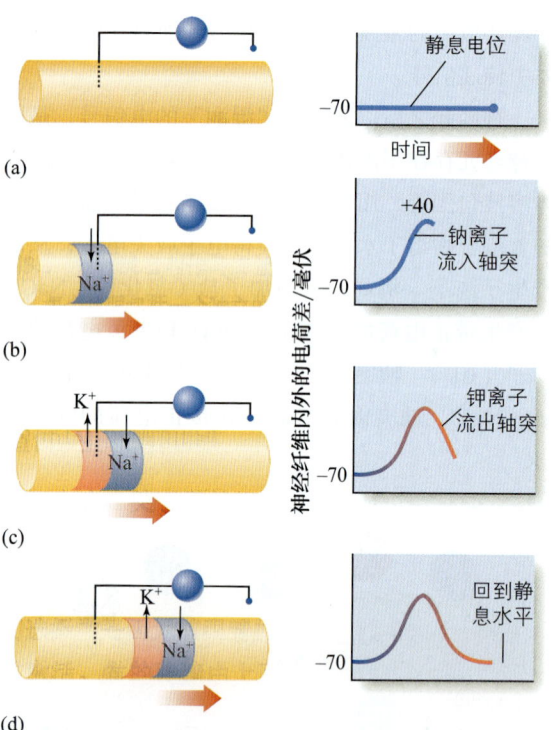

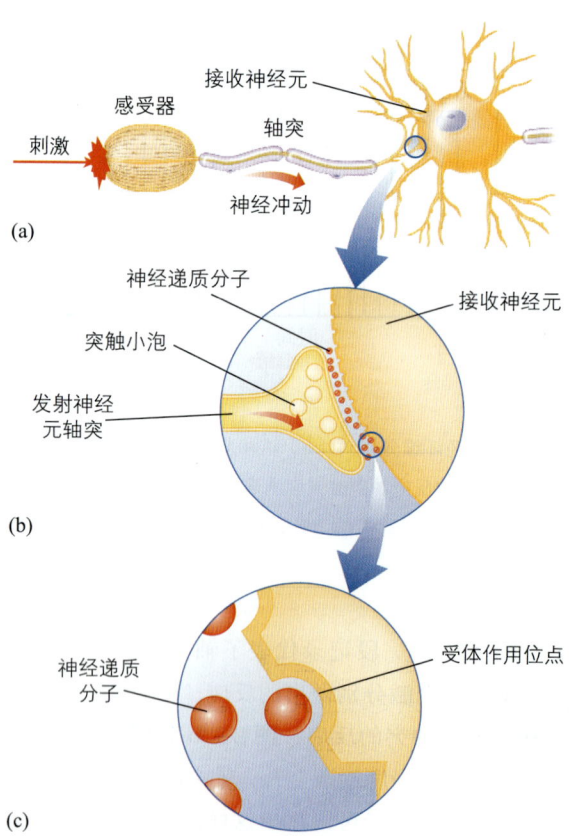

图2.25 钠钾离子的运动如何引发动作电位。（a）神经纤维休眠时，没有离子运动，内外电荷差为−70毫伏静息电位。（b）动作电位沿神经纤维传输时，离子开始运动。带正电荷的钠离子（Na⁺）流入轴突，神经元内的电荷逐渐转为正的（动作电位上升期）。（c）带正电荷的钾离子（K⁺）流出轴突，神经元内的电荷逐渐转为负的（动作电位下降期）。（d）动作电位离开电极，神经元回到静息水平。

图2.26 神经元之间的突触传导。（a）信号从神经元的轴突传出，穿过突触到达另一个神经元的轴突。（b）神经冲动引起发射神经元的突触小泡释放神经递质。（c）神经递质与受体作用位点结合导致接收神经元内的电荷产生变化。

样传递到其他神经元？神经元之间有一个被称作**突触**的极小间隙（图 2.26），那么由神经元产生的电信号如何穿过神经元之间的间隙传递信息呢？问题的答案其实是通过一种由神经递质参与的特殊化学过程来进行信息传递。

早在 20 世纪初，人们就发现了当动作电位即将传出神经元时，神经元会释放**神经递质**，它被储存在发射神经元内的突触小泡里（图 2.26b）。神经递质流入突触然后到达**受体作用位点**，它只对特定的神经递质敏感（图 2.26c）。受体作用位点的形状有很多种，为的是与特定神经递质的形状相匹配。当神经递质和与之形状匹配的受体作用位点连接时，受体作用位点被激活，接收神经元内的电压也随之改变。可以说，此时的神经递质就像一把对应特定锁的钥匙，因为它只对带有与之形状相匹配的受体作用位点的接收神经元起作用。

因此，当电信号到达突触时会引发一种化学过程，即在接收神经元内产生新的电信号。电信号的性质受两点因素影响：神经元释放的神经递质的类型；接收神经元上受体作用位点的性质。受体作用位点接收信号时有两种反应：兴奋和抑制。神经元内电荷为正时产生**兴奋反应**，即**去极化**（图 2.27a），但这种反应的出现距离动作电位的产生还差得远。当足够的刺激促使去极化提升到图中虚线代表的水平时，动作电位被激活（图 2.27b）。去极化属于兴奋反应，因为它使电荷传导的方向发生了改变，引起了动作电位。

神经元内的电荷转负时产生**抑制反应**，即**超极化**（图 2.27c），它使轴突内部电荷远低于图中虚线代表的产生动作电位的水平。

总的来说，兴奋反应增加了神经元产生动作电位的可能性，并与神经释放速率的增长相关；抑制反应减少了神经元产生动作电位的可能性，并与神经释放速率的下降相关。有一种特殊的神经元既能接收兴奋反应，也能接收抑制反应，神经元反应的类型由兴奋和抑制之间的相互作用决定（图 2.28）。图 2.28a 中的兴奋（E）强于抑制（I），所以神经元释放率高。然而，随着抑制逐渐增强而兴奋逐渐减弱，神经元释放率也随之下降，如图 2.28e，抑制消除了神经元的自发性活动并且使释放量下降至零。

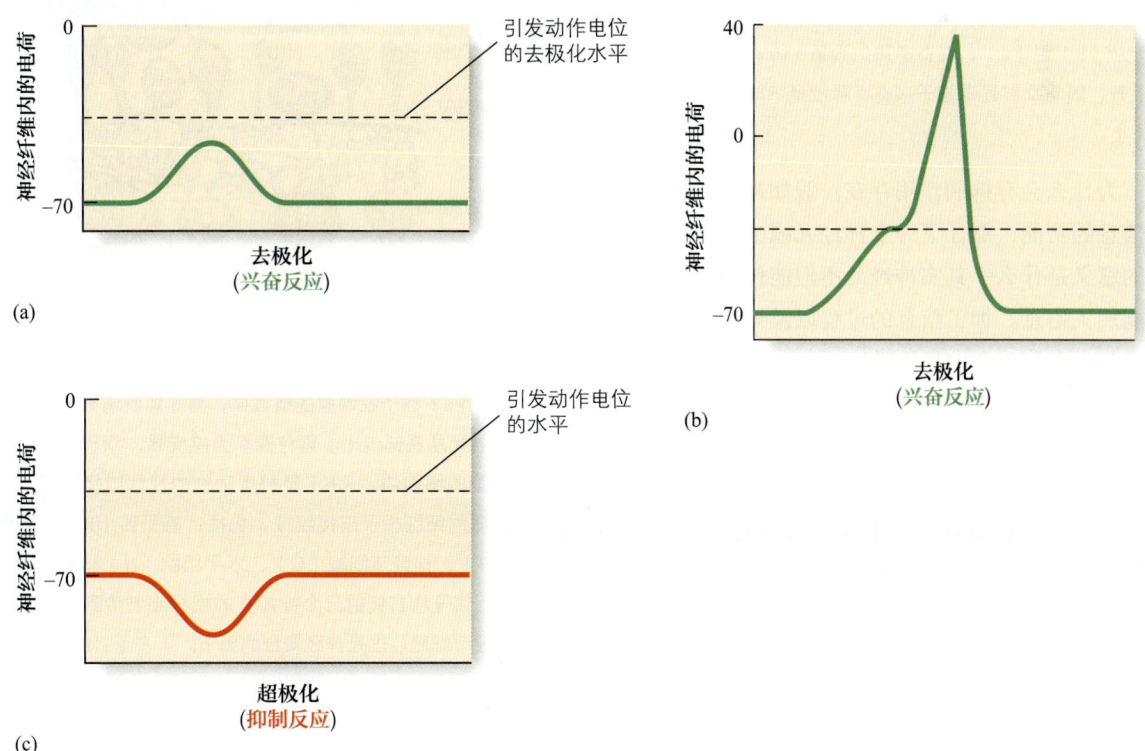

图2.27 （a）兴奋反应引发去极化，神经元电荷逐渐转为正。（b）去极化水平达到虚线代表的临界值时，引发动作电位。（c）抑制反应引发超极化，轴突内的电荷逐渐转为负。

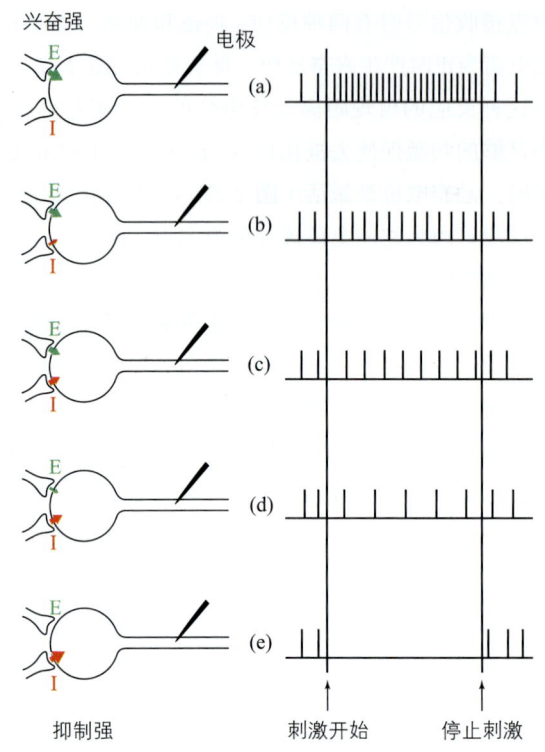

图2.28 兴奋和抑制对神经元释放量的影响。突触上箭头的大小代表了兴奋和抑制的量。图右侧代表电极记录到的神经元的反应。进行刺激前，神经元产生的放电活动被称作自发性活动。（a）中的神经元只接收了兴奋递质，神经元开始放电。从（b）到（e），兴奋递质的数量下降，抑制递质的数量上升，随着抑制逐渐强于兴奋，释放量下降，直到不再释放为止。

为什么会有抑制作用存在？假如神经元只有传递信息的功能，那让下一个神经元减少或者消除放电的意义是什么？其实神经元不但能传递信息，而且能加工信息。加工信息的过程以及兴奋与抑制的过程都会在第3章中具体讲。

神经网络的聚合与知觉

对神经元以及神经元上的电信号的初步了解，有利于我们找到知觉与生理学之间的更多关系。知觉过程的第四个步骤——电信号的传递与加工——将在第3章和第4章具体讲。本章会通过视杆细胞与视锥细胞来介绍神经加工过程，以及知觉与视网膜上的视杆细胞、视锥细胞是如何联系起来的。

图 2.29a 是猴子的视网膜的横切面，且为了能更明显地看出分层结构，做过了染色处理，图2.29b 画出了由这些分层构成的神经元的五种形态，以及它们在视网膜内部组成的**神经环路**（多个神经元之间的连接）。感受器（R）上产生的信号会先到达**双极细胞**（B）再到达**神经节细胞**（G），感受器和双极细胞没有长的轴突，但是神经节细胞有长的轴突，和图 2.19 中的相似。这些轴突通过视神经将信号传出视网膜（见图 2.6）。

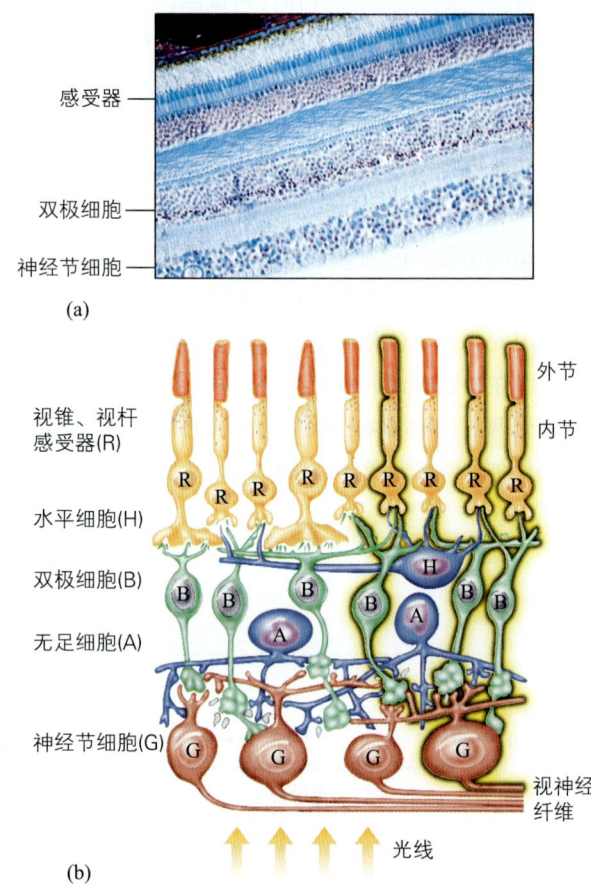

图2.29 （a）猴子视网膜的横截面，为了能看清分层做过染色处理。光从底部传来。紫色圆点为感受器、双极细胞和神经节细胞的细胞体。（b）灵长类动物的视网膜横切面，由五种主要的细胞相互连接组成，包括：感受器（R）、双极细胞（B）、神经节细胞（G）、水平细胞（H）和无足细胞（A）。信号从右侧的三个被加亮的视杆细胞传到一个被加亮的神经节细胞，这是神经聚合的例子。（来源：Dowling & Boycott, 1966）

除了上面提到的三种神经元，另外两种分别是**水平细胞**和**无足细胞**，信号可以通过水平细胞在感受器之间进行交换，也可以通过无足细胞在双极细胞之间或在神经节细胞之间进行交换。第 3 章会具体介绍水平细胞和神经节细胞，本章只具体介绍感受器与神经节细胞之间的这条直接通路，重点介绍**神经网络的聚合**（或简称**聚合**）。

当一个单独的神经元要接触多个神经突触时会发生神经网络的聚合。由于一只眼睛上有 1.26 亿个感受器，但只有 100 万个神经节细胞，一个神经节细胞要接收 126 个感受器传递过来的信号，所以视网膜上常发生大量的聚合。下面通过视锥细胞与视杆细胞来阐释聚合对知觉的影响。视锥细胞与视杆细胞之间的一个重要差异就是它们所产生的信号的聚合数量不同，后者多于前者，因为视网膜上有 1.2 亿个视杆细胞，但视锥细胞只有 600 万个，那么一个神经节细胞会接收 120 个视杆细胞送出的信号，而只有 6 个视锥细胞向神经节细胞传送信号。

就中央凹（中央凹上只分布着视锥细胞）上的视锥细胞来说，它与视杆细胞之间的聚合差异更大。许多中央凹上的视锥细胞与神经节细胞之间都有"专线通道"，所以此时的一个神经节细胞只接收一个视锥细胞传递过来的信号，不需要聚合。聚合的差异对知觉造成的差异有两点：（1）视杆细胞比视锥细胞更敏感；（2）视锥细胞比视杆细胞对视觉信息的处理更细致。

神经聚合导致视杆细胞比视锥细胞更灵敏

在暗适应条件下，视杆细胞比视锥细胞的感受性高（见图 2.13 的暗适应感受性曲线），所以在微弱光线的条件下，是视杆细胞在觉察周围事物的微弱刺激。天文学家和占星业余爱好者们都知道的一种现象可以验证这一点：如果直接看那些亮度微弱的星星，它们一般很难被察觉（因为此时星星的图像落到了只分布视锥细胞的中央凹上），但是如果不直视着它们，使其远离眼睛注视的位置，这些亮度微弱的星星就能被觉察到了（因为此时星星的图像落到了广泛分布视杆细胞的外周视网膜上），由于能引起视杆细胞产生反应的光亮程度要低于引起视锥细胞产生反应的光亮程度，所以产生了这种感受性之间的差异（Barlow & Mollon, 1982；Baylor, 1992）。但引起这种差异还有另外一个原因：

视杆细胞发生的聚合要多于视锥细胞。

了解到了这个基本原理后，就可以将视锥细胞和视杆细胞之间的聚合差异转换为最大感受性之间的差异。图 2.30 中有两个神经环路，第一个表示五个视杆细胞感受器上的信号聚合后传递给了神经节细胞，第二个表示五个视锥细胞感受器上的信号分别传递给了各自对应的神经节细胞。为简单起见，图中省略了双极细胞、水平细胞和无足细胞，但并不影响结论。

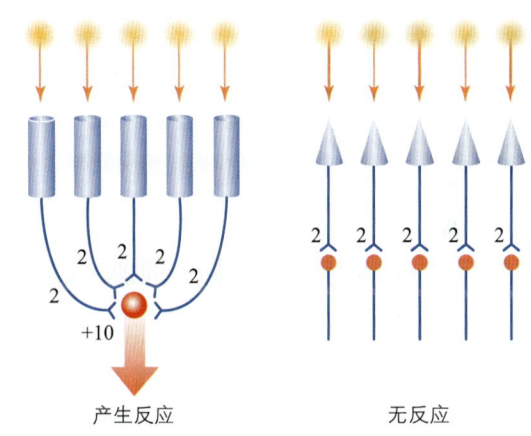

图 2.30　视杆通路（左）和视锥通路（右）。感受器上方的黄色圆点和箭头代表感受器接收的光点刺激，数字代表视杆和视锥感受器在接收到 2 个强度的光点刺激后做出的反应量。

为了进一步进行讨论，首先假定可以单独给视锥细胞和视杆细胞呈现小光点，然后进行如下假设：

1. 1 个单位的灯光强度能引起 1 个单位的兴奋递质释放，从而对神经节细胞产生 1 个单位的刺激。
2. 神经节细胞在接收到 10 个单位的刺激时会放电。
3. 当神经节细胞放电时，就意味着知觉到了光。

当给每个感受器呈现 1 个单位强度的光点刺激时，视杆神经节细胞会接收到 5 个单位的刺激，这是 1 对 5 的关系；视锥神经节细胞会接收到 1 个单位的刺激，这是 1 对 1 的关系。这说明当刺激量为 1 个单位时，由于聚合的原因，视杆神经节细胞比视锥神经节细胞接收到的刺激多，但还不足以引起放电。如果将光点刺激强度提升到 2 个单位，视杆神经节细胞就能接收到 10 个单位的刺激，此时能引起神经节细胞放电并且知觉到光点。而此时的视锥细胞只接收到了 2 个单位的刺激，如果想引起视锥神经节细胞放电，必须将刺激强度提升到 10 个单位。

这种神经环路的工作方式揭示了由神经网络的聚合引起的差异，即视杆细胞的感受性高于视锥细胞。视杆细胞通过将反应信号传递给同一个神经节细胞来将反应集合到一起，但只有一个或几个视锥细胞将反应信号传递给任意一个神经节细胞。视锥细胞与视杆细胞的感受性不是由单个感受器决定的，而是由产生聚合的感受器群决定的。这意味着当我们在描述"视杆视觉"和"视锥视觉"时，实际指的是参与决定知觉的那些视锥和视杆感受器群。

缺乏聚合导致视锥细胞比视杆细胞更灵敏

尽管聚合导致视杆细胞比视锥细胞更灵敏，但是缺乏聚合使得视锥细胞比视杆细胞的**视敏度**更高。敏度指的是观察细节的能力，通俗地说，能看清视力表上的极小字母，就代表视敏度高（第 1 章曾提到过敏度）。

要想理解视锥细胞的高视敏度，可以回忆一下你最近一次在杂物中找东西的经历，或是在杂乱的书桌上找手机，或是在人群中找自己的朋友。人们在这个过程中通常会不断地移动目光，看向不同方位的不同物体，这实际上是在通过含有大量视锥细胞的中央凹来进行扫描（被直视的物体图像会落到中央凹上）。中央凹处的视敏度最高，而图像落在外周视网膜上的物体是无法被看清的。

演示｜中央凹与外周视网膜的对比

D I H C N R L A Z I F W N S M Q P Z K D X

可以通过以下方法证明中央凹视力在观察细节方面强于外周视网膜。注视上方字母中最右侧的 X 并且不移动视线，看看此时可以从右到左看清几个字母。在不作弊的情况下（忍住不看左边），你会发现，即使能看清挨着 X 的那个字母（图像落在中央凹上或接近中央凹的位置），但越往左侧的字母越模糊（图像落在外周视网膜上）。

这个演示实验证实了中央凹的视敏度高于外周视网膜，由于此时正处于光适应中，二者之间视敏度的对比其实是中央凹处的视锥细胞（密集分布）与外周视网膜处的视锥细胞（稀疏分布）之间的对比。对中央凹的视锥细胞和视杆细胞进行对比，会发现二者在视敏度上存在更大的差异。我们只需要知道暗适应中视敏度是如何变化的，就能进行比较。

图 2.31 的书架图片模拟了暗适应过程中视敏度的变化。顶层描绘的是光线充足时能看清书的细节，此时是视锥细胞控制着视觉。中层描绘了在暗适应过程中，我们所能察觉到的关于书的细节的清晰程度，此时视杆细胞逐渐开始控制视觉。底层描述了黑暗时，视杆细胞控制视觉时已经完全看不清楚书了。视杆细胞的低视敏度决定了我们在黑暗条件下并不能看清东西。（图片中从上到下的褪色现象，将在第 9 章具体描述。）

图2.31 在暗适应过程中，由视锥视觉转换为视杆视觉时，会出现图中模拟的视觉变化现象，即从颜色鲜艳、轮廓清晰到模糊无色。最顶层模拟了视锥视觉，最底层模拟了视杆视觉。

我们可以通过回顾视锥细胞和视杆细胞的神经环路来理解视锥细胞和视杆细胞的神经通路之间的差异，同时理解为什么视锥细胞有更好的视敏度。

图2.32a代表了视杆细胞的神经环路。当呈现两个相邻的光点刺激时（左图），视杆细胞发射出的信号引起了神经节细胞放电。当把两个光点分开（右图），此时两个分开的视杆细胞发射的信号也会传递给一个神经节细胞并引起放电。这两种情况都会引起神经节细胞放电，但放电时发出的信息并不包括光点刺激呈现时是合在一起的，还是分开的。

图2.32b代表了视锥细胞的神经环路，每一个突触都与其对应的神经节细胞相连。当呈现两个相邻的光点刺激时（左图），对应的两个相邻的神经节细胞放电。当把两个光点分开时（右图），对应的两个分开的神经节细胞放电。两个分开的放电细胞提供的信息是："这两个光点刺激是分开的"。因此，视锥细胞由于聚合的缺乏而比视杆细胞具有更高的敏度。

神经聚合是一把双刃剑。高聚合会使敏感性变高，但精确性降低（视杆细胞）；低聚合导致敏感性较低，但精确性更高（视锥细胞）。但是，视杆细胞和视锥细胞在视网膜上的放电方式会影响我们的知觉。第3章中将提供更多的例子来阐述神经元的放电是如何影响我们的知觉的，同时还会证明其他过程（如侧抑制）是如何参与神经元加工的。

思考时刻
知觉加工起始的重要性

一艘火箭于1990年在卡纳维拉尔角发射升空，将哈勃望远镜带入了地球轨道。望远镜的任务是在有利的观测点（此处能排除大气层的干扰）拍出高分辨率的图像，但望远镜仅仅发射了几天就出现了问题——拍出的恒星和星系的图像是模糊的（图2.33a）。出现问题的原因是镜头的镜片曲度有问题。虽然观测的计划是可行的，但望远镜执行任务时出现了问题。3年后，人们将矫正曲度的镜片安装在了望远镜原有的镜片前，问题得到了解决，戴了"眼镜"的新哈勃望远镜拍出了清晰的恒星照片（图2.33b）。

这个例子说明了事件的起始部分对整件事的结果会产生巨大甚至是决定性的影响。无论哈勃的电子信息系统和数据处理程序有多复杂精细，由错误的镜片所导致的图像失真会给照片的质量带来致命的影响。同样的，如果眼睛的聚焦系统出现了问题，给视网膜传递了模糊的图像，那么就算大脑的加工能力再强大，也不能产生清晰的知觉。

能够进入眼睛并激活感受器的能量决定了我们所能看到的是什么。即使环境中存在巨大的电磁能，感受器上的视色素仍会因为只吸收到了小范围的波长而限制视敏度。视色素的性质就像过滤器，它吸收什么波长的光，我们看到的就是相应的光。夜晚用视杆细胞进行知觉时，可见的波长范围在420～580纳米，对500纳米波长的光的感受性最高；在白天用视锥细胞知觉时，人对长波的光的感受性较高，最高为560纳米。

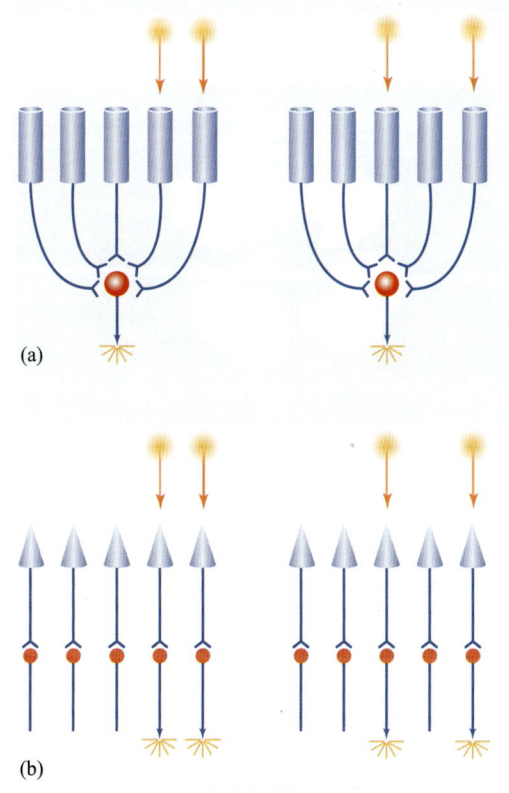

图2.32 视杆细胞、视锥细胞如何放电决定了视觉细节。（a）视杆神经环路：左图，刺激两个相邻的视杆细胞，引起了神经节细胞放电；右图，刺激两个分开的视杆细胞，产生了相同的反应。（b）视锥神经环路：左图，刺激两个相邻的视锥细胞，引起了两个相邻的神经节细胞放电；右图，刺激两个分开的视锥细胞，引起了两个分开的神经节细胞放电，这说明两个光点都传递到了视锥细胞。

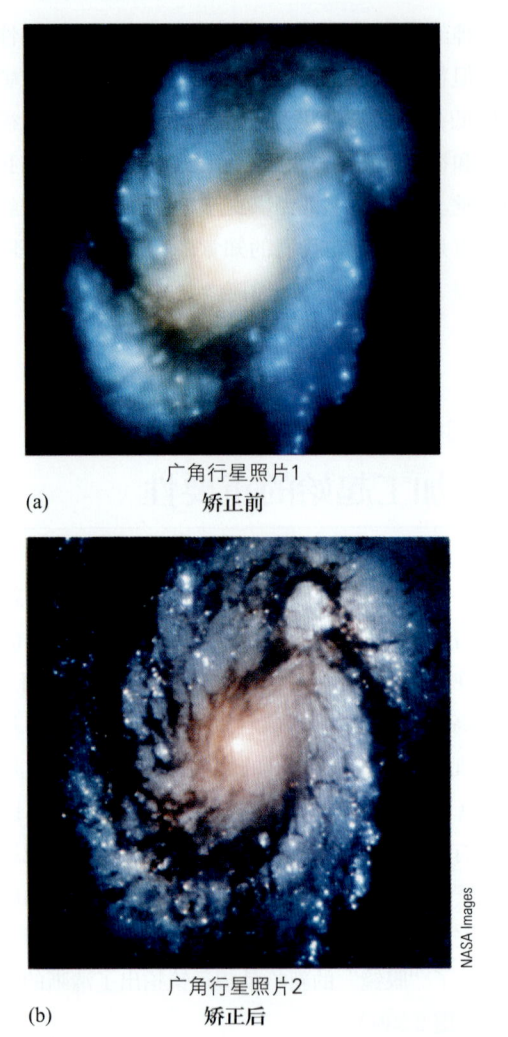

图2.33 （a）哈勃望远镜进行镜片矫正之前拍出的银河系照片。（b）矫正后拍出的照片。

线，所以蜜蜂能看见反射出紫外线的花（图 2.34）。这样便证明了本章开头提到的：知觉虽然不发生在眼睛里，但受眼睛的影响，其他的感觉也是如此。例如，耳内的感受器如果被损坏，会引起听力的丧失（第 11 章）；舌头上"苦味"感受器数量的差异会引起两个人对同一个食物产生不同的味觉体验（第 15 章）。

图2.34 （a）人所看见的一朵花的黑白照片。（b）对同一朵花而言，利用紫外线相机却可以"拍到"图中所示的"黑色标记"。虽然我们不能确定蜜蜂看见了什么，但短波视锥色素或许能让它们看到图中的"黑色标记"。

举一个蜜蜂的例子来说明视色素对可见光范围的限制，例子具体可见关于色觉的那一章，蜜蜂的视色素可吸收的光的波长最低可达 300 纳米（见图 9.43），这使得蜜蜂能够觉察到人眼看不见的紫外

发展维度：婴儿的视敏度

本书的部分章会包括"发展维度"专栏，例如本章的发展维度主要讲婴儿及儿童早期的知觉能力与本章主题内容之间的联系。

测定婴儿的能力时，最大的障碍就是他们不会通过说"是的，我感觉到了"或"我并没有感觉到"来给出回应。但这并不影响发展心理学家去寻找更有效的方法来测定婴儿或儿童早期的感知能力，其中用来测量婴儿视敏度的方法叫**优先注视法（PL）**。

方法　优先注视法

对婴儿知觉的测定，关键在于进行恰当的提问。以下提到的测定婴儿视敏度的方法验证了这一说法。对成人的视敏度的测定可以问其能否看清视力表上的字母或符号，而对婴儿视敏度的测定需要换一种提问方式和程序。"你能告诉我左边和右边的这两个东西是不是一样的吗？"婴儿更愿意看向哪一边的刺激就是他给出的答案。

图 2.35 为优先注视法所提供的两种刺激，主试注意观察婴儿的眼睛来判断他看向哪边更多。为了排除误差效应，主试不知道左右两边分别呈现的是哪种刺激。如果婴儿此时看向两边的时间明显不同，那么可以判定他能分辨出刺激物是不同的。

图2.35　一个婴儿在通过优先注视法进行测试。妈妈控制着婴儿始终向前看向屏幕，右侧是一个光栅，左侧是灰色圆盘，二者明度相同。主试不知道左右两边分别呈现的是哪种刺激，可透过刺激之间的窥视孔来观察婴儿偏向于看向哪边。

优先注视法的设计原理是婴儿有无意识注意偏好，即他们更愿意看向某类物体，例如，更愿意看那些轮廓均匀对称的物体（Fantz et al., 1962）。因此，一侧呈现光栅（内有黑白条相间，如图 2.35），另一侧呈现与光栅明度相同的灰色圆盘（如图 2.35），婴儿更爱看栅条，因此看向光栅多于看向灰盘。如果婴儿在光栅随机变换左右位置的多个测试中都看向光栅那一侧，他给出的答案就是"我在看光栅"。

缩小栅条的宽度会增加婴儿判断两种刺激是否有不同的难度，最终的结果就是他看向两侧的时间长短相同，这说明极细的相间竖条组成的光栅与灰盘之间的差别不可辨。因此，可以通过测定婴儿倾向的光栅刺激内的栅条宽度来判定他的视敏度。

婴儿的视敏程度怎样？图 2.36 中的红色曲线代表了用优先注视法测得的 1 周岁以内的视敏度变化，测试中用到了图 2.35 中的光栅。蓝色曲线代表了用**视觉诱发电位（VEP）**测得的视敏度。视觉诱发电位记录了在婴儿头部的视觉皮层安装的电极给出的反馈。在这个方法中，主试用光栅或棋盘格与灰盘交替位置。如果视觉系统更倾向于觉察栅条或方格，视觉皮层就会产生电信号反馈，即视觉诱发电位；但如果栅条因为太窄而不能被视觉系统觉察到，就不会有电信号产生。因此，VEP 提供了视觉系统觉察客体细节的能力。

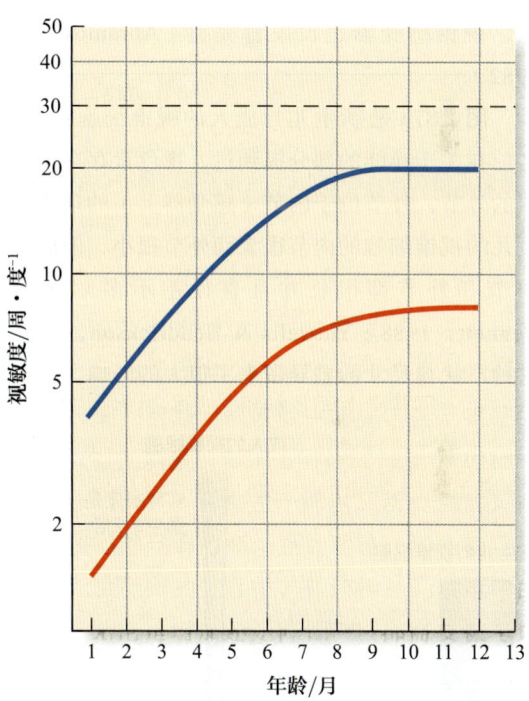

图2.36　使用视觉诱发电位技术测得的1岁前的视敏度（蓝色曲线）和优先选择技术测得的视敏度（红色曲线）。纵轴代表视敏度，即婴儿觉察到的光栅的空间分辨率。1"度"对应的是一条白纹加一条黑纹的大小，相当于从1米远的地方看到的一美分硬币的大小。度数越高表示觉察到光栅上竖条间微小间隔的能力越强。虚线代表成人的视敏度（视力20/20）。（VEP曲线来源：Norcia & Tyler, 1985；PL曲线来源：Gwiazda et al., 1980, Mayer et al., 1995）

VEP 测得的视敏度总是高于优先注视法测得的，但二者都测出婴儿刚出生时的视敏度的发展是很缓慢的（出生 1 个月时约为 20/400 ~ 20/600）。

（20/400 代表的含义是：婴儿可以观察到距自己20 英尺*的刺激物，而这个刺激物是视力正常的成人在 400 英尺远的位置就可以观察到的）。视敏度在 6—9 个月期间迅速提高（Banks & Salapatek，1978；Dobson & Teller，1978；Harris et al.，1976；Salapatek et al.，1976）。之后进入了一段平稳状态，1 岁之后逐渐达到成人水平。

因为成人的视敏度与视锥细胞及视杆细胞有关，所以可以假设婴儿的视敏度低是由于感受器并没有发育完全。据观察，新生儿的视网膜的确并未发育完全。虽然新生儿的外周视网膜是发育成熟的，但是中央凹并未发育完全，有大片的空缺区域，视锥感受器也没发育完整（Abramov et al.，1982）。

图 2.37a 是新生儿与成人的视锥细胞对比图。之前在关于换能的部分提到过，视色素存在于感受器的外节，外节位于内节（感受器上）的顶端。新生儿的视锥细胞的内节很大而外节很小，但成人的内节和外节都很长并且直径差不多（Banks & Bennett, 1988；Yuodelis & Hendrickson, 1986），这种形状与尺寸的差异带来了很大的影响。外节尺寸过小意味着新生儿的视锥细胞上的视色素很少，以至不能像成人那样有效地吸收光线。此外，内节尺寸过大使感受器晶体显得很粗糙（图 2.37b），彼此之间有很大的缝隙。相反，成人的视锥细胞变窄时，彼此之间排列紧密，感受器晶体的质量得到了提升，从而能够更好地觉察细节。Martin Banks 和 Patrick Bennett 于 1988 年计算出视锥感受器的外节有效覆盖了成人 68% 的中央凹，但只覆盖了新生儿中央凹的 2%。这说明进入新生儿中央凹的大部分光线都丢失在了视锥细胞之间的缝隙部分，因此对视觉起不到作用。

因此，成人的视敏度高的原因在于：（1）视锥细胞的聚合更少；（2）中央凹上的视锥感受器紧密排列。那么婴儿的视敏度低可以归结于视锥细胞分布稀疏。另外一个原因是新生儿大脑中的视觉皮层没有发育完全，相对于成人来说，神经元和突触的数量都较少。因此，婴儿的视敏度会在出生后的6—9 个月时迅速增长的原因可归结为：视觉皮层上的神经元和突触在这一时期迅速地增加，视锥细胞的分布也更加紧密。

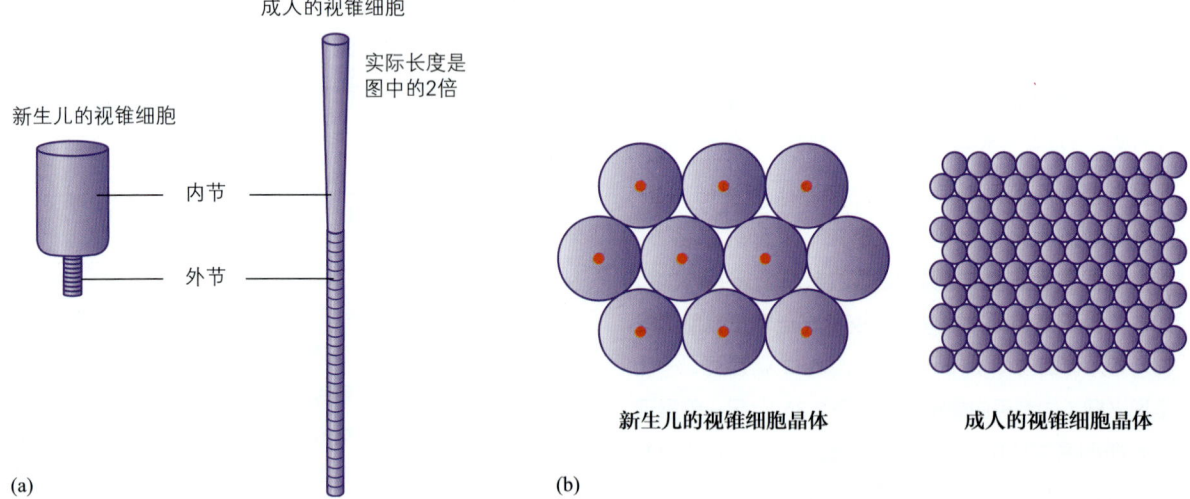

图2.37 （a）新生儿与成人的中央凹的视锥细胞的理想模型。（视锥细胞实际上并没有这么直，也没有这么像圆柱体。）中央凹上的视锥细胞比视网膜上其他地方的视锥细胞更细更长，所以本图中的视锥细胞与图2.3中的有所不同。（b）新生儿与成人的中央凹的视锥细胞晶体。红色圆点代表新生儿的视锥细胞外节，由于内节过大所以彼此之间离得很远。相反，由于成人的外节细长，所以视锥细胞之间离得很近。（来源：Banks & Bennett, 1988）

---

*1 英尺 =0.305 米；20 英尺 =6.096 米；400 英尺 =121.92 米。——译者注

测一测 2.2

1. 描述神经元的基本结构。
2. 描述怎样记录神经元上的电信号。
3. 动作电位的基本性质有哪些?
4. 动作电位在轴突上是怎样传递的?具体描述这一过程中神经纤维内的电荷变化以及引起变化的化学原因(化学分子穿过细胞膜)。
5. 电信号是怎样在神经元之间传递的?说一说兴奋与抑制之间的差异。
6. 什么是神经聚合?为什么视杆细胞与视锥细胞之间的聚合差异会引起:(1)视杆细胞在黑暗中比视锥细胞有更高的感受性?(2)视锥细胞比视杆细胞有更高的视敏度?
7. 为什么说知觉的起始会对知觉过程产生巨大的影响?举例说明。
8. 婴儿的视敏度如何,在 1 岁之前是怎样变化的?新生儿视敏度低的原因是什么?为何会在出生后的 6—9 个月时迅速提升?

想一想

1. 图 2.38 中的艾伦正在看着一棵树,她能看见树的原因是树上反射出来的光线进入眼睛,换句话说,就是进入眼睛的光线包含了关于树的信息。同时,罗杰就在旁边,目视着前方。由于他的目光并没有落在树上,所以他没有看见树。然而,罗杰所看向的位置正处于光线投射至艾伦眼里的过程中的某一处,但为什么罗杰并没有接收到任何关于树的信息?(线索 1:"物体使光变得可见"。线索 2:外太空的光线充足,但没有物体的地方看起来是一片黑暗。)

2. 从"演示:注意焦点上的物体"专栏中可以得知,只有直视物体时,让它的图像聚焦到广泛分布视锥细胞的中央凹上,才会看清楚这个物体。但是一般认为,我们没有直视的物体不会"模糊",都会很"清晰"。其中的原因是什么?与"演示"专栏中解释的原因有关吗?

3. 这里有一个和暗适应有关的练习:找一个可以在暗适应过程中同时进行观察的暗处,例如一个小壁橱,能通过开关壁橱的门来调节室内的光线强度。这主要是为了创造出一个几乎只有微光的环境(像暗房没开安全灯一样,完全没有光亮,非常黑)。把这本书带进壁橱并且翻到这一页,关上壁橱门使壁橱内一点光亮都没有,然后一点一点把门打开,直到刚好可以辨别出图 2.39 中最左边的白色圆盘,但看不到或者只能微微辨认出其他圆盘。此时你正处于黑暗中,意识到自己的感受性其实正在提高,约在 20 分钟的时间里,你会逐渐能够看清右边的圆盘轮廓。重要的是,看见圆盘后,会看得越来越清晰。如果一直直视着圆盘,它也会褪色,所以要时常转移视线。只是随意注视圆盘时,它会更容易被

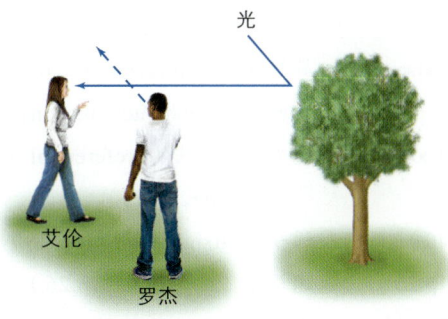

图2.38 因为从树上反射出来的光进入眼睛,所以艾伦能看见树。罗杰没有看向树,所以他看不见树,但他在看向垂直进入艾伦眼睛的光线的方向,那他为什么并没有觉察到带有树的信息的光?

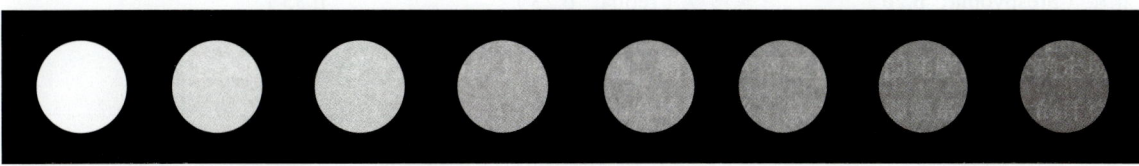

图2.39 暗适应测试用到的圆点。

看见。
4. 因为神经元上的长轴突就像电线，而神经元和电线都能导电，人们很容易因此把它们看作等同的。从结构的角度和传导电信号的角度对比轴突和电线的功能。

关键术语

暗适应（dark adaptation，p.28）
暗适应感受性（dark-adapted sensitivity，p.29）
暗适应曲线（dark adaptation curve，p.28）
波长（wavelength，p.22）
不应期（refractory period，p.35）
超极化（hyperpolarization，p.37）
单色光（monochromatic light，p.31）
动作电位（action potential，p.34）
动作电位上升期（rising phase of the action potential，p.36）
动作电位下降期（falling phase of the action potential，p.36）
光谱感受性（spectral sensitivity，p.31）
光谱感受性曲线（spectral sensitivity curve，p.31）
光适应感受性（light-adapted sensitivity，p.28）
换能（transduction，p.27）
黄斑病变（macular degeneration，p.24）
角膜（cornea，p.23）
近视（nearsightedness，p.26）
近视眼（myopia，p.26）
晶状体（lens，p.23）
静息电位（resting potential，p.34）
可见光（visible light，p.22）
扩散反应（propagated response，p.35）
老花眼（presbyopia，p.26）
离子（ions，p.35）

盲点（blind spot，p.24）
浦肯野位移（Purkinje shift，p.32）
屈光近视（refractive myopia，p.26）
去极化（depolarization，p.37）
色素性视网膜炎（retinitis pigmentosa，p.24）
神经递质（neurotransmitters，p.37）
神经环路（neural circuits，p.38）
神经节细胞（ganglion cells，p.38）
神经网络的聚合（neural convergence，p.39）
神经纤维（nerve fiber，p.33）
神经元（neurons，p.33）
渗透性（permeability，p.36）
视杆全色盲（rod monochromats，p.29）
视杆细胞（rods，p.23）
视杆细胞光谱感受性曲线（rod spectral sensitivity curve，p.31）
视觉诱发电位（visual evoked potential，p.43）
视敏度（visual acuity，p.40）
视色素（visual pigments，p.23）
视色素褪色（visual pigment bleaching，p.30）
视色素再生（visual pigment regeneration，p.30）
视神经（optic nerve，p.23）
视网膜（retina，p.23）
视网膜脱落（detached retina，p.31）

视锥细胞（cones，p.23）
视锥细胞光谱感受性（cone spectral sensitivity，p.31）
受体作用位点（receptor sites，p.37）
树突（dendrites，p.33）
双极细胞（bipolar cells，p.38）
水平细胞（horizontal cells，p.38）
调节（accommodation，p.25）
瞳孔（pupil，p.23）
突触（synapse，p.37）
外节（outer segments，p.23）
外周视网膜（peripheral retina，p.23）
无足细胞（amacrine cells，p.38）
吸收光谱（absorption spectrum，p.32）
细胞体（cell body，p.33）
兴奋反应（excitatory response，p.37）
眼睛（eyes，p.22）
异构化（isomerization，p.27）
抑制反应（inhibitory response，p.37）
优先注视法（preferential looking technique，p.42）
远视（farsightedness，p.26）
远视眼（hyperopia，p.26）
中央凹（fovea，p.23）
轴突（axon，p.33）
轴性近视（axial myopia，p.26）
锥—杆间歇（rod-cone break，p.29）
自发性活动（spontaneous activity，p.35）

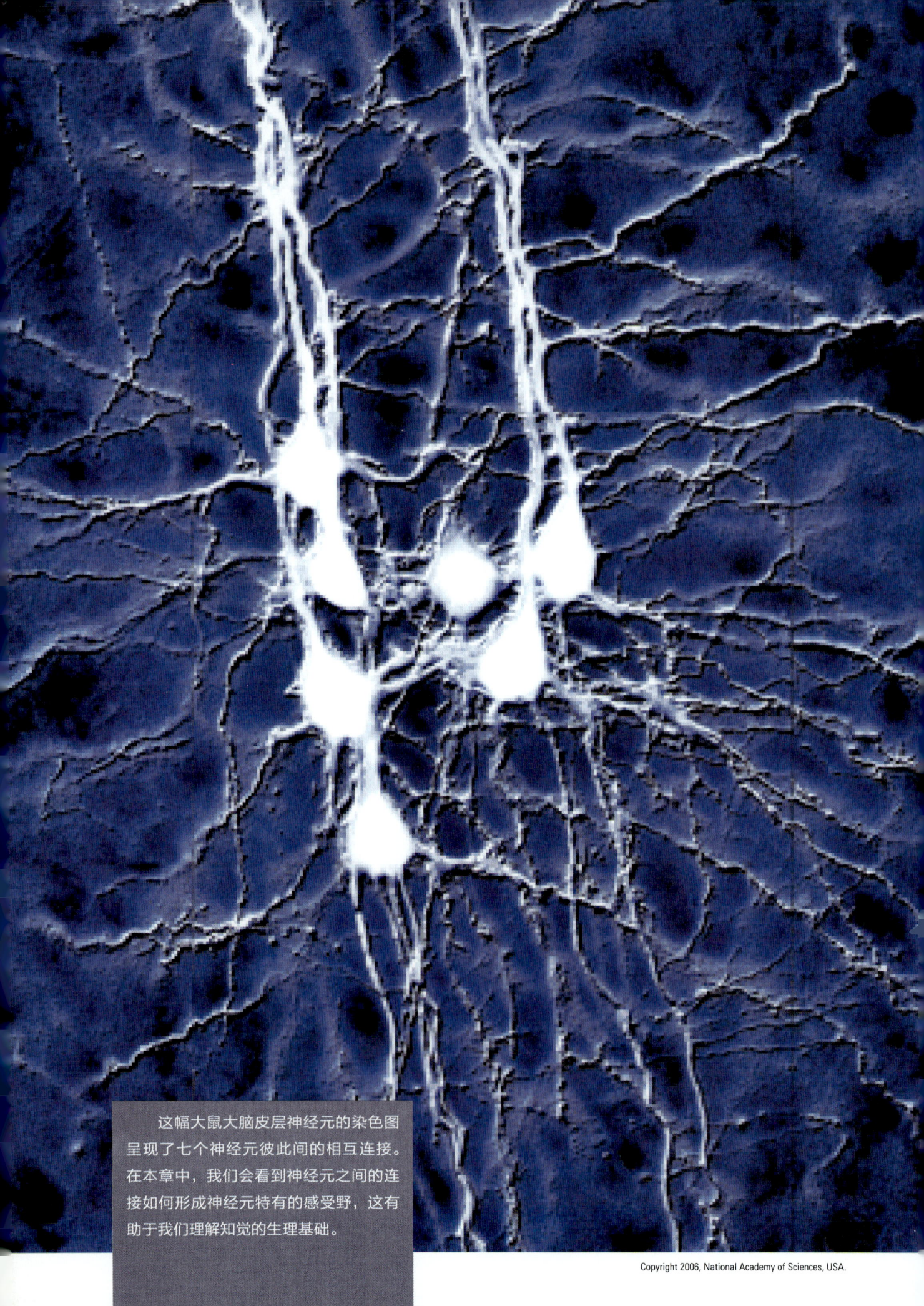

这幅大鼠大脑皮层神经元的染色图呈现了七个神经元彼此间的相互连接。在本章中,我们会看到神经元之间的连接如何形成神经元特有的感受野,这有助于我们理解知觉的生理基础。

第 3 章

神经加工

本章内容

- 视网膜内的抑制过程
- 鲎体内的侧抑制
- 用侧抑制解释知觉
- 用侧抑制解释谢弗勒尔错觉和赫曼方格时存在的问题
- 从视网膜到视觉皮层及更深层次的神经加工
- 视神经中单根神经纤维的响应
- Hubel 和 Wiesel 有关感受野研究的基本理论
- 视皮层神经元的感受野
- 特征探测器是否在知觉中发挥作用
- 选择性适应
- 选择性饲养
- 高级神经元
- 感觉编码
- 思考时刻:"可变的"感受野
- 想一想
- 关键术语

我们要思考的一些问题

- 兴奋和抑制是如何决定一个神经元对不同刺激的放电形式的?
- 如何通过知觉观察来了解神经元放电与知觉的关系?
- 神经元的反应在从低级到高级的视觉系统中是如何变化的?
- 环境中的物体是如何通过大脑皮层中神经元的放电进行表征的?

两辆汽车在相同的位置出发,朝着相同的目的地行驶。A 车选择走高速公路,中途只是短暂停车加油。B 车选择走观光路线——穿越乡村和小镇的偏僻路线,其间多次停车以欣赏风景和见一些人。B 车每一次停下都会影响其路线,路线的改变取决于驾驶员接收的信息。当把车停在一个小镇的杂货店前时,B 车驾驶员听说前方需要绕路,所以他相应地改变了路线。与此同时,A 车正朝着目的地高速行驶。

神经系统中电信号的运行路线更类似 B 车的旅程,信息从感受器传递到脑的路径并不像是没有停站的高速路。每一个离开感受器的神经信号都要穿过由相互连接的神经元所组成的复杂网络,经常会与沿途的其他神经信号相遇,并受之影响。

选择一条复杂而迂回的路径究竟有何意义?如果仅仅是被激活的感受器要向大脑传递信号,那么径直的传递路径就足够了。但神经系统中电信号的传递并非如此简单,电信号携带的信息会在到达大脑后,在脑内继续它的"旅程",传递更多的信息。脑中有许多神经元会对斜线、面孔、躯体和定向动作做出反应。这些神经元并不是从那些感受器与神经元之间直线传递的信号身上获取特征信息的。它们获得信息的方式是神经加工——许多神经元信号之间的相互作用。

接下来的两章将会描述神经加工和知觉之间的关系。先从回顾视网膜开始。在第 2 章的最后,通过展示视锥细胞和视杆细胞的神经聚合差异对视觉敏感性和细节视觉的影响介绍了神经加工。现在,让我们从感受器深入到视网膜中其他神经元形成的网络,并介绍侧抑制——一种在视觉和其他感觉系统中广泛存在的重要加工机制。接着,描述视神经、外侧膝状体和大脑皮层中的神经元是如何放电的。在上述各个位置,将呈现单个神经元的反应是如何为知觉客体特征和客体识别提供信息的。最后,描述一组神经元的反应与目标识别之间的联系。

视网膜内的抑制过程

通过对视锥细胞和视杆细胞的讨论，我们了解到了知觉可以被神经聚合影响——越多的聚合（视杆）会形成更高的敏感度，而越少的聚合（视锥）则与更好的细节视觉相关。我们在第 2 章中也介绍了抑制，并且描述了抑制是如何减少神经放电的。那么当聚合与抑制同时出现时会发生什么呢？要回答这个问题，先要提到**侧抑制**——穿越视网膜传递的抑制信号。最早有关侧抑制的研究是关于原始动物鲎的研究，鲎又称马蹄蟹（图 3.1）。

照时会引起其强烈的反应（图 3.2a）。但是当他们进一步对 B 处的三个感受器也进行光照刺激时，感受器 A 的反应降低了（图 3.2b）。他们还发现如果增加 B 处的光刺激，会进一步降低 A 的反应（图 3.2c）。所以，对 B 处感受器进行光照，会抑制 A 感受器的放电。此处感受器 A 放电率的降低，是借助鲎的眼中那些从 B 到 A 的外侧神经丛纤维的侧抑制来实现的，如图 3.2。与外侧神经丛在鲎体内横向传递信号类似，人的水平细胞和无足细胞也以这种方式在视网膜中传递信息。

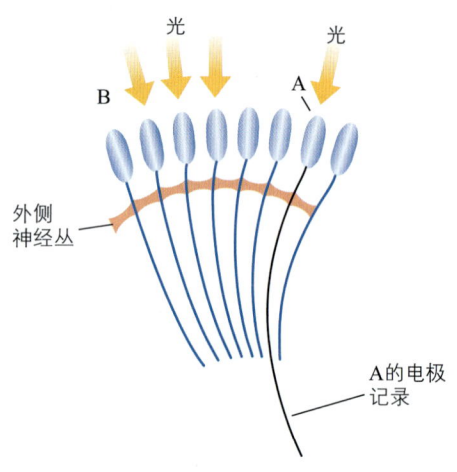

图3.1 鲎，或者叫作马蹄蟹。它的大眼睛由上百个复眼组成，每个复眼包括一个独立的感受器。

鲎体内的侧抑制

在这个关于鲎的经典实验中，Keffer Hartline、Henry Wagner 和 Floyed Ratliff（1956）用鲎证明了侧抑制是如何影响一个环路中神经元的反应的。他们选择鲎是因为其眼睛的结构可以实现单个感受器的激活。鲎的眼睛由上百个叫作**复眼**的结构组成，每一个复眼都有一个小的晶状体覆盖于眼的表面，并直接位于一个感受器的上方。每一个晶状体和感受器的直径大约相当于一个铅笔尖的大小（显著大于人的感受器），所以这使得人们可以通过照明来激活一个单独的感受器，并避免激活与其相邻的感受器。

当 Harline 和他的同事记录来自感受器 A 的神经信号时（如图 3.2），发现了对 A 感受器进行光

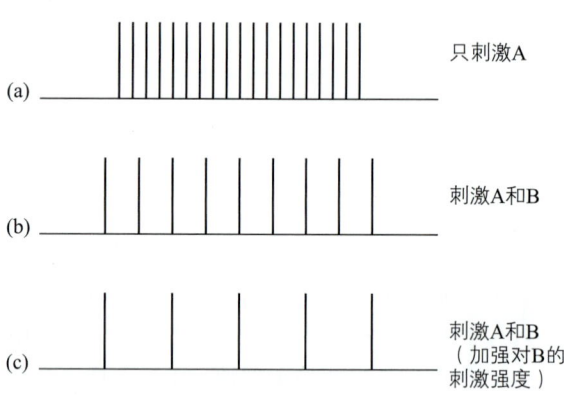

图3.2 鲎体内的侧抑制。图中显示了在感受器A的神经纤维中通过电极记录的反应。（a）只刺激感受器A；（b）同时刺激感受器A和B；（c）在刺激A和B的同时，对B的刺激强度增强。（来源：Ratliff, 1965）

用侧抑制解释知觉

知觉研究的目标之一就是阐明神经活动与知觉

之间的关系。如果你曾经读过本书之前的版本，你可能会读到以下这种针对该问题的阐述。在水平细胞和无足细胞中传递的侧抑制，能够解释许多现象，比如我们对明暗的知觉会与实际情况存在差异。但是在本书中，在教科书和研究论文中出现了数十年的故事已经被改写了。

每当学生们听说事实已发生改变时，他们总会疑惑，为什么不直接描述现在的事实，而要去描述那些我们曾经认为的事实呢。但是正如你们即将看到的那样，那些引出当前观念的"背景故事"，既能说明侧抑制是如何运转的，也能展示科学是如何在不同观念的转化过程中不断进步的。首先我们会介绍两个与明暗知觉相关的错觉现象，并通过侧抑制对它们进行解释。接下来会介绍一些简单的知觉实例如何对侧抑制观点提出质疑。

谢弗勒尔（阶梯）错觉的侧抑制解释

法国化学家米歇尔–尤金·谢弗勒尔（Michel-Eugene Chevreul，1789—1889）进行了脂肪的有机化学研究，推动了肥皂的诞生和新型蜡烛的发展。但是我们之所以对谢弗勒尔感兴趣，源于他受聘担任哥白林染织厂的染坊主管后，开始热衷于研究颜色的排列方式如何改变它们的外观。

谢弗勒尔错觉是他的成果之一，如**图 3.3a** 所示，其中呈现了4个灰色矩形，它们按照由浅到深的顺序由左向右依次排列。**图 3.3b** 展示了这些矩形的一个重要特征。使用测光计，沿着中间的两个矩形中从 A 到 D 的一条线，检测了其光强度。可以注意到，从 A 到 B 的整个区间的光强度是保持不变的，之后在矩形的边缘光强度降低到了一个较低水平，从 C 到 D 的区间保持不变。

你可能会注意到，重新看图 3.3a 时，尽管光的强度在从 A 到 B 的区间和从 C 到 D 的区间保持不变，但是在明度知觉上不是这样的。在 B 和 C 的交界处，交界线左侧（B 区上）会出现一个变亮条带区，而交界线右侧（C 区上）会出现一个变暗的条带区。这些在交界处附近被感知到的构成**谢弗勒尔错觉**的明暗条带，并不是真实的物理刺激。由于其图案呈阶梯状强度变化模式，它也被称为**阶梯错觉**。**图 3.3c** 展示了中间两个矩形的知觉效果。曲线上 B 处向上的凸点代表在 B 处知觉到的亮度

略微增加，而 C 处向下的凸点代表在 C 处知觉到的亮度略微降低。

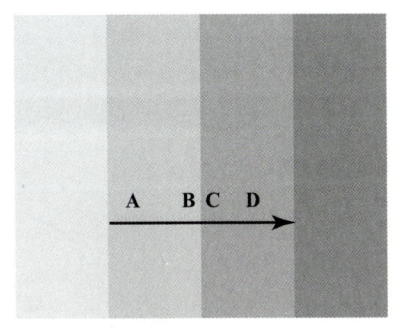

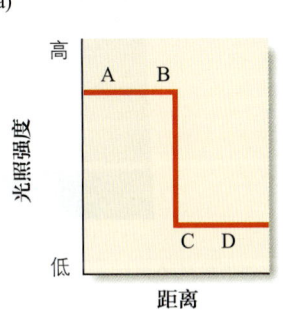

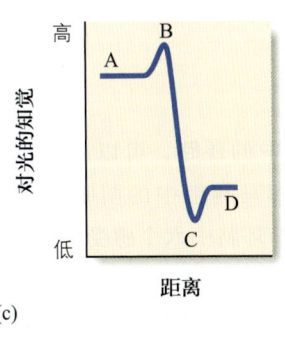

图3.3 谢弗勒尔错觉。观察明暗交界处。（a）在临近交界处的左侧，靠近B的位置，能够察觉一条模糊的亮带；而在临近交界处的右侧，靠近C的位置，能够察觉一条模糊的暗带。（b）通过测光仪检测到的光强度分布情况。由于这种光强度分布看起来像楼梯的台阶，所以这种错觉现象也被称为阶梯错觉。（c）此图表展示了（a）中描述的知觉效果。B处的凸起曲线表示亮带，而C处的凹陷曲线表示暗带。这些曲线代表的是知觉到的条带，但在实际的光强度分布中并未出现。

错觉的明暗条带在环境中也会出现，特别是在阴影中。如果你的附近有阴影，你可能就会注意到这一现象，或者你可以看看能否发现**图 3.4** 中的明暗条带。这幅图呈现了明暗之间一条模糊的阴影界

限，而非谢弗勒尔阶梯中清晰的边缘。模糊的界限形成的明暗条带被称为**马赫带**，该名称来自德国物理学家 Ernst Mach（1836—1916）。马赫带和谢弗勒尔错觉的机制被认为是相同的。

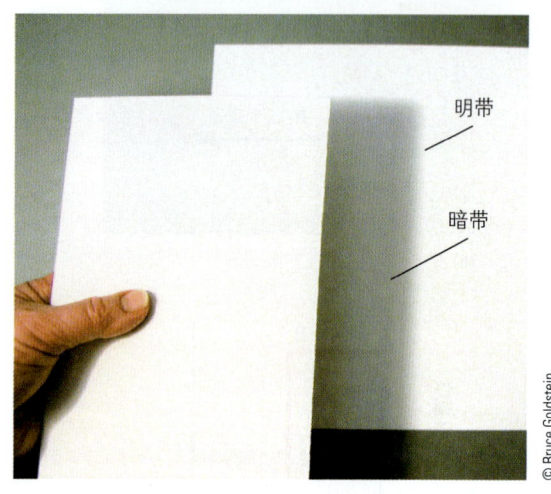

图3.4 在阴影中观察错觉带的投影技术。用灯照射浅颜色的表面，并用一张纸进行投影。与阶梯错觉中的阶梯现象不同，从明到暗的过渡是平缓的，其中出现的条带被称为马赫带。

借助图3.5中的环路，可以通过侧抑制来对谢弗勒尔错觉和马赫带中的明暗条带进行解释（Ratliff，1965）。环路中六个感受器细胞均会分别向双极细胞发出信号，每一个双极细胞再向其两侧临近的感受器细胞传递侧抑制。感受器 A 和 B 代表图 3.3 中的 A 和 B，它们位于较亮的一侧，并接收相同强度的亮光。感受器 C 和 D 位于较暗的一侧，并接收相同强度的暗光。在这个环路中加入感受器 X 和 Y 是为了使 A 和 D 接收来自两侧的抑制。

如图 3.5 所示，假设感受器 X、A 和 B 产生了 100 个单位的反应，同时感受器 C、D 和 Y 产生了 20 个单位的反应。X、A 和 B 促使与之相对应的双极细胞产生了 100 个单位的反应，而 C、D 和 Y 促使与之相对应的双极细胞产生了 20 个单位的反应。假如知觉仅由上述反应决定，那么左侧将会是一个整体对比度均匀的亮矩形（对应于反应 =100 个单位），右侧是一个整体对比度均匀的暗矩形（对应于反应 =20 个单位）。但是为了将侧抑制考虑进去，进行了如下的计算（图 3.6）。

1. 从每个双极细胞最初的反应开始：X、A 和 B 的反应为 100，C、D 和 Y 的反应为 20。
2. 计算出每一个双极细胞对其两侧相邻细胞的抑制程度。假设每一个细胞向一侧发出的抑制信号等于其初始反应的 1/10。那么，细胞 X、A 和 B 分别向其两侧的相邻细胞发出了 100×0.1 = 10 个单位的抑制信号，而细胞 C、D 和 Y 分别向其两侧的相邻细胞发出了 20×0.1 = 2 个单位的抑制信号。
3. 将每个细胞的起始反应减去其接收的左右相邻细胞的抑制信号，可以计算出每个细胞的输出信号。这里的输出信号是指图 3.5 和图 3.6 中的"最终输出信号"。

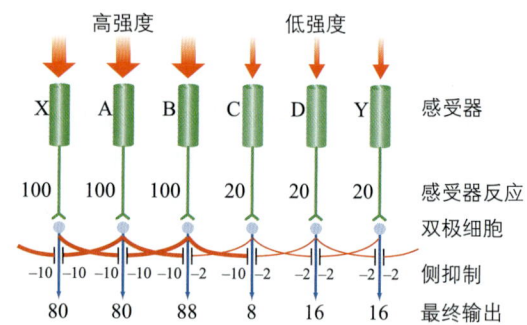

图3.5 基于侧抑制解释谢弗勒尔错觉的神经环路。每一个双极细胞向相邻细胞发出抑制信号。如果知道每一个感受器的起始反应以及抑制信号，就可以计算每一个双极细胞的最终输出信号。

双极细胞	初始反应	左侧抑制	右侧抑制	总抑制	最终输出
X	100	10	10	20	80
A	100	10	10	20	80
B	100	10	2	12	88 明带
C	20	10	2	12	8 暗带
D	20	2	2	4	16
Y	20	2	2	4	16

图3.6 将起始反应减去其接收的左右相邻细胞的抑制信号，可以测定图3.5中双极细胞的最终输出信号。

图3.7为用最终输出信号的结果绘制成的图，该图与图3.3c类似，分别代表在边界较亮一侧（B）知觉到的光强度的增加，以及在边界较暗一侧（C）知觉到的光强度的降低。由于这种侧抑制计算方法构建了一种与明暗错觉知觉类似的神经模式，所以针对谢弗勒尔错觉和马赫带，侧抑制成为一种被普遍接受的解释。

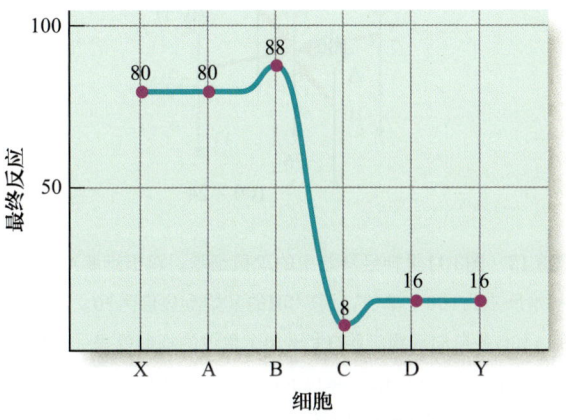

图3.7 此图呈现了图3.5中神经环路感受器最终输出信号的计算结果。B处的凸起和C处的凹陷分别代表了谢弗勒尔错觉中的明暗条带。

赫曼方格错觉的侧抑制解释

图3.8展示的赫曼方格是另一种最早通过侧抑制解释的知觉现象。幽灵般的灰色图像出现在白色"过道"的交叉处。直接观察交叉处，或者用白纸盖住两排黑色方块时，那些灰色的点会减弱或消失，如此可以证明这些灰色的点并不真正存在。

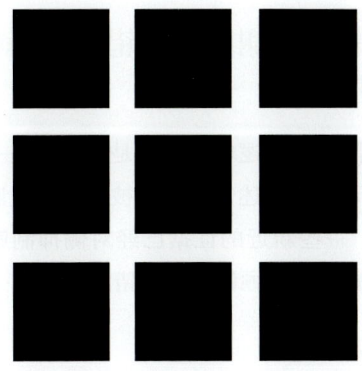

图3.8 赫曼方格。注意白色区域交叉处的灰色"幽灵图"，直视交叉处时会减弱或消失。

图3.9至图3.12展示了如何通过侧抑制解释交叉处的暗点。图3.9a展示了视网膜所呈现的方格中四个方块的平面图。其中绿色的圆是感受器。图3.9b是方格的透视图，展示了感受器（绿色）以及接收感受器信息的双极细胞（蓝色）。由于所有感受器都会被"过道"中的白色光照到，每一个感受器都会受到相同的光刺激并产生相同的反应。对于这个例子，假设每一个感受器的反应都是100个单位。

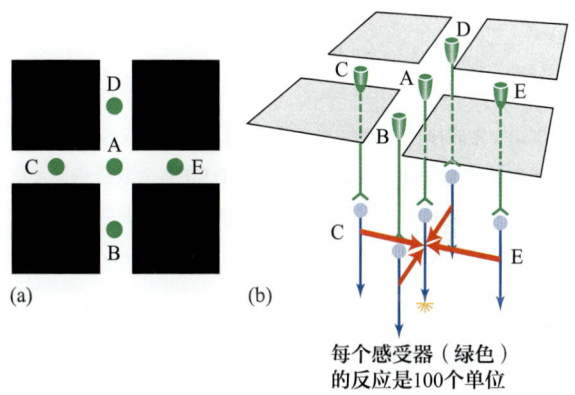

图3.9 （a）赫曼方格中的四个正方形及在此模式下的五个感受器。感受器A位于交叉处，而B、C、D和E的任意一侧都有一个黑色正方形。（b）方格和五个感受器的透视图，展示了感受器（绿色）与双极细胞（蓝色）的连接。五个感受器各自的反应均为100。双极细胞的初始反应与感受器的反应匹配。侧抑制通过红色通路到达双极细胞A。

A位于暗点显现的十字交叉口处，我们的目的就是计算出与感受器A相关的反应。由于知觉并不是由感受器的反应决定的，而是由系统下游的神经元反应决定的，类似于之前对谢弗勒尔错觉进行的假设，对光的知觉是由双极细胞的输出信号决定的。把注意放到图3.10中的双极细胞上，并且假设每一个双极细胞的初始反应与其对应的感受器都是一样的。于是，双极细胞A、B、C、D和E最初的反应都是100个单位。

类似于谢弗勒尔错觉，假设每一个双极细胞的最终反应等于其初始反应减去侧抑制效应。双极细胞A接收来自交叉处的感受器信号，假设神经元B、C、D、E向双极细胞A发出的侧抑制信号是神经元初始反应的1/10。于是，每一个双极细胞向双极细胞 A 发出 100 × 0.1 =10 个单位的抑制信号（红色箭头），到达 A 的总的侧抑制信号是 10 + 10 + 10 + 10 = 40。这意味着双极细胞最终的反应是 100（初始反应）-40（抑制信号）= 60。

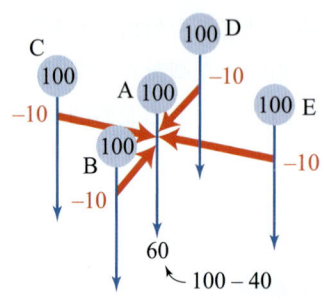

图 3.10　图 3.9 神经环路中的双极细胞。每一个双极细胞的初始反应值均为 100。双极细胞 B、C、D 和 E 各向双极细胞 A 发出 10 个单位的抑制信号，由红色箭头表示。由于总抑制值是 40，双极细胞 A 的最终反应是 60。

观察图 3.11 中并没有处在过道交叉处的感受器 D。在这个例子中，感受器 A、D 和 G 接收过道中的白光信号，因此具有 100 个单位的初始反应。但是感受器 F 和 H 受到方格中黑色部分的光刺激，反应较低，姑且设定为 20 个单位。

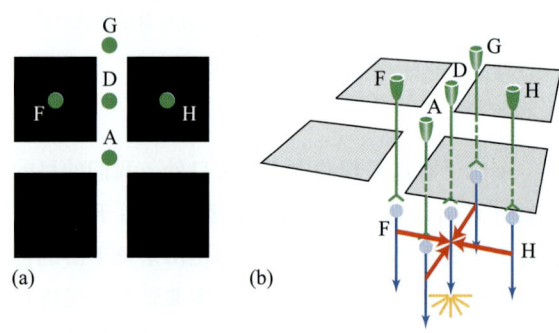

图 3.11　（a）类似于图 3.8 中赫曼方格里的四个正方形，注意两个黑色正方形之间的感受器 D。感受器 D 被感受器 A、F、G 和 H 包围。由于感受器 F 和 H 位于两个黑色正方形的下方，所以它们比其他感受器接收了更少的光。（b）方格和五个感受器的透视图，展示了感受器（绿色）是如何与双极细胞（蓝色）进行联系的。感受器 A 和 G 的反应值是 100，而 F 和 H 的反应值是 20。侧抑制沿着红色通路传递到双极细胞 D。

与之前一样，假设图 3.12 中的双极细胞的初始反应对应其接收到的来自感受器的反应。红色箭头表示 A 和 G 各发出 100 × 0.1 = 10 个单位的抑制，而 F 和 H 各发出 20 × 0.1 = 2 个单位的抑制。那么，发送到 D 的总抑制是 10 + 10 + 2 + 2 = 24，所以双极细胞 D 的最终反应是 100-24=76。

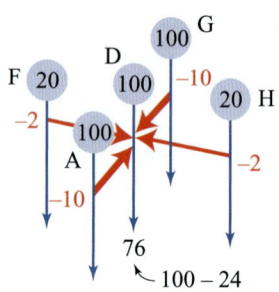

图 3.12　图 3.11 里神经环路中的双极细胞。双极细胞 A 和 G 的初始反应为 100 个单位，而 F 和 H 的初始反应值为 20。双极细胞 A 和 G 各自向双极细胞 D 发出 10 个单位的抑制信号；双极细胞 F 和 H 各自向 D 发出 2 个单位的抑制信号。最终的抑制信号是 24，所以双极细胞 D 的最终反应是 76。

通过比较 A 和 D 处的最终反应，可以对知觉做出一个预测：感受器 A（位于交叉处）的反应数量为 60；感受器 D（位于黑色方块之间）的反应数量为 76；A 小于 D，所以交界处应该比过道处更暗。这正是实际发生的事情——我们在交叉处能够知觉到灰色图像。虽然双极细胞 A 和 D 的初始反应是一样的，但它们的最终反应是不同的，这是因为 D 比 A 受到了更少的侧抑制。与谢弗勒尔错觉类似，侧抑制可以用来解释为何知觉与实际情况不一致。

用侧抑制解释谢弗勒尔错觉和赫曼方格时存在的问题

一个同样符合逻辑的解释是（这也是一种教科书的编写者用来阐述知觉如何被神经反应影响的完美方式），一些新近的证据已经对侧抑制解释提出了质疑。首先来回顾谢弗勒尔错觉。

谢弗勒尔错觉

首先，思考图 3.13，该图在一种特定的背景上展示了两个曾用来构建谢弗勒尔错觉的"阶梯"图案，这种背景的亮度如斜坡一样，从明到暗平稳改变，所以被称为亮度斜坡（Geier & Hudak，2011）。其中的两个阶梯图案在物理层面上是一模一样的，唯一的不同是上面的阶梯是深色矩形在左，而下面的阶梯是深色矩形在右。但是很显然，这两个图案看起来差异显著。只有微弱的谢弗勒尔条带出现在上图中；但是在下图中，谢弗勒尔条带被显著增强了。这种现象的出现是由于这里的背景从左到右逐渐由明转暗。当阶梯图的明暗变化趋势与背景相反时，谢弗勒尔错觉被削弱了（上图），但是当阶梯与背景的明暗变化趋势相同时，这种效应就被增强了（下图）。

我们对上下两图的不同知觉的关键在于，两个矩形之间的侧抑制并不会被背景亮度斜坡影响。这种侧抑制未变化，但知觉发生改变的事实，对谢弗勒尔错觉的侧抑制解释提出了质疑。

点就消失了！但是，把直线变成曲线应该对侧抑制影响很小甚至没有影响。这样一个简单的类似于谢弗勒尔错觉的知觉现象，对已经被接受了许多年的理论提出了质疑。

下一个问题是这些现象的机制是什么？许多其他的理论被陆续提出，例如，神经元之间的相互影响，这可比简单的侧抑制计算复杂得多，但是这些理论仍未被证实，所以需要更加深入的研究去解释这些现象（Geier et al.，2008；Geier & Hudak，2011；Schiller & Carvey，2005）。

图3.14 上图：来自图3.8的赫曼方格，但是这里的正方形更多。下图：由曲线构成的赫曼方格，将直线改成曲线消除了白色通道交汇处的错觉黑点。（来源：Geier et al.，2008）

图3.13 两个在物理层面上相同的谢弗勒尔阶梯，但是在上面的阶梯中，明亮的矩形在右侧；而在下面的阶梯，明亮的矩形在左侧。两个图形看起来并不一样，这是因为它们被置于一个亮度斜坡的背景之上，该背景呈现左明右暗的变化趋势。由于图像的明暗变化趋势与亮度斜坡背景相同，所以下图的谢弗勒尔错觉被增强了。（来源：Gerier & Hudak，2011）

赫曼方格

图3.14提供了另一个因侧抑制理论而引发问题的知觉实例（Geier et al.，2008；Schiller & Carvey，2005）。上图展示了常规的赫曼方格，在白色通道交汇处会看到虚幻的黑点。然而，当将方格周边的直线如下图那样变成曲线时，交汇处的黑

回想一下在分析谢弗勒尔错觉和赫曼方格的过程中我们学到了什么。首先通过两个证据明确了生理层面上的侧抑制理论是如何被证明的：(1) 关于鲎的实验从生理层面论证了侧抑制是如何影响神经反应的；(2) 通过计算展示了侧抑制是如何在神经环路中影响神经元放电的。由此，侧抑制理论提供了一个如何用我们所了解的生理反应和神经环路的知识来推断知觉的生理机制的范式。

但是，正如侧抑制与知觉之间的逻辑关系一样，图3.13和图3.14展示的知觉示例对这种关系提出了质疑。理论往往需要基于新的证据加以修

正。而在上述例子中,生理理论正在被知觉现象所修正。所以,知觉证据有时可以为生理学提供信息。在本章后面讨论有关知觉中的特征检测器时,将会遇到另一个知觉证据为生理学提供信息的例子。知觉检测器指的是一些对定向线条敏感的神经元。

虽然基于侧抑制的简单理论或许还不足以解释谢弗勒尔错觉和赫曼方格效应,但这并不意味着侧抑制在知觉决定过程中不发挥重要作用。侧抑制在知觉系统中广泛存在,既会出现在靠近感受器的神经加工的起始阶段,也会在之后出现于脑中的感觉通路上。在下一部分,我们将会学习如何通过侧抑制来解释单个神经元对不同模式的明暗光做出的反应。

测一测 3.1

1. 描述关于鲎的证明侧抑制效应的实验。
2. 什么是谢弗勒尔错觉?它在物理层面和生理层面存在的差异说明了什么?
3. 侧抑制如何被用来解释谢弗勒尔错觉?确保你理解图 3.5 中神经环路连接的计算。
4. 什么是赫曼方格,侧抑制如何被用来解释这种现象?
5. 由于哪个知觉例子的存在,谢弗勒尔错觉和赫曼方格错觉便不能够被基于侧抑制的简单理论所解释?

从视网膜到视觉皮层及更深层次的神经加工

为了继续有关神经加工的讨论,现在将会开启一段关于视觉系统的旅程,把在视神经中将神经冲动从视网膜传递出去的神经元作为起始,而后追随这些信号到达脑的视觉功能区及更深处。

视神经中单根神经纤维的响应

图 3.15 呈现了离开眼睛后部的视神经,横断面表明神经由许多单根神经纤维共同平行排列组成。这些纤维是视网膜神经节细胞的轴突(也可参考图 2.6)。关于视觉系统中神经加工如何发生这个故事要从 H. Keffer Hartline 说起,下面将要介绍他在关于鲎的实验中,对侧抑制进行的研究和成果,这些研究成果使他荣获了 1967 年的诺贝尔生理学或医学奖。

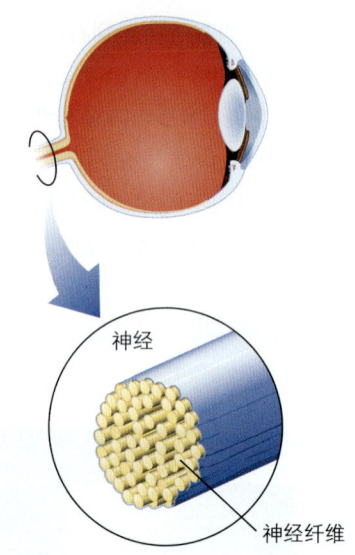

图3.15 离开眼睛后部的视神经,人类约有100万根视神经纤维。

在对鲎进行研究之前,Hartline(1938,1940)用蛙的眼杯进行了研究。他通过挑起靠近离眼位置的视神经,分离出单根视神经纤维(图 3.16)。当对分离的纤维进行神经记录时,Hartline 发现,只有用光刺激视网膜上某个很小的区域,他所记录的那些神经才会有所反应。他把能够导致神经元放电的这个小区域叫作这个神经纤维的**感受野**(图 3.16a),并将其定义为"视网膜中能够使任何特定神经纤维获得反应而必须接受刺激的区域"(Hartline,1938,p.410)。

Hartline 还强调,一个神经元感受野覆盖的区域大大超过一个视杆或视锥感受器细胞。这种一个神经元感受野覆盖了成百甚至上千个感受器的事实意味着神经纤维接收了所有感受器的聚合信息。Hartline 最后强调,许多不同的神经纤维的感受野会重叠(图 3.16b)。这意味着当光照射到视网膜上的一个特定位点时,许多神经节细胞纤维会被激活。

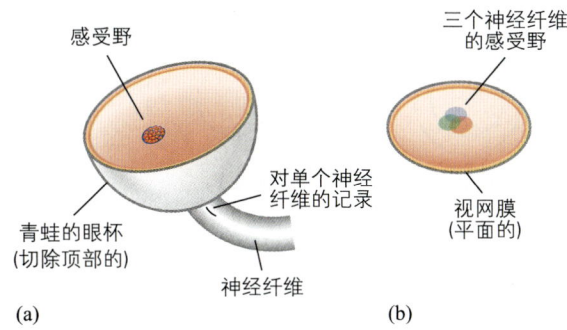

图3.16 （a）Hartline的实验，通过分离蛙的眼，并去除其顶部，进而创造出一种"眼杯"，可以用于在视网膜上呈现刺激。随后用光照射视网膜以检测蛙的视网膜中哪个区域会引起视神经中的一根特定纤维放电。这个区域被称为那根视神经纤维的感受野。（b）三个视神经纤维的感受野。这些感受野重叠在一起，所以刺激视网膜上的一个特定位点时，一般会激活视神经中的许多纤维。

有一种理解感受野的方式是想象有一个足球场和坐满了观众的看台，每一名观众都只用一副双筒望远镜对准球场上的一小片区域。每一名观众只关注他自己的那片区域，而所有观众加在一起就监控了整块球场。由于有如此多的观众，他们关注的某些区域会完全或者部分重叠。

将这个足球场的类比与Hartline的感受野联系起来，可以将观众等同于视神经纤维，将足球场等同于视网膜，而每一名观众的关注区域就等同于感受野。想象每一根视神经纤维就如同一名观众。虽然每一名观众只关注足球场中的一小片区域，但是所有的观众加在一起就获得了整个球场上发生的所有事情的信息。与此类似，每一根视神经纤维关联着视网膜中的一小块区域。然而，由于有许多视神经纤维，就如同有许多观众一样，所有的视神经纤维加在一起就获得了整个视网膜上存在的所有信息。

研究者们在Hartline的启发之下，记录了猫的视神经纤维信号，并且发现了感受野的特征，这是Hartline在关于蛙的实验中没有观察到的。这种猫的感受野表现出一种**中心—周边结构**，其中感受野"中心"区域与感受野"周边"区域对光的反应存在差异（Barlow et al., 1957；Hubel & Wiesel, 1965；Kuffler, 1953）。

如图3.17a中的感受野，当光点照射中心区域时放电增加，所以它被称为感受野的**兴奋区**。与此相反，刺激周边区域会使放电率降低，所以这个区域被称为感受野的**抑制区**。这种感受野被称为**兴奋—中心、抑制—周边感受野**。如图3.17b中的感受野，当中心被刺激时表现为抑制，而当周边被刺激时表现为兴奋，这是一种**抑制—中心、兴奋—周边感受野**。

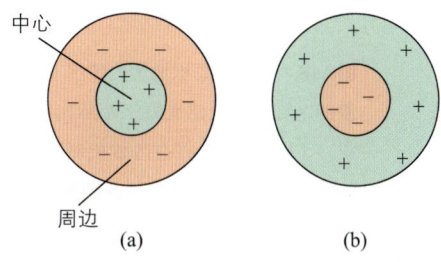

图3.17 中心—周边感受野：（a）中心兴奋，周边抑制；（b）中心抑制，周边兴奋。

这些揭示感受野具有相反反应区的发现导致有必要将Hartline有关感受野的定义修改为"在视网膜上的某一区域，该区域中的属于视觉系统的细胞可以被光刺激所影响（兴奋或抑制）"（Hubel & Wiesel, 1961）。影响这个词以及所提到的兴奋和抑制使得感受野的概念更加明确，即在确定一个神经元感受野的过程中，任何神经元放电率的变化——无论是增加还是降低——都需要被考虑进去。

发现**中心—周边感受野**的另一个重要意义在于，它表明神经加工可以引起神经元对特定光刺激的最佳反应。这可以通过图3.18中被称为**中心—周边拮抗作用**的效应来说明。一个投射在感受野兴奋中心的光点造成了神经元放电频率的少量增加（如图3.18a）；增加光的照射面积直至完全覆盖整个感受野中心，能够增加细胞的反应（如图3.18b）。

当光照面积增加到已经开始覆盖抑制区域时，中心—周边拮抗作用开始产生，如图3.18c和图3.18d。对周边抑制区的刺激抵消了中心区的兴奋反应，造成神经元放电频率的降低。所以，由于中心—周边拮抗作用，当照射点的大小刚好与感受野

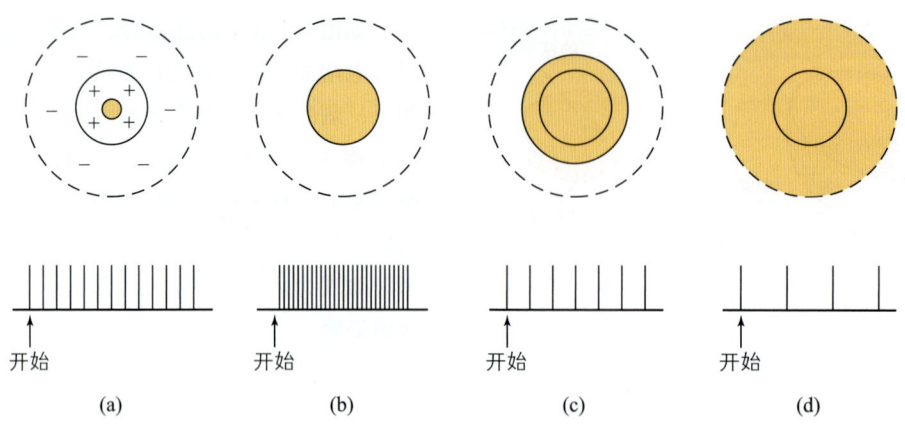

图3.18 在刺激面积增加的情况下,兴奋—中心、抑制—周边感受野的反应。黄色部分为被光刺激的区域。每个感受野下都标出了对刺激的反应。(a)兴奋中心对光点刺激产生了较小的反应。(b)当整个兴奋区域被刺激,反应增加。(c)当光点的面积继续增加,直至部分周边抑制区被刺激,反应降低;此图意在说明中心—周边拮抗作用。(d)光照覆盖全部周边抑制区,进一步降低了反应。

兴奋中心一致时,这个神经元对光照的反应最佳。

通过描述聚合和侧抑制的神经环路运行机制,可以从神经加工方面解释中心—周边感受野和中心—周边拮抗作用。图3.19展示了一个包括七个感受器的神经环路。这些神经元共同发挥作用,借助侧抑制,构建了神经元B的兴奋—中心、抑制—周边感受野。

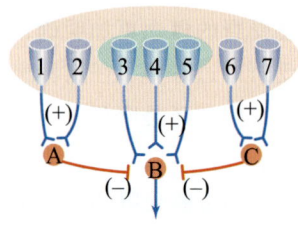

图3.19 一个具有7个感受器的神经环路,着重说明了中心—周边感受野。感受器3、4和5是兴奋中心,而感受器1、2、6和7位于抑制周边。

感受器1和2在神经元A上形成突触连接;感受器3、4和5在神经元B上形成突触连接;而感受器6和7在神经元C上形成突触连接。所有这些突触都是兴奋性的,用Y形图案和"+"号标出。此外,神经元A和C在神经元B上形成突触连接,而这两个突触是抑制性的,用垂直线和"-"号标出。那么刺激这些感受器会如何影响神经元B的放电?刺激感受器3、4和5造成B的放电增加,因为它们与B形成的突触是兴奋性的。这是可以预见的,因为感受器3、4和5是位于感受野兴奋中心的。

接着同时刺激感受器1和2时会发生什么?这些感受器通过兴奋性突触与A联系,所以光刺激这些感受器会造成A放电增加。A的信号随后传递到B,但是由于从A到B的突触是抑制性的,因此造成B放电率降低。这也是可以预见的,因为感受器1和2位于感受野的周边抑制区。由于感受器6和7也位于周边抑制区,因此用光照射时也会产生同样的反应。所以,刺激中心区域(绿色区域)的任何地方都会造成B的放电率增加。刺激周边(红色区域)的任何地方都会造成B的放电率降低。

显而易见,当所有的感受器同时被光照时,神经元B会反应不佳,因为来自3、4和5的兴奋信号以及来自A和C的抑制信号会彼此拮抗,引起中心—周边拮抗作用。虽然,一个真实的神经节细胞会接收远远多于7个感受器的信号,其网络图也会比我们在例子中呈现的复杂得多,但此处介绍的基本原理是可行的。中心—周边感受野是由兴奋和抑制的交互作用形成的。

感受野研究引领了神经加工研究的新时代,因为研究者们意识到,他们可以通过检测在视觉系统的不同层面中何种模式的光刺激能够最为有效地改变神经元的反应，以理解神经加工在各层面的影响。这就是 David Hubel 和 Thorsten Wiesel 所采用的策略，他们的探索将对感受野的研究扩展到了大脑皮层。

Hubel和Wiesel有关感受野研究的基本理论

Hubel 和 Wiesel（1965）对视觉研究的策略进行了如下阐述：

一种方法……是用不同模式的光去刺激视网膜，同时在视觉通路的不同位置记录单个细胞或者纤维的信号。对于每一个细胞，最佳刺激都是可以被测定的，因此人们可以指出视觉通路中细胞的常规特征，并且可以进行不同层面的比较。（Hubel & Wiesel，1965，p. 229）

Hubel 和 Wiesel 的研究展示了在更高级的视觉系统中，神经元如何协调以实现对更多具有不同特征的刺激产生最佳反应的过程。该研究使他们获得了 1981 年的诺贝尔生理学或医学奖。为进行上述研究，Hubel 和 Wiesel 调整了 Hartline 光照视网膜的操作流程。不同于直接用光去刺激动物的眼睛，Hubel 和 Wiesel 让动物注视一个被他们投射了刺激的屏幕。

方法 | 呈现刺激以检测感受野

神经元的感受野是通过呈现刺激来检测的，例如将一个光点呈现在视网膜的不同位置，进而可以检测哪一个区域不产生反应、产生兴奋性反应或产生抑制性反应。Hubel 和 Wiesel 将刺激投射到屏幕上（图 3.20）。通常使被麻醉的猫或猴子注视屏幕，并通过镜片对其眼睛进行聚焦，所以无论屏幕上出现什么都会聚焦到眼睛的后部。

由于猫的眼睛是被持续固定的，所以每一个屏幕上的点都与猫视网膜上的点对应。因此，屏幕上 A 点的刺激会在视网膜上形成一个图像 A，B 点的刺激形成图像 B，C 点的刺激形成图像 C。在屏幕上投射图像有许多优势。与直接用光刺激眼睛（特别是移动的刺激）相比，这种刺激更容易控制，更清晰，而且更容易呈现复杂的刺激（如面孔或者场景）。

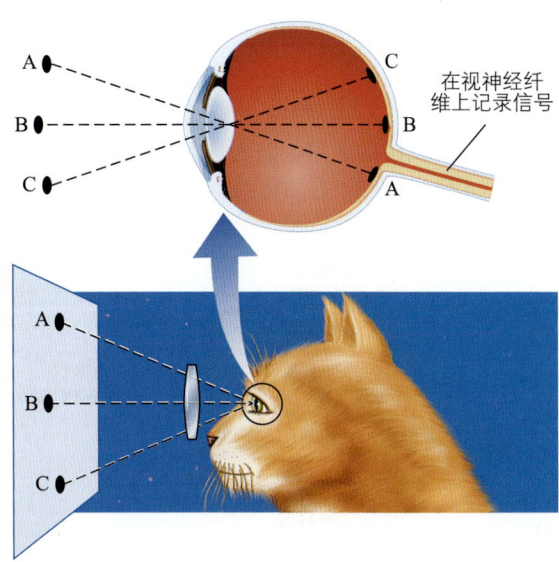

图3.20 通过在一只被麻醉了的猫的一根视神经上记录电信号。屏幕上的每一个点对应猫视网膜上的一个点。

无论使用任何方法，一个需要记住的有关感受野的重要事实是：感受野总是位于感受器的表面。在本例中，感受器的表面就是视网膜，后面将会提到，触觉系统中的感受野也位于皮肤表面。同样有必要强调的是，神经元位于何处并不是很重要——神经元可以位于视网膜、视皮层、触觉相关皮层或者脑中的任何地方，但是感受野总是在感受器表面，因为那里是接收刺激的位置。

Hubel 和 Wiesel 在视觉通路中的不同位置记录了单个神经元的信号，为了理解这种方法，需要考虑视网膜中信号是在何处传递的。图 3.21a 重现了图 2.20 中视觉系统的整体图，它展示了信号如何通过视神经离开眼睛到达**外侧膝状体（LGN）**，进而从 LGN 到达大脑皮层枕叶，那是一个在知觉和认知决定过程中发挥核心作用的区域，大约 2 ~ 4 毫米厚，覆盖于脑表面（Fischl & Anders，2000）。枕叶是**视觉接收区**——大脑皮层上最先接收来自视网膜和 LGN 的信息的区域（图 1.5）。观察图 3.21b，脑的腹面图呈现了从眼睛到大脑皮层的通路，还会看到**上丘**，它接收来自眼睛的部分信号。这个结构在控制眼动的过程中发挥着重要作用。

因为视觉接收区的横断面呈条纹状，所以又被称为**纹状皮层**，或者也被称为 V1 **区**，这是为了强调它是大脑皮层中的第一个视觉区。正如图3.21a中蓝色箭头所示，信号也会传递到大脑皮层的其他区域。但是到目前为止，只需要关注从眼睛到LGN再到视皮层的通路，因为这条通路正是Hubel和Wiesel的开拓性实验的舞台。

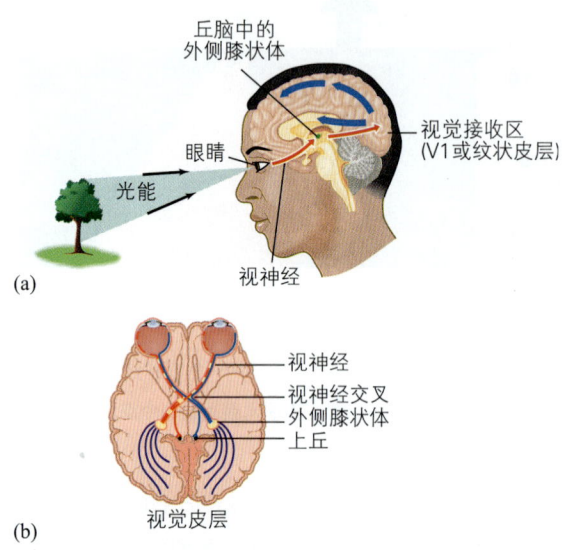

图3.21 （a）视觉系统的剖面图，图中展示了在初级视觉通路中发生神经加工的主要位置：眼睛、视神经、外侧膝状体以及大脑皮层中的视觉接收区。（b）视觉系统的腹面图，图中展示了上丘，接收来自眼睛的部分信号。视交叉是两只眼睛各自的一部分视神经的交叉点，交叉后各自到达对侧大脑半球的视皮层。

Hubel和Wiesel展示了视神经具有中心—周边感受野，并且LGN中的神经元同样具有中心—周边感受野（Hubel & Wiesel，1961）。从视神经纤维到LGN神经元，感受野只发生了微小的变化，这使得研究者们对LGN的功能产生了困惑。在LGN中，总应该有一些事情发生，因为LGN接收了90%的离开眼睛的视神经纤维（其他10%到达上丘），何况它本身就是一个包含了上百万神经元的复杂结构。

自LGN传向大脑皮层的信号小于LGN接收的来自视网膜的信号，由此可以推断出LGN的作用（图3.22）。离开LGN的信号的降低暗示LGN可能具有以下作用：在神经信息从视网膜向大脑皮层传递的过程中对其进行调控（Casagrande & Norton，1991；Humphrey & Saul，1994）。

LGN的另一个重要特征是，它接收的来自大脑皮层的信息多于来自视网膜的信息（Sherman & Koch，1986；Wilson et al.，1984）。这种"逆向"信息流被称为反馈，可能也与信息流的调控相关。所以有这样一种猜想：从大脑传递回LGN的信息可能影响了哪些信息会被上传到大脑。本书后面将会介绍一些关于反馈对知觉有作用的可靠证据（Gilbert & Li，2013）。至于现在，让我们继续沿着视觉通路向上的旅程，从LGN到达V1区——视觉接收区。

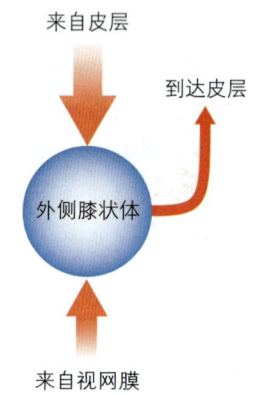

图3.22 流入和流出外侧膝状体的信息。箭头的大小代表了信号的多少。

视皮层神经元的感受野

Hubel和Wiesel最初有关皮层神经元的研究关注了纹状皮层（V1区），因为这是大脑皮层最先接收信号的地方。通过对视网膜的不同位置呈现闪光点进行观察，Hubel和Wiesel（1959）发现纹状皮层里的细胞上的感受野也有兴奋和抑制区，这与视网膜和LGN中神经元的中心—周边感受野相类似。但是，这些区域不是中心—周边结构，而是并排分布的（图3.23a）。具有这种并排分布感受野的细胞被称为**皮层简单细胞**。

可以通过图3.23a呈现的简单细胞的兴奋和抑制区的分布图看出，一个具有这种感受野的细胞会对垂直线条信号产生最佳反应。正如图3.23b所示，一个只在兴奋区出现的垂直线条会造成高放电，但是当线条倾斜进而出现在了抑制区时，放电率降低了（图3.23c）。

通过测量简单细胞对不同方向的线条的放电情

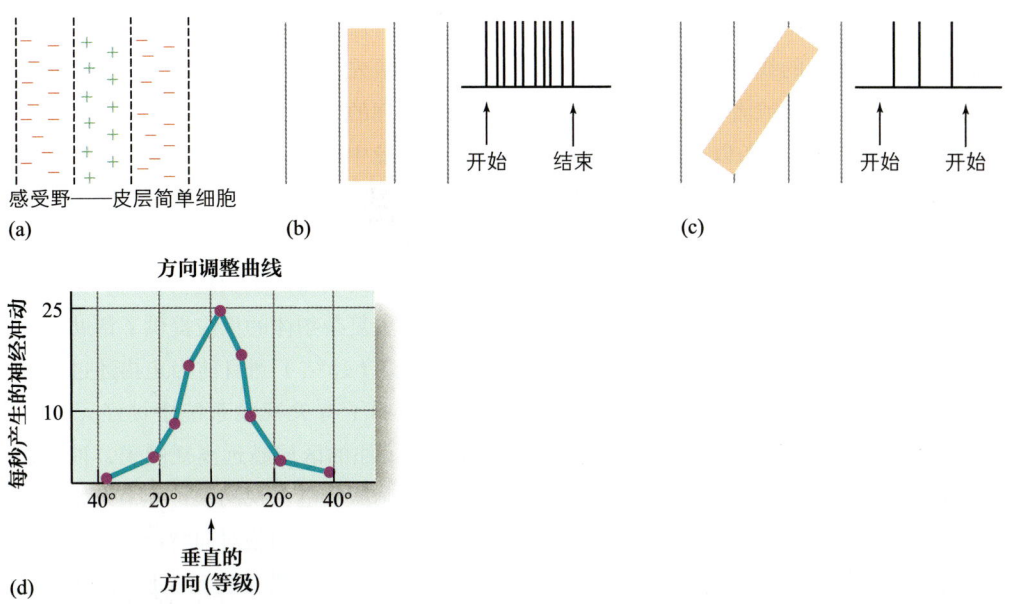

图3.23 （a）皮层简单细胞的感受野。（b）此细胞对覆盖在感受野兴奋区的垂直线条反应最佳。（c）当线条倾斜覆盖了抑制区时，反应降低。（d）一个对垂直线条具有最佳反应的皮层简单细胞的方向调整曲线（方向＝0）。

况，可以得出一条神经元**方向调整曲线**，该曲线表明了方向与放电的关系。**图3.23d**中的方向调整曲线显示，这个细胞对垂直线条每秒产生了25次神经冲动，而当垂直线条逐渐倾斜，并且刺激该神经元感受野的抑制区域时，这个细胞的反应降低了。当倾斜度为20°时，只能激发一个很小的反应。这个特定的简单细胞对于垂直线条具有最佳反应，但是也有其他简单细胞对其他方向产生反应，所以神经元会对环境中出现的所有的方向产生反应。

虽然Hubel和Wiesel能够通过小光点绘制图3.23中的皮层简单细胞感受野，但是他们发现，许多位于纹状皮层及其附近视觉区的细胞不会对小光点产生反应。Hubel在诺贝尔获奖报告中描述了在他和Wiesel尝试让这些皮层神经元放电的过程中，他们是如何变得越发沮丧的，直到一件令人吃惊的事情发生了：当他们向幻灯机①中插入一片带有一个刺激点的幻灯片时，神经元"像机关枪一样发射了"（Hubel，1982）。最终，这个神经元并没有如Hubel和Wiesel设想那样对原本被作为刺激的幻灯片中心的点产生反应，而是对幻灯片落入幻灯机时其边缘向下运动的那个图像产生了反应（**图3.24**）。当他们意识到这一点时，Hubel和Wiesel将小点刺激换成了运动线条，并且进一步发现了能够对定向运动线条产生反应的细胞。特定的神经元会如简单细胞那样存在方向倾向性。

图3.24 当Hubel和Wiesel将幻灯片放入幻灯机时，幻灯片的边缘向下运动的图案出人意料地激活了皮层神经元。

Hubel和Wiesel发现，许多皮层神经元对特定

---

① 在数码技术出现之前，幻灯机曾经是一种将图像投射到屏幕上的设备。幻灯片被插入机器里，而后幻灯片上的图案就会被投射到屏幕上。虽然幻灯片和幻灯机已经被数码图像设备取代，现在仍然可以通过互联网买到幻灯机；然而，曾经被用来投射家庭照片的非常流行的柯达彩色胶片幻灯片已于2009年停产。

方向的运动线条刺激存在最佳反应。**复杂细胞**，类似简单细胞，对特定方向的线条反应最佳。然而，不同于简单细胞只对小光点或者静止刺激有反应，大部分复杂细胞只有在发光线条以正确的方向滑过整个感受野的时候才会产生反应，且许多复杂细胞会对特定方向的运动产生最佳反应（图 3.25a）。由于这些神经元不会对静止的闪光产生反应，所以它们的感受野不能通过加号和减号来表示，而是需要划定一个区域，当该区域被刺激时，引发该神经元的一个反应。

另一种细胞被称为**端点细胞**，对具有特定长度的运动线条或者运动的角形图案产生反应。图 3.25b 展示了一个在视网膜上上下移动的发光角图案刺激。右侧的记录表明，这个神经元会对向上运动的中等大小的角形图案产生最佳反应。

大脑皮层中的一些神经元只对定向线条反应，而另一些对角形图案产生反应，Hubel 和 Wiesel 的这一发现异常重要，因为它拓展了神经元对特定模式的光有反应而对其他刺激没有反应的观点，而这种观点最先是针对中心—周边感受野提出的。这是很有道理的，因为视觉系统的意义在于让我们可以感知环境中的物体，而许多物体可以粗略地用简单的形状和具有不同方向的线条代表。所以，Hubel 和 Wiesel 关于神经元能够选择性地对定向线条和特定长度的刺激产生反应的发现，为进一步探索神经元对更复杂物体的反应提供了帮助。

表 3.1 总结了到目前为止描述过的神经元的特性，说明了有关视觉系统中神经元的一个重要事实：当关注的区域越远离视网膜，神经元就会对越复杂的刺激放电。视网膜神经节细胞对光点反应最佳，而皮层端点细胞对向特定方向运动的线条反应最佳，这个线条需是特定长度的。因为简单细胞、复杂细胞和端点细胞都对特定属性的刺激产生放电反应，比如角度或者运动方向，所以它们也被称为**特征探测器**。

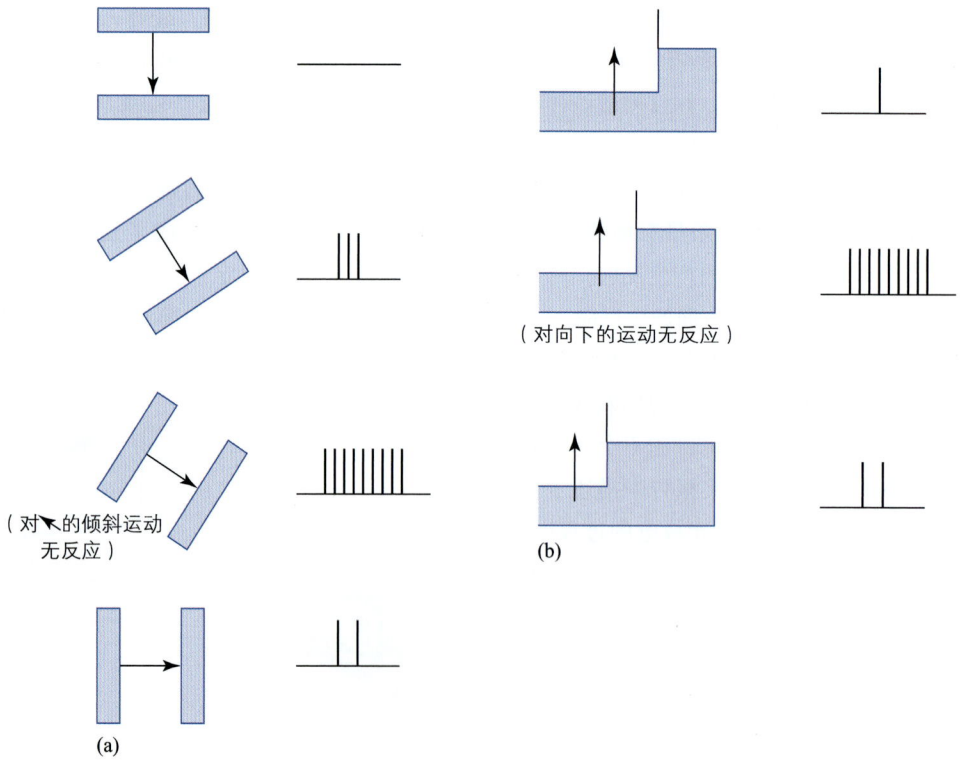

图3.25 （a）在猫的视皮层中记录到的一个复杂细胞的反应。线条在感受野中来回移动。当线条定位在一个特定方向，并且从左向右运动时，细胞反应最佳。（b）在猫的视皮层中记录到的一个端点细胞。刺激通过左侧的浅色区域表示。这个细胞对中等尺寸向上移动的角形图案反应最佳。

表3.1 视神经、外侧膝状体和大脑皮层中的神经元特征

细胞类型	感受野特征
视神经纤维（神经节细胞）	中心—周边感受野。对小点反应最佳，但对其他刺激亦有反应。
外侧膝状体	中心—周边感受野，与神经节细胞的感受野非常类似。
皮层简单细胞	兴奋和抑制区并排排列。对具有特异方向的线条反应最佳。
皮层复杂细胞	对在感受野中朝适宜方向运动的线条具有最佳反应。许多细胞对特异方向的运动反应最佳。
端点细胞	对角形图案或特定长度线条的特定方向运动产生反应。

特征探测器是否在知觉中发挥作用

神经加工使得成为特征探测器的神经元能够对特异刺激产生最佳反应。当研究者们展示出神经元对定向线条的反应时，也测得了关系B：刺激—生理关系（图3.26）。但是仅仅通过测量这种关系不能够证明这些神经元对定向线条的知觉具有任何意义。为了阐明生理学和知觉的关系，有必要检测关系C：生理—知觉关系，这可以使用选择性适应的心理物理学方法来测量。

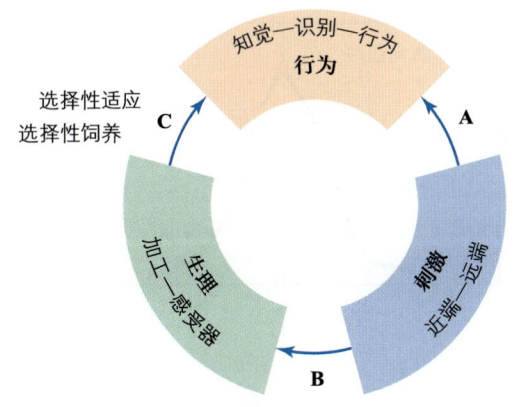

图3.26 知觉加工的三元素图，与图1.11相同，本图展示了三个基本关系：（A）刺激—知觉；（B）刺激—生理；（C）生理—知觉。文字中提到的"选择性适应"和"选择性饲养"是为了检测关系C所设计的实验。

选择性适应

呈现一个特征性的刺激，神经元会自我调整并产生一个特征性放电。来自选择性适应的观点认为，此类放电会最终导致神经元疲劳或者适应。这种适应会造成两种生理效果：（1）神经元放电频率降低；（2）当刺激突然重新出现时，神经元放电减少。基于这一观点，展示一个垂直线条会使能够对垂直线条反应的神经元产生反应，但是如果这种刺激一直持续，这些神经元对垂直线条的反应最终会减少。适应是选择性的，因为只有能够对垂直或近垂直方向敏感的神经元才会适应，而原本就不放电的神经元不会出现适应。

方法 | 用心理物理学方法检测选择性适应对方向的效应

检测选择性适应对方向的效应涉及以下三个步骤：

1. 通过许多不同的方向来测定个体对光栅的对比度阈（图3.27a）。在调整明线条和暗线条之间的光强度差异直至线条刚好可见的过程中，可检测到两个相邻线条间的最小光强度差异，即光栅的对比度阈。例如，可以很轻易地看到图3.28 左侧的四个光栅，这是因为线条间的光强度差异高于阈值。然而，最右边光栅线条间的光强度差异很小，接近对比度阈。使线条勉强可以分辨的光强度差异就是对比度阈。

(a) 测量对不同朝向的光栅的对比度阈

(b) 适应高对比度的光栅

(c) 重测上述相同朝向的光栅的对比度阈

图3.27 选择性适应实验的操作方法。

图3.28 一个光栅的对比度阈是观察者刚好能够识别线条的最小光强度差异。左边的光栅对比度远远超过对比阈。中间的一组对比度较低但仍高于阈值。最右边的光栅对比度接近对比阈。（来源：Womelsdord et al., 2006）

2. 通过让个体对高对比度的适应刺激持续关注2分钟，使其对此朝向形成适应。在本例中，适应刺激是一个垂直光栅（图3.27b）。
3. 重新对步骤1中的刺激的对比度阈进行检测（图3.27c）。

这种操作背后的理论基础是，如果对步骤2中高对比度光栅的适应降低了决定垂直知觉的神经元的功能，就会造成对比度阈的升高，进而使低对比度的垂直光栅更难被察觉。换言之，如果垂直特征探测器发生适应，那么为了分辨黑白垂直线条，必须提高它们间的差异。图3.29a 验证了其正确性。对比度阈曲线的峰值出现在适应垂直方向的位置，它代表想要分辨线条就需要大幅增加线条间的差异。

由此实验得出的心理物理学曲线揭示，适应只是选择性地影响对一些方向特征的知觉，正如神经元只是选择性地对某些方向特征反应一样。事实上，当把通过心理物理学方法测定的选择性适应曲线（图3.29a）与简单皮层细胞的方向调整曲线（图3.29b）相比较时，可以发现二者非常相似（心理物理曲线略宽，这是因为适应刺激影响了一些神经元，这些神经元能够对接近适应方向的方向产生反应）。

对比神经元的方向选择与选择性适应的知觉效果，二者非常相似，这也说明了方向探测器可能在知觉过程中发挥作用。这种选择性适应实验测量了生理效应（能够对特异方向产生反应的特征探测器的适应效应）是如何产生知觉结果的（降低了对那个方向的敏感度）。特征探测器与知觉相关的证据，意味着当你看到一个复杂的场景时，比如一条城市街道或者一个拥挤的购物中心，能够对场景中的方向进行特征性放电的特征探测器会参与你对这个场景的知觉的构建。

选择性饲养

选择性饲养实验为证实特征探测器与知觉相关提供了更深入的证据。**选择性饲养**的观点是，如果某一动物被饲养在只具有一种特定刺激的环境中时，该动物对这些刺激产生反应的神经元会变得更为普遍。这源于一个叫作**神经可塑性**或者**经验依赖可塑性**的现象，其观点是神经元的特征性反应可以被知觉体验塑造。基于这一观点，若在一个只有垂

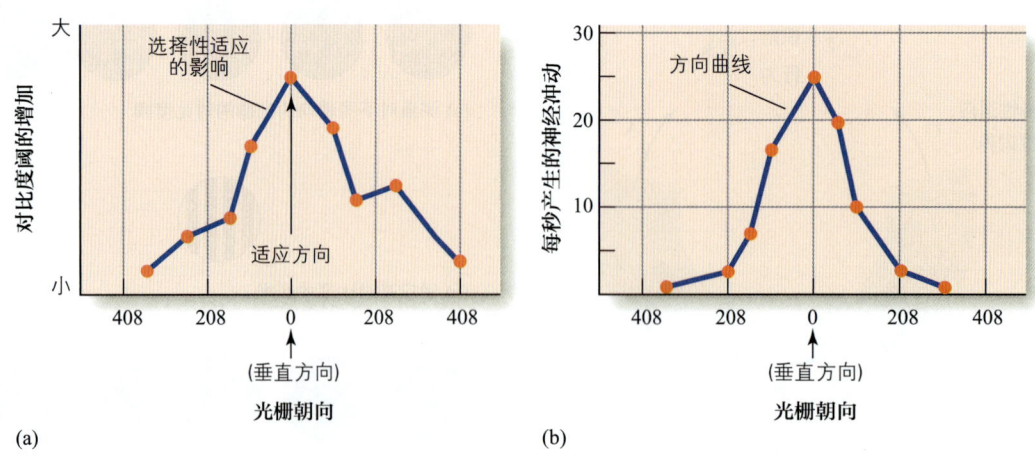

图3.29 （a）心理物理法的选择性适应实验的结果。此图表明，个体对垂直光栅的适应大幅降低了他识别再次出现的垂直光栅的能力，但这对倾斜到垂直方向两侧的光栅影响很小。（b）来自图3.23的皮层简单细胞的方向调整曲线。

直线条存在的环境中饲养动物,应该会造成该动物视觉系统中的神经元对垂直线条产生最显著反应。

这个结果可能看起来与之前描述的选择性适应的实验结果矛盾,在那个实验中,持续给予垂直线条的刺激,神经元对垂直线条的反应会降低。然而,适应是一种短时程效应。设置几分钟的适应性方向刺激,对该方向的反应就降低了。与此相反的是,选择性饲养是一种长时程效应。给神经元呈现超过几天或几周的培养性方向刺激,会使能够对该种方向产生反应的神经元持续兴奋。同时,只能对非培养性方向的刺激产生反应的神经元不会兴奋,也就失去了对那些方向反应的能力。

"用进废退"常被用来描述选择性饲养的实验结果。这种效应在 Colin Blakemore 和 Grahame Cooper(1970)的一个经典实验中得到论证。在其中,他们将小猫置于如**图**3.30a 所示的条纹管道中,每一只小猫都只暴露在一种方向(垂直或水平)的特征下。小猫从出生后到 2 周龄大时,一直被置于黑暗中,而后它们每天都会有 5 小时被置于上面提到的管子中;其他时间仍然待在黑暗中。由于小猫被置于一个有机玻璃平台上,而且管道在平台上下均有延伸,所以在它们的环境中,除了管道壁的条形图案,没有可见的角落或者边缘。这些小猫的脖子上戴着伊丽莎白圈(头的周围戴上圆锥形的装置),以防止它们通过转头看到垂直条带变成倾斜或水平条带;然而,根据 Blakemore 和 Cooper 的记录,"这些小猫并没有因单一的环境而显得沮丧,而且它们会长时间坐在那里观察管壁"(p.477)。

在选择性饲养 5 个月后,研究者对小猫的行为进行检测,对那些在管道中没见过的方向,它们表现得如看不见一样。比如,一只在垂直条带环境中饲养的小猫会去关注垂直的杆,不会关注水平的杆。在行为测试之后,Blakemore 和 Cooper 对小猫视皮层中的细胞进行记录,并且测定了能够引起每个细胞产生最大反应的刺激方向。

图 3.30b 展示了上述实验结果。每一条线分别代表小猫大脑皮层中某个细胞所倾向的方向。从在垂直线条环境中饲养的猫脑中,会发现许多对垂直或者近垂直方向存在最佳反应的神经元,但那些神经元都不会对水平线条刺激产生任何反应。由于从未被使用过,那些对水平方向信号产生反应的神经元显然不复存在了。在水平线条环境中培养的猫则表现出了相反的结果。猫的大脑皮层神经元的方向选择性与猫对相同方向的行为反应之间存在一致性,这为证明特征探测器与方向知觉相关提供了证据。这种特征探测器与知觉之间的联系是 20 世纪

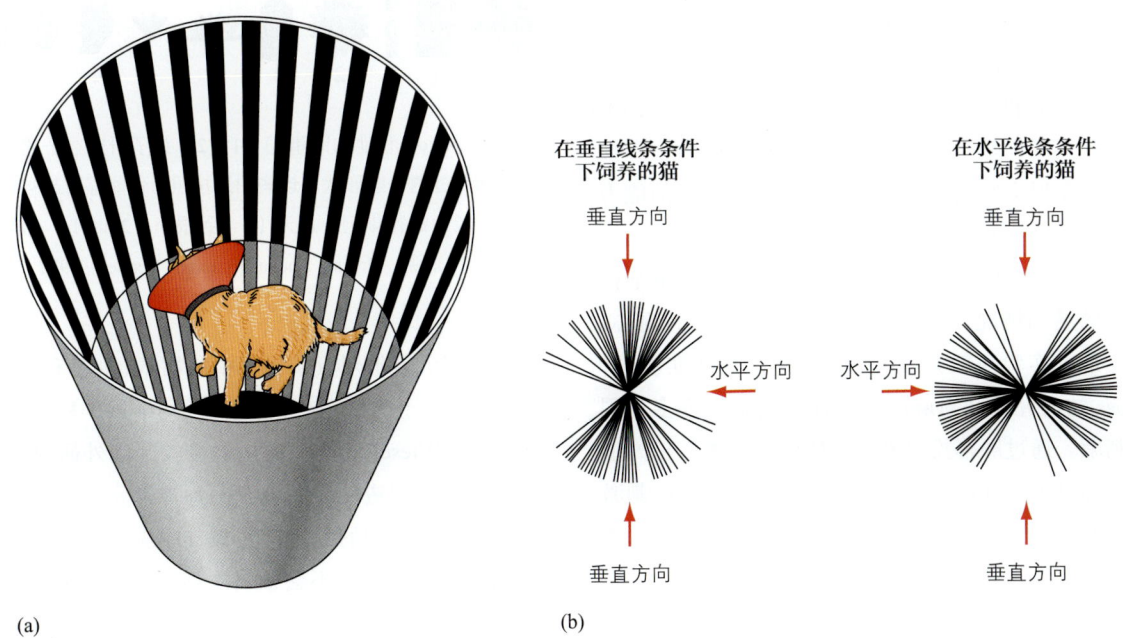

图3.30 (a)Blakemore 和 Cooper(1970)的选择性饲养实验中用到的条纹管道。(b)左图为 72 个细胞的倾向方向,这些细胞来自在垂直线条环境下饲养的猫;右图为 52 个细胞的倾向方向,这些细胞来自在水平线条环境下饲养的猫。

六七十年代视觉研究的主要发现之一。

与此结果相关的是，在第 1 章中讨论过的倾斜效应——人们对垂直线和水平线的知觉要好于对斜线的知觉。倾斜效应的重要性并不仅仅在于人们更好地看见了水平线和垂直线，更在于脑对水平线和垂直线的反应要大于对斜线的反应（图 1.13）。或许，正如猫的神经元对方向的选择性与它所处环境中的水平线条或垂直线条匹配，人类神经元的反应显示，在我们的环境中，水平线和垂直线要比斜线更常见（Coppola et al., 1998）。

高级神经元

知觉可以通过一些能够对直线或角形图案做出反应的特征探测器进行解释，这种观点在 20 世纪 70 年代非常流行，因为就像任何玩过积木或者乐高玩具的人都知道的那样，许多物体可以通过矩形构建。基于这一观点，通过特征探测器对组成物体的矩形的反应模式可以得到物体的表征。

然而，知觉仅仅基于"线条—图像生理学"的观点并没有持续太久，虽然研究者们继续对纹状皮层及其邻近区域的特征探测器进行了研究，但是视觉研究人员开始逐渐将注意力转向纹状皮层以外的脑区，这是为了研究复杂刺激是如何通过脑中的神经元放电来表征的。Charles Gross 的实验室最早给出了这个问题的答案，这位科学家认为，针对**颞下皮层（IT）**的研究适合解决这个问题（图 3.31a）。这一观点同样基于一项研究，即在猴子脑中去除部分颞下皮层会影响猴子分辨不同物体的差异的能力（Gross, 1972）。

Gross 在实验中记录了猴子颞下皮层的单个神经元的活动情况，这需要实验者付出极大的耐心，因为这种实验一般会持续三四天。在这些实验中，Gross 的研究团队对麻醉了的猴子实施了许多不同的刺激。通过屏幕投射方法，他们将线条、正方形和圆形呈现在屏幕上。一些刺激是亮的，一些刺激是暗的。其中，暗刺激是通过将镂空的纸板对着透明投射屏幕放置来实现的。

实验开始时，他们发现一个神经元无法对任何标准刺激产生反应，如定向线条、圆形或正方形，但在实验开始了几天之后，他们偶然发觉，颞下皮

层神经元能够对复杂刺激产生反应。当时，现场的一位实验人员用手指了一下屋子里的某个东西，这使得他的手影投射到了屏幕上。当这个手影造成了该神经元的大量放电时，实验人员意识到，他们可能发现了一些事情，并且开始检测这个神经元可以对何种刺激产生反应。他们用到了许多刺激，包括猴子的手的剪影。经历了大量的检测之后，测定了这个神经元能够对手指向上的手形图案产生反应（图 3.32；Rocha-Miranda, 2011；also see Gross, 2002, 2008）。在扩展了呈现的刺激类型后，他们还发现一些神经元对面孔反应最佳。

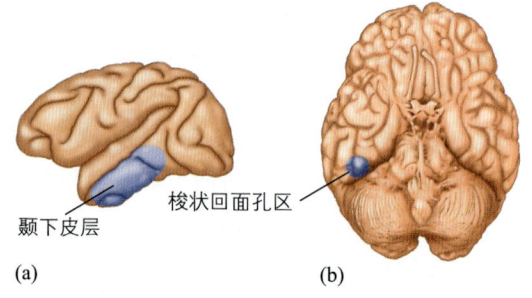

图3.31 （a）猴子的颞下皮层（IT）的位置。（b）人类的梭状回面孔区（FFA）的位置，刚好在颞叶底部。这两个区域都富含能够对面孔产生反应的神经元。

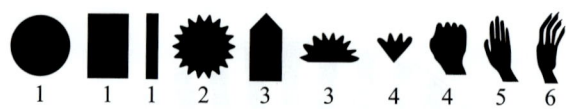

图3.32 Gross和他的同事们（1972）为了研究猴子的颞下皮层所用过的一些形状。这些图形按照它们能够引起神经元放电的能力进行排列，从无（1）到很小（2和3），到最大（6）。（来源：Gross, Rocha-Miranda, Bender, 1972）

神经元能够对真实世界中的物体（如手和面孔）产生反应，该发现是一个革命性的结果。显然，在 Hubel 和 Wiesel 所关注的初级接收区之外研究神经加工过程，创造性地发现了一种神经元，它们能够对非常特殊类型的刺激产生最佳反应。但是有些时候，革命性的结果不会被马上接受，而 Gross 的结果在 1969 年发表出来的时候被严重地忽视了（Gross et al., 1969, 1972）。最终，在 20 世纪 80 年代，其他实验人员也开始记录到猴子的颞下皮层的神经元

能够对面孔和其他复杂物体产生反应（Rolls，1981；Perrett et al.，1982）。而且在 20 世纪 90 年代，研究者们发现了一个位于人类大脑皮层颞叶底部的区域，因为它会对面孔产生强烈的反应，所以被命名为梭状回面孔区（Kanwisher et al.，1997；McCarthy et al.，1997；图 3.31b）。在下一章我们将会看到，此类能够对复杂的来自真实世界的刺激产生反应的神经元在当前的视觉研究中已经被普遍关注。

感觉编码

感觉的神经表征问题一直被称为**感觉编码**问题，其中的感觉编码是指神经元如何表征种类繁多的环境特征。**特异性编码**是指一个物体可以被一个只对其产生反应的特定神经元的放电所表征。图 3.33 展示了一些神经元是如何对三个不同的面孔做出反应的。只有 4 号神经元对比尔的面孔反应，只有 9 号神经元对玛丽的面孔反应，只有 6 号神经元对拉斐尔的面孔反应。还需要强调的是，对于专门对比尔的面孔反应的神经元，我们可称之为"比尔神经元"，它不会对玛丽或者拉斐尔反应。此外，其他面孔或其他类型的物体不会影响这个神经元。它只对比尔的面孔放电。

虽然特征性编码的观点是明确的，不过它可能并不正确。即使有神经元对面孔反应，这些神经元通常也会对许多不同的面孔反应（并非只是对比尔的）。在这个世界上，有太多不同的面孔和其他对象（以及颜色、口味、气味和声音），所以不可能为每一个都设置一个专门的神经元。一种可以代替特异性编码的观点是：有许多神经元共同涉及对一个对象的表征过程。

群体编码就是指通过大量神经元特定模式的放电，来表征一个特定物体。基于此观点，比尔的面孔可能是通过图 3.34a 中所展示的放电模式表征的，玛丽的面孔通过另一种不同模式表征（图 3.34b），拉斐尔的面孔通过再一种模式表征（图 3.34c）。群体编码的一个优势是大量的刺激可以被表征，因为大群体的神经元可以构建庞大数量的差异放电模式。这对于感觉的群体编码和其他认知功能的群体编码来说都是很好的证据。有些功能并不需要大量的神经元参与，当只涉及少量神经元时，稀疏编码出现了。

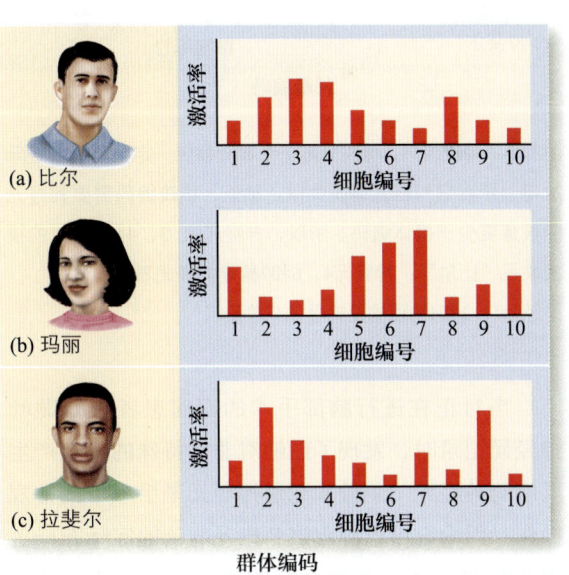

图3.34　群体编码，面孔是通过大量神经元的特定放电模式所表征的。

当一个特定物体可以只通过较少数量神经元的放电表征时，就有了**稀疏编码**，该过程伴随着大多数神经元的静默。正如图 3.35a 所示，稀疏编码通过几个神经元（神经元 2、3、4 和 7）的特定放

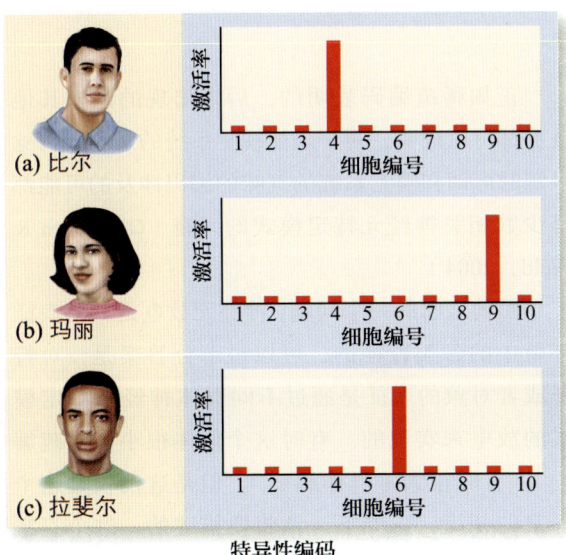

图3.33　特异性编码，每一个面孔引起一个不同的神经元放电。4号神经元的放电代表"比尔"；9号神经元的放电代表"玛丽"；6号神经元的放电代表"拉斐尔"。

电模式表征了比尔的面孔。玛丽的面孔被不同组合的神经元放电模式所表征（神经元4、6和7；图3.35b），但是可能会与表征比尔的神经元出现重合。而拉斐尔的面孔也有另外一套模式来表征（神经元1、2和4；图3.35c）。可以看到，一群特定的神经元可以对不止一个刺激产生反应。例如，4号神经元对全部三个面孔都有反应，即便它对玛丽的反应最强。

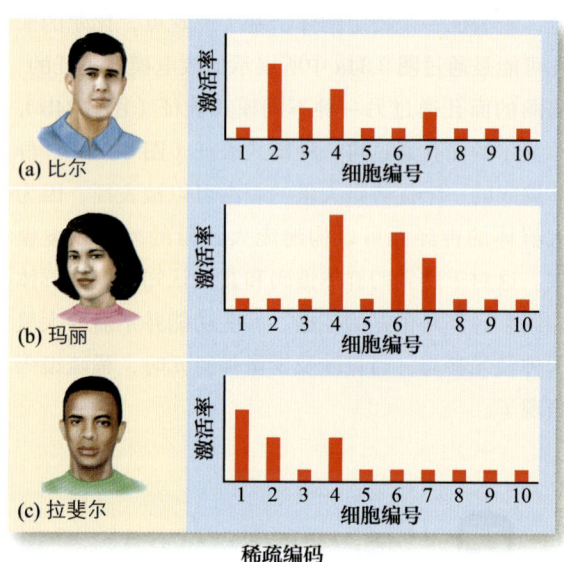

图3.35 稀疏编码，因为分辨一个面孔需要一定数量的神经元放电，所以它与群体编码类似。然而，稀疏编码需要神经元的数量要少于群体编码。所以，神经元2、3、4和7构建的模式表征"比尔"；神经元4、6和7构建的模式表征"玛丽"；神经元1、2和4构建的模式表征"拉斐尔"。

当对正在进行脑部手术的癫痫患者进行颞叶神经元记录时，发现了能够对非常特殊的刺激产生反应的神经元（刺激和记录神经元是手术中的常规操作，因为它可以测定该名患者的脑的实际布局）。图3.36展示了一个神经元的活动记录，这个神经元只对演员 Steve Carell 的照片产生反应，而对其他人的照片并不产生反应（Quiroga et al., 2008）。然而，发现这个神经元（类似于其他对别的面孔产生反应的细胞）的研究者指出，他们只有30分钟的时间去记录这些神经元，如果有更多时间，他们很可能会发现其他能够使这个神经元放电的面孔。

由于这些特殊的神经元很可能会对不止一个刺激产生反应，Quiroga 和他的同事们认为，他们发现的神经元或许是稀疏编码的例子。

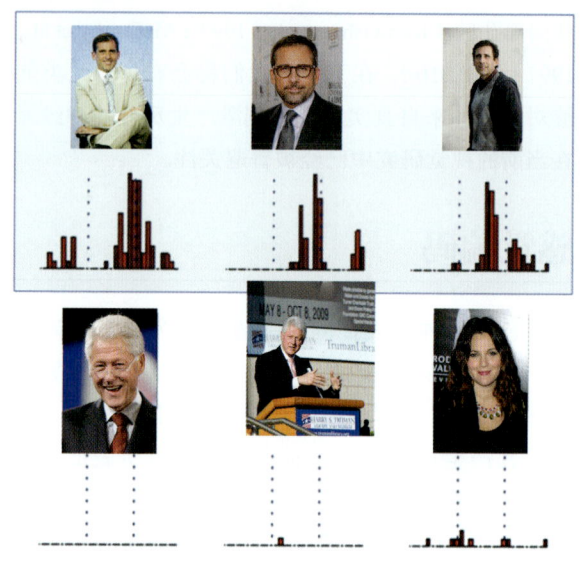

图3.36 对一个颞叶神经元的记录，它会对与图中类似Steve Carell的不同照片产生反应（上栏的记录），但它不会对其他名人的照片产生反应（下栏的记录）。（来源：Quiroga et al., 2008；照片来源：Frederick M.Brown/Getty Images; AP Images/Invision for Fox Searchlight/Todd Williamson; Photos 12/Alamy; JStone/Shutterstock.com; Young Nove/Shutterstock.com; s_bukley/Shutterstock.com）

正如稀疏编码表明的，后来出现的许多其他证据都可以证明，对于表征视觉系统的对象、听觉系统的声调和嗅觉系统的气味的编码涉及的可能都是少数相关神经元特定模式的兴奋（Olshausen & Field, 2004）。

回到之前的一个问题：神经元放电是如何表征环境中的各类特征的，可以说部分答案是，对特征或者对象的表征是通过不同群体神经元特定模式的放电来实现的。有时这个群体很小（稀疏编码），有时很大（群体编码）。但是这仅仅是这个答案的开篇。正如下一章将要描述的，这个答案的另一部分涉及感觉系统的神经元是如何组织起来的。

思考时刻
"可变的"感受野

神经元感受野是视网膜上的一个区域，如果这个区域被刺激，就会影响神经元的放电。随后，对于更高级的视觉系统，感受野依然是影响神经元放电的区域，但是对刺激的要求更加特异了——定向线条、几何图形和面孔。

之前并未提到感受野的区域是可变的，根据到目前为止的描述，感受野是静止的、由神经元组织起来的。然而，基于大量知觉研究，本书的一个主题是因为我们处在一个时刻变化的环境中，总是要运动、要体验新的情况、要创造目标和预期，我们需要一个可变的而且能够适应上述需求和实时状态的知觉系统。下面将介绍一种观点，即知觉系统是可变的，而且神经元可以随环境的改变而改变，这是一个"对未来的预期"，因为感觉系统的可变性这一问题在本书中会被反复提及。

Mitesh Kapadia 及其同事（2000）的实验结果提供了一个例子，它说明神经元的反应可以被该神经元感受野之外发生的事情影响，实验中记录了猴子视觉皮层的神经元活动。图 3.37a 呈现了一个神经元对其感受野内的垂直线条的反应，如正方形里的柱形。图 3.37b 表明，当两个垂直线条同时位于这个神经元的感受野之外时，会引起这个神经元的反应发生细微的变化。而图 3.37c 展示了当"感受野外的"线条与"感受野内的"线条同时出现时发生的事情：神经元的放电大幅增加了！所以，虽然对神经元感受野的定义仍然是正确的，即当视网膜中的区域被刺激时，会影响神经元的放电；但是现在可以发现，对感受野内刺激的反应可以被感受野外发生的事情影响。

这种刺激感受野之外区域所造成的影响被称为**环境调节**。当三条线同时出现时，神经元被记录到产生了更大的反应，这可能与图 3.37d 中展示的一个被称为知觉组织的知觉现象有关，它展示了同方向的线条是如何从周围杂乱的线条中被分辨出来的。我们将会在第 5 章"知觉客体和场景"中提及知觉组织。

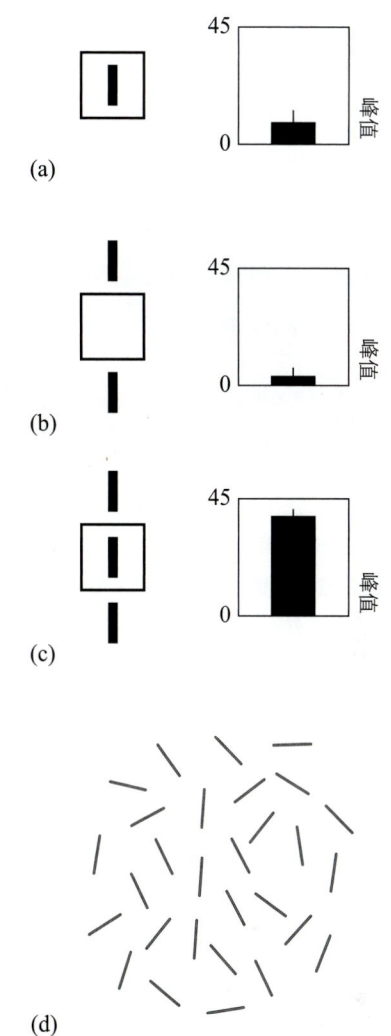

图3.37 猴子颞叶中一个神经元对不同刺激的反应。（a）对一个出现在感受野（正方形）之中的垂直线条信号产生了一个较小反应。（b）对两个出现在感受野之外的垂直线条不产生或者只产生很小的反应。（c）当三个线条同时出现，产生了一个很大的反应。这个由感受野外的刺激所引起的增强反应称为环境调节。（d）一种让三个并排线条凸显出来的模式。（来源：Kapadia et al., 2000）

在第 6 章"视觉注意"中，我们将会思考许多来自注意的影响。注意某个事物时会对其更加敏感，产生更快的反应，而且可能会对其产生不一样的知觉。Theo Womelsdorf 及其同事（2006）在对猴子的颞叶神经元的记录过程中证明，注意也可以改变神经元感受野的定位。图 3.38a 展示了一个神经元感受野所在的位置，当时，这只猴子正注视着屏幕左上方的白点，同时又注意着箭头所指的菱形位置。图 3.38b 显示了当这只猴子把注意转移到箭头所指的圆圈位置时，感受野的位置是如何变化的。在这两个例子中，黄色代表了视网膜接收刺激时产生最大反应量的区域。

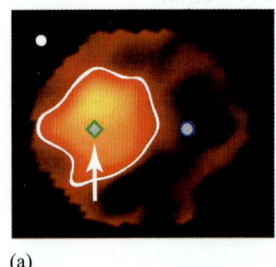 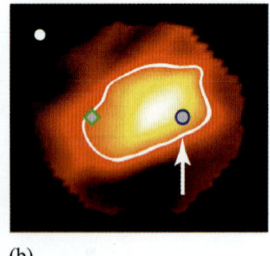

图3.38 一只猴子注视固定一点（白点），同时注意另一个箭头指示点，此时它视网膜上感受野的分布情况：（a）菱形或者（b）圆圈。箭头并不会出现在猴子看到的屏幕上。黄色区域是产生最大反应的感受野。可以发现，当猴子将注意从菱形转向圆圈时，感受野的分布向右移动了。

猴子注意何处可改变感受野的结果令人惊叹，因为这意味着注意在改变视觉系统的部分结构。感受野并不表现为固定不变的，而是依据猴子注意方位的变化而改变。这使得神经加工的力量可以在某一时刻被集中在一个对猴子很重要的位置上。继续探索神经系统如何构建知觉时，将会遇到其他例子来说明神经系统的可变性如何帮助我们在不断变化的环境中正常运转。

测一测 3.2

1. 什么是感受野？Hartline 的研究说明了感受野的何种特点？
2. 猫的视神经和 LGN 神经元的感受野的特征是什么？这些感受野的发现与何种新特性相关？新的特性是如何改变感受野的定义的？
3. LGN 的功能是什么？
4. 描述大脑皮层中简单细胞、复杂细胞和端点细胞的特征。为什么这些细胞被称为特征探测器？
5. 如何应用选择性适应的心理物理学方法说明特征探测器和方向认知之间的关系？确定你理解选择性适应实验的原理，以及我们是如何从心理物理学方法的研究结果中得出生理学相关结论的。
6. 选择性饲养的过程是怎样证明特征探测器和知觉之间的关系的？确定你理解神经可塑性的概念。
7. 描述 Gross 有关猴子颞下皮层神经元的实验。你认为他的结果最初为什么被忽视了？
8. 什么是感觉编码？描述特异性编码、群体编码和稀疏编码。哪一种编码方式最有可能适用于感觉系统？
9. 描述可以证明感受野的"可变性"的两个实验。

想一想

1. 找一些影子，从影子的里面或外面，看看你能否在影子边缘看到马赫带。记住，马赫带更容易在略微模糊的影子边缘被看见。马赫带并不是真的在明暗之间出现，所以你要确定那些条带不是真的光学现象，而是来自你的神经系统。你如何实现它？

2. 细胞 A 对向右运动的垂直线条反应最佳。细胞 B 对向右运动的斜 45° 线条反应最佳。这两种细胞都与细胞 C 形成了一个兴奋性突触。细胞 C 对垂直线条如何反应？对斜 45° 的线条呢？如果 B 和 C 之间的突触是抑制性的，又会如何？

关键术语

V1 区（area V1，p.59）
侧抑制（lateral inhibition，p.50）
端点细胞（end-stopped cell，p.62）
对比度阈（contrast threshold，p.63）
方向调整曲线（orientation tuning curve，p.61）
复眼（ommatidia，p.50）
复杂细胞（complex cells，p.62）
感觉编码（sensory coding，p.67）
感受野（receptive field，p.56）
环境调节（contextual modulation，p.69）
阶梯错觉（staircase illusion，p.51）
经验依赖可塑性（experience-dependent plasticity，p.64）
马赫带（从明到暗的平缓过渡中出现的条带）(Mach bands，p.52)
颞下皮层 [inferotemporal (IT) cortex，p.66]
皮层简单细胞（具有并排分布感受野的细胞）(simple cortical cell，p.60）
群体编码（population coding，p.67）
上丘（superior colliculus，p.59）
神经可塑性（neural plasticity，p.64）
视觉接收区（visual receiving area，p.59）
特异性编码（specificity coding，p.67）
特征探测器（feature detectors，p.62）
外侧膝状体（lateral geniculate nucleus，LGN，p.59）
纹状皮层（striate cortex，p.59）
稀疏编码（sparse coding，p.67）
谢弗勒尔错觉（Chevreul illusion，p.51）
兴奋区（excitatory area，p.57）
兴奋—中心、抑制—周边感受野（excitatory-center, inhibitory-surround receptive field，p.57）
选择性饲养（selective rearing，p.64）
选择性适应（selective adaptation，p.63）
抑制区（inhibitory area，p.57）
抑制—中心、兴奋—周边感受野（inhibitory-center, excitatory-surround receptive field，p.57）
中心—周边感受野（center-surround receptivefield，p.57）
中心—周边拮抗作用（center-surround antagonism，p.57）
中心—周边结构（center-surround organization，p.57）

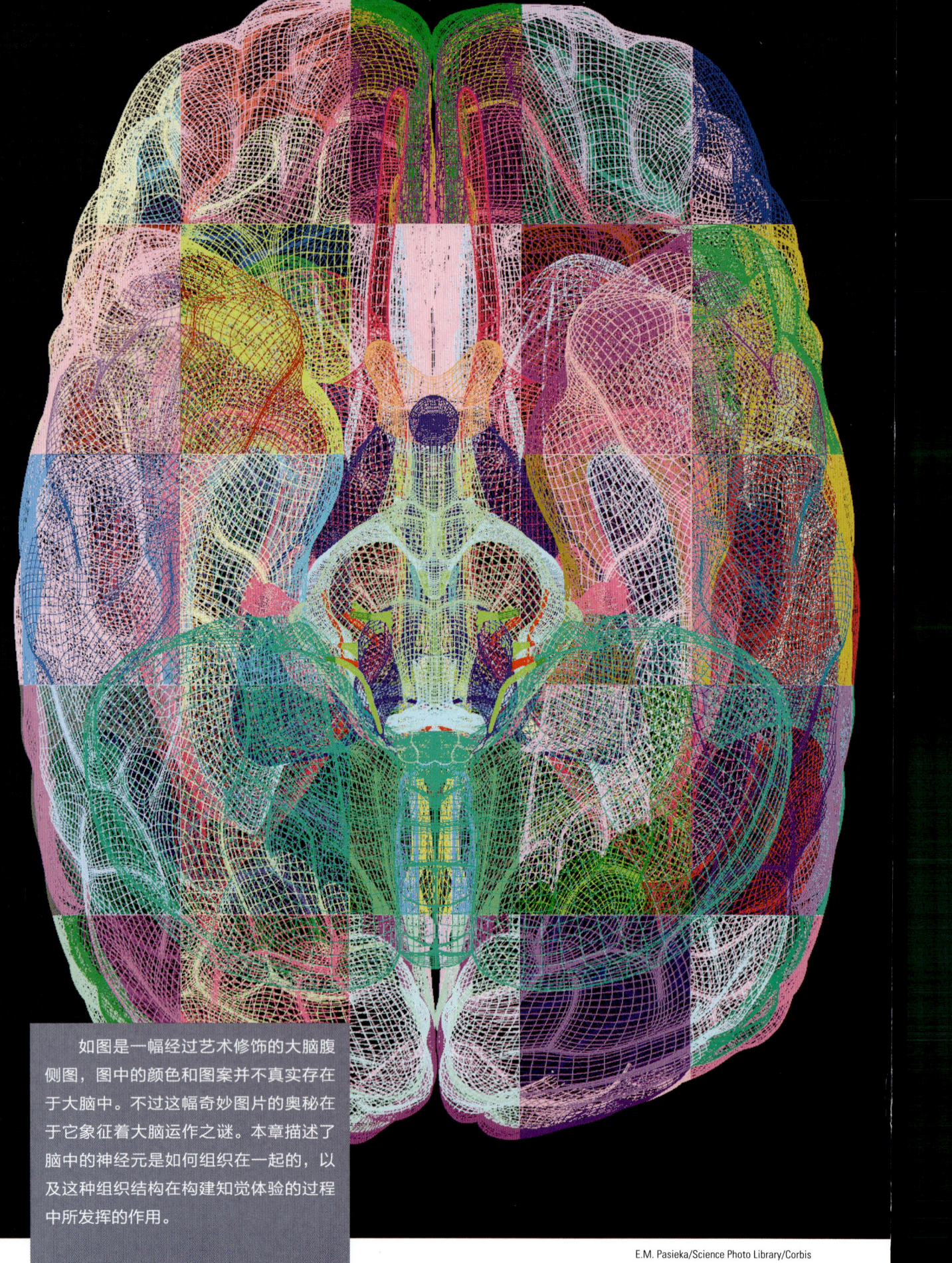

如图是一幅经过艺术修饰的大脑腹侧图，图中的颜色和图案并不真实存在于大脑中。不过这幅奇妙图片的奥秘在于它象征着大脑运作之谜。本章描述了脑中的神经元是如何组织在一起的，以及这种组织结构在构建知觉体验的过程中所发挥的作用。

E.M. Pasieka/Science Photo Library/Corbis

第 4 章

皮层组织

本章内容

视觉皮层的空间组织
纹状皮层（V1区）的神经网络
皮层的柱状组织
朝向—敏感神经元如何对场景反应

内容、空间和方式通路
内容和空间的信息通路
内容和方式的信息通路

模块化
猴子颞下皮层中的面孔神经元
人类的梭状回面孔区
人类的位置和躯体区

分布式表征
证明分布式表征的两个实验
多维刺激的分布式表征

知觉与记忆的交汇
思考时刻：心身问题
发展维度：体验和神经反应
体验可以塑造神经放电
专家系统假说
想一想
关键术语

我们要思考的一些问题

- 不同场景中表征客体的电信号是否分布在脑中不同的区域？
- 脑损伤如何影响个体的知觉？
- 是否存在独立的脑区，可以决定不同性质的知觉？

组织是很重要的，我们需要"变得有组织性"，公司需要组织机构。通过文件柜或者计算机组织信息，能够在需要的时候更有效地获取信息；在头脑中组织信息能够更有效地学习以应对考试。

视觉系统对组织的需求尤其重要，这是由视觉系统所面对的任务决定的。其中的一个任务是处理对象所具有的各式各样的特征信息，比如，尺寸、形状、方向、颜色、运动和空间方位。另一个任务是处理对象所属类别的信息，比如树木、面孔、人、家具和动物。

本章描述了视觉系统是如何组织有关物体和运动的信息的，这是我们从第 2 章就开始讨论的问题的高潮部分。回顾一下到目前为止我们所学到的东西。第 2 章始于视觉系统的开端——眼睛——并且描述了知觉是如何受眼睛的聚焦系统和视锥细胞、视杆细胞的特征的影响。我们了解了暗适应，即长时间处在黑暗环境中时，对光的敏感度提高的现象。这种现象可以通过化学过程（色素再生）进行解释。此外，我们还了解了视觉敏感度和细节视觉可以通过感受器与其他神经元之间的联系（聚合）进行解释。

第 2 章的最后介绍了电信号，但是仍然局限于视网膜内。第 3 章，在视网膜以外讨论了这些信号，介绍了在视网膜中形成视神经的神经元的感受野、外侧膝状体中的感受野、枕叶中视觉接收区的感受野以及颞叶中的感受野。对感受野的研究表明：（1）一个单独神经元的反应特征由许多其他神经元的输入信号决定（图3.19）；（2）视觉系统中更高级的神经元对更复杂的刺激产生反应。例如，视神经的神经元对光点反应（图3.16），视皮层中的神经元对朝向线条反应（图3.23），而颞叶皮层神经元对复杂形状和面孔反应（图3.36）。

视觉系统中不同区域的神经元对特异刺激产生最佳反应的事实证明了视觉系统具有组织性。有证据表明，视觉系统通过不同方式组织在一起。首先讨论**空间组织**——环境及视网膜中的方位是如何被视觉皮层中特定位置的兴奋性表征的。

视觉皮层的空间组织

当我们观察一个场景时，不同的对象在我们的视野中被组织起来。左边有一幢房子，在房子旁边有一棵树，一辆车停在房子另一边的车道上。当场景图像被构建在视网膜上时，视觉空间中物体的组织转化成为眼中的组织。在视网膜图像层面上的空间组织比较容易理解，因为这个图像基本上就是真实的场景图像。但是一旦房子、树和车被转换成了电信号，这些由每个物体形成的电信号又在神经网络中被组织起来，所以那些在视网膜上形成图像的相邻物体，最终被大脑皮层中彼此邻近的神经信号所表征。

纹状皮层（V1区）的神经网络

介绍神经网络之前，首先要了解视网膜图像中的点是如何在纹状皮层（V1区）进行空间表征的。刺激视网膜的不同位置，然后记录皮层中何处的神经元放电。图4.1展示了一个男人正在看一棵树，其中树上的A、B、C、D点刺激了他视网膜上的A、B、C、D点。再注意大脑皮层，视网膜图像中的A点引起大脑皮层中A点的神经元放电。图像中的B点引起B点的神经元放电，依此类推。这个例子展示了视网膜图像中的点是如何引起皮层兴奋的。

这个例子同样表明，皮层中的方位与视网膜中的方位是相关的。视网膜在大脑皮层上的位置分布图被称为视网膜脑图。这个空间组织图说明，在物体及视网膜上位置接近的两个点也会激活脑中位置接近的神经元（Silver & Kastner，2009）。

仔细观察视网膜脑图，会发现它具有一个与知觉相关的非常有趣的特征。虽然大脑皮层中的A、B、C、D点与视网膜中的A、B、C、D点相对应，但是上述位置的间距值得注意。基于视网膜，我们注意到这个男人正在注视树顶的叶子，所以A和B都接近中央凹，而位于树干底部的C和D点的图像投射到外周视网膜。虽然A和B与C和D在视网膜上的间距相同，但是它们在大脑皮层上的间距并不一样。A和B在大脑皮层上的距离比C和D的更远。这意味着与注视位置相邻近那部分树的相关电信号在大脑皮层上占据了更大的区域，而那些与树的其他部分有关的信号则落在外周区域。换句话说，大脑皮层上的表征是变了形的，即投射到中央凹附近图像会比投射到视网膜周围区域的图像在大脑皮层上占据更大的空间。虽然中央凹仅占据了视网膜0.01%的区域，但是来自中央凹的信号在大脑皮层中占据了8%～10%的视网膜脑图区域（Van Essen & Andersen，1995）。这种皮层上较大区域被来自感受器表面一个较小区域的刺激激活的现象被称为皮层放大效应。其放大的大小被称为皮层放大因子，在图4.2中进行了描述。

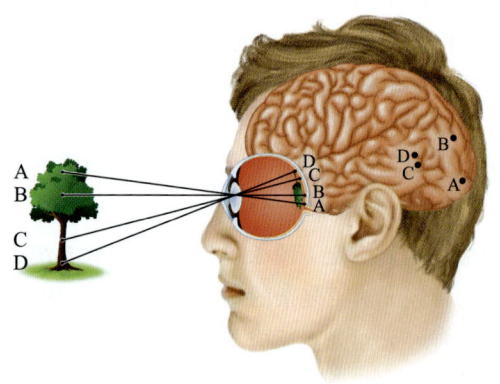

图4.1 一个人正在看一棵树，图中展示了A、B、C和D点如何投射到视网膜上，以及这些视网膜激活信号是如何引起脑的兴奋的。虽然A和B之间、C和D之间的距离在视网膜上大体一致，但是在大脑皮层中，A和B之间的距离要大很多。这是一个皮层放大效应的例子，其中更多的空间被分配给了视网膜中央凹附近的区域。

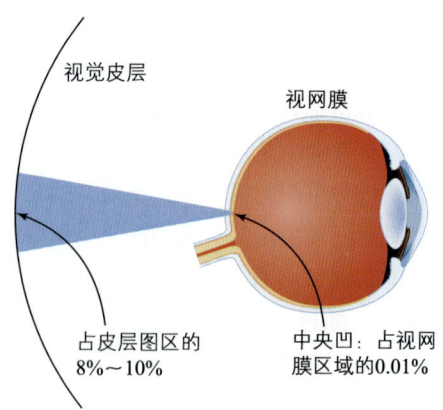

图4.2 视觉系统中的放大因子。视觉皮层中的大片区域表征了中央凹的小块区域。

皮层放大效应已经通过**脑成像**技术在人类大脑皮层中得到了证实，该技术使得构建脑兴奋性图像成为可能。下面介绍脑成像的过程以及此项技术是如何被应用于对人类大脑皮层放大因子的测量的。

方 法 | 脑成像

20世纪80年代，**磁共振成像（MRI）**技术的出现使得绘制脑结构图成为可能。从那以后，MRI已经成为检测脑肿瘤和其他脑异常的标准技术。虽然这项技术能够出色地展示脑结构，但它不能反映神经活动。另一项技术，**功能性磁共振成像（fMRI）**，使得研究者们可以检测不同类型的认知过程是如何激活不同脑区的。

功能性磁共振成像利用了被激活脑区的血流量会增加这一事实。对血流量的检测针对血液中的携氧血红蛋白，血红蛋白因含有一个亚铁分子（铁）而具有磁性。如果脑处在磁场中，血红蛋白分子就会像小磁铁一样排成一列。越活跃的脑区就消耗越多的氧，所以血红蛋白分子就会失去它们运输的一些氧，这会使它们的磁性更大并增加它们对磁场的反应。fMRI装置通过检测血红蛋白磁性反应的变化来检测脑的不同区域的相对活性。

图4.3a展示了fMRI的实验设置，其中被试的头部在成像扫描仪里。当个体执行任务时，如观察一幅图片，他脑部的活动将会被记录下来。基于测量目的，脑被分成许多的体素，它们是脑中边长为2毫米或3毫米的小立方体区域。体素并不是脑结构，但是由fMRI成像扫描仪构建的简单的、小的分析单位。为了方便理解，可以将它们看作构成数码照片或计算机屏幕上照片的小的正方形像素。但是因为脑是一个立体结构，所以体素是小的立方体而不是小的正方形。图4.3b展示了一个fMRI的扫描结果。与认知活动相关的脑兴奋性的升高和降低可通过不同颜色显示，特定的颜色代表了不同的激活程度。

需要强调的是，这些着色区域在脑被扫描的时候并未出现。它们是通过对认知任务过程中脑兴奋性的计算得出的，要通过与开始任务之前的基准活跃度进行比较才能获得。这个代表了脑特定区域兴奋性升高或降低的计算结果，会在之后如图4.3b那样被转换成彩色图像。

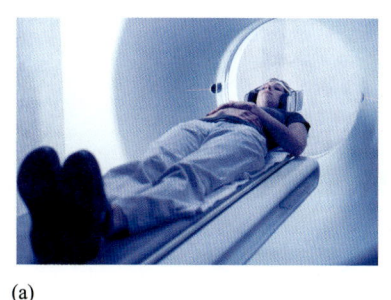
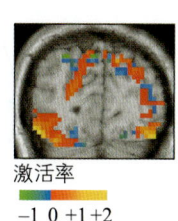

(a)　　　　　　　　　　　　(b)

图4.3 （a）在脑成像扫描仪里的个体。（b）fMRI记录。每一个小正方形代表一个体素，不同的颜色表明在每一个体素中，脑的兴奋性是升高还是降低。红色和黄色表明脑的兴奋性升高；蓝色和绿色表明降低。[（b）来源：Ishai et al., 2000]

Robert Dougherty和他的同事（2003）通过使用脑成像说明了人视觉皮层中的皮层放大效应。图4.4a为给被试呈现的视觉刺激，同时对被试进行fMRI扫描。被试直视屏幕中心，所以中心的点会落在中央凹上。在实验过程中，刺激光会被呈现在两个地方：（1）靠近中心的区域（红色区域），此时光点会照亮中央凹周围的一个小区域；（2）远离中心的区域（蓝色区域），此时光点会刺激外周视网膜上的一个区域。图4.4b标明了这两个刺激所激活的脑区。这种激活说明了皮层放大效应，因为从激活大脑皮层的面积来看，刺激中央凹附近一小块区域（红色）的效果要大于刺激外周视网膜上更大区域（蓝色）的效果（also see Wandell, 2011）。

图4.5也说明了大脑皮层中属于中央凹的大面积表征区，图中展示了将会分配给页面上单词的空间（Wandell et al., 2009）。接近个体注视点（红色箭头）的字母"a"在大脑皮层中占有的表征区要远远大于那些远离注视位置的字母。大脑皮层还分配给此人所注视的字母和单词一些额外区域，这些区域为完成一些任务提供了更多的神经加工过程，例如，对视觉敏感度要求较高的那些阅读过程（Azzopardi & Cowey, 1993）。

皮层放大效应是指，当你处于一个场景中时，你关注的场景的信息会在大脑皮层中占据更大的空间，多于关注点外同等大小的场景在大脑皮层中所占据的空间。另一种理解放大因子的方法可以通过后面的"演示"专栏进行。

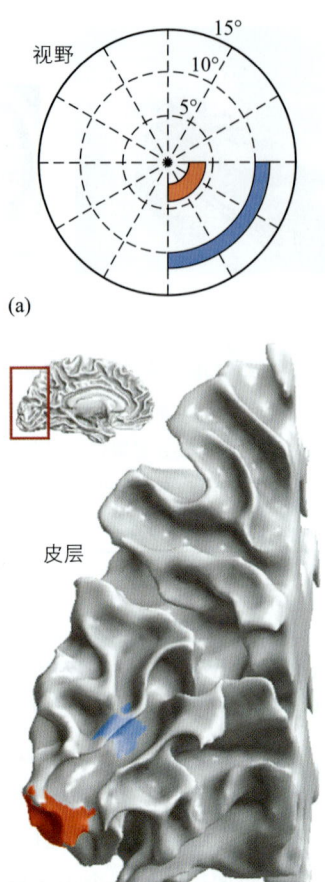

演示 | 手指的皮层放大效应

向前伸直你的左臂，竖起你的食指。当你注视左手食指时，向前伸直右臂，将右手掌立起，使右手手背对着你，放在距离左手食指右侧大约30厘米的位置上。做完这些，你的左手食指（此时你正注视着它）激活的大脑皮层区域与整个右手激活的区域相当。

值得注意的是，虽然手指在中央凹上的图像与手在视网膜周边位置的图像占据了大脑皮层上相同大小的空间，但你并没有感觉到手指和手是一样大的。相反，你看到的手指的细节要多于手的细节。事实是皮层上更大的空间被转换成了更好的细节视觉，而不是更大的尺寸，这个例子说明了我们知觉到的东西并不完全与脑中的"图像"匹配。稍后会再讨论这个观点。

皮层的柱状组织

我们通过测量大脑皮层表面的兴奋性确定了视网膜脑图。现在要通过皮层内部的记录电极所记录的结果来思考皮层的表面之下发生了什么。

方位和方向柱

Hubel 和 Wiesel（1965）进行了一系列实验，记录了将电极插入大脑皮层后，一些神经元的活动。当他们将一个电极垂直于猫的大脑皮层表面放置时，发现被记录的每一个神经元都具有对应于视网膜上同一个位置的感受野。图 4.6a 呈现了记录的结果，其中展示了 4 个沿电极分布的神经元，而图 4.6b 中展示了这些神经元的感受野全都位于视网膜中几乎相同的位置。通过这一结果，Hubel 和 Wiesel 推断，纹状皮层以垂直于皮层表面的**定位柱**的形式进行组织，所以在一个定位柱上的所有神经元具有对应于视网膜上同一个位置的感受野。

图4.4 （a）红色和蓝色表示当个体在fMRI扫描仪里时，刺激被表征的范围。（b）红色和蓝色代表（a）中刺激激活的脑区。（来源：Dougherty et al.，2003）

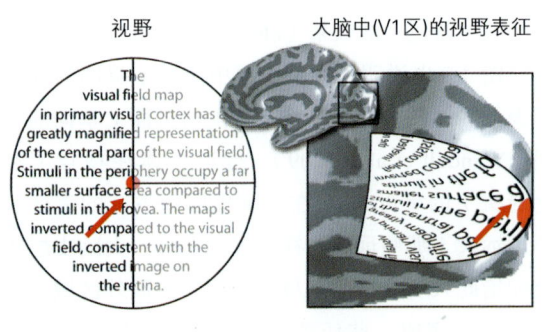

图4.5 演示放大效应。一个人正在注视左图文字中的红点。文字中每一个字母所激活的脑区在右图中显示。左图中箭头指示了文字中的字母a，右图中箭头指示了这个a所激活的脑区。（来源：Wandell et al.，2009）

当 Hubel 和 Wiesel 沿着垂直轨迹继续向内插入电极时，他们注意到沿着轨迹分布的视网膜神经元，不仅具有相同方位的感受野，而且这些神经元对于刺激方向的倾向性也是相同的。所以，图 4.7 中 A 处沿电极轨迹分布的细胞对水平线条放电最大，而所有沿电极轨迹 B 分布的细胞对斜 45°的线条放电最大。基于这一结果，Hubel 和 Wiesel 推断大脑皮层也以**方向柱**的形式进行组织，其中每一个柱都包括了对一个特定方向反应最佳的细胞。

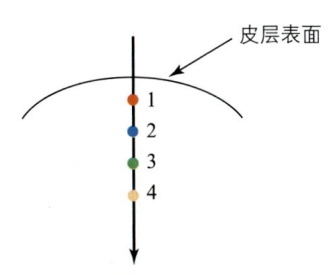

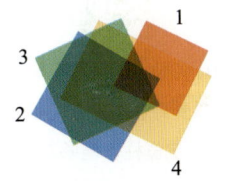

图 4.6 定位柱。当一个电极垂直插入皮层时，在其轨迹中遇到的神经元的感受野存在重合。(b) 中具有相应数字的正方形代表了沿电极轨迹 (a) 上每一个数字标记位置所记录的感受野。

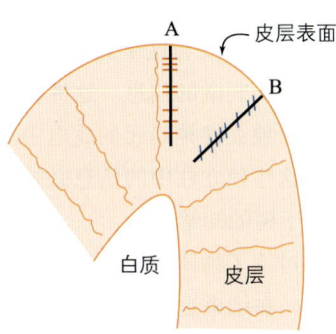

图 4.7 方向柱。所有沿轨迹 A 分布的神经元对水平线条反应最佳（用穿过电极轨迹的红线表示）。所有沿轨迹 B 分布的神经元对斜 45°线条反应最佳。

Hubel 和 Wiesel 还展示了相邻方向柱的细胞对方向的倾向性存在微小差异。倾斜地向大脑皮层中插入一根电极（与表面不垂直），此时电极穿过了不同的方向柱，他们发现神经元倾向的方向呈现有序的变化，所以可以看到，对 90°方向存在最佳反应的细胞柱正好紧邻对 85°方向有最佳反应的细胞柱（**图 4.8**）。Hubel 和 Wiesel 还发现，当他们移动电极 1 毫米时，电极便穿过了一整个方向柱。有趣的是，这 1 毫米正是 1 个定位柱的尺寸。

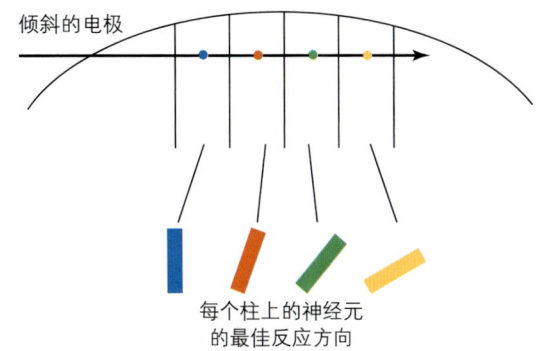

图 4.8 如果一个电极被倾斜插入皮层，会连续穿过不同的方向柱。线条表示每一个柱中神经元所偏好的方向，在电极穿过这些方向柱的过程中，神经元偏好的方向以一种有规律的形式发生改变。在这个例子中，电极前进的距离是被放大了的。

一个定位柱：多个方向柱

定位柱 1 毫米的尺寸意味着一个定位柱足以覆盖所有方向。所以，**图 4.9** 展示的定位柱对应着视网膜中的一个位置（此柱中的所有神经元具有在视网膜上位置相同的感受野），并且包括了能够对所有方向产生反应的神经元。

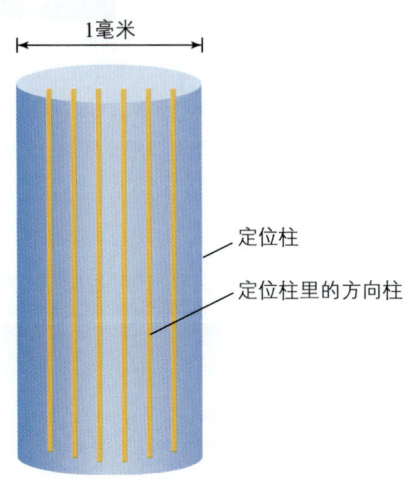

图 4.9 一个定位柱，它包含了方向柱的全部范围。Hubel 和 Wiesel 把一个这样的功能柱称为超柱，它能够接收视网膜上一个很小区域里所有可能出现的方向信息。

想象一下这意味着什么。在那个定位柱中的神经元能够接收视网膜中特定位置的信号,该信号只与视野中的一小块区域相关。由于这个定位柱包含了可以对每一个方向都产生反应的神经元,所以任何方向上与这个定位柱相对应的物体都可以引起此定位柱中一些神经元的放电。

一个包含了所有方向柱的定位柱被 Hubel 和 Wiesel 称为**超柱**。一个超柱能够接收视网膜上一个很小区域里所有可能出现的方向信息;所以,这使得它非常适合处理来自极小视野中的信息①。

朝向—敏感神经元如何对场景反应

在观察图 4.10a 中的场景时,若要对皮层上百万个神经元的反应进行测定,任务量巨大。我们将通过关注场景中的一小部分——图 4.10b 中的树干,来简化这个任务,主要关注图中穿过 A、B、C 三个圆圈的那部分树干。

图4.10 (a) 宾夕法尼亚州森林的场景。(b) 集中注意树干部分,A、B、C 分别代表投到视网膜感受野中三个区域的三部分树干。

图 4.11a 展示了这部分树干的图像是如何呈现在视网膜上的。每一个圆圈代表一个定位柱负责

---

①除了定位柱和方向柱,Hubel 和 Wiesel 还描述了眼优势柱。大多数神经元对一只眼睛的反应要好于对另一只眼睛的反应。这种对一只眼睛的倾向性反应被称为眼优势,而具有相同眼优势的神经元组织形成了大脑皮层眼优势柱。这意味着每一个在垂直电极轨迹中的神经元对左眼或右眼反应最佳。在每一个超柱中具有两个眼优势柱,一个是左眼的,另一个是右眼的。

的区域。图 4.11b 展示了大脑皮层中的定位柱。要记得这些定位柱中每一个都包含一套完整的方向柱(图 4.9)。这意味着垂直的树干会激活每一个定位柱中 90° 方向柱的神经元,即每一个柱的橙色区域。

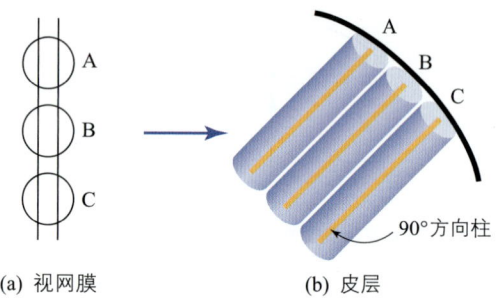

图4.11 (a) 感受野 A、B、C 位于视网膜,对应于图4.10b中树干的三个区域。与这些感受野相关的神经元位于不同的定位柱内。(b) 皮层中的三个定位柱,能够对树干方向放电的神经元位于定位柱的橙色区域。

所以,连续的树干由神经元的放电来表征,这些神经元是大脑皮层中许多独立柱内对特定方向敏感的神经元。虽然看起来有些奇怪,因为树是通过大脑皮层中的一些独立柱表征的,但这证实了我们之前提到的一个知觉系统的特征:大脑皮层对一个刺激的表征并不一定要与这个刺激相似;它只需要包含能够代表这个刺激的信息。这棵树在视觉皮层中的表征包含在独立柱神经元的放电中。在皮层中的一些位置,这些独立柱中的信息必须被组合起来以构建我们对于树的知觉。

刚才我们讨论了物体如何通过大脑皮层神经元放电进行表征。在结束这个问题之前,让我们回到之前的那个场景(图 4.12)。场景中的每一个圆圈或椭圆代表了一个向定位柱传递信号的区域。这些功能柱共同发挥作用,覆盖了整个感受野,这种效应被称为**平铺效应**。正如一面墙可以被相邻的瓷砖所平铺覆盖一样,视野也对应于许多相邻(而且经常重叠)的定位柱(Nassi & Callaway, 2009)。(这听起来是否很耳熟?还记得第 3 章用足球场类比视神经感受野吗?其中每一名观众注视足球场的一小块区域。在那个例子中,观众就如同在向足球场上平铺瓷砖。)

内容、空间和方式通路

继续有关组织的话题，我们将会看到神经元依据它们的功能形成了许多不同的组织方式。当负责类似功能的神经元彼此联系形成了"信息流"或通路时，一种功能组织类型就出现了。最早对这些通路进行研究的是 Leslie Ungerleider 和 Mortimer Mishkin，他们发现了两条具有不同功能的通路的存在，这些通路能将信息从纹状皮层传递到其他脑区。

内容和空间的信息通路

Ungerleider 和 Mishkin（1982）通过一种毁损（ablation 或 lesioning）技术更进一步认识了脑的功能组织。脑**毁损**是指破坏或去除神经系统的部分组织。

> **方　法** | **脑毁损**
>
> 脑毁损的目的是测定特定脑区的功能。首先，通过行为测验测定一个动物完成一项任务的能力。大部分毁损实验用的是猴子，因为它们的视觉系统与人类相似，还因为研究者们可以通过训练猴子测定其知觉能力，如视力、色觉、深度知觉以及物体知觉（Mishkin et al., 1983）。
>
> 一旦这个动物在一个任务上的表现被测定，一个特定脑区就会被毁损（移除或破坏），或是通过手术，或是通过注射能够破坏注射点周围组织的化学物质。从理论上说，一个特定脑区被移除后，剩下的脑仍然是完好无损的。毁损过后，猴子的行为会被重新检测，进而可以了解其表现如何受到毁损影响。

Ungerleider 和 Mishkin 让猴子完成了两项任务：物体识别问题和地标识别问题。在**物体识别问题**中，向猴子展示一个物体，例如一个长方体，之后进行一项如图 4.13a 中二选一的选择任务，其中包括"目标"物体（长方体）和另一个刺激，比如一个三棱柱。如果猴子推开目标物体，它会获得藏在物体下小孔里的食物奖励。**地标识别问题**如图 4.13b 所示，猴子的任务是移开距离圆柱体最近的

图4.12　叠加在树林场景中的黄色圆圈和椭圆，各自代表一个皮层定位柱发出信息的区域。实际中的功能柱要比图中显示出的多，并且重叠，所以覆盖了整个场景。这种定位柱覆盖整个场景的现象被称为平铺效应。

场景中的每一个组成部分可以通过许多定位柱表征，这种观点意味着一个包含了许多对象的场景，是通过复杂程度惊人的放电模式在纹状皮层进行表征的。试想一下，我们所描述的树干上三个小区域的表征过程再乘以数百或者数千。当然，这种在纹状皮层的表征只是表征这棵树的第一步。接下来我们将会了解到，来自纹状皮层的信号会传输到大脑皮层的许多其他地方进行进一步的加工。

测一测 4.1

1. 视网膜是如何在纹状皮层上定位的？什么是皮层放大效应，它具有什么功能？
2. 描述脑成像技术。它是如何被用于测定人的视网膜脑图的？脑成像实验的结果是如何为人类大脑皮层的皮层放大效应提供证据的？
3. 描述定位柱和方向柱。为什么说定位柱和方向柱是"结合的"？什么是超柱？
4. 方向—敏感神经元是如何对一个场景进行反应的？描述树干在大脑皮层中是如何被表征的，整个森林又是如何表征的。
5. 为什么说一个场景在大脑皮层的表征并不一定要类似这个场景，但需要包含代表这个场景的信息？

小孔上的覆盖物。

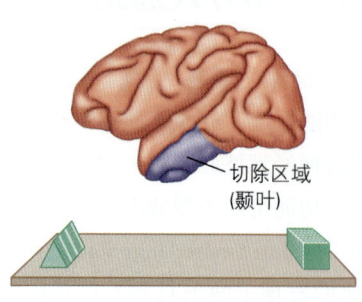

(a) 物体识别问题

(b) 地标识别问题

图4.13 Ungerleider和Mishkin使用的两种类型的识别任务。（a）物体识别：选择正确的形状。毁损颞叶（阴影区域）使得任务变得困难。（b）地标识别：选择靠近圆柱体的小孔。毁损顶叶使得这个任务变得困难。（来源：Mishkin et al., 1983）

在实验的毁损部分，一些猴子的部分颞叶被移除了。毁损后，行为检测显示，物体识别问题对于这些猴子非常困难。这一结果说明，到达颞叶的通路负责物体的识别。Ungerleider 和 Mishkin 因此将这条从纹状皮层到达颞叶的通路称为**内容通路**（图 4.14）。

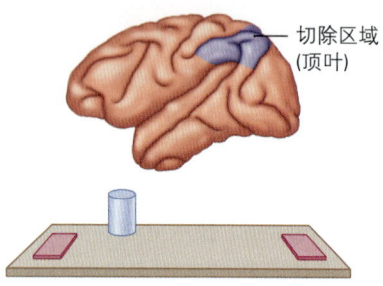

图4.14 猴子大脑皮层，展示了从枕叶到颞叶的内容通路，或称腹侧通路，以及从枕叶到顶叶的空间通路，或称背侧通路。空间通路又被称为方式通路。（来源：Mishkin et al., 1983）

另外一些猴子的顶叶被移除了，他们在解决地标识别问题时遇到了困难。这一结果说明，到达顶叶的通路负责决定物体的位置。Ungerleider 和 Mishkin 因此将这条从纹状皮层到达顶叶的通路称为**空间通路**（图 4.14）。

内容通路和空间通路也被分别称为**腹侧通路**（内容）和**背侧通路**（空间），因为颞叶位于脑的腹侧，而顶叶位于脑的背侧。背侧是指器官的后部或者头顶部；所以，鲨鱼或海豚的背鳍是背上伸出水面的那个鳍。图 4.15 呈现了对于直立行走的动物，比如人类，脑的背侧是脑的上部。（想象一个人有一个背鳍从他的头顶伸出！）腹侧与背侧相反；所以它是指大脑上靠下的部位。

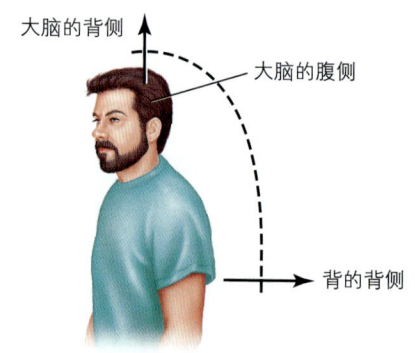

图4.15 背侧是指器官的后部。在直立行走的动物中，如人类，背侧是指身体后部和头顶部，如图中的箭头和弯曲的虚线所示。腹侧与背侧相反。

大脑皮层中两条通路的发现——一条用于识别物体（内容），而另一条用于定位物体（空间）——使得一些研究者重新开始研究视网膜和外侧膝状体。通过神经元记录和毁损这两种技术，他们发现腹侧和背侧信息流的特性是由视网膜中两种不同的神经节细胞建立的，并把信息传递到外侧膝状体的不同的细胞层里（Schiller et al., 1990）。所以，皮层的腹侧和背侧信息流实际上可以追溯到视网膜和外侧膝状体。

虽然有可靠的证据表明腹侧和背侧通路具有不同的功能，但尤其需要注意的是：（1）这两条通路并非完全独立的，而且彼此间存在联系；（2）信息并不只是朝"前"流向顶叶和颞叶的，也会向"后"传递（Gillbert & Li, 2013；Merigan & Maunsell, 1993；

Ungerleider & Haxby, 1994)。由于我们在日常行为中是需要同时识别和定位物体的，所以两条通路间存在联系是合理的，而且每当我们识别某样东西（"有一支钢笔"）并注意它在哪里时（"它在那里，计算机边上"）就已经常规性地协调了这两种活动。所以，存在两条不同的通路，但是它们之间会分享信息。信息的"逆向"流动称为反馈，提供了来自高级中枢的能够影响系统信号流动的信息（Gillbert & Li，2013）。这种反馈是自上而下加工的机制之一，在第1章中已经进行了介绍。

内容和方式的信息通路

虽然腹侧和背侧信息流的观点已经被普遍接受，但David Milner 和 Melvyn Goodale（1995；see also Goodale & Humphrey，1998，2001）认为，背侧通路的作用不仅仅是判断对象的位置。Milner 和 Goodale 推测背侧通路与动作实施相关，比如拾起一个物体。实施这一动作与明确物体的位置相关，符合"空间"的观点，但是其功能不止于"空间"，还要涉及与物体的实体交互作用。所以，触及并拿起一支钢笔涉及的信息包括钢笔的位置加上如何向这支钢笔移动手的信息。基于这一观点，背侧通路提供的信息应是如何执行对一个刺激的动作反应。

有证据支持了这种背侧通路与动作执行相关的观点。有研究发现，一些顶叶皮层的神经元会对以下过程事件产生反应：（1）当一只猴子注视一个目标时；（2）当它向这个目标伸手时（Sakata et al., 1992；also see Taira et al., 1990）。但是**神经心理学**对于脑损伤患者的行为效应的研究为有关于背侧的"方式"或"动作"的信息流观点提供了引人注目的证据。

方 法 | **神经心理学的双分离**

神经心理学的一个基本原理是我们可以通过**双分离**来理解脑损伤的影响，这会涉及两个人：对于第一个人，一个脑区的损伤导致了功能A的缺失，而功能B还存在；对于另一个人，另一个脑区的损伤导致功能B缺失而功能A存在。

Ungerleider 和 Mishkin 的猴子提供了一个双分离的例子。颞叶损伤的猴子不能识别物体（功能A），但是可以解决识别地标的问题（功能B）。顶叶损伤的猴子不能解决识别地标的问题（功能B），但是可以识别物体（功能A）。这两个研究结果放在一起就成为了一个双分离的范例。物体识别和地标识别的能力可以以相反的方式被分别破坏，说明这是两个分别独立运行的功能。

以两个假想的人来对双分离进行举例。爱丽丝的颞叶受到了损伤，很难命名物体，但是对物体的定位没有问题（**表4.1a**）。伯特的顶叶受损，存在的问题与爱丽丝相反——他可以识别物体，但是不能够准确说出物体位于哪里（**表4.1b**）。将爱丽丝和伯特的案例放在一起，就代表了双分离，而且能使我们推断出识别物体和定位物体的过程是彼此独立的。

表4.1 双分离

	物体命名	物体定位
（a）爱丽丝：颞叶损伤（腹侧信息流）	否	是
（b）伯特：顶叶损伤（背侧信息流）	是	否

© Cengage Learning, 2014.

患者 D.F. 的行为

Milner 和 Goodale（1995）使用测定双分离的方法研究了 D.F.，这位34岁的女性由于家中煤气泄漏而一氧化碳中毒，导致其腹侧通路损伤。D.F. 的脑损伤造成的一个后果是，她不能将手中卡片的方向与插槽的方向相匹配。如**图4.16a**，左侧的圆圈表明了 D.F. 匹配垂直方向插槽的尝试。每一次的匹配用垂直线条呈现，但是 D.F. 的反应是非常分散的。右侧的圆圈呈现了正常对照组的准确表现。

由于 D.F. 在匹配卡片和插槽的方向上存在困难，所以她在将卡片穿过插槽时，理应也会遇到困难，因为如果要做到这件事，她必须调整卡片角度使它与插槽方向一致。但是当 D.F. 被要求通过插槽"寄出"这张卡片时，她能够做到！虽然 D.F. 不能直接调整卡片的角度去匹配插槽方向，但在她将卡片移向插槽的过程中，她可以通过不断旋转卡片来匹配插槽的方向（**图4.16b**）。所以，D.F. 在静止方向—匹配任务中表现很糟，但涉及动作时表现很好（Murphy et al., 1996）。Milner 和 Goodale 将 D.F. 表现出的行为理解为：除了有一个负责判断方向的机制，还有另一个负责协调视觉和动作的机制（Goodale, 2014）。

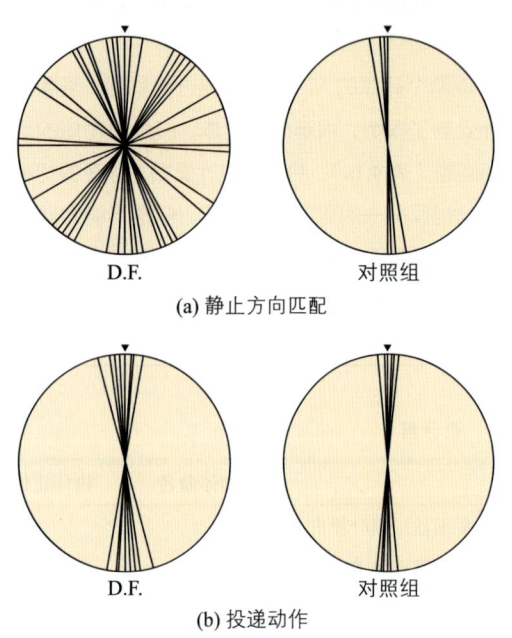

图4.16　D.F.和一位没有脑损伤的正常人在两项任务中的表现：（1）判断插槽的方向；（2）将卡片放入插槽。垂直线条表明完美匹配的表现。（来源：Milner & Goodale, 1995）

这些针对 D.F. 的研究结果是双分离的一部分，因为有一些其他患者的症状与 D.F. 相反。这些人可以判断视觉方向，但是不能完成视觉与动作的组合任务。正如我们所预见的那样，D.F. 的腹侧信息流受损，而这些人的背侧信息流受损。

基于这些结果，Milner 和 Goodale 认为，与 Ungerleider 和 Mishkin 之前的观点相似的是腹侧通路应该仍被称为内容通路，但是对于背侧通路，更好的描述应该是**方式通路**，或者**动作通路**，因为它决定了个体如何实施动作。正如科学界中有时出现的情况，不是所有人都用相同的术语。所以，一些研究者会把背侧信息流称为空间通路，也有人会将其称为方式通路或动作通路。

没有脑损伤的人的行为

在日常行为中，我们不会特别关注这两条视觉加工信息流（一条是内容通路，另一条是方式通路），因为当我们感知物体并对它们做动作时，两条通路是无缝协作的。对于像 D.F. 那样的病例，其中一条信息流受损了，的确表明了这两条信息流的存在。但是对于那些没有脑损伤的人呢？检测人们如何对视错觉进行感知和反应的心理物理学实验同样证明了知觉和动作的分离。

图 4.17a 展示了 Tzvi Ganel 及其同事（2008）在一个实验中所用到的刺激物，该实验主要为了阐明知觉和动作存在分离，但其被试并无脑损伤。这个刺激物构建了一个视错觉：线段 1 实际上比线段 2 长（**图 4.17b**），但是线段 2 看起来更长。

Ganel 和同事让被试完成两个任务：（1）长度预测任务，被试要说明他们是如何通过大拇指和食指的比量来感知线段长度的，如**图 4.17c** 所示；（2）抓取任务，被试要去触碰线段并通过两个端点抓取线段，被试手指上的感应器会在他抓取线段时测量手指的间距。之所以选择这两项任务，是因为它们受不同的信息流左右。长度预测任务涉及腹侧内容信息流。抓取任务涉及背侧空间/方式信息流。

该实验的结果在**图 4.17d** 中呈现，主要说明在长度预测任务中，被试判定线段 1（较长的线段）看起来比线段 2 短；但是在抓取任务中，被试会在判断线段 1 时将手指分得更开，以匹配它更长的长度。所以，错觉能够作用于知觉（长度预测任务），但是对动作没有作用（抓取任务）。这些结果支持"知觉和动作由不同机制负责"这一观点。由此，这个从对脑损伤患者进行观察得出的观点在没有脑损伤的正常人身上也得到了印证。

模块化

不同通路具有不同功能的观点使我们有了**模块化**的想法，即大脑皮层特定区域对特定类型的刺激产生反应。与特定类型刺激相对应的区域被称为**模块**，它专门加工特定刺激所携带的信息。例如，有许多证据表明，有一个区域存在丰富的能够对面孔产生反应的神经元。

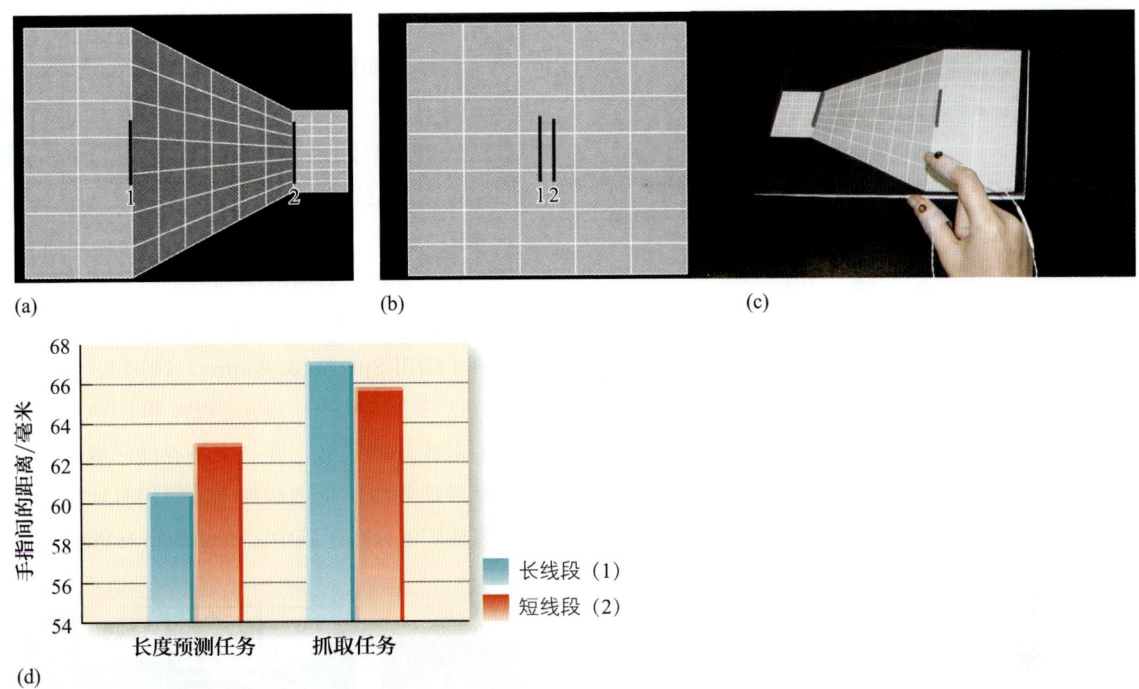

图4.17 （a）Ganel和同事使用的长短错觉刺激物（2008），其中线段2看起来长于线段1。被试看到的图中没有数字标号。（b）来自（a）的两条竖直线段，显然线段2实际上比线段1要短。（c）实验中的被试通过调整手指间的距离，或预测线段的长度（长度预测任务），或触及线段抓取它们（抓取任务）。手指间的距离通过手指上的感应器测量。（d）在Ganel等人的实验中的长度预测和抓取任务的结果。长度预测任务代表错觉，因为较短的线段（线段2）被判断为较长的。在抓取任务中，对较长的线段（线段1），被试的手指张开更多，这与线段的实际情况相符。（来源：Ganel et al.，2000）

猴子颞下皮层中的面孔神经元

当 Edmund Rolls 和 Martin Tovee（1995）检测猴子颞下皮层（见图3.31）神经元的反应时，他们发现许多神经元对面孔存在最佳反应。图 4.18 展示的结果是，一个神经元对面孔产生反应，但是它对其他类型的刺激几乎没有任何反应。

这些"面孔神经元"广泛存在于猴子颞叶的某个区域。Doris Tsao 和同事（2006）给两只猴子展示了 96 幅图片，包括面孔、躯干、水果、小工具、手以及不规则图形，同时记录面孔区域皮层神经元的活动。对面孔产生的反应量至少为非面孔的 2 倍的神经元被归类为"面孔选择型"神经元。基于这个标准，他们发现 97% 的神经元是面孔选择型的。此区域的高面孔选择水平如图 4.19 所示，其中呈现了两只猴子对 96 个目标中的每一个目标的平均反应。对左侧 16 个面孔的反应显著大于对其他任何目标的反应。

图4.18 位于猴子颞下皮层的神经元的反应量，对面孔刺激有反应，但是对非面孔刺激无反应。（来源：Rolls & Tovee，1995）

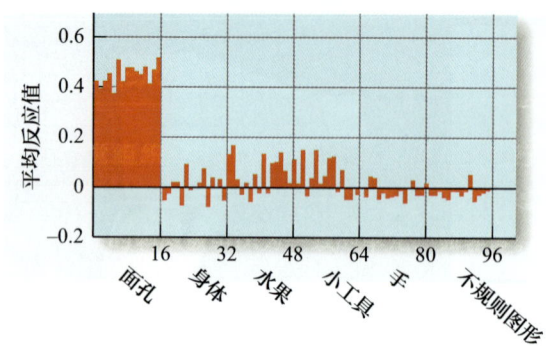

图4.19 Tsao等人的实验结果（2006），其中记录了猴子颞叶神经元对面孔、其他物体以及不规则刺激的反应。（来源：Tsao，2006）

人类的梭状回面孔区

人们已经通过脑成像技术确定出了对面孔反应最佳的神经元所存在的脑区。在这些实验中，Nancy Kanwisher 和同事（1997）用 fMRI 测定了大脑在对包含面孔和其他物体的图片（比如，家居用品、房子、手）进行反应时，是如何活动的。当他们从能够对面孔产生反应的区域中去掉也能够对其他物体产生反应的区域时，Kanwisher 和同事发现神经活动只保留在一个被他们称为梭状回面孔区（FFA）的区域，位于脑底部颞下皮层（见图3.31）正下方的梭状回。该区域大体等同于猴子颞叶的面孔区。Kanwisher 的结果加上许多其他实验的结果已经表明，梭状回面孔区专门对面孔产生反应（Kanwisher，2010）。

颞叶损伤所导致的面孔失认症的现象进一步证明了面孔识别区域的存在，这种症状主要表现在识别熟人的面孔时存在障碍，就连非常熟悉的面孔也会被影响。所以，患有面孔失认症的人可能认不出亲密的朋友或家人——甚至镜子中的自己——虽然当他们听到这些人讲话时可以轻易认出他们（Burton et al.，1991；Hecaen & Angelerques，1962；Parkin，1996）。

人类的位置和躯体区

除了含有能够被面孔激活神经元的梭状回面孔区，另外两个颞叶中的特异性区域也被确定。海马旁回位置区（PPA）能够被描述室内和室外场景的图片所激活，如图 4.20a 所示（Aguirre et al.，1998；Epstein et al.，1999；Epstein & Kanwisher，1998）。显然，对这个区域来说，空间布局信息非常重要，因为无论是空房间还是家具齐全的房间都能增加该区域的兴奋性。另一个特异性区域是纹外躯体区（EBA），它可以被带有躯体或部分躯体的图片激活（但不能被面孔激活），如图 4.20b（Downing et al.，2001；Grill-Spector & Weiner，2014）。

这三个区域——FFA、PPA 和 EBA——都符合我们对模块的定义，即一个特异性区域，专门对一种特异性刺激信息进行加工。但仍有证据表明，神经表征广泛分布于脑中（Behrmann & Plaut，2013）。

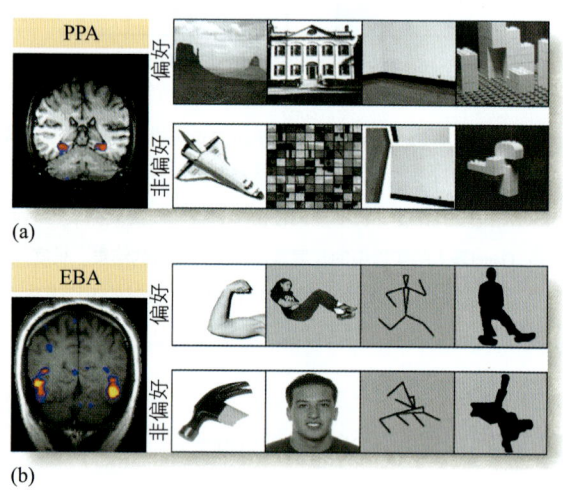

图4.20 （a）海马旁回位置区能够被不同的场所（上排）激活，但是不能被其他刺激（下排）激活。（b）纹外躯体区能够被躯体（上排）激活，但是不能被其他刺激激活（下排）。（来源：Kanwisher，2003）

分布式表征

当一个刺激在脑的不同区域造成神经兴奋时，分布式表征就出现了，所以这种兴奋性分布于脑中各处。

证明分布式表征的两个实验

图 4.21 展示了能够证明分布式表征的 fMRI 扫描结果。图 4.21a 展示了大脑皮层不同区域对房子、

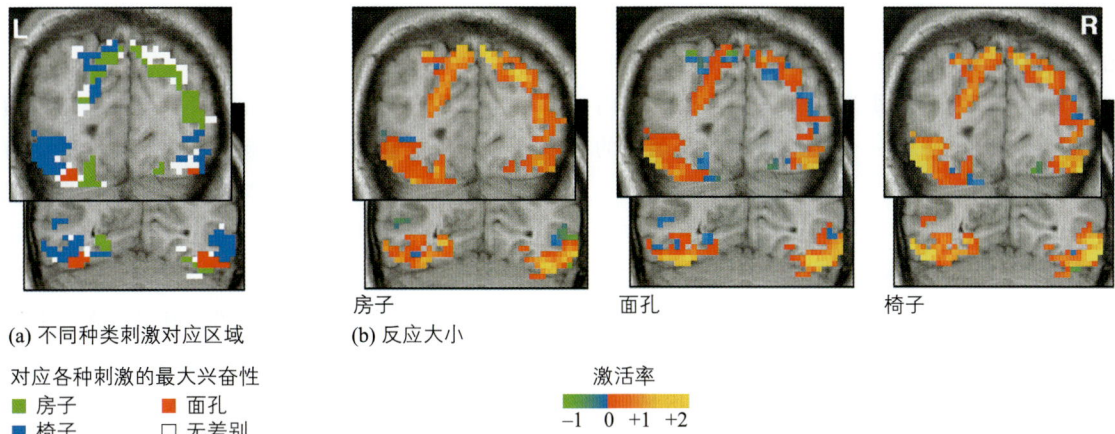

图4.21 人脑对不同类型刺激反应的fMRI扫描结果：（a）被房子、面孔和椅子激活得最强烈的区域；（b）每一种刺激激活的所有区域。（来源：Ishai et al., 2000）

面孔和椅子表现出的最大兴奋性。这个发现再次证明了大脑中存在对特异刺激产生反应的特异性脑区。然而，如果呈现每种刺激的全部脑活动，我们会看到房子、面孔和椅子也会引起大脑皮层广泛区域的兴奋（图 4.21b；Cohen & Tong, 2001；Ishai et al., 1999, 2000；Riesenhuber & Poggio, 2000, 2002）。这一发现证明了分布式表征，因为每一种类型的刺激都引起了多个脑区的兴奋。

Alex Huth 和同事（2012）的 fMRI 实验进一步证明了分布式表征，他们让被试在脑扫描仪中观看了 2 小时的影片剪辑。为了分析单个体素是如何被影片中的不同物体和动作激活的，Huth 创建了一个包含了 1705 个物体和动作类别的列表，并且确定了每一个影片场景中出现的类别。

图 4.22 展示了四个场景及它们各自相关的类别（分类）。通过检测一个独立体素是如何被每

电影片段	分类	电影片段	分类
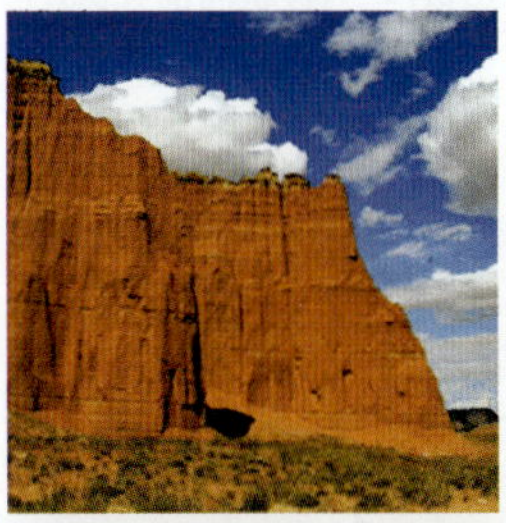	孤峰（n） 沙漠（n） 天空（n） 云（n） 灌木丛（n）	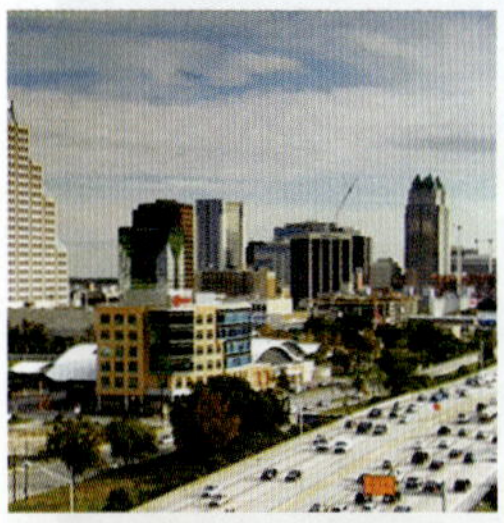	城市（n） 高速公路（n） 摩天大楼（n） 交通（n） 天空（n）
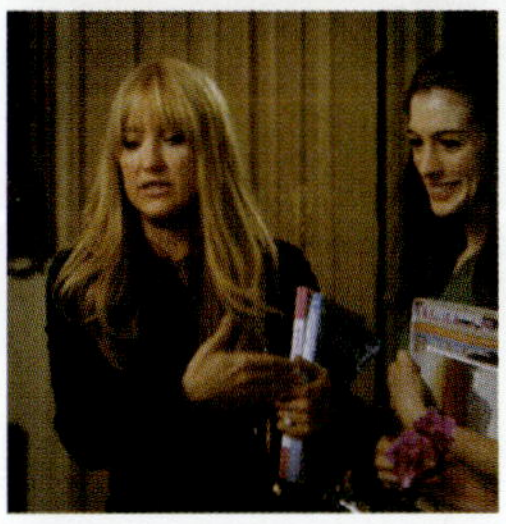	女人（n） 说话（v） 做手势（v） 书（n）	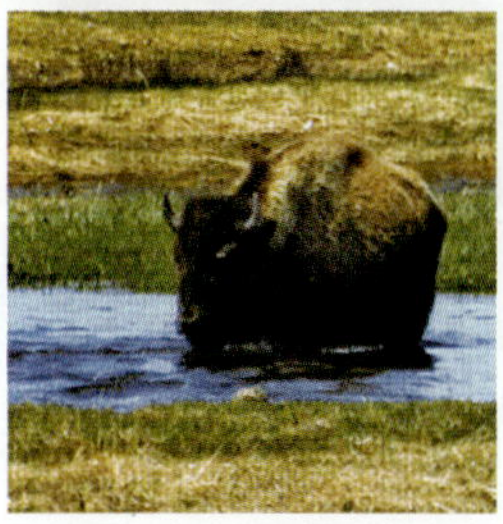	野牛（n） 行走（v） 草地（n） 溪流（n）

图4.22 Huth等人（2012）在实验中向被试展示的影片中的四个画面。右侧的词指出了相应的画面里会出现的类别（n=名词，v=动词）。（来源：A. G. Huth et al., A continuous semantic space describes the representation of thousands of object and action categories across the human brain. Neuron，76，1210-1224，Figure S1，Supplemental materials，2012）

一个场景激活的,并应用一套复杂的统计方法分析结果,Huth测定了每一个体素能够对何种刺激产生反应。例如,当街道、楼房、公路、室内和交通工具出现时,有一个体素就会产生很好的反应。

图4.23 展示了能够使脑表面体素产生反应的不同类型的刺激。负责相似物体和动作的脑区在脑中的定位也比较接近。各有两个区域负责人类和动物,这是因为每一个区域都表征了人类和动物的不同特征。例如,在脑底部标记为"人类"的区域(该区域实际位于脑的底面)与梭状回面孔区相符,它对所有面孔的特征产生反应。在脑的较高处的"人类"区域专门对面部表情产生反应。对楼房产生反应的区域邻近海马旁回位置区,它最先通过图 4.20 中的静止图片被确定。

图 4.23 中的结果体现了一个有趣的悖论。一方面,这个结果证实了一个早前的研究,该研究明确了脑中的特定区域负责知觉特定类型的刺激,如面孔、场所和躯体。另一方面,这些新的结果呈现了一个在大脑皮层上广泛延伸的神经网络。这意味着虽然一些刺激能够激活特定区域,但我们在环境中遇到的多数种类的刺激,能够广泛地引起脑中大量区域的兴奋。

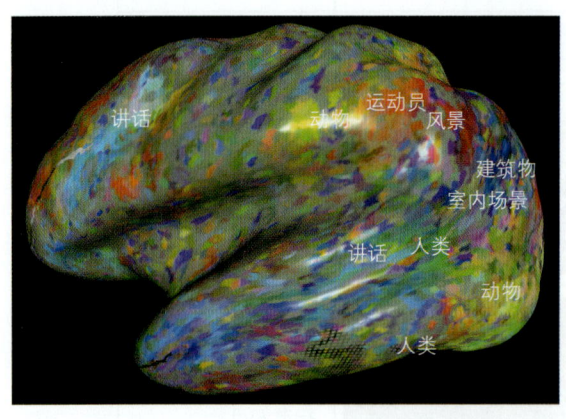

图4.23 Huth等人(2012)的实验结果,呈现了各种刺激类型能够激活的脑区。颜色表明反应类似的脑区。例如,标明"动物"的两个区域都是黄色的。(来源:Alex Huth)

多维刺激的分布式表征

梭状回面孔区作为面孔的一个模块可以被面孔激活,而面孔还可以激活其他区域,这支持了分布式表征。对面孔的体验其实并非只是将目标定义为面孔("那是一张脸")。当我们意识到这一点时,就可以将这个面孔分布式表征的观点再深入一步。我们还能够对以下面孔的相关元素产生反应:(1)情感层面("她在微笑,所以她可能很开心""看着他的脸让我很开心");(2)某人在看何处("她正看着我");(3)面孔不同部分是如何活动的("通过观察他嘴唇的活动,我可以更好地理解他");(4)一张面孔的吸引力如何("他有一张英俊的面庞");(5)这张面孔是否熟悉("我记得在哪儿见过她")。这意味着面孔是多维的——它们引起了许多反应,而且如**图** 4.24a 和**表** 4.2,这些不同的反应与脑中不同区域的兴奋性相关。

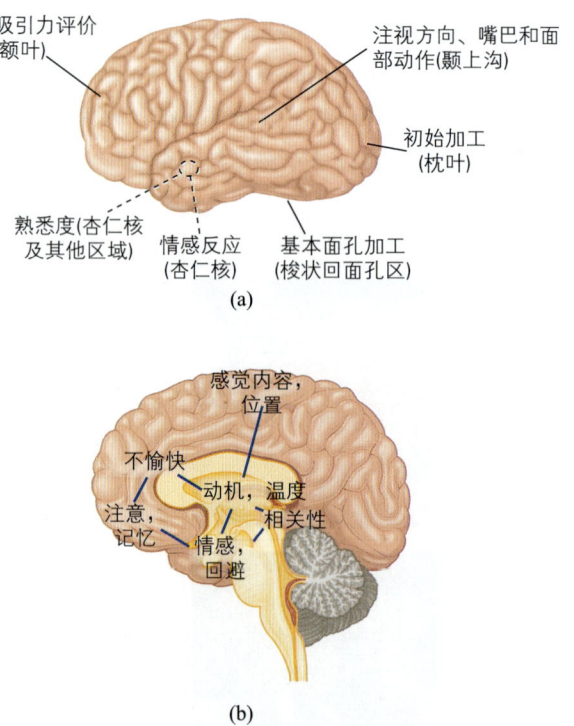

图4.24 能够被不同面孔元素激活的脑区。杏仁核的虚线表明它位于脑的内部,即大脑皮层下。(b)与疼痛知觉相关的脑区。负责痛觉的不同方面的各个区域。

但是面孔并不是唯一的多维刺激。在学习第14章时，我们将会了解到痛觉包含感觉成分（"那是抽痛"）和情感成分（"那很不舒服"）。这些痛觉的维度激活了脑中的许多结构（图4.24b）。所以，痛觉也能够证明一个单独的刺激能够引起广泛的兴奋性。

之前介绍的知觉过程不仅形成了知觉，也提供了可以留存在记忆中的信息，所以我们事后还能够记得知觉体验。这种知觉和记忆的联系已经出现在许多近期的实验研究中，这些研究检测了与记忆形成和储存相关的人类海马中单个神经元的反应。

表4.2 面孔的不同元素所激活的脑区

脑区	功能
枕叶（OC）	初始加工
梭状回面孔区（FFA）	基本面孔加工
杏仁核（A）	情感反应（面部表情和观察者的情感反应）；熟悉度（熟悉的面孔引起杏仁核和其他感情相关区域更强的活性）
额叶（FL）	吸引力评价
颞上沟（STS）	注视方向；嘴的动作；基本面部活动

来源：Calder et al., 2007; Gobbini & Haxby, 2007; Grill-Spector et al., 2004; Ishai et al., 2004; Natu & O'Toole, 2011; Pitcher et al., 2011; Puce et al., 1998; Winston et al., 2007.

知觉与记忆的交汇

一些离开颞下皮层的信号到达了内侧颞叶（medial temporal lobe, MTL），比如海马旁回位置区、内嗅皮层和海马（图4.25a）。这些内侧颞叶结构对记忆非常重要。海马是内侧颞叶中的一个结构，H.M.的经典案例说明了海马的重要性。为了消除H.M.的癫痫发作，在其他治疗方式均不见效的情况下，他的双侧海马均被移除了（Scoville & Milner, 1957）。

手术消除了H.M.的癫痫症状，但是也消除了他储存记忆的能力。所以，当H.M.经历一些事情的时候，比如医生对他的访问，他不能够回忆起那段经历，所以下一次医生再出现时，H.M.并不记得自己曾经见过他。H.M.之所以会遭遇这种不幸，是因为1953年时，外科医生尚未意识到海马对于长时记忆的形成是如此关键。在他们知道脑双侧海马移除的灾难性后果之后，类似于H.M.接受的这类手术再未做过。

R. Quian Quiroga和同事（2005，2008）的实验证明了海马和视觉存在联系，我们在第3章中曾经介绍过该实验。这些实验展示了海马中存在许多能够对特定面孔产生反应的神经元，比如对Steve Carell的面孔（见图3.36），它们还对特定的建筑产生反应，比如埃菲尔铁塔或者悉尼歌剧院。接下来具体了解这些实验。

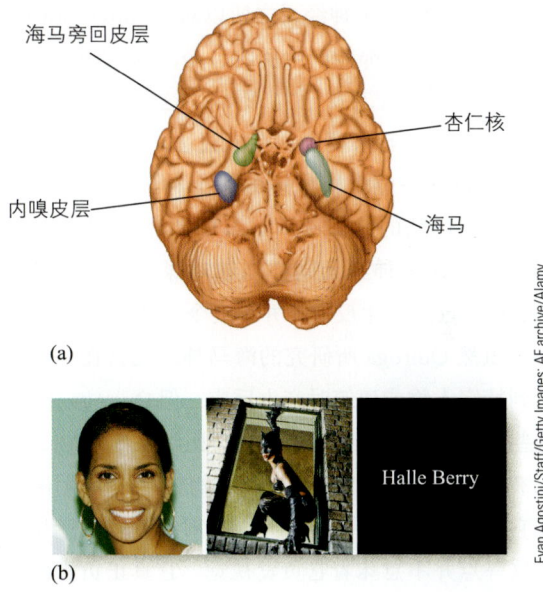

图4.25 （a）海马以及Quiroga和同事（2005）研究的其他结构的位置。（b）一些能够引起一个海马神经元放电的刺激。

Quiroga记录了8位正准备手术的癫痫患者脑中神经元的活动情况，他将电极植入这些人的海马和其他内侧颞叶区，这也有助于精确定位癫痫的始发区域。在实验过程中，实验人员会给患者呈现许多不同的人、物体和其他事物的照片，比如面孔、建筑和动物。不出所料，许多神经元对这些刺激产生了反应。然而令人惊讶的是，一些神经元只对一个人或建筑的不同图片或人和建筑的不同表现方式产生反应。例如，一个神经元只对女演员 Jennifer Aniston 和 Lisa Kudrow 的照片有反应，这两个人都出演了电视剧《老友记》(Friends)，但这个神经元不会对其他名人、非名人、地标、动物或其他物体产生反应。正如我们在第 3 章中提到的，另一个神经元对男演员 Steve Carell 产生反应。还有一个神经元会对 Halle Berry 产生反应，包括她的照片、画像、她在蝙蝠侠电影中猫女扮相的照片，以及 "Halle Berry" 的文字（图 4.25b）。

这些神经元在记忆中所具有的功能基于它们对刺激的反应方式，包括刺激的不同视图、刺激的不同描述模式，甚至代表刺激的词语。这些神经元并非针对图片的视觉特征进行反应，而是针对刺激所代表的概念产生反应，如 "Jennifer Aniston""Halle Berry""悉尼歌剧院"。比如，我们可以假设，这个神经元之所以对 Jennifer Aniston 和 Lisa Kudrow 都能产生反应，是因为这两个人都出演了电视剧《老友记》。所以，这些内侧颞叶神经元的反应看起来要由一个人过去的经验来决定。所以，假设一位橄榄球迷的一个神经元对他看到西雅图海鹰队的 Russel Wilson 的照片产生了反应，那么如果这个神经元同样能够对绿湾包装工队的 Aaron Rogers 产生反应，并不会令人感到意外。

虽然 Quiroga 所研究的海马神经元会在一个人看到特定人物或建筑时产生反应，但 Quiroga 指出，这些神经元并不负责识别物体。比如患者 H.M.，他没有海马，但是仍然可以识别物体，只是无法记住它们。所以，海马神经元能够对视觉刺激产生反应这一点并不意味着它负责视觉。它真正负责的是记忆。

Hagan Gelbard-Sagiv 和同事（2008）的实验结果进一步证实了能对视觉刺激产生反应的内侧颞叶神经元与记忆之间存在联系。这些研究者让癫痫患者反复看一系列 5~10 秒的视频剪辑，同时记录他们内侧颞叶神经元的活动。这些剪辑呈现了名人、地标及做不同动作的非名人和动物。当被试观看剪辑时，一些神经元对特定剪辑反应更好。例如，其中一位患者的一个神经元对电视节目《辛普森一家》(The Simpsons)反应最佳。

对特定视频剪辑的放电与 Quiroga 通过静止图片所得出的发现相类似。当患者被要求回忆看到的影片剪辑中的内容时，实验人员同时记录内侧颞叶神经元的活动。图 4.26 展示了一个对《辛普森一家》放电的神经元的反应。患者对他记忆的描述在图下部呈现，首先提起了"一些有关纽约的事情"，然后是"好莱坞标志"。这个神经元对这些记忆反应很弱或者毫无反应。然而，回忆《辛普森一家》引起了这个神经元强烈的反应，这种反应随着他回忆剧情（用笑声表示）而持续。这证实了能够知觉特定事物的内侧颞叶神经元可能也与对这些事物的记忆相关。Moran Cerf 和同事（2010）提供了另一个证据，证明了思维是如何影响神经元放电的。

思考时刻
心身问题

到目前为止，我们主要探讨了将环境与知觉连接到一起的电信号。而下文中将主要表达神经冲动可以表征环境中的事物这一观点，主要是我的学生 Bernita Rabinovitz 所写的。

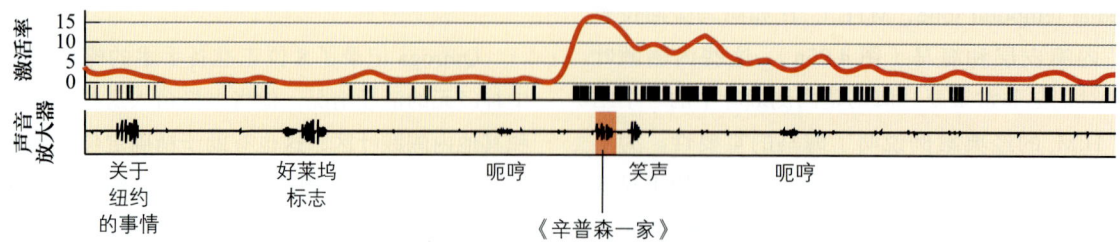

图4.26 一位癫痫患者内侧颞叶神经元的兴奋情况，该患者此时回忆的事情在图中下部标出。当他回忆起《辛普森一家》时，一个反应出现了。此前，该神经元在患者看到《辛普森一家》的视频时就产生了反应。（来源：Gelbard-Sagiv et al., 2008）

人之所以能够感觉到刺激（声音、味道等）是因为大脑接收了电脉冲。这是如此的难以理解、如此的让人惊讶。怎么可以这样，一个电脉冲被认为是酸柠檬的味道，另一个电脉冲被认为是一片灿烂的红绿蓝色，而下一个就成了苦涩的寒风？难道我们整个复杂的感觉系统单通过刺激脑的电脉冲就能够解释吗？所有这些种类繁多又实实在在的感觉——包括冷热、颜色、声音、香气和口感——竟然仅仅如此抽象地通过不同电脉冲就解释了？

当 Bernita 询问冷热、颜色、声音、香气和口感如何被电脉冲解释时，她其实是在问一个**心身问题**：像神经冲动这样的物理过程（本问题中的"身"）是如何转换成丰富的知觉体验的（本问题中的"心"）？

可以通过回顾本书中介绍过的研究来理解心身问题涉及的东西，其中证明了神经系统中的电信号与感觉之间的许多联系。当我们看一个场景时，不计其数的神经元会放电——一些针对目标的特征，比如朝向线条（图 3.23），另一些针对整个目标，比如面孔和躯体（图 4.18、图 4.20）。环境中物体所引起的神经兴奋性是在大脑皮层中的大范围区域扩散的（图 4.23），而且很多区域与感知面孔和疼痛的多维特征相关（图 4.24）。

你可能会认为所有这些电信号和知觉间的关系为心身问题提供了一个解释。然而事实并非如此，因为与这些联系相比同样值得注意的是，它们只是相关性——证明了神经放电和知觉之间存在联系（图 4.27a）。但是心身问题远不止是通过生理反应与知觉如何相关的就能够解释的。它要回答的是生理过程是如何创造我们的体验的。思考一下它的含义。心身问题要回答的是，能够形成神经冲动的那些跨膜运动的钠离子和钾离子，是如何在我们看到朋友的脸或体验一朵红玫瑰的时候，转化成为知觉体验的（图 4.27b）。仅仅呈现一个能够对面孔或红色放电的神经元是不能够回答以下问题的，即放电是如何创造出一张能够看到的脸或可感知到的红色这类体验的。

所以，我们在本书中介绍的生理学实验虽然对于理解知觉的生理机制极其重要，但是不能够用来解答心身问题。研究者们（Baars，2001；Crick & Koch，2003）和哲学家（Block，2009）可能会讨论心身问题，但是当研究者进入实验室，他们会努力开展类似于我们之前讨论过的那些实验，去研究生理反应和体验之间的关系。

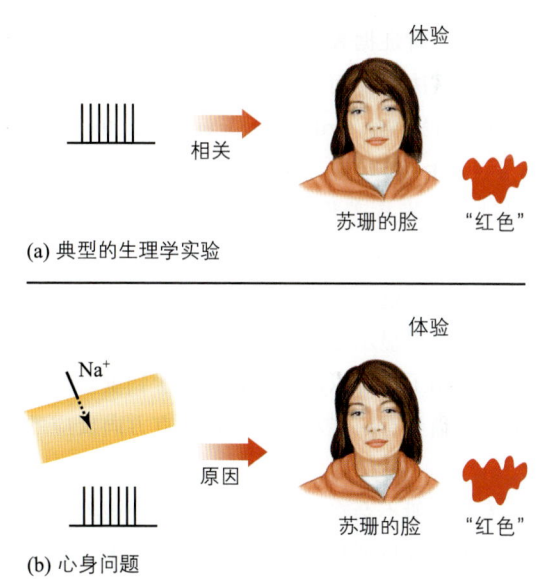

图4.27 （a）说明了本书中介绍的大多数生理实验的情况，实验测定了类似神经放电那样的生理反应与类似知觉"苏珊的脸"或"红色"这种体验之间的相关性。（b）解决心身问题不仅要说明相关性，更需要明确离子运动或神经放电是如何创造"苏珊的脸"或"红色"这样的体验的。

发展维度：体验和神经反应

经验对于形成那些能够对特定刺激产生最佳反应的神经元具有什么意义呢？在稍后我们要介绍的发展维度内容中有一些证据表明，一些感知能力，比如感知运动、明暗对比度、面孔、深度、口味和气味的能力，是在出生时或接近出生时就具备的，虽然那时尚未达到成人的水平。其他一些能力，比如色彩知觉、单眼深度知觉以及视觉注意，会随着儿童的发展晚一些才出现。随着时间的推移，这些能力会得到提高，有的提高很快，比如视觉灵敏度，在婴儿9个月大的时候就已经接近了成人的水平（图2.36）；还有一些会需要更长时间，比如面孔识别，在青春期时还在发展（Grill-Spector et al., 2008; Sherf et al., 2007）。

经验可以塑造神经放电

是什么在时间推移的过程中促进了面孔识别的发展？生物成熟显然与此相关，正如我们当初看到的那样，视觉灵敏度会随着视杆和视锥感受器的发展而提升。有证据表明，面孔识别的某些方面由梭状回面孔区决定，而只有到了青春期，梭状回面孔区才能发育完全（Grill-Spector et al., 2008）。

除了生物成熟，感知环境的经验也在知觉发展过程中发挥着作用。我们在第3章中介绍的Blakemore和Cooper（1970）的经验依赖可塑性实验研究支持了这一观点。他们将小猫饲养在条纹管里，实验结果显示这些小猫的视觉系统被它们的饲养环境影响了，所以被饲养在只能看到垂直线条环境中的小猫具有只能对垂直或近垂直方向反应的神经元。

人类一般不会在条件剥夺的环境中被养大，而是在一个多数特征频繁出现的环境中长大，而这些频繁出现的环境特征可以影响我们的视觉系统发育，进而影响我们的知觉。其中的一个例子是第1章中介绍过的倾斜效应：人们对水平和垂直方向的感知要易于对其他方向的感知。有证据表明，环境中的水平和垂直线条比倾斜方向的线条多。也有证据表明，能对水平和垂直方向产生反应的大脑皮层神经元也更多。所以，在环境中经常出现的刺激、倾向于对这些刺激反应的神经元以及我们感知这些刺激的能力这三者之间存在着某种联系。

专家系统假说

专家系统假说基于环境体验可以塑造神经系统这一事实，其内容是我们对特定食物知觉的倾向性可以通过大脑的变化来解释，这种变化来自长期的接触、实践和训练（Bukach et al., 2006; Gauthier et al., 1999）。Isabel Gauthier和同事（1999）证明了专家效应，他们使用fMRI技术测定梭状回面孔区在对面孔和被称为Greeble家族的物体进行反应时的兴奋性，这种物体是由计算机生成的"生命"，且全部具有相同的基本形态，只在组成部分的形状上会略有差异（图4.28a）。最初，被试会看到人脸和Greeble。图4.28b左边一对柱形展示了实验结果，可以看出，梭状回面孔区神经元对Greeble的反应很差，但是对面孔的反应很好。

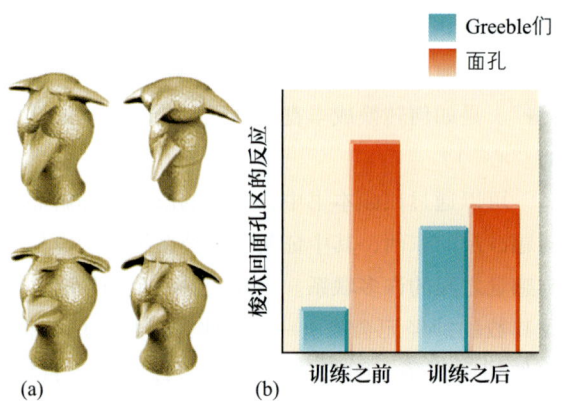

图4.28 （a）Gauthier在实验中用到的Greeble刺激。训练被试对不同的Greeble进行命名。（b）训练前后对Greeble和面孔的反应。

被试之后会接受连续4天、每天7小时的"Greeble识别"训练。在训练结束后，被试成为了"Greeble专家"，因为他们不仅在训练过程中掌握了Greeble们的名字，而且可以借助这些名字快速识别许多不同的Greeble家族成员。图4.28b右侧的一对柱形反映了Greeble专家的梭状回面孔区的神经反应变化。训练之后，梭状回面孔区神经元对Greeble的反应与对面孔的反应一样好。

这一结果表明，大脑皮层的梭状回面孔区不仅对面孔产生反应，对其他复杂物体也会产生反应，而且对一种特定物体的反应可以通过与该物体相关的经验来建立。实际上，Gauthier还指出，对于能识别汽车和鸟类的专家来说，梭状回面孔区神经元不仅能够对面孔有良好的反应，对汽车（汽车识别专家）和鸟类（鸟类识别专家）都会产生很好的反应（Gauthier et al., 2000）。最近，另一项研究显示，观看棋盘上棋子的位置时，象棋大师的梭状回面孔区的激活程度要大于非象棋专家（Bilalić et al., 2011）。类似的结果已经使得许多研究者认同，梭状回面孔区之所以对面孔反应良好，是因为我们都是"面孔专家"。

有必要强调的是，虽然有很好的证据表明经验可以影响促使一个神经元产生反应的刺激类型，但是在将梭状回面孔区构建成一个面孔模块的过程中，经验的作用是存在争议的。一些研究者赞成 Gauthier，认为经验对于将梭状回面孔区构建成面孔模块是非常重要的（Bukach et al., 2006）；其他人则反驳称，梭状回面孔区之所以具有面孔区的功能，更多的是因为其内在的网络，而非依赖于经验（Kanwisher，2010）。

无论这场辩论的结果是什么，毫无疑问的是，神经元的特性是受环境中的刺激经验影响的。这种经验"调整"了我们的知觉系统，使我们对经常出现在环境中的事物做出最佳反应。从婴儿到成人，这种经验很可能在决定我们知觉发展的过程中发挥了重要作用。

完成了本章的学习后，你已经具备了理解后续章节中的生理内容所必要的背景知识。在此后的 6 章中，我们将继续探讨视觉系统，每一章都会介绍一个特定的视觉特征或过程。第 5 章继续对如何感知物体进行讨论。我们仍然会关心面孔，不过主要的注意力会放在常规物体上，以及如何从场景中感知多个物体。阅读下一章时，在前 2/3 的部分可能都不会遇到神经元这个词。在第 5 章中，大量的知觉研究会出现在行为层面上，这些研究测量了刺激与知觉之间的关系。当然，我们从不会远离神经元，因为生理学是这个故事的一部分。但是当神经元再次出现，你需要为它们做好准备！

测一测 4.2

1. 毁损是如何被用于证明存在腹侧和背侧加工信息流的？这些信息流的功能是什么？
2. 在背侧信息流处理有关协调视觉和动作关系的信息时，神经心理学发挥了怎样的作用？两个信息流不存在损伤的个体的行为实验结果是如何支持上述观点的？
3. 证明面孔、场所和躯体模块存在的证据是什么？面孔和场所刺激也可以广泛激活大脑皮层的证据是什么？
4. 描述 Huth 测量人们观看影片剪辑时大脑兴奋性的实验。Huth 的实验结果与分布式表征的关系是怎样的？这些结果又是如何与模块化观点契合的？
5. 如果说我们对刺激的体验是多模态的，这意味着什么？这种体验的多模态本质与分布式表征之间存在怎样的联系？
6. 结合对内侧颞叶和海马神经元的记录实验，描述视觉和记忆的关系。分别描述应用静止图片和影片剪辑的两个实验。
7. 基于神经元和脑对以下刺激的反应，描述经验—依赖可塑性在决定相应功能的过程中的作用：（1）水平线、垂直线和斜线；（2）Greeble 家族。
8. 什么是心身问题？为什么神经放电和面孔或颜色等刺激之间的关系不能够解决心身问题？

想一想

1. 拉尔夫正在沿着树林里的小路散步。小路有许多地方都很坎坷，拉尔夫要避免被小路上偶尔出现的石头、树根或车辙绊到。但他可以沿着小路行走，而无须持续低头观察究竟该在何处落脚。因此拉尔夫可以在树林里到处看看是否有他认识的鸟或动物。你如何将上述对拉尔夫行为的描述与视觉系统中背侧和腹侧信息流的运行过程联系起来？
2. 虽然纹状皮层的大部分神经元只对视网膜上很小区域的刺激产生反应，但许多颞叶神经元会对一半的视野产生反应。你对这些神经元的功能有何看法？

3. 那些看起来长得并不像神经元对应物体的客体刺激也能够引起神经放电，例如代表相应物体或概念的东西并非完全像那个物体或概念，你能否想到日常生活中遇到过的类似情况？

4. 我们将面孔和疼痛描述为"多维"的。你能否想到其他物体或体验是多维的？这些物体或体验的神经表征是怎样的呢？

关键术语

背侧通路（dorsal pathway，p.80）
超柱（hyper column，p.78）
磁共振成像（magnetic resonance imaging，MRI，p.75）
地标识别问题（landmark discrimination problem，p.79）
定位柱（location columns，p.76）
动作通路（action pathway，p.82）
方式通路（how pathway，p.82）
方向柱（orientation columns，p.77）
分布式表征（distributed representation，p.84）
腹侧通路（ventral pathway，p.80）
功能性磁共振成像（functional magnetic resonance imaging，fMRI，p.75）
海马（hippocampus，p.87）
海马旁回位置区（parahippocampal place area，PPA，p.84）
毁损（ablation，p.79）
空间通路（where pathway，p.80）
空间组织（spatial organization，p.73）
面孔失认症（prosopagnosia，p.84）
模块（modules，p.82）
模块化（modularity，p.82）
脑成像（brain imaging，p.75）
内容通路（what pathway，p.80）
皮层放大效应（cortical magnification，p.74）
皮层放大因子（cortical magnification factor，p.74）
平铺效应（tiling，p.78）
神经心理学（neuropsychology，p.81）
视网膜脑图（retinotopic map，p.74）
双分离（double dissociations，p.81）
梭状回面孔区（fusiform face area，FFA，p.84）
纹外躯体区（extrastriate body area，EBA，p.84）
物体识别问题（object discrimination problem，p.79）
心身问题（mind–body problem，p.89）
专家系统假说（expertise hypothesis，p.90）

环境中的场景是由许多更小的部分组成的,例如,聚集在一起的房屋造就了意大利马纳罗拉小镇,又或是俯视城市街道时你看到的很多事物组成了这个街道。在本章,我们将思考如何知觉客体以及由客体形成的场景。

© Bruce Goldstein

第5章

知觉客体和场景

本章内容

为什么设计一个知觉机器如此困难	知觉分割	聚焦海马旁回位置区
感受器接收的刺激是模棱两可的	感知场景和场景中的客体	神经读心术
客体有可能是被隐蔽的或模糊的	感知场景要点	思考时刻：面孔是特殊的吗？
客体从不同角度看是不同的	环境中的规则：知觉中的信息	发展维度：婴儿的面孔知觉
知觉组织	推理在知觉中的作用	
格式塔取向的知觉组织	神经活动和客体/场景知觉的联系	想一想
格式塔知觉组织原则	知觉面孔和位置时的大脑反应	关键术语

我们要思考的一些问题

- 为什么最精密的计算机也无法与人类知觉物体的能力匹敌？
- 为什么一些知觉心理学家说"整体不同于部分之和"？
- 通过监测人们的大脑活动，我们能辨别他们知觉的内容吗？
- 与车或房子这样的客体相比，为什么面孔是特殊的？
- 婴儿是如何感知面孔的？

罗杰坐在匹兹堡体育馆（匹兹堡海盗队的主场）的最上面一排，俯瞰这个城市（图5.1）。在左侧，他看到了十来幢彼此很容易区分开来的建筑。在正前方，他看到了一前一后、一大一小的两幢建筑，区分它们对于罗杰来讲是件非常容易的事。向河的方向看去，他在右侧露天座位区域的上方看到了一个水平方向上的黄色带。显然，这并不是棒球场的一部分，而是位于河的对岸。

罗杰的所有知觉对他而言都是自然而然发生的，并不需要付出任何努力。但当我们仔细观察时，这些场景开始使我们伤脑筋。下面的"演示"专栏指出了其中的一些。

演示 | 场景中的知觉难题

下面的问题涉及的是图5.1中被标记出来的区域。请回答每一个问题并说明原因：

- A处的暗区是什么？
- B面和C面是朝着相同还是不同的方向？
- B和C是位于相同还是不同的建筑上？
- D建筑是在A建筑的后面吗？

虽然回答这些问题很容易，但说出其中的原因可能有些困难。例如，你是如何知道A处的暗区是阴影的？它也可能是浅色建筑物前面的一个深色建筑。或者你判断D建筑在A建筑后的依据是什么？毕竟也有可能仅仅是D同A紧紧相邻而已。我们可以询问关于这个场景的大量相似的问题，因为正如后面的内容将会讲到的，一个特定形状的图案可以由无数客体形成。

本章所要表达的一个信息是，我们需要"超越"场景在视网膜上形成的亮度图案来确定场景中的客体是什么。只要想想即便是最强大的计算机要完成对于人类而言很容易的知觉任务也十分困难，就不难理解这一"超越"过程的重要性了。

图5.1 很容易看到上图左边有很多建筑，同时在正前方，有一个较低的建筑立在一幢较高的建筑前面。也不难判断看台上方水平的黄色带位于河的对面。这些知觉对人类来讲很容易，但对于计算机视觉系统而言则十分困难。图中左侧标出的字母用于第95页"演示"专栏。

比如，看一看2007年11月3日为在加利福尼亚州的维克托维尔举办的城市挑战赛而设计的机器人车。这场比赛由美国国防高级研究计划局（DARPA）资助，要求参赛车辆通过长达88.5公里的路线，车道的布局仿照真实的城市街道，包含其他开动中的车辆、交通信号和警示标志等。参赛车辆必须自行完成该项目，人类的参与仅限于将路线布局的全局位置坐标输入车辆的引导系统。参赛车辆只可以依赖其所搭载的计算机系统来完成驾驶，且需要在无人干预的情况下避开不可预知的交通问题（例如，其他车辆等）。

这次赛事的获胜者是来自卡内基·梅隆大学的一辆车，这辆车在成功避开其他车辆的情况下以平均每小时23公里的速度成功地跑完了所有的线路。此外，在参与决赛的11支车队中，来自斯坦福大学、弗吉尼亚理工大学、麻省理工学院、康奈尔大学和宾夕法尼亚大学的车也顺利地跑完了全程。

无人驾驶汽车顺利通过测试场地［尤其是通过一个包括了其他移动障碍物（其他的汽车等）的测试场地］的能力给人留下了极其深刻的印象。机器人汽车的持续发展成就了谷歌的无人驾驶汽车，它已有了近160万公里的驾驶记录，正在发展为当今有人驾驶车辆的一种替代产品。尽管无人驾驶汽车能感觉一些需要避开的障碍物，但它们不能识别很多人类毫不费力就可以识别的客体。比如，尽管无人驾驶汽车可以避开道路中央的障碍物，但无法分辨障碍物是一堆石头、一丛灌木还是一条狗。

除了无人驾驶汽车外，另一个计算机视觉研究中的热点则是设计可以进行精细纹理判断的人工视觉系统，例如，识别特定种类的动物和植物（Yang et al.，2012）。然而迄今为止，这些系统的性能仍然低于人类的日常表现。例如，研究者已经开发出了一些识别程序，这些程序在分辨猫和狗之间的差异上可以达到90%的正确率，在识别不同品种的猫和狗时也可以达到60%的正确率。对计算机而言，这是一项困难的任务，涉及复杂的程序和大量的图像训练。当前计算机程序面临的众多难题之一是，即使它们有可能成功地识别很多客体，但它们经常犯一些人类不容易犯的错误，如将相机的镜头盖或茶壶的顶部误认作网球等（Simonyan et al., 2012，图5.2）。

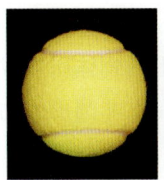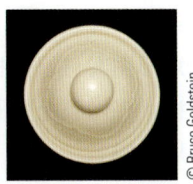

图5.2 即便是客体再认成绩很好的计算机视觉程序也会犯一些错误，如无法分辨具有相似形状的物体。在这个例子中，镜头盖和茶壶的顶部被错误地识别为"网球"。（来源：Simonyan et al., 2012）

计算机视觉研究者们高度关注的一类客体是面孔，他们一直在努力开发可以识别面孔的计算机监控系统。随着针对计算机人脸识别系统展开的大量研究，研究者们已经开发出了一些高效的程序，这些程序可以像人类一样有效地识别类似图5.3a和图5.3b这样的两张不同的正面面孔照是否为同一个人（O'Toole，2007；O'Toole et al.，2007；Simonyan et al.，2012；Yang，2009）。但当将其中的一个面孔替换为如图5.3c所示的侧面照时，计算机的成绩还是比人类逊色得多。

最后，即便是专门设计用来识别房间角落、墙角线以及家具位置的计算机视觉系统也仅仅是在识别诸如图5.4a所示的图片时能勉强地完成任务，该系统在识别如图5.4b所示的照片时常常犯错(Del Pero et al., 2011, 2012)。虽然图5.4b中床的位置和长度对人类来说显而易见，但对计算机而言并非易事，即便这一计算机程序是专门设计来检测由直线所定义的客体（例如，床）时也是如此。虽然计算机程序可以识别出床的边界，但识别出房间里的其他物体远远超出了这个最高级程序的能力范围。

图5.4 （a）红线代表计算机视觉程序识别出来的房间墙角线（墙、天花板和地板相交的地方）。在这个例子中，计算机视觉程序识别得相当不错。（b）由同一计算机视觉程序识别出来的的另一个例子，绿色和蓝色线表示了该程序识别出来的错误轮廓。

为什么设计一个知觉机器如此困难

现在我们将讨论设计一个知觉机器所面临的一些困难，关键点在于这些问题对计算机而言十分困难，但对人类而言十分简单。

感受器接收的刺激是模棱两可的

当你看一本书的某一页时，该页的边缘在视网膜上的投影图像是模棱两可的。这个说法听起来可

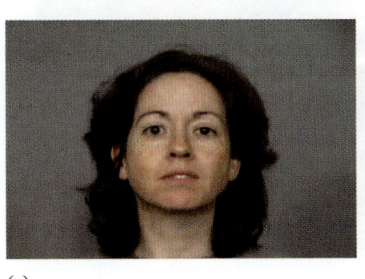

图5.3 计算机或人可以判断两个正面面孔（a）和（b）是否是同一个人，但人在判定侧面角度的照片（c）时作业成绩比计算机要好。（来源：O'Toole et al., 2005）

能有些奇怪，因为：(1)页面的形状是矩形似乎是一件很明显的事情；(2)一旦我们知道书页的形状和它到眼睛的距离，确定其在视网膜上的图像就是一个简单的几何问题而已。这一点如图5.5所示，可以通过画一条从页面的红色边角延伸到眼底的辅助"射线"来解决。

然而，知觉系统关心的并不是确定物体投射在视网膜上的图像。视网膜上的图像仅仅是知觉的开始，知觉的任务是确定形成这一图像的外部客体。确定视网膜上的特定图像所对应的外部客体这一任务被称为**逆投射问题**，因为该过程中射线是从视网膜图像处向眼睛处延伸的。当这样做时，如图5.5中的延长线所示，我们会看到矩形页面投射到视网膜上的图像也有可能是由一些其他的客体所形成的，这可能是一个倾斜的梯形，一个更大的矩形，

或者位于不同位置的无数的其他可能图形。当我们理解了视网膜上的特定图像可以由环境中众多不同的客体所形成时，也就很容易明白为什么我们说视网膜上的图像是模棱两可的了。

视网膜图像的模糊性也可由图5.6a来说明，当从一个特定的位置观察时，视网膜上的圆形图案看起来像是一个由岩石摆放成的圆形。然而当从另一个视角来观察时，就会发现这些岩石实际上并没有绕成一个圆形（图5.6b）。因此，正如视网膜上的矩形图案可以由梯形或其他非矩形的物体所形成一样，视网膜上的圆形图案也可以是由非圆形的物体形成的。

图5.6中的"环境中的岩石塑像"通过设计一个特殊的条件（一个特定的视角）来欺骗视觉系统，从而产生错误的知觉反应。大多数时候，类似这样的错误知觉是不会有的，视觉系统能解决逆投射问题，并成功地确定是外部世界的哪些物体形成了视网膜上的特定图像。尽管这对人类的知觉系统而言是相当容易的，但对计算机视觉系统而言，解决逆投射问题是一个巨大的挑战。

客体有可能是被隐蔽的或模糊的

有时候，物体是会被遮挡的或是模糊的。比如，在继续阅读之前，试着在图5.7中找找铅笔和眼镜。尽管这可能需要花一点时间，但人们仍可以找到位于前方的铅笔和位于计算机后面的眼镜，即

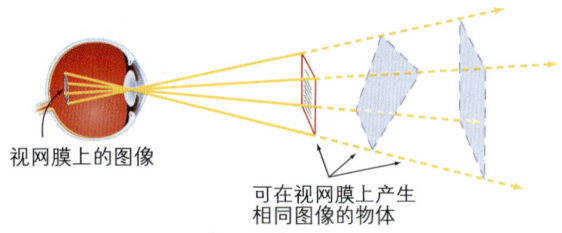

图5.5 书（红色物体）在视网膜上形成的投影可以通过从书角延伸到眼底的射线（实线）来确定。逆投射问题的原理则可以通过从眼睛到书的延长射线（虚线）来说明。从上图可知，书在视网膜上形成的图像可以由无数的客体形成，例如，图中倾斜的梯形和更大的矩形。这也就是视网膜上的图像模棱两可的原因。

(a)

(b)

图5.6 Thomas Macaulay创作的环境雕塑。（a）当从一个设计好的观察点来观看时（科罗拉多州黑鹰镇黑鹰山艺术学校二楼的阳台上），石头似乎被摆放成了一个圆圈。（b）从地面观察时显示出来的石头的真实摆放情况。

使只能看到这些物体的一小部分。人们也可以很容易地找到书、剪刀和纸，即使它们被其他物体遮住了一部分。

人类也能识别不是特别清晰的物体，例如，图5.8 中的面孔。试试看你能认出几个人，答案在第124 页。这些图像十分模糊，尽管这对计算机系统而言是非常困难的，但通常人们可以识别出他们中的大多数。

客体从不同的角度看是不同的

知觉机器面临的另一个问题是我们通常会从不同角度来观察物体，这就意味着物体的图像会随着观察角度的变化而改变。因此，尽管人们能将图 5.9 中不同角度的椅子照片知觉为同一把椅子，但对于计算机而言没有这么容易。从不同的视角识别物体的能力被称为视角不变性。我们已经看到，视角不变性使得人们能够将从不同角度看到的面孔视为同一个人（图 5.3），但这个任务对计算机而言是十分困难的。

知觉机器所面临的困难主要是知觉过程远比其看起来的更复杂（你可能早已了解图 1.1 所描述的知觉过程以及从第 2 章到第 4 章介绍的生理基础）。人类是如何解决这些难题的呢？要回答这个问题，让我们将先从了解知觉组织开始。

图5.7 作者杂乱书桌的一部分。你能找到被遮住的铅笔（容易）和作者的眼镜（困难）吗？

任何时候只要某物体被另一物体遮挡，就产生了隐蔽问题。这一问题在环境中是非常常见的，人们很容易理解物体被覆盖的部分仍然存在，他们能运用所知的对于环境的知识来确定呈现的物体是什么。

图5.8 这些人是谁？答案在第124页

(a)

(b)

(c)

图5.9 将从上面的三个视角看到的椅子识别为同一把椅子是视角不变性的一个例子。

知觉组织

知觉组织是将环境中的元素在知觉上进行分类从而形成被知觉到的客体的过程。在这个过程中，输入的刺激被组织为一致的单元，如客体。知觉组织过程涉及两个成分：组合和分割（图 5.10，Peterson & Kimchi, 2013）。**组合**是视觉事件被"拼凑"成单元或客体的过程。因此，当罗杰将匹兹堡的每幢建筑视为一个单独的单元时，他是将场景中的视觉元素进行组合从而形成一个个建筑。如果你可以在图 5.11 中看到斑点狗，那么你是将一部分暗区的斑点进行知觉组织，从而形成了斑点狗，而将其他暗区视为地上的阴影。

组合过程是伴随着**分割**过程的。后者是将一个区域或对象从另一个区域或对象中分割出来的过程。因此，在图 5.10 中我们将两个建筑物视为彼此分离的，由边界来标示一个建筑物的结束和另一个建筑物的开始，涉及的就是分割。

格式塔取向的知觉组织

是什么使一些元素被组织起来成为客体的一部分的呢？**格式塔心理学家**（"格式塔"在这里可以大致译为完形）在 20 世纪初为这个问题提供了答案，他们提出的问题是：完形是怎样由更小的元素形成的？

构造主义

可以通过思考格式塔心理学出现之前的构造主义来理解格式塔的取向。构造主义是由威廉·冯特（Wilhelm Wundt）提出的，他于 1879 年在德国莱比锡大学建立了第一个科学心理学实验室。**构造主义**将感觉和知觉加以区分，前者是对感觉刺激进行反应的基本过程，而后者是更复杂的意识经验，例如，人们对客体的认识。构造主义者将感觉与化学中的原子进行类比，正如原子结合起来可形成复杂的分子结构一样，感觉结合起来形成了复杂的知觉。感觉可能与一些非常简单的经验有联系，如看到一个闪光，但知觉解释了绝大多数的感官经验。例如，看图 5.12 时，你知觉到一张人脸，但根据构造主义，该过程的起点是许多的感觉，它们由小点表示。

图5.10　一个城市场景中组合与分割的例子。

图5.11　一些黑色和白色的斑点被知觉组织为斑点狗。参见图 5.54 中斑点狗的轮廓。

图5.12　依据构造主义，很多感觉（由点代表）相加形成对人脸的知觉。

格式塔心理学家不接受知觉是由很多感觉叠加而成的看法。我们可以通过思考心理学家马科斯·韦特海默（Max Wertheimer）的经历来理解为什么格式塔心理学家会拒绝接受这一看法。韦特海默曾在1911年的一次度假中坐火车穿越过德国（Boring，1942）。在路过法兰克福站台下车休息时，他从站台上卖玩具的小贩处买了一个玩具频闪仪。频闪仪是一种机械装置，通过快速地交替呈现两个略有不同的图片来产生运动错觉。这使得韦特海默有些怀疑构造主义的观点（经验由感觉形成）如何能解释频闪仪形成的运动错觉。

似动

图5.13阐述了由频闪产生运动错觉的原理。这种错觉被称为**似动**，因为虽然知觉到了运动，但其实刺激并没有真正的移动。图5.13呈现了产生似动的三个成分（在这里用的是闪光）：（1）第一次闪光（图5.13a）；（2）持续不到1秒的黑屏（图5.13b）；（3）第二次闪光（图5.13c）。事实上，先后呈现了两张闪光的图片，在这两张图片之间的是一段黑屏时间。但我们没有看到黑屏，因为知觉系统为这段黑暗间隔增加了一点东西——闪光从第一次闪烁所在位置移动到了第二次闪烁所在位置的知觉（图5.13d）。现代生活中的另一个似动的例子则是如图5.14所示的电子信号屏，常用来呈现一些动态广告或者新闻标题和电影。这些屏幕中的运动知觉非常的强烈，以至很难想象它们由固定间歇的闪烁灯光组成（如新闻标题），或者由一帧又一帧的静止图像组成（如电影）。

图5.14 纽约时代广场的股票报价器。在屏幕上平滑移动的字母和数字是由数百个小灯闪烁所形成的。

韦特海默从似动现象中得出了两个结论。第一个结论是似动不能由感觉所解释。因为在两次闪光间的黑暗期间什么也没有。他的第二个结论成为格式塔心理学的一条基本原理：整体不等于部分之和，因为知觉系统创造了事实上并不存在的运动知觉。"整体不等于部分之和"成为格式塔心理学的口号。"整体"代替了"感觉"。

错觉轮廓

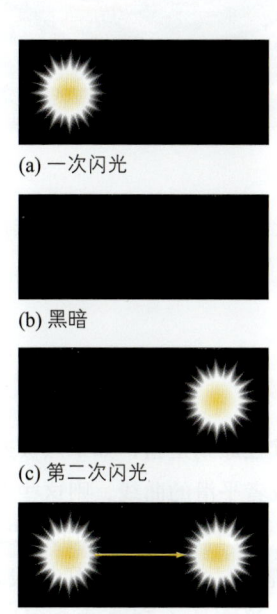

图5.13 形成似动的条件。（a）先出现一次闪光，接着是（b）一个短暂的黑暗时期，然后是（c）另一个不同位置的闪光。由此形成的知觉是从左到右运动的光（d）。尽管实际上两个闪光间并无其他刺激，只有黑屏，我们仍可以看见光从第一个位置运动到了第二个位置。（来源：Cengage Learning，2014）

图5.15呈现了另一个反对感觉建构、支持"整体不等于部分之和"的例子。这个例子涉及一些被剪掉了"嘴巴"的圆形，类似于20世纪80年代经典的视频游戏中"吃豆人"的形象。从图5.15a中的吃豆人开始，你可能在两个吃豆人的嘴巴间看到一个边缘，但若遮住其中一个，边缘就会消失。当添加上第三个吃豆人时（图5.15b），这种单一的边缘就成为一个三角形的一部分。这三个吃豆人形成了一个三角形的知觉，这一点在添加了几条辅助

线后更加明显（图 5.15c）。这里知觉到的三角形的这些边缘被称为**错觉轮廓**，因为实际上这些边缘并不存在。感觉不能解释错觉轮廓，因为在这些轮廓处并不存在任何感觉刺激。"整体不等于部分之和"的思想促使格式塔心理学家提出数条知觉组织原则，用来解释元素是如何被组合在一起来形成更大的对象的。

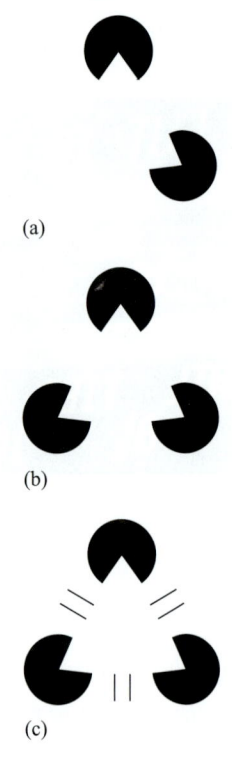

图5.15 在（b）和（c）中清晰可见的错觉轮廓不可能由感觉所形成，因为那里只有空白。

格式塔知觉组织原则

格式塔心理学家质疑知觉是由感觉相加而成的观点，他们提出了知觉过程中的数条**知觉组织原则**，这些原则决定了场景中的元素如何组合在一起。组织原则源于环境中经常发生的事情。例如，想想你如何知觉图 5.16a 中的绳索。虽然绳子的很多地方相互重叠，但你仍更有可能将之知觉为一个连续的整体而非很多彼此分离的小段（如图 5.16b 中高亮的那一段绳索）。格式塔心理学家作为敏锐的知觉观察者，从这些观察中总结出了良好连续性原则。

图5.16 （a）海滩上的绳索。（b）良好连续性有助于我们将绳子知觉为单股的。

良好连续性

良好连续性原则是指，如果点被连起来时能形成一条直的或者平滑的曲线，则这些点会被视为一个整体（线），并且这些线会倾向于以最平滑的方式被人们所感知。图 5.17 中耳机线从 A 到 B 就是一个例子，没有从 A 到 C 或 D 是因为这些路径有突然的转弯，违背良好连续性原则。良好连续性原则也指出物体被遮挡的部分与未被遮挡的部分看起来是一个连续的整体。图 5.16 中的绳子说明了被遮挡的物体是如何被视为一个连续的整体的。

第 5 章 知觉客体和场景 103

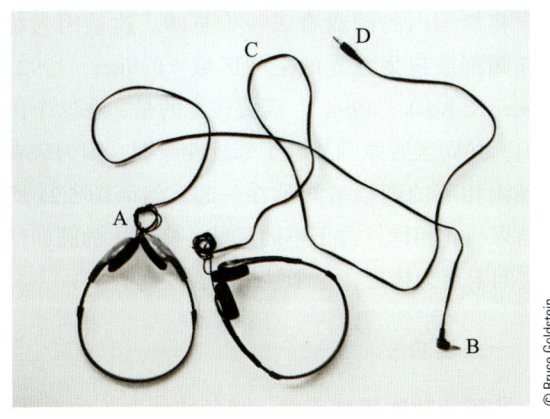

图5.17 良好连续性有助于我们将两条相互重叠的线知觉为两条独立的线。

简化

"Pragnanz"一词从德文译过来的大概意思是"良好图形"。**简化原则**也被称为**良好图形原则**或**简单性原则**：每个刺激都以尽可能简单的方式被知觉。图 5.18a 中的奥林匹克标志就是简单性原则的一个例子。我们将其看成五个圆环，而不是图 5.18b 中的"爆炸图"一样更为复杂的形状。良好连续性原则也有助于感知五个圆环。你能理解为什么会这样吗？

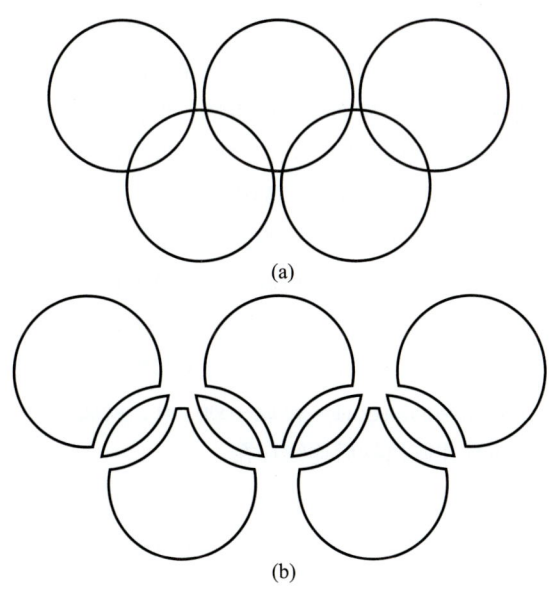

图5.18 （a）奥林匹克标志被视为五个圆环，而不是（b）中的九个形状。

相似性

大多数人会将图 5.19a 中的点知觉为横向或纵向排列的点或由均匀分布的点形成的正方形，但当我们如图 5.19b 所示改变其中一些列中的点的颜色后，大部分人就会将其感知为纵向排列的圆点。这一知觉过程阐明了**相似性原则**：相似的事物更容易被知觉编组在一起。这一法则决定了颜色相同的圆点会被组合在一起。图 5.20 呈现了相似性原则的一个典型例子。编组也有可能因形状、大小或方向的相似性而产生。

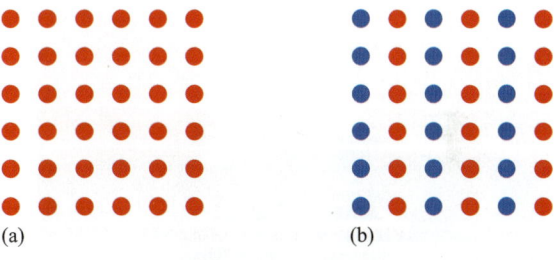

图5.19 （a）这些点被视为水平行、垂直列或正方形。（b）这些点被视为垂直列。

图5.20 这张名为《海浪》（*Waves*）的照片由Wilma Hurskainen拍摄于白色的水与女人衣服上的白色区域形成一条线的那一刻。颜色的相似性导致了编组的形成，衣服上不同颜色的区域与场景中相应的颜色进行了编组。这里也请注意到海水的边缘如何通过良好连续性产生编组来穿过图中女性的衣服的。

编组也发生在听觉刺激上。例如,时间上相互接近且音高相似的声音在知觉上会被组合形成一段旋律。我们将在第12章描述听觉组织过程的时候讨论这个及其他的听觉组合效应。

接近性（邻近性）

我们会将图5.21中的蜡烛知觉为三组说明了**接近性**或**邻近性原则**：空间上相邻近的物体更容易被编组形成一个整体。

图5.21 接近性原则将图中的蜡烛分为三个彼此独立的分组。你能在烛台上找到另一个格式塔原则的应用吗?

共同命运

按照**共同命运原则**，朝相同方向运动的物体似乎更容易被编组在一起。因此，当看到一群鸟朝一个方向飞行时，你会倾向于将它们看作一个整体，若其中的一些鸟儿开始朝另一个方向飞行，就会产生一个新的整体。请注意，即便在一个群体中的对象彼此间有很大不同，共同命运原则也会起作用。共同命运原则的关键是一组物体朝着同一个方向运动。

上述知觉原则是在20世纪初由格式塔心理学家提出的。除了这些原则，当代知觉心理学家们还提出了以下知觉原则。

共同区域

图5.22a描述了**共同区域原则**：在同一个空间区域的元素更容易被组合在一起。即便椭圆中圆盘之间的距离要比相邻椭圆间圆盘间的距离大，我们仍会将椭圆内的圆盘看成一个整体。这是因为每个椭圆都被视为独立的空间区域（Palmer，1992；Palmer & Rock，1994）。需要注意的是，在这个例子中，共同区域原则战胜了邻近性原则，因为后者会预测相邻的圆会被知觉在一起。然而图5.21所示结果与此相悖，位于不同区域（椭圆）的圆即使在空间上更为接近，也未被组合在一起。

一致连通性

按照**一致连通性原则**，视觉特性上（如亮度、颜色、纹理或运动）相连的区域容易被知觉为一个单一的整体（Palmer & Rock，1994）。例如，图5.22b中相连的圆被知觉为一体，同这些圆在图5.22a中位于同一区域的效果相类似，邻近性又一次被（一致连通性）战胜了。

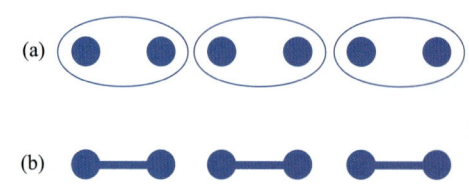

图5.22 按(a)共同区域和(b)连贯性分组。

格式塔原则基于环境中经常出现的事物来预测我们所知觉的对象。我的许多学生认为格式塔原则并没有什么特别之处，因为这些原则描述的都是日常生活中的许多显而易见的事情。当他们这样说的时候，我会提醒他们，我们之所以可以很容易地感知图5.1所示的城市建筑或图5.23中的场景，是因为我们经常使用在过往观察到的经常发生的环境属性来组织这些场景。因此我们会假设（我们甚至都没意识到这一点）图5.23中男人的腿延伸在灰色木板的后面，因为通常当两个可见部件（如男人的腿）有相同的颜色且"排成一列"时，就属于同一个客体且在遮挡物后连续存在。

尽管人们通常不会思考我们是如何基于假设来感知类似的情景的，但认知系统的确是这样工作的。这些"假设"看起来如此显而易见是因为我们实在有太多类似事物在环境中的经验了。这个"假设"实际上几乎是"肯定的事情"，这使得我们认为格式塔原则是理所当然的，所以将它们视为"显而易见的"。但事实上，格式塔原则就是视觉系统的基本的操作特性，正是这些特性决定了知觉系统是如何将环境中的元素组织为更大的单元的。

图5.23 环境中经常发生的情况：一些客体（男人的腿）被另一些客体（灰色木板）部分遮挡。在这个例子中，男人的腿仍然在一条线上，因为在木板上下的是相同的颜色，所以腿隐藏在木板后面是非常有可能的。

知觉分割

格式塔心理学家也对决定**知觉分割**的环境特征感兴趣。知觉分割即是将一个客体从另一个客体中分割开来，正如你在看到图 5.1 中的建筑物彼此分开时所发生的过程。研究知觉分割的一种方法是思考**图形—背景分割**的问题。当我们看到一个单独的客体时，它通常被看作一个从背景中脱颖而出的**图形**。例如，坐在你的办公桌前，你应该会将你桌子上的一本书或一篇论文视作图形，而将桌子的表面视为**背景**。或者当你从桌子旁退一步后，你可能就会将桌子视为图形，而将周围的墙视为背景。格式塔心理学家对图形和背景的属性感兴趣，也对是什么使得我们将一个区域视为图形，而将其他区域视为背景感兴趣。

图形和背景的属性

格式塔心理学家研究图形和背景属性的一种方法是考察如图 5.24 所示的图案，这是由丹麦心理学家 Edgar Rubin 在 1915 年提出来的。下面是**图形和背景转换**的一个例子，因为它可以在两种知觉结果间变换：既可以被视为一个灰色的背景下彼此注视的两张深蓝色面孔，又可以被视为深蓝色背景下的一个灰色花瓶。一些图形和背景的属性如下：

- 图形比背景更"像某种物体"，更容易记忆。因此当你将花瓶视为图形时，对花瓶的记忆更持久。然而当将同样的区域视为背景时，它看起来并不是一个客体，因此不是特别值得记忆。
- 图形看起来在背景的前面。因此当花瓶被视为图形时，它似乎是在深色背景之前（**图 5.25a**），当面孔被视为图形时，它们似乎是在浅色背景之前（**图 5.25b**）。
- 在同图形邻近的边界处，背景被视为不规则的，没有特定的形状，而且似乎是在图形背后延伸开来。这并不是说背景完全没有形状，背景通常由一些边界组成，这些边界远离图形和背景共享的边界。例如，图 5.25 的背景是方形。
- 将图形从背景中分割开来的边界看起来属于图形。例如，思考图 5.24 中 Rubin 的面孔—花瓶图。当面孔被视为图形时，从灰色背景中分割出蓝色面孔的边界属于面孔。边界属于其中一个图形的属性被称为**边界归属**。当知觉转换为将花瓶知觉为图形时，边界归属也发生了转换，这时它属于花瓶。

图5.24 Rubin 的面孔—花瓶图形和背景的转换。

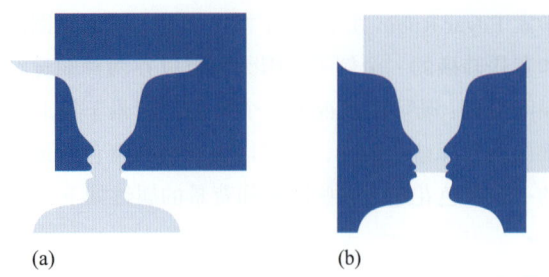

图5.25 （a）当花瓶被视为图形时它在一个均匀的深色背景前面。（b）当面孔被视为图形时它在一个均匀的浅色背景前面。

决定哪个区域为图形的基于图像的因素

格式塔心理学家提出多个决定哪些区域会被知觉为图形的因素。"图像中的信息决定知觉的结果"这一想法同格式塔心理学家讨论组合问题时所用的方法相类似，两者中的原则都涉及图像的属性如何决定了哪些元素会被组合在一起。

格式塔心理学家提出的基于图像的因素之一是，视野中较低的区域更有可能被感知为图形（Ehrenstein, 1930; Koffka, 1935）。这个想法在若干年后由 Shaun Vecera 及其同事（2002）证实。在实验中，他们给被试呈现 150 毫秒如图 5.26a 所示的刺激，来考察红色或绿色区域中的哪一个更有可能会被视为图形。结果如图 5.26b 所示，对于上下结构的刺激，被试更倾向于将下部区域感知为图形，但对于左右结构的刺激，他们对左边区域仅表现出了很小的偏好。因此 Vecera 等人认为，在确定图形时并不存在左右偏好，但存在一个将刺激中较低区域视为图形的明显偏好。这个实验的结论（刺激的下方区域更易被视为图形）解释了当我们在观看类似图 5.27 的场景时，为何会将较低的部分知觉为图形，而将天空知觉为背景。这个场景的重要性在于，它是我们每天感知到的典型场景。在我们的日常经验中，"图形"更有可能位于水平线的下方。

格式塔的另一个观点是，边界凸面侧（向外凸出的边界）的区域更有可能被视为图形（Kanizsa & Gerbino, 1976）。Mary Peterson 和 Elizabeth Salvagio（2008）通过如图 5.28a 所示刺激证明了这一点。实验要求被试指出红色方块是否位于图形

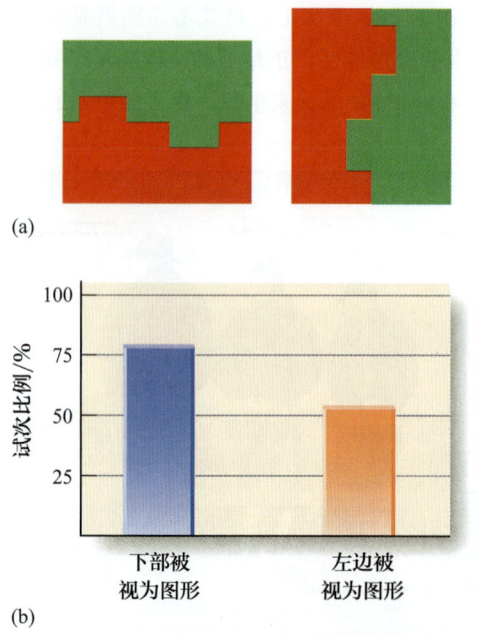

图5.26 （a）Vecera等人（2002）的实验中的刺激。（b）将下部或左边区域视为图形的试次比例。

图5.27 视野的下半部分被视为图形。视野上半部分的天空被视为背景。

上。若被试将黑色区域知觉为了图形，则他们会做出"位于图形上"的反应。相反，若他们将黑色区域视为背景，则他们会做出"没有位于图形上"的反应。结果与格式塔的观点相一致，位于凸面区域（如图 5.28a 中的黑色区域）的红色方块在 89% 的试次中被报告为"位于图形上"。

Peterson 和 Salvagio 的研究不仅仅证实了格式塔的观点。他们还向前跨越了一步，他们在实验中还呈现了类似图 5.28b 和图 5.28c 所示的刺激，这些刺激包含更少的成分，大大降低了凸面被视为

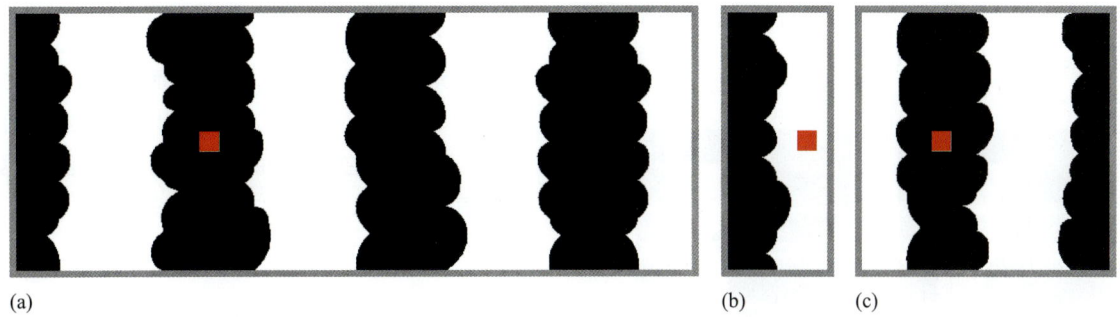

图5.28 Peterson和Salvagio（2008）实验中的刺激：（a）刺激包含8个成分；（b）刺激包含2个成分；（c）刺激包含4个成分。在不同的试次中，红色方块出现在不同的区域上。被试的主要任务是判断红色方块所在的区域是"图形"还是"背景"。

图形的概率。在图5.28b所示的双成分刺激中，黑色凸起部分仅在58%的试次中被视为图形。根据Peterson和Salvagio的观点，这个结果意味着：为了理解分割是如何发生的，我们需要超越诸如凸面这样简单的识别因素。显然，分割不仅仅取决于在单个边界上发生的事情，而是取决于更广泛场景中发生的事情。因而，认为感知通常发生在延伸的广泛场景中是有一定道理的。我们将在本章后面讨论如何感知场景时回顾这一点。

知觉原则和经验在确定哪个区域是图形时的作用

格式塔心理学家对知觉原则的强调使得他们将一个人的过去经验在知觉中的作用最小化。他们相信虽然知觉可能会受到经验的影响，但内置原则可以覆盖经验的作用。格式塔心理学家韦特海默（1912）提供以下例子来说明知觉原则是如何覆盖经验的：大多数人认为图5.29a为"W"位于"M"的上方，这在很大程度上是基于过去的经验。然而，当把字母如图5.29b所示进行排列时，大多数人看到的是两条竖线及它们之间的图案。这种由良好连续性原则产生的竖线成为了主导性知觉，覆盖了过去对W和M的经验所产生的效应。

格式塔认为过去的经验和刺激的意义（如W和M）在知觉组织中起着很小的作用，他们以知觉过程中的第一件事——图形和背景的分割——来说明这个观点。他们主张图形必须从背景中脱颖而出后才能得到识别。换言之，在我们给图形赋予意义之前，它必须先与背景分割开来。

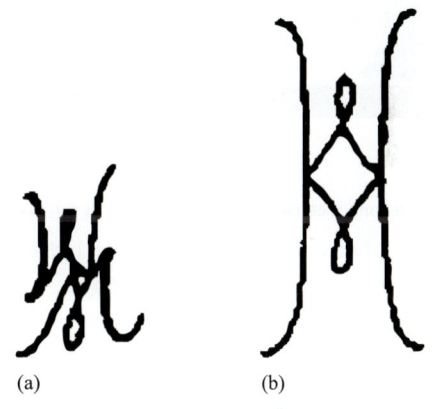

图5.29 （a）在M之上的W。（b）组合后就形成了一个新的模式，覆盖了有意义的字母。（来源：Wertheimer，1912）

但Bradley Gibson和Mary Peterson（1994）做了一个实验来反驳了格式塔的这个观点，他们发现图形—背景的形成会受到刺激意义的影响。他们利用如图5.30a所示的图片来说明这一点，这张图片可以以两种方式被感知：（1）站立的女人（图中的黑色部分）；（2）不太有意义的形状（图中的白色部分）。当他们将这样的刺激只呈现了不到1秒并问被试哪个区域看起来像是图形时，发现被试更有可能将有意义的部分（在这个例子中的女人）视为图形。

为什么被试更容易察觉到女人呢？一种可能是他们意识到黑色区域是一个与女性相似的客体。事实上，当Gibson和Peterson把图片如图5.30b所示进行倒置，使得黑色区域更不容易被识别为一个女人后，被试将黑色区域报告为图形的可能性就降低了。意义能影响将某区域视为图形的结果表明，识别过程一定发生在图形与背景分割之前或同时发生（Peterson，1994，2001）。

图5.30 Gibson和Peterson（1994）的刺激。（a）黑色区域更有可能被视为图形，因为它是有意义的。（b）将图像上下颠倒来降低黑色区域的意义后，这一效应就消失了。

Gibson和Peterson研究了在亚秒时间尺度上确定图形和背景的快速加工过程。下一个"演示"专栏说明了当面对很难感知的隐藏在场景中的图形时，意义是如何在较长的时间尺度上影响知觉组织的。

| 演 示 | 在风景画中寻找面孔 |

观察图5.31。乍一看，这个场景似乎包含一个人和两匹马，外加一些树木、岩石和水。然而通过仔细观察，你就可以在背景中的树木间看到一些面孔。如果你更仔细一点，你还可以看到许多由岩石构成的面孔。看看你能否找到13张隐藏在下图中的面孔。

有些人发现一开始很难在图中找出面孔，但随后突然一下就找到了。从"溪流中的岩石"或"森林中的树木"到"面孔"，这种在知觉上发生变化的原因是我们对面孔太熟悉。最初被感知为溪流中两个独立的石头被知觉组合在了一起，构成了面孔的左眼和右眼。在这种情况下，在关于意义如何影响知觉的问题中，最令人惊奇的事情是，一旦将一组特定的石头知觉为了一张脸，就很难不以这种方式来感知它们——它们已经永久性地组织成了一张脸。这与我们在图5.11中观察斑点狗的过程类似。一旦我们看到了斑点狗，就很难不再感知到它。

到目前为止，我们描述的原则和研究主要集中在我们对单个客体的知觉如何依赖组织原则，以及哪些原则决定了图片中的哪一部分被知觉为图形，哪一部分又被知觉为背景。如果你回顾本节中的插图，你会注意到大多数都是简单图片，旨在说明特定的知觉组织原则。但为了真正理解在环境中发生

图5.31 Bev Doolittle的《森林中的眼睛》。你能在这张图片中找到13张脸吗？请参见图5.55的答案。

的知觉，我们需要考虑的不仅仅是一个个独立的客体，还需要思考一些更为复杂的场景，这正是下一节的主要内容。

测一测 5.1

1. 哪些客体知觉问题对于计算机来说很困难，但对人类而言不是问题？
2. 什么是构造主义，为什么格式塔心理学家提出了另一种方法来解释知觉？
3. 格式塔心理学家是如何解释知觉组织的？
4. 格式塔心理学家是如何阐述图形—背景分割问题的？图形和背景的基本属性有哪些？
5. 刺激的哪些属性使得其中的某个区域容易被感知为"图形"？确保你理解了 Vecera 的实验，即视野中较低的区域更容易被感知为图形，以及为什么 Peterson 和 Salvagio 会说，要理解分割是如何发生的，必须思考在更广阔的场景中发生了什么。
6. 说明格式塔关于意义和过去经验在确定图形—背景分割中的作用。
7. 描述 Gibson 和 Peterson 的实验，该实验表明意义在图形—背景的分割中起着重要的作用。
8. 图 5.31 中的 Bev Doolittle 场景说明了什么？

感知场景和场景中的客体

前面对知觉组织以及图形—背景知觉的讨论描述了知觉如何受到如良好连续性、相似性和接近性、在视野中的位置（更高或更低）和边界的形状（凸面）等特性的影响。在讨论结束的部分，我们也注意到刺激的意义可以影响图形—背景的构造（Gibson 和 Peterson 的实验）及我们对场景中客体的知觉（"演示"专栏："在风景画中寻找面孔"）。在讨论被试是如何感知对象和场景的当代研究时，意义是我们讨论的重点。

场景是关于真实世界环境的风景，它包含背景元素和相对于背景和彼此的以有意义的方式组织起来的多个客体（Epstein, 2005；Henderson & Hollingworth, 1999）。区分客体和场景的一个方法是：客体是紧凑的且是行动的对象，而场景是在空间中扩展开来的并且是行动的载体。例如，

如果我们走在街上去邮寄信件，我们将对邮箱（一个客体）采取行动，并在街道（场景）里采取行动。

感知场景要点

感知场景存在一个悖论。一方面，尽管场景通常很大且十分复杂，但人们仍可以在观察仅 1 秒之后就识别出大多数场景的重要性质。这种对场景类型的一般描述称为**场景要点**。你具有快速察觉场景要点能力的一个例子是，你可以快速从一个电视频道切换到另一个电视频道，即便你观看每个图片的时间仅有 1 秒或更短的时间，即便你可能无法识别特定的客体，但你仍然可以了解到每个图片的意义，如一场汽车追逐、竞赛者或是包含了山脉的室外场景等。当你这样做时，你就是在感知每个场景的要点（Oliva & Torralba, 2006）。

感知场景要点究竟需要多长时间？Mary Potter（1976）给被试呈现一个目标图片和一系列 16 幅快速呈现的图片，然后要求他们指出在这 16 幅图片中是否看到了目标图片。她的被试以几乎 100% 的正确率做到了这一点，即使图片仅仅闪烁了 250 毫秒（250 毫秒 =1/4 秒）。甚至当不呈现目标图片而只是呈现对图片的描述时（例如，"女孩鼓掌"），被试的反应正确率也达到了近 90%（图 5.32）。

李飞飞及其同事（Fei-Fei et al., 2007）使用了另一种方法来确定人们需要多久才能觉察到场景，他们呈现了曝光时间从 27 毫秒到 500 毫秒变化的场景图片，要求被试写出他们所看到的内容。这种确定被试反应的方法是第 1 章提到的现象报告法的一个好例子。李飞飞使用了一个被称为掩蔽的程序来确保被试看到图片的时间真如实验者所希望的那样。

方法 | 使用掩蔽实现快速的刺激呈现

如果我们想要呈现一个只有 100 毫秒的刺激该怎么做？虽然你可能会认为只要直接呈现 100 毫秒的刺激就行，但事实上这是行不通的。因为一种被称为**视觉暂留**的效应（视觉刺激的知觉在刺激消失后会持续约 250 毫秒，即 1/4 秒）会导致呈现了 100 毫秒的图片在约 350 毫秒的时间内一直被感知。视觉暂留可以通过**视觉掩蔽刺激**来消除，掩蔽通常是一个覆盖原始

图5.32 Potter的（1976）实验程序。实验中首先呈现目标图片或是对目标图片的描述，然后快速呈现16幅图片，每幅图片仅呈现250毫秒。被试的任务是指出其中是否有目标图片。在这个例子中，显示出了16幅图片中的3幅，目标图片是第二个。在一些试次中，呈现的16幅图片中不包含目标图片。

刺激的随机图案。因此，如果呈现某图像100毫秒后立即呈现掩蔽刺激，则该图像就仅可见100毫秒。所以，掩蔽刺激常被呈现在测试刺激之后，来消除视觉暂留。

李飞飞实验的结果如图5.33所示。在短暂呈现时，被试只看到了明亮和黑暗区域。当呈现67毫秒时，他们可以识别一些大的客体（一个人、一张桌子），当呈现时间增加到500毫秒时（半秒），他们就能够识别出较小的物体和细节（男孩、便携式计算机）。对于一个19世纪的华丽客厅的图片，被试在67毫秒时能够将图片识别为一幢房子里的一个房间，在500毫秒时可以识别出细节，如椅子

27毫秒	看起来像在白色背景的中央有一处黑色和四条向外延伸的直线。（被试：AM）
40毫秒	我首先可以看到位于中央的一个黑色斑点。它可能是矩形的，有一个弯曲的顶部……但这仅是一个猜测。（被试：KM）
67毫秒	我认为是一个人，坐着或者蹲着，面向图片左侧。我们只能看到他们的大致轮廓。他们在一张桌子旁或一些物体在他们的前面（在图片中位于他们左边）。（被试：EC）
500毫秒	这看起来像一个父亲或一个人正在帮助一个小男孩。那个人手里有东西，像一个液晶屏或便携式计算机。他们看起来像是站在一个小屋里。（被试：WC）

图5.33 被试对李飞飞的实验中的图片的描述。左侧呈现的是观察时间。（来源：Fei-Fei et al., 2007）

和肖像。因此，首先被感知的是场景的要点，随后才是场景内的细节和较小的物体。

是什么使得被试能如此快速地感知场景的要点？Aude Oliva和Antonio Torralba（2001，2006）假设被试使用了一种被称为**全局图像特征**的信息，这些信息可以被快速感知并且可以与特定类型的场景相关联。Oliva和Torralba提出的一些全局图像特征如下：

- **自然度**。自然场景，如图5.34中的海洋和森林，具有纹理化的区域和起伏的轮廓。人造场景，如街道，充斥着直线、水平线和垂直线。
- **开放度**。开放的场景，例如海洋，通常具有可见的地平线并且包含很少的客体。街道场景也是开放的，虽然不如海洋场景的开放度那么高。森林则是具有低开放度场景的一个例子。
- **粗糙度**。例如，海洋的平滑场景（低粗糙度）包含较少的小元素。具有高粗糙度的场景（如森林）包含许多小元素，并且更为复杂。
- **扩展度**。平行线的汇聚，就是你俯视消失在远处的铁路轨道时的情景，或如图5.34中的街道场景，都表现出了高度的扩展性。该特征特别依赖于观察者的视角。例如，在街道场景中，直接看建筑物的侧面就会导致低扩展度。
- **颜色**。一些场景具有典型的颜色，如海洋场景的蓝色和森林场景的绿色和棕色。（Castelhano & Henderson，2008a；Goffaux et al.，2005）

全局图像特征是整体的并且可被快速感知，它们是整个场景的属性，并不依赖耗时的加工过程，例如，感知小细节、识别单个客体或将一个客体从另一个客体中分割出来等。全局图像特征的另一个

图5.34　三个有不同的全局图像特征的场景。

属性是它们包含了有关场景结构和空间布局的信息。例如，开放程度和扩展程度指的就是场景的布局特性；自然度还提供了知道场景是否来自自然，或是否包含人造结构的布局信息。

全局图像特征不仅有助于解释为何仅基于短时曝光的特征就可以感知场景的要点，还有助于说明下列普遍的知觉性质：我们过去感知环境属性的经验在知觉中起着重要作用。例如，我们知道蓝色与广阔的天空相关，风景通常是绿色和平滑的，垂直和水平与建筑相关。这种经常发生的环境特性被称为**环境中的规则**。我们接下来将更为详细地讲解这些规则。

环境中的规则：知觉中的信息

现代知觉心理学家普遍认为知觉会受到两种不同类型的环境中的规则影响：物理规律和语义规则。

物理规律

物理规律是指在环境中有规律地出现的物理性质。例如，在环境中，存在更多的垂直和水平朝向而不是倾斜的朝向（与地面成一定角度）。这一点既存在于人造环境中（例如，建筑物包含许多水平和垂直线），也存在于自然环境中（树木和植物都更倾向于垂直或水平而不是倾斜）（Coppola et al.，1998；图 5.35）。因此，人们更容易感知水平和垂直方向而非倾斜方向，这便是我们在第 1 章中提到的倾斜效应（Appelle，1972；Campbell et al.，1966；Orban et al.，1984）。物理规律的另一个例子是，当一个物体部分覆盖了另一个物体时，被覆盖物体的轮廓能"从另一侧冒出来"，比如图 5.16 中的绳索。

图5.35　在这两个自然场景中，水平和垂直朝向比倾斜朝向更加常见。尽管这两个场景是特意挑选出来的具有很大垂直比例的场景，但在随机选择的自然场景照片中，水平和垂直朝向还是比倾斜朝向更多。这一规律也存在于人造的建筑和物体中。

图 5.36 呈现了另一个物理规律的例子。图 5.36a 是人们在沙滩上行走时产生的凹痕。但是当我们把这张图片上下颠倒过来时（如图 5.36b），沙子上的凹痕看起来就变成圆形的沙丘。在这两种情况下，不同的知觉结果可以通过**光来自上方假设**解释：我们通常会假设光来自上方，因为环境中的光（包括太阳光和人造光）通常都来自上方（Kleffner

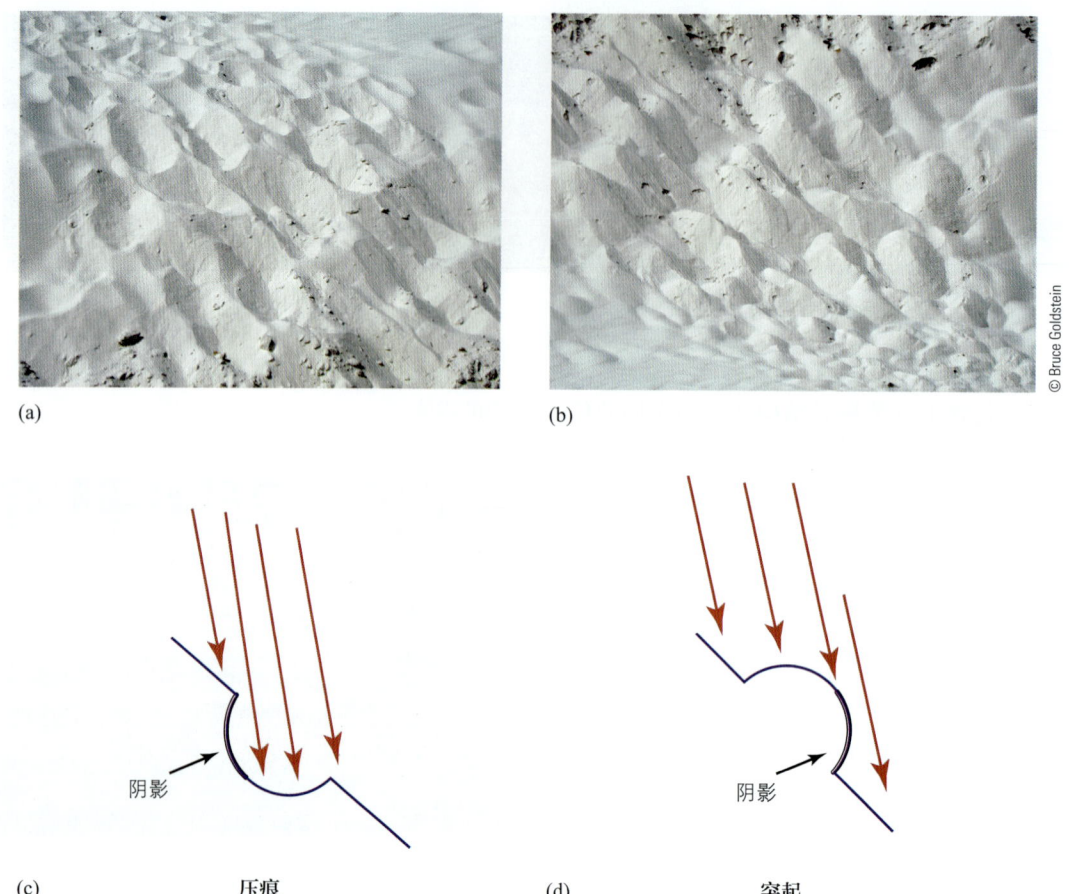

图5.36 （a）人们在沙滩上行走的压痕。（b）将图片倒置，凹痕变成圆形隆起。（c）从上方照向左侧压痕的光，是如何在左侧产生阴影的。（d）相同的光照亮凸起，从而在右侧形成了阴影。

& Ramachandran, 1992）。图 5.36c 呈现了来自上方的光是如何照亮左侧的压痕，从而在左侧形成阴影的。图 5.36d 则显示了相同的光如何照亮凸痕，从而在右侧留下阴影。我们对光照物体的知觉会同时受到它们如何被遮蔽以及光来自上方这一存在于大脑中的假设的影响。

人类在觉察、识别物体和场景上远比计算机辅助的机器人表现得好，一个原因是人类的知觉系统更适合对环境中的物理特性做出反应，例如物体的朝向和光的方向。这种适应已超越了物理特性，因为我们已知道什么类型的客体通常会出现在哪些类型的场景中。

语义规则

在语言中，语义是指词或句子的含义。应用于场景觉察中，语义是指场景的含义。这个含义通常与场景中发生的事情相关。例如，在厨房里准备食材，烹饪，甚至就餐；在机场里等待，买票，检查行李和过安检。**语义规则**是指与不同场景中的常见活动相关联的特征。

证明人们意识到语义规则的一种方式如下面的"演示"专栏一样，要求他们想象一下特定类型的场景或客体。

演示 | **想象场景和客体**

你的任务很简单：闭上双眼，然后想象以下场景和客体：

1. 办公室
2. 百货公司的服装区
3. 显微镜
4. 狮子

大多数生活在现代社会的人在想象办公室或百货公司的服装区时都不会有什么问题。但这并不是

重点，这个例子的重点在于，想象的内容涉及这些场景中的一些细节。大多数人会想象办公室中有一个带计算机的桌子、书架和椅子。百货公司中则可能包括衣服架、更衣室，也许还有一台收银机。

当你想象显微镜或狮子时，你会想到什么？许多人报告他们不是只会想到单一的物体，而是会想象位于某种情景中的物体。也许你会想象显微镜摆放在实验台上或在实验室里，而狮子则在森林里、大草原上或动物园里。这个演示的关键点在于这些想象中包含一些源于我们对不同场景的知识的信息。这种关于"给定场景通常包含了哪些东西"的知识被称为**场景模式**。

场景模式影响知觉的一个例子来自 Stephen Palmer（1975）的实验，他使用了如图 5.37 所示的刺激。Palmer 首先呈现了一个如图中左边所示的场景，然后快速地闪现右侧目标图片中的一个。当 Palmer 要求观察者识别目标图片中的客体时，他们有 80% 的时间正确地识别出了像一条面包（这同厨房场景相吻合）这样的客体，但只有 40% 的时间正确地识别出了邮箱或鼓（这两个对象同场景不相吻合）。显然，Palmer 的观察者使用了他们关于厨房的知识，来帮助他们察觉快速闪现的一条面包。

来是桌子上的物体，在图 5.38c 中是弯腰人的鞋，在图 5.38d 中是汽车和正在穿越街道的人。

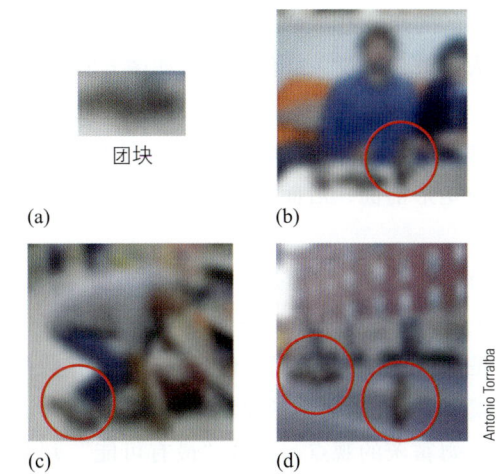

图5.38 模糊团块的"多重人格"。我们对不同场景的期望会影响我们对圆圈内"团块"身份的解释。

尽管人们利用了环境中的规则来帮助他们进行感知，但他们通常不会知道他们正在使用的具体信息，这类似于我们使用语言时所发生的事情。虽然人们很容易将单词串在一起以在对话中创建句子，但是他们可能并不知道如何组合这些单词的语法规则。同样，我们也很容易使用环境中的规则来帮助我们进行感知，即使我们可能无法识别正在使用的具体信息。

推理在知觉中的作用

人们会使用如我们已经描述的那些关于物理和语义规则的知识，来推断某一场景中存在的客体是什么。知觉会涉及推理并不是新鲜的想法，赫尔曼·冯·赫尔姆霍茨（Hermann von Helmholtz，1866/1911）早在 18 世纪就提出了无意识推理理论。

赫尔姆霍茨的无意识推理理论

赫尔姆霍茨在生理学和物理学方面有许多发现，他开发了检眼镜（验光师或眼科医生用来观察眼睛内部的装置），并提出了客体知觉、颜色视觉和听觉的理论。赫尔姆霍茨对知觉的贡献之一是他

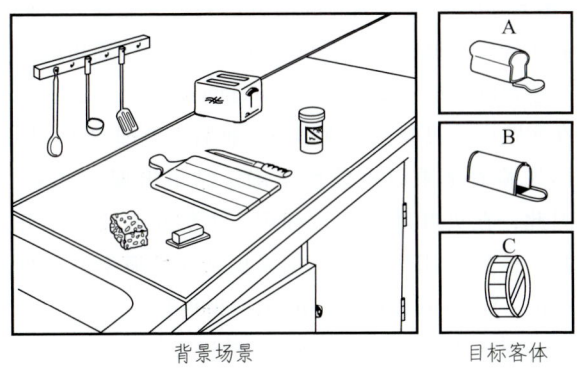

图5.37 Palmer（1975）的实验中所使用的刺激。首先呈现左侧的场景，然后要求观察者识别右侧客体中的一个。

被称为"模糊团块的多重人格"（Oliva & Torralba，2007）的图 5.38 也说明了语义规则的作用。依赖于团块的朝向和其所处的场景，团块（图 5.38a）会被知觉为不同的对象。尽管它在所有的图片中都具有相同的形状，在图 5.38b 中，它看起

认识到视网膜上的图像是模棱两可的。我们已经知道视网膜的模糊性意味着视网膜上特定的刺激图案可以由环境中的众多不同的对象引起（参见图 5.5）。例如，图 5.39a 中的刺激图案代表什么？对于大多数人来说，这种图案会如图 5.39b 所示，产生一个蓝色矩形位于一个红色矩形之前的知觉。但正如图 5.39c 所示，这实际上也有可能是由位于蓝色矩形前面、后面或右面的红色六边图形引起的。

赫尔姆霍茨的问题是，"知觉系统如何确定视网膜上的这一图案是由重叠的矩形形成的？"他的答案是**似然原则**，也就是我们倾向于将所接收的刺激图案知觉为最有可能形成该刺激图案的客体。根据赫尔姆霍茨的观点，这种"最有可能"判断的发生是通过一个**无意识推理**的过程来实现的，在该过程中，知觉是我们对环境做出无意识的假设或推论的结果。因此，我们推断图 5.39a 很可能是一个矩形覆盖另一个矩形，因为我们有过类似的经验。

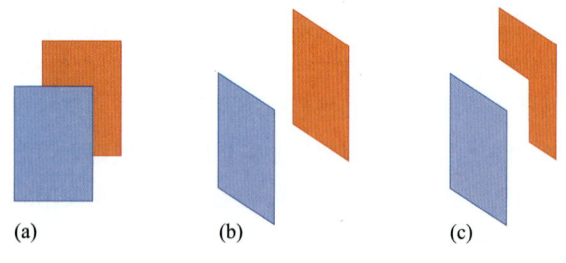

图5.39　（a）中的图形通常被解释为一个红色矩形前面有一个蓝色的矩形（b）。然而，它也可以是一个蓝色矩形和一个位于适当位置的红色六边图形（c）。

赫尔姆霍茨对知觉过程的描述类似于问题解决所涉及的过程。对于知觉而言，问题就是确定特定的刺激图案是由什么样的客体引起的，对该问题的解决则通过"知觉系统利用已有的关于环境的知识来推断这一客体可能是什么"这一过程来实现。

推理在知觉中起着重要作用的观念在知觉的研究历史中以各种形式反复出现，从赫尔姆霍茨的观点到环境中的规则有助于确定知觉的观点，再到最近的贝叶斯推理。

贝叶斯推理

上面提到了两个观点：（1）赫尔姆霍茨的观点——通过在给定情况猜测什么具有最大的可能性来解决视网膜图像的不确定性问题；（2）我们可以利用环境中的规则所提供的信息来解决这一不确定性。这两种观点是一种被称为贝叶斯推理的客体知觉研究方法的起点（Geisler，2008，2011；Kersten et al.，2004；Yuille & Kersten，2006）。

贝叶斯推理以托马斯·贝叶斯（Thomas Bayes，1701—1761）命名，他提出对结果概率的估计取决于两个因素：（1）先验概率，或先验，它是我们对结果概率的初始估计；（2）现有证据与结果相一致的程度，也即结果的可能性。

为了说明贝叶斯推理，让我们先看看图 5.40a，它呈现了玛丽亚对三种健康问题的先验概率的观点，她相信有可能发生感冒或胃灼热，但有肺部疾病的可能性是不太大的。由于有了这些先验概率的观点（以及其他对众多健康相关事项的信念），当玛丽亚注意到朋友查尔斯有严重的咳嗽时，她猜测有三种可能的原因：感冒、胃灼热或肺部疾病。进一步探究可能的原因时，她做了一些研究，发现咳嗽常常与感冒或肺部疾病相关，但与胃灼热无关（图 5.40b）。这个额外的信息也就是可能性，与玛丽亚的先验概率相结合后，就产生了查尔斯可能患了感冒的结论（图 5.40c；Tenenbaum et al.，2011）。在实践中，贝叶斯推理涉及一种数学处理方法，即用先验概率乘以可能性来确定结果出现的概率。因此，在贝叶斯推理过程中，人们从先验概率开始，然后使用额外的证据来更新先验概率并得出结论（Wolpert & Ghahramani，2009）。

现在让我们回到图 5.5 中的逆投射问题，将贝叶斯推理应用于客体知觉。别忘了，逆投射问题的发生是因为有大量可能客体可以与视网膜上的特定图像相关联。因此该问题实际上就是如何确定是外部世界的哪一个客体产生了视网膜上特定的图像。幸运的是，我们无须只依赖于视网膜图像，因为在绝大多数的知觉场景中，我们还拥有基于过去经验的先验概率。

"书是矩形的"是头脑中一种先验概率。因此，人们看着桌子上的一本书时，最初的想法是这本书

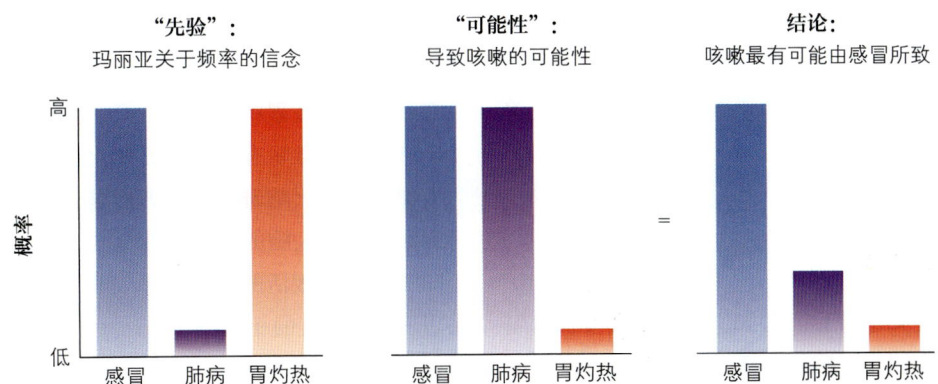

图5.40 图中利用了假定概率来说明贝叶斯推理的原理。(a) 在玛丽亚的信念中，发生感冒、肺部疾病和胃灼热的相对概率。这些信念是她的先验概率。(b) 进一步的数据表明，咳嗽与感冒和肺部疾病有关，但与胃灼热无关。这些数据也就是可能性。(c) 将先验概率和可能性结合起来得出了查尔斯的咳嗽可能源于感冒的结论。

的形状很可能是矩形的。书为矩形的可能性则由一些额外的证据来提供，如书在视网膜上形成的图像，与书的距离以及观看书的角度等。如果这些额外的证据与关于书为矩形的先验概率相一致，则这本书是矩形的可能性就很高，"矩形"的知觉也就得到了加强。"书为矩形"的结论还可以进一步通过改变视角和距离间的测试来增强。注意，你并非必然会意识到这个测试的过程，因为它是自动而快速地发生的。该过程的重点在于，虽然知觉书的形状的起点仍然是视网膜图像，但拥有的先验知识减少了能形成该视网膜图像的可能形状。

贝叶斯推理重申了赫尔姆霍茨的观点，即我们所知觉到的是从概率上讲最有可能形成所知觉对象的事物。要确切说明这些概率并不总是很容易的，尤其当考虑到复杂的知觉情形时。然而，因为贝叶斯推理提供了一个确切的方法来确定"什么有可能在那里"，所以研究者们已经开始使用它来开发计算机视觉系统了。这些系统可以应用关于环境的知识来更准确地将作用在传感器上的刺激模式识别出来（also see Goldreich & Tong，2013；关于贝叶斯推理如何应用于触觉知觉的例子）。

测一测 5.2

1. 什么是"场景"，它与"客体"有什么不同？
2. 人可以很快地察觉场景要点的证据是什么？什么信息有助于识别这些要点？
3. 环境中的规则是什么？给出一些物理规律的例子，并讨论这些规律是如何与格式塔组织法则相关的。
4. 什么是语义规则？语义规则如何影响我们对场景中客体的知觉？语义规则和场景模式之间的关系是什么？
5. 描述赫尔姆霍茨的无意识推理理论。这一理论关于推论和知觉的关键观点是什么？
6. 阐述贝叶斯推理。确保你理解了图 5.40 中的"疾病"的例子，并理解贝叶斯推理是如何应用于客体知觉的。
7. 赫尔姆霍茨的无意识推理和贝叶斯推理有什么关系？

神经活动和客体/场景知觉的联系

环顾四周，我们看到空间中排列的客体形成了一个场景。到目前为止，我们关于客体和场景的讨论集中在知觉是如何由刺激所决定的这一问题上。事实上，神经元和大脑这些词甚至都没有出现过。现在我们将继续在第4章中讨论到的不同类型的知觉如何与大脑中的特定区域相关联这一问题，来思考客体和场景知觉的神经机制。图 4.19 和图 4.20 呈现了面孔、方位和身体是如何分别与梭状回面孔区、海马旁回位置区和纹外躯体区相关联的。此外，图 4.23 展现了客体是如何在大脑的大部分区域得到表征的。我们先通过思考一个实验来开始这一部分的内容，这个实验证明了梭状回面孔区和海马旁回位置区的激活同知觉面孔和方位是存在关联的。

知觉面孔和位置时的大脑反应

我们已经知道观看面孔或位置会导致梭状回面孔区或海马旁回位置区的激活，但是究竟有没有证据表明觉察面孔或位置与这些区域的活动有关呢？双眼分视（向左、右眼呈现不同的图像）的研究为这一问题提供了证据。

在日常知觉中，因为双眼所处的位置略微不同，所以两只眼睛接收的图像也略微不同。然而，这两个图像是足够相似到让大脑将它们组合形成单一的知觉的。但若双眼接收的是完全不同的图像，大脑就不能将两个图像进行组合，从而导致**双眼竞争**的出现，即观察者可以觉察到左眼或右眼的图像，但不能同时觉察到这两者[①]。

Frank Tong 和他的同事（1998）使用双眼竞争将知觉和神经反应联系起来。他们给被试的一只眼睛呈现人脸的图片，给另一只眼睛呈现房子的图片。具体而言，他们让被试通过如图 5.41 所示的彩色滤镜来观看这些图片。颜色滤镜使得被试的左眼只能看到人脸的图片，而右眼只能看到房子的图片。由于每只眼睛接收的是完全不同的图像，所以产生了双眼竞争：尽管视网膜上的图像是保持不变的，但观察者要么只觉察到了面孔，要么只觉察到了房子，并且这两种知觉状态每隔几秒就会来回交替。

在实验中，要求被试知觉到房子时就按下一个按钮，知觉到面孔时就按下另一个按钮。与此同时，Tong 使用了 fMRI 技术来测量被试的海马旁回位置区和梭状回面孔区的活动。结果发现当被试觉察到房子时，海马旁回位置区的活动表现出了增强（梭状回面孔区的活动出现了减弱）；当他们觉察到面孔时，梭状回面孔区的活动出现了增强（海马旁回位置区的活动出现了减弱）。尽管视网膜上的图像在整个实验过程中是保持不变的，但大脑的活动随着被试的知觉状态的变化而变化。这个实验和其他类似的实验让脑研究工作者们非常激动，因为他们同时测量了大脑的激活和知觉的状态，结果发现了知觉和大脑激活的动态关系：知觉状态和大脑激活表现出了高度的相关。

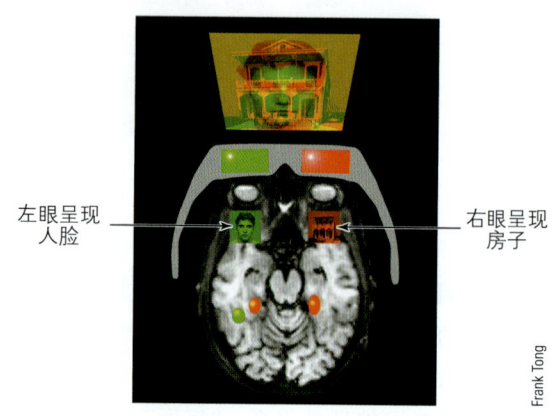

图5.41 在Tong等人（1998）的实验中，被试通过红-绿眼镜来观看重叠在一起的红色房子和绿色面孔，因而左眼会看到人脸，而右眼会看到房子。由于双眼竞争，被试的知觉会在面孔和房子之间来回交替。当被试知觉到房子时，大脑激活主要出现在双侧海马旁回位置区（红色椭圆标示）。当被试知觉到面孔时，大脑的激活主要发生在左半球皮层的梭状回面孔区（绿色椭圆标示）。

聚焦海马旁回位置区

当 Tong 的被试觉察到房子时，他们的海马旁回位置区（PPA）变得更活跃。我们在第 4 章看到，这个区域被 Epstein 和 Kanwisher（1998）命名为"位置区"，因为它对建筑物、装饰的房间以及空房间的照片有反应。然而，另一些研究者质疑海马旁回位置区是否真的如字面意思所表达的是一个"位置"区域。其中一些研究者更喜欢用海马旁大脑皮层（parahippocampal cortex，PHC）这个术语，即只在大脑中标记该区域，但不对其功能做出说明。

关于 PPA/PHC 功能的一个假说是由 Russell Epstein（2008）提出的**空间布局假说**。该假说认为 PPA/PHC 是对场景的表面几何形状或几何布局进

[①] 这种全或无的竞争效应，即每次只能看到一张图（房子或面孔），在呈现给每只眼睛的图像所占视野面积较小时发生得最为稳定。当呈现更大的图像时，被试有时会同时看到两个图像的一部分。在上述实验中，被试通常只会看到来回交替的房子和面孔。

行反应的。该假说部分基于该区域对场景比对建筑物有更大的反应这一结果。但 Epstein 并不认为建筑物是完全无关的，因为该区域对建筑物的反应比对其他的一般客体要大。Epstein 通过指出建筑物是与空间相关的"部分场景"来解释这种结果，并得出结论认为，PPA/PHC 的功能是对"在场景中导航或定位一个位置"进行反应（also see Troiani et al., 2014）。当在第 7 章更详细地讨论在场景中导航时，我们会讨论更多关于 PPA/PHC 同导航相关的证据，并会看到其附近的大脑区域也参与到了导航中。

但"场景"或"位置"对 PPA/PHC 的激活是必要的吗？Sinead Mullally 和 Eleanor Maguire（2011）提出，即便场景本身不存在，PPA/PHC 也可由会形成三维空间场景的任何刺激激活。他们通过创建一个包含了 399 个通常出现在室内环境下的日常物体的清单来对三维空间和 PPA/PHC 活动的联系进行了考察。要求被试对每个物体是"空间定义的"还是"空间模糊的"进行评价，来实现他们的目的。空间定义的（space defining，简称 SD）物体是指那些单独看到或想象时会唤起很强的空间感的物体。空间模糊的（space ambiguous，简称 SA）物体则不具备这样的性质。SD 物体的例子是"一个大橡木床"和"古董摇摆木马"。SA 物体的例子是"一个大纸箱"和"一个小的白色暖风机"。要求被试想象这些物体，同时用 fMRI 扫描仪记录他们的大脑活动。结果表明，在 PPA/PHC 中，SD 物体比 SA 物体产生了更强的大脑活动。因此，PPA/PHC 不仅能被场景激活，也能被可以形成环境感的客体激活。

在另一个实验中，Peter Zeidman 和同事（包括 Mullally 和 Maguire，2012）发现，类似于图 5.27 中场景前景的刺激模式也激活了 PPA/PHC，这些刺激模式虽然形成了三维空间的感觉，但不包含任何客体。这些实验支持了 PPA/PHC 对三维空间感（无论是如何创建的）进行反应的想法。

另一些研究者则强调其他情况。Aminoff 和他的同事（2013）强调背景关系——相关客体在空间中是如何摆放的，比如属于厨房的客体——在 PPA/PHC 反应中的重要性。已有研究表明，PPA/PHC 可以被划分为具有不同功能的子区域（Baldassano et al., 2013）。虽然对 PPA/PHC 功能的讨论仍在继续，但可以断定，它对感知空间非常重要，无论这个空间是由与场景相关的单个客体定义的，还是由同场景相关的更广泛的区域定义的。

神经读心术

前面讲述了许多实验例子，这些例子中呈现了类似房子、场景和面孔这样的刺激，并对大脑的反应进行测量。一些研究人员颠倒了这一过程，他们通过测量到的大脑反应来判断产生这些反应的刺激。他们使用神经读心术的方法来实现这一点。

方 法 | 神经读心术

神经读心术指用一个神经反应（通常是由 fMRI 测量得到的大脑激活量）来判定一个人思考和感知的内容。正如第 4 章所述，fMRI 测量激活的单元是体素，是在大脑中边长 2 毫米或 3 毫米的小立方体。体素激活的模式取决于任务和被感知刺激的性质。图 5.42a 展示了由黑白相间的光栅刺激激活的 8 个体素，与图中光栅刺激的朝向不同的刺激会形成其他不同的体素激活模式。

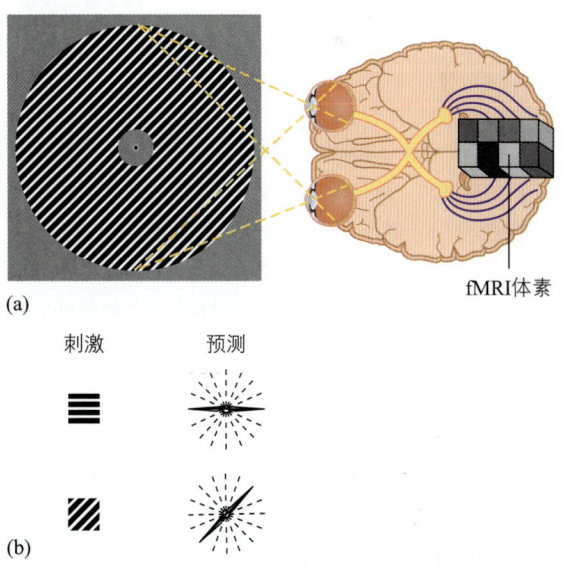

图 5.42　（a）观察左边的定向光栅产生的体素激活模式。大脑中的立方体表示 8 个体素的反应。体素间在阴影程度上的差异代表了所观察的朝向刺激的激活模式。（b）Kamitani 和 Tong（2005）的实验中的两个方向的结果。光栅是呈现的刺激。线是解码器预测的方向。解码器能够准确地预测所有 8 个光栅的方向。

图5.43说明了神经读心术的基本过程。首先，通过测量大脑对多个朝向的反应来确定朝向和体素激活模式之间的关系（图5.43a）。然后用这些数据来构建一个"解码器"程序，该程序可以利用体素的激活模式来确定刺激的朝向（图5.43b）。最后对解码器的有效性进行测试。同前，在被试观察不同朝向的刺激时测量其大脑的激活，不同的是，这次直接用已经构建好的"解码器"来预测被试所观察的刺激的朝向（图5.43c）。若解码器是有效的，则仅用被试的大脑激活数据就可以预测其看的是什么朝向的刺激。

通过发展两种分析从观察者大脑的视觉皮层记录到的体素激活模式的方法，Thomas Naselaris和他的同事（2009）创建了一个大脑阅读设备。第一种方法被称为**结构编码**，基于体素激活和场景的结构特征（如线条、对比度、形状和纹理）之间的关系。正如Kamitani和Tong的朝向解码器通过确定由8个不同朝向产生的体素激活模式来进行校准一样，Naselaris的结构解码器如图5.44所示，通过确定体素如何对大量图片中每种场景的特定特征（如线条朝向、细节和图片位置）做出的反应来进行校准。这些数据被用于校准结构编码器，以使它利用体素的反应模式来预测被试观看的图片特征。

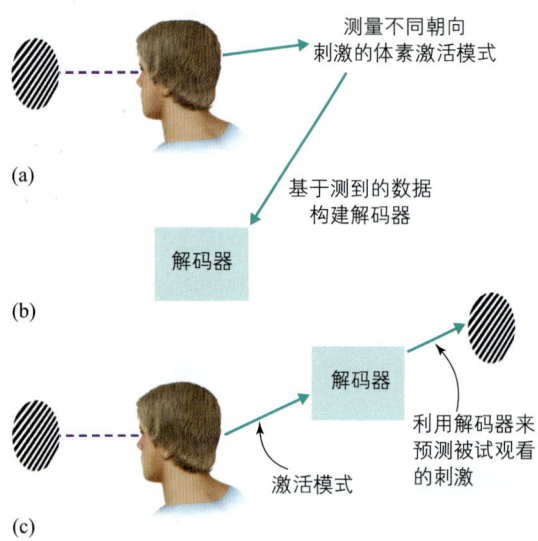

图5.43 神经读心术背后的原理。（a）当被试观看朝向不同的刺激时，采用fMRI来确定每种朝向刺激的体素激活模式。（b）基于（a）中收集的体素模式来创建解码器。（c）当被试观看朝向刺激时，解码器分析在被试的视觉皮层记录的体素模式，并对被试所观看的刺激朝向进行预测。

当Yukiyasu Kamitani和Frank Tong（2005）使用上述程序时，他们能够根据视觉皮层中400个体素的激活模式来预测一个人观察到的8个不同朝向的光栅刺激（图5.42b）。

创建一个可以通过大脑激活来预测被试观察刺激朝向的解码器是一项令人叹为观止的成就。但对于像环境中的场景这样复杂的刺激呢？把刺激从8个朝向的光栅扩展到环境中的每种场景是一次巨大的跨越。但创建一个"场景解码器"的工作已在最近获得了一些成功。

图5.44 Naselaris的结构解码器的校准。给被试呈现自然场景的图像，并确定大量体素对每张图片特征的反应。在这里只显示了其中的三张图片和一个体素。

第二种分析体素激活模式的方法被称为**语义编码**，它基于体素激活同场景意义或类别之间的相互关系。语义编码器通过测量大量图片的体素激活模式进行校准，这些图片事前已经被分为不同的类别，如"人群""人像""车"和"户外"。通过校准确定好体素激活模式同图片类别之间的关系后，编码器就可以基于体素反应的模式来对被试正观看的图片类型进行预测。

结构和语义解码器所提供的信息有助于了解被试观看刺激的内容。例如，结构解码器可能提示在场景的左侧存在各种朝向的直线，在某些位置存在一些弯曲的轮廓线，或在另一些位置几乎没有直或弯曲的轮廓线。语义编码器则提供了另一些不同类型的信息，如可能提示被试正在观看一个室外场景。

然而，知道场景的特征和类型并不意味着真正了解所观看的场景究竟是什么。直到解码器对比了一个包含600万张自然图片的数据库，并从中找出了同对大脑活动的分析结果最匹配的图片，这一步才得以完成。图5.45a呈现了仅使用了结构解码器时的结果。结构编码器选出了三张与左侧红色方框中的目标图片（观察者正在观看的图片）最匹配的图片。所有选出来的匹配图片的结构都很相似：左侧是客体，而中部和右侧是空地。然而，这些图片中没有目标图片中明显存在的建筑物。

因而，虽然结构解码器能很好地匹配目标图片的结构，却不能很好地匹配目标图片的意义（内容）。这种不足可以通过加入语义编码器来解决。从图5.45b中可以很容易看到增加了语义编码器的效果：寻找出来的匹配图片在内容上同目标图片非常相似，都包含建筑物的侧面。

仅用一个人的大脑活动模式就可以非常接近地选出他正在观看的图片，这是一个非常了不起的成就。挑选出来的图片仅仅与目标图片相似而不是完全相同的一个原因是，目标图片并未包含在解码器进行选择的数据库中。根据Naselaris的看法，更大的图像数据库将产生更为接近目标的结果。另外，随着对"大脑各区域的神经活动如何表征环境场景特征"这一问题的深入探索，对于图片判断的精确度也将得到提高。

当然，终极解码器并不需要将它的输出与巨大的图像数据库做比较。它只需分析体素的激活模式，并重新创建场景中的图像即可。当下，只有一个"解码器"已经做到了这一点，那就是你自己的

图5.45　（a）被试观察红色方框中的图片。结构解码器从包含600万张图片的数据库中选择其他三个图片作为最佳匹配。（b）被试观看另一张图片，通过结构和语义解码器从数据库中选出来的三张最佳匹配的图片。（来源：Naselaris et al., 2009）

大脑！有必要指出的是，正如我们对环境中的规则在场景知觉中的作用的了解，人们的大脑的确在使用一个关于环境信息的"数据库"。本书开头所描述的"科学计划"的一部分就是要在实验室实现这个终极解码器。虽然要实现这一点还有一段很长的路要走，但是目前的成就已经十分惊人了，这些成绩直到最近才可能被写进"科幻小说"。

思考时刻
面孔是特殊的吗？

前面已经讲述了知觉组织以及如何感知客体和场景，现在我们来关注一类特殊的客体：面孔。为什么要把面孔单独拿出来呢？这个问题的答案就如本节标题所示——面孔是特殊的。这个结论得到了众多证据的支持。首先，面孔在环境中是普遍存在的。除非你避开人类，否则面孔将无处不在。使得面孔十分特殊的原因在于它是重要的信息来源。面孔构建一个人的身份，这对于社交互动（刚刚向我问好的人是谁？）和安全监控（对通过机场安检的人们进行检查）而言都十分重要。面孔还提供了关于人的情绪和该人正在看什么事物的信息，并且可以诱发评价性判断（这个人似乎不太友好，这个人有吸引力，等等）。

面孔很特殊的另一个原因是大脑中存在一些对

面孔选择性反应的神经元和功能特异化的脑区，正如前面章节所提到的皮层上的梭状回面孔区就包含大量对面孔进行选择性反应的神经元。最近，Ming Meng 和他的同事（2012）发现，大脑左右两侧的梭状回面孔区似乎有不同的功能。研究利用了人们对面孔刺激的倾向性，所使用的刺激包含从图5.31 所示的岩石到月球上的陨石坑，再到玉米薄饼上的耶稣脸（谷歌搜索一下"玉米薄饼上的耶稣面孔"）。

Meng 和同事收集了许多类似面孔的非面孔刺激图片（图 5.46a），以及一些真实面孔的图片（图 5.46b）。他们测量梭状回面孔区对这些刺激的反应时发现，左侧梭状回面孔区的反应主要取决于刺激与面孔的相似程度：刺激同面孔越相似（在图 5.46a 中，从左到右的相似度逐渐增加），左侧梭状回面孔区的反应就越大（图 5.46c）。但是，无论这些非面孔刺激同真实面孔有多相似，右侧梭状回面孔区并不会对这些非面孔刺激有反应，右侧梭状回面孔区只对真实的面孔有反应（图 5.46d）。因此，左侧梭状回面孔区的反应取决于刺激与面孔的相似程度，而右侧梭状回面孔区则对刺激是否是面孔进行反应。因而，的确存在一个区域对"这是一张脸吗？"的问题做是或否的反应。

面孔的另一个特别之处是，当人们被要求尽快地看人脸、动物或车辆的图片时，面孔会诱发更快的眼动反应（138 毫秒），这远比动物（170 毫秒）和车辆（188 毫秒）所诱发的眼动反应快（Crouzet et al., 2010）。该结果表明，面孔具有特殊的地位，使得它比其他类型的刺激更能得到高效和快捷的加工（Crouzet et al., 2010；Farah et al., 1998）。

一项被重复了多次的研究发现，人们很难识别被倒置的面孔图片（将其上下倒置），也很难判定两张倒置的面孔是否相同（Busigny & Rossion, 2010）。尽管相似的效应也发生在其他的诸如汽车等物体上，但效应量小很多（图 5.47）。因为将面孔倒置会加大处理其结构信息（面孔特征，如眼睛、鼻子和嘴之间的关系）的难度，这种反转效应也被认为是为"面孔整体加工"的观点提供了支持（Freire et al., 2000）。因而，尽管所有的面孔都包含了相同的基本特征（两只眼睛、一个鼻子和一张嘴），但人们区分众多不同的面孔时，主要依赖于检测这些面孔特征的结构，即相对于另一张面孔，这些特征是如何组合在一起的。

但这些面孔特征也并非完全不重要。将面孔反色，如图 5.48 所示，会使得识别更加困难，但只要将眼睛变回正常状态，便可大大地提高识别面孔的能力（Gilad et al., 2009）。这表明眼睛是面孔识别的重要线索，并且这也可以解释为何难以识别仅被遮住了眼睛的面孔。

最后，尽管大脑中存在专门对面孔做出反应的区域为大脑的特异模块学说提供了证据，但对面孔的研究也为大脑的分布式加工学说提供了支持，因为大脑中的确存在多个与加工面孔相关的脑区。图 5.49 列举了其中的一些脑区及其功能。

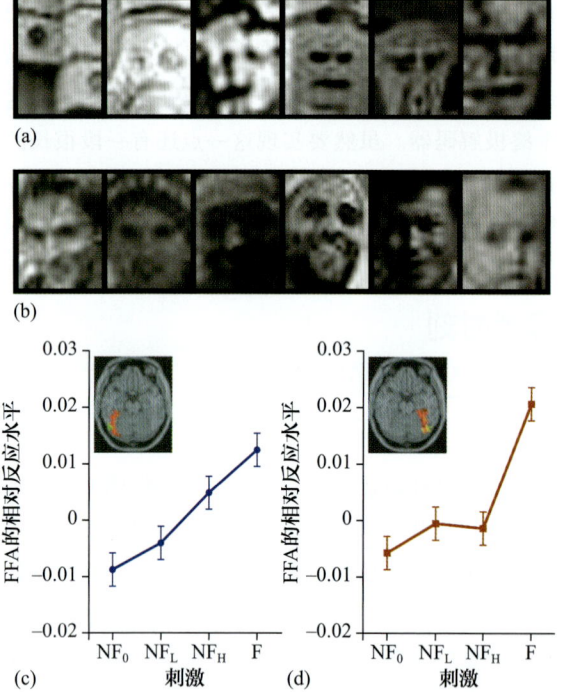

图5.46 Meng等人（2012）实验中的刺激。（a）类似于面孔的非面孔刺激，刺激按像面孔的程度从左到右递增的顺序排列。（b）面孔刺激。（c）左侧梭状回面孔区对非面孔和面孔刺激的反应。NF_0=不相似；NF_L=低相似性；NF_H=高相似性；F=真实面孔。反应随着刺激同面孔相似性的增加而增加。（d）右侧梭状回面孔区对非面孔和面孔刺激的反应。对于所有非面孔刺激，反应都保持在较低的水平，但是对于真实的面孔刺激，反应跳到了较高的水平。

■ **枕叶皮层**：面部信息的初步处理

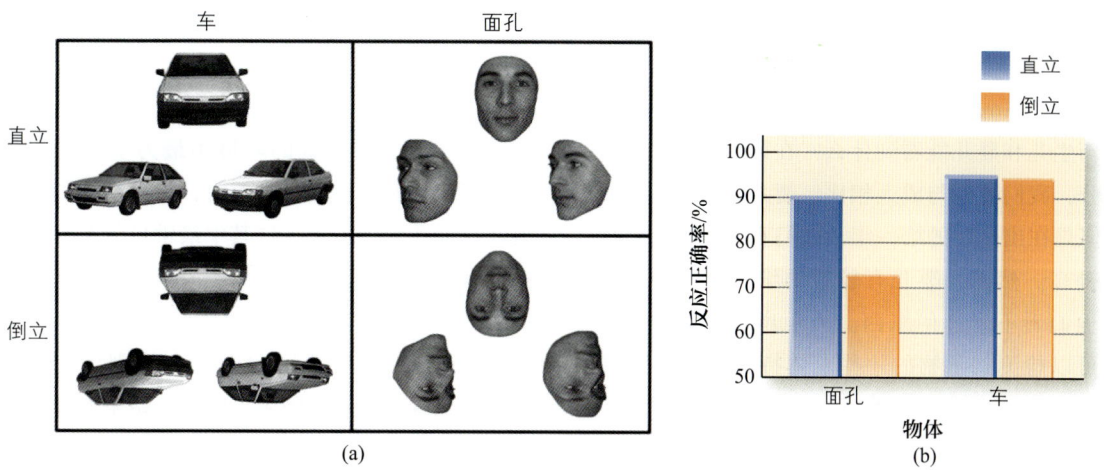

图5.47 （a）Busigny和Rossion（2010）的实验中的刺激，实验中给被试呈现汽车或面孔的正视图，要求他们挑选出以不同视角呈现的相同的汽车或面孔。例如，图中右侧的汽车与正视图中所示的汽车是相同的。（b）被试对正立的汽车、面孔（蓝色条）和倒立的汽车、面孔（橙色条）的行为反应成绩。注意，倒立的汽车对被试的表现影响很小或没有影响，但是倒立的面孔会导致被试的反应正确率从89％降低到73％。

- **梭状回面孔区**：面孔识别（Grill-Spector et al.，2004）
- **杏仁核**：加工面孔情绪方面的信息，对面部表情做反应（Gobbini & Haxby，2007；Ishai et al.，2004）
- **颞上沟**：评估一个人正在看哪里（Calder et al.，2007；Puce et al.，1998）
- **额叶皮层**：评估面孔的吸引力（Winston et al.，2007）

对面孔的初步处理发生在枕叶皮层，然后向梭状回发送信号，梭状回负责处理与面部识别相关的视觉信息（Grill-Spector et al.，2004）。大脑深处的杏仁核负责加工面孔的情感方面的信息，包括面部表情和观察者对面孔的情绪反应（Gobbini & Haxby，2007；Ishai et al.，2004）。对一个人正在观察什么地方的评估与颞上沟的活动有关，这个区域同感知人类说话时的嘴部动作（Calder et al.，2007；Puce et al.，1998）以及面孔的一般运动（Pitcher et al.，2011）也都有一定的关系。对面孔吸引力的评估则与大脑前部区域的活动相关（Winston et al.，2007）。与陌生面孔相比，许多脑区对熟悉的面孔和不熟悉的面孔有着不同的激活模式，熟悉的面孔会激活更多与情绪相关的脑区（Natu & O'Toole，2011）。面孔是特殊的，既是因为它们在环境中很重要，也是因为它们能引起广泛的大脑活动。

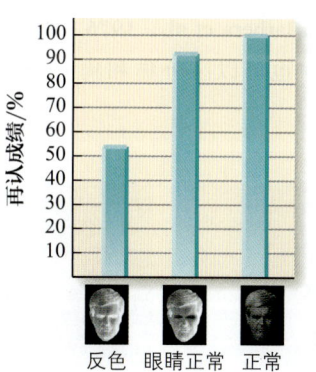

图5.48 被试识别熟悉的名人面孔的能力。每种类型（反色、仅眼睛正常、正常）的图像分别呈现给不同组的被试，被试的任务是识别它们（例如，在该例子中的面孔为Newt Gingrich）。将反色的眼睛改为正常会使被试的正确率大幅提高。（来源：Gilad et al.，2009）

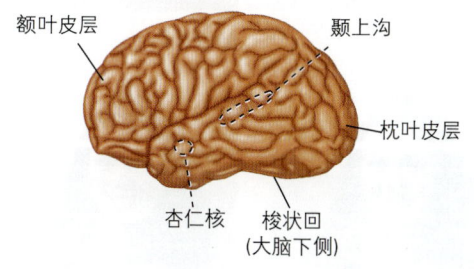

图5.49 人类大脑中涉及面孔感知的区域。详见正文中介绍的每个区域的功能。注意，图中标出的是皮层的一般区域，而不是区域的总体范围。此外，梭状回面孔区位于梭状回，杏仁核位于皮层内部，大约在图中所指区域的里面。

发展维度：婴儿的面孔知觉

新生儿和婴儿能看到什么？在第 2 章的发展维度部分，我们看到与成人相比，婴儿的细节视觉较差，但是在出生后的第一年，他们看到细节的能力迅速提高。然而，婴儿有较差的细节视觉并不意味着他们看不到任何东西。当距离非常近时，婴儿也可以检测到事物的一些总体特征。图 5.50 模拟了婴儿在大约 0.6 米外感知面部的方式。刚出生时，婴儿感觉到的明暗区域间的对比度很低，所以他们很难确认这是一张面孔。这个阶段的婴儿还是有可能看到高对比度的区域的。婴儿感知明暗之间对比度的能力到 8 周大时就有了很大的提高，这使图中的刺激看起来很像面孔了。在 3—4 个月大时，婴儿可以分辨快乐、惊讶、愤怒或中性的面孔（LaBarbera et al.，1976；Young-Browne et al.，1977），也可以区分猫和狗（Eimas & Quinn，1994）。

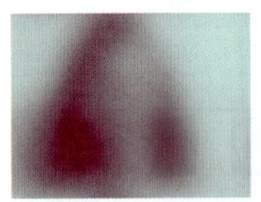
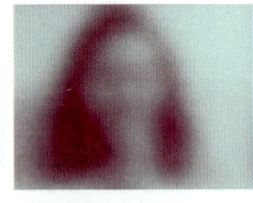

(a) 新生儿　　　　　　(b) 4周大

(c) 8周大　　　　　　(d) 3个月大

(e) 6个月大　　　　　(f) 成年人

图5.50　新生儿和各个年龄段的婴儿对距离他们0.6米的母亲形象的感知。

人脸是婴儿所处的环境中最为重要的刺激之一。当新生儿躺在婴儿床上时，很多成人的面孔会出现在婴儿的视野中。这其中最常见的是母亲的面孔。有证据表明，婴儿在出生后很短的时间内就能识别出母亲的脸。

Ian Bushnell 和同事（1989）给刚出生 2 天的新生儿呈现了母亲和陌生人的脸。结果发现，新生儿看向母亲的概率约为 63%，远高于 50% 的随机水平。因而，Bushnell 认为 2 天大的新生儿就能识别母亲的脸。

为了确定婴儿是利用哪些信息来识别母亲的脸的，Olivier Pascalis 和他的同事（1995）在研究中发现，当用粉红色的围巾遮住母亲和陌生人的发际线时，婴儿偏爱母亲的现象消失了。显然，母亲黑色的发际线和光洁额头之间的高对比度边界为婴儿识别母亲的身体特征提供了重要的信息（另一个证实了这一点的实验参见 Bartrip et al.，2001）。

在一个测试刚出生 1 小时的新生儿的实验中，John Morton 和 Mark Johnson（1991）给新生儿呈现了如图 5.51 所示的刺激，并从左向右地移动这些刺激。他们在实验过程中录制了新生儿的面部反应。随后，让并不清楚刺激类型情况的评分者来观看这些录像带，并就新生儿是否随着刺激的运动而转动他们的头或者眼睛做出判断。图 5.51 表明，与其他的运动刺激相比，新生儿会更多地看向移动的人脸。基于这种结果，Morton 和 Johnson 提出：新生儿出生时就具有一些关于面孔结构的信息。

然而，也有证据表明经验在婴儿的面部知觉中起作用。Ian Bushnell（2001）对新生儿出生后 3 天的生活进行了观察，试图确定新生儿的行为和新生儿与母亲接触的时间之间是否存在关系。他发现，在第 3 天的时候，当让新生儿在陌生人和母亲的面孔之间进行选择时，已经接触过母亲的新生儿更有可能选择母亲而不是陌生人。两个与母亲接触时间最少的新生儿（平均 1.5 小时）在母亲和陌生人之间的选择几乎是相等的，但接触时间最长的两

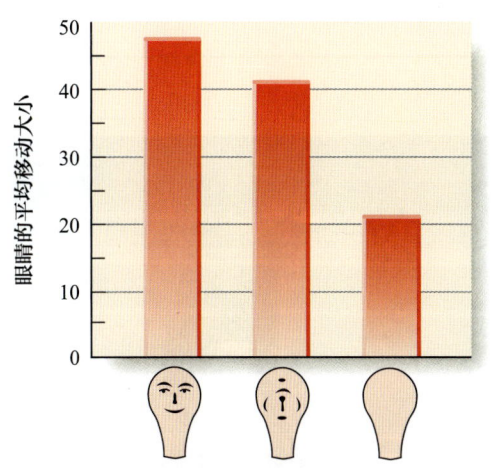

图5.51 婴儿对每个刺激反应时的眼睛移动幅度。婴儿对面孔刺激的平均眼动幅度比面孔加干扰的刺激或空白的刺激更大。（来源：Morton & Johnson，1991）

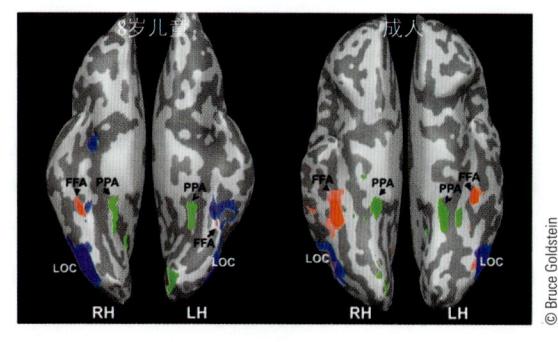

图5.52 面孔（红色）、位置（绿色）和客体（蓝色）在一个典型的8岁儿童和一个典型的成人大脑中的选择性激活区域。儿童的位置和客体区已经发育成熟了，但面孔区与成人相比较小。（来源：Grill-Spector et al.，2008）

个新生儿（平均 7.5 小时），选择母亲的概率则高达 68%。Bushnell 分析了所有新生儿的结果后指出，虽然新生儿出生后很快就拥有了面孔知觉，但是经验的确在其中起着一定的作用。

虽然婴儿识别人脸的能力会在出生后的前几个月发展迅速，但这种显著的提高仅仅是一个起点，因为 3—4 个月时的婴儿虽然可以识别一些面部表情，但他们的识别能力要到青春期或成年早期才能达到成人的水平（Mondlach et al.，2003，2004，Grill-Spector et al.，2008）。

面孔知觉的发展持续很长时间的原因可以追溯到生理学方面。图 5.52 呈现了用红色标记的梭状回面孔区，从图中可以看到，8 岁儿童梭状回面孔区的面积远比成人的梭状回面孔区面积小（Golarai et al.，2007；Grill-Spector et al.，2008）。相比之下，在用绿色标记的海马旁回位置区上，8 岁儿童和成人具有相似的面积。

有研究者提出，面孔区域的这种缓慢发展可能与识别面孔及情绪能力的成熟有关，尤其是与感知面部特征的整体结构的能力相关（Scherf et al.，2007）。因此，面孔的特异化从婴儿出生（可以对面孔的某些方面做出反应）延续到了青少年晚期（形成对面孔的复杂反应）。

测一测 5.3

1. 描述 Tong 的实验，在实验中，他向被试的两只眼分别呈现了房子和面孔的照片。实验结果说明了什么？
2. 什么是空间布局假说？这个假设与 Epstein 和 Kanwisher 提出的海马旁回位置区对于"位置"而言十分重要的想法有何不同？
3. Epstein 如何解释建筑物比物体能诱发 PPA/ PHC 更大反应的事实？他认为 PPA/PHC 有什么功能？
4. 描述 Mullally 和 Maguire（2011）关于空间定义客体的实验。
5. 关于 PPA/PHC 的功能，大致结论是什么？
6. 描述"解码器"如何使得研究者可以利用 fMRI 测量的大脑反应来预测一个人正在看什么方向或看什么图片的实验。确保你理解了 Kamitani 和 Tong（2005）的方向实验以及 Naselaris 等人（2009）使用语义和结构编码的实验。
7. 为什么说面孔是"特殊的"？面孔倒立实验说明了什么？面孔激活了大脑的一个主要脑区，还是激活了许多不同的脑区？
8. 新生儿和婴儿能觉察面孔的依据是什么？感知面孔完整复杂性的能力直到青春期晚期或者成年期才形成的证据是什么？

想一想

1. 思考这样的情况：本书第 1 章讲到，当知觉受观察者的知识和期望影响时，自上而下的加工就会发生。当然，这种知识是存储在大脑的神经元和神经元组中。本章介绍了有些神经元已做出了调整，以对环境中的特定特性进行反应。因而可以说，一些环境的知识存在于这些神经元中。那么，若某种特定知觉因这些被调整了的神经元的激活而产生，是否可以被称为自上而下的加工？

2. 对于谷歌无人驾驶汽车的公告，哈里说："我们终于证明了计算机可以知觉得同人类一样好了。"你如何评价这个说法？

3. 设想，如果生物进化导致人们的感知系统被调整到了进化过程中的石器时代，那么在处理像滑雪或驾驶这样的最近才形成的行为技能时，人们会表现得如何？

4. Vecera 证明了刺激的下半部分区域更可能被知觉为图形。这与"视觉系统被调谐/调整以适应环境中的规则"这一观点有什么关系？

5. 第一次看图 5.53 时，关于步行者的腿，你看到了什么有趣的地方吗？他们最初是否出现了交织？为什么照片中的腿看起来是这样的？你能基于假设或过去认知过程的经验把知觉与知觉组织的规律联系起来吗？

图5.53 图中人们的腿有什么问题吗？（或者是不是仅存在知觉问题？）

图 5.8 的答案

威尔·史密斯、泰勒·斯威夫特、巴拉克·奥巴马、希拉里·克林顿、成龙、本·阿弗莱克和奥普拉·温弗莉。

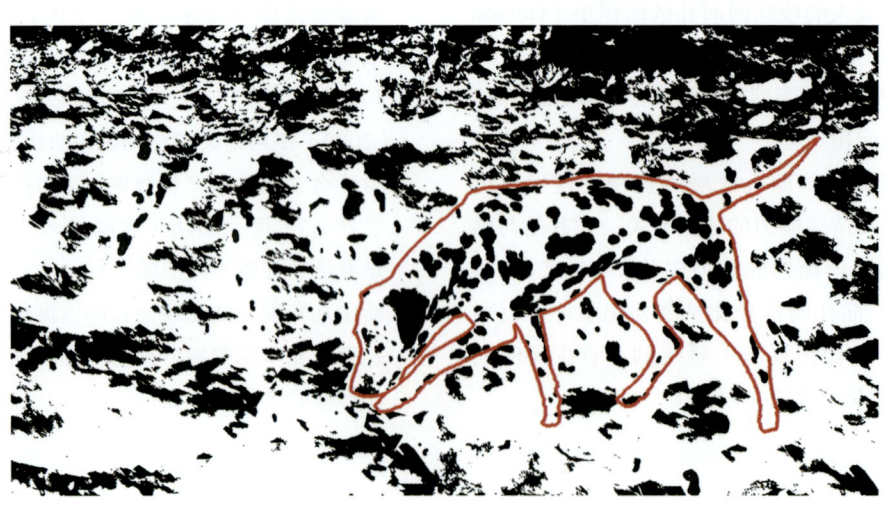

图5.54 图5.11中的斑点狗。

图5.55 图5.31中的人脸。

关键术语

贝叶斯推理（Bayesian inference, p.114）
背景（ground, p.105）
边界归属（border ownership, p.105）
场景（scene, p.109）
场景模式（scene schema, p.113）
场景要点（gist of a scene, p.109）
错觉轮廓（illusory contour, p.102）
格式塔心理学家（Gestalt psychologist, p.100）
分割（segregation, p.100）
共同命运原则（principle of common fate, p.104）
共同区域原则（principle of common region, p.104）
构造主义（structuralism, p.100）
光来自上方的假设（light-from-above assumption, p.111）
环境中的规则（regularities in the environment, p.111）
简单性原则（principle of simplicity, p.103）
简化原则（principle of pragnanz, p.103）
接近性（邻近性）原则 [principle of proximity (nearness), p.104]
结构编码（structural encoding, p.118）
空间布局假说（spatial layout hypothesis, p.116）
良好连续性原则（principle of good continuation, p.102）
良好图形原则（principle of good figure, p.103）
逆投射问题（inverse projection problem, p.98）
全局图像特征（global image features, p.110）
神经读心术（neural mind reading, p.117）
似动（apparent movement, p.101）
似然原则（赫尔姆霍茨）[likelihood principle (Helmholtz), p.114]
视角不变性（view point invariance, p.99）
视觉掩蔽刺激（visual masking stimulus, p.110）
视觉暂留（persistence of vision, p.110）
双眼竞争（binocular rivalry, p.116）
图形（figure, p.105）
图形—背景分割（figure–ground segregation, p.105）
图形和背景转换（reversible figure-ground, p.105）
无意识推理（unconscious inference, p.114）
物理规律（physical regularities, p.111）
相似性原则（principle of similarity, p.103）
一致连通性原则（principle of uniform connectedness, p.104）
语义编码（semantic encoding, p.118）
语义规则（semantic regularities, p.112）
知觉分割（perceptual segregation, p.105）
知觉组织（perceptual organization, p.100）
知觉组织原则（principles of perceptual organization, p.102）
组合（grouping, p.100）

我们的注意指向哪里会受到刺激凸显性的影响；场景的物理特征会使得某个物体变得突出。在这幅图中，我们的注意就会指向那棵绿树，因为它"一枝独秀"，颜色也与图中其他的颜色完全不同。在这一章中，我们将探讨什么吸引了注意，注意是如何增强感知的，以及没有注意会产生什么样的结果。

© Charles Feil

第 6 章

视觉注意

本章内容

场景浏览
影响注意的因素是什么
视觉凸显
认知因素
注意的作用
注意加速反应
注意影响凸显
注意影响生理反应

注意和体验完整的世界
捆绑为何是必要的
特征整合理论
非注意的时候发生了什么
非注意盲视
变化盲视
注意对场景知觉是否必要
分心

分心和任务特征
注意和知觉负载
思考时刻：驾驶过程中的分心
发展维度：注意和知觉完形
想一想
关键术语

我们要思考的一些问题

- 为什么我们只能注意到场景中的一部分？
- 注意是否可以改变物体的凸显性？
- 感知事物是否需要注意？
- 分心如何影响驾驶？

第 1 章描述了光线进入眼睛是在知觉加工的早期阶段。第 4 章介绍了专门负责知觉面孔、位置以及躯体的大脑皮层，并且探讨了这些大脑网络对于知觉决策过程的作用。第 5 章继续考察第 4 章未涉及的客体和场景，并介绍了一种理论观点，即知觉是一个主动的加工过程，这个过程包含根据生活经验进行的推理过程。

本章继续通过介绍一种观点来探讨对"真实世界"的知觉，这种观点是当刺激产生的客体或场景的图像进入我们眼睛时，我们并不是被动地接受，相反，我们将注意直接定向到场景中特定的客体或位置，并且忽略了另一些客体或位置。这种加工过程称为**注意**。然而，我们将了解到，注意并不只是"环顾四周"。注意的实质不仅是将客体纳入我们的视野，同时还加深了对于该客体的加工，因此我们便能够知觉到该客体。

哈佛大学的第一位心理学教授威廉·詹姆斯（William James，1842—1910）在 1890 年出版的著作《心理学原理》（*Principle of Psychology*）中，就注意对知觉的影响进行了描述，他对注意的描述并不依据实验结果，而是依据其个人的观察：

> 大量的事物……呈现在我的感觉系统之内，但并非所有事物都能准确进入我的经验之中。为什么？因为我对这些事情并不感兴趣。我的经验是那些我所能注意到的……每个人都知道注意是什么。注意是一种聚精会神的思维，这种思维是以清晰和生动的形式表现的，独立于一些同时出现的客体或思维……这就意味着我们必然会为了更加有效地处理一些事物而选择放弃另一些事物。

因此，根据詹姆斯所述，我们会注意到一些事物而忽略另一些事物。当你沿着街道行走的时候，你注意到一位同班同学、繁忙十字路口"禁止通行"的标识以及除了你之外似乎每个人都带了一把伞。这些事情通常比其他事件更加凸显。你之所以会注意到这些事情，是因为你和朋友打了招呼，遵守交通信号灯穿过街道，以及今天晚些时候可能会下雨，这些事情对你来说都是非常重要的。

但是也存在一些其他的原因致使你注意到一些事情而忽视了其他事情。对于加工信息来说，我们的知觉系统是资源容量有限的（Chun et al., 2011）。因此，为了防止知觉系统容量超载，我们并不能对所有事物进行加工，这也就是詹姆斯的观点，"视觉系统为了能够更为有效地处理一些事物而不得不忽略另一些事物"。在视觉场景中选择一定的事物来提高加工效率的机制是**视觉浏览**，即从客体/场景的一个位置看向另一个位置。这种浏览方式之所以十分重要，是因为在我们的视网膜上仅有充满视锥细胞的中央凹区域才可以产生较好的细节视觉。

场景浏览

接下来的"演示"专栏将会介绍在一个拥挤的场景中找到一个特定人物时视觉浏览所起到的重要作用。

演示 | **在拥挤的人群中寻找一张面孔**

在本次演示中，你的任务是在**图** 6.1 所呈现的一群人中找到 Jennifer Hudson 和 Robin Thicke。记录你完成此项任务所花费的时间。

除非你非常幸运，刚好直接看到了 Jennifer Hudson 和 Robin Thicke，否则你在完成任务之前必须浏览整个场景，依次检查每一张面孔。你需要将视网膜中央凹依次瞄准每一张面孔。浏览过程中短暂地停留在一张面孔上的位置就是你的**注视点**。注视点能够将注意聚焦在一个特定的人或者事物上，致使我们能够更好地进行识别。当将眼睛移动到下一张面孔上时，你需要完成一个**扫视眼跳**过程，即从一个注视点到下一个注视点的快速移动过程。这些眼动过程可以转换我们的注意并且将注意聚焦在场景中的其他人或事物上。

当你在有意地搜寻目标（比如，Hudson 和 Thicke）时，你并不会对自己的眼睛一直在动感到惊讶。但是即使只是随意地看着某物或某场景而没有刻意搜寻什么，平均每秒也会发生 3 次眼动，这种眼动的频率每天会超过 20 万次。图 6.2 展示了这种快速浏览方式。图 6.2 是一个人在观看位于意

图6.1　Jennifer Hudson在哪里？Robin Thicke在哪里？

Kevin Mazur/WireImage/Getty Images

图6.2 一个人在随意观看一幅图片时的眼动轨迹，黄点表示注视点，红线表示快速眼动。这个人在观看图片时偏爱雕像区域，而忽视水、岩石和建筑物区域。

大利罗马的特雷维喷泉的5秒内，由快速眼动（线）所形成的一组注视点（点）。

浏览涉及**外显注意**，也就是将注意直接定位到所注意的客体上。尽管我们经常直接将注意定位到所注意的客体上，但我们也能够注意到没有位于注视点内的客体。**内隐注意**是一种无须将注视点定位到客体上也能够产生注意的一种注意形式。内隐注意可以帮助你监控班级里坐在你旁边且你所感兴趣的男生或女生，即使在这个过程中你没有盯着他或她看。内隐注意对于许多运动项目来说也是非常重要的。例如，篮球运动员眼睛向右看，但是他突然向其内隐注意的左边队友传球。

我们能够连续地转换外显注意和内隐注意，来时刻监控我们所处的环境中发生的事情。通过这部分的学习，我们将了解注意的不同形式。在下一部分，我们将了解影响注意定位的因素。

正如詹姆斯所言，这一问题的答案之一就是我们能注意自己感兴趣的事物。但是，正如我们现在了解的，也存在一些其他因素决定了我们的注意所定位的位置。

影响注意的因素是什么

我们注意哪里可以由一些无意识的过程和有意识的过程决定。在无意识加工过程中，凸显的刺激能够捕获我们的注意。在有意识加工过程中，我们的目标或者执行意图能够引导我们的注意（Anderson et al., 2011）。先来了解由物理属性引起的凸显刺激捕获的注意。

视觉凸显

现实生活中的一些事物之所以能够吸引我们注意，是因为其在背景的相衬下更加凸显。例如，图6.3

图6.3 红色T恤在视觉上的凸显是因为和周围相比，它更鲜艳且具有高对比度。

中穿红色 T 恤的男人很显眼，因为他的 T 恤颜色鲜明，与场景中其他人所穿的白色和浅蓝色衣服形成了鲜明的对比。无论是在颜色、对比度、运动方式还是朝向等方面，只要场景区域与其周围事物存在明显的区别，就被认为存在**视觉凸显**。视觉上具有凸显性的客体可以吸引注意，正如在下面的"演示"专栏中所看到的例子。

演示 | 注意捕获

图 6.4 中每个形状在其内部均有一个水平或者垂直的线条。判断绿色圆形里面的线条是水平的还是垂直的。

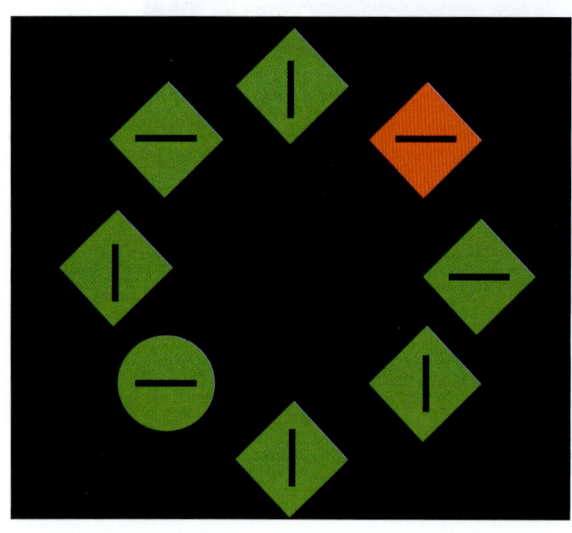

图 6.4 注意捕获的举例：要求被试找绿色圆形，他们通常首先看到的是红色菱形。（来源：Theeuwes, J.（1992）. Perceptual selectivity for color and form. *Perception & Psychophysics*, 51, 599-606. Figure 1, p.601.）

找到绿色圆形并且判断里面的线条是否水平的过程并不是很难。但是，你首先看到的是否为红色的菱形呢？大多数人都是这样的。问题是，为什么会这样呢？要求你找的是绿色的圆形，但是这个红色的菱形既不是绿色的，也不是圆形。无论出于何种原因，人们之所以注意到了红色菱形，是因为它有着较高的凸显性，具有凸显性的刺激可以吸引人们的注意（Theeuwes, 1992）。研究者们使用**注意捕获**这一术语来描述这样的情况，在这个过程中，刺激的属性吸引了注意，似乎违背了个人的意愿。尽管注意捕获能够使我们对所要做的事情分心，但

这是定位注意的一种重要方式。一些显眼的刺激，比如突然的运动或者巨大的声响能够捕获我们的注意，来警示我们可能有动物或者朝向我们快速运动的物体等危险的事物。

为了考察视觉凸显是如何在不含单个凸显刺激的场景中影响注意的，研究者开发了一种方法，这种方法分析了场景中的一些特征，如每个位置的颜色、朝向以及强度，将这些值组合起来创建了该场景的**凸显地图**。凸显地图揭示了哪些区域在视觉上显著不同于场景中的其他部分（Itti & Koch, 2000；Parkhurst et al., 2002；Torralba et al., 2006）。图 6.5 展示了 Derrick Parkhurst 及其团队（2002）研究中的场景（a）及其凸显地图（b）。凸显地图中明亮的区域通常是有着较大凸显性的区域。图 6.5a 的海浪在图 6.5b 中之所以特别凸显，是因为相对于天空、沙滩和海洋，海浪在颜色、亮度和纹理方面

(a) 视觉场景

(b) 凸显地图

图6.5 （a）一个视觉场景。（b）分析该场景中颜色、对比度以及朝向等特征形成的凸显地图。亮的区域代表有较强的凸显性。（来源：Parkhurst et al., 2002）

均有着突然的变化。天空中的白云和地平线上的海岛也因相似的原因存在凸显性。Parkhurst 计算了多张图片的凸显地图，然后测量了观察者在观察图片时的注视点。他发现，观察者的前几个注视点大多停留在具有高凸显性的区域。之后，浏览开始受到一些认知加工过程的影响，这些认知加工过程依赖一些与观察者的知识、目标、兴趣和期望有关的认知因素。我们将在下一部分看到这些认知因素会受观察者在其所观察的环境中的过去经验的影响。

认知因素

关于视觉凸显的讨论表明注意转换可以被看作对刺激属性的反应。但詹姆斯的观点——"我们的经验就是我们所注意到的"——是指什么？接下来，我们要了解三种依赖于观察者决定的注意的主要因素。

场景模式

注意可以受到场景模式的影响，即观察者关于典型场景中包含着什么的知识（见第 5 章）。因此，当 Võ 和 Henderson 给被试呈现类似图 6.6 这样的图片时，被试对于图 6.6a 中出现的打印机的注视时间要长于对图 6.6b 中的平底锅的注意时间，因为打印机是不太可能出现在厨房之中的。事实上，人们对某件事物注视的时间更长是因为它似乎不应该出现在场景中，也就意味着注意通常受到个体对"一个场景中经常会出现什么"的知识的影响。

基于环境经验的认知因素影响浏览的另一个例子是由 Hiroyuki Shinoda 及其团队（2001）进行的实验。在实验中，他们测量了被试的注视点，并且测试了他们在驾驶模拟器中驾车行驶在由计算机生成的驾驶环境里探测交通标志的能力。他们发现，相对于马路的中央，被试更容易在十字路口探测到停止信号，并且有 45% 的被试的注视点位于接近十字路口的位置。在这个例子中，被试使用了环境中的规律性知识（停止信号通常位于拐角处），来判断在何时以及何地去发现停止信号。你可能也会想起许多情境，你对特定类型场景的知识水平影响了视线的朝向。同样，你对场景中可能出现的事物的知识经验可以引导你的注意，比如你能在厨房、大学校园、汽车仪表盘以及商场购物中心快速找到你要找的东西（Bar，2004；Brockmole & Võ，2010）。

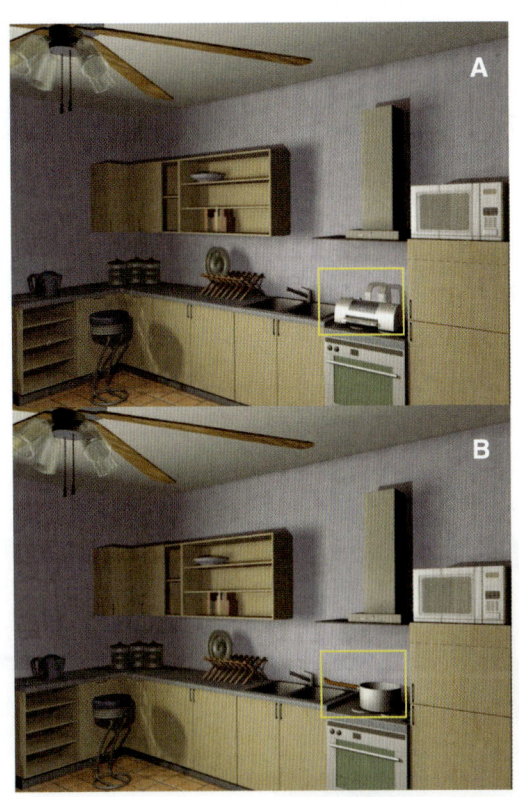

图 6.6 Võ 和 Henderson（2009）研究中的刺激。相对于（b）中的平底锅，被试对（a）中的打印机的注视时间更长。图中黄色矩形里面的物体即打印机和平底锅（对于被试来说，不给其呈现黄色矩形）。

观察者的兴趣和目标

通过对图 6.2 中被试在观看喷泉时的眼动，我们也能够发现，我们的视线并非只由凸显性决定。这个人并没有看向清澈明亮的水，即使水因其亮度、颜色以及位置靠近场景的近处而非常凸显。这个人也没有看岩石、石柱、窗户以及其他凸显的建筑物特征。相反，这个人的注意主要集中在了喷泉区域某些令人感兴趣的部分，比如雕像。这可能是因为雕像的意义吸引了他的注意。重要的是，因为这个人花了他大部分的时间看着并不是每个人都会看的雕像。这仅仅是因为人与人之间存在很大的差异，导致人们浏览场景的方式存在差异（Castelhano & Henderson，2008b；Noton & Stark，1971）。因此，另一个可能对建筑物感兴趣的人可能会较少地观看雕像，而更多地看建筑物的窗户和石柱。

一个人的目标也可能会影响注意。在一个经典的案例中，Alfred Yarbus（1967）记录了被试在观看IlyaRepin的画作《意外归来》时的眼动（图6.7a）。图6.7b—图6.7d的眼动记录展示了被试如何观看这幅画作，实验任务是要求被试判断人物的年龄（图6.7b）、记忆人物身穿衣服的颜色（图6.7c）或记忆人物与房间中其他物品的位置关系（图6.7d）。很明显，眼动的模式取决于被试的任务主题。当任务是要求判断年龄时，眼动主要集中在面部；当任务要求记忆衣服时，眼动主要集中在身体上；当任务要求记忆所有人和物体的位置时，眼动更均匀地分布在整个画作上。

(a)

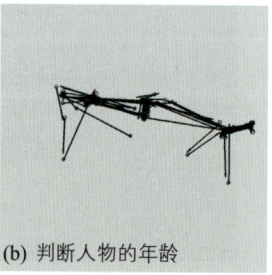
(b) 判断人物的年龄

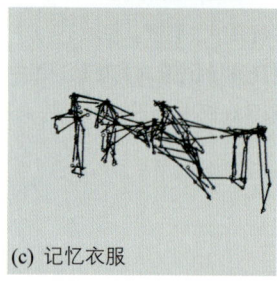
(c) 记忆衣服

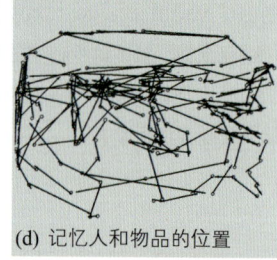
(d) 记忆人和物品的位置

图6.7 Yarbus（1967）要求被试观看的画作（a），并记录了在判断人物年龄时的眼动（b），记忆人物身穿衣服颜色时的眼动（c），以及记忆人物与房间中其他物品位置关系时的眼动（d）。图片展示了James Brockmole使用Yarbus原始程序结合现代眼动追踪技术收集的数据。结果表明，被试的眼动受到任务的影响。

最近的研究表明，人们的意图和目标实际上可以从他们的眼动中得到解码（Borji & Itti, 2014）。例如，John Henderson和其团队（2013）的研究记录了被试在搜索场景中的特定物体时或者在稍后的测试中试图记忆整个场景时的眼动。实验后，研究者仅从被试的眼动便能准确地猜测被试每个试次的任务。显然，随着人们的意图和任务的改变，他们将改变其在场景中注意的方式。

任务相关知识

我们观察周围环境的目的不仅是知觉和熟悉环境中的客体以及布局，更是要为接下来的行动做准备（下一章将要探讨的主题）。为了证明这个观点，研究者在实验中要求被试驾车穿过一个由计算机生成的虚拟环境并寻找停车标志。用虚拟环境代替静态的图片，为的是使被试能够与虚拟环境更好地进行相互作用。由于此时被试需要驾车穿过这个虚拟环境，并且还要完成特定的任务，所以他会根据当时所做的事情来将注意力不断地从一个位置转移到另一个位置。

因此，研究者们关注个体在执行任务时所看的位置。随着任务的展开，被试需要不断地注意到不同的位置，所以被试看向不同位置的时间由完成任务要用到的动作次序决定，例如，图6.8中制作花生酱三明治时的眼动模式。首先是将一片面包从袋子里拿到盘子里。这样的操作过程伴随的眼动是从面包袋子到盘子。然后在拿起花生酱罐子之前先看向罐子，在打开盖子之前先看了看盖子。然后注意力转移到刀子上，拿起刀子去舀花生酱，之后将花生酱均匀地抹在面包上（Land & Hayhoe, 2001）。

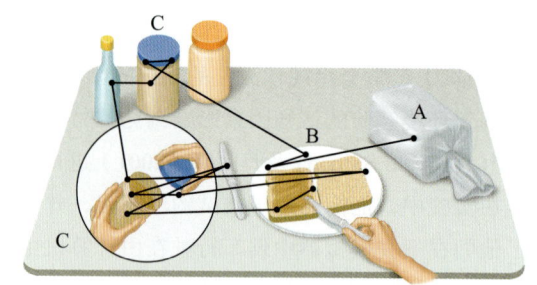

图6.8 制作花生酱三明治的动作固定顺序。第一步从面包片开始。（来源：Land & Hayhoe, 2001）

测量到的这些眼动模式的关键发现在于，眼动主要是由实验任务决定，被试很少看向无关任务的客体以及位置，他们的眼动和注视点与完成任务涉及的动作息息相关。进一步说，眼动通常是先于动作行为几分之一秒的，就类似于一个人首先需要将注意聚焦在花生酱罐上，然后才会伸手去触碰罐子，进而打开罐子。这就是一个"恰巧"策略的例子，即眼动刚好发生在我们需要它们提供信息之前（Hayhoe & Ballard，2005；Tatler et al.，2011）。

注意的作用

讨论过影响注意的因素之后，现在我们来思考注意的结果。当我们注意一个客体时会发生什么？答案显而易见：当我们注意客体时也就意识到了这个客体。但是，注意的作用远不止这样。

威廉·詹姆斯的观点认为，注意一个客体能使我们更有效地对其进行加工处理。与这个观点相近的是，研究发现，注意能够增强或加速我们对客体的反应（对于注意范围内的物体能更快地做出反应）、知觉（注意使我们更容易发现客体）以及生理反应（注意增强了我们对客体的神经反应）。

注意加速反应

我们经常注意某些特定的位置，例如，开车时会注意车前方道路上的情况。注意能为我们提供特定位置的情况，也会加速我们对该位置当前情况做出的反应。

位置的加速反应

对特定位置的注意被称为**空间注意**。Michael Posner 和同事（1978）对空间注意进行了一系列经典的研究，通过使用图 6.9 所示的**预线索化**范式，回答了注意特定的位置会增强个体对这个位置呈现的刺激的反应能力。

> **方　法｜预线索化**
>
> 预线索化实验的主要原则是为了考察呈现的线索是否能够预示探测刺激出现的位置，从而促进对探测刺激的加工。Posner 和同事们（1978）在实验中，要求被试始终注视中央的 + 号位置。首先被试将会看见一个箭头，这个箭头提示着目标刺激可能出现在哪一侧（左图）。在图 6.9a 中，线索提示被试应该将注意更多地集中在右侧（记住，在这个过程中被试无须进行眼动，所以此时是内隐注意）。被试的任务是，当目标方块出现后尽快地进行按键反应（右图）。图 6.9a 中所展示的试次为有效试次，因为方块出现的一侧就是线索箭头所指示的一侧。在 80% 的试次中，箭头所指示的位置是有效的，但还有 20% 的试次是无效的；换言之，就是箭头线索指示被试靶子会在这一侧呈现，但实际上呈现在另外一侧，如图 6.9b。对实验中的无效试次来说，线索箭头表明被试应该注意到左侧，但是目标刺激出现在右侧。

图 6.9c 所示的是实验结果，表明被试对有效试次的反应明显快于无效试次。Posner 将这种结果解释为，在注意定位到的位置上，对信息的加工更加有效。另外一些与此类似的结果支持了这样一个观点，即注意就像一个聚光灯或者变焦镜一样，当注意趋向特定的位置时，那个位置上的信息就得到了更充分的加工（图 6.10；Marino & Scholl，2005）。

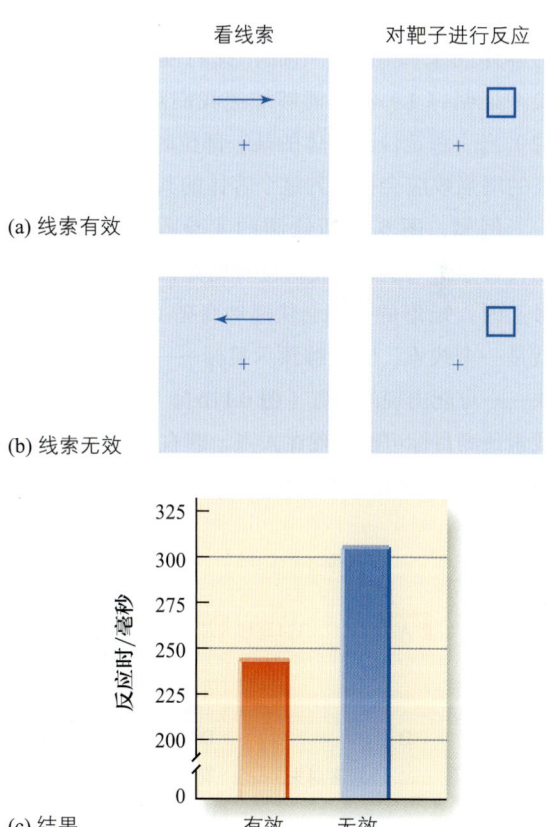

图6.9　Posner和同事（1978）预线索化实验的程序。（a）为线索有效，（b）为线索无效。（c）实验结果。有效线索条件下的平均反应时为245毫秒，无效线索条件下的平均反应时为305毫秒。

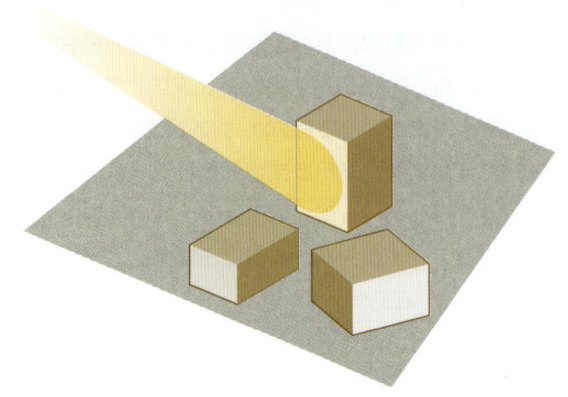

图6.10 空间注意如聚光灯一样浏览场景。

客体的加速反应

除了注意特定的空间位置，我们也可以注意环境中的特定客体。在人群中找寻一个熟人时，会将全部注意都集中在这个人身上。此时，你会看到跳蚤市场上摆满商品的桌子，而你的注意也会在不同的客体间来回切换。下面，我们可以通过一个实验来证明：（1）注意能够加速我们对客体的反应，（2）当注意定位到客体的某一部位时，这种注意带来的增强效应会扩散到这个客体的其他部分。

例如，图6.11所绘制的实验程序图（Egly et al.，1994）。当要求被试将眼睛始终保持在中央+号上时，矩形的一端会快速地变亮（图6.11a）。这就是一个线索，它能够预示目标——一个暗色的方块——可能出现的位置（图6.11b）。在这个例子中，线索预测目标可能出现在A点，即右侧矩形的上方。（字母只用来描述位置，在实验中并不会出现。）

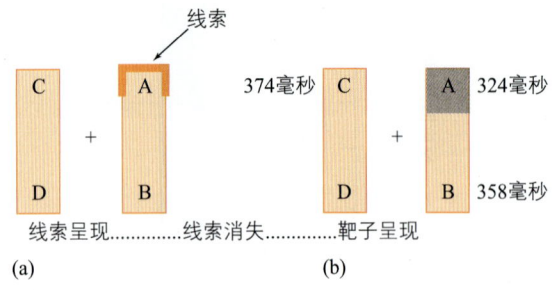

图6.11 Egly和同事（1994）的实验步骤。（a）线索信号呈现在某个位置，然后消失。（b）靶子将呈现在A、B、C、D四个位置中的一个上。数字代表当线索呈现在A点时，被试对A、B、C三个点出现的靶子的反应时。

被试的任务是无论靶子出现在哪里，只要出现就立即按键。数字代表的是当线索出现在A点时，被试分别对三种位置情况下的靶子进行按键反应的平均反应时，以毫秒为单位。很显然，当靶子出现在先前线索化的A点时，被试的反应最快。但有趣的是，被试对B点（358毫秒）靶子的反应速度要快于C点（374毫秒）。为什么会出现这种情况呢？当然不是因为B点比C点更靠近A点（事实上，B点和C点与A点之间的距离是相同的），而是因为B点位于被试所注意的客体内部。当注意线索化位置的A点时，对A点产生的作用最大，但这种作用会扩散到A所在的整个客体，进而对B点也产生一定作用，加速被试对B点的反应。这种客体内部增强效应扩散导致的加速反应被称为**相同客体优势**（Marino & Scholl，2005）。

相同客体优势也可发生在真实场景中。George L. Malcolm和Sarah Shomstein（2015）在实验中给被试呈现了一张与图6.12类似的场景图片，当图片第一次出现的时候，上面并没有线索（苹果）或靶子（灯泡）。当被试注视图片3秒后会呈现线索（苹果），只要苹果出现被试就需要注视苹果，然后再看向呈现317毫秒的靶子（灯泡）。实验要求被试尽可能快地通过按键选择灯泡上的字母是T还是L。

图6.12 Malcolm和Shomstein（2015）在实验中使用的刺激材料。实验中先呈现苹果，随后呈现灯泡。

每个试次中只呈现一个灯泡，实验中的自变量是灯泡呈现的位置：灯泡与苹果被呈现在相同的客体上（图6.12中右侧椅子的扶手上）或不同的客体上（左侧椅子的扶手上）。根据Egly的实验结果（图6.11）我们可以推断出：当灯泡与苹果呈现在相同客体上时，被试的反应（826毫秒）快于呈现在不同客体上时的反应（872毫秒），即使两只灯泡与苹果之间的距离是相同的。Malcolm和Shomstein由此得出结论，当人们注意到客体上的某个位置时，整个客体都会被注意加工。

注意影响凸显

注意导致反应变快的这一事实能否说明注意也会对客体的凸显性产生影响？答案并不确定，有可能是靶刺激总是呈现在相同位置，此时注意提高的是观察者快速按键的能力。想要解答注意是否能够影响客体的凸显性的问题，应该通过实验测量被试对于刺激的知觉反应，而不是反应速度。

Marissa Carrasco和她的同事（2004）在研究中设计了一个实验来测量被试对光栅刺激的知觉反应，光栅刺激是由亮暗交替的栅条组成的，如图6.13c。她比较感兴趣的是注意是否会影响栅条之间的知觉对比度。知觉对比度指的是对亮暗栅条之间差异的知觉。Carrasco假设注意会提高被试对栅条的知觉对比程度。

图6.13为Carrasco的实验流程：（a）被试需要始终注视中央注视点；（b）线索会随机在左侧或右侧呈现67毫秒，事先告知被试线索与之后呈现的光栅无关；（c）屏幕上同时呈现一对光栅，时间为40毫秒，两个光栅的朝向相反（一个向左倾斜，一个向右倾斜）。

每个试次呈现的光栅上的栅条差异都是随机的，有时是右侧光栅的栅条差异大，有时是左边的差异大，有时是相同的。被试的任务是判断具有较高对比度的光栅的朝向是向左还是向右的。因此，被试首先要确定哪个光栅有较高的对比度，然后再判断其朝向。Carrasco要求被试报告光栅的朝向，而不是报告光栅的知觉对比度，目的是排除实验预期对实验结果造成的影响，即注意影响知觉对比度的可能性。

Carrasco发现，当两个光栅不同时，注意捕获的点并不存在影响。然而，当两个光栅相同时，被试更倾向于报告与线索同侧的光栅的方向。因此，当两个光栅相同时，被注意的那个光栅有更高的对比度（see also Liu et al., 2009）。

注意除了会影响知觉对比度，还会影响个体对其他不同种类特性的知觉。例如，注意会使客体被知觉成更大、更快、具有更丰富多彩的形态（Anton-Erxleben et al., 2007; Fuller & Carrasco, 2006; Turatto et al., 2007）。因此，在威廉·詹姆斯提出"注意会使客体变得更生动多彩"的100多年后，研究者通过实验为这一观点提供了证据。事实上，注意是可以影响客体的凸显性的（see also Carrasco, 2011; Carrasco et al., 2006）。

根据之前介绍过的实验，我们了解到，注意会影响个体对刺激的反应和知觉。同样的，产生这种影响时会伴随着一些生理反应的改变。

注意影响生理反应

第3章的实验证明，注意可以使猴子的感受野转向注意指向的位置（见图3.38；Womelsdorf et al., 2006）。大量的实验也证明，注意会以不同方式影响生理反应的其他方面。下面我们首先来了解一下注意对神经反应的增强。

基于客体注意增强大脑特定区域的活动

Kathleen O'Craven和同事（1999）在实验中要求被试看一副面孔和一座房子叠加起来的图片（图6.14a）。在第5章我们介绍过，Tong和他的同事也在实验中使用过类似的图片，房子投射到一只眼

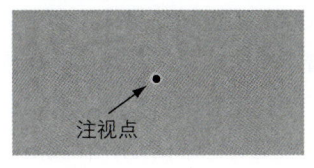
(a) 注视

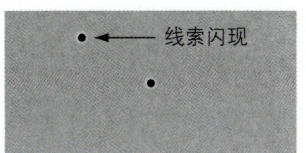
(b) 线索闪现

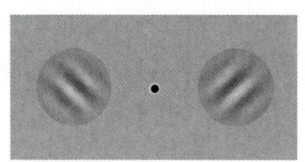
(c) 刺激呈现

图6.13　Carrasco和同事的实验流程（2004）。

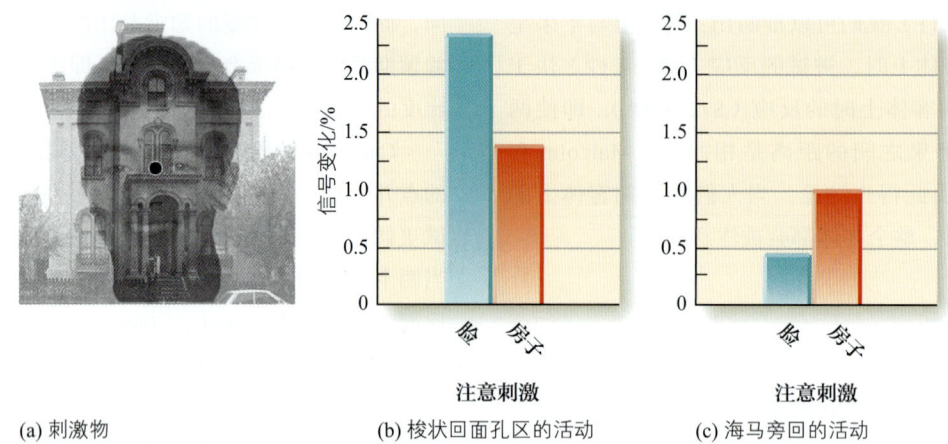

图6.14　（a）O'Craven 和同事（1999）的实验中使用的脸和房子重叠的图片。（b）当被试注意脸或房子时，梭状回面孔区的激活量。（c）当被试注意脸或房子时，海马旁回的激活量。（来源：O'Craven et al., 1999）

中，面孔投射到另一只眼中（图 5.41）。在实验中，Tong 给被试的两只眼睛分别呈现不同的图像来造成双眼竞争，因此，被试对图片的知觉会在两幅图片间来回交替。知觉到面孔的图像时，梭状回面孔区被激活，知觉到房子的图像时，海马旁回位置区被激活。

O'Craven 在实验中将房子和面孔重叠的图片同时呈现给双眼时，则不会产生双眼视差。即不是通过双眼的"竞争"来选择图像，而是让被试直接注意自己选择的的图像刺激。对于每一幅图片来说，一种刺激是静止的，另一种刺激会来回轻微的向前和向后移动。被试在实验中可以注意动态或静止的房子、注意动态或静止的面孔以及刺激的运动方向，此时对被试的梭状回面孔区、海马旁回位置区和 MT/MST 区（负责"视觉运动"的脑区，第 8 章将会介绍）进行测量。

实验结果显示，如果被试注意观察房子或者面孔，那么当被试注意动态或静止的面孔时，梭状回面孔区会被激活（图 6.14b）；注意动态或静止的房子时，海马旁回位置区会被激活（图 6.14c）；无论被试注意的是运动的面孔还是房子，只要注意刺激的运动方向就会激活 MT/MST 区。因此，注意不同种类的客体会激活负责处理该类信息的特定脑区（see also Çukur et al., 2013）。

对位置的注意增强大脑特定区域的活动

当人们保持眼睛不动的同时将注意转移到不同的位置会发生什么？Ritobrato Datta 和 Edgar Deyoe（2009；see also Chiu & Yantis, 2009）通过测量内隐注意不同位置时大脑活动的变化对此进行了回答。如图 6.15a，他们利用 fMRI 技术测量了被试将眼睛保持在中央注视点时，将注意转移到图中所示的不同位置时的大脑活动。因为眼睛没有移动，视网膜上的图像也就没有变化。然而，他们发现视觉皮层中的激活模式随着被试注意位置的改变而发生了改变。

图 6.15b 中圆圈的颜色表明的是图 6.15a 中被试将注意转移到字母标记位置时激活的脑区。其中，黄色的"热点"是最大激活区所在的位置，接近被试注意 A 区时的中心位置，也接近他正在注视的位置。但是当他保持眼睛不动，并将注意转移到 B 区和 C 区时，大脑激活的区域开始远离中心。

通过收集刺激中所有位置的脑激活数据，Datta 和 DeYoe 创造出了"注意地图"，该地图表明，将注意转移到空间特定位置是如何激活特定位置的脑区的。这些注意地图类似于我们在第 4 章描述过的视网膜脑图（见图 4.1），即视网膜上不同位置的客体激活不同位置的脑区。然而，在 Datta 和 DeYoe 的实验中，大脑激活区域的变化不是因为图像在视网膜上的位置发生了变化，而是个体对视野中位置的注意发生了变化。

使这项实验更有意思的是，在测定特定个体的注意地图之后，让该个体将注意转移到实验者不知道的"秘密"位置。根据黄色"热点"的位置，实

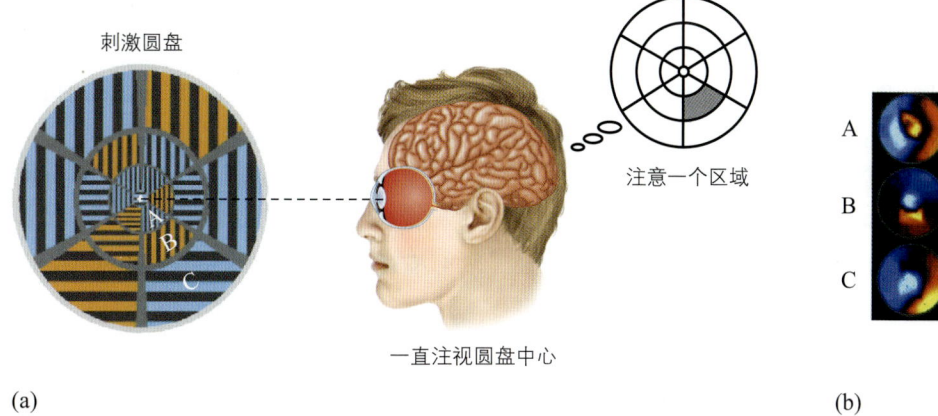

图6.15 （a）Datta和DeYoe的实验中，被试保持眼睛注视刺激圆盘的中心，并将注意分配到圆盘中其他区域。（b）当被试注意刺激圆盘中的字母区域时激活的脑区，每个圆圈的中心对应大脑中与刺激中心对应的位置。黄色的"热点"是被注意激活最大的脑区。（来源：Datta & DeYoe，2009）

验者能够以100%的正确率找到被试正在注意的"秘密"位置。这类似于我们在第5章描述过的"读心术"，即通过分析特定朝向线段所激活的脑区，来确定被试看到的线段的朝向（见图5.43）。在注意实验中，我们可以通过分析个体激活的脑区代表的位置来确定其注意的指向！

注意与大脑各区域的神经活动的同步性

fMRI实验已表明，对客体或位置的注意能够增加大脑特定区域的激活；其他研究，如对单个神经元的记录也发现，对刺激的注意能够增加刺激对神经元的激活（Colby et al., 1995）。但是注意还有另外一个生理效应，可能与激活的增加同样重要。

注意也能够使大脑不同区域间的活动关系发生变化（Fries，2005）。Conrado Bosman和同事近期通过记录猴子皮层中**局部场电位（LFP）**的反应进行了证实。局部场电位是指将小的圆形电极置于大脑表面，记录该电极附近数千个神经元活动的电信号。

Bosman给猴子呈现带有两个刺激的图片，并要求其盯住注视点（见**图6.16a**中的"刺激"），并对其大脑枕叶皮层中V1区的位置A和B、颞叶皮层中V4区的位置C（见记录位置）进行记录。图中的箭头表明，A和B均向C传递信号。Bosman发现，刺激1同时在位置A和C引起LFP反应（因为A向C传递信号）；刺激2在位置B和C引起反应。

Bosman随后要求猴子在眼睛紧盯注视点的同时，将注意转移到其中一个刺激上。结果发现，注意刺激1时，位置A产生的效应几乎没有变化，然后将注意转移到刺激2时，位置B也几乎没有产生任何效应。"无效应"的原因是，注意对于位置A和B所在的V1区的激活只有很小的影响（Buffalo et al., 2011；Luck et al., 1997）。

(a) 刺激、猴子和记录位置

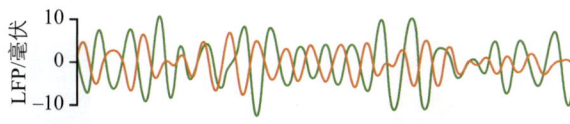

(b) 对刺激1的非注意条件下的位置A和C的LFP

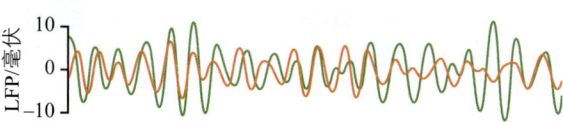

(c) 注意刺激1时位置A和C的LFP

图6.16 在Bosman等人于2012年的实验中，（a）猴子保持眼睛注视蓝色的点，并将注意转移到引起位置A和C的LFP效应的刺激1上，或者引起位置B和C的LFP效应的刺激2上。（b）在猴子对刺激1的非注意条件下，位置A和C的LFP效应。（c）在猴子注意刺激1时，位置A和C的LFP效应；可以看到二者之间的效应在（c）中出现了更多的同步。

结果表明，注意的影响不是体现在从V1区记录到的反应大小上，而是体现在从V1区到V4区之间的联系上。图6.16b展示了在猴子不注意刺激1时，从位置A（在V1区）到位置C（在V4区）记录到的LFP；可以看到，在两种反应之间几乎没有关联。图6.16c则展示了当猴子将注意转向刺激1时，位置A和C的效应出现了同步——位置A和C记录到的信号的波峰和波谷大约是同时出现的。

Bosman利用数学程序计算了可以表明两种信号同步程度的一致性系数。计算结果如图6.17所示。当猴子注意刺激1时，在位置A和C记录的LEP出现了同步（图6.17a中的红色部分）；然而，当猴子将注意转移到刺激2时，位置A与C之间的同步消失，取而代之的是位置B与C之间出现同步（图6.17b中蓝色部分）。

因此，注意通过使神经元以相似的模式激活，增强了V1区与V4区神经元之间的联系。这种效应通常被叫作"一致性关联"（Fires，2005）。类似的同步也出现在视觉系统的更高级神经元之间，因此注意引起的生理效应贯穿整个视觉系统（Baldauf & Desimone，2014）。挑战研究者的主要问题之一是，这些影响深远的生理效应是如何转换成与注意有关的行为效应的（Baldauf & Desimone，2014；Brunet et al.，2015；Womelsdorf et al.，2007）。

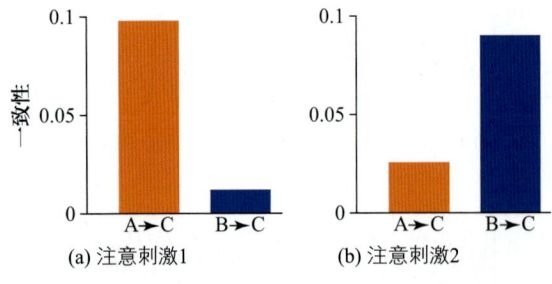

图6.17　一致性是同步化的一种测量方式，图中表示的是位置A与C（红条）及位置B与C（蓝条）之间的同步性测量：（a）猴子注意刺激1时；（b）猴子注意刺激2时。

测一测 6.1

1. 威廉·詹姆斯提出的关于注意的两个主要观点是什么？（提示：是什么以及有什么作用？）注意一些东西的同时需要忽视其他东西的两个原因是什么？
2. 关于注意和浏览，找Jennifer Hudson 和Robin Thicke的演示说明了什么？
3. 注视点、快速眼动、外显注意分别是什么？如何测量外显注意？内隐注意是什么？
4. 描述下列决定注意位置的因素：视觉凸显、场景模式、观察者的目标以及与任务相关的知识。举例或用实验描述来阐明每一个因素。
5. 空间注意是什么？描述Posner关于对位置的加速反应实验。确保你理解预线索化范式、内隐注意以及Posner的实验结果说明了什么。
6. 描述Egly及Malcolm和Shomstein的关于对客体的加速反应实验。相同客体优势是什么？
7. 描述Carrasco关于注意能够改变客体凸显性的实验。为什么Carrasco让被试报告光栅的朝向，而不是光栅之间的差别？
8. O'Craven的实验证明了将注意指向面孔或房子时，会对特定脑区的反应产生影响。具体描述一下这个实验。
9. 具体描述一下Datta和DeYoe的实验，说说注意在指向不同位置时是如何激活大脑的。什么是注意地图？"秘密位置"实验的重点是什么？比较这个实验和第5章"读心术"实验的异同。
10. Bosman通过实验展示了注意使不同脑区同步反应的现象，具体描述一下这个实验。

注意和体验完整的世界

之前已经了解到，注意是知觉过程中的一个重要的决定性因素，注意让我们觉察到事物，并且提升了知觉能力和反应速度。下面要介绍一个在日常生活中不易被觉察的注意功能，这个功能是**捆绑**，捆绑的过程主要通过对那些可见的特性，如颜色、形状、运动、位置等进行整合，从而对客体产生全面知觉。

捆绑为什么是必要的

第4章对模块化进行的讨论是证明捆绑的一个重要证据，即不同种类的知觉对应着特定脑区。第

4章重点讨论了负责对"形状"进行知觉的颞下皮层，但大脑皮层上还会有不同的区域分别负责运动、位置和颜色等。

因此，当图6.18中的人看着红球从面前滚过时，他脑中负责形状的颞下皮层细胞开始放电，负责运动的颞叶中区细胞开始放电，其他负责颜色的脑区细胞也开始放电。即使球的形状、运动、颜色引起了大脑皮层不同区域的放电，但他在观察球的时候，并不是分开觉察球的不同特征的，而是体验到了由球的各种特征捆绑而成的一个整体的特征：滚动的红球。**捆绑问题**指的是客体的各种特征如何被捆绑到一起，它是知觉研究领域最有挑战性的问题之一，曾经有研究者提出了解决该问题的方案（see Feldman, 2013; Holcombe, 2009; Treisman, 1999）。我们的重点将放在由Anne Treisman（Treisman & Gelade, 1980; Treisman, 1986, 1988, 1999）最早提出、随后由他人完善（e.g., Quinlan, 2003; Wolfe, 1994）的特征整合理论上。Treisman的研究是这方面最有影响力的研究之一，不但有助于理解捆绑问题，还有助于理解视觉注意过程。

点，然后通过实验证据对其进行验证。

特征整合理论认为，客体加工过程的第一步为**前注意阶段**（图6.19所示的流程图中的第一个方框）。前注意阶段正如其名，发生在我们将注意指向客体之前。由于没有注意的参与，研究者认为这个阶段是自动化的、潜意识的并且毫不费力的。此时，客体的特征会在大脑的不同区域被独立分析，并且不与特定客体产生联系。例如在前注意阶段时，图6.18中被试的视觉系统在观察滚动的红球时会对客体的红色（颜色）、圆形（形状）和滚动（运动状态）这三个特征分别进行加工。这些独立的特征会在第二阶段——**集中注意阶段**（图6.19）——被整合。当图6.18中的被试将他的注意集中到眼前的客体上时，在前注意阶段处理过的各种独立的特征会在此时联结起来，因此意识到这是一个向右运动的红球。

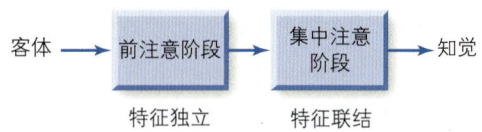

图6.19　Treisman的特征整合理论流程图。

在这个两阶段的加工过程中，视觉特征可以被看作"视觉字母表"的一部分。在加工过程一开始时，对每种视觉特征的知觉都是相互独立的，就好像在拼字游戏开始之前，每个字母都是一个独立的单元。然而，就像字母最终拼接成了单词，所有独立的特征最后也会结合成对整个客体的知觉。

客体会被自动地分解为一些特征的观点似乎是违背我们的经验的，因为当我们看到一个客体的时候，我们所见的就是一个完整的客体，并不是一个已经被分解为不同特征的客体。我们不能够意识到特征分析加工过程的原因是它发生在知觉过程的早期阶段，在我们意识到客体之前。因此，当你看见这本书的时候，你能够意识到它是长方形的，但是你不能意识到在你看见长方形的形状之前，你的知觉系统已经将这本书分解为一些的单独特征，比如一些不同朝向的线段。

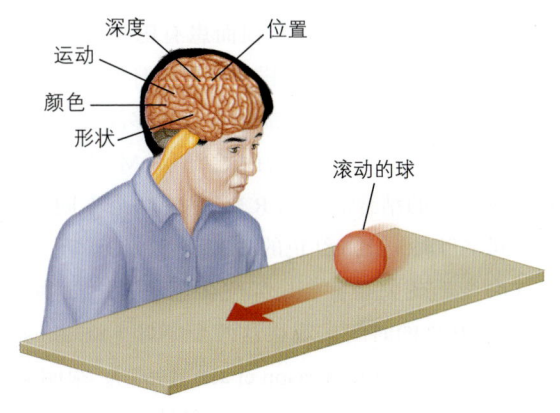

图6.18　任意一个刺激物，即使如简单运动的小球，都可以激活大脑皮层上许多不同的区域。捆绑是将这些独立的信号联结到一起，从而建立一个整体知觉的过程。

特征整合理论

特征整合理论（FIT）回答了如何对同一客体的个别特征进行知觉。首先，我们来了解理论观

特征整合理论与分配性注意

对特征整合理论进行简单的描述后，下面要通过实验证据来证明该理论了。首先介绍**分配性注意**实验，实验中的被试需要同时完成多个任务。

为证明一些客体可被分解为不同的特征，Treisman 和 Schmidt（1982）做了一个独创性实验来表明在早期的知觉加工阶段，特征之间是相互独立的。Treisman 和 Schmidt 的实验的阵列包含了四个客体，这四个客体的两侧有两个黑色数字作为侧抑制项目（图6.20）。实验中的阵列快速闪现在屏幕上，时间为200毫秒。接着会出现一个由随机点组成的掩蔽，掩蔽的作用是消除当刺激消失后残留下来的知觉后像。被试的任务有两个，首先要报告黑色的数字，然后报告四个图形所在位置分别是什么图形。因此被试必须将注意同时分配到两个任务上，确定数字和形状。毫无疑问，同时完成两个任务是很难的，因为此时的注意必须被分成多个部分去完成任务。Treisman 和 Schmidt 通过分散被试的注意来减少被试专注于形状的能力。

图6.20　Treisman和Schmidt（1982）在实验中使用的刺激物。被试先注意黑色数字然后再看向其他客体时，会产生错觉结合现象，例如，报告出"绿色三角形"。

那么被试报告他看到了什么呢？有趣的是，在约1/5的试次中，被试看到是由两种不同刺激物的特征整合起来的客体。例如，在呈现完图6.20的阵列中的刺激后，被试会报告他们看到了一个小的红色圆形和一个小的绿色三角形，但图6.20中的小三角形是红色的，小圆形才是绿色的。不同刺激的特征之间的结合被称作**关联整合**。即使刺激在形状和大小上存在很大的差异，这种关联整合依然存在。例如，一个小的蓝色圆形和一个大的绿色方形能够被看成一个大的蓝色方形和一个小的绿色圆形。关联整合不只发生在形状范畴中，有时也会发生在语言范畴中，例如，看见"牙膏"（toothpaste）和"头疼"（headache）这两个单词后，有时人们会错误地将其看成"牙疼"（toothache）。

根据特征整合理论，关联整合现象的发生是由于注意被分配到了不同的任务中，降低了被试注意形状的能力，并且错误地将独立的特征信息进行整合。相反，当 Treisman 和 Schmidt 要求被试忽视黑色数字并且将全部注意都放在四个图形上时，关联整合现象消失了，所有的形状都与正确的颜色配对。

或许你会觉得关联整合现象只是描述得有些微妙而已，毕竟，即使在严格控制的实验条件下诱发错误时，被试大部分时间也都能够报告正确的形状。然而，需要注意的是，Treisman 只是在实验中降低了被试注意形状的能力，而没有完全排除它。大量捆绑失败的情况发生在神经系统失调的病人身上，这种病严重妨碍他们集中注意的能力。下面将举一个 R.M. 的案例。

R.M. 是一个因顶叶受损而患有**巴林特综合征**的病人。R.M. 的病症的关键特征是当环境中同时有多个客体存在时，他便不能集中或转移注意。根据特征整合理论，缺少聚焦注意会使 R.M. 不能对特征进行正确的结合。当给 R.M. 呈现两个不同颜色的不同字母时，比如红色的 T 和蓝色的 O，有23%的试次会出现关联整合，如"蓝色的 T"，即使他有长达10秒的时间来观察这两个字母（Friedman-Hill et al.，1995；Robertson et al.，1997）。很明显，R.M 的案例说明了注意能力的缺陷是如何严重地影响个体正确整合客体特征的。

特征整合理论与视觉搜索

另外一种方法是通过特定类型的视觉搜索任务来研究注意在捆绑过程中的作用。**视觉搜索**经常发生在生活中，当我们想要从大量的客体中寻找某一个客体时，如从一群音乐家中找到 Jennifer Hudson 或 Robin Thicke，或者是从图画《寻找 Waldo》（Handford，1997）中找到 Waldo 的时候，视觉搜索就发生了。视觉搜索中的**联合搜索**有助于研究捆绑。

演示 | 联合搜索

介绍联合搜索首先要先了解一下视觉搜索的另外一种形式——**特征搜索**。在阅读之前，先找到图 6.21a 中的水平线，这也是一个特征搜索的过程，因为此时对目标的搜寻是在寻找"水平线"这一特征时进行的。现在再从图 6.21b 中找到绿色的水平线，这是联合搜索的过程，因为此时对目标的搜寻是在找寻"水平线"和"绿色"这两个特征的结合体时进行的，这时不能只聚焦于水平线，因为图中有很多红色水平线；也不能只聚焦于绿色，因为图中有很多绿色垂直线，必须寻找水平与绿色的结合体。

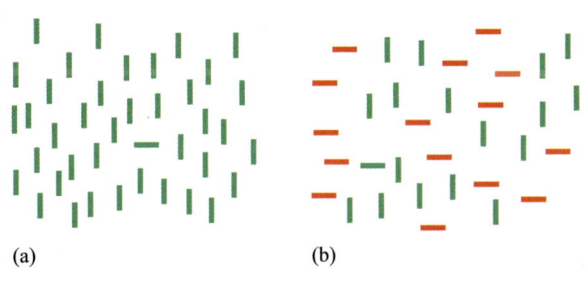

图6.21 在（a）中寻找水平线，然后在（b）中寻找绿色水平线。哪个任务所用的时间更长？

联合搜索之所以有助于研究捆绑，是因为为了将注意集中于特定位置，需要扫视周围。研究者们对巴林特综合征病人 R.M. 进行了研究，为的是证明联合搜索时必须将注意集中在一个指定位置的观点。结果发现，他在进行联合搜索时并不能找到目标（Robertson et al.，1997）。这个结果符合人们的预期，因为 R.M. 在集中注意方面存在缺陷。但 R.M. 在进行特征搜索时是可以找到目标的，如完成图 6.21a 中的任务，因为此时并不需要将注意集中在指定位置。因此，特征整合理论认为，注意在个体对有多种不同特征的客体进行知觉时，发挥了主要作用。

特征整合理论与自上而下加工

特征整合大多涉及自下而上的加工，因为这种观点并未涉及背景知识。然而，在一些情况下也会涉及自上而下的加工。例如，Treisman 和 Schmidt（1982）使用图 6.22 所示的刺激作为关联整合实验的刺激要求被试识别客体时，很容易产生关联整合；比如，有的时候，橙色的三角形会被知觉为黑色的。然而，当告知被试给他们呈现的是一个胡萝卜、一个湖泊和一个轮胎的时候，关联整合现象便可能消失，并且被试更容易将三角形的"胡萝卜"知觉为橙色的。在这种情况下，被试关于"客体通常有着怎样的颜色"的背景知识就会影响他们能否正确地将这些特征整合。在我们的日常经验中，我们能够知觉一些熟悉的客体，自上而下的加工会结合特征整合分析来帮助我们准确地感知事物。

图6.22 证明自上而下加工会减少关联整合现象用到的实验刺激。（来源：Treisman & Schmidt，1982）

非注意的时候发生了什么

前面已经讲过，注意影响个体对刺激的反应与知觉。那么不注意的时候会发生什么情况呢？一种观点认为，注意不到也就知觉不到。毕竟，如果看向左边的物体，是不能同时看到远在右边的物体的。但是有研究表明，不仅仅感受野之外的物体会被忽视，还有一些即使是直接注视它，也会因为没有注意到它而被忽视的物体，这种现象被称为**非注意盲视**。

非注意盲视

Arien Mack 和 Irvin Rock 在 1998 年出版的《非注意盲视》（*Inattional Blindness*）一书中提到过这样一个实验：被试如果没有直接将注意定位到实验刺激上，那么即使这个刺激物是清晰明显的，被试也不会觉察到它。Ula Cartwright-Finch 和 Nilli Lavie（2007）基于 Mack 和 Rock 书中的实验，设计出一个十字交叉刺激（图 6.23）。十字会在实验中呈现 5 个试次，被试的任务是在十字快速闪现后指出是水平的线更长还是垂直的线更长。快速闪现的呈现方式、十字的两条线在长度上只有略微的不同，以及每个试次都会随机变换长度，都给实验任务增添了难度。在第六个试次呈现的同时，在屏幕上呈现一个正方形轮廓（图 6.23b），第六个试次一旦呈现完毕，会立即问被试屏幕上是否出现了刚刚没有见过的东西。在 20 个被试中只有 2 个报告看到了正方形。换句话说，大部分被试都"没有看到"小正方形，即使它是紧挨着十字呈现的。

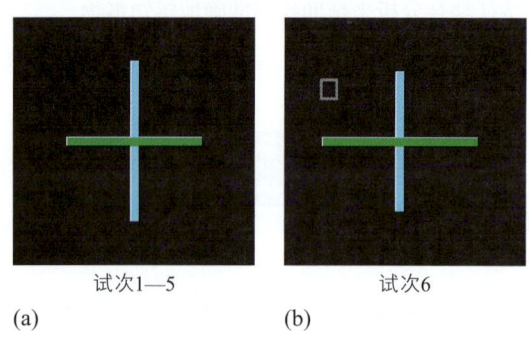

图6.23 非注意盲视实验。（a）十字呈现5个试次，十字的两条线在长度上略有不同，被试的任务是指出哪条线（水平还是垂直）更长。（b）在第6个试次中，被试的任务相同，但会在十字旁边同时呈现一个小的正方形，第6个试次后要求被试说出这一次呈现的刺激是否与之前存在差异。（来源：Cartwright-Finch & Lavie，2007；Lavie，2010）

非注意盲视的示例证实了快速呈现的几何探测刺激会产生非注意盲视。但是其他的一些研究表明，使用一些更加自然的刺激也会产生类似的效应，只是这些自然场景的刺激呈现的时间稍微长一点。想象你正看着商店橱窗内的一个陈列品。当你将全部的注意力集中到这件物品上的时候，就注意不到橱窗表面反射的像。当将注意转移到反射的像上的时候，就意识不到橱窗里的陈列品。

Daniel Simons 和 Christopher Chabris（1999）通过实验验证了"注意影响个体对复杂场景的知觉"这一观点，实验中用到了一个 75 秒的影片片段，影片中分别有两支三人团队，其中一队身着白衣并且在传递一只篮球，另一队跟在这三人身后，像在篮球比赛中一样举起手，以"保护"传球的进行（图 6.24）。被试需要看清篮球被传了几次，这个任务需要被试将注意都集中在白衣队伍上。在大约 45 秒时，会发生以下两种状况中的一种：一个打着伞的女人或是一个身穿大猩猩服饰的人横穿这个场景，这种状况持续了 5 秒。

图6.24 Simons和Chabris（1999）的实验中用到的影片画面。

在看完这个片段之后，询问被试是否看到了一些不同寻常的事情发生，或者除了这 6 个人之外是否还看见了其他的一些东西。接近一半的被试（46%）不能报告出看见了撑伞的女人或大猩猩。这个实验证实了当被试集中注意看一件事情的时候，就无法注意到另外的一件事情，即使这件事情就发生在被试的眼前（see Goldstein & Fink，1981；Neisser & Becklen，1975）。

变化盲视

继非注意盲视实验之后，研究者们又提出了另外一种方法来探究在缺少注意的情况下，感知过程会受到怎样的影响。与先前同时呈现多种刺激的任务不同，此时的研究者们会先呈现一张图片，接着呈现另一张略有差异的图片。为了帮助大家更好地理解这项研究，请尝试下面的演示。

演示 | 变化检测

读完指导语后观察图 6.25 几秒，然后翻页观察图 6.27，看看是否能说出两幅图之间的不同。

你能够看出图 6.27 中的不同之处吗？即使明确地知道要看向哪里，对于人们来讲，探测其中的

图6.25 变化盲视实验用到的刺激。

变化也稍有困难。（见第145页下面的提示，再试一次。）Rensink 和他的同伴在1997年做了一个类似的实验，在实验中给被试呈现一幅图片，然后呈现一幅黑屏，接着呈现一幅相同的图片，但是会缺少一个项目，然后再呈现黑屏……图片就这样循环，直到被试能够判断这两幅图片之间的差异。Rensink 发现，图片需要反复呈现多次，被试才能发现两张图片的不同之处。很难发现场景变化的现象就被称作**变化盲视**（Rensink，2002）。

产生变化盲视的概率令人难以想象。例如，在一项研究中（Grimes，1996），有100%的被试没有察觉建筑物的高度上升了1/4，92%的被试没有察觉鸟群的数量减少了1/3，58%的被试没有察觉泳衣的颜色由粉红色变成了绿色，50%的被试没有注意到两个牛仔互换了头，25%的被试没有注意到迪士尼乐园中灰姑娘的城堡旋转了180度！如果你认为这个结果很难让人信服，可以回想一下自己在看电影时对场景中变化的觉察能力。变化盲视在一些大众电影中也是较为常见的，其中一些场景会保持相同，也可能发生不同的变化。你是否记得在电影《绿野仙踪》（*Wizard of Oz*，1939）中，多萝西（朱迪·加兰饰）的头发长度多次改变，从短变长又变短？你是否惊讶于在电影《风月俏佳人》（*Pretty Woman*，1990）中，薇薇安（茱莉娅·罗伯茨饰）的早餐突然从羊角面包变成了可丽饼？你是否困惑于电影《哈利·波特与魔法石》（*Harry Potter and the Sorcerer's Stone*，2001）中的哈利（丹尼尔·拉德克利夫饰）在大厅谈话时的座位突然改变？这些时常发生在电影中的变化被称为**穿帮镜头**，你可以在互联网上搜索到更多这样的例子（搜索"电影中的穿帮镜头"）。

由变化盲视的示例可以得出一个重要的结论，我们对于这个世界的知觉经验有时是虚假的。许多刚好发生在我们眼前的事情并不能进入我们的意识。注意（或缺少注意）对发现客体和场景变化的重要性，通常表现在个体对某些情境中的变化的察觉好于其他情境。例如，与普通的或不相关的客体变化的觉察相比，我们能更快地发现那些有意义的、令人吃惊的或对目标、任务来说非常重要的客体的变化：

- 吸烟者发现与吸烟有关的客体（如打火机）的改变快于发现家中其他客体的改变（Yaxley & Zwaan，2005）。
- 与放在恰当位置的客体变化相比，人能更快地发现出现在不合时宜的位置上的客体（例如，放在厨房里的打印机，如图6.6）（Hollingworth & Henderson，2000）。
- 在计算机任务中，以颜色顺序排列的方块序列中突然发生的、与任务特征相关（如方块的颜色）的变化会比与任务无关（如方块高度）的变化更容易被发现（Droll et al.，2005）。

注意对场景知觉是否必要

非注意盲视、变化盲视以及其他的许多实验都说明了个体在非注意条件下会忽视甚至是发生在眼前的事物。但是注意对于知觉很重要的这个事实能否说明注意是必要的呢？下面要介绍两组实验，第一个实验得出的结论是注意对于知觉客体并不是必要的，另一个实验则得出了相反的结论。

知觉可以发生在非注意条件下的证据

有研究者提出过一个比较合理的观点支持注意对于知觉客体是非必要的，即人们对一幅图进行少于1/4秒的观察后，就能确定图中场景的类型（比如"森林""海岸""教室"）（Bronfman et al.，2014；Van Rullen & Thorpe，2001）。李飞飞和她的同事（Li et al.，2002）以这个观点为出发点设计了一个**双任务范式**，被试在实验中要同时完成一个需要注意参与的中央任务和一个判断场景内容的外周任务。

李飞飞要求被试在开始时注视着屏幕上的＋号（图 6.26a），然后屏幕中央会出现一个由 5 个字母组成的刺激物（图 6.26b）。有些试次中的 5 个字母完全相同，在有些试次中会有一个字母与其他四个不同。字母呈现后会立即在屏幕周边的随机位置出现一个次要刺激（一半红一半绿的圆盘或是一张风景图），呈现时间为 27 毫秒（图 6.26c）。

被试的中央任务是判断中央呈现的五个字母是否相同，外周任务是判断在外周呈现的图片中是否有动物（对应图片刺激）或者圆盘上的颜色是红—绿还是绿—红（对应圆盘）。即使被试为了完成中央字母任务必须将注意集中在屏幕中央的字母上，但当外周任务是判断风景图时，其正确率是 90%；不过当外周任务是判断圆盘颜色时，其正确率只有 50%（图 6.26d）。因此，在同时执行两个任务时，尽管判断圆盘任务时的正确率会下降到随机水平，但判断场景时的正确率依旧很高。李飞飞因此推断知觉场景的特性极少或不需要注意的参与（see Tsuchiya & Koch, 2009）。在面孔知觉上也得出过类似的结论：人们可以在几乎不需要注意参与的情况下判断面孔主人的身份及性别（Reddy et al., 2004, 2006）。

知觉需要注意参与的证据

对客体、面孔和场景特性的知觉可以发生在非注意条件下的结论让很多研究视觉的科学家感到意外。与此同时，也如往常一样，每当研究者有新的发现，就会有其他的研究者通过实验验证这个结论。例如，Michael Cohen 和他的同事（2011）想知道李飞飞的实验中的中央字母任务是否占用了足够多的注意资源。为了验证此观点，Cohen 设计了一个字母—数字任务，实验中会连续呈现一系列字母和数字（例如，G、N、W、4、A、Y、5、T），被试需要判断看到了多少数字。在完成这个中央任务的同时，被试需要判断在屏幕一旁快速闪现的图片上面是动物还是车子。被试在单独完成外周动物—车子任务时，正确率高达 89%。然而，被试在同时执行中央和外周任务时，其注意被中央任务分散，导致外周任务的正确率下降到了 63%。Cohen 由此得出结论，对自然场景的知觉需要注意的参与。其他几位研究者也通过各种方法得出了相同的结论（Cohen et al., 2012；Evans & Treisman, 2005；Mack & Clarke, 2012；Slagter et al., 2010；Walker et al., 2008）。支持"知觉有可能不需要注意参与"的研究者提出，即使注意被分散了，导致外周任务的行为表现有所下降，但其正确率依旧高于随机水平。所以，也许是场景知觉的某些方面需要注意的参与，而某些方面不需要。

关于知觉是否需要注意参与的争论将会一直持续。事实上，举出关于这些争论的例子从某种程度上来说是为了强调研究视觉的研究者们其实也并没有探求到全部的真理。我们对于知觉仍然存在许多

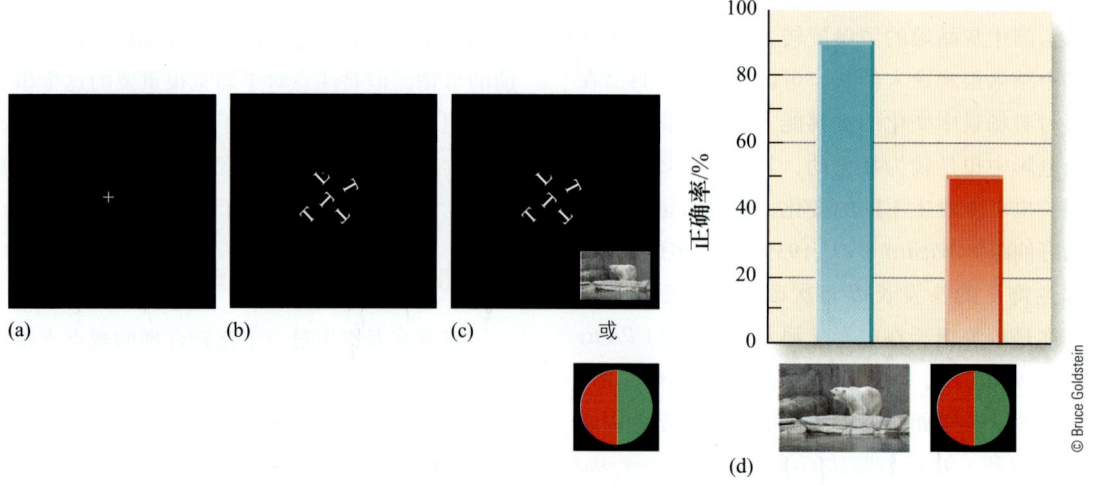

图6.26 （a—c）李飞飞和同事（2002）的实验程序。（d）实验结果。被试的行为表现指的是执行中央任务与不执行中央任务之间的正确率对比。被试在判断情境图片时的行为表现只有轻微的下降，而在判断圆盘颜色时降至随机水平。（来源：Li et al., 2002）

的不了解，这一思想也将会贯穿全书。但就目前来说，注意必然是产生知觉的基本要素，即使有时并不一定需要它。

图6.27　变化盲视实验用到的刺激。

分心

本章一开始便提到过，凸显的刺激（例如，快速移动的物体或特别大的声音）更容易捕获注意，并且有时还会发出危险警告，让我们避开危险情景。但有时，我们并没有注意的刺激突然引起了注意时，会很容易使我们从当前所做的事情中分心。例如，一个突然从计算机屏幕上弹出的绚丽的交友中心广告会干扰你在收件箱里找一封近期的邮件；公路旁引人注目的广告牌会使你的注意从眼前的交通状况中分散（Forster & Lavie，2008）。

不能为手头任务提供相关信息的刺激被称为**任务无关刺激**。例如，计算机屏幕上的弹出式广告或路边广告牌都是分配性注意的任务无关刺激，它可能会影响我们对当前任务的行为表现。注意分散的程度取决于分心刺激的性质，凸显的刺激更容易引起分心。然而，潜在的分心刺激的效果通常取决于任务的特性。

分心和任务特征

Nilli Lavie 认为，非注意刺激的分心效果取决于任务的性质（1995，2005，2010）。他指出，在许多实验中，如果任务难度低，那么任务无关刺激对完成任务的正确率会产生影响；反之，如果任务难度高，则很少或不会产生影响。

Sophie Forster 和 Lavie（2008）的实验也得出了这样的结果。被试的任务是尽快报告屏幕上出现了 X 还是 N（如图 6.28a）。当出现 X 时，按其中一个键；而当出现 N 时，按另一个键。当目标刺激

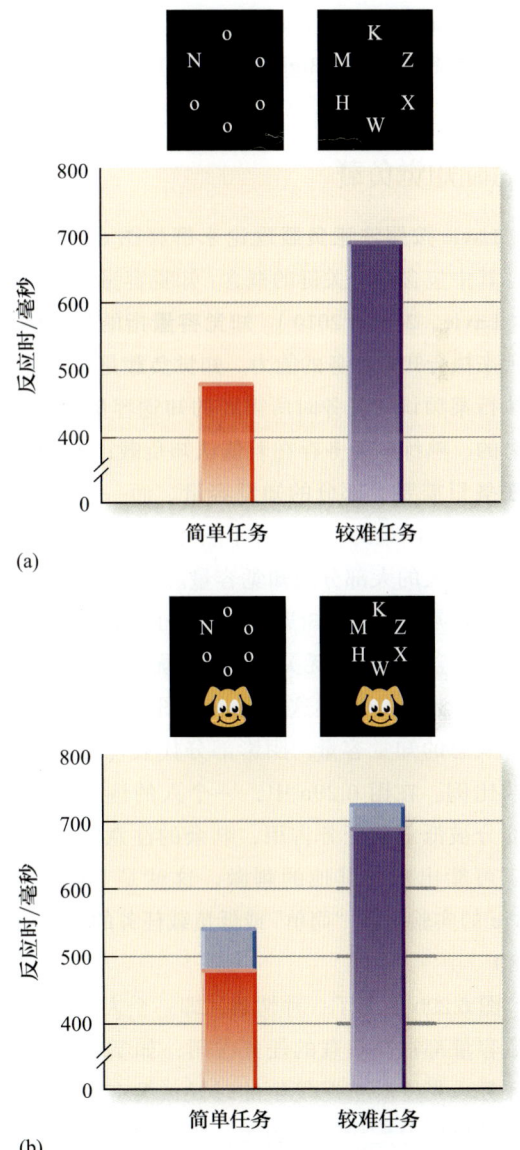

图6.28　Forster和Lavie（2008）的实验任务，尽快报告出屏幕上出现的目标是 X 还是 N。（a）执行简单任务（左图）或较难任务（右图）的反应时，左图中的目标被几个小的o包围，右图中的目标被几个不相同的字母包围，对简单任务的反应快于较难任务。（b）分心任务的加入增加了简单任务的反应时，但对较难的任务产生的影响很小。图上蓝色的延伸部分代表反应时增加的时长。

以左图中的方式呈现时（目标刺激只被一种字母包围，如o），任务难度小。然而，当目标刺激以右图中的方式呈现时（目标刺激被多种字母包围），任务难度变大。两者之间的差别体现在反应时上，较难的任务比简单任务需要的反应时更长。但如果同时在屏幕边缘呈现一个与任务无关的刺激（如图6.28b上的卡通图像），那么对简单任务产生的影响较大，即简单任务的反应时变长了，但是对较难任务产生的影响较小（Biggs et al., 2012）。

注意和知觉负载

Lavie 按照注意负载理论来解释图 6.28b 的结果，其中包含两个关键的概念：知觉容量与知觉负载（Lavie，2005，2010）。知觉容量指的是个体可以用来执行知觉任务的能力。知觉负载是指一个人在执行某项认知任务时所需要的知觉容量的大小。容易的、熟练的任务存在着低认知负载；这些低负载任务只需要少部分的知觉容量。而一些其他任务，即那些困难的、也许并不熟练的高负载任务会占用一个人的大部分的知觉容量。Lavie 认为，个体执行任务时剩余的知觉容量的大小决定了他在多大程度上会受到任务无关刺激的干扰。

图 6.29 用于阐述这个观点。图中的圆圈代表一个人总的知觉容量，阴影部分代表任务占用资源的比例。在图 6.29a 中，一个人的注意资源仅有部分被低负载任务占用，剩余的注意能够用来加工可能出现的其他的刺激，这就是 Forster 和 Lavie 的实验中的"简单"或低负载任务的情况（图6.28）

图 6.29b 说明了一种情景，即一个人的所有的知觉容量都被高负载的任务占用，如实验中的困难任务。当这种情况发生的时候，没有剩余的知觉容量可以分配给其他刺激，所以这些无关刺激不能得到加工，也就不会对完成任务的表现产生影响。

为了更好地理解负载的重要性，想象自己将注意全部聚焦在一件很有趣的任务或很难完成的任务上。需要集中全部注意的情况就是个体用到了自己全部知觉容量的情况，在这种情况下不太可能被任务无关刺激干扰。

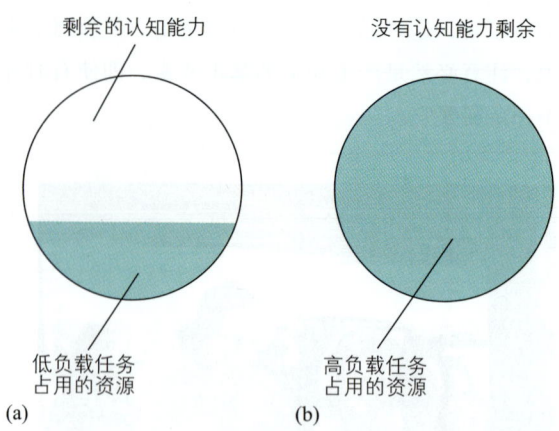

图6.29 （a）低负载任务用到的认知资源少，余下的部分能够处理无须注意的任务无关刺激。（b）高负载任务用到了全部认知资源，并没有多余的资源用于处理任务无关刺激。

我们可以将 Lavie 的负载理论应用到之前描述过的非注意盲视的现象中。在那个实验中，在完成任务要求（判断十字的哪条线长）的同时，只有10% 的被试注意到了十字旁边呈现的小正方形。按照负载理论的说法，判断长短是高负载任务，占用了个体大部分的知觉能力，所以就不会有多余的资源用来觉察这个小的非注意刺激。然而，如果要求被试判断十字的哪条线是绿色的（是水平线还是垂直线），此时任务就转化成了低负载任务，这时有55% 的被试报告看到了小正方形（Cartwright-Finch & Lavie，2007；Lavie，2010）。

思考时刻
驾驶过程中的分心

驾驶任务是一个必须持续保持注意力的任务。由于倦意或者在驾车的过程中涉及其他的任务而没有集中注意会导致一些灾难性的后果。一项对 100 辆汽车的自然驾驶情况进行的研究证实了驾驶过程中注意力不集中所带来的严重后果（Dingus et al., 2006）。这项研究利用车内的录像机记录了司机在驾驶过程中的行为以及前后车窗外的情形。这些录像记录了在超过 322 万公里的驾驶中的 82 起交通事故以及 771 起险些发生的事故。在 80% 的交通事故以及 67% 的险些发生的交通事故中，在事发 3

秒之前，司机的注意力都不集中。一个男人时不时地朝下看然后又朝右看，并且在走走停停的驾驶状态下整理文件，以致撞到了一辆多功能越野车。一个女人在她撞到前面那辆车之前，将头部埋在仪表盘下面吃汉堡。最分心的活动就是在驾驶的过程中按手机或者其他类似设备上的按钮。在险些发生的事故中，有超过22%的事故涉及这种类型的分心情况。

在一项研究打电话带来的影响的实验中，Strayer和Johnston（2001）要求被试完成一项模拟驾驶任务，被试在红灯出现时需要迅速踩刹车。边驾驶边打电话导致被试错过红灯的概率是不打电话时的2倍之多（图6.30a），并且会使被试对从红灯出现到踩刹车的反应时延长（图6.30b）。也许这个实验最重要的发现是被试在实验中无论是使用手持电话还是免提电话，反应时都会延长。

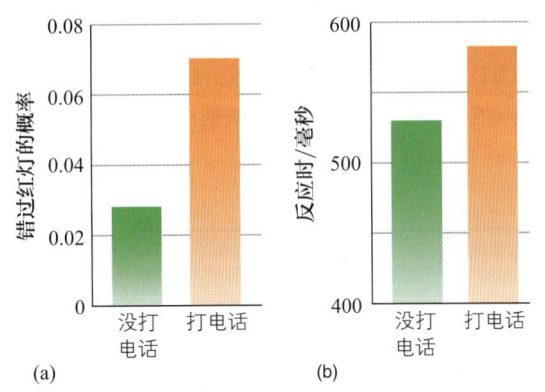

图6.30 Strayer和Johnston（2001）的实验结果。被试打电话时（a）错过红灯的概率和（b）从红灯出现到踩刹车的反应时。

在这个实验以及其他一些打电话干扰驾驶的实验结果的基础上，Strayer和Johnston认为，打电话会占用用于开车的认知资源（见Haigney & Westerman，2001；Lamble et al.，1999；Spence & Read，2003；Violanti，1998）。驾驶过程中使用电话引起的问题与认知资源的使用之间存在关联性的这种观点是十分重要的。这种问题的关键并非一只手不能驾驶车辆，而是因为这样会使用于驾驶的认知资源变少，从而不能专心驾驶。

学生们面对这样的结果通常会问，以免提的方式打电话和与车内乘客交谈之间有怎样的不同。事实上，有证据表明，与乘客谈话也会对驾驶造成负面的影响，特别是在乘客并不关注路况的时候（Strayer et al.，2013）。一种帮助你区分打电话和与乘客交谈的不同的方式就是假想你给一位朋友打电话，朋友的电话接通了，你们开始交谈。这时，你只知道你们正在进行电话交谈。但你并不知道接电话的那个人可能正行驶在一条拥堵的道路上，或者正在高速路上避让一辆时速113公里的超车。试想，如果你是一名坐在司机旁边的乘客，你能够进行同样的谈话吗？当你作为一名乘客的时候，你是能够意识到交通状况的，并且能够终止谈话或者警示司机潜在的危险（有时被称作"后座驾驶"）。正因为日常生活中存在像电话交谈这样的社会性需求，因此这种研究有着较为重要的意义。因为通常来讲，突然停止说话或者长时间中止谈话都是一种不礼貌的行为，所以一个人在驾车的时候打电话会使驾驶变得更加具有挑战性。但是即便大家都懂这个道理，这种现象也依然存在。

一个与使用电话有关的有趣现象是由全美互惠保险公司在2008年所做的调查中发现的：尽管大多数人在驾车过程中打电话时考虑到了自身的安全，但45%的人报告他们会被另外一些驾车打电话的司机撞到或者差点撞到。尽管人们都明白在驾车的过程中打电话是有危险的，但是他们也会认为一些危险因素来自其他人，而不是他们自己（Nationwide Insurance，2008）。

有些人会存在这样的疑虑，"如果我开车时并没有用到全部的心理资源，剩下的就可以分给打电话，这样同时做两件事有什么问题吗？"这个问题的关键在于，无论驾龄有多长，即使是这么多年开车时打电话都没出过事故，但其实打电话（特别是发短信）占用的心理资源远比想象中的多。但最重要的是，驾车时一些突然发生的事需要人们立即集中全部的注意。由于现在越来越多的人开始在开车时发短信，美国弗吉尼亚理工大学交通研究所通过实验得出了这样的结论，开车时发短信的卡车司机比不发短信的司机更容易造成交通事故（Hickman & Hanowski，2012；Olson et al.，2009）。由此，许多国家都开始通过立法来禁止司机在开车时发短信。

综上所述，任何在驾车时可以分散注意的事情都会影响驾车时的表现。手机并不是车内唯一会引起注意分散的设备。2004年，《纽约时报》（*New York Times*）的一篇题为《嗨，我是你的汽车。不要让我分散你的注意力》的文章说，许多的新车存在一些分心设备，比如GPS导航系统和一些高科技计算机控制的菜单屏幕（Peters，2004）。在这篇文章发表后的10年里，车内引起分心的设备的数量大大增加。例如，有些声控应用程序，驾驶员可以用它预约电影或晚餐，发送和接收短信或者邮件，或是在社交媒体上发布消息。虽然这些功能听起来很有趣，但是最近美国汽车协会旗下的交通安全基金会发表的题为《关于汽车上认知转移的调查》（*Measuring Cognitive Distration in the Automobile*）的研究指出，声控行为比打电话更容易分心也更容易引起危险。研究认为，"当车子行驶时，尽管新科技没让视线离开公路，但也没有使驾驶过程更安全"（Strayer et al.，2013）。

关于驾车时打电话的问题，还有一些值得注意的地方，这里所说的问题不只局限在驾驶汽车上。在许多自行车盛行的城市，随处可见图6.31中那样边骑车边用手机的人。图6.31是阿姆斯特丹众多骑车者中的两个，他们正在边骑车过马路边打电话或者看短信。虽然目前还没有关于骑自行车时打电话是否会分配性注意力的调查研究，但是这个问题或许与驾车时打电话相类似。对此，你怎么看？

图6.31 在阿姆斯特丹街头，两个边用手机边骑车的人。右图中的人不只用右手玩手机，左手手指还夹着香烟。阿姆斯特丹的自行车和机动车共用一个车道。在荷兰，开车时打电话是违法的，但是并没有法律限制骑车时打电话。

发展维度：注意和知觉完形

虽然新生儿的视敏度有限（见第2章"发展维度：婴儿的视敏度"），但可以通过行为表现发现他们对一些客体的视觉偏好。他们更喜欢看轮廓或有高对比度的物体，对面孔表现出偏爱（见第5章"发展维度：婴儿的面孔知觉"）。然而，许多注意加工过程直到3个月后才开始出现，还有许多诸如扫描环境中细节能力的全面发展会一直持续到童年期甚至是青春期（Amso，2010）。

我们并不想调查关于注意发展的研究，而是想探究注意加工过程的出现与**知觉完形**之间的联系。知觉完形指的是对不完整客体的知觉延伸，例如，图5.23中的水平木板挡住对三个男性的视觉（也指将客体知觉成整体。）

当成人观察类似图5.23的场景时，知觉到的男人的身体是连续的，即使身体被他们倚靠的栏杆遮挡住了一部分。但婴儿是会将栏杆后的男人身体的上半部分、中间部分还有下半部分知觉成几个独立的部分，还是一个连续的整体呢？研究这个问题要用到习惯化范式，习惯化范式是基于婴儿的观察行为：在婴儿面前呈现一个熟悉刺激和一个新异刺激，婴儿倾向于看向新异刺激（Fagan，1976；Slater et al.，1984）。

方法 | 习惯化

因为婴儿更喜欢看向新异刺激，所以可以通过让婴儿熟悉一个刺激但不熟悉其他的刺激，来建立婴儿偏爱的新异刺激。这种方法被称为**习惯化**。反复给婴儿呈现相同的刺激，记录婴儿每次看向这个刺激的时长（见图6.32）。因为婴儿对这个刺激越来越熟悉，所以他对这个刺激产生习惯化，看向这个刺激的时长一次比一次短，如图6.32中绿色圆点。

一旦婴儿对这个刺激产生习惯化，我们就可以通过呈现新异刺激来确定婴儿是否能判断这两个刺激之间的不同。图 6.32 中新异刺激在第八个试次中出现，如果婴儿能够判断习惯化刺激与新异刺激之间的不同，他就表现出了**去习惯化**，即当刺激物改变，个体看向新刺激物的时间变长，图中用红色空心圆点表示。如果婴儿判断不出两种刺激之间的不同，他将继续对新刺激产生习惯化（因为他知觉不出新异刺激），在图中用蓝色空心正方形表示。去习惯化的发生说明对婴儿来讲，出现的第二种刺激与婴儿习惯的刺激不同。

和 Spelke 因此推断，婴儿能将矩形后面的刺激物知觉成一根完整的木棍，说明婴儿具有知觉完形的能力。然而当婴儿对静止的在矩形后的木棍习惯化后，并未出现上述结果。因此，是木棍的移动帮助了 4 个月大的婴儿推断出遮挡物后面的木棍是连续的。

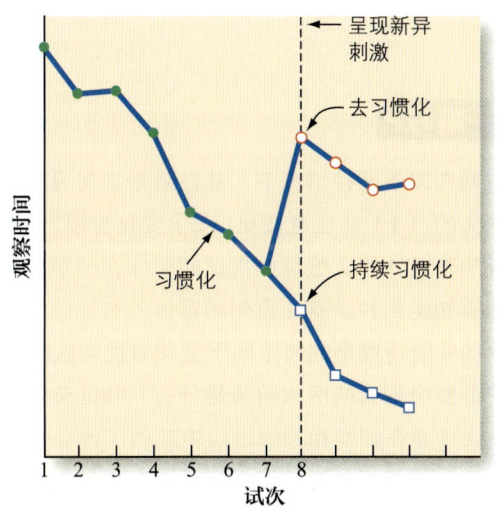

图6.32 习惯化实验的假设结果。

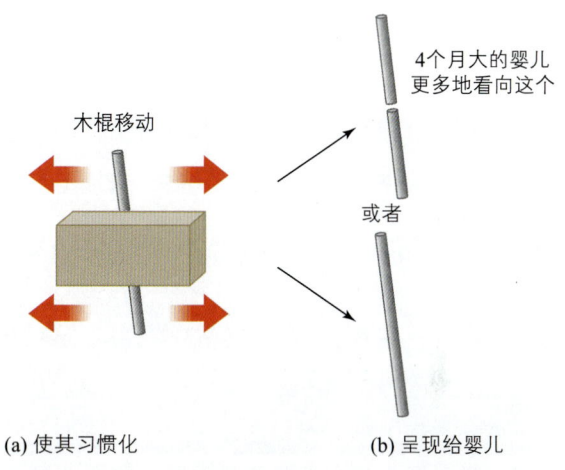

图6.33 （a）Kelman和Spelke（1983）的实验中的习惯化阶段用到的刺激物，一根在矩形遮挡后面来回移动的木棍。（b）实验中在去习惯化阶段给被试呈现的刺激物。

习惯化经常被用于研究知觉完形，例如，给被试呈现如**图 6.33a** 的刺激物，一个木棍在矩形遮光板后来回移动。成人会将两段灰色木棍知觉为一个整体。Philip Kellman 和 Elizabeth Spelke（1983）为了研究 4 个月大的婴儿如何知觉图 6.33a 中刺激，首先让婴儿对遮光板后来回移动的木棍习惯化，婴儿因此看向刺激物的时间越来越短。然后给被试呈现两截分开移动的木棍（**图 6.33b** 上方的刺激物）或是一根移动的长木棍（图 6.33b 下方的刺激物）。

习惯化的原理是当婴儿对一个刺激产生习惯化以后，会用更多的时间看向被他知觉为不同于习惯化刺激的新异刺激。因此，看顶部两截分开移动的木棍的时间更长，说明婴儿将图 6.32a 中矩形后面的刺激物知觉成一根完整的木棍。Kellman

如果 4 个月大的婴儿能够将在遮挡物后面移动的客体知觉成整体，那么小一点的婴儿是否也能做到呢？Slater 和同事（1990）用新生儿重复了 Kellman 和 Spelke 的实验，发现新生儿在对遮挡物后面移动的木棍产生习惯化后，在两个独立木棍和一个完整的木棍之间，会倾向于多看完整的木棍。这就意味着婴儿将遮挡物后面移动的木棍知觉成独立的两部分而不是一个整体。显然新生儿并不能像 4 个月大的婴儿一样，可以根据运动进行推理。

因此，婴儿在出生时并不存在（或者不能通过使用这样的特殊程序测量出来）4 个月时会有的这种推理能力。那么这种能力是在何时开始出现的呢？Scott Johnson 和 Richard Aslin（1995）通过实验找到了答案，他们选择 2 个月大的婴儿做被试，其中一些婴儿的实验结果与 4 个月大婴儿的实验结果很相似。显然，通过移动的方式来形成知觉世界的能力是在婴儿出生后的第一个月迅速发展起来的。

为了将知觉完形任务中的表现与注意结合起

来，Johnson 和同事（2004）选择 3 个月月龄的婴儿做被试，有些婴儿能将在遮挡物后面移动的木棍知觉成连续的整体，有些则不能。他们将这些具有知觉完形能力的婴儿记为知觉者，其他的记为非知觉者，然后对这两组婴儿进行眼动模式的测试。图 6.34 为知觉者（图 6.34a）和非知觉者（图 6.34b）在习惯化过程中的眼动记录。图中的两个木棍代表左右移动的位置范围。

通过眼动记录可以看到，知觉者更多地看向木棍，而非知觉者更多地看向矩形遮挡物。并且知觉者们比非知觉者们有更多的水平方向的眼动。因此，知觉者更倾向于看向木棍并随之移动，而非知觉者更喜欢看向矩形遮挡物和与将遮挡物后面的木棍知觉为整体无关的部分。Johnson 和同事（2008）基于这个以及其他的结果推论出，婴儿的知觉完形能力与扫描模式的发展密切相关，扫描模式使他们能够积极地探索和找到一些必要的信息，这些信息有助于将这两个看似独立的部分知觉为一个整体。因此，婴儿的注意方式与知觉内容之间存在联系。

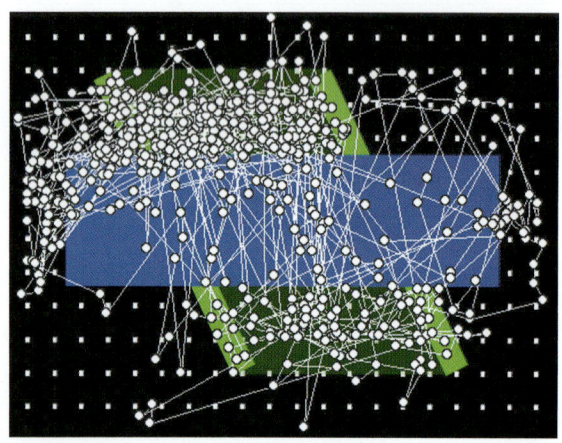

(a) 将遮挡物后面的木棍知觉为整体的婴儿

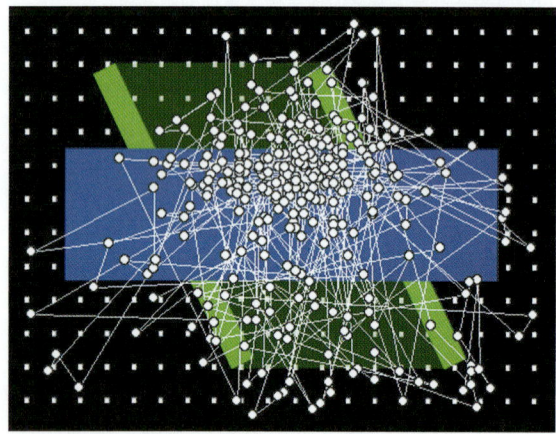

(b) 没有将木棍知觉为整体的婴儿

图 6.34 当木棍在遮挡物后面来回移动时，婴儿在习惯化过程中是如何观察眼前事物的。（a）将移动的木棍知觉为整体的婴儿（知觉者）的眼动图。（b）没有将移动的木棍知觉为整体的婴儿（非知觉者）的眼动图。（来源：Johnson，Slemmer，& Amso，2004）

测一测 6.2

1. 说明在以下两种情况下，非注意是如何导致知觉缺失的：（1）非注意盲视；（2）变化盲视。
2. 说明李飞飞的实验是如何证明个体在一定条件下能够知觉到并没有注意到的客体的特征的。李飞飞的实验情境是如何不同于变化盲视实验的？
3. 特征整合理论的两大阶段是什么？特征整合理论认为注意在知觉和捆绑过程中起到了什么作用？
4. 注意与捆绑相关联的证据是什么？描述正常人和巴林特患者的关联整合和联合搜索实验。
5. 描述 Forster 和 Lavie 关于注意分散的研究，说说由与任务无关的刺激引起的分心现象。
6. 如何用 Lavie 的注意负载理论来解释 Forster 和 Lavie 的实验结果？理解知觉容量和知觉负载的概念。
7. 如何将知觉负载理论应用到注意盲视实验中？
8. 证明驾车时打电话或发短信是不正确行为的证据是什么？
9. 什么是知觉完形？描述证明婴儿存在知觉完形能力的实验。注意在知觉完形的过程中起到了什么作用？

想一想

1. 如果客体的凸显性由情境的特点决定，比如对比度、颜色以及方向，那么为什么注意一个客体也能增加它的凸显性？
2. 第5章介绍的环境中的规则的观点，与决定个体看向哪里的认知因素有什么关系？
3. 回想一下生活中是否有类似于变化探测实验的经历，当情景变化时，却没有发现其中某个客体的变化，但一旦知道了这个客体就更容易注意到它？你认为起初没有看到这个客体的原因是什么？
4. 在习惯化范式中，让婴儿在熟悉刺激和新异刺激之间进行选择，他们更愿意选择看向新异刺激。但是第5章的"发展维度"部分指出，月龄较小的婴儿看向妈妈的面孔比看陌生人的面孔要多，如果婴儿倾向于更喜欢看新异刺激，那你怎么看待这个现象？

第142页"演示：变化检测"专栏的线索：注意看图片靠近左下角的展示板。

关键术语

巴林特综合征（Balint's syndrome，p.140）
变化盲视（change blindness，p.143）
穿帮镜头（continuity errors，p.143）
低负载任务（low-load tasks，p.146）
非注意盲视（inattentional blindness，p.141）
分配性注意（divided attention，p.140）
高负载任务（high-load tasks，p.146）
关联整合（illusory conjunctions，p.140）
集中注意阶段（focused attention stage，p.139）
局部场电位（local field potential，LFP，p.137）
空间注意（spatial attention，p.133）
捆绑（binding，p.138）

捆绑问题（binding problem，p.139）
联合搜索（conjunction search，p.141）
内隐注意（covert attention，p.129）
前注意阶段（preattentive stage，p.139）
去习惯化（dishabituation，p.149）
任务无关刺激（task-irrelevant stimuli，p.145）
扫视眼跳（saccadic eye movement，p.128）
视觉浏览（visual scanning，p.128）
视觉搜索（visual search，p.140）
视觉凸显（visual salience，p.130）
双任务范式（dual-task procedure，p.143）
特征搜索（feature search，p.141）
特征整合理论（feature integration theory，FIT，p.139）

凸显地图（saliency map，p.130）
外显注意（overt attention，p.129）
习惯化（habituation，p.148）
相同客体优势（same-object advantage，p.134）
预线索化（precueing，p.133）
知觉负载（perceptual load，p.146）
知觉容量（perceptual capacity，p.146）
知觉完形（perceptual completion，p.148）
注视点（fixation，p.128）
注意（attention，p.127）
注意捕获（attentional capture，p.130）
注意负载理论（load theory of attention，p.146）

Andrew McCutcheon 该在什么时候跳起来才能接到球呢？从本章可以看到，完成这件事涉及知觉和动作的联系。这两者的联系不仅存在于专业运动员比赛的时刻，也存在于人们的日常生活中，譬如在人们穿过校园或拿起桌子上的一杯咖啡的时候。

第 7 章

动作执行

本章内容

知觉研究的生态学方法
环境中观察者移动所产生的信息
自产信息
感觉不是独自发挥作用的
行走和驾驶
行走
驾驶
寻路

地标的重要性
大脑的"全球定位系统"
寻路的个体差异
作用于物体的动作
可供性：客体的功用
碰触和抓握的生理机制
观察他人的动作
在大脑中模仿他人的动作

预测他人的意图
思考时刻：基于动作的知觉解释
发展维度：模仿动作

想一想
关键术语

我们要思考的一些问题

- 环境中的感知和运动有什么关系？
- 翻跟头和视觉有什么关系？
- 当人们执行动作时，大脑中的神经元有怎样的反应？当人们观察他人做同样的动作时，神经元又有怎样的反应呢？

赛丽娜是一名快递员，她为了快速、刺激且可能存在危险的骑行带上了头盔。她的任务是将两个绑在自行车后座上的包裹送到位于 30 个街区外的居民小区。她在道路上穿梭的同时需要保持对汽车、卡车、行人和路况的注意。在红灯亮起时，她停下来取下水瓶快速地喝了口水。在将水瓶放回原处的同时，她调低了自行车的变速，小心翼翼地关注着前方的行人并做好随时刹车的准备。

在骑行的过程中，赛丽娜需要运用对周围环境和自己身体的感知去监控周遭发生的事情，以便顺利地完成任务，如保持自行车的平衡，伸手拿出水瓶，以及避开有可能步入车道的行人。本章关注动作执行过程中的知觉加工方式。正如解释赛丽娜如何完成一系列动作（如抓取水瓶或预测将要发生的事情）那样，我们将要对"知觉和动作如何相互影响"这一问题进行探讨。在本章中，我们需要通过思考动作来理解知觉。

知觉研究的生态学方法

20 世纪研究知觉的主流方法是让被试在实验室环境下观看静态的刺激。但在 20 世纪七八十年代，以 J. J. Gibson 为首的一群心理学家批判这种传统的知觉研究方法，认为其缺乏**生态学效度**。一个有生态学效度的实验需要在刺激、条件和呈现方式上都符合自然条件下的情况。让被试在狭小的实验室中观察一些简单的刺激显然不符合这一要求，因为这样的实验忽视了人们在自然、真实的任务下的知觉，比如穿过门厅，骑行穿过大街或将飞机停在跑道上。Gibson 指出，知觉的进化是为了帮助人们适应世界（如行走和行动），因此他认为研究知觉的最好方法是在人与环境的交互过程中进行的。Gibson 强调在自然条件下研究知觉，因此他的研究方法被称为**知觉研究的生态学方法**（Gibson，1950，1962，1979）。生态学方法的一个主要目的就是考察动作是如何产生知觉信息的,这些信息既能影响下一步的动作也有助于人们对环境进行感知。

环境中观察者移动所产生的信息

为了更好地理解什么叫移动产生知觉信息,可以想象一下你正开车行驶在一条空旷的大街上,在视线范围内没有任何车和行人,周围的建筑、树和交通标识都是静止的。然而尽管周围的事物实际上没有移动,但是透过车窗往外看时,你与这些事物的相对运动会使它们看上去是向后运动的。并且,当你在车内向前看时,会感觉道路是在向迎着你的方向移动的。比如当你加速穿过一座桥时,你头上的桥、脚下的路都看起来是在快速地朝你行驶的反方向运动(图 7.1)。

图7.1 桥和道路似乎在朝着车的方向移动,这种移动称为光流。

光流

上面提到这种被称为**光流**的运动是由观察者的运动引起的,其他事物或场景相对于观察者运动。光流有两个重要的特性:

1. 如图 7.1 中所示,光流离运动的观察者越近时流动速度越快,图中箭头越长代表光流速度越快。这种流速的不同(离观察者越近流动速度越快,越远速度越慢)被称为**流量梯度**。流量梯度提供了一些关于观察者移动速度的信息。Gibson 认为,观察者可利用这些信息来判断自身移动的速度。
2. 观察者运动的终点处是没有光流的。我们将没

有光流的终点称为**延伸焦点(FOE)**。在图 7.1 中,延伸焦点位于桥的尽头(用白色小点表示),它是在行程不变的情况下车辆所要到达的目的地。图 7.2 呈现了一架将要着陆的飞机的光流。在飞机当前航线不变的情况下,延伸焦点(图中的小红点)代表了飞机的着陆点。

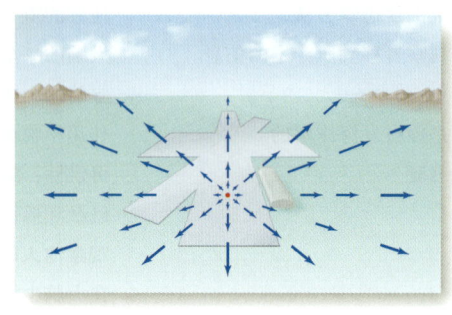

图7.2 飞机着陆时的光流。图中间的点为延伸焦点,是飞机的着陆点。(来源:Gibson,1950)

为探究人们是否在使用光流信息,研究者要求被试观看屏幕上由运动点形成的光流并判断自己的前进方向。具体而言,实验要求被试基于光流刺激来判断他们是否正朝向某一参照点(样例刺激参见

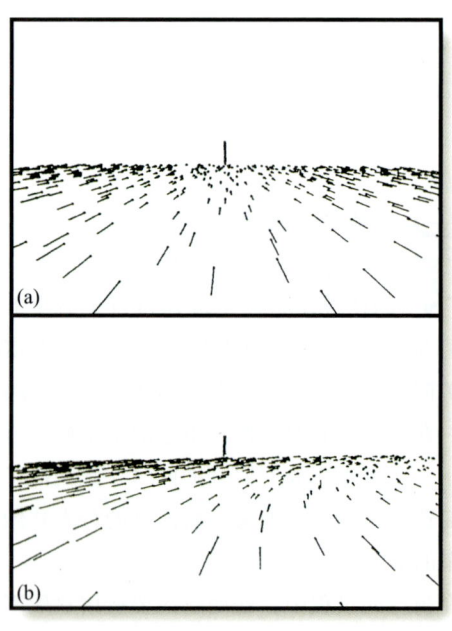

图7.3 (a)人们朝着地平线上的垂直线移动时产生的光流。线段的长度代表了人们移动的速度。(b)人们沿弯曲的小道向垂线右侧移动时产生的光流。(来源:Warren,1995)

图 7.3a 和图 7.3b）。图中黑色的竖线代表单个点的移动轨迹，线段越长速度越快（图 7.1）。不同的移动轨迹和速度形成了不同的流动模式。图 7.3a 中的光流代表了朝向位于地平线的垂线的运动；图 7.3b 中的光流则代表了朝向垂线右侧的运动。被试观看这样的刺激，能很精确地判断出朝向与垂线间在 0.5° ~ 1° 上的差异（Warren，1995，2004；also see Fortenbaugh et al.，2006；Li et al.，2006）。

恒定信息

生态学方法的另一个重要概念是**恒定信息**，指无论观察者做什么、如何运动都不会发生变化的信息。例如，光流可以提供恒定信息，因为只要观察者以一个特定的方式经过某个场景，所形成的光流信息就会是一样的。例如，延伸焦点总是位于观察者移动的目的地。如果观察者改变了前进的方向，那么延伸焦点就会换到一个新的位置，但是延伸焦点依旧存在。因而，尽管环境中的细节有所改变，但是光流和延伸焦点依旧可以提供移动方向和移动速度的信息。在本书的第 10 章，我们将讨论 Gibson 提出的其他的恒定信息，如恒定大小和恒定距离。

自产信息

生态学方法的另一个重要概念是**自产信息**，指的是人们运动时所产生的会对后来的动作有引导作用的信息（图 7.4）。例如，在驾驶时，行驶中的车产生了光流信息，司机随后可以利用这些信息来更好地驾驶车。另一个自产信息的例子则是空翻。

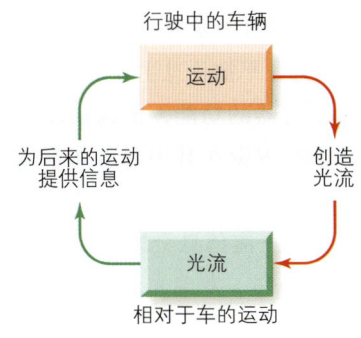

图7.4 运动和光流的关系是相互的，运动产生光流，光流引导动作。这是人类和环境交互的基本原理。

可以通过研究体操运动员如何完成后空翻任务来理解这个问题。体操运动员需要在 600 毫秒内完成空翻，并且以一个标准的姿势落地（图 7.5），完成这个任务的方法是学习在固定的时间段内完成一系列预设好的动作。若真如此，那么不论眼睛是否睁开，动作应该都是一样的。然而，Benoit Bardy 和 Makel Laurent（1998）发现，专业的体操运动员闭着眼进行后空翻时的表现比睁着眼时差。录像显示，运动员在睁着眼进行后空翻时，会在空中调整他们的运动轨迹。例如，一位运动员会通过加快自己的后续动作来弥补前面动作耗费的过多的时间。

图7.5 从左到右，依次是后空翻的连续快照。（来源：Bardy & Laurent，1998）

Bardy 和 Laurent 发现了一个十分有意思的结果，进行后空翻时闭眼与否对新手的影响远没有对熟练运动员的影响那么大。显然，熟练的运动员学会了通过他们的知觉来协调运动，而这个能力是新手所没有的，因而当新手闭眼进行后空翻时，缺少的知觉信息并没有像对熟练运动员那样造成太大的影响。后空翻和开车、驾驶飞机一样，都需要通过现有的动作来引导下一步的动作。

感觉不是独自发挥作用的

Gibson 的另一个观点是，感觉不是独自发挥作用的。他认为，比起将视觉、听觉、触觉、嗅觉和味觉分为不同的感觉，我们更应该思考这些感觉是如何共同发挥作用的。某些原先被认为只源于某一感觉的行为也会受到其他感觉的影响，例如，平衡感。

人们在直立和行走时保持平衡的能力依赖负责身体运动和方位的感觉系统。这些系统包括内耳的前庭器官和位于关节和肌肉上的感受器。然而，Gibson（和其他人）指出，视觉信息在保持平衡的过程中也起到了一定的作用，这支持了感觉协同作用的观点。如下文所述，一种证明视觉信息在维持平衡中起一定作用的方法就是观察人类在没有视觉信息时会表现得如何。

演示　保持平衡

站起来，抬起一只脚，用另一只脚来保持平衡，在你看来，这也许是一件很简单的事。但请闭上双眼再来做这个动作，看看有什么不一样。

闭上眼睛时更难保持平衡吗？之所以会这样是因为视觉为调整肌肉保持平衡提供了一个参考框架（See Aartolahti et al., 2013; Hallemans et al., 2010; Lord & Menz, 2000, 利用其他方法表明视觉信息的缺失会影响身体平衡、姿势和灵活性的研究）。

当人们的视觉和前庭感觉提供了相互冲突的信息时，视觉参照框架在平衡中的重要性就凸显出来了。例如，David Lee 和 Eric Aronson（1974）将 13~16 个月的儿童置于一个"摇晃的房间"里（图7.6）。在这个房间中，地板是固定的，但是墙壁和天花板可以前后摇摆（迎着或远离儿童的方向）。图 7.6a 显示了房间迎着儿童方向移动的情况。这个墙壁的移动会产生位于右侧的光流模式，值得注意的是，这个模式和向前行走及开车穿过桥时产生的光流模式非常相似。

儿童观察到的光流模式会使他们觉得是自己在运动。毕竟在自然场景中，唯一会产生这种光流模式（所有事物突然向你自己的方向移动）的情景就是人自身在向前移动的时候。这种知觉会让儿童选择朝相反的方向倾斜来进行补偿（图 7.6b）。如图 7.6c 所示，当房间往回移动时，光流模式会使人产生向后倾斜的印象，所以小孩会往前倾斜来保持平衡。

尽管在 Lee 和 Aronson 的实验中，有一小部分的儿童并没有受到墙壁和天花板摇摆的影响，但有 26% 的儿童表现出了摇摆，23% 的儿童站不稳，33% 的儿童甚至摔倒了。最重要的是这一切都是在地板从头到尾完全静止的情况下发生的！

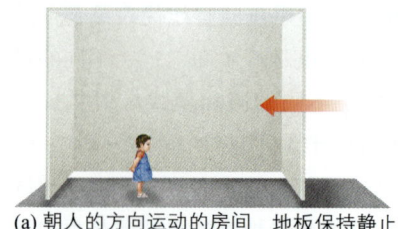
(a) 朝人的方向运动的房间　地板保持静止

当墙朝人们的方向运动时产生的光流

(b) 人向后倒来平衡感觉。

(c) 当房间向远离人们的方向运动，人们向前倒来平衡感觉。
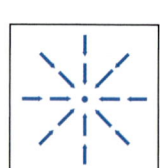
当墙朝远离人们的方向运动时产生的光流

图7.6　Lee和Aronson的研究中的摇摆屋。（a）迎向观察者方向移动的房间，产生一个类似前进的光流模式，所以（b）观察者采用后仰来平衡感觉。（c）朝远离观察者的方向移动的房间，产生了一个往后移动的光流，观察者会向前倾来作为补偿，并可能因此失去平衡。（来源：Bardy & Laurent, 1998）

就连那些比刚学会走路的儿童有更多保持平衡经验的成人也会受到房屋摇摆的影响。Lee 是这样描述这些成人的表现的："哪怕实验房间只是以小到 6 毫米的幅度来回晃动，成人被试也会以相似的频率来回晃动。这些被试像木偶一样被挂在房间上，无法意识到他们失去平衡的真实原因"。成人不能站稳的话，就会像儿童那样被自己的知觉弄晕。传统平衡理论认为，平衡信息主要是内耳和位于肌肉和关节上的感受器的功能，但摇摆屋实验推翻了这一观点，表明视觉在其中起着非常重要的作用［更多的证据参见：Fox（1990）和 Stoffregen 等人（1999）发现光流信息会影响人站立时的姿势；Warren 等人（1996）发现光流会影响人行走时的姿势］。

Gibson 强调：(1) 研究观察者的反应；(2) 找出环境中观察者用于知觉的恒定信息；(3) 要考虑

到感觉是协同作用的。这三点在 Gibson 所处的时代是具有革命性的。遗憾的是，尽管知觉研究者们知道 Gibson 的这些观点，但大多数研究者依旧在使用传统的研究方法，即让被试在实验室中静止不动地观看刺激。当然，传统的方法也没有错，本书中涉及的许多研究采用的都是这种方法。但是 Gibson 认为，也应该在运动和更贴近自然的情景下来研究知觉。在 20 世纪 80 年代，相关研究开始兴起，如今在更贴近自然的情景下研究知觉已成为知觉研究中的一个重要课题。

本章剩余部分将聚焦那些思考下述知觉和动作共现方式的研究：(1) 走路或开车穿过一段平常的道路；(2) 寻找从一个地方到另一个地方的路径；(3) 伸手碰触或抓起物体；(4) 观察他人的行动。

行走和驾驶

Gibson 之后，一些研究者开始研究人们在行走和驾驶过程中所使用的信息类型。接下来，我们将会看到其他如光流信息一样重要的信息。

行走

在通往既定目的地时，人们是如何保持方向的呢？如前所述，无论人们的行动轨迹和速度是怎样的，光流都能提供恒定信息，但其他一些信息似乎也有相同的作用。比如，很多种策略都有助于人们保持行走方向。其中一种是**视觉指引策略**，观察者可以通过将自身指向目的地来确保方向。若观察者偏离了路线，则目标就会偏左或偏右（图 7.7）。如果偏离了路线，观察者可以通过调整他们的身体朝向从而回到正确的线路上（Fajen & Warren, 2003; Rushton et al., 1998）。

光流信息对于导航而言并非必不可少的另一个例子是，即便光流信息非常少，例如在夜间或在暴风雪中，人们仍然找得到路（Harris & Rogers, 1999）。Jack Loomis 和他的同事（1992; Philbeck et al., 1997）采用"盲走"的方法完全排除了光流的影响，证明除了光流信息，人们还可以利用其他信息进行导航。在实验中，他们先让被试观察距离自己 12 米远的目标，然后让被试闭着眼睛走向目标（图 7.8 中的红线）。

图 7.7 (a) 当人们朝着树走过去时，树一直都处于视野的中间。(b) 当人们偏离了正确的路线，树在视野中的位置就会偏向一侧。(c) 当人们纠正路线后，树重新回到了视野中间，直到 (d) 人们到达了树的位置。

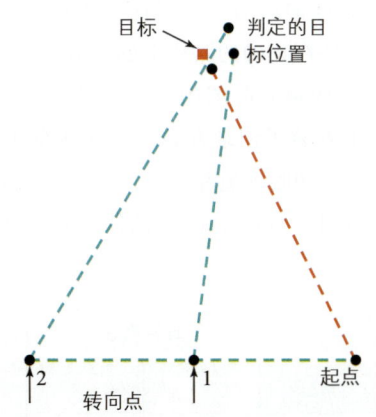

图 7.8 "盲走实验"（Philbeck et al., 1997）。红线：被试闭着双眼走向 6 米外目标的位置，然后停在他认为已到达的目标位置。绿线：被试闭着双眼，沿着错误的方向行走。蓝线：被试闭着双眼，在位置 1 或 2 处转向正确的方位，接着一直走，直到到达目标位置。

这些实验结果证实了即使是闭着双眼，人们也可以笔直地走向目标，并且在目标附近停下。事实上，即便他们一开始向错误的方向前进，他们也可以在中途转向正确的方向从而到达目标附近。图7.8中的绿线代表被试先往左走，然后被告知在转折点1或转折点2处转向，然后走向6米外的目标处（蓝线）。事实上，大多数人都可以在离目标很近的地方停下。可见，在没有任何视觉刺激的情况下，人们也能准确地找到最近路径从而到达指定地点（类似的研究也参见 Sun et al., 2004）。实验中的被试依靠自身运动的经验（被试可以从肌肉运动中得到关于自身移动速度和方向改变的信息）和对目标位置的记忆完成了盲走任务。我们将人和动物在运动的同时保持对自身位置追踪的这一过程称为**空间更新**（Wang, 2003）。

人们可以在没有光流信息时顺利地走向目标，但这并不表示人们完全不会使用光流信息。事实上，大量研究表明，光流信息为行走过程中的方位和速度判断提供了重要的信息（Durgin & Gigone, 2007）。这些信息和视觉定向策略与空间更新过程在引导行走中起着重要的作用（Turano et al., 2005；Warren et al., 2001）。

驾驶

驾驶是另外一个需要人们在行动中持续追踪自身运动的日常活动。为了探究人们在驾驶过程中是如何保持在正确的路线上的，Michael Land 和 David Lee（1994）在英国对一辆车进行了改造。他们在车上安装了记录方向盘角度和车速的设备，并且使用了视频眼动追踪仪来记录驾驶员的注视位置。如前所述，Gibson 认为延伸焦点提供了有关运动个体目标位置的信息。然而 Land 和 Lee 发现，尽管驾驶员在驾驶过程中直视前方，他们却更倾向于注视车前的位置，而不是延伸焦点的位置（图7.9a）。因为驾驶员并没有注视延伸焦点，即没有注视道路的延伸处，Land 和 Lee 认为，驾驶员和步行者一样，可能利用了光流之外的其他信息来确定他们行驶的方向。

Land 和 Lee 考察驾驶员"基于何种信息来保持行驶的方向"的一个方法是记录他们在拐弯时的注视点的位置。因为驾驶的目的地和延伸焦点会在车转弯的过程中不断改变，这个时候的延伸焦点只能为驾驶提供很少的信息，所以这个任务特别适合考察光流之外的其他驾驶信息和策略。Land 和 Lee 发现，车在转弯的时候，驾驶员并不会注视道路的正前方，而是注视道路一边曲线的正切点（如图7.9b 所示）。这使得驾驶员可以持续地关注车相对于道路边线的位置。驾驶员可以通过将车与道路边线的距离保持固定来将车保持在正确的行驶道路上（Kandel et al., 2009；Land & Horwood, 1995；Rushton & Salvucci, 2001；Wann & Land, 2000；Wilkie & Wann, 2003）。

寻路

在上面的最后一部分内容中，我们探讨了可以帮助步行者和驾驶员在前往目的地的过程中保持既定方向的各种信息。然而，人们常常需要到达一些较远的、位于视线外的目的地，譬如从校园的一个教室到达另一个教室或开车去几公里以外的地方。我们将这种往往需要转向的情况称为**寻路**。

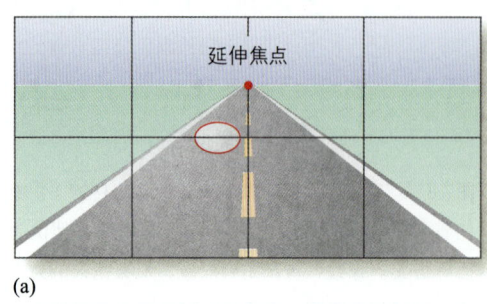
(a)

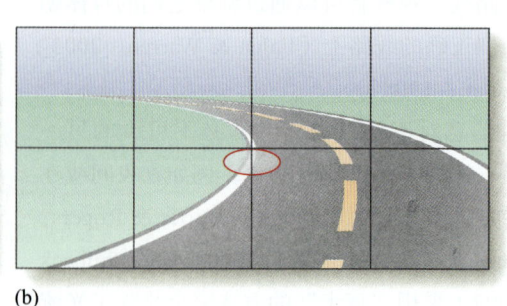
(b)

图7.9 Land和Lee（1994）的实验结果。因为这个实验是在英国进行的，所以驾驶员是靠道路左侧行驶的。椭圆处代表了驾驶员在直行（a）和转弯（b）时最有可能注视的位置。

寻找从一个地方到另一个地方的路线的能力在我们看来是十分寻常的，尤其是当我们十分熟悉这个道路的时候。然而，正如关于知觉没有什么是简单的一样，寻路也是一个非常复杂的过程，涉及感知环境中的客体，记住这些客体同整体场景之间的关系，以及知道何时向哪个方向转弯等过程。

地标的重要性

寻路的一个重要信息来源就是**地标**——路线上用于标识在哪里转弯的物体。Sahar Hamid 及其同事（2010）考察了人们是如何利用地标来完成复杂的迷宫任务的。他们在计算机显示器上呈现了迷宫任务，同时呈现了一些日常事物的照片作为地标。在实验过程中，首先让被试对迷宫的布局进行学习（练习阶段），然后要求被试从迷宫的一个地方移动到另一个地方（测试阶段）。在练习和测试阶段，都使用头戴式眼动追踪仪来记录被试的眼动轨迹。这个眼动仪同第 6 章中所使用的一样，只不过在那个实验中，记录的是被试在做花生酱果冻三明治时的眼动轨迹。这个迷宫中包含两种地标：决策点地标和非决策点地标。前者指的是被试在该地标所在的路口需要决定转向哪个方向，后者则位于线路的中央，被试无须在这些地方做出决策。

眼动轨迹的记录结果显示，相较非决策点地标，被试注视决策点地标的时间更长。原因可能在于决策点地标对迷宫内的导航更为重要。事实上，当移走了一半的地标后对被试进行重测时，发现若移走的地标是注视时间较少的地标（更有可能位于道路的中央）时，几乎对作业成绩没有影响（**图 7.10a**）。但若移走的是注视时间较长的地标时，被试的作业成绩就表现出了显著的下降（**图 7.10b**）。

显而易见，这些被注视得最多的地标就是被用于导航的地标，当然也就无怪乎这些决策点地标更容易被记住。Jared Miller 和 Laura Carlson（2011）的研究证实了人们更容易记住决策点坐标的观点。被试先在计算机上练习穿过一个充满了展品的虚拟博物馆，当随后要求被试描述或画出有最多展品的路线时，发现他们记下的更多的是位于决策点的展品，即决策点地标更容易在随后被回忆起来。另外，也正如一项要求被试学习穿过宾夕法尼亚大学校园步道的研究所示，决策点地标更容易在后来被再认出来。相较位于街区中间的建筑而言，被试更有可能再认那些位于决策点的建筑的照片（Schinazi & Epstein，2010）。

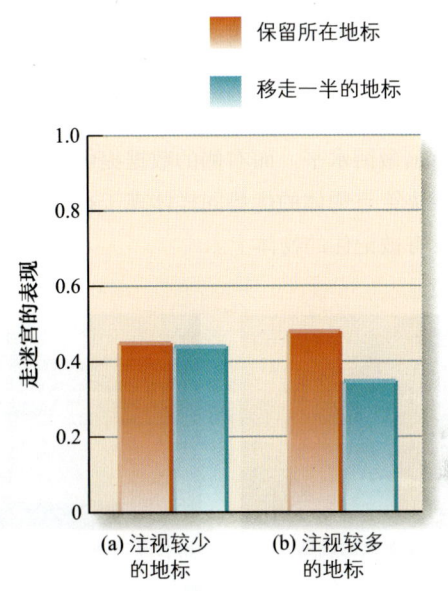

图7.10 移走地标对迷宫任务的影响。红色代表保留了所有地标的情况，蓝色代表移除了一半地标的情况。（a）移走一半较少被注视的地标对作业成绩没有显著的影响。（b）移走一半被经常注视的地标导致作业成绩表现出显著的下降。（来源：Hamid et al.，2010）

上面介绍的这些研究记录了被试的眼动、走迷宫时的表现以及记忆的成绩，所有的研究都发现行为结果同地标密切相关。然而，大脑里究竟发生了什么呢？为了研究这一问题，Gabriele Janzen 和 Miranda van Turennout（2004）要求被试观看一段影片，影片播放的是穿行过一个由计算机模拟出来的虚拟博物馆（**图 7.11**）。他们要求被试学习这个博物馆的布局以便为游客做指引，博物馆的过道上放置了一些物体（"展品"）。如**图 7.11a** 所示，决策点物体被放置在必须要转弯的地方。而非决策点物体，如**图 7.11b** 所示，被放置在无须做出决策的地方（无须做出转弯的判断）。

在学习了影片中的博物馆的布局后，要求被试在 fMRI 扫描仪中完成一项再认任务。给被试呈现一些物体的照片，这些物体有可能在博物馆的过道处出现过，也有可能是影片中从未出现过的物体。

任务要求被试判断在之前的学习阶段是否见过这些物体,同时利用扫描仪记录被试的大脑激活情况。图 7.11c 表明的激活主要位于大脑的海马旁回区域,这个区域常被认为同导航有关(图 4.25a)。左侧的柱状图表明,对于那些被试记住了的物体,位于决策点位置的物体相较于位于非决策点的物体诱发了更高的大脑激活水平。因此,相较于非关键点地标,关键点地标不仅更有可能被记住,还会引起更高的大脑激活水平。而右侧的数据提供了更有趣的信息,决策点物体的优势同样体现于在再认任务中那些没有被记住的物体上。

过路旁的这些地标,你的海马旁回也会告诉你应该直走、向左转或向右转(Janzen,2006;Janzen et al.,2008)。

再认地标和寻路能力的联系也得到了对地形失认症患者的研究的支持。**地形失认症**患者无法在真实环境下识别地标,这类患者通常伴随海马旁回脑组织的损伤。为了探究地标识别和寻路之间的关系,Constant Rainville 与他的同事(2005)针对病人 F.G. 设计了一个实验。F.G. 是一位 71 岁的老人,他的地标识别能力存在严重的损伤,既无法识别著名的地标(如埃菲尔铁塔),也无法识别他生活了 30 年的家乡的地标。实验中先领着 F.G. 在一个不熟悉的小镇上沿着一条 2 公里的道路行走,随后要求 F.G. 重复他在学习阶段走过的路线。F.G. 表现得非常吃力:道路上共有 21 个决策点(需要选择转弯),但 F.G. 仅转对了 10 次,这与随机水平并没有显著差异。与此相比,对照组被试正确转向的平均次数为 18.8 次。显然,F.G. 无法识别地标的能力同无法寻路的能力之间存在密切的联系。这同先前提到的对正常被试进行的 fMRI 研究相一致,都表明地标的重要性。有趣的是,当让 F.G. 在他的家乡寻路时,他完成得非常好。然而,这并不是因为他使用了地标来识路,而是因为他利用了街道的标识和建筑的名称,这些有助于他在"心理地图"上确定自己所处的位置。你可能认为寻路并不需要地图,尤其是在你非常熟悉的道路上,但生理学研究表明,大脑中的确存在一些表征环境地图的神经元。

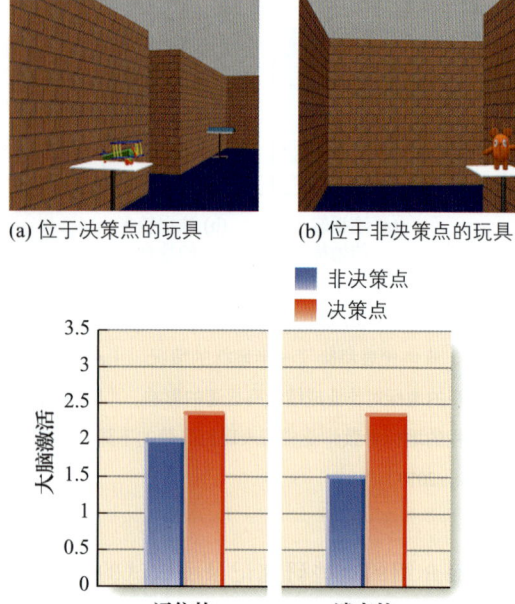

图7.11 (a和b)在Janzen和van Turennout(2004)的研究中,被试观察到的"虚拟博物馆"中的两个位置。(c)被试在再认测试中的大脑激活量,红色代表位于决策点的物体引起的大脑激活量,蓝色代表位于非决策点的物体引起的大脑激活量。注意,大脑对位于决策点的物体有更高的激活水平,即便被试并未记住这些物体也是如此。(来源:Janzen & van Turennout,2004)

Janzen 和 van Turennout 认为,人脑会自动地辨识可以用作地标来导航的物体。因而,大脑不仅对物体有反应,还对物体的可导航性有反应。这意味着当你下次走在曾经走过但不熟悉的道路上时,即便你无法确认应该走哪条道,你也不记得之前见

大脑的"全球定位系统"

在 20 世纪三四十年代,Edward Tolman 研究了大鼠是如何学会穿过迷宫并找到奖励物的。在其中的一个研究中,Tolman(1938)将大鼠放在如图 7.12 所示的迷宫中,大鼠最初会在巷道里来回跑动以探索迷宫(如图 7.12a),在度过了这个最初的探索阶段后,研究者将大鼠和食物分别置于 A 和 B 两个位置,大鼠很快就学会了如何正确地走到食物所在地(图 7.12b)。根据简单学习理论,在每次右转时给予大鼠奖励,可以提高大鼠右转的频率,从而增加了大鼠在未来右转来找食物的概率。

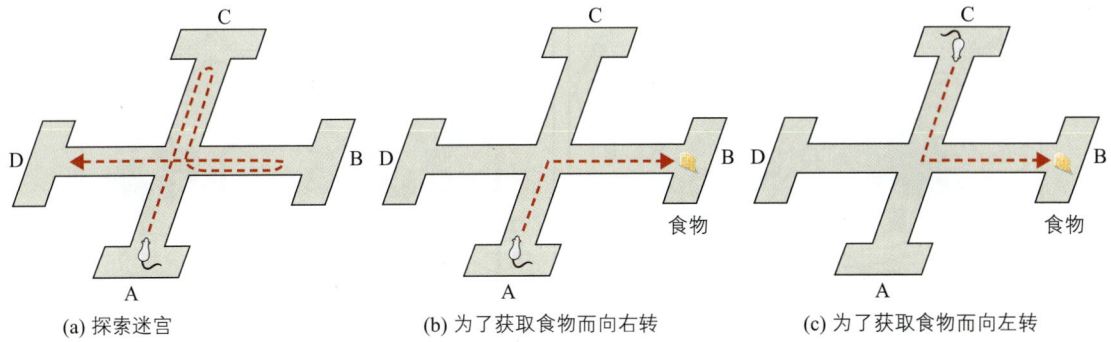

图7.12 Tolman的实验所采用的迷宫。（a）大鼠首先探索迷宫。（b）当大鼠在A位置时，它学会往右转来获得在B位置的食物。（c）当大鼠在C位置时，它学会往左转来获得在B位置的食物。在这个实验中，研究者巧妙地排除了大鼠通过食物的气味来判断食物位置的可能性。

然而，当Tolman（在小心地排除了大鼠可以根据气味来判断食物位置的可能性后）将大鼠放在C位置时，发现了很有趣的事情。大鼠在十字路口径直左转，找到了在B位置的食物（**图7.12c**）。这个结果非常重要，因为这意味着大鼠在训练中并不是仅学会了一套获得食物的动作，而是创建了一套关于迷宫空间布局的**认知地图**，并且能够利用这个地图来定位食物的位置（Tolman，1948）。

30多年后，英国的研究者John O'Keefe开始研究认知地图的大脑机制（O'Keefe & Dostrovsky，1971；O'Keefe & Nadel，1978）。O'Keefe利用大鼠作为实验对象，记录了海马区域的单个神经元的活动。正如第4章介绍过的，海马是记忆形成的关键脑区（图4.25a）。O'Keefe记录了海马神经元激活时大鼠在箱子中的位置。当O'Keefe随后将记录的位置都描绘在箱子上后，发现了令人惊讶的结果：当大鼠位于箱子中的某个特殊位置时，某个特定的神经元就会激活，并且不同的位置激活的神经元也不相同。

图7.13a展示一个与O'Keefe等人的实验相类似的结果，其中灰色的线描绘了大鼠在迷宫中探索时的路线，重叠在这些灰线上的是四个不同的神经元激活时大鼠所在的位置。在这个例子中，不同的颜色代表不同的神经元，因而，"紫色神经元"只会在大鼠位于盒子的右上侧时被激活，而"红色神经元"则是在大鼠位于箱子左下角时被激活。通过识别诸如此类的神经元，O'Keefe发现海马区域神经元的激活可以编码动物在环境中的位置，这些神经元被称为**位置细胞**，因为它们只有当动物处于环境中的特定地方时才被激活，因此环境中能激活某一位置细胞的区域被称为这个位置细胞的**位置野**。

位置神经元的发现是研究大脑"全球定位系统"运作方法的第一步，随后，研究者确定了几种其他类型的细胞，这些细胞为编码认知地图以及确定动物的定位机制也有一些贡献。例如，May-Britt Moser和Edvard Moser及他们的学生（Fyhn et al.，2008；Hafting et al.，2005）在海马附近一个被称为内嗅皮层的区域发现了**网格细胞**（见**图4.25a**）。同位置细胞一样，网格细胞的放电频率也依赖动物在环境中的位置。然而，与位置细胞不同，网格细胞具有多个位置野，这些位置野呈有规律的网状分布，如**图7.13b**所示的三种类型的网格细胞（分别由橙色、蓝色和绿色点表示）。橙色网格细胞对应的六边形图案由黑线表示。

对网格细胞的具体功能仍在研究中（Moser，Moser，et al.，2014；Moser，Roudi，et al.，2014），但由于它们的空间规律性，它们也许能够提供一些关于运动方向的信息。例如，沿着粉色箭头位置的方向移动会引起"橙色神经元"的反应，然后是"蓝色神经元"，接着是"绿色神经元"。朝其他方向的运动会在这些网格神经元间表现出不同的激活模式。因而，网格神经元也许能够编码动物移动时的距离和方向信息。

位置细胞和网格细胞有可能是协同合作的，因为它们是彼此相连的，甚至有可能仅隔一个突触。除了位置和网格细胞外，还存在**头部朝向细胞**，其激活取决于动物所面向的方向（Taube，2007）；还有**边界细胞**，在动物接近环境边缘时起反应

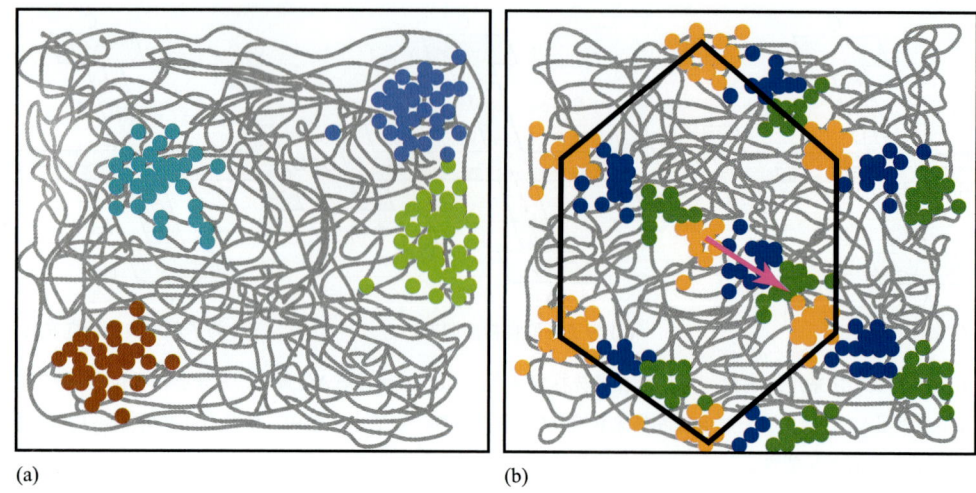

图7.13 同O'Keefe的研究结果类似的记录结果。结果记录了大鼠在箱子中行走时的海马神经元的活动。（a）灰线代表了大鼠在箱子中的行走路径。盒子中能激活四个位置细胞的区域分别由红色、蓝色、紫色和绿色的点来表示。（b）盒子中能激活三个网格细胞的区域分别用橙色、蓝色和绿色的点来表示。

（Solstad et al., 2008）。对这些细胞及其相互关系还需要进一步的研究，但现有的发现已经十分重要，以至John O'Keefe、May-Britt Moser 和 Edvard Moser 因为发现位置和网格细胞而共享了 2014 年的诺贝尔生理学或医学奖。

最近的研究表明，人类可能也具有这样类似的细胞，这使得位置和网格细胞显得更为重要。确认人类是否具有这些在大鼠身上发现的细胞存在一个巨大的技术挑战，因为很难在正常人类活动的时候记录单个细胞的电信号。Joshua Jacobs 和他的同事（2013）通过在患者身上记录他们探索环境时的电信号解决了这一问题。这些患者如第 4 章所描述的，正准备接受严重癫痫的治疗手术。他们发现，人类也有和大鼠相似的细胞。由于患者被固定在床上，因而无法自行探索周围环境，但通过虚拟现实设备可以使他们在虚拟环境（类似三维计算机游戏）中活动，搜索隐藏在其中的目标。

图 7.14 呈现的是患者内嗅皮层区域的一个神经元的结果（见图 4.25a）。红色区域表示会引起高频放电的位置，呈网格状，在图中由 X 表示，这和在大鼠大脑中发现的结果一样。尽管人类的模式比大鼠的"嘈杂"，但基于 10 个患者的结果，Jacobs 认为这些和大鼠的网格细胞类似的细胞能够帮助人们建立关于周围环境的地图。其他的研究在人类身上也发现了类似于大鼠的位置细胞的细胞（Ekstrom et al., 2003）。所以，当你下一次沿着一条路线行走时，既需要感谢你知道的关于地标的认知，也需要感谢那些告诉你身处何地以及去向何处的神经元。

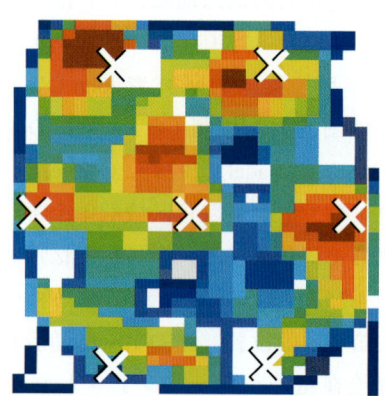

图7.14 图中的颜色表示受试者在虚拟环境中处于不同位置时，内嗅皮层中的神经元活动。红色表示引起高频放电的位置。需要注意的是，它们的布局呈六边形，这和早期在大鼠实验中观察到的结果相同。（来源：Jacobs et al., 2013）

寻路的个体差异

你（或你认识的某人）是否需要很长时间才能认清新城市的道路或不熟悉的建筑？或者你是否认识某个能很快找到路的人？正如不同的人有不同的心理能力，寻路能力在人与人之间也是不同的。经验是影响寻路能力的一个重要因素。如果你经常在特定的环境下，在两地间往返，你在这个环境中的寻路能力就会很好。毫无疑问，对特定环境的丰富经验有助于寻路。但是当注意到这种经验产生的生理影响时，这个显而易见的结果就变得更有意思了。

Eleanor Maguire 和他的同事（2006）通过两组被试考察了练习寻路对大脑的影响：(1) 一组人是伦敦的公交司机，他们对城市中的特定道路十分熟悉，(2) 另一组则是伦敦的出租司机，他们对城市中很多不同的位置都很熟悉。**图** 7.15a 呈现了公交司机和出租司机完成伦敦地标图片鉴定任务的结果。正如预期，出租司机熟悉伦敦更多的地方，因而在这个任务中有更好的成绩。Maguire 对两者大脑进行扫描后发现，如**图** 7.15b 所示，出租司机的海马区域更大。

上述结果类似第 3 章中依赖于经验的可塑性的实验结果：在垂直条纹环境中饲养的小猫的大脑皮层具有更多的对垂直条纹有反应的神经元（见图 3.30）。类似的，出租司机中导航经验更丰富的人具有更大的海马结构。更重要的是，海马结构最大的是经验最为丰富的一个司机。这为依赖于经验的大脑可塑性提供了强大的支持（更多的经验转化为更大的海马），并排除了另一个对实验结果的可能解释：实验结果仅仅反映了有更大的海马的人更有可能成为出租司机而不是公交司机而已。

总的来说，这些研究提供的重要信息是，寻路是多层面的，它依赖众多信息源，并且涉及分布在大脑中的众多区域。若考虑到寻路涉及的众多加工过程，就不难理解这一结论了。寻路涉及的认知过程包括观看和识别道路周围的物体（感知），注意特定对象（注意），使用过去在环境中行走时获得的经验（记忆），以及将这些信息组合起来构建一个地图，从而帮助人们将所感知到的当前位置同将要前往的目标位置联系起来。

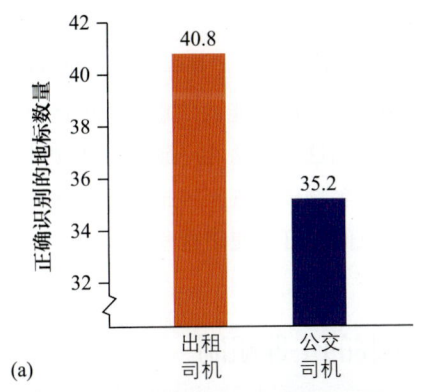

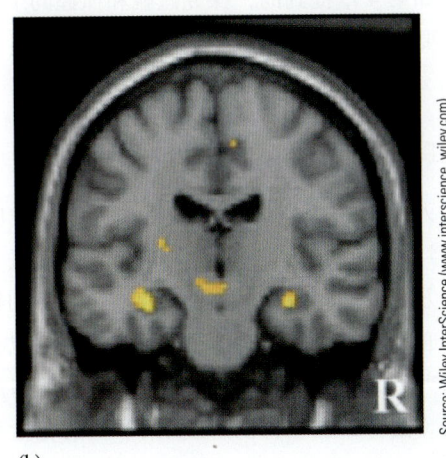

图7.15 （a）伦敦出租司机和公交司机在地标任务中的表现，满分为48。（b）大脑的一个截面。图中的黄色标示了在核磁共振成像结果中，相较于伦敦公交司机，伦敦出租车司机拥有更大的海马区域。（来源：Maguire，Wollett，& Spiers，2006）

测一测 7.1

1. 知觉研究的生态学方法强调了哪两个因素？
2. 什么是光流？光流的两个特点是什么？描述一下研究人们通过光流确定前进方向的实验。
3. 什么是恒定信息？什么是光流的恒定性？
4. 什么是观察者产生的信息？描述它在空翻中的作用，并解释为何新手和熟练的运动员在闭眼空翻时会存在差异。
5. 描述摇摆屋实验，并阐述这个实验揭示了什么原理？
6. 针对步行者和驾驶员的什么研究说明了光流是如何在（或未在）导航中使用的？导航的其他信息来源是什么？
7. 什么是寻路？描述一下 Hamid（注视地标）、Miller 和 Carlson（再现地标）以及宾夕法尼亚大学（识别地标）关于地标在寻路中的作用的研究。
8. Janzen 和 van Turennout 的脑扫描实验说明大脑活动和地标之间有何种关系？
9. Tolman 的大鼠走迷宫的实验说明了什么？

10. 描述发现位置和网格细胞的大鼠实验。这些细胞加上头部朝向细胞和边界细胞是如何帮助大鼠导航的？
11. 描述 Jacobs 及其同事证明人类拥有网格细胞的实验。
12. 描述 Maguire 关于伦敦出租司机和公交司机的实验。她的结果揭示了寻路存在怎样的个体生理差异？
13. 为什么说寻路是"多层面"的？寻路是如何揭示感知、注意、记忆和行动之间的交互作用的？

作用于物体的动作

前文介绍了人们是如何在环境中运动的，但实际上，人们也会与环境中的物体发生互动。我们日常的主要动作之一就是伸手拿起某些东西，比如赛丽娜在骑自行车时向下伸手拿水瓶。为完成具体的目标，我们会对特定物体做出伸手和抓握的动作；伸手去抓门把手打开门；伸手拿起锤子敲钉子。与这种目标指向动作相关的一个重要概念是可供性，这也是我们接下来要介绍的。

可供性：客体的功用

Gibson 的生态学方法涉及识别环境中的知觉信息和各种动作表现之间的联系。在本章开始的部分，我们描述了知觉光流与从维持平衡到飞机降落的众多动作之间的联系。另一种连接知觉和动作的信息类型是 Gibson 提出的**可供性**——描述物体能被如何使用的信息。用 Gibson 的话说，"环境的可供性是指环境提供给动物的属性"（1979, p.127）。椅子，或任何可坐的物体，是可供人坐的；尺寸和形状适合人手抓住的物体提供了可抓握性；等等。

这意味着知觉客体不仅包括它的物理属性（如形状、大小、颜色和方向等能让我们识别出物体的属性），还包括了关于物体如何使用或是否可以使用的信息。例如，当你看着一个杯子，你可能会看到它是"一个白色的咖啡杯，约 12 厘米高，有一个柄"，但你的知觉系统也会认为"它可以被拿起来""可以装液体"，甚至"可以扔出去"。因此，

可供性超越了简单的识别杯子，可以引导我们与物体的互动。另一种关于这个的说法是"称为动作对象的可能性"是我们对物体的知觉的一个部分。

研究可供性的一种方法是观察脑损伤患者的行为。Glyn Humphreys 和 Jane Riddoch（2001）通过对因颞叶受损而失去命名物体能力的患者 M.P. 的测试来考察可供性的作用。他们首先给 M.P. 呈现一个线索，线索可能是:（1）物体的名称（"杯子"）；（2）关于物体功能的提示（"你可以用来喝水的东西"）。接着给他呈现了 10 个不同的物体，并要求只要他找到一个和线索匹配的物体就快速地按下一个键。结果发现，当线索是关于物体的功能描述时，M.P. 能更准确和快速地识别目标物体。Humphreys 和 Riddoch 认为，这说明了 M.P. 是根据他对一个物体的可供性的知识来帮助他找到该物体的。

尽管 M.P. 并没有真正伸手去拿这些物体，但他也许能够利用物体功能的信息来帮助他对这些物体执行动作。同这个想法相一致，一些颞叶受损患者尽管无法命名物体，甚至连描述物体能被如何使用都不行，但他们可以使用这些物体。

碰触和抓握的生理机制

正如第 4 章提到的，探究碰触和抓握的生理机制的重要突破是发现了腹侧（内容）和背侧（空间/方式/动作）通路（见图 4.14）。

背侧通路和腹侧通路

病人 D.F. 因腹侧通路受到损伤，而很难区分物体或判断它们的朝向，但她可以将物体放进一个朝某个方向开口的槽道中。大脑存在一个感知物体的加工通路和一个执行动作的通路，这个观点有助于理解当赛丽娜骑行后坐在咖啡厅拿起咖啡时的认知活动（图 7.16）。首先，她从桌子上的花盆和其他物体中识别出咖啡杯（腹侧通路）。一旦咖啡杯被感知到，她就需要思考它在桌子上的位置并伸手碰触它（背侧通路）。当她避开花、拿咖啡杯，确定好手和手指的方位去抓住杯子（背侧通路）时，她需要对杯子的手柄进行知觉加工（腹侧通路）。接着，她会根据杯子里咖啡的多少（腹侧通路）施

(a) 感知杯子　　　　　　(b) 伸手碰杯子　　　　　　(c) 抓杯子

图7.16 拿起一杯咖啡。(a)感知杯子，(b)伸手碰杯子，(c)抓住杯子，并将它拿起来。这套动作涉及由大脑中的两个独立的加工通路负责的感知和动作之间的协调。

以恰当的力量（背侧路径）将杯子拿起来。

因此，触碰和拿起杯子需要不断感知杯子的位置，调整手和手指相对于杯子的位置，然后校正动作，以便在不洒出任何咖啡的条件下拿起咖啡杯（Goodale，2011）。即使是拿起一杯咖啡这样简单的动作，都需要多个脑区相互协调，从而形成知觉和动作行为。

顶部触碰区（取物区）

大脑中对碰触和抓取来说最重要的一个区域是顶叶区域。在猴子和人类的顶叶皮层中，同碰触物体相关的区域被称作**顶部触碰区（PRR）**（**图 7.17**）。这个区域不但负责碰触，还负责抓取（Connelly et al.，2003；Vingerhoets，2014）。有证据表明，在人类的顶叶中存在多个顶部触碰区（Filimon et al.，2009）。

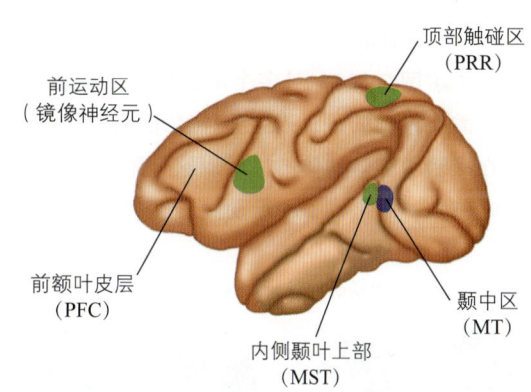

图7.17 猴子的皮层展示了顶部触碰区的位置和发现镜像神经元的前运动皮层区。颞上区、颞中区和额叶皮层则会在第8章涉及。

对猴子顶叶的单细胞记录的结果显示，在顶部触碰区域附近存在一些对特定的抓握动作敏感的神经元。如**图 7.18** 呈现了 Patrizia Fattori 及其同事（2010）关于猴子抓握实验的流程：(1) 猴子盯着

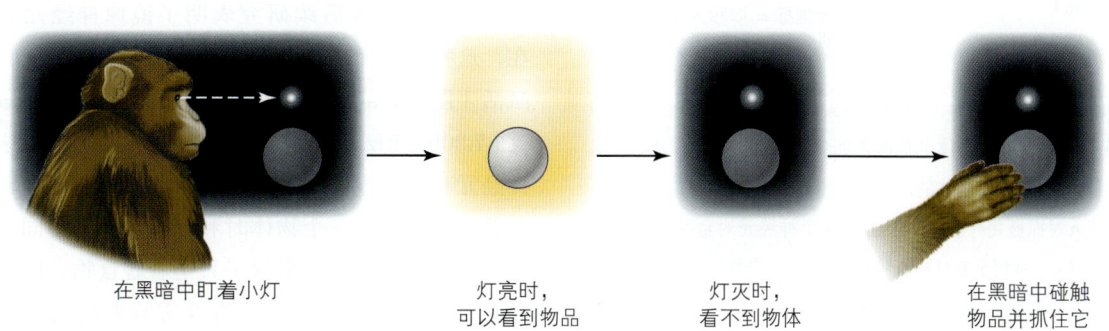

在黑暗中盯着小灯　　　灯亮时，可以看到物品　　　灯灭时，看不到物体　　　在黑暗中碰触物品并抓住它

图7.18 在Fattori及其同事（2010）的实验中，猴子的任务流程。猴子需要盯住位于球体上方的小灯，在亮灯的时候观察需要抓握的物体，接着在灯灭且变色后抓握这些物体。（来源：Fattori et al.，2010）

黑色屋子里的灯；（2）灯亮半分钟，以照亮要被抓握的物体；（3）在灯熄灭后的一个短暂间隔后，灯的颜色会发生改变，以作为要求猴子触碰物体的信号。

实验的关键部分是猴子在黑暗中碰触物体的时候。猴子通过在亮灯时所看到的目标物体（如示例中的圆球）的样子来调整它在黑暗时抓握的姿势。如图7.19a所示，研究者使用了几种不同的物体，使猴子需要选择不同的抓握姿势才能正确地握住它们。

实验最重要的结果是发现了对特定抓握行为选择性反应的神经元。例如，神经元A（图7.19b）对"全手抓握"有最佳的反应，而神经元B（图7.19c）对"精确事物的抓握"的反应最佳。还有神经元C（图7.19d）对多个不同程度的抓握都有反应。需要指出的是，当这些神经元被激活时，猴子是在黑暗中碰触物体的，所以这个激活反映的不是视觉感知，而是猴子的行动。

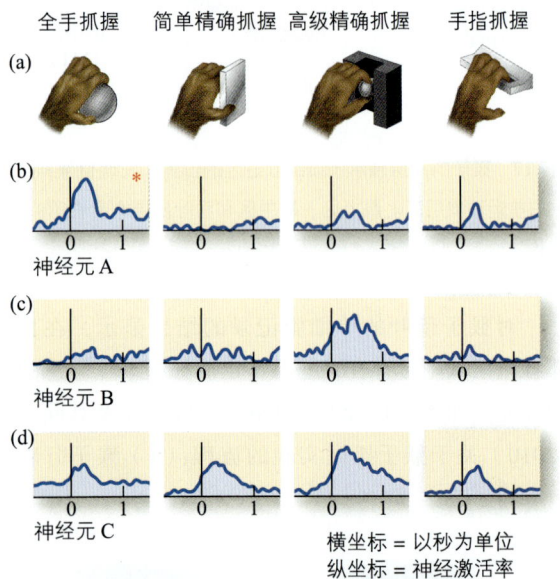

图7.19 Fattori和同事（2010）的实验结果表明，三个不同的神经元对四个不同物体的抓握是如何反应的。（a）四个不同的物体。抓握每个物体的动作类型标在了物体的上方。（b）神经元A对抓握每个物体的反应。这个神经元对全手抓握反应最佳。（c）神经元B对高级精确抓握的反应最佳。（d）神经元C对所有四种类型的抓握都有反应。

在对相同猴子的后续实验中，Fattori和他的同事（2012）发现，有的神经元不仅在猴子准备抓住特定对象时有反应，当猴子观察该特定对象时也有同样的反应。例如，Fattori将其中一类神经元命名为**视觉运动网格细胞**，这些细胞在一开始只对看到特定的物体有反应，但后来对抓握这个物体也有了反应。因此，这类神经元既参与了感知（识别对象和/或通过看来提供信息），也参与了行动（碰触物体并用手抓住它）。

观察他人的动作

我们不仅会亲自执行动作，也会观察他人的动作。最常见的"观察他人动作"的行为就是观看电视或电影中他人的行为。这也常常发生在你周围有其他人正在做什么事的情况下。在关于知觉和行动联系的研究中，最令人激动的结果之一是在前运动皮层区域发现了镜像神经元。

在大脑中模仿他人的动作

在20世纪90年代初，Giacomo Rizzolatti领导的研究小组考察了猴子前运动皮层区域的神经元是如何对执行动作反应的，如猴子拿起一个玩具或拿起一片食物时。他们的目标是确定当猴子做出特定动作时，它的大脑神经元是如何被激活的。但事与愿违，他们观察到的结果与预期大相径庭。当一个实验者当着猴子的面拿起食物时，猴子的大脑皮层神经元也被激活了。出人意料的是，这些神经元就是猴子自己拾起食物时激活的大脑神经元（Gallese et al., 1996）。

这个研究和后续研究表明了镜像神经元的存在，这种神经元既会在猴子看着他人拿起物体时被激活（图7.20a），也会在猴子自己抓取物体时被激活（图7.20b；Rizzolatti et al., 2006）。之所以将这些神经元称为**镜像神经元**，是因为这些神经元在猴子看着实验者抓起一个物体时和猴子自己做出同样动作时的反应一样。如果猴子只是看着食物，镜像神经元不会有反应，如果是看着实验者用钳子夹起食物（图7.20c）也只有很微弱的反应（Gallese et al., 1996；Rizzolatti et al., 2000）。这表明，镜像神经元仅对特定类别的动作起反应，比如在某处拿起或放下某物体。

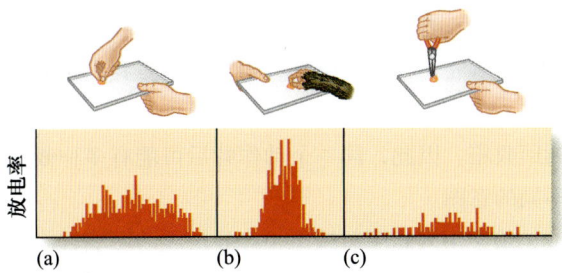

图7.20 镜像神经元的反应。（a）当猴子在观察实验者抓住托盘上的食物时，镜像神经元的反应。（b）当猴子抓住食物时，镜像神经元的反应。（c）当猴子观察实验者用一把钳子夹起食物时，镜像神经元的反应。（来源：Rizzolatti et al., 2000）

然而，仅仅发现在动物身上存在观察特定动作时会被激活的神经元，并不能告诉我们为什么这个神经元会被激活。比如说，一种可能的解释是Rizzolatti研究中的镜像神经元是对即将接受食物的预期而不是对实验者特殊动作的反应。但事实证明，这样的解释并不合理，因为物体的类型对神经元的激活只有很小的影响。同时，当猴子观察到实验者拾起的物体不是食物时，镜像神经元也有相同的反应。

然而，镜像神经元有没有可能仅对特定的运动模式有反应呢？实际上，在猴子观察到实验者用钳子夹起食物时，镜像神经元并没有反应，这个结果与上述猜想并不相符。研究者们发现了一种对同动作有关的声音刺激起反应的神经元，其他证明镜像神经元不仅对特定运动模式进行反应的证据来自一种新的神经元的发现。这种位于前运动皮层区域的神经元被称为**视听镜像神经元**（Kohler et al., 2002），它不仅对猴子的手部动作有反应，对于听到与这些动作有联系的声音也有反应。图7.21呈现了几种能引起神经元激活的模式：猴子看到和听到实验者剥花生（图7.21a）；猴子看到实验者剥花生（图7.21b）；猴子只听到剥花生的声音（图7.21c）；猴子自己剥花生（图7.21d）。结果是听到剥花生和看到剥花生都会激活那些对观察者自己剥花生有反应的神经元。因此，这些神经元是对剥花生这个"事件"做出反应的，而不是对特定的运动模式做出反应。

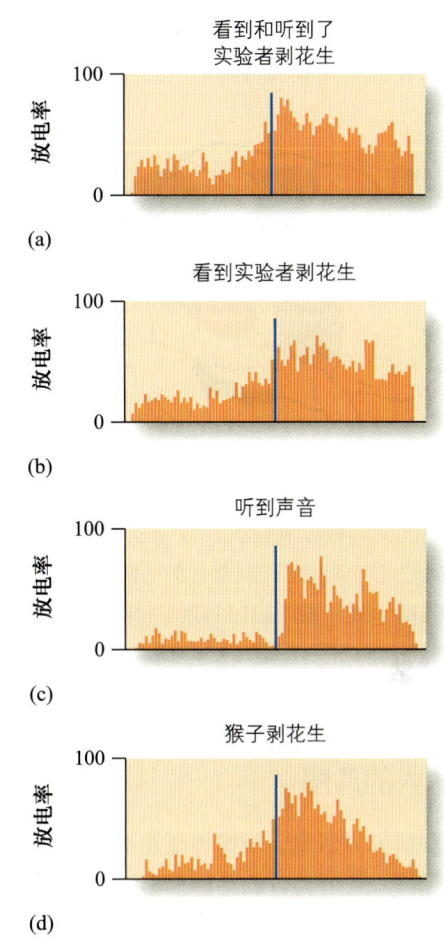

图7.21 视听镜像神经元对四种刺激的反应。（来源：Kohler et al., 2002）

现在，你可能会好奇，镜像神经元是否同样存在于人类的大脑中，毕竟，到目前为止我们只谈到了猴子的大脑。一些以人类为被试的实验的确发现人类大脑中同样存在镜像神经元。例如，一些研究者采用了电极来记录癫痫患者的大脑活动，以判断他们的癫痫病症。他们发现了类似猴子的大脑中的镜像神经元（Mukamel et al., 2010）。这一结果也得到了后续的在正常被试群体上展开的fMRI研究结果的支持。这些fMRI研究发现，这些神经元广泛分布在额叶、顶叶和颞叶等区域（图7.22），研究者将这一神经网络称为**镜像神经元系统**（Caspers et al., 2010；Cattaneo & Rizzolatti, 2009；Grosbras et al., 2012；Molenberghs et al., 2012）。然而，还是需要更多的研究来探明人脑中的镜像神经元系统是否真的或者如何对知觉和行动有贡献。接下来,我们将重点讲述那些有望探明镜像神经元在人类知觉和行为中所起作用的研究。

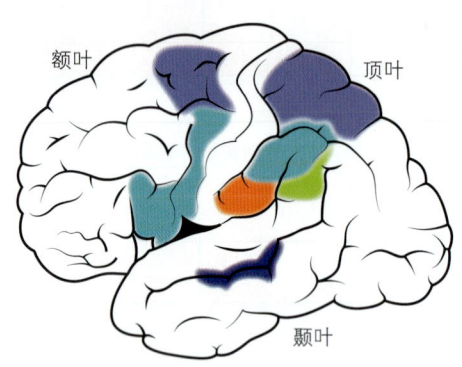

图7.22 人类镜像神经元系统涉及的大脑皮层区域。不同的颜色代表了加工不同动作的区域:青绿色,指向物体的运动;紫色,触摸运动;橙色,使用工具;绿色,不指向物体的运动;蓝色,上肢运动。(来源:Cattaneo & Rizzolatti, 2009)

预测他人的意图

一些研究者假设,镜像神经元不只是对发生了什么有反应,还对为什么某些事会发生,或者说得更具体点,是对发生事件背后的意图起反应。为更好地理解这一点,回顾咖啡馆中的赛丽娜那个例子。当看到她伸手去拿咖啡杯时,我们可能会想她为什么要去拿咖啡杯。一个显而易见的答案便是她想喝咖啡。若注意到她的杯子是空的,我们也可能会猜想她是不是要去续杯,再或者,若我们知道她从来不续杯,我们也许会猜想她是不是要将杯子放到回收箱。因此,同一个动作背后可能有多种截然不同的意图。

关于不同意图对镜像神经元反应的影响有什么样的证据呢?Mario Iacoboni 和他的同事(2005)的研究为此提供了一些证据。他们记录了被试在观看一些短片时的大脑激活,这些短片的剧照参见图7.23。图中呈现了两种不同意图短片的剧照,虽然都是从右侧伸出了一只手去拿杯子,但这两个场景存在一个重要的不同。在上面的剧照中,桌面比较整洁,食物都还没有被吃过,茶杯是满的;在下面的剧照中,桌面是混乱的,食物都被吃过了,茶也被喝光了。Iacoboni 假设,看上面短片的观察者会认为影片中的人拿起茶杯是为了去喝茶,而观看下面短片的观察者会认为这个人拿起茶杯是为了去清洗茶杯。

Iacoboni 的被试同样也观看了如图 7.23 左侧

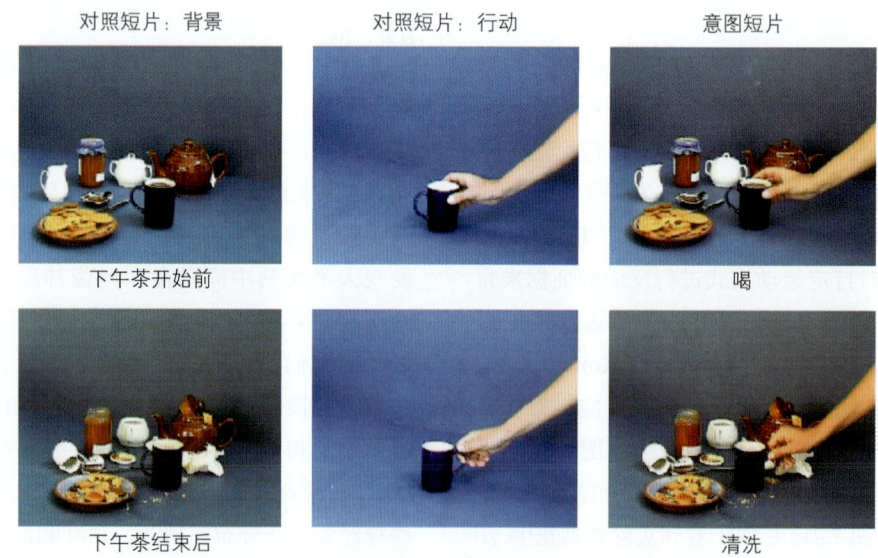

图7.23 Iacoboni 和他的同事(2005)的实验中所采用的背景、行动和意图条件下的短片的截图。每一纵列代表一种实验条件。背景条件又分为两种条件:下午茶开始之前(所有东西都放得井井有条)和下午茶结束后(桌上一片狼藉)。在行动条件下,两种抓握类型(抓杯子和抓杯把)出现的比例相同。在意图条件下,"喝"的背景和"下午茶开始"的一样,但是加上了手拿杯子的动作。同样的,"清洗"的背景和"下午茶结束"的背景一样,也加上了同样的手上的动作。两种抓握的类型(抓杯子和抓杯柄)在"喝"和"清洗"两种条件下出现的比例相同。

所示的两种对照短片。背景短片呈现的是桌面的布置，动作短片呈现的是伸手拿起一只单独的杯子。之所以选择这两种对照短片，是因为这些短片包含和意图短片相当的视觉元素（刺激），但没有特定的意图。

Iacoboni 对观看这几种短片所激活的大脑活动进行对比后发现，观看意图短片比观看对照短片在一些被认为具有镜像神经元特征的大脑区域诱发了更大的激活。如图 7.24 所示，大脑的激活量在喝的条件下最高，在清洁条件次之，在动作条件下最小。基于两个意图条件下大脑活动的增强，Iacoboni 认为镜像神经元区域参与了理解影片中动作背后意图的加工。他解释说，若镜像神经元仅对拿起杯子有反应，那么无论杯子周围是否有其他物体，大脑都应该给出同样的反应。Iacoboni 认为，镜像神经元为动作的"原因"进行编码，并对不同的意图做出反应。

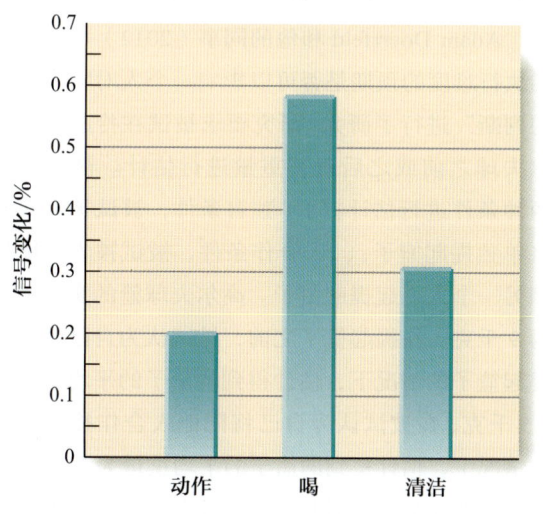

图7.24　Iacoboni和同事（2005）的实验结果，图中呈现了在动作、喝和清洁三种条件下的大脑反应。

如果镜像神经元真的可以对意图做出反应，那么它们是怎么办到的呢？一种可能是，这些神经元的反应是由可预期的在特定背景中发生的一连串运动神经的激活决定的（Fogassi et al., 2005；Gallese, 2007）。例如，若人们拿起一个杯子的意图是喝水，则下一个预期的动作就是将杯子靠近嘴唇，然后喝口咖啡或茶。然而，若意图是清洗杯子，则下一步动作应该是将杯子放到水槽中去。根据这种看法，对不同意图反应的镜像神经元是对正在发生的一系列动作中的后续动作的反应，该后续动作是在当前背景下最有可能出现的动作。

对人脑中的镜像神经元功能的研究是当前知觉研究中的一个热点（Caggiano et al., 2009；de Lange et al., 2008；Gazzola et al., 2007；Kilner, 2011）。除认为镜像神经元是对正在发生的动作或动作背后的意图起反应外，也有研究者提出镜像神经元有助于人类理解：（1）基于面部表情的交流（Buccino et al., 2004；Ferrari et al., 2003）；（2）情绪表达（Dapretto et al., 2006）；（3）说话时使用的手势（Gallese, 2007）；（4）句子的意思（Gallese, 2007）；（5）自己和他人的区别（Uddin et al., 2007）。正如这个列表所示，镜像神经元被认为在引导社会交流中扮演重要角色（Rizzolatti & Sinigaglia, 2010；Yoshida et al., 2011）。

正如众多新发现一样，镜像神经元的功能是研究者争论的一个焦点。一些研究者认为，镜像神经元在人类行为中扮演着重要的角色（如上文提及的那样），另一些人则提出了更为谨慎的意见（Cook et al., 2014；Hickock, 2009）。考虑到在 20 世纪 60 年代时，当对朝向运动做出反应的特征检测器被发现时，一些研究人员提出，这些特征检测器可以解释我们如何感知客体。就当时所了解的信息而言，这的确是一个合理的设想。然而，当对人脸、地点和身体敏感的神经元陆续被发现，研究者修正了他们最初的想法，将新的结果纳入考量。类似的情况可能也会存在于对这些镜像神经元的功能的众多假说中，这些假说中的一部分可能会得到证实，另一部分可能需要修正。

思考时刻
基于动作的知觉解释

传统研究知觉的方法主要关注观察者的大脑和神经系统是如何表征环境的。根据这个想法，视知觉的目的是在脑海中建立对所见事物的表征。因此，当你看风景时，看到各种建筑、树、草地和行人时，你对这些东西的知觉意味着这是什么，它"在那儿"，而这就完成了视觉表征环境的任务。

但是正如读完本章后你可能会产生的怀疑，很多研究者认为视觉的目的并不是创建外部事物的内部表征，而是引导行动（Brockmole et al., 2013; Goodale, 2014; Witt, 2011a）。我们可以通过想象一个动作有着重要作用的求生情境来理解这个想法背后的逻辑，比如一只在森林中觅食的猴子，通过颜色知觉找到藏在绿叶中的橙色水果后，猴子伸手摘下水果并吃掉它。无疑，看见（可能还会闻到）水果是十分重要的，因为这能帮助猴子找到水果。但这之后的下一步——拿到水果——也是十分重要的，因为猴子不可能只凭视觉经验生存下来，它需要触碰并抓到水果来生存。

Melvyn Goodale（2011）对"行动对生存十分重要"这个观点的描述是："现在很多研究者都意识到大脑的进化并不是为了帮助我们去思考，而是为了让我们更好地同这个世界进行交互作用。在本质上，所有的思考（和相关的所有知觉）都是为行动服务的"（p.158）。依照这个观点，知觉提供了很多关于环境的宝贵信息，但使得我们可以生存下来的是基于知觉信息但又超越了它们的行动（Milner & Goodale, 2006）。尽管我们有享受简单地感知一个事物或风景的情况——比如参观画廊或眺望晨曦中的湖面，但我们绝大多数的经验涉及两个相互作用的过程：感知一个物体或情境，然后针对这个物体或在这个情境中做出行动。

知觉的目的是使我们与环境交互作用，一些研究者在此基础上更进了一步，他们将等式从"基于知觉的行动"改为了"基于行动的知觉"。Witt（2011a）提出动作特异性的知觉假设，认为人类是从作用于环境的能力这个角度来感知这个世界的。这个假设主要基于众多涉及运动员的研究结果。例如 Jessica Witt 和 Dennis Profftt（2005）给刚比赛完的垒球运动员呈现一系列圆圈，要求他们从中选出同垒球大小最匹配的圆圈。当将运动员的选择和他们在比赛中的击球率进行比较时发现，相较于击球率低的运动员，击球率高的运动员选择的圆更大一些。

其他的一些实验表明，近期获胜的网球运动员更倾向于将拦网的高度判断得比实际高度矮（Witt & Sugovic, 2010），而射门成绩更好的足球运动员倾向于将门柱之间的距离估计得更远（Witt & Dorsch, 2009）。这个实验特别有意思的地方在于，高估门柱距离的效应只在运动员们获得了10个球的得分后才会出现。在比赛开始前，技巧高超的球员和技巧差的球员对于门柱距离的估计并无差异。

这些运动员的例子都涉及在比赛表现好或不好后进行的判断任务，结果都支持表现影响知觉的观点。那么，当个体未有任何行动，只是对行动的难度有预期的时候，结果会怎么样呢？例如，若让身体健康的个体和身体不健康的个体来估计距离会如何呢？为探明该问题，Witt 和他的同事（2009）要求有慢性背部或腿部疼痛的个体对在长廊中各种物体离他们自身的距离进行判断。与没有身体疼痛的被试相比，慢性疼痛组更倾向于高估他们与物体之间的距离。Witt 认为，人们整体的健康水平随着时间的推移会影响他们对完成各种体育活动难度的认知，进而影响他们对活动的判断。因此，疼痛患者即便只是看着物体，也会感觉物体距离他们更远（See Profftt, 2006; Sugovic & Witt, 2013）。

Adam Doerrfeld 和他的同事（2012）也对"行动执行难度的预期是否可以影响一个人对物体性质的判断"进行了研究：研究要求被试在拎起一篮高尔夫球之前或之后对其重量进行估计。被试会在两种条件进行估计：（1）独自条件，被试被告知他将单独提起篮子；（2）合作条件，被试被告知他将和另一个人一起提起篮子。高尔夫球篮的实际重量为9千克。在提起篮子之前，被试认为自己将独自提起篮子的情况下，估计得到的篮子的平均重量为9.5千克；在被试认为自己将同他人合作拎起篮子的情况下，估计得到的篮子的平均重量为7.9千克。在提起篮子后，两种情况下的平均估计值都约为9千克。基于这一结果，Doerrfeld 和同事指出对任务难度的预期会影响对物体属性的知觉。

然而，一些研究者对上述研究中的知觉判断是否真的测量了知觉提出了质疑。他们认为，这些实验中的被试可能是受到由预期导致的"判断偏差"的影响，即受到对特定情境下所发生的事件的预期的影响。例如，被试可能会认为，行走困难的个体会觉得物体距离自己更远，这个想法可能使得被试倾向于选择更远的距离，尽管他们实际上的距离知觉并未受到影响（Durgin et al., 2009, 2012; Loomis & Philbeck, 2008; Woods et al., 2009）。

这个解释突出了一个知觉测量中的基本问题：我们的知觉测量基于人们的报告，但是这并不能保证他们所报告的就是他们的真实感知。因此，正如上面指出的，有些时候，被试所报告的可能并不是他们所感知到的，而是他们认为自己应该感知到的。但有研究发现，即使是在没有明显的期望或任务要求时，行动对知觉的影响效应依然存在（Witt，2011a，2011b；Witt et al.，2010）。总的来说，综合大量的研究结果，可以得到一个合理的结论：尽管在一些实验中，被试的判断可能受到他们预期的影响，但在另一些实验中，被试的判断可能真实地反映了行动能力和知觉之间的关系。

这些实验表明了行动能力和知觉之间存在密切联系，这同之前提到的 Gibson 关于可供性的看法是一致的。Gibson 认为，可供性是指物体成为动作对象的可能性。因此，对特定客体的知觉取决于客体看上去像什么，也取决于我们与之交互的方式（Witt & Riley，2014）。

Gibson 在他的最后一本书《知觉研究的生态学方法》（1979）中提出："感知是个体的成就，而不是意识剧场的外露。感知是与外部世界的联系，是对事物的体验，而不是拥有的经验"（p.239）。这个看法刚提出的时候没有引起研究者们的重视，但多年后，很多研究者都接受了知觉不仅是"意识剧场的外露"，而且是在环境中采取行动的第一步的观点。此外，一些研究者更是提出了行动或行动的可能性也许会影响知觉的观点。

发展维度：模仿动作

在本章中，我们讨论了人类利用知觉来支持行动的多种方式。我们看到了知觉信息，如光流如何被用于保持平衡，完成空翻，走向某个对象，甚至是飞机着陆。我们也讨论了如何使用地标知觉来帮助寻路。我们甚至了解了大脑如何通过背侧和腹侧通路、顶部触碰区和镜像神经元系统来整合感知和行动。显然，人类"为动作而生"，而知觉是成功采取行动的重要组成部分。研究者考察知觉和行动之间关系的一种方法是确定婴儿及儿童早期是如何学会对他人动作的模仿的（Meltzoff et al.，2013）。

模仿他人动作的能力似乎是与生俱来的。Andrew Meltzoff 和 Keith Moore（1977）的经典实验表明，一组 12~17 天大的婴儿就已经可以模仿成人的面部表情了（图 7.25）。模仿面部表情看起来似乎很简单，但这个任务揭示了婴儿相当复杂的心理过程。为了模仿成人的面部表情，婴儿必须具有视物和控制其面部肌肉的能力，也必须具备将视觉上看到的东西转换成非视觉（即我们看不到自己的面孔）动作的心理能力。然而，这种转换并不是简单的、自动的从知觉到动作转换过程的结果。相反，它是有目的和针对性的：儿童（和成人）之所以会模仿他人，是因为这样可以教他们如何执行和完成新的任务。

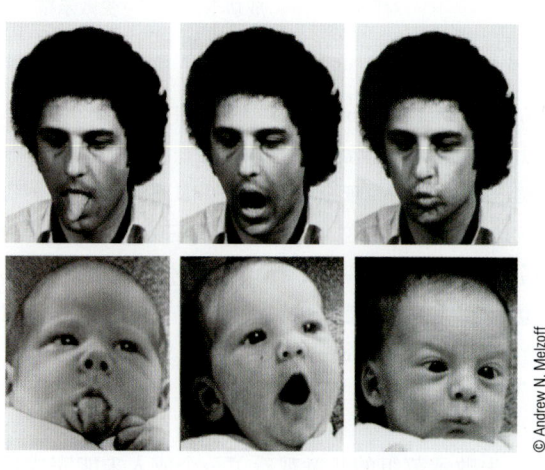

图7.25　新生儿对成人面部表情的模仿。（来源：Meltzoff & Moore，1977）

然而，婴儿并不总是完全模仿他所看到的他人的动作。随着成长，他们开始使用从观察他人动作时获得的信息来创建新的、属于自己的动作。Meltzoff（1995）的另一个实验对该问题进行了探讨，他将 18 个月大的儿童随机分为三组，给每组儿童呈现了五个玩具（图7.26a）。成功示范组的儿童观看了每个玩具的成人示范。成人展示了五个目标动作：拉开杠铃，将一根棍子放在盒子的开口中，将尼龙链挂在钉子上，将珠子放在广口瓶内，并将一个有缺口的方块放到柱子上。

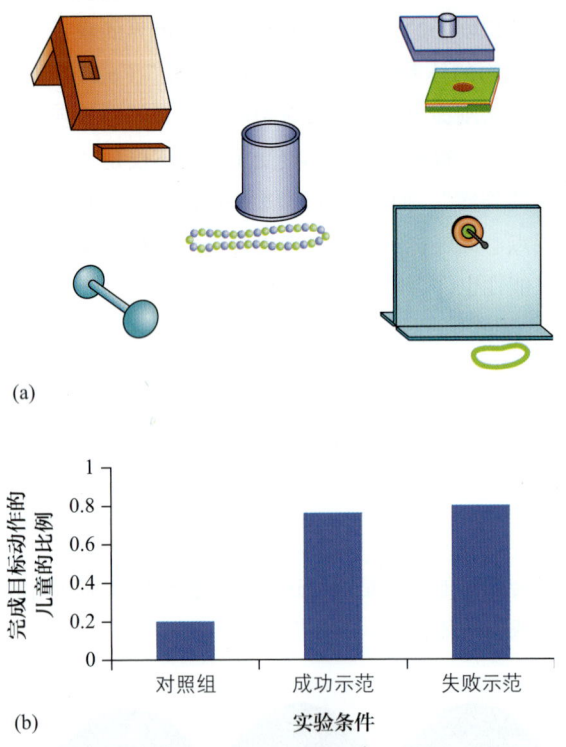

图7.26 （a）在Meltzoff（1995）的实验中所使用的玩具（从左上角开始）：一个盒子和一根棍子，一个方块和柱子，一个罐子和珠子，一个哑铃，一个钉子和皮筋。参见正文对每个玩具相关任务的描述。（b）实验结果呈现了每个实验组中18个月大的儿童成功完成目标动作的比例。关键的结果是，成功示范组和失败示范组中的儿童在任务完成率上并没有显著的差异。（来源：Meltzoff，1995）

失败示范组的儿童观看了一个成人未能完成目标活动的尝试动作。成人的手在拉开杠铃前滑落，棍子没有对准孔，皮筋从钉子上掉到了桌上，珠子掉在了罐子的左边或右边，方块开口未对齐柱子，因而未能插到柱子上。对照组的儿童没有看到任何示范，他们只是自己在玩玩具。

Meltzoff想知道每个组别中儿童成功完成目标动作任务的正确率。如图7.26b所示，对照组中的孩子成功完成了24%的目标动作。相比之下，成功示范组中的儿童在规定时间内完成了78%的动作。这是合理的，因为这些儿童看到了成人完成的行动。但是，失败示范组中的儿童是怎么样的呢？这些儿童并未模仿失败的动作，而是像成功示范组中的儿童一样高效而成功地完成了目标动作。即便失败示范组中的儿童从来没有观察到成人完成这些动作，他们依旧把杠铃分开了，把棍子放了洞里，把皮筋挂在钉子上，把珠子放在罐子里，把带缺口的方块放在了柱子上。这一结果表明，儿童不是模仿他们所看到的动作，而是模仿他们认为成人想要完成的动作。

因此，随着孩子的成长，他们开始超越了机械地模仿所见的动作。他们不仅会考虑所见内容，还会考虑他们观察到的其他事件以及他们对这个世界的了解。许多实验表明，婴儿和儿童早期看到某人做某事时，不会自动地模仿他人的动作，而是会根据环境中发生的情况来调节他们自身的反应。例如，Betty Repacholi 和 Meltzoff（2007）让18个月大的儿童来观察成人做各种产生噪声的动作，例如，挤压塑料杯，这会产生爆裂或刮擦的噪声。在这个过程中同他们待在一起的另一个被称为"情绪表达者"的实验者会对成人的动作进行评论。在愤怒实验条件下，"情绪表达者"会在成人的动作完成后，对之做出一个不愉快的表情和负面的评论，如"那真令人讨厌"。在中性实验条件下，"情绪表达者"的面部表情是中性的，她会进行中立或积极的评论，如"真有趣"。

实验中的儿童会模仿成人的动作吗？答案取决于"情绪表达者"对成人演员动作的反应是生气的还是中性的。当反应是生气的时候，儿童就更不可能去模仿成人演员的动作。这个实验以及众多其他的实验（see Meltzoff et al., 2013）表明，婴儿在非常早期的时候便开始使用自上而下的信息了（参见第1章），他们会根据所处场景来决定是否以及如何模仿他人。这种对自上而下信息的使用同成人在预测他人意图并根据其动作能力来感知环境时所做的是一样的。可见，知觉和动作之间的联系很早就开始了，并且一直持续发展到了成年。

测一测 7.2

1. 什么是可供性？试用患者 M.P. 的实验来阐明可供性的操作。
2. 试阐述"内容"（腹侧）和"方式"（背侧）通路是如何帮助我们完成一个动作的？如伸手拿起一个咖啡杯。
3. 顶部触碰区是什么？描述 Fattori 关于"抓握神经元"的实验。
4. 什么是镜像神经元？证明镜像神经元不只对特定的运动模式有反应的证据是什么？
5. 描述 Iacoboni 关于镜像神经元对意图起反应的实验。
6. 镜像神经元对意图进行反应的可能机制是什么？
7. 镜像神经元的假设功能有哪些？这些假设的科学地位是什么？
8. 描述知觉的基于行动的解释，并回答：（1）为什么一些研究者会认为大脑的进化使我们能够实施行动；（2）如何用实验证明知觉和"行动能力"之间的联系。
9. Meltzoff 和 Moore 如何证明在 12～17 天大的婴儿中存在模仿行为？
10. 描述证明了婴儿并不总是模仿他们看到的其他人的行为的实验。这些实验结果与成人的知觉和动作相关行为间有什么关系？

想一想

1. 你能识别有助于你在环境中执行动作的特殊环境信息吗？这个问题对运动员尤为重要。
2. 人们开车通过长隧道时通常会放慢速度，试论述在这种情况下，光流可能产生的作用。
3. 我们已经知道体操运动员在空翻时会考虑到视觉信息。在双人跳水比赛中，两人同时从两个并排的跳水板上跳下来，双人跳水的评分标准是两位运动员起跳时动作的好坏和同步性。你认为双人跳水运动员需要考虑哪些环境刺激才能取得高分？
4. 如果镜像神经元会对意图做出反应，那么自上而下和自下而上的处理机制是如何影响镜像神经元的反应的呢？
5. 你认为镜像神经元的反应在多大程度上会受到对所观察对象的熟悉程度的影响？
6. 你与环境互动（登山、做体育运动）的经验是否符合在"思考时刻"专栏提及的"行动的可能性"实验的结果？

关键术语

边界细胞（border cells，p.161）
地标（landmarks，p.159）
地形失认症（topographical agnosia，p.160）
顶部触碰区（parietal reach region，PRR，p.165）
动作特异性的知觉假设（action-specific perception hypothesis，p.170）
光流（optic flow，p.154）
恒定信息（invariant information，p.155）
镜像神经元（mirror neurons，p.166）
镜像神经元系统（mirror neuron system，p.167）
可供性（affordances，p.164）
空间更新（spatial updating，p.158）
流量梯度（gradient of flow，p.154）
认知地图（cognitive map，p.161）
生态学效度（ecological validity，p.153）
视觉运动网格细胞（visuomotor grip cells，p.166）
视觉指引策略（visual direction strategy，p.157）
视听镜像神经元（audiovisual mirror neurons，p.167）
头部朝向细胞（head direction cells，p.161）
网格细胞（grid cells，p.161）
位置细胞（place cells，p.161）
位置野（place field，p.161）
寻路（wayfnding，p.158）
延伸焦点（focus of expansion，FOE，p.154）
知觉研究的生态学方法（ecological approach to perception，p.153）
自产信息（self-produced information，p.155）

当飞鸟运动时,视网膜上的像也会随之运动,此时我们会知觉到运动。但是如果用眼睛追随它们,即便视网膜上的成像保持静止,还是会知觉到鸟在移动。这一章探讨我们可以在各种情况下知觉到运动的认知机制和生理机制。

© Ma Xiaobo Photography China/Latitude/Corbis

第8章

感知运动

本章内容

运动知觉的功能
运动提供有关物体的信息
运动引起注意
运动有助于理解所处环境中的事件
没有运动知觉的生活

运动知觉的研究
我们是在什么时候感知到运动的
比较真实运动和似动
如何解释运动知觉

运动知觉：环境中的信息
运动知觉：视网膜或眼睛的信息
赖卡特探测器
伴随放电理论
运动知觉和大脑
大脑的运动区域
毁损、失活和刺激的影响
从单个神经元的角度来看运动
运动和人体

躯体的似动现象
光点式步行者的运动
思考时刻：对静止图片的运动响应
发展维度：新生儿的生物性运动知觉

想一想
关键术语

我们要思考的一些问题

- 为什么一些动物感觉到危险的时候会僵在原地？
- 电影是如何通过静止的图片制造运动的？
- 扫视或步行穿过一个房间时，房间的图像在视网膜上移动，但是我们知觉到房间及其中的物体依然静止。为什么这种现象会发生？

我们不断地做出动作，要么是像第7章赛丽娜骑自行车那样引人注目的动作，要么是伸手拿咖啡杯或在房间里走动这样常规的动作。任何形式的动作都涉及运动，而使运动知觉研究变得迷人和具有挑战性的原因之一是，我们并不只是简单地被动观察别人的运动——常常自己也在运动。因此，当我们静止时，看着别人穿过街道，我们会知觉到运动（图8.1a），当我们自己本身在动的时候也能知觉到运动，就好像打篮球时发生的那样（图8.1b）。在本章中，我们会发现无论是静止的观察者知觉到运动这样"简单"的例子，还是移动着的观察者知觉到运动这样较复杂的例子，其背后均有复杂的机制。

运动知觉的功能

运动知觉有一些不同的功能，从帮助我们感知事物（如物体的形状）到为我们提供正在发生的事物的新信息。特别是对于动物来说，也许最重要的是运动知觉和生存紧密相连。

运动提供有关物体的信息

运动是物体识别的一个重要方面，因为它揭示了物体的信息，否则可能很难辨认。看图8.2，从每张图片中发现动物有多难？当它们像图片中那样保持静止，每个动物都很难被找到，因为它们的颜色、形状和周围环境都很相似。然而，即便是伪装得非常完美的动物也会被动作暴露。动作似乎组成了动物的所有元素（回想一下第5章关于共同命运的讨论，第104页），使之从背景中分离出来。一只饥饿的美洲豹在围捕羚羊时行动非常缓慢，一只受惊吓的田鼠会僵住，以希望这样的静止使鹰更难从周围环境中将其找出来。

(a) (b)

图8.1 （a）当一个静止的观察者知觉到移动的刺激时，如一对夫妻穿过街道，以及（b）当移动的观察者，像这个篮球运动员，知觉到运动的刺激（如场上其他的队员）时，运动知觉就发生了。

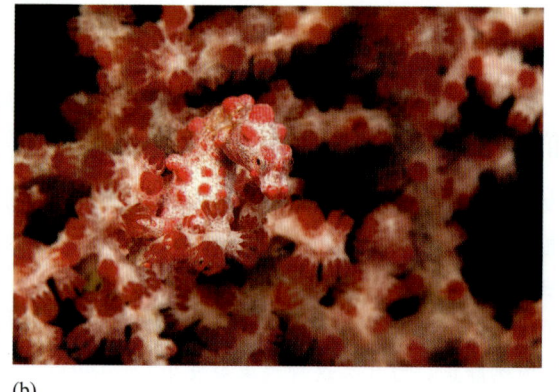

(a) (b)

图8.2 即使伪装得非常完美的动物也会被运动立刻暴露，如（a）叶尾壁虎和（b）侏儒海马。

你可能会认为对于"运动对物体识别很重要"这个观点来说，会伪装的动物是一个特例，因为世界上大部分物体都不是刻意伪装的。但是，如果还记得第5章（第99页）关于为何模糊不清的物体也能被清楚地识别的讨论，你就会领会物体的运动是如何揭示那些从单一、静止的视角看可能并不明显的特征的（图8.3a）。观察者的运动也会产生类似的效应：从不同角度看图8.3b中的"马"表明它的形状并不完全是你以初始视图为根据时预期的那样。因此，我们相对于物体的运动会不断地为我们对其已有的了解增加信息，和本章最相关的就是当物体相对于我们移动时，我们会接收相似的信息。

当物体移动时，观察者能更快更准地感知其形状（Wexler et al., 2001）。

运动引起注意

运动在动物生存中也起着重要的作用，因为动作可以吸引注意。你可能已经通过许多方式体验过了。例如，当你试图在人山人海的体育场寻找你的朋友时，会意识到根本不知道到从哪里找。但是，如果突然看到一个人在挥手，你就会认出那个人就是你朋友。或者，你可能正在院子里最喜欢的树下看书（可能就是这本书！），当一个棒球向你迎面

图8.3　（a）随着车子移动，它的形状和特征会从不同的角度变得可见。（b）绕着这只"马"转一圈，可以揭示其真实的形状。

飞来时，你的自然反应是抬头并迅速躲开球的路径。这些就是第6章（第130页）讨论过的注意捕获的例子，就是说注意会无意识地被凸显的对象吸引。动作是外界环境中的一个非常突出的方面，所以会吸引我们的注意（Franconeri & Simons, 2003）。将注意捕获和先前讨论的注意对物体识别的作用结合起来，可以看到静止的动物更倾向于维持其伪装，这样更不容易被发现，因为待在原地会消除动作的注意吸引效应。

运动有助于理解所处环境中的事件

穿梭在商场里，看着橱窗里的陈列，你也在观察其他的动作——一群人热火朝天地交谈，售货员重新整理一大堆衣服然后走向收银台帮助顾客结账，拥挤的餐馆里的人们被篮球比赛里精彩的时刻迷住了。

我们观察到的大多数场景都涉及运动提供的信息。群体中人的姿态表明他们谈话的强度；售货员的动作表明她在做什么，动作的改变表明她将转向新任务；即使没有声音，动作也表明比赛中有重要的事情发生（Zacks, 2004；Zacks & Swallow, 2007）。

Fritz Heider 和 Marianne Simmel（1944）的研究有力地证明了运动的作用，他们向被试展示2.5分钟的动画片并让其描述影片里正在发生什么。影片包含一个"房子"和三个"人物角色"——一个小圆圈、一个小三角形和一个大三角形。这三个几何图形在房子内外四处走动，有时相互影响（图8.4）。尽管这三个人物角色是几何图形，但是被试在构想故事来解释它们的动作时，通常会赋予它们拟人的特点和个性。例如，有的被试将小三角形和小圆圈描述为想要独自在家的一对夫妻，大三角

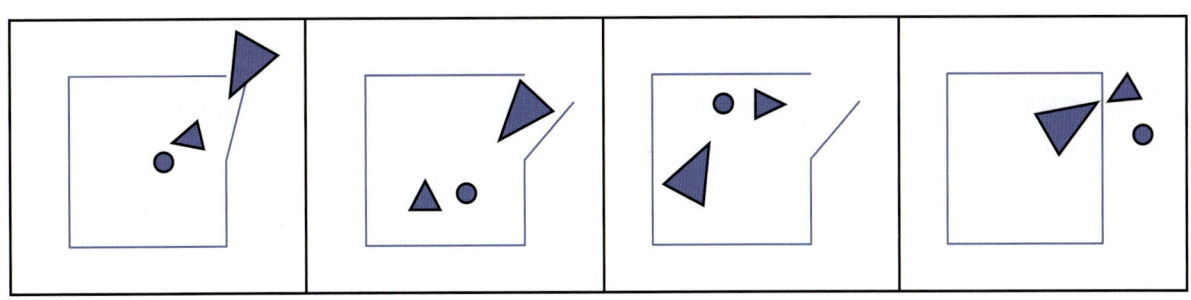

图8.4　Heider和Simmel（1944）使用的影片中静止的图像。物体以多种方式移动，从"房间"里进出，有时相互影响。运动的性质使被试可以编造故事，他们通常会将物体描绘成好像有情感、动机和人格一样。

形("一个恶霸")闯进房间打断了他们。小三角很讨厌这样的入侵,于是攻击了大三角。在其他的研究中,研究者已经证明这些简单的动作可以被解释为欲望、哄骗、追逐、打斗、嘲笑、恐惧和诱惑(Abell et al., 2000; Barrett et al., 2005; Castelli et al., 2000; Csibra, 2008; Gao et al., 2009)。谁会想到,几何图形的世界会变得如此有趣?

回到人类的世界,考虑一下动作在理解周围事件(比如,可能发生在校园咖啡店里的事件)中发挥的作用。例如,你可能看到一个男人走进店里,停在柜台前面,和咖啡师简短交流之后,咖啡师转身走开然后拿了一杯咖啡回来。顾客盖上盖子确保是安全的,付了咖啡钱并在小费罐子里留下小费,转身走出咖啡店。这个简短的描述是随着时间发生的一系列事件,只是代表了咖啡店里发生的一小部分事件。正如可以将一个静态的场景分割为独立的个体,我们将正在进行的动作分割为一系列事件,其中的一个**事件**被定义为在特定地点的一段时间里,观察者可以感知其开始和结束的事件(Zacks & Tversky, 2001; Zacks et al., 2009)。在咖啡店的情节中,向咖啡师点单是一个事件,伸手拿咖啡是一个事件,向小费罐子里投放小费是一个事件,等等。一个事件结束与下一个事件开始之间的那个时间点被称为**事件边界**。

当考虑到事件几乎总是包含动作时,事件与运动知觉的联系就变得显而易见了,而且动作本质的改变通常和事件边界相关联。下单的时候一种模式的动作发生,伸手拿咖啡杯的时候另一种模式的动作发生,等等。Jeffrey Zacks 及其同事(2009)测量了事件和运动知觉之间的联系,研究让被试观看日常活动的影片(如付账或者洗盘子)并要求被试在认为一个有意义的活动结束而另一个活动开始的时候做出按键反应(Newtson & Engquist, 1976; Zacks et al., 2001)。Zacks 比较了事件边界和动作追踪系统测量的演员的身体动作,发现事件边界更有可能发生在演员的手有一个速度或加速度变化的时刻。从这个实验以及其他实验的结果中,Zacks 认为,运动知觉在将活动拆分为有意义的事件中起着重要的作用。

这就回到了本章开头的例子上。我们描述了服装店售货员的动作,并指出她的动作不仅表明她正在做什么(重新整理衣服),还表明一个新任务何时开始(帮助顾客)。事件通常由动作定义,按照一个接一个的顺序来建立对于正在发生的事情的理解。

没有运动知觉的生活

阐述运动知觉对日常生活的重要性的最生动的例子可能来自个案研究。在这些个案中,个体经历过疾病或创伤,负责感知和理解运动的部分脑区受损。这种情况发生时,个体会患上"**运动盲**",或者叫作"运动失明"的病症,其特点是动作很难或者不可能被感知到。最著名且得到充分研究的运动盲案例是一个 43 岁的妇女,叫作 L.M.(Zihl et al., 1983, 1991)。中风之后,L.M. 丧失了感知动作的能力,无法顺利完成像倒一杯茶这样简单的活动。用她的话说,"液体似乎被冻住了,像冰川",由于不能察觉杯子里的茶在上升,她很难知道什么时候该停止倒茶。她的病情也导致了其他更严重的问题。例如,她很难跟得上对话,因为看不到说话者脸和嘴的动作;人们会突然间出现或消失,因为看不到他们来或者去。过马路也表现出严重的问题,因为一辆车起先看起来还很远,但是可能突然间毫无征兆地就很近了。因此,这种缺陷不仅给社交带来了不便,也足以威胁她的幸福生活,所以她很少到外面运动的世界里冒险。

运动知觉的研究

描述人如何习得运动知觉时,要考虑的第一个问题就是:我们是在什么时候感知到运动的呢?

我们是在什么时候感知到运动的

这个问题的答案似乎是显而易见的:当某个物体在我们的视野中移动时,我们知觉到了运动。一个物体实际的运动被称为**真实运动**。知觉到一辆车驶过、人们在散步或者一只虫子从桌面爬过都是真实的运动知觉的例子。

运动知觉也可以由不动的物体产生。实际上,没有运动时候的运动知觉被称为**运动错觉**。最著名的、被研究得最深入的运动错觉是**似动**。在第 5 章讲述韦特海默观察报告的故事时介绍了似动，即当两个位置稍微不同的刺激以恰当的时间交替出现时，观察者知觉到的是一个物体在两个位置间来回流动（图 8.5a；图 5.13）。这种知觉称为似动，因为在刺激间并没有真实的运动。这是在电影、电视以及用于广告和娱乐业的动态标志上知觉到运动的基础（图 8.5b）。

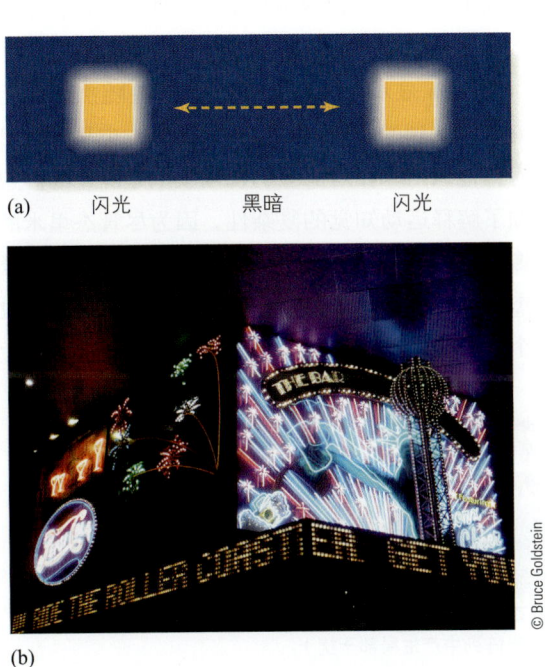

(a) 闪光　黑暗　闪光

(b)

图8.5 似动。（a）当两个灯交替快速闪烁时，它们之间会出现似动现象；（b）指示牌上也有似动现象产生，字母移动着穿过灯箱显示屏带给人的知觉非常强烈，以至很难意识到这些字符只是简单的灯光闪烁。

当一个物体的运动（通常是相对较大的物体）导致附近的一个（相对较小）物体看起来好像动了的时候，**诱发运动**就发生了。例如，天空中的月亮通常看起来是静止的，但是在一个有风的夜晚，如果云朵从月亮上飘了过去，那么月亮看起来就好像在云中穿行。在这个例子中，大物体的运动（云的覆盖面积大）使较小的、实际上静止的月亮看起来似乎在移动。

当观察一个运动的刺激导致静止的物体似乎动了起来时，**运动后效**就发生了（Glasser et al., 2011）。运动后效的一个例子是**瀑布错觉**（Addams, 1834；

图 8.6）。如果看着瀑布 30 ~ 60 秒（确保它只占了视野的一部分），然后看向旁边静止的景象，你会觉得看到的所有东西——岩石、树、草坪——好像都向上运动了几秒。如果很少看到瀑布，下次你去电影院的时候或许可以通过仔细观察电影结尾的滚动名单来产生这种错觉（要坐在电影院的后排）。

图8.6 苏格兰尼斯湖附近的福耶斯瀑布，在这里，Robert Addams（1834）第一次体验到瀑布错觉。盯住向下流动的瀑布30 ~ 60毫秒，会发现旁边静止的岩石、树木等物体似乎在向上移动。

运动知觉的研究者研究了上述感知运动的所有类型，还有很多其他类型（Blaser & Sperling, 2008；Cavanaugh, 2011）。然而，我们的目的不是理解运动知觉的每一种类型，而是理解调节运动知觉的一般原理。为了做到这一点，我们将主要关注真实运动和似动。

比较真实运动和似动

多年来，研究人员把静止物体或图片闪烁产生的似动和空间中的实际运动产生的真实运动当作受不同机制调节的独立的现象。然而，有足够的证据证明，这两种类型的运动有很多的共同之处。例如，Axel Larsen 及其同事（2006）给 fMRI 扫描仪中的被试展示了三种刺激呈现：（1）中性条件，即位置上稍有不同的两个方框同时闪烁（图8.7a）；（2）真实运动，即一个小方框来回移动（图8.7b）；（3）似动，即两个方框依次闪烁以至看起来好像是来回移动（图8.7c）。

Larsen 的结果呈现在刺激呈现示意图的下面。图 8.7a 中蓝色区域是由对照条件下方框激活的视觉皮层的区域，其中的对照条件被知觉为两个方框同时闪烁，它们之间没有运动。两个方框各自激活皮层的一个区域。在图 8.7b 中，红色表示该区域由方框真实的运动激活。在图 8.7c 中，黄色代表在似动刺激呈现条件下的皮层激活。请注意，与似动有关的激活和真实运动引起的激活相似。导致似动现象的两个闪烁的方框激活了代表两个闪烁方框中间位置的大脑区域，即便那里并没有闪烁。

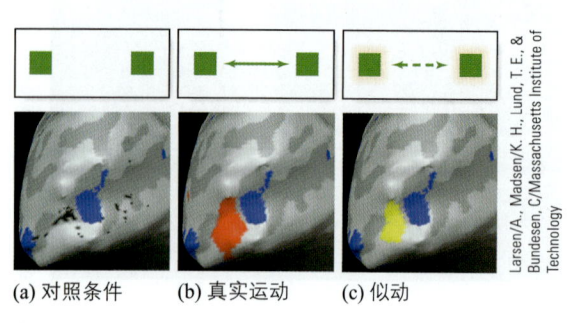

(a) 对照条件　　(b) 真实运动　　(c) 似动

图8.7　Larsen（2006）的实验中的三种条件：（a）对照条件，位置稍有不同的两个方框同时闪烁；（b）真实运动，一个小方框来回运动；（c）似动，两个方框交替闪烁，以至它们看起来像是在来回运动。刺激呈现在上面，下面对应的是脑部激活。（c）大脑中表示两个方框中间的位置上有激活，在这个位置上其实是没有刺激呈现的，但是我们知觉到了运动。（来源：Larsen et al., 2006）

由于真实运动和似动的神经反应之间的相似性，研究者将这两种运动放在一起研究，集中精力于探索同时适用于两者的一般机制。在本章，我们将按照这种思路来寻找运动知觉的一般机制。

如何解释运动知觉

我们的目标是理解人们是如何察觉事物是在运动的，这似乎是一个简单的问题。例如，图 8.8a 显示了当杰里米走过去时，玛丽亚直视前方所看到的场景。因为她没有移动自己的眼睛，所以杰里米的图像掠过了她的视网膜。解释这个例子中的运动知觉似乎是简单的，因为杰里米的图像在玛丽亚的视网膜上移动，它相继刺激了一系列感受器，这种刺激标志着杰里米的运动。

图 8.8b 显示，当玛丽亚的眼睛追随杰里米运动时她所看到的场景。在这种情况下，杰里米走过去时，他的图像在玛丽亚的视网膜上是静止的。这增加了解释运动知觉的复杂性，因为尽管杰里米的图像在玛丽亚的视网膜上是静止的，她依然能知觉到杰里米在移动。这意味着运动知觉不能仅仅通过一个图像扫过视网膜来解释。

(a) 杰里米从玛丽亚面前走过；玛丽亚的眼睛是静止的（在光阵列中产生局部干扰）

(b) 杰里米从玛丽亚面前走过；玛丽亚用眼睛追随着杰里米（在光阵列中产生局部干扰）

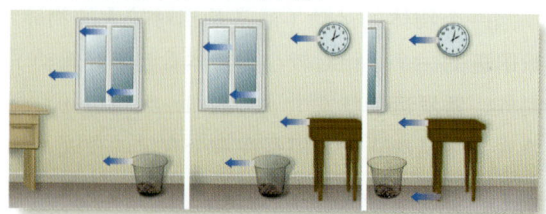

(c) 玛丽亚从左向右移动眼睛来扫视这个场景（产生全局视神经流）

图8.8　三种运动情境。（a）杰里米走过去时，玛丽亚静止且直视前方。（b）玛丽亚用眼睛追随杰里米的运动。（c）玛丽亚向右移动眼睛来扫视这个房间（光阵列和视神经流在下一节讨论）。

表8.1　图8.8中知觉到或没知觉到运动的条件

情境	目标	眼睛	观察者视网膜的图像	是否知觉到目标移动？
1　在目标走过去时直视前方	运动	静止	运动	是
2　用眼睛追随运动的目标	运动	运动	静止	是
3　环顾房间	静止	运动	运动	否

考虑一下如果杰里米不出现，而玛丽亚从左向右移动眼睛来扫视这个房间会发生什么？当玛丽亚这样做的时候，墙壁和物体的图像向左划过她的视网膜（图 8.8c），但是她并没有看到房间或其内饰在移动。在这种情况下，有移动扫过视网膜但是没有物体在移动的知觉。这是我们不能单纯地考虑视网膜上正发生什么的另一个例子。表 8.1 总结了图 8.8 中的三种情况。

在下一节中，我们将用多种方法来解释运动知觉，目标是解释图 8.8 和表 8.1 中的每一种情况。先从一种着眼于环境中的信息如何发出运动信号的方法开始讨论。

运动知觉：环境中的信息

从图 8.8 的三种情况中，可以看到运动知觉不能通过只考虑视网膜上发生的情况来解释。这个问题的解决方法由 Gibson 提出，他创立了解释知觉的生态学方法。在第 7 章，我们注意到 Gibson 的方法（1950，1966，1979）包含在环境中寻找对感知觉有用的信息。根据 Gibson 的观点，这些为知觉搜寻的信息不是位于视网膜上，而是在环境中。他依据**光阵列**（由外界环境的表面、纹理和轮廓创建的结构）的方法来思考环境中的信息，且关注观察者的运动如何引起光阵列的变化。通过图 8.8 中杰里米和玛丽亚的例子来看一下其工作原理。

在图 8.8a 中，当杰里米从玛丽亚的视野中穿过时，因为他走过去，一部分光阵列被覆盖，然后由于他继续移动，又被暴露出来，这被称为**光阵列中的局部干扰**。当杰里米相对于外界环境移动时，光阵列中发生局部干扰，覆盖和揭露静止的背景。根据 Gibson 的观点，光阵列中的局部干扰提供了杰里米相对于环境移动的信息。

图 8.8b 中，玛丽亚用眼睛追随着杰里米。别忘了，Gibson 不在意视网膜上发生了什么。虽然杰里米的图像在视网膜上是静止的，当玛丽亚保持眼睛静止时，可以获得同样的局部干扰信息——杰里米覆盖和揭露一部分光阵列——当移动自己的眼睛时依然可以获得，局部干扰信息表明杰里米在移动。

然而，当玛丽亚扫视图 8.8c 中的场景时，不同的事情发生了：因为她的眼睛自左向右穿过图中的场景，她周围所有事物——墙壁、窗户、垃圾桶、钟表和家具——都向她视野的左侧移动。如果玛丽亚从这个场景中走过，会出现相似的场景。作为对观察者眼睛或身体移动的回应，所有事物会同时移动，这样的情形被称为**全局视神经流**，这标志着环境是静止的，而观察者是移动的，不管是移动身体还是像这个例子中这样用眼睛来扫描。因此，根据 Gibson 的观点，当一部分场景相对于剩下的场景移动时，可以知觉到运动，而当整个场景都在移动或保持静止时，是知觉不到运动的。虽然这是对运动知觉的一个合理的解释，但在下一节会看到，我们还需要考虑信息的其他来源来充分理解人们在环境中是怎样知觉运动的。

运动知觉：视网膜或眼睛的信息

Gibson 的方法关注外界环境中的信息。另一种解释图 8.8 中各种运动情况的方法是考察由眼睛传到大脑的神经信号。其中之一就是 Werner Reichardt（1969）提出的神经回路，被称为赖卡特探测器。

赖卡特探测器

图 8.9 是**赖卡特探测器**的一个简化版本，可以用来解释图 8.8a 中的情况，图中杰里米从玛丽亚的视野中走过，同时她保持眼睛固定不动。这个回路包含两种神经元，A 和 B，两者将其信号传递给一个**输出装置**，输出装置会比较从神经元 A 和 B

接收的信号。这个回路运行的关键是**延迟装置**，它减慢了从 A 输出的信号传导到输出装置的速度。另外，输出装置有一个重要的特性：它使来自神经元 A 和 B 的反应成倍增长来生成运动信号，这些信号导致对动作的知觉。

接下来就来看看这个回路在杰里米自左向右移动时是如何反应的，他的位置在图中用红色圆点表示。图 8.9a 显示，杰里米从左边开始靠近，首先激活神经元 A。这个由记录 1 中的"尖峰"表示。这种响应开始前往输出装置，但是被延迟装置减慢。在这个延迟的过程中，杰里米继续移动并刺激了神经元 B（图 8.9b），神经元 B 也将这种信号向下传导到输出装置（记录 2）。如果时机合适，那么在来自神经元 A 的被延迟的信号到达输出装置的同时，来自神经元 B 的信号也刚好到达。因

为输出装置使来自神经元 A 和 B 的反应翻倍，致使产生大量的运动信号（记录 4）。因此，当杰里米以合适的速度自左向右移动时，运动信号产生，玛丽亚知觉到杰里米在移动。

在图 8.9 中，回路图的一个重要特性是它在响应从左向右的运动时产生了一个运动信号，但是并没有为从右向左的运动产生信号。可以通过考察当杰里米从右走到左时会发生什么来看一下为什么会如此。从右侧出发（图 8.9c），杰里米首先激活神经元 B，它直接将信号传递到输出装置（记录 5）。杰里米继续往左移动，激活了神经元 A（图 8.9d），产生了一个信号（记录 6）。这时，来自神经元 B 的反应变得较小，因为它不再被刺激到（记录 7），而当来自神经元 A 的反应通过延迟装置传递到输出装置的时候，来自神经元 B 的反应已经降为 0（图

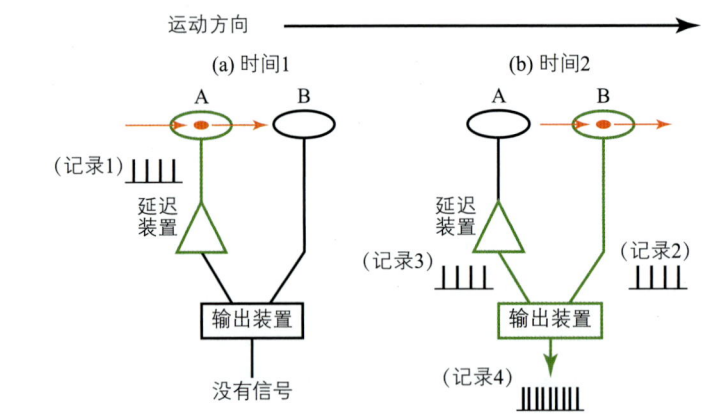

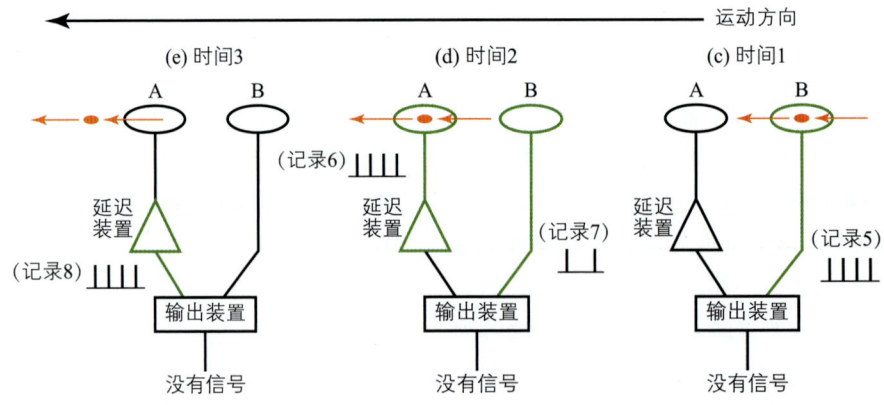

图8.9 赖卡特探测器。当一个目标物体（红点）进入感受野时，神经元A和B受到刺激，激活用绿色以及有编号的尖峰表示。（a）和（b）表示目标从左向右移动时探测器的激活。神经元A和B的信号在输出装置相遇，运动就被知觉到了。（c）、（d）和（e）表示目标从右向左移动时同一个探测器的激活情况。在这种情况下，神经元A和B的信号没有在输出装置中相遇，所以没有知觉到运动。

8.9e）。当输出装置使来自神经元 A 的延迟信号（记录 8）和来自神经元 B 的零信号加倍时，结果是 0，所以没有运动信号产生。

这个回路更复杂的版本创建了定向敏感的神经元，它只对特定的运动方向放电，这在两栖动物、啮齿动物、灵长类动物和人类中已经被发现（Borst & Egelhaaf, 1989）。视觉系统包含很多这样的回路，每个关注一个不同的运动方向；它们协同合作可以产生信号，来表明穿过视野的运动方向，如图 8.8a 所示。

除了使我们能够判断运动方向，赖卡特探测器还有另一个作用：判断速度（Meso & Zanker, 2009）。为了弄明白为什么可以提供速度信息，来回想一下延迟装置的目的。延迟是为了确保神经元 A 和神经元 B 的活动同时到达输出装置。因此，延迟持续的时间是很重要的。如果神经元 A 的信号没有被延迟足够长的时间，它可能比神经元 B 的信号先到达输出装置，因此检测不到运动（神经元 A 的信号到达时，神经元 B 的信号可能为零）。如果延迟的时间过长，神经元 B 的信号可能比神经元 A 的信号先到达输出装置（来自神经元 A 的信号将为零），同样不能检测到运动。那么，什么是太短，什么是太长，什么是刚好合适呢？这取决于移动物体的速度。快速运动时，包含短暂延迟的探测器会被选择，而慢速运动时，会选择包含长时延迟的探测器。

伴随放电理论

尽管赖卡特探测器似乎解决了神经反应如何标志运动的问题，但是这些探测器只适用于图 8.8a 那样的情况，即动作掠过观察者静止的眼睛。为了解释诸如图 8.8b（玛丽亚移动眼睛追随杰里米）和图 8.8c（玛丽亚扫视房间）那样的情况，不仅要考虑这些图像如何在视网膜上移动，还要考虑眼睛是如何移动的。**伴随放电理论**将眼睛运动也考虑在内。理解伴随放电理论的第一步是考虑神经信号如何与视网膜相联系，以及如何与眼部肌肉（与图 8.8 和表 8.1 中三种情况相关的）相联系。

来自视网膜和眼部肌肉的信号

伴随放电理论通过考虑到由刺激在视网膜上移动产生的信号和眼睛运动产生的信号来解释运动知觉。

1. 当图像掠过视网膜上的感受器时，一个**图像位移信号（IDS）**（图 8.10a）就发生了，如同玛丽亚直视前方时，杰里米从她的视野中穿过。
2. 当一个信号从大脑传递到眼部肌肉时，**运动信号（MS）**（图 8.10b）出现。当玛丽亚在杰里米穿过房间时用眼睛追随他，这种信号就出现了。
3. **伴随放电信号（CDS）** 是运动信号的一个副本，是将信号传递到大脑的其他地方，而不是传递到眼部肌肉（图 8.10b）。这和发送电子邮件时候的抄送功能类似。邮件发给某个人，副本同时发给另一个地址的其他人。

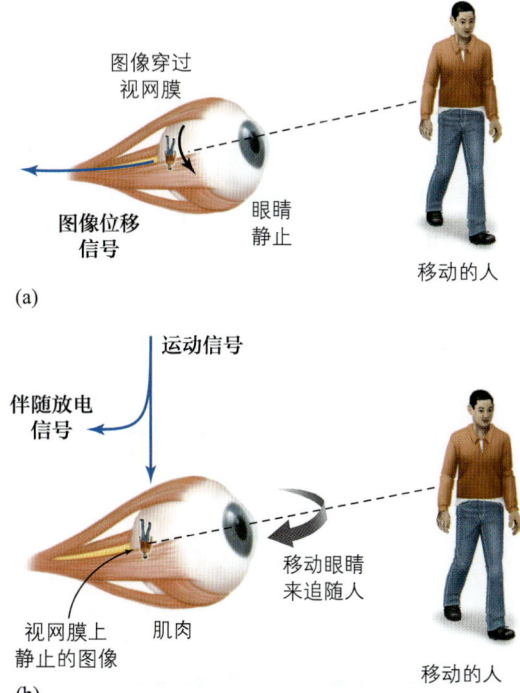

图8.10 （a）当目标物体的图像穿过视网膜时，会产生图像位移信号。（b）当运动信号传递至眼部肌肉时，眼睛可以追随运动的目标，就会产生伴随放电信号，它是从运动信号中分离出来的。

既然已经介绍了这些信号，可以通过比较表8.1中的情境1和2（目标客体被知觉到在运动）有哪些相同之处得到一个问题的解决方案。可以通过关注传递向大脑的两种信号来回答这个问题：图像位移信号和伴随放电信号。在情境1中，当玛丽亚的眼睛固定不动，杰里米的图像从她的视网膜上掠过时，只有图像位移信号发生。在情境2中，玛丽亚移动眼睛追随杰里米，这样他的图像就不会掠过视网膜，只有伴随放电信号发生。因此，解决方案或许是：当只有一种信号——图像位移信号或伴随放电信号——被传递到大脑时，可以知觉到运动。但是如果两种信号都出现，像情境3那样（图8.8c中观察者扫视房间），就不会知觉到运动。实际上，这种解决方案就是伴随放电理论的基础。

根据伴随放电理论，大脑包含一个结构或一种机制，叫比较器，同时接收图像位移信号和伴随放电信号。比较器的运行受图8.11中所示的规则控制。如果只有一种信号到达比较器，不管是图像位移信号（图8.11a）还是伴随放电信号（图8.11b），都会给大脑传递一种"运动发生了"的消息，然后运动就被知觉到了。如果图像位移信号和伴随放电信号同时到达比较器（图8.11c），它们互相抵消，就没有信号传递到为运动知觉负责的脑区。这解决了我们的问题，因为在情境1和2中，运动被知觉到，这两种情境中都只有一种信号出现，而当两种信号同时出现时，情境3中就没有知觉到运动。

图像位移信号明显起源于视网膜，于是学生们经常会问伴随放电信号从哪里来，以及比较器位于哪里。由于大脑里多个部分都参与眼动准备，伴随放电信号可能源于大脑中一些不同的区域（Sommer & Crapse, 2010；Sommer & Wurtz, 2008）。同样的，比较器很有可能包含一些不同的组织结构。对我们的目标很重要的一件事是伴随放电理论提出，视觉系统同时考虑接收器受到刺激的信息和眼睛运动的信息。尽管不能精确地定位伴随放电信号和比较器的位置，依然有证据支持这个理论。下面是一些行为学和生理学的证据。

伴随放电理论的行为学证据

下面的两个"演示"专栏展示的是在没有运动掠过视网膜时，也产生了运动知觉。

| 演　示 | 用后像消除图像位移信号 |

盯住图8.12a里红色圆圈的中央约60秒，然后盯住一个平面，例如桌子，观察圆圈的后像会发生什么，后像会在你环顾四周时出现在平面上。（如果它消失了，眨眼使其出现。）请注意，后像会随着眼睛一起移动。

为什么移动眼睛的时候后像也会动呢？答案并不是因为图像在视网膜上运动，因为圆圈的图像始终保持在视网膜的相同位置（图8.12b）。（视网膜上圆圈的图像漂白了一小块区域的视觉色素，无论眼睛看向哪里，这些视觉色素都在那里。）没有刺激的运动掠过视网膜，就没有图像位移信号。然而，传递给眼睛的运动信号在生成伴随放电信号，它独自到达比较器，所以后像看起来是在动的（图8.11b）。

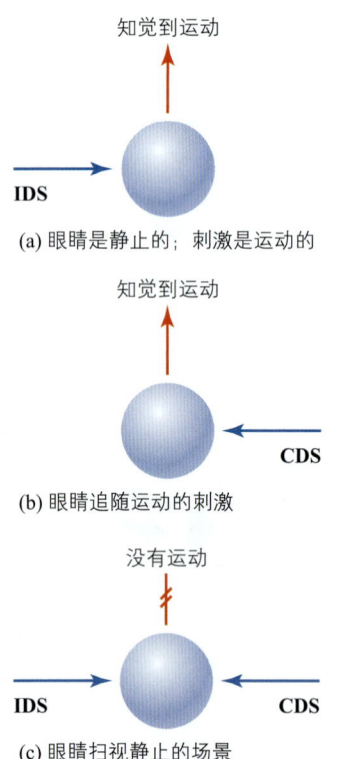

图8.11 根据伴随放电理论模型，当图像位移信号单独到达比较器时，信号被传递至大脑，运动被知觉到；（b）当伴随放电信号单独到达比较器时，信号被传递至大脑，运动被知觉到；（c）如果伴随放电信号和图像位移信号同时到达比较器，则相互抵消，所以没有信号被传递至大脑，就没有运动被知觉到。

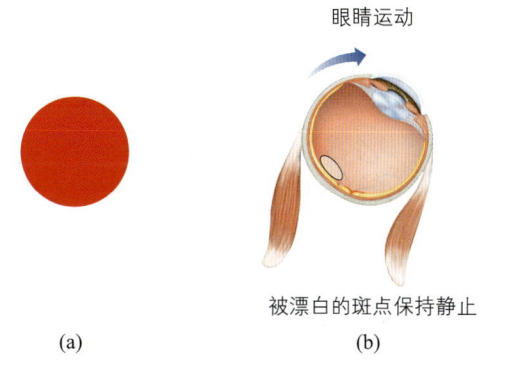

图8.12 后像。（a）盯住的刺激。（b）当眼睛移动时，视网膜上的图像（椭圆表示的漂白区域）保持静止，但是一个伴随放电信号被传递至比较器，于是后像好像是在动的。

演示 通过推挤眼睑来看到运动

盯住环境中一个点，同时轻轻地来回推挤你的一侧眼睑，像图 8.13 中那样。如果这样做，你会看到场景在动。

图8.13 为什么这个女士在笑？因为当她盯住某点并推挤眼睑时，看到这个世界在晃动。

为什么在推挤眼球时会看到运动？Lawrence Stark 和 Bruce Bridgeman（1983）做了一个实验，告知被试盯住一个点，同时推挤自己的眼睑。因为被试严格遵守指示（"保持盯住那个点"），推挤眼睑并没有导致他们的眼睛移动。没有移动发生是因为被试的眼部肌肉要反抗手指的力量来保持眼睛在适当的位置。根据伴随放电理论，运动信号传送到眼部肌肉使眼睛保持在原地，产生了伴随放电信号，它如图 8.11b 中那样，独自到达比较器，于是 Stark 和 Bridgeman 的被试看到了场景移动（Bridgeman & Stark，1991；Ilg et al., 1989）。（本章"想一想"中的问题 3 和这个解释相关。）

这些演示支持伴随放电理论的核心观点，即一个信号（伴随放电）标志着观察者什么时候移动眼睛或试图移动眼睛。这个理论首次提出时，几乎没有生理学证据支持它，但是现在有一大批生理学证据支持这个理论。

伴随放电理论的生理学证据

在这两个演示中，都只有伴随放电信号而没有图像位移信号。如果没有伴随放电信号，但是有图像位移信号，会发生什么情况呢？这显然是发生在 35 岁的 R.W. 身上的情况，当他移动自己的眼睛或者坐在行驶的车中向外看而感受到运动时，都会感到眩晕（头晕眼花）。

脑部扫描显示 R.W. 的大脑皮层内侧颞叶上部（medial superior temporal，简称 MST）有损伤（图 7.17），这个区域在眼动控制中起着重要的作用。R.W. 的行为测试同样显示，他移动眼睛时，静止的外界环境会随着眼睛的移动以相匹配的速度移动起来（Haarmeier et al., 1997）。因此，向左移动眼睛时，图像向右掠过他的视网膜，就有一个图像位移信号，但是大脑的损伤明显地消除了伴随放电信号。因为只有图像位移信号到达比较器，R.W. 才在没有运动的情况下看到了运动。

关于这个理论的其他生理学证据来自记录猴子大脑皮层神经元活动的实验。图 8.14 呈现了从猴子纹外视皮层的运动敏感性神经元上记录的反应。当猴子稳定地盯住注视点，同时一个移动的小木棒掠过神经元的感受野时，这个神经元反应很强烈（图 8.14a）。但是如果猴子移动眼睛来跟随一个移动的注视点，那么当眼睛扫过一个静止的木棒时会怎么样呢（图 8.14b）？在这种情况下，木棒的图像同样会掠过神经元的感受野，就像图 8.14a 那样。即使木棒像之前那样掠过感受野，神经元也不会放电（Galletti & Fattori，2003）。

这个神经元被称为**真实运动神经元**，因为它只对刺激运动有反应，在眼睛动的情况下是没有反应的，即使两种情况中的视网膜上的刺激是相同的——如木棒掠过神经元的感受野。真实运动神经元肯定接收像伴随放电信号这样的信息，在眼睛运动时通知神经元。真实运动神经元也在大脑皮层的许多其他区域被观测到（Battaglini et al., 1996；Robinson & Wurtz, 1976），且近期更多的研究开始探究伴随放电信号作用在大脑的哪个位置（Sommer & Wurtz, 2006；Wang et al., 2007）。

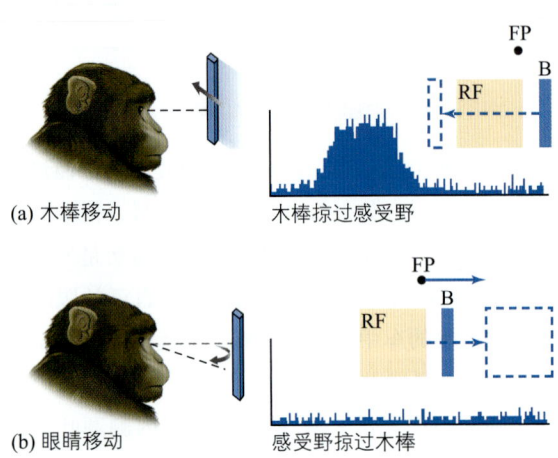

图8.14 猴子纹外视皮层上真实运动神经元的反应。在两种情况中，猴子盯住注视点（FP），木棒（B）掠过视网膜的感受野（RF）。（a）当木棒向左运动穿过感受野时，神经元放电。（b）当眼睛向右移动，即使这样会使木棒掠过感受野，神经元也不会放电。（来源：Galletti & Fattori, 2003）

测一测 8.1

1. 描述运动知觉四个不同的功能。
2. 什么是事件？动作有助于确定事件边界位置的证据有哪些？事件和我们预测接下来会发生什么的能力之间是什么关系？
3. 描述四种会导致运动知觉的情境。这些情境中的哪些是真实运动，哪些是运动错觉？
4. 真实运动和似动有相似的神经响应的证据有哪些？
5. 描述 Gibson 关于运动知觉研究的生态学方法。这种方法有什么优势？（举例说明这种生态学方法如何解释图 8.8 中的情境。）
6. 描述构成赖卡特探测器的神经回路如何运作。确保你理解神经回路为什么对一个方向的运动放电，而对相反方向的运动不放电。解释当对运动的特定速度进行反应时，探测器回路是怎样的。
7. 描述一下伴随放电模型。在你的描述中，指明（1）设计这个模型是想要解释什么；（2）三种信号——图像位移信号、运动信号和伴随放电信号；（3）当它们到达比较器时，在什么情况下会产生运动知觉，在什么情况下不产生运动知觉。
8. 描述支持伴随放电模型的行为学和生理学证据。

运动知觉和大脑

这一节主要关注大脑，尤其是颞中区（middle temporal，MT）区域，这个区域在运动知觉中起着重要的作用。

大脑的运动区域

运动知觉起源于位于大脑枕叶区域的纹状皮层，视网膜上的信息首先传递到这里（图 3.21）。正是在这里，Hubel 和 Wiesel（1959，1965）发现了对朝特定方向运动的木棒做出响应的神经元，被称为复杂细胞。尽管纹状皮层也因此对运动知觉来说很重要，但这只是涉及的一系列脑区中的第一个。另一个包含许多定向敏感细胞的区域是颞中区（图 7.17）。颞中区皮层专门用于加工运动信息的证据来自那些使用移动点刺激呈现的实验，实验中单个点运动的方向可以是多种多样的。

图 8.15a 是一个刺激呈现，其中所有的点运动方向随机。William Newsome 及其同事（1995）使用**相关性**这个术语来表明这些点运动方向的一致性程度。当这些点的运动方向随机时，相关性为 0。图 8.15b 代表 50% 的相关性，由黑色的点表示，这意味着一半的点在任何时候都有着相同的运动方向。图 8.15c 表示相关性为 100%，也就是说所有的点都以相同的朝向运动。

Newsome 及其同事使用这些运动的点刺激来确定：（1）猴子判断点运动方向的能力；（2）猴子的颞中区皮层神经元的响应之间的关系。他们发现随着点的相关性增大，发生了两件事：（1）猴子判断运动方向的正确率升高；（2）颞中区神经元放电加快。猴子的行为和颞中区神经元的放电关系如此密切，以至研究人员可以通过一个预测另一个。例如，当点的相关性是 0.8% 时，猴子不能判断点的运动方向，神经元的反应也和其基线放电频率没有显著差别。但是相关性为 12.8% 时——在 200 个运动的点中，大约有 25 个运动方向相同——猴子几乎每个试次都能正确判断运动方向相同的这些点的方向，且颞中区神经元的放电速度一直比基线频率快。

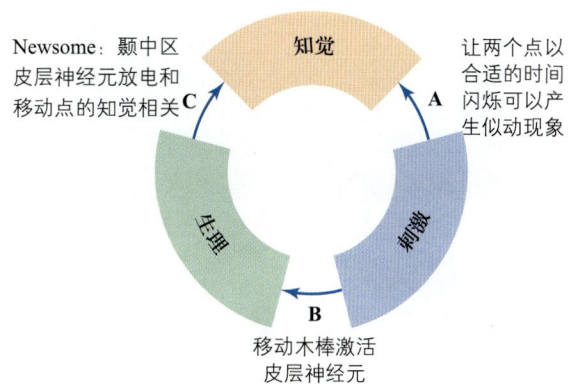

图 8.16　第 1 章的知觉加工过程。Newsome 测量了关系 C：通过同时记录神经元响应和猴子的行为反应来测量生理—知觉关系。之前讨论过的其他研究测量了关系 A（刺激—知觉关系，例如，两个点连续闪烁产生似动）和关系 B（刺激—生理关系，例如，运动的木棒引起皮层神经元放电）。

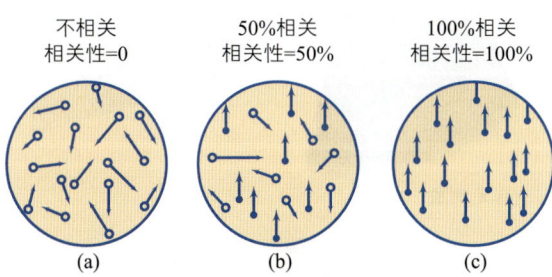

图 8.15　Britten 及其同事（1992）使用的移动点刺激。这些呈现移动点刺激的图片是用计算机做的。每个点呈现很短的时间（20～30 微秒），然后消失并被随机放置的点代替。相关性是运动方向一致的点所占的百分比。（a）相关性=0；（b）相关性=50%；（c）相关性=100%。（来源：Britten et al.，1992）

Newsome 的实验表明，猴子的运动知觉与其颞中区皮层的神经放电之间有联系。Newsome 的实验特别引人注目的是他在相同的猴子中测量了知觉和神经活动。回想第 1 章介绍的知觉加工（图 1.11），呈现在图 8.16 中，会意识到 Newsome 所做的是测量关系 C：生理—知觉关系。在相同的有机体中测量生理和知觉使我们的知觉加工过程圈变得完整，这个圈同时包含：关系 A——刺激—知觉（刺激如何运动和我们知觉到什么之间的关系）；关系 B——刺激—生理（刺激如何运动和神经放电之间的关系）。这三个关系对于理解运动知觉来说都很重要，但是 Newsome 的实验是值得注意的，因为同时测量知觉和生理是很困难的。下一节，我们将会通过呈现以下三个因素如何影响知觉来证明这些关系：(1) 损伤（毁损）；(2) 阻断全部或部分颞中区皮层的活动；(3) 电刺激颞中区皮层的神经元。

毁损、失活和刺激的影响

当相关性低至 1%～2% 时，一只颞中区皮层完整的猴子就开始能判断点的运动方向。然而，在颞中区皮层受损之后，相关性必须达到 10%～20%，猴子才能判断点的运动方向（Newsome & Paré，1988；Movshon & Newsome，1992；Newsome et al.，1995；Pasternak & Merigan，1994）。将颞中区神经元的放电和对运动方向的知觉连接起来的进一步证据来源于对人类被试的实验，实验中采用**经颅磁刺激（TMS）**来暂时扰乱神经元的正常运行。

方法 | 经颅磁刺激

研究大脑的一个区域是否在某一功能中起决定性作用的一种方法是将这一部分移除，就像 Newsome 在猴子的颞中区皮层的研究中做的那样。当然，我们不能故意将某一部分从人脑中移除，但是可以通过在人的头盖骨上放置刺激线圈产生一个强大的磁场来暂时扰乱特定区域的功能（图 8.17）。一系列的电磁脉冲呈现给大脑的特定区域几秒，干扰这个区域的大脑功能长达几秒或几分钟。如果一个特定的行为被脉冲扰乱，研究者就得出结论——受干扰的区域是参与这个行为的。

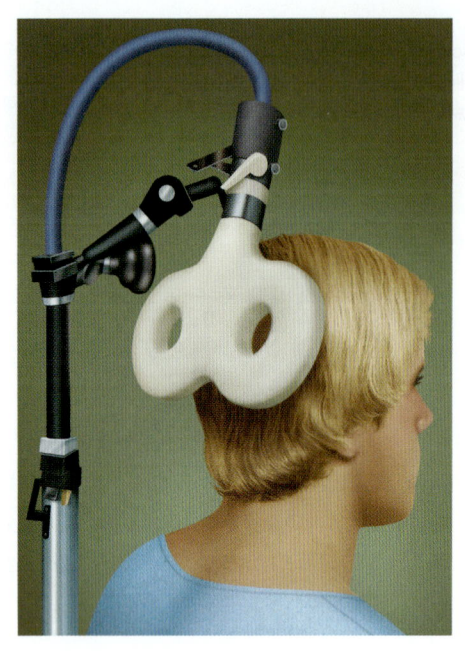

图8.17 经颅磁刺激线圈在被试的后脑勺呈现一个磁场。

当研究人员对颞中区皮层区域使用经颅磁刺激时,被试很难确定随机运动的点的运动方向(Becker & Homberg, 1992)。尽管这个影响是暂时的,被试还是会像本章先前讨论过的病人 L.M. 那样体验到一种形式的运动盲。

颞中区皮层和运动知觉之间的联系不仅可通过干扰正常的神经活动来研究,还可通过微刺激的技术刺激颞中区皮层的神经元来研究。

方法 | 微刺激

微刺激是通过将一个小电极植入大脑皮层,然后通过电极尖传导微弱的电荷。这个微弱的震动刺激电极尖附近的神经元,引起它们放电,就像它们被其他神经元释放的化学神经递质刺激那样。因此,在通过单个神经元记录法定位对特定刺激正常响应的神经元之后,微刺激技术可以用来刺激神经元,即使这些刺激已经从动物的视野中消失了。

Britten 及其同事(1992)在实验中使用这个流程,实验中的猴子盯住朝特定方向运动的点,并指出它知觉到的运动方向。例如**图 8.18a** 所示,正常情况下,如果猴子观察到点向右运动,它会报告点确实是向右运动的。然而,**图 8.18b** 呈现了当研究人员刺激由向下的运动激活的神经元时猴子的反应。它们没有知觉到向右运动,而是报告点好像向右下运动。事实上,刺激颞中区神经元改变了猴子对运动方向的知觉,这为将颞中区神经元和运动知觉联系起来提供了许多证据。

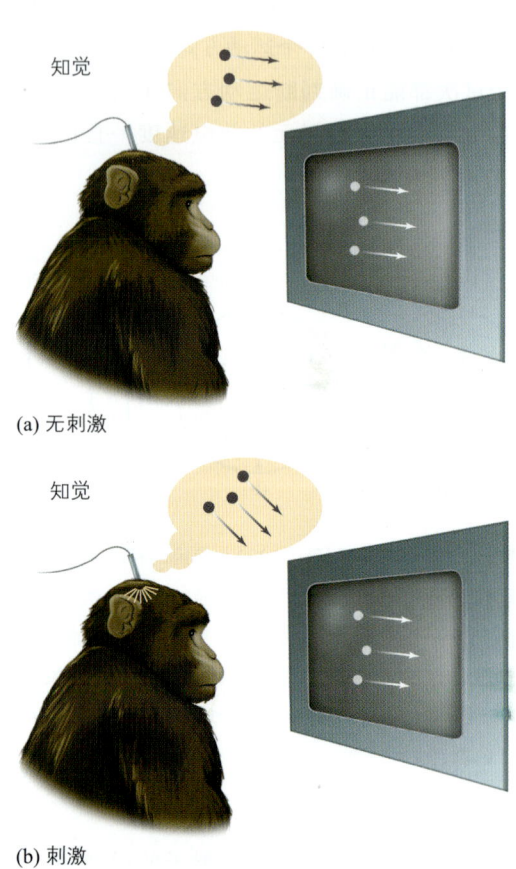

图8.18 (a)猴子判断点是水平向右运动的。(b)被向下运动激活的神经元受到刺激时,猴子对同样运动的判断为向右下方运动。

除了颞中区皮层之外,另一个高度参与运动知觉的区域是附近的内侧颞叶上部。之前描述病人 R.W. 时,我们注意到,内侧颞叶上部涉及眼动,所以它在定位移动物体的空间位置方面格外重要。例如,猴子伸手拿运动的物体的能力受到微刺激和内侧颞叶上部损伤的负面影响(Ilg, 2008)。因为运动在许多认知加工中都发挥作用,包括目标识别、选择性注意和对事件的解释,所以运动会激活大脑的许多区域并不奇怪(Fischer et al., 2012; Gilaie-Dotan et al., 2013; Kourtzi et al., 2008; Murray et al., 2003; Rao et al., 2004; Williams et al., 2003）。

从单个神经元的角度来看运动

讨论完专属于知觉运动的皮层区域，我们来看一下皮层区域内（特别是颞中区区域）单个神经元放电是如何服务于运动知觉的。神经元放电如何标志运动目标的方向？这个问题显而易见的答案是，目标的方向掠过视网膜，激活了对特定方向响应的定向选择性神经元（图 3.25）。

尽管标志运动物体的方向似乎是一个简单的解决方案，但结果证明，单个定向选择性神经元的响应并不能为指出运动方向提供足够的信息。我们可以通过考虑定向选择性神经元如何对垂直杆（图 8.19a 中那个女士拿着的那种）做出反应来理解为何如此。

我们将把注意力集中到这个杆上，它本质上是一个垂直的木棒。椭圆代表皮层上一个神经元的感受野，这个神经元在垂直木棒向右掠过其感受野时会做出响应。图 8.19a 显示这个杆子从左侧进入感受野。随着杆向右移，它以红色箭头标识的方向穿过了感受野，然后神经元放电。

但是如果这个女士向上爬几层楼梯会发生什么呢？图 8.19b 显示，随着她向上走，她和杆子都在向上和向右（蓝色箭头）移动。我们知道这些是因为我们可以看到女士和杆子在向上运动。但是对于只能通过感受野的狭窄视图来看运动的神经元来说，它只接收了向右运动的信息（红色箭头）。你自己可以通过下面的"演示"专栏来证明这一点。

演示 | 移动木棒穿过圆孔

像图 8.20 中那样，使用左手的手指构造一个直径大约 2.5 厘米的小圆孔（或者可以在纸上剪个洞）。然后垂直拿着一支铅笔，在圆孔后面自左向右移动铅笔，像图 8.20a 中蓝色箭头标识的那样。在做这个的同时，关注铅笔的前边缘穿过圆孔的方向。现在，重新垂直拿着铅笔，像图 8.20b 那样将其置于略低于圆孔的位置，随后在圆孔后面以 45°角向上移动铅笔（注意保持其垂直朝向）。再次注意铅笔前边缘通过圆孔时的方向。

如果只关注圆孔中发生的事情，可能会注意到无论铅笔是水平向右还是向右上移动，铅笔的前

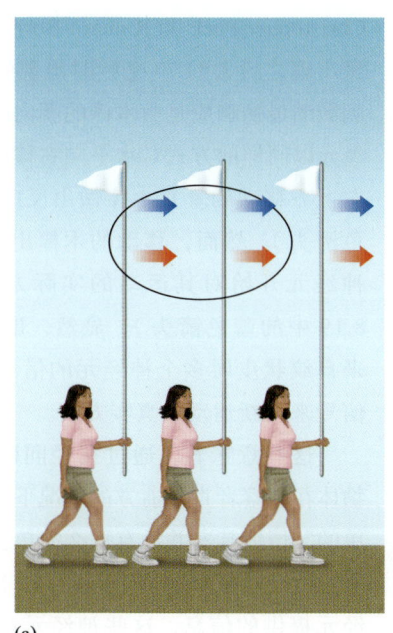
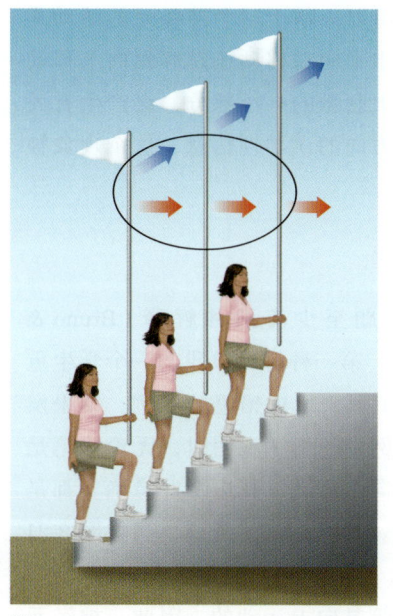

(a)   (b)

图 8.19 孔径问题。（a）杆子从头到尾都是水平向右运动的（蓝色箭头）。椭圆代表皮层上一个神经元的感受野。杆子掠过感受野的运动同样是水平向右的（红色箭头）。（b）在这种情况中，杆子是向右上方（蓝色箭头）运动的。然而，杆子穿过感受野的方向是水平向右的（红色箭头）。因此，对水平向右和向右上的运动来说，感受野知觉到的是相同的。

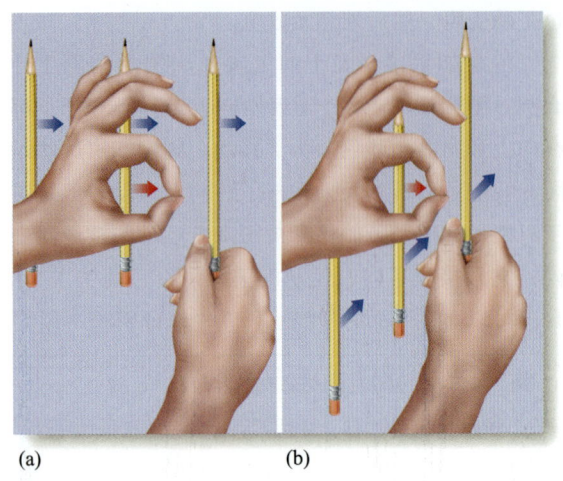

图8.20 在圆孔后面移动铅笔。

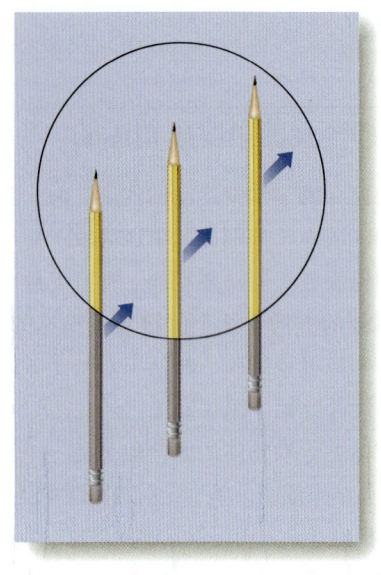

图8.21 圆圈代表神经元的感受野。当铅笔如图中所示向右上方移动时,铅笔尖的运动表明铅笔是向右上方运动的。

边缘的运动是相同的。在这两种情况中,铅笔的前边缘水平穿过圆孔,如红色箭头所示。另一种解释是,边缘穿过圆孔的方向垂直于木棒边缘的朝向。因为这个演示中的铅笔是垂直朝向的,所以穿过圆孔的方向是水平的。

因为两种情况中边缘的运动是相同的,单个定向选择性神经元在图 8.20a 和图 8.20b 中会有相似的放电情况,所以只基于这个神经元的活动是无法确定铅笔是水平向右移动还是倾斜向上移动的。观察一个较大刺激的一小部分,会产生有关大刺激物体运动方向的误导性信息,这个现象被称为**孔径问题**。

解决孔径问题

关于孔径问题至少有两种解释(Bruno & Bertamini, 2015)。第一种解释被我的一个学生重点强调,他尝试了图 8.20 中铅笔的示例。结果发现,当他遵循示例中的指示说明时,无论铅笔是水平运动还是斜向上运动,其边缘好像确实都是水平通过圆孔的。然而,他注意到,当像图 8.21 中那样移动铅笔,使他可以看到笔尖掠过圆孔时,就可以分辨出铅笔是向上运动的。因此,神经元可以利用关于移动物体末端(例如,铅笔的笔尖)的信息来判断物体的运动方向。事实证明,神经元可以用信号标志这个信息,因为已经在纹状皮层发现它们会对移动物体的末端做出反应(Pack et al., 2003)。

第二种解释是将多个神经元的反应结合起来。这个证据来源于以猴子为被试的研究,实验中记录猴子颞中区皮层的神经元活动,同时让它看着移动的有方向的线条,例如木棒或铅笔。例如,Christopher Pack 和 Richard Born(2001)发现,刺激出现之后大约 70 毫秒时出现的颞中区神经元对刺激的最初响应是由木棒的朝向决定的。因此,神经元以同样的方式对水平向右移动的垂直木棒和向右上方移动的垂直木棒做出反应(图 8.19 中的红色箭头)。然而,移动的木棒出现 140 毫秒之后,神经元开始对其运动的实际方向做出反应(图 8.19 中的蓝色箭头)。显然,颞中区神经元接收来自纹状皮层多个神经元的信号,然后综合这些信号来判断运动的真实方向。

这些意味着,通过孔径问题可以发现,一个物体在观察者直视前方的情况下掠过视野这样"简单的"情境其实并没有那么简单。视觉系统显然可通过两个途径解决这个问题:(1)利用纹状皮层神经元提供的信息,这些神经元对物体末端做出反应;(2)利用颞中区皮层神经元提供的信息,这些神经元聚集了许多定向选择性神经元的反应(Rust et al., 2006; Smith et al., 2005; Zhang & Britten, 2006)。

运动和人体

用点和线作为刺激的实验帮助我们了解了很多运动知觉的机制，但是由环境中普遍存在的移动的人和动物构成的更复杂的刺激会怎样呢？下面会有两个例子，研究人员可通过这两个例子来考察我们如何知觉人体的运动。

躯体的似动现象

本章前面部分将似动称为当两个空间位置不同的刺激交替呈现时发生的运动知觉。尽管这些刺激的位置是固定的，但如果它们以合适的时间交替呈现，会知觉到它们之间来来回回的运动。通常，这个运动遵循一个原理，该原理被称为"**最短路径约束**"，即似动倾向于在两个刺激之间最短的路径上发生。

Maggie Shiffrar 和 Jennifer Freyd（1990，1993）让被试观看图 8.22a 中的那种照片，同时照片迅速交替。请注意，第一张照片中这个女士的手在头的前面，第二张照片中的手在头的后面。根据最短路径约束原理，运动应该在交替呈现的照片中的两个手之间的直线上被知觉到，这意味着观察者会看到女士的手穿过她的头，如图 8.22b 中所示。实际上，当照片快速交替呈现（1 秒 5 次或更多）时，确实会发生这种情况，尽管穿过头部的运动在生理上是不可能发生的。

手穿过头部的直线运动是一个有趣的结果，而当交替频率下降时，最重要的结果出现了。当图片每秒交替的次数少于 5 次时，观察者开始知觉到图 8.22c 所示的运动：手看起来是绕过头部运动的。这些结果有趣的原因有两个：（1）这表示为了知觉具有复杂意义的刺激的运动，视觉系统需要时间来加工信息；（2）关于刺激的意义（这里是人体），可能有一些特殊的东西影响运动知觉的方式。为了检验人体比较特殊这个想法，Shiffrar 及其同事发现，当使用诸如木板这样的客体作为刺激时，在较低的交替频率下知觉到运动沿着较长路径的可能性并不会像使用人类照片那样有所增加（Chatterjee et al.，1996）。

当观察者观察由图 8.22 中的那种图片产生的似动现象时，大脑皮层会发生什么呢？为了查明这个问题，Jennifer Stevens 及其同事（2000）通过脑成像测量了脑部激活情况。他们发现穿过头部的运动和绕过头部的运动都激活了顶叶皮层和与运动相关的区域。然而，当观察者看到如同绕过头部一样的运动时，运动皮层同样被激活了。因此，若知觉到的运动是人力所能及的，运动皮层被激活，但是若知觉到的运动是人不可能做到的，运动皮层就没有激活。与知觉运动相关的脑区和运动区域之间的关系反映了第 7 章讨论的知觉和采取行动之间紧密的联系。

光点式步行者的运动

研究人体运动的另一种方法涉及一种被称为**光点式步行者**的刺激，这种刺激是通过在人的关节处放置小灯，然后拍摄下黑暗中人走路或者执行其他动作时的模式（Johansson，1973，1975；图 8.23）。

似动刺激（图片交替）   **两种可能的知觉（从上面看）**

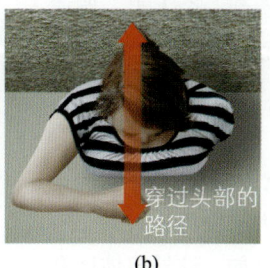
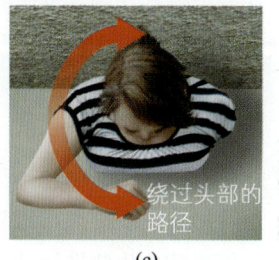

(a)   (b)   (c)

图8.22 （a）这是和Shiffrar及Freyd（1983）的实验使用的照片相似的两张照片。这两张照片快速或慢速交替。（b）当两张照片快速交替时，观察者知觉到手的运动是穿过头部的。（c）当两张照片慢速交替时，观察者知觉到手是绕过头部运动的。

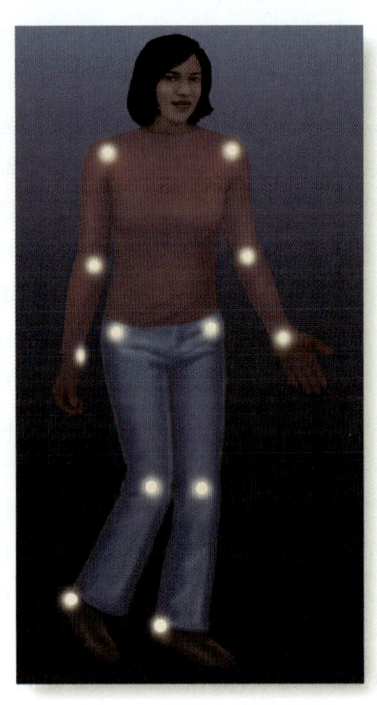

图8.23 光点式步行者是通过在人身上放置灯并让其在黑暗中行走构成的,因此只能看到灯。

过测量观察者的大脑活动,为大脑中有特定区域负责生物性运动的想法提供了证据。测量大脑活动的同时会让观察者观察由光点式步行者构成的移动点(图 8.24a),或观察和光点式步行者有着相似运动的点,这些点杂乱无章以至不能使观察者产生人在行走的印象(图 8.24b)。他们在所有的八个被试中发现,比起观察杂乱无章的运动,在观察生物性运动时,颞上沟(superior temporal sulcus,简称 STS,图 5.49)的一个小区域有着更强的激活。在随后的实验中,研究者确定其他区域同样参与生物性运动的知觉。例如,梭状回面孔区(Grossman & Blake,2002)和前额叶皮层(prefrontal cortex,简称 PFC)包含镜像神经元的那部分区域(图 7.17;Saygin et al.,2004)在观察生物性运动时都有更大的激活(比起观察杂乱无章的运动)。基于这些结果,研究者们得出结论,有一个脑区网络专门负责对生物性运动的知觉(Grosbras et al.,2012;Grossman et al.,2000;Pelphrey et al.,2003,2005;Saygin,2007,2012)。参考**表 8.2** 来简要看一下本章讨论的参与运动知觉的结构。

知觉组织

本章开头部分讨论了运动如何使单个因素成为感知组织。同样的,动作为光点式步行者创建了组织。当戴着这些灯的人静止时,灯看起来像一个没有意义的模式。然而,人一开始走,胳膊和腿来回摆动,脚以扁平的弧度运动,第一只脚离开地面然后放下,然后是另一只,灯的运动立马被知觉为是由一个行走的人产生的。这种人或其他生物体本身产生的运动被称为**生物性运动**。

人们特别擅长将一系列移动点的复杂动作组织成对行走的人的知觉,其中的一个原因就是我们一直都在看生物性运动。每次你看到一个人走、跑或者做出任何包含运动的行为,就是在看生物性运动。

脑机制

我们很容易从移动的光点中知觉到生物性运动,这个能力使研究人员猜测大脑中可能有一个特定的区域来响应生物性运动,例如,纹外躯体区和梭状回面孔区分别对躯体和面孔做出响应。

Emily Grossman 和 Randolph Blake(2001)通

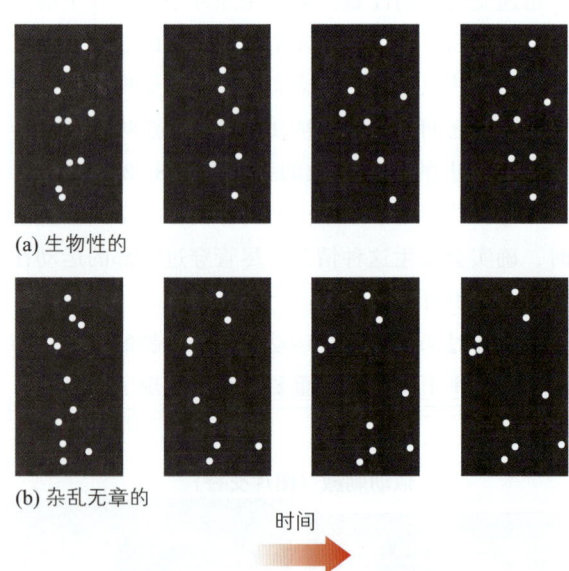

图8.24 Grossman和Blake(2001)使用的刺激的几帧图像。(a)光点式步行者刺激序列。(b)杂乱无章的光点刺激序列。

本书中讨论过的一个原则是:只表明一个结构对特定类型的刺激有响应,并不能证明这个结构参与了感知那种刺激。本章前面描述了 Newsome 如

表8.2 参与运动知觉的脑区

脑区	和运动相关的功能	例子
纹状皮层（V1）	穿过一小块感受野的方向	
颞中区（MT）	目标物运动的方向和速度	
内侧颞叶上部（MST）	加工视神经流；定位运动的目标物；伸手触及运动的目标物	
颞上沟（STS）	知觉和动物或人有关的运动（生物性运动）	

何采用多种不同的方法来表明颞中区皮层专门用于感知运动。除了表明颞中区皮层会被运动激活，还证明了毁损颞中区皮层会导致运动的知觉能力下降，刺激颞中区皮层的神经元会影响运动的知觉能力。将脑部活动和知觉直接相连使 Newsome 可以得出结论——颞中区皮层对于运动知觉很重要。

正如 Newsome 发现干扰颞中区皮层的运行会降低猴子感知移动点方向的能力，Emily Grossman 及其同事（2005）发现使用经颅磁刺激干扰人类颞上沟的正常功能会降低对生物性运动的感知（参见"方法：经颅磁刺激"专栏）。

Grossman（2005）的实验中的观察者观看了做动作（如行走、踢腿和投掷）的光点刺激（图8.25a），还观看了杂乱的光点刺激呈现（图8.25b）。他们的任务是判断呈现的是生物性运动还是杂乱无章的运动。这通常是一个非常简单的任务，但是Grossman 通过增加其他点作为"噪声"使这个任务变难（图 8.25c 和图 8.25d）。噪声的数量根据每位观察者进行调整，以保证他们辨别生物性运动和杂乱无章运动的正确率为 71%。

这个实验主要的结果是，在会被生物性运动激活的颞上沟区域呈现经颅磁刺激会导致观察者感知生物性运动的能力显著下降。将这个磁刺激施加到其他对运动敏感的区域，如颞中区皮层，就不会对生物性运动的知觉有影响。通过这个结果，Grossman 得出结论："生物性运动"区域（即颞上沟）的正常功能对于生物性运动的感知是必要的。这个结论也受到其他研究的支持。研究表明，这个区域受损的人在感知生物性运动方面有困难（Battelli et al., 2003）。当经颅磁刺激被应用于其他参与生物性运动知觉的区域时，如前额叶皮层，被试从随机移动的点中辨别生物性运动的能力也会受到负面影响（van Kemenade et al., 2012）。所有这一切意味着生物性运动不仅仅是"运动"；它是运动的一种特殊形式，由特定的脑区负责。

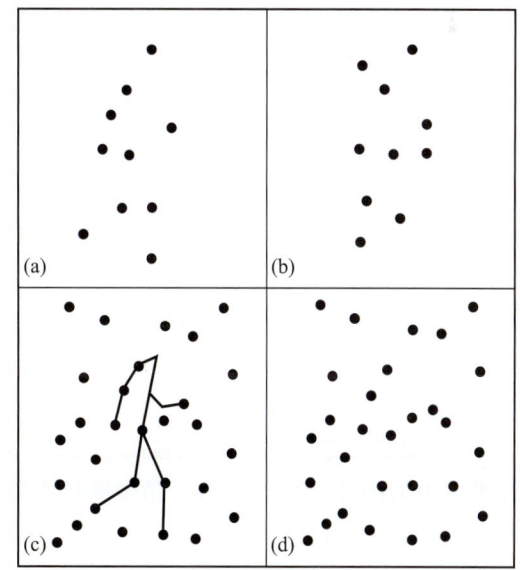

图8.25 （a）生物性运动刺激。（b）杂乱无章的刺激。（c）生物性运动刺激和噪声刺激的叠加，步行者用线表示，观察者是看不见这些线的。（d）观察者看到的刺激。（来源：Grossman et al., 2005）

思考时刻
对静止图片的运动响应

本章考察了真实运动和似动,然而,思考一下图 8.26 中的图片。大部分人将这张图知觉为滑雪运动的一个"精彩瞬间"。不难想象,图片中的人在拍下这张照片后立即朝不同的方向滑去。这样的情况——一张静止的图片描绘一个包含运动的动作——被称为**暗示性运动**。虽然没有真实运动或似动,但大量实验表明,对暗示性运动的知觉依赖于本章介绍的许多机制。

图8.26 产生暗示性运动的图片。

(a) 第一张图片　　(b) 时间—向前　　(c) 时间—向后

图8.27 和Freyd(1983)的实验中使用的刺激相似的刺激。

Freyd(1983)做了一个有关暗示性运动的实验,实验中给被试短暂呈现描绘运动场景的图片,例如一个人从矮墙上跳下来(图 8.27a)。Freyd 预测,被试看到这张图片会"解冻"图中描绘的暗示性运动,并预期即将发生的事情。如果这种情况发生了,观察者会将图片"记忆"为描绘一个稍后会发生的情景。对于人从墙上跳下来的图片来说,这意味着观察者更可能将这个人记为接近地面(图 8.27b),而不是最初图片中的样子。

为了检验这个想法,Freyd 给被试呈现了一张人在半空中的图片,如图 8.27a,稍微停顿之后,她给被试呈现了:(1)同样的图片;(2)时间上稍微前进一点的图片(从墙上跳下来的人更接近地面一点,如图 8.27b);(3)时间上稍微倒退一点的图片(人离地面更远,如图 8.27c)。观察者的任务是既快又准地指出第二张呈现的图片和第一张是否相同。

Freyd 比较了被试判断"时间—向前"和"时间—向后"图片是否和第一张图片一样时的用时,发现被试花费更长的时间来判断"时间—向前"的图片和之前的图片相同与否。从这个结果中她得出结论:对"时间—向前"的判断更难,因为被试已经预期了即将发生的下落运动,因此混淆了"时间—向前"的图片和真正看到的图片。

图片中描绘的运动倾向在观察者的头脑中继续发生,这个想法被称为**表征动量**(David & Senior,2000;Freyd,1983)。表征动量是经验影响知觉的一个例子,因为它基于我们对包含运动的情景通常呈现方式的经验。

如果暗示性运动是引起物体在人头脑中继续运动的原因,那么这种继续发生的运动会受大脑活动的影响似乎就是合理的。Zoe Kourtzi 和 Nancy Kanwisher(2000)测量了被试对图 8.28 中的那种图片在颞中区皮层和内侧颞叶上部皮层上产生的 fMRI 反应,他们发现对真实运动有响应的脑区同样对运动的图片有响应,且暗示性运动图片比非暗示性运动图片、静止休息图片和房子图片能引发更大的响应。因此,大脑中的激活和暗示性运动图片在人脑中产生的继续运动是相对应的(Lorteije et al.,2006;Senior et al.,2000)。

基于大脑对暗示性运动有响应这个想法,Jonathan Winawer 及其同事(2008)想知道包含暗示性运动的静止图片,如图 8.26 中那个,是否会引起运动后效。为了检验这个想法,他们进行了一项心理物理法实验,询问被试注视包含特定朝向暗示性运动的静止图片是否会引起朝向相反方向的运

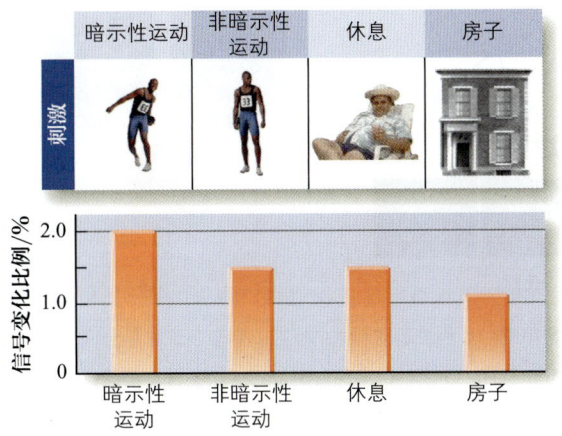

图8.28 Kourtzi和Kanwisher（2000）用来描绘暗示性运动、非暗示性运动、休息和房子的例子。每张图片下面条形的高度代表颞中区皮层的平均fMRI响应。

运动响应的神经元活性残留下来（Barlow & Hill，1963；Mather et al.，1998）。

为了确定暗示性运动刺激是否有相同的效应，Winawer让被试观察了一系列暗示性运动的图片。对于特定的试次，被试看了一系列全部为向右运动的图片或全部为向左运动的图片。在适应这一系列长达60秒的图片之后，被试的任务是指出数组运动点的运动方向（如同前文描述过的运动点，见图8.15）。

这个实验的关键结果是，在观察暗示性运动刺激之前，被试知觉零相关性的点刺激（所有点运动方向随机）向左和向右移动的概率相同。然而，在看包含向右的暗示性运动的照片之后，被试更可能判断点是向左运动的。相反，在看向左的暗示性运动的照片之后，被试会倾向于判断点是向右运动的。因为，这和适应向左或向右的真实运动之后会发生的结果相同，Winawer认为注视图片中的暗示性运动会降低对那个方向敏感的神经元的活性。

动后效。在本章开头，我们描述了一种类型的运动后效，即在注视朝下运动的瀑布之后，临近的静止物体看起来会向上运动。有证据证明，这种现象之所以发生是因为长时间观看瀑布向下运动减弱了对向下运动响应的神经元的活性，于是更多的对向上

发展维度：新生儿的生物性运动知觉

许多生物性运动知觉的观点都认为，我们对于人和动物的经验对发展感知生物性运动的能力至关重要。这种说法的证据部分来源于发展性研究。研究表明，儿童在光点阵列中识别生物性运动的能力随着年龄增长逐渐提高（Freire et al.，2006；Hadad et al.，2011）。实际上，一些研究表明，光点任务的表现直到青春期早期阶段才达到近似成人水平（Hadad et al.，2011）。尽管可能还需要好几年来才能达到成人水平，但一些研究表明，从非生物性运动中辨别出生物性运动的能力可能从出生就存在。

一些动物研究的证据表明，生物性运动的知觉可能不依赖于视觉经验。例如，Giorgio Vallortigara及其同事（2005）考察了新孵化的小鸡对不同类型的运动的反应。实验中使用的小鸡在黑暗房间被孵化，且在它们仅孵化了2小时的时候接受测试。因此，这些动物没有任何视觉经验。这个实验将小鸡放置在一个长平台的中间（图8.29a）。然后，呈现两个光点运动显示屏，分别放置在平台的两端。其中一端显示屏上的光点随机移动，同时另一个显示屏上光点的运动像一只行走的成年母鸡（图8.29b）。在6分钟的测试过程中，小鸡可以在平台上随意走动。结果显示，小鸡偏向于接近呈现生物性运动的显示屏，且在接近生物性运动的那端花费了更多的时间。这表明，小鸡实际上可以辨别或更偏爱呈现生物性运动的那个显示屏，尽管它们并没有视觉经验。Vallortigara认为，为了使这种情况发生，小鸡必须在孵化之前掌握趋向于生物性运动感知的机制。

被Vallortigara使用新孵化小鸡的实验所吸引，Francesca Simion及其同事（2008）想知道相似的生物性运动探测机制是否也会出现在新生儿身上。

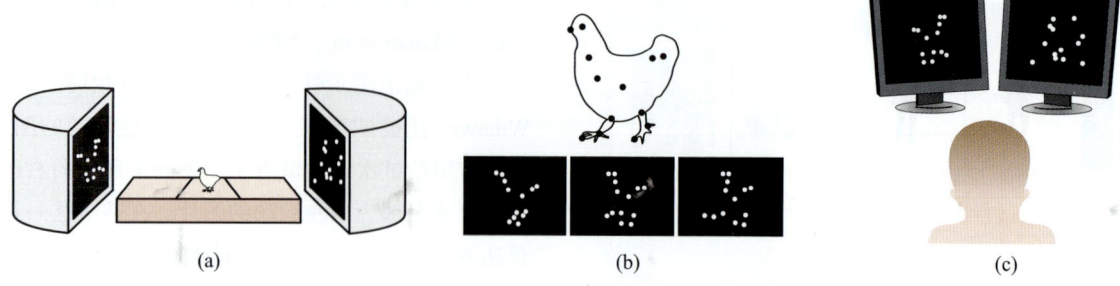

图8.29　（a）Vallortigara等人（2005）使用的实验装置，用来测量小鸡对生物性运动刺激的反应。刺激呈现在平台两端的显示屏上。小鸡的行为表现取决于它在平台两端花费的时间。（b）上面：在成年母鸡身上安置光点。下面：描绘行走的母鸡的动画片中的三张静止的图片。（c）Simion等人（2008）使用的实验装置，用来测量新生儿对生物性运动的反应。新生儿的行为表现取决于他看每个刺激的时间长短。

为了弄清楚这个问题，研究者们采用优先注视程序（见第2章）在1~2天大的新生儿身上实施了小鸡研究的一个变式。

Simion在医院产科病房对足月新生儿实施了实验。在实验中，婴儿坐在成人的腿上，在面前并排的两台显示器上同时呈现影片（**图**8.29c）。在一个显示屏上，婴儿看到14个光点朝随机方向移动。在另一个显示屏上，他们看到的是由14个运动的光点描绘的行走的母鸡，和Vallortigara的小鸡实验使用的刺激一样。Simion之所以使用母鸡行走的动画，是因为在伦理上她不能在参加实验前剥夺新生儿的所有视觉经验。因此，新生儿可能在实验前已经获得了关于人类运动的非常有限的经验，但是他们不太可能在医院里看到母鸡到处走动。

研究者想知道这些新生儿是否会像新孵化的小鸡一样，更喜欢生物性运动呈现而不是随机的光点呈现。因此，他们比较了新生儿花费在每个影片上的时间。结果发现，新生儿花费了58%的时间来看光点母鸡，这显著高于看随机光点的时间。因此，Simion及其同事得出结论，人类像小鸡一样，天生具有一种察觉生物性运动的能力。

通过他们的结果，Vallortigara和Simion都认为感知生物性运动能力的发生不依赖于经验。感知机制可能存在于许多脊椎动物中，这些动物特别趋向于具有运动特点的运动。从进化的角度来看，这种机制的出现可能有重要的原因，至少在生命早期是未发育完全的。例如，从非生物性运动中区分生物性运动可能成为动物从其他物体中区分生物的基础。尽管可能需要花费许多年的经验来使知觉生物性运动的能力发育完全，但是在生命的早期就有这样的能力可能有利于生存，例如，可以帮助动物察觉捕食者。

测一测 8.2

1. 颞中区皮层专门用来加工运动的证据有哪些？描述一系列使用移动点作为刺激的实验：（1）记录颞中区皮层的神经元活动；（2）毁损颞中区皮层；（3）刺激颞中区皮层的神经元。我们可以通过这些实验结果推论出哪些颞中区皮层在运动知觉中的作用？
2. 描述孔径问题——为什么单个定向选择性神经元的响应不能为指出运动方向提供足够的信息。同样，描述大脑中解决孔径问题的两种可能方式。
3. 什么是生物性运动？如何通过光点刺激呈现来研究它？
4. 描述关于人手臂似动现象的实验。慢速和快速呈现刺激时，这些结果有什么不同？慢速和快速的刺激呈现如何激活大脑？
5. 描述那些表明颞上沟的一个区域专门用于感知生物性运动的实验。
6. 什么是暗示性运动？什么是表征动量？描述证明表征动量的行为证据、研究大脑如何响应暗示性运动刺激的生理学实验以及用照片来产生运动后效的实验。
7. 描述那些使用动物幼崽和新生儿的实验是如何确定生物性运动知觉的起源的。

想一想

1. 当我们看到物理上移动的物体时，如路上的车和人行道上的人，真实运动的知觉就会发生。我们描述了赖卡特探测器在知觉真实运动中的作用。解释一下图 8.9 中的探测器如何用于探测电视上、电影里、我们的计算机屏幕上以及拉斯维加斯或泰晤士广场上的电子显示器上的那种似动现象。
2. 本章描述了许多原则，同样也适用于物体知觉（见第 5 章）。从第 5 章找出符合下面陈述的例子：
   ■ 有些神经元专门对特定刺激做出响应。
   ■ 较复杂的刺激在较高级的皮层进行加工。
   ■ 经验可以影响知觉。
   ■ 生理机能和知觉之间有相似之处。
3. Stark 和 Bridgeman 认为，肌肉反抗来抵消推挤眼睛的力时，伴随放电信号产生，并以此来解释轻轻推眼睑时为何会产生运动知觉。如果推挤眼睑使眼睛移动，那么人看到场景移动时会怎么样呢？这种情况下的场景移动知觉如何通过伴随放电理论解释？
4. 我们描述了表征动量效应如何解释常识怎样影响知觉这个问题。为什么也能说表征动量阐明了知觉和记忆之间的相互作用？

关键术语

暗示性运动（implied motion，p.194）
伴随放电理论（corollary discharge theory，p.183）
伴随放电信号（corollary discharge signal，CDS，p.183）
比较器（comparator，p.184）
表征动量（representational momentum，p.194）
光点式步行者（point-light walkers，p.191）
光阵列（optic array，p.181）
光阵列中的局部干扰（local disturbance in the optic array，p.181）
经颅磁刺激（transcranial magnetic stimulation，TMS，p.187）
孔径问题（aperture problem，p.190）
赖卡特探测器（reichardt detector，p.181）
瀑布错觉（waterfall illusion，p.179）
全局视神经流（global optic flow，p.181）
生物性运动（biological motion，p.192）
似动（apparent motion，p.179）
事件（event，p.178）
事件边界（event boundary，p.178）
输出装置（output unit，p.181）
图像位移信号（image displacement signal，IDS，p.183）
相关性（coherence，p.186）
延迟装置（delay unit，p.182）
诱发运动（induced motion，p.179）
运动错觉（illusory motion，p.178）
运动后效（motion aftereffects，p.179）
运动盲（akinetopsia，p.178）
运动信号（motor signal，MS，p.183）
真实运动（real motion，p.178）
真实运动神经元（real-motion neuron，p.185）
最短路径约束（shortest path constraint，p.191）

此图片摄于美国图森市某家门口，图中每个物体都有各自的颜色。然而，正如本章所述，物体本身并没有颜色，颜色是经由视网膜至大脑的一系列生理机制产生的。

© Victor Beer (www.vicbeer.com)

第 9 章

颜色知觉

本章内容

- 颜色知觉的功能
- 颜色与光
- 反射与传播
- 颜色混合
- 颜色的知觉维度
- 颜色视觉三色理论
- 三色理论的颜色匹配证据
- 三色理论的生理学证据
- 三种感受器机制对颜色视觉来说是必要的吗
- 颜色视觉的拮抗加工理论
- 拮抗加工理论的 Hering 现象学证据
- Hurvich 和 Jameson 对拮抗机制的心理物理测量
- 拮抗加工理论的生理学证据
- 三种类型的感受器如何产生拮抗反应
- 大脑皮层的颜色加工
- 大脑皮层中存在单一颜色中心吗
- 大脑皮层中拮抗神经元的类型
- 颜色缺陷
- 全色盲
- 二色性色盲
- 动态世界中的颜色
- 颜色恒常性
- 明度恒常性
- 思考时刻：颜色是由神经系统创造的
- 发展维度：婴儿的颜色视觉
- 想一想
- 关键术语

我们要思考的一些问题

■ 为什么黄色和蓝色的颜料混合后会形成绿色？
■ 为什么颜色在室内和户外看起来一样？
■ 每个人觉察颜色的方式都相同吗？

颜色是我们所处环境中最明显也最普遍的一种特质。颜色与生活息息相关，例如，我们用颜色标记交通信号灯，搭配衣服，欣赏绘画作品。我们会挑选最喜欢的颜色，Terwogt 和 Hoeksma（1994）研究发现，蓝色是最受喜欢的颜色。人们将颜色与情感相联系，例如，紫色表示愤怒，红色表示尴尬，绿色表示嫉妒，蓝色表示忧郁（Terwogt & Hoeksma, 1994；Valdez & Mehribian, 1994）。颜色还被赋予了一些特殊寓意，例如，在很多文化中，红色预示着危险，紫色代表忠诚，而绿色代表生态环境。然而，由于环境中处处有颜色，我们总是将颜色知觉以及其他基本知觉能力视为理所当然的，只有当失去感知颜色的能力时，才会明白颜色知觉能力的珍贵。画家 I 先生对此深有体会，他在 65 岁经历了一场车祸，成了色盲。

1986 年 3 月，神经科学家 Oliver Sacks 收到了一封来自 I 先生的信，I 先生在信中称自己是位"相当成功的艺术家"，并描述了自己是如何遭遇车祸以及失去色觉的。他说自己很痛苦，"我的狗是灰色的，西红柿汁是黑色的，彩色电视也看起来一团糟……"车祸后，I 先生越来越沮丧。他的抽象画原本绚丽多彩，如今变得单调乏味，毫无意义。他很难分辨全变成灰色的食物，曾经红色的夕阳也变成了天空中的几缕黑线。

I 先生的色盲被称为**皮质性色盲**，是在后天有颜色知觉经验后，皮层受损导致的。然而大多数全色盲或颜色缺失（部分色盲，本章会详细讨论）均为先天的，是由一种或多种视锥细胞的基因缺损导致的。多数先天部分色盲的人并没有受到他们的颜色知觉比"正常"弱的影响，因为他们从未有过正常的颜色视觉经验。然而，这些人的报告与 I 先生类似，例如，红色变"深"了。全色盲的人也通常与 I 先生有着相同的苦恼，即很难区分不同的客体。例如，他能很容易看到在浅色马路上的棕色狗的轮廓，但当棕色的狗出现在一堆不规则的叶子上时，他就很难辨别狗的轮廓了。

最终，I 先生克服了自己的心理障碍，开始创作引人注目的黑白作品。但是，他的色盲经历告诉我们，颜色在日常生活中具有重要作用。（其他全色盲案例见 Heywood et al.，1991；Nordby，1990；Young et al.，1980；Zeki，1990。）颜色不仅能为生活带来美丽，颜色的其他功能也至关重要。

颜色知觉的功能

无论是自然还是人工合成的颜色，对人类来说都具有重要的信号功能。自然和人类世界中的颜色信号能帮助人类认识和区分客体，例如，香蕉如果变黄说明熟了，信号灯变红要停下。

除了信号功能，颜色还有益于知觉组织（Smithson，2016），第 5 章中曾提到，相似的元素会组合成一个整体，客体会因背景不同而被分割（见图 5.19、图 5.20 和图 5.23）。

颜色在知觉组织中的作用对很多物种的生存至关重要。想象一下，猴子在树林或丛林里觅食，颜色视觉好的猴子可以很容易发现在绿色背景中的红色食物（图 9.1a），而色盲的猴子很难找到水果（图 9.1b）。颜色视觉会增强物体间的对比度，如果客体不是彩色的，会变得更难被觉察。

(a)
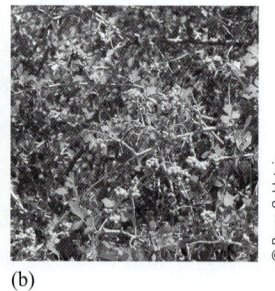
(b)

图9.1 （a）绿叶中的红浆果。（b）无颜色视觉时变得更难发现浆果。

好的颜色视觉与发现有颜色食物的能力之间的联系，使得研究者们提出了一个想法：猴子和人类的颜色视觉的发展可能是为了达到寻找水果的目的（Mollon，1989，1997；Sumner & Mollon，2000；Walls，1942）。这一想法听上去很合理，尤其是想到色盲的人在面对看上去很简单的摘浆果任务时的艰难。Knut Nordby（1990）是一个色盲的科学家，他所看到的世界都是灰色的，他提到了自己的亲身经历："摘浆果总是一个大难题，我经常要用手指在树叶中摸索，通过形状来辨认浆果。"

人类觉察颜色的能力不仅有助于检测被周围环境遮挡的客体，还有助于更容易地认识和辨认常见物体。James Tanaka 和 Lynn Presnell（1999）的研究验证了这一问题，他们要求被试辨认类似图 9.2 中的客体，这些客体呈现的颜色要么是其本身正常的颜色（如黄色的香蕉），要么是非正常的颜色（如紫色的香蕉）。结果显示，被试对具有恰当颜色的客体辨认得更快、更准确。因此，知晓常见客体的颜色有助于人们辨认这些客体（Oliva & Schyns，2000；Tanakaet al.，2001）。除单一客体外，颜色还有助于辨别自然场景（Gegenfurtner & Rieger，2000）以及快速捕捉场景的核心内容（Castelhano & Henderson，2008）。

图9.2 在Tanaka和Presnell（1999）的实验中，被试辨认图中左侧具有适当颜色的水果的速度要快于辨认右侧图中非适当颜色水果。

下面我们将讨论神经系统是如何形成颜色知觉的。首先，我们会介绍颜色和光之间的关系；然后讨论颜色视觉的两种理论。

颜色与光

艾萨克·牛顿（1642—1727）毕生致力于研究光和颜色的基本属性。图 9.3a 所示内容是他最著名的实验（Newton，1704）。首先，牛顿在窗上挖了一个孔，让一束光线通过这个孔进入房间。经过棱镜 1 反射后，该束白色光被分成了可见光谱的各个成分(图 9.3b)。为什么会这样?当时很多人认为棱镜(这在当时很新颖)将颜色加到了光上。而牛顿却认为白光是由不同颜色的光混合而成的,棱镜只是将白光中的各个成分分离开来。为验证这一假设,牛顿又在光的传播途径中放置了一个板子,板子上的小孔只允许特定光束穿过,而阻止其他的光束穿过。每一束穿过板子的光束(分别为红色光、黄色光和蓝色光)会经过第二个棱镜,如图 9.3b 所示的棱镜 2、3 和 4。

牛顿发现光穿过第二面棱镜时有两个特点。其一,第二面棱镜没有改变任何穿过它的光的颜色。例如,一束红光通过第二面棱镜后仍是红色的。牛顿认为,这意味着白光与光谱中并非由其他颜色混合而成的颜色不同。其二,隶属于光谱中不同部分的光束穿过第二面棱镜时被弯曲的角度不同。红色光束只弯曲一点点,黄色光束稍大,紫色光束最大。通过观察,牛顿得出结论:光谱中各部分的光具有不同的物理属性,这些物理属性的差异使得人类能觉察不同的颜色。

牛顿一生都在和其他科学家辩论不同颜色光的物理属性的差异。他认为,棱镜将不同的色光分离开来,而其他人则认为棱镜将白色光变成了不同颜色的光。至 19 世纪,此争论终结于科学家发现光谱上的颜色与光的不同波长有关(见图 9.3b)。波长为 400~500 纳米的光看起来为紫色;450~490 纳米的光为蓝色;500~575 纳米的光为绿色;575~590 纳米的光为黄色;590~620 纳米的光为橙色;620~700 纳米的光为红色。因此严格说来,对颜色的觉察取决于进入我们眼睛的光的波长。

反射与传播

光的颜色与波长有关,那么物体的颜色从何而来呢?物体的颜色大部分取决于经物体表面反射而进入眼睛的光的波长。当某些波长的反射多于其他类别时,彩色(如蓝色、绿色、红色等)就产生了,

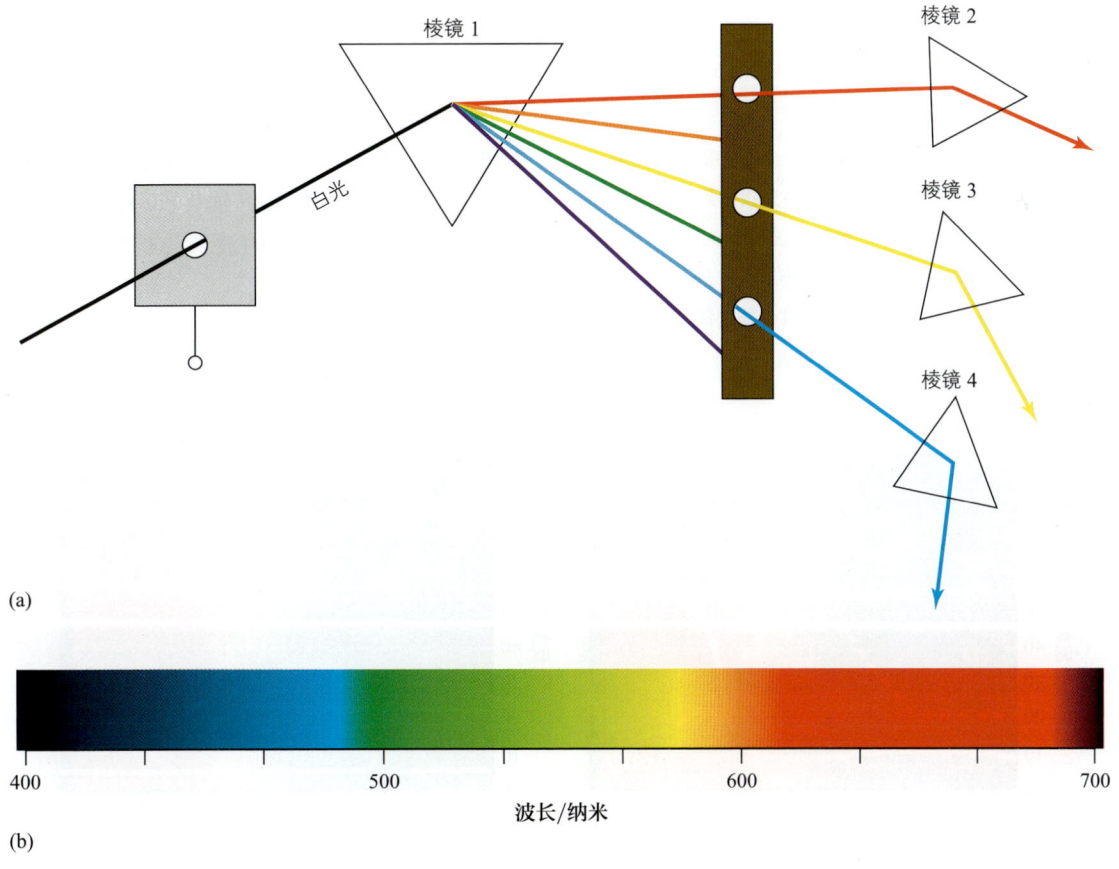

图9.3 (a)牛顿棱镜实验的示意图。光通过窗上的小孔进入,随后穿过棱镜。每个颜色的光谱通过第二面棱镜,不同颜色被不同程度地弯曲。(b)可见光谱。

这一过程叫作**选择性反射**。如**图** 9.4a 所示，长波长的光被反射，而中短波长的光被吸收。因此，只有长波长的光传入我们的眼睛，于是纸张看起来是红色的。当光谱上所有波长的光被同等反射时，我们可以知觉到**非彩色**，如白色、灰色和黑色。如**图** 9.4b 所示，由于所有波长的光都被反射，因此这张纸看上去是白色的。

通常，每个物体并非反射某一个波长的光，是由光投射到生菜和西红柿上反射出的可见光谱上所有波长光的比例而绘制的**反射率曲线**。这两种蔬菜均反射一定范围内波长的光，然而它们有选择性地对光谱中某一部分波长光反射得更多。西红柿主要反射长波长的光进入我们的眼睛，然而生菜主要反射中波长的光。因此，西红柿看起来是红色的，而生菜看起来是绿色的。将西红柿和生菜的反射率曲线与非彩色（黑、灰和白色）纸张的反射率曲线（**图** 9.5b）进行对比，可以发现后者较平滑，这表明该物体对光谱上所有波段光的反射率相同。而黑白灰三者之间的差异与物体反射的光量有关。如**图** 9.5b 所示，射入黑色纸表面的光只反射了不到10%，而白色纸反射的光超过80%。

尽量环境中的大多数颜色的产生是由物体选择性反射某段波长的光产生的，但通过**选择性传播**，人们可以觉察有些东西的颜色是透明的，例如液体、塑料、玻璃等。选择性传播指只有特定波长的光可以穿过物体或物质进行传播的特性（**图** 9.4c）。例如，红莓汁选择性地传播长波长的光，所以看起来是红色的，而酸橙汽水选择性地传播中波长的光，所以看起来是绿色的。**传播曲线**是由每个波长光被传播的比例绘制的，与图 9.5 中的反射率曲线相似，但是纵轴为传播的百分比。表 9.1 表明了反射或传播的波长与被觉察颜色间的关系。

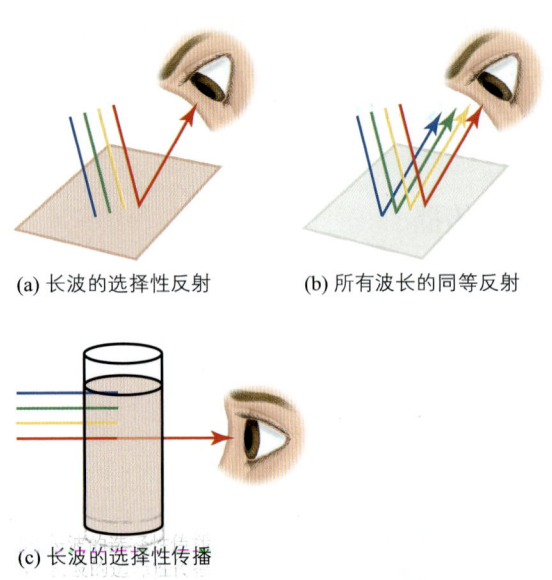

(a) 长波的选择性反射 (b) 所有波长的同等反射

(c) 长波的选择性传播

图9.4 （a）白光包含光谱中所有波长。图示中的白光用蓝、绿、黄、红波长的多个光束表示，当白光投射到纸的表面，长波长的光被选择性地反射，而其他波长的光被吸收。因此，我们看到了一张红色的纸。（b）当所有波长被同等反射时，我们会看到白色。（c）图为选择性传播的例子，长波长的光被传播而其他波长的光被液体吸收。

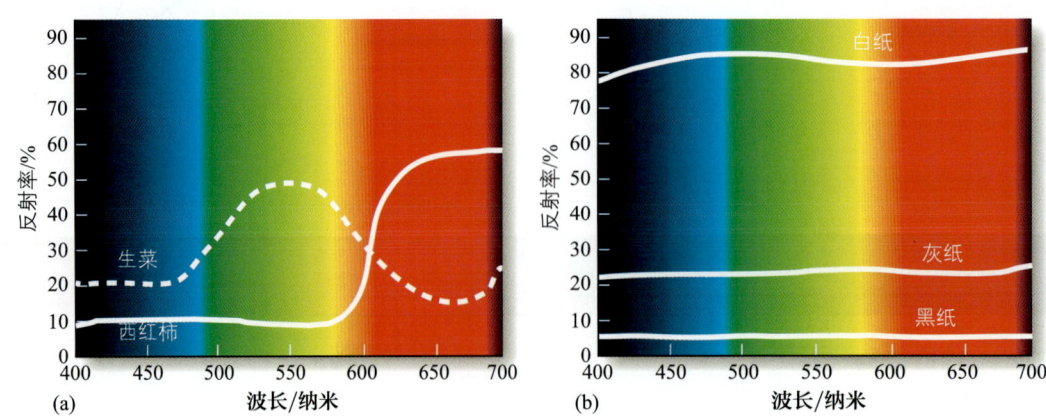

图9.5 （a）生菜和西红柿的反射率曲线。（来源：Willamson & Cummins, 1983）（b）白、灰、黑色纸张的反射率曲线。（来源：Clulow, 1972）

表9.1 被反射的波长与被觉察颜色间的关系

被反射或传播的波长	被觉察的颜色
短	蓝色
中	绿色
中、长	黄色
长	红色
短、中、长	白色

颜色混合

我们觉察到什么颜色大部分取决于传入眼睛的光的波长,当我们把不同颜色混合在一起时,会发生什么呢?下面将介绍颜色混合的两种方式:颜料混合和光混合。

颜料混合

上幼儿园时我们就知道,把黄色和蓝色的颜料混合后就会形成绿色。这是为什么呢?**图 9.6a** 展示了不同颜色颜料的斑点。蓝色颜料的斑点会吸收长波长的光,而反射某些短波长或中波长的光(见**图 9.6b** "蓝色颜料"的反射率曲线)。黄色颜料的斑点吸收短波长的光,而反射某些中长波长的光(见图9.6b "黄色颜料"的反射率曲线)。

颜料混合的原则为:不同颜色的颜料混合后,仍然各自吸收与混合之前相同的波长,而混合后的颜料所反射的波长为两种颜料共同反射的波长。如**表 9.2** 所示,由于中波长是两种颜料唯一共同反射的波段,蓝色和黄色颜料混合后即为绿色。由于蓝色和黄色斑点的颜料混合后削减了除跟绿色有关的所有波段,这被叫作**相减的颜色混合**。

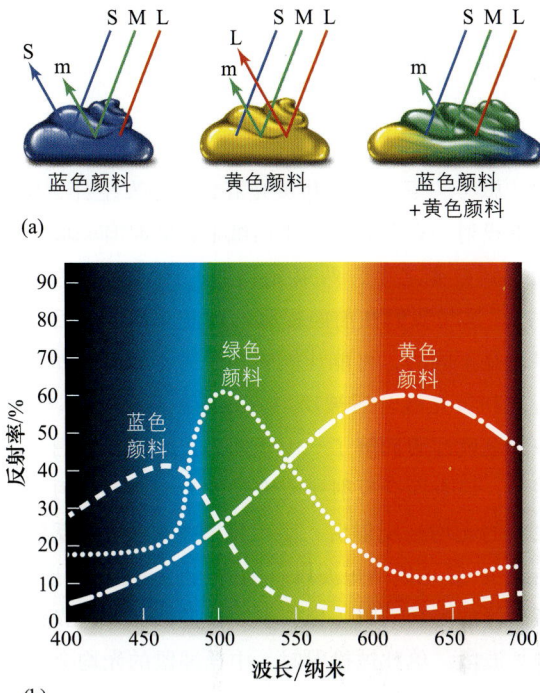

图9.6 颜料的颜色混合。蓝色颜料和黄色颜料混合后会产生看起来是绿色的颜色,即为相减的颜色混合。

混合蓝色和黄色颜料后产生绿色的原因是两种颜料均反射光谱中绿色对应的光(注意:如图 9.6b 所示,蓝色和黄色颜料的反射率曲线的重叠部分与绿色颜料反射率曲线的峰值是重合的)。如果蓝色颜料只反射短波段而黄色颜料只反射中波段和长波段,这些颜料混合后就没有共同反射的波段,那么混合后就会导致很少甚至不反射光谱上的光,则混合后会产生黑色。然而,与物体类似的是,大多数颜料会反射一段波长,如果颜料不是反射波段,那

表9.2 混合蓝色和黄色颜料(相减的颜色混合)

被蓝色和黄色颜料吸收与反射的部分光谱。二者混合后反射的波长已标记。两种颜料共同反射的唯一波段即为和绿色相关的波长的光。

	波段		
	短波段(S)	中波段(M)	长波段(L)
蓝色颜料斑点	反射所有	反射某些	吸收所有
黄色颜料斑点	吸收所有	反射某些	反射某些
蓝色与黄色斑点的混合	吸收所有	反射某些	吸收所有

么大多数颜料混合后的效果便不会产生如今我们认为是理所当然的颜色。

光混合

思考一下，蓝光和黄光混合后会发生什么呢？如果投射一束蓝光到一张白纸上，同时有一束黄光投射到蓝光之上，两束光叠加的区域为白色（图9.7）。这与我们在前面提到的黄蓝颜料混合后产生绿色是不同的，可能让人感到矛盾。但是，如果从蓝光和黄光混合后被反射入眼的波长的角度考虑，该问题就迎刃而解了。由于两束光被投射到白色的表面，该表面会反射所有波长的光，所有照射到该表面的光均被反射后入眼（见图9.4白纸的反射率曲线）。蓝光包括短波段，因此当它单独被投射时，短波段的光会入眼（见表9.3）。类似的，黄光包括中长波段，单独被投射时，中长波段的光均会射入人眼。

光混合的原则为：不同颜色光叠加时，每种色光单独照射到物体表面所反射的光在叠加后仍被反射。因此，当两种色光叠加时，蓝色点与黄色点所反射的光均被射入人眼。累加的光包括短、中、长波段，由此被人觉察为白色。由于光混合是累加每种光反射的波长，因此光混合被叫作**相加的颜色混合**。

总结波长与颜色间的关系如下：

- 光的颜色与可见光谱上的波长相对应。
- 客体的颜色与其所反射（非透明物体）或传播（透明物体）的波长相对应。
- 颜色混合后产生的颜色与射入人眼的波长相对应。颜料混合会导致被反射的波段减少（混合后的颜料为每种颜料反射波长的相减），而光混合会导致被反射的波段增加（混合后的光为每种光反射波长的相加）。

本章随后将介绍物体而非波长被反射后进入人眼对颜色知觉的影响。例如，对某一客体颜色的觉察受其所在背景的影响。但还是先集中讨论颜色与波长间的关系。

颜色的知觉维度

牛顿在其实验中描述了可见光谱中的七种颜色：红、橙、黄、绿、蓝、靛、紫。他使用这七种颜色可能在很大程度上和神秘主义（而非科学）有关正如他想将可见光谱的七种颜色与七种音符相关联一样（Mollon, 2003b）。现代视觉科学家倾向于将"靛"排除于**光谱色**，因为人类通常很难区分

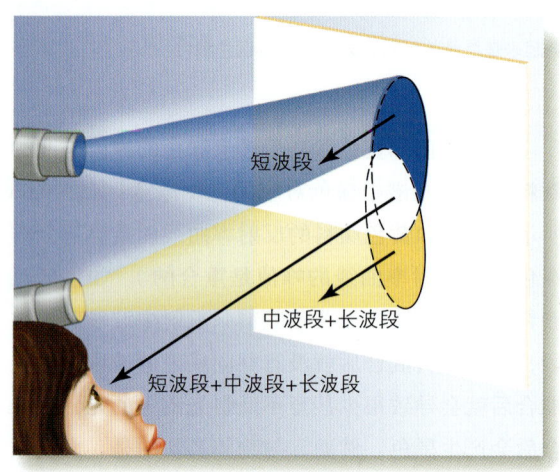

图9.7 光的颜色混合。蓝光和黄光叠加后在重叠区域产生白色，即为相加的颜色混合。

表9.3 混合蓝光和黄光（相加的颜色混合）

蓝光和黄光投射到白色表面所反射的部分光谱。二者混合后反射的波长已标记。

	波段		
	短波段（S）	中波段（M）	长波段（L）
蓝光点	反射	不反射	不反射
黄光点	不反射	反射	反射
蓝光点和黄光点的重叠	反射	反射	反射

该颜色与蓝色和紫色。由于颜色混合，存在许多非光谱色的颜色，如洋红（蓝色和红色的混合）。人类能区分的颜色是不计其数的。如果你粉刷过卧室墙，就应该知道家装店里有各种颜色的油漆可供选择。事实上，大涂料制造商的产品目录中有上千种颜色，而计算机屏幕可以呈现上百万种颜色。尽管评估人类能辨别的颜色种类的结果存在差异，但保守估计，人类可以区分 200 万种颜色（Nickerson & Newhall，1943；Pointer & Attridge，1998）。

当我们只用六七种颜色描述可见光谱时，人类是如何觉察上百万种颜色的呢？答案就是存在于三个颜色的知觉维度中，这三个维度共同创造了我们可以觉察的众多颜色。我们将诸如蓝、绿和红等颜色称为彩色，这些颜色可定义为不同的色调。如图 9.8 所呈现的 12 种不同的颜色，所有颜色都属于同一色调——红色。而造成它们彼此看上去不同的原因是，它们在颜色的其他两个维度（即饱和度和明度）上各不相同。

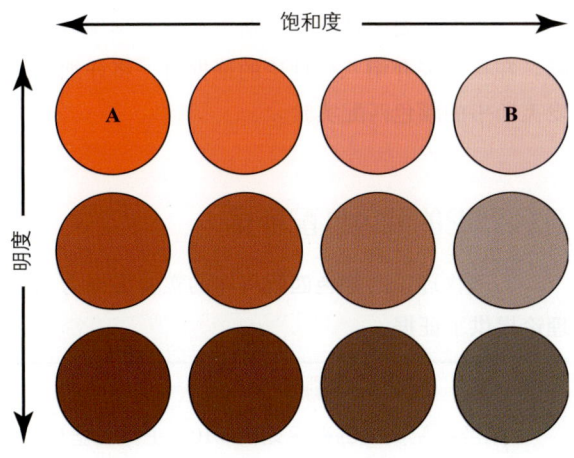

图9.8 12种相同色调（红色）的色块。饱和度由左至右逐渐降低，明度由上至下逐渐降低。

饱和度取决于某一特定色调中混入白色的比例。如图 9.8 所示，由左至右，白色的混入逐渐增多，从而使得饱和度逐渐下降。当色调变成不饱和色时，该色块看起来像褪色或被冲淡了一样。例如，图 9.8 中的色块 A 看起来是饱满鲜艳的红色，而色块 B 看起来像是不饱和的、柔和的粉红色。浓度指颜色由亮到暗变化的维度。如图 9.8 所示，由上至下随着颜色逐渐变暗而明度逐渐减小。

另一种能展现色调、饱和度及明度三者关系的方法是色立体，即在一个三维颜色空间上将颜色系统地排列。色立体有很多种，在这里我们着重介绍其中一个，图 9.9a 展示了一个圆柱形的色立体，通常被叫作 HSV 色立体，因颜色的三个维度为色调、饱和度和明度而得名。

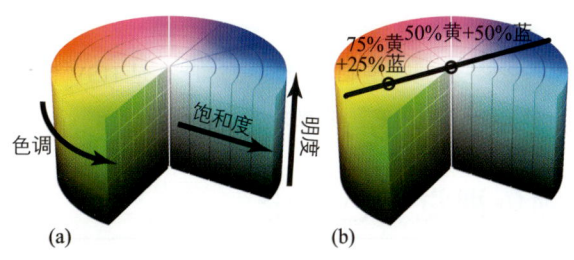

图9.9 （a）色立体的一个例子。（b）混合两种色光后的颜色会落在连接两种色调的中线上。

将不同色调按照知觉相似性围绕圆柱体圆周排列。事实上，圆柱上色调的顺序与可见光谱中颜色的顺序（图 9.3b）是一致的。饱和度的顺序为越靠近圆柱外周越饱和，越靠近圆心越不饱和。明度表示为圆柱体的高，明度高的颜色在上，暗的颜色在下。因此，色立体创建了一个坐标系，在这个坐标系上，我们能觉察的任何一种颜色都可以用色调、饱和度及明度来定义。

用几何图形来排列颜色不仅可以体现色调、饱和度及明度间的关系，还可以让我们知道如何让不同颜色的光相结合去产生新的颜色。例如，由黄光和蓝光混合后的颜色在连接黄蓝两个色调的中线上（图 9.9b）。这两种色调的任何混合都会落在这条线上，具体的位置由每种色调混合的光量决定。如果将一些蓝光加到黄光上（75% 黄，25% 蓝），黄光会变成不饱和色。如果多加些蓝光，让黄蓝两种光等量混合（50% 黄，50% 蓝），最终会落在线的中点上（即白色，如图 9.7 所示）。因此，色立体可以展示我们可觉察的众多不同颜色，并且可以展示不同颜色间的交互作用。

测一测 9.1

1. 描述一下 I 先生的案例。该案例描述了颜色知觉的什么现象？
2. 颜色视觉的功能是什么？
3. 光的哪一个物理特征与颜色知觉最相关？如何通过不同物体对光反射与传播的差异证实？
4. 描述相加和相减的颜色混合。这两种颜色混合的结果与射入人眼的波长之间的关系是什么？
5. 什么是光谱颜色？什么是非光谱颜色？人类可以辨别多少种颜色？
6. 什么是色调、饱和度及明度？什么是HSV色立体？如何利用它预测光混合的结果？

颜色视觉三色理论

视觉系统如何形成对不同颜色的知觉？为回答上述问题，下面介绍两种不同的颜色视觉理论，即于19世纪提出的三色理论和拮抗加工理论。

先来介绍三色理论，回顾牛顿的棱镜实验（**图9.3**）。当牛顿分离出白光的各成分以展示可见光谱时，他提到为了觉察颜色，光谱的每个成分分别刺激着视网膜。他提出，"光线落入眼底激发视网膜的震荡，该震荡沿视神经的固体纤维束传入大脑，从而产生视觉"（Newton，1704）。如今我们已经知道从视神经传入大脑的并非"震荡"，而是电信号，但牛顿提出了正确的想法，即与不同光相关的神经活动会产生不同的颜色知觉。

大约100年后，英国物理学家托马斯·杨（Thomas Young，1773—1829）在牛顿的震荡学说基础上提出，牛顿认为的震荡的大小与每种颜色间的联系是起不到作用的，因为视网膜上的特定区域不能进行大范围的震荡反应。他提到："现在看来，视网膜上的每个敏感点包含无数粒子，每个粒子的震荡都能达到完全一致，这一设想是不可能的，因此假设视网膜上敏感点的数目有限是很有必要的，例如假设只有三种主要颜色：红、黄、蓝"（Young，1802）。

此处引用托马斯·杨的原文非常重要，因为他提到的颜色视觉是基于三种基本颜色的想法，标志着**视觉三色理论**的诞生，现代术语解释为颜色视觉取决于三种不同感受器机制的活动。然而，托马斯·杨最初只是提出了一个有见地的想法，若该想法正确，会成为破解颜色知觉之谜的完美解决方案。但他对实施实验验证自己的想法并不感兴趣，也从未发表研究支持该想法（Gurney，1831；Mollon，2003a；Peacock，1855）。因此，该重任落到了詹姆斯·克拉克·麦克斯韦（James Clerk Maxwell，1831—1879）和赫尔曼·冯·赫尔姆霍兹（Hermann von Helmholtz，其提出无意识详见第5章）肩上，他们为三色理论提供了实证依据（Helmholtz，1860；Maxwell，1855）。尽管麦克斯韦的实验实施早于赫尔姆霍兹，但赫尔姆霍兹的名字与托马斯·杨的三种感受器的想法联系紧密，即三色理论以**杨－赫尔姆霍兹理论**闻名于世。三色理论之所以被叫作杨－赫尔姆霍兹理论而非杨－麦克斯韦理论，要归功于赫尔姆霍兹在科学委员会的威望以及他于1860年出版的《生理学手册》（*Handbook of Physiology*）一书的人气，此书中阐述了三种感受器机制的想法（Heesen，2015；Sherman，1981）。

尽管麦克斯韦并未因颜色视觉的发现而获得"冠名权"，但1999年对世界顶尖物理学家们的民意调查结果对他可能是个安慰，该民调称麦克斯韦是历史上继牛顿和爱因斯坦之后第三位伟大的物理学家，当然这要归功于麦克斯韦在电磁学领域的贡献。在接下来介绍三色理论的证据时，将详细描述麦克斯韦的颜色匹配实验。

三色理论的颜色匹配证据

心理物理学的**颜色匹配**程序的实验结果为三色理论提供了证据。

方 法	颜色匹配

颜色匹配实验的程序如**图9.10**。主试先呈现一个参考颜色，该颜色是由单一波长的光照射而形成的"测试区域"（**图9.10a**）。随后被试通过在"对比区域"内混合不同波长的光以匹配参考颜色（**图9.10b**）。如图所示，给被试呈现的是500纳米波长光的测试区域，要求他们在对比区域调节420纳米、560纳米和640纳米波长的光的量，直到对比区域的觉察颜色与测试区域的觉察颜色匹配。

麦克斯韦颜色匹配实验结果发现，任何参考颜色都可以通过调节对比区域三种波长光的比例得以匹配。被试通过调节两种波长的光可以匹配某些颜色，但并非全部；被试不需要用四种波长的光去匹配任何参考颜色。

更为让人震惊的是它提出的机制被广泛证明是正确的，尽管支持它的生理物理学结果的发现是在其提出的 100 年后，即视网膜上有三种不同的视锥细胞色素（也叫锥色素）。

视锥细胞色素

验证三色理论中感受器机制的生理学研究者们就以下问题进行了探讨：是否存在三种不同的机制？如果存在，这三种机制的生理学特性是什么？这一问题在 20 世纪 90 年代才得以解答，研究者们确定的确存在三种不同的视锥细胞色素：短波长色素（S），最大吸收波长 419 纳米；中波长色素（M），最大吸收波长 531 纳米；长波长色素（L），最大吸收波长 558 纳米（见图 9.11 中的 S、M、L；Brown & Wald，1964；Dartnall et al.，1983；Schnapf et al.，1987）。第 2 章中曾提到，所有视色素均由大蛋白成分（称为视蛋白）和小感光元件（称为视网膜）构成。色素中长形的视蛋白部分的结构差异是产生三种不同吸收光谱的原因（Nathans et al.，1986）。（见第 2 章，"色素和吸收光谱"。）

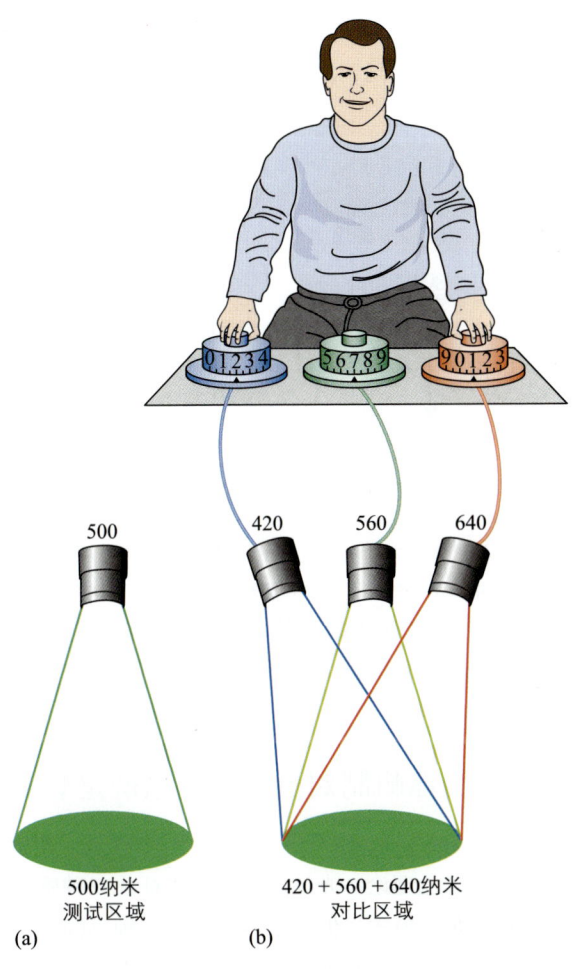

图9.10 在颜色匹配实验中，被试通过调节三种波长光的总量（右）使其与另一区域单一波长的光相匹配（左）。

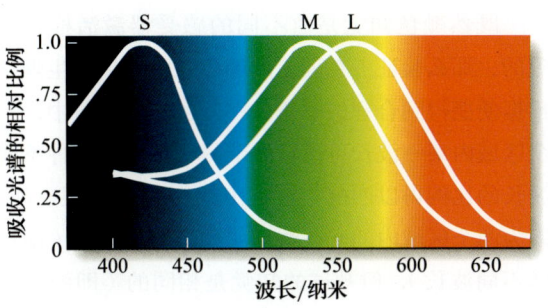

图9.11 三种视锥细胞色素的吸收光谱。（来源：Dartmall et al.，1983）

基于正常颜色视觉的被试需要至少三种波长才能匹配任何其他波长的结果，麦克斯韦推理出颜色视觉取决于三种感受器机制，每种都具有不同的光感受性。（第 2 章中提到过光感受性，指对可见光谱上各个波长的敏感性。）根据三色理论，某一特定波长的光会不同程度地刺激每种感受器机制，三种机制的激活模式导致颜色知觉的产生。因此，每一波长通过其诱发的三种感受器机制的特定激活模式得以在神经系统中被表达。

三色理论的生理学证据

三色理论的一个绝妙之处是基于心理物理学实验结果提出了颜色视觉的生理学机制，而这些机制的提出远在必要的生理学测量设备的应用之前。而

视锥反应和颜色知觉

如果颜色知觉是基于三种视锥感受器机制激活模式产生的，那么明确每种感受器机制的反应后即可确定哪些颜色会被觉察。图 9.12 显示出三种感受器的反应与觉察颜色间的关系。图中感受器所示大小表明了 S、M 和 L 感受器的反应。例如，对蓝色，S 感受器反应较大，M 感受器反应次之，L 感受器反应最小。对黄色，S 感受器反应最小，M 和 L

感受器反应较大。而对白色，三种感受器反应相同。

考虑到波长是导致特定感受器反应模式的原因，这有助于我们预测混合不同颜色光会产生哪些颜色。如前所述，将蓝色和黄色光等量混合投射到白色背景上会产生白色。如图9.12所示的感受器激活模式，蓝光使S感受器产生强烈反应而黄光使M和L感受器产生强烈反应。因此，这两种光混合后会诱发三种感受器的相同反应，从而产生白色。

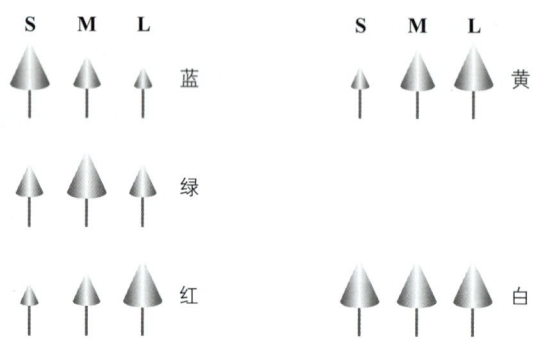

图9.12 三类视锥细胞对不同颜色的反应模式。视锥的大小代表感受器反应的强弱。

既然颜色知觉是由不同的感受器激活模式导致的，那么验证三色理论的颜色匹配结果的生理学依据便能得到合理的解释。在颜色匹配实验中，一个区域内某一波长可通过调节另一区域内三种不同波长的比例得以匹配（图9.10）。这一结果很有趣，因为两个区域内的光在物理属性上完全不同（即包括不同波长），但被试的知觉是相同的（即两区域的光看起来一样）。两个物理属性不同的刺激产生的知觉相同的情况被称为**同色异谱**，颜色匹配实验中产生相同知觉的两个区域叫作**条件等色**。

条件等色看起来一样的原因在于其诱发的三种视锥细胞的反应模式相同。例如，当620纳米的红光和530纳米的绿光的比例适当时，可混合出580纳米的黄光，两个混合波长的光与单一的580纳米波长的光诱发的视锥感受器的激活模式相同（图9.13）。530纳米的绿光导致M感受器产生较大反应，而620纳米的红光导致L感受器产生较大反应。二者混合后，导致M和L感受器的反应较大，而S感受器的反应较小。这与580纳米的黄光诱发的模式相同。因此，即便两个区域的光在物理属性上完全不同，但由于其诱发的生理反应模式相同，导致大脑认为二者相同，从而被知觉为相同颜色。

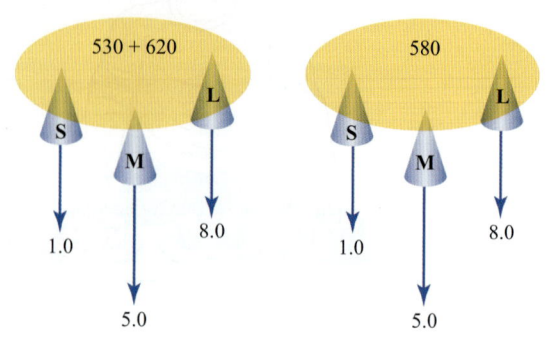

图9.13 同色异谱产生原则。调节左侧区域内波长为530纳米的光与620纳米的光的比例，使得该区域与右侧区域内波长580纳米的光看上去相同。数字代表短、中、长波长感受器的反应大小。由于两组感受器感应的大小没有差异，所以被试对两个区域的知觉相同。

三种感受器机制对颜色视觉来说是必要的吗

根据三色理论，光的波长信号表征为三种感受器机制的激活模式。但我们真的需要三种不同的机制才能看见颜色吗？基于此问题，我们先来探讨一下为什么仅有一种类型感受器（即只有一种色素）的个体没有颜色视觉。

仅有一种类型感受器的个体的视觉

只有一种类型感受器的个体为什么没有色觉呢？因为只有一种色素的个体不能对两种光进行知觉，如波长480纳米和600纳米的光（图9.14a），具有正常色觉的人将其分别知觉为蓝色和橙色。如图9.14b所示，单一色素的吸收光谱表现为只吸收10%的波长480纳米的光和5%的波长600纳米的光。

为阐明单一色素个体看两种光的机制，此处回想一下第2章中对视觉色素的相关介绍。当光被视网膜上的视色素分子吸收时，视网膜形状会发生变化，此过程叫作异构化。（尽管我们常将光具体化为其波长，但也可描述光是由小能量包——光子——构成，一个光子即为光能量的最小能量包。）视色素分子异构化发生于分子吸收光子时。这种异构化会激活分子并触发激活视觉感受器的相应过程,从而使人看见光。

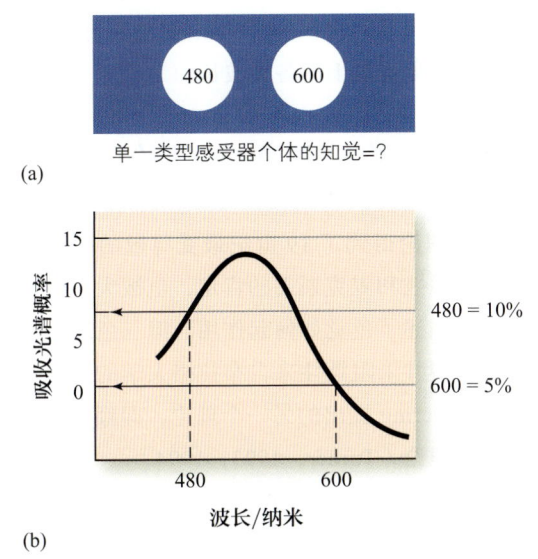

图9.14 （a）左侧区域为波长480纳米的光,右侧区域为波长600纳米的光。（b）一个视锥细胞的吸收光谱为吸收10%的波长为480纳米的光和5%的波长为600纳米的光。

纳米的光可异构化 1000×0.10=100 的视色素分子,同时,波长 600 纳米的光可异构化 1000×0.05=50 的视色素分子。由于 480 纳米的光可异构化视色素分子的数量是 600 纳米的光的 2 倍,所以其引起的感受器反应更强,从而导致知觉其为更亮的光。然而如果增强 600 纳米的光强至 2000 光子,如图 9.15b 所示,600 纳米的光同样可异构化 100 视色素分子。

当 1000 光子的 480 纳米的光和 2000 光子的 600 纳米的光异构化相同数量分子时,这两个光点看似相同。在这里,光的波长的差异变得无关紧要了,这是因为**单变量原则**,即一旦一个光子被一个视色素分子吸收,光波长的差异性便消失了。异构化本身就是无论什么波长都会引起异构化。单变量意味着感受器并不知道其吸收光的波长,只知道其吸收光的总量。因此,通过调节两种光的强度,可以使单一色素产生相同反应,进而使两种波长不同的光看起来是一样的。

上述内容表明,单一色素的个体通过调节任一波长光的强度可以匹配光谱上任一其他波长的光,并且看所有波长的光都是灰色的。因此,适当调节光强即可使得 480 纳米和 600 纳米（或其他任一波长）的两种光看起来是一样的。

如果调节强度使得每种光的 1000 个光子进入个体眼中的单一色素,如图 9.15a 所示,波长 480

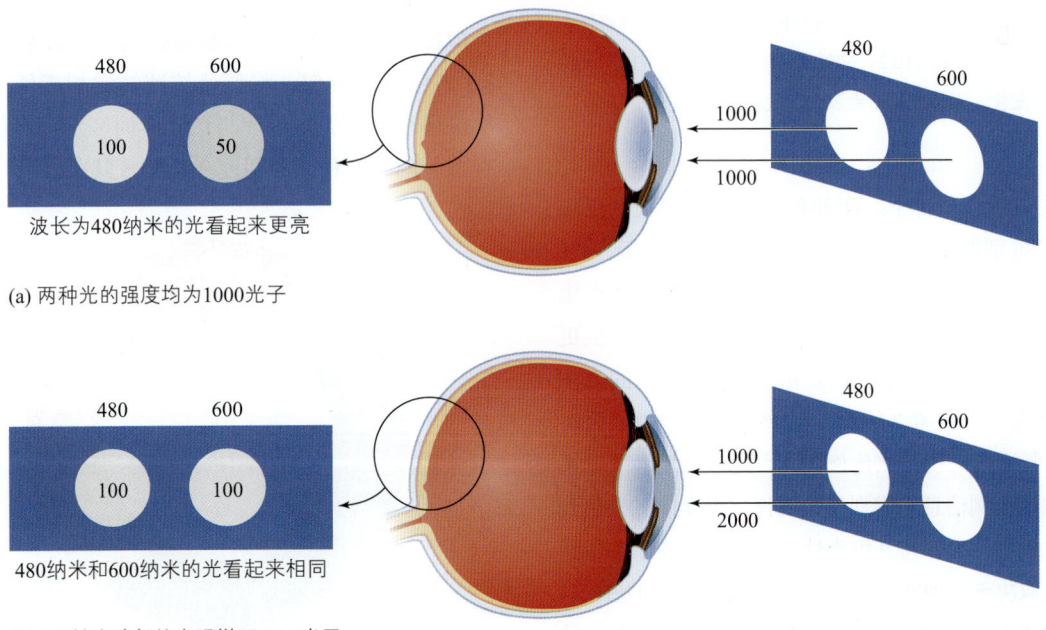

(a) 两种光的强度均为1000光子

(b) 600纳米波长的光强增至2000光子

图9.15 计算图9.14中被异构化的视色素分子的数量。（a）当两种光强均为1000光子时,480纳米的光可异构化100个视色素分子,而600纳米的光可异构化50个视色素分子,因此480纳米的光看起来更亮。（b）当600纳米的光增强至2000光子时,两种波长的光异构化相同数量的视色素分子,因此两种波长的光被知觉为相同的。

那么无论光的强度如何,神经系统是如何区分两种波长间的差异呢?这需要添加另一种色素,见下文。

具有两种类型感受器的个体的视觉

添加另一种色素会发生什么呢?如图9.16中虚线所示的吸收光谱,该色素吸收600纳米的光多于480纳米的光,因此,让图9.15b中的色素1对两种波长产生相同反应的光强会使色素2对600纳米的光产生更大的反应。因此,两种色素共同产生的反应使得个体可以辨别两种不同波长的光之间的差异。

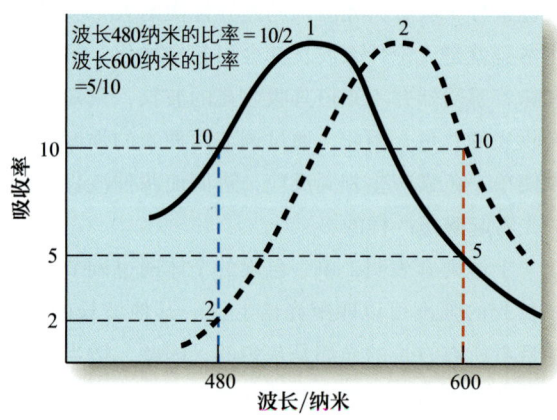

图9.16 在图9.14中添加另一种色素(图中的虚线)。如此,480纳米和600纳米的光可通过两种色素反应的比例被辨别。480纳米的光的比例为10/2,600纳米的光的比例为5/10。无论光强如何变化,上诉比例不会发生变化。

在双色素条件下,两种色素对两种波长的反应比例对辨别两种波长很重要。如图9.16所示,480纳米的光会诱发色素1产生更大反应而色素2产生更小反应,同时600纳米的光会诱发色素2产生更大反应而色素1产生更小反应。对480纳米的光来说,色素1与色素2的反应比例总是10:2,而对600纳米的光来说,该比例为5:10。因此,视觉系统可利用比例信息来辨别光的波长。当存在三种色素时,比例信息会保持其恒常性,这是三色理论(即颜色知觉取决于三种感受器机制的激活模式)的基础。

本章后续会提到色盲,该部分会提到只有一种色素的人,即全色盲者(也叫单色视觉者),会看到一系列灰色阴影。还有人只有两类锥色素,即二色视者,他们会看到彩色,但不能辨别某些颜色。

有三种视色素可以辨别这些颜色的人被叫作三色视者。第三种色素的加入虽然对形成颜色视觉来说并非必需的,但其可提供额外的比例信息,使得个体可以辨别可见光谱上的各种波长。

颜色视觉的拮抗加工理论

三色理论得到了19世纪最受尊敬的两位科学家赫尔姆霍兹和麦克斯韦的肯定,也被大多数人认为其正确描述了色觉如何起作用。但三色理论长久以来的声望并未阻挡住来自布拉格大学的生理学教授 Ewald Hering 提出的另一个理论,即颜色视觉的拮抗加工理论(Turner,1993,1994)。

Hering 理论的提出同样基于行为观察,但与支持三色理论的麦克斯韦的大量心理物理学颜色匹配实验不同,拮抗加工理论最初是基于现象学观察提出的。基于这些现象学观察,Hering 提出颜色视觉是由蓝—黄、红—绿及黑—白引起的拮抗生理反应导致的。

拮抗加工理论的Hering现象学证据

Hering 提出拮抗颜色的想法是基于观察人类对类似图9.17的色环颜色感知提出的。该色环与图9.9的色立体类似,将颜色按照知觉相近性原则依次排列在圆周上。色环与色立体的区别在于前者没有将色调的饱和度和明度变化纳入其中。

图9.17 色环。左侧颜色看起来是淡蓝色的,右侧颜色看起来是淡黄色的,上方颜色看起来是淡红色的,下方颜色看起来是淡绿色的。直线连接的是拮抗颜色。

观察色环时，Hering 提到，所有颜色似乎都可以进入四个组别，分别以黄、蓝、绿和红的不同程度定义四组。思考 Hering 如何描述整个色环是有意义的，因为这是现象学方法的生动实例之一。由此，按照 Hering（1878，1964）所述，我们先从色环上部的红色开始，按顺时针方向在色环上移动。在色环上的移动轨迹如同一段旅程，这段旅程始于某种黑林原色（即红、黄、绿或蓝），随着相邻原色少量地加入，旅程中包含了各种不同的颜色。例如，Hering 是这样描述少量黄色加入红色原色后的颜色变化的：

随着黄色的增加……途经橘色和金黄色，随后到达了没有红色痕迹的黄色。

Hering 还这样描述绿色加入黄色后的颜色变化：

经历硫黄色……淡黄色……草绿色……我们终于到了没有黄色束缚的绿色。

在色环上继续移动，蓝色加入绿色中：

绿色……渐渐地变成蓝色（海洋绿）……之后蓝色逐渐变强而绿色逐渐变弱（海洋蓝），直到到达没有任何绿色加入的蓝色。

最后，随着红色加入蓝色我们也返回了起点：

当蓝色变成红色渐渐增多的蓝色后……（蓝紫色，红紫色，紫红色），直到最后一点蓝色的痕迹消失在真正的红色中。（Hering，1964，p.42.）

这里之所以呈现 Hering 的描述，一方面是因为该描述能展现现象学描述的特点，另一方面是因为这段描述中体现了他所谓的用成对的拮抗颜色解释颜色视觉的观点。回望色环，Hering 观察到色环可以分为上下左右四部分：上部由含有一定量红色的颜色组成，下部由含有一定量绿色的颜色组成，左半部由不同程度变化的蓝色组成，而右半部由不同程度变化的黄色组成。根据 Hering 的描述，人们意识到，我们可以看见含有淡黄色的红（右上）和淡黄色的绿（右下），我们可以看见淡蓝色的绿（左下）和淡蓝色的红（左上），然而色环上没有看上去既有黄又有蓝或者既有红也有绿的颜色。事实上，我们甚至想象不出既蓝又黄或既红又绿是什么样子的。（试一下吧！）因此，Hering 提出颜色经验是由四种原色分成两对拮抗色，即黄—蓝和红—绿。除了上述彩色外，Hering 认为黑和白是一对拮抗的（对立的）非彩色。

图 9.18 所示为 Hering 理论的基本观点。他提出三种机制，每种机制内对不同强度或波长的光的反应相反。白（＋）黑（—）机制对白光产生正向反应，对无光条件产生负向反应；红（＋）绿（—）机制对红色产生正反应，对绿色产生负反应；黄（＋）蓝（—）机制对黄色产生正反应，对蓝色产生负反应。因此，一束光看上去越白的同时也变得越不那么黑了；看上去越红的同时也变得越不那么绿了；看上去越黄的同时也变得越不那么蓝了。

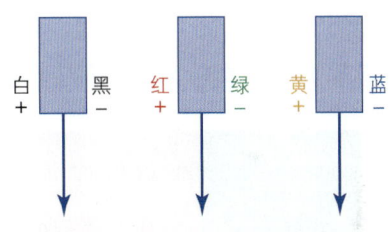

图9.18 Hering提出的三种拮抗机制。

尽管 Hering 提出的拮抗机制很独特，但其理论在当时并未被广泛接受，原因有三点：(1) 此理论的主要竞争对手赫尔姆霍兹提出的三色理论在科学界享有盛誉；(2) Hering 使用诸如"淡黄色""草绿色"和"海洋蓝"等词语对色觉进行了现象学描述，与麦克斯韦大量的颜色匹配数据难以匹敌；(3) 当时没有发现相关的神经机制。

到 20 世纪拮抗加工理论还是不被接受。例如，在一本由杰出的颜色研究者 Yves LeGrand（1957）所写的教科书《光、色和视觉》(Light, Color, Vision)中，用了 25 页介绍三色理论，却仅用了不到 1 页介绍拮抗加工理论（see LeGrand，1959）。但是，到了 20 世纪 50 年代，两个重要的发现使得拮抗加工理论不被接受的情况得以改善：(1) Leo

Hurvich 和 Dorthea Jameson（1957）的心理物理学实验为每种拮抗机制的强度提供了大量的测量数据；（2）生理学研究发现在视网膜和外侧膝状体存在拮抗的神经反应。

Hurvich 和 Jameson 对拮抗机制的心理物理测量

1957 年 Hervich 和 Jameson 发表了一篇题为《颜色视觉的拮抗加工理论》（*An Opponent-Process Theory of Color Vision*）的论文。他们在论文中提到 Hering 的拮抗加工理论，并报告了他们自己所做的一系列观察数据以支持拮抗理论。例如，他们提到了色盲（见下文），颜色落在了成对的机制外，因此人们才会失去觉察蓝—黄或红—绿颜色的能力。他们还提到了补色残影，根据下列"演示"专栏，大家可以自己感受。

演 示 | 后像

盯住**图 9.19** 的中心 30 秒。然后看一个白色的表面，观察白色背景上的后像。注意不同颜色的位置。

图 9.19 后像演示示意图。

在后像演示中，红色和绿色会互换位置，蓝色和黄色会互换位置。因此，看红色会产生绿色后像，看蓝色会产生黄色后像，以此类推。这些后像被叫作**补色残影**，后像颜色在色环上位于对应颜色的相反位置。后像由 Hervich 和 Jameson 发现，并将此作为支持拮抗加工理论的证据。

但是，Hervich 和 Jameson 的研究目的不只是为 Hering 的色环和补色残影提供证据，更是为了测量蓝—黄和红—绿拮抗机制各成分的强度。下文将介绍他们如何采用**色调消除**方法测量出蓝色机制的强度始于 430 纳米波长的光。

方 法 | 色调消除

蓝色机制在 430 纳米处明显保有很大强度，因为波长 430 纳米的光看起来是紫的（淡红色和蓝色）。Hervich 和 Jameson 推断出由于黄色与蓝色是相反的，所以通过测量加入多少黄色才能消除"蓝色"的知觉，就可以确定波长 430 纳米的光中蓝色的量。波长 430 纳米的光的成分确定后，以此类推，测量 440 纳米等其他波段，直到测量的光不再是蓝色为止。色调消除也适用于通过测量在每个波长上加入多少蓝色才能消除黄色，从而确定黄色机制对该波长的反应强度。红色和绿色也是如此，通过测量需要添加多少绿色以消除红色知觉来确定红色机制的强度，以及通过测量需要添加多少红色以消除绿色知觉来确定绿色机制的强度。

Hervich 和 Jameson 用色调消除方法测量波长 430 纳米的光时发现，随着越来越多黄色的加入，该光最终失去了蓝色属性。**图 9.20** 的蓝点代表波长 430 纳米时，加入黄色以消除蓝色的量。随后，Hervich 和 Jameson 用相同方法测量了其他波长，结果如图 9.20 中的蓝线所示，蓝色机制在 440 纳米是强度最大的，随后逐渐减弱，到 500 纳米时为零。这表明，500 纳米的光看起来是绿色的而非蓝色的。

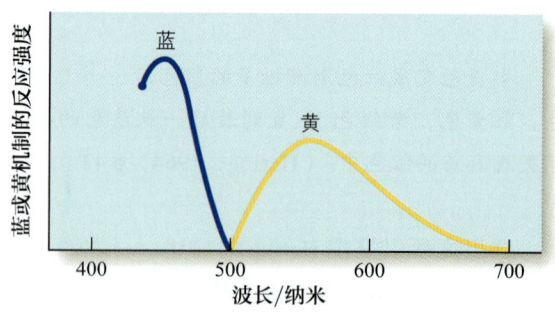

图 9.20 色调消除方法测量的蓝色拮抗机制（蓝色线）和黄色机制（黄色线）在光谱上的强度。蓝点表示波长 430 纳米时蓝色机制的反应强度。备注：蓝和黄无同时反应的波长，且在 500 纳米时，两种机制的反应均为 0，这表明 500 纳米的光（看上去是绿色）不含有蓝或黄的任何成分。（来源：**Hurvich & Jameson, 1957**）

Hervich 和 Jameson 随后使测试波长达到 500 纳米以上，通过添加蓝色最终消除黄色测量黄色机制的强度，结果如图 9.20 中的黄线所示，黄色机制反应的波段为 500 ～ 700 纳米，最大反应在 550 纳米左右。

图 9.21 所示为 Hervich 和 Jameson 测量红和绿机制强度的结果。令人吃惊的是，他们发现红色机制不仅对长波（与预期相符），也对远离红色的短波产生反应。然而，有些短波长的光看起来是紫色的，即淡红色与蓝色的混合，那么红色机制对短波长产生反应也就不那么令人吃惊了。绿色机制曲线表明，该机制的反应波段为 490 ～ 580 纳米，最大反应约在 525 纳米。

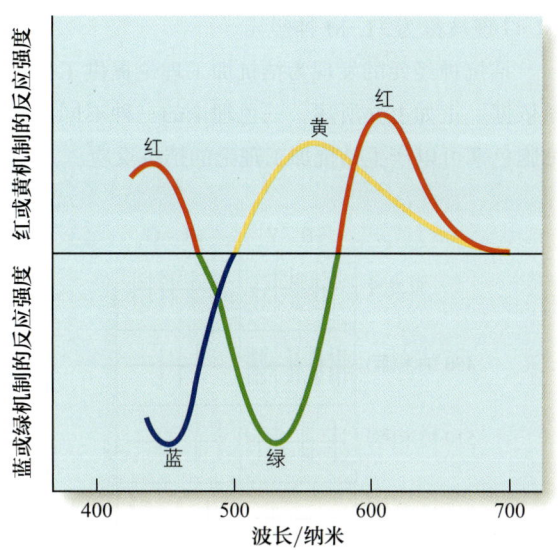

图9.22　图9.20和图9.21的结果汇总，其中蓝和绿曲线翻转后，更能体现蓝—黄和红—绿彼此对立拮抗的本质。（来源：Hurvich & Jameson，1957）

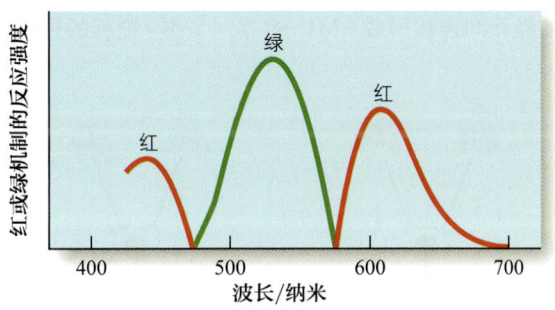

图9.21　红和绿机制在光谱上的反应强度。备注：红和绿无同时反应的波长，且在475纳米和580纳米时，两种机制的反应均为0，这表明475纳米或者580纳米的光不含有红或绿的任何成分。（来源：Hurvich & Jameson，1957）

图 9.22 把图 9.20 和图 9.21 的结果汇总。图中将蓝色和绿色曲线翻转更能强调蓝（图中负向曲线）和黄（图中正向曲线）之间以及绿（负向）和红（正向）之间的对立。若将蓝和绿画为正向，红和黄画为负向，也能得到类似效果。此外，利用图 9.22 上的曲线，可以确定光谱上任一波长颜色的量。例如，波长为 450 纳米时，蓝色和红色机制均有激活（因此看上去是紫色或蓝红）；而波长为 600 纳米时，红色和黄色机制均有激活（因此看上去是橘色或红黄）。值得一提的是，正如 Hering 先前预测的，光谱上没有任何一种颜色会同时激活黄和蓝机制，也没有任何一种颜色会同时激活红和绿机制。

Hervich 和 Jameson（1957）的色调消除实验对人们接受拮抗加工理论来说至关重要，该实验提供的对大量拮抗机制强度测量的重要性远超 Hering 的现象学观察。然而，更重要的是视网膜和外侧膝状体上拮抗神经元的发现，这些神经元对光谱上的一部分光产生兴奋性反应，而对另一部分光产生抑制性反应（DeValois，1960；Svaetichin，1956）。

拮抗加工理论的生理学证据

Russell DeValois（1960）最早报告了猴子的外侧膝状体上存在拮抗神经元，他们记录到了这些神经元对光谱上一部分光产生兴奋性反应，而对另一部分光产生抑制性反应（also see Svaetichin，1956）。例如，图 9.23 左栏为 DeValois 和 Jacobs（1968）记录的所谓 +B-Y 神经元，其放电率增加且高于自发性水平，觉察波长为蓝色，其放电率减少且低于自发性水平，觉察波长为黄色。右栏为 +R-G 神经元，放电率增加时觉察波长为红色，放电率减少时觉察波长为绿色。之后关于拮抗神经元的论文把 +B-Y 神经元叫作 +S-ML，下面文中也会提到，因为 +B 对应的是短波长视锥细胞反应，-Y 对应的是中长波长视锥细胞反应。类似的，

+R-G 现被称为 +L-M 神经元。

拮抗神经元的发现为拮抗加工理论提供了生理学依据。正如上文所述，三色理论的三种不同视锥细胞色素可以产生拮抗加工理论的拮抗反应。

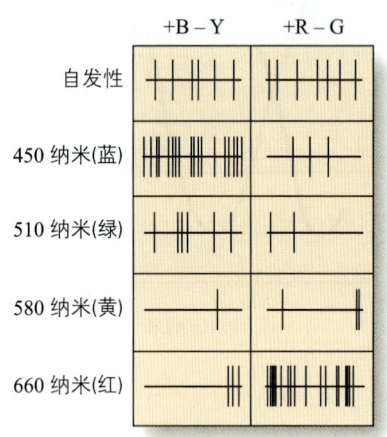

图9.23 猴子外侧膝状体上+B-Y和+R-G拮抗神经元的特点。

三种类型的感受器如何产生拮抗反应

在 19 世纪，三色理论和拮抗加工理论提出之初，人们普遍认为两者是竞争关系。人们当时认为二者非此即彼，不能都是正确的理论。然而随着两种理论的生理学证据逐渐出现，知觉研究者们意识到这两种理论其实都是正确的。为何如此呢？答案为每种理论描述的是神经系统不同部分的神经处理过程。具体来说，三色理论描述的是视网膜上感受器的加工过程，而拮抗加工理论描述的是外侧膝状体内拮抗神经元的加工过程，见图 9.24。

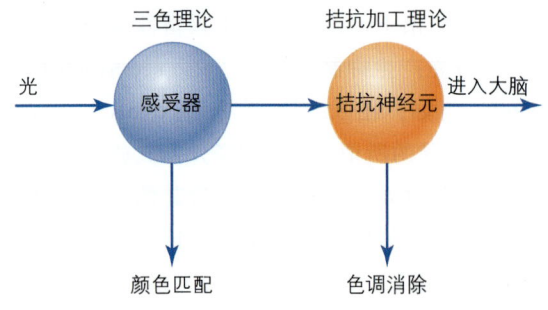

图9.24 感受器和拮抗神经元内颜色知觉的生理学机制。

图 9.25 所示为上述加工过程协同合作的回路。

在图 9.25a 中，L 视锥细胞发射兴奋性输入到一个双极细胞（见第 2 章），然而 M 视锥细胞发射抑制性输入到该双极细胞。如此形成 +L-M（或 +R-G）细胞，该细胞对长波长产生兴奋性反应导致 L 视锥细胞响应，同时对中波长产生抑制性反应导致 M 视锥细胞响应。图 9.25b 显示来自 M 视锥细胞的兴奋性输入及来自 L 视锥细胞的抑制性输入如何形成 +M-L（或 +G-R）细胞。

图 9.25c 所示为 +S-ML（或 +B-Y）细胞接收来自视锥细胞的信号输入。该细胞接收了来自 S 视锥细胞的兴奋性输入和来自 A 细胞（来自 M 和 L 视锥细胞输入的总和）的抑制性输入。因此，A 细胞接收来自两种感受器的输入信号，这导致 +S-ML 机制对"黄色"产生反应。图 9.25d 所示为神经元间连接形成 +ML-S（或 +Y-B）细胞的过程。

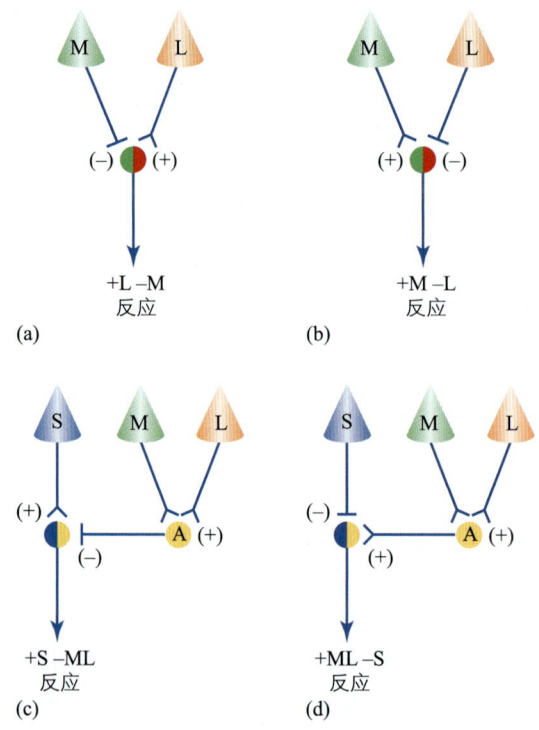

图9.25 通过三种视锥感受器的兴奋性和抑制性反应形成的（a）+L-M、（b）+M-L、（c）+S-ML和（d）+ML-S机制的神经回路。

尽管上述示意图非常简单，但其说明了视网膜中颜色编码神经回路的基本原则。（DeValois & DeValois，1993；Solomon & Lennie，2007，列举了解释拮抗反应的更复杂的神经环路。）这里的重点在于，感受器反应最佳的波长以及兴奋性和抑制性突触的排列均是决定回路如何反应的重要因素。因此这些回路的加工分为两个阶段：首先，感受器对不同波长产生不同反应模式（三色理论）；随后，神经元整合来自感受器的兴奋性和抑制性信号（拮抗加工理论）。

上述对拮抗神经元的叙述使我们回想起前文所述的观点，即发送到大脑的颜色信号是通过成对视锥细胞反应的差异进行辨别的。如此，通过图 9.26 可以理解神经水平上的加工过程。图中显示 +L-M 神经元如何接收 L 视锥细胞的兴奋性和 M 视锥细胞的抑制性信号从而对 500 纳米和 600 纳米的光产生反应。图 9.26a 显示，500 纳米的光导致的抑制性信号为 -80，兴奋性信号为 +50，因此 +L-M 神经元的反应为 -30。图 9.26b 显示 600 纳米的光导致的抑制性信号为 -25，兴奋性信号为 +75，因此 +L-M 神经元的反应为 +50。这种"差异信息"就是拮抗神经元发送到大脑的信息类型。

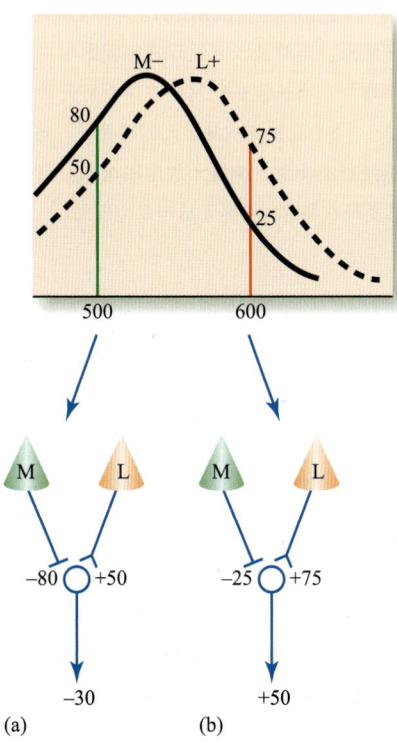

图 9.26 拮抗神经元如何判断感受器对不同波长反应的差异。（a）+L-M 神经元对 500 纳米的光的反应为负，是因为 M 感受器产生的抑制性反应大于 L 感受器产生的兴奋性反应。这表明 500 纳米的光对此神经元的作用会减少任何正在进行的活动。（b）对 600 纳米的光的反应为正，因此该波长会增加此神经元的反应。

波长的三色理论的"比例信息"和拮抗加工理论的"差异信息"始于视网膜上的感受器与神经连接。但是所有这些信息到达皮层后又会发生什么呢？

大脑皮层的颜色加工

颜色知觉的皮层机制是什么？我们将从下列层面探讨这个问题：（1）大脑皮层中有单一的"颜色中心"吗？（2）颜色和形状是什么关系？（3）大脑皮层中有哪几种拮抗神经元，其功能是什么？

大脑皮层中存在单一颜色中心吗

大脑皮层中是否存在一个区域专门负责加工颜色信息？如果存在，那么颜色与面孔、身体和地点一样，应有类似梭状回面孔区、纹外躯体区和海马旁回位置区的专门加工区域（见第 4 章）。颜色加工专门区域的想法是由 Semir Zeri（1983a，1983b，1990）提出的，其依据是：（1）他发现视觉区 V4 的许多神经元都对颜色产生反应；（2）例如由于脑损伤导致的 I 先生变成皮质性色盲的现象，皮质性色盲患者具有知觉形状和动作的能力，但失去了觉察颜色的能力。脑损伤导致色盲的现象说明损伤区域与人类用来辨别颜色的区域相近或相同，这支持了颜色感知专门区域的观点。

然而，也有证据驳斥"颜色中心"观点，支持颜色加工由一系列不同的脑区负责，这些脑区既加工颜色信息也加工其他种类的信息。其中有支持后者观点的研究结果发现，大脑皮层的很多区域都存在拮抗神经元，包括初级视皮层 V1 区、与形状知觉相关的颞下回以及最初被认为是颜色中心的 V4 区（Engel，2005；Harada et al.，2009；Johnson et al.，2008；Shapley & Hawken，2011；Tanigawa et al.，2010；Tootell et al.，2004）。

上述引用的文章都是记录猴子大脑皮层单个神经元活动的研究。也有研究发现人类大脑皮层的很多区域既参与颜色加工，也参与其他视觉特性的加工。Cristiana Cavina-Pratesi 及同事（2010）给被试呈现类似毛球的不规则物体（图 9.27a），同时利用 fMRI 扫描记录他们的脑活动。被试的任务是判断相继呈现的两个物体是否相同。不同组的试次要求被试进行判断的依据不同，分别是颜色、形状或纹理。大脑扫描的结果如图9.27b所示，黄色区域对形状、纹理和颜色均产生了反应。此外，也存在选择性地对颜色产生反应的区域（图中的绿色区域），选择性地对形状产生反应的区域（图中的红色区域），以及选择性地对纹理产生反应的区域（图中的蓝色区域）。该研究结果的重点在于大量的黄色区域既对颜色也对其他视觉特征产生反应。此外，关于脑损伤对颜色知觉影响的调查发现，当脑损伤导致颜色缺失（色盲）时，也会有其他影响，包括面孔失认症——不能辨别面孔等（Bouvier & Engel，2006）。

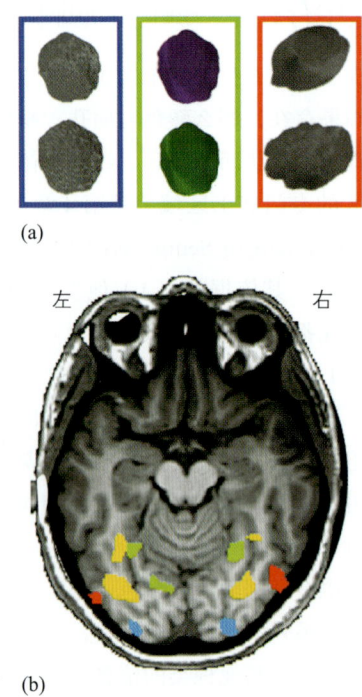

图9.27 （a）刺激；（b）Cavina-Pratesi及同事（2010）的研究结果。绿色区域选择性地对颜色反应，红色区域选择性地对形状反应，蓝色区域选择性地对纹理反应，黄色区域对上述三种特征均产生反应。

大脑皮层中拮抗神经元的类型

无论大脑皮层中是否存在"颜色中心"区域，有一点毫无疑问，即许多区域的神经元的反应是拮抗式的（或对立的）——增加对光谱中某些波长的放电率并减少对光谱中其他波长的放电率。大脑皮层中有两种拮抗神经元，即**单拮抗神经元**和**双重拮抗神经元**。

图9.28a为单拮抗神经元的感受野。+M−L神经元对呈现在感受野中央的中波长放电率增加，对呈现在感受野外周的长波长放电率减少。图9.28b为多数双重拮抗神经元的感受野，与第3章中其他简单的皮层细胞一样是双侧的。具有图9.28b感受野的神经元对呈现在感受野左侧的中波长反应最佳，对呈现在右侧感受野的长波长反应最佳。研究表明单拮抗神经元对感知区域内颜色至关重要，而双重拮抗神经元对感知不同颜色的区别至关重要。

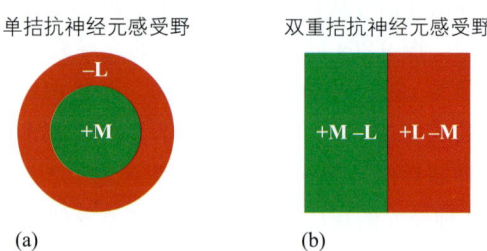

图9.28 （a）单拮抗神经元的感受野。+M−L神经元的感受野是中心—环绕形。当中波长光呈现在感受野中央区域时，神经元放电率增加；当长波长光呈现在感受野外周时，神经元放电率减少。（b）双重拮抗神经元的感受野。当垂直中波长光呈现在感受野左侧时，神经元放电率增加；当垂直长波长光呈现在感受野右侧时，神经元放电率也增加。

具有双侧感受野的神经元为颜色和形状间的联系提供了证据。尽管双侧感受野内的刺激强度有所不同，但由于这些神经元对定向的感受野放电，因此双侧区域看上去一样亮。换句话说，神经元只在颜色差异使感受野形状发生变化时放电。这类证据被用于支持大脑皮层中颜色加工与形状加工间的紧密联系（Friedman et al.，2003；Johnson et al.，2008）。因此，当我们见到一个色彩斑斓的场景时，我们见到的颜色不仅仅是"填充"到场景的客体和区域内，还帮助我们界定客体和区域的边缘与形状。

颜色缺陷

前文讨论三种感受器机制时提到过只有一种感受器机制的个体不能辨别颜色，但具有两种感受器机制的个体可以感知某些颜色。下面介绍一些遭遇颜色缺失的现实案例。

全色盲

全色盲是色盲中罕见的一种，通常是遗传性的，100万人中只有10例全色盲患者（LeGrand, 1957）。全色盲患者的视锥细胞不起作用，因此，在明、暗条件下，他们的视觉都是依赖视杆细胞完成的。全色盲只能看到光的明暗（白、灰和黑），因此这些患者被称为**色盲**（与能看见某些彩色的二色视者不同，因此被称为**颜色缺失**）。具有正常色觉的人可以体验全色盲，坐在暗室内几分钟，暗适应完成后，视觉由视杆细胞控制，导致所处环境看上去是各种灰色的阴影。与图9.14单色素个体类似，通过调整其他波长的强度可以匹配光谱上任一波长。因此，全色盲只需要一个波长去匹配光谱上的任一颜色。除了色觉缺失，遗传性全色盲的视敏度很弱且对强光敏感，因此在白天经常需要戴墨镜保护眼睛。视杆细胞本身的功能就不是针对强光的，因此在高亮度下会负载过重，产生炫光感知。

二色性色盲

二色性色盲的人缺少三种视锥色素的一种，因此可以感知某些颜色。然而，与三色视者相比，他们不能辨别那么多颜色。二色性色盲与图9.15所示具有两种色素的个体类似，只需要两种波长就能匹配光谱上任一波长。因此，评定颜色缺陷的一种方式是采用颜色匹配方法测量匹配光谱上任一波长的最小波长数量。另一种诊断颜色缺陷的方式是采用**石原色板**刺激进行色觉测试。图9.29a为石原色板的例子，色觉正常的人可以看到数字"74"，但是有红—绿色觉缺陷的人看到的如图9.29b所示，辨认不出"74"。

确定一个人有颜色缺陷后，仍存在以下问题：有颜色缺陷的人能看见哪些颜色？学生们建议可以通过给有颜色缺陷的人呈现各种颜色的客体，询问他们看见了什么（见下文，在颜色缺陷患者中，男性占多数）。然而这种方法不能明确人们到底感知

什么，当我们指着草莓问有颜色缺陷的人时，他们可能会说"红色"，因为他们知道人们总说草莓是"红色的"。有颜色缺陷的个体对"红色"的感受与无颜色缺陷的个体的感受不同。就我们所知，他们的真实知觉可能更接近无颜色缺陷的人所回答的"黄色"。

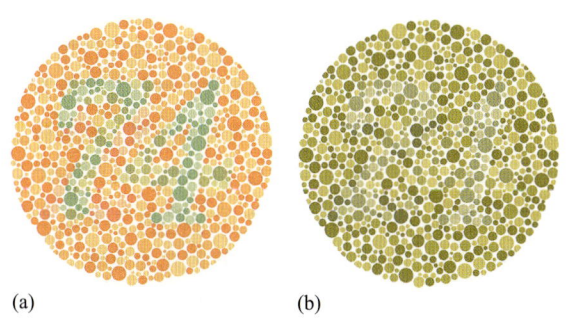

图9.29 （a）用石原色板测试颜色缺陷的例子。在标准照明条件下，正常人会看到"74"。（b）用同样的石原色板测试有红—绿颜色缺陷的人会看到的。

为了测试二色性色盲的感知，首先需要定义**单侧二色视者**，即该个体的一只眼睛是三色视，另一只眼睛是二色视。单侧二色视者的双眼连接同一个大脑，因此他们可以用二色视眼观察颜色，随后利用三色视眼对颜色进行判断。尽管单侧二色视者极其罕见，但对他们的测试有助于我们了解二色视者的颜色感知的本质（Alpern et al., 1983；Graham et al., 1961；Sloan & Wollach, 1948）。下面介绍三种二色性色盲的案例以及他们的颜色感知。

二色性色盲有三种类型：红绿色盲、红绿色弱和丙型色盲。最普遍的两种是红绿色盲和红绿色弱，这两种是通过位于X染色体上的基因遗传的（Nathans et al., 1986）。男性（XY）只有一条X染色体，因此这条染色体上视色素的缺陷就会导致颜色缺陷。而女性（XX）有两条X染色体，由于正常色觉只需要一条具有正常基因的X染色体，因此颜色缺陷发生的可能性较少。色觉的形成由此也是性别连锁的，因为携带颜色缺陷基因的女性本人不是颜色缺陷患者。因此，患二色性色盲的男性多于女性。

上文提到了二色性色盲的三种类型。如图9.30a和图9.31a所示为三色视者分别如何感知一

束彩色纸花和可见光谱。

- 红绿色盲的发病率是男性为1%，女性为0.02%，其颜色感知如图9.30b所示。红绿色盲缺失长波长色素，由此，红绿色盲知觉短波长光为蓝色，随着波长增加，蓝色的饱和度越来越弱，直到492纳米波长为止，红绿色盲的知觉为灰色（图9.31b）。将红绿色盲知觉为灰色的波长叫作中性点。在中性点之上的波长的光会被红绿色盲知觉为黄色，且对光谱上的长波光的知觉越来越弱。
- 红绿色弱的发病率是男性为1%，女性为0.01%，其颜色感知如图9.30c所示。红绿色弱患者缺失中波长色素，知觉中波长的光为蓝色，长波长的光为黄色，中性点约为498纳米（图9.31c）（Boynton，1979）。
- 丙型色盲非常罕见，发病率是男性为0.002%，女性仅为0.001%。丙型色盲患者缺少短波长色素，对颜色和光谱的感知如图9.30d和图9.31d所示。丙型色盲患者知觉短波长的光为蓝色，长波长的光为红色，中性点约为570纳米（Alpern et al.，1983）。

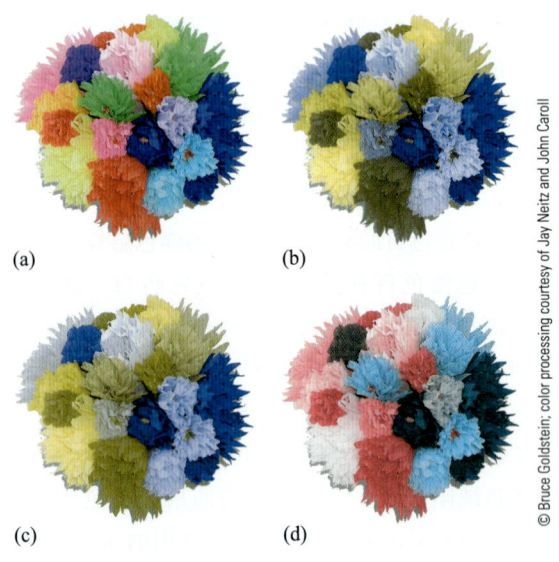

图9.30 （a）三色视者、（b）红绿色盲、（c）红绿色弱以及（d）丙型色盲如何感知同一束色彩斑斓的纸花。

除全色盲和二色性色盲外，颜色缺陷的另一主要类型是**异常三色视**。异常三色视患者同正常三色视者一样，需要三种波长才能匹配光谱上的其他波长。然而，异常三色视患者与正常人混合三种波长的比例不同，其辨别相近波长光的能力也相对较弱。

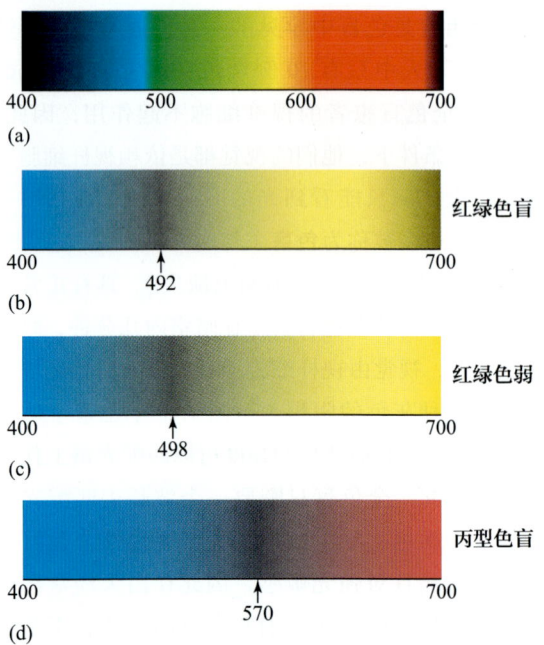

图9.31 （a）三色视者、（b）红绿色盲、（c）红绿色弱以及（d）丙型色盲如何感知可见光谱。数字表示中性点的波长。（来源：Jay Neitz & John Carroll）

测一测 9.2

1. 简述三色理论及其实验依据。该理论是如何基于颜色匹配实验结果提出的？
2. 简述三色理论中视锥色素的作用，以及视锥细胞是如何识别波长的？
3. 什么是条件等色？视锥细胞的激活如何产生条件等色知觉？
4. 为什么只有两种不同的色素时就可能产生色觉，而只有一种色素时不能？三种色素而非两种色素对色觉的影响是什么？
5. 简述Hering的现象学观察，及基于这些观察提出的色环和拮抗加工理论。
6. 为什么拮抗加工理论最初不被接受？
7. 简述Hurvich和Jameson的色调消除程序。色调消除的实验结果如何支持拮抗加工理论？
8. 简述支持拮抗加工理论的现代生理学证据。三种类型的感受器如何产生拮抗反应？
9. 支持和反对大脑皮层中"颜色中心"的依据是什么？
10. 简述大脑皮层的拮抗神经元，及其感受野和功能？
11. 什么是全色盲？为什么全色盲个体不能识别颜色？
12. 什么是二色性色盲？为什么二色性色盲存在颜色缺陷？
13. 二色性色盲如何识别不同的波长？
14. 二色性色盲的三种类型是什么？描述每种类型的颜色知觉。

动态世界中的颜色

我们每天都要经历不同的光照条件：晨光、正午阳光、室内白炽灯光以及荧光灯光等。前文主要介绍我们如何知觉光照射物体表面反射的颜色。若照射物体表面的光闪烁变化会发生什么呢？下面将探讨颜色知觉和与环境中可用的光之间的关系。

颜色恒常性

正午的太阳高挂天空，你在上课路上注意到一个同学身穿绿色毛衣。坐在教室几分钟后，你又注意到那件绿色毛衣。这件毛衣无论在人工照明条件的室内还是在日光照射的室外看上去并没有太大的不同，都是绿色的，对吧？然而，当考虑到照明条件和毛衣属性时，室内和室外照明条件截然不同，而我们将毛衣一直知觉为绿色要感恩于视觉系统的一个非凡的特性——**颜色恒常性**。颜色恒常性是指人们对客体的颜色知觉在变化的照明条件下保持相对恒定。

颜色恒常性之所以是视觉系统的非凡特性，是因为照明条件（如日光或灯泡光）和物体的反射特性（如绿色的毛衣）间存在交互作用。首先，来谈谈照明条件。图9.32a所示为日光的波长、白炽灯（老式的被淘汰的钨丝灯泡）照射的波长以及新式二极管（light-emitting diode，简称LED）灯泡照射的波长。日光包含几乎等量的所有波长，特点是白光。白炽灯包含的长波长较多（所以看上去有些微黄），而LED灯照出的光相对较短（所以看上去有些微蓝）。

现在来探讨一下在不同照明条件下的波长和绿色毛衣反射的波长间的交互作用。图9.32b所示为毛衣的反射曲线，反射最多的是中波长的光，和绿色波长相对应。

毛衣反射的光取决于其反射曲线与投射到毛衣上随后反射出来的光。为考察毛衣真实反射出来的波长，需将毛衣的每一波长的反射曲线乘以照明设备射出的每一波长的量。计算结果如图9.32c所示，照明条件为白炽灯（图9.32c橘色线）与LED灯（图9.32c蓝色线）相比，毛衣反射的光包含的长波长光较多。即便在不同照明条件下，反射光的波长不同，我们仍将毛衣识别为绿色，这就是颜色恒常性。没有颜色恒常性，我们看到的颜色就取决于毛衣是如何被照射的（Delahunt & Brainard, 2004；Olkkonen et al., 2010）。

为什么在不同照明条件下的绿色毛衣仍然是绿色的呢？这其中包括了一系列机制（Simithson, 2005）。下面，我们从场景照明颜色如何影响眼睛

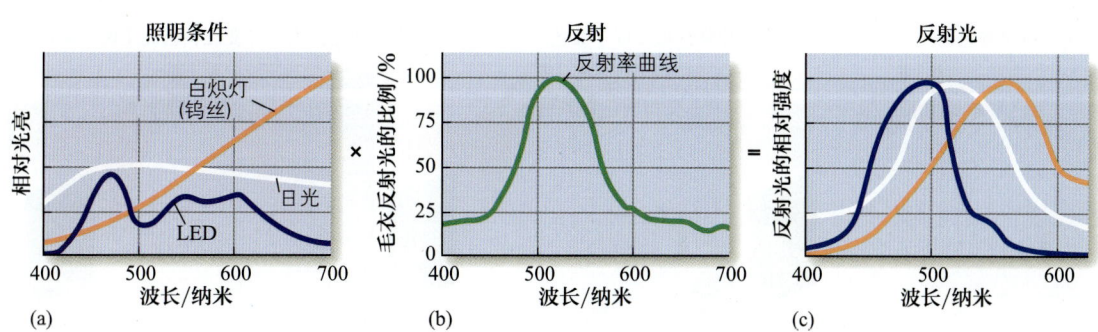

图9.32 绿色毛衣在不同照明条件下反射的波长。毛衣反射的光等于（a）日光、白炽灯和LED灯泡等条件乘以（b）毛衣的反射率。（c）毛衣反射的光，每条曲线的波峰设置在相同水平上以方便对比波长。

的敏感性（即色调适应过程）开始讨论。

色调适应

下面的"演示"专栏体现了颜色恒常性的一种可能机制。

演示 | 适应红色

如图9.33a所示，台灯发出一束强光，然后让左眼靠近页面，闭上右眼，用左眼看图9.33a区域30～45秒。随后先用左眼观察周围不同颜色的客体，再用右眼观察。

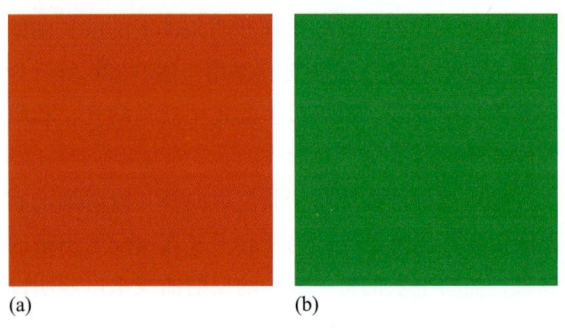

图9.33 （a）为演示"适应红色"的红色适应区域。（b）为颜色"颜色与环境"的绿色适应区域。

这个演示表明色调适应——延迟暴露在某种颜色的时间——可以改变颜色知觉。对红光适应会选择性减少长波长视锥色素的感受性，减弱对红光的感受性，从而导致用左眼看红色和橘色的饱和度和亮度要低于用右眼看到的。

Keiji Uchikawa及其同事（1989）验证了色调适应是颜色恒常性产生的原因的想法。被试在三种不同条件下观察彩纸片（图9.34）：在图9.34a中的基线条件——被试和纸均在白光照射下；在图9.34b中，被试无适应——纸用红光照射，被试用白光照射（被试没有色调适应）；在图9.34c中，被试产生红色适应——被试和纸均用红光照射（被试有色调适应）。

三种条件下的结果已呈现在图上。在基线条件下，绿色纸被知觉为绿色。在被试无适应条件下，其知觉纸的颜色变为红色。此条件下没有发生颜色恒常性的原因在于被试并没有对照射纸的红光产生适应。但在被试适应红色条件下，其知觉纸些许偏向红色，从而看上去更像淡黄色。因此，色调适应产生了**局部颜色恒常性**，即适应后产生的知觉偏向少于没有适应的条件。这表明眼睛可以随着照明条件的变化调整其对不同波长的感受性，从而尽量保持颜色知觉的恒常性。

上述现象在生活中常有体会，当你走进一个用淡黄色钨丝灯等照明的房间时，眼睛对长波长的光产生适应，减弱其对长波长光的感受性。感受性降低导致物体反射的长波长光的效应弱于适应前，这补偿了房间内每样物体反射的较多的钨丝灯泡的长波长光。由于这种适应，淡黄的钨丝灯照明对颜色知觉的影响变得很小。

现实生活中还有其他类似的现象，例如，不同的季节有不同的主色调。同样的场景在夏天是"郁郁葱葱的"，有很多绿色（图9.35a），在冬天是"荒芜的"，有更多黄色（图9.35b）。Michael Webster（2011）通过计算考察了上述"绿色"和"黄色"如何影响视锥感受器，他发现对郁郁葱葱场景里绿色的适应会减少在该场景中对绿色的知觉（图9.35c），对荒芜场景里黄色的适应会减少在该场景中对黄色的知觉（图9.35d）。因此，适应会"缓

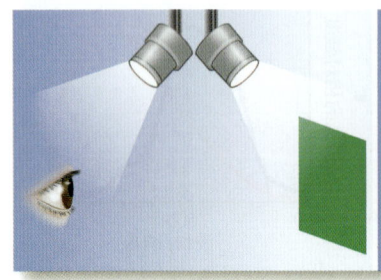
(a) 基线

(b) 被试无适应

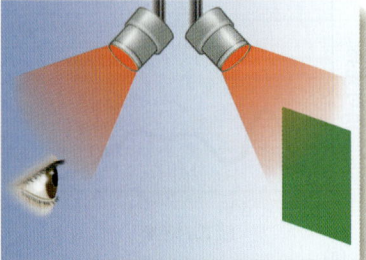
(c) 被试适应红色

图9.34 Uchikawa等人（1989）的实验的三种条件。

和"场景中的主色调,如果对比我们此时对郁郁葱葱(图9.35c)和荒芜(图9.35d)场景颜色的知觉,会发现二者的颜色比色调适应之前更相似。适应也会突出某些新异颜色,因此黄色在郁郁葱葱场景中更突出,而绿色在荒芜场景中更突出。

图9.35 对于环境主色调的适应如何影响场景的颜色知觉。(a)场景主色调为绿色。观察这一场景对绿色产生适应而减少对场景中绿色的知觉,见(c)。(b)荒芜场景的主色调是黄色。对该场景的适应导致对场景中黄色的知觉减弱,见(d)。

周围环境的影响

某一客体的知觉颜色不仅受观察者适应状态的影响,还受客体周围环境的影响,见下面的"演示"专栏。

演示 | **颜色和周围环境**

如**图9.33b**所示,找一个老式白炽灯泡(钨丝),照射图中绿色方块。随后在一张纸上抠一个小孔,透过这个小孔看绿色方块的一部分区域。再用窗外照射进来的自然光照射在相同区域,反复做此观察。

当遮挡周围环境时,大多数人会发现白炽灯与自然光照射相比,绿色区域会些微变黄,这表明当独立观察客体时,颜色恒常性受到破坏。大量研究发现,当某一客体被不同颜色的客体环绕时,颜色恒常性保持得最好(Foster,2011;Land,1983,1986;Land & McCann,1971)。

周围环境有助于维持颜色恒常性,这是因为视觉系统(某种程度上仍未完全破解)可利用被照亮场景中客体提供的信息推测照明的特性,从而做出适当校正(下列研究阐述了周围环境的呈现如何增强颜色恒常性,Brainard & Wandell,1986;Land,1983,1986;Pokorny et al.,1991)。

记忆与颜色

另一类有助于维持颜色恒常性的因素是我们有关日常环境中常见客体颜色的知识。对客体典型颜色的先验知识会对知觉产生影响,叫作**记忆色**。研究发现,由于人们知道熟悉客体的颜色,像红色的停止信号或者绿树,人们对熟悉客体的判断与对反射相同波长的不熟悉客体的判断相比,前者更丰富且饱和度更高(Ratner & McCarthy,1990)。

Thorsten Hansen及同事(2006)通过在灰背景上给被试呈现有颜色的水果的图片,例如柠檬、橘子和香蕉,来考察记忆色的影响。被试也会看到灰背景上的一个光点。调整光点的强度与波长,使得光点在物理属性上与背景一致,被试也报告该光点看上去和背景灰度相同。然而,当调整水果的强度与波长使其与背景物理属性一致时,被试报告水果看上去颜色更亮。例如,与灰色背景物理属性一致的香蕉看上去是淡黄色的,橘子看上去是淡橙色的。由此Hansen等人得出结论,被试对水果颜色特征的知识会改变他们对当前颜色的判断。记忆对颜色感知的影响虽然很小,但有助于我们准确判断在不同照明条件下熟悉客体的颜色。

明度恒常性

即便照明条件发生改变,我们在知觉诸如红色和绿色等彩色时,仍能保持相对的恒常性,与此类似,对非彩色的知觉——白、灰和黑——在不同照明条件下也能保持恒常性。例如,想象一只黑色拉布拉多猎犬躺在开着灯的卧室的地毯上。只有小部分照射在猎犬上的光能被反射,所以我们认为它是黑色的。但当猎犬跑出到明媚的阳光下时,它看上去仍是黑色的。尽管在日光下反射了更多的光,对于非彩色(白、灰和黑)阴影(即**明度**)的知觉仍保持相同。在不同照明条件下对白、灰和黑的感知保持一致的特性叫作**明度恒常性**。

视觉系统的两个基本问题是反射自物体的光到达眼睛的强度取决于：（1）照度——射入物体表面的光的总量；（2）物体的**反射率**——物体表面反射进入眼睛的光的比例。明度恒常性发生时，明度知觉不是由射入客体的照明强度决定的，而是由客体的反射率决定的。黑色客体对光的反射率少于10%；灰色客体的反射率为10%~70%（取决于灰的程度）；白色客体（如书页）的反射率为80%~95%。因此，客体明度知觉与受照明条件影响的物体反射的光的总量无关，但与不受照明条件影响的物体反射光的比例有关。

明度恒常性非常重要。想象如图9.36中在房间光照下的棋盘格，假设白色方块的反射率为90%，黑色方块的反射率为9%，如果室内照度为100个单位，则白色方块反射90个单位，黑色反射9个单位（图9.36a）。如果将棋盘格拿到外面用日光照射，照度为10000个单位，白色方块反射9000个单位，黑色方块反射900个单位（图9.36b）。但是尽管日光下黑色方块反射的光多于白色方块在室内反射的光，黑色方块看起来仍是黑色的。知觉取决于反射率而非反射光的量。明度恒常性产生的原因是什么呢？有以下几种解释。

比例原则

明度知觉是指当某一客体照度均匀，即当客体的照度相等时，如上文棋盘格的例子，明度取决于客体反射率与周围客体反射率的比例。根据**比例原则**，只要比例保持不变，知觉的明度也会保持不变

（Jacobson & Gilchrist，1988；Wallach，1963）。例如，上文提到的棋盘格，低照度时黑色方块与周围白色方块的比值为9/90=0.10；高照度时的比值为900/9000=0.10。由于反射率的比例相同，明度知觉也保持一致。

比例原则适用于平滑的照度均匀的客体，如棋盘格一般。然而，三维空间的刺激更为复杂，照度不均匀。

不均匀照度下的明度知觉

环顾四周，你会发现整个场景的照度并不像二维棋盘格那样是均匀的。三维场景中由于客体间彼此遮挡或者客体的一面朝光而另一面背光，因此照度通常不是均匀的。如图9.37中，阴影投射到墙上，我们需要确定看到墙上阴影的各种变化是由墙的不同位置特性间的差异导致的，还是由墙的不同位置照度不同导致的。

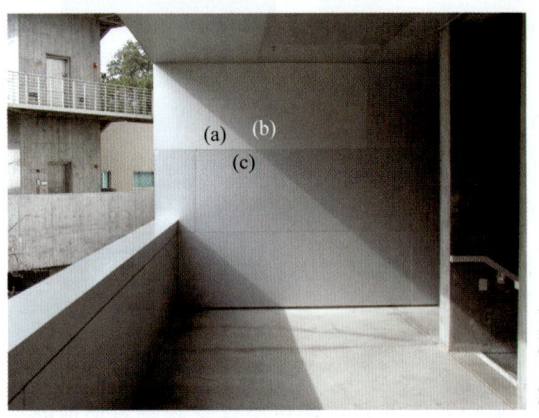

图9.37 照明不均匀的墙包含反射率边界（a和c之间）和照度边界（a和b之间）。知觉系统必须区分两种边界，从而准确觉察墙的真正属性，场景中其他部分亦是如此。

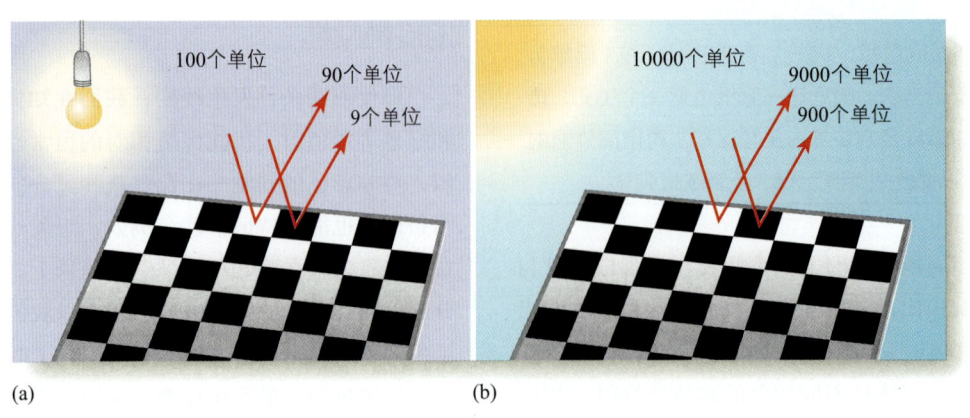

图9.36 不同照明条件下的黑白棋盘格，（a）钨丝灯泡，（b）日光。

知觉系统面对的一个问题就是不得不考虑不均匀照度的情景。为解决这一问题，知觉系统需要区分反射率边界和照明边缘。**反射率边界**是指两个表面反射率发生变化的边缘位置。图 9.37 中 a 区和 c 区的边缘就是反射率边界，这是因为两种表面由反射不同光量的不同材质构成。**照明边缘**是指光照改变的边界。a 区和 b 区间的边界就是照明边缘，因为 a 区比在阴影里的 b 区接收更多光照。

关于解释视觉系统如何区分两种边界，前人提出了一些观点（Adelson，1999；Gilchrist，1994；Gilchrist et al.，1999）。这些观点的基本含义是知觉系统利用大量信息去解释照度。

阴影中的信息

为维持明度恒常性，视觉系统需要加工由阴影产生的不均匀照度。必需清楚阴影导致的照度改变归因于照明边缘而非反射边界。显然，视觉系统精于此道，尽管阴影减少了光的强度，但阴影区域看上去并非灰或黑色。例如，图 9.38 中的墙，我们假设阴影区和非阴影区的砖头明度相同，但由于树的阴影使得某些区域的光少些。

图9.38 在此图中，假设阴影区和非阴影区砖块的明度相同，但由于树的遮挡使得某些区域光照较少。

视觉系统如何判断阴影导致的光强改变的是明度边缘而非反射率界限呢？视觉系统加工阴影的有意义的形状。举例来说，我们知道阴影是树遮挡形成的，因此也知道阴影改变的是照度，而非墙上砖块的颜色。另一个是由阴影轮廓提供的线索见下面的"演示"专栏。

演示 半影与明度知觉

将一个物体，如茶杯，放在桌上的一张白纸上。用台灯以一定角度照射茶杯，调整台灯位置使得阴影变成轻微模糊的边界，如图 9.39a 所示。（通过把台灯放在距离茶杯很近的位置，会使边界变得模糊。）阴影边缘的模糊边界叫作**半影**。拿一支记号笔画一条如图 9.39b 所示的实线，你会发现看不见半影了。在阴影区域的黑线内，你的知觉发生了什么呢？

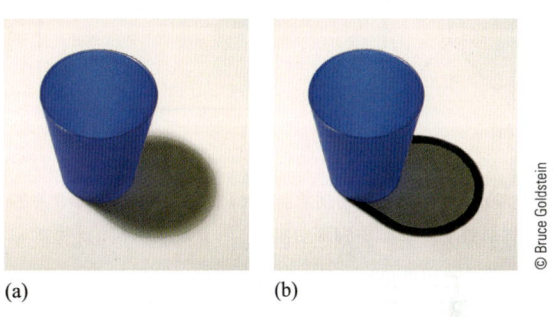

图9.39 （a）茶杯及其阴影。（b）半影被黑线覆盖的相同茶杯和阴影。

大多数人发现遮挡半影后对阴影的知觉发生了变化。显然，半影为视觉系统提供了信息，即紧邻茶杯的暗色区域为阴影，因此阴影和白纸间的边界为明度边缘。然而，遮挡半影消除了该信息，因此，阴影区域被看作反射率的变化。在这样的演示中，半影存在时发生了明度恒常性，半影被遮挡后，明度恒常性消失。

物体表面的朝向

下面的例子是为了演示物体表面的朝向信息如何影响明度知觉。

演示 | 知觉角落的明度

立起来一张折过的卡片使其看起来像房间的一个拐角，照射这张卡片，卡片的一面被照亮，一面在阴影里。观察这个拐角，很容易辨认拐角的两侧均由相同的白色材质构成，尽管未被照亮的一侧在阴影里（**图9.40a**）。换句话说，将被照亮和被掩蔽的"墙"之间的边界知觉为明度边缘。

现在，在另一张卡片上挖一个小孔，距离小孔30厘米左右用一只眼睛通过小孔可以看到几厘米折叠卡片形成的拐角（**图9.40b**）。如果透过小孔你看到的是平滑的物体表面，那么对左侧和右侧表面的知觉会发生变化。

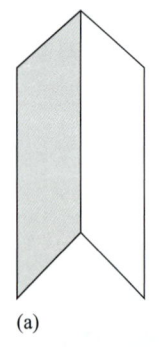 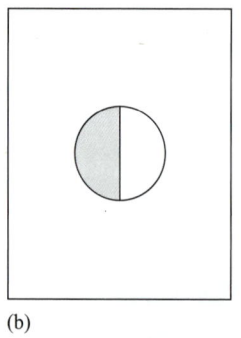

(a)　　　　　(b)

图9.40 观察被掩蔽的拐角。（a）照射一张卡片，卡片的一面被照亮，另一面则在阴影里。（b）从一个小孔里面观察卡片，可以看见如图所示两侧的拐角。

在这个演示中，最初知觉的明度边缘变为错误的反射率边界知觉，因此，会将阴影里的白纸看作灰纸。通过一个小孔观察被掩蔽的拐角消除了关于照明条件和拐角朝向的相关信息，从而产生错误的知觉。为了保持明度恒常性，让视觉系统有关于照明条件的充足信息很重要。没有相关信息，明度恒常性遭到破坏，会把阴影看作深色区域。

如**图9.41a**所示，在将一个区域知觉为"在阴影里"或者知觉为"黑色材料"间可能存在混淆。左侧图片是晚上在圣母大学路德圣母岩洞中拍摄的圣母玛利亚雕塑。夜晚观察该雕塑，难以确定玛利亚肩膀上的黑色区域是像腰带一样的蓝色，还是只是在阴影里。似乎像光照形成的阴影，但该区域的颜色与腰带的颜色非常匹配。雕塑被高立在窗台上，因此很难辨识。但如**图9.41b**所示，白天照的照片显示黑色区域的确是阴影。难题解决了！我们的颜色知觉经常被照明条件和模棱两可的信息欺骗，但大多数时候，我们对明度的知觉是准确的。

(a)

(b)

图9.41 （a）圣母玛利亚雕塑在夜晚时从下方被照亮。（b）白天时相同的雕塑。

思考时刻
颜色是由神经系统创造的

至此，前文讨论的主要是波长与颜色间的联系。可见光谱上每一波长对应一个特定的颜色也说明了二者之间的关系（图 9.42a）。但波长与颜色间的联系也可能产生误导，因为它可能让你认为波长是带有颜色的——450 纳米的光是蓝色的，520 纳米的光是绿色的，等等。然而事实证明，波长是完全没有颜色的。试想在昏暗的照明条件，例如黄昏时的颜色知觉。随着照度逐渐减弱，暗适应后视觉由视杆细胞控制，导致蓝绿红灯的色调变得难以区分，最终色调全消失了，至于原本色彩斑斓的光谱也变成了一系列不同程度的灰（图 9.42b）。暗适应效应表明，神经系统是通过视锥细胞创建颜色与波长联系的。

牛顿在《光学》(Optiks，1704) 中曾强调过颜色并非波长的特性：

> 恰当地说，光束并不是彩色的。光束中除了特定的能量及其具有激发这种或那种颜色感觉的功能，什么也没有……因此，客体的颜色就是反射这或那部分光束，使其看上去比其他更丰富而已……

牛顿认为，我们见到的不同波长光的颜色不是光束本身具有的，而是光束"激发这种或那种颜色感觉"。用当今生理学术语解释就是，光束只是单纯的能量，因此不存在短波长本质上就是"蓝色"或长波长是"红色"。我们之所以知觉到颜色，是因为神经系统对这种能量产生了反应。

我们要感激神经系统在颜色形成中起的作用，不仅是因为想到从视锥细胞到视杆细胞，视觉发生的变化，还因为联想起在车祸中失去色觉的 I 先生，他和正常色觉者看到的刺激是一样的，但看不到颜色。而且，许多动物要么没有色觉，要么与人类相比看到的颜色很少，抑或者对颜色的感知范围大于人类，这些都取决于它们的视觉系统。

例如，图 9.43 所示为蜜蜂视色素的吸收光谱。色素吸收短波长光，使得蜜蜂能识别许多人类看不到的短波长光（Menzel & Backhaus，1989；Menzel et al.，1986）。你认为，蜜蜂将 350 纳米的光知觉为什么"颜色"？你可能会说"蓝色"，因为人类看光谱上短波长的光是蓝色的，但真不能确定蜜蜂看到了什么颜色，正如牛顿所说，"光束不是彩色的"。波长没有颜色，是蜜蜂的神经系统使蜜蜂产生了颜色经验。据我们所知，蜜蜂在短波长上的颜色经验与人类大相径庭，人和蜜蜂都能看见的光谱上的中波长也可能不同。

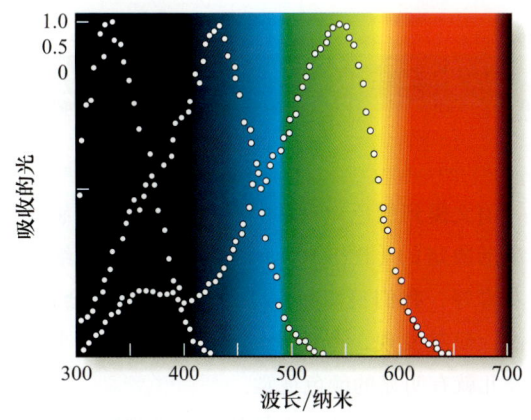

图9.43 蜜蜂视色素的吸收光谱。

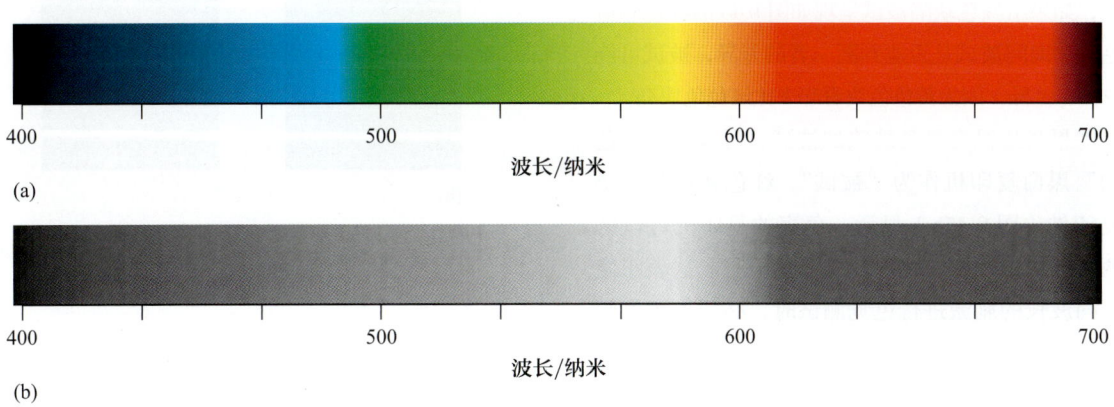

图9.42 （a）颜色的可见光谱。（b）当只有视杆细胞控制视觉，即低光强时，知觉的光谱。

其他感觉通道也同样支持神经系统在经验产生过程中的作用。例如，第 11 章会提到空气中压力的变化导致听觉产生。但是为什么我们将缓慢的压力变化知觉为低音（类似大号的声音），而将快速的压力变化知觉为高音（类似短笛的声音）？快速的压力变化在本质上就是"高音"吗（**图 9.44a**）？或者是味觉。我们将物质知觉为"苦"或"甜"，但"苦"或"甜"在进嘴里的物质的分子结构的哪里呢？答案是这些知觉并不在分子结构里，而是由分子结构激活神经系统产生的（**图 9.44b**）。

本书的主题之一是我们的神经系统会过滤经验，因此神经系统的特性会对经验造成影响。例如，我们对昏暗灯光和良好细节的觉察能力受视网膜中视锥和视杆感受器汇聚在其他神经元上的方式影响（见第 2 章）。综上所述，知觉经验不仅受神经系统影响，例如视锥和视杆视觉；而且，诸如色觉、听觉、味觉以及嗅觉等经验的本质就是由神经系统创造的。

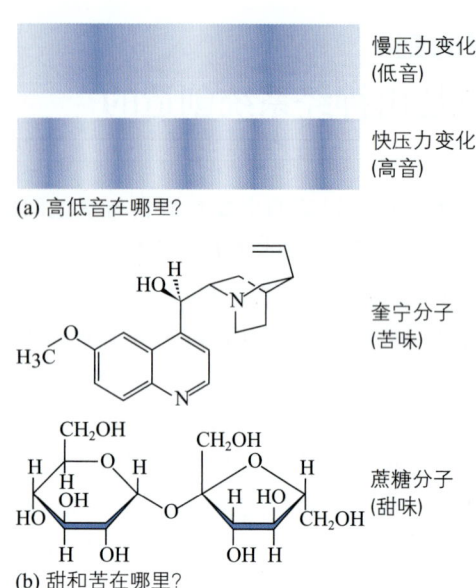

图 9.44 （a）高低音与快慢压力波间的关系，但压力波没有音调。音调是由神经系统对压力波产生反应而形成的。（b）分子没有味道。神经系统通过分子激活味觉系统，从而产生不同的味道。

发展维度：婴儿的颜色视觉

前文提到颜色知觉是由三种不同的视锥感受器的激活决定的（图 9.10）。由于出生时视锥细胞还未发育好，我们猜想新生儿的颜色视觉不会很好。然而，研究发现，色觉发展得很早，3～4 个月大的婴儿就有明显的颜色视觉。

考察婴儿色觉的一大挑战就是光刺激的知觉至少在两个维度上可以产生变化:（1）彩色，（2）亮度。因为，如果给颜色缺陷被试呈现如**图 9.45** 的红色和黄色色块，询问被试是否能判断二者的差异，被试可能会说，有差异，因为黄色色块看起来比红色色块亮。

如果身边没有颜色缺陷的被试，可以使用"色盲的"黑白复印机作为"被试"。红色和黄色色块的复印件（**图 9.45b**）显示，色盲的复印机可以区别两种色块，因为红色色块比黄色的暗。这表明使用不同波长的刺激进行色觉测试时，必须先调整刺激强度使得刺激具有相同的亮度。例如，图 9.45 中的刺激，需要使红色色块更亮而黄色色块更暗。下面介绍一个采用此种方法的实验。

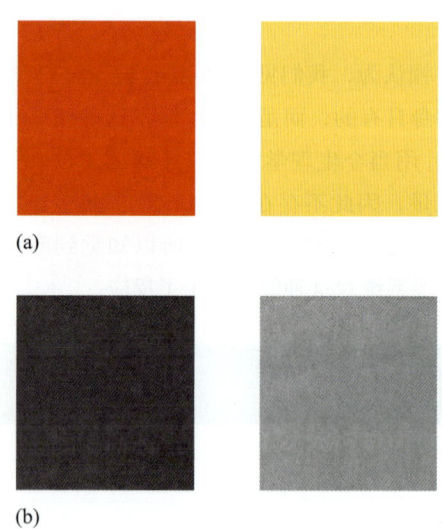

图 9.45 （a）两个颜色色块。（b）复印机"看到"的两个相同色块。

Marc Bornstein、William Kessen 和 Sally Weiskopf（1976）评估 4 个月大婴儿的色觉，考察

他们是否同成人在光谱上知觉的颜色种类相同。正常三色视者会看到一系列颜色种类，始于短波长的蓝色，随后是绿色、黄色、橘色和红色，每种颜色与相邻颜色是突然变化的（见图9.42）。

Bornstein及其同事采用习惯化方法（见第6章）。他们让婴儿习惯510纳米光，正常色觉成人看该波长的光是绿色（图9.46）。具体的做法是多次呈现该光并测量婴儿的注视时间（图9.47）。注视时间（对绿点）减少说明习惯化形成了。

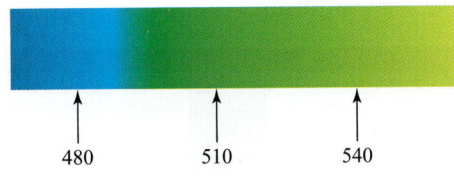

图9.46 箭头所指为Bornstein、Kessen和Weiskopf（1976）在实验中使用的三种波长。510纳米和480纳米波长的光分属两种不同的知觉类别（对成人来说一个是绿色，另一个是蓝色），但510纳米和540纳米波长的光属于同一知觉类别（对成人来说都是绿色）。

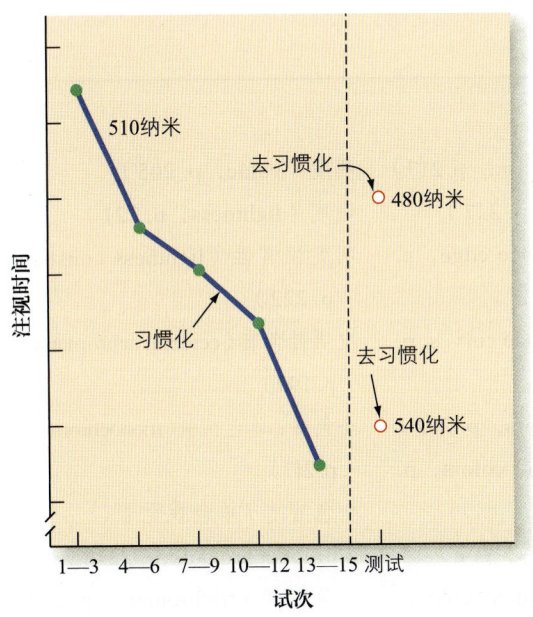

图9.47 Bornstein等人（1976）的实验结果。随着婴儿对多次呈现的510纳米刺激习惯化的形成，注视时间在第15个试次减少。右侧两点表示第16个试次呈现480纳米和540纳米刺激时的注视时间。

经过15个试次的习惯化后，给婴儿呈现波长480纳米的光刺激（图9.46）。该波长的光对成人来说是蓝色的，与510纳米的光属于不同类别。婴儿的注视时间增加，这叫作去习惯化，表明对480纳米的光的知觉对婴儿来说也属于不同类别。然而，重复此流程，先呈现510纳米的光，随后呈现540纳米的光（成人知觉其为绿色，二者属于同一类别，见图9.46），去习惯化并未发生，这表明对婴儿来说540纳米的光属于同一类别。通过此实验及其他实验结果，Bornstein得出结论，即4个月大的婴儿与三色视成人对颜色的分类相同。

Bornstein和同事通过让成人调整每个波长的强度使得每一刺激看上去亮度相等，从而解决了等亮度问题。这并非理想的流程，因为婴儿可能与成人对亮度的知觉不同。然而，事实证明Bornstein应该是正确的，因为后续有研究证实了Bornstein的结论，即婴儿具有颜色视觉（See Franklin & Davies，2004；Hamer et al.，1982；Varner et al.，1985）。

尽管所有研究都得出一致的结论，但此处必须注意的是，尽管婴儿和成人一样能对颜色进行分类，并不意味着我们知道那些颜色在婴儿看来是怎样的（Dannemiller，2009）。就像不可能确定两个成人虽将某种光命名为"红色"一样，但他们的颜色经验完全相同；也不可能知道婴儿在辨别两种波长的差异的注视行为中获得的经验究竟是什么。此外，有证据表明，青少年时期的颜色视觉还在持续发展（Teller，1997）。不过，4个月大的婴儿确实已经具有三色视觉功能了。

测一测 9.3

1. 什么是颜色恒常性？简述维持颜色恒常性的三要素。
2. 什么是明度恒常性？简述明度恒常性产生的原因。在什么情况下明度恒常性可能被破坏？
3. 简述颜色是神经系统产物的内在含义。
4. 简述Bornstein证明婴儿与成人一样可以进行颜色分类的实验。该实验关于婴儿颜色经验的结果给我们的启示是什么？

想一想

1. 具有正常色觉的人叫作三色视者。这类人需要混合三种波长以匹配所有其他波长，并具有三种视锥色素。具有颜色缺陷的二色视者只能用两种波长去匹配其他所有波长，并具有两种可用的视锥色素。四色视者需要四种波长以匹配其他所有波长，并具有四种视锥色素。如果四色视者遇见三色视者，前者会认为后者有颜色缺陷吗？四色视者的颜色视觉如何好于三色视者呢？

2. 讨论颜色缺陷时曾提到，我们很难确定有颜色缺陷个体的颜色经验的本质。结合颜色经验是神经系统的产物进行讨论。

3. 当你从受日光照射的室外走进受钨丝灯或 LED 灯照射的室内时，颜色知觉仍然保持一致。但在某些照明条件下，诸如高速公路或停车场的钠汽灯下，颜色似乎会发生变化。你认为，为什么颜色恒常性在某些照明条件下能维持而在有些条件下不能？

4. 图 9.48 中有两个图片（Knill & Kersten, 1991），图 9.48b 是改变图 9.48a 顶部和底部而形成的，二者中心的光强分布是一致的。（为了验证是否如此，可以将顶部和底部挡住进行观察。）尽管两张图片的光强相等，图 9.48a 看起来左侧表面暗而右侧表面亮；但图 9.48b 看起来像两个弯曲的圆筒，左边的在阴影里。基于明度恒常性产生的原因解释一下为什么会发生这种现象？

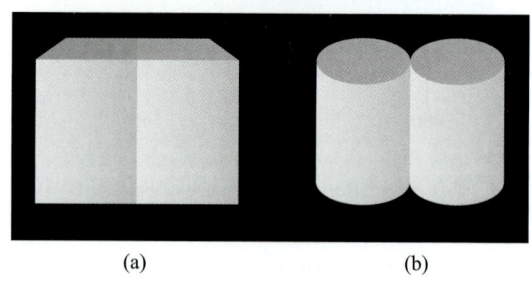

图9.48 （a）和（b）光线分布相同，但是看起来不同。（来源：David Knill & Daniel Kersten）

关键术语

HSV 色立体（hsv color solid, p. 205）
半影（penumbra, p. 223）
饱和度（saturation, p. 205）
比例原则（ratio principle, p. 222）
补色残影（complementary afterimages, p. 212）
不饱和色（desaturated, p. 205）
彩色（chromatic colors, p. 201）
传播曲线（transmission curves, p. 202）
单变量原则（principle of univariance, p. 209）
单侧二色视者（unilateral dichromat, p. 217）
单拮抗神经元（single-opponent neurons, p. 216）
二色视者（dichromats, p. 210）
二色性色盲（dichromatism, p. 217）
反射率（reflectance, p. 222）
反射率边界（reflectance edge, p. 223）
反射率曲线（reflectance curves, p. 202）
非彩色（hromatic colors, p. 202）
非光谱色（nonspectral colors, p. 205）
光谱色（spectral colors, p. 204）
黑林原色（Hering's primary colors, p. 211）
记忆色（memory color, p. 221）
拮抗神经元（opponent neurons, p. 213）
局部颜色恒常性（partial color constancy, p. 220）
明度（value, p. 205）
明度（lightness, p. 221）
明度恒常性（lightness constancy, p. 222）
皮质性色盲（cerebral achromatopsia, p. 199）
全色盲/单色视觉（monochromatism, p. 217）
全色盲者/单色视觉者（monochromats, p. 210）
三色视者（trichromats, p. 210）
色环（color circle, p. 210）
色立体（color solid, p. 205）
色盲（color blind, p. 217）
色调（hues, p. 205）
色调适应（chromatic adaptation, p. 220）

色调消除（hue cancellation，p. 212）
石原色板（Ishihara plates，p. 217）
视觉三色理论（trichromatic theory of vision，p. 206）
双重拮抗神经元（double-opponent neurons，p. 216）
条件等色（metamers，p. 208）
同色异谱（metamerism，p. 208）
相加的颜色混合（additive color mixture，p. 204）
相减的颜色混合（subtractive color mixture，p. 203）
选择性传播（selective transmission，p. 202）
选择性反射（selective reflection，p. 202）
颜色恒常性（color constancy，p. 219）
颜色匹配（color matching，p. 206）
颜色视觉的拮抗加工理论（opponent-process theory of color vision，p. 210）
杨–赫尔姆霍兹理论（Young-helmholtz theory，p. 206）
异常三色视（anomalous trichromatism，p. 218）
照明边缘（illumination edge，p. 223）

大多数橡胶鸭都是小的，但这只漂浮在匹兹堡阿勒格尼河上的鸭子十分巨大。本章会提到对某一物体的大小知觉受到物体与观察者距离的影响。我们先介绍深度知觉的相关内容，然后讨论深度知觉与大小知觉间的联系。

© Bruce Goldstein

第 10 章

深度知觉和大小知觉

本章内容

- 深度知觉
- 动眼线索
- 单眼线索
- 图示线索
- 运动产生的线索
- 双眼深度信息
- 双眼的深度知觉
- 双眼像差
- 像差（几何）产生立体视觉（知觉）
- 对应问题
- 双眼深度知觉的生理学依据
- 大小知觉
- Holway 和 Boring 的实验
- 大小恒常性
- 深度错觉和大小错觉
- 缪勒–莱尔错觉
- 庞佐错觉
- 埃姆斯房间
- 月亮错觉
- 思考时刻：跨物种的深度信息
- 发展维度：婴儿的深度知觉
- 双眼像差
- 图示线索
- 想一想
- 关键术语

我们要思考的一些问题

- 视网膜如何基于二维图像进行深度知觉？
- 为什么双眼比单眼更容易进行深度识别？
- 为什么当人们走远时看起来不是缩小的？

本书中关于视觉的最后一章涉及深度知觉和大小知觉。思及此，你可能觉得深度知觉和大小知觉是两个独立的问题，但事实上二者关系紧密。图 10.1a 可以解释这个问题，从这张图片上能看到什么？大多数人看到的是一位非常矮小的男士站在椅子上。然而，这是对男士与

(a)

(b)

图10.1　(a) 对图中男士位置的误解导致对其身高的错误知觉。(b) 将错觉"椅子"移除后，确定了男士的真实位置，他看似变高了。

相机距离的误解产生了错觉。尽管男士看上去像站在距离女士较近的椅子上，但他其实是站在距离黑窗帘很近的平台上（图 10.1b）。男士站在椅子上的错觉是由相机前的构图产生的，女士站在平台前面从而产生对椅子的知觉。女士明显地往男士杯子里倒酒的动作增强了对男士距离的误解，对男士所处位置的错误知觉导致对其身高的错误知觉。

图 10.1 所示错觉愚弄了你的大脑，从而让你误解了男士的位置和身高，但为什么在现实世界中，我们不会混淆距离近的矮个子和距离远的高个子呢？为了回答这个问题，本章会讨论我们是如何使用不同来源的视觉和环境信息来在现实环境中进行精准的深度和大小判断的。

深度知觉

你可以很容易地辨别正在看的书离你大约 30～45 厘米，环顾四周，房间内其他物体与鼻子的距离，楼下的街道，甚至是遥远的地平线，这一切都取决于你在哪里。这种判断三维场景中物体间距离的能力的神奇之处在于，对整个场景及物体的知觉都基于视网膜上的二维成像。

试想下列场景可以感受基于视网膜上的二维信息知觉三维空间深度的可贵之处。图 10.2a 场景中有两点，光被树上的 T 点和房子上的 H 点反射进入眼睛，在视网膜上形成 T′ 和 H′ 两点。观察在视网膜平滑表面的这两点（图 10.2b），完全不知道光与每个点的距离。就我们所知，刺激视网膜上某点的光可能是来自 30 厘米远的位置，也可能来自遥远的星星。显然，我们不能局限于视网膜上单一的点去判断空间中物体的位置。

当我们将视野从两个分离的点扩展到整个视网膜成像时，由于看到房子和树的成像，对我们来说可用的信息量增加了。但因为该成像是二维的，仍需弄清楚我们如何利用视网膜上的二维成像形成对三维场景的知觉。

为解决这一问题，研究者们提出**深度知觉的线索**，用来辨别视网膜成像的信息与场景内深度的联系。例如，当一个物体部分遮挡住另一物体时，如图 10.2a 前方的树部分遮挡了房子，被遮挡物体的距离就远于遮挡物体。这就是**遮挡**，即一个物体在另一个物体前方的线索。根据线索理论，我们通过先前对环境的经验来学习线索和深度间的联系。学习发生后，特定线索与深度间的连接逐渐自动化，当深度线索出现时，便能感知三维空间的世界。场景中提供深度的线索有许多种，在此将这些线索分为三类：

1. 动眼。基于感知眼睛位置和眼部肌肉张力能力的线索。
2. 单眼。基于单眼内可见视觉信息的线索。
3. 双眼。取决于双眼内视觉信息的线索。

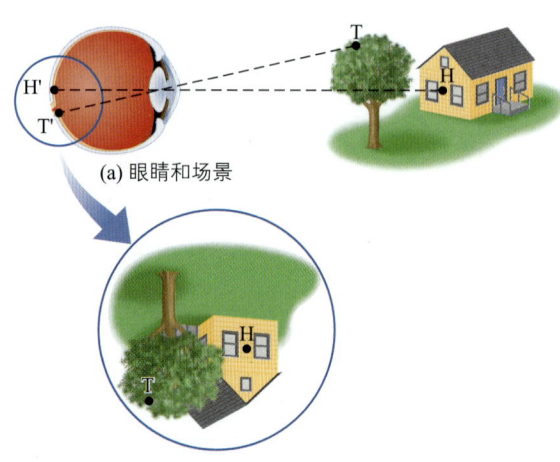

(a) 眼睛和场景

(b) 视网膜上场景的成像

图10.2 （a）场景中房子比树远，但房子上的H点和树上的T点在眼睛中的成像H′和T′均落在视网膜的二维表面上。（b）如果只参考视网膜成像上的这两个点，难以判断房子和树的距离。

动眼线索

动眼线索包括：（1）汇聚，看近处物体时眼睛向内运动；（2）调节，聚焦不同距离的物体时，晶状体的形状发生变化。当眼睛汇聚以观察近处物体时，可以感受到眼睛向内转动；改变晶状体形状从而聚焦近处的物体时，可以感受到眼部肌肉紧张。根据下列"演示"专栏，大家可以感受一下汇聚和调节时眼睛的变化。

演示 | 感受眼睛的变化

伸直手臂观察手指，随后慢慢向鼻子方向移动手指，注意体会眼睛向内转动和眼内肌肉紧张的变化。

手指逐渐靠近时体验到的感受是下列两点造成的：(1) 眼睛向内看使眼部肌肉紧张，从而改变了汇聚角度，如图 10.3a 所示；(2) 眼睛为聚焦近处物体进行调节，从而改变了晶状体的形状（图 2.9）。向远处移动手指，晶状体变平，眼睛向远离鼻侧移动，直到双眼直视前方，见图 10.3b。当物体较近时，汇聚和调节发生，作用距离约为手臂长度，且二者中的汇聚更有效。

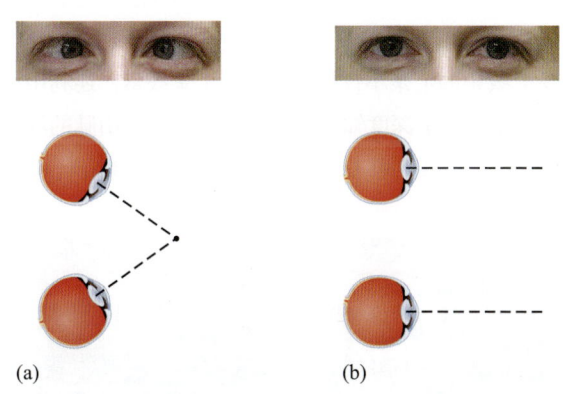

图10.3 （a）观察距离较近的物体时发生眼睛汇聚。（b）观察较远物体时眼睛直视前方。

单眼线索

单眼线索是用一只眼睛看，包括前面提到动眼线索的调节、二维图片中深度信息来源的图示线索以及由运动产生深度信息来源的运动产生的线索。

图示线索

图示线索是指图片内提供的深度信息，例如，本书中的图片或者视网膜成像。

遮挡

前文提到过遮挡的深度线索。遮挡是指从观察者角度看一个物体隐藏或部分隐藏在另一个物体之后。被部分隐藏的物体看上去更远，如图 10.4 中的山脉，看上去比仙人掌和小山远。需要注意的是，遮挡不能为物体的距离提供精确信息。只能表明被部分遮挡的物体看上去远于其他物体，但仅根据遮挡这一个线索不能知道具体有多远。

相对高度

在图 10.4a 的场景中，有些物体距离底部较近，有些物体距离顶部较近。图片中的高度与视野中的高度是对应的，视野中较高的物体看上去较远。如图 10.4b 在前方摩托车、后方摩托车和一根电线杆下面标注的虚线 1、2 和 3。物体下方标注虚线的

图10.4 （a）亚利桑那州图森市的一个场景，图中包含很多深度线索：遮挡（右侧的仙人掌挡住了小山，小山遮挡了山脉）；相对高度（远处的摩托车比近处的摩托车看上去更高）；相对大小（远处的摩托车和电线杆比近处的小些）；透视汇聚（路在远侧产生了汇聚）。（b）1、2、3分别表示摩托车和远处电线杆在视野中逐渐增加的高度，视野中的高度越高，导致地面上的物体看上去越远；4和5表明视野中位置越低，导致天空上的物体看上去越远，因此云彩5看上去比云彩4远些。

位置越高，物体看上去越远。望向窗外，把手指放在地面上的物体上，你会发现手指比物体更高更远。根据**相对高度**线索，与地平线越近的物体看上去距离越远。在视野中位置更高使得地面上的物体看上去更远（图10.4b，虚线1、2和3），然而在视野中位置更低使得天空中的物体看上去更远（虚线4和5）。

熟悉和相对大小

我们使用**熟悉大小**线索基于先前对物体大小的知识判断物体的距离。如图10.5a所示的硬币，如果受到关于10分、25分和50分硬币真实大小的知识影响（图10.5b），那么可能判断10分比25分硬币的距离近。William Epstein(1965)的实验发现，在某些情况下，对物体大小的知识会影响对物体的距离知觉（see also McIntosh & Lashley, 2008）。如图10.5a所示为Epstein实验的刺激，大小相同的10分、25分和50分硬币的图片被以相同距离呈现给被试。这些刺激被置于暗室，用一束光照射，被试用一只眼睛观察，使得这些图片看起来像真实的硬币。

图10.5 （a）与Epstein（1965）熟悉大小实验中所用的硬币相似的图片。每一枚硬币的大小相同。（b）具有真实相对大小的10分、25分和50分硬币。

被试对每个硬币图片的距离进行判断，结果发现他们估计10分硬币距离最近，25分比10分远，50分最远。因此，被试对硬币距离的判断受到他们关于硬币大小的知识的影响。然而，当被试用双眼进行观察时，没有发现上述结果，这是因为双眼视觉（详见后文）提供的信息表明这些硬币与人眼的距离相等。因此，当其他深度信息缺失时，熟悉大小线索最为有效（see also Coltheart, 1970；Schiffman, 1967）。

与熟悉大小相关的另一类深度知觉线索是**相对大小**。根据相对大小线索，当两个物体在物理属性上大小相同时，距离更远的看上去比近的小。例如，假设图10.4中的两根电线杆和两辆摩托车大小相同，我们能够判断哪根杆子或哪辆摩托车更近。

透视汇聚

当观察两条平行的铁轨时，你会发现它们在远处汇聚，这就是**透视汇聚**。文艺复兴时期的画家们常利用此线索，以此增加作品的空间感，例如，图10.6中彼得·佩鲁吉诺（Pietro Perugino）的画。广场上线条的汇聚不仅提供了透视汇聚线索，还利用相对大小增加了深度知觉。图10.4中图森市山脉的场景就体现了透视汇聚（公路）和相对大小（摩托车）。

图10.6 彼得·佩鲁吉诺的作品《基督将钥匙交给彼得》（西斯廷教堂）。广场上线条的汇聚体现了透视汇聚。前景和中景中人的大小体现了相对大小。

空气透视

距离越远的物体，需要透过越多的空气和颗粒物（灰尘、水滴和空气污染）才能被看到，这就是**空气透视**，因此远处的物体看上去不如近处的物体清晰，而且有点浅蓝色。图10.7体现了空气透视。前景的各种细节很清晰，也很好辨认，但随着距离的增加，细节变得越来越不清晰。

远处物体看上去微蓝的原因在于天空是蓝色

的。日光包括光谱上所有波长，但空气优先散射短波长的光，而这些光看起来是蓝色的。散射的光使得天空变成蓝色，同时在观察者和物体间罩了一层面纱，但只有当远距离观察或者空气中散射光的颗粒较多时，才能看见明显的蓝色。

如果站在月亮上观察缅因州海岸的悬崖，月球上没有空气也就没有空气透视，远处的陨石坑看上去不会是蓝色的，而且和近处的一样清晰。但在地球上，空气的本质决定了空气透视的程度。

图10.7　缅因州海岸场景中的空气透视效应。

纹理梯度

当几个相似的物体被以相等的距离置于场景中时，就像图10.8中的马拉松运动员，就产生了纹理知觉，远处的元素看上去更密集。对纹理变化的知觉叫作**纹理梯度**。例如，距离越远，运动员们看起来越密集。距离越远，纹理元素越密集，深度知觉越强。

图10.8　马拉松运动员产生的纹理梯度。纹理密度随距离增加而增加，从而增强深度知觉。

阴影

阴影——光被遮挡导致光强减少——可提供与物体位置相关的信息。例如，图10.9a所示的七个球和一个棋盘格。在该图中，球相对棋盘格的位置是不确定的，可能落在棋盘格表面，也可能漂浮在格子上面。但加入阴影后，如图10.9b所示，球的位置更加清晰了——左侧的球落在棋盘格上，右侧的球漂浮在格子上方。这说明阴影有助于我们判断物体的位置（Mamassian，2004；Mamassian et al.，1998）。

图10.9　（a）球与棋盘格的位置关系是什么？（b）添加阴影使它们的位置更明确了。（来源：Pascal Mamassian）

阴影也可以增强物体的三维空间感。例如，图10.9中的阴影使圆看起来更像球形，图10.10中的阴影有助于判断山脉的轮廓，清早时有阴影的山脉看起来有三维空间感（图10.10a），但由于午后太阳直射时没有阴影，山脉就变得很平滑（图10.10b）。

运动产生的线索

前文提到的所有线索都是在观察者保持不动的前提下起作用的。一旦我们开始移动，新线索便出现了，从而进一步加强深度知觉。运动产生的线索有：（1）运动视差；（2）消失和堆积。

运动视差

当观察者移动时，近处物体移动的速度快，远

图10.10 （a）清早时的阴影突出了山脉的轮廓。（b）太阳直射而阴影消失后，很难看清山脉的轮廓。

处物体移动得更慢，这就是**运动视差**。在行驶的汽车或火车里往窗外看，近处的物体由于速度过快看上去一片模糊，而远处的物体感觉只移动了一点点。[①] 为了理解运动视差，我们先来看一下随着眼睛从位置1移动到位置2，近处物体（图10.11a中的树）和远处物体（图10.11b中的房子）在视网膜上是如何运动的。先来看树，如图10.11a所示，单眼从1移到2，视网膜上树的成像从 T_1 移到 T_2，如图中虚线箭头所示。图10.11b表示房子的成像移动距离较短，从 H_1 到 H_2。由于树的成像在视

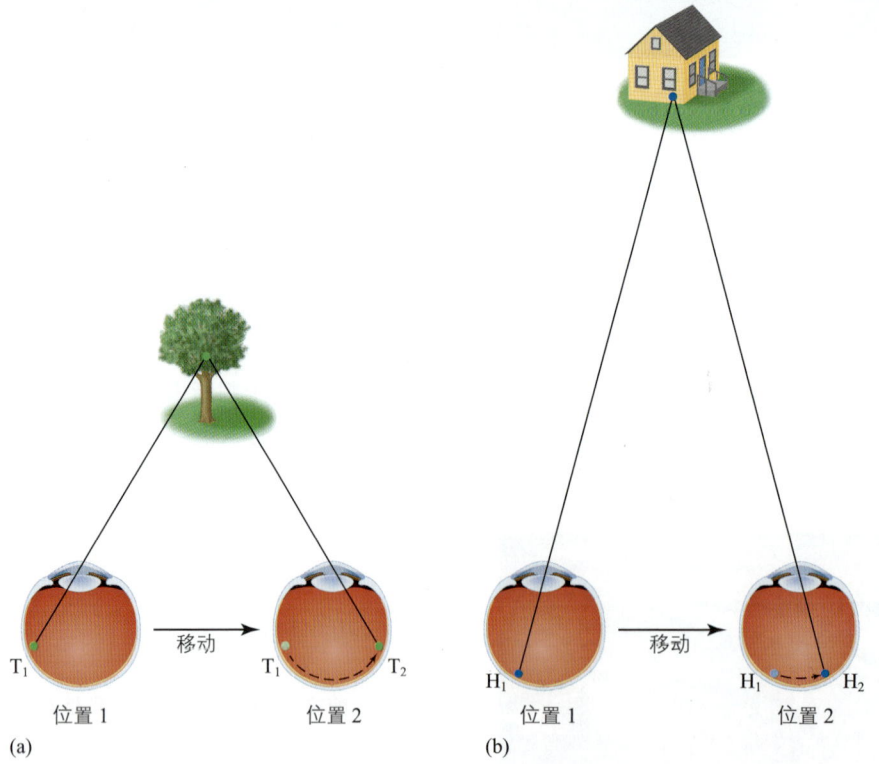

图10.11 单眼移动经过（a）近处的树；（b）远处的房子。由于树更近，其成像在视网膜上的移动距离大于房子成像的移动距离。

---

① 望向窗外时，让眼睛盯住一个物体，比该物体远和比该物体近的物体的移动方向看起来是相反的。

网膜上的移动距离大于房子,因此在相同时间内,树看起来移动得更快。

对许多动物来说,运动视差是深度信息最重要的线索之一。例如,在跳向某一物体(如猎物)前,蝗虫要将头部从一侧转到另一侧,这是为了形成运动视差信号从而判断目标的距离(Wallace,1959)。通过人为操控环境信息,以某种方式改变蝗虫的运动视差,研究者们可以"欺骗"动物或近或远地跳向目标(Sobel,1990)。运动视差提供的信息也被用于人造机器人,使机器人能够判断与障碍物的距离,从而在各种环境下行驶(Srinivasan & Venkatesh,1997)。运动视差也被广泛用来在动画片和游戏中构建深度效果。

消失和堆积

当观察者侧身移动时,有些物体被遮挡,有些物体变得不被遮挡。尝试下面的"演示"专栏。

演示 | 消失和堆积

闭上一只眼睛。如**图10.12**所示摆放双手,右手距离为手臂长度,左手距离大约为一半手臂的长度。注视右手,将头偏向左侧,双手保持不动。随着头部移动,左手开始遮挡右手。这种遮挡使得远处的右手**消失**。如果将头偏回右侧,近处的手向另一侧移动不再遮挡右手。这种远处手露出来的现象就叫**堆积**。只要我们移动就会产生消失和堆积,从而产生被遮挡或解除遮挡的物体或表面离我们更远的信息(Kaplan,1969)。

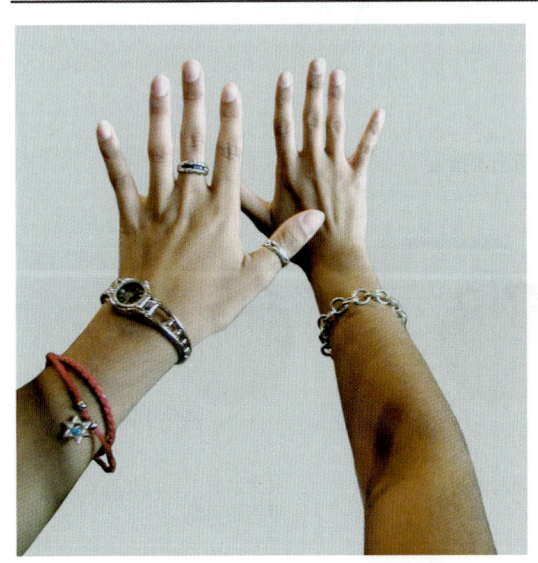

图10.12 在"演示:消失和堆积"专栏中的手的位置。

整合单眼深度线索

前文介绍了各种各样的单眼深度线索。但重要的是理解每种线索本身给我们的是关于客体深度的"最佳猜测",而且在某些情况下,有些线索提供不了任何信息。例如,当观察地面上物体时,相对高度最有效;如果场景受到一定角度光照,阴影最有效;如果具有对客体大小的先验知识,熟悉大小最有效;以此类推。**表10.1**总结了单眼深度线索的不同作用距离:有些仅限近距离范围(如调节和汇聚);有些在近距离和中等距离范围有效(运动视差、消失和堆积);有些在远距离范围有效(空气透视、相对高度和纹理梯度);有些在所有深度知觉的范围有效(遮挡和相对大小;Cutting & Vishton,1995)。因此,针对近距离物体,不用考虑空气透视而是更多地依赖于汇聚、遮挡或相对大小等信息。此外,某些深度线索只能提供相对深度信息(**表10.1a**),而有些为准确判断深度距离提供依据(**表10.1b**)。没有一种深度线索是完美的。没有一种深度线索适用于所有情况。通过结合不同的可用深度线索,我们可以合理地获得深度知觉。

表10.1a 提供相对深度信息的线索

深度线索	0~2米	2~20米	20米以上
遮挡	√	√	√
消失和堆积		√	√
相对高度		√	√
空气透视			√

表10.1b 提供真实深度信息的线索

深度线索	0~2米	2~20米	20米以上
相对大小	√	√	√
纹理梯度		√	√
运动视差	√	√	
调节	√		
汇聚	√		

双眼深度信息

闭上一只眼睛时,用于识别深度的单眼线索

是很有限的。尽管这种情况下，你仍然可以辨别出谁近谁远。但是，闭上一只眼睛就移除了大脑加工物体深度的某些信息。因为双眼的深度知觉可以包括左右眼成像差异的信息。请尝试下面的演示实验。

演　示	两只眼睛：两个观点

闭上右眼。抬起左手伸出手指。将右手手指放在大约30厘米远处，让其挡住左手。然后睁开右眼闭上左眼。交换睁眼时，前方手指的位置相对后方手指发生了什么变化？

从睁开左眼换到睁开右眼，你可能会注意到相对后方手指，前方手指看上去向左移动了。如图10.13所示为视网膜成像上的变化。图10.13a中绿线表示只睁左眼时，近处和远处手指在视网膜上的成像重叠。由于直视两个物体，因此两个物体的成像都落在左眼中央凹上。图10.13b中绿线表示只睁右眼时，远处手指由于正在被注视，其成像仍落在中央凹上，而近处手指的成像却落在边上。

然而前后手指是相对左眼互相重叠的，用右眼观察时近处手指的成像落在边上，因此远处手指变得可见。两眼的不同视角是形成**立体深度知觉**的基础，即深度知觉是由双眼信息产生的。在讨论这些机制之前，先来讨论立体深度知觉和单眼深度知觉的差异。

双眼的深度知觉

提到单眼深度知觉与立体深度知觉间的差异，我们先来听听曼荷莲女子学院的神经科学家Susan Barry的故事。最初是神经病学家Oliver Sacks称Susan为"立体苏"（Sacks，2006，2010），后来在Susan的著作《凝视的修复》（*Fixing My Gaze*）中（Barry，2011），提到了Susan童年时期的眼睛问题。她是斜视，因此当她用一只眼睛观察物体时，另一个眼睛总是望向别处。大多数人是双眼注视同一位置协同工作，而Susan的双眼信息输入却是不协调的。这种情况被叫作"角膜白斑"，即眼睛外翻突出，形成**斜视**，或眼睛错位。在这种情况下，视觉系统会抑制一只眼睛的视觉，从而避免产生双重视觉，因此，这类人一直只用一只眼睛看世界。

Susan年幼时做过很多手术，所以很难发现她是斜视，但她的视觉仍然以单眼为主。尽管她的深度知觉只通过单眼线索获得，但她适应得很好。她可以开车、打垒球，可以做大多数有立体视觉的人能做的事。例如，她在大学课堂上这样描述自己的视觉：

环顾四周。我看到的教室并不完全是平的。我

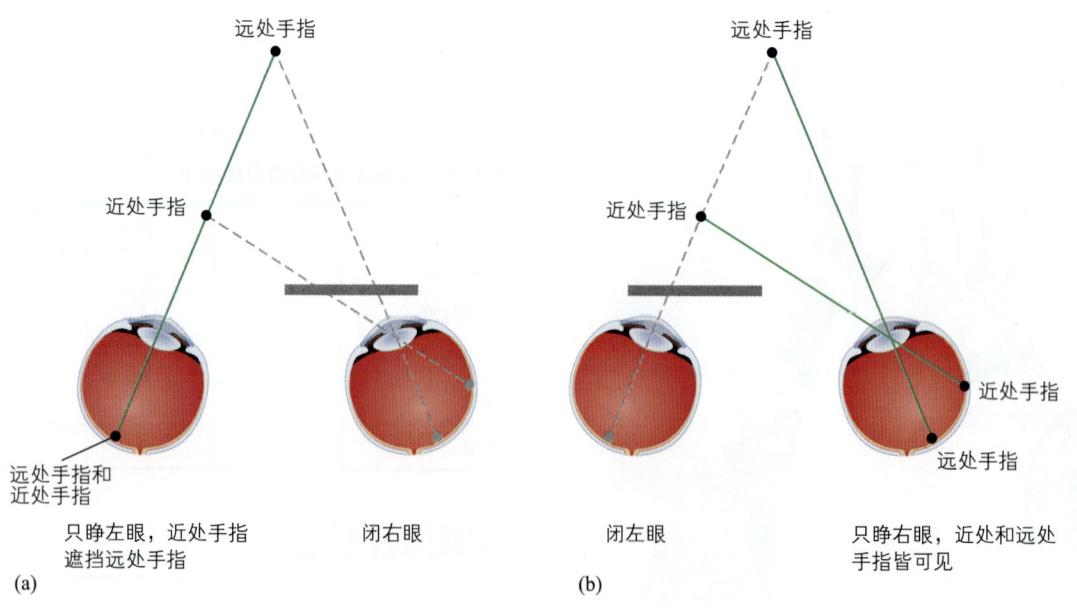

图10.13　眼睛上的黑点表示（a）只有左眼睁开时和（b）只有右眼睁开时视网膜上成像的位置。

知道坐在前排的同学的位置在我和黑板之间，因为学生遮挡住了黑板。当我望向窗外时，我知道哪棵树离我远，因为它们看起来比近处的树小。（Barry, 2011, Chapter 1）

尽管 Susan 能使用这些单眼线索觉察深度，但是她的神经科学知识和各种其他经验让她意识到，就算做了手术，她还是在用一只眼睛看东西。因此她咨询验光师，最终确定她的确是单眼视觉，并且开始进行改善双眼协调性的眼部训练。经过训练，Susan 可以协调双眼了。有一天，离开验光师的办公室后，她经历了人生中的第一次立体深度知觉，她提道：

我上车坐到驾驶座里，插车钥匙，瞄了一眼方向盘，就是普通的方向盘和仪表盘，但那天看这些是一个全新维度。方向盘支在那里，方向盘和仪表盘之间有明显的缝隙。我闭上一只眼睛，方向盘看起来又"正常了"，即平放在仪表盘前面。我又睁开了另一只眼睛，方向盘在我面前浮现了。（Barry, 2011, Chapter 6）

自那天后，Susan 的经历越来越让她震惊，就像从未体验过立体视觉的人突然戴上了 3D 电影眼镜，看到了三维立体空间是什么样子的。但值得注意的是 Susan 并没有突然获得和其他天生的立体视觉完全相同的立体视觉。最初，Susan 先对近处物体产生立体视觉，随着不断训练，逐渐扩展到更远的距离。Susan 的经历更能说明立体视觉丰富了深度知觉经验。

2D 电影和 3D 电影的区别也能说明添加立体视觉对深度知觉的影响。2D 电影是投影到平面的屏幕上，基于类似遮挡、相对高度、阴影和运动视差等单眼深度线索产生深度知觉。3D 电影添加的立体深度知觉是通过使用并排的两个摄像头实现的。就像两只眼睛一样，每个摄像头拍摄场景的角度略有不同（图 10.14a 和图 10.14b）。之后，两侧的成像重叠投射到电影屏幕上（图 10.14c）。

戴上 3D 眼镜时，镜片会将两种重叠的图片分开，使得每只眼睛接收一张图片。让图像分离有几种方式，但现今的电影院大多使用偏振光——光波仅朝一个方向振动。一张图片被偏振后，振动是垂直的，另一张图片被偏振后，振动是水平的。3D 眼镜有偏振镜片，使得垂直的偏振光进入一只眼睛，水平的偏振光进入另一只眼睛。因此，不同角度场景的图像进入不同的眼睛后，形成了 3D 场景，有些物体会凹进屏幕后面，有些物体会跳到屏幕前面。

双眼像差

双眼像差指左右视网膜成像的差异，是立体视觉形成的基础。下面就对大脑如何使用左右视网膜信息形成深度知觉进行介绍。

对应性网膜点

我们先来介绍**对应性网膜点**——双眼重叠后彼此对应的点（图 10.15）。如图 10.16a 所示，欧文直视朱莉，图 10.16b 表示在欧文的视网膜上朱莉成像的位置。由于欧文直视朱莉，她的成像会落

(a) 左侧相机　　　　　　　(b) 右侧相机　　　　　　　(c) 相机图片重叠

图10.14　（a）和（b）是使用两个并排的摄像机拍摄的3D电影，每个摄像机拍摄场景的角度稍有不同。（c）成像投射到相同的2D平面。不戴3D眼镜，两张图片会投射到两只眼睛中。3D眼镜将成像图片分离，使得左眼只看到一张，而右眼只看到另一张。当左右眼接收的成像不同时，立体的深度知觉便产生了。

在欧文双眼的中央凹上，如图中红点所示位置。双眼的中央凹是对应点，因此朱莉的成像落在对应点上。

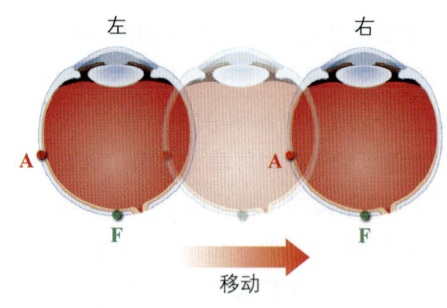

图10.15 两侧视网膜的对应点。为确定对应点，将左眼图片移到右眼。F表示中央凹，当观察者直视某物体时，其成像会落到中央凹上，A为外周视网膜上的一个点。中央凹上的成像总会落在对应点上。注意，A也会落在对应点上，与左右眼中央凹距离相等。

此外，其他物体的成像也会落在对应点上。例如图10.16b中的树。树的成像位置与左右中央凹距离相同（在图中用箭头表示）。这表明树的成像在对应点上。（如果把左右眼叠加到一起，会发现朱莉和树的成像都会重叠。）因此，直视物体（如朱莉）成像会落在对应点上，其他物体（如树）也会落在对应点上。朱莉、树及其他成像会落在对应点的物体所在位置的平面叫作**视野单像区**。图10.16a和图10.16b中的蓝色虚线表示部分视野单像区。

非对应性网膜点和绝对像差

不在视野单像区的物体的成像会落在**非对应性网膜点**。如图10.17a所示，朱莉的成像落在对应点上，而新角色比尔站在视野单像区的前方，由于比尔不在视野单像区，他的成像会落在左右视网膜的非对应点上。比尔真实成像的位置与对应点上成像的位置间的角度叫作**绝对像差**。绝对像差的大小叫作**像差角**（如图10.17a中蓝色箭头所示），即左眼上对比尔成像在右眼的对应点与右眼上对比尔真实成像位置间的夹角。如图10.17b所示为位于视野单像区后方物体的双眼像差（比固定物体远）。

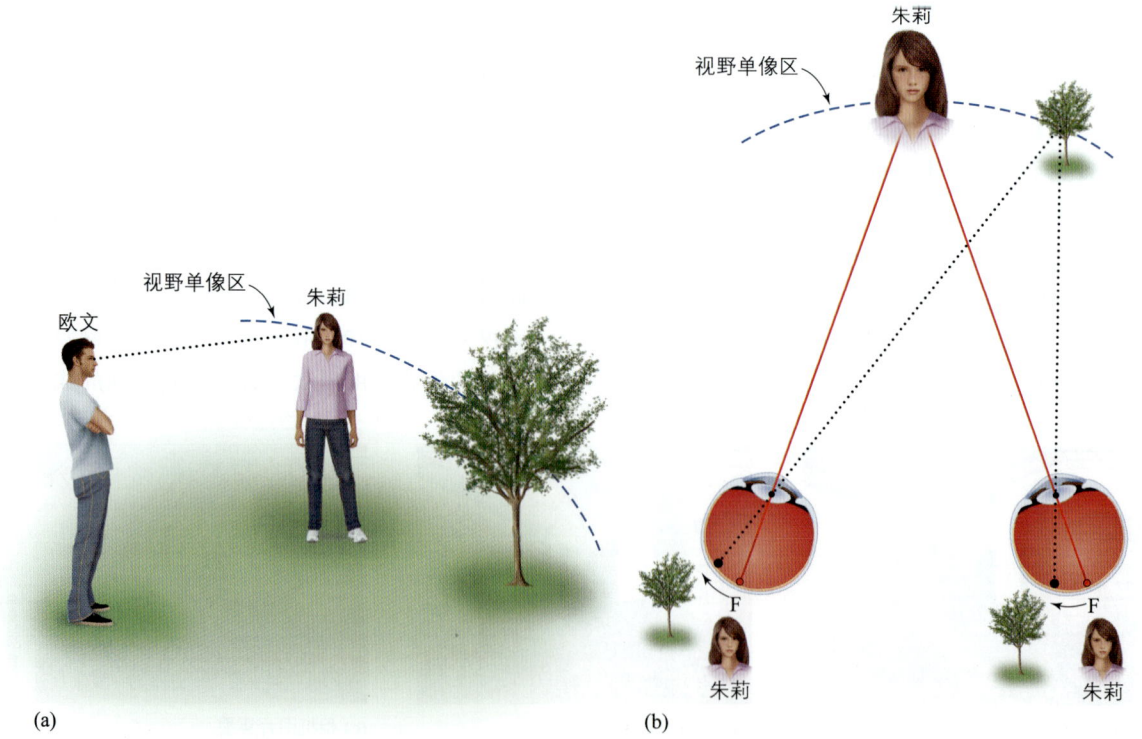

图10.16 （a）欧文直视朱莉的脸，旁边有一棵树。（b）朱莉和树在欧文每只眼睛上的成像。朱莉的成像落在属于对应点的中央凹上。箭头表示两眼上树的成像位置与两侧中央凹距离相等，因此这两点也是对应点。图中虚线表示视野单像区，在该区上，物体的成像会落在对应点上。

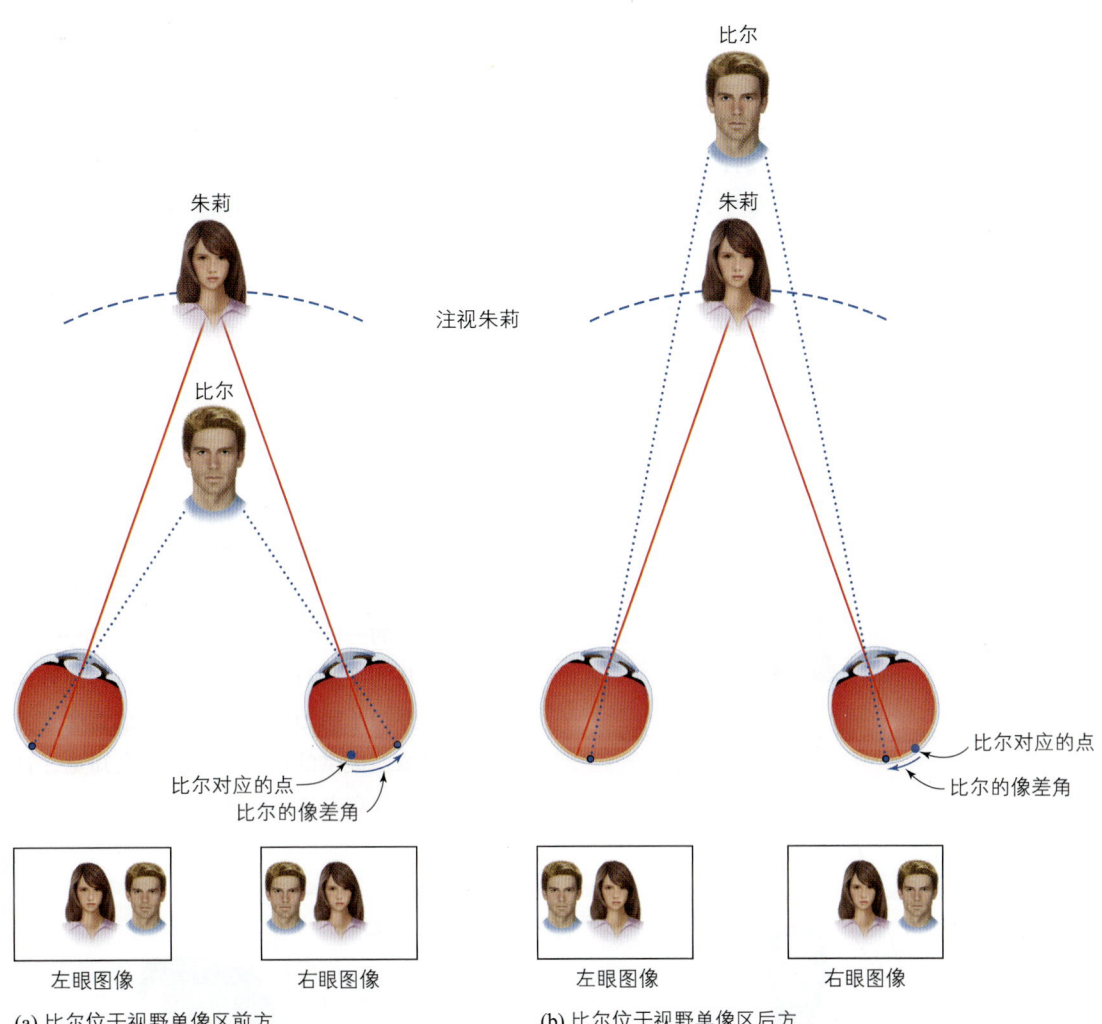

图10.17 （a）当一个人观察朱莉，朱莉的成像会落在对应点上。由于比尔站在视野单像区前方，因此他的成像落在非对应点上。蓝色箭头表示像差角，指比尔在对应点上的成像（大蓝点）与其真实成像位置间的角度。（b）当比尔站在视野单像区后侧时，也会产生像差角。图中下方图片表示每只眼睛看到的朱莉和比尔的位置。

尽管位于视野单像区之前和之后的客体均产生视网膜像差，但这两种情况下的像差是不同的。为理解这种差异，要思考一下图 10.17a 和图 10.17b 中每只眼睛分别看到了什么。

图 10.17a 底部图片为比尔站在朱莉前面时左眼和右眼看到的图像。在这种情况下，左眼看比尔在朱莉右侧，而右眼看比尔在朱莉左侧。这种像差模式叫作**交叉型像差**，指左眼看见一个物体（如比尔）在观察者注视点（如朱莉）的右侧，而右眼看见同一个物体在观察者注视点左侧（即为注视比尔需"交叉"双眼）。当物体与眼的距离近于观察者注视点时，就会产生交叉型像差。

当物体位于视野单像区后方时，如图 10.17b 底部图片所示，左眼看到的比尔在朱莉左侧，而右眼看到的比尔在朱莉右侧。这种像差模式叫作**非交叉像差**，指左眼看见一个物体在观察者注视点左侧，而右眼看见该物体在观察者注视点右侧（为注视比尔需使双眼"不交叉"）。当物体在视野单像区后方时，非交叉像差发生了。因此，通过确定物体产生的是交叉还是非交叉像差，视觉系统可以判断该物体是在观察者注视点的前方还是后方。

绝对像差表示与视野单像区的距离

确定绝对像差是交叉或非交叉后，就能判断物体是在视野单像区的前还是后。尽管此信息非常重要，但仅为冰山一角。为准确觉察深度，需要知道物体和视野单像区间的距离。物体的像差大小会提供这类信息。

图 10.18 说明，物体距视野单像区越远，像差角越大。观察者仍然注视着朱莉，而比尔处于视野单像区的前面，如在图 10.17a 中，但是现在戴夫也加入了，他距离视野单像区更远。当我们比较戴夫的像差角（绿色箭头）和比尔的像差角（蓝色箭头）时，发现戴夫的像差更大。如果物体所处的位置比视野单像区更远，也会出现同样的情况，即更远的距离意味着更大的像差。因此，像差角提供了关于物体距离视野单像区远近的信息，像差角越大，意味着离视野单像区越远。

落在中央凹上（因此，比尔的像差现为零），而朱莉的成像落在非对应点上（因此存在像差）。

对比图 10.19 中的两种情况发现，朱莉和比尔间的绝对像差的差异相同（如图箭头长度）。在一个场景中，物体绝对像差的差异被叫作**相对像差**，不随观察者在场景中的注视点的改变而改变。相对像差有助于判断一个物体和另一物体间的距离。有证据表明，绝对像差和相对像差与视觉系统的神经活动关系紧密。

像差（几何）产生立体视觉（知觉）

视网膜上成像的绝对像差和相对像差是判断物体与观察者间距离的依据。然而这里描述的像差是几何上的——物体在视网膜的成像——并非知觉上的，并非观察对客体深度或其与其他客体间关系的觉察经验（图 10.20）。通过介绍**立体视觉**——根据双眼像差提供的信息产生的深度知觉，让我们考察像差和观察者知觉间的关系。

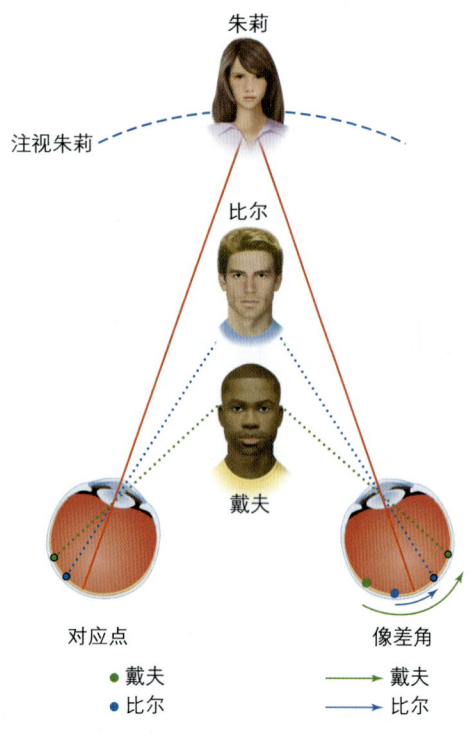

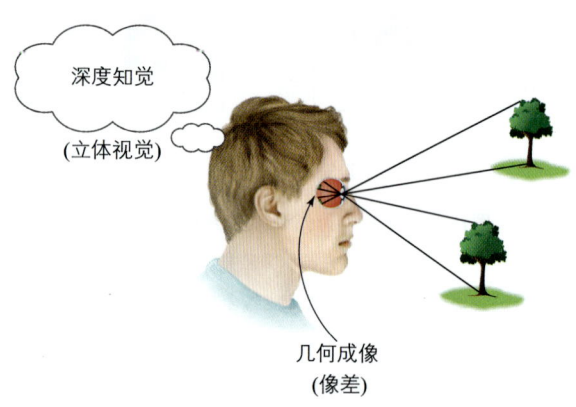

图10.18 物体距离视野单像区越远，其形成的像差角越大。图中的戴夫和比尔均处于视野单像区前方，但戴夫比比尔距离视野单像区更远。

图10.20 几何上的像差——视网膜上成像——的位置。立体视觉与像差产生的深度知觉有关。

相对像差与物体间相对位置的关系

现在考虑一下观察者从一个物体转移到另一物体的情况。当观察者注视朱莉时（图 10.19a），朱莉的成像落在观察者中央凹上（因此朱莉的像差为零），但比尔的成像落在非对应点（因此存在像差）。但当观察者注视比尔时（图 10.19b），比尔的成像

由于遮挡和相对高度线索等也能产生深度知觉，所以为说明像差产生的立体视觉，需要将像差信息从其他深度线索中分离。为了证明像差可以产生深度知觉，Bela Julesz（1971）创造了一个不包含图示线索的名为随机点立体图的刺激。利用随机点产生的立体图像，Julesz 发现，观察者可以对仅包含像差的深度信息的刺激产生深度知觉。两个如图 10.21 所示的随机点图一起构成了**随机点立体图**。

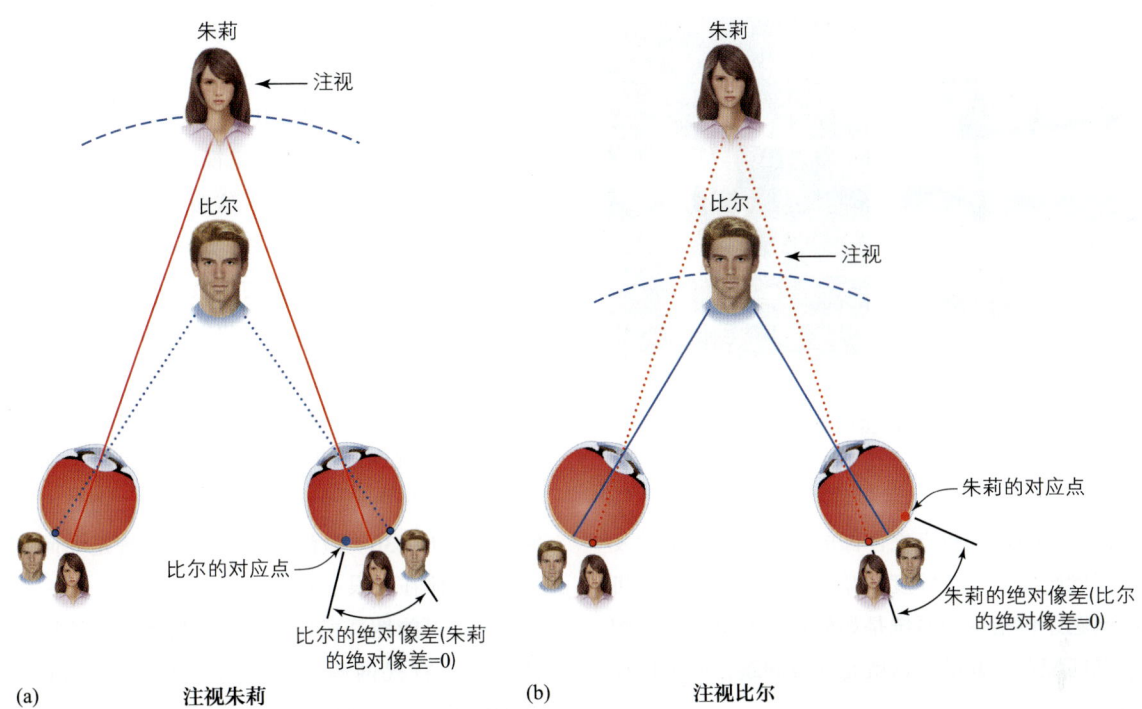

图10.19 当观察者注视点从一个物体转移到另一个物体时，绝对像差发生变化。（a）观察者注视朱莉时，她的像差为零。比尔的像差如箭头所示。（b）当观察者注视比尔时，比尔的像差变为零，朱莉的像差如箭头所示。由于每组人中有一个像差为零，因此图中箭头就表示朱莉和比尔的成像的像差。注意，（a）和（b）中的像差相同。这表明尽管观察者的注视点发生变化，但朱莉和比尔的相对像差保持一致。

先用计算机生成两个完全一样的散点图，随后将方形区域的点向一侧移动一个或多个单位。

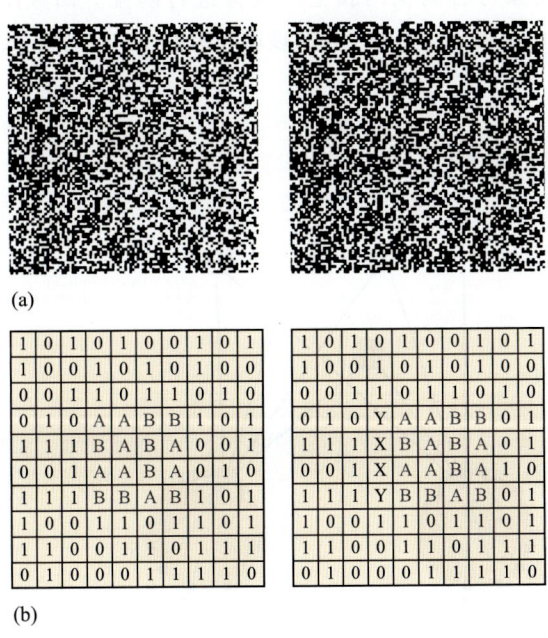

图10.21 （a）随机点立体图。（b）立体图构成原则。详见正文。

在图 10.21a 立体图中，部分左侧图案中的点向右移动一个单位，从而形成了右侧图案。这种移动在散点图中很微小，以至难以发现，但从散点图下方的示意图（图 10.21b）中清晰可见。示意图中的 0、A 和 X 表示黑点，1、B 和 Y 表示白点。A 和 B 表示图案中被移动的方形区域。注意右侧图案中 A 和 B 向右侧移动了一个单位。X 和 Y 表示移动后新填入的黑点和白点。

观察图 10.21a 发现，左侧和右侧图像传入左右眼后很难发现点被移动过。然而如果将视觉信息分离，左侧和右侧图像就分别只进入左眼和右眼。使用**立体镜**（图 10.22）将并排的两个图像（而非图 10.14c 中重叠的）分离，立体镜上有两个透镜使左侧图像传入左眼而右侧图像传入右眼。如此做后，被移动部分产生的像差使得观察者知觉到在黑色背景上漂浮一个小方块。由于双眼像差是这些立体图中唯一的深度信息，所以得出只有像差这一个线索时，也能产生深度知觉。

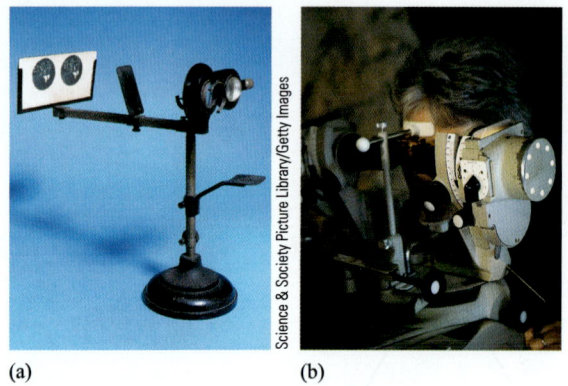

图10.22　（a）古老和（b）现代的立体镜。

使用 Julesz 随机点立体图的心理物理学实验发现，视网膜像差产生深度知觉。但关于深度知觉机制的问题还包括视觉系统是如何将左右眼对应的图像信息匹配在一起的？这就是对应问题，至今仍存在争议。

对应问题

回看图 10.14c 的立体图像。戴 3D 眼镜观察此图像时，会看到图像的不同部分深度不同，这是左右视网膜上成像的像差导致的。由于仙人掌和窗户产生的像差不同，因此透过立体镜观察发现，仙人掌和窗户的距离不同。视觉系统为了计算这种像差，必须对比仙人掌和窗户在左右视网膜上的成像。

如图 10.23 所示，两种不同配置的客体如何反射到左右视网膜上？图 10.23a 中左侧视网膜上的 1～4 点与图 10.23b 中左侧视网膜相同，右侧视网膜上 5～8 点也是如此。这意味着尽管图 10.23a 和图 10.23b 中客体的空间配置不同，但两图中每个视网膜上的信息是相同的。然而，如果对比视网膜上的可用信息，可以区分两种不同空间配置的差别。在图 10.23a 中，物体 A 刺激点 1 和 5，但在图 10.23b 中，物体 A 刺激点 1 和 6（物体 B 和 C 在两图上激活视网膜的点也不同）。但我们是如何确定点 1 和 5 是由相同客体（图 10.23a）还是由不同客体（图 10.23b）激活的呢？视觉系统是如何匹配环境中客体在双眼上的成像的呢？

一种可能性是视觉系统基于物体特定特征以匹配其在左右视网膜上的成像。如图 10.24a 和图 10.24b 所示，每个物体的颜色不同，可以利用颜色信息匹配物体在每个视网膜上的成像。在图 10.24a 中，物体 A 成像落在点 1 和 5 上是因为两点提供了相同的颜色信息。类似的，在图 10.24b 中，也可以利用颜色判断物体 A 落在点 1 和 6 上。如此看来，利用特征信息似乎是一种简单的解决方法：世间万物各有不同，因此很容易将左视网膜上的成像与右侧视网膜上的成像进行匹配。回顾图 10.14 的例子，左上角窗玻璃成像落在左视网膜上，

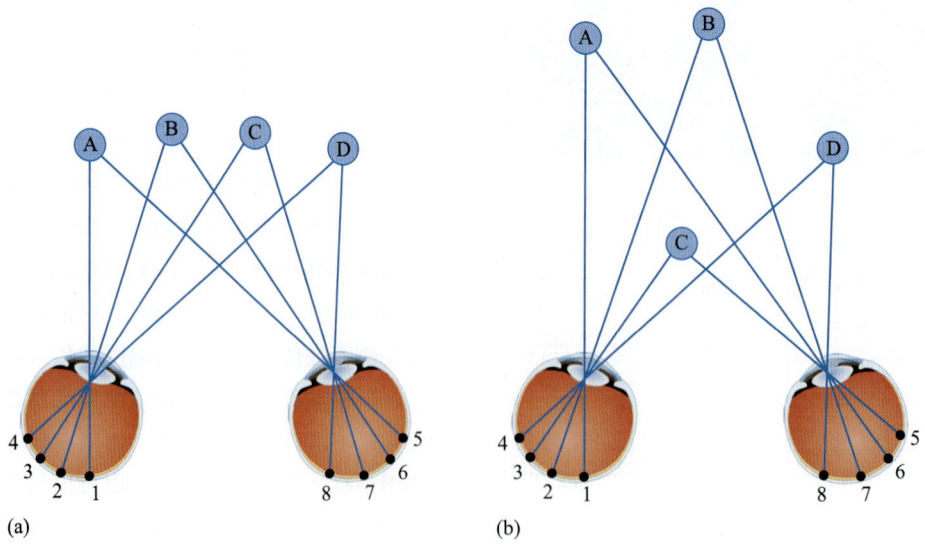

图10.23　诱发左右视网膜相同点的物体有两种可能的位置关系。视觉系统是如何区分这两种配置的呢？图10.24所示为一种可能性。

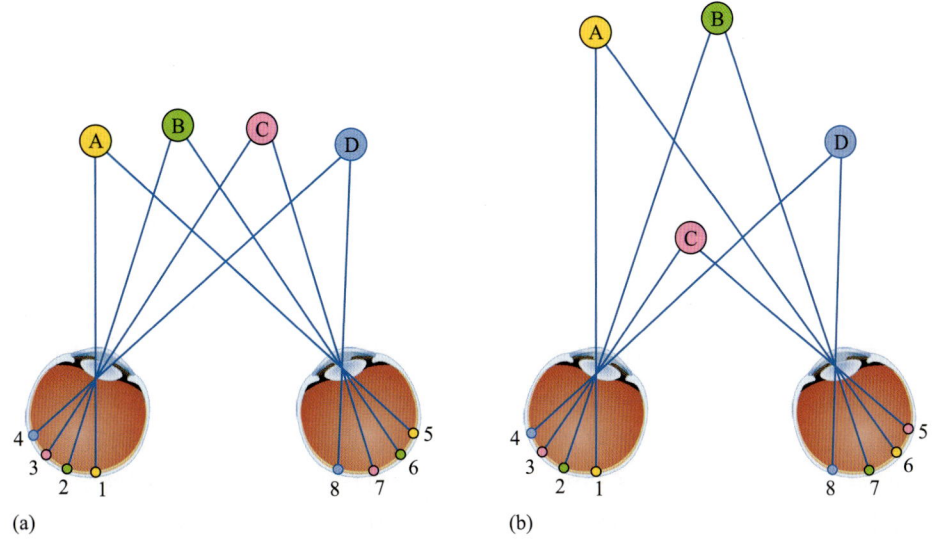

图10.24 视觉系统匹配两视网膜成像的一种方式。这里把图10.23中的客体添加了颜色，从而区分视网膜上的哪个点对应哪个客体。

与右视网膜上窗玻璃成像相匹配，以此类推。但当图片非常类似时，该怎么办呢？如 Julesz 的随机点立体图，匹配相似的点可能会非常难。

通过匹配图 10.21 中立体图左右成像的点可以达到匹配立体图相似部分的目的。大多数人发现这是个非常难的任务，需要将注视点在两图片间前后移动，并且需要逐个对比图片中的小区域。但尽管在随机点立体图中匹配相似特征很难也很耗时，视觉系统还是能完成这项任务，匹配两立体图中相似部分，计算它们的像差，从而产生深度知觉。

通过随机点立体图的例子可知，视觉系统在解决对应问题上完成得异常出色。这个领域的研究者遍布心理学、神经科学、数据以及工学等领域，提出了各种假设解释视觉系统如何解决对应问题（Blake & Wilson，1991；Carrasco，2012；Kaiser et al.，2013；Marr & Poggio，1979；Menz & Freeman，2003；Ohzawa，1998；Ringbach，2003；Tanabe et al.，2011），这里不再赘述。然而尽管如此，完美地解决对应问题的方案尚未被提出。

双眼深度知觉的生理学依据

若认为双眼像差提供了关于物体空间位置的信息，则暗示着存在接收不同像差的神经元。事实证明的确如此。恰当地说，这些神经元叫作**双眼深度细胞**或**像差选择性细胞**。相关研究始于 20 世纪六七十年代首次发现了对绝对像差反应的神经元（Barlow et al.，1967；Hubel & Wiesel，1970）。当呈现给左右眼的刺激产生特定的绝对像差时，这些神经元反应得最强烈（Hubel et al.，2015；Uka & DeAngelis，2003）。图 10.25 所示为一个神经元的**像差校正曲线**，当刺激左右眼产生1°绝对像差时，该神经元反应得最强烈。

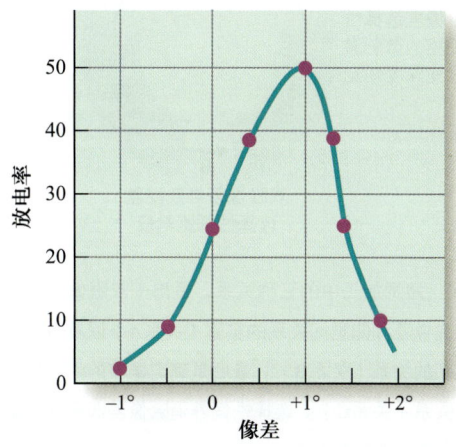

图10.25 神经元的像差校正曲线对绝对像差的感应。该曲线表明了呈现在双眼的刺激产生了不同像差时的神经元的反应。

神经元对绝对像差的选择性最早出现在 V1 区（初级视皮层）——双眼信息最初在大脑汇聚的脑

区（Bakin et al.，2000；Cumming & DeAngelis，2001；Poggio et al.，1988）。在 V1 区之后，对绝对像差选择性反应的神经元主要在背侧（空间／方式）视觉通路（见图 4.14；Backus et al.，2001；Hubel et al.，2015；Neri，2005）。这些细胞可能在确定深度信息以执行如伸手抓握等动作中起重要作用。进一步研究发现，视觉系统中也有细胞对相对像差反应（Neri，2005；Parker，2007；Umeda et al.，2007）。这些神经元主要集中在大脑腹侧（内容）视觉通路（Anzai et al.，2011；Neri et al.，2004），它们可提供信息以支持形状知觉和客体辨别。显然，深度知觉包括一系列加工过程，始于初级视皮层，沿着背侧和腹侧通路扩展到许多不同脑区。

如图 10.26 所示，双眼像差与双眼深度细胞放电率间的关系是物理刺激与知觉加工间关系的典型事例。这个示意图要说明的问题在第 1 章（图 1.11）和第 8 章（图 8.16）都介绍过（关系B），这里还提到了另外两种关系。刺激—知觉关系（关系A）表示双眼像差和深度知觉间的关系。最后一层关系表示生理学和知觉间的关系（关系C），包括像差选择性细胞和深度知觉间的联系。许多研究已证实该关系的存在。

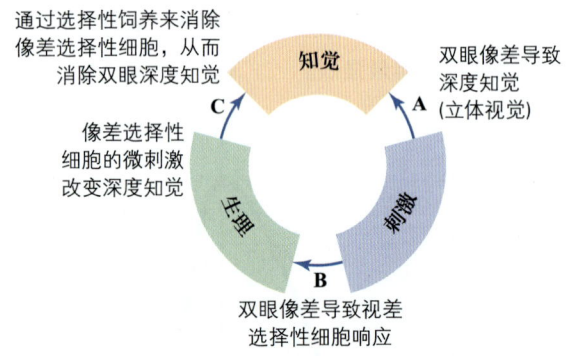

图10.26 知觉加工中的三种关系，适用于双眼像差。先前介绍过研究像差和知觉间关系的实验（关系A）以及像差与生理学反应间的关系（关系B）。最后是确定像差的生理反应和知觉间的关系（关系C）。选择性饲养消除像差选择性细胞，微刺激激活像差选择性细胞。

第 3 章中提到过双眼细胞和知觉间的关系以及选择性饲养程序中特征检测器与知觉的关系。Randolph Blake 和 Helmut Hirsch（1975）将该程序用于深度知觉，他们养了猫，最初 6 个月，每天令其交替左右眼进行视觉觉察。6 个月后，每次只给一只眼睛呈现刺激，Blake 和 Hirsch 通过记录猫的皮层细胞反应发现：（1）这些猫只有很少的双眼细胞；（2）它们不能使用双眼像差知觉深度。因此，消除双眼细胞使立体视觉消失，这验证了研究者们一直以来的假设——像差选择性细胞负责加工立体视觉（see also Olson & Fressman，1980）。

另一个考察神经活动和深度知觉间关系的方法是微刺激，该方法是将一个微电极插入皮层，通过电极给其附近神经元充电（Cohen & Newsome，2004；见第 8 章"方法：微刺激"专栏）。第 8 章曾提到有研究发现，刺激对特定运动方向产生反应的神经元会使猴子产生朝向该方向运动的知觉。Gregory DeAngelis 及其同事（1998）通过训练猴子也发现了类似的结果，他们的研究表明，通过呈现不同绝对像差的图像会发生深度知觉。假设产生深度知觉的原因是猴子视网膜上不同的成像激活了皮层内像差选择性神经元。但是如果用微刺激方法激活不同组别的像差选择性神经元，会发生什么呢？

对相同像差敏感的神经元倾向于结成一组，因此刺激组内的一个神经元就会激活一群对特定像差产生反应的神经元（Hubel et al.，2015）。当 DeAngelis 和同事刺激已适应某一像差的神经元，发现当该像差与视网膜成像形成的像差不同时，猴子倾向于根据被刺激神经元已适应的像差做深度判断（图 10.27）。选择性饲养和微刺激实验的研究结果表明，双眼深度细胞是深度知觉产生的生理机制，因此验证了图 10.26 中的知觉加工的生理学—知觉关系。

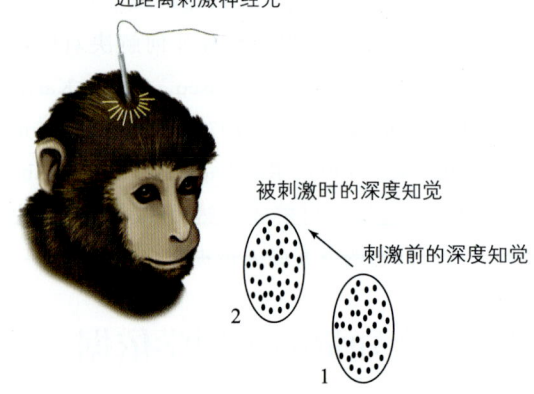

图10.27 DeAngelis及同事让猴子观察一个随机点立体图，同时刺激猴子皮层中对特定像差敏感的神经元。该刺激导致猴子对随机点区域的知觉由位置1转移到了位置2。

测一测 10.1

1. 深度知觉的基本问题是什么？线索是如何解决这一问题的？
2. 单眼线索能提供环境中什么样的深度信息？
3. 对比"立体苏"和观看 3D 或 2D 电影等经验，分析双眼视觉对深度知觉的意义是什么？
4. 什么是双眼像差？交叉型和非交叉型像差有何区别？绝对像差和相对像差间的区别是什么？识别场景中客体深度时绝对像差和相对像差的关系是什么？
5. 什么是立体视觉？简述支持像差产生立体视觉的证据。
6. 对随机点立体图的深度知觉说明了什么？
7. 什么是对应问题？这个问题被解决了吗？
8. 简述图 10.26 里知觉加工中的每种关系，列举关于深度知觉的心理物理学和生理学实例。

大小知觉

前文介绍了深度知觉的相关内容，下面我们来讨论大小知觉。本章前文提到过，大小知觉与深度知觉相关，这里有必要重申一下。例如，下面的故事讲述了某一南极研究中心发生的真实事件，直升机飞行员当时正在暴风雪天气下驾驶：

Frank 驾驶飞机穿过南极遇到了困难，天上厚厚的云朵和地下厚厚的白雪反射出刺眼的白光，让他难以辨别地平线在哪里，哪里是雪，哪里是云。他感觉非常危险，因为听说之前有驾驶员遇到类似问题时没有很好地解决，直接撞上了冰山。他觉得远处雪地上可能有一辆车，然后他扔了一颗烟雾弹以判断当时的海拔高度。他惊恐地发现，烟雾弹只掉了 1 米就落地了。他这才意识到原来他认为在地上的卡车其实只是一个小盒子。于是 Frank 拉起控制杆，让飞机上升，满头大汗，刚刚他差点因乳白天空而死。

上面的故事是为了说明知觉物体距离的能力有时对知觉物体大小的能力有无比巨大的影响。超近距离观察一个小盒子，由于缺乏对其距离的精准信息，观察者可能会错将其看成距离很远的卡车（图 10.28）。A. H. Holway 和 Edwin Boring（1941）的经典实验证明，深度信息的缺失的确会导致错误的大小知觉。

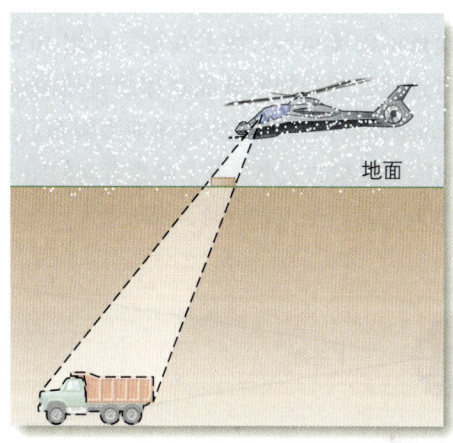

图 10.28 直升机驾驶员由于"乳白天空"失去觉察距离的能力，错将一个近处的小盒子当成了远处的卡车。

Holway 和 Boring 的实验

在 Holway 和 Boring 的实验中，被试坐在两走廊的交叉口，观察右侧走廊里的一个发光的测试圆以及左侧走廊里的一个发光的对比圆（图 10.29）。对比圆与被试的距离始终是 3 米，但是测试圆的距离在 3 ~ 36 米变化。固定位置的对比圆的大小可以调节，被试的任务是调节左侧走廊对比圆的直径，以匹配对右侧走廊中位置会变化的测试圆的大小的知觉。

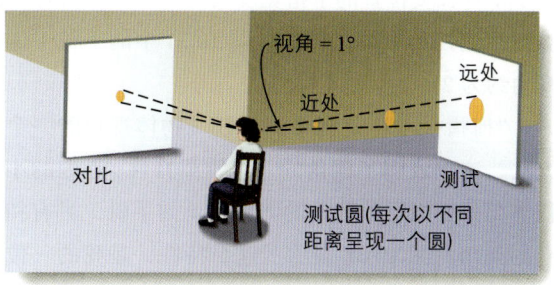

图 10.29 Holway 和 Boring（1941）的实验示意图。被试调节左侧走廊对比圆的直径，使其和对右侧走廊呈现的测试圆的大小知觉相匹配。每个测试圆的大小为 1° 视角，且分别呈现。示意图并非按比例绘制，远处测试圆的真实距离为 30 米。

在右侧走廊的测试刺激的一个重要特征是他们在视网膜上的成像大小相同。为了更好地理解上述内容，需介绍一下视角的概念。

什么是视角

视角指物体相对人眼的角度。如图 10.30a 所示，通过延长人到观察者晶状体的直线确定刺激（人）的视角。两条线间的夹角即为视角。注意，视角取决于刺激的大小及其与观察者间的距离；如图 10.30b 所示，当人靠近时，视角变大。

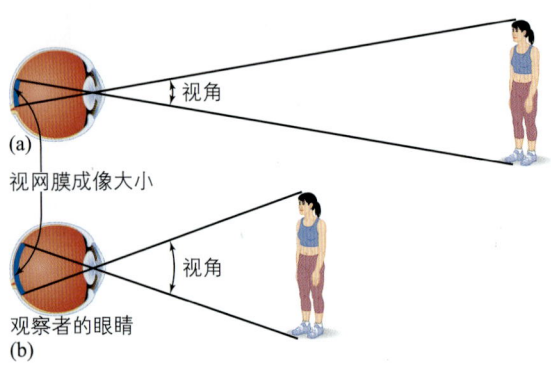

图10.30 （a）视角取决于刺激的大小（图中女人）和其与观察者间的距离。（b）当女人走近观察者时，视角和视网膜成像变大。此例表示刺激与观察者间距离减半时，视网膜的成像大小加倍。

视角可告诉我们眼睛后部的物体有多大。眼球可以360°旋转，因此1°视角的物体只占1/360——在成人眼睛里约为0.3毫米。如图 10.31 所示为测试视角的一种方式，伸直手臂注视拇指。处于手臂长度位置的手指宽度约为2°视角。因此，被拇指遮挡的客体（例如，图 10.31 中的手机）的视角约为2°。

"拇指技术"是粗略测量任一物体视角的一个方法。这也说明了视角的一个重要特性：近处的小物体（如手指）和远处的大物体（如手机）具有相同的视角。图 10.32 表示了这个特性，是我的一位学生拍摄的。为了拍这张照片，该学生调整了两手指间的距离，使得埃菲尔铁塔落在两手指之间。照片中手指间的距离约为 10 厘米，与几百米之外的埃菲尔铁塔的视角相同。

图10.31 测量物体视角的"拇指"方法。当拇指距离为手臂长度时，拇指遮挡的客体视角约为2°。女人的拇指盖住了苹果手机，因此从女人的角度看，手机的视角为2°。注意，如果女人与苹果手机间的距离改变，视角也会相应地发生改变。

图10.32 两手指间的视角与埃菲尔铁塔的视角相同。

Holway 和 Boring 如何在走廊里测试大小知觉

基于大小不同的物体视角可能相同这一想法，Holway 和 Boring 在实验中设置了测试圆。如图 10.29 所示，与观察者距离较近的小圆和较远的大圆的视角均为1°。由于视角相同的物体在视网膜上成像的大小相同，所以无论测试圆被置于哪里，所有测试圆在观察者的视网膜上的成像大小都相同。

在 Holway 和 Boring 的实验中，存在许多可用的深度线索，包括双眼像差、运动透视和阴影，由此观察者可以容易地判断测试圆的距离。结果如图 10.33 所示，当观察者注视距离较远较大的测试圆时（图 10.29 远处的圆），他们调整的对比圆也较大（图 10.33 中的 F 点）；当观察者注视近处较小的测试圆时（图 10.33 中的 N 点），他们调整的对比圆也较小。因此，当深度线索出现时，观察者会判断圆的大小，以与圆的物理大小相匹配。

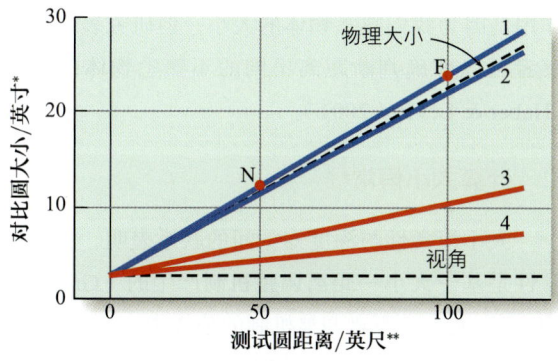

图10.33　Holway和Boring的实验结果。虚线表示观察者为匹配每个测试圆的真实直径而调整对比圆直径所得的物理大小结果。实线表示观察者为匹配每一个测试圆视角而调整对比圆直径所得的视角结果。

Holway 和 Boring 随后考察了消除深度信息会如何影响观察者的大小判断。他们让观察者用单眼观察测试圆，从而去除双眼像差（图 10.33 中线 2）；让观察者用小孔观察测试圆，从而消除运动视差（线 3）；在走廊里加上帘子，从而消除了阴影和反射（线 4）。每多消除一个深度信息，观察者对测试圆大小的判断就变得更不准确。当所有深度信息都消除后，观察者的大小知觉便不是由测试圆的真实大小而是由圆在观察者视网膜上成像的相对大小决定的。

由于 Holway 和 Boring 在实验所用的所有测试圆在视网膜上成像的大小相同，消除深度信息导致观察者判断所有圆大小相同。因此，该实验结果表明，当深度信息丰富时（蓝线），大小估计基于客体的真实大小；但当深度信息被消除时（红线），大小估计受物体视角影响。

由于宇宙的巧合，太阳和月球具有相同的视角，对太阳和月球大小的知觉是说明大小知觉依赖于视角的一个例子。尤其是当日食发生时，二者的视角相同变得最为明显。如图 10.34 所示，尽管能看到月球周围太阳的光晕，但月球几乎遮挡了整个太阳。

计算太阳和月球的视角发现，二者的视角均为 0.5°。如图 10.34 所示，月球较小（直径为 3540 千米）但距离地球较近（394 000 千米），然而太阳很大（直径为 1 393 000 千米）但距离地球很远（150 000 000 千米）。尽管这两个天体大小相差巨大，但对其大小的知觉是相同的，这是因为我们不能判断它们的距离，只能根据视角判断它们的大小。

另一个常见例子是我们从高飞的飞机上看到的物体非常小。这是由于我们无法准确地估计飞机与

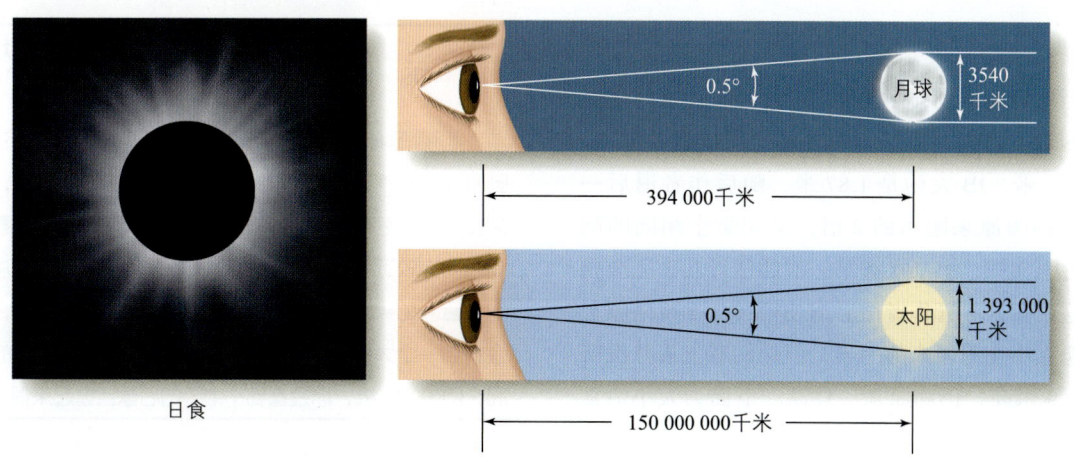

图10.34　由于太阳和月球的视角相同，所以发生日食时，月球几乎完全遮挡了太阳。

---

* 1 英寸 =2.54 厘米。——译者注
** 1 英尺 =30.48 厘米。——译者注

地面的距离，只能基于物体视角进行大小知觉。由于我们所处的位置很高，所以物体看上去很小。

大小恒常性

图 10.35 场景最明显的特征是美国亚利桑那大学校园里成排的棕榈树，图片中距离越远的树看起来越小。站在校园里看这些树，距离越远的树占据的视野越小，但我们不会觉得远处的树比近处的树矮。尽管远处的树所占视野较小（或者说视角较小），但树的大小看起来是一样的。当物体处于不同距离时，我们知觉的客体大小保持了相对一致性，这就是**大小恒常性**。

图10.35　图中场景内的棕榈树看上去都一样大，尽管远处的树视角较小。

当作者距离前排学生 0.9 米远时，让前排学生估计作者的身高，他们的估计都比较准确，BG 大约是 1.7 米，JB 大约是 1.87 米。随后作者退后一大步，约为原来距离的 2 倍，又问学生相同的问题。可想而知，第二次和第一次的估计几乎完全相同。这说明，尽管作者往后退使得在学生视网膜上的成像大小变为原来的一半，但他们看上去并没有缩到 0.9 米高，仍和原来一样高。下面为大小恒常性的另一个演示。

演示　在一定距离进行大小知觉

每只手的手指夹一枚 25 美分硬币，使两枚硬币的人头一面朝向你。让一枚硬币距离是 0.3 米，另一枚硬币距离是手臂长度。用双眼观察两枚硬币并注意它们的大小。大多数人在这种情况下都会判断远处和近处硬币的大小是一样的。现在闭上一只眼睛，两枚硬币看上去是并排在一起的，注意你对远处硬币大小知觉的变化，它现在看上去比近处的小了。这说明在深度信息不足的条件下，大小恒常性会减弱。

尽管总有学生提出，大小恒常性之所以产生作用是因为我们熟悉物体的大小，但研究表明，观察者可以准确判断距离不同的不熟悉物体的大小（Haber & Levin，2001）。

计算大小恒常性

大小恒常性与深度知觉间的联系表明，大小恒常性是基于**大小—距离调整机制**产生的（Gregory，1966）。大小—距离调整机制的公式为：

$$S = k(R \times D)$$

S 代表知觉物体的大小，k 是常数，R 表示视网膜成像大小，D 表示物体与观察者间的距离。（因为我们主要对 R 和 D 感兴趣，k 作为一个常量保持一致，所以后面就把 k 省略不谈。）

根据大小—距离公式，随着一个人从你身边走过越来越远，这个人在你视网膜上的成像（R）越来越小，但你们之间的距离（D）越来越大。这两个变化相互抵消，最终结果是你对这个人的大小知觉（S）保持一致。

演示　大小—距离调整机制和埃默特定律

回看图 8.12，便能发现大小—距离调整机制。注视圆心大约 60 秒后，看圆旁边的白色区域，如果眨眼，你会发现圆的后像浮在书页上面。后像消失前，也看看房间内离你较远的墙。你会发现后像的大小取决于你注视的位置。如果注视远处的表面，如房间内较远的墙，你会看到一个大的后像且看起来很远。如果注视近处的表面，例如一张纸，你会看到一个小的后像且看起来很近。

图 10.36 表示上述现象的原理，最初是由 Emil Emmert（1844—1911）在 1881 年提出的。圆先在视网膜的视觉视色素区域形成一个白圈，视网膜的白圈区域决定后像的视网膜大小并且使其保持恒常性。

如图 10.36 表示，后像的大小取决于后像与表面的距离。后像的距离与其被知觉大小遵循**埃默特定律**：后像距离越远，看起来越大。这一结果遵循大小—距离调整机制公式：$S=R \times D$。视网膜上（R）色素的白圈区域的大小总保持一致，所以增加后像距离（D），$R \times D$ 会变大。当注视远处墙时，知觉到后像（S）变大。

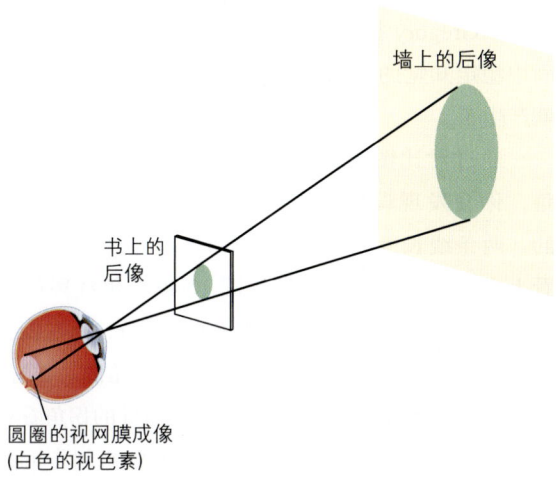

图10.36　距离越远，后像越大的原理。

大小—距离调整机制效应表明，知觉物体大小时，视野中物体的大小（决定视网膜成像大小）和距离均影响大小知觉。通过这些过程，我们不费吹灰之力便能稳定地进行知觉。想想如果因为距离改变我们所视物体的大小也随之缩小或增大，该有多困扰。幸亏有了大小恒常性，才不会发生上述情况。

大小知觉的其他信息

尽管前文强调了大小恒常性和深度知觉间的关系以及大小—距离调整机制的作用，但环境中的其他信息也有助于保持大小恒常性。相对大小就是大小知觉的信息来源之一。我们经常利用熟悉客体的大小做标尺去判断其他客体的大小。图 10.37 所示为 Henry Bruce 的雕塑"巨人之椅"。从图 10.37a 中，很难确定椅子的大小，尤其是假设相机架在地上，它可能看上去就是个正常大小的椅子。然而观察图 10.37b 会让你得出完全不同的结论。靠在椅子旁的男人表明，这把椅子其实非常大。对物体的大小知觉受附近物体大小的影响，这解释了为什么我们总是对篮球运动员的身高判断错误，尤其是当对比的对象都是篮球运动员时。只有当一个标准身高的人站在他们中间时，才能估计运动员的真实身高。

(a)

(b)

图10.37　（a）椅子的大小不能确定，（b）但当一个人站椅子旁时，才能判断椅子的大小。

另一个大小知觉的信息源为地面上的纹理信息和物体间的关系。当场景中各元素等距时，距离越

图10.38　纹理梯度上的两个圆柱体。两圆柱体底部所占梯度的数目相同，表明这两个圆柱体大小相同。

远的人群看起来越密集，这便是纹理梯度（图10.8）。图10.38 所示为两个圆柱体在由鹅卵石路形成的纹理梯度上。尽管我们很难判断近处和远处圆柱体的深度，但由于它们底部所占的铺路石的数量相同，所以可以判断它们的大小相同。

深度错觉和大小错觉

视错觉之所以让人着迷，是因为这些错觉表明了视觉系统是如何被骗的（Bach & Poloschek, 2006）。前文介绍了很多种错觉。亮度错觉包括谢弗勒尔错觉和马赫带效应，该错觉表现为边界处的亮度看上去发生了细微的变化，尽管物理属性上的光没有变化；在赫曼方格上看到根本不存在的小灰斑点。注意效应包括变化视盲，两个场景看起来相似但其实彼此不同。动作错觉即指静止的刺激看起来是移动的。

下面介绍一些大小错觉，即造成错误知觉物体大小的情况。有些错觉是大小知觉和深度知觉间的联系造成的。有些常见错觉的机制尚不清楚，例如缪勒－莱尔错觉。

缪勒-莱尔错觉

缪勒－莱尔错觉 如图 10.39 所示，右侧垂直的线段看起来比左侧的长，但其实两条线段的长度相等（量一下）。为解释此错觉，研究者提出了很不同的想法。早期比较有影响的是大小—距离调整机制。

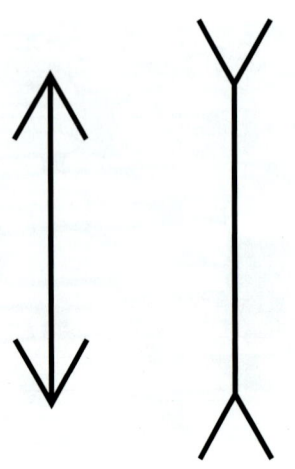

图10.39 缪勒－莱尔错觉。两条线段其实长度相等。

误用大小恒常性比例

为什么会产生缪勒－莱尔错觉？Richard Gregory（1966）提出，该错觉产生的原因在于**误用大小恒常性比例**。他指出，大小恒常性通常有助于维持稳定的物体知觉，即便物体距离改变（见大小—距离调整机制公式）。因此，大小—距离调整机制导致 1.8 米高的人无论距离如何看起来都是 1.8 米高。然而，Gregory 提出的就是这个有助于维持三维空间中稳定知觉的机制，当被用于二维空间时，错觉就产生了。

通过对比图 10.39 中左右线段和图 10.40 中墙角，你会发现误用大小恒常性比例是如何起作用的。两条线长度相等，但根据 Gregory 所述，二者看上去距离不同，这是因为**图 10.40** 右侧线段的两夹角使其看上去像是房间里墙角的一部分，而左侧线段的两夹角使其看上去像是房子外面拐角的一部分。屋内的墙角看起来是"内陷"的，而屋外的拐角看起来是"向外突出"的，大小—距离调整机制告诉我们，屋内墙角距离较远，即公式 $S = R \times D$ 中 D 值更大，因此该线段看起来较长。（R 为视网膜成像大小，由于两线段相等，因此 S 由物体距离 D 决定。）

尽管缪勒－莱尔图片如 Gregory 所述像屋内墙角和屋外拐角，但你可能并不这么看（或者至少在 Gregory 提醒之前不是）。但根据 Gregory，有意识地将这些线段表征为三维结构并不是必要条件；知觉系统会无意识地利用缪勒－莱尔图片中的信息，而大小—距离调整机制也因此被用于知觉线段的大小。

然而，Gregory 的视错觉理论并不是无坚不摧的。例如图 10.41 中像哑铃的图片，不包含任何明显的深度知觉线索，但仍能导致错觉。Patricia DeLucia 和 Julian Hochberg（1985，1986，1991；Hochberg，1987）发现，缪勒－莱尔错觉在如图 10.42 的三维空间中也存在。该图中 B 和 C 间的距离看上去大于 A 和 B 间的距离，尽管这两个距离是相等的，而且图中的三个拐点的深度是相等的。尝试下列演示实验感受一下这种效应。如图 10.42 一样摆放三本书，用尺子测量使距离 X 和 Y 相等，一样可以复制缪勒－莱尔错觉。三维空间刺激以及哑铃刺激等所产生的缪勒－莱尔错觉难以用 Gregory 的理论解释。

图10.40 根据Gregory（1966），缪勒-莱尔错觉图片的左侧线段对应屋外拐角，而右侧线段对应屋内墙角。注意两条垂直线长度相等（量一下）。

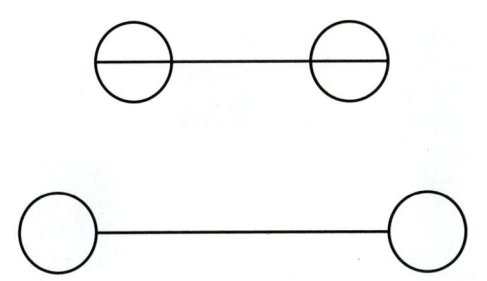

图10.41 "哑铃"产生的缪勒-莱尔错觉。与原版的缪勒-莱尔错觉一致，图中两条线段的长度相等。

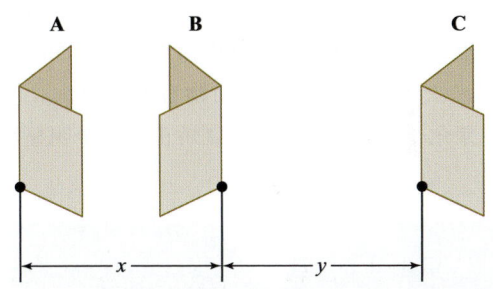

图10.42 三维空间的缪勒-莱尔错觉。0.6米高的木板交叉立在地上。尽管距离X和Y相等，但距离Y看上去更大，这和二维空间中的缪勒-莱尔错觉是一致的。

演示 | 书的缪勒-莱尔错觉

挑三本相同大小的书，把其中两本立起来形成90度夹角，放在如图10.42中的A点和B点。不用尺子，把第三本书放在C点，让X距离看上去与Y相等。从上或其他角度观察调整书的位置，当感觉距离X和距离Y相等时，用尺子测试这两个距离，对比一下。

冲突线索理论

R.H. Day（1989，1990）提出了**冲突线索理论**。该理论指出，线段长度知觉取决于两个线索：（1）垂直线段的真实长度；（2）图片的整体长度。Day认为，这两个冲突的线索整合后便形成了一个综合的长度知觉。因为外翻夹角图片的整体长度更大（图10.39），所以该图中的垂直线段看上去更长。

另一种缪勒-莱尔错觉的表现形式如图10.43所示，观察发现图中两点的距离似乎大于上图中两点间的距离，但其实这两个距离是相等的。根据Day的冲突线索理论，下图中的两点距离看上去更大是因为该图的整体长度较大。冲突线索理论也可以解释

图 10.41 中的缪勒－莱尔错觉现象。尽管 Gregory 认为深度信息是产生错觉的原因，但 Day 反驳了他的观点并提出长度线索的重要性。下面介绍一些其他类型的错觉及目前提出的解释这些错觉的机制。

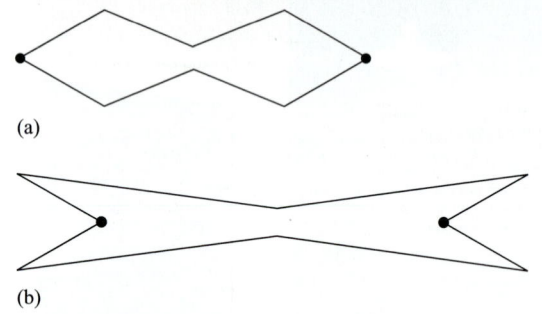

图 10.43 缪勒-莱尔错觉的另一种表现形式。（a）中两点的距离被知觉为小于（b）中两点的距离，但其实两个距离是相等的。（来源：Day，1989）

庞佐错觉

图 10.44 所示为**庞佐错觉**，两只相同大小的动物在同一平面，二者视角相同，但上面的动物看上去更大。根据 Gregory 的误用大小—距离调整机制的观点，汇聚铁轨提供的深度信息使得上面的动物看起来更远，因此上面的动物看上去更大。与缪勒－莱尔错觉类似，调整机制矫正了这个明显增大的深度（尽管事实上并不存在深度差别，因为错觉是发生在平面上的），所以知觉上面的动物更大。（庞佐错觉的另一种解释见 Prinzmetal et al.，2001；Shimamura & Prinzmetal，1999。）

埃姆斯房间

埃姆斯房间使两个身高相等的人看上去十分不同（Ittelson，1952）。在图 10.45a 中，左侧的女人看起来比右边的男人高；而在图 10.45b 中，男女互换了位置，错觉也随之相反，即男人看上去比女人高。尽管两人的实际身高相同，但错觉还是发生了。导致这种错误的大小知觉的原因在于房间的构造。当观察者从特定角度进行观察时，房间后面的墙和窗户的形状使得整个房间看上去像是一个正常的长方形房间；然而，如图 10.46 所示，埃姆斯房间是经过改造的，房间右墙角与观察者间的距离几乎是房间左墙角的 2 倍。

图10.44 庞佐错觉。同一平面上两个相同大小的动物（量一下），但远处的看上去更大。

图10.45 埃姆斯房间。图中有两个身高相等的人，由于房间经过改造，使得（a）女人看上去更高或（b）男人看上去更高。

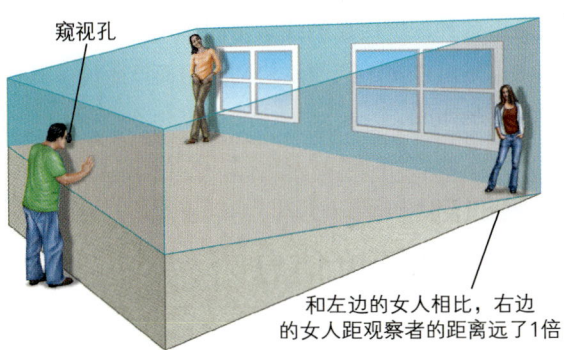

图10.46 埃姆斯房间的真实构造。右侧女人和观察者的距离其实是左侧女人和观察者的距离的2倍；然而观察者从窥视孔中看不到距离上的差别。为了让观察者从窥视孔看到正常的房间，必须要扩大右侧房间的空间。

图10.47 画家根据其印象画的地平线和高挂天空的月亮。画中地平线月亮的视角大于高挂天空月亮的视角，这是错觉的图片，其实月亮的视角一直不变。

埃姆斯房间里到底发生了什么？房间结构导致左侧女人的视角大于右侧，让我们以为是离我们距离一样远的两个人在一个正常的矩形房间里。根据大小—距离调整公式（$S = R \times D$），由于两人的知觉距离（D）相等，但左侧女人的视网膜成像（R）大于右侧，因此知觉大小（S）更大。

也有人认为，埃姆斯房间现象不是由大小—距离调整机制而是由相对大小产生的。根据相对大小解释观点，对房间中两个人的大小知觉取决于如何觉察房间顶部与底部间的距离。因为左侧的人几乎占据了整个空间，而右侧的人只占了一小部分，因此我们认为左侧的人更高（Sedgwick，2001）。

月亮错觉

众所周知，月亮在地平线时看起来比其高挂在天空时大。如**图**10.47所示，这种地平线上的月亮看起来大于高挂天空的月亮的现象叫作**月亮错觉**。课堂讨论时，我们会先给学生说明地平线月亮和高挂天空的月亮的视角是相同的。这是因为月球的大小（直径3540千米）和其与地球的距离（394 000千米）一直是不变的，由此月亮的视角也是不变的。（如果不信，可以用相机拍摄位于地平线的和高挂空中的月亮，对比两张照片，你会发现两照片中的月亮的大小是一样的。或者通过一个直径1厘米的小孔在伸直手臂的距离上观察，大多数人会发现月亮会刚好在小孔里，无论它在哪个位置。）

学生确信月亮的视角在整晚都保持不变后，我们会问他们为什么认为地平线上的月亮更大。共同的回答是："月亮在地平线时，看起来距离更近，所以感觉更大。"当询问他们为什么看起来更近时，他们解释说："因为它看起来更大。"还有人说："由于看起来更近，所以感觉更大；由于看起来更大，所以感觉更近。"这显然是循环推理，并不能说明为什么会发生月亮错觉。

一个并非循环推理的解释是**视距离理论**。该理论认为距离的确是原因，但并非如学生假设的一样。视距离理论认为，月亮在地平线上看起来是更远的，因为在这种情况下观察月亮时，视线需要翻山越岭，这包含了深度信息；而当月亮高挂天空时，由于空中很空旷，包含了很少的深度信息。

地平线距离较远的想法是有事实支持的，当人们判断地平线与天空的垂直距离时会发现，水平线看起来更远，即天空是偏平形的（**图**10.48）。

根据视距离理论，月亮错觉产生的关键在于，地平线的和高挂空中的月亮的视角相等，但当月亮在地平线附近时，看上去比在天顶要远，因此看上去更大。根据大小—距离调整公式（$S = R \times D$），两个位置的月亮的视网膜成像大小（R）相同（无论月球在哪，其视角保持不变），因此当月亮看起来更远时，感觉越大。这如同用埃默特定律来解释为什么投射在更远处表面的后像看起来更大。

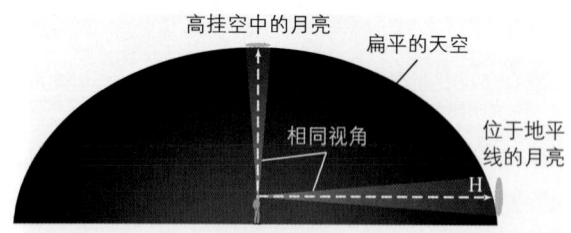

图10.48 让观察者把天空看作一个平面,对比没有月亮的夜晚中地平线(H)和天顶的距离,通常他们会回答地平线更远。这里呈现了"扁平天空"的结果。

埃默特定律中远处和近处位置后像的视角相同,地平线上的和高挂空中的月亮也是如此。远处墙的后像类似地平线上的月亮,距离看上去很远,所以根据大小—距离调整机制,远处的后像看起来更大。近处的后像类似高挂空中的月亮,看上去很近,调整机制产生作用使其看上去更小(King & Gruber, 1962)。

Lloyd Kaufman 和 Irvin Rock(1962a, 1962b)做了一系列实验支持了视距离理论。其中一个实验发现,当越过崇山峻岭观察地平线处的月亮时,感觉距离很远,大约是正上方月亮的1.3倍远;然而,透过纸板上一个小孔观察地平线处的月亮时,由于各种地形地貌被遮挡了,错觉消失(Kaufman & Rock, 1962a, 1962b;Rock & Kaufman, 1962)。

然而,也有研究者质疑视距离理论。他们提出,地平线上的月亮之所以看上去比较远(如图10.48所示的扁平形的天空),是因为有些观察者将地平线上的月亮看作漂浮在天空上(Plug & Ross, 1994)。

另一种解释月亮错觉的理论是**角度大小对照理论**,认为当有更大的物体环绕在月亮周围时,月亮看上去更小。因此,当月亮悬挂高空时,广袤的天空环绕着它,使它看上去更小。然而当月亮在地平线上时,周围环绕的天空面积较小,使它看上去更大(Baird et al., 1990)。

尽管近百年来科学家们提出了很多理论来解释月亮错觉,但至今仍存在争论(Hershenson, 1989)。这其中很显然包含很多因素,除前文提到的内容外,还包括空气透视(透过雾看地平线会增加大小知觉)、颜色(红色增加大小知觉)以及动眼因素(望向地平线更易发生双眼汇聚,从而导致大小知觉增加;Plug & Ross, 1994)。如同深度知觉是由各种深度信息的线索协同作用的一样,月亮错觉也是由许多不同因素协同作用而产生的,其他错觉也是如此。

思考时刻
跨物种的深度信息

人类可以充分利用环境中各种深度信息。但其他物种如何呢?许多动物有很好的深度知觉。猫扑向猎物;猴子在树枝间摇荡;公苍蝇跟随母苍蝇飞行时距离始终保持在10厘米左右。毫无疑问,很多动物具有判断距离的能力,但它们利用的是什么样的深度信息呢?不同的动物使用的信息可能不同,但其范围涵盖前文提到的所有深度线索。有些动物使用很多线索,有些只利用其中一两项。

只有双眼具备拥有重叠视野的动物才能利用双眼像差。因此,诸如猫、猴子和人类均具有**额叶眼**(**图10.49a**),双眼视野重叠,可以利用像差知觉深度。具有侧眼的动物,如兔子(**图10.49b**),双眼视野几乎没有重叠,因此不能利用像差知觉深度。然而,就算没有双眼像差,具有侧眼的动物的视野更广,这对需要躲避食肉动物的它们来说非常重要。

鸽子属于侧眼动物,左右眼视野只重叠约35°。然而这个重叠区域正是鸽子啄食时食物的位置区域,心理物理学实验发现,鸽子仅在其喙前一小块区域内具有双眼深度知觉(McFadden, 1987;McFadden & Wild, 1986)。

运动视差可能是昆虫判断距离的最常用的方法,它们以各种方式运用运动视差线索(Collett, 1978;Srinivasan & Venkatesh, 1997)。例如,蝗虫在搜寻猎物时使用"凝视"反应——从一边向另一边移动身体从而产生头部运动。T. S. Collett(1978)测量了蝗虫观察不同距离的猎物时的"凝视振幅"——从一边向另一边转的距离,结果发现当目标较远时,摇摆幅度更大。这是因为当观察者移动的总量一定时,远处的物体在视网膜上的移动的距离小于近处物体,摇摆的幅度要更大才能使远处物体的成像的移动距离与近处物体在视网膜上成像的距离相等。因此,蝗虫是通过确定摇摆幅度判断距

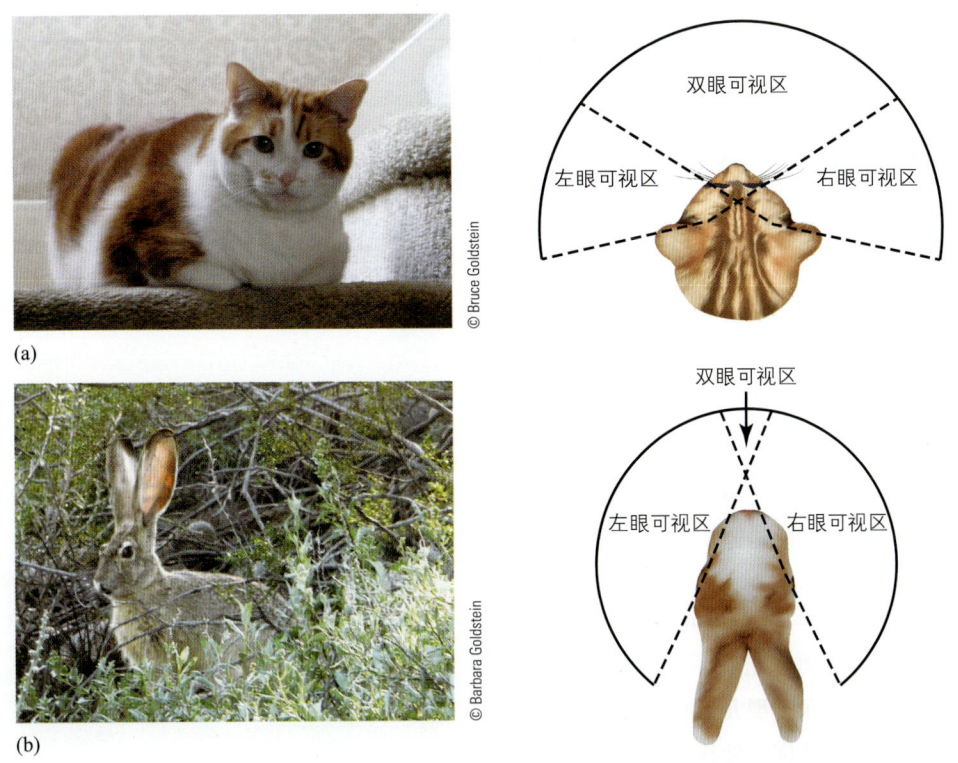

图10.49 （a）额叶眼，例如猫的双眼，具有重叠视野，有立体深度知觉。（b）侧眼，例如兔子的双眼，具有全景视野，但没有很好的立体深度知觉。

离的，而摇摆幅度的大小取决于物体成像需要在视网膜上移动的距离（see also Sobel，1990）。

上述例子表明，在光线下，动物是如何利用不同线索进行深度知觉的。但蝙蝠及其他不见光的动物通常使用声波来感应深度。蝙蝠用一个类似声呐系统的方法感知物体，该系统在第二次世界大战中被用于监测水下物体（如潜艇和水雷等）。声呐代表声音导航和测距，通过发射脉冲声音并收集该声音的回声来确定物体的位置。Donald Greffin（1944）提出了回声定位法，描述蝙蝠如何利用生物性的声呐系统躲避黑暗中的物体。

蝙蝠发出远超过人类听力上限的脉冲声音，通过判断从发射脉冲到接收脉冲间的时间来感知物体的距离（图10.50）。由于它们使用回声感知物体，因此即便在完全黑暗的环境中，它们也能避开障碍物（Suga，1990）。尽管我们无法了解接收回声时蝙蝠的真实感受，但肯定的是接收回声的时间差为蝙蝠判断环境中物体的位置提供了线索。（也见von der Emde et al.，1998，电鱼是如何基于"电磁定位"感知深度的。）从这些例子中可以看出，动物可使用各种不同线索去感知深度和距离，具体使用哪种类型的线索取决于动物本身的需要及其解剖和生理构造。

图10.50 蝙蝠发射脉冲然后接收环境中许多物体的回声。此图为蝙蝠接收来自近处的蛾子、距离约2米的树和距离约4米的房子反射的回声。远处物体回声所需时间较长。蝙蝠通过感知回声所需时间判断环境中各物体的位置。

发展维度：婴儿的深度知觉

孩子到多大才会利用深度线索？答案是不同种类的深度知觉的发展时间不同。婴儿很早就可以利用双眼像差线索，但图示线索发展得较晚。

双眼像差

利用双眼像差的前提是可以执行双眼注视，如此才能使得双眼直视同一物体并使得中央凹朝向的位置相同。新生儿发育不全，不具备双眼注视的能力，尤其是对有深度变化的物体（Slater & Findlay, 1975）。

Aslin（1977）通过一些简单的观察测量双眼像差的发育时间。在距离婴儿 12～57 厘米间呈现前后移动的物体，同时录下婴儿的眼动。婴儿双眼直视某一物体，当该物体向远处移动时，双眼应分离（向外转动），而当物体向近处移动时，双眼应汇聚（向内转动）。Aslin 观看录像发现，尽管 1—2 个月大时的婴儿会产生些许双眼分离与汇聚行为，但直到 3 个月大时，才能产生稳定的双眼注视物体的行为。

尽管 3 个月大的婴儿出现了双眼注视，但这并不意味着婴儿可以利用像差线索知觉深度。为考察婴儿多大时才可以利用像差信息觉察深度，Robert Fox 及其同事（1980）给 2～6 个月大的婴儿呈现了随机点立体图。

随机点立体图的特点是立体图的像差信息可以使人产生立体视，其产生的条件有两个：（1）利用设备使得一张图片进入左眼而另一图片进入右眼；（2）视觉系统可以将此像差信息转换成深度知觉。因此，如果给婴儿呈现随机点立体图，但其视觉系统尚不能利用像差信息，婴儿看到的就只是一堆随机点。

在 Fox 的实验中，婴儿坐在妈妈的腿上，面前是电视屏幕，并给他们戴一个特殊的眼镜（图 10.51），观察屏幕上的随机点立体图。可以利用像差信息的人会看到一个有深度的矩形，左右移动。Fox 假设，对像差敏感的婴儿会随着移动的矩形移动双眼。结果发现，小于 3 个月的婴儿不会跟随矩形移动双眼，而 3～6 个月大的婴儿可以跟随矩形

移动双眼。因此得出结论，3.5～6 个月大的婴儿具有利用像差信息觉察深度的能力。其他采用各种不同方法的研究也证实了双眼深度知觉出现的时间（Held et al., 1980；Shimojo et al., 1986；Teller, 1997）。

图 10.51　Fox 等人（1980）测验婴儿是否具有使用双眼像差信息的能力的实验装置图。如果婴儿可以利用像差信息进行深度知觉，他们会看到屏幕前有一个矩形在移动。（来源：Shea et al., 1980）

图示线索

另一种深度信息是图示线索。这些线索比像差发育得晚，这可能是因为图示线索取决于生活经验和认知能力的发展。通常，婴儿约在 4—7 个月时会开始使用诸如重叠、熟悉大小、相对大小、阴影、线性透视和纹理梯度等图示线索。下文列举了其中两个线索的相关研究：熟悉大小和投射阴影。

熟悉大小深度线索

Granrud、Haake 和 Yonas（1985）在实验中考察了婴儿是否能利用有关客体大小的知识进行深度知觉。在熟悉阶段，让 5～7 个月大的婴儿玩 10 分钟的木质物体。一个物体较大（图 10.52a），另一个物体较小（图 10.52b）。熟悉阶段进行 1 分钟后，进入测试阶段，物体 c 和 d 与婴儿的距离相同。假设婴儿能利用熟悉大小线索知觉客体，那么客体 c 的位置应该看上去比记忆中的更近，因为在

熟悉阶段，这种形状的物体小于另一物体。换句话说，如果婴儿记得绿色物体较小，视野中却出现了更大的该物体并且婴儿认为就是和原来相同的物体时，就会感觉其距离更近。如何确定婴儿知觉物体更近而非有其他知觉呢？常用的方法就是观察婴儿的趋近行为。

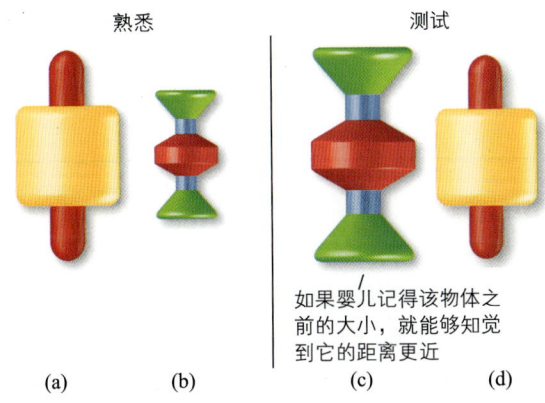

图10.52　Granrud等人（1985）的熟悉大小实验中的刺激。
（来源：Granrud et al., 1985）

方法 | 优先趋近

优先趋近程序是基于观察提出的，观察发现，2个月大的婴儿会抓够附近的物体，5个月大的婴儿经常抓够能力范围内的物体，但不会抓碰不到的物体（Yonas & Hartman, 1993）。婴儿对深度的敏感性可通过下列方法测试，并排呈现两个物体，与优先注视程序类似（第2章），试次间不断互换物体的左右位置。当婴儿持续抓够包含更近空间信息的物体时，说明婴儿具有深度知觉的能力。当深度差异出现时，婴儿能利用双眼信息100%成功地抓够近处的物体。为测试婴儿只是利用图示线索进行深度知觉，可用眼罩盖住一只眼睛（这会消除可用的双眼信息，使图示深度线索优先被加工）。如果婴儿可以感知图示深度信息，在60%的时间里，他们会抓够看上去较近的物体。

当Granrud和同事给婴儿呈现上述客体时发现，7个月大的婴儿会抓够物体c，与预期一致，他们认为该物体比物体d的距离近。然而5个月大的婴儿不会抓够物体c，这表明这些婴儿不会利用熟悉大小进行深度知觉。因此，利用熟悉大小线索进行深度知觉的能力大约是在5—7个月时发展的。

该实验的有趣之处不仅在于发现了利用熟悉大小的能力是何时发展的，还在于婴儿在测试阶段的反应取决于其认知能力的发展——记忆熟悉阶段所玩客体大小的能力。因此，7个月大的婴儿在这种情况下判断深度既依靠知觉到的深度也依靠他们记住了什么。

投射阴影深度线索

如图10.9所示，阴影会提供物体相对表面的位置信息。为考察婴儿何时会发展此种能力，Albert Yonas和Carl Granrud（2006）给5~7个月大的婴儿呈现了如图10.53的刺激。成人和儿童均报告右侧物体看上去比左侧物体更近。当婴儿用单眼（消除双眼深度信息）观察此刺激时，5个月大的婴儿有50%次会抓够右侧物体，表明右侧物体没有优先性。然而，7个月大的婴儿会知觉由投射阴影提供的深度信息。

这一结果与其他研究一致，表明图示深度线索的知觉发展于5—7个月时。但这些研究结果表明，婴儿能区分玩具的阴影区域和墙上的非阴影区域。与其他图示线索类似，这种能力在很大程度上依赖于学习和环境中物体的互动。在这里，婴儿需要了解阴影，包括理解大多数光照都是由上至下的。

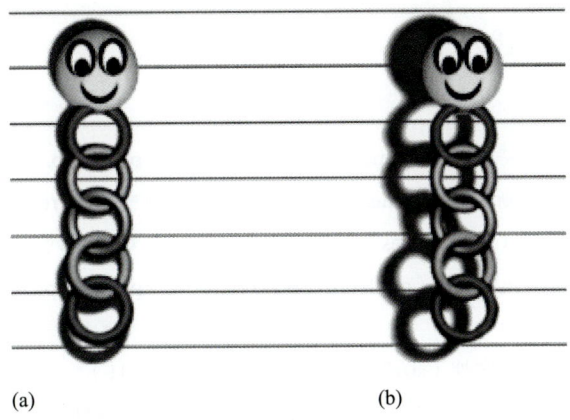

图10.53　在Granrud等人（1985）的熟悉大小实验中呈现给7个月大的婴儿的刺激：（a）熟悉刺激；（b）测试刺激。

测一测 10.2

1. 简述Holway和Boring的实验。该实验结果是如何说明大小知觉受深度知觉影响的？

2. 举例说明在哪些情况下，客体的大小知觉由客体的视角决定。
3. 什么是大小恒常性，在什么情况下会产生大小恒常性？
4. 什么是大小—距离调整机制？如何用其解释大小恒常性？
5. 简述两种影响大小知觉的信息（不是深度信息）。
6. 请用大小—距离调整机制解释大小错觉是如何发生的？例如，缪勒–莱尔错觉、庞佐错觉、埃姆斯房间及月亮错觉。
7. 用大小—距离调整机制解释缪勒–莱尔错觉和月亮错觉存在什么问题？简述其他可以解释这两种错觉的理论。
8. 简述证明婴儿具有使用双眼像差和图示线索（单眼）进行深度知觉的实验。哪个先发展？采用的方法是什么？

想一想

1. 艺术作品的一大特点就是在二维画布上创造深度。去博物馆或者看画册时，辨认一下各种深度信息有助于加深对图片的深度知觉。你可能会注意到有些图片中的深度信息很少，尤其是在简笔画中。事实上，有画家专门创作那些看上去是平面的作品。如果画家想完成这样的作品，需要哪些步骤呢？

2. 纹理梯度是深度知觉的重要线索，因为场景中各元素形成的集团距离越远看上去越密集。图10.6和图10.8中的纹理梯度包含使规则排列的元素间距离增大的信息。但规则排列的元素不符合自然环境中的规则。调查一下你周围的室内或室外环境，考察：（1）纹理梯度是否出现在其中？（2）即使所调查环境中的纹理信息不如本章前文所举的例子那么明显，你仍然认为纹理梯度有助于深度知觉吗？

3. 双眼视觉对深度知觉的意义是什么？闭上一只眼睛，感受一下这对知觉有何影响。尝试闭一只眼睛并描述知觉发生了什么变化。尝试采用定量的方法测量双眼和单眼视觉的深度知觉准确性。

关键术语

埃默特定律（Emmert's law，p. 247）
埃姆斯房间（Ames room，p. 254）
侧眼（lateral eyes，p. 256）
冲突线索理论（conflicting cues theory, p. 253）
大小恒常性（size constancy，p. 250）
大小—距离调整机制（size-distance scaling，p. 250）
单眼线索（monocular cues，p. 233）
动眼线索（oculomotor cues，p. 232）
堆积（accretion，p. 237）
对应问题（correspondence problem，p. 244）
对应性网膜点（corresponding retinal points，p. 239）
额叶眼（frontal eyes，p. 256）
非对应性网膜点（noncorresponding points，p. 240）
非交叉像差（uncrossed disparity，p. 241）
交叉型像差（crossed disparity，p. 241）
角度大小对照理论（angular size contrast theory，p. 256）
绝对像差（absolute disparity，p. 240）
空气透视（atmospheric perspective，p. 234）
立体镜（stereoscope，p. 243）
立体深度知觉（stereoscopic depth perception，p. 238）
立体视觉（stereopsis，p. 242）
缪勒–莱尔错觉（Müller-Lyer illusion，p. 252）
庞佐错觉（Ponzo illusion，p. 254）
深度知觉的线索（cue approach to depth perception，p. 232）
视角（visual angle，p. 248）
视距离理论（apparent distance theory，p. 255）
视野单像区（horopter，p. 240）
熟悉大小（familiar size，p. 234）
双眼深度细胞（binocular depth cells，

p. 245）

双眼像差（binocular disparity，p. 239）

双眼注视（binocularly fixate，p. 258）

随机点立体图（random-dot stereogram，p. 242）

透视汇聚（perspective convergence，p. 234）

图示线索（pictorial cues，p. 233）

纹理梯度（texture gradient，p. 235）

误用大小恒常性比例（misapplied size constancy scaling，p. 252）

相对大小（relative size，p. 234）

相对高度（relative height，p. 234）

相对像差（relative disparity，p. 242）

像差角（angle of disparity，p. 240）

像差校正曲线（disparity tuning curve，p. 245）

像差选择性细胞（disparity-selective cell.，p. 245）

消失（deletion，p. 237）

斜视（strabismus，p. 238）

月亮错觉（moon illusion，p. 255）

运动视差（motion parallax，p. 236）

遮挡（occlusion，p. 232）

这是一张正在扫描中的电子显微图,它描绘了内耳耳蜗毛细胞感受器的三维图像,这些感受器被涂上了颜色以使其区别于周围的其他结构。在这一章,读者会看到听觉是如何从压力波造成感受器的运动中产生的。

Steve Gschmeissner/Science Source

第 11 章

听　觉

本章内容

- 听知觉过程
- 声音的物理属性
- 作为压力变化的声音
- 纯音
- 复合声与频谱
- 声音的知觉属性
- 阈限和响度
- 音高
- 音色
- 由压力变化到电活动
- 外耳
- 中耳
- 内耳
- 听神经对频率的表征
- Békésy 发现基底膜如何振动
- 耳蜗的滤波器功能
- 外毛细胞：耳蜗的放大器
- 音高知觉的生理机制
- 位置和音高
- 时间信息和音高
- 位置和音高（再次登场）
- 有待解决的问题
- 知觉音高的大脑通路
- 音高和大脑
- 听力丧失
- 老年性耳聋
- 噪声诱发的听力丧失
- 隐形听力丧失
- 思考时刻：人工耳蜗
- 发展维度：婴儿的听觉
- 阈限和听力曲线
- 识别母亲的声音
- 想一想
- 关键术语

我们要思考的一些问题

- 森林中的一棵树倒下，但没有人听到，它是否发出了声音？*
- 耳内声音的振动是如何导致对不同音高的知觉的？
- 声音是如何对听觉感受器造成破坏的？

吉尔·罗宾斯是我课堂上的一名学生，她写了下面一段话来表达听觉在其生活中所起的重要作用：

听觉在我的生活中有非常重要的作用。在法律意义上，我出生时就是一个盲人，尽管眼睛能看到一点，但视力高度受损，并且不可修复。虽然我通常不会因此而羞愧或尴尬，但有时也不希望别人注意到我以及我的缺陷。在课堂上，我有很多方法可以改善我的视觉，比如坐得离黑板近一点，或是抄朋友的笔记。但有时，这些方法都行不通。这时我就会利用听觉来记笔记，我的听觉功能非常强大。虽然当人们离我很近时我不需要借助听觉去识别他们，但如果有人在远处叫我的名字，它就是绝对必要的了。我能够认出他们的声音，即使我无法看清他们。

因为吉尔的视力受损，所以听觉对于她而言极其重要。但即使是那些视力很好的人，对听觉的依赖也远多于他们所认识到的。视觉依赖于从客体传递至眼睛的光，与之不同，来自周围角落的声音可以使人们觉察到那些眼睛看不见的事物。例如，在心理系办公室里，我能够听到一些事物，如人们在大厅中的谈话，汽车在楼下的街道上经过，救护车嘶鸣着向山上的医院驶去。如果只能依赖于视

---

* 这是一句广为流行的哲学谚语，其出处最早反映在英国哲学家贝克莱的著作《人类知识原理》（*A treatise concerning the principles of human knowledge*）中。——译者注

觉，对这些我都将无从得知。如果没有听觉，那么此刻我的世界将只局限于办公室中，以及通过办公室窗子能直接看到的景物。尽管安静或许能使我更好地集中于撰写本书，但如果没有听觉，我将无法觉察许多发生在我周围环境中的事件。

无论对于动物还是人类，都可以听到周围所不能看见的事物，这种耳听能力为人们提供了重要的信号。对于一只生活在丛林中的动物而言，树叶的沙沙声或是树枝折断的声音可能意味着捕食者的靠近。对于人类而言，听觉能够提供各种各样的信号，诸如烟雾警报器或是救护车鸣叫的警铃，婴儿不舒服时特有的高频哭声，或是汽车引擎有问题时特有的噪声。听觉不仅能够告诉人们那些正在发生但无法看见的事物，也许更为重要的是，它还能通过音乐使生活更为丰富，并借由语言促进人类的沟通。

本章是关于听觉的三章中的第一部分。如同视觉部分，本章首先介绍一些关于刺激的基本问题：如何描述空气中听觉刺激压力的变化？如何测量听觉刺激？它会产生何种知觉？接下来会介绍耳的生理解剖结构，以及压力变化是如何通过耳的结构进而刺激感受器以产生听觉的。

介绍了关于听觉刺激和生理解剖结构的基本知识后，思考听觉研究中一个最为核心的问题：知觉音高的生理机制是什么？是听觉的何种特质将不同的音符在音阶上有序地组织起来，从而当在钢琴键盘上从左到右依次按下时，会听到从低到高的不同音符？本章会对音高知觉生理机制的探索衍生出许多不同的理论。尽管对听觉系统如何产生音高已经有了很多理解，但仍有很多问题悬而未决。

本章结尾处会对从耳到听皮层的通路进行介绍，以结束对听觉系统结构的讨论。这也将设定接下来两章的基调，届时本书会进一步扩大范围，除了音高，还将讨论在包含众多声源的自然环境中，听觉是如何发生的，以及是什么机制使得人类能够知觉诸如音乐和语言等复杂的声音刺激的。而上述内容的基础是在第1章中已经介绍过的知觉过程，这一过程开始于远刺激，即环境中的刺激。

听知觉过程

理解听觉知觉过程的第一步是确定远刺激。在本书图1.1给出的例子中，视觉的远刺激是一棵树。观察者之所以能够看到它，是因为树反射的光进入了他的眼睛。关于树的信息借由光的传播而在视觉感受器上形成了一个表征。

但如果此时有一只鸟落到树上开始唱歌，会发生什么呢？鸟的发声器官的活动会被转换成声音刺激——空气中的压力变化。这些压力变化会触发一系列事件，导致鸟的歌声在耳中形成一个表征，借由神经信号传送至大脑，最终形成关于鸟的歌声的知觉。

声音刺激可以是简单重复性的压力变化，如经常在实验室研究中使用的声音刺激；或是更复杂的压力变化，比如鸟的歌唱、乐器声或是人说话的声音。这些气压的变化决定着听的能力，也决定了声音的性质，或柔和或响亮，或低沉或高亢，或圆润或粗砺。接下来，本书开始介绍声音刺激及其效应。

声音的物理属性

要理解听觉，首先要定义所说的"声音"并描述其特征。要回答"什么是声音"这个问题，需要先考虑下面的问题：森林中的一棵树倒下了，但没有人听到，它是否发出了声音？

这个问题之所以有用，是因为它表明人们在使用**声音**这个词时既可以将其当成物理刺激，也可以将其当作知觉反应。而对这个问题的回答取决于采用哪一个声音定义。

- 物理定义：声音是空气或其他介质中的压力变化。
- 知觉定义：声音是人们听的时候所产生的一种体验。

如果采用的是声音的物理定义，那么对"是否发出了声音"这个问题的答案为"是"，因为不管周围是否有人听见，倒下的树都造成了压力变化。但如果采用的定义是知觉的，那么对该问题的回答就是"否"，因为如果森林中没有人，就没有经验。

阅读本章和接下来的两章中关于听觉的内容时，区分物理和知觉之间的差异显得尤为重要。幸运的是，通常读者很容易根据语境判断其中的"声音"到底是指物理刺激还是听觉经验。比如，"房间里都是刺耳的喇叭声"指的是"对声音的体验"；但"声音的频率是1000赫兹"则是将声音作为一种物理刺激。通常会用"声音"或"声音刺激"来指代物理刺激，用"声音知觉"来指代声音体验。随后，本章首先介绍作为物理刺激的声音。

作为压力变化的声音

当一个物体运动或振动时，会引起空气、水或任何其他可以传导振动的弹性介质中出现压力的变化，一个声音刺激便产生了。先来认识扬声器，它实质上是一种能产生振动并使这种振动在周围空气中传播的设备。众所周知，如果将其音量调得足够大，在隔壁的墙上也能够感受到这种振动。同样，即使在音量较小的时候，这种振动依然存在。

扬声器的振动会影响周围的空气，如**图 11.1a**所示。当扬声器的振膜向外移动时，它会推动周围空气分子聚集，这一过程称为压缩，它会导致振膜附近分子密度的轻微增加。密度的增加会导致局部气压高于大气压。当扬声器的振膜返回即向里移动时，空气分子会扩散以填充增加的空间，这一过程称为疏化。由疏化导致的空气分子密度的下降会导致气压的轻微降低。在1秒内重复这一过程成百上千次，由于相邻空气分子的彼此影响，扬声器引起空气中的高、低压区域交替。这种气压变化模式即**声波**在空气中会以340米/秒的速度传播（在水中传播的速度为1500米/秒）。

从图11.1a中，读者可能有这样的印象，传递的声波会使空气从扬声器向外移动到环境中。然而，尽管空气压力的变化会从扬声器向外移动，每个位置上的空气分子在前后移动时却几乎总是处于相同的地方。真正的传递则是通过最终抵达听者耳处的压力增加和降低的模式。类似于把鹅卵石投入平静的池塘时所造成的水波（**图 11.1b**）*，当水波以鹅卵石为中心向四周扩散时，任一特定位置处的水分子会上下波动。当人们意识到水波只会导致一只玩具船上下摆动而不是向前移动时，水并没有向外移动这一事实就显而易见了。

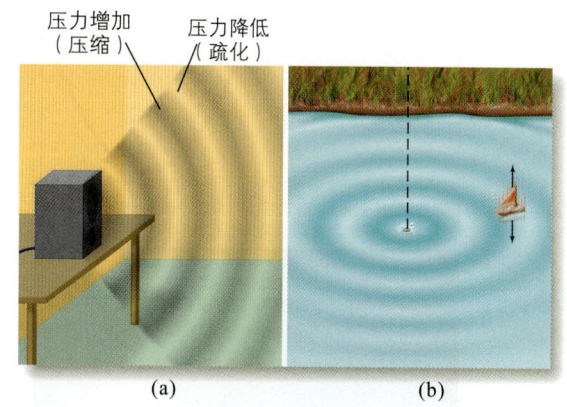

图11.1 （a）一个正在振动的扬声器的振膜对周围空气的影响。暗区代表高气压区，而亮区代表低气压区。（b）向平静的水面投掷一块鹅卵石，它产生的涟漪似乎会向外传播。然而，水实际上是在上下波动，这可以由小船的运动看出来。（a）中扬声器所产生的声波的情况与之类似。

纯音

为了描述与声音相关联的压力变化，首先需要关注一种被称为纯音的简单声波。当气压以特定的模式发生变化时，就会产生**纯音**。这种模式可以用正弦函数表示，如图11.2所示。具有这种压力变化模式的音调在环境中鲜有发生。一个人吹口哨或是长笛所奏出的高频音调接近纯音。音叉也可以产生纯音，其设计使其以正弦运动的方式振动。为了在实验室中研究听觉，计算机也可生成纯音，使扬声器的振膜以正弦波的方式内外振动。这种振动可

---

*实际上，这里和前面的叙述稍有矛盾。此处说声波和水波情况类似，但前面说声波中的空气分子是前后运动的。而水波中的水分子是上下运动。人们把物质分子以前后运动的方式传递的波称为纵波，而把物质分子以上下运动的方式传递的波称为横波。水波是一种横波，而声波是一种纵波。如果要找一种形象的类比物，声波更类似于人们在一端抻动一根紧绷的弹簧时在后者身上造成的疏密变化模式。——译者注

以通过**频率**（1秒内压力周期性变化的次数）和**振幅**（压力变化的幅度）加以描述。

中，中间的刺激在 1/100 秒内重复 5 次，因此它就是一个 500 赫兹的音。如下文，人类能够知觉到的频率范围约在 20 ~ 20 000 赫兹。（阅读到本章稍后部分讨论人类如何知觉频率时，读者会看到更高的频率通常是与更高的音调相联系的。）

声音振幅和分贝量表

这是一种用以说明声音的振幅的方法，可以显示声波高、低峰值间的压力差。图 11.4 显示了振幅不同的三个纯音。

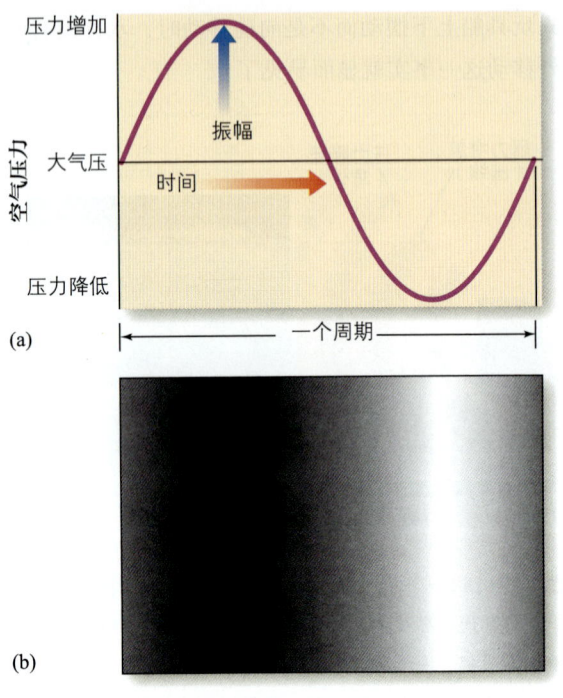

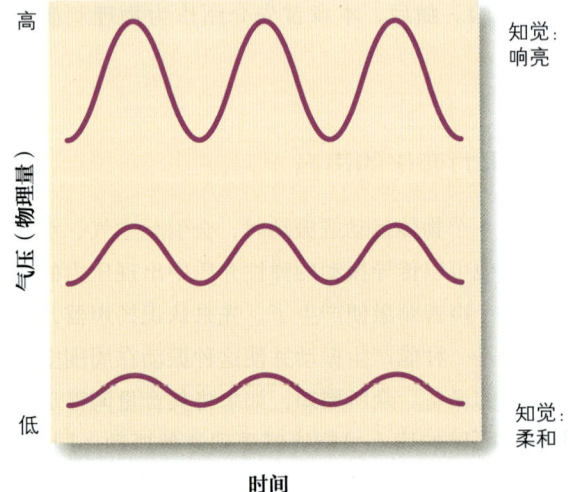

图 11.2 （a）产生纯音的正弦压力变化示意图。（b）如在图 11.1 中一样，以暗（高于大气压）和明（低于大气压）显示压力变化。

图 11.4 三个不同振幅的纯音。更大的振幅对应着知觉到更强的响度。

人们在环境中听到的声音的振幅范围很广，**表 11.1** 列出了一些环境中的声音的相对振幅，范围从轻声低语到喷气式飞机的起飞。（阅读到本章后面

声音频率

频率，即 1 秒内压力变化的次数，计量单位是**赫兹（Hz）**，1 赫兹为每秒一个周期。在**图 11.3**

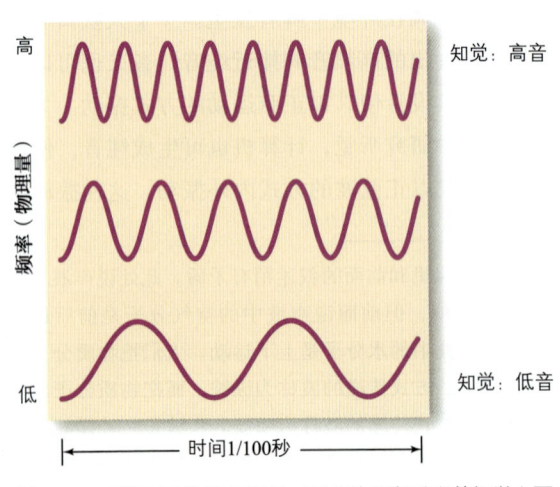

图 11.3 三种不同的纯音频率。更高的频率对应着知觉上更高的音调。

表 11.1 不同环境声音的相对振幅和对应分贝

声音	相对振幅	分贝（dB）
刚刚能听见（阈限）	1	0
树叶婆娑声	10	20
安静的居住区	100	40
正常谈话声	1000	60
高速运行的地铁声	100 000	100
螺旋桨飞机起飞声	1 000 000	120
喷气式飞机起飞声（痛觉阈限）	10 000 000	140

讨论对振幅的知觉部分时，读者可以得知声波的振幅与其响度相关。）

可以用如下方式说明振幅的范围有多广阔：如果图 11.4 的中间部分所示的压力发生变化（该正弦波代表一个接近阈限的声音，如轻声说话，在书页上的幅度大概是 1.1 厘米高），要想画一个非常响亮的声音的图，比如音乐会上摇滚乐的声音，可能需要几千米高的曲线来代表其正弦波！但这有点不切实际，听觉研究者发明了一种声音单位，叫作**分贝（dB）**，它可以将这一巨大的声压范围转换成一个更容易处理的比率。

方法 | 用分贝压缩巨大的压强范围

下面的公式可以用来将声压水平转变成分贝：

$$dB = 20\lg(p/p_0)$$

该式中关键的术语是对数。对数经常应用在有极大范围的情境中。Charles Eames（1977）在一部名为《十的乘方》的经典动画电影中介绍过一个大范围的例子。电影中的第一个场景显示了一个人躺在海滩的野餐毯上。接下来镜头拉远，似乎是有人在一艘即将起飞的飞船上拍摄这个人。镜头的拉伸以每 10 秒 10 倍的速率增加，因而"飞船"的速度开始急速增加、视野范围急速扩大。在 10 米 ×10 米的场景处显示毯子上的人时，这一场景已经处于 100 米范围内的某一处，此时可以看见密歇根湖，并且摄像机开始以越来越快的速度拉远，当它到达 10 000 000 米远处时，整个地球开始显现出来，最终到达 10 000 亿米远，这已接近银河系的边缘（电影实际上还在继续拉远，一直到达宇宙的外缘。但读者必须在这里停下来了！）。

当数字变得这么大时，就非常难于处理了，特别是当需要将它们画在图上时。对数可以改善这种情况，其方法是将数字转换成指数或幂。一个数的对数是指对于一个特定的底数要产生该数时所需的指数的值，如以 10 为底数的对数称为常用对数[1]。其表达见**表 11.2**。因为对于底数 10，将其幂设定为一次就等于 10，故以 10 为底 10 的对数（或 lg10）是 1。因为 10

要增加至二次幂才等于 100，故以 10 为底 100 的对数（或 lg100）是 2。这个表中需要着重理解的是将一个数乘以 10 时对应增加 1 个对数单位。因而，一个对数量表可以将一个巨大的、无法处理的范围转换成一个较小的、易于处理的范围。这样一来，当 Eames 的飞船不断远离地表到达银河系边缘时，距离由 1 米增加到了 10 000 亿米，转换成对数量表却只有 14 个对数单位，这更好处理。环境中所遇到的声压变化不会像 Eames 的影片那样达到天文数字，其所包含的范围约在 1~10 000 000，变成以 10 为底的对数的话就是 7 个对数单位。

现在回顾刚才的公式，$dB = 20\lg(p/p_0)$。根据该公式，分贝是两个声压比率对数的 20 倍：p 代表声音的压强；p_0 是参考声压，通常设定为 20 微帕，它是一个 1000 赫兹的声音接近听觉阈限时的压强。考虑一下对两个声压做这一计算。

如果声压 p 是 2000 微帕，则

$$dB = 20\lg(2000/20) = 20\lg100$$

由于 100 的对数是 2，

$$dB = 20 \times 2 = 40$$

如果把声压乘以 10，从而 p 是 20 000 微帕，则

$$dB = 20\lg(20\,000/20) = 20\log1000$$

1000 的对数是 3，所以

$$dB = 20 \times 3 = 60$$

表11.2 常用对数

数值	10的幂	对数
10	10^1	1
100	10^2	2
1000	10^3	3
10 000	10^4	4

注意，把声压乘以 10 会导致 20 分贝的增加。现在回过头来看表 11.1，可以看到，当声压从 1 增加到 10 000 000 时，分贝只是从 0 增加到了 140。就没必要去处理几千米高的图了！

当用分贝来表示声压时，需要加上符号 **SPL（声压级）**，以表明分贝是根据 20 微帕的标准压强 p_0 来确定的。在说明一个声音刺激的声压是多少分贝时，通常要使用**级**或**声级**。

---

[1] 有时也会用到其他的底数。比如，计算机科学中常用以 2 为底的对数，称为二进制对数。

复合声与频谱

前文用纯音说明了什么是频率和振幅。纯音很重要,因为它们是声音的基本构成单元,并且在听觉研究中也得到了大量研究。然而在环境中,纯音很少见。如前文所述,环境中的声音,如乐器声或人说话时所产生的声音,通常具有比纯音的正弦波式的压力变化更复杂的波形。

图 11.5a 显示了乐器可能产生的复合声的压力变化。注意,波形是重复的(例如,图 11.5a 中的波形重复了四次)。这种重复表示这个复合声像纯音一样,也是周期性音。从图底部的时间标尺上可以看到该声音是在 20 毫秒内重复了四次。因为 20 毫秒是 20/1000 秒 =1/50 秒,表示这个声音每秒钟会重复 4×50=200 次。这个重复率被称为声音的基频。

成分叠加构成的。每一个成分称为是该声的一个谐波。第一谐波,即频率等于基频的那个纯音,通常被称为复合声的基波。图 11.5b 中声音的基音频率是 200 赫兹,与整个复合声的重复率一致。

频率是基频整数倍(如 2、3、4)的纯音称为高阶谐波。这表示复合声的第二谐波的频率是 200×2=400 赫兹(图 11.5c),第三谐波的频率是 200×3=600 赫兹(图 11.5d),依此类推。这些额外的音均是复合声的高阶谐波。将基波和图 11.5b ~ e 中的高阶谐波相加,即得到了复合声的波形(图 11.5a)。

另一种表示复合声谐波成分的方法是频谱,见图 11.5 右侧。水平轴所代表的是频率,而非像在左侧波形图中那样是时间。每一条线在水平轴上的位置表示的是复合声中一个谐波的频率,而线的高度表示该谐波的振幅。频谱可以清楚地显示复合声的基波和各谐波如何相加,进而得到该声的复合波形。

尽管一个重复的声波是由数个频率为基频整数倍的谐波构成的,但不要求所有的谐波都同声波有一样的重复率。图 11.6 显示了去除这个复合声中第一谐波的结果。图 11.6a 中的音即是图 11.5a 中的音,它的基频是 200 赫兹。图 11.6b 中的音是该声音剔除了第一谐波(200 赫兹)后的结果,如右侧的频谱所示。需要注意的是,去除一个谐波会改

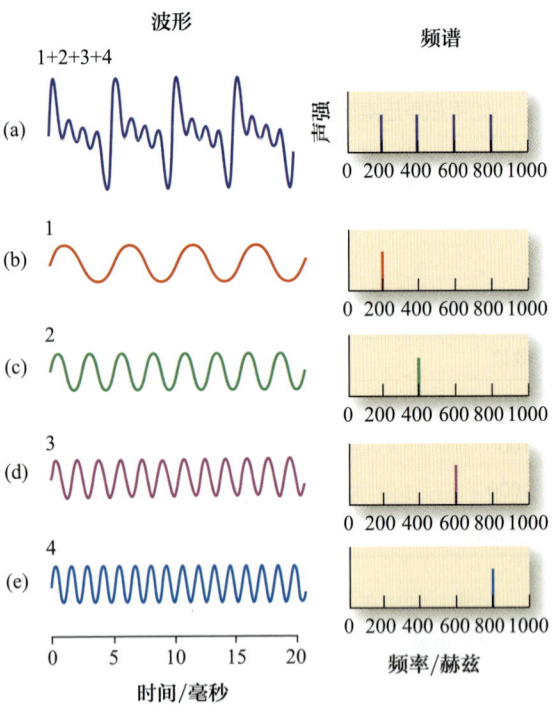

图 11.5 左侧:不同声音的波形,(a)一个基频为 200 赫兹的复合周期性声音;(b)基波(第一谐波)=200 赫兹;(c)第二谐波 =400 赫兹;(d)第三谐波 =600 赫兹;(e)第四谐波 = 800 赫兹。右侧:左侧各声音的频谱。(来源:Plack,2005)

图 11.5a 中的复合声是由一些纯音(正弦波)

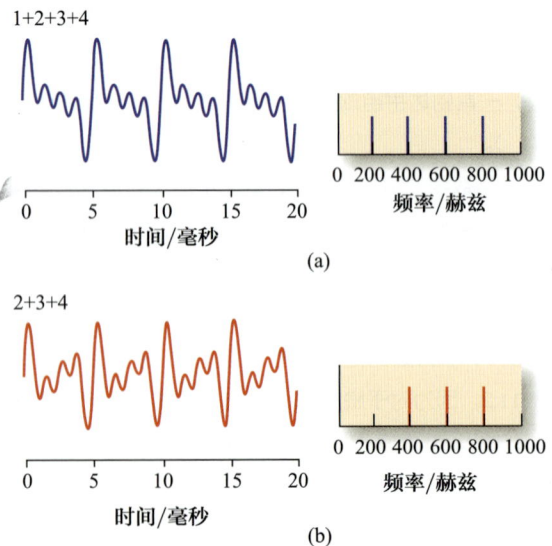

图 11.6 (a)图 11.5a 中的复合声及其频谱;(b)去除了第一谐波的同一个声。(来源:Plack,2005)

变声音的波形，但是其重复率保持不变。即使基波不在其中，依然有着和基波频率（200赫兹）相对应的重复率。当去除高阶谐波时，也会产生相同的效果。因而，如果剔除400赫兹的第二谐波，声音的波形会改变，但是重复率依然是200。

你或许想知道为何即使基波或高阶谐波被去除后重复率依然不变。通过观察右侧的频谱，可以看到谐波间的距离和重复率是相等的。当基波被剔除时，这个距离保持不变，因而波形中依然保存着表达基波的频率信息。

声音的知觉属性

前文关注声音刺激的物理方面，提及的内容都可以用一个声级计来测量，它能够记录空气中的压力变化。就像前面提到的"森林中有一棵树倒下，却没有人听见"的例子中所发生的一样，人不需要在场。但现在加上一个人（或一只动物）并考虑一下，人们（或动物）实际上能听到些什么。需要考虑两个听觉维度：（1）响度，是指知觉到一个声音在强度上的差异，比如耳语和大喊之间的差异；（2）音高，是指声质高和低之间的差异，比如人们听到从左到右弹奏钢琴键盘时音符的变化。

阈限和响度

首先，通过回答下面两个关于声音的问题来思考响度："你能够听到吗？""它听起来有多响？"这两个问题分别对应阈限（刚刚能够听到的最小的声音量）和响度（知觉到的声音强度，变化范围为"刚刚能听到"到"非常响"）两个标题。

响度和声级

响度作为一种知觉属性，与声音刺激的声级或振幅关系最为密切，后者可以用分贝（dB SPL）来表示。因而，分贝经常与响度有关，如表11.1所示。0 dB SPL 的声音是刚刚能觉察到的，而120 dB SPL 的声音是非常响的（能够导致耳内感受器的永久性损伤）。

以分贝为单位的强度（物理的）和响度（知觉的）间的关系是由 S. S. Stevens 用数量估计程序确定的（见第1章；附录C）。图11.7显示了一个1000赫兹的纯音的声级强度和响度间的关系。在这个实验中，被试需要判断目标纯音和40 dB SPL 的纯音的响度，后者被设定为1。这样，如果一个纯音听起来是40 dB SPL 声音的10倍响，它就会被判定响度为10。虚线表明声级增加10分贝时（从40到50），声音的响度几乎会增加1倍。

从表11.1和图11.7的曲线中很容易看出，"分贝越高"就意味着响度越大。但实际上并非如此简单，因为阈限和响度并不仅依赖其分贝，也依赖其频率。**听力曲线**是一种可以帮助人们理解频率在响度知觉中的作用的方式。

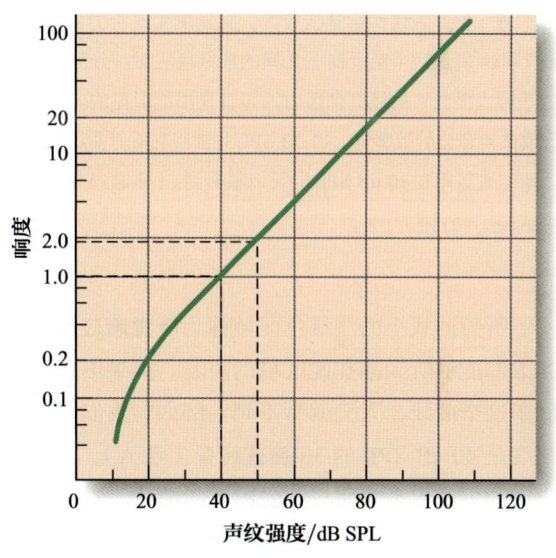

图11.7　用数量估计法得到的一个1000赫兹纯音的响度和声级强度间的函数关系。（来源：Gulick et al., 1989）

跨频率的阈限：听力曲线

关于听觉的一个基本事实是，人类只能听见特定的频率范围。这表示对于有些频率，人们无法听到，并且即便是在可听到的频率范围内，有些声音也比其他声音更容易听到。有些频率有较低的阈限，即只需要很小的声压变化就可以听到它们；有些频率的阈限更高，即听到它们需要更大的声压变化。这可以用图11.8中的听力曲线表示。听力曲线展现了不同频率声音的听觉阈限，由此可见人类能够听到20~20 000赫兹的声音，并且对频率在 2000～4000 赫兹的声音最为敏感（听觉阈限最低），这也恰好是对理解言语来说最重要的频率范围。

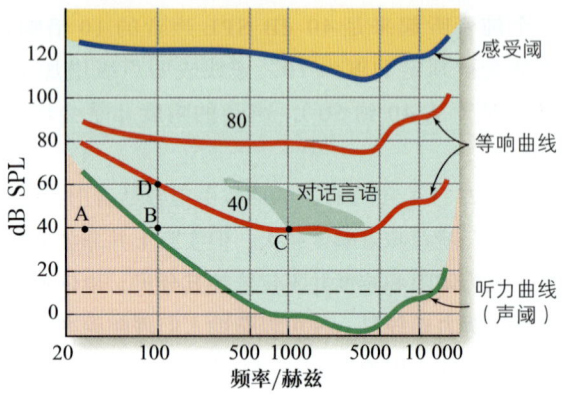

图 11.8 听力曲线和听觉响应区。听觉发生在听力曲线（听阈）和上侧曲线（感受阈）之间的浅绿色区域。分贝和频率处于听力曲线下的浅红色区内的声音是不能听见的。高于感受阈的声音会导致痛觉。10 dB SPL 处虚线与听力曲线相交处表示这些频率在 10 dB SPL 时可以被听到。（来源：Fletcher & Munson，1933）

听力曲线上的浅绿色区域称为**听觉响应区**，因为人们能够听到落在此区域的声音。如果声音强度低于这个曲线，人们就听不到。例如，人们听不到强度是 40 dB SPL 的 30 赫兹纯音（点 A）。听觉响应区的上边界是表明"感受阈"的曲线。对振幅达到这么高的声音，人们能够"感受"到：它们会导致痛感，并且会对听觉系统造成伤害。尽管人类能够听到的频率范围是在 20～20 000 赫兹，但其他一些动物的听觉频率范围要比人类更广。大象能够听到低于 20 赫兹的刺激。而在人类的听觉频率范围之上，狗能够听到 40 000 赫兹的频率，猫能够听到高达 50 000 赫兹的声音，而海豚能够听到的声音最高可达 150 000 赫兹。

但在听力曲线和感受阈之间会怎样？为了回答这个问题，随机选取一个频率并确定一个点，比如点 B，使之刚好处于听力曲线上一点儿。因为该点刚好比听觉阈高一点，它听起来会很弱。但沿着垂线提高声强水平时，响度也会随之增加（见图 11.7）。因而，每个频率都有一个阈限或"基线"，即它刚刚能被听到时的分贝数，正如听力曲线体现

的，在这一基线上提高声强水平时，其响度就会增加。

另一种理解响度和频率间关系的方法是观察图 11.8 中红色的**等响曲线**。这些曲线表明频率不同的声级的声音可以有相同的响度知觉。在确定等响曲线时，要给听者呈现某一频率和声级的标准纯音刺激，让他对可听范围内的其他频率的纯音的声级进行选择，以使其与标准刺激的响度相匹配。例如，图 11.8 中显示为 40 的曲线即是通过将可听频率范围内的纯音响度与一个 1 000 赫兹、40 dB SPL 的纯音（中央 C）的响度相匹配得到的。这表明一个 100 赫兹的纯音需要以 60 dB SPL 的强度呈现，才能与 40 dB SPL、1000 赫兹的纯音在响度上相同。

需要注意的是在高频和低频时，标记为 40 的听力曲线和等响曲线向上弯曲，但在 30～5000 赫兹标记为 80 的等响曲线几乎是平的，这表示这一频率区间内的纯音在 80 dB SPL 水平时大致是等响的。因而，在阈限附近，要使不同频率的声音有相似的响度，其强度水平可能差异非常大，但在阈限以上的某些水平处，不同频率的声音处于相同的分贝水平就会有相近的响度。

音高

音高，即在知觉范畴内的声音的"高""低"，是一种听觉属性，可以根据音阶的顺序进行识别。音高和音阶间的这种联系还体现在音高的另一个定义中，即音高是听觉的一方面，其变化与音乐的旋律有关（Plack，2014）。除音乐外，音高也是言语（低声调与高声调）和其他自然声音的属性。

与音高关系最为密切的物理属性是基频（声音波形的重复率）。低的基频与低音有关（比如长号的声音），高的基频与高音有关（比如短笛的声音）。然而，需要注意的是音高是声音的心理而非物理属性。所以音高不能通过物理的方式来测量。例如，说某个声音的"音高是 200 赫兹"是不正确的。人们可以依据对声音的知觉来确定特定声音是高音还是低音。

钢琴键盘可以帮助人们认识音高。按下键盘左侧的键会产生一个低沉的低音，沿键盘向右移发出的音会越来越高，直至到达键盘最右侧时会产生很

高的叮叮声。与这种从低到高的知觉经验相联系的物理属性是基频，在钢琴上最低的音符其基频是 27.5 赫兹，而最高的音符是 4166 赫兹（图 11.9）。伴随着一个音的基频增大而加强的知觉经验即被称为**音高度**。

沿着钢琴键盘从低音端到高音端移动时，除了音高会增加外，还会出现以下现象：标记音符的字母 A、B、C、D、E、F 和 G 会重复出现。并且可以发现，这些字母相同的音符听起来是相似的。因为这种相似性，标有相同字母的音符具有相同的**音色度**。每次经过键盘上相同的字母时，就向上经过了一个区间，这称为一个**八度音**。间隔八度的音具有相同的音色度。例如，图 11.9 中的每一个 A 音——在图中以箭头标示——都有相同的音色度。

具有相同音色度的音基频前后相差 2 倍。因而，A1 的基频是 27.5 赫兹，A2 是 55 赫兹，A3 是 110 赫兹，依此类推。每隔一个八度的音就导致了人们相似的知觉经验。因而，一个嗓音低的男性和一个嗓音高的女性可以完美合唱，即使他们的声音可能相隔着一个或更多八度。

然而，尽管通过钢琴键盘可以很好地说明音高和基频间的联系，但关于基频还有其他内容。如果一个复合声的基波或其他谐波被去除，该声音的音高会保持不变，因而图 11.6 中的两个波形会产生相同的音高。即使基波或其他谐波被去除，音高依然保持不变的这一特性被称为**基频缺失效应**。基频缺失会有切实的影响。比如，想象有人在电话中跟你说话时会发生什么？即使电话不能再现 300 赫兹以下的频率，你也能够听到一个男性声音中对应着 100 赫兹基频的低音，因为高阶谐波能够产生这一音高（Traux，1984）。

另一种说明基频缺失效应的方法是想象听到由安静的房间中奏出的小提琴长音符。接着打开空调，后者会产生很响的低频嗡嗡声。尽管空调的噪声会使小提琴的低音谐波很难被听到，但其音高会保持不变（Oxenham，2013）。

音色

虽然移除一些谐波成分不会影响一个音的音高，但会改变声音的另一个知觉属性，即**音色**。可以用音色来区分两个音之间的差异，即虽然两个音在响度、音高和持续时间上相同，但听起来有差异，这种差异就是由两个音的音色间的差异造成的。例如，当长笛和双簧管以相同的响度演奏相同的音符，人依然能够分辨两种乐器间的差异。长笛的声音清澈，而双簧管的声音悠扬。当两种音具有相同的响度、音高以及持续时间，但听起来不同时，这种差异即是音色上的差异。

音色与一个音的谐波结构密切相关。图 11.10 中给出了三种乐器的频谱，分别是吉他、巴松管和中音萨克斯所演奏的基频为 196 赫兹的音符 G_3。在这些乐器中，谐波的数目和相对强度都不同。例如，吉他比巴松管和中音萨克斯有更多的高频谐波。尽管谐波的频率总是基频的整数倍，但有些谐波可能不会出现，巴松管和中音萨克斯中的一些高频谐波就是这样。人们也很容易注意到不同人的嗓音在音色上的差异。当形容一个人的声音"鼻音很重"，而另一个人的声音"充满磁性"时，指的就是他们的音色。

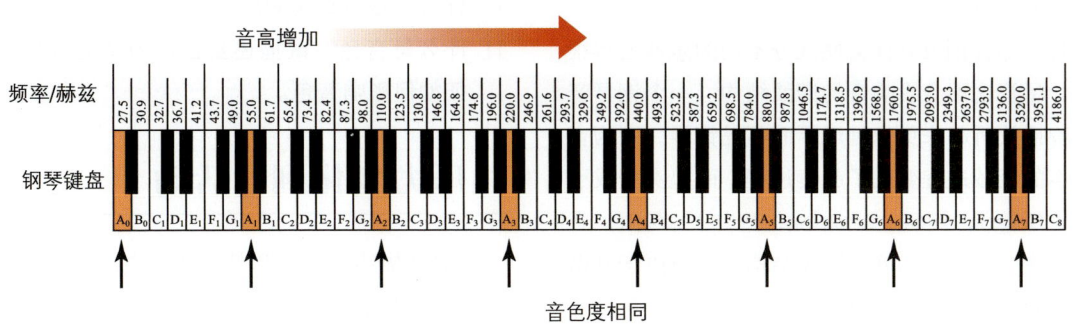

图11.9 钢琴键盘，上面给出了与每个键相对应的频率。沿键盘向右移动时，音符的频率和音高增加了。具有相同字母的音符，比如所有的 A 音（箭头所示），都具有相同的音色度。

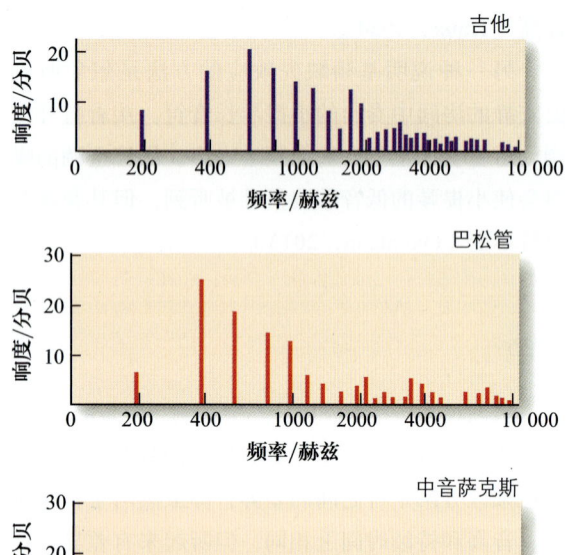

图11.10 吉他、巴松管和中音萨克斯吹奏出的基频为196赫兹的音的频谱。横轴上的线的位置代表谐波频率,高度代表其相应的强度。(来源:Olson,1967)

不同乐器在谐波上的差异并不是唯一造成它们独特音色的因素。音色还取决于一个声音的**起奏**(一个音在开始阶段开始发声的过程)及其**衰减**(一个音在结束时声音开始下降的过程)的时间过程。因而,对于同一个高音,人们很容易区分哪一个是由黑管演奏的;哪一个是由长笛演奏的。但是如果把这两个音录下来,并通过删除每个音的前后各1/2秒来去除其起奏和衰减信息,两种乐器的声音就很难区分了(Berger,1964;also see Risset & Mathews,1969)。

将乐器音倒放同样会使区分不同的乐器变得很困难,尽管这不会影响音的谐波结构。一个钢琴音符倒着播放听起来更像是风琴而不是钢琴,因为音符原本的衰减过程变成了起奏过程,而起奏变成了衰减(Berger,1964;Erickson,1975)。因而,音色既取决于一个音的静态谐波结构,也取决于其谐波起奏和衰减的时间进程。

纯音和乐器产生的声音都是**周期性声音**,即压力变化的模式是重复的,正如图11.5a中的音所示。

此外,还有**非周期性声音**,其波形不会重复。摔门的声音、人们谈话的声音或者是无线电没有调到任何台时的静电噪声都是非周期性声音的例子。这些事件所产生的声音比乐音更为复杂,但所有这些声音刺激也都可以被解析为一些更简单的频率成分。第13章将讨论人类是如何知觉言语刺激的。本章主要关注纯音和乐音,因为这些是绝大多数关于听觉系统功能的基本研究中所使用的声音。下一部分将讨论听觉系统是如何加工这些声音刺激从而形成听觉经验的。

测一测 11.1

1. 听觉的功能有哪些?尤其注意,声音能够提供哪些视觉不能提供的信息。
2. 声音的两个可能的定义是什么?(记住森林里正在倒下的树。)
3. 如何依据气压的变化描述声音刺激?什么是纯音?什么是声音频率?
4. 什么是声音的振幅?为何要发明分贝量表来测量振幅?分贝是"知觉的"还是"物理的"?
5. 什么是复合声?什么是谐波?什么是频谱?
6. 从复合声中去除一个或多个谐波会对声音刺激的重复率产生哪些影响?
7. 声强和响度间的关系是什么?哪一个是物理的?哪一个是知觉的?
8. 什么是听力曲线?它告诉人们声音的物理特征(声强和频率)与知觉特征(阈限和响度)间的关系是什么?
9. 什么是音高?它与哪种物理属性关系最为密切?什么是音高度和音色度?
10. 什么是基波缺失效应?
11. 什么是音色?试描述复合声的特征以及这些特征如何影响音色。

由压力变化到电活动

前文描述了刺激和其知觉效应,接下来将会讨论耳中都发生了些什么。下文将介绍声音从进入耳朵开始,到耳内深处的听觉感受器的整个过程。

在这一过程里,听觉系统要完成三个基本任

务。第一，它要把声音刺激传递给感受器；第二，它将这一刺激由压力变化转变为电信号；第三，它会对这些电信号进行加工，以便表达声源的性质，如音高、响度、音色和位置。

在描述这段旅程时，声音刺激穿过一段复杂的迷宫到达听觉感受器。这并非简单地指声音从一条黑暗的管道中移向下一条。在这一旅程中，声音会使通路上的结构发生振动，这些最开始由鼓膜产生的振动经由一个结构传递到下一个结构，最终到达耳的深处，引起细小的听觉感受器纤毛的振动。耳分为三个部分：外耳、中耳和内耳。接下来先介绍一下外耳。

外耳

声音首先经过**外耳**，它包括**耳廓**和**外耳道**。前者是一种从头部两侧伸出的结构，后者是一种管状结构，在成人身上约为3厘米长（图11.11）。在第12章中人们将会看到，尽管耳廓是整个耳的最明显的部分，并且可以帮助定位声音，但缺少它不会影响耳的功能。1888年，凡·高用剃刀割掉了他的左耳，但那只耳并未因此而变聋。

外耳道可以保护中耳中的精细结构免受外部世界危险的伤害。外耳道长约3厘米的凹陷和其内部的蜡状物可以保护耳道底部的**鼓膜**或**耳鼓**，而且有助于使该膜及中耳内部的结构保持在一个相对恒定的温度。

除了保护功能，外耳道也有其他作用：通过物理**共振**原理增强某些声音的强度。共振发生于外耳道中，是指进入外耳道的声波与外耳道密闭端反射回的声波发生的相互作用。这种相互作用会强化声音中的某些频率成分，大多数受到强化的声音频率成分取决于外耳道的长度。该频率也称为外耳道的**共振频率**。

对耳内声压的测量表明，外耳道中的共振效应对声音有轻微的放大作用，它会增加1000～5000赫兹频率的声级，而这正如图11.8的听力曲线所示，恰好覆盖了人类听力中最敏感的区域。

中耳

当由空气传导的声波抵达外耳道末端的鼓膜时，它会使鼓膜发生振动，并且这一振动会被传递给鼓膜另一侧的中耳结构。**中耳**是一个体积约为2立方厘米的小腔，处于外耳和内耳之间（图11.12）。腔体中包含**听小骨**，它们是身体内最小的三块骨。第一块小骨叫**锤骨**（即锤子的意思）。锤骨附着在鼓膜上，鼓膜引起它的振动，它把振动传递给**砧骨**（形如砧板），砧骨继续将其振动传递给**镫骨**（即马镫的意思）。镫骨接下来会通过推动覆盖在**卵圆窗**上的膜将振动传递给内耳。

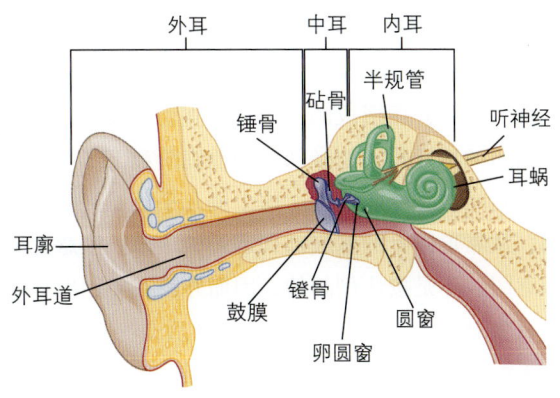

图11.11 耳。图中显示了三个部分——外耳、中耳和内耳。（来源：Lindsay & Norman, 1977）

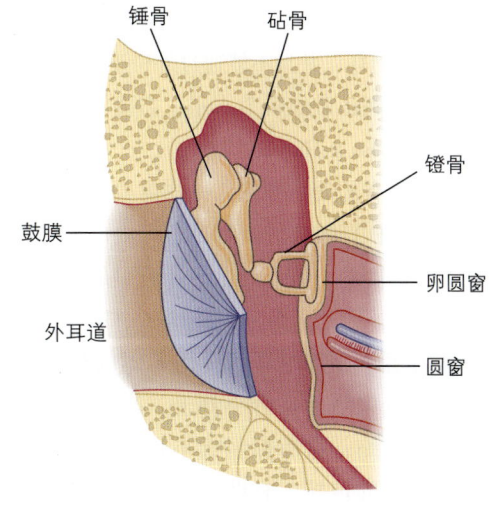

图11.12 中耳。中耳的三块听小骨会将鼓膜的振动传递到内耳。

为什么需要听小骨？在回答这一问题时，人们发现，外耳和中耳中都充满空气，但内耳是由像水一样的液体充盈的，其密度远高于气体（图11.13）。低密度气体和高密度液体间的不匹配带来了一个问题：空气中的压力变化很难传递到更高密度的液体中。这种不匹配可以通过下面这个例子来说明：当你在水下而别人在水面上的时候，你会很难听到人们对你说的话。

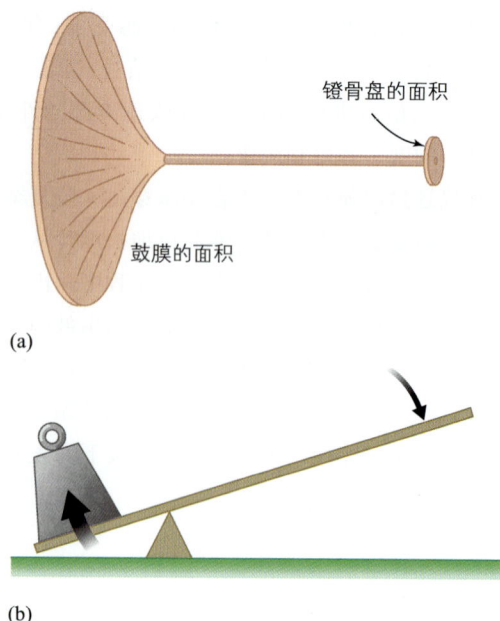

图11.14　（a）鼓膜和镫骨示意图，显示了两者在大小上的差异。（b）杠杆作用是如何将右侧的一个小力放大以抬起左侧重物的。听小骨的杠杆作用可以将到达鼓膜处的声音振动放大。（来源：Schubert，1980）

图11.13　外耳、中耳和内耳中的环境。内耳中充满液体，这带来了一个问题，即如何将中耳内由气体传递的声音振动传送到内耳的液体媒介中。

如果振动必须直接由中耳中的空气传到内耳中的液体，那么只有不到1%的振动能得到传递（Durrant & Lovrinic，1977）。听小骨从两个方面帮忙解决了这一问题：(1)通过将较大的鼓膜上的振动集中到很小的镫骨上，可以使压力增加20倍（图11.14a）；(2)通过彼此铰链形成一种杠杆作用，就像将一个支点置于一块平板下，从而使得压下平板的长端就能够抬起放在短端的重物（图11.14b）。下面的例子可以使人们更好地了解听小骨的作用：一些病人的听小骨损坏，并且不能通过外科手术修复，要想让听小骨达到正常的听力水平，需要将声压增加10～50倍（Bess & Humes，2008）。

并不是所有的动物都像人一样需要听小骨来集中压力，产生杠杆效应。例如，鱼耳内的液体与水只有很小的密度差，鱼儿的生活环境里的声音可以经由水来传递。因此，鱼没有外耳和中耳。

中耳内还包含有**中耳肌**，是人体内最小的骨骼肌。这些肌肉附着在听小骨上，当声级非常高时，它们会收缩，从而抑制听小骨的振动。这会削弱低频声音的传导，有助于避免高强度的低频成分干扰人们对高频成分的知觉。特别是肌肉的收缩或许能避免自己的发声和咀嚼的声音对人们知觉其他人的言语的干扰。在吵闹的餐厅中，这种功能非常重要！

内耳

接下来将首先介绍内耳的结构，然后会描述内耳结构发生振动时的情形。

内耳结构

内耳的主要结构是充满液体的**耳蜗**，它是一种蜗牛状的结构，在图11.11中以绿色表示，其部分展开的形状也见图11.15a。图11.15b显示的是耳蜗完全展开后形成的一个长的直管。展开的耳蜗最明显的特征是，上半部分的前庭阶和下半部分的鼓阶之间被**耳蜗隔**分开。这个隔几乎延展到整个耳蜗，从靠近镫骨的基底部到远端的顶部。注意这个示意图并不是按比例画的，因而并没有显示出耳蜗的真实比例。实际上，耳蜗展开后是一个直径为2毫米、长度为35毫米的柱状结构。

尽管在图11.15b中的耳蜗隔是用一条细线来表示的，但它实际上比较大，并且包含将耳蜗中的振动转变为电活动的结构。可以通过如图11.15b所示的那样取耳蜗的一个横截面来观察耳蜗隔中的结构，如图 11.16a 所示。通过这种方式来看耳蜗时，可以看到包含有毛细胞的**柯蒂氏器**，即听觉的感受器。注意，在图 11.16 中只显示了柯蒂氏器的一个位置，但正如在图 11.15 中所示，包含有柯蒂氏器的耳蜗隔实际上延伸到了整个耳蜗的长度。因而，耳蜗从一端到另一端都分布有毛细胞。此外，还有两层膜——**基底膜**和**盖膜**——也延伸到了整个耳蜗的长度，并且在激活毛细胞时起着重要的作用。

图 11.16b 中的**毛细胞**用红色标识。图 11.17 显示的是**纤毛**，是一种从毛细胞顶部伸出的纤细凸出物，当压力改变时，它们会有弯曲反应。人耳中有一排**内毛细胞**和大概三排**外毛细胞**，内毛细胞大概是 3500 个，外毛细胞大概有 12 000 个。最长的一排外毛细胞的纤毛嵌在盖膜内，但其余的外毛细胞的纤毛以及所有内毛细胞的纤毛都没有这样（Moller，2006）。

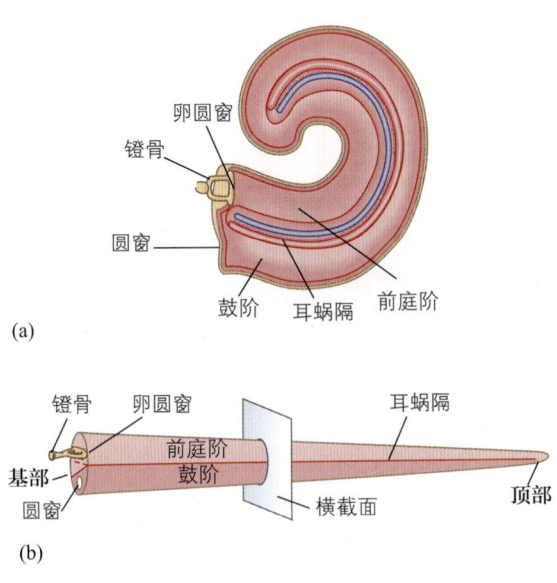

图 11.15 （a）部分展开的耳蜗。（b）完全展开的耳蜗。耳蜗隔在这里只用一条线表示，但实际上它包含着基底膜和柯蒂氏器，如图 11.16 所示。

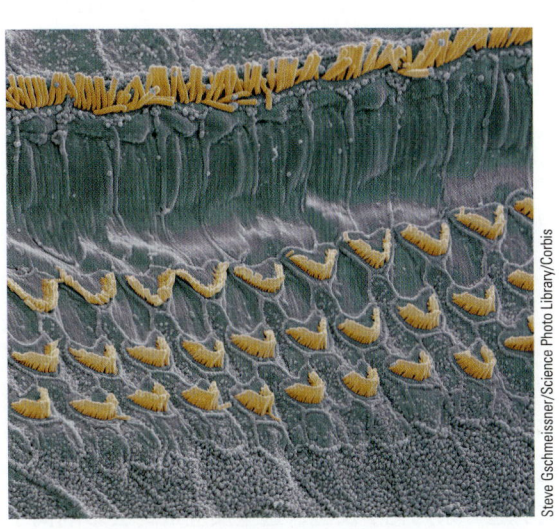

图 11.17 扫描电子显微图中所显示的内毛细胞（上）和三排外毛细胞（下）。为突出显示，毛细胞被加上了颜色。

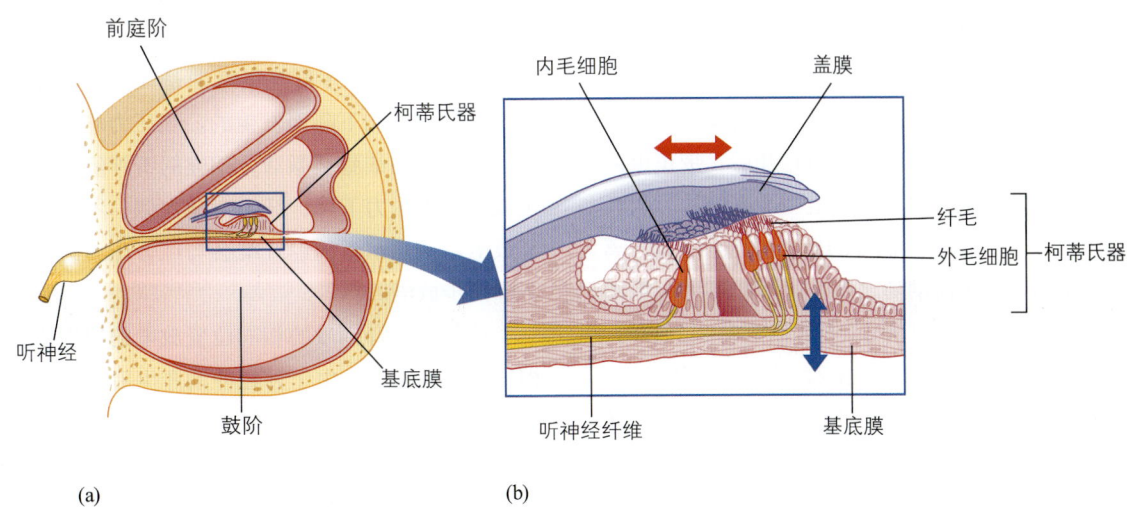

图 11.16 （a）耳蜗的横截面。（b）柯蒂氏器特写图，显示了它处于基底膜之上。箭头显示的是耳蜗隔的振动会引起基底膜和盖膜运动。外毛细胞的纤毛嵌在盖膜中，内毛细胞的纤毛则没有这样，但图中显示得并不是很明显。（来源：Denes & Pinson，1993）

振动使纤毛弯曲

正如之前讲过的,中耳内镫骨的振动使卵圆窗发生了运动,这一系列事件的集结地是位于基底膜上的柯蒂氏器,这种器官的主要特征是拱形的盖膜覆盖在毛细胞上。卵圆窗前后运动将振动传递给耳蜗中的液体,从而使基底膜开始运动(图 11.16b 中蓝色箭头所示)。基底膜的上下移动有两种效应:(1)使柯蒂氏器产生上下运动;(2)使盖膜产生前后的运动,如红色箭头所示。这两种运动使毛细胞上的盖膜前后移动。盖膜的前后移动会引起嵌入膜中的外毛细胞纤毛弯曲。虽然其他外毛细胞以及内毛细胞的纤毛也会弯曲,但这种弯曲不过是作为对纤毛周围液体压力波的反应。

纤毛弯曲产生电信号

到达内耳的振动是如何转化为电信号的?终于到这一步了。这是一个传导过程,在第 2 章视觉部分描述过这部分内容。当这种过程发生时,视觉色素分子的光敏感部分会吸收光线,改变形状,进而引起一系列化学反应,这些反应最终会影响离子(带电分子)发生跨越视觉感受器膜的流动。描述听觉的这一过程时,本文将会聚焦内毛细胞,因为它们负责生成听神经纤维内传向皮层的信号,是主要的听觉感受器。在本章稍后的部分会再提到外毛细胞。

听觉的传导会引发一系列的离子流动。首先,毛细胞的纤毛会朝一个方向弯曲(图 11.18a)。这种弯曲会引起一种称为顶连的结构的拉伸,这将会打开纤毛膜上的细小的离子通道,这些离子通道的功能类似于活板门。当离子通道打开后,带正电的钾离子会流向细胞膜内,并产生一个电信号。当纤毛弯向另一个方向时(图 11.18b),顶连松弛,离子通道关闭,离子流动随之终止。由此可见,毛细胞的前后弯曲会导致电信号(当纤毛弯向一个方向)和没有电信号(当纤毛弯向相反的方向)交替发生。毛细胞中的电信号会使分离的内毛细胞和听神经纤维的突触释放神经递质,引起突触后听神经纤维的放电。

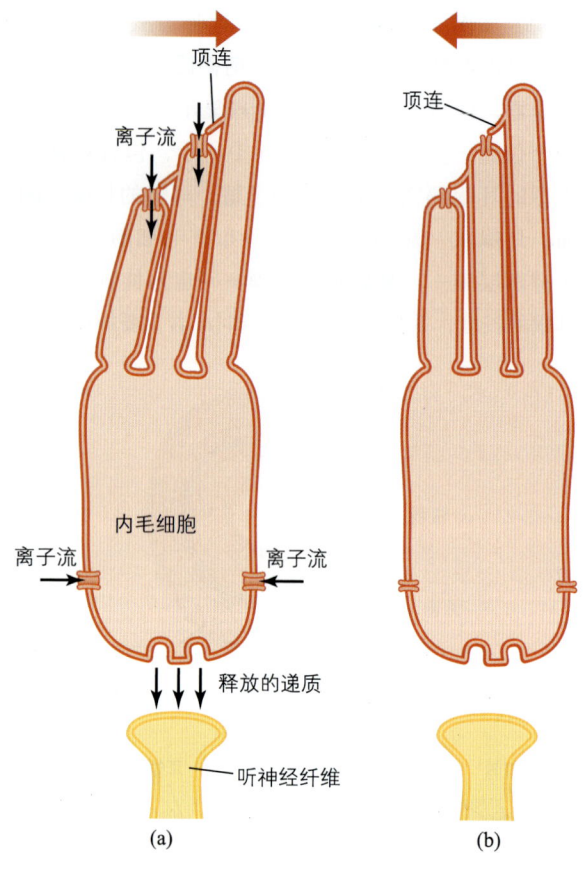

图 11.18 毛细胞纤毛的运动导致毛细胞内电流的变化。(a)当纤毛向右弯曲,顶连拉伸,离子通道打开。带正电的钾离子(K^+)进入细胞,导致细胞内带正电。(b)当纤毛向左动,顶连松弛,通道关闭。(来源:Plack,2005)

电信号与纯音压力变化的同步

图 11.19 显示了纤毛的弯曲是如何跟随纯音刺激压力的增加和下降而发生的。当压力增加,纤毛弯向右侧,毛细胞被激活,相连的听神经纤维倾向于放电。当压力下降,纤毛弯向左侧,不会产生神经放电。这表示听神经纤维会与纯音压力的上升和下降同步放电。

这种在声音刺激的相同位置放电的属性称为锁相。对于高频音,由于神经冲动产生后需要一个复原的过程,所以听神经可能不会在每次压力变化时都产生神经放电(参见"不应期",第 2 章)。但当神经纤维放电时,总是与声音刺激同时放电,如图 11.20a 和图 11.20b 所示。由于多个神经都会对同一个音反应,很可能当有些纤维"错失"特定的压力变化时,其他的纤维会在那一刻放电。因而,当将许多纤维的反应结合起来后,其中的每一个都会在声波峰值时放电,整体的放电就会与声音刺激的频率相匹配,如图 11.20c 所示。这表示,一个声音的重复率会产生一种神经放电模式,其中神经脉冲的时间与周期性的声音刺激的时间相匹配。

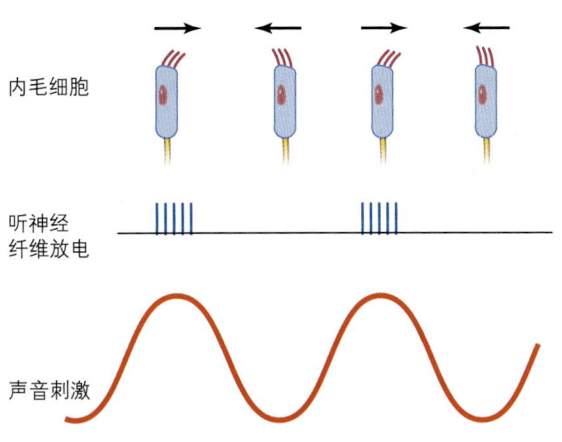

图 11.19 毛细胞的激活和听神经纤维的放电如何与刺激的压力变化相同。当纤毛向右弯曲时,听神经纤维就会放电。这发生在正弦波压力变化的峰值处。

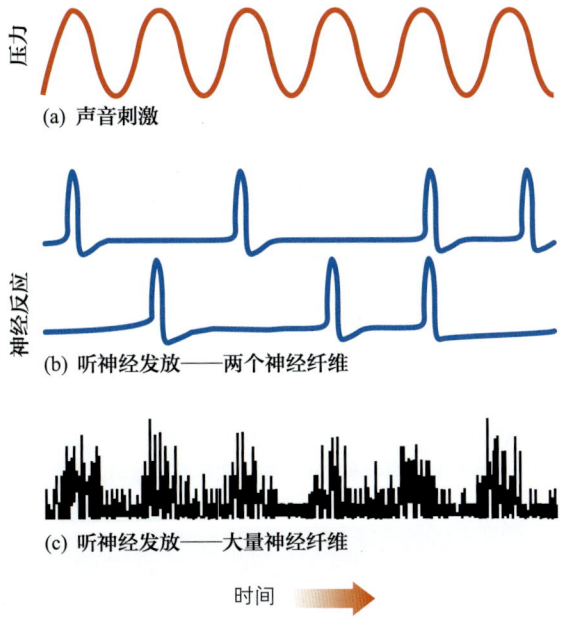

图 11.20 (a) 一个 250 赫兹纯音的压力变化。(b) 两个独立的听神经纤维所产生的神经脉冲模式。注意脉冲总是发生在压力波的峰值处。(c) 500 个神经纤维所产生的组合脉冲。尽管单个神经元的反应会有一些变异,但大量神经元的反应能表达 250 赫兹的周期性。(来源:Plack, 2005)

听神经对频率的表征

介绍了电信号是如何产生的,接下来的问题是,这些信号是如何提供声音的频率信息的?对听神经中的活动如何表达频率这一问题的回答主要聚焦于确定基底膜是如何对不同的频率振动的。Georg von Békésy(1899—1972)对该问题进行了开创性研究,他因为对听觉生理学的研究而获得了 1961 年的诺贝尔生理学或医学奖。

Békésy 发现基底膜如何振动

Békésy 通过观察基底膜的振动确定了基底膜是如何对不同的频率的声音产生振动的。他是通过在动物和人的尸体的耳蜗上打一个孔来做到这一点的。他呈现不同频率的声音,并使用一种类似对高速事件进行快速摄影的技术来观察膜的振动(Békésy, 1960)。在观察不同时间点上膜的位置时,他发现基底膜是以**行波**的方式振动的,这种运动类似一个人手执绳子一端猛然抖动,从而形成一个沿绳子传递的波。

图 11.21a 显示了这种行波的微观视角。图 11.21b 显示的是一个纯音所形成的行波在三个相继的时间点上的侧视图。水平的实线代表的是静息状态的基底膜。曲线 1 表示的是在其振动的某一个时刻

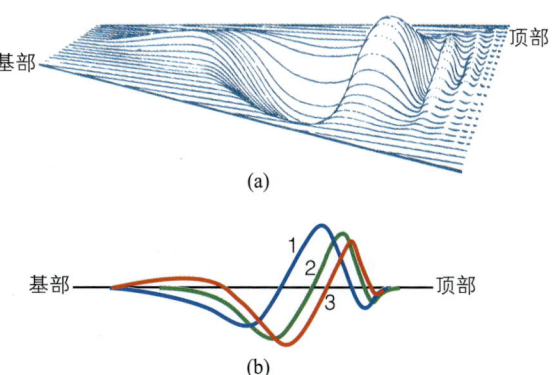

图 11.21 (a) 一个类似于 Békésy 所观察到的行波。图中表现的是当波下行到膜下 2/3 处而振动被"冻结"时,基底膜的状态。(b) 一个纯音所产生的行波的侧视图,表现的是当波从耳蜗隔的基底部向顶部行进时,在三个时间点上膜的位置。[(a) 来源:Tonndorf, 1960;(b) 来源:Békésy, 1960]

基底膜的位置，曲线 2 和 3 表示的是在之后两个时刻的膜的位置。Békésy 的测量表明，大多数基底膜都会振动，但一些部分的振动相对其他部分更剧烈。

虽然运动是以行波的形式进行的，但是更为重要的是，沿着基底膜一些特定的点上发生了什么。在基底膜的一个点上，你会看到膜在以纯音的频率上下振动。如果观察整个膜，会看到膜的大部分都在振动，但在某个位置处，振动最强。

Békésy 最重要的发现是，振动最强的位置取决于音的频率，如**图 11.22** 所示。箭头表示的是基底膜的不同位置处上下位移的程度。红色箭头显示的是对每个频率而言，在基底膜上振动最强的位置。需要注意当声音频率增加时，振动最强的位置从耳蜗的顶部移动到了卵圆窗处的基部。因而，最强振动的位置就从对 25 赫兹纯音敏感的基底膜的顶部移到对 1600 赫兹频率的纯音敏感的基部。因为产生最强振动的位置取决于频率，这意味着基底膜的振动实际上是通过频率对声音进行分类来滤波的。

耳蜗的滤波器功能

为了更好地理解耳蜗是根据频率对声音刺激分类的滤波器功能，可以暂时抛开听觉，思考**图 11.23a**，它显示的是如何筛选咖啡豆并根据咖啡豆大小对其进行分类的。不同大小的豆子被放在筛子的一端，筛子的开始处有小眼儿，越到远端的筛眼儿越大。咖啡豆沿着筛子下滑，小一点的豆会从开始处的眼儿中掉下去，更大的豆则会从更大的筛眼儿掉下去。也就是说，筛子依大小过滤了咖啡豆。

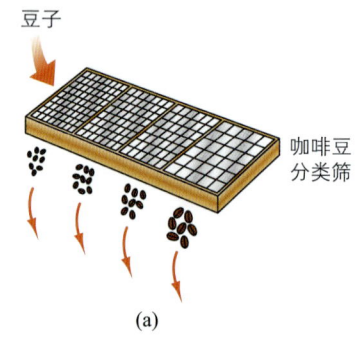

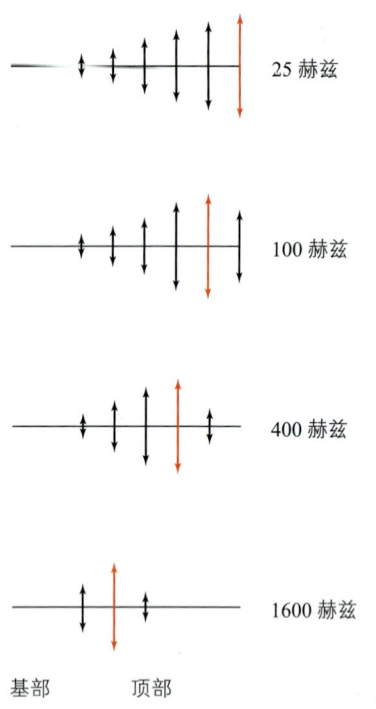

图11.22 基底膜不同位置上振动量的大小通过每个位置上箭头的长短来表示，最强振动的位置用红色表示。当频率是25赫兹时，最强的振动发生在耳蜗隔的顶部。随着频率的增加，最强振动的位置移向了耳蜗隔的基部。（来源：Békésy，1960）

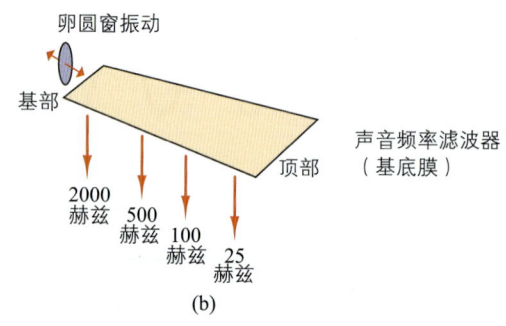

图11.23 两种分类法。（a）不同大小的咖啡豆被放在筛子一端。通过晃动和重力，豆会沿筛子下滑。较小的豆会从筛子开始处的小眼儿中掉下；大点的会从末端的大眼儿中掉下。（b）卵圆窗上不同频率的声音振动使基底膜振动。高频音使靠近卵圆窗的基底膜基部振动。低频音使基底膜的顶部振动。

正如筛子上不同大小的眼儿可以将咖啡豆按照大小分开，基底膜上不同的最大振动位置也可以根据频率将不同的声音刺激分开（**图 11.23b**）。高频音会在靠近耳蜗基部引起更强的振动，而低频音在耳蜗的顶部引起了更强的振动。这样，基底膜的振动就能根据频率"分类"或"滤波"，使不同频率的声音激活耳蜗上不同位置的毛细胞。

图11.24显示的是将电极置于豚鼠耳蜗外层不同位置处，用不同频率的刺激进行实验时测得的结果（Culler，1935；Culler et al.，1943）。从这个耳蜗"地图"可以看到耳蜗对频率进行的分类，高频激活耳蜗基部，而低频激活耳蜗顶部。这个频率地图被称为**音调拓扑图**。

关联，其中起源于靠近耳蜗基部的神经纤维有高特征频率，而源于顶部的有低特征频率；（3）当频率较高时，这些曲线会变宽。

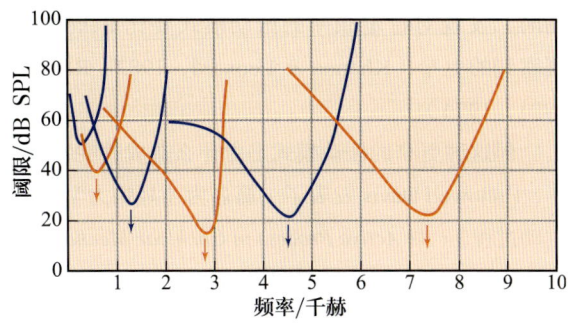

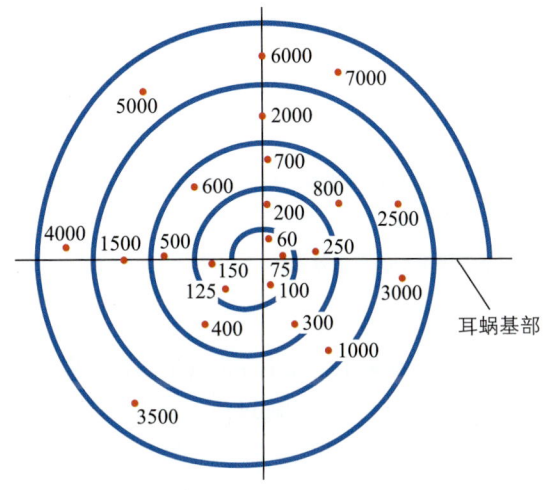

图11.24 豚鼠耳蜗的音调拓扑图。图中每个数字的位置表示该频率诱发最强电反应的位置。

图11.25 猫的听神经纤维的频率调谐曲线。每个神经纤维的特征频率由频率轴上的箭头标识出。频率的单位是千赫（kHz），1千赫 = 1000赫兹。这里显示的只有少数几条曲线。3500个内毛细胞中的每一个都有其对应的调谐曲线，并且因为每个内毛细胞会向大概20条听神经纤维发送信号，因而每个频率都是由基底膜上该频率所对应的位置上的多个神经元来表达的。

另一种说明频率和位置间联系的方法是对耳蜗不同位置处的单个听神经纤维进行记录。测量听神经纤维对频率的反应可以用该纤维的神经频率调谐曲线来表示。

第二个特征，即位置和特征频率间的关系，表现为由耳蜗滤波所导致的音调拓扑图。但第三个特征是低频时曲线较窄而高频时曲线更宽，这给耳蜗的滤波增加了额外的维度：低频处的滤波器较窄，高频时则变得更宽。这意味着在滤波过程中，低频比高频更具选择性。因而，两个接近的低频可能会激活不同的滤波器，两个接近的高频激活的却可能是相同的滤波器。接下来，读者很快就会看到低频和高频滤波器带宽上的这种差异对于人们在知觉低频和高频的音高时的能力具有重要的意义。

| 方　法 | 神经频率调谐曲线 |

神经元的**频率调谐曲线**是通过向该神经元呈现不同频率的纯音，并通过测量能够使其产生神经放电水平增加到基线水平（没有声音呈现时的"自放电"率）以上时所必需的声级来确定的。这一声级即该频率的阈限。将每个频率下的阈限画出来便会得到如图11.25所示的频率调谐曲线。每条曲线下的箭头指的是该神经元最敏感的频率。该频率即被称为特定神经纤维的**特征频率**。

外毛细胞：耳蜗的放大器

Békésy的测量结果一方面在基底膜上确定了特定频率所引起的最强振动的位置，他还观察到这种振动会扩散到基底膜上相当大的部分，特别是对于低频音而言。考虑到图11.25中所示的那些具有较窄的频率调谐曲线的低频音时，这种大范围的扩散很令人不解。并且，心理物理学的数据表明，听者可以区分诸如1000赫兹和1005赫兹这样的频率差异。但根据Békésy的测量结果，它们所造成的基底膜激活模式几乎是完全相同的。

耳蜗的滤波活动反映在调谐曲线的下述三个特征上：（1）神经元对某个频率的响应最好；（2）每个频率都与基底膜上特定位置处的多条神经纤维相

后来的研究者认识到，Békésy 发现了振动幅度模式的一个原因是他的测量都是在从动物或人的尸体上分离出来的"死的"耳蜗上进行的。当现代的研究者利用更先进的技术在活体耳蜗上测量振动时，发现对特定频率的振动模式要比 Békésy 所观察到的更窄（Khanna & Leonard，1982；Rhode，1971，1974）。

但这种更窄的振动模式是由什么造成的呢? 1983年，Hallowell Davis 发表了一篇名为《耳蜗力学中的主动过程》（*An Active Process in Cochlear Mechanics*）的论文。在文中，他开宗明义地指出："如今正是听觉生理学的卓越发展时期。"他提出一种被他称为**耳蜗放大器**的机制，它可以解释为何神经调谐曲线要比基于 Békésy 对基底膜振动的测量预期的更窄。

Davis 提出，耳蜗放大器是一种发生在外毛细胞上的主动的机械过程。通过描述外毛细胞如何影响基底膜的振动，我们得以领会这一主动的机械过程①。

外毛细胞的主要作用是影响基底膜的振动，它通过长度变化来完成这一过程（Ashmore，2008；Ashmore et al.，2010）。内毛细胞中的离子流的作用是在听神经纤维中产生电反应，外毛细胞中的离子流的作用是造成细胞内的机械变化，从而导致细胞的扩展和收缩，如**图 11.26** 所示。当纤毛朝一个方向弯曲时，外毛细胞会伸长，而当它们朝另一个方向弯曲时，则会收缩。这种伸长和收缩的机械反应会对基底膜形成推拉，会增强基底膜的运动，并锐化其对特定频率的反应。

图 11.27 中的频率调谐曲线表明了耳蜗放大器的重要性。蓝色实线显示的是猫的特征频率约为 8000 赫兹的听神经纤维的频率调谐曲线。红色虚线显示的是外毛细胞被破坏，耳蜗放大作用被消除后的效果。这种破坏可以通过一种化学物质来实现，它会攻击外毛细胞，但对内毛细胞没有任何影响。最初，该纤维在 8000 赫兹处的阈限很低，如箭头所示，但现在需要更高的强度才能使听神经纤维对 8000 赫兹及邻近的频率做出反应（Fettiplace & Hackney，2006；Liberman & Dodds，1984）。图 11.27 的结论以及其他一些实验的结果是，耳蜗放大器显著锐化了耳蜗上每个位置的调谐。

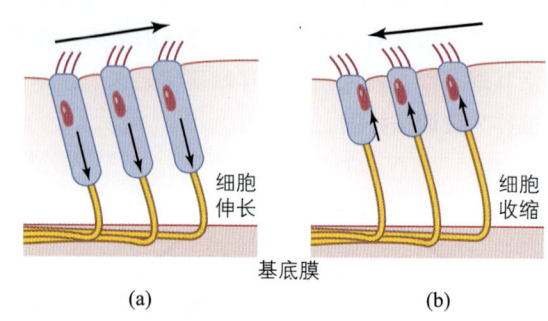

图 11.26　外毛细胞的耳蜗放大机制发生于细胞（a）纤毛弯向一个方向而伸长时；（b）纤毛弯向另一方向而收缩时。这会导致对基底膜运动的放大效应。

上述内容都集中于发生在内耳中的物理事件上。读者已经注意到了一些物理过程，诸如活板门打开、离子流动、与声音刺激同步的神经放电，以及在耳蜗的不同位置，如何依据基底膜的振动区分不同的频率，等等。这些信息都是非常关键的，不仅可以帮助人们理解耳的功能，同时也为下一部分提供了准备。接下来，我们要开始区分这些物理过程和知觉间的联系。

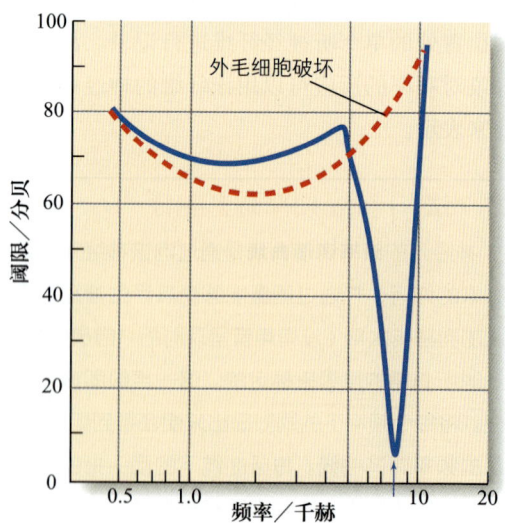

图 11.27　外毛细胞破坏对频率调谐曲线的影响。实线是一个特征频率约为 8000 赫兹的神经元的频率调谐曲线（箭头所示）。虚线是通过注射某种化学物质破坏了外毛细胞后该神经元的频率调谐曲线。（来源：Fettiplace & Hackney，2006）

---

① Theodore Gold（1948），他后来成为宇宙学和天文学的著名研究者，最早提出了耳蜗中存在主动过程的观点。但是直至很多年之后，听觉研究的进一步发展才导致了耳蜗放大器机制的提出。

测一测 11.2

1. 描述耳的结构，重点是在将外耳的振动传递到内耳中的听觉感受器时，耳的各部分起的作用。
2. 重点关注内耳，并描述：（1）是什么导致毛细胞纤毛的弯曲；（2）当纤毛弯曲时会发生什么；（3）如何通过锁相使电信号响应声音刺激的时间特性。
3. 描述 Békésy 关于基底膜如何振动的发现。特别是，声音频率和基底膜振动间的关系是什么？
4. 为什么说耳蜗的作用相当于一个滤波器？音调拓扑图和神经频率调谐曲线如何支持该观点？什么是神经元的特征频率？
5. Békésy 对基底膜振动的测量存在什么问题？
6. 外毛细胞是如何起到耳蜗放大器的作用的？

音高知觉的生理机制

现在开始介绍听觉系统中的生理事件和音高知觉间的关系。首先从发生在耳中的生理过程开始描述，然后再转向大脑。

位置和音高

以声音的频率和音高知觉间的关系作为起点。由于低频率与低音高、高频率与高音高间的关联，人们曾认为音高知觉是由那些对特定频率有最佳反应的神经元的放电率决定的。这种想法是伴随着 Békésy 的发现而产生的，即特定的频率会在基底膜上的不同位置处产生最强的振动，从而生成如图 11.24 中一样的音调拓扑图。

频率和位置间的联系导致如下对于音高知觉的生理解释：一个纯音会在基底膜上的特定位置产生一个活动峰。与该位置相联系的神经元会对那个频率产生强烈反应——正如图 11.25 中听神经纤维频率调谐曲线所表明的那样，这一信息会沿听神经被传递至大脑。脑识别出哪些神经元做出了最强烈的反应，并用这些信息来确定音高。这种对音高知觉的生理解释被称为**位置理论**，因为它建立在一个声音的频率和它所激活的基底膜位置间的关系上。

这种解释简洁而优雅，许多教科书也把这种解释作为对于音高的生理学的标准解释。然而与此同时，听觉研究者也对位置理论的效度提出了质疑。一种反对意见基于缺失基波效应，即去除一个复合声的基频不会改变该声音的音高。因而，图 11.6a 中的声音与图 11.6b 中的声音具有相同的音高，虽然前者有 200 赫兹的基波，而后者中 200 赫兹的基波被去除了。这意味着在与 200 赫兹相联系的位置上不会再有振动峰值。

通过考察基底膜是如何对复合声振动的，位置理论的修正版对此给予了解释。测量基底膜对复合声振动的研究表明，基底膜会对复合声的每个谐波振动（Hudspeth，1989）。图 11.28a 显示了一个基频为 100 赫兹的复合声的四个谐波的频谱。图 11.28b 显示的是基底膜对该声音反应时振动峰值的位置；每个谐波都在其对应频率的位置上产生了一个振动峰。去除 100 赫兹的基波会消除 100 赫兹处的峰，但 200 赫兹、300 赫兹和 400 赫兹处的峰依然会保留，而这种彼此间隔 100 赫兹的位置模式能够提供用于确定音高的信息。

但是其他研究发现了一些即便是修正过的位置理论也难以解释的现象。Edward Burns 和 Neal Viemeister（1974）创造出一种声音刺激，它与基底膜上特定位置的振动没有联系，但能够产生音高知觉。这种刺激被称作**调幅噪声**。**噪声**是一种包含大量随机频率的刺激，因而不会在基底膜上产生对应于特定频率的振动模式。**调幅**意味着噪声的声级（或强度）会发生改变，进而引起响度快速地上下波动。

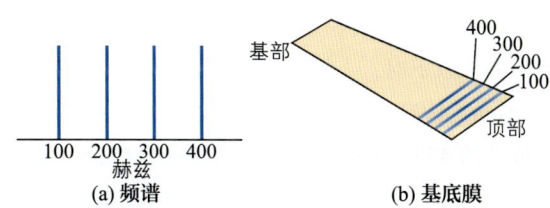

图11.28 （a）基频为200赫兹的复合声的频谱，图中显示的是它的基波和三个谐波。（b）基底膜，阴影区域表示与复合声中每个谐波相关的峰振动的大概位置。

Burns 和 Viemeister 发现，这种噪声刺激会产生音高知觉，并且可以通过改变声强的上下变化的频率改变其音高。这一发现的结论，即在没有位置信息时也能够知觉音高，已经在大量使用不同类型刺激的实验中被验证过了（Oxenham，2013；Yost，2009）。

时间信息和音高

如果位置不是答案，什么是呢？回答这个问题的一种方法是回顾图 11.6，并注意当剔除 200 赫兹的基波时发生了什么。可以看到，尽管声音的波形变了，但其时间信息或是其重复率保持不变。因而，一个声音刺激的时间特性中包含了与其音高相联系的信息。还可以看到，因为锁相的存在，这种时间特性也出现在了对声音的神经反应中。

本章前面讨论锁相时，可以发现因为神经纤维会与声音刺激同时产生神经放电，所以声音会在一群神经元中产生一种与声音刺激的频率相匹配的神经放电模式（图 11.20）。因而，神经元群放电的时间特性可以提供关于某一复合声基频的信息，而这种信息即便是在基波或是其他谐波缺失时也存在。

锁相与音高知觉相联系的原因在于，音高知觉只在约 5000 赫兹以下时才会发生，同样，锁相也只会在约 5000 赫兹以下时发生。声音只有在 5000 赫兹以下时才会有音高的观点可能有点让人吃惊，特别是听力曲线（图 11.8）表明，听觉可以达到 20 000 赫兹。然而，还记得本章前面提到的关于音高的定义吗？音高是听觉的一个方面，其变化与音乐旋律有关（Plack，Barker，& Hall，2014）。这个定义是建立在下述发现的基础上的，即当把许多音串联起来以形成一个旋律时，只有这些音都在 5000 赫兹以下时，人们才能够知觉到旋律（Attneave & Olson，1971）。管弦乐器（如短笛）上的最高音符是约 4500 赫兹，这可能不是一个巧合。使用 5000 赫兹以上的频率演奏的音乐听起来会很怪，虽然人们可以听出某些东西的变化，但那听起来不像音乐。因而人们对乐音音高的知觉似乎只限于那些能够产生锁相反应的频率上。

锁相只存在于 5000 赫兹以下以及其他一些证据使很多研究者认为时间编码才是音高知觉的主要机制。然而，故事还没有结束，正如下面会讲述的，位置理论并没有完全出局。

位置和音高（再次登场）

尽管音高可以在没有位置信息时产生，但有证据表明，位置信息可以强化人们对于音高的知觉。回顾前面所做的一段描述——耳蜗如何作为一组滤波器对声音刺激中的不同频率进行分类，这将有利于对这些证据的理解。回忆一下，听神经纤维的频率调谐曲线在低频时较窄，而在更高的频率上会变宽（图 11.25）。图 11.29a 是一个频谱，它显示了一个基频为 440 赫兹的声音的 18 个谐波。图 11.29b 显示的是耳蜗滤波器组。这些滤波器与频率调谐曲线相对应，并且如频率调谐曲线一样，这些滤波器在低频时较窄，在高频时变宽。

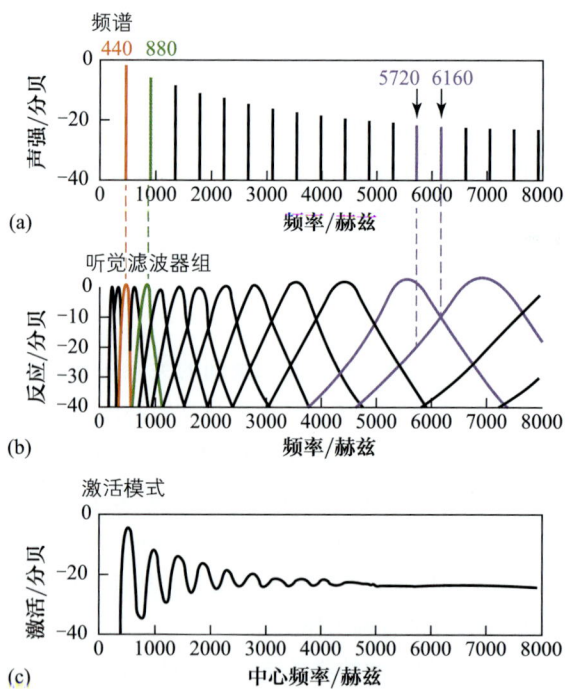

图 11.29 （a）基频为 440 赫兹的复合声的前 18 个谐波的频谱。（b）耳蜗滤波器组。可以看到这些滤波器在低频时更窄。红色的滤波器会被 440 赫兹的谐波激活；绿色的被 880 赫兹的谐波激活；蓝色的被 5720 赫兹和 6160 赫兹两个频率激活。这些滤波器和图 11.25 所示的耳蜗神经纤维的频率调谐曲线是相对应的。（c）基底膜的激活模式显示，早期（解析）谐波有单独的振动峰，而晚期（未解析）谐波没有峰。（来源：Oxenham，2013）

现在思考一下，当呈现440赫兹的复合音时会发生什么。基波（440赫兹）对显示红色的滤波器有最强的激活，880赫兹的第二谐波对显示绿色的滤波器有最强的激活。现在继续上行到更高的谐波。5720赫兹的第十三谐波和6160赫兹的第十四谐波都会激活两个彼此重叠的标示成蓝色的滤波器。这意味着低阶谐波激活的是独立的滤波器，而高阶谐波激活的是相同的滤波器。如果把滤波器组的属性也考虑进来，就会产生如图11.29c所示的激活曲线。它实质上就是复合音每个谐波成分引起基底膜振动的振幅图（Oxenham，2013）。

激活曲线中最引人注目的地方是，声音的低阶谐波中的每一个都会在激活曲线中产生一个独立的突起。因为每一个低阶谐波都可以用一个峰加以区分，它们被称为**解析谐波**。相反，高阶谐波所造成的激活形成的是一个较平的函数，不能显示独立谐波。这些高级谐波被称为**非解析谐波**。

关于解析和非解析谐波，很重要的一点区别是一系列解析谐波会产生很强的音高知觉，但非解析谐波只能产生较弱的音高知觉。因而，一个具有100赫兹、200赫兹、300赫兹、400赫兹和500赫兹谱成分的音会产生一个很强的对应于100赫兹基频的音高知觉。但是，100赫兹的更高级谐波，如2100赫兹、2200赫兹、2300赫兹、2400赫兹和2500赫兹，会彼此融合，从而只能产生较弱的对应于100赫兹的音高知觉。也就是说，解析谐波包含位置信息，能够产生更强的音高知觉。这一事实支持了位置信息在知觉这些谐波所代表的音高中所起的重要作用。

有待解决的问题

到此，读者可能已经了解到音高知觉的生理学基础并不简单。而Andrew Oxenham与合作者（2011）的一项研究更突显了音高知觉问题的复杂性，他们关注的问题是"高于5000赫兹（要记住这应该是音高知觉的上限）的频率能够知觉到音高吗？"他们最后解决了这个问题，向被试呈现大量高频谐波时，被试确实能够知觉到音高。例如，当给被试呈现7200赫兹、8400赫兹、9600赫兹、10 800赫兹和12 000赫兹（这些均是基频为1200赫兹的复合声的谐波）时，他们会知觉到一个与1200赫兹相对应的音高，正好对应着不同谐波间的间隔（尽管音高知觉比对低阶谐波的音高知觉弱）。这个结果的有趣之处在于，虽然单独呈现任一谐波都不会产生音高知觉（因为它们均高于5000赫兹），但人们能知觉到同时呈现的多个谐波的音高。

该结果也引发了一些问题。锁相是否能在5000赫兹以上发生？有没有可能是某种位置机制造成了Oxenham的被试对音高的知觉？人们不知道这些问题的答案，因为还不清楚人类锁相的极限在哪里。而且更为有趣并需要牢记的是，尽管音高知觉可能依赖于基底膜的振动以及听神经的放电（用以传递耳蜗中的信息）所产生的信息，音高知觉却不是由耳蜗产生的。它是由大脑产生的。在视觉中也存在类似的情况。人们能看到什么依赖于视网膜图像中的信息，但视觉也是在大脑皮层形成的。因为皮层在形成音高知觉中的重要性，所以我们需要沿听觉通路继续上行至皮层。在接下来的旅途中，你会看到神经冲动沿着听神经传导至听皮层。

知觉音高的大脑通路

耳蜗毛细胞中产生的信号需经听神经中的神经纤维传出耳蜗（回看图11.16）。听神经携带着内毛细胞生成的信号离开耳蜗，抵达皮层中的听觉感受野，如图11.30所示。耳蜗发出的听神经纤维会在一系列**皮层下结构**处形成突触。该系列开始于**耳蜗核**，继而抵达脑干**上橄榄核**，中脑**下丘**，以及丘脑的**内侧膝状体**。

从内侧膝状体处，听神经纤维继续抵达颞叶皮层上的**初级听皮层**（或**听觉感受野，A1**）。

信号从耳蜗沿听觉通路在皮层下各结构中传输，最终抵达皮层。在这一过程中，它会经历大量加工。上橄榄核中的加工对于声音定位非常重要，因为正是在这里，来自左耳和右耳中的信号首次相遇(如图11.30所示，这里既有红色也有绿色箭头）。第12章将要讨论来自双耳的信号是如何帮助人们定位声音的。

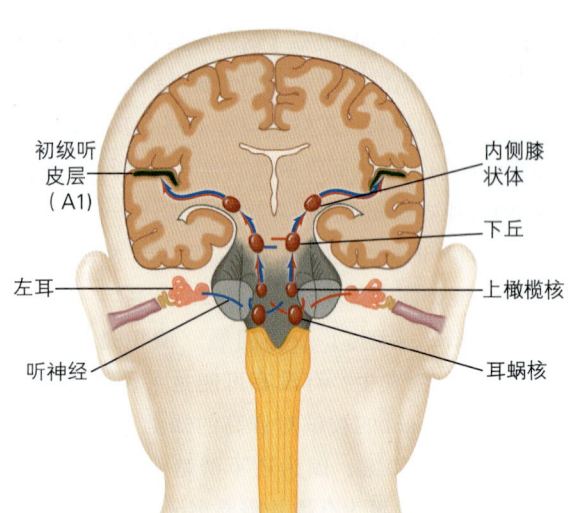

图11.30 听觉通路示意图。这幅示意图是精简后的图,各结构间的大量联结没有显示出来。注意,听觉结构都是双侧的——它们同时存在于身体左右两侧——并且信息可以在两侧间跨越。(来源:Wever, 1949)

听觉信号抵达位于颞叶的初级听觉感受野(A1,图11.31a)后,会继续传至其他皮层听觉区(图11.31b):(1)**核心区**,它包括初级听皮层(A1)和其他一些邻近区域;(2)环绕核心区的**带状区**;(3)**旁带状区**(Kaas et al., 1999;Rauschecker, 1997, 1998)。

音高和大脑

在神经冲动沿上橄榄核—下丘—内侧膝状体通路上行至听皮层的过程中发生了一些有趣的事情。在耳蜗和听神经纤维中主导音高编码的时间信息变得不再那么重要。这主要表现为,在听神经纤维中最高可达5000赫兹的锁相,而在听皮层中只能达到100~200赫兹(Oxenham, 2013;Wallace et al., 2000)。而随着神经冲动传导至皮层时锁相会趋于消失,但在狨猴上的实验表明,存在能够对音高反应的特殊神经元,人类实验也发现了听皮层中能够对音高产生反应的区域。

狨猴的音高神经元

Daniel Bendor和Xiaoqin Wang(2005)的一项实验明确了紧邻狨猴(新世界猿类中的一种)听皮

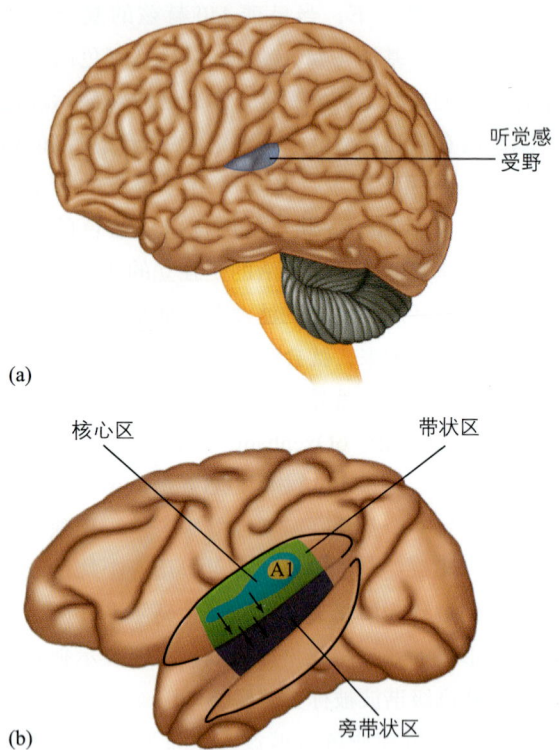

图11.31 (a)人类大脑,显示了初级听觉感受野A1所在的位置,它还会扩展到颞叶内部。(b)猴子的脑,其中颞叶被掀开,露出了初级听皮层:核心区,包括A1;带状区;旁带状区。箭头代表信号,会从核心区传至带状区和旁带状区。核心区、带状区和旁带状区的功能将会在第12章讨论。(来源:Kaas et al., 1999)

层外侧一个区域中的神经元是如何对那些谐波结构不同、但会被人类知觉为具有相同音高的复合音进行反应的。在实验中,他们发现了一种能够对具有相同基频但是谐波结构不同的复合音做出相似反应的神经元。例如,图11.32a显示了一个基频为182赫兹的复合音的频谱。在最上一行记录中,声音包含基波以及第二和第三谐波;在第二行记录中,呈现的是谐波4~6;依此类推,直到最底行,只呈现了谐波12~14。虽然这些刺激包含不同的频率(例如,最上层记录中是182赫兹、364赫兹和546赫兹;底层记录中是2184赫兹、2366赫兹和2548赫兹),但都能被人类被试知觉为与182赫兹基频相对应的音高。

对应的皮层反应记录(图11.32b)表明这些刺激都会导致神经放电的增加。Bendor和Wang发现,该神经元会对单独呈现的182赫兹的声音有很好的

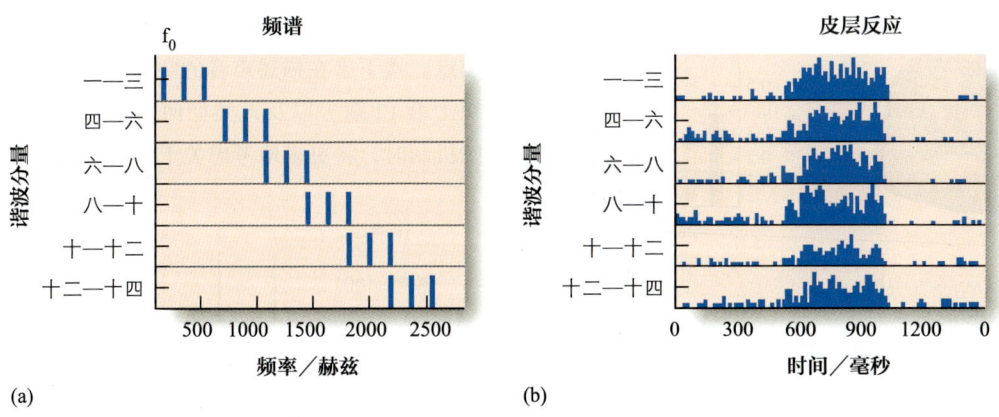

图 11.32 猕猴听皮层上记录到的一个音高神经元。(a) 基频为 182 赫兹的复合声的频谱。每个声音都包含 182 赫兹基频的三个谐波。(b) 神经元对每个刺激的反应。(来源：Bendor & Wang，2005)

反应，但对任何其他单独呈现的谐波都没有反应，表明这种放电只有在基频为 182 赫兹的信息呈现时才会出现。因而，这种皮层神经元只对与 182 赫兹关联的刺激有反应，并且与特定的音高有关。基于这一原因，Bendor 和 Wang 称这种神经元为**音高神经元**。

人类皮层上的音高表征

定位人类皮层的研究已经使用脑成像（fMRI）测量了大脑对不同音高刺激的反应以研究人类对音高的加工。这不像乍看起来的那么简单，因为当一个神经元对声音反应时，并不一定意味着它和知觉音高有关。为了确定大脑的某个区域是否会对音高反应，研究者已经找到了一个脑区，这个脑区对诱发音高的声音有更活跃的反应，例如，对于一个复合音比对其他声音（例如，一个乐队的噪声，虽然具有相似的物理特性，但不能产生音高）反应得更活跃。通过这样做，研究者们希望能够定位出只能对音高反应而与声音的其他属性无关的脑区。

图 11.33 给出的是 Sam Norman-Haignere 与其合作者（2013）在一个实验中所使用的一个能够诱发音高的刺激和一个噪声刺激。蓝色的是音高刺激，它们是基频为 100 赫兹的复合音的第三、四、五、六谐波（300 赫兹、400 赫兹、500 赫兹和 600 赫兹）；红色显示的是噪声，是包含 300～600 赫兹频率成分的噪声带。因为噪声刺激与音高刺激覆盖的范围相同，因而被称为频率匹配噪声。

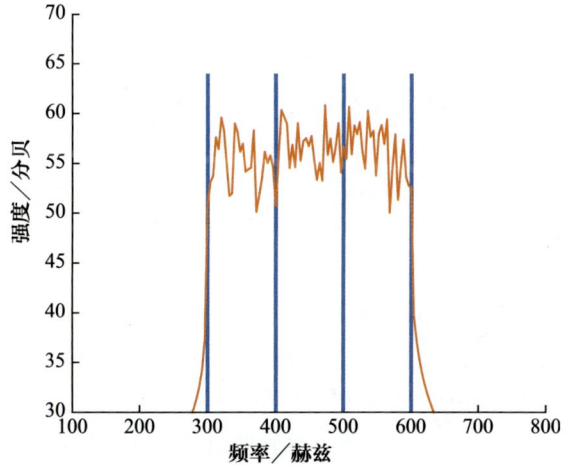

图 11.33 蓝色：基频为 100 赫兹的音高刺激的 300 赫兹、400 赫兹、500 赫兹和 600 赫兹谐波的频谱。红色：频率匹配的噪声刺激，频谱范围相同，但是没有能够产生音高的峰。

通过比较对音高诱发刺激和对频率匹配的噪声刺激的反应，Norman-Haignere 发现，初级听皮层或核心区以及邻近的一些区域对音高诱发刺激有更大的反应（参见图 11.31b，显示了猴子大脑中核心区、带状区和旁带状区的位置；对应的区域也存在于人类身上）。图 11.34a 中的彩色区域即是人类皮层上经检验对音高有反应的区域。图 11.34b 显示的是每个区域中对音高刺激的反应比对噪声刺激的反应更强的 fMRI 体素比例。对音高反应性最强的区域位于前部听皮层——靠近大脑前部的一个区域。

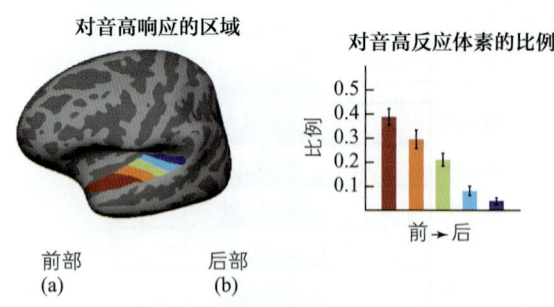

图 11.34 （a）人类皮层，颜色部分显示的是 Norman-Haignere 等人（2013）所考察的区域。（b）每个区域对音高反应的体素比例图。越往前的区域（位于趋近大脑前部的区域）包含越多的音高反应体素。

支持这些邻近听觉区前部的体素是对音高的反应的证据，既来自呈现包含解析谐波的刺激，也来自呈现包含非解析谐波的刺激。例如，图 11.35a 以红色显示了一个基频为 400 赫兹的音的谐波 3—6，以及计算得到的与这些谐波相关的激活模式。该音的谐波 3—6 是解析的，这一事实在每个谐波激活模式的峰上得以体现。

图 11.35b 显示的是一个基频为 100 赫兹的音的谐波 12—24 及其激活模式。该音的谐波 12—24 是非解析的，表现为一条平的激活曲线，没有显示出单个谐波的独立峰。尽管两组谐波跨越的频率范围相同，都是 1200～2400 赫兹，但有解析谐波的刺激在皮层反应区引发了大幅反应，而有非解析谐波的刺激只产生了较小的反应。

本章前面有对解析谐波和非解析谐波的讨论，解析谐波会产生良好的音高知觉，而非解析谐波只会产生较弱的音高知觉。解析谐波：（1）与良好的音高知觉有关，（2）在对音高刺激有最好反应的区域能够引发大幅反应。这一事实强化了这些区域会对音高反应的结论。

正如本部分开始时所指出的，确定脑中对音高反应的区域不仅仅是要呈现声音并测量反应。众多实验室的研究者们已经发现了脑内很多对音高反应的听觉区，但不同实验室的结果可能会因为刺激和程序的不同而略有差异。因而，关于人类音高反应区精确位置的讨论依然在继续（Griffiths, 2012; Griffiths & Hall, 2012; Hall & Plack, 2009）。

尽管早期关于听觉系统的研究多聚焦于耳蜗和听神经，但在近期的研究中，大脑已经成为主要的焦点。接下来在描述声音的空间定位与声音知觉组织（第 12 章）以及人类如何知觉语言（第 13 章）的机制时，将更多地考虑关于脑的研究。

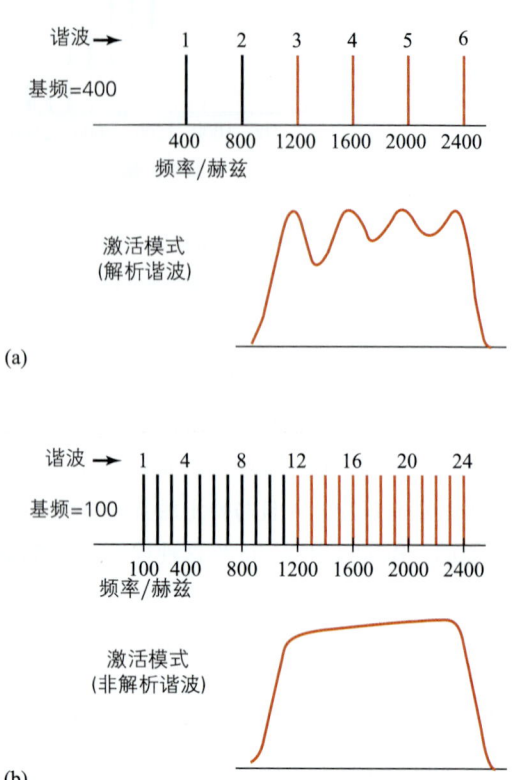

图 11.35 Norman-Hagnere 等人（2013）所用的有解析谐波和非解析谐波的刺激示例。（a）一个基频为 400 赫兹、每隔 400 赫兹有一个谐波的刺激声的频谱。谐波 3—6 以红色显示。这些谐波的激活模式显示于频谱的下面，峰的存在表明这些谐波是经过解析的。（b）基频为 100 赫兹，每隔 100 赫兹有一个谐波的刺激。谐波 12—24 显示为红色，覆盖的频率范围与上面基频为 400 赫兹的音的谐波 3—6 相同。这些谐波的激活模式没有峰，表明这些谐波是非解析的。

听力丧失

在环境中，耳经常面临各种噪声的轰炸，如人群的谈话声（或在体育赛事中的喊叫声）、施工声或是交通噪声。这些噪声是导致听力丧失的最常见的原因。听力丧失通常与外毛细胞的损伤相关，近期的证据表明也可能涉及听神经的损伤。外毛细胞受损后，基底膜的反应就会变得与 Békésy 在检查死的耳蜗时所发现的反应幅度模式相似；这会导致敏感性的丧失（不能听到安静的声音）以及如图11.27所示的在健康耳中看到的锐化的频率调谐曲线的丧失（Moore，1995；Plack et al.，2004）。宽调谐会使听力损伤人群很难区分声音——比如，在噪声环境中听出言语声。

内毛细胞的损伤也会带来很大的影响，导致敏感度的丧失。听力丧失主要发生在与受损的内毛或外毛细胞所检测的频率相对应的频率上。有时，耳蜗上的整个区域的内毛细胞都会损坏（坏死区），以至对通常能够激活耳蜗中这一区域的频率的敏感性大幅降低。

当然，没有人想要故意损害自己的毛细胞，但有时人们会让自己长期暴露在声音中，从而导致毛细胞的损伤。会导致毛细胞损伤的一个因素是生活于工业化环境中，这些环境中包含的某些声音往往会导致一类听力损伤——耳聋。

老年性耳聋

老年性耳聋是由毛细胞损伤造成的，其成因包括长时间噪声暴露的累积效应、摄入对毛细胞有损伤的药物以及与年龄有关的退化等。老年性耳聋对男性的影响更大，它会导致听觉敏感性的丧失，在高频区尤其明显。图11.36是年龄的增加和听力丧失之间的变化关系。和视觉中的远视（老花眼，参见第2章）问题不同，老年性耳聋并非老化所带来的不可避免的结果，而主要是老化以外的其他因素造成的；生活于前工业文化中的人不曾长期暴露于工业噪声中，也不会接触对耳有伤害的药物，因而通常不会在老年时经历高频听力的大幅衰退。这可能就是男性更容易有老年性耳聋问题的原因。在历史上，男性比女性更多地暴露于工作噪声以及与狩猎和战争有关的噪声中。

尽管老年性耳聋可能是无法避免的，因为多数人都难免长时间暴露于现代环境的各种声音之中，但人们可以回避暴露于一些特别响的声音的情境。暴露于这类强噪声中会导致噪声诱发的听力丧失。

噪声诱发的听力丧失

噪声诱发的听力丧失是由强噪声导致毛细胞的退化所致的。在对一些曾工作于噪声环境并将其耳组织遗赠给科学研究的人的耳蜗进行检查时发现了这种退化。在这些病例中，经常会发现柯蒂氏器的损坏。例如，在对一个曾在钢厂工作的人的耳蜗进行检查时发现，他的柯蒂氏器已经塌坏了，没有任何感受器得以保留（Miller，1974）。对暴露于强噪声的动物所进行的控制研究为高强度噪声会损伤或完全破坏内毛细胞的观点提供了进一步的证据。

因为工作场所噪声给毛细胞带来的危害，美国职业安全与健康管理局（United States Occupational Safety and Health Agency，简称OSHA）强制要求工人不得在8小时的工作中暴露于超过85分贝的声强水平中。然而，除了工作场所的噪声外，其他强声源也会造成毛细胞损伤，从而导致听力丧失。

如果把便携音乐播放器的音量开得过大，人们

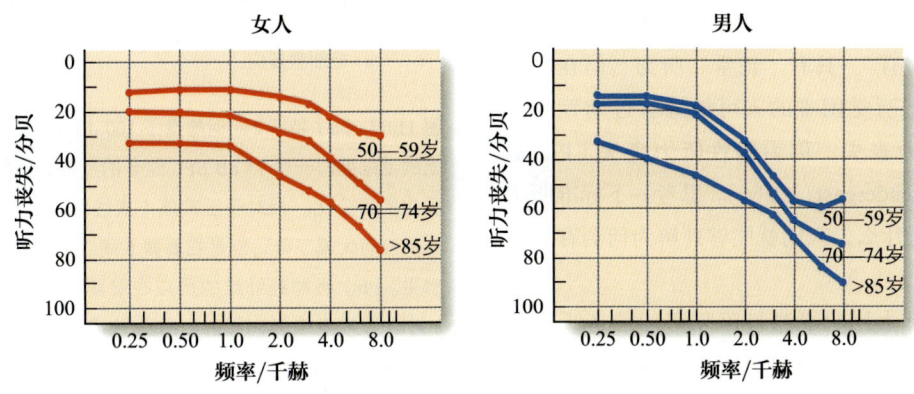

图11.36　老年性耳聋导致的听力丧失与年龄之间的函数变化。所有曲线都是以20岁时的听力曲线为标准画出的。（来源：Bunch，1929）

就在让自己暴露于听觉专家所说的**休闲噪声**之中。其他的休闲噪声源可能有：娱乐性枪支使用、骑摩托车、玩乐器或是使用电钻等电动工具。很多研究表明，那些爱用便携播放器听音乐的人（Okamoto et al., 2011; Peng et al., 2007）、玩摇滚或流行乐队的人（Schmuziger et al., 2006）、使用电动工具的人（Dalton et al., 2001）以及经常参加运动赛事的人（Hodgetts & Liu, 2006）会有听力丧失。丧失的量取决于声强水平以及暴露时间。考虑到在这些活动中可能出现的高强度声音，比如在3小时的曲棍球比赛中会呈现高于90 dB SPL的声音（Hodgetts & Liu, 2006），夜店或是音乐会中的音乐可能达到100 dB SPL以上（Howgate & Plack, 2011），在林场使用电锯时强度会高达90 dB SPL，那么这些休闲噪声会导致暂时或永久性的听力丧失就不足为奇了。这些发现意味着在极端吵闹的环境中佩戴听力保护设备，或是将便携音乐播放器的声音调小一点，确实是有利的。

怎么强调长时间大音量听音乐可能导致听力丧失的潜在风险都不为过。因为在最高设置下，便携音乐播放器的音量可以达到100 dB SPL甚至更高——远超过美国职业安全与健康管理局所推荐的85分贝的最大值。这已经导致苹果计算机在他们的设备上增加了一个设置以限制最大音量。然而对我的学生所做的非正式调查表明，他们中没有几个人会使用这个功能。这一点儿也不令人意外。

隐性听力丧失

有没有可能在标准化的听力测试中听力正常，但是在吵闹的环境中理解言语存在困难？很多人的回答都是"有"。具有"正常"听力、但在嘈杂环境中表现出听觉困难的人可能患有近期发现的一种新型听力丧失，称为**隐性听力丧失**（Plack, Barker, & Prendergast, 2014）。思考一下标准听力测试测量的是什么，人们就能够理解为何会存在这种听力丧失了。

标准化听力测验要测量跨频谱的纯音听力阈限。人们坐在一个安静的房间中，被要求报告他们是否能够听到测验人员呈现的非常微弱的声音。此类测验的结果可以画成覆盖一定频率范围的阈限——如图11.8中的听力曲线一样，或者是画成一个**听力图**，如图11.36中的曲线，它所显示的是不同频率上的听力丧失。"正常"听力在听力图上表示为0分贝处的一个水平函数，意指和正常标准没有偏离。标准听力测验连同其所生成的听力图一起，一直都被当成听力测验功能的黄金标准（Kujawa & Liberman, 2009）。

这种测验流行的一个原因是人们认为它能够显示毛细胞的功能。但对于言语一类的复杂声音而言，尤其是在嘈杂的条件下（比如在吵闹的城市交通中或在派对上），负责从耳蜗传递信号的听神经也同等重要。Sharon Kujawa 和 Charles Liberman（2009）通过在小鼠身上考察噪声对毛细胞和听神经纤维的影响证明了拥有完好听神经纤维的重要性。

Kujawa 和 Liberman 让小鼠在 100 dB SPL 的噪声中暴露 2 小时，然后用生理技术（不在这里描述技术细节）测量它们的毛细胞和听神经的功能。图 11.37a 给出了用 75 dB SPL 的纯音对毛细胞测量时的结果。噪声暴露一天后，毛细胞功能相对正常值有所下降（虚线代表正常水平）。然而，噪声暴露 8 周以后，毛细胞的功能已经恢复到几乎正常的水平了。

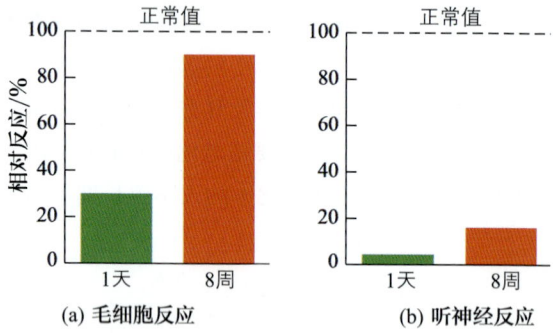

图 11.37（a）持续 2 小时暴露于 100 dB SPL 的声音中后，小鼠的毛细胞对一个 75 dB SPL 纯音的反应，测的是相对正常反应的百分比。相对于正常值（虚线所示），暴露 1 天之后的反应有大幅下降，但是在暴露 8 周以后已回归趋于正常的水平。（b）听神经纤维的反应在暴露 1 天后也会下降，但 8 周之后未能恢复，显示出永久性损伤。（来源：Kujawa & Liberman, 2009）

图 11.37b 显示了听神经纤维对 75 分贝纯音的反应。它们的功能在噪声暴露之后也会很快下降，但与毛细胞不同，听神经的功能再也不会回归正常水平。神经纤维对低水平声音的反应确实完全恢复了，但对于高水平声音，比如 75 分贝的纯音，则始终低于正常水平。这种恢复性的缺失表明，噪声暴露已经永久性地损害了一些听神经纤维，特别是那些表征高声级信息的纤维。人们认为，相似的效应也会在人类身上发生，因而即使人们对低音具有正常的敏感性，从而具有"临床正常"的听力，受损的听神经纤维却会导致人们在嘈杂环境中不能很好地听清言语（Plack，Barker，& Prendergast，2014）。

这一结果中重要的是，即使有些听神经纤维永久性地损伤了，对安静状态下的声音的行为阈限也能恢复到正常水平。因而，正常的听力图并不一定意味着正常的听觉功能。这就是为什么由听神经纤维的损伤而导致的听力丧失被称为"隐性"听力丧失（Schaette & McAlpine，2011）。隐性听力丧失可能会潜伏于背景之中，从而导致日常功能的严重问题，尤其是在嘈杂的环境中。关于隐性听力丧失的进一步研究主要聚焦于发现它的形成根源，并开发能够检测它的测验，以使这种听力丧失不再是隐性的（Plack，Barker，& Prendergast，2014）。

思考时刻
人工耳蜗

基于 Békésy 的发现——基底膜上的每个位置都与特定的频率相关，人们开发出了一种称作人工耳蜗的设备，如图 11.38 所示，它可以应用于因耳蜗毛细胞损伤而致聋的人群，以使其产生听觉。当耳蜗毛细胞受损后，助听器就没有用了，因为受损的毛细胞不能够将经助听器放大的声音转换为电信号。如图 11.38 所示，人工耳蜗包含（1）一个用于从环境中接收声音的麦克风；（2）一个声音处理器，将麦克风接收的声音分为若干频率带；（3）一个用于传送信号的传输器；（4）一个沿耳蜗植入的由 12 ~ 22 个电极构成的阵列。这些电极会根据麦克风接收的刺激的频率的强度，在耳蜗的不同位置处对其施加刺激。这种刺激会激活沿整个耳蜗发出的听神经纤维，使之将信号发往大脑。由此可以使人识别一些日常声音，诸如喇叭声、关门声、水流声，有些情况下甚至是言语声。

人工耳蜗的发展是基础研究产生实际价值的一个极好示范。人工耳蜗已经使许多耳聋的成人

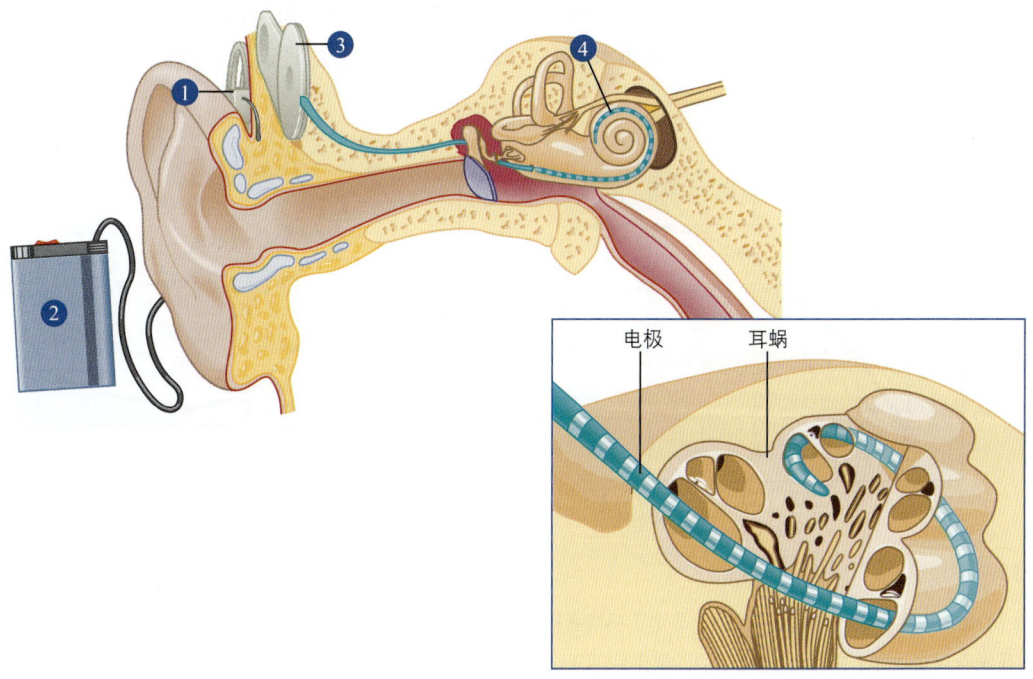

图 11.38　人工耳蜗设备。

和孩子进入了听觉世界（Kiefer et al., 1996；Tye-Murray et al., 1995），其技术可以直接追溯到耳蜗拓扑图的发现。

发展维度：婴儿的听觉

新生的婴儿能够听到些什么？当婴儿长大时他们的听觉又是如何发展的？尽管一些早期的心理学家认为新生儿从功能上讲是聋的，近期的研究却表明新生儿确实有听觉能力，并且这些能力会随着孩子长大而提高（Werner & Bargones, 1992）。

阈限和听力曲线

新生儿的听力曲线是什么样的？他们的阈限同成人相比又如何？Werner Olsho 与合作者（1988）应用下面的程序考察了婴儿的听力曲线：婴儿戴着耳机坐在爸爸或妈妈腿上。观察者坐在婴儿看不到的地方，通过一个窗子观察婴儿。一个闪光出现，表明开始一个试次，接着可能呈现一个声音或不呈现声音。观察者的任务是判断婴儿是否听到了声音（Olsho et al., 1987）。

观察者怎样才能区分婴儿是否听到了声音？他们通过检测一些特定的反应来确定，比如眼睛的转动、表情的变化、睁大眼睛看、转头或是活动水平的变化等。在这些判断的基础上，研究者得到了如图 11.39a 所示的对一个 2000 赫兹纯音的反应曲线（Olsho et al., 1988）。当声音以低强度呈现时，观察者只会偶尔指出一个 3 个月大的婴儿听到了声音，或是完全没有听见；而当声音以较高的强度呈现时，观察者更倾向说婴儿听到了声音。根据这一曲线便可以得到婴儿的阈限，把这一结果和其他频率结合起来，就可以得到图 11.39b 所示的听力函数。3 个月和 6 个月大的婴儿以及成人的听力曲线表明，婴儿和成人的听力函数看起来非常相似，并且到 6 个月大时，婴儿的阈限已经能达到成人阈限的 10 ~ 15 分贝范围内。

识别母亲的声音

另一种研究婴儿听力的方法是通过向新生儿呈现他们以前听到过并能够识别出来的声音。Anthony DeCasper 和 William Fifer（1980）的研究表明新生儿具备这种能力，他们发现 2 天大的婴儿

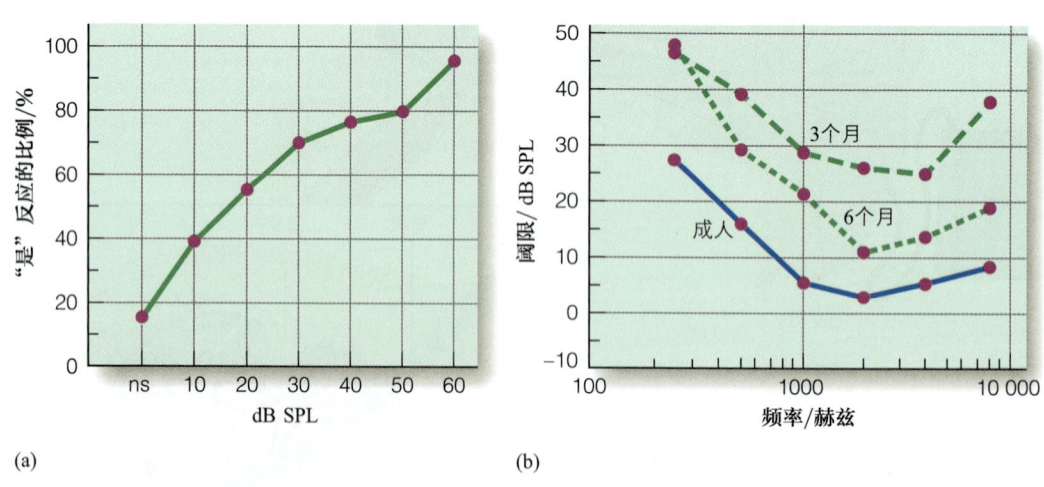

图 11.39 （a）Olsho 等人（1987）得到的数据，显示了观察者指出 3 个月大的婴儿听到以不同强度呈现的 2000 赫兹纯音的试次百分比。ns 代表没有声音。（b）由类似（a）中的函数得到的 3 个月大和 6 个月大的婴儿的听力曲线。12 个月大的婴儿的曲线和 6 个月大的婴儿的曲线类似，所以在这里没有呈现。其中呈现了成人的曲线用于比较。（来源：Olsho et al., 1988）

在听到他们的妈妈的声音时，会调整吮吸奶嘴的频率。他们首次观察到婴儿隔一会儿便会快速吮吸几下。他们给婴儿戴上耳机，并让婴儿吮吸间隔的时长决定婴儿在耳机中听到的是妈妈的声音还是陌生人的声音（图11.40）。对一半的婴儿，在长间隔内会启动妈妈的录音，在短间隔内会启动陌生人的录音。对另一半婴儿，条件正好相反。

DeCasper 和 Fifer 发现，婴儿会调整他们吮吸的停顿，以使他们听到更多妈妈的声音而不是陌生人的声音。对于一个出生两天的婴儿，这是一个了不起的成就，特别是因为从出生到测试时，他们只不过和妈妈在一起待了几小时而已。

为何新生儿会更喜欢妈妈的声音？DeCasper 和 Fifer 认为，新生儿之所以能够识别妈妈的声音是因为他们在母亲的子宫中发育时可以听到妈妈的谈话。这个想法得到了另一项实验结果的支持。在实验中，DeCasper 和 M.J Spence（1986）让一组怀孕的女性读 Seuss 博士的书《戴帽子的猫》，另一组读相同的故事，但是把猫（cat）和帽子（hat）两个词分别替换成狗（dog）和雾（fog）。在孩子出生后，他们会调节吮吸时的停顿以便听到他们在子宫里时母亲读的那一版故事。Moon 与合作者（1993）得到了相似的结果，他们发现出生两天的婴儿会调节他们的吮吸以便听到他们的母语的而不是外语的录音（also see DeCasper et al., 1994）。

胎儿对他们在子宫中听到的声音更为熟悉的观点得到了 Barbara Kisilevsky 与其合作者（2003）的支持。他们通过挂在足月孕妇肚子上方10厘米处的一个喇叭大声播放（95分贝）一段母亲朗读2分钟的文章和陌生人朗读2分钟的文章的录音。在播放录音时，他们会测量胎儿的活动和心率。他们发现，胎儿在对母亲的声音反应时更爱动，心率也会在对母亲声音反应时增加，但在对陌生人的声音反应时下降。Kisilevsky 从这些结果得出结论，认为正如早前的实验结果所提示的那样，胎儿对声音的加工会受到经验的影响（Kisilevsky et al., 2009）。

测一测 11.3

1. 描述位置理论。
2. 位置理论是如何受到基频缺失效应的挑战的？修正的位置理论是如何解释基频缺失效应的？
3. 描述 Burns 和 Viemeister 使用调幅噪声所做的实验，并说明其对位置理论的启示。
4. 哪些证据支持音高知觉依赖听神经放电的时间特性的观点？
5. 什么是解析谐波和非解析谐波？解析谐波和位置理论的关系是什么？
6. Oxenham 等人（2011）的实验给对音高知觉生理机制的理解带来了哪些问题？
7. 试描述从耳到脑的通路。
8. 描述大脑中的听觉区。
9. 试描述证明听皮层中神经元放电与复合声音高知觉有关的猴子和人的实验。
10. 毛细胞损伤和听力丧失间的关系是什么？暴露于职业噪声和休闲噪声中与听力丧失间有什么关系？
11. 什么是隐性听力丧失？
12. 什么是人工耳蜗？为什么说人工耳蜗的发展是基础研究产生实际价值的一个极好的示范？
13. 描述一下测量婴儿听觉阈限的程序。婴儿的听力曲线与成人的相比有何不同？
14. 描述表明新生婴儿能够识别其母亲的声音以及这种能力可以追溯到胎儿在子宫中发育时能够听到母亲的谈话的实验。

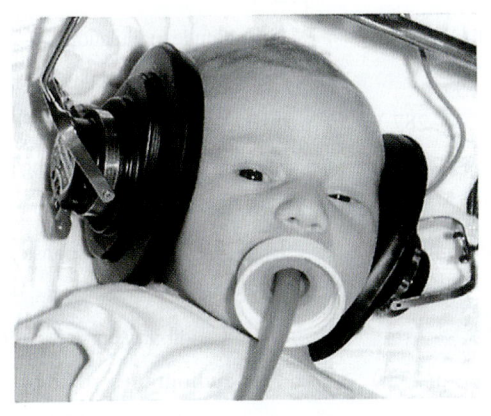

图11.40 这是 DeCasper 和 Fifer（1980）的研究中的一个婴儿，她能够通过调整吮吸奶嘴的方式控制收听妈妈的声音或是陌生人的声音的录音。

想一想

1. 分贝的使用可以将环境中的大范围声压缩小到更易处理的数字范围内。试述如何将相同的原则用于描述地震等级的里氏量表上，它可以将从刚能觉察的颤动到强烈的地震压缩到一个相对较小的数字范围内。

2. 老年性耳聋通常会开始于高频听力的丧失，并逐渐扩展到低频上。根据你对耳蜗功能的理解，你能猜出为何高频更容易受到损害吗？

关键术语

八度音（octave, p. 271）
初级听皮层（primary auditory cortex, p. 283）
锤骨（malleus, p. 273）
纯音（pure tone, p. 265）
带状区（听皮层）（belt area, p. 284）
等响曲线（equal loudness curves, p. 270）
镫骨（stapes, p. 273）
第一谐波（first harmonic, p. 268）
顶部（基底膜）（apex, p. 278）
顶连（tip links, p. 276）
耳鼓（eardrum, p. 273）
耳廓（pinnae, p. 273）
耳蜗（cochlea, p. 274）
耳蜗放大器（cochlear amplifier, p. 280）
耳蜗隔（cochlear partition, p. 274）
耳蜗核（cochlear nucleus, p. 283）
耳蜗植入（cochlear implant, p. 289）
非解析谐波（unresolved harmonics, p. 283）
非周期性声音（aperiodic sounds, p. 272）
分贝［decibel, db), p. 267］
盖膜（tectorial membrane, p. 275）
高阶谐波（higher harmonics, p. 268）
共振（resonance, p. 273）
共振频率（resonant frequency, p. 273）

鼓膜（tympanic membrane, p. 273）
行波（traveling wave, p. 277）
核心区（听皮层）（core area, p. 284）
赫兹［hertz, Hz, p. 266］
基波（fundamental, p. 268）
基部（基底膜）（base, p. 278）
基底膜（basilar membrane, p. 275）
基频（fundamental frequency, p. 268）
基频缺失效应（effect of the missing fundamental, p. 271）
（声）级（level, p. 267）
解析谐波（resolved harmonics, p. 283）
柯蒂（氏）器（organ of Corti, p. 275）
老年性耳聋（presbycusis, p. 287）
卵圆窗（oval window, p. 273）
毛细胞（hair cells, p. 275）
内侧膝状体（medial geniculate nucleus, p. 283）
内耳（inner ear, p. 274）
内毛细胞（inner hair cells, p. 275）
旁带状区（听皮层）（parabelt area, p. 284）
皮层下结构（subcortical structures, p. 283）
频率（frequency, p. 266）

频率调谐曲线（frequency tuning curve, p. 279）
频谱（frequency spectra, p. 268）
起奏（attack, p. 272）
上橄榄核（superior olivary nucleus, p. 283）
声波（sound wave, p. 265）
声级（sound level, p. 267）
声压级（sound pressure level, SPL, p. 267）
声音（sound, p. 264）
时间编码（temporal coding, p. 282）
衰减（decay, p. 272）
锁相（phase locking, p. 276）
特征频率（characteristic frequency, p. 279）
调幅（amplitude modulation, p. 281）
调幅噪声（amplitude-modulation noise, p. 281）
听觉感受野（auditory receiving area, A1, p. 283）
听觉响应区（auditory response area, p. 270）
听力曲线（audibility curve, p. 269）
听力图（audiogram, p. 288）
听小骨（ossicles, p. 273）
外耳（outer ear, p. 273）
外耳道（auditroy canal, p. 273）
外毛细胞（outer hair cells, p. 275）
位置理论（place theory, p. 281）

下丘（inferior colliculus，p. 283）
纤毛（cilia，p. 275）
响度（loudness，p. 269）
谐波（harmonic，p. 268）
休闲噪声（leisure noise，p. 288）
音高（pitch，p. 270）
音高度（tone height，p. 271）
音高神经元（pitch neurons，p. 285）

音色（timbre，p. 271）
音色度（tone chroma，p. 271）
音调拓扑图（tonotopic map，p. 279）
隐性听力丧失（hidden hearing loss, p. 288）
噪声（noise，p. 281）
噪声诱发的听力丧失（noise-induced hearing loss，p. 287）

砧骨（incus，p. 273）
振幅（amplitude，p. 266）
中耳（middle ear，p. 273）
中耳肌（middle-ear muscles，p. 274）
周期性声音（periodic sounds，p. 272）
周期性音（periodic tone，p. 268）

这些音乐家拉着琴弓,由此产生的振动最终变成了音乐。本章将要讨论:人们是如何知觉声音的来源的;知觉是如何受到房间的声学特征影响的;人们是如何将不同乐器的声音区分开的;如何将音乐知觉为时间上的声音模式。

第 12 章

听觉：定位和组织

本章内容

定 位	听觉场景：将不同的声源分离	音乐组织：节奏
听觉定位	位置	什么是节奏
声音定位的双耳线索	起始时间	节拍
声音定位的单耳线索	音色和音高	拍子
听觉定位的生理机制	听觉连续性	**思考时刻**：听觉和视觉的联系
Jeffress 神经耦合模型	经验	听觉和视觉：知觉
哺乳动物的宽调谐曲线	音乐组织：旋律	听觉和视觉：生理
定位的皮层机制	什么是旋律	
室内听觉	乐句	想一想
知觉先后到达耳中的两个声音	分组	关键术语
建筑声学	调性	
组 织	期待	

我们要思考的一些问题

- 人们如何识别声音的方位？
- 为什么同样的音乐在一些音乐厅中听起来比在另一些中更好听？
- 在听不同的乐器一起演奏时，人们是怎样将不同的乐器从知觉上分开的？
- 为什么人们会跟着音乐的节奏舞动？

上一章主要聚焦于实验室中对音高的研究，多关注的是内耳，对皮层只是略微涉及。本章不局限于音高，将研究扩展到其他的听觉属性，这些属性大多依赖高级加工。下面的四种场景分别与将要讨论的四种听觉属性相关。

场景 1：室外的突发事件 你正在街上走，一边想着事情，一边保持高度注意以免撞到迎面而来的行人。突然，你听到急促的刹车声以及女人的尖叫声。你迅速向右转头，发现并没有人受伤。但你是怎么知道要向右转以及朝哪儿看的？这种不知为何就知道声音来自哪里的现象就是听觉定位。

场景 2：室内的声音 你在一个熟食店中，那只是一个很小的房间，里面有放肉的柜台。你取了号码，等着店员一个一个叫号。为什么每个号码你只能听到一次？然而实际上当店员说话时他所发出的声音会沿着两种不同的路径到达你的耳朵：（1）直接地，从他的嘴到你的耳；（2）间接地，声音通过小房间的墙壁反射到你的耳中。正如你将会看到的，你听到什么主要取决于沿第一条通路到达你耳中的声音。这种现象被称为优先效应。

场景 3：与朋友谈话 你坐在一间吵闹的咖啡店中，与一位朋友谈话。你能够听到她说话，但同时也有很多其他声音——临近的其他人的谈话、咖啡机发出刺耳的声音以及头上的喇叭里放的音乐。

你是怎么将朋友说话的声音和其他声音分开的？这种将一个声音流和其他声音流分开的能力被称为听觉分流。

场景 4：听音乐会　你在听音乐会，站在舞台的正前方。乐队演奏的第一首曲子是你的最爱，你听的时候很难安静地站着不动。为什么人们听音乐的时候总有随之而动的冲动？音乐触动人心的不仅包括让人们听到美好的声音，还有下面将会看到的——音乐让人随之而动。

本章将分两个部分探讨这些场景。第一部分是定位，即但人们能够确定声音方位的机制（场景 1），以及不为从墙壁上反弹过来的声波感到困惑的机制（场景 2）。第二部分是组织，即怎样将同时呈现的多个声音区分开，这是一个值得思考的问题（场景 3）。同时，还需考虑乐音是如何被组织起来形成旋律的，以及音乐的节奏为何会使人们想要随之而动（场景 4）。

定　位

每个声音都来源于相应的位置，这听起来好像是不言自明的，因为毕竟每个发出声音的事物都会有一个具体的位置。然而，不同于对视觉客体的位置加以注意那样（因为这些客体可能是人们通常想要趋向或是回避的目标，又或是想要观察的场景），人们一般不太会注意声音来自哪里。定位声音，特别是定位那些可能意味着危险的声音，可能对生存至关重要。即使大多数声音并不是危险的信号，声音及其位置也总是不断地建构人们的听觉环境。这一部内容关于人们怎样提取说明声音来自哪里的信息，以及大脑如何利用这些信息来形成对空间中各种声音的神经表征。

听觉定位

现在，请把眼睛闭上一小会儿，安静地听一下，注意你能听到什么声音，这些声音又分别来自哪里。此刻我正在这样做，在一间咖啡厅里，我能够听到头上偏后的位置有音乐和歌声传来，一个女人在我前面的某个地方说话，左侧咖啡机发出嗞嗞的声音。

我听到的每一种声音——音乐声、说话声以及机器所发出的嗞嗞声——都来自不同的地方。这些来自不同位置的声音构成了**听觉空间**，只要是有声音的地方，就有它的存在。在听觉空间中定位声源的位置被称为**听觉定位**。通过比较视觉和听觉中的位置信息，人们能更好地理解在定位声源时听觉系统所面临的问题。

为了这样做，可以思考一下**图 12.1** 中鸟的叫声与猫的叫声。鸟和猫在视网膜平面上所成的像中包含了它们之间相对位置的视觉信息。但耳与眼不同。鸟的"啾啾"声与猫的"喵喵"声会据其各自的频率激活耳蜗，正如在第 11 章中看到的，这些频率所造成的神经发放模式最终会形成对声音的音高与音色的知觉。但耳蜗中神经纤维的激活是建立在声音频率成分的基础上的，而不是基于声音来自哪里。这意味着两个声音即便起源于不同的位置，但只要它们具有相同的频率，它们所激活的耳蜗中毛细胞和听神经也相同。因而听觉系统必须使用其他信息来确定声音的位置。它所使用的信息主要是声音与听者的头和耳交互作用所产生的**位置线索**。

总共有两种位置线索，依赖两只耳的双耳线索和只依赖一只耳的单耳线索。研究者通过对这些线索进行研究，确定了听者如何在三个维度上较好地定位一个声音：**水平方向**，在左右方向上展开（**图 12.2**）；**垂直方向**，在上下方向上展开；以及声源与听者间的**距离**。在本章中，主要关注水平方向和垂直方向。

声音定位的双耳线索

双耳线索使用到达两耳的信息确定声音的水平方向（左一右位置）。有两种双耳线索，分别是双

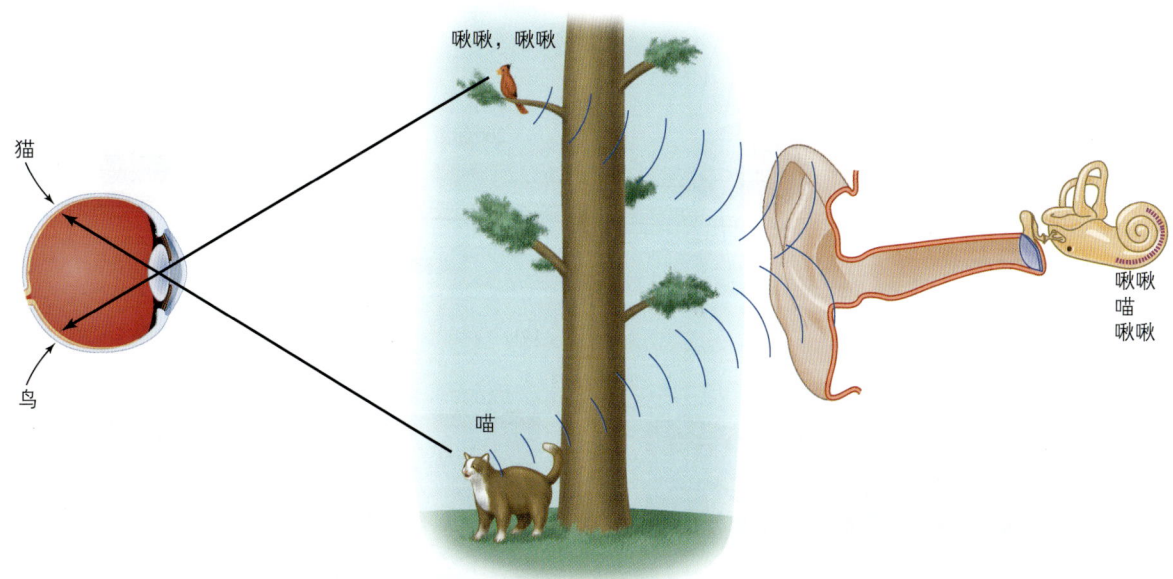

图12.1 对比视觉和听觉的位置信息。视觉：不同位置的鸟和猫，在视网膜上成的像也位于不同的位置。听觉：鸟的声音和猫的声音的频率都分布于整个耳蜗上，和动物的位置无关。

耳强度差和双耳时间差。两者都建立在对到达两耳的声音信号的比较上。偏侧传来的声音在一只耳处会比在另一耳处响，并且到达一只耳的时间也比到达另一耳的时间短。

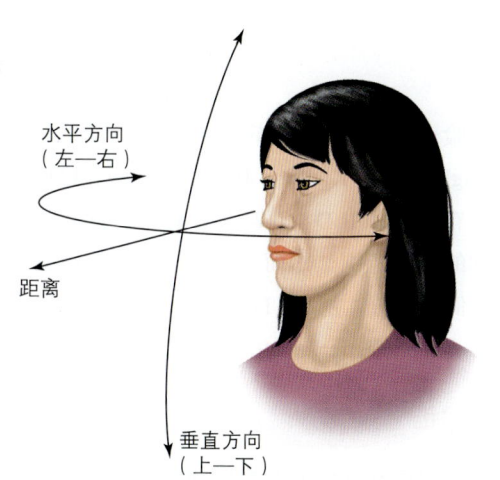

图12.2 用于研究声音定位的三个方向：水平方向（左—右）、垂直方向（上—下）和距离。

双耳强度差

双耳强度差（ILD）建立在到达两只耳的声音的声压级差（或强度差）的基础上。两耳在声强上之所以有差异，是因为头作为一个障碍物能够产生**声影**，从而降低到达远端耳的声音强度。这种在远端耳处强度降低的现象主要发生在高频音上，如**图12.3a**所示；而在低频音上没有，如**图12.3b**所示。

可以画一幅声波与水波的类比图来理解为何高频声音会产生ILD，低频声音却不会产生。想象这样一个情境，水中的小涟漪正趋近图12.3c中的小船。因为相对于船身而言，水波很小，它们会在船身上反射，不能继续传播。现在想象相同的水波在接近图12.3d中的水草。因为水波间的距离比水草的茎要大，水波几乎不会受到什么影响，从而会继续传播。这两个例子说明，如果一个客体比波间距大，它就会对波有很大影响（当短的高频声投射到头上时，就会出现这种情况）。正因如此，只有在定位高频声音时，ILD才是一个有效的线索。

双耳时间差

双耳时间差（ITD）是另一个双耳线索，双耳时间差是指一个声音到达左耳和到达右耳的时间差（**图12.4**）。如果声音正好位于头的正前方，比如在A处，其到达两耳的距离是一样的；声音到达左耳和右耳的时间相同，因而ITD为零。然而，如果声音偏向某一侧，如B点，声音到达右耳就会

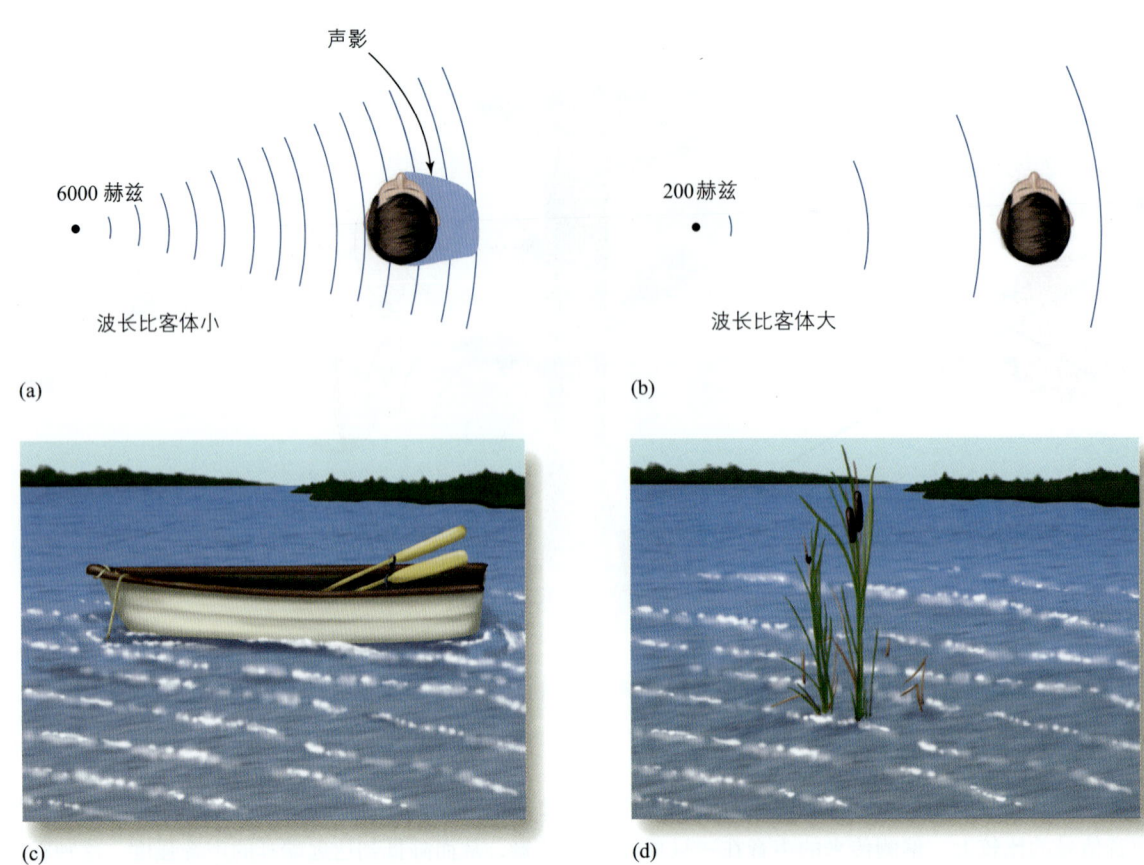

图12.3 为何双耳强度差只在高频音上发生,在低频音上却没有。(a)一个人在听一个高频音;(b)一个人在听低频音。(c)当波间的距离比客体本身小时,就像这里的水波比小船小,波就会被客体阻挡。(a)中的高频音就出现了这种情况,导致到达听者头远端的声音强度更低。(d)当波间的距离比客体大时,就像水波之于水草的茎,客体就不会对波造成干扰。(b)中的低频声波属于这种情况,此时头远端的声波强度不会受到影响。

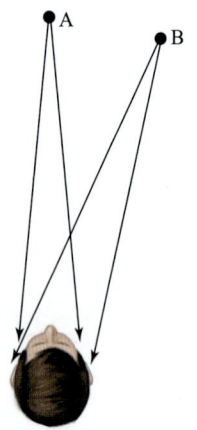

图12.4 双耳时间差原理。A处的声音位于听者的正前方,到达左耳和右耳的时间相同。然而,如果声音移到一侧的B处,它到达听者右耳的时间将会先于到达左耳的时间。

先于其到达左耳。因为声音位置越偏,ITD 就越大,因而 ITD 的量可以用于确定一个声音的位置。

行为实验表明,ITD 在确定低频音的位置时最为有效(Wightman & Kistler,1992)。因而,ITD(对低频音有效)和 ILD(对高频音有效)就共同涵盖了听觉的频率范围。然而,因为绝大多数环境声音都包含低频成分,所以 ITD 是主导听觉的双耳线索(Wightman & Kistler,1992)。

混淆锥

虽然时间和强度差所提供的信息可以使人们在水平方向上判断声音的位置,它们所提供的声源垂直方向的信息却相当模糊。想象一下,如果你手里拿着一个声源,将自己的手伸向正前方,就能理解为什么会这样。因为此时声源和你左右耳的距离是相等的,时间和强度差都为零。如果此时你将手向上移动,增加声源的垂直方向高度,声源距两耳仍是相等的,时间和强度差依然为零。

因为时间差和强度差在许多不同的垂直方向上都是相同的，因而它们不能可靠地说明声源的高度。当声源位于头的一侧时，也会出现相似的模糊信息。这种位置上的模糊性可以用图 12.5 中的**混淆锥**来表示。这个锥面上的所有点都有相同的 ILD 和 ITD。例如，点 A 和点 B 会产生相同的 ILD 和 ITD，因为从 A 点到左耳和右耳的距离与从 B 点到两耳的距离是相同的。锥体上其他的点也存在相似的情况，此外还有其他一些更小或更大的锥体。换言之，在空间中的很多位置上，两个声源都会产生相同的 ILD 和 ITD。

声音定位的单耳线索

不同垂直方向上 ILD 和 ITD 所提供信息的模糊性意味着需要其他信息源来对声音在垂直方向上进行定位。**单耳线索**可以提供这种信息，这种线索只依赖来自一只耳的信息。

最主要的单耳线索叫作**谱线索**，因为声音的定位主要依靠不同位置的声源到达耳时频率分布（或谱）的差异来实现的。这种差异的出现基于这样一个事实，在声音进入耳道之前，它会受到头和耳廓内各种褶皱的反射（图 12.6a）。通过在听者耳内安置麦克风，并比较来自不同方向上声音的频率的方法，可以对这种声音与头和耳廓间的交互效应进行测量。

图 12.6b 演示了这种效应，它显示了宽波段的声音（包含很多频率的声音）在头上方 15° 和下方 15° 呈现时耳内麦克风所记录的频率。来自这两个位置的声音会产生相同的 ILD 和 ITD，因为它们到左耳与到右耳的距离相等，但是声音在耳廓内反射方式的不同导致两个水平方向的声音形成了不同的频率模式（King et al., 2001）。已有研究证明了耳廓对确定垂直方向的重要性。如果使用塑模填平耳廓内的褶皱和缝隙，会使在垂直方向坐标上定位声音变得非常困难（Gardner & Gardner, 1973）。

Paul Hofman 与其合作者（1998）也曾证明使

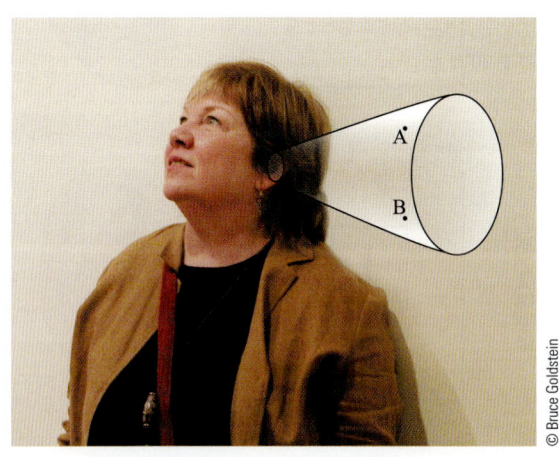

图12.5 "混淆锥"。在这个锥体上有很多成对的点，它们有相同的左耳距离和右耳距离，因而会产生相同的ITD和ILD。除了图中所示，还有其他的锥。

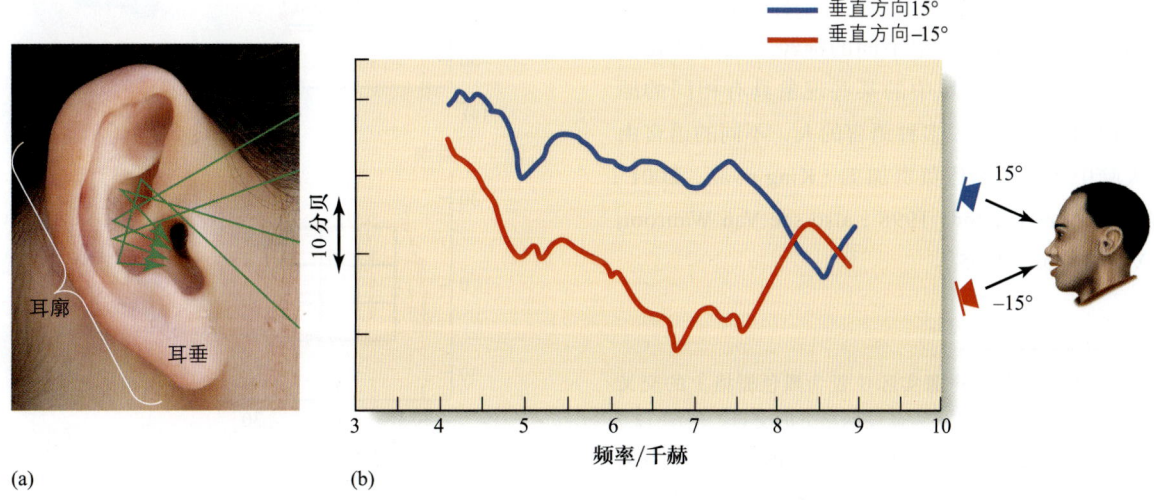

图12.6 （a）耳廓及声音在各个角落和缝隙处的反弹。（b）听者右耳内的小型麦克风所记录的来自两个不同位置处的相同宽波段声音的频谱。声音由不同的角度进入耳廓时，由于不同频率的反射方式不同，所以造成了头上方15°的声音（蓝色曲线）和下方15°的声音（红色曲线）的模式差异。

用塑模改变耳廓内部轮廓会影响声音定位。他们研究了佩戴塑模几周之后定位是如何改变的，以及摘掉模型会发生什么。图 12.7a 显示了一位听者在插入塑模之前的定位表现结果。声音呈现的位置如图中蓝色栅格上的交叉点所示，平均的定位结果为红色栅格上的交点*。两个栅格的重叠表明定位的结果是相当准确的。

测量了最初的结果后，Hofman 让听者佩戴上可以改变耳廓形状的塑模，从而改变声音的谱线索。图 12.7b 表明，插入塑模后，垂直方向坐标上的定位表现马上变得很差，但水平方向坐标上的定位依然比较准确。人们认为，双耳线索用来判断水平方向信息，而谱线索用来判断垂直方向信息，这正好是预期的结果。

Hofman 继续进行实验。在听者继续佩戴塑模时对其定位进行重测。可以看到，从图 12.7c 和图 12.7d 开始，定位表现开始提升，到 19 天之后定位已经相当准确。显然，经过几周的时间，听者已经学会将空间中的不同水平方向与新的谱线索相联系了。

此时把塑模摘掉会发生什么？如果认为在听者适应了塑模所构造的新的谱线索后再把塑模摘掉会使定位表现受到影响，似乎是合乎逻辑的。然而，如图 12.7e 所示，去掉耳内塑模后，听者对声音的定位依然非常完好。显然，塑模训练创造了一组新的谱线索和位置间的相关，但原有的相关一直保留着。这种情况之所以发生，一种可能原因是每组谱线索都可能有一组不同的神经元集与之相互作用，这和其他领域中的某些现象具有相同的原理，比如一些能够说多种语言的人，不同的语言由其大脑中不同的脑区负责加工（King et al., 2001；Wightman & Kistler, 1998；also see Van Wanrooij & Van Opstal, 2005）。

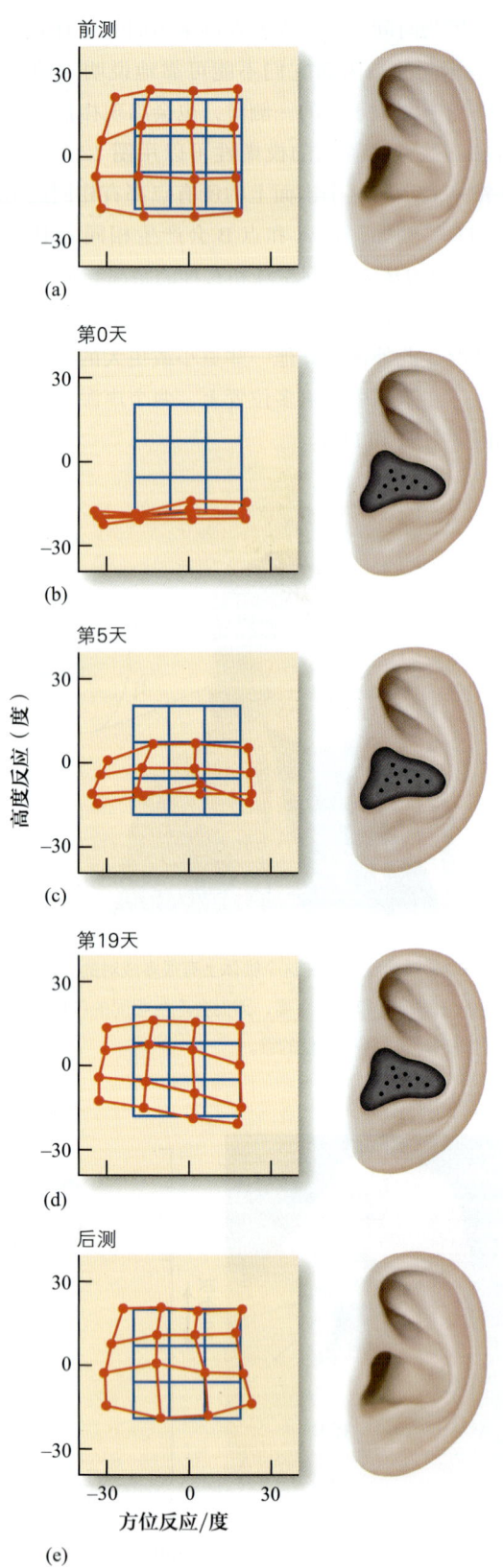

图12.7　内置塑模对声音定位的影响。（来源：King et al., 2001）

---

*原文中的说法是，声源实际位置为黑色栅格上的交叉点，而听者定位的结果为蓝栅网格上的交点。但图 12.7 中并没有黑色栅格，只有蓝色和红色栅格。参考图 12.7a 至图 12.7e 的内容，与正文内容交叉验证，准确的说法应该是声源实际位置为蓝色栅格上的交叉点，而听者定位的位置为红色栅格上的交叉点。故译文做了纠正。——译者注

我们已看到不同类型的线索分别在不同的频率和不同的坐标上最为有效。ILD 和 ITD 对判断水平方向有效，其中 ILD 对高频最为有效，而 ITD 对于低频最为有效。谱线索对判断垂直方向最为有效，特别是对于高频信息。这些线索协同工作，帮助人们定位声音。在现实生活中，人们还会转动头部来倾听声音，因为这可以提供额外的 ILD、ITD 和谱线索，并尽可能降低混淆锥的效应，从而可以对持续的声音进行定位。视觉在声音定位中也起着重要的作用，人们听到说话声，看到一个人在做手势，其唇部运动和人们听到的声音相匹配，此时就是在利用视觉线索帮助声音定位。因此，环境的丰富性和主动搜索信息的能力使得人类可以非常精确地定位声音的位置。

听觉定位的生理机制

既然已经确定了与声音的位置相关的线索，那么这些信息如何在神经系统中被表征？听觉系统中是否有表征 ILD 和 ITD 的神经元？因为 ITD 在绝大多数听觉情景中是最重要的双耳线索，所以本章将主要关注这一线索。首先会介绍由 Lloyd Jeffress 在 1948 年提出的一个神经回路，从而说明来自左耳和右耳的信号是如何汇合以决定 ITD 的（Vonderschen & Wagner，2014）。

Jeffress 神经耦合模型

听觉定位的 Jeffress 模型认为，神经元之间以一种特定的方式连接，如图 12.8 所示，从而使得每个神经元都可以从两耳接收信号。来自左耳的信号经由蓝色轴突传输，来自右耳的信号经由红色轴突传输。

如果声源位于听者正前方，声音将同时到达左耳和右耳，来自左耳和右耳的信号同时启动，如图 12.8a 所示。每个信号沿其轴突传递时，会依次激活每个神经元。在开始阶段，各神经元分别接收来自左耳（神经元 1、2、3）和右耳（神经元 9、8、7）的信号，但不会同时接收来自双方的信号，且不会得到激活。但当两方面的信号同时到达神经元 5 时，则会激活该神经元（图 12.8b）。这个神经元以及回路中的其他神经元被称为**耦合检测器**，因为只有当两方信号同时到达一个神经元形成耦合时，它们才会激活。神经元 5 的激活表明 ITD=0。

如果声音来自右侧，如图 12.8c 所示，声音先到达右耳，因而 ITD 不等于零。来自右耳的信号先开始，当两个信号都到达神经元 3 时（图 12.8d），则该神经元激活。此神经元就可以检测来自于右侧某个位置的声音的 ITD。回路中的其他神经元也会对对应着其他 ITD 的位置发放。因此也可以把这些耦合检测器称为 ITD 检测器，因为每一个检测器只对一个特定的 ITD 有最佳发放。

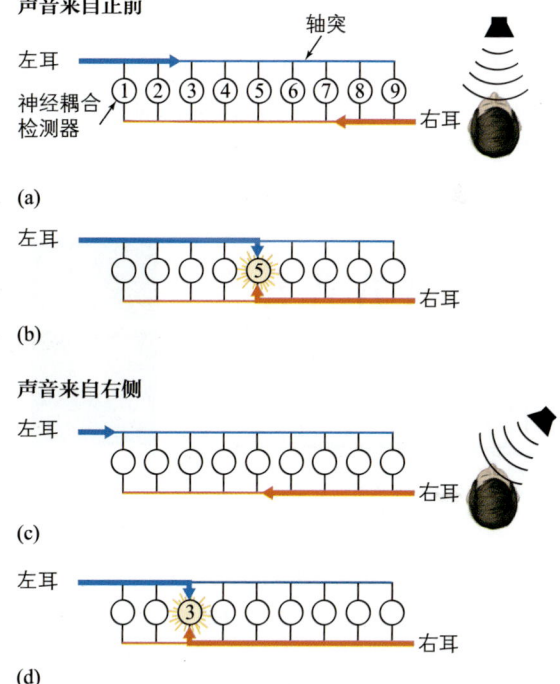

图12.8 Jeffress 回路的作用机制。来自左耳的轴突（蓝色）和来自右耳的轴突（红色）分别向圆圈所表示的神经元传递信号。（a）声音在前方。信号在左侧和右侧通道中同时开始传递。（b）两方的信号在神经元 5 处汇合，使其发放。（c）声音在右侧。信号在右侧通道中先开始。（d）两方的信号在神经元 3 处汇合，使其发放。（来源：Plack，2005）

因而，Jeffress 模型相当于提出了一个环路，它包含一系列 ITD 检测器，每个检测器都会对某一特定的 ITD 做出最佳反应。根据这种观点，ITD 是由 ITD 神经元的激活来表达的。人们也将其称为"位置"编码，因为 ITD 是由（神经元）发生激活的位置来表达的。

测量 ITD 调谐曲线是描述 ITD 神经元属性的一种方式,它通过绘制神经元对不同 ITD 的激活率来对 ITD 神经元加以描述。研究者们在对仓鸮（这种动物具有出色的听觉定位能力）脑干神经元的记录中发现了一些很窄的调谐曲线,如图 12.9 所示,其对特定的 ITD 有最佳反应（Carr & Konishi, 1990；McAlpine, 2005）。当声音先到达左耳时,与左侧曲线（蓝色）相关的神经元激活,声音先到达右耳时,与右侧曲线（红色）相关的神经元激活。这些正是 Jeffress 模型所预测的调谐曲线,因为每个神经元都对某一特定的 ITD 有最佳反应,但对其他的 ITD, 反应会急剧下降。仓鸮和其他鸟类的调谐曲线一般都很窄,Jeffress 模型所提出的位置编码说可以很好地解释其发生原理,但哺乳动物的情况有些不同。

的曲线如此之宽,以至它已经远远超出了声音定位实际涉及的 ITD 的范围（浅色条状区所示；also see Siveke et al., 2006）。

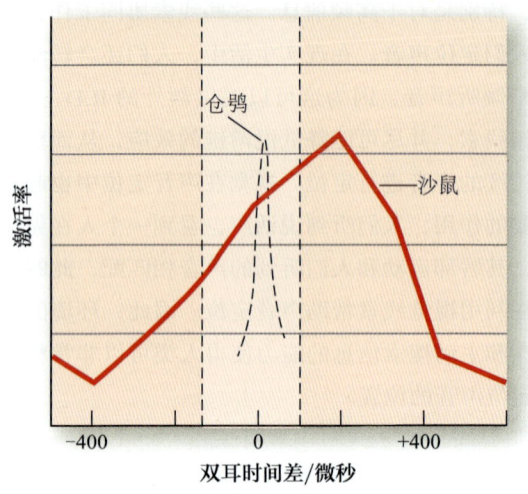

图12.10　实线：在沙鼠上橄榄核神经元上记录到的ITD调谐曲线。虚线：在仓鸮下丘神经元上记录到的ITD调谐曲线。仓鸮的曲线看起来非常窄,主要是因为相对于图12.9而言,时间尺度有所扩展。沙鼠的曲线比在一般情况下发生的ITD范围更宽,这一范围是指浅色条状区（两条虚线之间）。

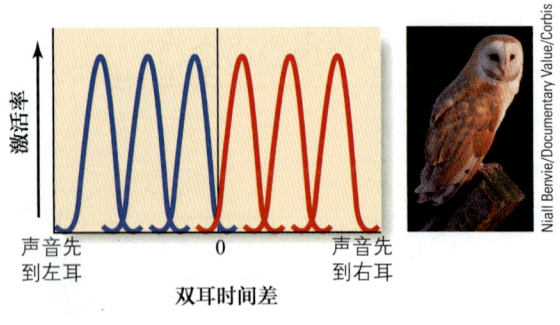

图12.9　六个神经元的调谐曲线,每个都只对很窄范围的ITD有反应。当声音先到达左耳时,左侧的神经元反应。当声音先到达右耳时,右侧神经元反应。在仓鸮和其他一些动物上都记录过类似的神经元。然而,当考虑哺乳动物时,另一种情况出现了,如图12.10所示。（来源：McAlpine & Grothe, 2003）

哺乳动物的宽调谐曲线

粗看之下,对哺乳动物的调谐曲线的研究结果似乎支持 Jeffress 模型。图 12.10 显示了在沙鼠的上橄榄核（见图 11.30）记录到的一个神经元的 ITD 调谐曲线（实线）（Pecka et al., 2008）。该曲线在中间有一个峰,在两侧急剧下降。然而,如果在同一个图上画出仓鸮的曲线（虚线）,可以看到沙鼠的曲线要比仓鸮的曲线宽许多。事实上,沙鼠

正是因为哺乳动物的这种宽 ITD 曲线,有研究者提出定位编码应基于如图 12.11a 所示的宽调谐神经元实现（Grothe et al., 2010；McAlpine, 2005）。根据这种观点,当声音来自左侧时,大脑右半球中存在的宽调谐神经元会有反应；当声音来自右侧时,左半球存在的宽调谐神经元会有反应。声音的位置是通过这两类宽调谐神经元的相对反应来表征的。例如,一个来自左侧的声音会产生如图 12.11b 左侧一对条形柱所示的反应模式；位于正前方的声音会产生中间一对条形柱所示的反应模式；而右侧一对条形柱对应的则是来自右侧的声音。

这种编码很像在第 3 章中描述的群编码,即神经系统中的信息是建立在群神经反应模式的基础上的。事实上,这正是视觉系统表征不同波长光线的方法,第 9 章中讨论颜色视觉时也曾提及,波长是通过三种不同的视锥色素的反应模式来表征的（图 9.12）。

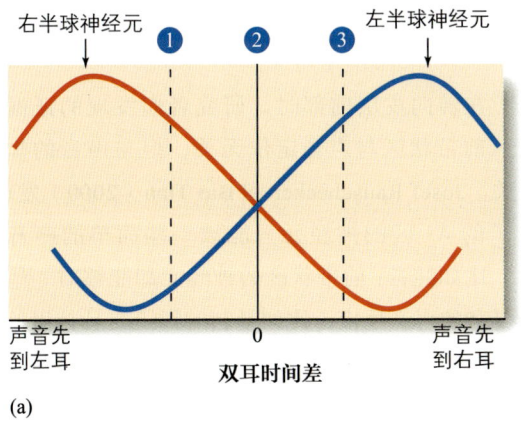

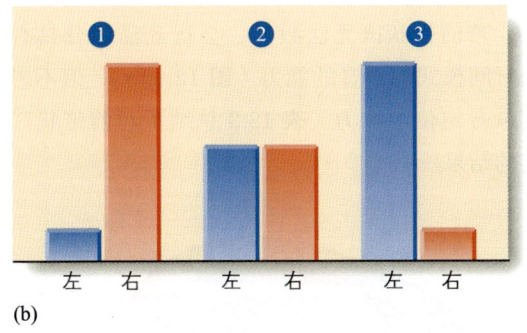

图12.11 （a）与图12.10a所示的宽调谐神经元的ITD调谐曲线类似。左侧曲线代表右半球神经元的调谐曲线；右侧曲线是左半球神经元的调谐曲线。（b）宽调谐曲线对来自左侧、前方和右侧刺激的反应模式。（来源：McAlpine，2005）

总结一下关于双耳定位神经机制的研究，可以得出这样的结论：鸟类的定位基于锐调谐神经元，而哺乳动物基于宽调谐神经元。鸟类的编码是一种位置编码，因为ITD是由神经系统中特定位置的神经元的激活表征的。哺乳动物的编码是群编码，因为ITD是由许多宽调谐神经元协同激活决定的。接下来将更深入地思考哺乳动物的情况，除了前面讨论过的神经元对ITD的编码方式，还要考虑定位信息在皮层上是如何组织起来的。

定位的皮层机制

双耳定位的神经基础开始于从耳蜗到大脑通路间的上橄榄核（参见图11.30），它是第一个既接收左耳信号也接收右耳信号的地方。虽然在信号从耳到皮层传递时就已经开始了对定位信息的加工，但是讨论主要集中于皮层，即从A1区开始（图12.12）。

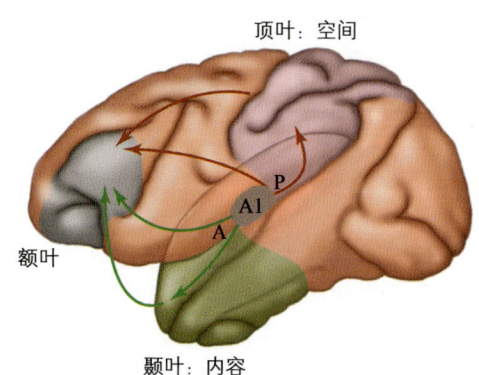

图12.12 猴子大脑皮层上的听觉通路。可以看见到A1区的部分区域。核心区、带状区和旁带状区在这里是不可见的，因为它们被埋在颞叶褶皱中了。这里显示的通路与前、后带状区都有关联。A＝前；P＝后；绿色＝听觉内容通路；红色＝听觉空间通路。（来源：Rauschecker & Scott，2009）

A1区与声音定位有关的证据

在一项先驱性研究中，Dewey Neff与其合作者（1956）将猫放在距两个食物箱2.4米远的地方，两个箱子一个在左侧0.9米处，一个在右侧0.9米处。一个食物箱后面会发出蜂鸣声，如果猫能走到发出声音的箱子处，就会得到食物奖赏。当猫学会了这种定位任务后，它的两侧皮层上的听觉区就会被以某种方式毁损（参看"方法：脑毁损"专栏），随后继续对猫进行5个多月的训练，但它们再也没能学会定位声音。基于这一发现，Neff得出结论：若要对空间中的声音进行精确定位，完整的听皮层是必不可少的。

在Neff研究的50多年后，后续的研究大多只是关注A1区。Fernando Nodal与合作者（2010）发现，毁损貂的A1区会降低、但不能完全消除貂的声音定位能力。另外一项关于A1区的与定位有关的研究是Shveta Malhotra和Stephen Lomber（2007）提供的，他们发现通过皮层冷冻使猫的A1区失活会导致其定位能力的下降（also see Malhotra et al.，2008）。表12.1对这些关于A1区和定位的研究进行了总结。

表12.1　A1区与声音定位有关的证据

文献	做法	结果
Neff et al.（1956）	猫的听觉区毁损	定位能力丧失
Nodal et al.（2010）	鼬的A1区毁损	定位能力下降
Malhotra & Lomber（2007）	猫的A1区冷冻	定位能力下降

后带状区与声音定位有关的证据

第11章介绍了听觉的核心区（包含A1区）、带状区和旁带状区，表明如果把颞叶掀开就可以露出这些藏在颞叶皮层下的区域（图11.31）。在图12.12中，颞叶没有被掀开，因而只有A1区和其周围的一小块区域可以被看到。本章主要关注后带状区和前带状区。后带状区在皮层后部，用P表示；前带状区位于前部，用A表示。首先看一下后带状区。

Gregg Recanzone（2000）通过对猴子的神经元的记录以及神经元对声源位置改变时的反应，对比了A1区神经元和后带状区神经元的空间调谐曲线。他发现，当声音在空间中的一个特定区域内移动时，A1区的神经元会有反应，但声源离开此区域时，就不再反应。Recanzone记录后带状区的神经元时，发现这些神经元只对一个更小空间区域内的声音有反应，表明该区域的空间调谐更好。因而，后带状区的神经元能够提供比A1区的神经元更为精确的关于声源位置的信息。由此可见，后带状区也与空间定位有关。

另一项表明后带状区与声音定位有关的证据是由Stephen Lomber和Shveta Malhotra（2008）提供的，他们冷冻相应皮层，使猫的后听觉区暂时无法激活，结果发现这会扰乱猫的声音定位能力（图12.13a），但不影响其分辨以不同的时间模式呈现的两个声音序列的能力。表12.2对这些关于后带状区的研究结果做了总结。

表12.2　后带状区与声音定位有关的证据

文献	做法	结果
Recanzone（2000）	测量A1区和后带状区神经元的调谐曲线	后带状区的调谐曲线比A1区的调谐曲线窄
Lomber & Malhotra（2008）	冷冻猫的后带状区	定位能力下降（但区分两个不同声音模式的能力未受影响）

前带状区与声音知觉有关的证据

在转向皮层前部时，研究者们发现的证据表明，前带状区与声音定位无关，但与声音的知觉有关。Josef Rauschecker和Bio Tian（2000）发现，猴子的A1区的神经元只能被一些简单的声音激活，比如纯音；前带状区的神经元却能够对一些更为复杂的声音反应，比如录制的猴子在丛林里的叫声。因而可以说前带状区的神经元与识别复杂声音有关。

Lomber和Malhotra（2008）使用冷冻技术发现，若前带状区无法激活，会扰乱猫区分具有不同时间模式的声音的能力（图12.13b），但不影响其声音定位的能力。表12.3总结了对前带状区研究的结果。

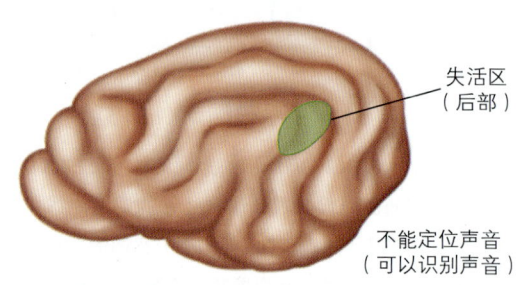

(a) 空间通路失活

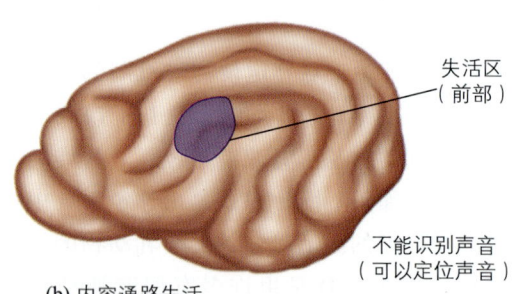

(b) 内容通路失活

图12.13　Lomber和Malhotra（2008）的实验的结果。（a）当用一个冷却探针在绿色区域使后听觉区（空间通路）失活时，猫不能定位声音，但能够识别声音。（b）当用冷却探针在紫色区域使前听觉区（内容通路）失活时，猫不能够识别声音，但可以定位声音。

表12.3 前带状区与声音知觉有关的证据

文献	做法	结果
Rauschecker & Tian (2000)	确定A1区和前带状区神经元的最佳刺激	前带状区神经元对复杂刺激有更好的反应
Lomber & Malhotra (2008)	冷冻猫的前带状区	辨别不同声音模式的能力下降（但定位能力未受影响）

听觉的内容通路和方式通路

表 12.2 和表 12.3 中对所有研究的总结使研究者们得到一个结论，带状区有两种不同的功能，即后带状区与声音定位有关，而前带状区与知觉复杂声音和声音模式有关。还有一些不准备在这里描述的其他研究表明，带状区的这两个部分是两个听觉通路的起始点：一个是**内容听觉通路**，它从前带状区延伸到颞叶和额叶皮层（图 12.12 中的绿色箭头），另一个是**空间听觉通路**，从后带状区延伸到顶叶和额叶皮层（红色箭头）。内容通路与声音知觉有关，而空间通路与声音定位有关。

你是否感觉内容通路和空间通路听起来比较熟悉，这是因为第 4 章在介绍视觉时提到过这两个通路（见图 4.14）。这两个通路分别负责内容和空间功能，这是一个在视觉和听觉领域中都有的一般性原则。同样需要指出的是，尽管描述过的这些研究都是关于鼬、猫和猴子的，但应用脑扫描技术所做的研究发现，内容和空间任务也会激活人类大脑的不同区域，从而表明人类大脑中也存在内容和空间听觉功能（Alain et al., 2001, 2009；De Santis et al., 2007；Wissinger et al., 2001）。

从 20 世纪 50 年代 Neff 的早期实验（主要关注大听觉皮层区功能的确定）开始，就已经对听觉皮层大范围的功能进行了很长一段时间的研究。相比之下，近期研究更多地关注一些子听觉区的功能，发现听觉加工不仅会在颞叶的听觉区域内发生，还涉及皮层的其他区域。在第 13 章讨论语言的知觉时会涉及更多的关于听觉通路的内容。

室内听觉

本章和第 11 章介绍了人们对声音的知觉取决于声音本身的各种属性，包括频率、声强及其在空间中的位置。但这忽略了在日常生活中，每个人都身处不同的场景来聆听声音，比如一个小房间、一个大剧场或室外。当人们意识到这一因素时，就能理解为何身处室外和室内时对声音会有不同的知觉，以及人们知觉声音属性时是如何受室内环境特定属性的影响的。

图 12.14 显示了周围环境如何影响到达人耳的声音的性质。如果在一个室外的舞台上听人弹吉他，人们的知觉主要依赖于**直达声**，即直接到达你耳的声音，如图 12.14a 所示。然而，如果在室内剧场中听同样的吉他演奏，知觉就不仅依赖于直接到达耳的直达声（路径 1），还依赖于经音乐厅的墙面、天花板和地板反射后到达人耳的**间接声**（路径 2、3、4）（图 12.14b）。

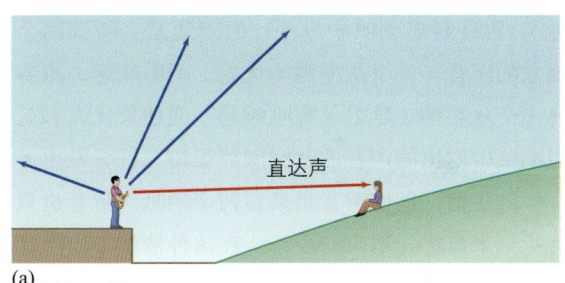

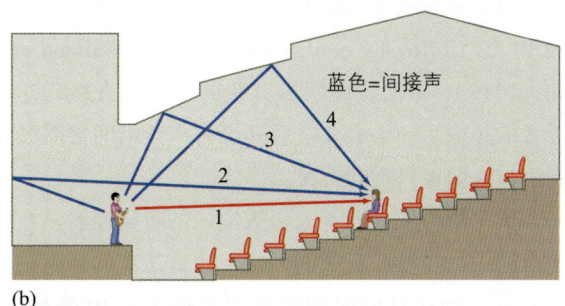

图12.14 （a）在室外听声音时，声音朝所有的方向发出，如蓝色箭头所示，但人听到的主要是直达声，如红色箭头所示。（b）当人在室内听声音时，既可以听到直达声（1），也可以听到从墙面、地板和天花板反射而来的间接声（2、3、4）。

到达人耳的声音既可以直接来自声音最初发生的声源，也可以间接地来自其他位置，这就造成了一个潜在的问题，即虽然声音起源于同一个位置，但它需经由不同的方向和时间间隔才能到达听者。这就是本章开始时在场景 2 中描述的情况，店员的声音中有一部分会直接到达听者，还有一些会经过墙面反射后才能到达听者。接下来将要讨论一些实验研究。在这些研究中，给听者播放有不同时间延迟的声音，就如同它们起源于两个不同的位置时所发生的那样。这些研究有助于理解为何在诸如音乐厅或熟食店等环境中，人们通常只会知觉到一个（来自单一位置的）声音。

知觉先后到达耳中的两个声音

关于声音反射和位置知觉的研究通常需要将问题简化，实验中一般是让人听来自空间上分离的两个喇叭的声音，如**图 12.15** 所示。左侧的是优先喇叭，右侧的是延迟喇叭。如果一个声音先在优先喇叭中呈现，经过一个较长的延迟后（十几分之一秒），再在延迟喇叭中呈现，听者通常会听到两个独立的声音，一个从左侧（优先）喇叭响起，跟着另一个从右侧（延迟）喇叭响起。但如果优先和延迟喇叭中发出的声音的时间间隔很短，就会发生不一样的事情，即使声音是来自两个喇叭，听者也只会听到来自优先喇叭的声音。在这种情境中，声音似乎只来自优先的喇叭，人们将其称为**优先效应**，这是由于最先被知觉到的声音成为人们最终知觉到的声音（Litovsky et al., 1997, 1999; Wallach et al., 1949）。因而，即使店员叫的号码先直接到达听者的耳中，一小会儿之后还会有声音沿间接路径到达，人们也只听到一次。

优先效应主导着绝大多数室内的听觉经验。在小房间中，经墙面反射的间接声比直达声的强度稍低一些，到达耳的时间要延迟大概 5～10 毫秒。在大房间，比如音乐厅中，延迟更长一些。然而，虽然对声音来源的知觉主要受先到达耳中的第一个声音决定，但稍晚一些到达耳中的间接声也会影响人们所听到的声音的质量。直达声和间接声都会影响声音的质量，这是建筑声学领域，尤其是设计音乐厅时需要关注的一个重要问题。

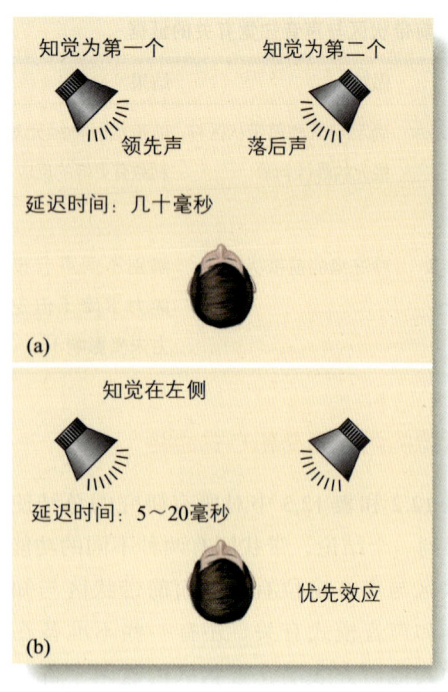

图 12.15 （a）声音先在一个喇叭中呈现，然后在另一个喇叭中呈现。如果两个声音之间有足够的时间间隔，就可以被分别听出，即一个在另一个之后。（b）如果两个声音间只有很短的延迟，声音会被知觉为只来自优先的喇叭。这就是优先效应。

建筑声学

建筑声学，在研究声音如何在房间中反射时，特别关注室内间接声如何改变人们听到的声音的质量。影响间接声的主要因素是房间的大小和墙壁、天花板和地板等吸收声音的量。如果大部分声音被吸收，反射声会很少，留下的间接声会很少。如果大部分声音受到反射，就会有许多反射声，间接声会很多。另一个影响间接声的因素是房间的形状。这决定着声音如何撞击表面以及它被反射的方向。

一个房间产生间接声的量和间隔可以用**混响时间**来表示，它指的是声音降低到原始压强的 1/1000 时（或声强下降 60 分贝）所需的时间。如果一个房间的混响时间过长，反射声会持续很长时间，声音就会变得很乱。在极端情况下，比如在一个有石头墙壁的大教堂中，这些延迟的声音会被知觉为回声，这时准确定位声源的位置就会变得很难。如果混响时间很短，音乐就会听起来很"死板",并且很难生成高强度的声音。

因为混响时间和知觉之间的这种关系,声学工程师在设计音乐厅时都会努力使其混响时间与一些具有良好声学属性的大厅的混响时间一致,比如波士顿的交响乐厅和阿姆斯特丹的大音乐厅,它们的混响时间大概是2.0秒。然而,一个"理想的"混响时间并不一定就会带来好的声学效果。纽约的爱乐音乐厅就有这样的问题。当它在1962年开放时,爱乐音乐厅的混响时间接近理想的2.0秒。尽管如此,很多人批评大厅的混响时间听起来很短,而且乐队中的乐手都抱怨听不到彼此的说话声。这些批评致使人们对大厅进行了一系列改造,且历经多年改造依然不能令人满意,人们不得不拆掉大厅的整个内部结构。之后在1992年,大厅又进行了整体重建,并被重新命名为艾弗里·费雪厅(Avery Fisher Hall)。但故事到此依然没有结束,因为即便是在重建之后,艾弗里·费雪厅的声学特性仍不能令人满意。大厅被重新命名为大卫·格芬厅(David Geffen Hall)。现在又有计划再次拆除其内部结构,并于2019年重建。

爱乐音乐厅的经历,加上建筑声学领域的一些新的发展,使建筑工程师们开始思考在设计音乐厅时除了混响时间之外的其他需要考虑的因素。Leo Beranek(1996)确定了其中一些因素,他发现下面一些物理量可能和音乐厅中的音乐知觉有关:

- **亲密时间**:指来自舞台的声音直接到达与第一反射声到达之间的时间。它和混响有关,但只限于直达声和第一反射声间的比较,而不考虑其他反射声衰减所需要的时间。
- **低音比**:在从墙面和其他平面反射的声音中,低频声音和中频声音的比率。
- **宽敞因子**:间接声在听者接收的所有声音中所占的比重。

为了确定这些物理量的最优值,声学工程师们对14个国家的20间剧院和25间交响乐厅进行了测量。通过将其测量结果与指挥家和乐评人对大厅的评分对比,他们证实了最好的音乐厅的混响时间都是在2秒左右。但他们发现对于剧院而言,1.5秒的混响时间更好,因为较短的混响时间对于人们听

清歌手的声音是非常必要的。他们还发现,20毫秒左右的亲密时间、更大的低音比以及更大的宽敞因子都与良好的声学特征有关(Glanz,2000)。当把这些因素考虑进新音乐厅的设计时,比如坐落于洛杉矶的迪士尼音乐厅(Walt Disney Concert Hall),其声学特性能够达到世界顶级大厅的水准。

在设计迪士尼音乐厅时,建筑师们不仅注意到了墙面和天花板的形状、构型及材料等可能对声学特性的影响,还考虑了2273个座位上每一个坐垫的吸声特征。音乐厅设计中的一个常见问题是观看演出的人数对声学特性的影响,因为人的身体也会吸收声音。因而,一个满座时有良好声学特征的大厅,在空座较多时可能会产生回声。为了解决这个问题,座椅垫通常被设计成和一个"平均人"具有相同的吸声特性。这保证了大厅在空置和满座时具有相同的声学特征。音乐家们经常在没人时排练,因此这一设置对他们十分有利。

另一个具有典范声学特性的音乐厅是圣母大学巴托罗表演艺术中心的莱顿音乐厅,它于2004年开放(图12.16)。这个音乐厅的创新性设计是具有可调整的声学属性,使其混响时间可以在1.4~2.6秒调整。这是通过控制舞台上方檐篷位置的电机以及整个大厅的各种板材和横幅来实现的。这些调整使人们可以针对不同种类的音乐对大厅进行"调谐",对于歌唱可以实现较短的混响时间,而对于管弦乐则可以获得较长的混响时间。

图12.16 圣母大学巴托罗表演艺术中心的莱顿音乐厅。其混响时间可以通过改变天花板上的板材和横幅的位置以及侧面的布帘来调整。

从前面可以了解到两个问题：（1）当声音在房间各处反弹时，人们如何辨别声音来自哪里并知觉到声音；（2）房间的特征对听觉有什么样的影响。接下来将进一步考虑下面的问题：当有很多声源时，人们是怎样对它们进行知觉组织的？这种组织对于人们理解环境中的声音有何作用？

测一测 12.1

1. 如何用三个坐标描述听觉空间？
2. 确定一个声源的位置和确定一个视觉客体的位置之间有什么基本区别？
3. 描述听觉定位的双耳线索，并说明：对于一个听者，什么样的频率和水平方向特征才能够帮助其对声音进行有效的定位？
4. 描述声音定位的单耳线索。
5. 如果在一个人的耳朵中安置塑模，对听觉定位会有什么样的影响？当一个人适应了塑模后，他是否能很好地定位声音？在他适应之后去掉塑模会发生什么？
6. 描述 Jeffress 模型。鸟类和哺乳动物对定位的神经编码方式有何不同？
7. 描述听觉定位在皮层上是如何组织的。关于 A1 区对于声音定位的重要性，有哪些证据？除了 A1 区，还有哪些区域与声音定位有关？
8. 请描述证明前、后带状区功能的实验。
9. 什么是听觉的内容通路和空间通路？它们与前、后带状区有何关系？
10. 室外听觉和室内听觉有何区别？为什么室内听觉会给听觉系统带来问题？
11. 什么是优先效应？它在知觉中的作用是什么？
12. 建筑声学中有哪些基本原则可以帮助人们设计音乐厅？
13. 描述一些可以用来操纵某些现代音乐厅声学特性的技术。

组 织

听觉场景：将不同的声源分离

至此，讨论一直聚焦于定位——声音来自哪里。视觉中处于不同空间位置的客体会在视网膜上的不同位置成像，而听觉感受器中不包含空间信息。因此，听觉系统与视觉系统不同，是用两耳间的强度差和时间差以及声音在耳廓内反射的谱信息对声音进行定位的。现在要加上一个在环境中经常会发生的、重要且复杂的因素——多声源。

本章开始时的场景 3 描述了两个人在一个吵闹的咖啡店中交谈，店中有音乐声、其他人的谈话声，以及背景中咖啡机的声音。环境中不同位置上的声源所构成的整个阵列被称为**听觉场景**，将复杂的声音刺激进行分离溯源的加工过程被称为**听觉场景分析**（Bregman，1990，1993；Darwin，2010；Yost，2001）。

听觉场景分析是一件十分困难的事，因为不同来源的声音被合并成一个单一的声学信号，很难仅仅通过观察声音刺激的波形就说清哪部分信号是由哪个声源产生的。思考一下图 12.17 中的三人乐队的情形或许可以帮助人们更好地理解不同来源的声音会被合并成一个单一的声学信号。吉他、歌手和键盘分别会产生各自的声音信号，但是所有这些信号都会一起进入听者的耳中，从而被合并成一个单一的复合波。信号中的每个频率成分都会使基底膜振动，但是声音信号中包含的信息并不明确，因此很难说明哪些振动是由哪种声源产生的。这与图 12.1 中关于鸟和猫的例子一样，耳蜗中并没有获得包含两个声音位置的信息。

听觉系统怎样将"合并的"声音信号中的不同频率分为不同的信息，才能使人们听出吉他、歌手和键盘属于不同的声源呢？第 5 章曾提过一个类似的视觉问题，当时的问题是视觉系统如何将一个视觉场景分为各种独立的视觉客体，随后介绍了视觉中格式塔派和其他派别的心理学家提出的一些

图12.17　每个乐手都会产生一个声音刺激，但这些信号会被合并成一个信号进入听者耳朵。

基于视觉刺激的各种属性的组织原则。现在回过头来看一下听觉，人们会发现听觉刺激也存在类似的情况。某些原则帮助人们知觉到了听觉场景中的组成元素，这些原则就是以环境中的各种声音的常见组织方式为基础的。例如，如果两个声音开始的时间不同，它们很可能来自不同的声源。接下来介绍一些听觉场景中常会分析的不同类型的信息。

位置

分析听觉场景的一个方法是分离每一个在声音溯源时可能用到的信息。根据这个想法，人们根据如 ILD 和 ITD 之类的位置线索将歌手的声音与吉他的声音区分开来。因此，如果两个声音在空间上是分开的，位置线索可以帮助人们在知觉上将它们分开。此外，当声源移动时，它通常会沿着一个连续的路径进行，而不是怪异地到处跳跃。例如，声音的连续移动可以帮人类把一辆正在经过的汽车的声音知觉为发自单一的声源。

而听觉分析不仅和位置有关，还和信息有关。思考以下事例，这一道理就显而易见了：同一个喇叭（或是便携音乐播放器的一个耳机）中传出的不同声音，尽管这些声音都是来自相同的位置，人类依然可以将它们分离开（Litovsky，2012；Yost，1997）。

起始时间

正像前面说过的，如果两个声音开始的时间稍有差异，它们很可能来自不同的声源。这时常发生，因为来自不同声源的声音几乎不会同时开始。若不同的声音成分确实是同时开始的，那么它们很可能是由同一声源产生的（Shamma & Micheyl, 2010；Shamma et al., 2011）。

音色和音高

有相同音色或音高范围的声音通常是由同一个声源产生的。比如，笛子不会突然听起来像长号。事实上，笛子与长号不仅在音色上有区别，在音高范围上也有区别。笛子通常在更高的音高范围上演奏，而长号的声音低一些。这些区别可以帮助听者确定哪个声音发自哪个声源。

早在心理学家之前很久，作曲家就在用音高的相似性进行声音组织了。巴洛克时期（1600—1750年）的作曲家就知道，若用一种乐器演奏音符时快速改变高音和低音，听者会知觉到两个独立的旋律，高音符被知觉为一个独立的旋律线，低音符被知觉为另一个旋律线。图 12.18 显示的是 J. S. 巴赫的一首作品的片段，其中就用到了这种技法。当这一乐句被快速演奏时，虽然它们是由相同的乐器演奏的，但是低音和高音听起来像是各自独立的不同旋律。这种将不同声源分入不同知觉流的现象，被音乐家称为隐性复音或复合旋律线，心理学家称之为**听觉分流**（Bregman, 1990; Darwin, 2010; Jones & Yee, 1993; Kondo & Kashino, 2009; Shamma &

图12.18　J.S.巴赫的一首曲子的四个小节（《耶稣基督我们的救世主》的合唱前奏，1739）。当快速演奏时，高、低音符会被分入不同的知觉流来组织。这种现象被称为听觉分流。

Micheyl，2010；Yost & Sheft，1993）。

Albert Bregman 和 Jeffrey Campbell（1971）通过改变高、低音演示了基于音高的听觉分流，如图 12.19 中的序列所示。当高音与低音如图 12.19a 中那样缓慢交替呈现时，这些音会被听成属于一个流的两个部分，一个接着一个：高—低—高—低—高—低，如虚线所标示的那样。但如果这些音非常快速地交替呈现，高音和低音会在知觉上被分入两个声音流；听者知觉到两个独立的声音流，一个高音，一个低音（图 12.19b）（更早的关于听觉流分离的演示参见 Heise & Miller，1951；Miller & Heise，1950）。这表明，如何分流不仅取决于音高，还取决于各音呈现的速率。再回到巴赫的曲子上，快速演奏时高音流和低音流会被知觉分离，但若演奏得比较慢的话，则不会产生这种现象。

图 12.20 显示了一个通过音高的相似性进行分组的例子，当音高存在差异的时候，被知觉为两个独立的声音流；当音高相似时，情况发生了变化。一个声音流是一系列重复的音符（红色），另一个是一个上升的音阶（蓝色；见图 12.20a）。图 12.20b 表明当这些音被很快呈现时，刺激会被如何知觉。开始时，两个声音流是分离的，因而听者会同时知觉到一个重复的音符和一个上升音阶。然而，当两个刺激的频率变得相似时，有趣的事情发生了。音高相似性发生组合，知觉转变在两个声音流所属音之间的来回"跳跃"。随着音阶的继续升高，频率又逐渐分离，两个序列会再次被知觉为分离的声音流。

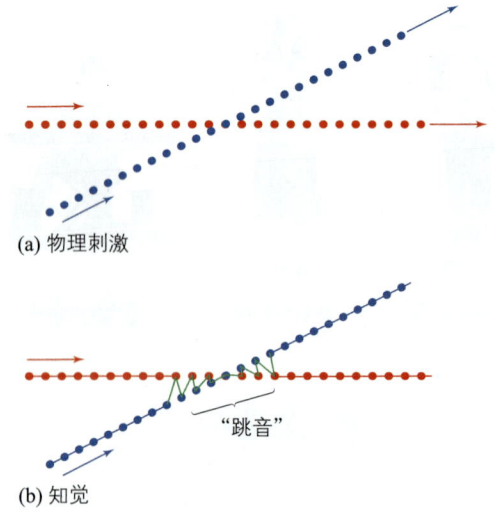

图 12.20 （a）两个序列的刺激：一个是相似音符序列（红色），一个是音阶（蓝色）。（b）对这些刺激的知觉：当它们的频率差异很大时，会被知觉为不同的声音流，但当频率处于相同的范围内时，音符似乎会在不同的刺激间来回跳动。

音高的相似性会影响知觉分组的另一个例子是一种被称为**音阶错觉**或**旋律分道**的效应。Diana Deutsch（1975，1996）演示了这种效应，她通过耳机同时向被试呈现两个音符序列：一个到右耳，一个到左耳（图 12.21a）。可以看到，呈现给每只耳的音符都是上下跳动的，并不会构成一个音阶。然而，在 Deutsch 的实验中，被试的每只耳都知觉到了平滑的音符序列，高音在右耳，低音在左耳（图 12.21b）。虽然每只耳都接收了高、低两种音

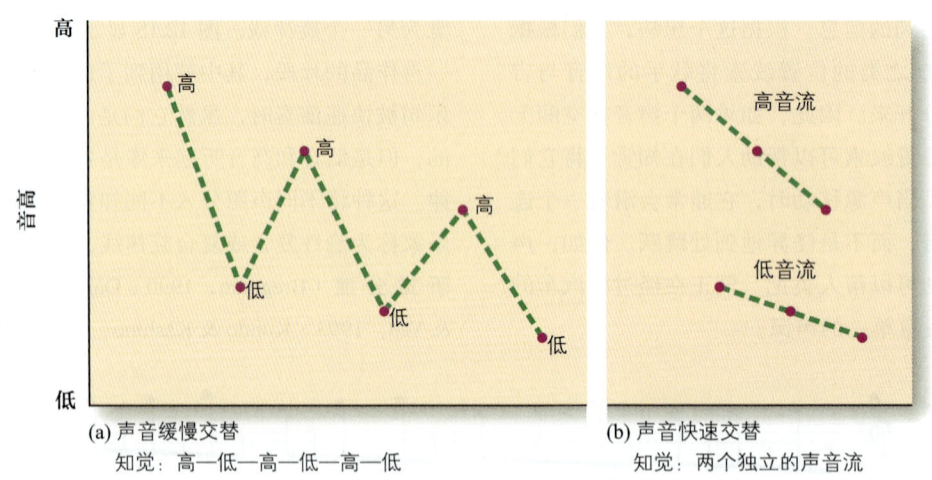

图 12.19 （a）当高音和低音缓慢交替呈现，听觉分流不会发生，因而听者会知觉到交替呈现的高音和低音。（b）快速交替会导致高音流和低音流的分离。

符，但基于音高相似性的组织使听者将高音符分组到右耳（开始时呈现的是高音），而将低音符分到左耳（开始时呈现的是低音）。

图12.21 （a）在Deutsch（1975）的音阶错觉实验中，这些刺激被呈现给被试的右耳（红色）和左耳（蓝色）。注意呈现给每只耳的音符都会上下跳动。（b）虽然呈现给每只耳的音符都会上下跳动，但听者知觉到的是平滑的音符序列。这种效应被称作音阶错觉，或旋律分道。（来源：Deutsch, 1975）

音阶错觉突显了知觉组织的一个重要属性。在大多数情况下，听觉分组原则会帮助人类准确地解释环境中发生的事件。将相似的声音知觉为来源相同是最为有效的策略（因为在环境中通常是这样的）。在 Deutsch 的实验中，知觉系统将相似性分组原则应用到了用耳机呈现的人工刺激上，结果犯了将音高相似的声音分到相同的耳中的错误。因为大多心理学家没有对刺激进行控制，所以频率相似的声音更有可能是相同的声源产生的。因而听觉系统使用音高决定声音来自哪里通常都是正确的。

听觉连续性

保持不变或是平滑变化的声音通常是由同一来源产生的。人们针对声音的这一属性提出了一个组织原则，它与格式塔中的视觉的良好连续性原则非常相似（参见第 5 章）。具有相同频率或是平滑变化频率的声音刺激，即便被其他刺激打断，也会被知觉成是连续的（Deutsch, 1999）。

Richard Warren 与其合作者（1972）通过向被试呈现被空白间隙分隔的纯音段证明了听觉连续性现象（图 12.22a）。在空白间隙处，听者会将这些纯音知觉成断开的。但当 Warren 在这些间隙处填上噪声后（图 12.22b），听者会将（加了噪声后的）纯音知觉为连续的（图 12.22c）。这个例子与图 5.16 中通过卷曲的绳子演示的视觉良好连续性示例类似。即使被其他绳子遮挡，绳子仍被知觉为连续的。与此类似，一个纯音即使被噪声片段阻断，仍会被知觉为连续的。

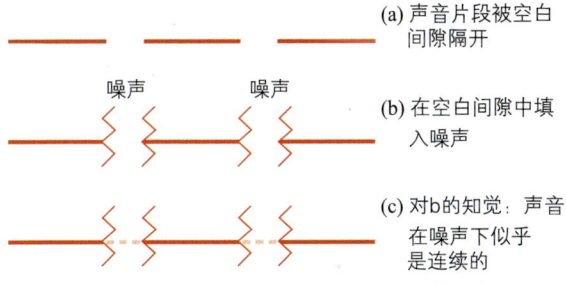

图12.22 使用纯音进行听觉连续性演示。

经验

人们可以利用呈现熟悉歌曲的旋律来证明过去经验在听觉刺激的知觉组织中的作用，如图 12.23a。这是歌曲《三只瞎老鼠》（Three Blind Mice）中的一段音符，但有一些音符跳了八度。当人们初次听到这些音符时，会发现很难认出这是什么歌。但一旦他们听出曲子本来应该是怎么弹的（图 12.23b），他们就能够跟上图 12.23a 中呈现的跳八度的版本。

这正是旋律图式——熟悉旋律在人的记忆中的表征——发挥作用的一个例子。当人们不知道某个旋律呈现时，他们不能够提取相应的图式，也就无法将未知的旋律与其进行比较。一旦当知道了呈现的是某个旋律，他们就能够将所听到的与他们所储存的

图12.23 《三只瞎老鼠》。(a)跳八度版本。(b)正常版本。

图式进行比较,并知觉出这个旋律(Deutsch,1999;Dowling & Harwood,1986)。

描述过的每种听觉分组原则都能够提供听觉环境中关于声源数量和内容的信息。但每种原则自身都不是万无一失的,知觉若只依赖一种原则,可能会导致错误——就像在音阶错觉的例子中一样,可以通过有意安排使音高的相似性主导知觉。在绝大多数自然情境中,知觉建立在很多此类线索的共同作用的基础上。这和视知觉中描述过的情况有相似之处——人类对客体的知觉依赖很多组织原则的共同作用,而对深度的知觉也依赖很多深度线索的共同作用。

音乐组织:旋律

本章的目标是介绍和声音定位及声音的组织相关的机制。到目前为止,关于听觉组织方面的讨论已经说明了听觉场景分析中会使用诸如位置、起始时间、音色和音高等信息,将其分入不同的声源和声音流。之前已经使用过一些音乐上的例子(图12.18、图12.21和图12.23),接下来要对音乐进行更为深入的讨论。

所谓的"音乐是有组织的"是什么意思呢?**音乐**曾被描述为"有组织的声音"(Goldman,1961)。虽然事实可能确实如此,但作为一个定义,它太过泛化了。例如,人们可以认为割草机的声音是"有组织的",但多数人都不会把它看成音乐。无疑,音乐在很多方面确实是有组织的。接下来重点讨论一下传统西方音乐中的音符序列是如何组织的。

欣赏音乐组织性的一种方式是看乐谱上的音符(图12.21和图12.23)。不同音符的纵向组织使其在乐音属性上有高低之分。它们的横向组织使不同的音符在时间上前后相继。

音符在乐谱上的呈现方式描述属于一种物理组织描述。但人们感兴趣的是知觉组织,即音乐是如何被知觉的。包括思考人类如何知觉旋律与和声,以及一些关于组织的问题:不同的音符怎样才会被知觉为一个整体?是什么导致有些音符听起来不在一起?当音符随时间相继出现时,它们是如何被加工的?在接下来关于音乐组织的讨论中,首先关注这些与音符和旋律相关的问题。在下一小节,再讨论音乐是如何在时间上组织的。

什么是旋律

人们听音乐时,会听到旋律。它是音乐中最有可能让你跟着哼唱的部分。当人们想到《美丽的美国》(*America the Beautiful*)和《嘿,裘德》(*Hey Jude*)时,脑海中会出现不同的旋律。**旋律**被定义为将一个音高序列知觉为一体的体验(Tan et al.,2010)。

当人们想到在一首歌或是一首曲子中不同的音符如何相继出现时,所想的正是旋律。回忆一下在第11章中,我们将音高定义成听知觉的一个方面,其变化与音乐旋律有关(Plack,2014)。还提到如果用5000赫兹以上的频率(钢琴上最高音符的频率是4166赫兹)演奏一个旋律,虽然人们知道有什么东西在变化,但它听起来不像音乐。所以旋律不仅是音符序列,它们还是属于一体的、听起来像音乐的音符序列。下面首先会看到音符序列是如何

图12.24　《小星星》的第一行。

构成乐句的，再着眼于单个音符是如何组织成旋律的。

乐句

在开始认知旋律组织前，试着想一首你最喜欢的曲子（实际听一首就更好了）。当你听到一个音符接着一个音符出现时，你能够把旋律分割成不同的部分吗？一种常用的将旋律细分为更小的部分的方法叫乐句，它很像语言中的短语*（Deutsch，2013a；Sloboda & Gregory，1980）。例如，思考一下图 12.24 中歌曲的第一行，"一闪一闪亮晶晶，满天都是小星星"。可以将这个句子分为两个短语，在"晶"和"满"之间以竖线隔开。但是如果人们不知道词，只听音乐，似乎也可以将旋律分为两个相同的乐句。

如果让人们听音乐，并让其指出一个单元的开始和下一个单元的结束，他们能够将旋律分成不同的乐句（Deliege，1987；Deutsch，2013a；Frankland & Cohen，2004）。乐句内最有力的分界线索是停顿，分隔不同乐句的间隔更长（Deutsch，2013a；Frankland & Cohen，2004）。

另一个乐句知觉线索是不同音符间的音程。分隔一个乐句结尾和另一个乐句开头的音程通常比分隔乐句内部两个音间的音程更大。音的差异可以用半音来测量，半音是西方音乐中的最小音程，它大致等于一个乐音音阶中两个音符间的距离，比如在 C 和 C# 之间。一个八度中包含有 12 个半音。

David Huron（2006）对 4600 首民歌中的音程进行了测量，发现在乐句内部平均音程是 2.0 个半音，但在一个乐句结尾和下一个乐句开始间的

平均音程是 2.9 个半音。还有证据表明，乐句结尾处的音符通常也会更长（Deliege，1987；Clark & Krumhansl，1990；Frankland & Cohen，2004）。

分组

回到你想象的歌曲，注意音符的连续性。它们是疯狂地在高音和低音间来回跳跃，中间有或大或小的间隙，还是彼此离得都很近，看起来像是一个跟着一个前行？音符的分组构成了旋律，先组成乐句，再成为更长的序列（Deutsch，2013a）。生成一个旋律，不管它是"一闪一闪亮晶晶"，还是贝多芬第五交响曲的开头（"噔，噔，噔，噔……"），都需要对音符进行安排，使之成为一个旋律线，让人知觉到音符是在一起的。

在本章前部分描述听觉分流时介绍了很多知觉组织原则，比如位置、音高、音色等，它们帮助人们将不同的声音序列分组，形成对应不同声源的独立声音流，如图 12.17 中的吉他声、歌声和键盘声。现在先不考虑需要彼此分开的多个声音流，而是考虑单一声音流中的各个音符。想要知道这些音符必须具备哪些属性才能构成一个旋律？这一过程可以称为听觉流整合，强调的是如何将不同的音符整合进一个单一的声音流（Micheyl & Oxenham，2010）。

西方音乐中有助于音符分组的一个特征是音符间的音程。乐音序列间的音程通常都比较小。这和第 5 章中描述的格式塔原则中的接近律是一致的，它指出彼此接近的元素倾向于被知觉为一个整体（Bharucha & Krumhansl，1983；Divenyi & Hirsh，1978）。大的音程较少出现，因为大的跳跃会增加旋律线被切割为独立旋律的概率（Plack，2014）。一项对来自不同文化的大量音乐作品进行的调查也证实了这种小音程的优势地位。调查结果表

---

*乐句和短语在英语中对应的单词都是 phrase，但在汉语中并没有一个统一的译法。——译者注

明，主流的音程是1～2个半音（图12.25；Vos & Troost，1989）。

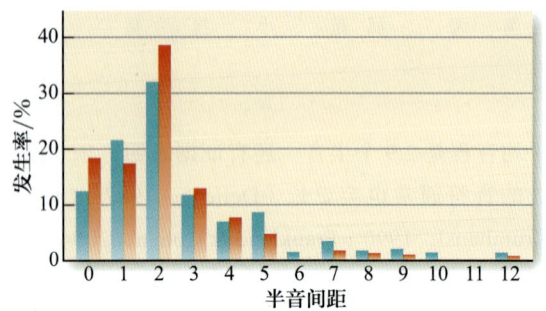

图12.25 对大量音乐作品调查不同音程出现的频率。绿色条形：古典作曲家和披头士。红色条形：大量不同文化中的民族音乐。最常见的音程是1～2个半音。

人们也可以在听音乐时留意连续音符间的音程，亲自验证这种小音程的优势地位。一般而言，你会发现多数音程都是比较小的。但也有一些例外。比如，考虑一下《飞跃彩虹》(*Over the Rainbow*) 的前两个音符（"some-where"），其间的音程是一个八度（12个半音），所以它们在知觉上比较相似。一般来说，在一个大的跳跃后，旋律通常会调转回来，将空白间隙补上，这种现象称为**间隙填充**（Meyer，1956；Von Hippel & Huron，2000）。

最后，音乐中常常出现一些特定的音符轨迹。拱形轨迹——先上升再下降——非常普遍（参看图12.24中《小星星》的开始就是这种轨迹）。尽管较大的音高变化可能比小的变化更少，但当大的变化出现时，它们通常都是上升的（就如《飞跃彩虹》中的前两个音符）；小的变化更多是下降的（Huron，2006）。

调性

旋律中另一个可以帮助形成组织的特征是**调性**，是指围绕乐曲的调子所对应的音符来组织音高，这个音符就是**主音**（Krumhansl，1985）。例如，C是C调与其相关音阶C、D、E、F、G、A、B、C的主音。围绕主音组织音高相当于生成了一个框架，听者可以预期在此框架内接下来会出现什么。一个常见的预期是，一首歌以主音开始，也会以主音结束。这种效应称为**主音回归**，《小星星》中就出现了这种效应，其开始和结束的音符都是C。

关于调性研究的一个例子是Carol Krumhansl和Edward Kessler（1982）的一项实验。他们向被试呈现了一个大调或小调音阶，并在音阶后呈现一个探测音，据此对调性进行测量。被试在一个七点量表上对探测音与先前呈现音阶的匹配度进行评分（7代表匹配度最好）。实验结果见图12.26。结果显示，主音C得到的评分最高，其次是E和G，它们是C大调三音符和弦中的另外两个成分。（可以注意到实验中除了C调外，还包含其他的调，这个图是把所有调的结果合并后得到的。）音阶中的其他音（D、F、A、B）得到了次高的评分；而不在音阶中的音（如C#和G#）得到的评分最低。Krumhansl把这种音符与音阶"匹配"程度的评分称为**调性等级**。

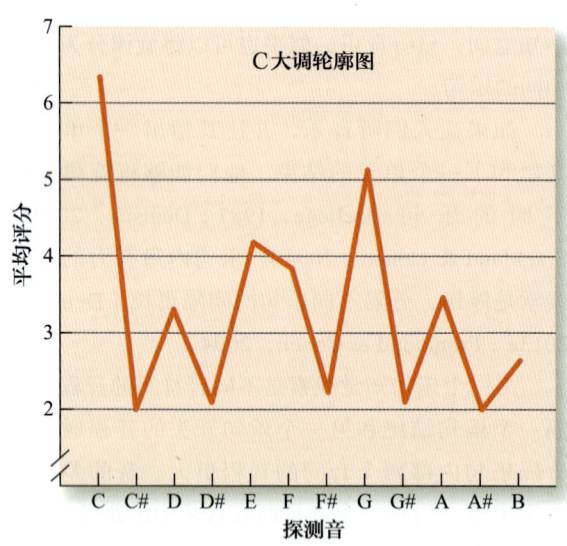

图12.26 Krumhansl和Kessler（1982）的探测音实验的评分结果。评分代表探测音与一个音阶的匹配程度，7代表匹配度最好。

随后，Krumhansl（1985）通过对一些作曲家（如莫扎特、舒伯特和门德尔松等）的作品中所使用的各种音符的频率或音长进行统计分析，探究了调性等级与旋律中音符的使用是否存在某种可能的关系（Hughes，1977；Knopoff & Hutchinson，1983；Youngblood，1958）。当她将这些分析与她的音调层级进行对比时，发现平均相关系数为 0.89。这种匹配意味着，正如 Krumhansl 所言，听者和作曲家都有关于音乐的内化统计属性，他们会根据他们在音乐中听到的这些调的相对频率在"最佳匹配"中评分。

Krumhansl 和 Kessler 的实验要求听者对音和音阶的匹配度进行评价。另一种考察调性的途径建立在**音乐句法**的基础上。所谓音乐句法是指一些规定不同的音符与和弦如何构成音乐的规则。相对于音乐，**句法**这个词与语言的关系更为密切。在语言中，句法是指规定如何构造正确句子的语法规则。例如，句子"The cats won't eat"符合句法规则，但短语"The cats won't eating"*就不符合规则。本章会对音乐句法的观点做简短讨论，但先介绍一种在语言研究领域已经被使用的脑电反应研究方法——事件相关电位。

| 方　法 | 语言中的事件相关电位 |

事件相关电位（ERP）是通过安置在人头皮上的小电极片来记录的，如图 12.27a 所示。每个电极都能够从一群共同发放的神经元上采集信号。ERP 的一个特征是它的反应快，发生在几十毫秒的数量级上，如图 12.27b 所示。这种特性使其可以应用于语言（或音乐）研究。ERP 是由一些在刺激呈现后不同时间内形成的波构成的。需要注意的一种波是 P600。这里的 P 代表"正的"，而 600 代表的是它发生在刺激出现后大概 600 毫秒。之所以对 P600 感兴趣，是因为它会对错误的句法产生反应（Kim & Osterhout，2005；Osterhout et al., 1997）。图 12.27b 中的两条曲线表现了这一点。蓝色的线是在句子"The cats won't eat"中的"eat"一词之后发生的反应。对这个正确语法词的反应中没有出现 P600 反应。然而，对"The cats won't eating"中的错误语法词"eating"反应的红色曲线上有一个很大的 P600 成分。这是大脑表达违反句法规则的方法。

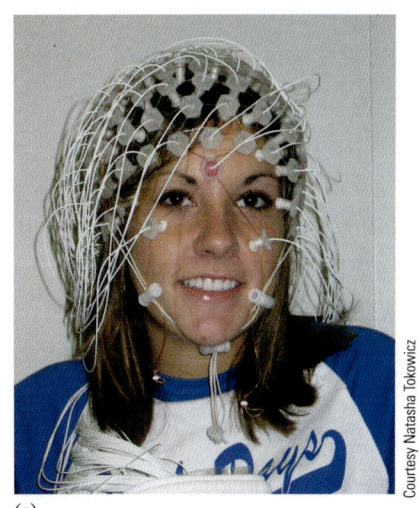

图12.27　（a）一个人正戴着电极记录ERP。（b）对语法正确的词"eat"（蓝色曲线）和语法不正确的词"eating"（红色曲线）的ERP反应，后者产生了一个P600反应。注意，在这个记录中正值是朝下的。（来源：Osterhout, McLaughlin, & Bersick, 1997）

之所以介绍 P600 成分能标记语言中的错误句法，原因在于有人提出可以用相似的方法，即用 ERP 来确定大脑是如何对音乐错误句法进行反应的。一种可能的错误音乐句法的形式是不回归主音。因为作曲家通常都会回归主音，而听者也预期它会发生。但如果不呢？试着唱一下"一闪一闪亮晶晶……"，但是在第一个"星"处停下来，此时歌曲还没有回到主音。刚好在一个乐句结束之前停下来——人们可以认为它是一种违反了音乐句法的形式——会让人感到不安，会让人想要知道最后的音符是什么，并把人带回主音。

---

*字面意思是"猫不想正在吃"，其中有时态错误。——译者注

另一种音乐错误句法是在一个乐句中插入一个不恰当的音符或和弦，它与旋律的调性似乎不是很匹配。Aniruddh Patel 与合作者（1998）就使用这种类型的音乐句法错误，他们想看一下音乐中是否会出现 P600 反应。实验中，听者会听到一个如图 12.28a 所示的音乐乐句，它包含一个靶和弦，如乐谱上方的箭头所示。有三种不同的靶：（1）一个"在调"和弦，它和乐句是匹配的，显示在原谱上；（2）一个"近调"和弦，与乐句匹配得不是很好；（3）一个"远调"和弦，匹配度最不好。在实验的第一部分，听者对乐句的可接受程度进行判断。结果，当它包含的是在调和弦时，被试判断它可被接受的比例是 80%；包含的是近调和弦时，可接受的比例是 49%；包含的是远调和弦时，可接受的比例是 28%。验证这个结果的一种方法是，要求听者判断哪个版本是"语法正确"的。这和 Krumhansl 要求听者评价一个音与一个特定音阶的匹配程度所测量的内容是相似的。

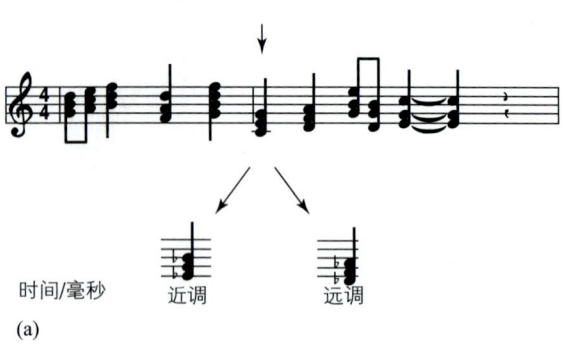

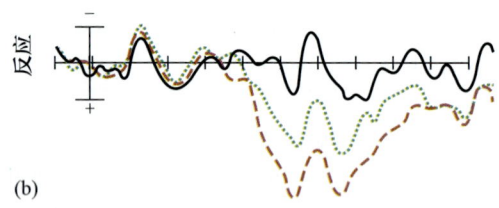

图 12.28 （a）在 Patel 与其合作者（1998）的实验中，被试听到的音乐乐句。向下的箭头指的是靶和弦的位置。乐谱中的和弦是"在调"和弦。另外两个是在"近调"和"远调"条件下要插入该位置的两个和弦。（b）对靶和弦的 ERP 反应：黑色=在调；绿色=近调；红色=远调。

在实验的第二部分，在听者听每个乐句时测量其 ERP。图 12.28b 表明，当乐句包含在调和弦时没有 P600 反应（黑色记录），但是对另外两种和弦有 P600 反应，其中又对跑调更多的和弦的反应（红色记录）更大。Patel 从这个结果得出结论，音乐和语言一样是有句法的，它影响人们对音乐的反应方式。其他一些追随 Patel 的研究也发现，音乐的错误句法会产生类似 P600 的脑电反应（Koelsch, 2005；Koelsch et al., 2000；Maess et al., 2001；Vuust et al., 2009）。

如果在更大的语境中考虑音乐句法的观点，可以假定，在听音乐时，人们会关注正在听的音符；与此同时，虽然可能没有想过，但人们实际上对接下来将要发生的事情是有所期待的。这不仅在人们听以前听过的音乐时会发生，而且在听第一次听到的音乐时也会发生。

期待

在讨论乐句和旋律时，人们得出了一些与音乐有关的特征。表 12.4 总结了一些与乐句和旋律有关的属性。但这些属性并不是绝对的，也就是说，它们不会在每一个乐句或旋律中都有。但总的来说，它们确实描述了音乐中的一般规律。因而，它们与环境的规则性的观点非常相似，对此在第 5 章讨论视觉场景知觉时介绍过。在讨论视觉场景时，把环境的规则性定义为一些频繁发生的环境特征，这些规则性知识源自生活，可以影响人类对情境以及情境中各种客体的知觉。相似的情况也发生在音乐上，听者在知觉乐曲时会使用他们所拥有的规则性知识，如表 12.4 所列出的那些。

表 12.4 经常会发生的乐句和旋律属性

分组	常见特征
乐句	一个乐句的结束和下一个乐句的开始间会有比较长的间隔。
	相对于乐句内部，乐句间通常有更大的音程。
旋律	旋律内部包含的多是小音程。
	大的音程变化多是向上的。
	小的音程变化多是向下的。
	一个大的、向上的音程变化后往往跟着向下的音程变化。
	旋律中包含的音大多是和旋律的调性相匹配的。
	在一段旋律结束后，通常会回归主音。

这意味着人们所听到的多数信息都是意料之中

的。在听歌、最好是听器乐演奏时（不要太快），你可以预测一下接下来会出现什么，来测试一下自己的这种能力。在听的时候，试着推测接下来会出现什么样的音符或乐句。对于某些曲子这可能会很容易，比如一些包含重复主题的曲子；即使是不包含重复，接下来会出现什么通常也在意料之中。这种实践最诱人的地方在于，即使是对于你第一次听到的音乐，它也经常是有效的。在视觉中，人们第一次看到的视觉场景会受到以往知觉过的环境经验的影响。同样的，人们对第一次听到的音乐的知觉也会受以往听过的其他音乐的经验的影响。

期待还会使人类在听音乐时变得越来越投入。当每个音符出现时，人们不仅是被动地听，还会预期后面要出现的音符是什么。在跟唱一首熟悉的歌时，试着在中间暂停，你可能会在大脑中继续哼唱剩下的部分。这种预期的能力与人们一遍一遍听歌的倾向有关。在 Carlos Silva Pereira 与其合作者（2011）所做的一项研究中，听者需要对特定的流行或摇滚歌曲的熟悉度和喜欢度进行评定。当他们在 fMRI 扫描仪中听歌时，熟悉的歌会使大脑中与情绪有关的脑区激活程度变强，不管他们是否喜欢那些歌。Pereira 对此结果的解释是，重复给听者呈现同一首歌是决定其情绪反应的重要影响因素。

基于音乐的预期和反应间存在关联的这种观点，有人提出作曲家可以通过有意违反听者的预期来创造情绪、紧张性或是某种戏剧性效应。Leonard Meyer 在他的《音乐中的情绪与意义》（*Emotion and Meaning in Music*，1956）一书中就曾提出这样的想法。他指出，音乐中最主要的情绪成分便是通过作曲家对期待的精心编排实现的。后来的研究又扩展了这一观点（see Huron，2006；

Huron & Margulis，2010）。

音乐组织：节奏

音乐中知觉组织的另一种取向聚焦于时间维度。这里涉及的问题包括：音符是如何产生节奏的？什么是节拍？为什么人类会将某些节拍知觉成重音拍，而另一些不会？运动和音乐间的联系是什么？

什么是节奏

能想象没有时间的音乐吗？当然不能。音乐需要时间，但更重要的是，音乐会通过产生**节奏**——由音符创造出来的时长模式——赋予时间结构（Kerman & Tomlinson，2015；London，2004；Tan et al.，2010）。尽管将节奏定义为时长的模式，但重要的并非音符的时长，而是起始间隔，即每个音符的起始之间的时间。**图 12.29** 对此进行了演示，它显示的是美国国歌《星条旗之歌》（*The Star Spangled Banner*）的第一小节。可以看到各音符的起始在乐谱上用蓝色的点标示出了，而这些点之间的间隔所定义的正是歌曲的节奏。因为定义节奏的是音符的起始时间，所以这首歌可能存在两个版本，一个版本中各音符的音程很短，彼此之间均是空白间隔（像是吉他上弹拨的音符），另一个版本中音符一直持续着，间隙都被填满（像小提琴上拉出的声音），而它们的节奏其实是一样的。

然而，节奏并不是音乐时间的唯一方面。尽管节奏可以变化，可以不规则，但音乐的时间还会被分成若干等间隔的时长，即**节拍**。跟着音乐踩点时，踩的就是节拍，在图 12.29 中用红色箭头表示。

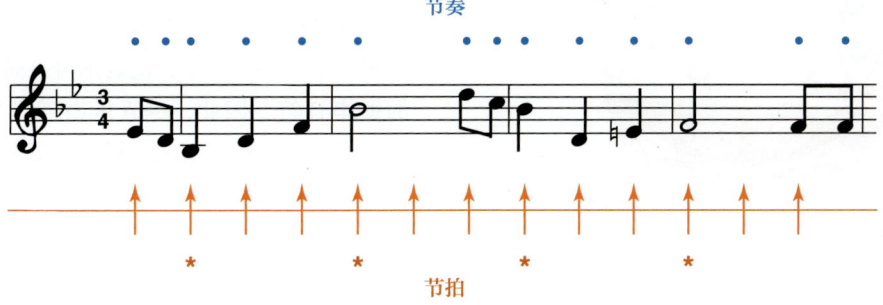

图12.29 《星条旗之歌》的第一行。蓝色的点代表音符的起始点，它定义了歌曲的节奏。红色的箭头表示节拍。星形（★）表示重音拍，它决定着歌曲的拍子。

尽管在此例中，节拍与特定的音符相联系，但节拍标记的实际上是一些时间上的等间隔脉冲，因此，即使没有音符，节拍也存在（Grahn, 2009）。

节拍

每种文化都有某种形式的节拍音乐（Patel, 2008）。节拍既可以像在摇滚乐中那样，非常明显和突出；也可以像在安静的摇篮曲中那样，以很微妙的形式存在。但节拍一直会有，它构成一个框架，通过这个框架，旋律才能够创造出其节奏模式。

节拍可被比作音乐的脉搏，这既是因为它的规律性，也因为它可以导致运动。节拍和运动之间的联系不仅体现在打拍子或是随着节拍摇摆身体这些行为上，还体现在大脑运动区域的反应上。Jessica Grahn 和 James Rowe（2009）证明，大脑基底部存在一组被称为基底神经节的皮层下结构，这种结构和节拍之间存在联系，以往的研究认为这些结构和运动有关。在实验中，他们要求被试在脑扫描仪中听"有节拍"和"没有节拍"的节奏模式。

Grahn 和 Rowe 发现基底神经节对有节拍的刺激的反应比对没有节拍的刺激更大。此外，他们通过探究某个结构的反应如何很好地被相关联结构的反应预测（Friston et al., 1997），来估算各皮层下结构（图12.30 中的红色所示）与皮层运动区（蓝色）之间的神经连通性。计算的结果表明，有节拍条件比没有节拍条件导致了更强的连通性。

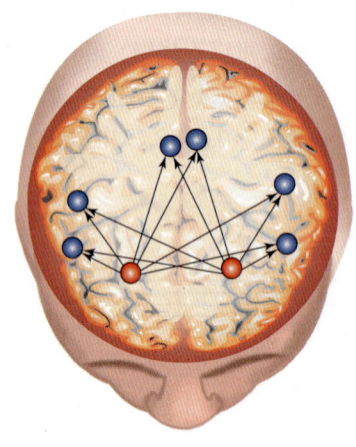

图12.30　Grahn 和 Rowe发现皮层下结构（红色）和皮层运动区（蓝色）间的联系在有节拍条件下比在没有节拍条件下的连通性更强。

在另一项研究中，Joyce Chen 与合作者（2008）测量了前运动皮层在三种条件下的活动水平：（1）打拍子：被试随着一个声音序列打拍子。（2）带着预期听：被试听声音序列，但他们知道接下来会要求他们随着序列打拍子。（3）被动听：被试被动地听一个节奏序列。显然，打拍子会引起最大的反应，因为前运动皮层与运动生成有关。尽管被试只是在听而没有动，但在带着预期听的条件下（打拍子条件下反应的70%）和被动听条件下（打拍子条件下反应的55%）也都产生了反应。因此，仅是听节拍就会引起运动区的激活。Chen 认为，这能在一定程度上解释为何人们在听音乐时似乎有一种不可遏制地跟着节拍打拍子的冲动。

尽管节拍对于提供音乐的"脉搏"是必要的，但重点是要认识到：不是所有的节拍都具有同等的必要性，有些节拍比其他的听起来更重。《星条旗之歌》中的重音（在图 12.29 中，用箭头下面的星号表示）产生了一种规则化的重音和非重音节拍模式，从而构成了拍子。

拍子

拍子是指用竖线或节号对节拍的组织。通常，每小节中的第一个节拍是重音拍（Lerdahl & Jackendorff, 1983; Plack, 2014; Tan et al., 2013）。西方音乐中有两种基本的拍子：一种是二拍子，其中重音拍为2的倍数，比如 12 12 12 或 1234 1234 1234，像进行曲；另一种是三拍子，其中每三个音中有一个为重音拍，如 123 123 123，比如在华尔兹中。

音乐家通常会通过更有力地击键，或是把某些音演奏得更响或更长来强调一些音符，以此来突显韵律结构。在这样做时，音乐家其实是在将某种表现力带入音乐之中，使其不再是简单地演奏看到的那串音符。因此，尽管乐谱可能是演奏的出发点，但音乐家对乐谱的诠释才是听者所听到的，这就解释了哪些音符的重弹会影响对乐曲拍子的知觉（Ashley, 2002; Palmer, 1997; Sloboda, 2000）。但是，正如将会看到的，即便是没有重音，也可以通过一系列的音符构成拍子。事实证明，拍子可以在听者的内心生成。

韵律结构和心理

人类大脑如何创造韵律结构？虽然节拍器的咔哒声所构成的只是一系列具有规则的间隔并且完全一样的节拍，人们却可以将这一系列节拍转变成一定的知觉组织。比如，可以将节拍器的声音想象成二拍子的（咔哒），或者只要做出一点努力，也可以将其想象成三拍子的（咔哒哒）（Nozaradan et al.，2011）。

John Iversen 与其合作者（2009）应用脑磁图（MEG）研究了拍子是如何在心理上产生的。他们在被试听节奏序列时对其大脑进行测量。脑磁图（magnetoencephalography, MEG）可以通过记录大脑活动产生的磁场来测量大脑的反应。脑磁图的一个特征是能非常快速地记录大脑的反应，所以可以利用它来确定大脑对一个节奏序列中特定音符的反应。

在实验中，被试需要听一个双音序列，并被要求在心里想象每个序列中的第一个音或第二个音会出现一个重音节拍。图 12.31 显示，脑磁图的反应取决于被试认为哪个节拍是重音。蓝色曲线表明，想象节拍出现在第一个音符上时会形成一个大的波峰；红色曲线表明，想象节拍出现在第二个音上时会出现一个较晚的峰。因而，人们在心里改变节拍的能力可以直接反映在大脑的活动上。

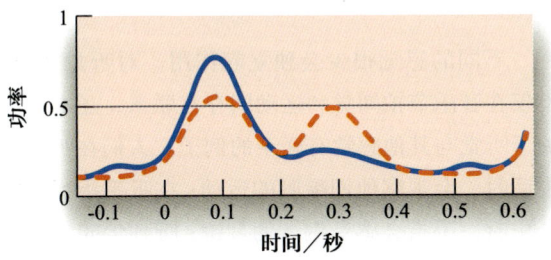

图12.31 Iversen与合作者（2009）的实验结果。蓝色：想象重音在第一个音符时的脑磁图结果。红色：想象重音在第二个音符时的脑磁图结果。

韵律结构和运动

伴随音乐的运动能够反映音乐的韵律结构，比如跳舞的人会把华尔兹中的 123 分组形式整合到他们的脚步中。然而，运动和音乐间的关系有时也会在相反的方向上发生——运动可能会影响知觉组织或是使节拍形成特定的韵律结构。在对成人和婴儿的实验中都曾证明过这一点，在这里将一并对它们进行介绍，而不再在本章结尾处另设单独的"发展维度"部分来描述婴儿研究。

运动会如何影响人们对拍子的知觉？Jessica Phillips-Silver 和 Laurel Trainor（2005）最先在 7 个月大的婴儿身上验证了这种想法。当这些婴儿在听一段没有重音的、单调重复的模糊节奏时，实验人员将他们抱在怀里玩"蹦高高"。游戏或是以二拍子（每到第二个节拍处蹦一次）进行，或是以三拍子（在第三个节拍上蹦）进行。在这样玩了 2 分钟后，对婴儿进行测验，看他们是否会将模糊的模式听成两个一组或三个一组。研究者使用一种转头偏好程序来确定婴儿是否更加偏好听和他们被抱着游戏的方式相对应的重音模式。

> **方 法｜转头偏好程序**
>
> 在偏好技术中，婴儿坐在母亲的膝上，其注意力指向一个闪烁的灯。当婴儿看灯时，灯就一直亮着，并且会听到一个重复的声音。改变重音位置使之形成二拍子或三拍子模式。只要婴儿盯着灯看，就能够听到这些声音模式。当婴儿把眼睛移开时，声音也随之消失。连续试验几次之后，婴儿就会知道看着灯能够让声音一直响着。如此，通过确定婴儿对哪种声音听得更长，就可以回答婴儿是偏好二拍子还是三拍子模式的问题。

Phillips-Silver 和 Trainor 发现，对于婴儿玩蹦高高时听到的声音模式，平均会听 8 秒，但对另一种模式，平均听的时间只有 6 秒。因而，婴儿似乎更偏好玩蹦高高时所听到的声音模式。为了确定这种效应不是由视觉造成的，研究者在抱着婴儿游戏时会把他们的眼睛蒙上（尽管婴儿非常喜欢蹦高高，但在蒙着眼睛时，他们就没有那么兴奋了）。当随后应用转头程序进行测验时，结果与之前一样。这说明视觉并不是影响因素。并且，当婴儿只是看着实验者蹦时，效应也不会发生。很显然，运动才是影响拍子组织的关键因素。

在另一项实验中，Phillips-Silver 和 Trainor（2007）对成人进行了测验。在这种情况下，实验者不会抱着被试，但实验者会和被试手拉手一起蹦跳。在与实验者一起蹦跳之后，对成人进行测验，让他们听二拍子或三拍子的模式，并说出哪种模式是他们在刚才蹦跳时听到的。在86%的试次中，成人被试都会选出与他们在蹦跳的时候匹配的模式。和婴儿实验一样，这些结果在成人蒙着眼睛时也会发生，当他们只看着实验者蹦跳时不会出现。

基于这些和其他一些实验的结果，Phillips-Silver和Trainor得出结论认为，运动之所以能够影响韵律结构知觉，关键在于刺激了**前庭系统**，该系统主要与平衡和对身体位置的感知有关。为了验证这个观点，Trainor与合作者（2009）让成人被试听模糊的节拍序列，同时用置于耳朵后面的电极对他们的前庭系统用二拍子或三拍子模式进行电刺激。这会导致被试感觉自己的头好像在前后动，虽然实际上头是保持不动的。这个实验重复了其他实验的结果，在78%的试次中，被试报告听到的模式是与刺激前庭系统所形成的拍子分组模式相匹配的。

韵律结构和语言

对拍子的知觉不仅会受到运动的影响，还会受到长期经验——语言中的重音模式——的影响。因为语言构成方式的差异，不同的语言有不同的重音模式。比如，在英语中，"the""a"和"to"等功能词通常出现在内容词之前。如在"the dog"或"to eat"中，"dog"和"eat"通常要重读。与之不同的是，在日语中，说话人会把功能词放在内容词的后面，因而英语中的"the book"（book要重读）在日语中就变成了"hon ga"（hon要重读）。因而，英语中的主导重音模式是短—长（非重读—重读），而在日语中就是长—短（重读—非重读）。

母语是英语的人和母语是日语的人是如何知觉拍子分组的？这种比较支持语言的重音模式会影响分组知觉的观点。Iversen和Patel（2008）让被试听一系列交替呈现的长短音（图12.32a），然后让他们说明他们知觉到的是长—短还是短—长。结果表明，说英语的人更容易将分组知觉为短—长（图12.32b），而说日语的人更容易知觉为长—短（图12.32c）。

在比较7～8个月大的英语和日语婴儿时也得到了同样的结果（参考前面描述过的转头程序），但是这一结果在5～6个月大的婴儿身上没有出现（Yoshida et al.，2010）。有人提出这种在6—8个月时发生的转变正因为此时的婴儿开始发展语言能力了。

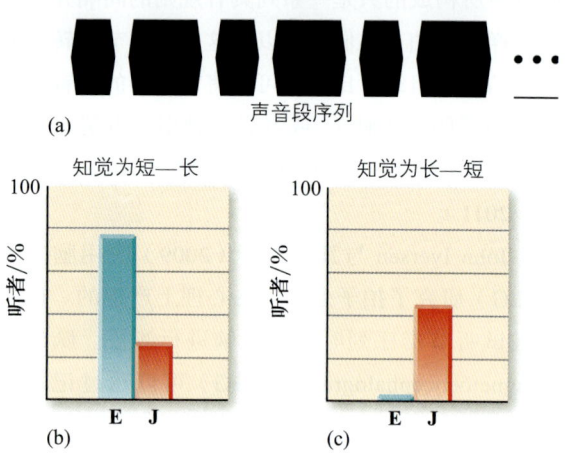

图12.32 日本人和美国人在拍子知觉上的不同。（a）被试听序列呈现的短长音。在一半的试次中，第一个音是短音；在另一半试次中，第一个音是长音。音的时长为150～500毫秒（音长会随实验条件改变）。整个序列重复5秒。（b）说英语的被试（E）比说日语的被试（J）更容易将刺激知觉为短—长。（c）说日语的被试比说英语的被试更容易将刺激知觉为长—短。（来源：Iversen & Patel，2008）

思考时刻
听觉和视觉的联系

不同的感觉很少会独立起作用。对听觉来说，不仅在音乐节拍知觉和运动间存在联系，还有很多关于听觉与其他感觉有联系的例子。人们在听别人讲话时，会观察他们嘴唇的运动；在听手指弹出的音乐时，手指会感受钢琴的琴键；听到尖叫声，转头恰好看到一辆汽车突然停下来。所有这些听觉和其他感觉的组合都是**多感觉交互**的例子。这里主要关注视觉和听觉间的交互，首先是知觉上的，然后是生理上的。

听觉和视觉：知觉

多感觉研究关注的一个领域是一种感觉"主导"其他感觉。如果要问视觉和听觉谁是主导，答案应该是"看情况"。**腹语术效应**或**视觉捕捉**是视觉主导听觉的例子。它是指实际来自某个地方（腹语术者的嘴）的声音看起来像是来自别的地方（玩偶的嘴）。玩偶嘴的运动捕捉了声音（Soto-Faraco et al., 2002, 2004）。

另一个视觉捕捉的例子发生在数字环绕声技术出现之前的电影院里。演员的说话声实际上是由屏幕一侧的喇叭生成的，但正在说话的演员的像在屏幕的正中，两者可能相差几米远。尽管有这种分离，看电影的人却会听到声音是从它被看到的位置（屏幕中间的像）发出的，而不是它实际生成的位置（屏幕一侧的喇叭）。在别的位置发出的声音通常被视觉所捕捉。

但视觉也并不总会胜过听觉。比如，有一个叫作**双闪错觉**的奇异效应。当一个光点在屏幕上闪了一下时（图 12.33a），被试会知觉到有一次闪动。如果在光点闪动时播放一个哔声，被试还是会知觉到有一次闪动。然而，如果光点闪的时候伴随两次哔声，虽然实际上光点只闪了一次，但被试会感觉看到光点闪了两次（图 12.33b）。这种效应形成的机制还在研究中，但一个很重要的发现是：声音创造了一种视觉效应（de Haas et al., 2012）。

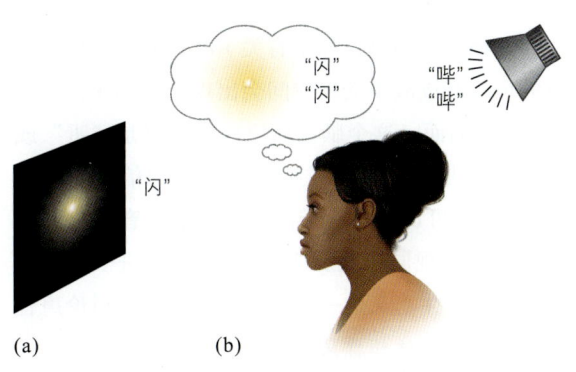

图12.33 双闪错觉。（a）一个光点在屏幕上闪动。（b）当光点闪动一次，但伴随两声"哔"音时，被试会知觉到两次闪光。

视觉捕捉和双闪错觉都是令人印象深刻的关于听觉—视觉交互影响的例子，主要因为它们所造成的知觉都是和现实不匹配的。但在真实情境中，声音和视觉总是一起发生的，这时它们之间通常是彼此互补的。例如，当和别人说话时，人们不仅要听对方在说什么，还要观察他的嘴唇。尤其是在嘈杂的环境中，观察别人嘴唇的运动能够帮助人们理解他人在说什么。这就是为什么剧院的灯光设计师要花费很大的工夫确保演员的脸部被照亮，因为这可以帮助观众理解他们在说什么。

嘴唇的运动，不管是在日常的交谈中还是在剧院里，能够提供关于说话内容的信息，这正是**语读**（有时称为唇读）背后的原理。它使得聋人可以通过观察他人嘴唇和面孔的活动来确定他们在说什么。

听觉和视觉：生理

视觉和听觉间存在联系的观点还反映在大脑不同感觉区之间的相互联系上（Murray & Spierer, 2011）。这种不同感觉区之间的联系在一定程度上导致了协同感受野的形成。图 12.34 显示了一个这种类型的感受野，它来自位于猴子顶叶的一个神经元，对视觉刺激和声音都能进行反应（Bremmer, 2011；Schlack et al., 2005）。当听觉刺激出现在左侧眼睛以下的某个区域时，该神经元会有反应（图 12.34a）；而当视觉刺激呈现在大概相同的位置时，它也会有反应（图 12.34b）。图 12.34c 表明，这两个感受野之间存在很大程度的重叠。

不难看出，这类感受野在人们所处的多感觉环境中会很有用。当人们在特定的空间位置上听到一个声音，并且能看到是什么发出了这个声音时，比如一个音乐家在演奏或是一个人在说话，既能对声音也能被视觉激活的多感觉神经元可以帮助人们形成一个同时包含了听觉和视觉刺激的单一的空间表征。

另外一个不同感觉间可以跨界对话的例子是，与某种感觉相关的初级感受野有时会被与另外一种感觉有关的刺激激活。例如，有些盲人会使用一种叫作**回声定位**的技术帮助他们定位环境中的物体，并知觉其形状。这种技术与蝙蝠和海豚使用的回声定位技术类似，它需要发出高频声音，并利用由物体反射的回声中携带的信息来感知客体的形状和位置（见图 10.50）。

盲人会使用他们的嘴和舌头发出一种咔声，然后再接听回声。熟练的回声定位者能够通过在环境中移动来检测物体的位置和形状。例如，当

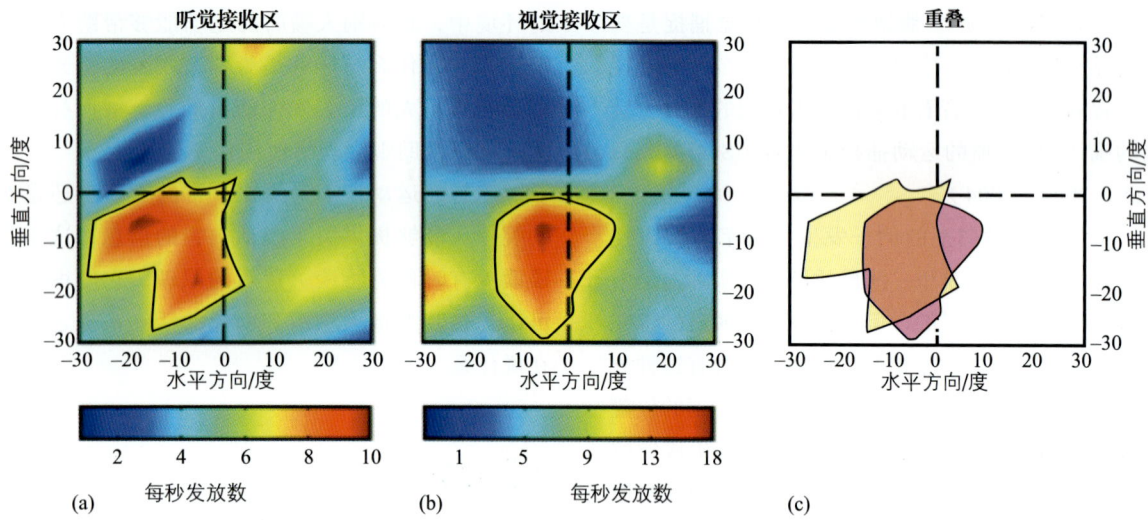

图12.34 猴子顶叶神经元的感受野,能够使其产生反应的有:(a)位于左下侧空间的听觉刺激;(b)呈现在猴子左下侧视野的视觉刺激。(c)将两个感受野叠加,表明听觉和视觉感受野间存在重叠。

人在朝墙走的时候,他可以用回声定位检测到墙的存在。更让人叫绝的是,一些非常熟练的回声定位者在沿着人行道走路时,可以识别诸如汽车、垃圾箱或是灭火器之类的东西(参看 www.worldaccessfortheblind.org 和 Daniel Kish 的 TED 讲座"我是如何用声纳巡游世界的",网址是 www.ted.com)。

Lore Thaler 与其合作者(2011)让两个回声定位专家站在一些物体附近发出咔声,并用安放在耳朵里的微型麦克风记录他们发出的声音和产生的回声。Thaler 与其合作者感兴趣的问题是,这些声音会如何激活大脑呢?为了确定这一点,他们用 fMRI 记录回声定位专家和视力良好的对照组被试在听先前记录到的包含回声的声音时大脑的活动。毫不意外的是,他们发现盲人和视力良好被试的听觉皮层都会被声音激活。然而,回声定位者的视觉皮层也有很强的激活,但对照组被试的视觉皮层没有任何反应。

显然,回声定位者的视觉区的激活是因为他们具有他们所说的"空间"体验。事实上,有些回声定位者在集中加工回声中的空间信息时甚至会失去他们对听觉咔声的意识(Kish, 2012)。这一多感觉协同作用的例子说明,大脑的反应不仅取决于进入眼睛或耳朵中的能量类型,还和这些能量的知觉结果有关。因而,在使用声音获取空间意识时,也会涉及视皮层。

Mor Regev 与其合作者(2013)的实验也证明了大脑的反应不仅取决于进入眼睛或耳朵中的能量类型,也取决于能量的输出。他们让被试听一段7分钟的讲故事录音,或是阅读按照与故事录音中完全相同的速率呈现的故事文本,同时用 fMRI 记录他们的反应。他们发现,听故事会激活颞叶的听觉感受野,而读故事会激活枕叶的视觉接收区。这样的结果一点也不令人意外。但在继续考查颞叶的颞上回(该区域与语言加工有关)时,他们发现听故事的反应和读故事的反应间会出现时间同步化(图12.35)。因而,这个脑区所反应的不仅是"听"或"读",而是通过听觉或视觉所获得的信息的意义(暴露于不可识别的、错乱的字母和声音的对照组被试没有出现同步化反应)。下一章将进一步研究声音可以产生意义这一观点,并将进一步讨论声音和视觉以及声音和意义间的关系。

测一测 12.2

1. 什么是听觉场景分析?为什么对听觉系统来说,它是一个"难题"?
2. 帮助人们实现听觉场景分析的基本听觉组织原则有哪些?确保你能理解下述实验:Bregman 和 Campbell 的实验(图12.19);音符的跨声流"跳动"实验(图12.20);音阶错觉实验(图12.21);听觉连续性实验(图12.22);旋律图式

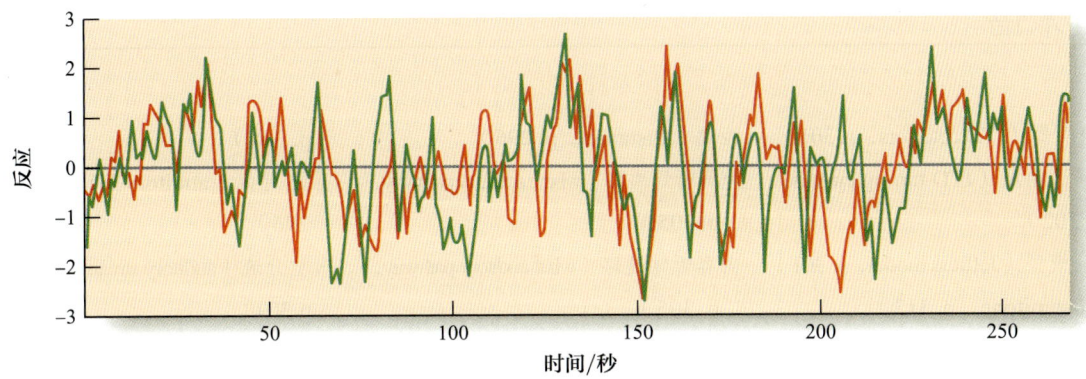

图12.35 颞上回的fMRI反应,它是一个和语言加工有关的脑区。红色:对听故事录音的反应;绿色:对阅读与故事录音同速率呈现的故事文本的反应。两种反应虽不是完全匹配的,但有高相关(r=0.47)。(来源:Regev et al., 2013)

实验(图12.23)。
3. 试描述音乐的组织方式,区分什么是旋律、节奏、节拍和拍子。
4. 什么是旋律?它和音高的关系是什么?
5. 哪些证据可以证明小音程与旋律产生分组有关?
6. 音乐可以有句法的含义是什么?它和语言中的句法有何联系?
7. 描述 Patel 关于音乐句法和生理反应间联系的实验。
8. 描述 Grahn、Rowe 以及 Chen 与其合作者的证明节拍和大脑运动区反应有关的实验。
9. 大脑可以生成拍子是什么意思?描述为这一观点提供生理证据的实验。
10. 描述证明运动和拍子分组间有联系的实验。
11. 语言和拍子分组间有什么关系?
12. 试描述下述现象:(1)视觉主导听觉;(2)听觉主导视觉;(3)声音中的信息可以影响人们看到什么;(4)视觉中的信息会影响人们听到什么。
13. 大脑的反应可能是能量刺激感受器所产生的结果,这一观点有哪些基础?

想一想

1. 在关于深度知觉的那一章中,人们看到可以通过视觉来知觉空间;在本章,又谈到也可以通过听觉来知觉空间。这两种知觉空间的方式有哪些相同和不同之处?
2. 你所处的教室声学特征好不好?你能够听清老师的讲话吗?你坐在哪里是否有影响?你有没有受到房间内部或外部噪声的干扰?
3. 视觉中的客体识别和听觉中的分流有哪些相似之处?
4. 在关于韵律结构的实验中,刺激是一个稳定的、没有任何重音的节拍系列,就像节拍器所发出的声音那样。但在音乐中,有些节拍是重音拍。试着听一些不同类型的音乐,并据此谈一下可以通过哪些方式在音乐中加入重音拍。
5. 试举一些情境,你可以(a)只独立使用一种感觉;(b)为了完成一个任务,你必须结合使用两种或更多的感觉。

关键术语

ITD 检测器（ITD detectors, p. 301）
ITD 调谐曲线（ITD tuning curves, p. 302）
Jeffress 模型（Jeffress model, p. 301）
半音（semitone, p. 313）
垂直方向（elevation, p. 296）
单耳线索（monaural cue, p. 299）
调性（tonality, p. 314）
调性等级（tonal hierarchy, p. 314）
多感觉交互（multisensory interactions, p. 320）
腹语术效应（ventriloquism effect, p. 321）
后带状区（posterior belt area, p. 304）
回声定位（echolocation, p. 321）
混响时间（reverberation time, p. 306）
混淆锥（cone of confusion, p. 299）
间接声（indirect sound, p. 305）
间隙填充（gap fll, p. 314）
建筑声学（architectural acoustics, p. 306）
节拍（beat, p. 317）
节奏（rhythm, p. 317）
句法（syntax, p. 315）
距离（distance, p. 296）
空间听觉通路（where auditory pathway, p. 305）
内容听觉通路（what auditory pathway, p. 305）
耦合检测器（coincidence detectors, p. 301）
拍子（meter, p. 318）
谱线索（spectral cue, p. 299）
前带状区（anterior belt area, p. 304）
前庭系统（vestibular system, p. 320）
声影（acoustic shadow, p. 297）
事件相关电位（event-related potential, ERP, p. 315）
视觉捕捉（visual capture, p. 321）
双耳强度差（interaural level difference, ILD, p. 297）
双耳时间差（interaural time difference, ITD, p. 297）
双耳线索（binaural cues, p. 296）
双闪错觉（two-flash illusion, p. 321）
水平方向（azimuth, p. 296）
听觉场景（auditory scene, p. 308）
听觉场景分析（auditory scene analysis, p. 308）
听觉定位（auditory localization, p. 296）
听觉分流（auditory stream segregation, p. 309）
听觉空间（auditory space, p. 296）
听觉流整合（auditory stream integration, p. 313）
位置线索（location cues, p. 296）
旋律（melody, p. 312）
旋律分道（melodic channeling, p. 310）
旋律图式（melody schema, p. 311）
音阶错觉（scale illusion, p. 310）
音乐（music, p. 312）
音乐句法（musical syntax, p. 315）
优先效应（precedence effect, p. 306）
语读（speechreading, p. 321）
乐句（phrases, p. 313）
直达声（direct sound, p. 305）
主音（tonic, p. 314）
主音回归（return to the tonic, p. 314）

虽然沙漠与我们的日常生活相距甚远，但图中也有与我们的日常经验相类似的部分：两人之间的交谈。语言是人类最基本的交流途径。这就是我们在本章中将会看到的，交流的起点就是知觉到讲话时发出的语音。

Sierpinski Jacques/Hemis/Corbis

第 13 章

言语知觉

本章内容

言语刺激
听觉信号
言语的基本单位
听觉信号的多样性
语境差异
讲话者差异
知觉音素
类别知觉

面孔信息
语言知识信息
知觉词语和句子
知觉句子中的词语
知觉打乱顺序的词语
知觉失真的言语
言语知觉和大脑
思考时刻：言语知觉与行为

发展维度：婴儿的言语知觉
音素的类别知觉
学习一门语言的发音
想一想
关键术语

我们要思考的一些问题

- 计算机能像人一样知觉言语吗？
- 我们听到的每一个字都有其特定的气压变化模式吗？
- 为什么一门不熟悉的外语通常听起来像一段连续的声音流，字与字之间没有间断？
- 大脑中有特定的区域负责知觉言语吗？

虽然在大多数情况下我们可以轻松地知觉言语，但这看似轻松的过程其实就像知觉视觉场景一样复杂。理解这种复杂性的一种方法是考虑尝试用计算机去识别言语。现在已经有很多公司使用语言识别系统提供服务，例如，订票、自助银行和计算机技术支持。假如你曾经使用过这些系统，可能会在一些情况下遇到计算机提示："我不能理解你所说的"。

计算机的语言识别功能在不断地改善，但是仍然不能与人识别言语的能力相媲美。要想让计算机清晰地识别人类的言语，一般需要没有背景噪声、陈述缓慢清晰并且要用计算机预设的词汇或短语。例如，银行自动柜员机可能会提示："请说出您要咨询的内容：查看余额、近期交易、抵押……"然而，人们能够在各种条件下知觉言语，如周围环境嘈杂，发音模糊，有不同的方言和口音，甚至是从未听过的词语（Huang et al., 2014；Reddy, 1976；Sinha, 2002）。通过本章，我们将会了解由语言引起的复杂的知觉问题，以及人的言语知觉系统是如何解决这些问题的。

言语刺激

在第 11 章中，通过介绍纯音（不同的振幅和频率的简单正弦波模式），第一次对声音进行了描述。然后介绍了由大量纯音组成的复杂音，其频率是音调基本频率的许多倍，即谐波。言语声音更为复杂，但我们仍然可以用频率来描述言语，只是一个完整的描述需要考虑到发言者组织语言时突然地发声或停顿、沉默以及噪声。正是这些言语促使发言者将词语连贯成句子说出来，从而表达他们的含义。另一方面，这些含义又影响我们对传入刺激的知觉，以至知觉过程不仅依赖于物理声音刺激，也依赖于帮助我们解释听到的声音的认知过程。接下来，我们将以物理声音刺激（听觉信号）为起点，开始本章的叙述。

听觉信号

言语声音是通过发声器官结构的形态或者运动产生的,这种产生气压变化的模式被称为**听觉刺激**或者**听觉信号**。大多数言语的听觉信号是肺推动空气经过声带进入声道产生的。声音的产生取决于空气经过声道时声道的形状。声道的形状改变则是由**发音器官**的活动引起的,包括舌头、嘴唇、牙齿、下巴和软腭等结构(图 13.1)。

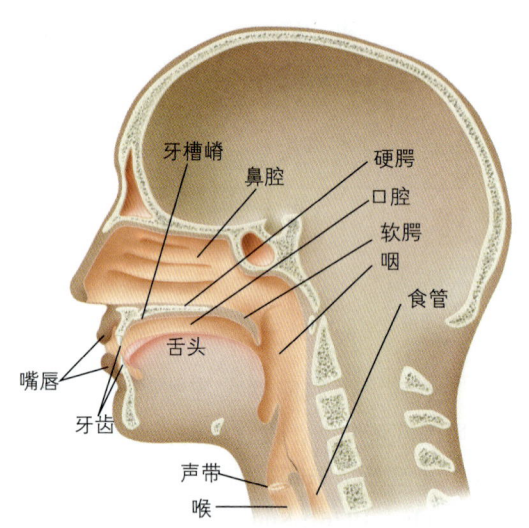

图13.1 声道包括鼻腔、口腔和咽,以及可活动的组件,如舌头、嘴唇、声带。

首先来看一下元音的产生过程。元音是由声带的振动产生的,元音独特的声音是由声道整体形状的变化产生的。这种形状的变化会改变声道的共振频率和不同的频率下所产生的压强峰值(图 13.2),这些峰值出现的频率被称为**共振峰**。

每个元音都有一系列特有的共振峰。第一共振峰频率最低;第二共振峰次之,以此类推。图 13.3 的**声谱图**展示了元音 /æ/(这个元音的发音在词语 had 中)的共振峰,图中的发音已用斜线标出。声谱图显示,随着时间的推移,频率和强度的组合模式构成了听觉信号。纵轴代表频率,横轴代表时间;黑暗的地方代表强度,区域越黑强度越大。从图 13.3 中我们可以看到,共振峰是特定频率下能量的集中,声音 /æ/ 在 500 赫兹、1700 赫兹和 2500

赫兹下的共振峰分别对应图中的 F1、F2 和 F3。声谱图中的纵轴是由声带振动引起的压力波动。

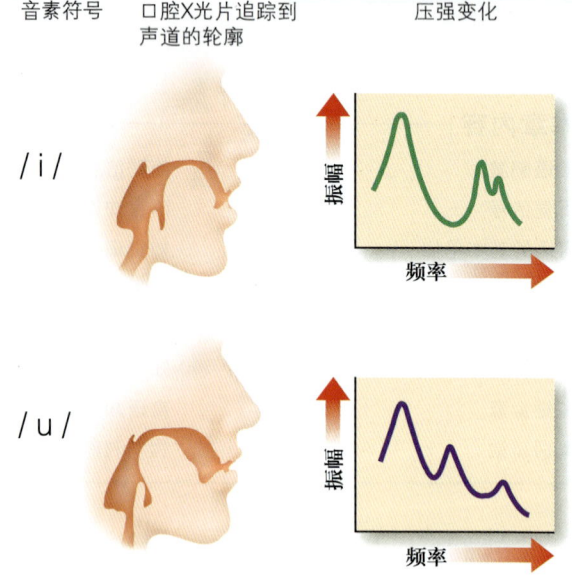

图13.2 左侧:词语 zip 中的元音 /i/,put 中的元音 /u/ 的声道形状。右侧:每一个元音产生的都是压力的振幅变化。共振时是压力变化的顶峰。每一个元音都有由声道形状所决定的共振模式。(来源:Denes & Pinson,1993)

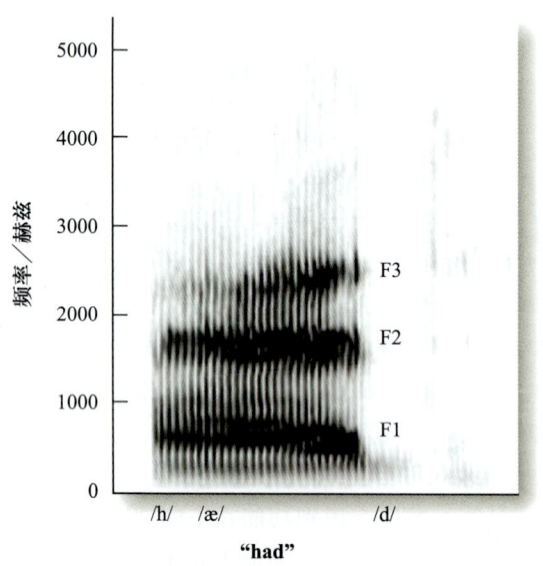

图13.3 had 的声音频谱图。横轴代表"时间"。暗横带是与元音 /æ/ 发音相关的第一(F1)、第二(F2)和第三(F3)共振峰。(来源:Kerry Green)

辅音是由声道的收缩或闭合产生的。通过下面的例子，我们来进一步了解不同的辅音是如何产生的。首先注意一下 /g/、/d/ 和 /b/ 的发音，当发出这些声音时，注意舌头、嘴唇和牙齿的动作。在发 /d/ 的音时，把舌头放在上牙的牙槽上（牙槽峭，图 13.1），当从牙槽峭把舌头移开时，释放一个轻微的空气流（试试看）。在发 /b/ 的音时，上下嘴唇合在一起，然后发出一个爆破音。

发音方式和发音部位决定了语音的习惯。其中，发音的方式决定了发音器官（嘴、舌头、牙齿和嘴唇）在发出语言时是如何协同的。例如，当我们发 /b/ 音时，要迅速释放被阻断的气流。**发音部位**决定了声音产生的位置，体会一下，当我们发出 /g/、/d/ 和 /b/ 的音时，发音部位是如何从口腔后面移动到前面的。

通过观察声谱图可以发现，舌头、嘴唇和其他发音器官的运动状态组成了听觉信号的能量模式。如**图 13.4** 所示，在句子 "Roy read the will" 的声谱图中，我们可以看到与元音和辅音相关联的信号。在水平方向上标记为 F1、F2、F3 的位置，是与 read 的 /e/ 发音有关的三个共振峰。这种共振峰前后频率的快速转变被称为**共振过渡**，而且与辅音相关联。如图 13.4 所示，T2 和 T3 是与 read 的 /r/ 发音相关的共振过渡。

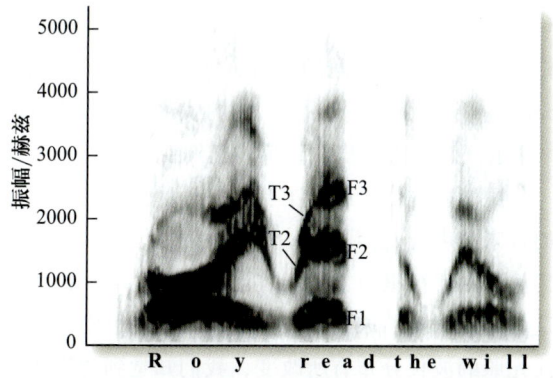

图13.4 句子 "Roy read the will" 的声谱图，共振峰F1、F2及F3和共振过渡T2和T3。（来源：Kerry Green）

我们已经了解了听觉信号的物理特性，以及听觉信号对言语知觉的影响，接下来将思考语言的基本单位。

言语的基本单位

在对言语知觉进行研究之初，需要将语音分割成多个单元。那么，这些单元是什么？一句话？一个单词？一个音节？还是一个字母？一个句子太长，不便于分析，而有些字母又是不用发音的。虽然有观点认为音节是言语的基本单元（Mehler, 1981；Segui, 1984），但大多数关于言语的研究都是基于**音素**这个基本单元的。音素作为言语中最短的部分，如果发生变化，就可能会改变一个词的意思。例如，"bit" 这个词，它包含了音素 /b/、/i/ 和 /t/，我们可以通过改变任一音素来改变词语的意思。因此，如果 /b/ 改为 /p/，原有词语的含义就变为"坑"；如果 /i/ 为更改 /a/，则含义变为"蝙蝠"；如果 /t/ 改为 /d/，则词语含义变为"出价"。

表 13.1 列举了美式英语的音素与音标的对照。表中有 13 个元音和 24 个辅音音素。第一次看到这个表时，你可能会发现元音要比小学时候所学习的标准版（a, e, i, o, u, 有时是 y）多。这是由于部分元音字母有时会有多个发音，所以元音发音要比元音字母多。例如，元音字母 o 在 boat 和 bot 中的发音是不同的，元音字母 e 在 bead 和 beed 中的发音也是不同的。因此，音素指的是讲话时所发出的声音而不是字母，并且音素也决定了人们所要表达的含义。

表13.1 英语中主要的辅音、元音及其音标

辅音				元音	
p	pull	s	sip	i	heed
b	bull	z	zip	I	hid
m	man	r	rip	e	bait
w	will	š	should	ɛ	head
f	fill	ž	pleasure	æ	had
v	vet	č	chop	u	who'd
θ	thigh	ǰ	gyp	U	put
ð	that	y	rip	ʌ	but
t	tie	k	kale	o	boat
d	die	g	gale	ɔ	bought
n	near	h	hail	a	hot
l	lear	ŋ	sing	ə	sofa

除了此处所示的美式英语音素，还有其他来源不同的特定符号。

由于不同的语言间发音不同,所以音素的数量也因语言的不同而存在差异。夏威夷英语只有 13 个音素,美式英语中的音素则多达 47 个,而在一些非洲语言中,甚至有高达 60 个音素。由此可见,音素是在一种语言中用于创造单词时所用到的特定发音。

到此,似乎可以认为音素是语言的基本单元,可用音素序列来描述言语知觉。根据这个观点,我们把知觉到的一连串的声音称为音素,音素组成了音节,音节又组成了词语。这些音节和词语像珠子一样一个接一个地串联在一起。例如,当我们理解"perception is easy(知觉是容易的)"这句短语时,其音素序列就是"per-sep-shun-iz-ee-zee"。虽然理解言语似乎只是处理一系列一个接一个的声音,但实际情况复杂得多。声音信号并不是像字母一样按次序接连出现的,相邻的信号之间会有重叠。除此之外,更复杂的情况是特定词语的听觉信号在不同情况下会有很大差别,如讲话者是男性或女性,年轻或是年老,说话或快或慢,亦或存在口音。这就产生了**缺乏不变性**这个问题,即特定的音素和听觉信号之间的联系并不单一。换句话说,某个特定音素的听觉信号并不是固定不变的。下面,我们将从不同的角度来介绍这些变化。

听觉信号的多样性

声音和听觉信号之间多变的关系是影响研究者了解言语知觉的主要障碍。换言之,某一个特定的声音会与多种不同的听觉信号有关。下面具体说一下引起变化的来源。

语境差异

听觉信号与音素变化有关,而音素的变化又依赖其所处的语境。在**图 13.5** 中,/di/ 和 /du/ 的声谱图显示了声音的两个基本特征:共振峰(图中红色部分)和共振过渡(图中蓝色部分)。因为共振峰与元音有关,所以频率在 200 赫兹和 2600 赫兹的共振峰是元音 /i/ 在 /di/ 中发音的听觉信号,而 200 赫兹和 600 赫兹则是元音 /u/ 在 /du/ 中发音的听觉信号。

由于共振峰是元音的听觉信号,所以共振峰前的共振过渡就是辅音 /d/ 的听觉信号,但 /di/ 和

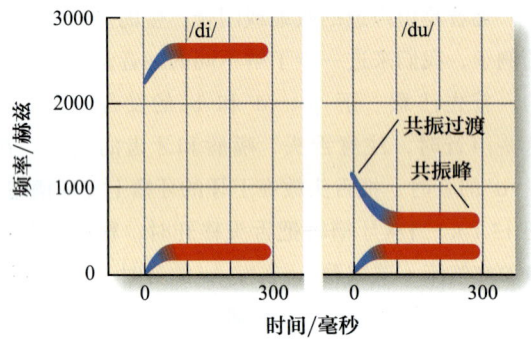

图13.5 /di/和/du/的手绘声谱图。(来源:Liberman et al., 1967)

/du/ 的第二次共振峰(高频)前的共振过渡存在差异,/di/ 的共振过渡开始于约 2200 赫兹,结束于约 2600 赫兹;/du/ 的共振峰过渡开始于约 1100 赫兹,结束于约 600 赫兹。因此,在音 /di/ 和 /du/ 中,虽然我们知觉到的都是 /d/ 的音,但共振过渡(与声音相关的听觉信号)存在差异。所以,某一音素所处的语境会影响与之关联的听觉信号。

这种语境效应的出现,来源于讲话方式。因为在我们说话的时候,发音器官是不断运动的,音素前后的声音会影响与之相关的发音器官的形状。相邻音素的发音之间的重叠被称为**协同发音**。你可以通过观察自己在不同语境中的音素形成来证明协同发音的存在,例如,说 bat 和 boot,在一开始发 /b/ 音的时候,说 bat 时嘴唇并不是圆形的,但说 boot 时嘴唇是圆形的。因此,即使 /b/ 在这两个词中是相同的,但用了不同的发音方式。在这个例子中,boot 中 /oo/ 的发音重叠了 /b/ 的发音,所以在 /oo/ 的声音还未实际发出时,嘴唇已经变成圆形了。

虽然协同发音改变了听觉信号,但我们知觉到的音素的声音是相同的,这也是知觉恒常性的一个实例。由于视觉恒常现象广泛存在于生活中,所以这一术语对我们来说并不陌生,如色彩恒常性(即使光照的波长分布有所改变,我们知觉到的物体的颜色依然不变)和大小恒常性(即使物体投射到视网膜上的图像大小有所改变,我们知觉到的物体的大小依然不变)。言语知觉的恒常性其实与视觉恒常性类似,即使不同语境中的音素所产生的听觉信号不同,我们知觉到的音素的声音依然是恒定的。

讲话者差异

人们用不同的方式说着同样的话。有些人的声音高,有些人的声音低;人们用不同的口音说话;有些人说得很快,有些说得极为缓慢。这些言语上的差异意味着对于不同的讲话者来说,音素或单词可以有多种形式的听觉信号。调查显示,"the"在现实生活中有 50 种不同的发音方式(Waldrop,1988)。

讲话者不经意的发音就体现着这种差异。例如,你用平时与朋友交谈时的语速来说这句:"This was a best buy"会怎么说出"best buy"? best 中 /t/ 的音发出来了吗?说的是不是"bes buy"?而当你快速地说"She is a bad girl"的时候呢?说到 bad 的 /d/ 音的时候,舌头是否轻击了一下上腭?大部分人都会省略 /d/,而说成"ba girl"。最后,当你快速地说"Did you go to the store"的时候,说的是"did you"还是"dijoo"?我们每个人都有自己关于音素和词语的发音方式。

人们在讲话时通常不会对每个词语进行清晰的发音,图 13.6 是这种不清晰的发音的声谱图。图 13.6a 是缓慢而清楚地说"What are you doing?(你在干什么?)"时的声谱图,图 13.6b 是在谈话时将"What are you doing?"说成了"Whad'aya doin'?"的声谱图,两幅图之间的差异清晰可见。虽然两图的首词和尾词(what 和 doing)的表达模式相同,但第二个声谱图(图 13.6b)中词语之间的停顿极少,甚至没有,而且两个声谱图的中间部分也完全不一样,并伴随着一些语音的缺失。

协同发音、讲话者差异和不经意的发音引起了听觉信号的多变性,这也给听者造成了一些困扰——听者必须以某种方式将多变的听觉信号中所包含的信息转化为自己熟悉的词语。在下一节,我们将会介绍言语知觉系统是如何处理这些多变的听觉信号的。

知觉音素

言语知觉系统会以多种方式处理语音信号的多变性问题。我们首先了解一下言语系统的类别知觉这一特性,然后思考面孔信息和语言知识信息如何帮助我们准确地知觉语音。

类别知觉

当连续的刺激可以被分割为离散的类别时,**类别知觉**就会发生。如可见光谱(见图 1.21,p.18)的左边为 450 纳米的短波(图中显示为蓝色),向更长的波长移动时,这个颜色仍然为蓝色,直到约 480 纳米时,图中颜色变为绿色。随着波长的增加,在大约 570 纳米之前,我们看到的一直是绿色,之后变为黄色,橙色,然后是红色。因此,沿着整个可见光谱观察下来,可以看到五个类别。

言语系统中的类别知觉与视觉系统相类似,但言语系统知觉到的连续性刺激存在**嗓音起点**(**VOT**),即从开始发声和声带开始振动之间存在延

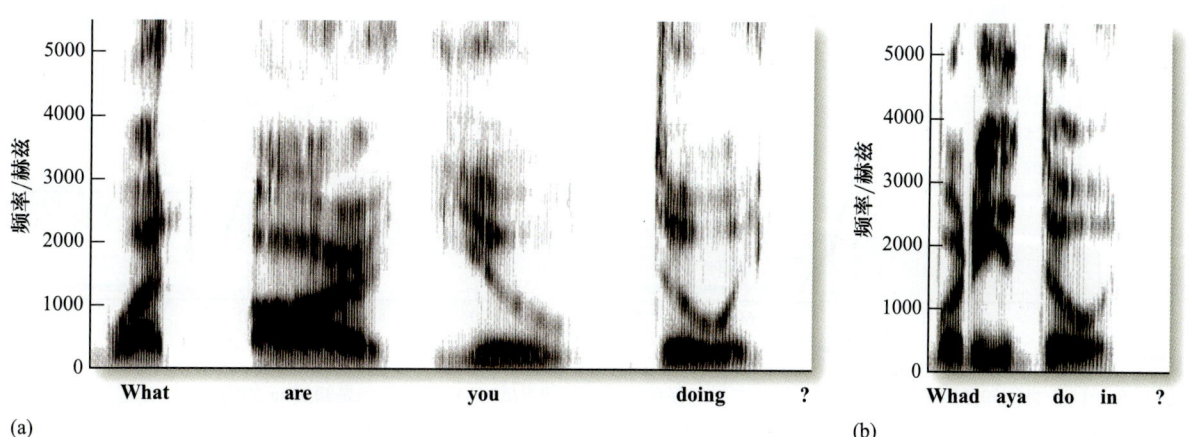

图13.6 (a)缓慢而清楚地说"What are you doing?"时的声谱图;(b)对话中的"What are you doing?"的声谱图。(来源:David Pisoni)

迟。我们可以通过对比图13.7的声谱图中的 /da/ 和 /ta/ 的发音来证明这种延迟的存在。声谱图显示，发 /da/ 音时，开始发声和声带开始振动之间的时间差（声谱图的竖条纹）是 17 毫秒；发 /ta/ 音时，时间差是 91 毫秒。因此，/da/ 的 VOT 短，而 /ta/ 的 VOT 长。

研究人员利用计算机来合成声音刺激，如图 13.7 所示，这些声音刺激的 VOT 逐渐由短变长，要求被试指出他们所听到的声音，结果被试只能报告两个音素中的一个，即 /da/ 或 /ta/ 中的一个。即使所呈现的刺激存在多种不同的 VOT 模式，结果仍然如此。

结果如图 13.8a 所示（Eimas & Corbit，1973）。在短 VOT 条件下，被试会听到 /da/ 音，即使增加 VOT，这种情况依然持续。但是，当 VOT 达到约 35 毫秒时，他们的知觉突然发生变化，在 VOT 超过 40 毫秒时，被试会听到 /ta/ 音。知觉由 /da/ 逐渐变化到 /ta/ 的 VOT 范围被称为**语音边界**。类别知觉试验的结果重点指出，即使 VOT 在较大范围内不断变化，听众仍只听到两个类别：在语音边界一侧的 /da/ 和另一侧的 /ta/。

在类别知觉存在的基础上，我们可以做一个辨别测验。在测验中，给被试呈现两个具有不同 VOT 的刺激，要求被试报告所听到的声音是相同的还是不同的。以 25 毫秒的 VOT 为界限，向被试呈现两个离散的声音刺激。若两个刺激的 VOT 同

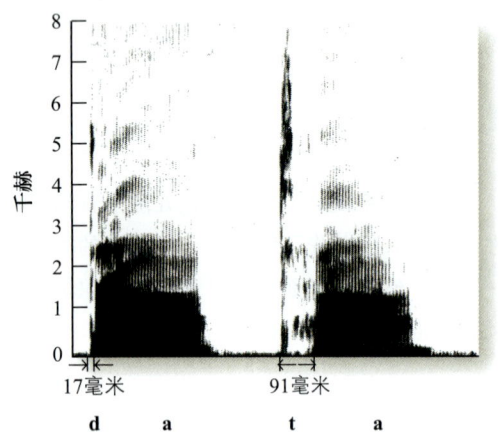

图13.7　/da/ 或 /ta/ 的声谱图。声谱图的左侧显示了每个声音的 VOT（从开始发声到声音呈现出的时间差）。（来源：Ron Cole）

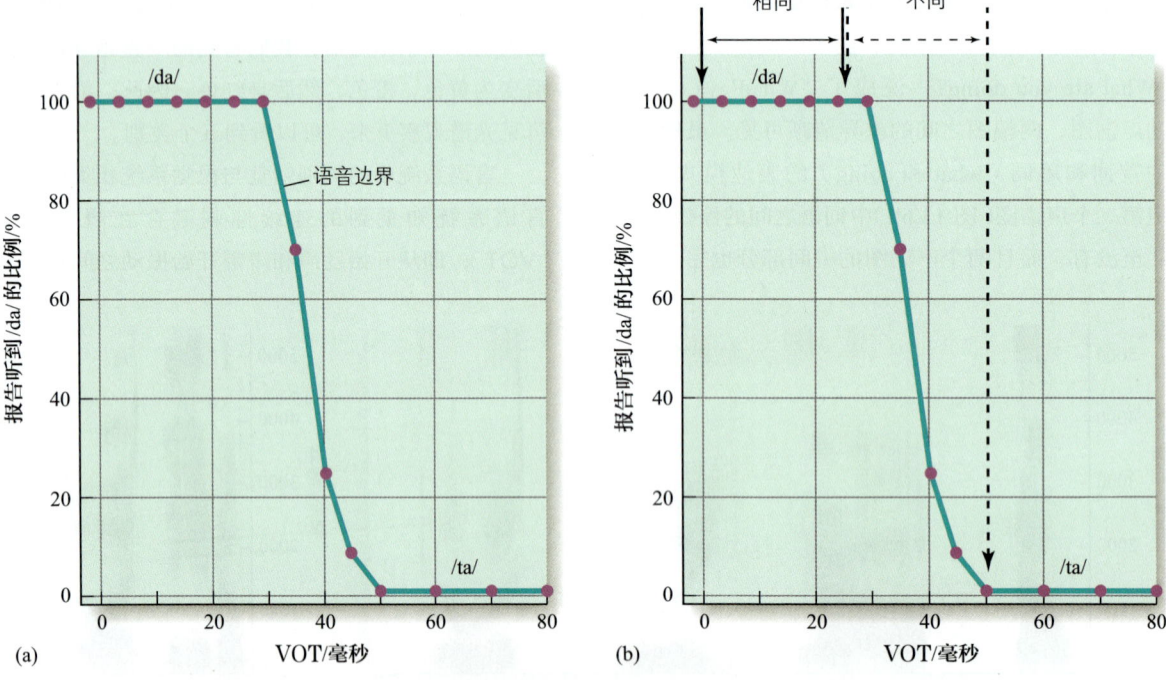

图13.8　（a）类别知觉实验的结果证明了语音边界的存在，左侧是知觉 /da/ 的 VOT，右侧是知觉 /ta/ 的 VOT。（来源：Eimas & Corbit，1973）（b）类别知觉测验的不同之处在于提供两种刺激，要求听众指出他们是相同还是不同的。测验得出了一个典型的结果，给予处于语音边界同侧的两个刺激（VOT 为 0～25 毫秒；实线箭头），听众认为是相同的；相反，给予语音边界的不同侧的两个刺激（VOT 为 25～50 毫秒；虚线箭头），听众认为是不同的。

时在语音边界的一侧，如 VOT 为 0～25 毫秒时，听众表示他们听到的声音是相同的（图 13.8b）。然而，我们给听众呈现的刺激具有同样差异的 VOT 间隔，但两个刺激处于语音边界不同侧时，如 VOT 为 25～50 毫秒，被试表示他们听到的声音是不同的。事实上，所有处于语音边界同侧的刺激都可以被认为是同一类别的，这也是知觉恒常性的一个例子。如果知觉恒常性不存在，那么每次改变 VOT，我们就会知觉到不同的声音。而真相是，无论在语音边界的哪一侧，我们都只听到该侧所具有的一种声音。这简化了对音素的知觉，有助于我们在环境中知觉更多类型的声音。

面孔信息

言语知觉的另一个特点是**多模式**。也就是说，多种不同的感觉信息会对我们的言语知觉产生影响。图 13.9 就是视觉信息影响言语知觉的例子。显示屏上的女人说的是 /ba-ba/，但是女人的嘴唇是发出声音 /fa-fa/ 时的动作。因此，尽管听觉信号是 /ba-ba/，听者仍会配合他看到的嘴唇动作，把声音知觉为 /fa-fa/。（特别要强调的是，当听者闭上眼睛时，他的知觉不再受到视觉信息干扰，这时他听到的就是 /ba-ba/。）

图13.9 麦格克效应。这个女人说的是/ba-ba/，但是她的嘴唇动作对应着/fa-fa/，因此听者认为听到的是/fa-fa/。

这种效应被称为**麦格克效应**，最初是由 Harry McGurk 和 John MacDonald 提出的（McGurk & MacDonald，1976）。它证明了即使听觉信息是言语知觉的主要信息来源，视觉信息仍能对我们听到的信息产生强烈影响（具体详见第 12 章的"思考时刻：听觉和视觉的联系"）。视觉对言语知觉的影响被称为视听言语知觉。麦格克效应就是**视听言语知觉**的一个例子。另一个例子是，人们能在嘈杂的环境中根据说话者的嘴唇动作所提供的信息理解言语（also see Sumby & Pollack，1954）。

视觉和语言之间关系的生物学基础已经得到了证实。Gemma Calvert 和同事（1997）让被试观看一个人仅用嘴唇动作报数的无声录像带，并使用 fMRI 记录被试在观看无声录像带时的大脑活动。这项任务与人们在解读唇语时的活动相似，被试被要求在观看的同时默默重复这些数字，而在控制条件下，被试会在观看一个静态的面孔时默默地重复数字。对比两种环境下的大脑活动，结果表明，观察嘴唇动作激活了听觉皮层的某一个区域。Calvert 在另一项研究中也指出，人们在知觉言语时也会激活该区域。由于唇读和言语知觉会激活同一区域，Calvert 认为这可能是麦格克效应的神经机制。

Katharina von Kriegstein 和同事用另一种方式证实了言语知觉和面孔知觉之间的联系（2005）。他们测量了被试在执行大量任务时的 fMRI 活动，这些任务涉及熟悉的说话者（在实验室工作）的语句发音和陌生的说话者（从未听过）的语句发音。

只听言语会激活颞上沟（见图 5.49），在之前的研究中，颞上沟是和言语知觉有关的区域（Belin et al.，2000）。但当任务要求被试对熟悉的言语进行注意时，梭状回面孔区也会被激活。与此相对，注意陌生的言语则不会激活梭状回面孔区。显然，当人们听到的声音与特定的人物有关时，被激活的区域不仅可以知觉言语，还可以知觉面孔。言语知觉和面孔知觉之间的联系已在行为和生理实验中得到证实，这为帮助我们处理音素的多样性提供了信息（欲知更多关于观察他人说话和言语知觉之间的联系，请参阅 Hall et al.，2005；McGettigan et al.，2012；van Wassenhove et al.，2005）。

语言知识信息

大量研究表明，人们更容易知觉在有意义的语境下出现的音素。Philip Rubin 和同事（1976）在实验中呈现了一系列的短词（如 sin、bat 和 leg）

和非词（如 jum、baf 和 teg），要求被试在听到以 /b/ 开头的声音时，以尽快按键的方式做出反应。被试对非词做出反应的平均时间为 631 毫秒，对真词的反应则为 580 毫秒。因此，与处于无意义的音节的开头相比，音素位于实词的开头时，其辨识速度快 8%。

Richard Warren（1970）以另一种方式证明了意义对音素知觉的影响。他让被试听"The state governors met with their respective legislatures convening in the capital city（各州州长出席了在首都召开的立法会议）"这句话，然后用咳嗽的声音代替"legislatures"的第一个 /s/，要求被试指出咳嗽的声音在句子中出现的位置。所有的被试都没有辨别出咳嗽的准确位置，更重要的是，没有人注意到"legislatures"中 /s/ 的缺失。即使是知道 /s/ 缺失的心理学系的学生和老师，在实验中也存在这一效应，沃伦把这一效应称为**音位恢复效应**。

Warren 不仅证实了音位恢复效应，而且发现缺失音素后面的词义会影响这一效应。例如，"There was time to *ave..."这个句子的最后一个词语（*是咳嗽音或其他声音出现的位置）可以是"shave""save""wave"或者"rave"，但是人们用这个句子和即将离开的朋友道别时，听者听到的是"wave"。

Arthur Samuel（1981）利用音位恢复效应证实了言语知觉是由听觉信号的性质（自下而上的加工）和让听者产生预期的语境（自上而下的加工）决定的。当遮蔽声刺激由高频刺激组成（如"白噪声"），并且与被遮蔽的音素听起来相似时，恢复效应最好，这就是 Samuel 所说的自下而上的加工。因此，如果遮蔽刺激包含大部分的高频能量，那么音位恢复更可能产生于例如 /s/ 这样的音素出现时，因为这类音素都富有高频的声能。Samuel 认为，在音位恢复的过程中，我们真正知觉到"恢复的"声音之前，必须确认有类似声音的出现。如果白噪声包含的频率使它听起来像预期的音素，那么音位恢复发生时，我们就很可能听到这个音素。如果遮蔽音素听起来不相似，音位恢复发生的可能性就较小（Samuel，1990）。

Samuel 通过论述词语越长，发生音位恢复效应的可能性越大，来证明自上而下的加工。显然，被试可以利用长词所提供的额外语境来协助辨别被遮蔽的音素。Samuel 还发现真词（如 prOgress，其中的大写字母表示遮蔽的音素）比类似的假词（如 crOgress）发生恢复的可能性更大，这进一步证明了语境的重要性（Samuel，1990；更多关于音位恢复中自上而下加工的证据也可参见 Samuel，1997，2001）。

测一测 13.1

1. 描述一下言语刺激是什么。明确音素的含义，以及声谱图中的共振峰和共振过渡是如何描述听觉信号的。
2. 影响听觉信号和听到的声音之间关系的多样性的两个来源是什么？明确协同发音的含义。
3. 什么是类别知觉？如何测量类别知觉并举例证明。
4. 什么是麦格克效应？它是如何证明视觉信息会对言语知觉产生影响的？有哪些生理学证据可以证明加工处理和言语知觉之间的关系的？
5. 找出能够证明语境会影响音素知觉的证据。简述音位恢复效应以及这一效应形成自上而下和自下而上加工的证据。

知觉词语和句子

正如知觉音素不仅仅是对听觉信号的简单处理，知觉词语时，除了听觉信号，还要依赖很多因素。接下来，我们会探讨句中的词语如何影响言语知觉，如何区分句中的词语，以及如何从不同人的不同发音中知觉这些词语。

知觉句子中的词语

以下的例子解释了当词出现在句子中时，我们对词的知觉会增强的现象，以及当词语出现在句子中时，即使它们是不完整的，也能被读出来。

演示 | 知觉不完整的句子

读下面的句子：

1. M*R*H*D*L*TTL*L*S FL**C*W*S WH*T* *S SN*W
2. TH*S*N *S N*T SH*N*NGT*D**
3. S*M*W**DS *R*EA*I*RT* U*D*R*T*N*T*A**T*E*S

即使作品中有一半的词被掩盖了，你的英语词语知识也可以帮助你读懂这个句子。也许在第一个例子中，将这些词语串成的句子正好是你熟悉的童谣（Denes & Pinson，1993）。

类似的效应也存在于口语词汇中。George Miller 和 Steven Isard 的经典实验（1963）通过一个例子证明了词语的含义是怎样帮助我们理解口语词汇的：当词语处于一个符合语法规则的句子中时更容易被理解，而当词语处于一个不连贯的句子中，便不容易被理解了。他们通过创造三种不同的刺激证明了这个观点：（1）正常的符合语法规则的句子，例如，Gadgets simplify work around the house；（2）符合语法规则，但没有任何意义的不规则句子，例如，Gadgets kill passengers from the eyes；（3）由词语串成的不符合语法规则的句子，例如，Between gadgets highways passengers the steal。

Miller 和 Isard 使用了一种叫作**复述**的技术，通过耳机呈现一些句子给被试，并要求他们将听到的大声复述出来。被试们复述符合语法规则的句子的正确率达到89%。但是他们对符合语法规则，但没有任何意义的不规则的句子的复述正确率为79%，而对由词语串成的不符合语法规则的句子的复述正确率只有56%。当对被试在嘈杂的环境中进行测试时，对三种不同的语言刺激的知觉差异较大。例如，在背景噪声处于适当水平时，知觉符合语法规则句子的正确率为63%，知觉符合语法规则但没有意义的不规则句子的正确率为22%，而对于由词语串起来的不符合语法规则的句子的正确率只有3%。这些结果告诉我们，当词语被放在一个有意义的语法环境中时，我们更容易知觉它们。

但是大多数人都没有意识到关于词语特性的知识会帮助他们更好地处理听到声音和词语时遇到的困难。例如，我们所知道的关于词语结构的知识告诉我们 ANT、TAN 和 NAT 这些词在英文字母中都是正确的序列，但是像 TQN 或是 NQT 则是错误的英文单词。

类似的效应同样会发生在理解句子的时候：我们对于语法规则的理解会告诉我们："There is no time to question"是一个符合语法的句子。但是，类似"Question, no time there is"这样形式的句子会显得十分突兀，更准确地说，是非常荒诞的（除非你是尤达。他在《星球大战前传三：西斯的复仇》中说过像这样的话）。因为我们所遇到的大部分是有意义的词语和符合语法规则的句子，并能够不断地使用这些符合语言规则的知识来帮助我们理解他人所说的话。当我们在并不理想的环境下听人讲话时，比如，在嘈杂的环境下或是讲话者的语言质量和口音很难被理解时，这种能力变得尤为重要，在本章的后面，我们会对此进行讨论（also see Salasoo & Pisoni，1985）。

知觉打乱顺序的词语

正如我们看一个视觉场景时可以轻松地看到物体，在与其他人交流时，也可以轻易地知觉单个词语。但当我们观察语言信号时，就会发现这些听觉信号是连续的，词和词之间并没有物理中断或是在没必要中断的地方断开（图13.10）。这种在谈话中对单个词语的知觉，称为**语言分割**。

事实上，听一些人讲外语时，几乎听不出词与词之间的间隔。对于不熟悉某种语言的人来说，文字就像一个快速闪现的字符串。可是，对于讲这种

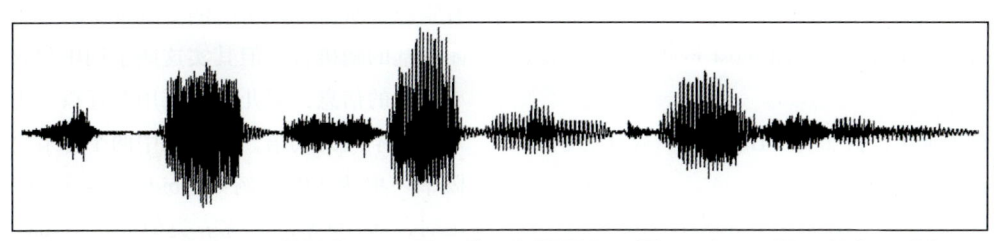

图13.10　词语"speech segmentation"的声能。我们会发现，在这段记录中，很难区分一个词语的结束和另一个词语的开头。（来源：Lisa Sanders）

语言的人来说，词语似乎是分离的，就像母语词汇对我们来说是分离的一样。我们以某种方式解决语言分割的问题，并且将听觉信号流分为一系列单个的词。

即使语言信号间的间歇很小，但在交谈中依然可以知觉单个的词，这说明我们对词语的理解不仅仅基于作用于感受器官的能量，而且对词语含义的理解也可以帮助我们识别一个词语何时开始，另一个词语何时结束。通过下面的演示，我们来了解一下语言分割和词语含义间的联系。

演示	声音的组织序列

阅读下面这些词语：Anna Mary Candy Lights Since Imp Pulp Lay Things. 现在你读完了这些词，它们是什么意思？

如果你认为这是以两个女人名字（安娜和玛丽）开始的一串无联系的词，那么你是对的。但是如果你大声而快速地读这些词，忽视词与词之间的间隙，能听到一句不是以安娜和玛丽这两个名字开始的连贯的句子吗？（想要知道答案，看第346页——但是在你快速地读这些词之前不要偷看。）

通过改变对声音的知觉组织，便能成功地从这些词中创造出一个新句子，而且这种改变基于你对这些词语含义的理解。就像对图5.31中森林场景的知觉组织依靠把石头看作有意义的图案（人脸），同样你对自己说的话的理解会影响对这句话的知觉。

下面举一个词语含义和先前知识经验影响声音的知觉组织的例子：

Jamie's mother said, "Be a *big girl* and eat your vegetables."

[吉米的妈妈说，"做一个大姑娘（big girl），把你的蔬菜吃了。"]

The thing *Big Earl* loved most in the world was his car.

[在这个世上，大伯爵（Big Earl）最爱的事物是他的汽车。]

"big girl"和"Big Earl"听起来很相似。要听出他们的区别，就得依靠这些词所处句子的整体意义。这个例子和常见的"I scream, you scream, we all scream for ice cream"（"你尖叫，我尖叫，我们为冰激凌而尖叫"）是相似的。"I scream"和"ice cream"听起来完全相同，所以必须通过了解这些词所在句子的意义才能理解不同的组织形式。

除了通过了解词语的意思和充分利用这些词语所在的语境帮助断句，听者还可以根据其他信息断句。通过对语言的学习，我们知道了某些发音后只能跟随特定的发音，不能跟随其后的发音会被单词间的间隙隔开。以 pretty baby 这个词为例，在英语中 pre 和 ty 更有可能在同一个词语里（*pre-tty*），而 ty 和 ba 被空隙分离，所以 ty 和 ba 会在两个不同的单词中（pretty baby）。所以短语（prettybaby）之间的分隔更有可能在 pretty 和 baby 之间。

心理学家根据**跃迁概率**，即一个发音伴随另一个发音变化的概率，描述了在语言中一种发音跟随另一种发音的方式。每一种语言中的不同的发音都存在跃迁概率。当我们学习一门语言时，不仅要学习如何说、如何理解词语和句子，还要学习这门语言中的跃迁概率。学习跃迁概率和语言其他特征的过程称为**统计学习**。并且已经有研究表明，8个月大的婴儿就有了统计学习的能力。

Jennifer Saffran 和同事们（1996）的早期试验证实了婴儿的统计学习。图13.11a展示了这个实验设计。在实验的学习阶段，婴儿会听到4个无意义的词语，例如：bidaku、padori、golabu 和 tupiro。为了制造2分钟的连续声音，这些词语随机地串联起来。例如，bidakupadotigolabutupiropadotibidaku……在这串词语中为了便于区别，每隔一个词语都用粗体标出。当婴儿听到这些词语串时，所有词语都用同一个语调发音，并且词语之间没有用来判断一个词语结束和下一个词语开始的停顿。

因为这些词语是随机呈现的，并且它们之间没有空隙，所以婴儿所听的2分钟字词串听起来像一团混乱的随机音。但其实这些字词串包含了跃迁概率形式的信息，婴儿可以利用跃迁概率将这些声音划分成不同的词语。一个词中两个音节之间的跃迁概率一般为1.0。（例如，bidaku 这个词，当 /bi/ 发出时，/da/ 总是跟着它。类似的，当 /da/ 发出时，/ku/ 总是跟随它。换言之，这三个音节总是以先后顺序同时出现，因此形成词语 bidaku。然而，一个词语的结束和另一个词语的开头之间的跃迁概率只有

0.33。例如，bidaku 的最后的音节 /ku/ 有 33% 的概率，后跟 padoti 的第一个音节 /pa/，有 33% 的概率，后跟 tupiro 的 /tu/，有 33% 的概率，后跟 golabu 的 /go/。

在 Saffran 的实验中，如果婴儿对跃迁概率敏感，他们会把刺激 bidaku 或 padoti 知觉为词语，因为这些词的三个音节相连的跃迁概率为 1.0。相反，刺激 tibida（padoti 的结尾加上 bidaku 的开头）将不被视为词语，因为这些词的跃迁概率小得多。

为了证明上述假设，将采用几组类似于 bodaku 和 padoti 的三音节刺激对婴儿进行实验。正如之前已经提到过的，一种刺激是"词语"，像 padoti，这是规则词（whole-word）刺激，另一种刺激是将一个词的结尾和另一个词的开头组合在一起，像 tibida，这种是合成词（part-word）刺激。

实验假设是婴儿选择听合成词的时间要比听规则词的时间长。该假设基于先前的研究——婴儿会对重复出现的刺激失去兴趣，转而关注他们之前没有经验过的新异刺激。因此，在 2 分钟学习环节内，如果婴儿多次将重复的规则词刺激知觉为一个词语，那么他们分配给熟悉的刺激的注意会少，而会更注意新异刺激（合成词）——之前并没有知觉为一个词的刺激。

Saffran 通过在发出声音的扬声器附近呈现一个闪光来测量婴儿对每一个声音所听时间的长短。当闪光吸引了婴儿的注意时，声音便开始响起，直到婴儿移开视线时停止。因此，婴儿注视闪光的时长可以反映儿童听每个音的时长。

图 13.11b 展示了婴儿的行为结果。和实验假设一致，听合成词刺激的时间更久。这些结果非常值得我们注意，婴儿从来没有听过这些合成词，他们在听字符串时并没有听到词和词之间的停顿，只是听到了 2 分钟的语音流。从这些结果中我们可以得出结论，婴儿早期就能运用跃迁概率切分声音，并将切分后的声音转换成字词。

知觉失真的言语

现在应该确信的是，尽管言语知觉的起点是声音信号的传入，但听者也会使用自上而下的加工方式（涉及语言意义和语言特性的知识）来知觉言语。这些额外的信息可帮助听者处理来自不同讲话者的言语变异性。但是，在日常生活中，我们不仅仅要解决因说话方式不同而产生的变化，还要面对背景噪声、室内声音效果差和手机信号不好等情况，所有这些都会影响到达耳朵的听觉信号的清晰度。

我们如何才能在声音条件不好的情况下听得更清呢？为了解决这个问题，研究者提出，听者可以通过自上而下的加工来"解码"失真的听觉信号。Matthew Davis 和同事们（2005）通过测试被试知觉被噪声码干扰的语言的能力，来确定被试知觉言语的能力。**噪声码言语**是通过把语言信号分为不同的频段，然后在每个频段上添加噪声建立的。这个过程将图 13.12 左边原始的言语刺激声谱图转换为右边的噪声声谱图。通过对各个频率上的细节进行破坏，将清晰的语言转换成刺耳嘈杂的噪声。

Davis 在实验中要求被试听噪声码句子，并且听完后尽可能多地写下所听到的全部 30 个句子。图 13.13 分别显示了在 30 个句子中，6 个被试的词语报告平均正确率。开始的 3 个句子的结果接近于零，然后不断增加，到第 30 个句子时，被试能报告一半或一半以上的词语。（这种变化出现的原因是有些噪声码的句子很难听清。）图 13.13 中一个

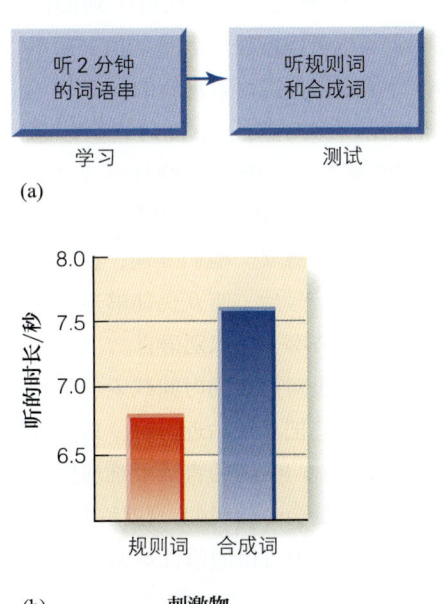

图 13.11 （a）Saffran 和同事们设计的实验，婴儿听一串连续的无意义音节，然后测试哪些发音属于一组。（b）结果表明，婴儿对合成词听得更久。

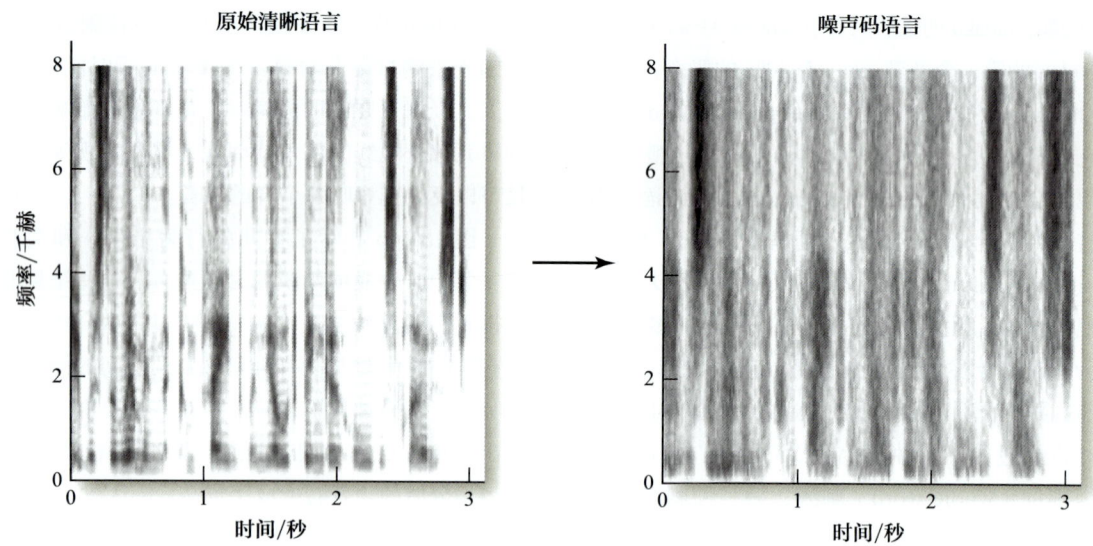

图13.12 语言信号改变为噪声码的实验（Davis et al., 2005）。左图为原始语言刺激的声谱图，右图为噪声码声谱图。

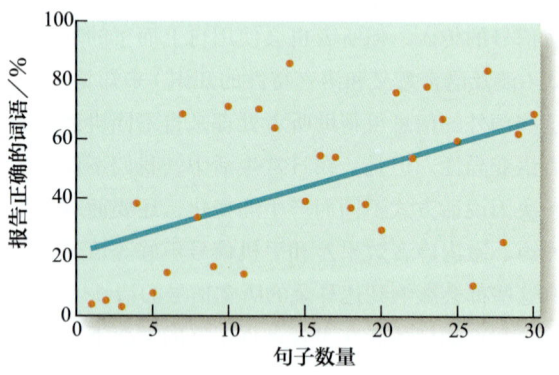

图13.13 对30个不同的句子中的噪声码字词的知觉的正确率。每个数据点代表在Davis等人（2005）的实验中的6名被试的平均表现。

重要的发现是正确率出现了上升，这是因为所有被试者都是一个句子接着一个句子听的。

听者使用什么样的信息去完成更清晰的理解呢？实验者曾经做过这样的实验：被试会首先听到一个失真的句子并写下他们听到的，然后听到一个清晰的不失真版本的句子，再听到这个句子失真的版本（听失真的句子→听清晰的句子→再听失真的句子）。在听第二次后，被试会报告称他们听到了一些第一次没有听到的词语。Davis把这种听出了先前听不出的词语的能力称为"弹出"效应。

弹出效应表明，更高水平的信息（例如，听者的知识水平）能够提高言语知觉。经历过弹出效应的被试更容易理解第一次听到的其他失真的句子，这样的实验结果确实有趣。更有趣的是，群体中也存在弹出效应和对随后句子理解的提高，这是因为被试在听完失真的句子之后，将写下的句子读了一遍（听失真的句子→读写下的句子→再一次听失真的句子）。这意味着仔细去听清那些声音不一定重要，重要的是能通过复述去理解听到的内容。因此，这个实验也可以证明听者是如何利用语言信号提供的额外信息来促进语言理解的。

被试能从失真的句子中得到什么信息？一种可能是时间模式——语言延续性或节奏。Robert Shannon和同事们（1995）利用噪声码语言证明了缓慢的时间波动的意义。他们发现，在剔除大多数音高信息的语言信号后，听众仍能够通过关注时间线索（如句子的节奏）来识别语言。

我们可以通过对语音的时间线索的猜测来获得信息，正如当我们把耳朵贴近门时，只能听到低沉的声音。尽管隔着门听到的言语很难理解，但讲话者的语言节奏还是会带给我们一些信息。这些信息来自从多年的经验中习得的语言知识。

在第336页讲到Saffran的婴儿实验时，我们曾经讨论过统计规律学习是一个经验学习的例子。在第5章，我们也讨论过外界规律的知识是如何影响视知觉的，这也是从经验中进行学习的方法。回忆一下"模糊团块的多重人格"的实验，我们对于模糊形状的知觉取决于其所在的视觉场景的类别（见图5.38和第12章中关于期待在旋律组织中的讨论）。这个例子证实了视觉环境中关于先前经验的信息会影响我们的所见所闻。同样的，音节的跃迁概率也会帮助我们理解句子中的词语，即使个别的声音是失真的。

即使声音听起来是失真的，我们或许依然有能力确定说话的内容。例如，在听到带有外国口音的人说话时，开始时可能很难理解他在说什么，但当你继续听的时候，就会慢慢开始理解他所说的内容。如果这样的事情发生了，就表明你很可能在试图理解这个人话语的整体意思，而不是关注具体词语的意思。在听的过程中理解整体的信息会提高对单个词语的理解能力，从而使其更容易理解整体信息。显然，在将"声音"转换为"有意义的语言"时，不仅涉及自上而下的加工（基于传入的听觉信号），也包括自下而上的加工（基于词语的含义和特性）（图13.14）。

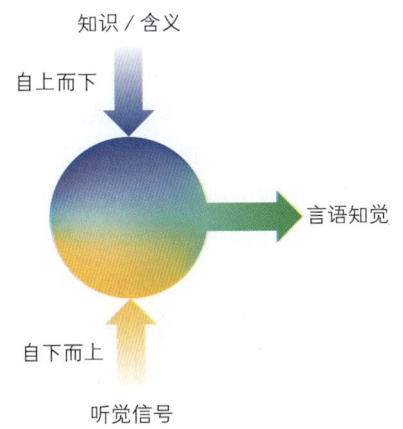

图13.14 言语知觉是自上而下的加工（基于传入的听觉信号）和自下而上的加工（基于词语的含义和特性）共同协作的结果。

言语知觉和大脑

对言语知觉的生理学基础的研究至少可以追溯到19世纪，然而直至不久前，人们在了解了言语知觉和口语识别的生理学基础之后，这方面的研究又取得了重大进展。

19世纪科学家保罗·布洛卡（Paul Broca，1824—1880）和卡尔·威尔尼克（Carl Wernicke，1845—1905）对脑损伤患者的研究表明，大脑特定区域的损伤会导致语言功能障碍，即**失语症**（如图13.15所示）。布洛卡对中风导致额叶特定区域（后被称为**布洛卡区**）损伤的患者进行了测试，发现他们说话时缓慢而吃力，并且经常伴有混乱的句子结构。例如，一名患者曾这样描述自己在泡热水澡时发生中风的过程：

好吧，嗯，中风了，嗯，我，嗯，我想，那家伙，热……热水浴缸，还有，嗯……两天后，嗯，医……嗯……医院，还有，嗯，救……嗯……救护车。（Dick et al., 2001, p.760）

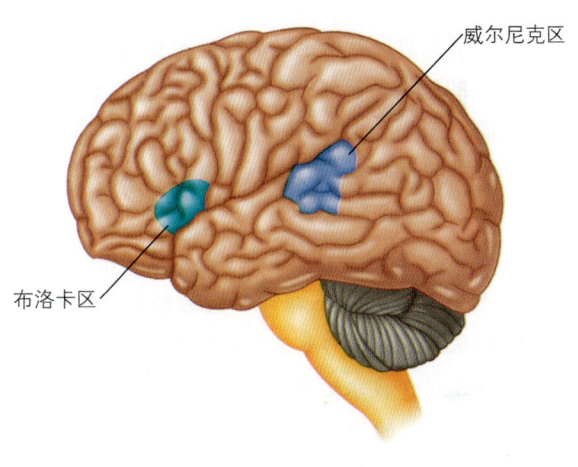

图13.15 布洛卡区和威尔尼克区。布洛卡区在额叶，威尔尼克区在颞叶。

这类由于大脑布洛卡区损伤引起的言语缓慢、吃力、不通顺的患者被诊断为**布洛卡失语症**。后续研究表明，布洛卡失语症患者不仅难以构建完整的句子，而且在对某些类型的句子的理解上也存在障碍。以下述两个句子为例：

苹果被女孩吃掉了。（The apple was eaten by the girl.）

男孩被女孩推开了。（The boy was pushed by the girl.）

布洛卡失语症患者可以理解第一句话，但对第二句话的理解存在困难。他们无法判定第二句话中到底是女孩推开了男孩，还是男孩推开了女孩。对于正常人而言，第二句话的意思显然是女孩推开了男孩，布洛卡失语症患者却因为其语言中枢在处理"was"和"by"这类连接词时存在障碍，而难以判断到底是谁被推开。如果将第二句中的"was"和"by"去掉，观察其含义转变，就不难理解布洛卡失语症患者的困惑了。但是对于第一句话来说，即便将两词去除，其含义仍旧是"女孩吃掉了苹果"，并不会产生歧义，因为除科幻小说的虚构情节以外，苹果不可能吃女孩（Dick et al., 2001；Novick et al., 2005）。总结布洛卡失语症患者在语言表达与理解方面所表现出的问题，现代研究者认为，额叶布洛卡区损伤将导致语句结构处理障碍。

威尔尼克对颞叶特定区域（后被称为**威尔尼克区**）损伤的患者进行了研究，这些患者说话流利，语法正确，但往往意义不连贯。例如，在一个当代案例中，某**威尔尼克失语症**患者说：

突然出现了一个"菲可"，所有的"菲可"都跟它一起走了。它甚至踩到了我的触角。你知道的，它们从土里把它们弄了出来。它们把我最喜欢的9给切断了，我永远废除了"筏门特"，现在我因为"筏门特"的"司单"而成为了"黑伯"。（引号内的文字均为威尔尼克失语症患者的自造词，无意义；Dick et al., 2001, p.761）

威尔尼克失语症患者不仅说话毫无意义，而且无法理解语言和文字。如前文所述，布洛卡失语症患者会对"男孩被女孩推开"这样的句子感到迷惑，说明其对语句的理解障碍取决于语序。而威尔尼克失语症患者在语言理解方面存在更多困难，对类似"苹果被女孩吃掉了"的句子也难以理解。威尔尼克失语症的最极端表现被称为**纯词聋**，这种患者听力正常，可分辨纯音，但无法识别字词。

现代神经心理学对脑损伤患者的研究早已不再局限于布洛卡区和威尔尼克区，他们会通过脑成像技术在更广泛的范围内探寻与语言相关的大脑区域（参见第4章的"方法：神经心理学的双分离"专栏）。某项神经心理学研究案例发现，部分顶叶损伤的患者在辨识音节方面存在障碍（Blumstein et al., 1977；Damasio & Damasio, 1980）。尽管我们猜测音节辨识错乱将导致词汇理解困难，但很多音节辨识错乱的患者仍然可以正常理解词汇（Micelli et al., 1980）。这些研究结果说明，大脑功能与言语知觉之间存在复杂的关联。

对大脑活动进行测量的实验所取得的结果更为直观。例如，Pascal Belin和同事（2000）使用fMRI技术在人类的颞上沟部位找到了一个"声音区"（参见图5.49），当听到人类的声音时，这个区域表现出的活跃程度强于其他种类的声音造成的反应强度。无独有偶，Catherine Perrodin和同事（2011）在猴子的颞叶也找到了一种神经元并将其命名为**声音细胞**。这种细胞在猴子听到同类的叫声时表现出的活跃程度非常强，而对其他动物的叫声或者非嗓音性声音的反应较弱。

"声音区"和"声音细胞"位于颞叶，即之前在第12章讲述过的用来处理听觉信息的区域。在第12章对听觉的皮层组织的讲述中，我们知道了哪条通路与识别声音有关，哪些通路与定位声音有关（图12.12）。基于"听觉双流学说"，研究者们提出了**言语知觉的双流模型**。图13.16即为人类大脑皮层言语知觉双流模型的版本之一。如图12.12中描绘的猴子的听觉双流模型所示，其腹侧通路起始于听觉皮层的前部，而背侧通路起始于听觉皮层的后部。腹侧通路参与言语识别，而背侧通路参与建立听觉信号与肌肉运动之间的功能联系，从而产生语言（Hickock & Poeppel, 2007；Rauschecker, 2011）。

Nima Mesgarani和同事（2014）也证明了颞叶会参与语言处理，他们将电极直接植入正在进行脑部手术的癫痫患者的颞叶，并记录颞叶皮层的反应。如第3章所述，这种观测方法是以往癫痫手术过程中的常规做法，即在术前与术中记录与刺激神经元，以便明确这类特殊人群的大脑的功能性布局。图13.17a展示了在颞叶的电极植入的部位，图中每个圆点即为一个电极，其中深色圆点标记了被试听到400位不同的人所说的500句话时该区域神经元反应最强烈的位置。

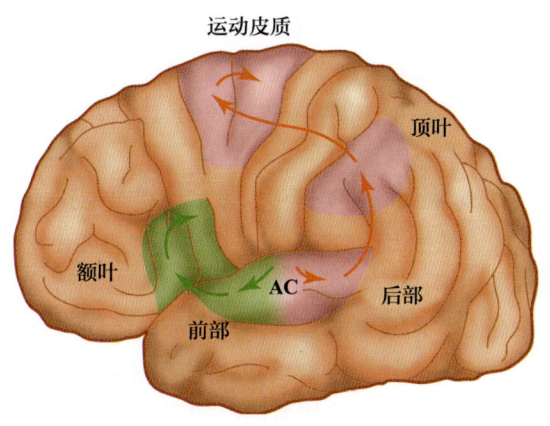

图13.16 人类大脑皮层腹侧通路（绿色箭头所示）将信号从大脑皮层听觉区前部传递至额叶皮层，其功能为言语识别；背侧通路（红色箭头所示）将信号从听觉区后部传递至顶叶及运动区，负责建立听觉信号与机体运动之间的功能联系。AC为听觉皮层的缩写。（来源：Rauschecker，2011）

图 13.17b 中的 e1 至 e5 显示的是单个电极的实验结果。红色与暗红色区域代表在图左侧所列的每个音素发出后 0.4 秒内的神经反应。每个电极对应一组特定的音素。例如，1 号电极记录神经元对 /d/、/b/、/g/、/k/ 的反应，3 号电极记录神经元对 /a/ 和 /æ/ 等元音的反应（参见表 13.1）。

在 Mesgarani 和同事们观测到电极反应与单个音素之间的对应关系的同时，他们还发现电极反应与**语言特性**也存在对应关系。据此，我们将继续探究发声器官是如何产生音素的。我们已经知道了说话时发音的方式反映了发音器官间是如何相互影响、相互作用的；而发音部位反映了发音器官的位置。Mesgarani 和同事们发现，部分电极的反应与特定语言特性相关。例如，某一电极对 /g/ 等运用口腔后部发音器官所发出的音素反应强烈，而另外一个电极在发出 /b/ 等口前部发音时会产生反应。

由此可见，神经元的反应不仅与音素（即特定的发音）有关，也与语言特性（涉及声音的产生方式）有关，假定所有位置的电极都会对特定音素或发音特性产生反应，那么每个音素与特征都会引起特定电极群的一种激活模式。因此，音素与语言特性的神经编码也涉及群体编码，见第 3 章（图 3.34）。

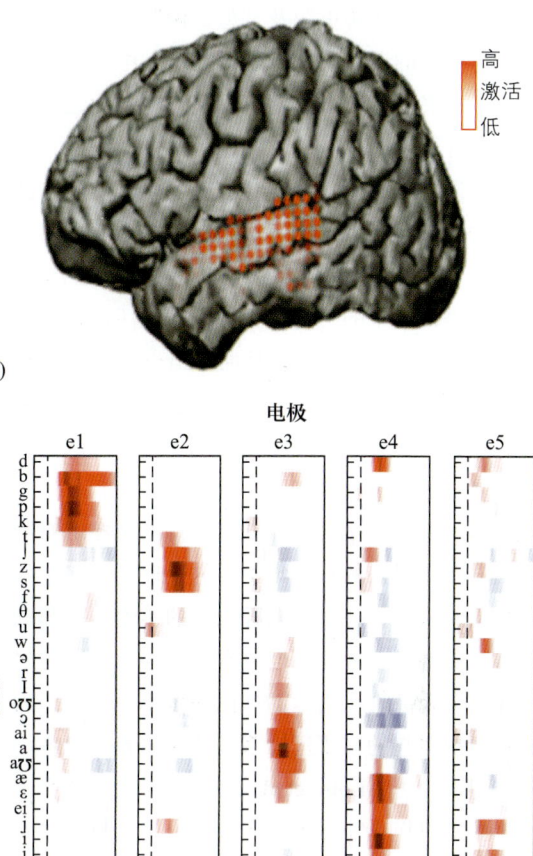

图13.17 （a）红点代表Mesgarani与同事（2014）的实验中植入颞叶的电极位置。深色点代表听到语言后反应更明显的区域。（b）红点标记了5个电极在音素发出0.4秒内的神经反应。

目前的研究重点不再局限于定位大脑皮层言语加工部位，而是着眼于神经元如何对语言基本单元（如音素，以及与音素相关联的语言特性）进行反应。

思考时刻
言语知觉与行为

在第 4 章中我们介绍过，视觉知觉不仅完成了对所见物体的辨别，即解决物体"是什么"的问题，同时也确定了所见物体的位置并做出相应的行动，即解决物体"在哪里"及"怎么做"的问题。视知觉参与行为的设计与执行是知觉研究中的一项重要发现，本书在第7章中重点对视觉与行为之间的联系也进行了论述。

言语知觉中也存在知觉与行为的联系。**言语知觉的运动理论**阐述了言语知觉与行为的相关性（Liberman et al., 1963, 1967）。该理论指出:（1）特定的语言带来的听觉刺激可同时激活调控唇、舌等发音器官的运动机制，从而发出声音;（2）反之，被激活的运动机制亦可引起其他机制的活化，从而使我们察觉声音。由此可见，该运动理论认为，运动机制的激活是知觉言语的第一步。

运动理论于20世纪60年代首次被提出时饱受争议。在接下来的数十年中，这个理论引起了很多研究者的兴趣，并对此展开大量的实验。一部分实验结果支持运动理论，但也有许多实验结果与之相悖。许多现象难以用运动理论来解释，例如，为何由脑损伤引起的言语运动系统功能障碍的患者仍旧能够理解言语（Lotto et al., 2009）？尚未学会说话的小婴儿如何理解言语（Eimas et al., 1987）？基于此类证据，现代语言研究者对"运动机制的激活是言语知觉的基础"这一理论持强烈的反对意见。

尽管有证据反对运动机制的激活在言语知觉过程中的必要性，但仍有大量证据表明运动机制和言语知觉之间存在联系。其中一项支持这一理论的依据是镜像神经元的发现。从第7章的实验中我们知道了，无论是猴子们自己完成动作或看到其他猴子完成动作，其镜像神经元都会做出反应。与听觉相关的镜像神经元被称为视听镜像神经元。这些神经元不仅在猴子自己做出能够发出声音的动作（如剥开花生）时产生兴奋，当猴子听到由这种动作发出的声音（如剥开花生的声音）时也会活跃起来（Kohler et al., 2002；参见第7章）。有趣的是，研究者通过上述研究发现，在猴子大脑内发现的镜像神经元的位置与人脑布洛卡区大致相当。因此，一些研究者认为镜像神经元与语言关系密切（Arbib, 2001）。

但是，有证据证明人类的言语知觉与言语构建之间存在联系吗？Alessandro D'Ausilio 及其同事（2009）通过实验研究证明了声音产生与知觉之间的联系，即与发音器官（如唇音、齿音等）有关

的皮层运动区的激活会对声音知觉起辅助作用。例如，唇部的噘起有助于我们知觉 /b/ 与 /p/ 这类的唇音，又如舌头抵于齿后有助于我们识别 /t/ 和 /d/ 这类齿音。

在 D'Ausilio 的实验中，被试要尽可能快地按下按钮，并指出他们在每个试次中听到的声音。在基线条件下，被试在大脑未受到任何刺激的情况下完成任务。而在刺激条件下，在被试听到声音之前，对其大脑中构建唇音和齿音的皮层运动区中的小片靶区域施加一个短暂的经颅磁刺激聚焦脉冲（参见第8章"方法：经颅磁刺激"专栏）。

图13.18显示了对皮层运动区的刺激部位。刺激唇音构建区域后，被试对唇音音素（/b/ 和 /p/）的反应加快。同样，刺激齿音构建区域后，被试对齿音音素（/t/ 和 /d/）的反应加快。基于上述实验结果，D'Ausilio 指出，皮层运动区的活动可影响言语知觉。

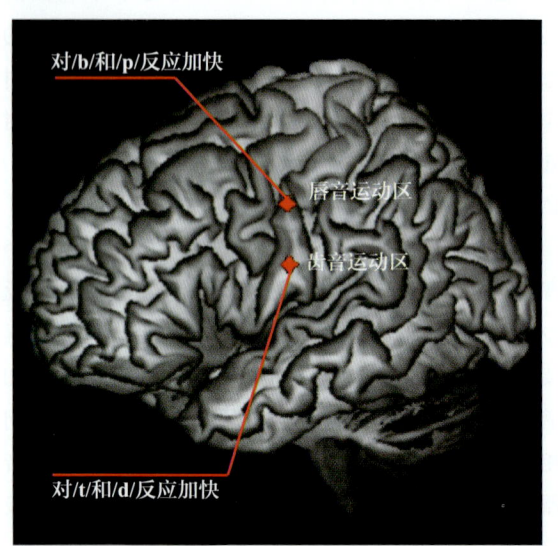

图13.18 对调控唇齿运动的皮层区域进行经颅磁刺激的刺激点位。刺激唇音运动区可加速被试对/b/与/p/音素的反应。刺激齿音运动区可加速被试对/t/与/d/音素的反应。（来源：D'Ausilio et al., 2009）

Lauren Silbert 的研究使我们对言语构建与知觉的相关性方面的知识有进一步的认识。Silbert 向被试呈现两个15分钟长的故事，令其朗读或聆听，同时运用 fMRI 技术对被试的大脑皮层反应进行扫描（2014）。实验分为两种条件:（1）言语构建条

件，即被试在朗读故事时接受扫描；(2) 言语理解条件，即被试在聆听故事时接受扫描。实验结果如**图 13.19** 所示，主运动区（红色）仅在被试构建言语时出现反应。而依据言语知觉的运动理论所述，运动区应该在理解言语时也会兴奋，这显然与上述实验结果相悖。

本实验最显著的结果是，在构建与理解言语时，被试大脑皮层的多个区域（图 13.19 中的蓝色区域）均会产生兴奋。但是这一点并不足以说明这些区域共同参与了言语构建和理解的加工处理机制。在实验的两种条件下，其结果可能是经由不同的处理过程产生的。尽管如此，Silbert 所发现的大脑对言语构建和理解的反应的"耦联性"，依然是对言语构建与理解共享机制理论的强化。换言之，神经系统对这两种过程的反应时序很相似。这一结论使言语构建与理解共享机制理论更具可能性。它说明，正如行为与运动机制在视觉中扮演的角色一样重要，行为（言语构建）与知觉（言语理解）在言语知觉方面也具有密切的联系（Meister et al., 2007；Wilson & Iacobini, 2006）。

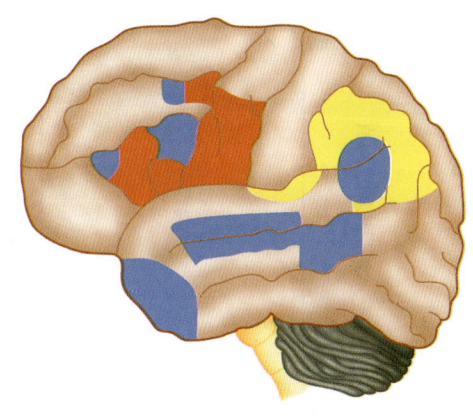

图13.19 大脑左半球皮层，红色区域在构建言语时被激活，黄色区域在理解言语时被激活，蓝色区域在上述两种情况下均有反应。大脑皮层对言语构建与理解的反应呈现"耦联性"，这意味着皮层对两种刺激的反应时序基本等长。（来源：Silbert et al., 2014）

发展维度：婴儿的言语知觉

我们从 Saffran 的实验（图 13.11）中看到，婴儿能用言语统计实现语言分割。此外，也有研究证明 1 个月大的婴儿已经具有类别知觉。

音素的类别知觉

在 1967 年，类别知觉首次在成人身上发现（Liberman et al., 1967）。1971 年，Peter Eimas 和同事使用习惯化程序，开启了对婴儿言语知觉研究的新时代。研究显示，1 个月大的婴儿在分类知觉实验中的表现与成人类似。这些实验的依据是，当婴儿吮吸奶嘴时，向婴儿播放一系列简短的语音。而后再次播放同样的声音，婴儿由于熟悉了这个声音，吮吸频率会维持在一个较低的水平。Eimas 在此时向婴儿播放一个新的声音，来确定婴儿是否能区别新旧刺激。

Eimas 和同事的实验结果如**图 13.20** 所示，没有声音时，婴儿的吸吮反应的次数在 B 点。当一个声音（听起来像"ba"）的 VOT 为 20 毫秒时，婴儿的吮吸次数会增加到一个较高水平，然后开始下降。当 VOT 变为 40 毫秒时（虚线，听起来像"pa"），吮吸次数增加，由虚线右边的点表示。这意味着婴儿觉察到了 20 毫秒和 40 毫秒的 VOT 之间的差异。然而，VOT 从 60 毫秒变为 80 毫秒时（听起来都像"pa"），对吮吸次数的影响不大，这表明婴儿几乎没有知觉到两者的差异。最后，对照组（右图）的结果表明，当声音不改变时，吮吸次数会持续减少。

这些结果表明，当 VOT 横跨成人的平均语音边界时（左图），婴儿能察觉声音的变化；但当 VOT 在语音边界的同一侧时（中图），婴儿察觉到很少或几乎不能觉察到声音的变化。因为这些婴儿几乎没有发出语音的经验并且只经验过"听语音"，所以 1 个月大的婴儿已经具有的类别知觉的能力非常值得关注。显然，上述研究结果已经超出了目前对于新生婴儿的音素知觉的发现。在下一章中，我

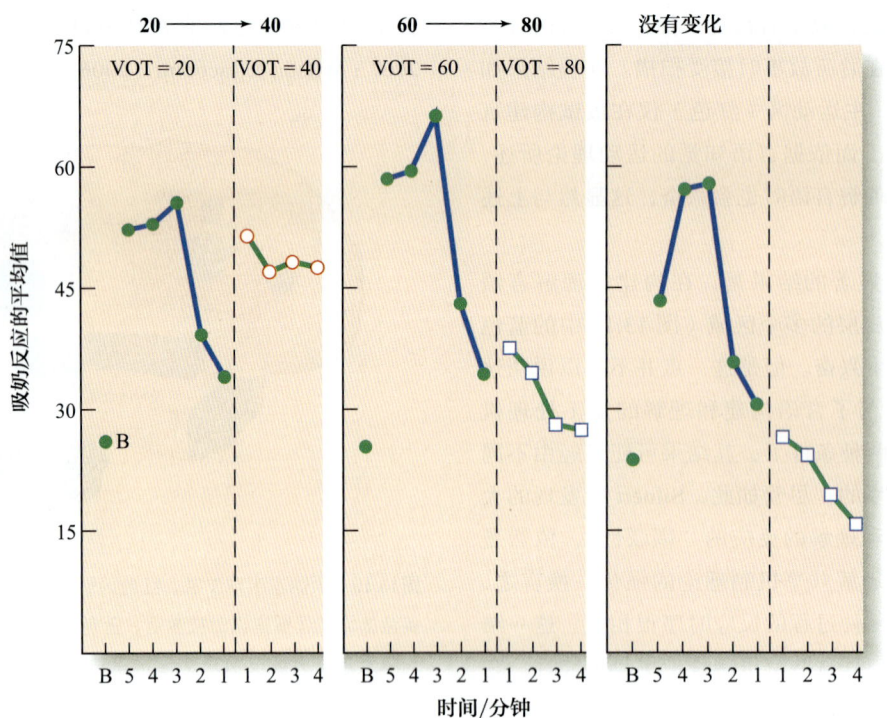

图13.20 在习惯化程序中,婴儿的类别知觉的实验结果。在左边的图中,VOT从20毫秒变为40毫秒(跨越语音边界)。在中间的图中,VOT从60毫秒变为80毫秒(未跨越语音边界)。在右边的图中,VOT没有改变,详见正文。

们将会了解到儿童知觉音素的能力如何受其出生头一年所听语言的影响。

学习一门语言的发音

随着年龄的增长,婴儿知觉言语的能力持续发展增强。但是在发展的过程中会如何变化呢?一种解释是,由于婴儿对言语信号的统计规律很敏感,并且持续地暴露于语言之中(主要是来自周围人的讲话),所以会引起婴儿学习他们所听到的语言的特性。

Patricia Kuhl 形容非常小的婴儿为"世界公民",他把很小的婴儿与 12 个月大的婴儿进行比较,结果很有趣——在所有的文化中,很小的婴儿可以辨别出世界上所有语言声音的差异(Kuhl et al., 2014)。这个结果如**图** 13.21 所示,可以看到美国和日本的婴儿区分 /ra/ 和 /la/ 的能力。在 6 个月大时,美国和日本的婴儿都能辨别这些声音的差异,但是到了 12 个月大时,日本婴儿的辨别能力变得越来越差,而美国婴儿的能力得到了进一步提升。

为什么会发生这样的变化呢?答案涉及经验依赖可塑性——大脑对特定刺激的反应能力发生了变化,是经验的结果。在第 3 章,我们曾介绍了经验依赖可塑性,当时我们描述了如何在一个完全由垂直线组成的环境中饲养小猫,使小猫大脑的视觉区域包含只对垂直做出反应的神经元。显然,大脑负责言语知觉的区域也同样受到经验的影响。

"经验整形"是一个强大的机制,它能改造婴儿的大脑,因此,它可以专门区分婴儿所听到的不同语言所发声音的区别。但是 Kuhl 想知道在婴儿 6 个月大后,是否能通过训练阻止或逆转原本已经下降的区分不同外语语音的能力。因此,Kuhl 和同事们(2003)让 9 个月大的婴儿在为期 4 周的时间内参加 12 组 25 分钟的训练。其中一位讲普通话的老师用普通话讲故事,并和他们交谈。在这些课程中,老师经常与婴儿接触,并说他们的名字。经过训练,美国婴儿对普通话的测试表现较好,而没有接受训练的对照组的婴儿表现较差。

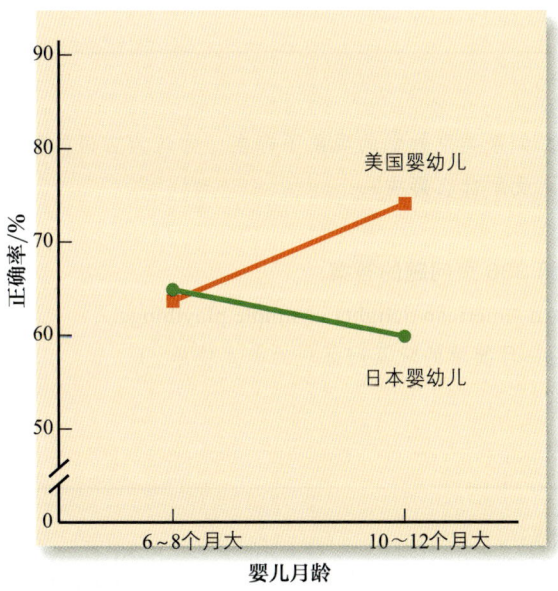

图13.21 美国和日本婴儿辨别出/ra/和/la/的能力。美国和英国的6~8个月大的婴儿的正确率均为65%左右。但是在婴儿10—12个月大时，日本婴儿的正确率下降了，而美国婴儿的正确率上升了。Kuhl（2000）认为，该结果与经验依赖可塑性有关。

Kuhl 对这个实验做了进一步的研究，让另外一组婴儿接受同之前一样的训练，但不是现场授课，而是观看同一位老师读故事时的视频录像。结果是这些婴儿的表现与没有接受汉语普通话培训的婴儿是相同的。因此，只在电视上观察人们说的另一种语言是不够的，所以婴儿的社会交往显得很重要。在社会交往中，婴儿可以与现实的人进行互动。这种现实的互动能提供人际交往的社会线索，吸引婴儿的注意力，促进学习。此外，婴儿的眼睛往往也会跟着老师的目光去看书本上的图片和玩具（Kuhl，2007）。

Kuhl 根据该实验结果提出了**社会闸门假说**，即社会大脑"门控"机制负责语言学习。这一假说解释了为什么当婴儿只观看图像（相关的机制未被激活）时，不发生学习，并认为自闭症儿童由于语言缺乏，往往会逃避正常的社会接触（Kuhl，2007，2010）。

我们已经知道了婴儿早期时拥有知觉不同类别音素的能力（类别知觉，图 13.20），也能知觉不同的语言中存在的基本语音差异。通过听人们的讲话，并与他们进行社会交往，婴儿对母语的经验会增加，他们的大脑能够更好地识别母语的各音素之间的区别，而在区分不容易区分的音素方面越来越差。显然，言语知觉的学习是一种以经验为指导、以社会互动为导向的专门化过程。

测一测 13.2

1. 简述词语含义对词的知觉产生影响的证据。
2. 简述我们知觉词语间的间隔的机制。
3. 简述 Saffran 的实验和统计学习的基本原理。
4. 简述 Davis 利用噪声码语言的实验。
5. 听者利用什么信息来知觉失真的言语？
6. 关于言语知觉的生理学基础，布洛卡和威尔尼克发现了什么？
7. 简述与言语知觉的生理学基础相关的证据：(1)确定大脑对言语刺激的反应；(2)言语知觉的双流模型。
8. 简述 Mesgarani 的实验。神经元会对音素和语音特性做出哪些反应？
9. 言语知觉的运动理论指出知觉和运动反应之间有什么联系？基于知觉和运动反应之间的关系，简述镜像神经元的研究结果和 D'Ausilio' 的经颅磁刺激实验的结果。
10. Silbert 和同事们的研究结果表明言语产生和言语理解之间有什么样的密切联系？
11. 简述证明了1个月大的婴儿具有类别知觉的实验。
12. 为什么 Kuhl 把出生不久的婴儿称为"世界公民"？婴儿在 6—12 个月大时发生了什么事？提示：你的回答中应包括经验依赖的可塑性。
13. 简述如何训练才能减缓或停止6个月大的婴儿判别能力的下降。什么是社会闸门假说？

想一想

1. 计算机如何识别言语？你可以通过电话和计算机来研究这个问题。拨打某个服务电话，如预定一张电影票。不用刻意慢慢地清楚交谈，试着用一种正常的对话声音说话（但要足够清楚，最起码人类可以理解），你能否确定计算机理解言语的能力范围？

2. 如果类别知觉的现象不存在，你认为言语知觉会受到什么影响？

第 336 页问题的答案：
An American delights in simple playthings.
（一种简单的玩具所体现的美式快乐。）

关键术语

布洛卡区（broca's area, p.339）
布洛卡失语症（broca's aphasia, p.339）
纯词聋（word deafness, p.340）
多模式（multimodal, p.333）
发音方式（manner of articulation, p.329）
发音部位（articulators, p.329）
发音器官（place of articulation, p.328）
复述（shadowing, p.335）
共振峰（formant, p.328）
共振过渡（formant transitions, p.329）
类别知觉（categorical perception, p.331）
麦格克效应（mcgurk effect, p.333）
缺乏不变性（lack of invariance, p.330）

嗓音起点（voice onset time, VOT, p.331）
社会闸门假说（social gating hypothesis, p.345）
声谱图（sound spectrogram, p.328）
声音细胞（voice cells, p.340）
失语症（aphasias, 339）
视听言语知觉（audiovisual speech perception, p.333）
听觉刺激（acoustic stimulus, p.328）
听觉信号（acoustic signal, p.328）
统计学习（statistical learning, p.336）
威尔尼克区（wernicke's area, p.340）
威尔尼克失语症（wernicke's aphasia, p.340）
协同发音（coarticulation, p.330）

言语知觉的双流模型（dual-stream model of speech on perception, p.340）
言语知觉的运动理论（motor theory of speech perception, p.342）
音素（phoneme, p.329）
音位恢复效应（phonemic restoration effect, p.334）
语言分割（speech segmentation, p.335）
语音边界（phonetic boundary, p.332）
语音特性（phonetic features, p.341）
跃迁概率（transitional probabilities, p.336）
噪声码言语（noise-vocoded speech, p.337）

当一只青蛙坐在你的手指上的时候，皮肤上的感受器会"告诉"人们手指上正在发生什么。青蛙坐在手指上和手指划过青蛙皮肤也会产生不同的知觉。在本章，我们将会了解到与皮肤的刺激相关的知觉，主要是介绍触觉，也会包括痛觉。

第 14 章

肤　　觉

本章内容

皮肤和手部的知觉
肤觉系统概要
皮肤
机械感受器
从皮肤至皮层的触觉通路
躯体感觉皮层
触觉皮层的可塑性
感知细节
触觉敏锐度的感受器机制
触觉敏锐度的皮层机制

振动和纹理感知
皮肤的振动
表面纹理
客体感知
触觉识别
客体触知觉的皮层生理机制
疼痛知觉
疼痛的闸门控制模型
自上而下加工
期望

注意
情绪
大脑和疼痛
大脑区域
化学制剂和大脑
观察他人的疼痛
思考时刻：社会疼痛和生理疼痛

想一想
关键术语

我们要思考的一些问题

- 皮肤中有感知不同触觉的特殊感受器吗？
- 身体最敏感的部位是什么？
- 通过意念可以减少疼痛吗？
- 社会疼痛如何与生理疼痛相关？

如果必须失去视觉、听觉、触觉中的一个，人们会做何选择？一些人会选择触觉。人们高度重视视觉和听觉是可以理解的，但是选择失去触觉将会是一个严重的错误。盲人和聋哑人可以很好地生活，然而，当人们失去通过触觉和痛觉去持续地感知擦伤、烧伤和骨折等疼痛的能力时，很难很好地生存（Melzack & Wall，1988；Rollman，1991；Wall & Melzack，1994）。

失去触觉意味着受伤的可能性增加。在动作中失去来自皮肤的反馈，人和环境的互动也变很艰难。如操作键盘，因为用手敲击键盘时能感觉到压力，所以可以感觉到输入的力量。没有反馈的话，将很难从键入和其他触觉动作中得到反馈。实验表明，当被试的手部被暂时麻醉后，会导致他们在用手指和手部做动作时用力明显变大（Avenanti et al.，2005；Monzee et al.，2003）。

一个非常引人注目的个案是关于 17 岁的屠夫学徒伊恩·沃特曼（Ian Waterman）的。1971 年 5 月，伊恩由于身患流感而进行例行检查时被查出失去了肤觉，以及感知四肢动作和位置的能力（Cole，1995；Robles-De-La-Torre，2006）。他期望康复以后回去工作，然而他的情况越来越糟糕，从最初四肢有刺痛感发展为脖子以下完全失去触觉。伊恩的医生最初不清楚他的情况，最终确定是自身免疫反应破坏了从他的皮肤、关节、肌腱和肌肉间传递信号的神经元。这种皮肤感觉能力的缺失意味着伊恩躺在床上时感知不到自己的身体，这会导致他出现令人害怕的漂浮感；他经常用无法预期的力量去抓物体，有时候抓得太用力了，有时候由于抓得不够牢而使物体滑落。

失去肤觉使伊恩的生活变得很艰难，他的肌肉、肌腱和关节的神经元的损坏同样导致了很严重的问题。神经元的破坏使伊恩丧失了感觉他的胳膊、腿和身体位置的能力，而这种能力在我们认为是理所当然的。闭上眼睛时，我们可以清楚手和腿之间相互关联，以及它们与身体的关联。但是伊恩的这种能力丧失了。由于接收大脑传向肌肉信号的神经不受影响，所以他依然可以移动；但是他会避免移动，因为他不清楚四肢的所在并且无法控制它们。

经过许多年的练习，伊恩终于可以坐着、站着，甚至于可以完成如书写这样的任务了。伊恩之所以可以做这些，不是因为他的感觉神经元得到了恢复（神经元已经被不可逆转地毁掉了），而是因为他学会了利用他的视觉来掌控他的四肢和身体的位置。想象一下，一直看着你的手、胳膊、腿和身体，来辨别它们的位置并进行一些调整去保持一定的姿势或动作。伊恩用"每天像跑马拉松一样"描述生活中为此付出的极大努力（Cole，1995）。

躯体感觉系统的崩溃致使他出现了一系列问题，包括：（1）**肤觉**，由于刺激皮肤产生的触觉和疼痛；（2）**本体感觉**，感觉身体和四肢位置的能力；（3）**动觉**，感觉身体和四肢运动的能力。本章的重点是肤觉，肤觉不仅对于抓东西和保护皮肤免受伤害等活动很重要，对激发性行为同样重要（失去触觉的另一个错误原因）。

当我们意识到通过皮肤获得知觉对日常活动、保护自身免受伤害以及激活性行为是何等重要时，便清楚这些感觉对生存的重要意义。实际上，通过皮肤感受到的知觉可以使我们感觉四肢的位置和运动，这些对于生存的作用远比视觉和听觉重要。

皮肤和手部的知觉

本章的标题是"肤觉"，由于肤觉与皮肤有关，也可以用这个标题来代表许多与皮肤有关的不同感觉。我们可以很容易地指出我们经历过的与皮肤刺激相关的一系列感觉，如触觉、振动、挠痒痒和疼痛。首先从肤觉系统的解剖结构开始讨论，然后关注触觉，触觉可以使得我们感知物体和表面，如细节、振动、纹理和形状，本章的后半部分讨论痛觉。

肤觉系统概要

本节描述与肤觉系统有关部位的解剖学和功能相关的基础理论。

皮肤

M.Comèl（1953）将皮肤称为"人们身体的宏伟外观"不是没有道理的。皮肤是人类身体最大的器官，即使实际不是面积最大的（胃肠道延展开后的面积以及肺泡的面积都超过皮肤的表面积），但也是看上去面积最大的，尤其是像人类这样没有被毛皮或大量毛发覆盖的皮肤（Montagna & Parakkal，1974）。

皮肤除了警戒功能，还能防止体液流出，同时通过阻止细菌、化学药剂以及尘土穿透身体来保护我们。皮肤保持身体内部的完整性，并保护我们不受外界的影响，同时也为我们提供与之接触的大量外界刺激的信息。太阳的光线射向皮肤，从而可以感觉到温暖；可以感觉到针刺的疼痛；被人触碰时，感受到压力或其他感觉。

人们对皮肤的主要体会是其可见的表面，那实际上是一层坚韧的死皮细胞（往你的手掌上粘贴一块透明胶带并撕下，粘在胶带上的物质就是死皮细胞）。这层死皮细胞是皮肤外层的一部分，被称为**表皮**。表皮之下是另一层细胞，被称为**真皮**（图14.1）。皮肤内有**机械感受器**，这些感受器对压力、撕拉和振动等机械刺激进行反应。

机械感受器

通过刺激皮肤感受到的触觉可以追溯到位于表皮和真皮中的机械感受器。**默克尔感受器**和**触觉小体**这两种机械感受器位于皮肤表层附近，接近表皮的位置。由于这些感受器接近表层，所以它们有小感受野；**皮肤感受野**是皮肤的一部分区域，当其受到刺激时，会影响神经元的放电。

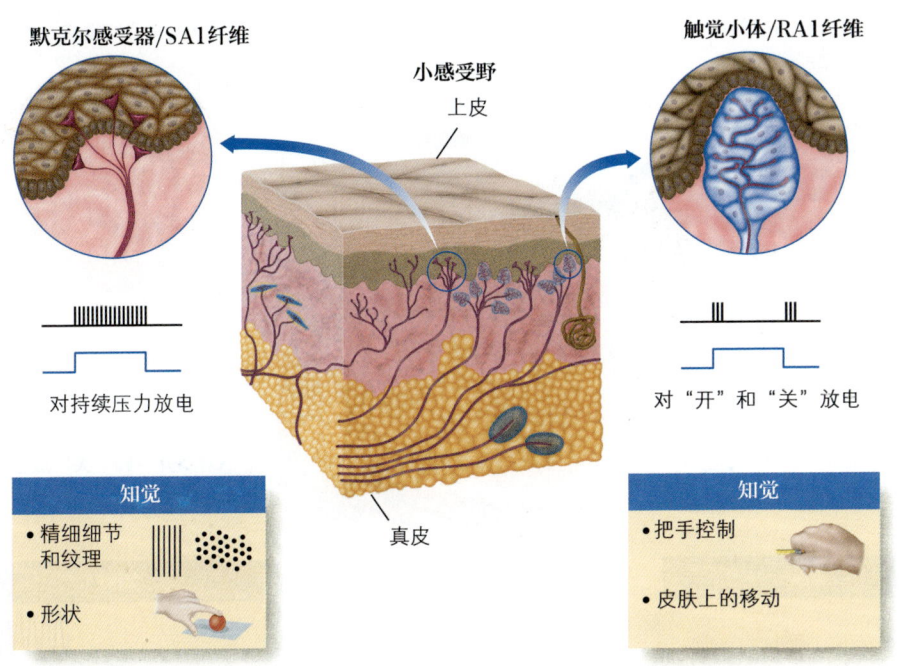

图14.1 无毛（没有头发）皮肤的结构，显示了皮肤层、结构和放电属性，与默克尔感受器（SA1纤维）和触觉小体（RA1纤维）这两种皮肤表层机械感受器的知觉联系。

图 14.1 显示了感受器在对给予压力刺激和撤销压力刺激（蓝色线）时的结构和放电情况。因为只要刺激出现，与缓慢适应的默克尔感受器相关的神经纤维就持续放电，所以它们被称为**慢速适应（SA）纤维**，与默克尔感受器相关联的纤维被称为 **SA1 纤维**。与快速适应的触觉小体相关的神经纤维只有在刺激首次出现或者移开时才会放电，被称为**快速适应（RA）纤维**，与触觉小体相关联的纤维被称为 **RA1 纤维**。与默克尔感受器/SA1 纤维关联的知觉是细节、形状和纹理知觉；与触觉小体/RA1 纤维对应的是控制手部抓握和感知皮肤上的移动。

通过思考大量机械性感受器如何对客体轮廓产生信号，我们可以体会一下默克尔感受器/SA1 纤维对客体的轮廓是如何发送信号信息的。图 14.2 中的反应剖面图表明了指尖的 SA1 纤维在与两个不同的球体接触时是如何反应的，一个球体相对指尖有较高的曲度（图 14.2a），另一个则弯曲得更小（图 14.2b）。在这两种情况下，都是刚好在手指与球面接触的那个点上的感受器有最大的反应，距离越远反应越小，但是这两种情况中的反应模式是不同的。正是这种整体模式为大脑提供了关于球面曲度的信息。

另外两种机械感受器——**鲁菲尼圆柱体（SA2 纤维）和环层小体（RA2 纤维或 PC 纤维）**——位于皮肤的深层（图 14.3），所以它们有较大的感受野。鲁菲尼圆柱体对刺激持续产生反应，而在刺激呈现和撤走时，环层小体会进行反应。鲁菲尼圆柱体与感知皮肤的伸展有关，环层小体与感知快速振动和细小纹理有关[①]。

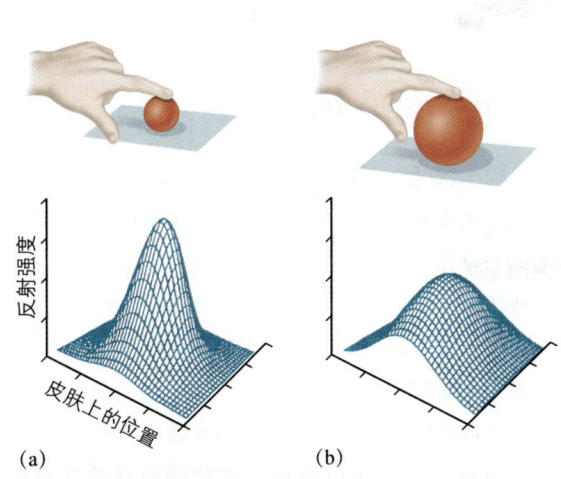

图14.2 （a）指尖接触高曲度刺激时的纤维反应。曲线的高度表明指尖不同位置的反射强度。（b）接触较小曲度时的反射曲线。（来源：Goodwin, 1998.）

[①] 尽管 Michael Paré 和同事（2002）报告了在猴子指尖上没有鲁菲尼感受器，但大部分光滑（无毛）的皮肤感受器中依然包含鲁菲尼圆柱体，所以这里将它们包含在内。

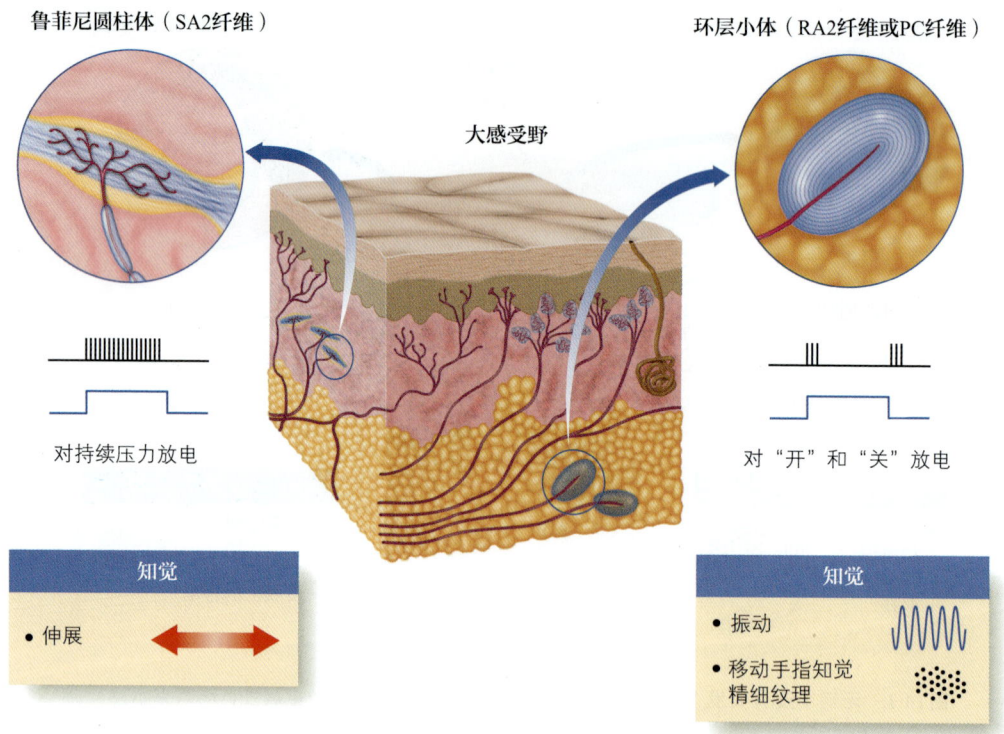

图14.3 光滑皮肤的剖面图，显示了结构、放电特性以及与两种皮肤深层机械感受器鲁菲尼圆柱体（SA2纤维）和环层小体（RA2纤维或PC纤维）相关的知觉。

如前所述，将每种感受器/纤维类型与特定类型的刺激联系起来。然而，若思考手指划过自然纹理时神经元如何放电，就会发现对纹理的知觉通常包含不同类型神经元的协同活动。

从皮肤至皮层的触觉通路

眼（视觉）、耳（听觉）、鼻（嗅觉）和嘴（味觉）的感受器位于一个区域，而皮肤的感受器分布在整个身体。在皮肤大面积的分布以及信号要在感知刺激前到达大脑的情况下，产生了"神经冲动的长距离旅程"的问题，特别是当刺激从指尖或脚趾传递到大脑时。

全身的信号都从皮肤传导到脊髓，脊髓由31个节段组成，每个节段通过一束背侧根部的纤维接收信号（图14.4）。在信号达到脊髓后，神经纤维通过两条主要的路径将其传递到大脑：**内侧丘系通路**和**脊髓丘脑通路**。丘系通路有粗大纤维，这些粗大纤维携带着与感知四肢位置（本体感觉）和感知触觉相关的信号，并且高速传递信号。这对于控制动作和对触觉做出反应是非常重要的。

脊髓丘脑通路由较细小的纤维组成，这些纤维传递与温度和疼痛有关的信号。伊恩失去了感知触觉和感知四肢（丘系通路）位置的能力，但仍然能够感知疼痛和温度（丘脑通路），这体现了功能的分离。

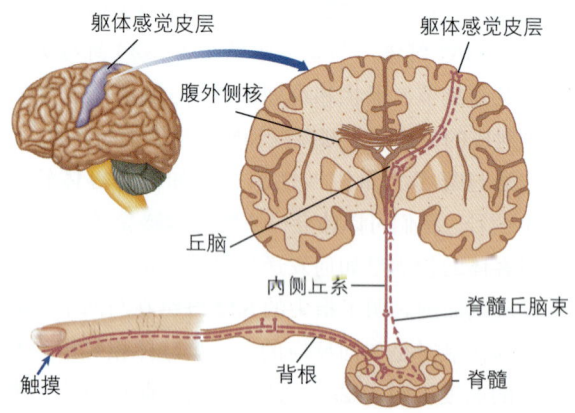

图14.4 从皮肤中的感受器到皮层中躯体感觉接收区域的传导路径。纤维携带着来自手指中一个感受器的信号，通过背侧根部进入脊髓。然后信号沿着两条通路从脊髓向上传导：内侧丘系和脊髓丘脑束。这些通路的突触位于丘脑的腹外侧核，然后信号被传递到位于顶叶的躯体感觉皮层。

两个通路的纤维在向上传导到丘脑的过程中会交叉传导到身体的另一侧。这些纤维突触中的大多数都在丘脑的**腹外侧核**中，但还有一些突触在其他丘脑核中。（视网膜和耳蜗中的纤维突触也在丘脑中，视觉是外侧膝状体，听觉是内侧膝状体。）由于脊髓中的信号交叉传到身体的另一侧，所以来自身体左侧的信号传导到大脑右半球的丘脑，而身体右侧的信号传导到左半球。

躯体感觉皮层

信号从丘脑传导至位于顶叶皮层的**躯体感觉接收区（S1）**，也可能到达**次级躯体感觉皮层（S2）**（Rowe et al.，1996；Turman et al.，1998；图 14.5a）。信号也会在 S1 与 S2 之间传导或者从 S1 和 S2 传导到其他的躯体感觉区。

躯体感觉皮层的一个重要特征是其组织方式与身体上的位置相对应。S1 上的身体地图由神经外科医生怀尔德·彭菲尔德（Wilder Penfield）提出，他在给接受脑部手术来消除癫痫症状的清醒患者做手术的同时实施了一系列经典研究（Penfield & Rssmussen，1950）。大脑中没有痛觉感受器，所以病人感觉不到手术的疼痛。

彭菲尔德刺激患者 S1 区域的点时，要求患者报告有什么感觉。他们报告了身体不同部位的刺痛感或接触感。彭菲尔德发现，刺激 S1 的腹侧（顶叶下部）会产生嘴唇和面部的感觉，刺激 S1 上部区域会产生手部和手指的感觉，刺激 S1 背侧会产生腿部和脚部的感觉。

图 14.5b 显示的身体地图被称为**侏儒**，即拉丁语中的"小矮人"。侏儒显示，皮肤上相邻的区域投射到大脑上相邻的区域，皮肤上的一些区域由大脑上与之不匹配的大面积区域进行表征。例如，大拇指对应的皮层面积与整个前臂对应的面积一样大。这一结果与视觉中的放大效应类似，负责感知视

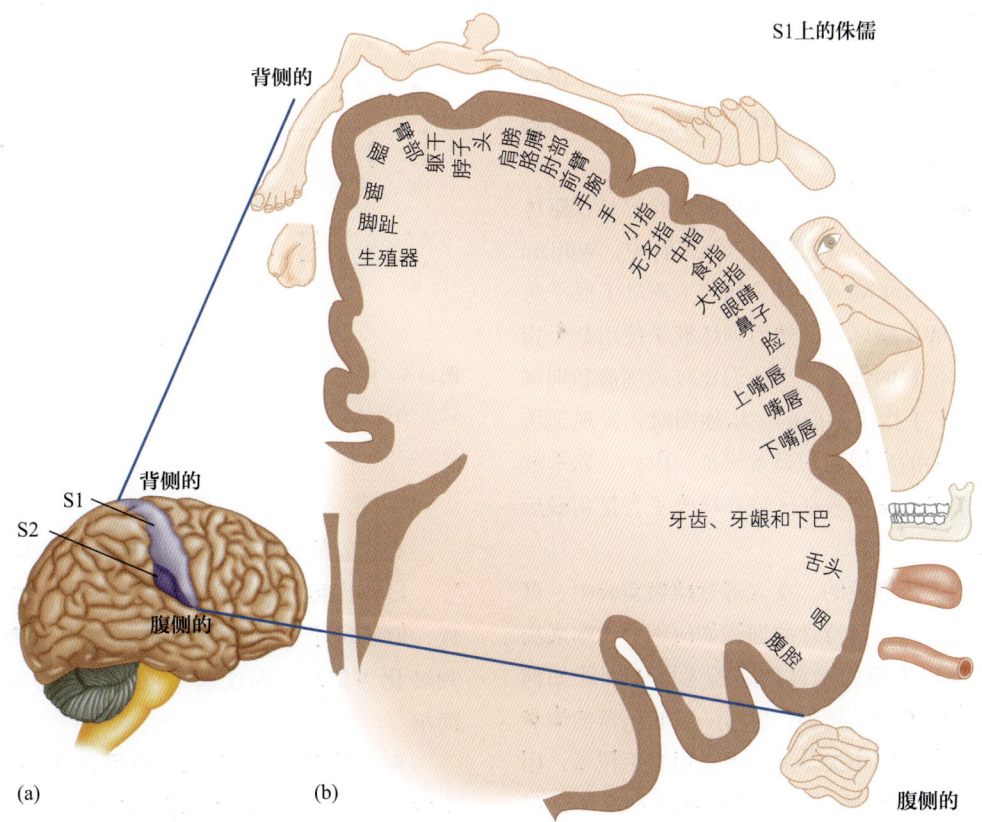

图14.5 （a）顶叶的躯体感觉皮层，初级躯体感觉区S1（浅紫色），接收来自腹外侧丘脑核的信息输入。次级躯体感觉区S2（深紫色）部分隐藏在颞叶后面。（b）躯体感觉皮层的"感觉侏儒"。有高触觉敏锐度的身体部分在皮层由更大的区域表示。（来源：Penfield & Rasmussen，1950）

觉细节的中央凹上的感受器在视觉皮层分配到了不成比例的区域。同样的，身体上的一些部分，如通过触觉来察觉细节的手指，在躯体感觉皮层上占有不成比例的区域（Duncan & Boynton, 2007）。相似的身体地图也存在于次级躯体感觉皮层（S2）。

对于 S1、S2 和侏儒的描述虽然准确，但是也简单化了。最近的研究表明，S1 被分为 4 个相互连接的区域，每个区域都有不同的功能。例如，S1 中感知触摸的区域与另一个参与触觉（用手部探知客体）的区域相关联。此外，在 S1 和 S2 内都有一些侏儒（Keysers et al., 2010）。最后，本章后面讲到痛觉时会讨论一些其他区域。

触觉皮层的可塑性

皮层结构的一个基本原则是特定功能的皮层表征区域可以随着该功能使用频率的增加而变大。我们介绍了一种"经验依赖可塑性"原则，例如，在垂直环境中饲养小猫如何导致其视觉皮层大部分神经元对垂直朝向的反应更大，以及训练个体识别 Greebles 图形如何使得其梭状回面孔区对 Greebles 刺激产生更强的反应。

经验依赖可塑性的大部分早期实验都是在躯体感觉系统中完成的。在其中一个实验中，William Jenkins 和 Michael Merzenich（1987）测量了猴子每个手指对应的皮层区域，然后训练猴子使用某个指尖完成特定位置的任务。当他们比较训练前和训练 3 个月后猴子手指尖对应的皮层地图时，发现训练后表征手指尖的皮层面积显著增加。因此，原本就较大的手指尖的皮层表征区域在接收了大量刺激后变得更大。

正如刚才所描述的，在大部分动物实验中，可塑性效应是通过测量特殊的训练如何影响大脑来决定的。一项以人类为被试的实验考察了训练如何影响音乐家的大脑。例如，思考一下弦乐器的演奏者。一个右利手的小提琴演奏者是用右手拉弓，用左手按弦的。这种触觉经验的结果显示这些音乐人左手手指的皮层投射区比正常人的大（Elbert et al., 1995）。就像猴子一样，可塑性使得应用越多的身体部分对应了越大的皮层面积。这种可塑性意味着尽管我们可以明确表征身体特定部位的一般区域，但是表征身体每一部分的区域的精确尺寸并不是完全固定的（Pascual-Leone et al., 2005）。

皮肤中的感受器使得我们可以感知事物不同的方面，诸如表面的小细节、振动、纹理、三维物体的形状和潜在危险刺激的形状。接下来将描述皮肤是如何加工细节、振动、纹理、物体形状等信息的，然后再思考疼痛，它不仅受皮肤刺激的影响，也受其他因素的影响。

感知细节

皮肤感知细节的一个令人印象深刻的例子是 Braille 提出的盲文系统，这种点字系统使得盲人可以用指尖阅读。一个盲文字符由 1～6 个点组成的点集构成。点和空白间隔不同的排列方式代表字母表上不同的字母，如图 14.6；附加字符代表数字、标点符号以及常见的声音和文字。

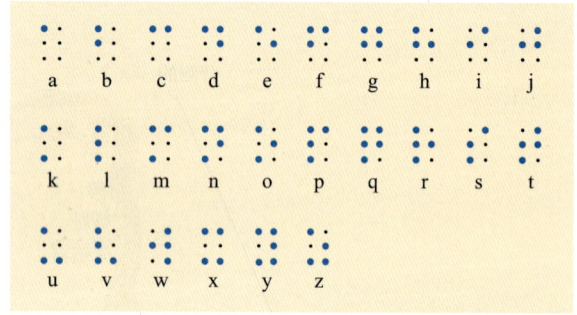

图14.6 盲文字母表由 2×3 矩阵排列的凸点组成。每个字母中较大的蓝点代表凸点的位置。盲人通过使用指尖触摸这些点来读它们。

有经验的盲文阅读者每分钟可以阅读约 100 个字。虽然比每分钟 250～300 个字的视觉识读速度慢，但还是让人佩服，因为盲文阅读者要将凸点阵列转化为信息，而这远不止皮肤上的感知觉那么简单。

盲文阅读者识别凸起小点组合模式的能力是基于触觉的，而这种基于触觉的能力取决于对触觉细节的知觉。描述有关触觉细节研究的第一步是思考研究者们如何测量我们探测呈现给皮肤的刺激细节的能力。

方 法 | 测量触觉敏锐度

就像有许多不同的视力表来测量人类的视敏度一样，也有许多种方法来测量人类的触觉敏锐度，即感知皮肤上细节的能力。测量触觉敏锐度的传统方法是测**两点阈**，即当皮肤上的刺激被知觉为两个点时，这两点之间的最小间距（图 14.7a）。测量两点阈的方法是轻轻接触皮肤上的两个点（如制图圆规的点），然后让被试报告他感觉到的是一个点还是两个点。

两点阈是大部分早期触觉研究中测量敏度的主要方法。最近又引入了一些其他方法。**栅格敏锐度**是往皮肤上按压刺激（如图 14.7b），然后让被试指出栅格的朝向。敏度是通过测定朝向可以被正确判断的最窄间隔来测量的。最后，敏度还能通过在皮肤上按压凸起的模型（如字母）进行测量，以此来测定能够被正确识别的字母或模型的最小尺寸（Cholewaik & Collins, 2003；Craig & Lyle, 2001, 2002）。

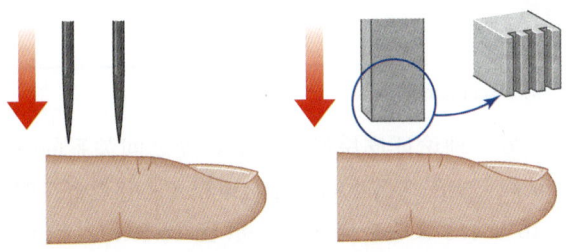

(a) 一个点还是两个点？　　(b) 栅格是垂直的还是水平的？

图14.7　测量触觉敏锐度的方法：（a）两点阈；（b）栅格敏锐度。

当我们思考感受器机制和皮层机制在测定触觉敏锐度中的作用时，会发现皮肤系统和视觉系统有许多相似之处。

触觉敏锐度的感受器机制

感受器的性质决定了我们在皮肤受到刺激时体验到了什么。首先通过默克尔感受器、与之相连接的纤维以及触觉敏锐度之间的关系来阐明这个问题。之前描述了与默克尔感受器相关联的 SA1 纤维是如何对曲线形状做出反应的（图 14.2）。现在来讨论一下默克尔感受器纤维如何对纹状刺激进行反应。

图 14.8a 演示了与默克尔感受器相连的纤维在对施加到皮肤上的纹状刺激进行反应时是如何放电的。纤维的放电情况反映了纹状刺激的模式。这表明了默克尔感受器纤维的放电会发射有关细节的信号（Johnson，2002；Phillios & Johnson，1981）。作为对比，图 14.8b 显示了与环层小体相连的纤维的放电情况。纹状模式和放电之间的不匹配表明，这种感受器对施加在皮肤上的刺激的模式细节是不敏感的。

在指尖上有高密度的默克尔感受器不足为奇，因为指尖是身体中对细节最敏感的部位（Vallbo & Johansson，1978）。

心理物理学家通过测量身体不同部位两点阈的方法研究了身体位置和对细节敏感的关系。请根据下面的演示实验进行尝试。

演 示 | 比较两点阈

为了测量身体不同部位的两点阈，将两根铅笔并排拿在手里（或者更好的方式是用圆规），使两个笔尖之间的距离约为 12 毫米，然后使这两个笔尖同时接触拇指指尖，判断你是否感觉到了两个点。如果你觉得是

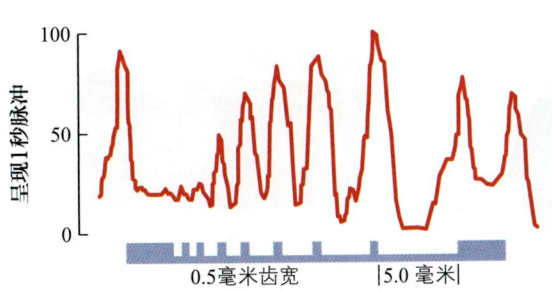

(a) 默克尔感受器/SA1纤维

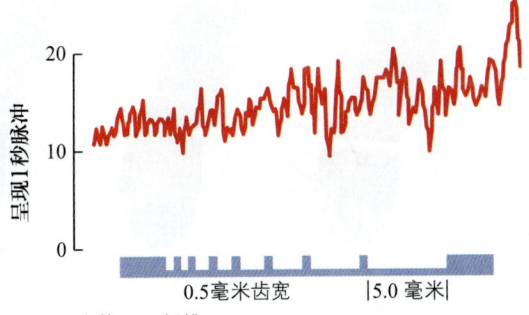

(b) 环层小体/RA2纤维

图14.8　（a）与默克尔感受器相连的纤维对纹状刺激放电的情况。（b）与环层小体感受器相连的纤维对纹状刺激放电的情况。对每个齿宽进行1秒的按压，同时记录对每个凹槽的反应，所以图形代表了多次刺激呈现的结果。（来源：Phillips & Johnson，1981）

一个点,增加铅笔尖之间的距离直到你感觉到两个点;然后记录两个笔尖之间的距离。之后,将铅笔尖移至你的前臂内侧。使笔尖分开约12毫米(或者是你能在大拇指上感觉到两个点的最小距离),用笔尖去接触前臂并记录你感觉到的是一个点还是两个点。如果你感觉到只有一个点,那两点之间的距离必须增加多少才能感觉到是两个点呢?

手部不同部位栅格敏锐度比较的结果表明,敏锐度越高,默克尔感受器间的距离越小(图14.9)。因为尽管食指指尖的触觉敏锐度比小指指尖好,但是所有指尖的默克尔感受器之间的距离是一样的。这意味着感受器间隔是一部分影响因素,并且大脑皮层在测定触觉的敏锐度中也起了一定的作用(Duncan & Boynton,2007)。

触觉敏锐度的皮层机制

正如触觉敏锐度和感受器密度之间的关系,触觉敏锐度和身体在大脑上的表征也有关。**表14.1**显示了在男性身体不同部位测得的两点阈。通过比较这些两点阈和身体不同部位在大脑中的表征(图14.5b),你会发现像手指和嘴唇这样高敏锐度的区域在大脑皮层的投射面积也较大。正如之前描述侏儒时所提到的,身体不同部位(如指尖)在大脑上表征面积的"放大"与视觉中的放大效应相似。大脑上的身体地图扩大有助于神经加工,使我们能够用手和身体的其他部位准确地感知细节。

表14.1 男性身体不同部位的两点阈

身体部位	阈限/毫米
手指	4
上嘴唇	8
大脚趾	9
上臂	46
背部	42
大腿	44

来源:Weinstein,1968.

另一种论证皮层机制和敏锐度之间关系的方法是确定皮层侏儒不同部分的神经元的感受野。图14.10显示了接收来自猴子手指(图14.10a)、手(图14.10b)和胳膊(图14.10c)的信号的皮层神经元感受野的大小,从图中我们发现敏锐度较好的身体

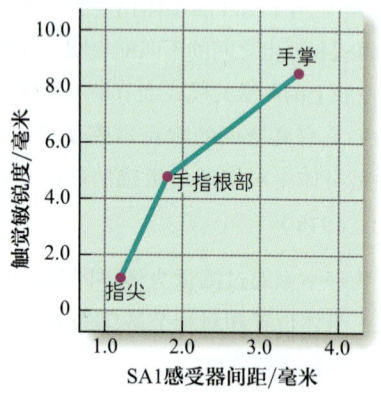

图14.9 默克尔感受器密度和触觉敏锐度之间的相关关系。(来源:Craig & Lyle,2002)

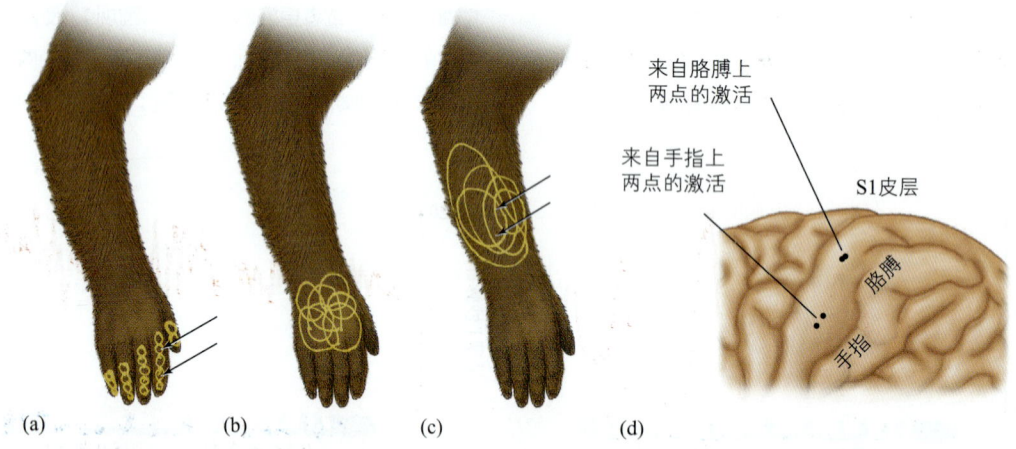

图14.10 猴子大脑皮层上放电神经元的感受野:(a)手指受到刺激时;(b)手部受到刺激时;(c)胳膊受到刺激时(Kandel & Jessell,1991)。(d)刺激手指上两个邻近的点会导致皮层上手指区域不同位置的激活,但是刺激胳膊上两个邻近的点在皮层上胳膊区域引起的激活是重叠的。(来源:Kandel & Jessell,1991)

部位（如手指）的皮层神经元都有较小的感受野。这意味着手指上紧挨着的两点可能落在不重叠的感受野中（如图 14.10a 中箭头所指），因此会导致皮层中不同神经元的放电（图 14.10d）。然而，相同距离的两点施加在手臂上时，就可能会落在重叠的感受野中（见图 14.10c 中的箭头），所以会导致皮层上临近神经元放电（图 14.10d）。因此，接收来自手指信号的神经元的小感受野在皮层上会转换为更大的间隔，这提升了将皮肤上两个紧挨着的点知觉为两个点的能力。

振动和纹理感知

皮肤不仅能探测客体的空间细节，还能探测一些其他方面。当你把手放在会产生振动的机械设备上时，如汽车、割草机或电动牙刷，手和手指会感受到振动。

皮肤的振动

主要负责感觉振动的机械感受器是环层小体。从与小体相连的纤维处记录到的结果表明，这些纤维对慢的和持续的推挤反应较弱，但是对高频振动反应良好，这是环层小体负责感知振动的一个证据。

为什么环层小体纤维对快速振动有良好的响应呢？答案是神经纤维周围的小体决定了哪种压力刺激能到达纤维。小体，像洋葱一样有很多层，每一层之间有液体，它将快速重复的压力（如振动）传递给神经纤维（如图 14.11a 所示），但是不会传递连续的压力（如图 14.11b 所示）。因此，小体导致纤维能接收压力的快速变化，但是接收不到持续的压力。

由于环层小体不向纤维传递持续的压力，给小体呈现持续的压力就不会引起纤维的任何反应。这正是 Werner Lowenstein（1960）在一个经典的实验中观察到的。他在实验中发现，向小体施加压力时（图 14.11c 中的 A 点），纤维会在最初引入压力和最后移开压力时有反应，对持续的压力则没有反应。但当 Lowenstein 将小体解剖开直接对纤维施加压力时（图 14.11c 中的 B 点），纤维就会对持续的压力进行放电。Lowenstein 从这一结果中得出结论，是小体的特性导致了纤维对连续刺激反应不佳（如持续的压力），但是对发生在刺激出现和消失时的压力变化或快速变化的刺激（如振动），则有良好的响应。考虑到表面纹理的知觉，会发现振动在知觉细小纹理上起着一定的作用。

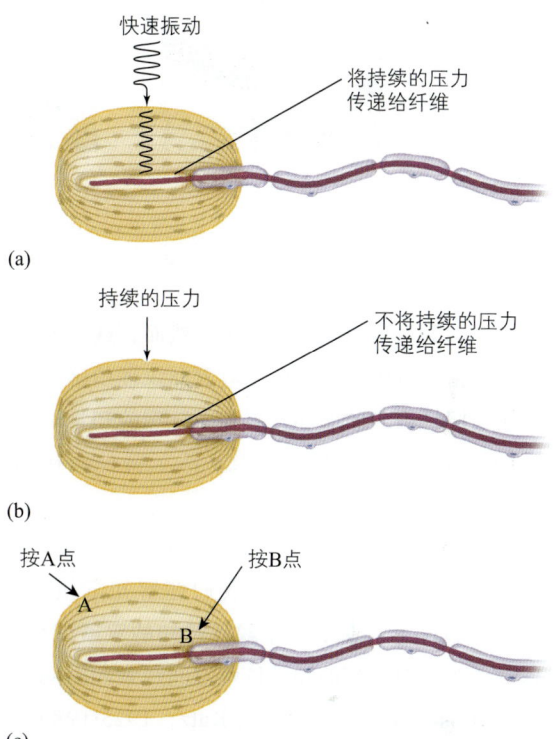

图14.11 （a）当振动压力刺激施加于环层小体时，小体会将这些振动压力传递给神经纤维。（b）当持续的压力施加于环层小体时，小体不会将之传递给神经纤维。（c）Lowenstein 判定在刺激小体（A 点）和直接刺激纤维（B 点）这两种情况中纤维是如何放电的。（来源：Lowenstein，1960）

表面纹理

表面纹理是由凸起和凹陷构成的表面的物理纹理。如图 14.12 所示，视觉检查可能是测定表面纹理的一种很差劲的方法，因为察看纹理依赖于明暗模式，而这一模式取决于照明角度。因此，尽管图 14.12 中柱子两面的纹理看起来非常不同，但是用手指在两个表面划过就会发现它们的纹理是一样的。

触觉直接接触物体的表面，因此它提供了比

图14.12 （a）柱子是从左侧被照亮的，（b）特写显示纹理的视知觉是如何受照明影响的。尽管右侧的表面看起来比左侧粗糙，但两处的表面纹理是相同的。

视觉更准确的对表面纹理的评价。然而，这并不意味着用手指划过表面总能产生对表面纹理精确的认识。如我们将看到的那样，对表面纹理的知觉取决于表面是如何被扫描的，以及激活了哪种机械感受器。

对表面纹理的研究是一个有趣的故事，从1925年至今，心理物理学可以帮助我们理解知觉机制。1925年，David Katz 引入了纹理感知的双重理论。该理论认为，对纹理的知觉依赖空间线索和时间线索（Hollins & Risner, 2000；Katz, 1925/1989）。较明显的表面元素可以提供空间线索，如凸起和凹槽，它们可以在皮肤触碰表面和按压表面时被感觉到。这些线索导致人们对表面不同的形状、大小和分布的感知。空间线索知觉粗糙纹理的例子是盲文点或者当触碰梳子的梳齿时所感觉到的纹理。皮肤滑过砂纸的纹理表面时会产生时间线索。这种线索发生在皮肤滑过砂纸的过程中，这种线索以振动的方式为我们提供了信息。只有当手指沿着表面运动时，时间线索才会提供有关精细纹理的知觉信息。

尽管 Katz 提出纹理知觉是由空间和时间线索共同决定的，但至今的纹理知觉研究主要集中在空间线索上。然而，Mark Hollins 及其同事（2000，2001，2002）的实验研究表明，时间线索决定了精细纹理知觉。Hollins 和 Ryan Risner（2000）提供了时间线索的证据，他们通过让被试保持手指触摸但不移动，然后采用等级估计程序让被试判断"粗糙"程度（见第1章；附录C），被试几乎感觉不到两种不同精细纹理的细微区别（10微米和100微米的微粒尺寸）。然而，要求被试移动手指时，他们可以感觉到精细纹理的区别。因此，只有当移动产生的皮肤表面的振动时，才可以感觉精细表面的粗糙度。

振动在精细纹理感觉上起作用的另一个证据是第3章采用的选择性适应程序。该程序引入适应特殊感受器的刺激，然后检测适应感受器如何影响知觉。Hollins 等人（2001）采用呈现两种适应程序的方法。第一种条件是10赫兹（每秒振动10次）的适应条件，即皮肤受到6分钟的10赫兹刺激振动。这种适应刺激的频率是为了使对低频反应的触觉小体适应。第二种条件是250赫兹的适应性振动，这种频率是为了使对高频反应的环层小体适应。

采用两种纹理——标准纹理和检测纹理——让被试对每种适应进行反应。被试的任务是判断哪种纹理更精细。每一种刺激出现的概率都是50%，如图14.13所示的虚线。结果表明，当被试没有适应10赫兹的刺激时，他们可以报告两种纹理的区别。然而，适应250赫兹的刺激后，就不能报告两种精细纹理的区别了。因此，对振动进行反应的环层小体感受器适应后会降低了手指在表面移动时知觉表面纹理的能力。这些和其他一些行为研究的结果（Hollins et al., 2002）支持纹理感知的双重理论，即空间线索决定粗糙纹理，

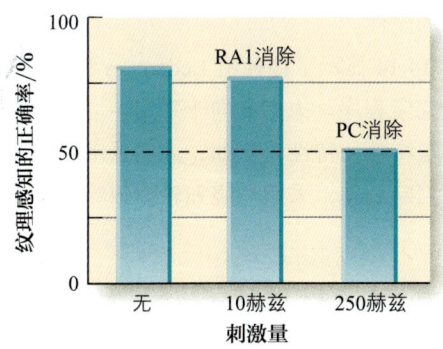

图14.13 适应10赫兹的振动减少了触觉小体相关纤维的活动，但这对精细纹理的知觉没有影响。但适应250赫兹的振动后可以减少环层小体的活动，从而降低感觉精细纹理的能力。（来源：Hollins，Bensmaia，& Washburn，2001）

时间（振动）线索决定精细纹理（see also Weber et al.，2013）。

支持知觉纹理的时间线索的其他证据是关于振动在知觉纹理上的重要性的研究，不仅体现在人们用手指直接探索表面上，也包括间接通过工具接触表面。你可以按照下面的演示进行体验。

演示 | **用笔感知纹理**

翻转笔使得你可以把它作为"探针"。拿住笔的一端，使另一端在光滑的物体上滑动，如书和纸。这么做时，可以感觉纸张的光滑，尽管你并没有直接接触它。然后，用相同的方法在一些粗糙的表面滑动，如橄榄球、布和混凝土。

滑动笔（或者其他工具，如木棍）来感知纹理区别的能力是由振动通过工具传递给你的皮肤决定的（Klataky et al.，2003）。值得注意的是，尽管你使用的是工具的尖端来感知纹理以及表面，但是你感知的不是振动而是表面纹理（Carello & Turvey，2004）。

客体感知

想象你和朋友一起在海边，他有多年的收集经验，对贝壳有一定的了解。你决定做一个实验来了解他是如何仅通过触觉来感知不同类型的贝壳的。用布遮挡朋友的眼睛并递给他一个蜗牛壳或者螃蟹壳，他毫无疑问会辨别出它们。但是，当给他两个非常相似的蜗牛壳时，区分不同种类的蜗牛壳就困难得多。

Geerat Vermeij 4岁时由于眼部疾病致盲，但他现在是加利福尼亚大学海洋生态学和古生态学的特聘教授，他报告了面临相似任务时的经历。实验是在Vermeij申请耶鲁大学的生物学专业研究生时由Edgar Boell 面试时完成的。Boell 将Vermeij 带到了博物馆，将他介绍给了馆长，并递给他一个贝壳。下面是Vermeij 描述的接下来发生的事情：

"这是一个东西，你知道它是什么吗？" Boell 递给他一个样品并问道。

我的手和大脑迅速地反应，宽阔的分离的肋骨，平行的外部嘴唇；大洞；低螺旋；光滑；肋骨反映了后背。"这是一个竖琴螺。"我回答道，"它应该是一个大竖琴螺"。

"这个是什么？" Boell 将另一个细小的贝壳放在了我手里。光滑圆润，有沟型缝合，细开口，可能是一个橄榄。"这是一个橄榄，我非常肯定这是一个橄榄，它们虽然看起来很像，但贝壳和橄榄只有一个共同点——都来自佛罗里达州。

他们两个人都说不出话来。他们原计划用这个测验把我吓住。现在我通过了测验，Boell 在生物学方面非常权威，他热情地承诺给我支持。（pp.79-80）

Vermeij 从耶鲁大学获得了他的博士学位，他现在是闻名世界的海洋软体动物专家。他可以通过触觉辨别客体和它们的特征，例如，**主动式触觉**——通过手指和手的积极触摸来探索客体。相比而言，**被动式触觉**发生在触觉刺激与皮肤相接触时，如探测两点阈限的实验。接下来的演示对比了主动式触觉和被动式触觉区分客体的区别。

演示 | **区分客体**

要求另一个人为你选择五六个小物体。闭上眼睛，让另一个人在你的手上放一个物品。你的任务是仅仅依靠移动手指和手的触觉来区别物体。当你这么做的时候，请明确你的体验：你手指和手的运动、你体验的感觉、你所思考的。根据以上要求辨别三个物体。然后伸出你的手，保持静止，伸开手指，让另一个人在你的手上移动每一个物体，让物体的表面和轮廓在你的皮肤上滑动。你的任务和之前的相同：区别这些客体，并注意客体在你手部滑动时的体验。

你可能已经注意到，与客体的部分暴露在你面前相比，在**触觉知觉**条件下，你在客体表面移动手指会让你更加投入加工过程，并且有更多的控制。在主动的条件下，你的触觉知觉可以进行通过手指和手触碰三维客体完成。

触觉识别

触觉知觉是说明不同的系统相互作用的好例子。当你采用如"演示：区分客体"专栏的第一部分操作物体时，你应用了三种不同的系统去达到区分物体的目的：（1）感觉系统，包括检测如触觉、温度、纹理和运动以及手和手指位置的皮肤感觉；（2）运动系统，包括手指和手的运动；（3）认知系统，思考由感觉系统和运动系统提供的信息。

触觉知觉是非常复杂的，原因是感觉、运动和认知系统必须协同工作。例如，通过手指和手的皮肤感觉、对手和手指位置的感知和在思考过程中确定客体信息以鉴别它来引导运动系统对手和手指运动的控制。

这些加工过程一起工作产生了主动式触觉体验，这与被动式触觉完全不同。J. J. Gibson（1962）强调了运动在知觉中的作用（见第7章和第8章）。将主动式触觉与被动式触觉相比，我们倾向于认为被动式触觉与皮肤感觉体验有关，而主动式触觉与客体被触碰有关。例如，如果有人把尖的物品压在你的皮肤上，你可能会说"我感觉到皮肤上的刺痛"。然而，如果你用你的手指去按压尖的物体，你可能会说"我感觉到了一个尖锐的物体"（Kruger，1970）。也就是说，被动式触觉感受到的是皮肤上的刺激，而主动式触觉是对接触的物体的体验。

心理物理学研究显示了人们如何在 1～2 秒的时间里准确地区分常见的物体（Klatzky, et al., 1985）。Susan Lederman 和 Roberta Klatzky（1987，1990）观察被试进行辨别时的手的动作，发现人们采用了一些特别的动作，研究者称之为**探索程序（EPs）**，这些探索程序的类型取决于被试进行判断的物品的属性。

图 14.14 显示了四种由 Lederman 和 Klatzky 观察到的探索程序。人们倾向于采用 1～2 种探索程序来决定特殊的特性。例如，人们采用侧向滑动和按压来判断纹理，采用环绕和轮廓跟踪的动作来判断形状。

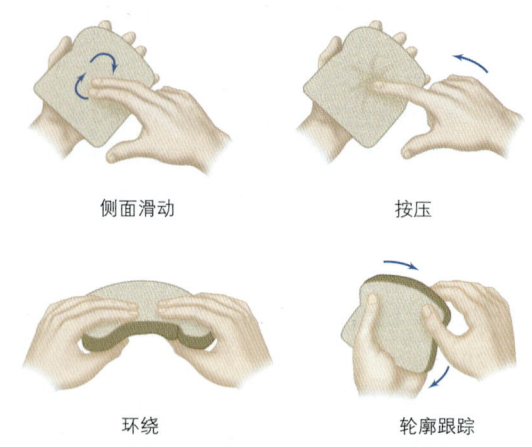

侧面滑动　　　　　　按压

环绕　　　　　　　轮廓跟踪

图14.14　Lederman 和 Klatzky 让被试区分物体时观察到的一些探索程序（EPs）。（来源：Lederman & Klatzky，1987）

客体触知觉的皮层生理机制

如上所述，当用手或者手指探索客体时，激活了向大脑皮层传递信号的机械感受器。现在来看一下这些信号是如何到达皮层的。

特异的皮层神经元

当将手指的机械感受器纤维移向大脑时，我们来看一下神经元是如何特异化的。这与发生在视觉系统的过程类似。位于后腹侧核的神经元是丘脑的触觉区域，与丘脑的视觉区域外侧膝状体的感受野中心—周边属性类似，它也具有感受野中心—周边属性（Mountcastle & Powell，1995；图 14.15）。在皮层中发现了对皮肤刺激特异反应的感受野中心—周边属性。图 14.16 显示了由刺激引起的神经元在猴子躯体感觉皮层的反射。有些神经元对特殊朝向进行反应（图 14.16a），有些神经元对在皮肤上特殊方向的运动进行反应（图 14.16b；Hyvarinen & Poranen，1978；see also Bensmaia et al.，2008；Pei et al.，2011；Yau et al.，2009）。

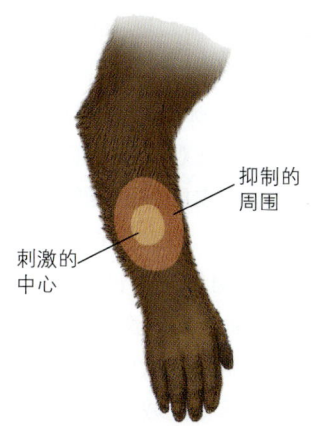

图14.15 猴子丘脑的中心激活—周边抑制神经的感受野。

当猴子抓握特殊物体时，猴子的躯体感觉皮层的神经元也进行反应（Sakata & Iwamura，1978）。例如，图14.17显示了这些神经元的反应。当猴子抓尺子时，这些神经元进行反应，但是当猴子抓握圆柱体或者球体时不反应（see also Iwamura，1998）。

皮层反应受注意的影响

皮层神经元不仅仅受物体特性的影响，也受到知觉者是否给予注意的影响。Steven Hsiao 和他的同事们（1993，1996）记录了猴子手指扫描凸起字母时 S1 和 S2 区域的神经元反应。在触觉注意条件下，猴子执行的任务是必须将注意集中在呈现给手指的字母上。在视觉注意条件下，猴子需要将注意集中在无关的视觉刺激上。图 14.18 显示了结果，表明在两种条件下，猴子的手指接触了同样的刺激，但是触觉注意条件下的反应更大。因此，感受器的刺激能够引起反应，但是反应的大小可能受到知觉者注意和其他认知加工过程的影响。

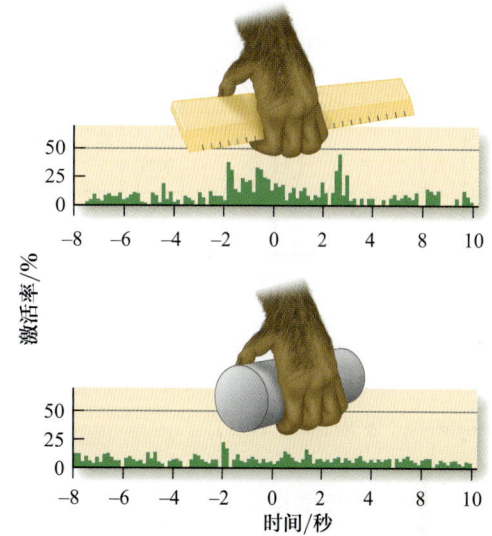

图14.17 当猴子抓握尺子时，猴子的顶叶皮层神经元被激活，但是当抓圆柱体时，没有反应。猴子在时间0时抓握物体。（来源：Sakata & Iwamura，1978）

如果刺激以外的其他事件也会影响知觉的观点听起来很耳熟，那是因为在视觉和言语中有类似的情况。个体的积极参与改变了知觉的模式，不仅仅影响刺激对感受器的作用，也影响感受器受到刺激

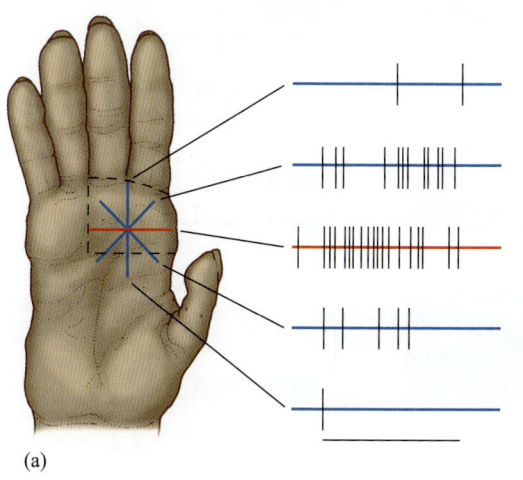

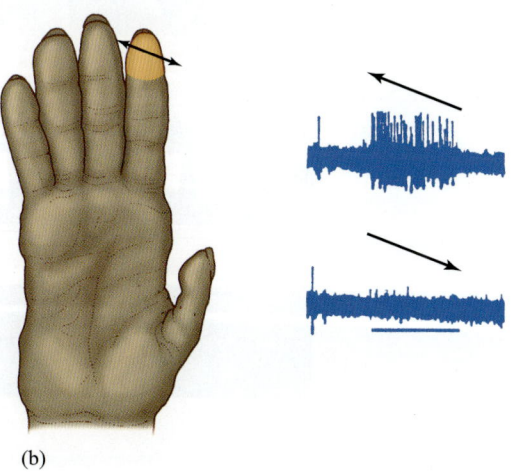

图14.16 猴子躯体感觉皮层神经元的感受野。（a）右手的记录显示了对手部定位刺激的神经元反射。当水平方向呈现给猴子的手部时，神经元反应最好。（b）右侧的记录表明，当刺激在指尖从右到左（上）和从左到右（下）滑动时，神经元的激活。当刺激从指尖的右到左滑动时，神经反应最好。（来源：Hyvärinen & Poranen，1978）

时的加工过程。痛觉体验不仅受感受器刺激影响，它也影响感受器的加工过程。我们将通过对痛觉体验的描述进行详细说明。

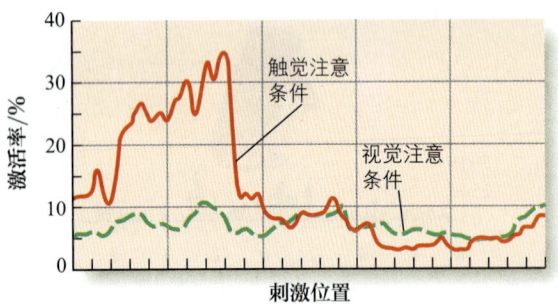

图14.18 猴子S1皮层对经过手指的字母的神经激活。神经元仅仅在猴子注意触觉刺激时才进行反应。（来源：Hsiao, O'Shaughnessy, & Johnson, 1993）

触觉注意的皮层反应

我们可以进一步思考除刺激之外的其他过程也会影响皮层反应的观点：与触觉相关的皮层区域也会对观察到被触碰进行反应。对观看他人的触觉动作的反应和第7章描述的内容类似，猴子的前运动皮层的镜像神经元不仅对看其他人抓握物体（如食物）进行反应，也对自己抓握食物进行反应。

对躯体感觉系统的研究解释了一些触觉的类似现象。观察者正在观看被触摸的其他个体时会激活他们的躯体感觉皮层，也会激活真正被触摸的个体的躯体感觉皮层。例如，Christian Keysers等人（2004）用fMRI测量了被试的腿部被触碰或者观看其他人或物体被触碰时激活的皮层。

毫无疑问，触碰被试的腿部激活了其S1和S2两个重要的躯体感觉区域。有意思的是被试观看有接触行为的影片的结果。图14.19a显示了当被试观看探针未接触人的腿部（蓝柱）和接触人腿部（红柱）时，S2区域的反应——触知觉增加了S2的激活。

图14.19b显示了当两个白色的装订夹代替被试腿时有类似的结果。因此，当观察者知觉其他被试或者物体存在接触时，增加了S2区域的激活。最后，图14.19c显示了当被试观看两个飞机翼滑向地面时并未激活S2区的结果。这说明，激活并不是视觉刺激导致的，实质上的触碰非常重要。Keysers和他的同事认为，大脑将接触的视觉刺激转换成和我们自身触觉体验相关的大脑区域的激活

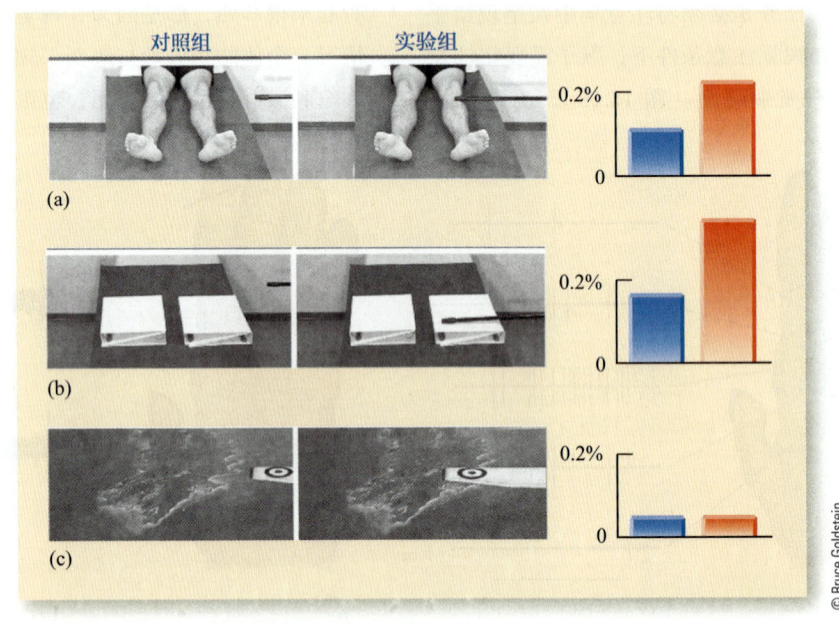

图14.19 Keysers等人（2004）在实验中采用的刺激。被试观察的对照组电影和实验组是静止的。（a）不接触（控制）和接触（实验）的腿；（b）不接触和接触物体；（c）机翼通过路面，不接触。蓝色条是S2对控制电影的反应。红色条是对实验电影的反应。（来源：Keysers et al., 2004）

（see also Keysers et al., 2010）。

Kaspar Meywer 和同事（2011）观察了被试观看其他人接触一串钥匙、网球或者树叶的影片。图14.20 显示了相比于观看固定点，观看有触碰场景的影片时，大脑皮层的激活增加了。红色区域说明视觉皮层以及和触觉相关的躯体感觉皮层均出现激活。所以，躯体感觉皮层对接触和观看接触进行反应。在本章的后面，我们将看到与疼痛相关的刺激也引发了类似的结果。

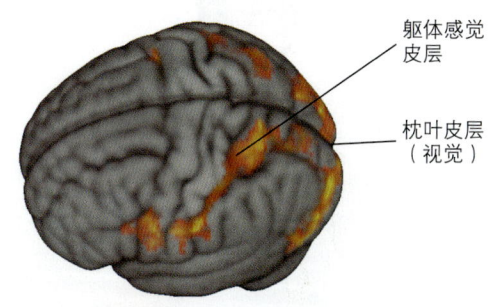

图14.20 Meyer等人（2011）考察被试观察他人手部接触探索物体时大脑的激活。视觉和躯体感觉区域都被激活了。（来源：Meyers et al., 2011）

测一测 14.1

1. 描述皮肤的四种类型的机械感受器，标出（1）外观；（2）位置；（3）如何对压力进行反应；（4）感受野的大小；（5）与每一种感受器相关的知觉，以及（6）与每一种感受器相关的神经纤维。
2. 触觉的皮层感受区域在哪里，皮层感受区域的身体地图看起来像什么？这个地图如何随着经验发生变化？
3. 如何精确测量触觉敏锐度，触觉敏锐度的感受器和皮层机制是什么？
4. 哪种感受器主要对振动知觉进行反应？描述决定纤维激活的感受器结构的实验。
5. 纹理知觉的多重理论是什么？描述结果为负责知觉精细纹理的振动的一系列行为实验，以及观察用探针探索物体的实验。
6. 触觉如何区别物体？
7. 描述触觉皮层区域的特异性，注意如何影响触觉的皮层反应，观看接触如何影响皮层的反应？

疼痛知觉

正如我们在本章开头所描述的，疼痛可以警告我们潜在的危险，帮助我们避免刀伤、烧伤或者骨折。一个出生就没有能力体验疼痛感的人，可能只有在闻到烧焦的肉的味道时，才意识到他们倚靠在热的炉子旁。或者不会意识到骨折、感染或者内在的伤害，而这些情况可能很容易威胁到生命（Watkins & Mater, 2003）。从对疼痛的国际研究上来看，疼痛的信号功能反映在以下定义中，"疼痛是一种不愉快的、情绪上的体验，通常与真实的或者潜在的损伤有关"（Merskey, 1991）。

Joachim Scholz 和 Clifford Woolf（2002）区分了三种类型的疼痛。**炎症性疼痛**是由于组织损伤、关节炎或肿瘤细胞导致的疼痛。**神经性疼痛**是由于对神经系统的损害或者其他伤害导致的疼痛。神经性疼痛的例子是腕骨综合征，可能是由打字这样的重复性任务、脊髓损伤或者中风产生的大脑损伤等原因造成的。

伤害性疼痛是由于皮肤上对组织损伤或者潜在危险反应的**痛觉感受器**产生的疼痛（Perl, 2007）。不同的痛觉感受器对不同的刺激——热的、化学的、强大压力的、冷的（图 14.21）——进行反应。我们将关注伤害性疼痛。我们不仅会讨论由痛觉感受器的刺激引起的疼痛，也会讨论伤害性疼痛知觉的机制，以及没有皮肤刺激就出现的疼痛感觉。

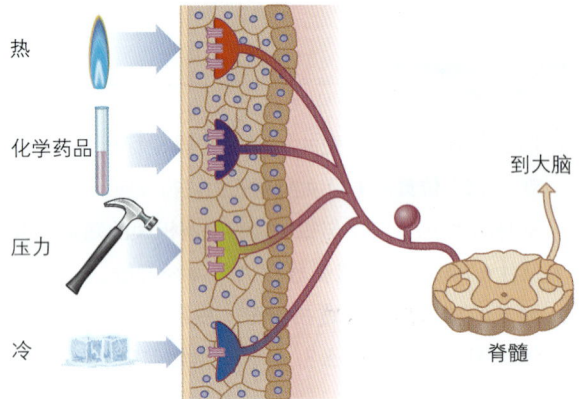

图14.21 伤害性疼痛是通过皮肤中不同类型刺激的痛觉感受器的激活产生的。痛觉感受器的信号传到脊髓,然后经过脊髓上行到大脑。

疼痛的闸门控制模型

我们从早期研究者关于疼痛的看法以及他们的观点在 20 世纪 60 年代如何发生变化开始讨论。在 20 世纪 50 年代和 60 年代早期,研究者用**疼痛的直接路径模型**讨论疼痛。依据该模型,当皮肤中的疼痛感受器受到刺激时,它们直接向大脑传递信号便发生了疼痛(Melzack & Wall,1965)。但是到了 20 世纪 60 年代,研究者开始意识到一些疼痛不只是由皮肤的刺激产生的。

Beecher(1959)报告了一个例子,许多美国战士在第二次世界大战的"鹅卵石行动"中受伤,战士们否认大面积伤口会造成疼痛,也不想用任何药物来减轻疼痛。战士们的伤口也会为他们带来好处:这把他们从危险的战争地带送到了安全的战后医院。

另一种没有从感受器传递到大脑的疼痛发生的例子是**幻肢**现象,被截肢的人会继续体验到肢体存在(图 14.22)。这种知觉是如此可信,以至截肢者试图用已经没有的腿或脚从床上下来,或者想用被截掉的手拿起杯子。对很多人来说,肢体随着身体移动,并伴随着走路晃动。但是最有意思的是,虽然肢体已经被截掉了,但是截肢者普遍能够感知到那部分的疼痛(Jensen & Nikolajsen,1999;Katz & Gaglises,1999;Melzack,1992;Ramachandan & Hirstein,1998)。

关于这种现象的一种解释是截肢后剩余的肢体部分传递了信号。然而,研究者报告了切断从肢体传递信号的神经并不能消除幻肢或者疼痛,他们认为疼痛不是产生于皮肤,而是大脑。另外,从严重伤口中体验不到疼痛或者没有信号传递给大脑时也能知觉疼痛的例子是不能用直接路径模型进行解释的。于是 Ronald Melzak 和 Patrick Wall(1965,1983,1988)提出了闸门控制模型。

图14.22 右臂的较亮部分是幻肢——生理学上不存在,但是人能感觉到。

闸门控制模型最初认为疼痛信号从身体进入脊髓,然后传递给大脑。另外,该模型还认为有其他的路径将信号从脊髓传到大脑。该理论的核心观点是从其他路径传入的信号可以打开或者关闭位于脊髓的闸门,这就决定了离开脊髓时信号的强度。

图 14.23 显示了 Melzack 和 Wall(1965)提出的环路。闸门控制系统由在脊髓的灰质后角的细胞构成(图 14.23a),这些在灰质后角的细胞在图 14.23b 中用红色和蓝色圆表示。我们要思考信息如何沿着三条路径输入闸门控制系统进而理解环路模型:

- **痛觉感受器**。痛觉感受器的纤维激活了全部由兴奋性突触组成的环路,然后将刺激信号发送到**传递细胞**。刺激信号从位于灰质后角的(+)

神经元打开闸门，增加传递细胞的放电。传递细胞活动的增加导致更多的疼痛感。

- **机械感受器**。机械感受器中的纤维携带非疼痛的触觉刺激信息，例如，通过摩擦皮肤传来的信息。当机械感受器中的信息到达位于灰质后角的（-）神经元，抑制信号传导到传递细胞，"关闭闸门"会减少传递细胞的放电，因此降低了疼痛的强度。
- **中央控制**。携带期望、注意和分心等认知功能信息的纤维从皮层向下传递信号。和机械感受器一样，从大脑中带来的信息也将关闭闸门，减少细胞活动的传递，从而减少疼痛。

自1965年闸门控制模型提出以来，研究者认为控制疼痛的神经环路要比提出的经典模型复杂得多（Perl & Kruger, 1996; Sufka & Price, 2002）。尽管如此，该模型认为，对疼痛的知觉是痛觉感受器的信号输入与大脑及皮肤中的非疼痛性信号输入共同决定的，这为支持疼痛的知觉不仅仅由皮肤上的刺激引起的观点提供了证据（Field & Basbaum, 1999; Sufka & Price, 2002; Turk & Flor, 1999; Weissberg, 1999）。我们现在来讨论认知是如何影响疼痛的。

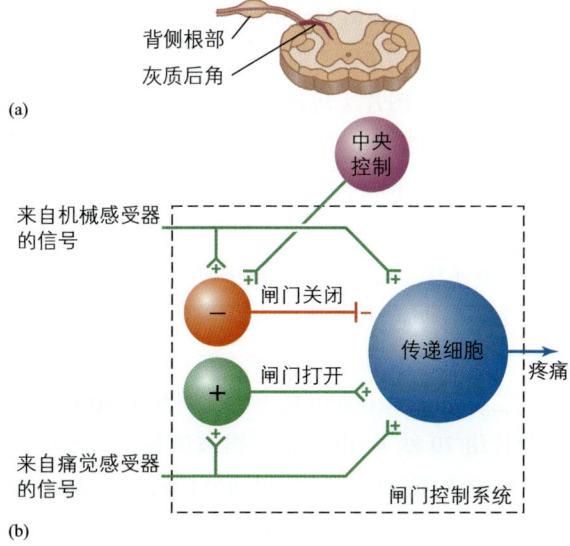

图14.23 （a）脊髓的交叉部分表明了通过背根的纤维。（b）Melzack 和 Wall（1965，1988）提出的闸门控制模型的环路。

自上而下加工

现代研究表明，人的期望、对注意的控制、分心刺激的类型和催眠下的暗示都可以影响疼痛（Rainville et al., 1999; Weich et al., 2008）。

期望

在一项于医院进行的研究中，参与实验的病人被赋予了期望，并获得了放松指导来减轻疼痛。与没有获得这些信息的对照组病人相比，实验组病人在术后需要的止痛药更少，平均比对照组早回家2.7天（Egbert et al., 1964）。研究表明，当要求具有病理性的病人服用一种实际没有止痛效果的**安慰剂**来代替止痛药时，这些病人中的很多人体验的疼痛得到了缓解。病人以为他们吃的是止痛药，实际上并不是（Finniss & Benedetti, 2005; Weisenberg, 1977）。用没有治疗效果的代替药物产生疼痛减轻的效应被称为**安慰剂效应**，安慰剂效应的关键是病人相信代替药物具有有效的治疗作用。这种信念使得病人期望减轻疼痛，而这种减轻效应也确实发生了。许多实验表明了期望是安慰剂效应减轻疼痛的最有力的决定因素之一（Colloca & Benedetti, 2005）。

Ulrike Bingel 和他的同事们（2011）研究了期望效应如何减轻了放置在被试腿上的加热装置造成的疼痛感。将加热值调整到被试报告为7成的疼痛，0代表没有疼痛，100代表无法忍受的疼痛。被试知觉的疼痛基于四种条件：（1）基线，在这种条件下注入了盐溶液；（2）无期望，在这种条件下，使用了止痛药雷米芬太尼，但是被试以为他们被使用了盐溶液；（3）积极期望，被试被告知正在使用药物；（4）消极期望，被试被告知为了调查可能发生的疼痛，停止施药。

表14.2 显示了研究的结果，在开始药物注射后的无期望条件下，疼痛微弱地减轻了，从 66 减到 55；在积极期望条件下，减为 39；在消极期望条件下增加为 64。最重要的是在基于盐溶液的基线条件下，被试被注射了同样剂量的盐溶液，只改变了他们的期望，这进而改变了疼痛的体验。

表14.2 期望在疼痛等级上的影响

条件	药物	疼痛程度
基线	没有	66
没有期望	是	55
积极期望	是	39
消极期望	是	64

来源：Bingel et al., 2011.

在积极期望条件下，疼痛的减少是安慰剂效应，积极期望的引导功能是安慰剂。相反，消极期望导致的负面效应是**反安慰剂效应**（见 Tracey, 2010, 关于安慰剂效应和反安慰剂效应的综述）。

该研究也测量了被试的大脑活动，发现安慰剂效应和与疼痛知觉相关的大脑网络区域活动的增加有关，反安慰剂效应与海马体的活动增加有关。人的期望会影响知觉和生理反应。

注意

描述手指对纹理的知觉时，我们发现皮层神经元的反应受到注意的影响（图 14.18）。疼痛知觉也有相似的效应。注意对于疼痛的影响的例子是 Melzackd 在 20 世纪 60 年代和 Wall（1965）提出的闸门控制理论。下面是我的一个学生在课堂中报告的关于该效应的描述：

记得在我五六岁的时候，我正在玩电子游戏（任天堂），狗跑过来，把游戏线拉了出去。当我把线插回时，我走得跌跌撞撞的，头碰到了客厅窗户的角。我回到座位上，拿起操作盘接着玩游戏，我没有考虑到跌伤……正当我继续玩游戏时，我突然感觉到有液体从我的脸上流了下来，用手一摸才意识到是血。我赶快去照衣柜上的镜子，看到我的额头上有一个非常深且大的切口，血从伤口上喷出来。突然，我大叫起来，感到非常痛。妈妈跑过来，带我去医院进行包扎。（Ian Kalinowski）

Ian 描述的疼痛中重要的信息是疼痛并不是发生在受伤时，而是发生在他意识到自己受伤时。由此得出的结论是分散注意可以减轻疼痛。因此，医院会采用虚拟现实技术来分散病人对疼痛刺激的注意。如 James Pokorny 的例子，在他修理汽车燃料箱时发生了爆炸，导致他全身超过 42% 的面积三度烧伤。在华盛顿烧伤中心换绷带时，他带了一个黑色塑料头盔，里面装了计算机显示器，他可以看到三维的虚拟世界里呈现的虚拟的厨房，里面有一只虚拟的蜘蛛，他可以追赶蜘蛛到水池，这样可以用虚拟的垃圾处理器粉碎蜘蛛（Robbins, 2000）。

"游戏"的目的是通过将注意从绷带转移到虚拟世界的方式来减轻 Pokorny 的疼痛。Pokorny 报告说："当集中注意在疼痛外的其他事情上时，疼痛的程度显著下降"。对于其他一些病人的研究也报告，与通过玩视频游戏的方式进行分心的对照组或者没有分心的组相比，采用虚拟现实技术可让病人在换绷带时体验更少的疼痛（Hoffman et al., 2008；see also Buhle et al., 2012）。

情绪

大量证据表明，情绪状态影响疼痛知觉，许多实验表明，积极情绪会降低疼痛体验（Bushnell et al., 2013）。看图片或者听音乐这两种方式已经证明了这一观点。

看图片

Minet deWied 和 Marinis Verbaten（2001）进行了一项实验，研究分心刺激如何影响疼痛知觉。他们采用了积极图片（运动和有吸引力的女性）、中性图片（家具物品、自然和人）或者消极图片（烧伤者或者交通事故）。男性被试在观看图片时将手浸泡在冷水（2℃）中。要求他们尽可能长时间地将手浸泡在水中，直到他们觉得疼时才可以拿出来。

结果表明，当被试观看积极图片时，他们可以将手平均放在水中 120 秒，而其他组的被试会更快地将手从水中拿出来（中性图片组 80 秒，消极图片组 70 秒）。由于让三组被试将手从水中立刻拿出的疼痛强度等级是相同的，因此 deWied 和 Verbaten 认为，是图片影响了三组被试达到同等程度疼痛的时间。在另一个实验中，Jaimie Rhudy 和他的同事（2005）发现，被试在观看积极图片时体验到的电击疼痛比观看消极图片时更低，他们认为，积极或者消极的情绪能影响疼痛的体验。

听音乐

音乐具有强大的积极和消极情绪体验功能（Altenmuller et al., 2014; Fritz et al., 2009; Koelsch, 2014）。我们听音乐的主要目的之一就是调节情绪，也有很多研究表明，与音乐有关的积极情绪可以减少疼痛。Mathieu Roy 和他的同事（2008）通过放置在被试前臂的加热刺激，让他们评估从 0（没有疼痛）到 100（极端强和极端不愉快）的刺激强度和不愉快感，从而测量音乐如何影响热刺激的知觉。有三种实验条件：安静、听不愉快的音乐（如音速青年乐队的《钟摆音乐》）以及听愉快的音乐（如罗西尼的《威廉·泰尔序曲》）。

表 14.3 中的 Roy 的实验结果表明，在最高温度的实验条件（48℃）下，听不愉快的音乐和安静条件对疼痛的影响没有差异，但是听愉快的音乐显著地降低了疼痛的强度和不愉快感。实际上，愉快音乐产生的减少疼痛的效果与止痛药（如布洛芬）的效果相当。

表14.3　愉快音乐和不愉快音乐对疼痛的影响

条件	强度程度	不愉快程度
安静	69.7	60.0
不愉快音乐	68.6	60.1
愉快音乐	57.7	47.8

来源：Roy et al., 2008.

大脑和疼痛

对疼痛的生理学研究集中在疼痛知觉的大脑区域和化学药品上。

大脑区域

大量研究支持大脑内广泛的活动都与疼痛知觉有关。图 14.24 显示了疼痛激活的大脑区域，包括皮层下结构（如下丘脑、杏仁核、丘脑）以及皮层区域［如躯体感觉皮层（S1）、前扣带皮层（anterior cingulate cortex, ACC）、前额皮层（PFC）、下丘脑和脑岛］（Chapman, 1995; Derbyshire et al., 1997; Price, 2000; Rainville, 2002; Tracey, 2010）。尽管疼痛和所有这些区域相连，但也有证据表明，这些区域仅对疼痛体验的特定成分反应。

在有关疼痛的定义中，我们认为"疼痛是不愉快的感觉和情绪体验"。这个定义包括感觉和情绪两方面，阐述了人们如何描述痛觉的**疼痛性质的多重模型**。抽动的、刺疼的、热的或者迟钝的等描述的是**疼痛的感觉成分**；折磨的、令人讨厌的、令人害怕的或者使人恶心的等描述的是**疼痛的情感成分**（Melzack, 1999）。

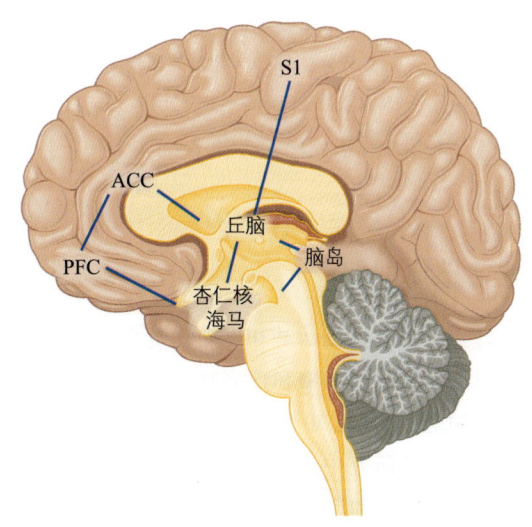

图14.24　疼痛激活了大脑中不同的部位。ACC是前扣带皮层、PFC是前额皮层、S1是躯体感觉皮层，这些结构的位置与杏仁核、下丘脑和脑岛相似，位于大脑内部。其他的S1和PFC位于大脑表层，直线表明这些组织相互联系。

疼痛的感觉和情感成分可以通过让被试描述他们体验的疼痛并通过疼痛的强度（感觉成分）和不愉快程度（情感成分）来区分，正如在音乐研究中描述的那样。当 R. K. Hofbauer 和同事们（2001）采用催眠暗示来增加或减少疼痛的感觉和情感成分时，他们发现感觉成分的变化与躯体感觉皮层的激活相关，情感成分的变化与前扣带皮层相关。图 14.25 显示了这两个区域，以及在其他研究中发现的与疼痛体验的情感（绿色）和感觉（蓝色）相关的区域（Eisenberger, 2015）。我们将在讨论疼痛的社会影响部分重新回顾疼痛的感觉和情感成分。

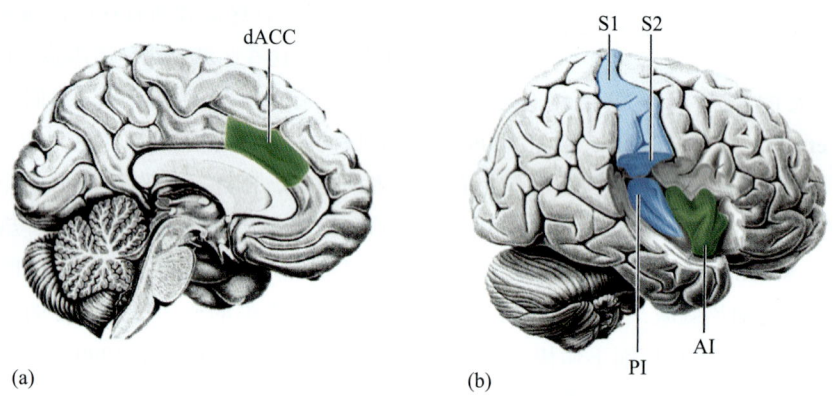

图14.25 这两个图表明了包含疼痛的情感和感觉成分的大脑区域。绿色=情感成分，蓝色=感觉成分，dACC=背侧前扣带皮层，S1和S2=躯体感觉皮层区域，PI=后脑岛，AI=前脑岛。（来源：Eisenberger, 2015, Fig 1, p.605）

化学制剂和大脑

另一个理解大脑活动和疼痛知觉之间关系的重要发现是在阿片类药物和疼痛知觉之间的联系。这可以追溯到20世纪70年代对阿片类药物（如鸦片和海洛因）的研究中。自有记录以来，这些药物就被用来减轻疼痛和产生愉悦感。

在20世纪70年代，研究者发现阿片类药物可以作用于大脑中的受体，通过特殊结构的分子对刺激进行反应。分子结构对这些易兴奋的"阿片受体"的重要性解释了注射药物（如纳洛酮）为何可以使得摄入过量海洛因的人迅速清醒过来。这是由于纳洛酮的结构和海洛因相似，它们可激活相同的受体作用位点，从而阻止海洛因捆绑这些受体（图14.26a）。

为什么大脑内存在阿片受体作用位点？毕竟，它们在人们开始摄入海洛因之前就存在了。研究者认为一定有影响该过程自然发生的物质。1975年，人们发现了神经递质，它们可以像鸦片和海洛因那样激活一些受体。其中一组神经递质被称为内啡肽，是内生的（自然发生的）吗啡。

自从发现内啡肽，研究者收集了大量的关于内啡肽和减轻疼痛相关的证据。例如，当刺激大脑中释放内啡肽的部位时，疼痛显著减轻（图14.26b）；而注射纳洛酮，阻止内啡肽到达受体作用位点，疼痛增加（图14.26c）。

除了降低内啡肽的镇痛效果，纳洛酮也可以减少安慰剂效应的止痛效果。这项发现和其他证据一致，因此得出结论：由于安慰剂效应引起了内啡肽的释放，使得安慰剂效应缓解了疼痛。后来发现，就算没有内啡肽的释放，安慰剂效应也能发挥作用，但是我们在这里只关注基于内啡肽的安慰剂效应，思考Fabrizio Benedetti及其同事们（1999）提出的问题：神经系统在哪里释放与安慰剂相关的内啡肽？

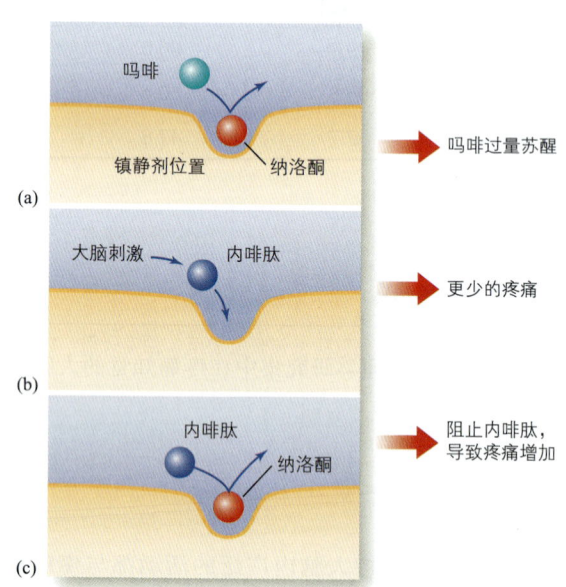

图14.26 （a）纳洛酮，与海洛因具有相似的成分，通过占用对海洛因反应的受体作用位点降低海洛因的作用。（b）通过刺激阿片受体作用位点来促进大脑中内啡肽的释放，从而降低疼痛。（c）通过阻止内啡肽进入受体作用位点，纳洛酮降低了内啡肽减轻疼痛的效果。

Benedetti 考虑的是，是不是由于安慰剂效应的期望激发了大脑中内啡肽的释放，从而导致整个身体的安慰剂效应？还是期望仅仅导致了身体某些特殊部位的内啡肽的释放？为了更好地回答这个问题，Benedetti 给被试在身体的四个部位：左手、右手、左脚、右脚注入了化学药品辣椒素。辣椒素是红辣椒的主要活性成分，在注射后会产生一种烧灼的感觉。

在被试接受了注射后，每 15 分钟要报告一次身体每个部位疼痛的程度，0 代表没有任何疼痛，10 代表难以承受的疼痛。表 14.4 显示，没有被施以安慰剂的所有被试都报告有疼痛感（5.4 ~ 6.6）。另一组被试也接受了注射，但在注射之前，在他们身上一个或者两个部位上擦拭奶油，并告知被试这是局部麻醉剂成分，可以帮助他们减轻辣椒素带来的烧灼感。

表14.4 安慰剂（奶油）对身体不同部位的影响

条件	不同身体部位的疼痛评估			
	左手	右手	左脚	右脚
没有安慰剂	6.6	5.5	6.0	5.4
左手安慰剂	3.0	6.4	5.3	6.0
右手和左脚安慰剂	5.4	3.0	3.8	6.3

来源：Benedetti et al., 1999.

表 14.4 的第二行显示了被试左手的疼痛感在擦涂奶油后减到了 3.0，第三行显示了被试的右手和左脚擦涂奶油后疼痛的减少。这些结果表明，在擦拭奶油的地方，安慰剂效应是显著的。在研究安慰剂效应与内啡肽的关系时，Benedetti 发现了注射纳洛酮可消除安慰剂效应。

依据 Benedetti 的研究，当被试期望减轻疼痛时会将注意集中在特定地方，此时在特定位置释放内啡肽的通路被激活了。因此，与内啡肽相关的止痛机制比简单地释放到整个循环系统中的化学药物复杂得多。大脑不仅能通过释放化学物质减轻疼痛，还能将药物直接送达发生疼痛的地方。将安慰剂效应与内啡肽相联系的研究为心理学研究提供了生理学的依据。

观察他人的疼痛

看到别人疼痛时，你有什么样的感觉？自己也会感觉到疼痛吗？或者是情绪上的疼痛？你会对那个人产生共情吗？或者由于看别人疼痛时你也会痛，从而转身离开？我们已经知道看到发生在别人身上的触觉体验时会影响自身的感觉皮层。类似的过程是否也会发生在痛觉上呢？对其他人疼痛的反应是**共情**，共情是一种体验他人感觉的能力。

Tanid Singer 等人（2004）通过 fMRI 测量了恩爱夫妻中的妻子在受到击打或者观看丈夫被击打时的大脑反应，描述了大脑对疼痛的反应与共情之间的联系（图 14.27）。图 14.27a 显示了当女性本身接受击打时大脑的激活区域；图 14.27b 显示了当她观看丈夫被击打时，一些相同的区域被激活。共同的区域是前扣带皮层和前岛（anterior insula，AI），这两个区域都与疼痛的情感成分相关（见图 14.25）。

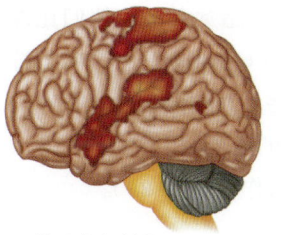 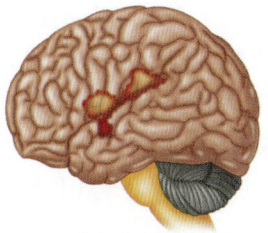

(a) 接受疼痛刺激　　(b) 观看伴侣接受疼痛刺激

图14.27 Singer等人（2004）采用fMRI研究了大脑激活的区域：（a）接受疼痛刺激；（b）观看他人接受疼痛刺激。Singer认为（b）中的激活与对他人的共情类似。共情不激活躯体感觉皮层，但是激活了与疼痛相关的其他区域，如脑岛（在顶叶和颞叶之间）和前扣带皮层（见图14.24和图14.25）。（来源：Holden，2004）

为了说明观看伴侣受击打导致的脑区活动与共情相关，Singer 让女性填写对他人共情反应的"共情量表"。正如预测的，高共情的女性具有更高的前扣带皮层的激活。

在另一个实验中，Olga Klimecki 等人（2004）让被试接受加深对他人共情的训练，然后给他们看他人由于伤害或自燃事故导致疼痛的录像。相比没有接受训练的对照组，共情训练组被试表现了更深的共情和前扣带皮层区域更强的激活。因此，尽管观看其他人体验疼痛与生理疼痛引起的刺激是非常不同的，但这两种疼痛具有一些相同的生理学机制（see also Avenanti et al., 2005; Lamm et al., 2007; Singer & Klimecki, 2004）。

思考时刻
社会疼痛和生理疼痛

我们知道社会行为（例如，观看他人体验疼痛）可以激活与痛觉的情感成分有关的大脑区域。更进一步来说，一些研究者提出，社会排斥导致的疼痛的机制和生理疼痛的机制有联系。

社会排斥可导致疼痛是众所周知的。当描述消极的社会体验时，人们经常用到一些描述生理疼痛的词，如心碎了、受伤害的感觉或情感伤害（Eisenberger, 2012, 2015）。2003年，Naomi Eisenberger等人发表了一篇题为《被排斥疼痛吗？一项关于社会排斥的fMRI研究》的文章，认为背侧前扣带皮层（见图14.25）会被遭社会性排斥的感觉激活。他们让被试参与一个叫"网上传球（Cyberball）"的电子游戏。在游戏中，告知被试将和其他两个人玩投球的游戏，这两个人在屏幕上方用两个图形表示，被试在屏幕下方用一只手进行操作（图14.28）。

最初时，另外两个玩家在投球游戏中会让被试参与进来（图14.28a），但之后突然将被试排除在外，仅仅是他们两个玩游戏（图14.28b）。这种排斥激活了被试的背侧前扣带皮层，见图14.28c，激活的程度与被试体验到的被排斥感的程度相关，被排斥感越大，背侧前扣带皮层的激活程度越高（见图14.28d）。

其他的研究也提供了对消极社会体验和生理疼痛具有相似生理学反应的证据。当对消极社会评估的威胁进行反应（Eisenberger et al., 2011）和回忆起最近被前任抛弃的经历时（Kross et al., 2011），背侧前扣带皮层和前岛也会被激活。吃止疼药（如泰诺）不仅可以减轻生理疼痛，也可以降低心理伤害对背侧前扣带皮层和前岛的激活（DeWall et al., 2010）。

这些结果支持**生理–社会疼痛重叠假说**，该理论认为，消极社会体验产生的疼痛加工过程与生理性疼痛加工过程的一些神经环路相同（Eisenberger, 2012, 2015; Eisenbergerand Lieberman, 2004）。然而这个观点引起了争论，一些批判者认为，前扣带皮层区域的活动可能是对事件而不是对疼痛的反应。例如，研究者认为前扣带皮层不仅仅对疼痛反应，还可能对多种类型的情感和认知任务进行反应（Lindquist et al., 2012; Shackman et al., 2011），或者前扣带皮层对凸显的刺激（刺激在周围环境中突出）进行反应（Iannetti et al., 2013）。

社会和生理的疼痛激活的前扣带皮层是否能说明它们激活了相同的神经环路？为了探讨这个问题，Choong-Wan Woo等人（2014）采用多元模式分析（multivariate pattern analysis, MVPA）来确定由社会和生理疼痛引起的fMRI体素的激活模式。多元模式分析用类似于第5章介绍的定位线反应（图5.42、图5.43）和屏幕图片（图5.44、图5.45）来确定体素模型，以创建视觉刺激的计算机图像解码。尽管多元模式分析采用与之前创建视觉解码的不同数学程序，但它们的目标是一致的：区分由不同类型刺激产生的体素。

Woo等人发现，由回忆亲密伴侣引起的社会排斥所产生的体素模式与呈现在前臂的疼痛所产生的体素模式不同。结果反映在他们文章的题目中——《生理疼痛和社会排斥是分离的神经表征》。

哪种观点是正确的呢？社会疼痛和生理疼痛共享神经机制吗？或者它们只是"疼痛"一词的不同现象？有证据支持生理–社会疼痛重叠假说，但是

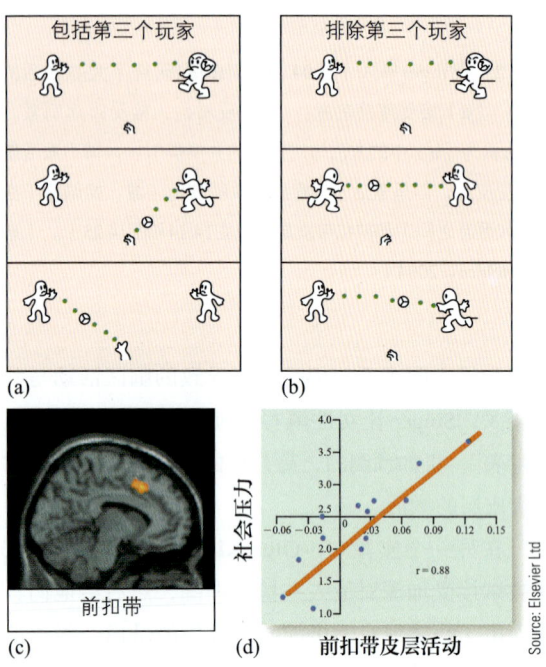

图14.28 "网上传球"实验。（a）告知被试图上面的两个人像是由另外两个人控制的，在实验的第一部分，另外两个人将球投向被试。（b）实验的第二部分，被试被排除在游戏之外。（c）排斥激活了前扣带皮层，见橙色。（d）被试的社会压力（Y轴）和前扣带皮层的激活（X轴）的关系。（来源：Eisenberger & Lieberman, 2004）

也有证据与该假说相背离。因为社会疼痛和生理疼痛是非常不同的（很容易表达被排斥的感觉和烧灼手指的感觉的不同），所以机制是不可能完全重叠的。生理–社会疼痛重叠假说认为有一定程度的重叠，但究竟是多大程度呢？一点点还是很多？我们需要更多的研究来回答这个问题。

测一测 14.2

1. 描述三种类型的疼痛。
2. 疼痛的直接通路模型是什么？什么样的证据导致研究者对该疼痛知觉的模型提出怀疑？
3. 什么是闸门控制模型？理解痛觉感受器、机械感受器和中央控制。
4. 描述期望、注意和情绪影响疼痛的证据。
5. 为什么疼痛是多模型的？描述催眠实验，指出涉及疼痛的感觉成分和情绪成分的区域。
6. 描述化学药品在疼痛知觉上的角色。理解内啡肽和纳洛酮在受体作用位点上的相互作用，以及解释安慰剂效应降低疼痛的可能机制。
7. 描述 Benedetti 等人（1999）的实验。实验如何证明安慰剂效应可以在身体的局部产生？
8. 与观看他人体验疼痛相关的共情的皮层反应是怎样的？
9. 社会和生理疼痛共享一些机制的证据是什么？什么么证据对该观点提出质疑？

想一想

1. 本书的主题之一是应用心理物理学的实验来为生理学机制提供依据，或者为生理学机制与知觉相联系提供依据。心理物理学家是如何运用该方法对视觉、听觉和肤觉进行研究的？
2. 一些人报告尽管他们受伤了，可是他们并不觉得疼，直到他们意识到自己受伤后才能感觉到疼。你如何采用自上而下加工和自下而上加工解释这一现象？你如何将这一状况与我们探讨的研究相联系？
3. 尽管视觉与肤觉在许多方面是不同的，但它们之间也有很多相同点。从以下方面举出视觉和肤觉（触觉和疼痛）相通的例子：协调的感受器、细节知觉的机制、感受野、可塑性（环境如何影响系统的属性）以及自上而下加工。你可以考虑视觉和触觉是如何相互影响的。

关键术语

PC 纤维（PC fiber，p.351）
RA1 纤维（RA1 fiber，p.351）
SA1 纤维（SA1 fiber，p.351）
阿片类药物（opioids，p.367）
安慰剂（placebo，p.365）
安慰剂效应（placebo effect，p.365）
被动式触觉（passive touch，p.359）
本体感觉（proprioception，p.350）
表面纹理（surface texture，p.357）
表皮（epidermis，p.350）
触觉小体（meissner corpuscle，p.350）
触觉知觉（haptic perception，p.360）
传递细胞（transmission cells，p.364）
次级躯体感觉皮层（secondary somatosensory cortex，S2，p.353）
动觉（kinesthesis，p.350）
反安慰剂效应（nocebo effect，p.366）
肤觉（cutaneous senses，p.350）
腹外侧核（ventrolateral nucleus，p.353）
共情（empathy，p.369）
环层小体/RA2 纤维（pacinian corpuscle/RA2 fiber，p.351）
幻肢（phantom limbs，p.364）
机械感受器（mechanoreceptors，p.350）
脊髓丘脑通路（spinothalamic pathway，p.352）
空间线索（spatial cues，p.358）
快速适应纤维［rapidly adapting (RA) fiber，p.351］
两点阈（two-point threshold，p.355）
鲁菲尼圆柱体/SA2 纤维（ruffini cylinder/SA2 fiber，p.351）
慢速适应纤维［slowly adapting (SA) fiber，p.351］
默克尔感受器（merkel receptor，p.350）
纳洛酮（naloxone，p.368）

内侧丘系通路（medial lemniscal pathway, p.352）
内啡肽（endorphins, p.368）
皮肤感受野（cutaneous receptive field, p.350）
躯体感觉接收区 [somatosensory receiving area（S1），p.353]
躯体感觉系统（somatosensory system, p.350）
伤害性疼痛（nociceptive pain, p.363）
神经性疼痛（neuropathic pain, p.363）
生理-社会疼痛重叠假说（physical-social pain overlap hypothesis, p.370）
时间线索（temporal cues, p.358）
探索程序 [exploratory procedures（EPS），p.360]
疼痛的感觉成分（sensory component of pain, p.367）
疼痛的情感成分（affective component of pain, p.367）
疼痛的直接路径模型（direct pathway model of pain, p.364）
疼痛性质的多重模型（multimodal nature of pain, p.367）
痛觉感受器（nociceptors, p.363）
纹理感知的双重理论（duplex theory of texture perception, p.358）
炎症性疼痛（inflammatory pain, p.363）
闸门控制模型（gate control model, p.364）
栅格敏锐度（grating acuity, p.355）
真皮（dermis, p.350）
侏儒（homunculus, p.353）
主动式触觉（active touch, p.359）

人们在与他人吃饭时享受的不仅是这种社会体验，也包括嗅觉和味觉所产生的感觉体验。我们在本章将会了解到舌上的味觉刺激感受器，鼻腔内的嗅觉刺激感受器，以及味觉和嗅觉共同作用产生的味道——主导人们吃什么或喝什么时的知觉体验。

© Leisa Tyler/LightRocket/Getty Images

第 15 章

化学感觉

本章内容

味觉	检测气味	**味道知觉**
味觉品质	辨别不同气味	口腔和鼻腔中的味觉和嗅觉
基本味觉品质	识别气味	神经系统中的味觉和嗅觉
味觉品质和物质作用之间的关联	嗅觉的个体差异	认知因素对味道的影响
味觉品质的神经编码	**分析气味:嗅觉黏膜和嗅球**	食物摄入对味道的影响:感觉特异性饱腹感
味觉系统的构成	嗅觉特性的疑问	
群体编码	嗅觉黏膜	**思考时刻**:普鲁斯特效应:记忆、情绪和嗅觉
特异性编码	嗅感觉神经元如何对气味做出反应	
味觉的个体差异	嗅球中的加工	**发展维度**:婴儿的化学敏感性
嗅觉和味道	**皮层对气味的表征**	
嗅觉的功能	梨状皮层对气味分子的表征	想一想
嗅觉能力	气味客体是如何被表征的	关键术语

我们要思考的一些问题

- 不同的人对于食物的味道体验是否相同?
- 为什么犬类的嗅觉远优于人类的嗅觉?
- 大脑皮层是如何将嗅觉和味觉进行结合的?

人类有五种感觉,但只有两种感觉能脱离本体。试着体会一下,当你观察事物时,会看到光斑的运动;当你倾听自然时,会听到空气振动产生的声音;当你触摸锐物时,可以感受到神经末梢的刺痛。但气味是什么呢?⋯⋯它是由众多微小颗粒构成的(Kushner,1993,p.17)。

在 Tony Kushner 写他的剧本《天使在美国》(*Angels in America*)时,可能没有选修过有关感知觉的课程,因此忽视了视觉和听觉其实也是"神经末梢活动的结果"。但他认为嗅觉有别于其他感觉,作为一种化学感觉,嗅觉需要将化学微粒吸入体内。所以,当你喝东西时,不仅可以闻到它的气味(空气中的化学微粒进入鼻腔),也可以尝到它的味道(液体中的化学微粒刺激舌头)。这是由于气体和液体携带具有不同气味和味道的化学微粒,所以嗅觉和味觉也被称为化学微粒探测器(Cain,1988;Kauer,1987)。

由于"尝"和"闻"需要使刺激进入体内,所以嗅觉和味觉通常被认为是机体的"守门员":(1)识别个体生存所需要的并且可以吸收的物质;(2)觉察对身体有害的、需要被拒绝的物质。嗅觉和味觉守门员的功能也受到情感、情绪以及物质成分的影响。如果一种物质对人体有害,那么闻起来或尝起来多半会让人不愉快,而对我们有益的东西通常尝起来和闻起来都很好。除了产生好坏的情绪体验,一些熟悉的气味(如与一个老地方或与某事有关的气味)同样会激起我们对往事的回忆,从而使我们产生情绪反应。

由于味觉和嗅觉的感受器不仅会持续受到适

宜化学刺激的作用，也会暴露在细菌或粉尘等有害的物质中，所以这些感觉细胞要经历产生、成熟到凋亡的生命历程。其中，嗅觉细胞的生命周期为5~7周，而味觉细胞的周期为1~2周。我们把感觉细胞不断更替的过程称为"神经形成"——这是嗅觉和味觉特有的。而由于视觉和听觉感受器处于器官结构的内部（如眼睛和内耳），肤觉的感受器位于皮肤之下，所以可以得到很好的保护。但味觉和嗅觉感受器几乎没有保护，因此需要不断地更替。

在本章，我们将讨论味觉和嗅觉。从每个系统的心理物理学和解剖学的角度入手展开讨论，然后介绍神经系统对于味觉和嗅觉的编码过程，最后进一步讨论嗅觉和味觉相互作用的结果——味道。

味觉

味觉是我们再熟悉不过的一种感觉，我们每次吃东西的时候都会有所体验（在本章的后半部分，我们会知道其实在进食时体验到的是结合了嗅觉和味觉的"味道"）。那么味觉何时发生呢？答案是当固体或液体中的化学微粒进入口腔，并刺激舌上的味觉感受器时，味觉就发生了。我们通常用五种基本味觉品质来描述人们对味觉的体验。

味觉品质

大多数研究者描述味觉品质时，都是依据五种基本的味觉：咸、酸、甜、苦和鲜（umami，人们常用口感香醇、鲜美多汁、风味极佳来形容鲜，并且也常常与可以提味的味精有关）。

基本味觉品质

早期的一项研究（该研究是在"鲜"成为第五种基本味觉之前进行的）认为人们能够用四种基本味觉描述日常生活中的大多数味觉体验。Donald McBurney（1969）在一项研究中向被试呈现了有四种味道的溶液，并要求被试用量值估计法（详见第1章和附录C关于量值估计程序的说明）判断每一种味道的强度。他发现一些物质会有一个主要

的味道，而另一些物质的味道是由四种味觉品质结合产生的。例如，氯化钠（咸）、盐酸（酸）、蔗糖（甜）以及奎宁（苦）——这些物质的味道只和四种基本味觉品质中的一种最为接近。但也有一些物质并非如此，如氯化钾（KCl）尝起来像咸和苦的混合，而硝酸钠（$NaNO_3$）的味道则混合了咸、酸和苦（图15.1）。

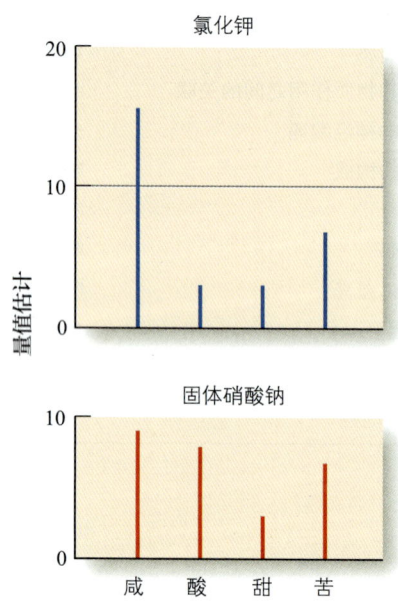

图15.1 采用量值估计法对氯化钾和硝酸钠的味道进行判断，线的高度反映了每种基本味道的数值估计量（强度）。（来源：McBurney，1969）

类似的研究结果使得大多数研究者接受了基本味觉分类的观点。在进一步讨论味觉品质的神经编码时，我们会了解到大多数研究都是以基本味觉品质为基础的（当然也有一些反对基本味觉品质的观点；Erickson，2000）。

味觉品质和物质作用之间的关联

味觉和嗅觉帮助我们判断哪些东西可以吃，哪些应该远离，因此被称为"守门员"。在日常生活中，我们经常要通过味道来辨别食物是否可以食用，所以味觉对于物质味道的辨别显得极具现实性（Breslin，2001）。

通过将味觉品质和物质作用联系起来，味觉得

以执行守门员的功能。甜味通常与高营养和高热量的物质有关，因此甜味对维持生命来说很重要。甜味物质会引起自动接收响应，并激发预期的新陈代谢反应，促进消化系统对相关物质的加工。

与甜味物质的作用不同，苦味会触发自动排斥响应，帮助机体避免有害物质，如那些尝起来很苦的毒药士的宁、砒霜和氰化物等有害物质。

咸味通常意味着有钠存在，当人体缺钠或由于出汗导致大量的钠流失时，富含钠的咸味食物通常可以帮助人们补充身体所需要的盐分。

虽然我们列举的例子说明了大多数（物质的）味道会有与之相对应的功能，但是这种联系并不绝对。人们有时会误食美味的毒蘑菇而中毒；也有一些类似糖精和蔗糖素的人工甜味剂并没有新陈代谢的价值；同样也有一些苦味的东西不但不危险，而且具有新陈代谢的价值。人们可以通过学习来调整对某一味道的反应，那些最初可能认为并不吸引人的食物现在却让人觉得很美味。

味觉品质的神经编码

味觉研究的一个中心问题是确定味觉品质的生理学基础。在本节中，我们将讨论味觉系统的结构，以及味觉系统中关于味觉品质编码的两种假说。

味觉系统的构成

舌是人体品尝食物的器官，也是人类味觉过程的开端（**图 15.2a** 和**表 15.1**）。舌的表面有很多由**乳头状突起**组成的凹和凸，乳头状突起分为四

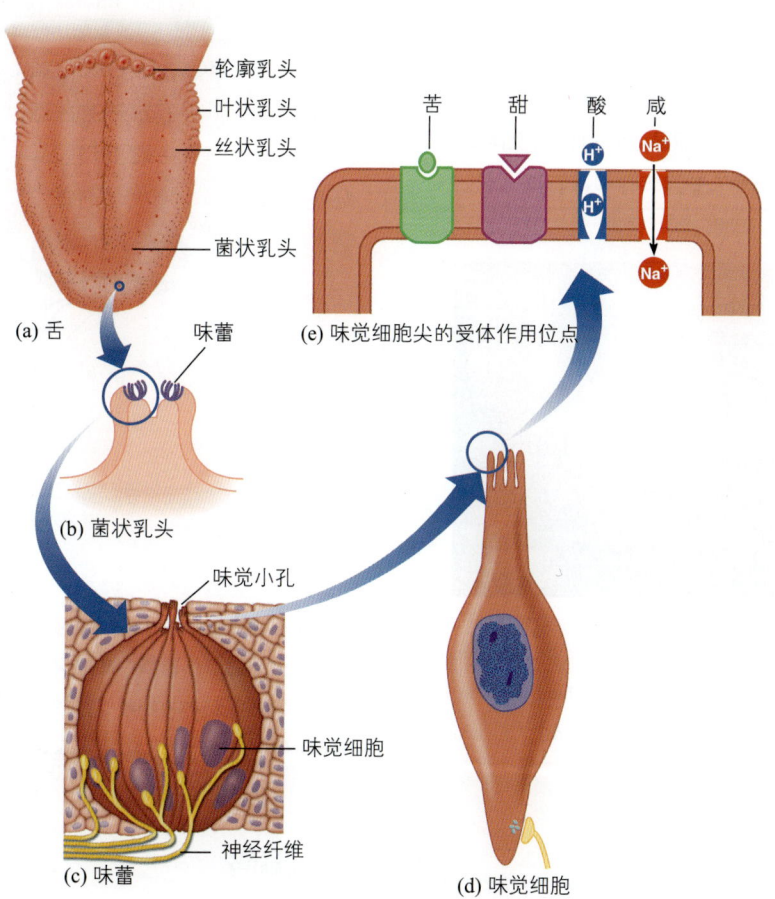

图15.2 （a）舌：包含四种不同类型的乳头状突起。（b）舌上的菌状乳头：每个乳头上包含了很多的味蕾。（c）味蕾的横截面：可以看到味觉刺激的入口——味孔。（d）味觉细胞：味觉细胞的尖端就在味孔的下面。（e）味觉细胞尖端细胞膜的特写图：有与苦、甜、酸和咸相对应的受体作用位点。刺激这些受体作用位点会引起细胞内的一系列反应（图中并未显示），继而引起离子跨膜运动，产生电信号。

种：(1) 丝状乳头使舌头有着粗糙的表面，它与视锥细胞的外形类似并且覆盖整个舌面；(2) 菌状乳头的外形像蘑菇，并且散布在舌尖和舌的两侧（图15.3）；(3) 叶状乳头是一系列的褶皱，沿着舌侧缘分布在舌的后面；(4) 轮廓乳头外形像是被沟渠围绕的扁平的山丘，分布在舌的后面。

表15.1 味觉系统的结构

构造	描述
舌	味觉的感受器官，包括乳头状突起以及下列所述的各种结构。
乳头状突起	覆于舌面的"粗糙的"结构，包括四种，每种都有各自的形状。
味蕾	位于乳头状突起上，舌上大约有10 000多个味蕾。
味觉细胞	味蕾的组成细胞，在每个味蕾上有很多的味觉细胞，每个味觉细胞尖端都伸出到味孔处，并且与一个或多个神经纤维相连。
受体作用位点	分布在味觉细胞的尖端。针对不同的化学物质存在不同类型的受体，化学物质与受体接触使嗅觉细胞产生离子跨膜运动，完成换能。

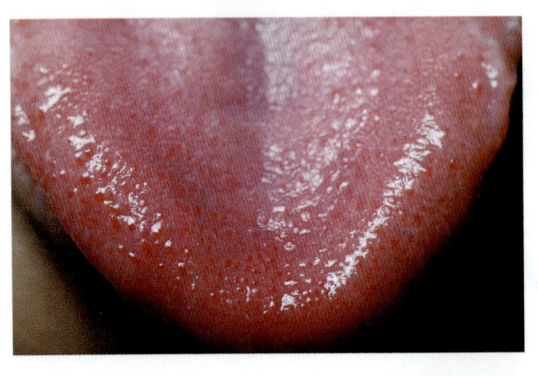

图15.3 舌表面的红点是菌状乳头。（来源：Shahbake, M., 2008 PhD Thesis; Anatomical and psychophysical aspects of the development of thesense of taste in humans, University of Western Sydney, pp. 148-153）

除丝状乳头外，所有的乳头状突起中都有**味蕾**（图15.2b 和图 15.2c），舌上大约包含 10 000 多个味蕾（Bartoshuk, 1971）。由于丝状乳头不包含味蕾，而舌中间的部位仅有丝状乳头，所以舌的中间不能产生味觉。但刺激舌的后面或周边则会产生各种各样的味觉。

每个味蕾中包含 50~100 个**味觉细胞**，味觉细胞尖端均伸出到**味孔**处（图 15.2c）。当化学物质与味觉细胞尖端的受体作用位点接触时，会使味觉细胞发生换能作用（图 15.2d 和图 15.2e）。换能后产生的电信号，经由舌依次传递给不同的神经纤维：(1) 鼓索神经（分布在舌的前面和边缘的味觉细胞）；(2) 舌咽神经（分布在舌的后面）；(3) 迷走神经（分布在口腔和咽喉）；(4) 岩浅神经（分布在口腔顶部的软腭）。

由舌、口腔和咽喉发出的神经纤维与脑干的**孤束核**相连接。信号经由孤束核传递至丘脑，继而抵达大脑额叶上的初级味觉皮层的两个区域：**脑岛**和**额叶岛盖**（部分隐藏在颞叶后面）（图 15.4；Finger, 1987; Frank & Rabin, 1989）。

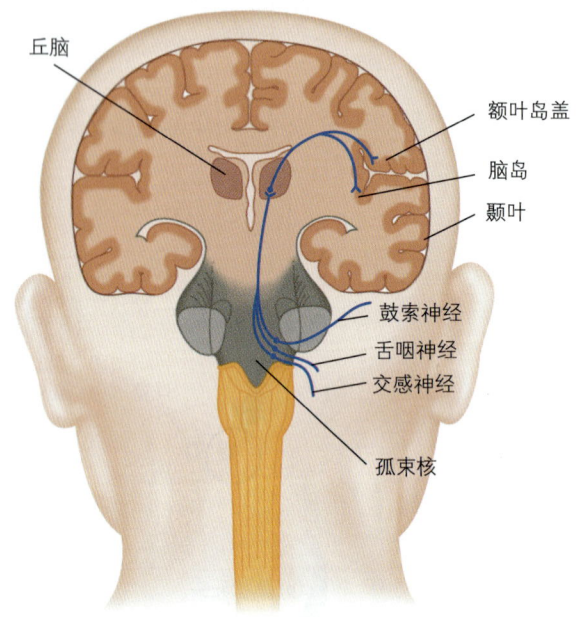

图15.4 味觉信号的核心通路是孤束核，来自舌和口腔的神经纤维在大脑底部的髓质中形成突触。这一神经通路从孤束核出发，到达丘脑的神经纤维突触，然后再到脑岛和额叶岛盖的味觉皮层区域。（来源：Frank & Rabin, 1989）

群体编码

在本书第 3 章中我们曾区分过两种编码类型：特异性编码是那些能对某特质进行反应的一类神经元活动的结果；群体编码是指对某特质进行反应的多种神经元活动的结果。先前的讨论和本书中其他章节也倾向于支持群体编码。但这两种编码对于味觉的解释很难分开，并且有各自的支持者。

关于群体编码有哪些证据呢？Robert Erickson（1963）采用实验的方法证明了群体编码。在实验中，他向大鼠的舌头上施加多个不同的味觉刺激并且记录鼓索神经的反应。在**图15.5**中，我们可以看到13个神经纤维对氯化铵（NH_4Cl）、氯化钾（KCl）、氯化钠（NaCl）的反应。Erickson把这种多个神经纤维共同反应的模式称为**横跨纤维模式**，即群体编码。红色和绿色的线分别表示氯化铵和氯化钾的横跨纤维模式，可以发现两者类似，而对于氯化钠的反应有很大的不同（图中的空心圆）。

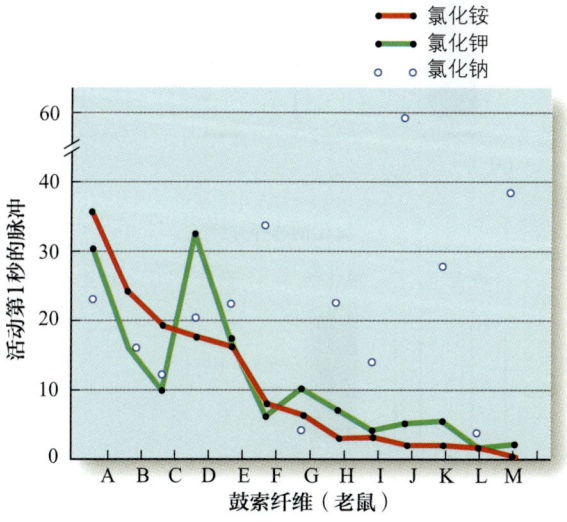

图15.5 大鼠鼓索神经的横跨纤维模式对三种盐分的反应。横轴上的字母代表不同类型的神经纤维。（来源：Erickson，1963）

Erickson推断，如果大鼠对味觉品质的知觉取决于横跨纤维模式，那么模式相似的两种物质的味道也应该相似。因此，根据电生理学的结果可以预测氯化铵和氯化钾的味道应该相似，而两者均与氯化钠的味道不同。为了验证这个假设，Erickson在大鼠饮用氯化钾溶液时电击大鼠，然后让大鼠在氯化铵和氯化钠之间选择。如果氯化铵和氯化钾的味道类似，那么大鼠在选择的时候应该会避开氯化铵。结果和实验预期一样，大鼠确实是这样做的。而当大鼠饮用氯化铵的溶液受到电击时，它们也会避开选择氯化钾。

那么人类对味道的知觉又是怎样的呢？Susan Schiffman和Robert Erickson（1971）在实验中要求被试对多种味道不同的溶液做相似度判断，结果发现被人类知觉为相似的物质在对大鼠的实验中能激发相似的放电模式。正如群体编码所预测的那样，知觉上的相似性与相似的放电模式有关。

特异性编码

关于特异性编码的大多数证据来自对味觉系统的早期神经活动的观察记录。下面，我们通过实验来进一步了解甜、苦和鲜的感受器。

基因克隆技术证明了存在只对某一味道进行反应的受体，也使得在小鼠体内增加或消除特异性受体成为可能。Ken Mueller等人（2005）使用苦味的苯硫脲（Phenylthiocarbamide，简称PTC）的混合物做了一系列实验。由于PTC对人类而言是苦的，但对小鼠来说不是——因为他们在行为实验中发现小鼠不会对高浓度的PTC溶液产生回避，所以推测小鼠尝不到PTC的苦味（**图15.6**的蓝色曲线）。但在人类体内的苦味受体群中存在可以识别PTC的苦味特异性受体，因此人类能品尝到PTC的苦味。Mueller通过基因克隆技术将人类的苦味PTC受体导入小鼠体内，实验结果发现，带有苦味PTC受体的小鼠对高浓度的PTC产生了回避（**图15.6**中的红色曲线和**表15.2a**）。

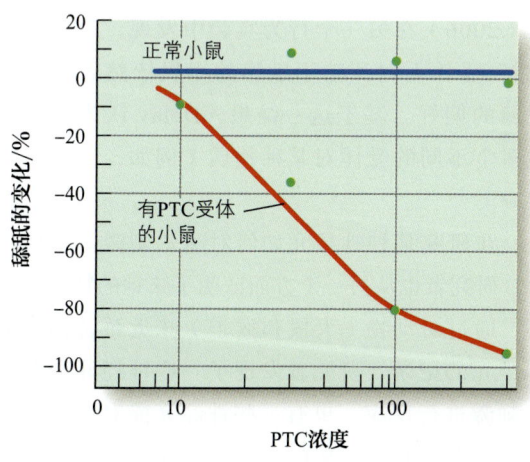

图15.6 小鼠对PTC的行为反应。蓝色曲线为一只正常的小鼠对高浓度的PTC的舔舐频率。红色曲线为一只带有苦味PTC受体的小鼠将会回避PTC，尤其是高浓度的PTC。（来源：Mueller et al., 2005）

表15.2 Mueller实验的结果

化学物质	正常小鼠	克隆小鼠
（a）PTC	无PTC受体	有PTC受体
	不避开PTC	避开PTC
（b）Cyx	有Cyx受体	无Cyx受体
	避开Cyx	不避开Cyx

在另一个实验中，Mueller创造出一种缺少苦味环己酰亚胺（cyclohexamide，简称Cyx）受体的小鼠。正常的小鼠体内含有这种受体，从而会避开Cyx，但缺少苦味Cyx受体的小鼠则不会避开Cyx混合物（表15.2b）。不仅如此，Cyx也不会激活小鼠舌上负责接收苦味信号的神经。因此，如果缺失特异性味觉感受器，会同时影响神经纤维的激活和动物的行为。

值得注意的是，在所有这些研究中，增加或去除苦味受体对甜、酸、咸、鲜的刺激的神经激活或行为没什么影响。另外一些研究者使用同样的技术证实了甜和鲜味的特异性受体的存在（Zhao et al., 2003）。

实验中，研究者发现在动物体内新增或去除某种受体会改变动物对特定物质的敏感性，这些结果也支持了特异性编码，即存在一些受体仅对甜、苦和鲜味做出反应。然而，也有一些研究者质疑实验结果的准确性。例如，Eugene Delay等人（2006）在另一个行为实验中发现，由于去除"甜"受体而对甜味不敏感的小鼠依然表现出了对糖的偏好。基于这一结果，Delay认为可能存在多个不同的受体对某种物质（例如，糖）做出反应。

在研究某种神经元如何对味觉刺激做出反应时，研究者也从另一个方面证明了味觉的特异性编码。通过对动物（大鼠和猴子）味觉系统初始的神经元的记录，研究者发现了一些神经元会对特定刺激进行反应，也有一些神经元能对多种刺激进行反应（Lundy & Contreras, 1999; Sato et al., 1994; Spector & Travers, 2005）。

图15.7为大鼠味觉系统中的三种神经元对蔗糖（人尝起来是甜味）、氯化钠（NaCl；咸味）、盐酸（HCl；低浓度状态下是酸味）、奎宁（QHCl；苦味）的反应（Lundy & Conteras, 1999）。图15.7a是对蔗糖进行选择性反应的神经元，图15.7b是对NaCl进行反应的神经元，图15.7c是对NaCl、HCl和QHCl进行反应的神经元。像图15.7a和图15.7b的一些神经元能对与甜味（蔗糖）和咸味（NaCl）相关的刺激进行选择性反应，研究者也发现了能对酸味（HCl）和苦味（QHCl）进行选择性反应的神经元（Spector & Travers, 2005）。这些都支持了特异性编码。

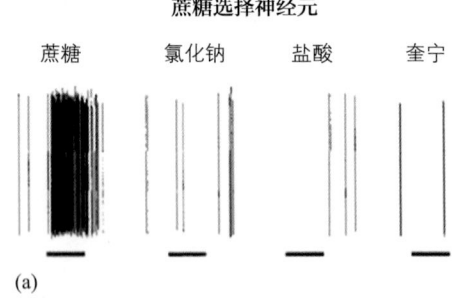

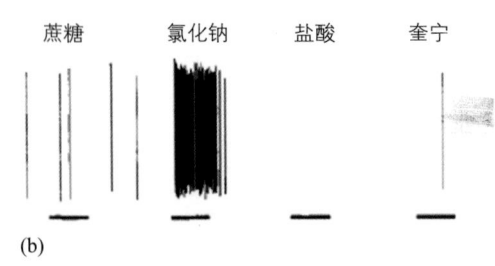

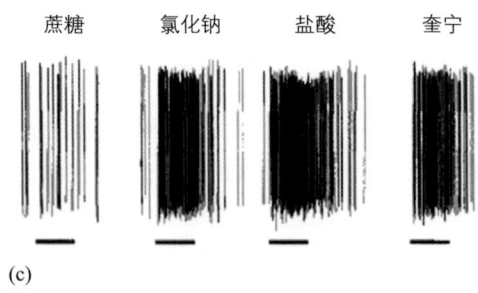

图15.7 在大鼠的鼓索神经纤维胞体上记录到的三种神经的反应。将蔗糖、盐、盐酸和奎宁溶液倒在大鼠的舌头上15秒（图中水平线表示），垂直线表示的是单个神经的脉冲。（a）对甜味刺激进行选择性反应的神经元。（b）对咸味进行选择性反应的神经元。（c）对咸、酸、苦味刺激进行反应的神经元。（来源：Lundy & Comtreras, 1999）

特异性编码的另一个发现是阿米洛利的影响，阿米洛利会阻碍钠离子流入味觉细胞。在大鼠舌上涂上阿米洛利会导致大鼠脑干（孤束核）对咸味最敏感的神经元反应（图15.8a）的减弱，但是对咸味和苦味混合味道敏感的神经元影响很小（图15.8b；Scott & Giza，1990）。因此，阻碍钠离子跨膜流动会降低对咸味敏感的神经元的反应。但是它并不影响对其他味道敏感性强的神经元的反应。所以可以认为，阿米洛利所阻碍的钠离子通道对大鼠或其他动物的咸味知觉很重要，但对人类并非如此。最近的一些研究发现，人体内的其他离子通道也可以识别咸味（Lyall et al.，2004，2005）。

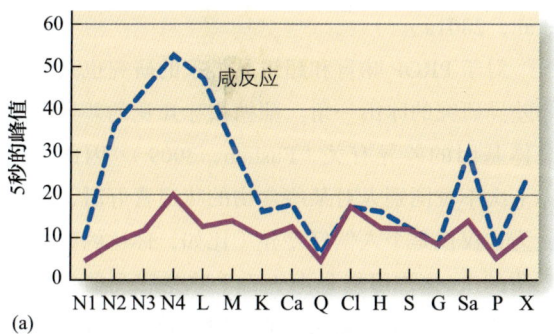

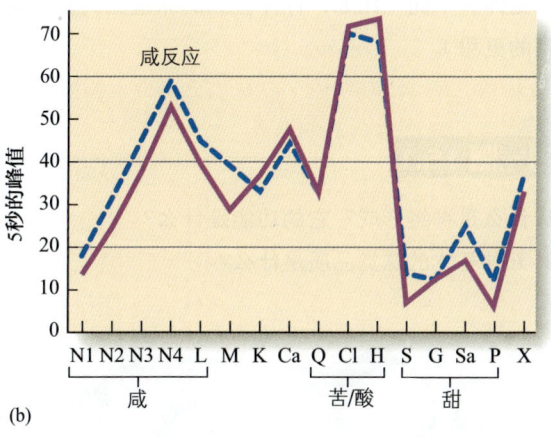

图15.8 蓝色虚线为大鼠孤束核中的两种神经元对多种味道刺激（对应水平轴）的反应。（a）图中的神经元对咸味物质有强烈反应；（b）图中的神经元对多种物质都有反应；紫色的线为钠离子被阿米洛利阻碍之后这两种神经元对刺激的反应。阿米洛利抑制了（a）中对咸味反应的神经元，但是对（b）中的神经元几乎没有影响。（来源：Scott & Giza，1990）

这些关于克隆鼠的实验结果、单个神经元的记录数据以及阿米洛利的影响似乎都支持了特异性编码（Chandrashekar et al.，2006）。然而，这些争议依然没有盖棺定论。比如，David Smith 和 Thomas Scott（2003）支持群体编码，位于味觉系统核心区域的神经元可以对多种味觉品质做出反应。Smith 等人（2000）指出，并不能因为一些神经对某一种物质（比如咸味或酸味）反应最灵敏，就认为味觉信号只与一类神经元有关。Smith 用色觉类比味觉机制，进一步阐述了他的观点。他指出，红色的长波光也可能会高度激活视锥细胞色素（见图9.12），但我们的红色知觉依然取决于长波和中波色素的组合反应。同样的，咸味刺激可能导致对咸味最敏感的神经元的高度激活，但是其他神经元也可能参与了咸味知觉的产生。

对于诸如此类的争论，一些研究者认为虽然有证据支持特异性味觉感受器，但群体编码也参与了味道的辨别过程，尤其是在更高水平的系统里。一种观点认为，虽然特异性编码可能决定基本味觉品质，但是群体编码会决定同类味道间的细微差别（Pfaffmann，1974；Scott & Plata-Salaman，1991）。这可能有助于解释为什么在某些同类别的物质中会有不同的味道知觉，比如对所有甜物质的味道知觉都不尽相同（Lawless，2001）。

味觉的个体差异

人类和动物的"味觉世界"不同。比如，与大多数哺乳动物不同，家猫不喜欢糖的甜味，但它们对于其他一些物质表现出了与人类相似的偏好，比如会回避对人类来说很苦和很酸的味道。遗传学研究表明，尝不出来甜味是由于家猫体内缺少形成甜味受体的功能性基因，致使甜味受体缺失，所以无法觉察到甜味。

这个有关猫的有趣现象告诉了我们：人类的味觉会由于基因的差异而存在对特定物质的味觉感知能力的差异。其中比较熟悉的效应是人类能够尝出苦味物质 PTC——我们曾在介绍 Mueller 的特异性编码时讨论过。Linda Bartoshuk（1980）介绍了 PTC 效应的发现过程：

1932年，一位在特拉华州威尔明顿的 E. I. DuPont deNemours 公司工作的化学家 Arthur L. Fox

偶然发现了 PTC 会引发人的不同知觉。有一次在他将准备好的 PTC 倒入瓶子里时，一些 PTC 粉末散到空气中，他一个同事抱怨空气中的苦味，而 Fox 离这些物质更近却没有发觉。当时，知名的遗传学者 Albert F. Blakeslee 很快地跟进了这一发现。1934 年，在美国科学促进会（American Association for the Advancement of Science，简称 AAAC）的会议上，Blakeslee 给在场的 2500 名参会人员分发了 PTC 晶体。结果发现：28% 的人认为它是无味的，66% 的人认为它是苦的，还有 6% 的人认为它有其他的味道。(p.55)

能够品尝 PTC 的人被称为品尝家，而那些不能品尝 PTC 的人被叫作味盲。在最近的一些研究中，研究者使用与 PTC 具有类似属性的物质 6-n-丙硫氧嘧啶（propylthiouracilum，简称 PROP）进行实验，发现大约有 1/3 的美国人认为 PROP 是无味的，有 2/3 的人能够识别它的味道。

是什么导致了人们对 PROP 品味能力的差别？原因之一就是人们舌上味蕾的数目不同。Linda Bartoshuk 使用视频显微镜技术来计算舌上包含味觉受体的味蕾的数量（Bartoshuk & Beauchamp, 1994）。这项研究发现，能够品尝到 PROP 味道的人比其他人有更多的味蕾（见图 15.9）。

除了味蕾的密度，导致味觉个体差异的另一个因素是存在特异性受体。利用先进的基因技术，我们已经可以在人类染色体上找出与味觉受体、嗅觉受体有关的基因的类型和位置。这些研究也可以解释为什么拥有 PROP 和 PTC 味觉的人会有特异性受体，而其他的人没有（Bufe et al., 2005；Kim et al., 2003）。

这对我们每天的味觉体验意味着什么呢？若在品尝其他物质时，PROP 味觉者也会比味盲体验更多的苦味，那对他们来说某些食物可能尝起来更苦。然而这个问题依然不能确定。一些研究发现了味觉者和味盲对其他物质苦味进行评价时存在差异（Bartoshuk, 1979, Hall et al., 1975）；而另一些研究并没有发现差异（Delwiche et al., 2001b）。但是对 PROP 味觉特别敏感的"超级品尝家"实际上可能会对大多数苦味物质更加敏感，就好像在苦味系统中对所有苦味物质的知觉都被放大了（Delwiche et al., 2001a）。

对于 PROP 味盲和超级品尝家的研究也只是个体差异研究的冰山一角。蔗糖甜味知觉的差异也同个体基因的差异有关（Fushan, 2009）。因此，当你下次不赞同别人对某些食物的味道喜好时，不要认为这仅仅是个人偏好差异（比如，你比约翰更爱吃甜的），也许可能是由于舌上味觉感受器数量和类型的差异或是味觉系统的其他差异，造成你们的味觉体验不同（比如，你体验到的味道比约翰体验到的更甜）。

测一测 15.1

1. 什么是神经形成？它的功能是什么？
2. 五种基本的味觉品质是什么？

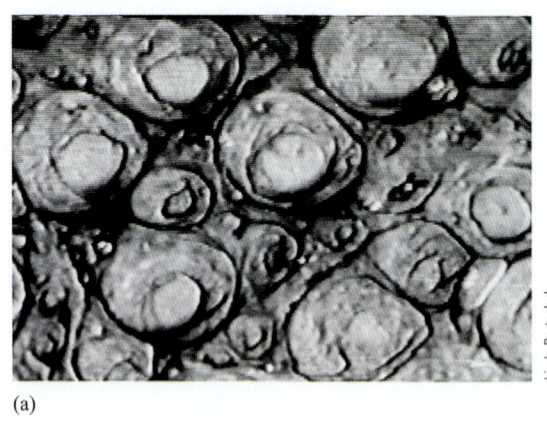
(a)

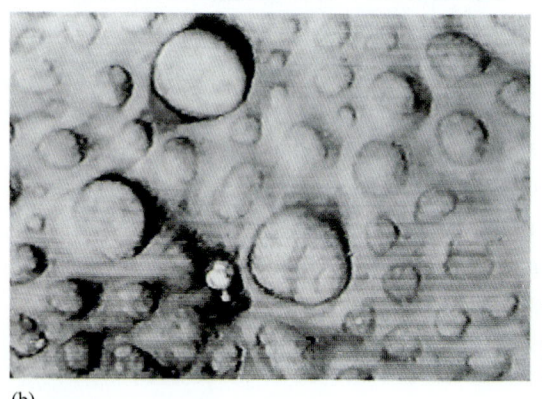
(b)

图15.9 （a）视频显微镜显示了"超级品尝家"舌上的菌状乳头（来自一个对PROP味道极其敏感的人）；（b）"味盲"者的舌。

3. 味觉品质是如何与物质影响相关联的？
4. 简述味觉系统的生理解剖结构，包括感受器和核心通路。
5. 试论证味觉的群体编码和特异性编码，你支持哪一个？
6. "不同的人可能有不同的味觉体验"的观点的证据是什么？导致这种差异的机制可能是什么？

嗅觉和味道

同味觉一样，**嗅觉**也能提供对人类的生存十分重要的信息，并且还能结合味觉创造出味道，丰富我们的生活。

嗅觉的功能

嗅觉也是一个警觉系统，能提醒我们警惕食物变质、瓦斯泄露或烟雾等。这些信号对人类来说很重要，但在其他一些物种中由于嗅觉是它们了解环境的主要窗口，所以嗅觉对它们的生存来说更重要（Ache，1991）。

很多动物是**嗅觉灵敏的**（因为敏锐的嗅觉对它们的生存来说很重要），然而人类是**嗅觉不灵敏的**（人类嗅觉是否敏感不会对其生存造成至关重要的影响）。对于嗅觉灵敏的动物来说，嗅觉能给它们提供很多线索，比如分辨空间的方向、标记领土、指导它们去特定的地点、分辨其他动物以及寻找食物（Holley，1991）。在一些物种中，某些气味会引发交配行为，看来气味对有性繁殖也很重要（Doty，1976；Pfeiffer & Johnston，1994）。

在一些动物的嗅觉世界里，**信息素**扮演着重要的角色，它是一种由个体释放的能够引起同物种中其他个体产生特定反应的化学物质（Karlson & Luscher，1959；Wyatt，2010）。Peter Karlson 和 Martin Luscher 最早提出了信息素这一术语，它是由两个希腊词——传递和兴奋——组成的，大意为传递刺激。很多动物行为的例子能够证明信息素的存在。比如，雌性蚕蛾通过释放化学物质（蚕蛾性诱醇）吸引千米之外的雄性；或者雄性小鼠释放信息素来吸引雌性，同时也会对其他雄性小鼠起到警告作用（Novotny et al.，1985）

人类是否存在信息素依然存在争议（Doty，2010；Schaal & Porter，1991；Stern & McClintock，1998；Wysocki & Preti，2009），不过有证据表明，人类能够检测到与繁殖相关的气味。Devendra Singh 和 Matthew Bronstad（2001）证实了男性对女性身体气味的评估与女性生理周期有关。研究发现，男性对女性在排卵期间连续穿了3天的 T 恤气味的评估比在非排卵期间穿过的衣服气味的愉悦度有更高的评价。在另一个 T 恤实验中，Saul Miller 和 Jon Maner（2010）发现，当男性在闻女性于排卵期穿过的衣服时，比闻还有很长时间才到排卵期的女性穿过的衬衫时产生了更高的睾丸激素水平。因此，嗅觉线索与女性的生殖能力有关。

这些生物产生的嗅觉线索是否确实影响了人类的性吸引还不清楚，但是有证据表明嗅觉缺失会影响人们的社会行为。Ilona Croy 等人（2013）发现，生来就没有嗅觉的人，即**先天性嗅觉缺失（ICA）**的人，比正常人更缺乏安全感。具有先天性嗅觉缺失的人报告说他们担心自己身上的气味会阻碍与别人的交往，因此会避免和他人一起吃饭。且患先天性嗅觉缺失的人与常人相比，两性经验更少。

除了社会关系之外，一些之前有嗅觉体验，但是由于受伤或者感染而引起**嗅觉缺失症**的人通常会更清楚地意识到嗅觉在生活中的重要作用。一个先前患有嗅觉缺失症后来又重获嗅觉的女人说，"我曾想过如果必须选择一个，我会牺牲嗅觉去换取味觉，但是我突然发现我错得有多离谱。人、房屋、空气、皮肤，都是有味道的，但是人们并没有意识到气味的存在，认为那都是理所应当的"（Birnberg，1988；quoted in Ackerman，1990，p.42）。

Molly Birnbaum（2011）在一场车祸中失去了嗅觉。她发现，平时自己认为本应该有的气味消失了，纽约仿佛"失去了汽车尾气、热狗和咖啡的气味"。当她的嗅觉能力逐渐恢复时，她痴迷于各个新气味。她曾写道："黄瓜！那个醉人的、芬芳的气味回来了，它散发出来的清香让我陶醉。（Birnbaum，2011，p.110）"

从这些描述中可以发现，嗅觉在生活中远比我们以为的重要。尽管它对生存不是至关重要的，但嗅觉能力能够帮助我们提高生活质量。若失去了嗅觉警觉系统，生活可能会变得更加危险。

嗅觉能力

我们的嗅觉如何？这个问题可以通过研究人对低浓度气味的检测能力，或者测试对不同味道的辨别能力，以及识别气味的能力来进行回答。

检测气味

嗅觉使我们能够检测到一些低浓度的气味，而气味的**检测阈**是个体能够刚刚觉察到的最微弱的气味。

> **方法 | 测量检测阈**
>
> 测量检测阈的方法之一是在实验中向被试呈现不同浓度的气味。要求被试回答"是"（嗅到了气味）或"否"（没有嗅到任何气味）。然而，这种实验方法可能会受到个体主观因素的影响。比如，一些人会在仅仅有一点气味线索时候就回答"是"，还有一些人会等到明确地闻到气味时才回答"是"（见附录 D）。
>
> **迫选法**避免了这种问题的发生，它通过给被试提供多组嗅觉刺激（每组包含两个实验试次），一个实验试次是有微弱的气味的，另一个实验试次则没有气味。被试的任务是判断哪个实验试次有更强烈的气味。因为被试知道每次只呈现一个实验试次，所以他必须判断气味是否出现。如果有 75% 的正确率认为在实验中嗅到了气味便可测量出阈限（正确率为 50% 时可能存在随机现象）。如果在第一次实验试次中就出现了气味，那么至少需要等待 30 秒再进行下一个试次。一般情况下，迫选法比回答是否的实验有更高的敏感性（Dalton，2002）。

表 15.3 列出了一些物质的阈限值，我们可以看到阈限范围差别很大。例如，叔丁基硫醇（添加在天然气中，用来警告人们气体泄漏）在空气中浓度低于十亿分之一时就会被发现。相反，丙酮（卸甲油的成分）气体在空气中的浓度必须达到 15 000/1 000 000 000 才能被闻到，甲醇气体的浓度要到达 141 000/1 000 000 000 才能被闻到。

表15.3 气味检测阈

物质	在空气中检测阈
甲醇	141 000/1 000 000 000
丙酮	15 000/1 000 000 000
甲醛	870/1 000 000 000
薄荷醇	40/1 000 000 000
叔丁基硫醇	0.3/1 000 000 000

来源：Devos et al., 1990

尽管人们能够检测得到一些浓度很低的气味，但对气味的敏感性远低于某些动物。比如，大鼠对气味的敏感性是人类的 8~50 倍，犬类对气味的敏感性是人类的 300~1000 倍（Laing et al., 1991）。尽管一些动物可以检测到人类不能检测的气味，但是人类的单个嗅觉感受器的敏感性几乎和动物没有区别。H. deVries 和 M. Stuiver（1961）证明了这一点，他们发现人类的嗅觉受体可以仅仅被一个气味分子激活，并产生反应。

尽管单分子受体如此敏感，但是为什么人类对气味的敏感性会比犬类低呢？答案是人类的受体比犬类少得多，人类大约只有 1000 万个受体，而犬类则有 10 亿个受体（Dodd & Squirrell, 1980；Moulton, 1977）。

辨别不同气味

尽管人类对低浓度的气味分子的敏感性不如其他动物，但是在进行**气味辨别**任务时——说出不同气味间的差异——表现得很好。气味辨别的难度在于可能存在许多种气味，因为自然界中的大多数气味刺激是由众多成分混合而成的。比如，玫瑰的气味是由 275 个成分构成的混合物。这意味着只要改变混合物的一些成分就可以产生多种不同的气味。毫无疑问，大量化学物质和它们可能的组合使气味的种类数以万计。

Carolie Bushedid 等人（2014）的实验考察了

在改变某一物质成分的多少后，被试可以检测到变化。基于他们的研究成果以及对可能气味数量的估算，他们提出人类能够辨别超过 10 000 亿种气味刺激。相比视觉（能区分几百万种不同的颜色）和听觉（能区分 50 万种不同的音调），这极其令人震撼。

识别气味

更有趣的是，虽然人类能够辨别超过 10 000 亿种不同的气味，但很难准确地识别特定的气味。比如，当人们识别像薄荷、香蕉、车用机油等熟悉的气味时，能够很容易地区别它们的味道。然而，当要求他们识别与气味相关的成分时，成功率会降低一半（Engen & Pfaffmann，1960）。J. A. Desor 和 Gary Beauchamp（1974）发现，如果在实验开始之前告诉被试每个物质的名称，并且在之后的试次中更正回答错误的物质名称，经过几次训练后，被试们可以准确地识别 98% 的物质。

令人惊奇的是，对气味的标签似乎能影响我们对该气味的知觉。很多年前，我有过这样的经历。我和朋友共同品尝过一种白兰地，但这种白兰地有一个非常难以辨认但有趣的气味，有点像茴芹、橙子，也有点像柠檬，直到转动瓶子看到后面的标签才知道真相："白兰地（酒）是从谷物中提取出来的丹麦民族饮料，它如水晶般透明，十分美味，且有淡淡的香菜的气味"。当我们听到香菜这个词时，先前对茴芹、橙子和柠檬的假设便转换到香菜的气味上了。因此，我们无法识别气味可能并不是气味系统的缺陷导致的，而是因为无法从记忆里提取这个气味的名称（Cain，1979，1980）。

演 示 | 命名和气味识别

为了明确物质命名对气味识别的影响，让朋友收集几个你比较熟悉的物品，把你的眼睛蒙上然后尝试识别这些物品的气味。你会发现只能够识别其中的一部分。当朋友说出你没识别出的味道的名字时，思考一下为什么你连如此熟悉的气味都没有识别出。这时候请不要怀疑自己的鼻子，应该思考是不是记忆出了差错。

嗅觉的个体差异

我们已经知道基因差异可能导致人们在味觉体验上的不同。这种基因差异的影响同样也发生在嗅觉上（Keller et al.，2007；Mainland et al.，2014；Menashe et al.，2003；Pelchat et al.，2011）。例如，人类染色体中的基因片段与对化学物质 β-紫罗酮敏感的受体有联系，β-紫罗酮通常被用来加入食物和饮料里来增加香味。对 β-紫罗酮敏感的个体会形容添加低浓度 β-紫罗酮的石蜡是具有香味的，而对 β-紫罗酮不敏感的个体会将相同的刺激物则描述为酸的、刺鼻的（Jaeger et al.，2013）。由基因导致的敏感性差异在很多化学物质中都存在，因此有一种观点认为，每个人都拥有独一无二的"气味世界"（McRae et al.，2013）。

嗅觉个体差异的另一个例子是类固醇雄酮的气味。类固醇雄酮来源于睾丸素，有些人对它的评价很消极（汗臭的、尿臭的），有些人对它的评价很积极（甜的、香的），还有些人说它是没有气味的（Keller et al.，2007）。回忆一下，有些人在吃了芦笋之后，尿液中会有硫磺的气味，这个气味特别像煮熟的卷心菜（Pelchat et al.，2011）；同样，也有一些人闻不到这种气味。

分析气味：嗅觉黏膜和嗅球

目前为止，我们已经介绍了嗅觉的功能和当嗅觉刺激（即空气中的微粒）进入鼻腔时的体验。接下来，我们将会思考嗅觉系统是如何辨别进入鼻腔的微粒种类的。为了回答这个问题，首先要了解研究人员在研究化学微粒与知觉的联系时所面临的困难。

嗅觉特性的疑问

我们能分辨大量的气味，而研究发现这种能力背后的神经机制是相当复杂的，因为建立一个恰当的系统描述气味特性是困难的。尽管在其他感觉中也存在类似的系统，比如我们能依据颜色描述视觉刺激，并能够将颜色知觉和波长（物理属性）联系起来；我们能用不同的音高来描述声音刺激，并将这些音高与频率（物理属性）联系起来。

但如前所述，找到一种方法对气味进行归类，并将气味与化学微粒的物理属性联系起来，是极其困难的。

原因之一是：我们缺乏一种用来描述气味特性的语言。例如，当闻到化学物质 α−紫罗兰香酮时，人们通常会说这气味像紫罗兰。这样的描述是相当准确的，但是如果你对比 α−紫罗兰香酮与真正的紫罗兰时，就会发现它们的气味是不同的。香水业的解决办法是用"木质紫罗兰"和"甜紫罗兰"来区别不同的紫罗兰的气味，但是这终究无法回答"嗅觉到底如何工作"这一问题。

另一个原因与气味分子特性有关，比如，一些分子结构相似但气味不同（图 15.10a），也有一些分子结构不同却气味相似（图 15.10b）。但在识别气味时，真正困难的是，我们在周围环境中接触的种种气味实际上是由多种化学成分组成的混合物。试着想象一下你走进厨房，闻到刚刚煮好的咖啡，咖啡的香气中有超过 100 种不同的分子。虽然每个分子都有它们独特的气味，但是我们没有识别出单个分子的气味，而是知觉到了"咖啡"的气味。

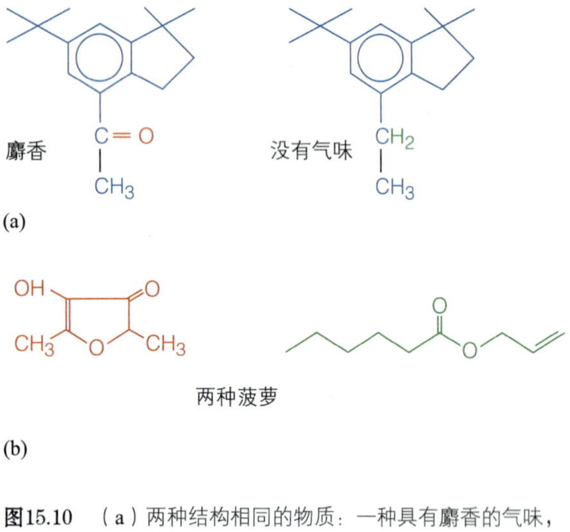

图15.10 （a）两种结构相同的物质：一种具有麝香的气味，另一种没有气味；（b）两种物质气味相似，但结构不同。

气味几乎不会单独呈现，因此我们能在周围环境中知觉到"咖啡"已经是很了不起了。主要原因在于，来自厨房的咖啡气味可能伴有培根和鲜榨橙汁的气味，它们都由数以百计的化学微粒组成。然而，这些悬浮在厨房中的气味分子被知觉分为三种：咖啡、培根和橙汁（图 15.11）。像咖啡、培根和橙汁等气味源或者玫瑰、狗和汽车尾气等非食品气味源，都叫作**气味客体**。因此，我们的目标不仅是分辨不同气味的特性，还有分辨不同的气味客体。

图15.11 咖啡、培根和橙子汁中的数百种分子混合在空气中，但是人能知觉出咖啡、培根和橙汁。从这些混合的气味分子中分辨出这三种气味是知觉组织的功劳。

知觉气味客体涉及两个阶段的嗅觉加工过程。第一阶段是分析气味，发生在嗅觉系统开始的阶段——嗅觉黏膜和嗅球上，这个阶段的嗅觉系统分析气味中不同的化学成分，然后引起嗅球中特定位置的神经元活动（图 15.12）。第二阶段是合成，发生在嗅觉皮层及其后续加工过程，这个阶段的嗅觉系统合成嗅球接收的化学成分的信息，将其转化成对气味客体的表征。在本节，我们将会讨论合成阶段与学习和记忆的关联。在进一步了解嗅觉系统之前，我们先从气味分子进入鼻腔并刺激嗅觉黏膜上的感受器说起。

嗅觉黏膜

嗅觉黏膜位于鼻腔上方和**嗅球**下方（图 15.12a），

是一个10美分硬币大小的区域,气味分子通过气流进入鼻腔(蓝色箭头)使微粒与嗅觉黏膜接触。图15.12b中是位于黏膜(有颜色的部分)和支持细胞(褐色区域)上的**嗅感觉神经元(ORNs)**。

和视网膜上视杆和视锥细胞包含对光敏感的视觉色素分子一样,在黏膜的嗅感觉神经元上也分布着对化学气味敏感的**嗅觉受体**(图15.12c)。视觉色素和嗅觉受体的共同特点是它们对特定范围的刺激敏感。每一种视觉色素对可见光谱上特定波长的区域敏感(见图2.18),每一种嗅觉受体也对"小范围"的气味敏感。

视觉系统和嗅觉系统的一个重要区别是视觉系统只有四种视觉色素(一种视杆色素和三种视锥色素),嗅觉系统却有大约400种不同的嗅觉受体,每一种受体对一种特定的气味敏感。Linda Buck 和 Richard Axel(1991)发现,人类有大约350~400种嗅觉受体,而小鼠大约有1000种嗅觉受体。他们凭借这个关于嗅觉系统的研究获得了2004年的诺贝尔生理学或医学奖。

种类众多的嗅觉受体增大了研究嗅觉工作机制的难度。不过与视觉的另一相同点使问题稍微简单了些:就像一种视杆或视锥细胞只包含一种视觉色素,一个特定的嗅感觉神经元也只包含一种嗅觉受体。

嗅感觉神经元如何对气味做出反应

图15.13a 显示的是嗅觉黏膜的部分表面,圆

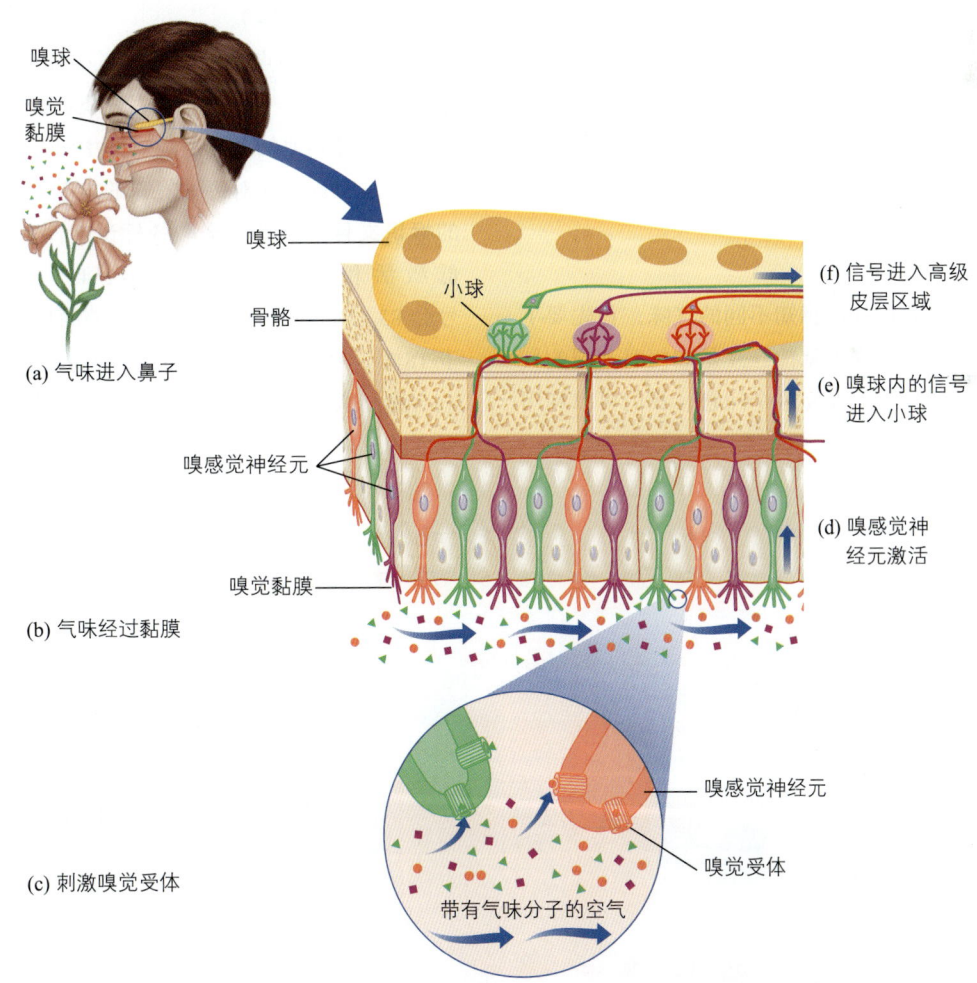

图15.12 嗅觉系统的初级结构。(a)气味分子进入鼻腔,然后(b)经过黏膜,黏膜中含有350种不同的嗅感觉神经元。(c)刺激嗅觉受体(d)激活嗅感觉神经元,不同的颜色显示了三种不同的嗅感觉神经元,每一种类型有独特的受体。(e)嗅感觉神经元将信号传到嗅球内的嗅觉小球,(f)并将信号传入高级皮层区域。

圈代表嗅感觉神经元（红、蓝圆圈表示两种不同的嗅感觉神经元）。人类有400种不同类型的嗅感觉神经元，每种又有大约10 000个，所以黏膜包含了数以百万计的嗅感觉神经元。

方法 | 钙成像

当某个嗅觉受体做出反应时，嗅感觉神经元内部的钙离子浓度会增加，测量钙离子增加的方法叫作**钙成像**。浸泡过化学物质的嗅感觉神经元可以在紫外线（380纳米）条件下发出绿色荧光。当钙离子进入神经元内部时，绿光会减少。所以通过测量绿光就能测量有多少钙离子已经进入神经元。因此，可以通过测量荧光的减少量来说明嗅感觉神经元的活动强度。

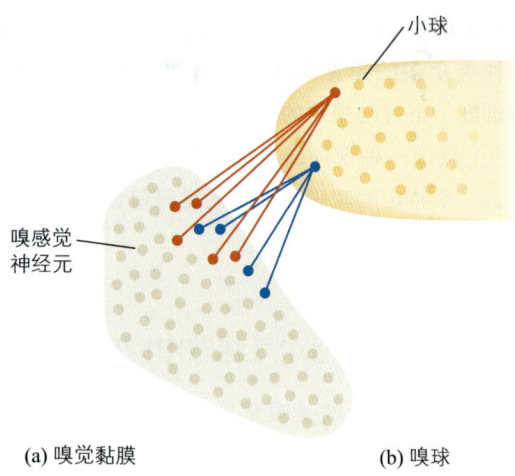

(a) 嗅觉黏膜　　　　(b) 嗅球

图15.13　（a）嗅觉黏膜的一部分。黏膜上包含400种嗅感觉神经元，每一种又约有10 000个。红色圆代表一种类型的嗅感觉神经元，约10 000个，蓝色的圆代表另外一种类型的10 000个。（b）嗅球中的每种特定类型的嗅感觉神经元将信号传给1~2个嗅觉小球。

在Linda Buck实验室工作的Bettina Malnic等人（1999）用钙成像的方法确定了嗅感觉神经元对多种气味的反应。图15.14是他们所测量的气味的一部分结果，图中显示了10种不同的嗅感觉神经元是如何被各种气味激活的（每个嗅感觉神经元只包含一种嗅觉受体）。

每一列的圆点表示一种嗅觉受体的激活水平。除了19号和41号，下列中每种嗅觉受体只对一些气味而不对其他的气味反应。图中每个行和列之间的交叉是嗅觉受体对每种气味的放电模式，即气味的**标识文件**。例如，辛酸的标识文件基于79号的低激活和1号、18号、19号、41号、46号、51号和83号的高激活。然而，辛醇的标识文件是基于18号、19号、41号和51号的高激活。

为了解释我们如何感知不同的气味，首先要了解这些不同类型的嗅感觉神经元是如何对不同的气味进行反应的？为了探究这个问题，我们可以利用钙成像技术进行研究。

我们从这些特征中能看出每种气味是由一个个有不同放电模式的嗅感觉神经元组成的。同样，具

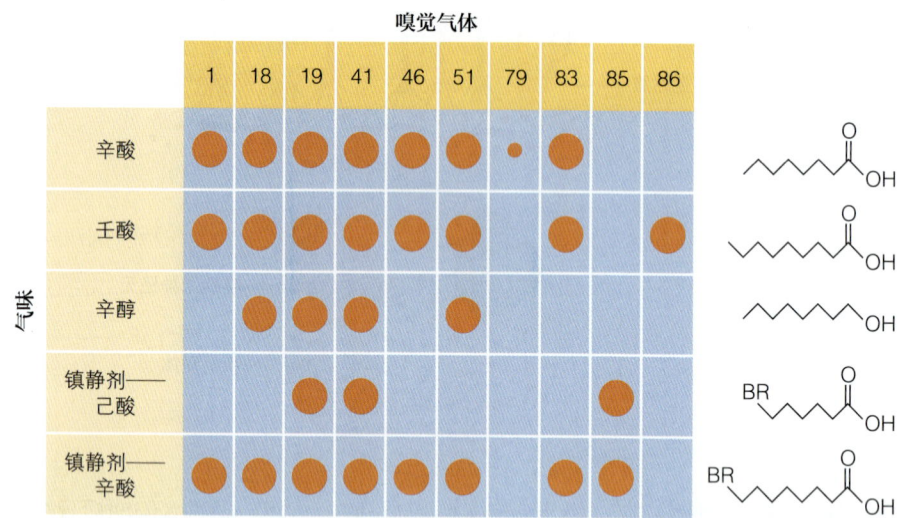

图15.14　某些气味分子的标识文件。大圆点代表受体有较高的激活水平；小圆点代表受体的激活水平低；右侧为气味分子的结构。（来源：Malnic，Hirono，Sata & Buck，1999）

有相似结构的气味分子（图 15.14 右侧显示）也会有相似的标识文件，例如，辛酸和壬酸。然而，这也并不是绝对的（溴己酸和溴辛酸结构相似，但标识文件不同）。

一些分子具有相似的结构，但是闻起来是不一样的，这是让人很困惑的问题（图 15.10a）。当 Malnic 对这些分子进行比较时，发现这些分子有不同的标识文件，例如，辛酸和辛醇只有一个氧分子不同，但是辛醇的气味被描述为"甜""玫瑰香"和"清新"，然而辛酸的气味被描述为"腐臭""酸"和"令人讨厌的"。通过它们的标识文件我们可以清晰地看到这些知觉上的差异。尽管我们依然不能预知嗅感觉神经元的特定反应模式会产生何种气味知觉，但是我们知道当两种气味闻起来不同时，它们通常有不同的标识文件。

气味与标识文件的不同反应相关的想法与前面在第 9 章提及过的彩色视觉的三色代码相似。每一种光波都是由三种视锥受体的不同激活模式编码的，每个特定的视锥受体可以对很多光波进行反应。气味也类似，每一种气味也是由多个嗅感觉神经元不同的放电模式编码的，每个特定的嗅感觉神经元同样可以对很多气味进行反应。不同的是嗅觉有 350 ~ 400 种嗅感觉神经元，视觉只有三种视锥受体。

嗅球中的加工

刺激嗅觉黏膜上的感受器会引起黏膜上的嗅感觉神经元产生电信号，然后嗅感觉神经元将电信号传至嗅球中的**嗅觉小球**。图 15.13b 显示的是嗅感觉神经元和嗅觉小球关系的基本原则：大约 10 000 多个特定类型的嗅感觉神经元向 1 个或者 2 个嗅觉小球传递信号，所以每个嗅觉小球只收集某种特定类型嗅感觉神经元的信息。

我们之前讨论过黏膜上的嗅感觉神经元是如何对不同的气味分子进行反应的，对于嗅球中的嗅觉小球也存在同样的问题。Naoshige Uchida 等人（2000）用光学成像技术来解决嗅觉小球如何对不同的气味分子进行反应的问题。

方法 | 光学成像

光学成像技术通过测量嗅球反射的红光的量来测量嗅球区域的活动。光学成像进行测量的第一步需要移开一块头骨露出嗅球。在测量时使用红光作为衡量标准，因为当神经元被激活时，需要消耗血液中的氧，而与含氧量正常的血液相比，含氧量少的血液反射的红光比较少，所以由于被激活的区域比没有被激活的区域反射红光少而呈现出更暗的颜色。

光学成像的程序包括用红光照射嗅球表面，测量红光的反射量，然后呈现刺激并确定嗅球变暗的区域，变暗的地方即被刺激激活的区域。

图 15.15 为 Uchida 对大鼠测试时的光学成像结果。每个颜色区域代表嗅球上被右边化学物品激活的嗅觉小球集群。在图 15.15a 右侧显示出每种羧酸激活的小部分区域，并且有些区域与区域之间存在重叠。同时随着碳链长度的增加，激活区域向左侧移动，图 15.15b 显示了另一组不同的化学物质——脂肪醇。不同种类的脂肪醇能激活嗅球的不

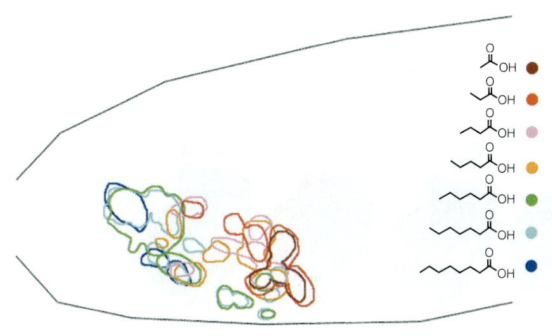

(a) 羧酸

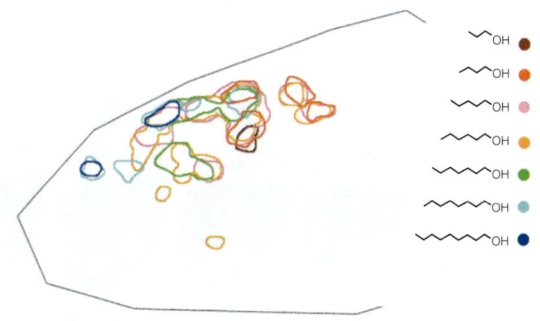

(b) 脂肪醇

图 15.15 激活大鼠嗅球的特定区域的化学物质：（a）羧酸；（b）脂肪醇。（来源：Uchida，Takahashi，Tanifuji，& Mori，2000）

同位置，并表现出与羧酸类似的特征，随着碳链长度的增加被激活的区域向左侧移动得更远。

通过光学成像发现了不同气味可以激活嗅球的不同区域，使用2-脱氧葡萄糖技术时也得到了同样的结果。

方 法　2-脱氧葡萄糖技术

2-脱氧葡萄糖技术是给动物注射放射性2-脱氧葡萄糖（Deoxy-D-glucose，简称2DG），并将动物暴露于不同的化学分子中。放射性的2DG所包含的葡萄糖能够跟踪被激活的神经元，所以通过测量不同区域的放射性，可以确定不同化学物质会引起哪些神经元的最大程度的激活。

图15.16显示了用2DG技术测量的在不同化学物质作用下的嗅球活动，黄色和红色为高激活区。这些结果表明不同的气味分子会产生独特的激活模式。图15.15的结果支持嗅球上存在一个关于气味的分布图——嗅觉地图，嗅觉地图反映了诸如碳链条长度或官能团类型等气味微粒的特性（Johnson & Leon，2007；Johnson et al.，2010；Murthy，2011）。一些研究者用其他的表达来代替嗅觉地图（odor map：Restrepo et al.，2009；Soucy et al.，2009；Uchida et al.，2000。Odotoptic map：Nikonov et al.，2005）。

不同特性的气味会在嗅球上形成映射地图，与我们已经描述的其他感觉的情况相似。如视觉中的视网膜映射图是指视网膜上的坐标在视觉皮层中形成的映射图；听觉中的音调拓扑图是指频率在听觉系统的不同结构中形成的映射图。皮肤觉中的躯体映射图是身体位置在躯体感觉皮层上的映射图。

研究者对嗅觉地图的研究刚刚起步，并且大多数研究依然停留在气味如何在嗅球上进行表征的程度。基于现有的讨论可以确定的一点是，气味会根据各自的化学特性在嗅球上形成一个大致的映射。然而，根据目前的情况，我们远不能建立一个基于知觉的地图。如果存在知觉地图，那么不同的气味体验会被投射到嗅球的相应位置（Ariz & Sobel，2011）。虽然嗅球参与了嗅觉加工的早期阶段，但并不能产生知觉。所以要理解嗅觉知觉，我们还需要了解从嗅球到嗅觉皮层的加工过程。

皮层对气味的表征

在开始讨论大脑皮层如何对气味进行表征之前，我们先要知道当信号离开嗅球后，它们被传送到了哪里。图15.17a显示了两个主要的嗅觉区域：（1）梨状皮层——初级嗅觉区；（2）眶额皮层——次级嗅觉区。图15.17b显示了嗅觉系统的流程图，以及对气味、面孔（第5章）和疼痛（第14章）反应的杏仁核。

梨状皮层对气味分子的表征

目前我们已经讨论过了嗅觉系统——从最初的嗅感觉神经元到嗅球，下面我们将要进行更深层次的讨论。闻起来不同的气味可能会导致嗅觉受体的不同激活模式（图15.14）。不同的化学物质会激活嗅球的不同区域，这也证明了嗅觉地图的设想（图15.15和图15.16）。

在研究梨状皮层如何表征气味时，出现了一些令人惊讶的结果：地图消失了！原本只能激活嗅球上特定区域的气味分子在梨状皮层上却引起大面积的激

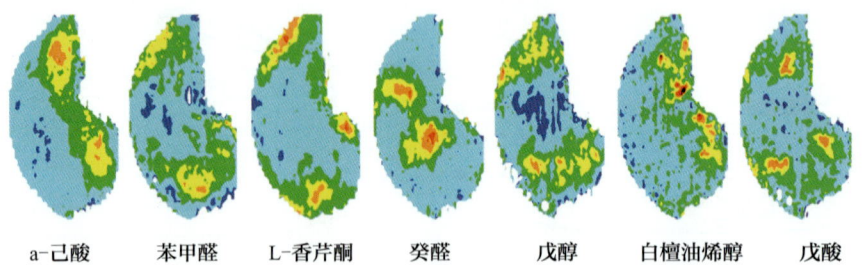

　　a-己酸　　苯甲醛　　L-香芹酮　　癸醛　　戊醇　　白檀油烯醇　　戊酸

图15.16　大鼠的嗅球对七种不同气味的激活模式。黄色和红色的区域相比暴露在空气中的区域有更高的激活水平。每种气味对应特定的嗅球激活模式。（来源：Courtesy of Michael Leon）

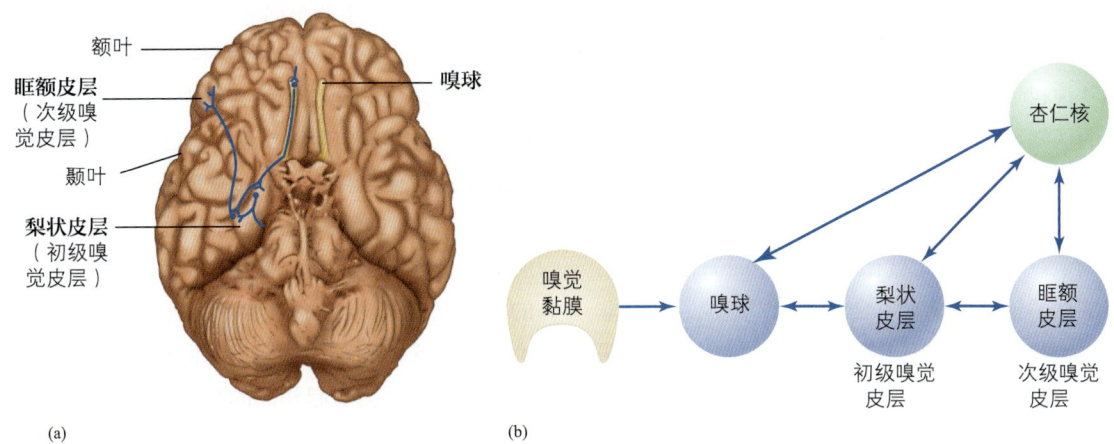

图15.17 （a）在大脑底部的嗅觉神经通路，左脑颞叶被认为是嗅觉反应区域。（b）嗅觉通路的流程图。［来源：（a）Frank & Rabin，1989；（b）Wilson & Stevenson，2006］

活，并且不同气味所激活的区域也存在重叠。

B. F. O'Smansk等人（2014）运用类似于fMRI的功能性超声影像技术（通过测量大脑血流量的变化，来确定大脑的激活程度）描绘了从嗅球到梨状皮层的组织方式上的转换。**图15.18a**中是己醛和乙酸戊酯引起的大鼠嗅球的不同激活模式，**图15.18b**中己醛和乙酸戊酯激活了大鼠的整个梨状皮层。

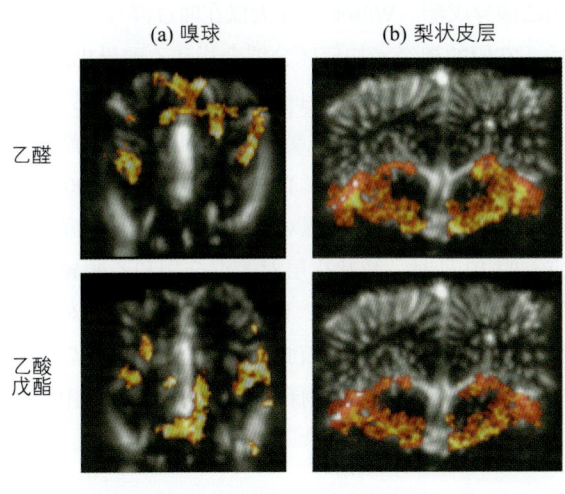

图15.18 用功能性超声扫描记录到的大鼠的梨状皮层和嗅球对己醛和乙酸戊酯的反应。这两种化学物质引起了嗅球的不同的激活模式，但在梨状皮层上均导致整个区域的激活。（来源：Osmanski et al 2014；Parts of Fig 3B and C，p.180；Parts of Fig 4B and C，p.181）

对单一类型神经元的记录也证实了梨状皮层的大面积激活。Robert Rennaker等人（2007）运用多导电极测量了梨状皮层反应，实验结果见**图15.19**。在**图15.19b**中可以看到乙酸异戊酯引起了整个皮层的激活，其他物质也同样会引起皮层的大面积激活，并且不同物质所激活的部分会有大量的重合。

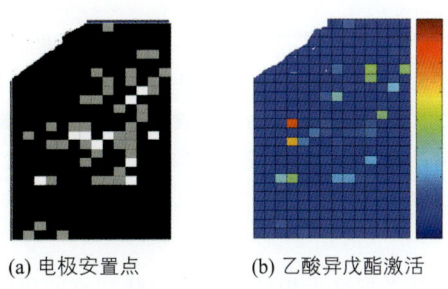

图15.19 （a）Rennaker等人记录的位置可以决定大鼠的梨状皮层的神经活动。（b）乙酸异戊酯引起的一系列反应。

这种结果表明，梨状皮层不存在类似于嗅球的规律性激活模式。之所以会出现这种情况，是因为嗅觉刺激在嗅球映射时呈发散状，从而引起了与某种化学成分相关的神经激活被传导至更大的区域。当你想要知道哪种激活模式会与诸如咖啡一样的气味客体相似时，那将会变得更加有趣。

气味客体是如何被表征的

通过对咖啡之类的包含了上百种化学成分的气味客体的激活模式的影像观察，我们就知道认识气味客体是多么复杂的事。不仅会有复杂的激活模式，而且如果你是第一次闻到这个气味，可能会存在一个问题——嗅觉系统如何根据现有的信息确定这种"神秘气味"的特性呢？一些研究者将个体对气味的认知与记忆中对气味的体验进行比较，回答了这个问题。

图 15.20 为记忆形成时的情境。当个体目睹某事件时，一些神经元被激活（图 15.20a）。此时，对该事件的记忆还没有完全在大脑中形成，并且非常微弱、很容易遗忘或者被创伤干扰，比如击打头部。然而当事件所激活的神经元之间开始形成连接（图 15.20b），并且在连接形成之后（图 15.20c），对该事件的记忆就会更加清楚而且更不容易被破坏。类似这种稳定的记忆形成会涉及一些神经元之间形成连接的过程。

皮层区域

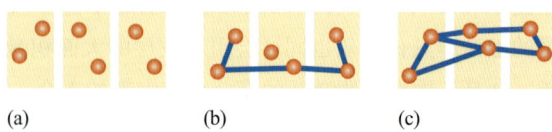

(a)　　　　　　(b)　　　　　　(c)

图15.20　皮层中记忆形成的举例。（a）起初，在皮层输入信息活动。矩形是不同的皮层区域。红色圈是活动区域。（b）随着时间的推移，神经活动反复出现。这两个激活区域逐渐建立起连接。（c）最后，与特殊记忆有关的激活区域形成连接，就产生了稳定的记忆。

研究者把这个想法应用到气味知觉的研究上，认为在形成气味客体时也涉及学习，而学习的过程主要是将特定对象与其对应的分散的激活模式间建立联结的过程。想象一下，当你第一次闻见花的气味时它是如何工作的？花的气味就像咖啡的气味或其他物质一样，包含大量化学成分（图 15.21a）。一些化学成分首次激活黏膜上的嗅觉感受器，然后在嗅球上形成某种激活模式并以嗅觉地图的形式加以表现。在此之后，只要闻到花的气味就会出现这种激活模式（图 15.21b）。从以上研究中，我们已经知道嗅球以分散的模式将信号传递到梨状皮层上（图 15.21c）。

由于这是第一次体验这种花的气味，受到激活的神经元之间彼此还未形成连接。就像表征新记忆的神经元间还未建立连接（见图 15.20a）。此时无论是辨别或识别都存在困难，但是多次闻到这种花的气味之后，会引起相同的激活模式反复出现，神经连接逐渐形成（图 15.21b）。同时，表征花的气味的神经放电模式也就形成了。正如神经元间的相互连接能建立稳定的记忆一样，当某个气味引起梨状皮层上的神经元之间形成连接时，对气味客体的记忆也就逐渐形成了。根据这个观点，当图 15.11 中的那个人走入厨房时，空气中来自咖啡、橙汁和培根的上百个分子会在梨状皮层上形成三个网络。

一些研究认为，学习在知觉气味中扮演重要的角色。例如，Donald Wilson（2003）记录了大鼠的梨状皮层神经元对两种气味的反应：(1) 乙酸异戊酯（有类似香蕉的气味）和薄荷的混合物；(2) 单独用乙酸异戊酯。Wilson 关注大鼠在闻过混合物质气味后，它们的神经元如何区分混合物和乙酸异戊酯。

Wilson 通过手控时间快门给大鼠呈现混合物，并将其分为两组：短时暴露组（闻 10 秒或者约闻 20 次）和长时暴露组（闻 50 秒或者闻 100 次）；短暂的间隔后，测量大鼠对混合物和乙酸异戊酯的反应。闻 10 秒时，梨状皮层对于混合物和乙酸异戊酯的反应是相似的。然而，闻 50 秒时，神经元对乙酸异戊酯的反应更迅速。因此，闻混合物 100 次后，神经元会更擅长辨别混合物和乙酸异戊酯。在使用类似

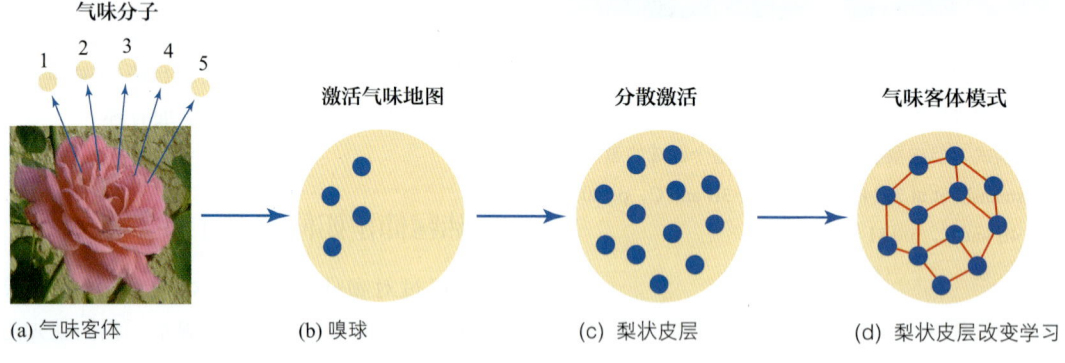

(a) 气味客体　　(b) 嗅球　　(c) 梨状皮层　　(d) 梨状皮层改变学习

图15.21　鲜花气味表征形成的记忆机制。

的实验记录嗅球上的神经元时却没有出现这种效应。

Wilson 推断给予足够的时间，梨状皮层上的神经元就能学会辨别不同的气味，这种学习可能与我们在环境中区分不同气味之间差异的能力有关。其他的一些实验也支持经验和学习会涉及梨状皮层激活模式与特定气味客体之间的联系（Choi et al., 2011；Gottfried, 2010；Sosulski et al., 2011；Wilson, 2003；Wilson et al., 2004, 2014；Wilson & Sullivan, 2011）。

在结束本小节之前，我们需要注意并不是所有的气味客体都需要学习，例如，能使某些物种产生刻板行为并对生存至关重要的信息素。信息素引发的反应能通过嗅觉的第二种传导通路将嗅球发出的信号传递给杏仁核，而不依靠经验去识别气味。根据"双传导通路"的观点，依靠经验的气味客体被传递到梨状皮层，而像信息素这类能引起对特定气味做出自动化反应的化学物质则利用另外一条传导通路（Kobayakawa et al., 2007；Soslski et al., 2011）。

对于人类而言，经验在气味客体的形成中至关重要。但是现在我们要进行更深一步的探究，不再仅仅关注用"鼻子闻"的嗅觉体验。随后，我们会了解到，当我们吃东西时，闻到的气味是味道（味觉和嗅觉共同作用的结果）的重要组成部分。

测一测 15.2

1. 气味知觉的功能有哪些？
2. 检测气味，辨别气味和识别气味之间的区别有哪些？
3. 人们能够多好地识别气味？在我们识别气味时，记忆有什么作用？
4. 简述在气味知觉时遗传导致的个体差异。失去闻气味的能力会有什么后果？
5. 简述下列嗅觉系统的组成：嗅觉受体、嗅感觉神经元、嗅球和嗅觉小球。明确嗅觉受体和嗅感觉神经元之间的关系，以及嗅感觉神经元和嗅觉小球之间的关系。
6. 用钙成像描述嗅感觉神经元是如何对不同的气味分子做出反应的。什么是一个气味分子的标识文件？
7. 简述如何用光学成像和 2-脱氧葡萄糖技术来确定嗅球上的嗅觉地图。嗅觉地图和知觉地图的区别是什么？
8. 嗅觉系统中比嗅球更高级的主要结构是什么？
9. 气味是如何在梨状皮层上表征的？这种表征和在嗅球上的表征有什么不同？
10. 由经验引起的对气味客体的表征是如何在皮层中形成的？这一过程与记忆的形成过程相似吗？

味道知觉

很多人通常使用"味道"来描述他们对食品的体验（比如，一个小朋友会说："妈妈，这个味道很好"），这里所说的味道通常结合了味觉（刺激舌上的味觉感受器所产生的）和嗅觉（刺激嗅觉黏膜上的嗅觉感受器所产生的）。对于嗅觉和味觉组合的结果，我们称之为**味道**——我们鼻腔和口腔刺激体验的结合（Lawless, 2001；Shepherd, 2012）。可以通过下面的演示实验证明嗅觉对味道的影响。

> **演 示** 捏住和不捏住鼻子的状态下的味觉
>
> 捏住你的鼻子，喝下有某个味道的饮料，例如，葡萄汁、蔓越莓汁或者咖啡。喝的时候注意饮料味道的特点和强度。（只喝一两口即可，因为捏着鼻子吞咽会增加耳朵的压力）。在喝一口后，松开捏住的鼻子，然后注意你是否知觉到了味道。最后在不捏住鼻子的状态下，正常喝下饮料并注意味道。你也可以用同样的方法尝试水果或者烹饪过的食物，或者同时闭上眼睛吃一颗软糖（这样你看不到它的颜色）。

当捏住鼻子时，你会发现你很难确定你喝了什么或者吃了什么，这是因为捏住鼻子使依赖于嗅觉和味觉产生的味道体验中的嗅觉成分消除了。至此，让我们再次回忆一下味觉和嗅觉发生交互作用的两个水平：先是在口腔和鼻腔，后是在皮层。

口腔和鼻腔中的味觉和嗅觉

当食品和饮料里的化学成分激活舌上的味觉感受器时，形成味觉。除此之外，食品和饮料中的挥发性的化学物质会经**鼻后路线**从口腔穿过**鼻咽部**（连接口腔和鼻腔的部位）到达嗅觉黏膜（**图 15.22**）。尽管捏住鼻子不能关闭鼻咽部，但是能通过减少空气的传播来阻止气化物到达嗅觉感受器（Murphy & Cain, 1980）。

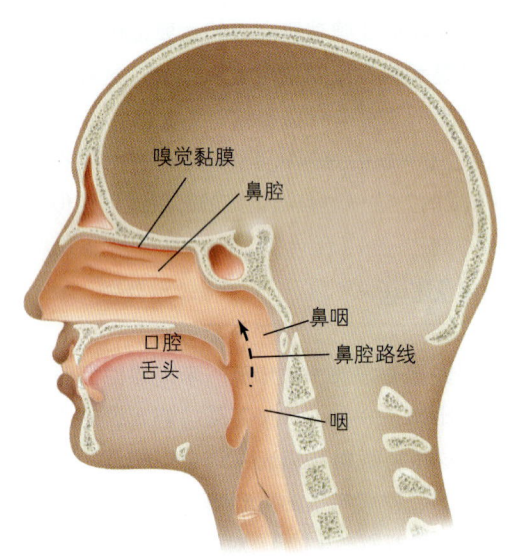

图15.22 由食物释放的气味分子在口腔和咽部能够穿过鼻咽部（虚线箭头）到鼻腔的嗅觉黏膜。这是到达嗅觉感受器的鼻后路线。

气味是味道的重要组成部分，虽然食物的味道好像主要在口腔里，但正如前面所说的，当这些化学微粒不能与嗅觉黏膜接触时，嗅觉就显得尤为重要。嗅觉和味觉感受器在食物和饮料中体验到的感觉均依赖口腔触觉感受器，即**口感捕获**（Small, 2008）。因此，当我们在品尝食物的"滋味"时，可能通常体验到的是味道，而这种体验又会因为口感捕获让我们误以为它是在口腔中进行的（Todrank & Bartoshuk, 1991）。

研究者们使用化学溶液和食物进行实验时，均证实了嗅觉在味道感觉时的重要性。通常，在捏住鼻子的情况下，溶液的味道是非常难识别的（Mozell et al., 1969），并且经常被认为是无味的。例如，图15.23a显示的是当鼻腔处于打开状态时，我们可以体验到油酸钠较强的肥皂味——关闭鼻腔后，它却被认为是没有味道的。同样，硫酸亚铁（图15.23b）通常有金属味，但是鼻腔关闭时，它也被认为没什么味道（Hettinger et al., 1990）。然而，在一些味觉起主导作用的情况下，一些与之相关的物质则不会受嗅觉影响，例如，无论鼻腔是否被关闭，味精都有相同的味道（图15.23c）。

神经系统中的味觉和嗅觉

尽管在口腔和鼻腔中嗅觉刺激和味觉刺激已经靠得很近了，但是只有当它们在皮层中产生交互作用时，我们才能知觉到这种联合的体验。图15.24是对味觉传导通路（红线）和图15.17b中的嗅觉传导通路（蓝线）的图解，在图中我们可以看到嗅觉和味觉的联系（Rolls et al., 2010；Small, 2012）。视觉和触觉可以通过杏仁核（视觉）、味觉传导通路（触觉）以及眶额皮层来影响味道。

所有这些味觉、嗅觉、视觉和触觉之间的交互作用都强调了味道经验具有的多通道特性。味道不仅包括我们经常说的"味道"，而且包括对食物的质感和温度（Verhagen et al., 2004）、食物的颜色（Spence, 2015；Spence et al., 2010）以及对食物的"咀嚼声"（Zampini & Spence, 2010；像吃薯片和胡萝卜等食物时发出的声音）的知觉。

	油酸钠		硫酸亚铁		味精	
	夹住	打开	夹住	打开	夹住	打开
甜	x		x			
咸	x				xxxxxxxx	xxxxxxx
酸			xx	x	xxx	xxx
苦		x	x		xx	x
含肥皂的	xx	xxxxxxxxx	x	xx		
含金属的		xx	x	xxxxxxxxx		
含硫磺的				x	x	xx
无味的	xxxxxxxx		xxxxxx	x		
其他	x	x			x	xxx
	(a)		(b)		(c)	

图15.23 当人们戴上鼻孔夹和没戴鼻孔夹时，是如何描述三种物质的味道的？×代表了每个人的判断。（来源：Hettinger, Myers, & Frank, 1990）

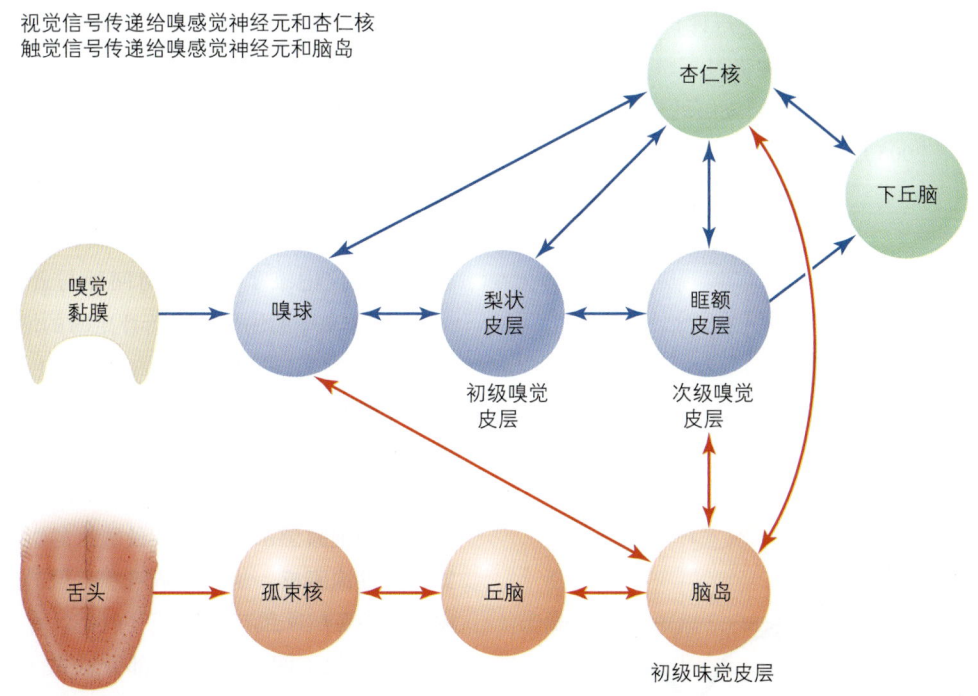

图15.24 味道是由味觉、嗅觉、视觉和触觉的交互作用共同产生的。当信号在嗅觉传导通路（蓝色）和味觉传导通路（红色）之间传递时，二者会产生交互作用。另外，味觉和嗅觉传导通路都向眶额皮层（嗅感觉神经元）发送信号，触觉信号也被传导至味觉传导通路和嗅感觉神经元，视觉信号也被传递给嗅感觉神经元。图中也标记了杏仁核和下丘脑，其中负责情绪反应的杏仁核不仅与味觉、嗅觉传导通路中的结构有很多关联，也接收视觉信号；下丘脑则与饥饿有关。

因为汇聚了不同感觉的神经元，所以眶额皮层包含很多能对多种感觉进行反应的**双向神经元**（双模态神经元）。例如，一些双向神经元可以对味觉和嗅觉都进行反应，当然也存在能对味觉和视觉进行反应的神经元。双向神经元的一个重要的特性是它们通常能对相似的特质进行反应。因此，对甜味水果味道反应的神经元也会对这些水果的气味进行反应。这意味着双向神经元能对环境中同时出现的特质进行反应。因此，眶额皮层被认为是探测味道和对食物的知觉表征的皮层中枢（Rolls & Baylis, 1994; Rolls et al., 2010）。其他一些研究证明了脑岛（初级味觉皮层）也涉及对味道的知觉（de Araujo et al., 2012; Veldhuizen et al., 2010）。

味道并不是由食物的化学特性自动决定的、固定不变的反应。虽然食物中的化学物质可能会使嗅觉黏膜中的嗅感觉神经元有相同的放电模式，但是信号在向皮层传递的过程中也会受到很多因素的影响，例如，认知因素和个体摄入食物的总量。

认知因素对味道的影响

期望既可以影响体验也可以影响神经反应。Hilke 等人（2008）利用脑部扫描仪记录了被试在判定不同葡萄酒的"愉悦"程度时的情况。实验要求被试报告对五种标明价格的葡萄酒的喜爱程度，但实际上只有三种类型的酒，其中两种以不同的价格标签呈现了两次。实验结果如图15.25所示，葡萄酒的标价分为10美元、90美元以及没有标价，我们发现在没有标价时，被试对葡萄酒的愉悦度判定是相同的（图15.25a，左边）；但是当有标价时，90美元的葡萄酒比10美元的葡萄酒获得了更高的等级评价。标价不仅影响个体的判断能力，而且也会影响眶额皮层的反应——90美元的酒引起了更大的反应（图15.25b）。

出现这种情况是因为眶额皮层的反应是由味觉和嗅觉感受器上的刺激信号和个体期望产生的信号共同决定的。在另一个实验中，研究者给气味相同的两个物体分别贴上了"切达干酪"和"体味"的标签，让被试对这两个气味进行评价。结果发现，标签为"切达干酪"的物体获得了被试更高愉悦等级的评定，并且引起了眶额皮层的较大反应（de Araujo et al.，2005）。

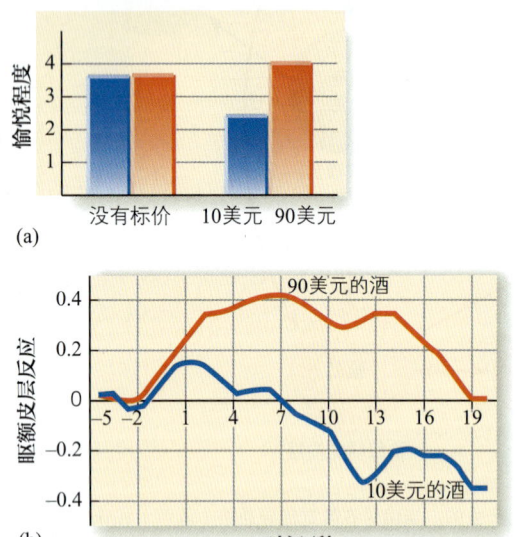

图15.25 Hike Plassmann等人（2008）的实验结果，期待对味道知觉的影响。（a）红色和蓝色柱状图表示两个被试对同一款葡萄酒的评价（两个被试不知道两个葡萄酒是相同的）。左侧的柱状图是在没有标价时的评价。在右侧的柱状图中，我们可以发现当葡萄酒标价90美元时，被试给出了高愉悦度的评价；而在葡萄酒标价10美元时，被试做出了低愉悦度的评价。（b）被试品尝标价为10美元和90美元的葡萄酒时，嗅感觉神经元的反应。[（b）来源：Plassmann, O'Doherty, Shiv, & Rangel, 2008]

其他一些实验也表明味道除了受所摄入食物的影响，也受其他因素的影响。相比黑色盘子，当红色的冰冻草莓甜点放在白色盘子里时，其甜味评定会高出10%，味道等级评定也会高出15%（Piqueras-Fiszman et al.，2012）。蓝色杯子中的拿铁咖啡甚至比白色杯子中的甜2倍（van Doorn et al.，2014）。实验也表明了葡萄酒的味道知觉不仅受酒的价格影响，还受酒杯形状的影响（Hummel et al.，2003）。

食物摄入对味道的影响：感觉特异性饱腹感

你是否体验过在吃某种食物时，第一勺要比最后一勺好吃得多？饥饿时摄入食物要比饱腹时（你不想再吃了）摄入食物更在意食物所带来的愉悦感。

John O'Doherty等人（2000）研究发现，饱腹感会影响与食物气味有关的愉悦度和大脑对该气味的反应。实验中有两种测试条件：（1）被试饥饿的时候；（2）被试一直吃香蕉，直到有饱腹感的时候。脑部扫描仪记录了被试在对两种与食物相关气味（香蕉和香草）的愉悦度进行评定时的情况。在他们没吃食品之前，两种气味的愉悦度是相似的。然而，当吃过香蕉直到饱腹的时候，对于香草气味的愉悦度虽有所下降（不过还是积极的），但是香蕉气味的愉悦度下降得非常多并变成了消极的（图 15.26a）。这种由食物饱腹感引起的对某种气味的影响被称为**感觉特异性饱腹感**，也会影响眶额皮层的反应。眶额皮层对香蕉气味的反应降低，但是对香草气味的反应没有变化（图 15.26b）。部分被试（不是所有）的杏仁核和脑岛中也出现了类似的效应。

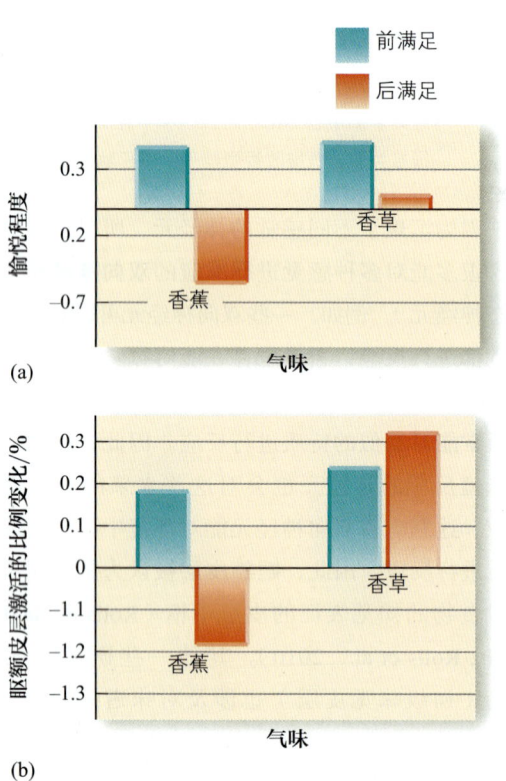

图15.26 感觉特异性饱腹感。O'Doherty等人（2000）的实验结果：（a）在吃香蕉之前，对于香蕉和香草气味的愉悦度评级（蓝色），以及吃了香蕉之后的愉悦度评级（红色）；（b）在吃香蕉之前和之后，眶额皮层对香蕉和香草气味的反应。（来源：O'Doherty et al.，2000）

眶额皮层的活动与气味或味道愉悦度的联系也可以从另一个方面进行解释：眶额皮层与食物的奖赏有关。饥饿的时候，食物会有更高的奖赏价值，这种奖赏价值随着食物的摄入量而逐渐降低，直到对这种食物的饱腹感出现，奖赏价值消失，也会停止进食。就像味觉和嗅觉对警告危险的重要性一样，这种对味道奖赏的变化对于调节食物摄入量也很重要。在图 15.24 中，眶额皮层将信号传递到下丘脑，如果被试恰好处于饥饿状态，下丘脑中的神经元会对食物的外形、味道和气味做出反应（Rolls et al.，2010）。

我们通过对味觉、嗅觉和味道系统的各阶段的讨论，了解到化学感觉的目的并不只是简单地产生味觉、嗅觉和味道体验。它们的目的是帮助我们指导行为——避免潜在的有害物质，寻找营养物质，并且帮助控制食物摄入量。

这种感知与行为之间的联系是不是似曾相识？第 7 章曾对视觉出现过类似描述：尽管早期研究者认为视觉系统主要是用来产生视觉体验的，但后来的学者认为，视觉系统的最终目标是维持那些对生存至关重要的活动。化学感觉也有相似的最终目的——指导和激励生存所必需的行为。我们吃东西是为了生存，并且关于味道的体验有助于我们进食。（当然也有一些意外的情况，有时高糖、高脂的人造食物或者其他因素会破坏人体对食物的阻碍机制，继而导致肥胖，本书中不再另做讨论。）

思考时刻
普鲁斯特效应：记忆、情绪和嗅觉

这段文字引自一部非常著名的文学作品，是马塞尔·普鲁斯特（Marcel Proust）对吃完小玛德莱娜甜点（一种小的柠檬曲奇饼干）后的体验：

见到小玛德莱娜甜点时，我还不曾想起这件往事，然而，当我品尝它的时候，往事浮上心头……当我品尝出那个甜点的味道与我姨妈给我吃过的甜点一样时，她住过的那幢临街的灰楼便像舞台布景一样展现在我的眼前。位于灰楼后面的小楼是专门给我父母盖的，同正对着花园的小楼贴在一起。我想起了午饭前常去玩耍的那个广场、我常奔走过的那条街巷以及天气放晴时我曾漫步的马路（Marcel Proust，《追忆似水年华》，1913）。

普鲁斯特叙述了味觉和嗅觉如何唤起了他尘封的记忆，现在将这种很常见的经历叫作**普鲁斯特效应**。我曾经在一栋老楼的楼梯上经过，两旁是木质墙面，台阶上布满灰尘，一股熟悉的气味扑面而来——和我小时候爬的祖父家楼梯的气味一样。只要我闻到那个楼梯的气味，我就回想起了老房子和我逝世多年的祖父。

因此，我也经历过普鲁斯特效应，但是有什么科学证据可以证明它的存在呢？大量的实验已经证明气味与特定的记忆有关。Rachel Herz 和 Jonathan Schooler（2002）让被试描述一个与某些物品（如绘儿乐蜡笔、水宝宝防晒霜和强生婴儿爽身粉等）相关的记忆。在描述完与物品相关的记忆之后，以视觉形式（彩色照片）或嗅觉形式（闻他所描述的物体的气味）给被试呈现物品，然后要求被试回忆他们之前描述过的事件，并用量表对其进行评估。结果显示，与看图片的被试相比，闻物体气味的被试对其记忆进行评估时带有更多的情感和情绪体验（Willander & Larsson，2007）。

普鲁斯特效应背后的机制是什么呢？在生理学看来，高情绪唤醒和"旧事重提"的情感属于与气味有关的记忆，这与和味觉、嗅觉相关的结构——杏仁核（参与情绪行为）和海马（参与储存记忆）——有关联。

对于这个实验，普鲁斯特效应的发生是因为气味激活了杏仁核，所以产生了与基于气味的记忆相关情绪？还是因为闻到的气味诱发了某些特殊的情绪记忆？也有一些证据支持了第二个解释（Willander & Larsson，2007），目前仍需进一步研究。不管能否正确解释这个效应，可以明确的一点是，人们的体验不仅涉及气味，也涉及记忆（对于一些与气味有关的特殊事件的记忆）。

发展维度：婴儿的化学敏感性

新生儿能否知觉气味和味道呢？早期的研究人员发现，一些嗅觉刺激物能引起新生儿的身体动作和面部表情等反应，由此得出结论——新生儿能闻到气味（Kroner，1881，cited in Peterson & Rainey，1911）。然而，早期研究人员用的一些刺激物（具有刺激性）会刺痛婴儿鼻腔内的黏膜，所以婴儿可能是对刺痛做出了反应，并非对气味做出反应（Beauchamp et al.，1991；Doty，1991）。

现代研究使用非刺激性的刺激物，结果发现，新生儿能闻到并且也能辨别不同气味的刺激。J. E. Steiner（1974，1979）用非刺激性刺激物研究婴儿对香蕉提取物或者香草提取物的反应，结果婴儿脸上出现了类似笑的表情。他们对高浓度虾的气味和类似臭鸡蛋的气味表现出了拒绝和厌恶。婴儿对母亲的气味最为敏感，因此他们能够通过闻气味来认出自己的母亲（Porter et al.，1983；Russell，1976；Schaal，1986）。

大量关于婴儿味觉反应的研究已经表明，新生儿能识别甜、酸和苦的刺激（Beauchamp et al.，1991）。这些研究还发现，新生儿对甜、酸和苦的刺激有不同的面部表情反应，但是对咸的反应很小，甚至没有（Ganchrow，1995；Ganchrow et al.，1983；Rosenstein & Oster，1988；Steiner，1987）。

关于新生儿和婴儿早期如何对咸味做出反应的研究表明，从出生到4—8个月之间，对咸味溶液的接受程度逐渐变大，这个趋势将一直延续到童年（Beauchamp et al.，1994）。一种解释是，在婴儿期间，感受器对咸味的敏感性发生了变化。但也有证据表明，出生前后的经历会影响婴儿的偏好。例如，产前报告表明，经历过严重早孕反应的孩子在4个月大的时候对盐溶液的摄入量显著高于经历过中度早孕反应的孩子（Crystal & Bernstein，1995，1998；Lesham，1998）。

进一步的证据表明，孕妇的饮食可以改变羊水的味道，这支持了产前经验对婴儿味觉的影响。吃大蒜的孕妇的羊水比不吃大蒜的孕妇有更重的大蒜味（Mennella et al.，1995）。Julie Mennella 等人（2001）也通过实验证明了羊水的味道和气味会影响婴儿的偏好。

如表 15.4 所示，Mennella 将孕妇分为三组进行实验。组1在孕期的最后3个月喝胡萝卜汁，并在哺乳期的前2个月喝水，采用母乳喂养；组2在怀孕时喝水，在哺乳期的前2个月喝胡萝卜汁；组3在孕期和哺乳期都喝水。婴儿开始吃麦片的4周之后（在此之前，婴儿没有食用过与胡萝卜有关的食物或果汁），测量婴儿对胡萝卜味麦片和纯麦片的偏好程度。结果如表 15.4 的右边一列所示，无论是在子宫中还是从母乳中体验过胡萝卜味的婴儿，都会显示出对胡萝卜味的偏好（高出0.5分得以证明），而只摄入水的孕妇产下的婴儿没有显示出偏好。

表15.4 婴儿母亲摄入偏好的影响

组	孕期后3个月	母乳喂养期间	胡萝卜的摄入量
1	胡萝卜汁	水	0.62
2	水	胡萝卜汁	0.57
3	水	水	0.15

注：摄取量超过0.5表示偏爱胡萝卜味麦片。

婴儿对味道和气味的反应受先天因素和后天经验的共同影响。在孕期和哺乳期时，母亲的饮食会影响胎儿或哺乳期内的孩子对气味的体验。因此，要想让孩子养成好的饮食习惯，母亲首先要在孕期和哺乳期内吃健康的东西。另一个结论是，在出生之前，婴儿就能够熟悉某一文化中的常见的食物（Beauchamp & Mennella，2009）。

测一测 15.3

1. 什么是味道知觉？简述在口腔、鼻腔以及随后的神经系统中，味觉和嗅觉是如何相遇的。
2. 简述葡萄酒实验。
3. 简述证明感觉特异性饱腹感的实验。
4. 什么是普鲁斯特效应？是否有证据证明它？
5. 试证明新生儿如何检测不同的气味和味道？简述胡萝卜实验，该实验是如何证明母亲的饮食会影响婴儿的味觉偏好的？

想一想

1. 哪些食物因为你不喜欢它的味道而让你讨厌呢？这些食物是否有一些共同点，能够让你用某种特定的味觉感受器的激活来解释这种味道偏好？

2. 你是否思考过这种情况，为什么某些气味能使你回忆起多年不曾想起的事件或者地方？你认为这种体验的机制可能是什么？

关键术语

2-脱氧葡萄糖技术（2-deoxyglucose technique, p.390）
阿米洛利（amiloride, p.381）
鼻后路线（retronasal route, p.393）
鼻咽部（nasal pharynx, p.393）
标识文件（recognition profile, p.388）
初级嗅觉区（primary olfactory area, p.390）
次级嗅觉区（secondary olfactory area, p.390）
额叶岛盖（frontal operculum, p.378）
钙成像（calcium imaging, p.388）
感觉特异性饱腹感（sensory-specific satiety, p.396）
孤束核（nucleus of the solitary tract, p.378）
光学成像（optical imaging, p.389）
横跨纤维模式（across-fiber patterns, p.379）
检测阈（detection threshold, p.384）
口感捕获（oral capture, p.394）
眶额皮层（orbitofrontal cortex, p.390）
梨状皮层（piriform cortex, p.390）
脑岛（insula, p.378）
迫选法（forced-choice method, p.384）
普鲁斯特效应（Proust effect, p.397）
气味辨别（odor discrimination, p.384）
气味客体（odor objects, p.386）
乳头状突起（papillae, p.377）
神经形成（neurogenesis, p.376）
视频显微镜（video microscopy, p.382）
双向神经元（bimodal neurons, p.395）
味道（flavor, p.393）
味觉细胞（taste cells, p.378）
味孔（taste pore, p.378）
味蕾（taste buds, p.378）
先天性嗅觉缺失［isolated congenital anosmia（ICA）, p.383］
信息素（pheromones, p.383）
杏仁核（amygdala, p.390）
嗅感觉神经元［olfactory receptor neurons（ORNs）, p.387］
嗅觉（olfaction, p.383）
嗅觉不灵敏的（microsmatic, p.383）
嗅觉地图（chemotopic map/odor map/odotoptic map, p.390）
嗅觉灵敏的（macrosmatic, p.383）
嗅觉黏膜（olfactory mucosa, p.386）
嗅觉缺失症（anosmia, p.383）
嗅觉受体（olfactory receptors, p.387）
嗅觉小球（glomeruli, p.389）
嗅球（olfactory bulb, p.386）

附录 A

调整法和恒定刺激法

除了极限法，费希纳还提出了另外两种心理物理学方法：调整法和恒定刺激法。

回顾第 1 章可知，在使用极限法时，实验者为了测得阈限值，会以递增顺序（强度增加）或递减顺序（强度减弱）的方式向被试呈现刺激。**调整法**与极限法相似，因为刺激都是以递增或递减的方式出现的，直到刺激刚好被感觉到。但是在调整法中，是被试（不是实验者）不断调整刺激强度，直到他刚好可以感觉到刺激。例如，被试也许会被告知通过旋转开关来减小声音的强度，直到再也听不见这个声音；接着再通过旋转这个开关来加大声音，直到这个声音刚好能被听到。这个刚好能被听到的声音强度就作为阈限值。这个过程可以重复多次，之后取平均值作为该被试的阈限值。

在**恒定刺激法**中，实验者以随机顺序呈现 5~9 个强度不同的刺激。例如，在一个用来确定可见光阈限值的假设性实验中，每次呈现一个强度为 150、160、170、180、190 或 200 的刺激。在每个试次中，被试用"是"或"否"来表示他是否看到了光。实验者选择的最小强度的光刺激通常不能被感受到，而最大强度的光刺激常常能被感受到。处于两者间的其他强度光刺激在一些试次中能被感觉到，在另一些试次中则不能被感觉到。每种强度的光呈现多次后，它能被感觉到的试次的百分比如**图 A.1** 所示。阈限值通常用 50% 能引起感觉时的刺激强度值来表示。将这个定义运用到**图 A.1** 中，此时的阈限值即为 180。

选择使用极限法、调整法和恒定刺激法中的哪一种，通常是由所要求的精确程度以及可用的时间长短来决定。恒定刺激法是最精确的方法，因为它包含多次观察，并且刺激是以随机次序呈现的，这样就减小了上一个试次对判断下一个试次的影响。但这种方法的缺点就是时间消耗大。而调整法耗时短，因为被试可以自己调节刺激强度，只需要少量试次，就能确定其阈限值。

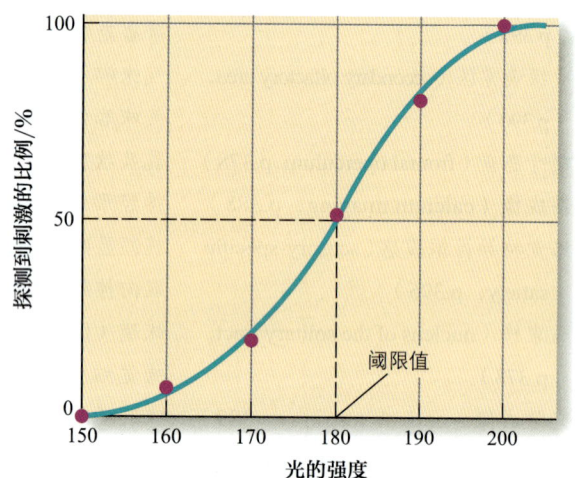

图A.1 假设实验中用恒定刺激法测可见光的阈限值的结果。阈限值——在所有刺激呈现中，恰好有一半试次报告出这个光可见时的强度——在这个实验中为180。

附录 B

差别阈限

在费希纳编写的《心理物理学纲要》(*Elements of Psychophysics*)中,不仅描述了测量绝对阈限的方法,同时还描述了生理学家恩斯特·韦伯(1795—1878)的工作。在费希纳的书出版之前,韦伯测量了另一种类型的阈限——**差别阈限**:在我们可以区别两个刺激时,它们之间必须存在的最小差异。这种刚刚能引起差异感受的刺激差异量即差别阈限。

诸如老式的平衡天平这样的测量工具可以测得非常小的差别。例如,想象在天平的两边都放上了4个50美分的硬币卷时,这个天平就平衡了。当在其中一个秤盘上多放1美分时,这个天平就会失去平衡,这样就成功地测出了两个质量间的细微差异。人类的感觉系统并不像天平那样对质量的差异如此敏感,因此人类在比较201美分和200美分的质量时,并不能发现其中的差别。质量的差别阈限大概是2%,这就意味着,在理想条件下,需要增加4美分才能使人察觉出差异。

韦伯提出,差别阈限可以用刺激量的百分比来表示。他认为,差异阈限与标准刺激的比值是一个常数。这就意味着如果我们将硬币翻倍至400枚,差别阈限也会翻倍,即差别阈限变为8。重量的差别阈限与标准刺激的比为0.02,这被称为**韦伯分数**。标准刺激改变而韦伯分数不变的这一点被称为**韦伯定律**。现代研究者们发现,只要刺激强度不太接近绝对阈限,韦伯定律对大多数感觉来说是正确的(Engen, 1972; Gescheider, 1976)。

对于一些特定的感觉来说,韦伯分数会保持相对恒定,但每种类型的感觉都有各自的韦伯分数。例如,从**表B.1**中可以看出,电刺激的强度只改变1%时,人们都能感觉到,但光的强度要增加8%才能让人感觉到差异。

表B.1 几种不同感觉的韦伯分数

电击	0.01
质量	0.02
声音强度	0.04
光的强度	0.08
味觉	0.08

附录 C

量值估计和幂定律

第1章中描述了量值估计实验的过程。图C.1是量值估计实验的结果，这个实验要求被试用数值来表示感受到的光的亮度。图中呈现的是由许多被试做出的亮度的平均量值估计。可以看出，当亮度增加1倍时，感知到的亮度并不一定跟着增加了1倍。例如，当强度为20时，感知到的亮度为28，当强度变为40时，感知到的亮度并没有翻倍到56，而是只增加到了36。这种感知到的亮度增加比刺激强度的增加小的现象被称为 反应压缩。

图C.1也呈现了电击手指以及感知线段长度时的量值估计结果。电击曲线向上弯曲，意味着电击强度增加1倍时，感受到的电击强度比增加1倍还要多。将刺激强度从20增加到40时，感知到的电击强度从6增加到49，这种现象被称为 反应膨胀。随着电击强度增加，感知到的强度比电击强度增加得更快。线段长度估计的曲线是直的，斜率接近1.0，表示反应的量级几乎与刺激的增加完全匹配。因此，如果长度翻倍了，那么观察者就会说："这似乎是原来的2倍那么长。"

量值估计与物理刺激之间关系的迷人之处在于每种感觉的刺激强度和感知到的量值之间都遵循着一定的规律。这些函数被称为 幂函数，可以用方程式 $P=KS^n$ 来表示。P 代表感知到的量级，K 代表常数，S 代表刺激强度的倍数，n 代表幂。这个关系被称为 史蒂文森幂定律。

例如，如果指数 n 是 2.0，常数 K 是 1.0，在强度为10和20时，P（知觉到的量）的结果如下：

强度为10时：$P=1.0×(10)^2=100$

强度为20时：$P=1.0×(20)^2=400$

在这个例子中，强度的翻倍导致感知到的量级变成了原来的4倍，这就是反应膨胀。

幂定律的指数 n 告诉我们，刺激强度增加时，感知到的量值是如何变化的。当指数小于1.0时，与反应压缩有关（就像光的亮度曲线一样）；当指数大于1.0时，与反应膨胀有关（就像电击感觉一样）。

反应压缩和反应膨胀阐述了感觉是如何使机体适应环境的。例如，思考一下对亮度的体验。想象你在室内看书，当看向窗外阳光照耀下的人行道时，眼睛从人行道上接收的光也许是从书页上接收的光的成千上万倍，但是由于反应压缩，人行道并不会比书页显得亮成千上万倍。它看起来确实更亮一些，但并没有亮到使眼睛失明。[①]

电击的情况则相反，它的指数为3.5，因此在电击中即使稍稍增加一点强度，都会让痛觉增大很多。这种在痛觉上的快速增长与反应膨胀有关，它可以提醒我们即将发生的危险，这样就能及时回避电击。

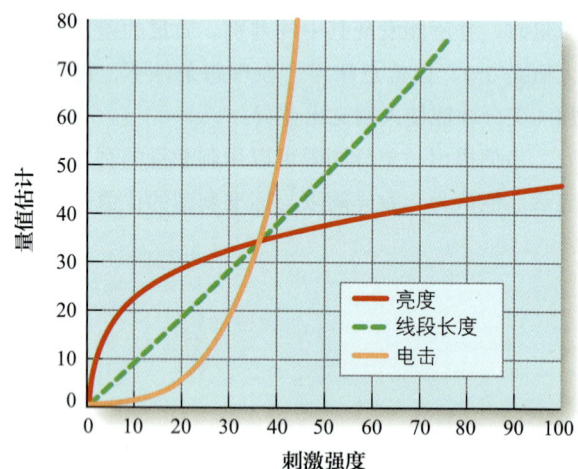

图C.1 电击、线段长度和亮度的刺激强度和感知到的量值之间的关系。（来源：改编自Stevens, 1962）

[①] 另一个使你没有因高强度亮光而失明的机制是适应，这个过程调节了眼睛对不同强度光的反应敏感性（见第2章）。

附录 D

信号检测的方法

从第 1 章和附录 A 中可以看到，通过随机呈现不同强度的刺激，可以使用恒定刺激法来确定个体的阈限值，即在 50% 的试次中被试报告出"我看到了这个光"或"我听见了这个声音"时的强度。那么什么决定了阈限强度呢？个体的眼睛和视觉系统的生理活动的确起了重要作用，但一些研究者指出，个体的其他特征或许也会影响阈限值的确定。

为了阐明这个观点，可以考虑一个假设性实验。在这个实验中，采用恒定刺激法来测量露西和凯西对光的可见阈限。挑选 5 个不同强度的刺激，以随机次序呈现这些刺激，然后询问露西和凯西是否可以看到光，"是"表示看到了，"否"表示没看到。露西在对指导语进行认真思考后，决定要确保每一个光的呈现不会被忽略。因此只要有可能，哪怕是最小的可能出现的光，她都用"是"来作答，我们称她为宽松反应者。相反，凯西是一个保守反应者，她只有完全看到了光才会说"是"，所以她只在完全确定看见之后才报告看到了光。

假设性实验的结果如图 D.1 所示。露西比凯西报告的"是"更多，因此她的阈限更低。但是鉴于我们对露西和凯西的了解，是否应该得出结论称露西的视觉系统比凯西的视觉系统对光更为敏感呢？她们对光的实际敏感性很有可能是一样的，但是由于露西比凯西更愿意报告看到了光，因此导致了露西的阈限看来更低。解释这两人之间差异的一个说法是这两人的**反应标准**不同。露西的反应标准较低（只要有可能出现光，她都会说"是"），而凯西的反应标准较高（只有当她确定看见了光才会说"是"）。

每个人都有不同的反应标准。这个事实给了我们什么启示呢？如果我们对个体如何对不同刺激进行反应感兴趣（例如，测量个体对不同颜色光的阈限是如何变化的），就不需要把反应标准考虑在内，因为比较的是同一个人的反应；如果要检测许多人的反应，并且对他们的反应进行平均，反应标准同样并不重要；但是如果要比较两个人的反应，不同的反应标准就会影响结果。幸运的是，一个被称为**信号检测法**的方法可以将不同的反应标准考虑在内。下面先描述一下信号检测实验，接着再介绍实验背后的理论。

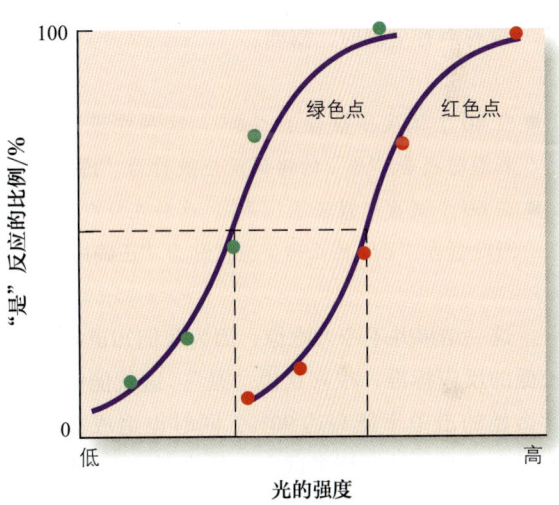

图D.1　数据来自使用恒定刺激法测量露西（绿色点）和凯西（红色点）对可见光的阈限的实验。这些数据表明，露西的阈限比凯西的低。但露西是真的比凯西对光更敏感，还是因为她是一个更为宽松的反应者，而使她看起来对光更敏感呢？

信号检测实验

在诸如恒定刺激法（见附录 A）的心理物理学程序中，至少要呈现五种强度不同的刺激，并且在每一个试次中都要呈现标准刺激。在一个声音探测的信号检测实验中，只使用一个很难被听到的低强度的声音，并且只在一些试次中呈现这个声音，而在剩下的试次中不呈现任何声音。

基本实验

信号检测实验在两个方面与传统的心理物理实验有所不同：（1）只呈现一种强度的刺激；（2）在一些试次中，不呈现刺激。思考一下如果用露西作为这个实验的被试，结果会是什么样的。呈现 100 个有声音的试次和 100 个没有声音的试次，并随机混合这两种试次。露西的结果如下：

有声音呈现时，露西：

- 在 90 个试次中报告了"是"。这种在刺激呈现时报告"是"的正确反应被称为**"击中"**。
- 在 10 个试次中报告了"否"。这种在刺激呈现时却报告"否"的错误反应被称为**"漏报"**。

没有声音呈现时，露西：

- 在 40 个试次中报告了"是"。这种在没有呈现刺激时报告"是"的错误反应被称为**"虚报"**。
- 在 60 个试次中报告了"是"。这种在没有呈现刺激时报告"否"的正确反应被称为**"正确拒斥"**。

这一结果并不令人吃惊，因为我们知道露西有较低的反应标准，很喜欢说"是"。这就能解释为什么她的击中率能高达 90%，同时也造成在没有声音呈现时，她对许多试次也报告了"是"，因此 90% 的击中率伴随着 40% 的虚报率。如果对凯西进行同样的实验，由于她有较高的反应标准，因此会更少地说"是"。可以发现她有较低的击中率（如 60%）和较低的虚报率（如 10%）。值得注意的是，尽管露西和凯西对许多没有刺激呈现的试次报告了"是"，但结果并不能由传统阈限理论来预测。传统阈限认为"没有刺激就没有反应"，但这明显与这里的情况不符。将这一点考虑到信号检测实验中可以获得由传统阈限理论不能预测的其他结果。

赢利

在不改变声音强度的情况下，确实可以通过**赢利**来操纵每个人的动机，进而改变露西和凯西的击中率和虚报率的百分比。我们一起看一下赢利是如何影响凯西的反应的。记住，凯西是一个保守的反应者，她对说"是"是很犹豫的。但作为一个聪明的实验者，可以在实验中增加一些物质奖励，来增加凯西说"是"的频率。比如说，告诉凯西会对她做出的正确反应进行奖励，并对她做出的错误反应进行惩罚，奖惩如下：

击中	获得 100 美元
正确拒斥	获得 10 美元
虚报	损失 10 美元
漏报	损失 10 美元

如果你是凯西，会怎么做？你肯定意识到了只有多说"是"才能得到更多的钱。如果说"是"是虚报，那么会损失 10 美元，但这一点小小的损失可以从击中获得的 100 美元中抵消。尽管你决定不对每个试次都说"是"——毕竟你希望诚实地回答是否听到了声音这个问题——但还是决定不要如此保守。于是你决定改变说"是"的标准。这个实验的结果就变得有趣了。凯西变成了一个更宽松的反应者，并且报告了许多"是"，击中率为 98%，而虚报率也为 90%。

结果在**图 D.2** 中用 L 点表示（代表宽松反应），这个点表示击中的百分比对虚报的百分比。穿过 L 点的实心曲线被称为**接受者操作特征曲线（ROC）**。接下来就能看到为什么 ROC 曲线很重要了，但首先来看看如何确定曲线上的其他点。其实很简单：我们要做的就是改变赢利。可以通过以下奖惩措施来使凯西提高她的标准，进而表现出更为保守的反应：

击中	获得 10 美元
正确拒斥	获得 100 美元
虚报	损失 10 美元
漏报	损失 10 美元

这个赢利表提供了很强的诱因，使反应变得保守，因为在没有刺激呈现时报告"否"会获得很高的报酬。因此，凯西的标准变得更高了，所以她又变得很保守，并且只在完全确定有声音呈现时才会说"是"，否则都会报告"否"。这个保守结果的击中率只有 10%，而虚报率仅为 1%，这通过 ROC 曲线上的 C 点（代表保守反应）来表示。值得注意的是，尽管凯西在有声音呈现的试次中的击中率为 10%，但在没有声音呈现的试次上的正确拒斥率

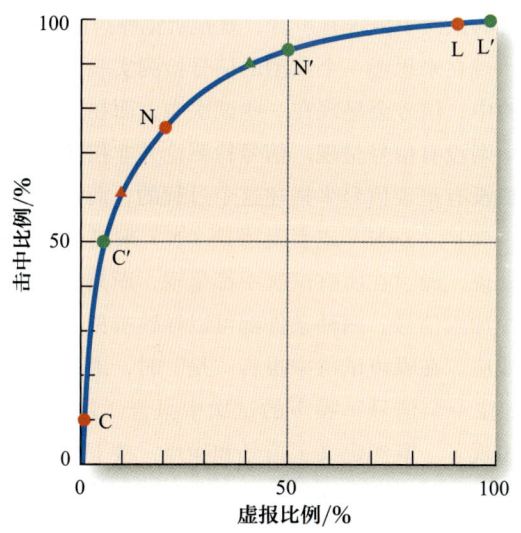

图D.2 在宽松（L和L'）、中性（N和N'）以及保守（C和C'）情况下，由测得的露西（绿色点）和凯西（红色点）确定的接受者操作特征曲线的特点。露西和凯西的数据点全落在这条曲线上的事实意味着她们对声音的敏感性相同。三角形表示她们在没有使用奖惩措施的情况下的结果。

达到了99%（如果没有声音呈现的试次有100个，那么正确拒斥+虚报=100，因为虚报为1的时候，正确拒斥一定为99）。

现在，凯西已经变得很有钱了，并且决定为心仪已久的马自达轿车付首付（目前她已经在第一个实验中获得了8980美元，在第二个实验中获得了9090美元，总计18 070美元！为了保证你能理解奖惩系统是如何起作用的，请自行计算这个结果。记住，呈信号的试次有100个，不呈现信号的试次也有100个）。然而，如果想在车里安装卫星音频系统，她可能需要更多的现金。因此，她同意再做一个实验。现在采用中性奖惩措施：

击中	获得10美元
正确拒斥	获得10美元
虚报	损失10美元
漏报	损失10美元

通过这种方法在ROC曲线上获得了N点（代表中性）：75%的击中，20%的虚报。这样凯西又获得了1100美元，她可以买一辆带有卫星音频系统的马自达汽车，我们也可以因为拥有世界上最贵的ROC曲线而自豪（基于这一点，不要去心理系寻找最新的信号检测实验。因为在现实生活中，赢利比假设性例子少很多）。

ROC曲线能告诉我们什么

凯西的ROC曲线表明，是对刺激的敏感性之外的因素决定了一个人的反应。别忘了，在所有的实验中，声音的强度是恒定不变的。尽管只改变个体的标准，也成功地使个体的反应发生了强烈的变化。

除了证明个体对恒定刺激的反应是如何变化的，ROC曲线还能告诉我们什么呢？在讨论的一开始就提到过，信号检测实验可以告诉我们凯西和露西对声音的敏感性是否一样。信号检测论的优点在于，个体的敏感性可以通过ROC曲线的形状来表示。所以如果两个人的实验结果得到的是同样的ROC曲线，那么他们的敏感性一定相同（目前从讨论中并不能明显地得到这个结论，我们将在下面解释为什么ROC曲线的形状与个体的敏感性有关）。如果对露西重复上面的实验，将会得到以下的结果（图D.2中的L'、N'和C'点）：

宽松奖惩措施
击中=99%
虚报=95%

中性奖惩措施
击中=92%
虚报=50%

保守奖惩措施
击中=50%
虚报=6%

露西的数据点在图D.2中用绿色的圆点表示。请注意，尽管这些点与凯西的不同，但都落在同一条ROC曲线上。同时，描绘出了在引入赢利之前，露西（绿色三角形）和凯西（红色三角形）在第一次实验中的数据点，这些点落在了同一条ROC曲线上。

凯西和露西的数据落在同一条ROC曲线上意味着她们对声音的敏感性是一样的。这就证明了之前的疑虑，即恒定刺激法使我们误认为露西更敏感，而真正使她显得更为敏感的是她对报告"是"的标准很低。

在结束信号检测实验这部分之前，很重要的一点就是，使用信号检测程序时，可以不必包含之前在凯西和露西的实验中那么详细的赢利措施。我们会简洁地描述更简短的程序，来确定不同个体在反应上的差异是由阈限不同造成的还是由反应标准不同造成的。

信号检测论能告诉我们有关传统物理法确定的函数的哪些信息呢，如光谱敏感曲线和听力曲线？用传统方法来确定这些函数时，通常会假设个体的标准会在整个实验中保持恒定，这样的函数测量的就不是反应标准的改变，而是波长或刺激的其他物理特征的改变。这是一个非常好的假设，因为改变刺激的波长对于像动机这样的因素只有一点影响，甚至没有影响，而只有动机才可能改变个体的标准。另外，像确定光谱敏感性曲线的实验使用的是经验丰富的被试，这些人经过训练，可以给出稳定的结果。因此，即使"绝对阈限"的观点并不那么正确，但在控制良好的条件下，传统心理物理学实验仍然是测量刺激和感知之间关系的一个重要方法。

信号检测论

现在要讨论的是信号检测实验的理论基础。目的是解释两个观点的理论基础：(1) 击中率和虚报率依赖个体标准；(2) 个体对刺激的敏感性可以用ROC 曲线的形状来表示。接下来将从信号检测论（signal detection theory, SDT）中的两个重要概念说起：信号和噪声。

信号和噪声

信号就是呈现给被试的刺激。在刚刚描述过的信号探测实验中，声音就是信号。**噪声**就是环境中的其他所有刺激，但由于信号很微弱，所以常把噪声误认为是信号。在一个完全黑暗的屋子里，隐约看见闪烁的光就是视觉噪声的例子。根据信号检测论，在没有光的时候看见光就是所说的虚报。虚报是由噪声造成的。在刚描述的实验中，在没有声音

呈现的试次中报告有声音，就是听觉噪声的例子。

现在来思考一个典型的信号检测实验。在这个实验中，信号会呈现在一些试次中，而在另外的试次中则没有信号呈现。信号检测论并非按照呈现信号或没有呈现信号来描述这个过程的，而是按照信号 + 噪声（S+N）或者是噪声（N）来描述的。也就是说，噪声在所有试次中都呈现，而只在一些试次中加入信号。两种条件都可以导致听见声音的知觉效应。在噪声试次中报告"是"时，虚报就出现了；在一个信号 + 噪声的试次中报告"是"，击中就出现了。既然定义了信号和噪声，接下来就开始介绍噪声和信号 + 噪声的概率分布。

概率分布

图 D.3 呈现了两个概率分布。左边是由噪声（N）引起的知觉效应的概率分布；右边是由信号 + 噪声（S+N）引起的知觉效应的概率分布。理解这些分布的关键是理解横轴上被标上"知觉效应（响度）"的值，指的是个体在每个试次中体验到的感觉的大小。因此，在要求被试报告是否有声音呈现的实验中，知觉效应就是知觉到的声音的响度。在信号检测实验中，声音的响度总是一样的，但是实验中被试感知到的声音的响度是随着试次的变化而不断变化的。因为在不同的试次中，被试的注意力或者听觉系统的准备状态是在变化的，所以被试在不同的试次中感受到了不同的声音响度。

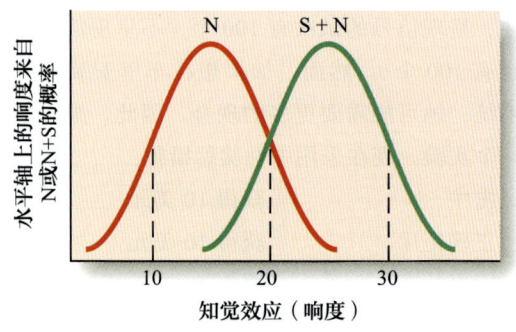

图D.3　只有噪声（N，红色曲线）和信号+噪声（S+N，绿色曲线）的概率分布。给定的知觉效应是由噪声（没有信号呈现）或是由信号+噪声引起的概率可以通过找到横轴上的知觉效应值并从这一点向上画一条垂线找到。这条垂线与N或S+N两个分布相交的点就表示知觉效应由N或由S+N造成的概率。

概率分布告诉了我们一个给定的声音响度来自噪声（N）或者噪声+信号（N+S）的概率。例如，假设个体在信号检测实验中的某个试次中听见了响度为10的声音，通过在图D.3中"知觉效应"轴上的10处向上画一条虚线，可以发现当响度为10时，由S+N引起的可能性非常低，因为在这个响度上，S+N的分布几乎为0。但是响度为10时，由N引起的可能性非常高，因为N在这一点上的分布就很大。

假设在另一个试次中，个体感知到的响度为20。概率分布表明，当响度为20的时候，响度是由N或S+N引起的可能性是一样的。同样我们可以从图D.3中看到，当感知到的响度为30时，由S+N引发的可能性很高，由N引发的可能性就低很多。

现在，理解了图D.3中的曲线之后就可以明白被试面对的问题了。对于每个试次，她必须确定是否真的没有声音呈现（N），或是否有声音呈现（S+N）。然而，因为N和S+N在概率分布中有重叠，意味着对于一些知觉效应来说，这种判断会很困难。正如先前看到的，响度为20的声音来自N或S+N的可能性是一样的。因此，在一个个体听到响度为20的声音的试次中，她是如何确定信号是否呈现的呢？根据信号检测论，她的决定还依赖于决策标准的高低。

决策标准

通过**图D.4**，可以看到决策标准是如何影响一个人的反应的。在这个图中定义了三种不同的标准：宽松的（L）、中性的（N）和保守的（C）。可以通过使用不同的奖惩措施来使被试采取不同的决策标准。根据信号检测论，一旦被试采用了某个决策标准，他就会采取这一标准来决定如何对一个给定的试次进行反应：如果知觉效应比决策标准大（出现在标准的右边），就报告"是的，有声音呈现"；如果知觉效应比决策标准小（出现在标准的左边），就报告"没有声音呈现"。下面一起看看不同的决策标准是如何影响个体的击中率和虚报率的。

为了确定决策标准如何影响个体的击中率和

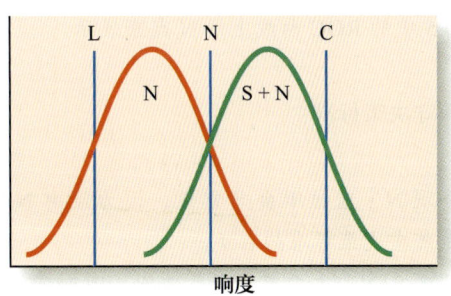

图D.4　和图D.3一样的概率分布，呈现了三种标准：宽松（L）、中性（N）和保守（C）。当一个人采取某种标准时，他会使用以下决策规则：当知觉效应量比标准大时，报告"是"（探测到了刺激）；当知觉效应量比标准小时，报告"否"（没有探测到刺激）。

虚报率，我们先来看看在三种不同的标准下呈现N和S+N时会发生什么。

宽松决策标准：

1. 呈现N：由于N的大多数概率分布落在决策标准的右边，这样就导致呈现的N落在标准右边的概率更大。这就意味着当呈现N时说"是"的概率很高，因此虚报的概率就很高。
2. 呈现S+N：由于S+N的整个概率分布都落在决策标准的右边，这样呈现S+N的时候，就导致感觉到的响度都出现在标准的右边。这样，当呈现信号的时候说"是"的概率很高，自然击中率就很高。

因为决策标准宽松就会导致高的击中率和虚报率，采取这样的标准进行决策的结果在**图D.5**中用L点来表示。

中性决策标准：

1. 呈现N：个体只在很少呈现N的时候会回答"是"，因为N分布只有很少一部分落在决策标准的右边，因此虚报率会很低。
2. 呈现S+N：当呈现S+N时，个体报告"是"会很频繁，因为S+N分布的大部分都落在决策标准的右边，因此击中率会很高（但不如决策标准宽松时高）。中性决策标准的结果在图

D.5 中的 ROC 曲线上用 N 点来表示。

保守决策标准：

1. 呈现 N：虚报率会非常低，因为没有 N 的曲线落在决策标准的右边。
2. 呈现 S+N：击中率也会非常低，因为只有一小部分 S+N 曲线落在决策标准右边。保守决策标准的结果在图 D.5 中的 ROC 曲线上用 C 点来表示。

概率分布中运用不同的标准会产生图 D.5 中 ROC 曲线（实线）。但是为什么这些概率分布是必要的呢？因为在凯西和露西的实验中，通过描绘实验的结果就简单地确定了 ROC 曲线。N 和 S+N 分布很重要的原因是，根据信号检测论，个体对刺激的敏感性通过 N 和 S+N 分布峰值间的距离（d'）来表示，并且这个距离会影响 ROC 曲线的形状。接下来将会讨论个体对刺激的敏感性是如何影响 ROC 曲线的形状的。

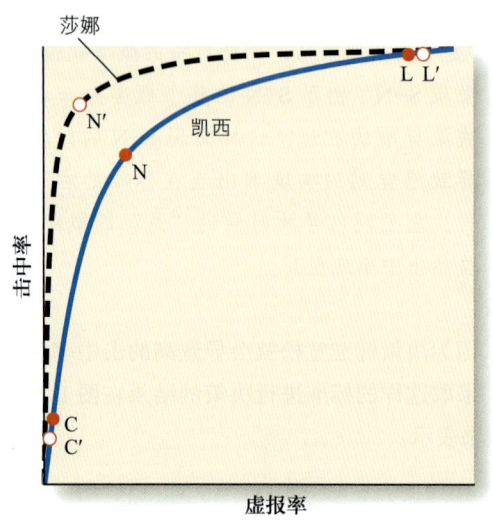

图 D.5 使用宽松（L，L'）、中性（N，N'）和保守（C，C'）标准确定的凯西和莎娜的ROC曲线。

ROC曲线上的敏感性效应

通过呈现像莎娜这样拥有超灵敏听力的个体的概率分布，可以理解个体对刺激的敏感性是如何影响 ROC 曲线的形状的。莎娜的听力特别好，对于凯西来说只能勉强听见的声音，对她来说都很大声。如果呈现 S+N 造成了莎娜听见了很大的声音，这就意味着她的 S+N 的分布应该更靠近右边，正如图 D.6 中显示的一样。在信号检测的术语中，我们会说莎娜的高度敏感性是通过 N 和 S+N 的概率分布的较大分离（d'）表示的。为了解释概率分布间的较大分离如何影响她的 ROC 曲线，我们一起来看在以下采取宽松、中性和保守的决策标准中，她的反应是怎样的：

宽松决策标准：

1. 呈现 N：高的虚报率。
2. 呈现 S+N：高的击中率。

因此，宽松决策标准的结果在图 D.5 中的 ROC 曲线上用 L'点表示。

中性决策标准：

1. 呈现 N：低的虚报率。注意到莎娜在中性决策标准下的虚报率比凯西在中性决策标准下的虚报率还要低是很重要的，因为莎娜的 N 分布只有一小部分落在决策标准的右边，而凯西的 N 分布有很大一部分落在中性决策标准的右边（图 D.4）。
2. 呈现 S+N：高击中率。

在这种情况中，莎娜的击中率比凯西的还要高，因为莎娜的 S+N 的分布大部分都落在中性决策标准的右边，而凯西的几乎没有（图 D.4）。因此，中性决策标准的结果在图 D.5 中的 ROC 曲线上用 N'点来表示。

保守决策标准：

1. 呈现 N：低虚报率。
2. 呈现 S+N：低击中率。

因此，保守决策标准的结果在图 D.5 中的 ROC 曲线上用 C'点来表示。

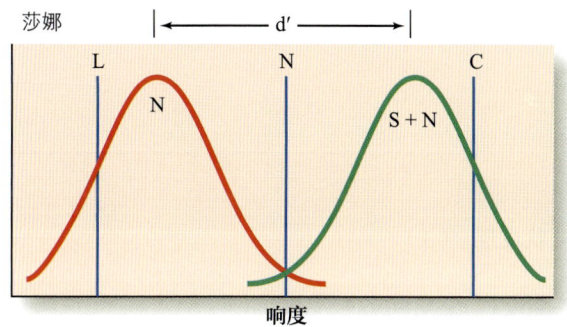

图D.6 莎娜的概率分布。莎娜是一个对信号极为敏感的个体。噪声分布（红色曲线）保持不变，但是信号+噪声分布（绿色曲线）与图D.4中的相比更靠近右边。宽松（L）、中性（N）和保守（C）标准都呈现在图中。

图 D.5 中两个 ROC 曲线间的差异很明显，因为莎娜的曲线更加"弯如弓"。但在你得到结论——两个 ROC 曲线间的差异与我们标注的 L、C 和 N 决策标准有关——之前，先看看你是否可以从图 D.4 中的两个概率分布得到像莎娜一样的 ROC 曲线。你会发现，无论把决策标准放在哪里，都得不到像图 D.4 中曲线上的 N′ 点（高击中率，低虚报率）一样的点。为了得到非常高的击中率和低的虚报率，两个概率分布必须相互远离，就像图 D.6 中的一样。

因此，增加 S 和 S+N 概率分布间的距离（d′）会改变 ROC 曲线的形状。个体的敏感性（d′）很高的时候，ROC 曲线就会变得很弯。实际上，d′ 可以通过比较从实验中得到的 ROC 曲线和标准 ROC 曲线来确定（参见 Gescheider，1976），或者利用实验中的击中率和虚报率，通过数学的方法计算出来。当然，对这种方法在这里不过多做出讨论。这种计算 d′ 的数学过程使我们可以通过确定 ROC 曲线上的一个点来确定个体的敏感性。因此，信号检测程序并不需要运行大量的试次。

总术语表

2-脱氧葡萄糖技术 /2-deoxyglucose technique 一种技术，需要把放射性的 2-脱氧葡萄糖分子注入动物体内，并且暴露于气味刺激中，2-脱氧葡萄糖分子可以标识那些可以对气味分子反应的神经元，这个技术已经用了标识皮层中的朝向。（15）

HSV 色立体 /HSV color solid 将颜色按照色调、饱和度及浓度等参数有序地排列在立体图形上。（9）

ITD 检测器 /ITD detector 双耳时间差检测器。具体是指 Jeffress 神经耦合模型中的一类神经元，当声音信号分别从左耳和右耳到达时它们就会发放。每个 ITD 检测器都仅对一个特定的两个信号间的延迟有反应，从而能够提供关于声源可能位置的信息。

ITD 调谐曲线 /ITD tuning curve 用于表示在不同的 ITD 上神经元发放率的曲线。（12）

Jeffress 模型 /Jeffress model 一种假想的听觉定位神经机制。认为每个神经元都能够同时从两耳接收信号，不同的神经元会对不同的双耳时间差（ITD）发放。（12）

PC 纤维 /PC fiber 参见"环层小体"。（14）

RA1 纤维 /RA1 fiber 皮肤上与触觉小体相关联的一种神经纤维，当触觉刺激呈现时，能快速地适应刺激，并发生短暂地激活。（14）

RA2 纤维 /RA2 fiber 皮肤上与环层小体相关联的一种神经纤维，在皮肤上所处的位置要比 RA1 纤维深。（14）

SA1 纤维 /SA1 fiber 皮肤上与默克尔感受器相关联的一种神经纤维，对于刺激物适应较为缓慢，所以能对触觉刺激进行持续的反应。（14）

SA2 纤维 /SA2 fiber 肤觉系统中与鲁菲尼圆柱体相关联的一种慢速适应神经纤维，在皮肤上所处的位置要比 SA1 纤维深，并且也能对触觉刺激进行持续的反应。（14）

V1 区 /area V1 大脑视觉接收区，被称为 V1 区是因为它是大脑皮层的第一视区。也被称为纹状皮层。（3）

A

阿米洛利 /amiloride 一种物质，可以阻断钠离子流入味觉细胞。（15）

阿片类药物 /opioid 一种化学制品。例如，鸦片、海洛因或者含有相关成分的微粒，可以减轻疼痛和产生愉悦感。（14）

埃默特定律 /Emmert's law 该定律指出视觉后像的大小取决于投射表面与后像间的距离，投射表面越远，后像越大。（10）

埃姆斯房间 /Ames room 由 Adelbert Ames 建造的一间歪曲的房间，该房间会让人形成错误的大小知觉，即房间内的两个人看上去距离观察者的距离相同，而事实上，其中一人比另一人距离观察者远。（10）

安慰剂 /placebo 一种物质，虽然其本身并不含有引起某些症状（如，疼痛）的化学成分，但人们相信它能引起这些症状。（14）

安慰剂效应 /placebo effect 一些没有药理效果的物质（如，安慰剂）会引起某些症状消失的效应。（14）

暗示性运动 /implied motion 当静止的图片描绘包含运动的动作时，观察者可能会以接下来将会发生的事情为基础，在头脑中将图片中的动作进行扩展。（8）

暗适应 /dark adaptation 发生在黑暗环境下的视觉适应过程，此时光感性提升，这种提升与视锥和视杆细胞的视色素再生有关。（2）

暗适应感受性 /dark-adapted sensitivity 眼睛完全适应黑暗后的感受性。（2）

暗适应曲线 /dark adaptation curve 绘制了暗适应过程中视觉感受性随着时间提升的过程。（2）

B

巴林特综合征 /Balint's syndrome 由于脑部顶叶

损伤导致难以将注意集中于单一客体。

八度音 /octave 频率成彼此2倍关系（如2、4等）的两个音之间的间距。例如，800赫兹的音比400赫兹的音高一个八度。（11）

伴随放电信号 /corollary discharge signal（CDS） 运动信号的一个副本，是将信号传递到大脑的其他地方，而不是传递到眼部肌肉。（8）

被动式触觉 /passive touch 人们被动地对触觉刺激做出反应的一种情况。也见"主动式触觉"。（14）

本体感觉 /proprioception 对肢体位置的感觉。（14）

鼻后路线 /retronasal route 由口腔处的一个开口，通过鼻咽部，继而进入鼻腔。这个路线是味觉和嗅觉共同作用产生味道的基础。（15）

鼻咽部 /nasal pharynx 连接口腔和鼻腔的通路。（15）

比较器 /comparator 运动知觉的伴随放电理论假设的一个结构。伴随放电信号和感觉运动信号在比较器中相遇来判定运动是否会被知觉到。（8）

比例原则 /ratio principle 这一原则表明如果光的反射区域的强度与其周边区域的强度成一定比例，则个体对由不同数量的光形成的反射区域的知觉的明度是相同的。（9）

边界归属 /border ownership 当两个区域共享边界时，边界往往会被视为属于图形而非背景的效应。（5）

边界细胞 /border cells 当动物接近环境边界时所激活的神经元。也见"网格细胞"和"位置细胞"。（7）

变化盲视 /change blindness 在检测连续呈现的相似但又不同的场景中的变化时存在困难。（6）

标识文件 /recognition profile 嗅觉对于气味分子的激活模式，可以看到各种嗅感觉神经元可以被哪种气味分子激活。（15）

表面纹理 /surface texture 由于物体的物理表面凹凸不平而引起的视觉和触觉特性。（14）

表皮 /epidermis 皮肤的外层，包括一层死皮细胞。（14）

表征动量 /representational momentum 静止图片中描绘的运动有在观察者头脑中继续运动的倾向。（8）

表征原则 /principle of representation 知觉的一种原则，指人们知觉到的东西不是直接与刺激相关，而是与刺激在神经系统和感受器上形成的表征相关。（1）

波长 /wavelength 对于光能来说，波长指的是从一种光波顶端到另一种光波顶端之间的距离。（2）

补色残影 /complementary afterimages 个体形成在色环上位于对应颜色相反位置的后像颜色。（9）

不饱和色 /desaturated 将白色加入某一种颜色时形成的低饱和度彩色。例如，粉色比红色饱和度低。（9）

不应期 /refractory period 神经纤维上每次神经冲动之间间隔的这段时间，时长约1秒的千分之一。不应期结束前，神经纤维上不能产生神经冲动。（2）

布洛卡区 /Broca's area 在额叶的一个区域，是语言产生的一个重要区域。若被损伤会产生语言障碍。（13）

布洛卡失语症 /Broca's aphasia 由于位于额叶的布洛卡区域受到损伤所致的语言问题，表现为说话时发音困难，语言不流利，费力而生硬。（13）

C

彩色 /chromatic colors 某些波长的反射多于其他类别时，彩色就产生了，例如，蓝色、黄色、红色或者绿色等。（9）

侧抑制 /lateral inhibition 在神经环路侧方传递的抑制。在视网膜中，侧抑制是通过水平细胞和无长突细胞传递的。（3）

差别阈限 /difference threshold 能被察觉到的两种不同刺激的最小差别量。（1，附录B）

场景 /scene 一个真实自然的风景应该包括：（1）背景元素；（2）多种客体，它们与其他客体和背景以有意义的方式相互联结。（5）

场景模式 /scene schema 关于"给定场景通常包含了些什么"的知识被称为场景模式。这些关于"特定场景中通常会存在什么事物"的信息会对观察者的注意产生影响。（5）

场景要点 /gist of a scene 对场景类型的一般性描述。人们可以在观察仅1秒之后就识别出大多数场景的重要性质，正如他们可以快速从一个电视

频道切换到另一个电视频道，但识别场景中的细节需要较长时间。（5）

超极化 /hyperpolarization　神经元内电位开始转负。超极化常与抑制性的神经传导物质动作有关。（2）

超柱 /hypercolumn　位于纹状皮层，由 Hubel 和 Wiesel 提出的单位结构，由对应视网膜一个特定区域的方位、方向和眼优势柱组合而成。（4）

冲突线索理论 /conflicting cues theory　解释视错觉的一种理论，由 R. H. Day 提出，该理论认为个体对线段长度的知觉取决于线段的实际长度及其周围图形的长度。（10）

初级接收区 /primary receiving area　大脑皮层中最先接收感受器传出的大部分信号的区域。比如，枕叶皮层是视觉的初级接收区，颞叶是听觉的初级接收区。（1）

初级听皮层 /primary auditory cortex（A1）　颞叶上的一个区域，接收由听神经传递自丘脑内侧膝状体的信号。（11）

初级嗅觉区 /primary olfactory area　颞叶上的一小片区域，负责接收嗅球中嗅觉小球的信号，也称为初级嗅觉皮层。（15）

触觉小体 /meissner corpuscle（RA1）　皮肤上的一种感受器，与 RA1 机械感受器有关。有人认为触觉小体对知觉触觉以及控制抓握物体的力量很重要。（14）

触觉知觉 /haptic perception　利用触觉对三维空间中的客体进行知觉。（14）

穿帮镜头 /continuity errors　影片连续镜头中，前一个镜头和后一个镜头间空间位置和客体上的不匹配。（6）

传播曲线 /transmission curves　通过物体传播的特定波长光的百分比绘制而成的曲线。（9）

传递细胞 /transmission cell（T-cell）　根据闸门控制理论，传递细胞可以接收灰质后角中细胞的（+）或（-）输入。传递细胞的激活也依赖于疼痛知觉。（14）

垂直方向 /elevation　在听觉中，指的是声音相对于听者上下的位置。（12）

锤骨 /malleus　中耳听小骨中的第一块。接收来自鼓膜的振动并将其传递给砧骨。（11）

纯词聋或辨语聋 /word deafness　威尔尼克失语症的一种极端类型，尽管可听见声音，但不能理解口语的词。（13）

纯音 /pure tone　其压力变化可以用单一正弦波来描述的声音。（11）

磁共振成像 /magnetic resonance imaging（MRI）　脑成像技术，使得构建脑结构图像成为可能。（4）

次级躯体感觉皮层 /secondary somatosensory cortex（S2）　顶叶中的一个区域，与负责加工触觉、温度和疼痛信号的躯体感觉接收区（S1）相关联。（14）

次级嗅觉区 /secondary olfactory area　额叶中的一片区域，靠近眼睛，负责接收来自嗅觉感受器的信号，也叫眶额皮层。（15）

刺激—生理关系 /stimulus–physiology relationship　刺激和生理反应间的关系。（1）

刺激—知觉关系 /stimulus–perception relationship　刺激和行为反应间的关系，这里的行为反应可以是知觉、识别或动作。（1）

错觉 /illusion　对客观事物的错误的知觉。包括视错觉、运动错觉、时间错觉、声音方位错觉、形重错觉、触觉错觉等。（10）

侧眼 /lateral eyes　动物眼睛位于头部相反的两侧，例如鹰和兔子，因此双眼视像不存在或只存在一少部分的重叠。（10）

错觉轮廓 /illusory contour　即使物理上并不存在，也能被知觉到的轮廓。（5）

D

大脑皮层 /cerebral cortex　大脑表面一个 2 毫米厚的皮层，负责知觉以及语言、记忆、思维等的加工。（1）

大小恒常性 /size constancy　对物体的大小知觉在不同观察距离下仍能保持一致的特性。（10）

大小—距离调整机制 /size-distance scaling　该假设机制认为，通过物体被知觉的距离才得以维持大小恒常性。根据这一机制，物体被知觉的大小（S）等于视网膜成像大小（R）乘以物体被知觉的距离（D）。（10）

带状区 /belt area　颞叶上的一个听觉区，它从核心区接收信号，并将其传递给旁带状区。（12）

单变量原则 /principle of univariance 一旦一个光子被一个视色素分子吸收，光波长的差异性便消失了。（9）

单侧二色视者 /unilateral dichromat 个体一只眼睛为二色视而另一只眼睛为三色视。通过测试可以鉴别此类人群（极少数），测试内容是对比二色视觉眼与三色视觉眼知觉到的颜色。（9）

单耳线索 /monaural cue 只涉及一只耳的声音定位线索。（12）

单拮抗神经元 /single-opponent neurons 该神经元的感受野的中心区域在对长波产生兴奋反应的同时，其感受野的外周区域对短波产生抑制反应，反之亦然。（9）

单色光 /monochromatic light 只包含一个波长范围的光。（2）

单眼线索 /monocular cues 当仅用一只眼睛仍能起作用的深度线索，包括重叠、相对大小、相对高度、熟悉大小、线性透视、运动视差及调节等。（10）

等响曲线 /equal loudness curve 一系列指定不同声压水平的曲线，在整个听觉频谱内，同一曲线上不同频率的声音会产生响度相等的知觉。（11）

镫骨 /stapes 中耳三块听小骨中的最后一块。它接收来自砧骨的振动并将其传递给内耳的卵圆窗。（11）

低负载任务 /low-load tasks 占用较少知觉容量的任务。（6）

地标 /landmarks 寻路的一个重要信息来源，即路线上用于表示在哪里转弯的物体。（7）

地标识别问题 /landmark discrimination problem Ungerleider 和 Mishkin 在实验中使用的行为任务，在其中提供了能够支持背侧或称为空间视觉信息流的证据。猴子被要求对一个之前指明的位置进行反应。（4）

地形失认症 /topographical agnosia 一种大脑损伤的病症，患者无法在真实环境下识别地标。（7）

第一谐波 /first harmonic 参见"基频"。（11）

电磁波谱 /electromagnetic spectrum 波长从短（伽马射线）到长（无线电波）的所有电磁波的集合。可见光是这个频谱里狭窄的一个波段。（1）

顶部（耳蜗） /apex, of the cochlea 耳蜗中与中耳相隔最远的一端。（11）

顶部触碰区 /parietal reach region（PRR） 猴子和人类的顶叶皮层中同碰触物体相关的区域。（7）

顶连 /tip links 听觉毛细胞纤毛顶部的一种结构，当纤毛运动时会拉紧或松弛，从而使离子通道打开或关闭。（11）

顶叶 /parietal lobe 位于大脑皮层的顶部，主要负责处理触觉信息，且是视觉加工中背侧视觉通路（内容通路和方式通路）的终端。（1）

定位柱 /location columns 视觉皮层中垂直于表面的柱状体，包含对同一方向反应的神经元感受野。（4）

调性 /tonality 围绕与乐曲的调相关的音符来组织音高。（12）

调性等级 /tonal hierarchy 对音符与音阶匹配程度的一种评定。一个音阶中听起来"正确"的音符在调性等级上得分更高，听起来与音阶不匹配的音符在等级上的分值更低。（12）

动觉 /kinesthesis 一种感觉，可以让我们感觉到躯体和四肢的运动或位置变化。（14）

动眼线索 /oculomotor cues 该深度线索取决于我们感知自己眼睛位置的能力与眼部肌肉的松弛度，调节和辐合均属于动眼线索。（10）

动作 /action 具有一定动机和目的的并指向一定客体的系统性运动。（1）

动作电位 /action potential 神经元传输的过程中正电荷的快速增长。也被称为神经脉冲。（2）

动作电位上升期 /rising phase of the action potential 产生动作电位时，轴突或神经纤维内的电荷由 -70 毫伏上升到 +40 毫伏（动作电位峰值）。这种现象由钠离子流入轴突引起。（2）

动作电位下降期 /falling phase of the action potential 轴突或神经纤维上产生动作电位时，电荷从 +40 毫伏下降到 -70 毫伏的过程（下降到静息水平）。（2）

动作特异性的知觉假设 /action-specific perception hypothesis 认为人们对环境的感知在很大程度上取决于他们作用于感知对象的能力。（7）

动作通路 /action pathway 参见"背侧通路"。（4）

端点细胞 /end-stopped cell 一种皮层神经元，对特定长度的定向移动线条反应最佳。（3）

堆积 /accretion 深度知觉的一种线索，指由于个体相对于物体的运动而导致远处客体不被近处客体遮挡的效果。也见"消失"。（10）

对比度阈 /contrast threshold 两个相邻线条间可检测到的最小光强度差异。这通常可以借助明暗线条光栅来测量。（3）

对应问题 /correspondence problem 视觉系统面临的对应问题，其决定了物体在左眼和右眼上成像是部分对应的，即视觉系统如何匹配两眼的成像。如何匹配双眼成像是决定采用双眼像差线索进行深度知觉的重要因素。（10）

对应性网膜点 /corresponding retinal points 每个视网膜上彼此重合的点。对应点上的感受器会将信号传达到大脑的相同位置。（10）

多感觉交互作用 /multisensory interaction 对多种感受组合的使用。视觉和听觉的例子是听一个人讲话时看他的唇动。（12）

多模式 /multimodal 知觉时会涉及多种不同的感觉。比如，在语言知觉时，会受到一定数量不同的感觉的影响，包括听觉、视觉、触觉。（13）

E

额叶 /frontal lobe 接收来自所有感觉通道的信息，在协调从两个或多个感觉通道中接收的信息上扮演了重要的角色，同时还参与语言、思维、记忆和动作等的加工。（1）

额叶岛盖皮层 /frontal operculum cortex 位于额叶的一个区域，负责接收来自味觉系统的信号。（15）

额叶眼 /frontal eyes 眼睛位于头部前方，因此双眼的视像是重叠的。（10）

耳鼓 /eardrum 鼓膜的另一种说法，即位于听觉外耳道末端的一个膜，会因压力变化振动。这种振动会被传递给中耳的听小骨。（11）

耳廓 /pinna 耳的一部分，能够从头上看到。（11）

耳聋 /presbycusis 一种随年龄增大而发生的感觉神经性听力丧失，通常与听高频声音能力的下降有关。由于这种丧失看起来好像和暴露于环境声音有关，因而也被称为失聪（sociocusis）。（11）

耳蜗 /cochlea 一个蜗牛状的、充满液体的结构，包含着内耳结构，其中最重要的是基底膜、盖膜和毛细胞。（11）

耳蜗放大器 /cochlear amplifier 外毛细胞在声音的作用下产生的扩张和收缩能够锐化基底膜对特定频率的运动。这种放大效应在决定听神经纤维的频率选择性方面起着重要的作用。（11）

耳蜗隔 /cochlear partition 耳蜗中的隔断物，将鼓阶和前庭阶分开，几乎纵贯整个耳蜗。包含毛细胞的柯蒂氏器即是耳蜗隔的一部分。（11）

耳蜗植入或人工耳蜗 /cochlear implant 一种设备，其电极插入耳蜗中，可以通过电刺激听神经纤维产生听觉。该设备可用于让那些因毛细胞损伤而丧失听力的人恢复听觉。（11）

二色视（二色性色盲）/dichromatism 亦称"部分色盲"，色盲的一种。患者缺少三种视锥色素的一种，因此可以感知某些颜色。（9）

二色视者 /dichromats 只有两类视锥色素的人。（9）

F

发音部位 /place of articulation 语言产生过程中发音的位置。也见"发音方式"。

复述 /shadowing 听者在听到声音的时候大声重复他所听到的内容。（13）

发音方式 /manner of articulation 语音是如何由发音器官（口腔、舌头、嘴唇）产生的。（13）

发音器官 /articulators 语言产生的组织结构器官，如舌头、嘴唇、牙齿、下腭和软腭。（13）

反安慰剂效应 /nocebo effect 一个消极的安慰剂效应，消极期望导致的负面反应。

反射边界 /reflectance edge 两个不同的物体表面反射率区域的边界。（9）

反射率 /reflectance 物体表面反射进入眼睛的光的比例。（9）

反射率曲线 /reflectance curves 物体反射的光通量与入射物体的光通量的比值所绘制而成的曲线。（9）

反应标准 /response criterion 在信号检测实验中，被试据此报告刺激是否出现的刺激的主观量级。（附录 D）

反应膨胀 /response expansion 当物理刺激强度翻倍而刺激引起的主观量级不止翻倍的情况。（附

录 C）

反应时 /reaction time　刺激呈现与被试对刺激进行反应间的时间。实验中反应时常被用来测量加工的速度。（1）

反应压缩 /response compression　当物理刺激强度翻倍而刺激引起的主观量级没有翻倍的情况。（附录 C）

方向调整曲线 /orientation tuning curve　将神经元的放电频率与刺激的方向联系起来的函数。（3）

方向柱 /orientation column　一个视皮层柱，包括倾向于相同方向的神经元。（4）

方式通路 /how pathway　参见"背侧通路"。（4）

非彩色 /achromatic colors　非彩色，例如，白色、黑色以及介于黑白中间的各种灰色，均属于非彩色。（9）

非对应性网膜点 /noncorresponding points　分别在两个不同视网膜上不重叠的两个点，即使两侧视网膜像彼此靠近，也不会重叠。（10）

非光谱色 /nonspectral colors　由其他颜色混色而成的颜色，在光谱中不出现。例如，洋红色，这种颜色是由红色和蓝色混合而成的。（9）

非交叉像差 /uncrossed disparity　当某一客体位置固定且落在视野单像区上，另一客体落在视野单像区后，这种情况下产生的像差，使得后者看上去更远。（10）

非解析谐波 /unresolved harmonics　复合音中不能彼此区分开的谐波，它们在基底膜的振动中不会形成独立的峰。复合音中的高级谐波更有可能是非解析的。（11）

非周期性声音 /aperiodic sound　非重复性的声波。也见"周期性声音"。（11）

非注意盲视 /inattentional blindness　即使人们在直接注视客体时，一些客体位于清晰的位置也会因为没有得到注意而不能被知觉到。（6）

分贝 /decibel（dB）　指定一个声音刺激压强相对于一个参考压强的单位：dB = 20 log (p/p_0)，这里的 p 是目标音的压强，而 p_0 是参考压强。（11）

分布式表征 /distributed representation　一个刺激能够造成脑中许多不同区域的神经兴奋，所以这种兴奋性广泛在脑中分布。（4）

分割 /segregation　将一个区域或对象从另一个区域或对象中分割出来的过程。也见"图形—背景分割"。（5）

分类 /categorize　将一个客体置于某一类别中，比如树、鸟或车等。（1）

分配性注意 /divided attention　将注意同时分配在两种或者多种不同任务中的能力。（6）

肤觉 /cutaneous senses　由皮肤刺激引起的一系列感觉，如触觉、振动、挠痒痒和疼痛。（14）

复眼 /ommatidium　鲎眼中的一个结构，包括一个晶状体，位于一个视觉感受器上方。鲎的眼由上百个此类复眼组成。鲎的眼被用于研究侧抑制，因为它的感受器足够大，刺激可以被放到单个感受器上。（3）

复杂细胞 /complex cell　一种视皮层神经元，对具有特定方向的运动线条反应最佳。（3）

腹侧通路 /ventral pathway　将信号从纹状皮层传递到颞叶的通路。因其涉及物体识别，也被称为内容通路。（4）

腹外侧核 /ventrolateral nucleus　丘脑中的神经核团，可以接收来自肤觉系统传递的信号。（14）

腹语术效应 /ventriloquism　参见"视觉捕捉"。（12）

G

钙成像 /calcium imaging　一种测量受体激活程度的方法，通过荧光物质，测量进入细胞内的钙离子的浓度。这种技术常用来使用测量嗅感觉神经元的激活程度。（15）

盖膜 /tectorial membrane　纵贯耳蜗的一层膜，位于毛细胞的正上方。耳蜗隔的振动会使盖膜通过摩擦使毛细胞弯曲。（11）

感觉 /sensation　对刺激的基本属性的加工，处于感觉系统的初级加工阶段。（1）

感觉编码 /sensory coding　神经元如何表征环境中种类繁多的特征。也见"群体编码""稀疏编码""特异性编码"。（3）

感觉特异性饱腹感 /sensory-specific satiety　当吃某种食物到饱腹后，知觉与这种食物有关的气味就会引起这种效应。例如，当吃过香蕉直到饱腹的时候，对于香草气味的愉悦度有所下降（不过还是积极的），但是对香蕉气味的愉悦度下降得非常多并变成消极的。（15）

感受器 /sensory receptor 不同的细胞对不同的环境能量进行反应，每个感觉系统的感受器也只对相应种类的能量进行反应。(1)

感受野 /receptive field 一个神经元的感受野位于感受器表面（视觉是视网膜；触觉是皮肤），当该区域被刺激时，可以影响该神经元的放电。(3)

高负载任务 /high-load tasks 占用了较多的知觉容量的任务。(6)

高级谐波 /higher harmonics 频率是基频整数倍（2、3、4等）的纯音。也见"基音""基频""谐波"。(11)

格式塔心理学 /Gestalt psychology 一种因反对构造主义而发展起来的心理学流派。格式塔流派提出了知觉组织原则和图形—背景分割等，并陈述了"整体不等于部分之和"的思想。(5)

功能性磁共振成像 /functional magnetic resonance imaging（fMRI） 一种使用MRI追踪脑中血流变化的神经成像方法。这种血流变化被认为与神经活动的变化有关。(4)

共情 /empathy 一种能分享他人情感体验或与之产生共鸣的能力。(14)

共同命运 /common fate, principle of 一种格式塔的知觉组织原则，认为向同一个方向运动的事物会被知觉为一个整体。(5)

共同命运原则 /principle of common fate 参见"共同命运"。(5)

共同区域 /common region, principle of 一种格式塔的知觉组织原则，认为空间上位于同一个区域的事物会被知觉为一个整体。(5)

共同区域原则 /principle of common region 参见"共同区域"。(5)

共振 /resonance 因为声波在某种密闭管道内的反射而使得特定的频率成分得以放大的一种机制。听觉外耳道中的共振能够增强2000～5000赫兹的频率成分。(11)

共振峰 /formants 与元音相关的语音谱图中的水平能量带。(13)

共振过渡 /formant transitions 言语刺激中，在共振峰出现之前频率快速转变。(13)

共振频率 /resonant frequency 经共振作用增强最大的频率。一个密闭管的共振频率取决于管的长度。(11)

构造主义 /structuralism 从19世纪末到20世纪初主流的一个心理学流派，该流派认为知觉是由很多感觉叠加而成的。格式塔对知觉的取向是对构造主义的反对。(5)

孤束核 /nucleus of the solitary tract 脑干中的一个神经核团，负责接收经由鼓索神经、舌咽神经以及迷走神经所传递的来自舌、口腔以及喉部的信号。(15)

鼓膜 /tympanic membrane 外耳道底部的一层膜，会响应空气的振动而振动，并将这种振动传递给中耳的听小骨。(11)

关联整合 /illusory conjunctions 包含一定特征的客体短暂呈现时，会出现其特征被错误地整合在一起，此时集中注意通常较为困难。例如，同时呈现一个红色方形和蓝色三角形将会错觉性地知觉为红色三角形。(6)

光点式步行者 /point-light walkers 通过在人身体上的一些部位安置灯而创建的生物性运动刺激，让观察者观看移动光刺激会产生人在黑暗中移动的结果。(8)

光来自上方的假设 /light-from-above assumption 假设光通常来自上方，在某些情境下会影响我们知觉的形成。(5)

光流 /optic flow 由观察者相对于环境的运动所产生的，环境中刺激的流动。向前的运动产生一种膨胀的光流，而向后的运动产生的是收缩的光流。有的研究者用光流场这一术语来代替光流这一说法。(7)

光谱感受性 /spectral sensitivity 视觉感受器对光谱上不同部分的感受性。也见"光谱感受性曲线"。(2)

光谱感受性曲线 /spectral sensitivity curve 绘制了被试的光感受性随光谱波长变化的过程。由视锥和视杆视觉光谱感受性曲线可知，视锥细胞和视杆细胞分别对波长为500纳米和560纳米的光最敏感。也见"浦肯野位移"。(2)

光谱色 /spectral clolors 在可见光谱上出现的颜色。也见"非光谱色"。(9)

光适应感受性 /light-adapted sensitivity 眼睛处于光适应阶段时的感受性。经常被看作暗适应曲

线的起点，因为这是眼睛只在光消失之前的感受性。（2）

光学成像 /optical imaging 一种技术，可以用来通过测量嗅球红光的反射强度来测量嗅球的区域激活程度。（15）

光栅锐度 /grating acuity 能够正确知觉黑白条纹光栅朝向的最小宽度。（1）

光阵列 /optic array 由环境中物体的出现、表面、纹理产生的光的结构模式。（8）

光阵列中的局部干扰 /local disturbance in the optic array 它在物体相对于外界环境发生移动的时候会发生，这样静止的背景就被移动地覆盖和揭露。局部干扰表明物体相对于环境是在移动的。（8）

H

海马 /hippocampu 位于大脑皮层下的结构，与记忆的形成和储存相关。（4）

海马旁回位置区 /parahippocampal place area（PPA） 颞叶的一个区域，会被室内和室外的场景激活。（4）

核心区 /core area 颞叶上的一个区域，包含初级听皮层（A1）和某些邻近区域。来自核心区的信号会继续传递到听皮层的带状区。（11）

赫曼方格 /Hermann grid 网格中两个白色"通道"的交叉处出现了黑色阴影的错觉。这一知觉可以解释为单侧化抑制。（1）

赫兹 /hertz（Hz） 表示声音频率的单位。1赫兹等于每秒一个周期。（11）

黑林原色 /hering's primary colors 包括色环中的红色、黄色、绿色及蓝色。（9）

恒定刺激法 /method of constant stimuli 一种心理物理学方法，以一种随机的顺序重复呈现多个不同强度的刺激。（附录A）

恒定信息 /invariant information 不会随着观察者相对于客体或环境的运动而改变的环境属性。例如，不会随着观察者的运动而改变的距离、质地特性。因此，纹理梯度可为深度知觉提供恒定信息。（7）

横跨纤维模式 /across-fiber patterns 由刺激引起的多个神经元的激活模式。（15）

后带状区 /posterior belt area 带状区后侧（朝向大脑后部的）区域，是颞叶上的一个区域，与听觉加工有关。（12）

环层小体 /pacinian corpuscle（RA2 or PC） 与RA2机械感受器有关的一种椭圆形感受器，只有在压力刺激呈现和撤走时可以将压力信号传递至神经纤维内，当手指触摸表面时，可以感知振动和细小的纹理。（14）

环境调节 /contextual modulation 神经元感受野之外的刺激使得该神经元对感受野内的刺激反应发生改变。（3）

环境中的规则 /regularities in the environment 经常发生的环境特性被称为环境中的规则。（5）

幻肢 /phantom limb 被截肢的人会继续体验到肢体存在。（14）

换能作用 /transduction 感觉将环境能转换成电能。例如，视网膜感受器将光能转换成电能。（1）

黄斑病变 /macular degeneration 一种引起黄斑坏死的临床表现，黄斑指的是中央凹及其周围的一小部分区域。（2）

回声定位 /echolocation 通过发放高频脉冲，然后感知环境中的物体对这些脉冲进行反射所形成的回声来对物体进行定位。蝙蝠和海豚均会使用回声定位。（12）

毁损 /ablation 移除脑的一个区域。通常针对动物进行，可以测定一个特定脑区的功能。亦写作lesioning。（4）

混响时间 /reverberation time 声音降低到原始压强的1/1000时（或声强下降60分贝）所需的时间。（12）

混淆锥 /cone of confusion 从耳延伸出的一个锥状面。在这个面上不同位置处发出的声音都有相同的双耳强度差和双耳时间差，因而这些线索提供的位置信息是模糊的。（12）

J

击中 /hit 在信号检测实验中，当刺激呈现时报告检测到了刺激。（附录D）

机械感受器 /mechanoreceptor 可以对施加在皮肤上的机械刺激（如压力、撕拉和振动等）做出反应的感受器。（14）

基部（基底膜）/base, of the cochlea 耳蜗中靠近中耳的一端。（11）

基底膜 /basilar membrane 一层纵贯整个耳蜗的膜，控制着耳蜗隔的振动。（11）

基频 /fundamental frequency 一个复合声的第一谐波，通常是复合声频谱中的最低频率。一个音的其他成分被称为其高级谐波，其频率都是基频的倍数。（11）

基频缺失效应 /effect of the missing fundamental 即使基波或其他谐波被去除，音高依然保持不变的这一特性。（11）

基波 /fundamental 一个纯音，其频率等于一个复合声的基频。也见"基频"。（11）

级（声）/level 声压级或声级的简写形式。表示一个声音刺激的声压或分贝数。（11）

极限法 /method of limits 将刺激按递增或递减序列的方式，以间隔相等的小步变化，寻求从一种反应到另一种反应的转折点。（1）

集中注意阶段 /focused attention stage Treisman 特征整合理论的第二阶段，在这一阶段中，注意将特征整合为对客体整体性的知觉。（6）

脊髓丘脑通路 /spinothalamic pathway 脊髓中的一条神经通路，负责将皮肤中的神经脉冲传递给丘脑。（14）

记忆色 /memory color 客体典型颜色的先验知识对知觉产生的影响。（9）

间接声 /indirect sound 经过音乐厅的墙面、天花板和地板等表面反射后到达人耳中的声音。（12）

间隙填充 /gap fill 音乐中，在一个大的跳跃后，旋律通常会调转回来，将空白间隙填补上的现象。（12）

检测阈 /detection threshold 参见"阈限"。（15）

简单性 /simplicity, principle of 参见"简化"。（5）

简单性原则 /principle of simplicity 参见"简化"。（5）

简化 /pragnanz, principle of 一种格式塔的知觉组织原则，每个刺激都以尽可能简单的方式被知觉。也被称为良好图形原则或简单性原则。（5）

简化原则 /principle of pragnanz 参见"简化"。（5）

建筑声学 /architectural acoustics 关于声音如何在房间内反射的研究。建筑声学关注的一个重要问题是这些反射声会如何改变我们听到声音的属性。（12）

交叉型像差 /crossed disparity 当注视一个在视野单像区上的客体时，由于另一个客体在视野单像区之前，距离观察者更近，从而形成的像差。（10）

角度大小对照理论 /angular size contrast theory 解释月亮错觉的一种理论，该理论认为个体知觉月亮的大小取决于其周围客体的大小。当月亮周围的客体较大时，月亮看上去较小。例如，当遥望挂在无垠天空上的月亮时，月亮看上去很小。（10）

角膜 /cornea 眼睛上的透明聚焦成分，光必须首先穿过它进入眼睛。角膜是眼睛的主要聚焦成分。（2）

阶梯错觉 /staircase illusion 参见"谢弗勒尔错觉"。（3）

接近性（邻近性）原则 /principle of proximity (nearness) 参见"接近性"。（5）

接近性 /proximity, principle of 一种格式塔的知觉组织原则，空间上相邻近的物体更容易被编组形成一个整体。也见"接近性原则"。（5）

接受者操作特征曲线 /receiver operating characteristic (ROC) 在这条曲线中，分布着在信号检测实验中的结果：不同反应标准下的击中率与虚报率的比。（附录 D）

节拍 /beat 在音乐中等长的时间间隔，即使没有音符时也依然存在。当你随着音乐踏脚时，你就是在踏拍点。（12）

节奏 /rhythm 在音乐中一系列时间跨度上的改变（短音符与长音符的混合）。（12）

拮抗神经元 /opponent neurons 该类神经元可以对光谱中某一波段产生兴奋反应，同时也可对其他波段产生抑制反应。（9）

结构编码 /structural encoding 基于体素激活和场景的结构特征（如线条、对比度、形状和纹理）之间的关系，来分析从观察者大脑的视觉区域记录得到的体素激活模式的方法。（5）

解析谐波 /resolved harmonics 复合声中那些能够在基底膜的振动中产生独立峰的谐波，从而能够彼此分开。通常是复合声中那些更低的谐波。（11）

近刺激 /proximal stimulus　感受器上的刺激。在视觉中就是视网膜上的成像。(1)

近视 /nearsightedness　参见"近视眼"。(2)

近视眼 /myopia　没有看清远处客体的能力。也称"近视"。(2)

经典心理物理学方法 /classical psychophysical methods　费希纳提出的三种测量阈限的方法：极限法、平均差误法以及恒定刺激法。(1)

经颅磁刺激 /transcranial magnetic stimulation (TMS)　对头部施加一个强大的磁场来暂时地扰乱大脑特定区域的功能。(8)

经验依赖可塑性 /experience-dependent plasticity　神经元适应一个人或动物的特定生存环境的过程。神经元对反复经历的刺激进行自身调节以产生最佳反应，并改变了自身的反应特性。也见"神经可塑性""选择性饲养"。(3)

晶状体 /lens　眼睛上的透明聚焦成分，光会在穿过角膜和玻璃体后再穿过晶状体。为了聚焦不同距离的物体，晶状体的形状产生改变的过程叫作调节。(2)

静息电位 /resting potential　神经纤维停止传导电信号时，神经元的内外电荷差。大部分神经纤维的静息电位约为-70毫伏，指的是神经纤维内部电荷相对于外部为负。(2)

镜像神经元 /mirror neurons　存在于猴子运动前区的神经元，它在猴子抓取物体或猴子观察到其他人（猴子或实验员）抓取物体时被激活。研究表明人类大脑中也存在镜像神经元。也见"视听镜像神经元"。(7)

镜像神经元系统 /mirror neuron system　假设存在的一个神经元网络，它在创造镜像神经元上扮演着重要的角色。(7)

局部场电位 /local field potential（LFP）　将小的圆形电极置于大脑表面，记录该电极附近数千个神经元活动的电信号。(6)

局部颜色恒常性 /parital color constancy　颜色恒常性的一种，指对客体色调的知觉随其照明条件而改变，但此种知觉变化小于由于改变到达人眼的光的波长而产生的知觉变化。备注：完全的颜色恒常性指个体对客体色调的知觉不随照明条件的变化而变化。(9)

句法 /syntax　语言中，规定正确的句子构成的语法规则。(12)

距离 /distance　一个刺激离开观察者有多远。在听觉中，距离坐标指定出声源离听者的远近。(12)

绝对像差 /absolute disparity　参见"像差角"。(10)

绝对阈限 /absolute threshold　能观察到的最小刺激强度。(1)

K

柯蒂氏器 /organ of Corti　耳蜗隔的主要结构，包含基底膜、盖膜和听觉感受器。(11)

可供性 /affordances　表明客体可以被如何使用的信息，如将凳子视为可坐的，将云梯视为可爬的。(7)

可见光 /visible light　电磁光谱中的一个能量波段，能够激活视觉系统，因此可被知觉到。对于人类来说，可见光范围为波长400～700纳米。(2)

可能性（贝叶斯）/likelihood (Bayes)　贝叶斯推理中，现有证据与结果相一致的程度。(5)

空间布局假说 /spatial layout hypothesis　该假说认为海马旁回是对场景的表面几何形状或几何布局进行反应的。(5)

空间更新 /spatial updating　人和动物在运动的同时保持对自身位置追踪的过程。(7)

空间听觉通路 /where pathway, auditory　从后带状区到顶叶，继而到达额叶皮层的通路。与声音定位有关。(12)

空间通路 /where pathway　参见"背侧通路"。(4)

空间线索 /spatial cue　在触知觉中，关于表面触觉的信息，取决于物体表面尺寸、形状以及表面分布因素，例如，凸起和凹槽。(14)

空间注意 /spatial attention　对特定位置的注意。(6)

空间组织 /spatial organization　环境和感受器中的不同方位是如何在脑中进行表征的。(4)

空气透视 /atmospheric perspective　深度线索的一种，由于个体要透过空气及其中所含颗粒才能看见物体，因此距离个体较远的物体看起来比近处的物体更模糊。(10)

孔径问题 /aperture problem　只看到运动刺激的一

部分时发生的问题,比如通过一个小孔看刺激或者通过神经元感受野的"视野"来看。这会导致有关刺激运动方向的误导性信息的产生。(8)

口感捕获 /oral capture　既包含嗅觉,又包括味觉,并且被知觉为发生在口腔中情况。(15)

快速适应纤维 /rapidly adapting (RA) fiber　肤觉系统上的一种神经纤维,可以快速地适应刺激,因此只对触觉刺激物进行短暂地反应。(14)

眶额皮层 /orbitofrontal cortex　额叶中的一片区域,靠近眼睛,负责接收来自嗅觉感受器的信号,也是次级嗅觉皮层。(15)

捆绑 /binding　将颜色、形状、运动以及位置等特征整合到一起对客体产生连贯知觉的加工过程。捆绑过程也可以发生在感觉通道间,例如,将听觉声音和视觉刺激加以整合形成对同一个客体的知觉。(6)

捆绑问题 /binding problem　大脑中不同区域的神经元活动是如何整合到一起,从而形成对连贯事物的知觉。(6)

扩散反应 /propagated response　一种神经反应,例如神经冲动,一旦开始就会一路扩散到神经纤维并且大小增量不变。(2)

L

赖卡特探测器 /reichardt detector Werner Reichardt 提出的神经回路,其中由刺激运动掠过感受器产生的信号由延迟装置和输出装置加工,这样朝向某一方向的运动会产生信号,相反朝向的运动则不产生信号。(8)

老花眼 /presbyopia　由晶状体的硬化和睫状肌的松弛引起的眼睛调节能力的下降。多发生于人步入老年时期。(2)

类别知觉 /categorical perception　言语知觉时,知觉一个短音的起始时间和另外一个长音的起始时间。听者只是感知整个语音起始范围的两个类别。(13)

离子 /ions　带电的化学分子。钠离子(Na^+),钾离子(K^+)和氯离子(Cl^-)是神经纤维内和包裹着神经纤维的液体内主要产生的离子。(2)

梨状皮层 /piriform cortex (PC)　颞叶的一个区域,接收嗅球中嗅觉小球的信号,也称为初级嗅觉皮层区。(15)

立体镜 /stereoscope　利用此设备可给左眼和右眼分别呈现图片,当真实场景的成像重复时,会产生双眼像差,从而产生深度错觉。(10)

立体深度知觉 /stereoscopic depth perception　由传入双眼的信息导致的深度知觉。也见"双眼像差"。(10)

立体视觉 /stereopsis　由双眼视差——双眼视网膜对相同物体成像位置的差异——导致的深度知觉。(10)

立体视觉 /stereoscopic vision　双眼深度知觉取决于左眼与右眼上成像的差异。(10)

联合搜索 /conjunction search　一种视觉搜索任务,即在任务中被试需要在同一客体上结合两个或两个以上特征寻找目标。例如,在一些垂直的绿线和水平的红线中寻找水平的绿线。(6)

良好连续性 /good cotinuation, principle of　一种格式塔的知觉组织原则,该原则使得直线或平滑曲线被连起来时更像一个整体,同时也使得我们倾向于将线知觉为最平滑路径的方式。(5)

良好连续性原则 /principle of good continuation　参见"良好连续性"。(5)

良好图形原则 /principle of good flgure　参见"简化"。(5)

两点阈 /two-point threshold　当皮肤上的刺激被知觉为两个点时,这两点之间的最小间距,是测量触觉敏锐度的传统方法。也见"栅格敏锐度"。(14)

量值估计 /magnitude estimation　给刺激赋予一个与之相称的主观测量值的心理物理学方法。(1)

流量梯度 /gradient of flow　在光流模式中,梯度是由观察者在环境中移动时所产生。"梯度"意味着光流在前景中速度更快,光流在离观察者越远处速度越慢。(7)

漏报 /miss　在信号检测实验中,当刺激呈现时报告没有检测到刺激。(附录D)

鲁菲尼圆柱体 /ruffini cylinder (SA2)　皮肤上感受器中的一种结构,与慢速适应神经纤维有关联,并且被认为与"伸展"知觉有关。(14)

卵圆窗 /oval window　耳蜗上一个覆盖着膜的小洞,接收来自镫骨的振动。(11)

M

麦格克效应 /McGurk effect　参见"视听语音知觉"。（13）

慢速适应纤维 /slowly adapting（SA）fiber　参见"SA1 纤维""SA2 纤维"。（14）

盲点 /blind spot　视神经纤维传出眼睛后部的一个小区域。该区域由于没有视觉感受器，所以一些小的图像如果直接落到盲点上是不能被看见的。（2）

毛细胞 /hair cells　耳蜗中的神经元，上面长有小毛或纤毛。这些毛会随着基底膜和内耳液的振动而发生移位。有两种毛细胞，内毛细胞和外毛细胞。（11）

幂函数 /power functions　可用公式 $P=KS^n$ 表示，其中 P 代表感知到的量级，K 代表常数，S 代表刺激强度的倍数，n 代表幂。（附录 C）

面孔失认症 /prosopagnosia　一种视觉失认症，患者不能识别面孔。（4）

明度 /lightness　从白色、灰色到黑色的明暗程度。（9）

明度 /value　颜色从明到暗变化的程度。

明度恒常性 /lightness constancy　个体对物体明度的知觉不随不同强度照明条件而变化。（9）

缪勒－莱尔错觉 /muller–lyer illusion　两条原本等长的线条因两端箭头的朝向不同而看起来不等长的一种错觉现象。（10）

模块 /module　一个对特定行为或知觉特性进行信息加工的结构。常被界定为一个特定结构，其中含有大量能够选择性地对特定性质刺激产生反应的神经元，比如梭状回面孔区，其中含有许多对面孔产生选择性反应的神经元。（4）

模块化 /modularity　一种观点，认为皮层特定区域会发生特异化以对特定类型的刺激产生反应。（4）

默克尔感受器 /Merkel receptor（SA1）　皮肤上一种盘状的感受器，与慢速适应神经纤维以及细节知觉有关。（14）

N

纳洛酮 /naloxone　一种物质，可以抑制海洛因的活性，也有假说认为是抑制了内啡肽的活性，所以会影响疼痛知觉。（14）

脑成像 /brain imaging　一种方法，可以观察不同类型的刺激、任务或行为对人脑不同脑区的激活情况。在知觉研究中被使用最多的技术是功能性磁共振成像。（4）

脑岛 /insula　位于额叶皮层的一个区域，负责接收来自味觉系统的信号，也涉及疼痛知觉的情感成分。（15）

内侧丘系通路 /medial lemniscal pathway　脊髓中的一条通路，可以把皮肤的信号传递至丘脑。（14）

内侧膝状体 /medial geniculate nucleus　丘脑上的一个听觉核团，是耳蜗到听皮层传导通路的一部分。内侧膝状体接收来自下丘的输入，并将信号传递给听皮层。（11）

内耳 /inner ear　耳结构中最靠内的部分，包含耳蜗和听觉感受器。（11）

内啡肽 /endorphin　一种化学物质，由大脑产生并释放，可以减轻疼痛。（14）

内毛细胞 /hair cells, inner　内耳中的听觉感受细胞，主要负责听觉传导和音高知觉。（11）

内毛细胞 /inner hair cells　参见"毛细胞"。（11）

内容听觉通路 /what pathway, auditory　从前带状区到颞叶前部，继而到达额叶皮层的通路。该通路与知觉复杂声音和声音模式有关。（12）

内容通路 /what pathway　参见"腹侧通路"。（4）

内隐注意 /covert attention　无须将注视点定位到客体上也能够产生注意的一种注意形式。（6）

逆投射问题 /inverse projection problem　视网膜上的一个特定图像可以由环境中众多不同的客体所创建，这意味着视网膜图像的确是模棱两可的。（5）

颞下皮层 /inferotemporal（IT）cortex　一个 V1 区（纹状皮层）之外的脑区，与物体认知和面孔识别相关。（3）

颞叶 /temporal lobe　位于大脑皮层的两侧，主要负责处理听觉信息，并且是腹侧视觉通路（内容通路）的终端。颞叶中的一些区域，如梭状回面孔区和纹外躯体区，与知觉和识别客体的加工相关。（1）

O

耦合检测器 /coincidence detectors Jeffress 神经耦合模型中的一类神经元，被认为可以解释为何神经发放可以提供关于声源位置的信息。当来自左耳和右耳的信号同时抵达耦合检测器时，该神经元就会发放。不同的神经耦合检测器对不同的双耳时间差值发放。也见"Jeffress 模型"。（12）

P

拍子 /meter 在音乐中，将若干节拍组织到一个小节中，通常每小节中第一个节拍是重音。在西方音乐中有两种基本的拍子：（1）双拍，其中重音在 2 的整数倍，比如 12 12 12 或 1234 1234，像在进行曲中一样；（2）三拍，每三个音一个重音，比如 123 123 123，如在华尔兹中一样。（12）

庞佐错觉 /ponzo illusion 一种大小错觉，两个原本大小相等的物体由于中间的辐合型线段致使看起来不等的一种错觉现象，也叫铁轨错觉。（10）

旁带状区 /parabelt area 颞叶上的一个听觉区，接收来自带状区的信号。（11）

皮层放大效应 /cortical magnification 皮层上一个特别大的区域被来自感受器表面一个很小的区域的刺激所激活。皮层放大效应的一个例子是，相对较大的视皮层区域会被中央凹的刺激所激活。一个躯体感觉系统的例子是，躯体感觉皮层的较大区域可以被来自嘴唇和手指的刺激所激活。（4）

皮层放大因子 /cortical magnification factor 皮层放大效应的大小。（4）

皮层简单细胞 /simple cortical cell 具有并排分布感受野的细胞。（3）

皮层下结构 /subcortical structure 大脑皮层以下的结构。例如，上丘是视觉系统的皮层下结构。耳蜗核和上橄榄核是听觉系统的皮层下结构。（11）

皮肤感受野 /cutaneous receptive field 由一个感觉神经元的神经纤维所支配的许多感受器在皮肤表面所能反应的范围。（14）

皮质性色盲 /cerebral achromatopsia 由于大脑皮层受损而导致的颜色视觉缺失。

频率 /frequency 每秒内一个声音刺激重复的压力变化的次数。频率的单位是赫兹，1 赫兹是指每秒一个周期。（11）

频率调谐曲线 /frequency tuning curve 联系激活一个听觉神经元的频率和阈限强度的曲线。（11）

频谱 /frequency spectrum 可以表示构成一个复合音各种不同谐波的幅度的图。每个谐波用一条位于频率轴上的线来表示，线的高度表示该谐波的振幅。（11）

平铺效应 /tiling 相邻的定位柱之间有所重叠，铺满了整个视野。类似于用瓦片铺满整个平面。（4）

迫选法 /forced-choice method 一种方法，要求被试必须从所呈现的两个选项中选择一个。例如，在一个试次中向被试呈现一个微弱的气味，在另一个试次中没有气味，被试必须从中做出选择，选择一个气味有呈现的试次。（15）

浦肯野位移 /Purkinje shift 在暗适应过程中，视锥细胞感光转换为视杆细胞感光。也见"光谱感受性"。（2）

普鲁斯特效应 /Proust effect 嗅觉和味觉能诱发有关的记忆。因马塞尔·普鲁斯特而得名，他曾在书中做过这样的描述："一个浸过茶的玛德丽娜饼干的味道和气味唤起了我童年的回忆"。（15）

谱线索 /spectral cue 在听觉中，一个声音到达耳时与其具体位置相关的不同频率成分的分布。频率的差异是由声音和听者头和耳廓的交互作用造成的。（12）

瀑布错觉 /waterfall illusion 观看朝某一方向运动的刺激（如瀑布）之后发生的运动后效。观看瀑布会使其他物体看起来像是在朝相反的方向运动。也见"运动后效"。（8）

Q

起奏 /attack 发生在一个音开始时的能量积聚过程。（11）

气味辨别 /odor discrimination 区分两种或多种不同的气味。（15）

气味客体 /odor object 气味源，例如，咖啡、培根、玫瑰或者汽车尾气。（15）

前带状区 /anterior belt area 颞叶后带的前部，与声音知觉有关。（12）

前庭系统 /vestibular system 内耳中的一种机制，

与平衡和躯体位置的感觉有关。（12）

前注意阶段 /preattentive stage Treisman 自动化地发生在注意指向客体之前，在这个阶段中，客体的特征会在大脑中的不同区域被独立分析，且不与特定客体产生联系。（6）

倾斜效应 /oblique effect 与倾斜的刺激相比，人们对水平或垂直的刺激更加敏感。这个效应通过测量知觉反应和神经反应得到了证实。（1）

屈光近视 /refractive myopia 近视的一种，由角膜或晶状体对光线的过度弯曲引起。也见"轴性近视"。（2）

躯体感觉接收区 /somatosensory receiving area（S1） 顶叶上的一片区域，负责接收来自皮肤和内脏输入的有关躯体感觉（如，触觉、温度和疼痛）的信号。也见"次级躯体感觉皮层"。（14）

躯体感觉系统 /somatosensory system 包括肤觉（涉及皮肤的感觉）、本体感觉（肢体位置的感觉）以及动觉（肢体运动的感觉）。（14）

去极化 /depolarization 神经元内动作电位电荷开始转正，此时是动作电位的初始阶段。去极化常与兴奋性神经传导物质动作有关。（2）

去习惯化 /dishabituation 一种对变化了的刺激的反应增多的现象，这种现象通常用来研究婴儿是否能够分辨两个不同刺激的差异。（6）

全局视神经流 /global optic flow 作为对观察者眼睛或身体移动的回应，所有事物会同时移动，这样的情形被称为全局视神经流。（8）

全局图像特征 /global image features 使观察者快速感知场景要点的信息。与特定类型的场景相关联的特征包括自然度、开放度、粗糙度、扩展度和颜色。（5）

全色盲（单色视觉）/monochromatism 一种罕见的色盲症，由于锥体细胞缺失导致个体只能知觉物体的明度变化（白、灰、黑），从而知觉不到彩色。（9）

全色盲者（单色视觉者）/monochromats 全色盲患者将所有物体知觉为黑色、白色及不同程度的灰色。全色盲者通过调节其他波长的强度可以匹配光谱中的任一波长。全色盲者通常只具有一种功能的感受器，即杆体细胞。（9）

缺乏不变性 /lack of invariance 言语知觉时，在特定的语音和听觉信号之间不是简单的关系。换言之，特定的语音和听觉信号之间的对应关系是变化的。（13）

R

群体编码 /population coding 通过大量神经元特定模式的放电来表征一个特定物体。（3）

人—鼠范例 /rat-man demonstration 首先呈现一张"似人"或"似鼠"（既可以被当作人也可以被当作鼠）的图片来影响被试对第二张图片的知觉。这一范例证明了自上而下的加工对知觉的影响。（1）

认知地图 /cognitive map 关于环境中某区域空间布局的心理地图。（7）

任务无关刺激 /task-irrelevant stimuli 不能为手头任务提供相关的信息的刺激。（6）

乳头状突起 /papillae 舌上的凹和凸，其中一些包含味蕾。分为四种：丝状乳头、菌状乳头、叶状乳头和轮廓乳头。（15）

S

三色视者 /trichromats 具有正常颜色知觉的个体。通过一定比例混色三色可以形成光谱上任一波长的颜色。（9）

嗓音起点 /voice onset time（VOT） 发声时，从声带振动到声音发出的时间间隔。（13）

扫视眼跳 /saccadic eye movement 场景浏览中眼睛在注视点间的运动。（6）

色环 /color circle 一种可见光谱的图示，将颜色按照知觉相近性原则依次排列在圆周上。（9）

色立体 /color solid 将颜色按照色调、饱和度及浓度等参数有序地排列在圆柱体上。（9）

色盲 /color blind 个体不能对彩色进行辨别。视锥细胞的缺失或异常以及皮层受损均可导致色盲。（9）

色素性视网膜炎 /retinitis pigmentosa 一种视网膜疾病，患者的外周视网膜先开始脱落，之后视力逐渐丧失。（2）

色调 /hues 将蓝、绿和红等颜色称为彩色，也可以将这些颜色定义为不同的色调。（9）

色调适应 /chromatic adaptation 置于可见光谱中

特定部分的光可产生适应，此适应会导致个体对来自该部分光谱的光的感受性降低。（9）

色调消除 /hue cancellation　该实验流程为给被试呈现一个单色光为目标，要求被试通过增加第二个波长的光，以此移除或消除目标光。（9）

伤害性疼痛 /nociceptive pain　由于皮肤上对组织损伤或者潜在危险反应的痛觉感受器产生的疼痛。（14）

上橄榄核 /superior olivary nucleus　从耳蜗到听皮层的听觉通路上的一个核团。上橄榄核接收来自耳蜗核的输入。（11）

上丘 /superior colliculus　一个脑区，涉及眼动控制和其他视觉行为。这个区域接收了大约10%的离开眼睛的视神经节细胞纤维。（3）

社会闸门假说 /social gating hypothesis　解释语言学习的社会大脑"闸门"机制的假说。这个假说被提出用以解释婴儿语言的学习并不是通过看光盘中的影像，而是通过人际互动而进行学习的实验结果。（13）

深度知觉的线索 /cue approch to depth perception　个体产生深度知觉的条件或方法，利用这些条件，个体可以辨别场景中与深度相关的视网膜成像的信息。列举一些深度线索，如遮挡、相对高度、相对大小、空气透视、视轴辐合、调节等。（10）

神经递质 /neurotransmitter　一种储存在神经元的突触小泡里的化学物质，它能被神经冲动激发，并且对其他神经元产生兴奋或抑制作用。（2）

神经读心术 /neural mind reading　用一个神经反应——通常是由功能磁共振成像测量的大脑激活量——来判定一个人思考和感知的内容。（5）

神经环路 /neural circuits　由突触连接的多个神经元。（2）

神经加工 /neural processing　包括神经元的活动、神经元间的相互影响以及不同脑区间神经元的活动。（1）

神经节细胞 /ganglion cell　视网膜上的神经元，负责接收双极细胞和无足细胞传入的信息。神经节细胞的轴突是眼睛视神经传出的神经纤维。（2）

神经可塑性 /neural plasticity　在对体验产生反应的过程中，神经系统进行自我改变的能力。例如，早期视觉体验对视皮层神经元方向选择性的改变，还有触觉体验可以改变大脑皮层中代表躯体不同部位区域的面积。也见"经验—依赖可塑性""选择性饲养"。（3）

神经网络的聚合 /neural convergence　一个单独的神经元与多个神经突触接触。（2）

神经纤维 /nerve fiber　感觉神经元内部负责由端点向其他神经元传导电冲动的部分，也称轴突。（2）

神经心理学 /neuropsychology　人类脑损伤对行为影响的研究。（4）

神经形成 /neurogenesis　神经元细胞要经历产生、成熟到凋亡的生命周期，这些历程发生在味觉和嗅觉细胞中。（15）

神经性疼痛 /neuropathic pain　由于对神经系统的损害或者其他伤害导致的疼痛。（14）

神经元 /neuron　身体内负责传递电信号的结构。神经元的关键部分是细胞体、树突以及轴突或神经纤维。（2）

渗透性 /permeability　一种细胞膜的特性，指的是分子穿透细胞膜的难易程度。细胞膜的渗透性高时，分子极易穿透细胞膜。（2）

生理-社会疼痛重叠假说 /physical–social pain overlap hypothesis　该假说认为，一些加工物理疼痛的神经环路也会加工由消极的社会体验引起的疼痛。（14）

生理—知觉关系 /physiology–perception relationship　生理反应与行为反应间的关系。（1）

生态学效度 /ecological validity　一个具有生态学效度的实验，它的实验刺激、条件和呈现方式都应该符合自然条件下的情况。（7）

生物性运动 /biological motion　由生物体产生的运动。大部分关于生物性运动的实验都使用四肢和关节上安装有灯的行走的人作为刺激。也见"光点式步行者"。（8）

声波 /sound wave　某种媒介中的压力变化模式。我们听到的多数声音都是由于空气中的压力变化导致的，尽管声音也可以通过水和固体传播。（11）

声级 /sound level　一个声音刺激的压强，用分贝表示。也见"声压级"。（11）

声谱图 /sound spectrogram　显示言语刺激强度和

频率的函数图。(13)

声压级 /sound pressure level (SPL)　一种赋值单元，将用于计算一个音的分贝评级的参考压强设定为 20 微帕——接近多数听觉敏感频率范围的阈限。(11)

声音（物理的） /sound, physical　听觉的物理刺激。"这个声音的强度是 10 分贝"使用的是声音的这一含义。(11)

声音（知觉的） /sound, perceptual　听觉的知觉经验。"我听到一个声音"这句话所使用的就是声音的这一含义。(11)

声音细胞 /voice cells　某些颞叶神经元对同一物种的声音反应更敏感，而对其他动物的叫声或"非嗓音"的声音反应较弱。(13)

声影 /acoustic shadow　由于头的存在而使高频声音在头的对侧强度下降而形成的"影子"。声影是双耳强度差定位线索的基础。(12)

失语症 /aphasias　由于大脑损伤所致的不能说话或理解语言的障碍。(13)

石原色板 /Ishihara plates　由不同颜色点组成的图形，用于测试颜色缺陷。由于圆点是彩色的，只有正常人（三色视）才能识别色板上的数字，而具有颜色缺陷的人不能识别色板上的数字，或者与正常人所识别出的数字不同。(9)

时间编码 /temporal coding　声音刺激的频率与听神经纤维发放时间模式间的联系。(11)

时间线索 /temporal cue　在触觉中，当手指滑过物体表面时，这种线索以振动的方式为我们提供了关于物体表面的触觉信息。(14)

识别 /recognition　将一个客体进行归类并赋予其意义的能力。比如，识别一个红色的物体是西红柿。(1)

史蒂文森幂定律 /Stevens's power law　该定律阐述的是物理刺激强度与知觉到的主观量级之间的关系，可用公式 $P=KS^N$ 表示，其中 P 代表感知到的量级，K 代表常数，S 代表刺激强度的倍数，n 代表幂。(附录 C)

似动 /apparent motion　参见"似动"。(8)

似动 /apparent movement　当两个位置稍微不同的刺激以恰当的时间交替出现时，观察者知觉到的是一个物体在两个位置间来回流动。(5)

似然原则（赫尔姆霍茨） /likelihood principle (Helmholtz)　该原则指出人们会倾向于将其看到的刺激图案知觉为最有可能会形成该刺激图案的客体。(5)

事件 /event　特定位置的一段时间，观察者可以知觉到其开始和结束。(8)

事件边界 /event boundary　一个事件结束且另一个事件开始的时间点。(8)

事件相关电位 /event-related potential (ERP)　脑对特定事件的反应，比如闪现一个图像或呈现一个声音，通过安置在一个人头皮上的电极片可以记录到。

视杆单色觉 /rod monochromat　一个人的视网膜中仅有的功能性感受器是视杆细胞。(3)

视杆全色盲 /rod monochromat　患者的视网膜上只有视杆感受器可以工作。(2)

视杆细胞 /rod　视网膜上的圆柱形感受器，负责感受暗光。(2)

视杆细胞光谱感受性曲线 /rod spectral sensitivity curve　绘制了视杆视觉的感受性随光谱波长变化的过程。典型的测量方法是当眼睛处于暗适应过程时，给外周视网膜呈现光刺激。(2)

视角 /visual angle　物体相对人眼之间的角度。视角由两条线交叉形成，一条线连接人眼与物体的一端，另一条线连接人眼与物体的另一端。物体的视角是相对观察者而言的，因此视角随观察者与物体间距离的变化而变化。(10)

视角不变性 /viewpoint invariance　在不同视角下，仍能保持不变的物体的属性，它使得人们可以在不同视角下正确地识别出物体。(5)

视觉捕捉 /visual capture　声音实际发生于别处，但会将其听成来自看到的某个位置的一种现象。也见"腹语术效应"。(12)

视觉接收区 /visual receiving area　枕叶的区域，来自视网膜和 LGN 的信号最先在这里到达大脑皮层。(3)

视觉浏览 /visual scanning　从客体或场景的一个位置看向另一个位置。(6)

视觉三色理论 /trichromatic theory of vision　该理论认为个体的颜色知觉取决于三种分别对不同光谱敏感的感受器机制的比例。(9)

视觉失认证 /visual form agnosia 能知觉到物体的各个部分，但是不能辨认整个物体。（1）

视觉搜索 /visual search 被试在包含多种元素的视觉场景中寻找特定元素的程序。（6）

视觉凸显 /visual salience 高亮度、高对比度以及高分辨朝向等特征使得刺激更加凸显来吸引注意。（6）

视觉掩蔽刺激 /visual masking stimulus 视觉刺激呈现后立即呈现掩蔽刺激可减少人们感知刺激的能力。这会阻止视觉暂留，限制刺激的持续时间。（5）

视觉诱发电位 /visual evoked potential 一种对视觉刺激做出的电信号反馈，通过在头的后部安装的电极产生的反馈测得。这个电位反映了视觉皮层上神经元的活跃性。（2）

视觉运动网格细胞 /visuomotor grip cells 一开始只对看到的特定的客体有反应，但后来在抓握同一对象时也产生了反应的细胞。（7）

视觉暂留 /persistence of vision 对刺激的知觉在刺激消失后会持续约 250 毫秒的一种现象。（5）

视觉指引策略 /visual direction strategy 观察者通过将自身指向目标来确保能到达目的地的一种策略。（7）

视距离理论 /apparent distance theory 解释月亮错觉的一种理论，处于地平线的月亮被连绵的山脉包围，其与个体的距离要远于高高悬挂于天空的月亮，由于地平线和头顶的月亮具有相同的视角，但被知觉到的距离不同，因此更远处的地平线的月亮看上去要比头顶上的月亮大。（10）

视敏度 /visual acuity 观察细节的能力。（2）

视频显微镜 /video microscopy 一种技术，可以用来拍摄乳头状突起和味蕾的图片。（15）

视色素 /visual pigment 视杆细胞与视锥细胞外节中对光敏感的分子。分子对光的反应引起了感受器上的电反应。（1）

视色素褪色 /visual pigment bleaching 视色素的两个部分——视黄醛和视蛋白——由于持续光照而分离引起的现象。（2）

视色素再生 /visual pigment regeneration 视色素在褪色后对于视觉过程就不再起作用，为了继续将光能转化为电能，视黄醇需要重新弯曲并且与视蛋白相连接，这个过程即视色素再生。（2）

视神经 /optic nerve 一束负责将神经冲动由视网膜传导至外侧膝状体或其他结构的神经纤维。每个视神经都包含 100 万个神经节细胞纤维。（2）

视听镜像神经元 /audiovisual mirror neurons 对动作以及动作产生的声音敏感的神经元。这些神经元在看到猴子执行一个手部动作或听到与这些动作有关联的声音时会有反应。也见"镜像神经元"。（7）

视听语音知觉 /audiovisual speech perception 受听觉和视觉刺激影响的语言知觉。比如，虽然耳朵听到的是 ba 的声音，当看到一个人嘴唇运动发出 fa 的声音，会理解成 fa。又见"麦格克效应"。（13）

视网膜 /retina 覆盖在眼球背面的一种复杂的细胞网络结构。细胞上包含了感受器，感受器会将接收的光转化为电信号，感受器包括水平细胞、双极细胞、无足细胞以及神经节细胞。（2）

视网膜脑图 /retinotopic map 视觉系统中一个结构上的位置分布图，比如外侧膝状体或皮层，该分布图表明了在该结构上与视网膜相应位置所对应的位置。在视网膜脑图中，视网膜上相邻排列的位置通常在该结构上也会彼此相邻。（4）

视网膜脱落 /detached retina 视网膜从眼睛后部脱落的现象。（2）

视野单像区 /horopter 一个想象的圆，此圆穿过注视点，该圆上的视觉刺激的成像会落在两个视网膜上的对应点。（10）

视锥细胞 /cones 视网膜上的锥形感受器，主要负责高强度光的视觉、颜色视觉以及细节视觉。（2）

视锥细胞光谱感受性曲线 /cone spectral sensitivity curve 视觉感受性与视锥视觉波长的对比图。测量方法为在只包含视锥细胞的中央凹上呈现一个小的光点，也可在眼睛处于光适应的过程中测量，此时视锥细胞感受性最强。（2）

受体作用位点 /receptor sites 突触后神经元上一个小的区域，只对特定的神经递质敏感。（2）

输出装置 /output unit 赖卡特探测器的一个组成部分，该部分比较了从两个或更多神经元接收的信号。根据赖卡特的模型，输出装置的激活对于

运动知觉来说是必要的。（8）

熟悉大小 /familiar size　利用深度线索判断距离的依据之一是对客体大小的知识。Epstein 的硬币实验通过操纵熟悉大小的线索发现，硬币的相对大小可以影响对硬币的距离知觉。（10）

树突 /dendrites　细胞体的分支，负责接收其他神经元传递的信号。（2）

衰减 /decay　一个音末尾处声音信号的下降。（11）

双耳强度差 /interaural level difference（ILD）　左右耳声压（或水平）间的差异。这一差异会在远耳处形成声影。ILD 能够为高频声定位提供线索。

双耳时间差 /interaural time difference（ITD）　当一个声音离一只耳比离另一只耳近时，声音到达近耳的时间要稍早于到达远耳的时间，因而到达两耳的时间会有所不同。ITD 提供了声音定位的线索。

双耳线索 /binaural cue　同时涉及两只耳的声音定位线索。双耳时间差和双耳强度差是两种主要的双耳线索。（12）

双分离 /double dissociation　在脑损伤患者中，有一人具备功能 A 而缺失功能 B，另一人则缺失功能 A 具备功能 B。双分离的出现意味着这两个功能涉及不同的机制，而且彼此独立运行。（4）

双极细胞 /bipolar cell　一种视网膜神经元，能接收视觉感受器传入的信息并将信号传递给视网膜上的神经节细胞。（2）

双任务范式 /dual-task procedure　一种实验程序，即被试需要同时执行一个需要"注意"的中央任务，以及对场景中内容进行决策判断的外周任务。（6）

双闪错觉 /two-flash illusion　一种跨通道错觉，发生于一个闪光伴随两个快速呈现的声音时。两个声音的呈现会使观察者知觉到两次闪光。（12）

双向神经元 /bimodal neuron　一种神经元，可以对多种类型的刺激都进行反应。（15）

双眼竞争 /binocular rivalry　给两只眼睛分别呈现不同的刺激，知觉到的内容会在这两种刺激间来回切换的现象。（5）

双眼深度细胞 /binocular depth cells　也叫视差选择性细胞，是视皮层的一种神经元，这类神经元对成像落在两个视网膜上特定像差角度的点上的物体反应最强烈。

双眼像差 /binocular disparity　双眼像差是由同一物体的视网膜成像分别落在两个视网膜上形成的。（10）

双眼注视 /binocularly fixate　指成像落在两个中央凹的相同位置上。（10）

双重拮抗神经元 /double-opponent neurons　该类神经元感受野具有如下特点：一部分感受野刺激会导致对光谱中某区域波长的兴奋及另一区域波长的抑制反应，而相邻感受野刺激会导致相反反应。例如，双重对抗反应指的是若感受野一部分区域的反应为 +M-L，则其相邻区域的反应为 +L-M。（9）

水平方向 /azimuth　在听觉中，指的是从左至右相对于听者的位置。（12）

水平细胞 /horizontal cells　横向穿过视网膜传输信号的神经元。水平细胞的突触连接感受器和双极细胞。（2）

随机点立体图 /random-dot stereogram　由随机点组成的立体图片。当图片的某一部分向某一方向稍有转移时，位置上的差异会导致该部分看上去浮在图片其余部分的上面或下面。（10）

梭状回面孔区 /fusiform face area（FFA）　人颞下皮层的一个区域，包含能够特异性地对面孔产生反应的神经元。（4）

锁相 /phase locking　听觉神经元的发放与声音刺激相位间的同步。（11）

T

探索程序 /exploratory procedures（EPs）　当人们利用触觉识别三维空间中的客体时，手或手指的动作。（14）

特异性编码 /specificity coding　一种神经编码类型，不同的知觉是由特定神经元的放电所表征的。（3）

特征频率 /characteristic frequency　听觉系统神经元阈限最低的频率。（11）

特征搜索 /feature search　一种视觉搜索任务，即被试仅通过寻找一种特征找到目标。例如，在一些垂直的绿线中寻找水平的绿线。（6）

特征探测器 /feature detector　对刺激的特定属性

（如角度或运动方向等）产生放电反应的简单细胞、复杂细胞和端点细胞都被称为特征探测器。（3）

特征整合理论 /feature integration theory（FIT） Treisman 提出的一种客体知觉理论，这个理论用来解释客体如何分解为不同的特征，以及这些特征是如何整合起来形成对客体的知觉的。（6）

疼痛的感觉成分 /sensory component of pain 疼痛知觉被用抽动的、刺疼的、热的或者迟钝的来加以描述。（14）

疼痛的情感（或情绪）成分 /affective（emotional）component of pain 与疼痛有关的情绪体验，例如，当人们描述折磨的、令人讨厌的、令人害怕的或者使人恶心的，也叫"疼痛的感觉成分"。（14）

疼痛的直接路径模型 /direct pathway model of pain 当皮肤中的疼痛感受器受到刺激时，它们直接向大脑传递信号便发生了疼痛。但该模型并没有解释有些疼痛不只是由皮肤的刺激产生的。（14）

疼痛性质的多重模型 /multimodel nature of pain 一种疼痛体验，既包括感觉成分也包括情绪成分。（14）

条件等色 /metamers 颜色匹配实验中产生相同知觉的两个区域叫作条件等色。（9）

调幅 /amplitude modulation 调整一个声音刺激的水平（或强度）从而使其上下波动。（11）

调幅噪声 /amplitude modulated noise 经过幅度调制的噪声刺激。（11）

调节 /accommodation 视觉系统通过改变晶状体的形状，将不同距离的客体都置于焦点上。（2）

调谐曲线，频率 /tuning curve, frequency 参见"频率调谐曲线"。（11）

调整法 /method of adjustment 一种心理物理学方法，要求实验者或者观察者连续调整刺激强度，指导观察者探测到刺激。（附录 A）

调整曲线，方向 /tuning curve, orientation 参见"方向调整曲线"。（3）

听觉场景 /auditory scene 即声音环境，包括不同个体声音的位置和属性。（12）

听觉场景分析 /auditory scene analysis 将在一个听觉场景中不同声源所发出的声音刺激在知觉上组织起来，使各声音成为来源于不同声源位置的独立声音流的过程。（12）

听觉刺激 /acoustic stimulus 参见"听觉信号"。（13）

听觉的位置理论 /place theory of hearing 这种观点认为，声音的频率是通过柯蒂氏器不同位置上产生最大神经发放的位置来表示的。现代位置理论的基础是 Békésy 的行波理论。（11）

听觉定位 /auditory localization 对声源位置的知觉。（12）

听觉分流 /auditory stream segregation 当一系列音高或音色不同的声音同时发出时，每个音都会被知觉为同时发生的独立声音流的效应。（12）

听觉感受野 /auditory receiving area（A1） 皮层上的一个区域，位于颞叶，是听觉的初级感受野。（11）

听觉空间 /auditory space 对声音发源于哪里的知觉。听觉空间可以在听者头四周的各个方向上延展，只要有声音的地方就会存在。（12）

听觉流整合 /auditory stream integration 确定音符的属性，将不同的音符整合进一个单一的声音流从而构成旋律的过程。（12）

听觉响应区 /auditory response area 通过心理物理学方法测量的一个区域，用以界定听觉功能的频率和声压范围。介于听力曲线和感受阈曲线之间。（11）

听觉信号 /acoustic signal 一定频率和强度的声音刺激。（13）

听力曲线 /audibility curve 用于表示在可听范围内，不同频率上阈限声压级（sound pressure level，SPL）的曲线。（11）

听力图 /audiogram 表示不同频率上听力损失的图。（11）

听小骨 /ossicles 中耳中的三块小骨，能够将振动从外耳传至内耳。（11）

同色异谱 /metamerism 个体对物理属性不同的刺激产生相同的知觉。视觉研究中，指个体将两种不同波长的光识别为同一颜色。（9）

瞳孔 /pupil 一种通路，环境中的客体会以光的形式透过它反射进眼睛。（2）

统计学习 /statistical learning　关于跃迁概率和环境中其他特征的学习过程。语言属性的统计学习在婴儿早期就会出现。（13）

痛觉感受器（纤维） /nociceptor　一种神经纤维，可以对能伤害皮肤的刺激做出反应。（14）

头部朝向细胞 /head direction cells　根据动物所面向的方向而激活的细胞。（7）

透视汇聚 /perspective convergence　随着与观察距离的增加，两条平行线间的距离逐渐减小。（10）

凸显地图 /saliency map　视觉场景的一种"地图"，能够揭示哪些区域在视觉上显著不同于场景中的其他部分，包括颜色、对比度以及朝向等特性。（6）

突触 /synapse　一个神经元的尾部（突触前神经元）和另外一个神经元的细胞体（突触后神经元）之间的极小间隙。（2）

图示线索 /pictorial cues　可用图片描绘的一种单眼深度线索，例如，重叠、相对高度、相对大小等。（10）

图像位移信号 /image displacement signal（IDS）　伴随放电理论，当图像移动穿过视网膜感受器时，这种信号就会发生。（8）

图形 /figure　当客体被看作从背景中分离出来时，它被称为图形。也参见"图形—背景分割"。（5）

图形—背景分割 /figure-ground segregation　将客体从背景中分割开来。（5）

图形和背景的转换 /reversible figure-ground　图形和背景可相互转换，因此图形可成为背景，背景可成为图形。著名的图形和背景的转换的例子为 Rubin 的面孔—花瓶两可图形。（5）

W

外侧膝状体 /lateral geniculate nucleus（LGN）　丘脑中的核团，接收视神经的传入信息，并且进一步与大脑皮层视觉接收区进行沟通。（3）

外耳 /outer ear　耳廓和外耳道。（11）

外耳道 /auditory canal　空气振动借由其从环境中传递至鼓膜的通道。（11）

外节 /outer segments　视锥感受器和视杆感受器的一部分，包含光敏视色素化学成分。（2）

外毛细胞 /hair cells，outer　内耳中的听觉感受细胞，能够通过放大基底膜的振动来放大内毛细胞的反应。（11）

外显注意 /overt attention　注意直接定位到所注意的客体。（6）

外周视网膜 /peripheral retina　视网膜上除中央凹以外的全部区域。（2）

网格细胞 /grid cells　内嗅皮层区域的一种细胞，当动物在环境中的一个特定位置时会被激活，并且有很多呈网状分布的位置野。（7）

威尔尼克区 /Wernicke's area　大脑中位于颞叶、与语言知觉有关的区域。若被损伤会产生理解语言困难的威尔尼克失语症。（13）

威尔尼克失语症 /Wernicke's aphasia　由于威尔尼克区域受损所致的理解语言困难。（13）

微刺激 /microstimulation　将一个小电极植入大脑皮层，电流通过电极激活电极尖附近的神经元，这个过程被用来确定激活特定神经元群是怎样影响知觉的。（8）

韦伯分数 /Weber fraction　在韦伯定律中，差别阈限和标准刺激的量的比率。（附录 B）

韦伯定律 /Weber's law　该定律指出，差别阈限和标准刺激的量的比率保持不变。据此，当标准刺激的量翻倍时，要引起差别感觉，差别阈限也要翻倍。差别阈限和标准刺激的量的比率被称为韦伯分数。（附录 B）

位置细胞 /place cells　动物在环境中一个特定的位置才会激活的神经元细胞。（7）

位置线索 /location cues　在听觉中，指到达听者的声音中所包含的一些特征，能够提供关于声源位置的信息。（12）

位置野 /place field　环境中能激活某一位置细胞的区域。（7）

味道 /flavor　有味觉和嗅觉组合而成的一种知觉。（15）

味觉细胞 /taste cell　位于味蕾上的一种细胞，当化学物质与味觉细胞尖端的受体接触时，可以使化学信号转化电信号。（15）

味孔 /taste pore　味蕾上的一个开孔，味觉细胞尖端均伸出到味孔。当化学物质进入味孔时，刺激味觉细胞，引起味觉细胞换能。（15）

味蕾 /taste bud　位于舌的乳头状突起上的一种组织结构，包含味觉细胞。（15）

纹理感知的双重理论 /duplex theory of texture perception　该理论认为，对纹理的知觉依赖于空间线索和时间线索。最早是由 David Katz 提出的，目前也称为双重理论。

纹理梯度 /texture gradient　随着与观察者距离的变化形成的有规律的梯度变化，由于随着距离增加纹理梯度变小，因此可为判断距离提供信息。（10）

纹外躯体区 /extrastriate body area（EBA）　一个颞叶中的区域，可以被带有躯体和部分躯体的图片激活。（4）

纹状皮层 /striate cortex　大脑皮层的视觉接收区，位于枕叶。（3）

无意识推理 /unconscious inference　该理论由赫尔姆霍茨提出，认为知觉是对环境做出无意识的假设或推论的结果。也参见"似然原则"。（5）

无足细胞 /amacrine cell　将信号侧面传递给视网膜的神经元。无足细胞突触包括双极细胞和神经节细胞。（2）

物理规律 /physical regularities　在环境中有规律地出现的物理性质。例如，在环境中，存在更多的垂直和水平朝向而不是倾斜的朝向（与地面成一定角度）。（5）

物体识别问题 /object discrimination problem　Ungerleider 和 Mishkin 在实验中使用的行为任务，其中提供了能够支持腹侧通路或称为什么视觉信息流的证据。猴子被要求对一个具有特定形状的物体进行反应。（4）

误用大小恒常性比例 /misapplied size constancy scaling　由 Richard Gregory 提出，将维持三维空间中的大小恒常性机制运用到二维空间时，有时会发生错觉。（10）

X

吸收光谱 /absorption spectrum　光吸收的数量与波长之间关系的图谱。（2）

稀疏编码 /sparse coding　认为特定物体是通过少数相关神经元的放电来表征的。（3）

习惯化 /habituation　相同刺激重复出现时需要较少的注意。例如，婴儿通常对一种连续呈现的刺激的观看时间较少。也见"去习惯化"。（6）

细胞体 /cell body　神经元的一部分，包含了神经元的代谢机制，能够接收其他神经元传入的刺激。（2）

下丘 /inferior colliculus　听觉系统中由耳蜗到听皮层通路上的一个核团。下丘接收来自上橄榄核的输入。（11）

先天性嗅觉缺失 /isolated congenital anosmia（ICA）　某些人生来就没有嗅觉的情况。（15）

先验概率（先验）/prior probability（or prior）　贝叶斯推理中对结果概率的初始估计。参见"贝叶斯推理"。（5）

纤毛 /cilia　由听觉系统中内毛细胞和外毛细胞上长出的细小毛状物。内毛细胞纤毛的弯曲会导致换能。（11）

现象学报告 / phenomenological report　通过被试描述其知觉到的东西，将刺激与知觉联系起来的方法。（1）

相对大小 /relative size　深度知觉的线索之一，两个大小相等的物体，位置较远的一个看起来更小。（10）

相对高度 /relative height　单眼深度线索的一种，若物体的地基处于地平线之下，则其在视野中位置更高时看起来更远；若物体的地基处于地平线之上，则其在视野中更低时看起来更远。（10）

相对像差 /relative disparity　两物体绝对像差间的差异。（10）

相关性 /coherence　在有关运动知觉的研究中，刺激是一系列移动的点，这些点的朝向之间的相关程度就是相关性。相关性为 0 意味着所有的点均独立运动；100% 相关意味着所有的点均朝相同的方向运动。（8）

相加的颜色混合 /additive color mixture　由于光混合是累加每种光反射的波长，因此光混合被叫作相加的颜色混合。（9）

相减的颜色混合 /subtractive color mixture　亦称"颜料混合"。不同颜料或染料混合呈现色彩的物理现象。颜料或染料之所以显色，在于能反射或透射一定的色光，并吸收（减去）与其成补色的色光。不同颜料或染料按不同比例混合后可呈现

各种色彩。（9）

相似性 /similarity, principle of　一种格式塔的知觉组织原则，相似的事物更容易被知觉编组在一起。（5）

相似性原则 /principle of similarity　参见"相似性"。（5）

相同客体优势 /same-object advantage　注意的增强效应会扩散到整个客体，所以对客体某个部分的注意会导致对此客体其他部分的加工得到促进。（6）

响度 /loudness　声音从轻柔到响亮变化的属性。对于一个给定频率的声音，其响度通常会随着分贝的增加而增加。（11）

像差角 /angle of disparity　一个物体在两个视网膜间成像的视角。若一个物体在两个视网膜的成像落在对应点上，则像差角为零；若落在非对应点上，则像差角为非对应的角度。（10）

像差校正曲线 /disparity tuning curve　该曲线可表示神经元反应与视觉刺激的像差角间的关系，神经元对像差的反应最强烈的是像差选择性细胞的重要特性，即双眼深度细胞。（10）

像差选择性细胞 /disparity-selective cells　参见"双眼深度细胞"。（10）

消失 /deletion　深度知觉的一种线索，指由于个体相对于物体的运动而导致远处客体被近处客体遮挡的效果。参见"堆积"。（10）

协同发音 /coarticulation　当语言中不同音素相互跟随时发生的重叠发音。因为此效应，同一音素会因为所出现的语境不同而发不同的音。比如，在 boot 中的 /b/ 不同于 boat 中的 /b/ 的发音。（13）

斜视 /strabismus　一种眼部疾病，例如交叉斜视或外斜视，指视觉系统抑制了某只眼睛的视觉而不产生复视觉，因此该疾病患者每次仅用一只眼睛看世界。（10）

谐波 /harmonics　复合音的纯音成分，其频率是基频的整数倍。（11）

谢弗勒尔错觉 /Chevreul illusion　当不同亮度并排排布形成一个边界时就会出现这种错觉。这种错觉表现为在边界较亮的一侧会感知到一条亮带，而在较暗一侧会感知到一条暗带，尽管这些带并未真正出现在明暗排布图中。（3）

心理物理学 /psychophysics　传统意义上的心理物理学是指研究刺激属性和主观体验间的关系并使之数量化的方法。在这本书中，所有被用来研究刺激和知觉的关系的方法都被当成心理物理法。（1）

心身问题 /mind-body problem　科学领域最著名的问题之一：类似神经冲动或钠钾离子跨膜流动这样的生理过程（问题中"身"的部分）是如何转化成为丰富的知觉体验的（问题中"心"的部分）。（4）

信号 /signal　呈现给被试的刺激，是信号检测理论中的一个概念。（附录 D）

信号检测法 /signal detection approach　一种可测量被试探测信号的能力、并通过击中和虚报进行分析的探测信号的方法。这种方法把可决定对刺激敏感性的反应标准也纳入了考量。

信息素 /pheromone　个体释放的化学信号，可以影响其他个体的行为和心理。（15）

行波 /traveling wave　在听觉系统中基底膜的振动模式，振动的峰值会从膜的基部上行到其顶部。（11）

兴奋反应 /excitatory response　当神经纤维放电速度上升时产生的反应。（2）

兴奋区 /excitatory area　感受野中一个与兴奋性相关的区域。刺激该区域会造成神经放电频率的增加。（3）

兴奋一中心、抑制一周边感受野 /excitatory-center, inhibitory-surround receptive field　当中心被刺激时表现为兴奋，而当周边被刺激时表现为抑制的感受野。（3）

杏仁核 /amygdala　大脑中的组织结构，涉及情绪反应以及嗅觉信号的加工。

休闲噪声 /leisure noise　与休闲活动相联系的噪声，比如听音乐、狩猎或是做木工。长时间暴露于高强度的休闲噪声会导致听力丧失。（11）

嗅感觉神经元 /olfactory receptor neurons（ORNs）位于嗅觉黏膜（包含嗅觉感受器）上的感觉神经元。（15）

嗅觉 /olfaction　闻气味时产生的感觉。通常是刺激物刺激嗅觉黏膜上的感受器产生的结果。（15）

嗅觉不灵敏的 /microsmatic　拥有较弱的嗅觉，通

常发生在诸如人类一样的动物身上——嗅觉对他们的生存来说并不是至关重要的。(15)

嗅觉地图 /chemotopic map 嗅觉系统的激活模式，不同属性的化学物质基于其自身性质产生的一种激活的"地图"。例如：有证据证明碳链的长度会影响化学物质在嗅球上的映射位置。(15)

嗅觉地图 /odor map 参见"嗅觉地图 /chemotopic map"。(15)

嗅觉地图 /odotoptic map 参见"嗅觉地图 /chemotopic map"。(15)

嗅觉灵敏的 /macrosmatic 指拥有灵敏的嗅觉，对于某些动物的生存来说至关重要。(15)

嗅觉缺失症 /anosmia 由于受伤或感染，导致的嗅觉能力丧失。(15)

嗅觉受体 /olfactory receptor 能对气味刺激做出反应的特殊蛋白质。(15)

嗅觉小球 /glomeruli 嗅球中存在的微小的结构，负责接收来自相似的嗅感觉神经元的信号。每个嗅觉小球都可以接收一些气味分子的信息。(15)

嗅觉黏膜 /olfactory mucosa 鼻腔内部的一片区域，包含嗅觉感受器。(15)

嗅球 /olfactory bulb 一个组织结构，负责接收直接来自嗅觉感受器的信号，包括嗅觉小球（负责接收来自嗅觉感受器的信号）。(15)

虚报 /false alarm 在信号检测实验中，当刺激没有呈现时报告检测到了刺激。(附录 D)

旋律 /melody 一系列不同音高的音同属于一体的一种体验。通常是指在歌或乐曲中音符彼此相继的模式。(12)

旋律分道 /melodic channeling 参见"音阶错觉"。(12)

旋律图式 /melody schema 储存在一个人记忆中的对熟悉的旋律的表征。旋律图式的存在使那些与某个旋律相关的音更倾向于被组织在一起。(12)

选择性传播 /selective transmission 一些波长的光可以穿过视觉上透明的客体或物质进行传播的特性。选择性传播与个体对彩色的知觉密切相关。参见"选择性反射"。(9)

选择性反射 /selective reflection 当某些波长的反射多于其他类别时，产生彩色的过程。(9)

选择性饲养 /selective rearing 如果某一动物被饲养在只具有一种特定刺激的环境中时，该动物对该刺激产生反应的神经元会变得更为普遍。(3)

选择性适应 /selective adaptation 一个人或动物被选择性地置于单一刺激中，然后让其接受更广泛的刺激以检测其效果。一般情况下，对于之前接触的那个刺激的敏感性会降低。(3)

寻路 /wayfinding 在环境中导航的过程。寻路包括感知环境中的客体，记住客体及其与环境的关系，并且知道在何时朝何处转向。(7)

Y

延迟装置 /delay unit 赖卡特探测器的一个组成部分，用来解释针对不同的运动方向，神经放电是如何发生的。延迟装置延迟了神经冲动由感受器向大脑的传送速度。(8)

延伸焦点 /focus of expansion（FOE） 由观察者运动所产生光流的焦点，在焦点处是没有延伸的。J. J. Gibson 认为，延伸焦点会一直存在于观察者目的地的中心。(7)

言语知觉的双流模型 /dual-stream model of speech on perception 这个模型认为：一个腹侧通路始于颞叶，负责识别语音；一个背侧通路始于顶叶，负责连接声音信号，用于产生语音的运动。(13)

言语知觉的运动理论 /motor theory of speech perception 这一理论认为，在语言产生与语言理解之间存在某种联结。当我们听到某种语音时，会激活大脑中产生这种语音的运动中枢机制，这种运动机制会促使我们理解这种声音。(13)

炎症性疼痛 /inflammatory pain 由组织损伤、关节炎或肿瘤细胞导致的疼痛。这种损伤会释放一些化学物质，生成"炎症汤"，从而刺激痛觉感受器。(14)

颜色恒常性 /color constancy 当照明条件发生改变时，个体对颜色的觉察仍保持一致的效应。局部颜色恒常性指当照明条件发生改变，但此种改变并不影响投射到眼睛的光的波长时，个体对颜色的觉察仅发生些许变化。(9)

颜色匹配 /color matching 要求观察者混合两种或

多种光以匹配某一种颜色的过程。(9)

颜色视觉的拮抗加工理论 /opponent-process theory of color vision　由黑林提出，认为颜色知觉取决于两个对立机制：蓝—黄机制及红—绿机制。每一机制中的两种颜色互相对抗，对其中一种颜色产生兴奋的同时对另一种颜色产生抑制反应。此外，该理论中还包括黑—白机制，这一机制负责对亮度的知觉。(9)

眼睛 /Eye　眼球及其附属零件，包括聚焦成分、视网膜以及辅助结构。(2)

杨–赫尔姆霍兹理论 /young-helmholtz theory　参见"视觉三色理论"。(9)

一致连通性原则 /uniform connectedness, principle of　当代格式塔知觉组织原则之一，视觉特性上相连的区域容易被知觉为一个单一的整体。(5)

异常三色视 /anomalous trichromatism　一种色觉异常，指尽管个体可以混合三种波长的颜色以匹配光谱中其他波长的颜色，但其混合三种波长的比例异于常人，即异常三色视者调出的色调与正常人相去甚远。(9)

异构化 /isomerization　视色素分子吸收一个额度的光之后，分子上的视黄醛形状开始改变的过程。异构化会激发酶的产生，从而导致视网膜感受器上的光能转化为电能。(2)

抑制反应 /inhibitory response　当来自其他神经元的抑制使一个神经元的放电速度下降时产生的反应。(2)

抑制区 /inhibitory area　感受野中一个与抑制性相关的区域。刺激该区域会造成神经放电频率的降低。(3)

抑制—中心、兴奋—周边感受野 /inhibitory-center, excitatory-surround receptive field　当中心被刺激时表现为抑制，而当周边被刺激时表现为兴奋的感受野。(3)

音高 /pitch　声音从低到高变化的一种属性，与一个音的频率密切相关。(11)

音高度 /tone height　随着频率的增加而带来的音高的增加。(11)

音高神经元 /pitch neuron　一种只对具有特定音高的刺激有反应的神经元。对于具有特定音高的复合声，即使在其第一谐波或其他谐波没有呈现的情况下，这些神经元依然会发放。(11)

音阶错觉 /scale illusion　一个音阶中相连续的音符分别在左右耳呈现时所形成的一种错觉。虽然每只耳中接收的音在频率上都是上下跳动的，但每只耳听到的都是平滑的上升或下降音阶。也称旋律分道效应。(12)

音乐 /music　以特定的方式组织起来的声音，在传统西方音乐中，这种组织可以形成旋律。(12)

音乐句法 /musical syntax　音乐中约定音符及和声应如何组织的规则。(12)

音色 /timbre　两个音即使响度、音高和持续时长都相同，听起来仍然可能会不同。造成这种区别的就是音色。音色上的差异可以通过不同乐器发出的声音来说明。(11)

音色度 /tone chroma　彼此分开一个或更多八度的音符间的知觉相似性。(11)

音素 /phoneme　语音中的最小的单位，当其发生变化时，词的意义也随之发生变化。(13)

音调拓扑图 /tonotopic map　由听觉系统结构中神经元的反应形成的一种有序频率图。沿耳蜗的长向上神经元即是按音调拓扑的形式组织的，顶部的神经元对低频反应最大，基部的神经元对高频反应最大。(11)

音位恢复效应 /phonemic restoration effect　语言知觉中出现的一种效应，当一个词中的音素被另外的声音混淆，如白噪声或一声咳嗽，但听者依然能够知觉。(13)

隐性听力丧失 /hidden hearing loss　由高声强所导致的听力丧失，虽然听者的听力图所表示的阈限是正常的。(11)

赢利 /payoffs　在信号检测实验中用来影响个体动机的系统奖罚措施。(附录D)

影响知觉的认知因素 /congnitive influences on perception　一个人带入情境中的知识、记忆和期望是如何影响其知觉的。(1)

优先效应 /precedence effect　当两个相同的或非常相似的声音以小于50～100毫秒的间隔到达听者的耳时，听者只能听到到达其耳中的第一个声音。(12)

优先注视法 /preferential looking technique　用来测量婴儿知觉的方法。呈现两种刺激，注意监控

婴儿的观察行为，判断他看向哪种刺激的时间更多。（2）

诱发运动 /induced motion 由另一个邻近物体（通常相对较大）的运动引起的该物体（相对较小）在运动的错觉。（8）

语读 /speechreading 聋人通过观察说话人嘴唇和面部的运动确定他人在说什么的过程。（12）

语言分割 /speech segmentation 从连续的言语信号流里面知觉单独的词语的过程。（13）

语义编码 /semantic encoding 基于体素激活与场景意义或类别之间的相互关系，分析从观察者大脑的视觉区域记录的体素激活模式的方法。（5）

语义规则 /semantic regularities 与不同场景中的常见活动相关联的特征。这些特征可从经验中习得。例如，人们可意识到与厨房相关联的活动和客体。（5）

语音边界 /phonetic boundary 在类别知觉实验中，知觉从一种语言类别到另一种语言的起始时间。（13）

语音特性 /phonetic features 有关语音如何被发音器官产生的线索。（13）

预线索化 /precueing 一种被用来研究选择性注意的程序，实验中的线索能够提示目标接下来可能出现的位置。这种程序被 Posner 用来研究注意是如何增强出现在线索化位置上的刺激的加工。（6）

阈限 /threshold 能引起有机体感觉到的最小刺激量。（1）

远刺激 /distal stimulus 外界环境中远处的刺激。（1）

远视 /farsightedness 参见"远视眼"。（2）

远视眼 /hyperopia 一种视力欠佳现象，患有远视眼的人可以看清远处的客体但看不清近处的客体。也称远视。（2）

月亮错觉 /moon illusion 地平线或接近地平线上的月亮比天顶的月亮看起来更大的一种错觉现象。（10）

乐句 /phrase 音乐中的小旋律片断，类似语言中的短语。（12）

跃迁概率 /transitional probabilities 语言中，一个声音会跟随另外一个声音。每一种语言都有不同声音的跃迁概率。某种语言的学习同时也是关于其跃迁概率的学习。（13）

运动错觉 /illusory motion 实际上没有运动发生时的运动知觉。参见"似动"。（8）

运动后效 /motion aftereffects 观察运动刺激之后再观察静止的物体时，会产生一种错觉，觉得静止的物体朝相反的方向运动。参见"瀑布错觉"。（8）

运动盲 /akinetopsia 有关运动知觉的皮层区域受损导致对运动视而不见的情况。（8）

运动视差 /motion parallax 深度线索的一种，当观察者移动时，视野中近处物体看上去移动得快，而远处物体看上去移动得慢。（10）

运动信号 /motor signal(MS) 在伴随放电理论中，当观察者移动或尝试移动眼睛时，信号会被传送到眼部肌肉。（8）

Z

噪声 /noise 包含大量随机频率成分的声音刺激。（11）

噪声 /noise 在信号检测理论中，噪声是除了信号以外的环境中的所有刺激。（附录 D）

噪声码言语 /noise-vocoded speech 语音信号被划分成不同频段，之后将噪声加入每一个频段之中。（13）

噪声诱发听力丧失 /noise-induced hearing loss 一种因过响的噪声导致毛细胞退化而产生的感觉神经性听力丧失。（11）

闸门控制模型 /gate control model Melzack 和 Wall 认为，疼痛的知觉受到一种神经环路的控制，这种神经环路反映了痛觉感受器、机械感受器以及中央控制信号三者的相对激活量。这个模型解释了疼痛不仅仅受到皮肤感受器的刺激影响。（14）

栅格敏锐度 /grating acuity 被试所能觉察到的"光栅"黑白线条间的最窄宽度。（14）

照明边缘 /illumination edge 由不同强度的光照形成的边界区域。（9）

遮挡 /occlusion 单眼深度线索的一种，当一个物体被另一个物体部分或全部遮挡时，会将被遮挡物体觉察为远处物体。（10）

真皮 /dermis 表皮下面的皮肤层。（14）

真实运动 /real motion 一个物体实际的运动。与

似动进行比较。(8)

真实运动神经元 /real-motion neuron 只对刺激运动有反应,在眼睛动的情况下没有反应的神经元。(8)

砧骨 /incus 中耳三块听小骨中的第二块,其功能是将振动从锤骨传递给镫骨。(11)

枕叶 /occipital lobe 位于大脑皮层的后部,主要负责处理视觉信息。(1)

振幅 /amplitude 对于重复性声波,比如构成纯音的正弦波,振幅代表大气压与声波的最大压强之间的压强差。(11)

正确拒斥 /correct rejection 在信号检测实验中,当刺激没有呈现时报告未检测到刺激。(附录D)

知觉 /perception 由感官刺激诱发产生的意识经验。(1)

知觉分割 /perceptual segregation 将一个客体从另一个客体中分割开来。(5)

知觉负载 /perceptual load 一个人在执行某项认知任务时所需要的知觉容量的大小。(6)

知觉加工 /perceptual process 对环境中出现的刺激进行知觉、识别及采取行动的一系列活动。(1)

知觉强度 /perceived magnitude 刺激的知觉(如光或声音)测量,也即体验的强度。(1)

知觉容量 /perceptual capacity 个体可以用来执行知觉任务的能力。(6)

知觉完形 /perceptual completion 对不完整客体的知觉延伸。(6)

知觉研究的生态学方法 /ecological approach to perception 这个方法聚焦于环境中特定的认知信息,尤其强调对运动中的观察者如何产生知觉信息的研究,而这些知觉信息既有助于人们感知环境,又能引导人们接下来的动作。(7)

知觉组织 /perceptual organization 将环境中的元素进行知觉分类,从而形成客体知觉的过程。(5)

知觉组织原则 /principles of perceptual organization 描述了场景中的元素如何被组织在一起。这些原则大多由格式塔心理学家提出,当代研究者也提出了一些新的原则。(5)

知识 /knowledge 知觉主体带入情境中的信息。(1)

直达声 /direct sound 从声源直接传递到耳的声音。(12)

中耳 /middle ear 在外耳道和耳蜗之间的一个充满空气的空间,里面有听小骨。(11)

中耳肌肉 /middle-ear muscles 中耳中附着在听小骨上的肌肉。身体中最小的骨骼肌,有很强的声音时它们会收缩,从而可以减弱听小骨的反应。(11)

中心—周边感受野 /center-surround receptive field 一个中心—周边感受野,刺激其中心区会产生抑制性反应,刺激周边区域产生兴奋性反应。(3)

中心—周边拮抗作用 /center-surround antagonism 在中心—周边感受野中存在的中心和周边区域的竞争性,当其中一个显示为兴奋则另一个就会显示为抑制,这种现象就是中心—周边拮抗作用产生的原因。与单独刺激兴奋区域相比,刺激中心或周边区域会同时降低神经元的反应。(3)

中心—周边结构 /center-surround organization 感受野"中心"区域与感受野"周边"区域对光的反应存在差异。(3)

中央凹 /fovea 人类视网膜上的一个小的区域,只包含视锥感受器。因为中央凹在视线上,所以当人们直视一个物体时,物体图像的中心会落到中央凹上。(2)

周期性声音 /periodic sound 压力变化模式会重复的声音刺激。(11)

周期性音 /periodic tone 波形会发生重复的音。(11)

轴突 /axon 神经元中传导神经冲动的部分,也被称为神经纤维。(2)

轴性近视 /axial myopia 眼球过长的近视。(2)

侏儒 /homunculus 拉丁语中的"小个子的人"意思,指的是躯体感觉皮层上的身体地图。(14)

主动式触觉 /active touch 在触摸客体时,观察者扮演了一个积极的角色,即积极地用手或手指触摸和探索客体。(14)

主音 /tonic 乐曲的调。(12)

主音回归 /return to the tonic 歌曲开始和结束于同一个主音,这里的主音是指与某个大调相关的音。(12)

注视点 /fixation 个体在观察一个场景时,眼睛停留的兴趣区。(6)

注意 /attention 有选择地指向和集中于一定对象的过程。注意可以提高注意对象的加工。(6)

注意捕获 attentional capture 个体无意识地将注意转移至刺激的凸显特征上时,注意捕获就发生了。例如,运动的物体可以产生注意捕获。(6)

注意负载理论 /load theory of attention Lavie认为,知觉容量决定了人们在执行一项任务时如何避免被与任务无关刺激的影响而产生分心。如果一个人的知觉负载与知觉容量接近,那么这个人将不易被与任务无关的刺激分心。也见"高负载任务""低负载任务""知觉容量""知觉负载"。(6)

专家系统假说 /expertise hypothesis 这种观点认为,人们对特定事物知觉的倾向性可以通过脑的变化所解释,这种变化来自长期的接触、实践和训练。(4)

转换原则 /principle of transformation 知觉的一种原则,指刺激以及由刺激引起的反应在环境刺激和知觉中间转换或改变。(1)

锥—杆间歇 /rod-cone break 暗适应曲线上的一个点,代表此时视锥视觉开始转变为视杆视觉。(2)

自产信息 /self-produced information 由观察者运动所产生的环境信息。比如光流就属于一种自产信息,它由人们的运动产生,并为后续的行为提供有引导作用的信息。(7)

自发性活动 /spontaneous activity 不需要外界环境刺激就会产生神经放电的现象。(2)

自上而下加工 /top-down processing 基于已有知识经验的加工。也称为概念驱动加工。(1)

自下而上加工 /bottom-up processing 基于到达感受器上的刺激的加工,也被称为数据驱动加工。(1)

组合 /grouping 知觉组织中,视觉事件被"拼凑"成单元或客体的过程。(5)

最短路径约束 /shortest path constraint 似动知觉中,似动倾向于在两个刺激之间最短的路径上发生。(8)

参考文献

Aartolahti, E., Hakkinen, A., & Lonnroos, E. (2013). Relationship between functional vision and balance and mobility performance in community-dwelling older adults. *Aging Clinical and Experimental Research, 25*, 545–552.

Abell, F., Happé, F., & Frith, U. (2000). Do triangles play tricks? Attribution of mental states to animated shapes in normal and abnormal development. *Journal of Cognitive Development, 15*, 1–16.

Abramov, I., Gordon, J., Hendrickson, A., Hainline, L., Dobson, V., & LaBossiere. (1982). The retina of the newborn human infant. *Science, 217*, 265–267.

Ache, B. W. (1991). Phylogeny of smell and taste. In T. V. Getchell, R. L. Doty, L. M. Bartoshuk, & J. B. Snow (Eds.), *Smell and taste in health and disease* (pp. 3–18). New York: Raven Press.

Ackerman, D. (1990). *A natural history of the senses.* New York: Vintage Books.

Addams, R. (1834). An account of a peculiar optical phenomenon seen after having looked at a moving body. *London and Edinburgh Philosophical Magazine and Journal of Science, 5*, 373–374.

Adelson, E. H. (1999). Light perception and lightness illusions. In M. Gazzaniga (Ed.), *The new cognitive neurosciences* (pp. 339–351). Cambridge, MA: MIT Press.

Aguirre, G. K., Zarahn, E., & D'Esposito, M. (1998). An area within human ventral cortex sensitive to "building" stimuli: Evidence and implications. *Neuron, 21*, 373–383.

Alain, C., Arnott, S. R., Hevenor, S., Graham, S., & Grady, C. L. (2001). "What" and "where" in the human auditory system. *Proceedings of the National Academy of Sciences, 98*, 12301–12306.

Alain, C., McDonald, K. L., Kovacevic, N., & McIntosh, A. R. (2009). Spatiotemporal analysis of auditory "what" and "where" working memory. *Cerebral Cortex, 19*, 305–314.

Alpern, M., Kitahara, K., & Krantz, D. H. (1983). Perception of color in unilateral tritanopia. *Journal of Physiology, 335*, 683–697.

Altenmüller, E., Siggel, S., Mohammadi, B., Samii, A., & Münte, T. F. (2014). Play it again Sam: Brain correlates of emotional music recognition. *Frontiers in Psychology, 5*, Article 114, 1–8.

Aminoff, E. M., Kveraga, K., & Bar, M. (2013). The role of the parahippocampal cortex in cognition. *Trends in Cognitive Sciences, 17*, 379–390.

Amso, D. (2010). Perceptual development: Attention. In B. Goldstein (Ed.), *Encyclopedia of perception* (pp. 735–738). Thousand Oaks, CA: Sage.

Anderson, B. A., Laurent, P. A., & Yantis, S. (2011). Value-driven attentional capture. *Proceedings of the National Academy of Sciences, 108*, 10367–10371.

Anton-Erxleben, K., Henrich, C., & Treue, S. (2007). Attention changes perceived size of moving visual patterns. *Journal of Vision, 7*(11), 1–9.

Anzai A., Chowdhury, S. A., & DeAngelis, G. C. (2011). Coding of stereoscopic depth information in visual areas V3 and V3A. *Journal of Neuroscience, 31*, 10270–10282.

Appelle, S. (1972). Perception and discrimination as a function of stimulus orientation: The "oblique effect" in man and animals. *Psychological Bulletin, 78*, 266–278.

Arbib, M. A. (2001). The mirror system hypothesis for the language-ready brain. In A. Cangelosi & D. Parisi (Eds.), *Computational approaches to the evolution of language and communication.* Berlin: Springer-Verlag.

Arzi, A., & Sobel, N. (2011). Olfactory perception as a compass for olfactory and neural maps. *Trends in Cognitive Sciences, 10*, 537–545.

Ashley, R. (2002). Do[n't] change a hair for me: The art of jazz rubato. *Music Perception, 19*, 311–322.

Ashmore, J. (2008). Cochlear outer hair cell motility. *Physiological Review, 88*, 173–210.

Ashmore, J., Avan, P., Brownell, W. E., Dallos, P., Dierkes, K., Fettiplace, R., et al. (2010). The remarkable cochlear amplifier. *Hearing Research, 266*, 1–17.

Aslin, R. N. (1977). Development of binocular fixation in human infants. *Journal of Experimental Child Psychology, 23*, 133–150.

Attneave, F., & Olson, R. K. (1971). Pitch as a medium: A new approach to psychophysical scaling. *American Journal of Psychology, 84*, 147–166.

Avenanti, A., Bueti, D., Galati, G., & Aglioti, S. M. (2005). Transcranial magnetic stimulation highlights the sensorimotor side of empathy for pain. *Nature Neuroscience, 8*, 955–960.

Azzopardi, P., & Cowey, A. (1993). Preferential representation of the fovea in the primary visual cortex. *Nature, 361*, 719–721.

Baars, B. J. (2001). The conscious access hypothesis: Origins and recent evidence. *Trends in Cognitive Sciences, 6*, 47–52.

Bach, M., & Poloschek, C. M. (2006). Optical illusions. *Advances in Clinical Neuroscience and Rehabilitation, 6*, 20–21.

Backus, B. T., Fleet, D. J., Parker, A. J., & Heeger, D. J. (2001). Human cortical activity correlates with stereoscopic depth perception. *Journal of Neurophysiology, 86*, 2054–2068.

Baird, J. C., Wagner, M., & Fuld, K. (1990). A simple but powerful theory of the moon illusion. *Journal of Experimental Psychology: Human Perception and Performance, 16*, 675–677.

Bakin, J. S., Nakayama, K., & Gilbert, C. D. (2000). Visual responses in monkey areas V1 and V2 to three-dimensional surface configurations. *Journal of Neuroscience, 20*, 8188–8198.

Baldassano, C., Beck, D. M., & Fei-Fei, L. (2013). Differential connectivity within the parahippocampal place area. *Neuroimage, 75*, 228–237.

Baldauf, D., & Desimone, R. (2014). Neural mechanisms of object-based attention. *Science, 344*, 424–427.

Banks, M. S., & Bennett, P. J. (1988). Optical and photoreceptor immaturities limit the spatial and chromatic vision of human neonates. *Journal of the Optical Society of America, A5*, 2059–2079.

Banks, M. S., & Salapatek, P. (1978). Acuity and contrast sensitivity in 1-, 2-, and 3-month-old human infants. *Investigative Ophthalmology and Visual Science, 17*, 361–365.

Bar, M. (2004). Visual objects in context. *Nature Reviews Neuroscience, 5*, 617–629.

Bardy, B. G., & Laurent, M. (1998). How is body orientation controlled during somersaulting? *Journal of Experimental Psychology: Human Perception and Performance, 24*, 963–977.

Barlow, H. B., Blakemore, C., & Pettigrew, J. D. (1967). The neural mechanism of binocular depth discrimination. *Journal of Physiology, 193*, 327–342.

Barlow, H. B., Fitzhigh, R., & Kuffler, S. W. (1957). Change of organization in the receptive fields of the cat's retina during dark adaptation. *Journal of Physiology, 137*, 338–354.

Barlow, H. B., & Hill, R. M. (1963). Evidence for a physiological explanation of the waterfall illusion. *Nature, 200*, 1345–1347.

Barlow, H. B., & Mollon, J. D. (Eds.). (1982). *The senses.* Cambridge, UK: Cambridge University Press.

Barrett, H. C., Todd, P. M., Miller, G. F., & Blythe, P. (2005). Accurate judgments of intention from motion alone: A cross-cultural study. *Evolution and Human Behavior, 26*, 313–331.

Barry, S. R. (2011). *Fixing my gaze.* New York: Basic Books.

Bartoshuk, L. M. (1971). The chemical senses: I. Taste. In J. W. Kling & L. A. Riggs (Eds.), *Experimental psychology* (3rd ed.). New York: Holt, Rinehart and Winston.

Bartoshuk, L. M. (1979). Bitter taste of saccharin: Related to the genetic ability to taste the bitter substance propylthioural (PROP). *Science, 205*, 934–935.

Bartoshuk, L. M. (1980, September). Separate worlds of taste. *Psychology Today, 243*, 48–56.

Bartoshuk, L. M., & Beauchamp, G. K. (1994). Chemical senses. *Annual Review of Psychology, 45*, 419–449.

Bartrip, J., Morton, J., & deSchonen, S. (2001). Responses to mother's face in 3-week- to 5-month-old infants. *British Journal of Developmental Psychology, 19*, 219–232.

Battaglini, P. P., Galletti, C., & Fattori, P. (1996). Cortical mechanisms for visual perception of object motion and position in space. *Behavioural Brain Research, 76*, 143–154.

Battelli, L., Cavanagh, P., & Thornton, I. M. (2003). Perception of biological motion in parietal patients. *Neuropsychologia, 41*, 1808–1816.

Baylis, G. C., & Driver, J. (1993). Visual attention and objects: Evidence for hierarchical coding of location. *Journal of Experimental Psychology: Human Perception and Performance, 19*, 451–470.

Baylor, D. (1992). Transduction in retinal photoreceptor cells. In P. Corey & S. D. Roper (Eds.), *Sensory transduction* (pp. 151–174). New York: Rockefeller University Press.

Beauchamp, G. K., Cowart, B. J., Mennella, J. A., & Marsh, R. R. (1994). *Developmental Psychobiology, 27*, 353–365.

Beauchamp, G. K., Cowart, B. J., & Schmidt, H. J. (1991). Development of chemosensory sensitivity and preference. In T. V. Getchell, R. L. Doty, L. M. Bartoshuk, & J. B. Snow (Eds.), *Smell and taste in health and disease* (pp. 405–416). New York: Raven Press.

Beachamp, G. K., & Mennella, J. A. (2009). Early flavor learning and its impact on later feeding behavior. *Journal of Pediatric Gastroenterology and Nutrition, 48*, S25–S30.

Beckers, G., & Homberg, V. (1992). Cerebral visual motion blindness: Transitory akinetopsia induced by transcranial magnetic stimulation of human area V5. *Proceedings of the Royal Society of London B, Biological Sciences, 249*, 173–178.

Beecher, H. K. (1959). *Measurement of subjective responses*. New York: Oxford University Press.

Behrmann, M., & Plaut, D. C. (2013). Distributed circuits, not circumscribed centers, mediate visual recognition. *Trends in Cognitive Sciences, 17*, 210–219.

Békésy, G. von (1960). *Experiments in hearing*. New York: McGraw-Hill.

Belin, P., Zatorre, R. J., Lafaille, P., Ahad, P., & Pike, B. (2000). Voice-selective areas in human auditory cortex. *Nature, 403*, 309–312.

Bendor, D., & Wang, X. (2005). The neuronal representation of pitch in primate auditory cortex. *Nature, 436*, 1161–1165.

Benedetti, F., Arduino, C., & Amanzio, M. (1999). Somatotopic activation of opioid systems by target-directed expectations of analgesia. *Journal of Neuroscience, 19*, 3639–3648.

Benjamin, L. T. (1997). *A history of psychology* (2nd ed.). New York: Mc-Graw Hill.

Bensmaia, S. J., Denchev, P. V., Dammann, J. F. III, Craig, J. C., & Hsiao, S. S. (2008). The representation of stimulus orientation in the early stages of somatosensory processing. *Journal of Neuroscience, 28*, 776–786.

Beranek, L. L. (1996). *Concert and opera halls: How they sound*. Woodbury, NY: Acoustical Society of America.

Berger, K. W. (1964). Some factors in the recognition of timbre. *Journal of the Acoustical Society of America, 36*, 1881–1891.

Bess, F. H., & Humes, L. E. (2008). *Audiology: The fundamentals* (4th ed.). Philadelphia: Lippencott, Williams & Wilkins.

Bharucha, J., & Krumhansl, C. L. (1983). The representation of harmonic structure in music: Hierarchies of stability as a function of context. *Cognition, 13*, 63–102.

Biggs, A. T., Kreager, R. D., Gibson, B. S., Villano, M., & Crowell, C. R. (2012). Semantic and affective salience: The role of meaning and preference in attentional capture and disengagement. *Journal of Experimental Psychology: Human Perception and Performance, 38*, 531–541.

Bilalić, M., Langner, R., Ulrich, R., & Grodd, W. (2011). Many faces of expertise: Fusiform face area in chess experts and novices. *Journal of Neuroscience, 31*, 10206–10214.

Bingel, U., Wanigesekera, V., Wiech, K., Mhuircheartaigh, R. N., Lee, M. C., Ploner, M., et al. (2011). The effect of treatment expectation on drug efficacy: Imaging the analgesic benefit of the opioid Remifentanil. *Science Translational Medicine, 3*, 70ra14.

Birnbaum, M. (2011). *Season to taste*. New York: Harper Collins.

Birnberg, J. R. (1988, March 21). My turn. *Newsweek*.

Blake, R., & Hirsch, H. V. B. (1975). Deficits in binocular depth perception in cats after alternating monocular deprivation. *Science, 190*, 1114–1116.

Blake, R., & Wilson, H. R. (1991). Neural models of stereoscopic vision. *Trends in Neuroscience, 14*, 445–452.

Blakemore, C., & Cooper, G. G. (1970). Development of the brain depends on the visual environment. *Nature, 228*, 477–478.

Blaser, E., & Sperling, G. (2008). When is motion "motion"? *Perception, 37*, 624–627.

Block, N. (2009). Comparing the major theories of consciousness. In M. S. Gazzaniga (Ed.), *The cognitive neurosciences* (4th ed.). Cambridge, MA: MIT Press.

Blumstein, S. E., Baker, E., & Goodglass, H. (1977). Phonological factors in auditory comprehension in aphasia. *Neuropsychologia, 15*, 19–30.

Boring, E. G. (1942). *Sensation and perception in the history of experimental psychology*. New York: Appleton-Century-Crofts.

Borji, A., & Itti, L. (2014). Defending Yarbus: Eye movements reveal observers' task. *Journal of Vision, 14*(3), 1–22.

Bornstein, M. H., Kessen, W., & Weiskopf, S. (1976). Color vision and hue categorization in young human infant. *Journal of Experimental Psychology: Human Perception and Performance, 2*, 115–119.

Borst, A. (2007). Correlation versus gradient type motion detectors: the pros and cons. *Philosophical Transactions of the Royal Society B, 362*, 369–374.

Borst, A., & Egelhaaf, M. (1989). Principles of visual motion detection. *Trends in Neurosciences, 12*, 297–306.

Bosman, C. A., Schoffelen, J.-M., Brunet, N., Oostenveld, R., Bastos, A. M., Womelsdorf, T., et al. (2012). Attention stimulus selection through selective synchronization between monkey visual areas. *Neuron, 75*, 875–888.

Bouvier, S. E., & Engel, S. A. (2006). Behavioral deficits and cortical damage loci in cerebral achromatopsia. *Cerebral Cortex, 16*, 183–191.

Bowmaker, J. K., & Dartnall, H. J. A. (1980). Visual pigments of rods and cones in a human retina. *Journal of Physiology, 298*, 501–511.

Boynton, R. M. (1979). *Human color vision*. New York: Holt, Rinehart and Winston.

Brainard, D. H., & Wandell, B. A. (1986). Analysis of the retinex theory of color vision. *Journal of the Optical Society of America, A3*, 1651–1661.

Bregman, A. S. (1990). *Auditory scene analysis*. Cambridge: MIT Press.

Bregman, A. S. (1993). Auditory scene analysis: Hearing in complex environments. In S. McAdams & E. Bigand (Eds.), *Thinking in sound: The cognitive psychology of human audition* (pp. 10–36). Oxford, UK: Oxford University Press.

Bregman, A. S., & Campbell, J. (1971). Primary auditory stream segregation and perception of order in rapid sequence of tones. *Journal of Experimental Psychology, 89*, 244–249.

Bremmer, F. (2011). Multisensory space: From eye-movements to self-motion. *Journal of Physiology, 589*, 815–823.

Breslin, P. A. S. (2001). Human gustation and flavour. *Flavour and Fragrance Journal, 16*, 439–456.

Bridgeman, B., & Stark, L. (1991). Ocular proprioception and efference copy in registering visual direction. *Vision Research, 31*, 1903–1913.

Britten, K. H., Shadlen, M. N., Newsome, W. T., & Movshon, J. A. (1992). The analysis of visual motion: A comparison of neuronal and psychophysical performance. *Journal of Neuroscience, 12*, 4745–4765.

Brockmole, J. R., Davoli, C. C., Abrams, R. A., & Witt, J. K. (2013). The world within reach: Effects of hand posture and tool-use on visual cognition. *Current Directions in Psychological Science, 22*, 38–44.

Brockmole, J. R., & Vo, M. L.-H. (2010). Semantic memory for contextual regularities within and across scene categories: Evidence from eye movements. *Attention, Perception, & Psychophysics, 72*, 1803–1813.

Bronfman, Z. Z., Brezis, N., Jacobson, H., & Usher, M. (2014). We see more than we can report: "Cost free" color phenomenality outside focal attention. *Psychological Science, 25*, 1394–1403.

Brown, P. K., & Wald, G. (1964). Visual pigments in single rods and cones of the human retina. *Science, 144*, 45–52.

Brunet, N., Bosman, C. A., Roberts, M., Oostenveld, R., Womelsdorf, T., De Weerd, P., et al. (2015). Visual cortical gamma-band activity during free viewing of natural images. *Cerebral Cortex, 25*, 918–926.

Bruno, N., & Bertamini, M. (2015). Perceptual organization and the aperture problem. In J. Wagemans (Ed.), *Oxford handbook of perceptual organization*. Oxford, UK: Oxford University Press.

Buccino, G., Lui, G., Canessa, N., Patteri, I., Lagravinese, G., Benuzzi, F., et al. (2004). Neural circuits involved in the recognition of actions performed by nonconspecifics: An fMRI study. *Journal of Cognitive Neuroscience, 16*, 114–126.

Buck, L. B. (2004). Olfactory receptors and coding in mammals. *Nutrition Reviews, 62*, S184–S188.

Buck, L. B., & Axel, R. (1991). A novel multigene family may encode odorant receptors: A molecular basis for odor recognition. *Cell, 65*, 175–187.

Bufe, B., Breslin, P. A. S., Kuhn, C., Reed, D. R., Tharp, C. D., Slack, J. P., et al. (2005). The molecular basis of individual differences in phenylthiocarbamide and propylthiouracil bitterness perception. *Current Biology, 15*, 322–327.

Buffalo, E. A., Fries, P., Landman, R., Buschman, T. J., & Desimone, R. (2011). Laminar differences in gamma and alpha coherence in the ventral stream. *Proceedings of the National Academy of Sciences, 108*, 11262–11267.

Bugelski, B. R., & Alampay, D. A. (1961). The role of frequency in developing perceptual sets. *Canadian Journal of Psychology, 15*, 205–211.

Buhle, J. T., Stebens, B. L., Friedman, J. J., & Wager, T. D. (2012). Distraction and placebo: Two separate routes to pain control. *Psychological Science, 23*, 246–253.

Bukach, C. M., Gauthier, I., & Tarr, M. J. (2006). Beyond faces and modularity: The power of an expertise framework. *Trends in Cognitive Sciences, 10*, 159–166.

Bunch, C. C. (1929). Age variations in auditory acuity. *Archives of Otolaryngology, 9*, 625–636.

Burns, E. M., & Viemeister, N. F. (1976). Nonspectral pitch. *Journal of the Acoustical Society of America, 60*, 863–869.

Burton, A. M., Young, A. W., Bruce, V., Johnston, R. A., & Ellis, A. W. (1991). Understanding covert recognition. *Cognition, 39*, 129–166.

Bushdid, C., Magnasco, M. O., Vosshall, L. B., & Keller, A. (2014). Humans can discriminate more than 1 trillion olfactory stimuli. *Science, 343*, 1370–1372.

Bushnell, C. M., Ceko, M., & Low, L. A. (2013). Cognitive and emotional control of pain and its disruption in chronic pain. *Nature Reviews Neuroscience, 14*, 502–511.

Bushnell, I. W. R. (2001). Mother's face recognition in newborn infants: Learning and memory. *Infant and Child Development, 10*, 67–74.

Bushnell, I. W. R., Sai, F., & Mullin, J. T. (1989). Neonatal recognition of the mother's face. *British Journal of Developmental Psychology, 7*, 3–15.

Busigny, T., & Rossion, B. (2010). Acquired prosopagnosia abolishes the face inversion effect. *Cortex, 46*, 965–981.

Caggiano, V., Fogassi, L., Rizzolatti, G., Thier, P., & Casile, A. (2009). Mirror neurons differentially encode the peripersonal and extrapersonal space of monkeys. *Science, 324*, 403–406.

Cain, W. S. (1979). To know with the nose: Keys to odor identification. *Science, 203*, 467–470.

Cain, W. S. (1980). *Sensory attributes of cigarette smoking* (Branbury Report: 3. A safe cigarette?, pp. 239–249). Cold Spring Harbor, NY: Cold Spring Harbor Laboratory.

Cain, W. S. (1988). Olfaction. In R. A. Atkinson, R. J. Herrnstein, G. Lindzey, & R. D. Luce (Eds.), *Stevens' handbook of experimental psychology: Vol. 1. Perception and motivation* (Rev. ed., pp. 409–459). New York: Wiley.

Calder, A. J., Beaver, J. D., Winston, J. S., Dolan, R. J., Jenkins, R., Eger, E., et al. (2007). Separate coding of different gaze directions in the superior temporal sulcus and inferior parietal lobule. *Current Biology, 17*, 20–25.

Calvert, G. A., Bullmore, E. T., Brammer, M. J., Campbell, R., Williams, S. C. R., McGuire, P. K., et al. (1997). Activation of auditory cortex during silent lipreading. *Science, 276*, 593–595.

Campbell, F. W., Kulikowski, J. J., & Levinson, J. (1966). The effect of orientation on the visual resolution of gratings. *Journal of Physiology (London), 187*, 427–436.

Carello, C., & Turvey, M. T. (2004). Physics and psychology of the muscle sense. *Current Directions in Psychological Science, 13*, 25–28.

Carlson, N. R. (2010). *Psychology: The science of behavior* (7th ed.). New York: Pearson.

Carr, C. E., & Konishi, M. (1990). A circuit for detection of interaural time differences in the brain stem of the barn owl. *Journal of Neuroscience, 10*, 3227–3246.

Carrasco, M. (2011). Visual attention: The past 25 years. *Vision Research, 51*, 1484–1525.

Carrasco, M. (2012). Multiple partial solutions for the point-to-point correspondence problem in three views. *IEEE International Conference on Intelligent Computer Communication and Processing (ICCP)*, 155–158.

Carrasco, M., Ling, S., & Read, S. (2004). Attention alters appearance. *Nature Neuroscience, 7*, 308–313.

Carrasco, M., Loula, F., & Ho, Y.-X. (2006). How attention enhances spatial resolution: Evidence from selective adaptation to spatial frequency. *Perception and Psychophysics, 68*, 1004–1012.

Cartwright-Finch, U., & Lavie, N. (2007). The role of perceptual load in inattentional blindness. *Cognition, 102*, 321–340.

Casagrande, V. A., & Norton, T. T. (1991). Lateral geniculate nucleus: A review of its physiology and function. In J. R. Coonley-Dillon (Vol. Ed.) & A. G. Leventhal (Ed.), *Vision and visual dysfunction: The neural basis of visual function* (Vol. 4, pp. 41–84). London: Macmillan.

Caspers, S., Ziles, K., Laird, A. R., & Eickoff, S. B. (2010). ALE meta-analysis of action observation and imitation in the human brain. *NeuroImage, 50*, 1148–1167.

Castelhano, M. S., & Henderson, J. M. (2008a). The influence of color on the perception of scene gist. *Journal of Experimental Psychology: Human Perception and Performance, 34*, 660–675.

Castelhano, M. S., & Henderson, J. M. (2008b). Stable individual differences across images in human saccadic eye movements. *Canadian Journal of Psychology, 62*, 1–14.

Castelli, F., Happe, F., Frith, U., & Frith, C. (2000). Movement and mind: A functional imaging study of perception and interpretation of complex intentional movement patterns. *Neuroimage, 12*, 314–325.

Cattaneo, L., & Rizzolatti, G. (2009). The mirror neuron system. *Archives of Neurology, 66*, 557–560.

Cavanagh, P. (2011). Visual cognition. *Visual Research, 51*, 1538–1551.

Cavina-Pratesi, C., Kentridge, R. W., Heywood, C. A., & Milner, A. D. (2010). Separate channels for processing form, texture, and color: Evidence from fMRI adaptation and visual agnosia. *Cerebral Cortex, 20*, 2319–2332.

Cerf, M., Thiruvengadam, N., Mormann, F., Kraskov, A., Quiroga, R. Q., Koch, C., et al. (2010). On-line voluntary control of human temporal lobe neurons. *Nature, 467*, 1104–1108.

Chandrashekar, J., Hoon, M. A., Ryba, N. J. P., & Zuker, C. S. (2006). The receptors and cells for mammalian taste. *Nature, 444*, 288–294.

Chapman, C. R. (1995). The affective dimension of pain: A model. In B. Bromm & J. Desmedt (Eds.), *Pain and the brain: From nociception to cognition: Advances in pain research and therapy* (Vol. 22, pp. 283–301). New York: Raven.

Chatterjee, S. H., Freyd, J., & Shiffrar, M. (1996). Configural processing in the perception of apparent biological motion. *Journal of Experimental Psychology: Human Perception and Performance, 22*, 916–929.

Chen, J. L., Penhune, V. B., & Zatorre, R. J. (2008). Listening to musical rhythms recruits motor regions of the brain. *Cerebral Cortex, 18*, 2844–2854.

Chiu, Y.-C., & Yantis, S. (2009). A domain-independent source of cognitive control for task sets: Shifting spatial attention and switching categorization rules. *Journal of Neuroscience, 29*, 3930–3938.

Choi, G. B., Stettler, D. D., Kallman, B. R., Bhaskar, S. T. Fleischmann, A., & Axel, R. (2011). Driving opposing behaviors with ensembles of piriform neurons. *Cell, 146*, 1004–1015.

Cholewaik, R. W., & Collins, A. A. (2003). Vibrotactile localization on the arm: Effects of place, space, and age. *Perception & Psychophysics, 65*, 1058–1077.

Chun, M. M., Golomb, J. D., & Turk-Browne, N. B. (2011). A taxonomy of external and internal attention. *Annual Review of Psychology, 62*, 73–101.

Churchland, P. S., & Ramachandran, V. S. (1996). Filling in: Why Dennett is wrong. In K. Akins (Ed.), *Perception* (pp. 132–157). Oxford, UK: Oxford University Press.

Clark, E. F., & Krumhansl, C. L. (1990). Perceiving musical time. *Music Perception, 7*, 213-252.

Clulow, F. W. (1972). *Color: Its principles and their applications*. New York: Morgan & Morgan.

Cohen, J. D., & Tong, F. (2001). The face of controversy. *Science, 293*, 2405-2407.

Cohen, M. A., Alvarez, G. A., & Nakayama, K. (2011). Natural-scene perception requires attention. *Psychological Science, 22*, 1165-1172.

Cohen, M. A., Cavanagh, P., Chun, M. M., & Nakayama, K. (2012). The attentional requirements of consciousness. *Trends in Cognitive Sciences, 16*, 411-417.

Cohen, M. R., & Newsome, W. T. (2004). What electrical microstimulation has revealed about the neural basis of cognition. *Current Opinion in Neurobiology, 14*, 169-177.

Colby, C. L., Duhamel, J.-R., & Goldberg, M. E. (1995). Oculocentric spatial representation in parietal cortex. *Cerebral Cortex, 5*, 470-481.

Cole, J. (1995). *Pride and a daily marathon*. Cambridge, MA: MIT Press.

Collett, T. S. (1978). Peering: A locust behavior pattern for obtaining motion parallax information. *Journal of Experimental Biology, 76*, 237-241.

Colloca, L., & Benedetti, F. (2005). Placebos and painkillers: Is mind as real as matter? *Nature Reviews Neuroscience, 6*, 545-552.

Coltheart, M. (1970). The effect of verbal size information upon visual judgments of absolute distance. *Perception and Psychophysics, 9*, 222-223.

Comèl, M. (1953). *Fisiologia normale e patologica della cute umana*. Milan, Italy: Fratelli Treves Editori.

Connolly, J. D., Andersen, R. A., & Goodale, M. A. (2003). fMRI evidence for a "parietal reach region" in the human brain. *Experimental Brain Research, 153*, 140-145.

Cook, R., Bird, G., Catmur, C., Press, C., & Heyes, C. (2014). Mirror neurons: From origin to function. *Behavioral and Brain Sciences, 37*, 177-241.

Coppola, D. M., Purves, H. R., McCoy, A. N., & Purves, D. (1998). The distribution of oriented contours in the real world. *Proceedings of the National Academy of Sciences, 95*, 4002-4006.

Coppola, D. M., White, L. E., Fitzpatrick, D., & Purves, D. (1998). Unequal distribution of cardinal and oblique contours in ferret visual cortex. *Proceedings of the National Academy of Sciences, 95*, 2621-2623.

Craig, J. C., & Lyle, K. B. (2001). A comparison of tactile spatial sensitivity on the palm and fingerpad. *Perception & Psychophysics, 63*, 337-347.

Craig, J. C., & Lyle, K. B. (2002). A correction and a comment on Craig and Lyle (2001). *Perception & Psychophysics, 64*, 504-506.

Crick, F. C., & Koch, C. (2003). A framework for consciousness. *Nature Neuroscience, 6*, 119-127.

Crouzet, S. M., Kirchner, H., & Thorpe, S. J. (2010). Fast saccades toward faces: Face detection in just 100 ms. *Journal of Vision, 10*(4), 1-17.

Croy, I., Bojanowski, V., & Hummel, T. (2013). Men without a sense of smell exhibit a strongly reduced number of sexual relationships, women exhibit reduced partnership security—a reanalysis of previously published data. *Biological Psychology, 92*, 292-294.

Crystal, S. R., & Bernstein, I. L. (1995). Morning sickness: Impact on offspring salt preference. *Appetite, 25*, 231-240.

Crystal, S. R., & Bernstein, I. L. (1998). Infant salt preference and mother's morning sickness. *Appetite, 30*, 297-307.

Csibra, G. (2008). Goal attribution to inanimate agents by 6.5-month-old infants. *Cognition, 107*, 705-717.

Çukur, T., Nishimoto, S., Huth, A. G., & Gallant, J. L. (2013). Attention during natural vision warps semantic representation across the human brain. *Nature Neuroscience, 16*, 763-770.

Culler, E. A. (1935). An experimental study of tonal localization in the cochlea of the guinea pig. *Annals of Otology, Rhinology & Laryngology, 44*, 807.

Culler, E. A., Coakley, J. D., Lowy, K., & Gross, N. (1943). A revised frequency-map of the guinea-pig cochlea. *American Journal of Psychology, 56*, 475-500.

Cumming, B. G., & DeAngelis, G. C. (2001). The physiology of stereopsis. *Annual Review of Neuroscience, 24*, 203-238.

Cutting, J. E., & Vishton, P. M. (1995). Perceiving layout and knowing distances: The integration, relative potency, and contextual use of different information about depth. In W. Epstein & S. Rogers (Eds.), *Handbook of perception and cognition: Perception of space and motion* (pp. 69-117). New York: Academic Press.

Dallos, P. (1996). Overview: Cochlear neurobiology. In P. Dallos, A. N. Popper, & R. R. Fay (Eds.), *The cochlea* (pp. 1-43). New York: Springer.

Dalton, D. S., Cruickshanks, K. J., Wiley, T. L., Klein, B. E. K., Klein, R., & Tweed, T. S. (2001). Association of leisure-time noise exposure and hearing loss. *Audiology, 40*, 1-9.

Dalton, P. (2002). Olfaction. In S. Yantis (Ed.), *Stevens' handbook of experimental psychology: Sensation and perception* (3rd ed., pp. 691-756). New York: Wiley.

Damasio, H., & Damasio, A. R. (1980). The anatomical basis of conduction aphasia. *Brain, 103*, 337-350.

Dannemiller, J. L. (2009). Perceptual development: Color and contrast. E. B. Goldstein (Ed.), *Sage encyclopedia of perception* (pp. 738-742). Thousand Oaks, CA: Sage.

Dapretto, M., Davies, M. S., Pfeifer, J. H., Scott, A. A., Sigman, M., Bookheimer, S. Y., et al. (2006). Understanding emotions in others: Mirror neuron dysfunction in children with autism spectrum disorders. *Nature Neuroscience, 9*, 28-30.

Dartnall, H. J. A., Bowmaker, J. K., & Mollon, J. D. (1983). Human visual pigments: Microspectrophotometric results from the eyes of seven persons. *Proceedings of the Royal Society of London B, 220*, 115-130.

Darwin, C. J. (2010). Auditory scene analysis. In E. B. Goldstein (Ed.), *Sage encyclopedia of perception*. Thousand Oaks, CA: Sage.

Datta, R., & DeYoe, E. A. (2009). I know where you are secretly attending! The topography of human visual attention revealed with fMRI. *Vision Research, 49*, 1037-1044.

D'Ausilio, A., Pulvermuller, F., Salmas, P., Bufalari, I., Begliomini, C., & Fadiga, L. (2009). The motor somatotopy of speech perception. *Current Biology, 19*, 381-385.

David, A. S., & Senior, C. (2000). Implicit motion and the brain. *Trends in Cognitive Sciences, 4*, 293-295.

Davis, H. (1983). An active process in cochlear mechanics. *Hearing Research, 9*, 79-90.

Davis, M. H., Johnsrude, I. S., Hervais-Adelman, A., Taylor, K., & McGettigan, C. (2005). Lexical information drives perceptual learning of distorted speech: Evidence from the comprehension of noise-vocoded sentences. *Journal of Experimental Psychology: General, 134*, 222-241.

Day, R. H. (1989). Natural and artificial cues, perceptual compromise and the basis of veridical and illusory perception. In D. Vickers & P. L. Smith (Eds.), *Human information processing: Measures and mechanisms* (pp. 107-129). North Holland, The Netherlands: Elsevier Science.

Day, R. H. (1990). The Bourdon illusion in haptic space. *Perception and Psychophysics, 47*, 400-404.

de Araujo, I. E., Geha, P., & Small, D. (2012). Orosensory and homeostatic functions of the insular cortex. *Chemical Perception, 5*, 64-79.

de Araujo, I. E., Rolls, E. T., Velazco, M. I., Margot, C., & Cayeux, I. (2005). Cognitive modulation of olfactory processing. *Neuron, 46*, 671-679.

de Haas, B., Kanai, R., Jalkanen, L., & Rees, G. (2012). Grey-matter volume in early human visual cortex predicts proneness to the sound-induced flash illusion. *Proceedings of the Royal Society B, 279*, 4955-4961.

De Lange, F. P., Spronk, M., Willems, R. M., Toni, I., & Bekkering, H. (2008). Complementary systems for understanding action intentions. *Current Biology, 18*, 454-457.

De Santis, L. Clarke, S., & Murray, M. (2007). Automatic and intrinsic auditory "what" and "where" processing in humans revealed by electrical neuroimaging. *Cerebral Cortex, 17*, 9-17.

DeAngelis, G. C., Cumming, B. G., & Newsome, W. T. (1998). Cortical area MT and the perception of stereoscopic depth. *Nature, 394*, 677-680.

DeCasper, A. J., & Fifer, W. P. (1980). Of human bonding: Newborns prefer their mothers' voices. *Science, 208*, 1174-1176.

DeCasper, A. J., & Spence, M. J. (1986). Prenatal maternal speech influences newborns' perception of speech sounds. *Infant Behavior and Development, 9*, 133-150.

DeCasper, A. J., Lecanuet, J.-P., Busnel, M.-C., Deferre-Granier, C., & Maugeais, R. (1994). Fetal reactions to recurrent maternal speech. *Infant Behavior and Development, 17*, 159-164.

Del Pero, L., Bowdish, J., Fried, D., Kermgard, B., Hartley, E., & Barnard, K. (2012). Bayesian geometric modeling of indoor scenes. *IEEE Computer Society Conference on Computer Vision and Pattern Recognition (CVPR)*, pp. 2719-2726.

Del Pero, L., Guan, J., Brau, E., Schlecht, J., & Barnard, K. (2011). Sampling bedrooms. *IEEE Computer Society Conference on Computer Vision and Pattern Recognition (CVPR)*, pp. 2009-2016.

Delahunt, P. B., & Brainard, D. H. (2004). Does human color constancy incorporate the statistical regularity of natural daylight? *Journal of Vision, 4*, 57-81.

Delay, E. R., Hernandez, N. P., Bromley, K., & Margolskee, R. F. (2006). Sucrose and monosodium glutamate taste thresholds and discrimination ability of T1R3 knockout mics. *Chemical Senses, 31*, 351-357.

Deliege, I. (1987). Grouping conditions in listening to music: An approach to Lerdhal & Jackendoff's grouping preference rules. *Music Perception, 4*, 325-360.

DeLucia, P., & Hochberg, J. (1985). Illusions in the real world and in the mind's eye [Abstract]. *Proceedings of the Eastern Psychological Association, 56*, 38.

DeLucia, P., & Hochberg, J. (1986). Real-world geometrical illusions: Theoretical and practical implications [Abstract]. *Proceedings of the Eastern Psychological Association, 57*, 62.

DeLucia, P., & Hochberg, J. (1991). Geometrical illusions in solid objects under ordinary viewing conditions. *Perception and Psychophysics, 50*, 547-554.

Delwiche, J. F., Buletic, Z., & Breslin, P. A. S. (2001a). Covariation in individuals' sensitivities to bitter compounds: Evidence supporting multiple receptor/transduction mechanisms. *Perception & Psychophysics, 63*, 761-776.

Delwiche, J. F., Buletic, Z., & Breslin, P. A. S. (2001b). Relationship of papillae number to bitter intensity of quinine and PROP within and between individuals. *Physiology and Behavior, 74*, 329-337.

Denes, P. B., & Pinson, E. N. (1993). *The speech chain* (2nd ed.). New York: Freeman.

Derbyshire, S. W. G., Jones, A. K. P., Gyulia, F., Clark, S., Townsend, D., & Firestone, L. L. (1997). Pain processing during three levels of noxious stimulation produces differential patterns of central activity. *Pain, 73*, 431-445.

Desor, J. A., & Beauchamp, G. K. (1974). The human capacity to transmit olfactory information. *Perception and Psychophysics, 13*, 271-275.

Deutsch, D. (1975). Two-channel listening to musical scales. *Journal of the Acoustical Society of America, 57*, 1156-1160.

Deutsch, D. (1996). The perception of auditory patterns. In W. Prinz & B. Bridgeman (Eds.), *Handbook of perception and action* (Vol. 1, pp. 253-296). San Diego, CA: Academic Press.

Deutsch, D. (1999). *The psychology of music* (2nd ed.). San Diego, CA: Academic Press.

Deutsch, D. (2013a). Grouping mechanisms in music. In D. Deutsch (Ed.), *The psychology of music* (3rd ed., pp. 183-248). New York: Elsevier.

Deutsch, D. (2013b). The processing of pitch combinations. In D. Deutsch (Ed.), *The psychology of music* (3rd ed., pp. 249-325). New York: Elsevier.

DeValois, R. L. (1960). Color vision mechanisms in monkey. *Journal of General Physiology, 43*, 115-128.

DeValois, R. L., & DeValois, K. K. (1993). A multistage color model. *Vision Research, 33*, 1053-1065.

DeValois, R. L., & Jacobs, G. H. (1968). Primate color vision. *Science, 162*, 533-540.

Devos, M., Patte, F., Rouault, J., Laffort, P., & Van Gemert, L. J. (Eds.). (1990). *Standardized human olfactory thresholds*. New York: Oxford University Press.

deVries, H., & Stuiver, M. (1961). The absolute sensitivity of the human sense of smell. In W. A. Rosenblith (Ed.), *Sensory communication*. Cambridge, MA: MIT Press.

DeWall, C. N., MacDonald, G., Webster, G. D., Masten, C. L., Baumeister, R. F., Powell, C., et al. (2010). Tylenol reduces social pain: Behavioral and neural evidence. *Psychological Science, 21*, 931-937.

deWied, M., & Verbaten, M. N. (2001). Affective pictures processing, attention, and pain tolerance. *Pain, 90*, 163-172.

Dick, F., Bates, E., Wulfeck, B., Utman, J. A., Dronkers, N., & Gernsbacher, M. A. (2001). Language deficits, localization, and grammar: Evidence for a distributive model of language breakdown in aphasic patients and neurologically intact individuals. *Psychological Review, 108*, 759-788.

Dingus, T. A., Klauer, S. G., Neale, V. L., Petersen, A., Lee, S. E., Sudweeks, J., et al. (2006). *The 100-car naturalistic driving study: Phase II. Results of the 100-car field experiment* (Interim Project Report for DTNH22-00-C-07007, Task Order 6; Report No. DOT HS 810 593). Washington, DC: National Highway Traffic Safety Administration.

Divenyi, P. L., & Hirsh, I. J. (1978). Some figural properties of auditory patterns. *Journal of the Acoustical Society of America, 64*, 1369-1385.

Dobson, V., & Teller, D. (1978). Visual acuity in human infants: Review and comparison of behavioral and electrophysiological studies. *Vision Research, 18*, 1469-1483.

Dodd, G. G., & Squirrell, D. J. (1980). Structure and mechanism in the mammalian olfactory system. *Symposium of the Zoology Society of London, 45*, 35-56.

Doerrfeld, A., Sebanz, N., & Shiffrar, M. (2012). Expecting to lift a box together makes the load look lighter. *Psychological Research, 76*, 467-475.

Doty, R. L. (1991). Olfactory system. In T. V. Getchell, R. L. Doty, L. M. Bartoshuk, & J. B. Snow (Eds.), *Smell and taste in health and disease* (pp. 175-203). New York: Raven Press.

Doty, R. L. (2010). *The great pheromone myth*. Baltimore: Johns Hopkins University Press.

Doty, R. L. (Ed.). (1976). *Mammalian olfaction, reproductive processes and behavior*. New York: Academic Press.

Dougherty, R. F., Koch, V. M., Brewer, A. A., Fischer, B., Modersitzki, J., & Wandell, B. A. (2003). Visual field representations and locations of visual areas V1/2/3 in human visual cortex. *Journal of Vision, 3*, 586-598.

Dowling, J. E., & Boycott, B. B. (1966). Organization of the primate retina. *Proceedings of the Royal Society of London, 166B*, 80-111.

Dowling, W. J., & Harwood, D. L. (1986). *Music cognition*. New York: Academic Press.

Downing, P. E., Jiang, Y., Shuman, M., & Kanwisher, N. (2001). Cortical area selective for visual processing of the human body. *Science, 293*, 2470-2473.

Driver, J., & Baylis, G. C. (1989). Movement and visual attention: The spotlight metaphor breaks down. *Journal of Experimental Psychology: Human Perception and Performance, 15*, 448-456.

Driver, J., & Baylis, G. C. (1998). Attention and visual object segmentation. In R. Parasuraman (Ed.), *The attentive brain* (pp. 299-325). Cambridge, MA: MIT Press.

Droll, J., Hayhoe, M., Triesch, J., & Sullivan, B. (2005). Task demands control acquisition and storage of visual information. *Journal of Experimental Psychology: Human Perception and Performance, 31*, 1416-1438.

Duncan, R. O., & Boynton, G. M. (2007). Tactile hyperacuity thresholds correlate with finger maps in primary somatosensory cortex (S1). *Cerebral Cortex, 17*, 2878-2891.

Durgin, F. H., Baird, J. A., Greenburg, M., Russell, R., Shaughnessy, K., & Waymouth, S. (2009). Who is being deceived? The experimental demands of wearing a backpack. *Psychonomic Bulletin & Review, 16*, 964-969.

Durgin, F. H., & Gigone, K. (2007). Enhanced optic flow speed discrimination while walking: Multisensory tuning of visual coding. *Perception, 36*, 1465-1475.

Durgin, F. H., Klein, B., Spiegel, A., Strawser, C. J., & Williams, M. (2012). The social psychology of perception experiments: Hills, backpacks, glucose and the problem of generalizability. *Journal of Experimental Psychology: Human Perception and Performance, 38*, 1582-1595.

Durrani, M., & Rogers, P. (1999, December). Physics: Past, present, future. *Physics World, 12*(12), 7-13.

Durrant, J., & Lovrinic, J. (1977). *Bases of hearing science*. Baltimore: Williams & Wilkins.

Eames, C. (1977). *Powers of ten*. Pyramid Films.

Egbert, L. D., Battit, G. E., Welch, C. E., & Bartlett, M. D. (1964). Reduction of postoperative pain by encouragement and instruction of patients. *New England Journal of Medicine, 270*, 825-827.

Egly, R., Driver, J., & Rafal, R. D. (1994). Shifting visual attention between objects and locations: Evidence from normal and parietal lesion subjects. *Journal of Experimental Psychology: General, 123*, 161–177.

Ehrenstein, W. (1930). Untersuchungen über Figur-Grund Fragen [Investigations of more figure–ground questions]. *Zeitschrift für Psychologie, 117*, 339–412.

Eimas, P. D., & Corbit, J. D. (1973). Selective adaptation of linguistic feature detectors. *Cognitive Psychology, 4*, 99–109.

Eimas, P. D., Miller, J. L., & Jusczyk, P. W. (1987). On infant speech perception and the acquisition of language. In S. Hamad (Ed.), *Categorical perception*. New York: Cambridge University Press.

Eimas, P. D., & Quinn, P. C. (1994). Studies on the formation of perceptually based basic-level categories in young infants. *Child Development, 65*, 903–917.

Eimas, P. D., Siqueland, E. R., Jusczyk, P., & Vigorito, J. (1971). Speech perception in infants. *Science, 171*, 303–306.

Eisenberger, N. I. (2012). The pain of social disconnection: Examining the shared neural underpinnings of physical and social pain. *Nature Reviews Neuroscience, 13*, 421–434.

Eisenberger, N. I. (2015). Social pain and the brain: Controversies, questions, and where to go from here. *Annual Review of Psychology, 66*, 601–629.

Eisenberger, N. I., Inagaki, T. K., Muscatell, K. A., Haltom, K. E. B., & Leary, M. R. (2011). The neural sociometer: Brain mechanisms underlying state self-esteem. *Journal of Cognitive Neuroscience, 23*, 3448–3455.

Eisenberger, N. I., & Lieberman, M. D. (2004). Why rejection hurts: A common neural alarm system for physical and social pain. *Trends in Cognitive Sciences, 8*, 294–300.

Eisenberger, N. I., Lieberman, M. D., & Williams, K. D. (2003). Does rejection hurt? An fMRI study of social exclusion. *Science, 302*, 290–292.

Ekstrom, A. D., Kahana, M. J., Caplan, J. B., Fields, T. A., Isham, E. A., Newman, E. L. et al. (2003). Cellular networks underlying human spatial navigation. *Nature, 425*, 184–187.

Elbert, T., Pantev, C., Wienbruch, C., Rockstroh, B., & Taub, E. (1995). Increased cortical representation of the fingers of the left hand in string players. *Science, 270*, 305–307.

Emmert, E. (1881). Grossenverhaltnisse der Nachbilder. *Klinische Monatsblätter für Augenheilkunde, 19*, 443–450.

Engel, S. A. (2005). Adaptation of oriented and unoriented color-selective neurons in human visual areas. *Neuron, 45*, 613–623.

Engen, T. (1972). Psychophysics. In J. W. Kling & L. A. Riggs (Eds.), *Experimental psychology* (3rd ed., pp. 1–46). New York: Holt, Rinehart and Winston.

Engen, T., & Pfaffmann, C. (1960). Absolute judgments of odor quality. *Journal of Experimental Psychology, 59*, 214–219.

Epstein, R. A. (2005). The cortical basis of visual scene processing. *Visual Cognition, 12*, 954–978.

Epstein, R. A. (2008). Parahippocampal and retrosplenial contributions to human spatial navigation. *Trends in Cognitive Sciences, 12*, 388–396.

Epstein, R. A., Harris, A., Stanley, D., & Kanwisher, N. (1999). The parahippocampal place area: Recognition, navigation, or encoding? *Neuron, 23*, 115–125.

Epstein, R. A., & Kanwisher, N. (1998). A cortical representation of the local visual environment. *Nature, 392*, 598–601.

Epstein, R. A., & Vass. L. K. (2014). Neural systems for landmark-based wayfinding in humans. *Philosophical Transactions of the Royal Society B, 369*, 20120533.

Epstein, W. (1965). Nonrelational judgments of size and distance. *American Journal of Psychology, 78*, 120–123.

Erickson, R. (1975). *Sound structure in music*. Berkeley: University of California Press.

Erickson, R. P. (1963). Sensory neural patterns and gustation. In Y. Zotterman (Ed.), *Olfaction and taste* (Vol. 1, pp. 205–213). Oxford, UK: Pergamon Press.

Erickson, R. P. (2000). The evolution of neural coding ideas in the chemical senses. *Physiology and Behavior, 69*, 3–13.

Evans, K. K., & Treisman, A. (2005). Perception of objects in natural scenes: Is it really attention free? *Journal of Experimental Psychology: Human Perception and Performance, 31*, 1476–1492.

Fagan, J. F. (1976). Infant's recognition of invariant features of faces. *Child Development, 47*, 627–638.

Fajen, B. R., & Warren, W. H. (2003). Behavioral dynamics of steering, obstacle avoidance and route selection. *Journal of Experimental Psychology: Human Perception and Performance, 29*, 343–362.

Fantz, R. L., Ordy, J. M., & Udelf, M. S. (1962). Maturation of pattern vision in infants during the first six months. *Journal of Comparative and Physiological Psychology, 55*, 907–917.

Farah, M. J., Wilson, K. D., Drain H. M., & Tanaka, J. R. (1998). What is "special" about face perception? *Psychological Review, 105*, 482–498.

Fattori, P., Breveglieri, R., Raos, V., Boco, A., & Galletti, C. (2012). Vision for action in the macaque medial posterior parietal cortex. *Journal of Neuroscience, 32*, 3221–3234.

Fattori, P., Raos, V., Breveglieri, R., Bosco, A., Marzocchi, N., & Galleti, C. (2010). The dorsomedial pathway is not just for reaching: Grasping neurons in the medial parieto-occipital cortex of the macaque monkey. *Journal of Neuroscience, 30*, 342–349.

Fechner, G. T. (1966). *Elements of psychophysics*. New York: Holt, Rinehart and Winston. (Original work published 1860)

Fei-Fei, L., Iyer, A., Koch, C., & Perona, P. (2007). What do we perceive in a glance of a real-world scene? *Journal of Vision, 7*, 1–29.

Feldman, J. (2013). The neural binding problem(s). *Cognitive Neurodynamics, 7*, 1–11.

Fernald, R. D. (2006). Casting a genetic light on the evolution of eyes. *Science, 313*, 1914–1918.

Ferrari, P. F., Gallese, V., Rizzolatti, G., & Fogassi, L. (2003). Mirror neurons responding to the observation of ingestive and communicative mouth actions in the monkey ventral premotor cortex. *European Journal of Neuroscience, 15*, 399–402.

Fettiplace, R., & Hackney, C. M. (2006). The sensory and motor roles of auditory hair cells. *Nature Reviews Neuroscience, 7*, 19–29.

Fields, H. L., & Basbaum, A. I. (1999). Central nervous system mechanisms of pain modulation. In P. D. Wall & R. Melzak (Eds.), *Textbook of pain* (pp. 309–328). New York: Churchill Livingstone.

Filimon, F., Nelson, J. D., Huang, R.-S., & Sereno, M. I (2009). Multiple parietal reach regions in humans: Cortical representations for visual and proprioceptive feedback during on-line reaching. *Journal of Neuroscience, 29*, 2961–2971.

Finger, T. E. (1987). Gustatory nuclei and pathways in the central nervous system. In T. E. Finger & W. L. Silver (Eds.), *Neurobiology of taste and smell* (pp. 331–353). New York: Wiley.

Finniss, D. G., & Benedetti, F. (2005). Mechanisms of the placebo response and their impact on clinical trials and clinical practice. *Pain, 114*, 3–6.

Fischer, E., Bulthoff, H . H., Logothetis, N. K., & Bartels, A. (2012). Visual motion responses in the posterior cingulate sulcus: A comparison to V5/MT and MST. *Cerebral Cortex, 22*, 865–876.

Fischl, G., & Anders, M. D. (2000). Measuring the thickness of the human cerebral cortex from magnetic resonance images. *Proceedings of the National Academy of Sciences, 97*, 11050–11055.

Fletcher, H., & Munson, W. A. (1933). Loudness: Its definition, measurement, and calculation. *Journal of the Acoustical Society of America, 5*, 82–108.

Fogassi, L., Ferrari, P. F., Gesierich, B., Rozzi, S., Chersi, F., & Rizzolatti, G. (2005). Parietal lobe: From action organization to intention understanding. *Science, 302*, 662–667l.

Forster, S., & Lavie, N. (2008). Failures to ignore entirely irrelevant distractors: The role of load. *Journal of Experimental Psychology: Applied, 14*, 73–83.

Fortenbaugh, F. C., Hicks, J. C., Hao, L., & Turano, K. A. (2006). High-speed navigators: Using more than what meets the eye. *Journal of Vision, 6*, 565–579.

Foster, D. H. (2011). Color constancy. *Vision Research, 51*, 674–700.

Fox, C. R. (1990). Some visual influences on human postural equilibrium: Binocular versus monocular fixation. *Perception and Psychophysics, 47*, 409–422.

Fox, R., Aslin, R. N., Shea, S. L., & Dumais, S. T. (1980). Stereopsis in human infants. *Science, 207*, 323–324.

Franconeri, S. L., & Simons, D. J. (2003). Moving and looming stimuli capture attention. *Perception & Psychophysics, 65*, 999–1010.

Frank, M. E., Lundy, R. F., & Contreras, R. J. (2008). Cracking taste codes by tapping into sensory neuron impulse traffic. *Progress in Neurobiology, 86, 245-263.

Frank, M. E., & Rabin, M. D. (1989). Chemosensory neuroanatomy and physiology. *Ear, Nose and Throat Journal, 68*, 291-292, 295-296.

Frankland, B. W., & Cohen, A. J. (2004). Parsing of melody: Quantification and testing of the local grouping rules of Lerdahl and Jackendoff's *A Generative Theory of Tonal Music*. *Music Perception, 21*, 499-543.

Franklin, A., & Davies, R. L. (2004). New evidence for infant colour categories. *British Journal of Developmental Psychology, 22*, 349-377.

Freire, A., Lee, K., & Symons, L. A. (2000). The face-inversion effect as a deficit in the encoding of configural information: Direct evidence. *Perception, 29*, 159-170.

Freire, A., Lewis, T. L., Maurer, D., & Blake, R. (2006). The development of sensitivity to biological motion in noise. *Perception, 35*, 647-657.

Freyd, J. (1983). The mental representation of movement when static stimuli are viewed. *Perception & Psychophysics, 33*, 575-581.

Friedman, H. S., Zhou, H., & von der Heydt, R. (2003). The coding of uniform colour figures in monkey visual cortex. *Journal of Physiology, 548*, 593-613.

Friedman-Hill, S. R., Robertson, L. C., & Treisman, A. (1995). Parietal contributions to visual feature binding: Evidence from a patient with bilateral lesions. *Science, 269*, 853-855.

Fries, P. (2005). A mechanism for cognitive dynamics: Neuronal communication through neuronal coherence. *Trends in Cognitive Sciences, 9*, 474-480.

Friston, K. J., Buechel, C., Fink, G. R., Morris, J., Rolls, E., & Dolan, R. J. (1997). Psychophysiological and modulatory interactions in neuroimaging. *Neuroimage, 6*, 218-229.

Fritz, T., Jentschke, S., Gosselin, N., Sammler, D., Peretz, I., Turner, R., et al. (2009). Universal recognition of three basic emotions in music. *Current Biology, 19*, 573-576.

Fuller, S., & Carrasco, M. (2006). Exogenous attention and color perception: Performance and appearance of saturation and hue. *Vision Research, 46*, 4032-4047.

Furmanski, C. S., & Engel, S. A. (2000). An oblique effect in human visual cortex. *Nature Neuroscience, 3*, 535-536.

Fushan, A. A., Simons, C. T., Slack, J. P., Manichalkul, A., & Drayna, D. (2009). Allelic polymorphism within the TAS1R3 promoter is associated with human taste sensitive to sucrose. *Current Biology, 19*, 1288-1293.

Fyhn, M., Hafting, T., Witter, M. P., Moser, E. I., & Moser, M.-B. (2008). Grid cells in mice. *Hippocampus, 18*, 1230-1238.

Gallese, V. (2007). Before and below 'theory of mind': Embodied simulation and the neural correlates of social cognition. *Philosophical Transactions of the Royal Society B, 362*, 659-669.

Gallese, V., Fadiga, L., Fogassi, L., & Rizzolatti, G. (1996). Action recognition in the premotor cortex. *Brain, 119*, 593-609.

Galletti, C., & Fattori, P. (2003). Neuronal mechanisms for detection of motion in the field of view. *Neuropsychologia, 41*, 1717-1727.

Ganchrow, J. R. (1995). Ontogeny of human taste perception. In R. L. Doty (Ed.), *Handbook of olfaction and gustation* (pp. 715-729). New York: Marcel Dekker.

Ganchrow, J. R., Steiner, J. E., & Daher, M. (1983). Neonatal facial expressions in response to different qualities and intensities of gustatory stimuli. *Infant Behavior and Development, 6*, 473-484.

Ganel, T., Tanzer, M., & Goodale, M. A. (2008). A double dissociation between action and perception in the context of visual illusions. *Psychological Science, 19*, 221-225.

Gao, T., Newman, G. E., & Scholl, B. J. (2009). The psychophysics of chasing: A case study in the perception of animacy. *Cognitive Psychology, 59*, 154-179.

Gardner, M. B., & Gardner, R. S. (1973). Problem of localization in the median plane: Effect of pinnae cavity occlusion. *Journal of the Acoustical Society of America, 53*, 400-408.

Gauthier, I., Skudlarski, P., Gore, J. C., & Anderson, A. W. (2000). Expertise for cars and birds recruits brain areas involved in face recognition. *Nature Neuroscience, 3*, 191-197.

Gauthier, I., Tarr, M. J., Anderson, A. W., Skudlarski, P., & Gore, J. C. (1999). Activation of the middle fusiform face area increases with expertise in recognizing novel objects. *Nature Neuroscience, 2*, 568-573.

Gazzola, V., van der Worp, H., Mulder, T., Wicker, B., Rizzolatti, G., & Keysers, C. (2007). Aplasics born without hands mirror the goal of hand actions with their feet. *Current Biology, 17*, 1235-1240.

Gegenfurtner, K. R., & Rieger, J. (2000). Sensory and cognitive contributions of color to the recognition of natural scenes. *Current Biology, 10*, 805-808.

Geier, J., Bernath, L., Hudak, M., & Sera, L. (2008). Straightness as the main factor of the Hermann grid illusion *Perception, 37*, 651-665.

Geier, J., & Hudak, M. (2011). Changing the Chevreul illusion by a background luminance ramp: Lateral inhibition fails at its traditional stronghold—A psychophysical refutation. *PLoS ONE, 6*(10), e26062.

Geisler, W. S. (2008). Visual perception and statistical properties of natural scenes. *Annual Review of Psychology, 59*, 167-192.

Geisler, W. S. (2011). Contributions of ideal observer theory to vision research. *Vision Research, 51*, 771-781.

Gelbard-Sagiv, H., Mukamel, R., Harel, M., Malach, R., & Fried, I. (2008). Internally generated reactivation of single neurons in human hippocampus during free recall. *Science, 322*, 96-101.

Gescheider, G. A. (1976). *Psychophysics: Method and theory*. Hillsdale, NJ: Erlbaum.

Gibson, B. S., & Peterson, M. A. (1994). Does orientation-independent object recognition precede orientation-dependent recognition? Evidence from a cueing paradigm. *Journal of Experimental Psychology: Human Perception and Performance, 20*, 299-316.

Gibson, J. J. (1950). *The perception of the visual world*. Boston: Houghton Mifflin.

Gibson, J. J. (1962). Observations on active touch. *Psychological Review, 69*, 477-491.

Gibson, J. J. (1966). *The senses as perceptual systems*. Boston: Houghton Mifflin.

Gibson, J. J. (1979). The ecological approach to visual perception. Boston: Houghton Mifflin.

Gilad, S., Meng, M., & Sinha, P. (2009). Role of ordinal contrast relationships in face encoding. *Proceedings of the National Academy of Sciences, 106*, 5353-5358.

Gilaie-Dotan, S., Saygin, A. P., Lorenzi, L., Egan, R., Rees, G., & Behrmann, M. (2013). The role of human ventral visual cortex in motion perception. *Brain, 136*, 2784-2798.

Gilbert, C. D., & Li, W. (2013). Top-down influences on visual processing. *Nature Reviews Neuroscience, 14*, 350-363.

Gilchrist, A. L. (2012). Objective and subjective sides of perception. In S. Allred & G. Hatfield (Eds.), *Visual experience: Sensation, cognition and constancy*. New York: Oxford University Press.

Gilchrist, A. L. (Ed.). (1994). *Lightness, brightness, and transparency*. Hillsdale, NJ: Erlbaum.

Gilchrist, A. L., Kossyfidis, C., Bonato, F., Agostini, T., Cataliotti, J., Li, X., et al. (1999). An anchoring theory of lightness perception. *Psychological Review, 106*, 795-834.

Glanz, J. (2000, April 18). Art + physics = beautiful music. *New York Times*, pp. D1-D4.

Glasser, D. M., Tsui, J., Pack, C. C., & Tadin, D. (2011). Perceptual and neural consequences of rapid motion adaptation. *PNAS, 108*, E1080-E1088.

Gobbini, M. I., & Haxby, J. V. (2007). Neural systems for recognition of familiar faces. *Neuropsychologia, 45*, 32-41.

Goffaux, V., Jacques, C., Mauraux, A., Oliva, A., Schynsand, P. G., & Rossion, B. (2005). Diagnostic colours contribute to the early stages of scene categorization: Behavioural and neurophysiological evidence. *Visual Cognition, 12*, 878-892.

Golarai, G., Ghahremani, G., Whitfield-Gabrieli, S., Reiss, A., Eberhardt, J. L., Gabrieli, J. E. E., et al. (2007). Differential development of high-level cortex correlates with category-specific recognition memory. *Nature Neuroscience, 10*, 512-522.

Gold, T. (1948). Hearing. II. The physical basis of the action of the cochlea. *Proceedings of the Royal Society London B, 135*, 492-498.

Gold, T. (1989). Historical background to the proposal, 40 years ago, of an active model for cochlear frequency analysis. In J. P. Wilson & D. T. Kemp (Eds.), *Cochlear mechanisms: Structure, function, and models* (pp. 299-305). New York: Plenum Press.

Goldman, R. F. (1961). Review of records: Varese: Ionisation; Density 21.5; Integrales; Octrndre; Hyperprism; Poeme Electronique. Instrumentalists, cond. Robert Craft. Columbia MS 6146 (stereo). *Musical Quarterly, 47,* 133-134.

Goldreich, D., & Tong, J. (2013). Prediction, postdiction, and perceptual length contraction: A Bayesian low-speed prior captures the cutaneous rabbit and related illusions. *Frontiers in Psychology: Hypothesis and Theory, 4,* Article 221.

Goldstein, E. B. (2001). Pictorial perception and art. In E. B. Goldstein (Ed.), *Blackwell handbook of perception* (pp. 344-378). Oxford, UK: Blackwell.

Goldstein, E. B., & Fink, S. I. (1981). Selective attention in vision: Recognition memory for superimposed line drawings. *Journal of Experimental Psychology: Human Perception and Performance, 7,* 954-967.

Goodale, M. A. (2011). Transforming vision into action. *Vision Research, 51,* 1567-1587.

Goodale, M. A. (2014). How (and why) the visual control of action differs from visual perception. *Proceedings of the Royal Society B, 281,* 20140337.

Goodale, M. A., & Humphrey, G. K. (1998). The objects of action and perception. *Cognition, 67,* 181-207.

Goodale, M. A., & Humphrey, G. K. (2001). Separate visual systems for action and perception. In E. B. Goldstein (Ed.), *Blackwell handbook of perception* (pp. 311-343). Oxford, UK: Blackwell.

Goodwin, A. W. (1998). Extracting the shape of an object from the responses of peripheral nerve fibers. In J. W. Morley (Ed.), *Neural aspects of tactile sensation* (pp. 55-87). New York: Elsevier Science.

Gottfried, J. A. (2010). Central mechanisms of odour object perception. *Nature Reviews Neuroscience, 11,* 628-641.

Graham, C. H., Sperling, H. G., Hsia, Y., & Coulson, A. H. (1961). The determination of some visual functions of a unilaterally color-blind subject: Methods and results. *Journal of Psychology, 51,* 3-32.

Grahn, J. A. (2009). The role of the basal ganglia in beat perception. *Annals of the New York Academy of Sciences, 1169,* 35-45.

Grahn, J. A., & Rowe, J. B. (2009). Feeling the beat: Premotor and striatal interactions in musicians and nonmusicians during beat perception. *Journal of Neuroscience, 29,* 7540-7548.

Granrud, C. E., Haake, R. J., & Yonas, A. (1985). Infants' sensitivity to familiar size: The effect of memory on spatial perception. *Perception and Psychophysics, 37,* 459-466.

Gregory, R. L. (1966). *Eye and brain.* New York: McGraw- Hill.

Griffin, D. R. (1944). Echolocation by blind men and bats. *Science, 100,* 589-590.

Griffiths, T. D. (2012). Cortical mechanisms for pitch perception. *Journal of Neuroscience, 32,* 13333-13334.

Griffiths, T. D., & Hall, D. A. (2012). Mapping pitch representation in neural ensembles with fMRI. *Journal of Neuroscience, 32,* 13343-13347.

Grill-Spector, K., Golarai, G., & Gabrieli, J. (2008). Developmental neuroimaging of the human ventral visual cortex. *Trends in Cognitive Sciences, 12,* 152-162.

Grill-Spector, K., Knouf, N., & Kanwisher, N. (2004). The fusiform face area subserves face perception, not generic within-category identification. *Nature Neuroscience, 7,* 555-562.

Grill-Spector, K., & Weiner, K. S. (2014). The functional architecture of the ventral temporal cortex and its role in categorization. *Nature Reviews Neuroscience, 15,* 536-548.

Grimes, J. A. (1996). On the failure to detect changes in scenes across saccades. In K. Akins (Ed.), *Perception (Vancouver Studies in Cognitive Science)* (pp. 89-110). New York: Oxford University Press.

Grosbras, M. H., Beaton, S., & Eickhoff, S. B. (2012). Brain regions involved in human movement perception: A quantitative voxel-based meta-analysis. *Human Brain Mapping, 33,* 431-454.

Gross, C. G. (1972). Visual functions of inferotemporal cortex. In R. Jung (Ed.), *Handbook of sensory physiology* (Vol. 7, Part 3, pp. 451-482). Berlin: Springer, 1972.

Gross, C. G. (2002). The genealogy of the "grandmother cell." *Neuroscientist, 8,* 512-518.

Gross, C. G. (2008). Single neuron studies of inferior temporal cortex. *Neuropsychologia, 46,* 841-852.

Gross, C. G., Bender, D. B., & Rocha-Miranda, C. E. (1969). Visual receptive fields of neurons in inferotemporal cortex of the monkey. *Science, 166,* 1303-1306.

Gross, C. G., Rocha-Miranda, C. E., & Bender, D. B. (1972). Visual properties of neurons in inferotemporal cortex of the macaque. *Journal of Neurophysiology, 5,* 96-111.

Grossman, E. D., Batelli, L., & Pascual-Leone, A. (2005). Repetitive TMS over posterior STS disrupts perception of biological motion. *Vision Research, 45,* 2847-2853.

Grossman, E. D., & Blake, R. (2001). Brain activity evoked by inverted and imagined biological motion. *Vision Research, 41,* 1475-1482.

Grossman, E. D., & Blake, R. (2002). Brain areas active during visual perception of biological motion. *Neuron, 56,* 1167-1175.

Grossman, E. D., Donnelly, M., Price, R., Pickens, D., Morgan, V., Neighbor, G., et al. (2000). Brain areas involved in perception of biological motion. *Journal of Cognitive Neuroscience, 12,* 711-720.

Grothe, R., Pecka M., & McAlpine, D. (2010). Mechanisms of sound localization in mammals. *Physiological Review, 90,* 983-1012.

Gulick, W. L., Gescheider, G. A., & Frisina, R. D. (1989). *Hearing.* New York: Oxford University Press.

Gurney, H. (1831). *Memoir of the life of Thomas Young, M.D., F.R.S.* London: John & Arthur Arch.

Gwiazda, J., Brill, S., Mohindra, I., & Held, R. (1980). Preferential looking acuity in infants from two to fifty-eight weeks of age. *American Journal of Optometry and Physiological Optics, 57,* 428-432.

Haarmeier, T., Thier, P., Repnow, M., & Petersen, D. (1997). False perception of motion in a patient who cannot compensate for eye movements. *Nature, 389,* 849-852.

Haber, R. N., & Levin, C. A. (2001). The independence of size perception and distance perception. *Perception & Psychophysics, 63,* 1140-1152.

Hadad, B.-S., Maurer, D., & Lewis, T. L. (2011). Long trajectory for the development of sensitivity to global and biological motion. *Developmental Science, 14,* 1330-1339.

Hafting, T., Fyhn, M., Molden, S., Moser, M.-B., & Moser, E. I. (2005). Microstructure of a spatial map in the entorhinal cortex. *Nature, 436,* 801-806.

Haigney, D., & Westerman, S. J. (2001). Mobile (cellular) phone use and driving: A critical review of research methodology. *Ergonomics, 44,* 132-143.

Hall, D. A., Fussell, C., & Summerfield, A. Q. (2005). Reading fluent speech from talking faces: Typical brain networks and individual differences. *Journal of Cognitive Neuroscience, 17,* 939-953.

Hall, D. A., & Plack, C. J. (2009). Pitch processing sites in the human auditory brain. *Cerebral Cortex, 19,* 576-585.

Hall, M. J., Bartoshuk, L. M., Cain, W. S., & Stevens, J. C. (1975). PTC taste blindness and the taste of caffeine. *Nature, 253,* 442-443.

Hallemans, A., Ortibus, E., Meire, F., & Aerts, P. (2010). Low vision affects dynamic stability of gait. *Gait and Posture, 32,* 547-551.

Hamer, R. D., Alexander, K. R., & Teller, D. Y. (1982). Rayleigh discriminations in young human infants. *Vision Research, 22,* 575-587.

Hamer, R. D., Nicholas, S. C., Tranchina, D., Lamb, T. D., & Jarvinen, J. L. P. (2005). Toward a unified model of vertebrate rod phototransduction. *Visual Neuroscience, 22,* 417-436.

Hamid, S. N., Stankiewicz, B., & Hayhoe, M. (2010). Gaze patterns in navigation: Encoding information in large-scale environments. *Journal of Vision, 10*(12), 1-11.

Handford, M. (1997). *Where's Waldo?* Cambridge, MA: Candlewick Press.

Hansen, T., Olkkonen, M., Walter, S., & Gegenfurtner, K. R. (2006). Memory modulates color appearance. *Nature Neuroscience, 9,* 1367-1368.

Harada, T., Goda, N., Ogawa, T., Ito, M., Toyoda, H., Sadato, N., et al. (2009). Distribution of color-selective activity in the monkey inferior temporal cortex revealed by functional magnetic resonance imaging. *European Journal of Neuroscience, 30,* 1960-1970.

Harris, J. M., & Rogers, B. J. (1999). Going against the flow. *Trends in Cognitive Sciences, 3,* 449-450.

Harris, L., Atkinson, J., & Braddick, O. (1976). Visual contrast sensitivity of a 6-month-old infant measured by the evoked potential. *Nature, 246,* 570-571.

Hartline, H. K. (1938). The response of single optic nerve fibers of the vertebrate eye to illumination of the retina. *American Journal of Physiology, 121,* 400-415.

Hartline, H. K. (1940). The receptive fields of optic nerve fibers. *American Journal of Physiology, 130,* 690-699.

Hartline, H. K., Wagner, H. G., & Ratliff, F. (1956). Inhibition in the eye of *Limulus*. *Journal of General Physiology, 39*, 651–673.

Hayhoe, M., & Ballard, C. (2005). Eye movements in natural behavior. *Trends in Cognitive Sciences, 9*, 188–194.

Hecaen, H., & Angelerques, R. (1962). Agnosia for faces (prosopagnosia). *Archives of Neurology, 7*, 92–100.

Heesen, R. (2015). *The Young-(Helmholtz)-Maxwell theory of color vision*. Unpublished manuscript, Carnegie Mellon University, Pittsburgh, PA.

Heider, F., & Simmel, M. (1944). An experimental study of apparent behavior. *American Journal of Psychology, 13*, 243–259.

Heise, G. A., & Miller, G. A. (1951). An experimental study of auditory patterns. *American Journal of Psychology, 57*, 243–249.

Held, R., Birch, E., & Gwiazda, J. (1980). Stereoacuity of human infants. *Proceedings of the National Academy of Sciences, 77*, 5572–5574.

Helmholtz, H. von. (1860). *Handbuch der physiologischen Optik* (Vol. 2). Leipzig: Voss.

Helmholtz, H. von. (1911). *Treatise on physiological optics* (J. P. Southall, Ed. & Trans.; 3rd ed., Vols. 2 & 3). Rochester, NY: Optical Society of America. (Original work published 1866)

Henderson, J. M., & Hollingworth, A. (1999). High-level scene perception. *Annual Review of Psychology, 50*, 243–271.

Henderson, J. M., Shinkareva, S. V., Wang, J., Luke, S. G., & Olejarczyk, J. (2013). Predicting cognitive state from eye movements. *PLoS ONE, 8*(5): e64937.

Hering, E. (1878). *Zur Lehre vom Lichtsinn*. Vienna: Gerold.

Hering, E. (1905). Grundzüge der Lehre vom Lichtsinn. In *Handbuch der gesamter Augenheilkunde* (Vol. 3, Chap. 13). Berlin.

Hering, E. (1964). *Outlines of a theory of the light sense* (L. M. Hurvich & D. Jameson, Trans.). Cambridge, MA: Harvard University Press.

Hershenson, M. (Ed.). (1989). *The moon illusion*. Hillsdale, NJ: Erlbaum.

Herz, R. S., & Schooler, J. W. (2002). A naturalistic study of autobiographical memories evoked by olfactory and visual cues: Testing the Proustian hypothesis. *American Journal of Psychology, 115*, 21–32.

Hettinger, T. P., Myers, W. E., & Frank, M. E. (1990). Role of olfaction in perception of nontraditional "taste" stimuli. *Chemical Senses, 15*, 755–760.

Heywood, C. A., Cowey, A., & Newcombe, F. (1991). Chromatic discrimination in a cortically colour blind observer. *European Journal of Neuroscience, 3*, 802–812.

Hickman, J. S., & Hanowski, R. J. (2012). An assessment of commercial motor vehicle driver distraction using naturalistic driving data. *Traffic Injury Prevention, 13*, 612–619.

Hickock, G. (2009). Eight problems for the mirror neuron theory of action understanding in monkeys and humans. *Journal of Cognitive Neuroscience, 21*, 1229–1243.

Hickock, G., & Poeppel, D. (2007). The cortical organization of speech processing. *Nature Reviews Neuroscience, 8*, 393–401.

Hochberg, J. E. (1987). Machines should not see as people do, but must know how people see. *Computer Vision, Graphics and Image Processing, 39*, 221–237.

Hodgetts, W. E., & Liu, R. (2006). Can hockey playoffs harm your hearing? *CMAJ, 175*, 1541–1542.

Hofbauer, R. K., Rainville, P., Duncan, G. H., & Bushnell, M. C. (2001). Cortical representation of the sensory dimension of pain. *Journal of Neurophysiology, 86*, 402–411.

Hoffman, H. G., Doctor, J. N., Patterson, D. R., Carrougher, G. J., & Furness, T. A. III (2000). Virtual reality as an adjunctive pain control during burn wound care in adolescent patients. *Pain, 85*, 305–309.

Hoffman, H. G., Patterson, D. R., Seibel, E., Soltani, M., Jewett-Leahy, L., & Sharar, S. R. (2008). Virtual reality pain control during burn wound debridement in the hydrotank. *Clinical Journal of Pain, 24*, 299–304.

Hofman, P. M., Van Riswick, J. G. A., & Van Opstal, A. J. (1998). Relearning sound localization with new ears. *Nature Neuroscience, 1*, 417–421.

Holcombe, A. O. (2009). The binding problem. *Trends in Cognitive Neurosciences, 13*, 216–221.

Holden, C. (2004). Imaging studies show how brain thinks about pain. *Science, 303*, 1131.

Holley, A. (1991). Neural coding of olfactory information. In T. V. Getchell, R. L. Doty, L. M. Bartoshuk, & J. B. Snow (Eds.), *Smell and taste in health and disease* (pp. 329–343). New York: Raven Press.

Hollingworth, A., & Henderson, J. M. (2000). Semantic informativeness mediates the detection of changes in natural scenes. *Visual Cognition, 7*, 213–235.

Hollins, M., Bensmaia, S. J., & Roy, E. A. (2002). Vibrotaction and texture perception. *Behavioural Brain Research, 135*, 51–56.

Hollins, M., Bensmaia, S. J., & Washburn, S. (2001). Vibrotactile adaptation impairs discrimination of fine, but not coarse, textures. *Somatosensory & Motor Research, 18*, 253–262.

Hollins, M., & Risner, S. R. (2000). Evidence for the duplex theory of texture perception. *Perception & Psychophysics, 62*, 695–705.

Holway, A. H., & Boring, E. G. (1941). Determinants of apparent visual size with distance variant. *American Journal of Psychology, 54*, 21–37.

Howgate, S., & Plack, C. J. (2011). A behavioral measure of the cochlear changes underlying temporary threshold shifts. *Hearing Research, 277*, 78–87.

Hsiao, S. S., Johnson, K. O., Twombly, A., & DiCarlo, J. (1996). Form processing and attention effects in the somatosensory system. In O. Franzen, R. Johannson, & L. Terenius (Eds.), *Somesthesis and the neurobiology of the somatosensory cortex* (pp. 229–247). Basel: Biorkhauser Verlag.

Hsiao, S. S., O'Shaughnessy, D. M., & Johnson, K. O. (1993). Effects of selective attention on spatial form processing in monkey primary and secondary somatosensory cortex. *Journal of Neurophysiology, 70*, 444–447.

Huang, X., Baker, J., & Reddy, R. (2014). A historical perspective of speech recognition. *Communications of the ACM, 57*, 94–103.

Hubel, D. H. (1982). Exploration of the primary visual cortex, 1955–1978. *Nature, 299*, 515–524.

Hubel, D. H., & Wiesel, T. N. (1959). Receptive fields of single neurons in the cat's striate cortex. *Journal of Physiology, 148*, 574–591.

Hubel, D. H., & Wiesel, T. N. (1961). Integrative action in the cat's lateral geniculate body. *Journal of Physiology, 155*, 385–398.

Hubel, D. H., & Wiesel, T. N. (1965). Receptive fields and functional architecture in two non-striate visual areas (18 and 19) of the cat. *Journal of Neurophysiology, 28*, 229–289.

Hubel, D. H., & Wiesel, T. N. (1970). Cells sensitive to binocular depth in area 18 of the macaque monkey cortex. *Nature, 225*, 41–42.

Hubel, D. H., Wiesel, T. N., Yeagle, E. M., Lafer-Sousa, R., & Conway, B. R. (2015). Binocular stereoscopy in visual areas V-2, V-3, and V-3a of the macaque monkey. *Cerebral Cortex, 25*, 959–971.

Hughes, M. (1977). A quantitative analysis. In M. Yeston (Ed.), *Readings in Schenker analysis and other approaches* (pp. 144–164). New Haven, CT: Yale University Press.

Hummel, T., Delwihe, J. F., Schmidt, C., & Huttenbrink, K.-B. (2003). Effects of the form of glasses on the perception of wine flavors: A study in untrained subjects. *Appetite, 41*, 197–202.

Humphrey, A. L., & Saul, A. B. (1994). The temporal transformation of retinal signals in the lateral geniculate nucleus of the cat: Implications for cortical function. In D. Minciacchi, M. Molinari, G. Macchi, & E. G. Jones (Eds.), *Thalamic networks for relay and modulation* (pp. 81–89). New York: Pergamon Press.

Humphreys, G. W., & Riddoch, M. J. (2001). Detection by action: Neuropsychological evidence for action-defined templates in search. *Nature Neuroscience, 4*, 84–88.

Huron, D. (2006). *Sweet anticipation: Music and the psychology of expectation*. Cambridge, MA: MIT Press.

Huron, D., & Margulis, E. H. (2011). Music expectancy and thrills. In P. N. Juslin & J. A. Sloboda (Eds.), *Handbook of music and emotion: Theory, research, applications* (pp. 575–604). Oxford, UK: Oxford University Press.

Hurvich, L. M., & Jameson, D. (1957). An opponent-process theory of color vision. *Psychological Review, 64*, 384–404.

Huth, A. G., Nishimoto, S., Vo, A. T., & Gallant, J. L. (2012). A continuous semantic space describes the representation of thousands of objects and action categories across the human brain. *Neuron, 76*, 1210–1224.

Hyvärinin, J., & Poranen, A. (1978). Movement-sensitive and direction and orientation-selective cutaneous receptive fields in the hand area of the postcentral gyrus in monkeys. *Journal of Physiology, 283*, 523–537.

Iacoboni, M., Molnar-Szakacs, I., Gallese, V., Buccino, G., Mazziotta,

J. C., & Rizzolatti, G. (2005). Grasping the intentions of others with one's own mirror neuron system. *PLoS Biology, 3*, 529-535.

Iannetti, G. D., Salomons, T. V., Moayedi, M., Mouraux, A., & Davis, K. D. (2013). Beyond metaphor: Contrasting mechanisms of social and physical pain. *Trends in Cognitive Sciences, 17*, 371-378.

Ilg, U. J. (2008). The role of areas MT and MST in coding of visual motion underlying the execution of smooth pursuit. *Vision Research, 48*, 2062-2069.

Ilg, U. J., Bridgeman, B., & Hoffmann, K. P. (1989). Influence of mechanical disturbance on oculomotor behavior. *Vision Research, 29*, 545-551.

Ishai, A., Pessoa, L., Bikle, P. C., & Ungerleider, L. G. (2004). Repetition suppression of faces is modulated by emotion. *Proceedings of the National Academy of Sciences USA, 101*, 9827-9832.

Ishai, A., Ungerleider, L. G., Martin, A., & Haxby, J. V. (2000). The representation of objects in the human occipital and temporal cortex. *Journal of Cognitive Neuroscience, 12*, 35-51.

Ishai, A., Ungerleider, L. G., Martin, A., Schouten, J. L., & Haxby, J. V. (1999). Distributed representation of objects in the human ventral visual pathway. *Proceedings of the National Academy of Sciences USA, 96*, 9379-9384.

Ittelson, W. H. (1952). *The Ames demonstrations in perception.* Princeton, NJ: Princeton University Press.

Itti, L., & Koch C. (2000). A saliency-based search mechanism for overt and covert shifts of visual attention. *Vision Research, 40*, 1489-1506.

Iversen, J. R., & Patel, A. D. (2008). Perception of rhythmic grouping depends on auditory experience. *Journal of the Acoustic Society of America, 124A*, 2263-2271.

Iversen, J. R., Repp, B. H, & Patel, A. D. (2009). Top-down control of rhythm perception modulates early auditory responses. *Annals of the New York Academy of Sciences, 1169*, 58-73.

Iwamura, Y. (1998). Representation of tactile functions in the somatosensory cortex. In J. W. Morley (Ed.), *Neural aspects of tactile sensation* (pp. 195-238). New York: Elsevier Science.

Jacobs, J., Weidman, C. T., Miller, J. F., Solway, A., Burke, J. F., Wei, X.-X., et al. (2013). Direct recordings of grid-like neuronal activity in human spatial navigation. *Nature Neuroscience, 9*, 1188-1190.

Jacobson, A., & Gilchrist, A. (1988). The ratio principle holds over a million-to-one range of illumination. *Perception and Psychophysics, 43*, 1-6.

Jaeger, S. R., McRae, J. F., Bava, C. M., Beresford, M. K., Hunter, D., Jia, Y., et al. (2013). A Mendelian trait for olfactory sensitivity affects odor experience and food selection. *Current Biology, 22*, 1601-1605.

James, W. (1981). *The principles of psychology* (Rev. ed.). Cambridge, MA: Harvard University Press. (Original work published 1890)

Janzen, G. (2006). Memory for object location and route direction in virtual large scale space. *Quarterly Journal of Experimental Psychology, 59*, 493-508.

Janzen, G., Janzen, C., & van Turennout, M. (2008). Memory consolidation of landmarks in good navigators. *Hippocampus, 18*, 40-47.

Janzen, G., & van Turennout, M. (2004). Selective neural representation of objects relevant for navigation. *Nature Neuroscience, 7*, 673-677.

Jeffress, L. A. (1948). A place theory of sound localization. *Journal of Comparative and Physiological Psychology, 41*, 35-39.

Jenkins, W. M., & Merzenich, M. M. (1987). Reorganization of neocortical representations after brain injury: A neurophysiological model of the bases of recovery from stroke. *Progress in Brain Research, 71*, 249-266.

Jensen, T. S., & Nikolajsen, L. (1999). Phantom pain and other phenomena after amputation. In P. D. Wall & R. Melzak (Eds.), *Textbook of pain* (pp. 799-814). New York: Churchill Livingstone.

Johansson, G. (1973). Visual perception of biological motion and a model for its analysis. *Perception & Psychophysics, 14*, 195-204.

Johansson, G. (1975). Visual motion perception. *Scientific American, 232*, 76-89.

Johnson, B. A., & Leon, M. (2007). Chemotopic odorant coding in a mammalian olfactory system. *Journal of Comparative Neurology, 503*, 1-34.

Johnson, B. A., Ong, J., & Michael, L. (2010). Glomerular activity patterns evoked by natural odor objects in the rat olfactory bulb and related to patterns evoked by major odorant components. *Journal of Comparative Neurology, 518*, 1542-1555.

Johnson, E. N., Hawken, M. J., & Shapley, R. (2008). The orientation selectivity of color-responsive neurons in macaque V1. *Journal of Neuroscience, 28*, 8096-8106.

Johnson, K. O. (2002). Neural basis of haptic perception. In H. Pashler & S. Yantis (Eds.), *Steven's handbook of experimental psychology* (3rd ed.): *Vol. 1. Sensation and perception* (pp. 537-583). New York: Wiley.

Johnson, S. P., & Aslin, R. N. (1995). Perception of object unity in 2-month-old infants. *Developmental Psychology, 31*, 739-745.

Johnson, S. P., Davidow, J., Hall-Haro, C., & Frank, M. C. (2008). Development of perceptual completion originates in information acquisition. *Developmental Psychology, 44*, 1214-1224.

Johnson, S. P., Slemmer, J. A., & Amso, D. (2004). Where infants look determines how they see: Eye movement and object perception performance in 3-month-olds. *Infancy, 6*, 185-201.

Jones, M. R., & Yee, W. (1993). Attending to auditory events: The role of temporal organization. In S. McAdams & E. Bigand (Eds.), *Thinking in sound: The cognitive psychology of human audition* (pp. 69-112). Oxford, UK: Oxford University Press.

Julesz, B. (1971). *Foundations of cyclopean perception.* Chicago: University of Chicago Press.

Kaas, J. H., Hackett, T. A., & Tramo, M. J. (1999). Auditory processing in primate cerebral cortex. *Current Opinion in Neurobiology, 9*, 164-170.

Kaiser, A., Schenck, W., & Moller, R. (2013). Solving the correspondence problem in stereo vision by internal simulation. *Adaptive Behavior, 21*, 239-250.

Kamitani, Y., & Tong, F. (2005). Decoding the visual and subjective contents of the human brain. *Nature Neuroscience, 8*, 679-685.

Kandel, E. R., & Jessell, T. M. (1991). Touch. In E. R. Kandel, J. H. Schwartz, & T. M. Jessell (Eds.), *Principles of neural science* (3rd ed., pp. 367-384). New York: Elsevier.

Kandel, F. I., Rotter, A., & Lappe, M. (2009). Driving is smoother and more stable when using the tangent point. *Journal of Vision, 9*(11), 1-11.

Kanizsa, G., & Gerbino, W. (1976). Convexity and symmetry in figure-ground organization. In M. Henle (Ed.), *Vision and artifact* (pp. 25-32). New York: Springer.

Kanwisher, N. (2003). The ventral visual object pathway in humans: Evidence from fMRI. In L. M. Chalupa & J. S. Werner (Eds.), *The visual neurosciences* (pp. 1179-1190). Cambridge, MA: MIT Press.

Kanwisher, N. (2010). Functional specificity in the human brain: A window into the functional architecture of the mind. *Proceedings of the National Academy of Sciences USA, 107*, 11163-11170.

Kanwisher, N., McDermott, J., & Chun, M. M. (1997). The fusiform face area: A module in human extrastriate cortex specialized for face perception. *Journal of Neuroscience, 17*, 4302-4311.

Kapadia, M. K., Westheimer, G., & Gilbert, C. D. (2000). Spatial distribution of contextual interactions in primary visual cortex and in visual perception. *Journal of Neurophysiology, 84*, 2048-2062.

Kaplan, G. (1969). Kinetic disruption of optical texture: The perception of depth at an edge. *Perception and Psychophysics, 6*, 193-198.

Karlson, P., & Lüscher, M. (1959). "Pheromones": A new term for a class of biologically active substances. *Nature, 183*, 55-56.

Katz, D. (1989). *The world of touch.* Trans. L. Kruger. Hillsdale, NJ: Erlbaum. (Original work published 1925)

Katz, J., & Gagliese, L. (1999). Phantom limb pain: A continuing puzzle. In R. J. Gatchel & D. C. Turk (Eds.), *Psychosocial factors in pain* (pp. 284-300). New York: Guilford Press.

Katzner, S., Busse, L., & Treue, S. (2009). Attention to the color of a moving stimulus modulates motion-signal processing in macaque area MT: Evidence for a unified attentional system. *Frontiers in Systems Neuroscience, 3*, 1-8.

Kauer, J. S. (1987). Coding in the olfactory system. In T. E. Finger & W. C. Silver (Eds.), *Neurobiology of taste and smell* (pp. 205-231). New York: Wiley.

Kaufman, L., & Rock, I. (1962a). The moon illusion. *Science, 136*, 953-961.

Kaufman, L., & Rock, I. (1962b). The moon illusion. *Scientific American, 207*, 120-132.

Kavšek, M., Granrud, C. E., & Yonas, A. (2009). Infants' responsiveness to pictorial depth cues in preferential-reaching studies: A meta-analysis. *Infant Behavior and Development, 32*, 245-253.

Keller, A., Zhuang, H., Chi, Q., Vosshall, L. B., & Matsunami, H. (2007).

Genetic variation in a human odorant receptor alters odour perception. *Nature, 449,* 468–472.

Kellman, P., & Spelke, E. (1983). Perception of partly occluded objects in infancy. *Cognitive Psychology, 15,* 483–524.

Kerman, J., & Tomlinson, G. (2015). *Listen* (8th ed.). New York: St. Martin's Press.

Kersten, D., Mamassian, P., & Yuille, A. (2004). Object perception as Bayesian inference. *Annual Review of Psychology, 55,* 271–304.

Keysers, C., Kaas, J., & Gazzola, V. (2010). Somatosensation in social perception. *Nature Reviews Neuroscience, 11,* 417–428.

Keysers, C., Wicker, B., Gazzola, V., Anton, J.-L., Fogassi, L., & Gallese, V. (2004). A touching sight: SII/PV activation cueing the observation and experience of touch. *Neuron, 42,* 335–346.

Khanna, S. M., & Leonard, D. G. B. (1982). Basilar membrane tuning in the cat cochlea. *Science, 215,* 305–306.

Kiefer, J., von Ilberg, C., Reimer, B., Knecht, R., Gall, V., Diller, G., et al. (1996). Results of cochlear implantation in patients with severe to profound hearing loss: Implications for the indications. *Audiology, 37,* 382–395.

Kilner, J. (2011). More than on pathway to action understanding. *Trends in Cognitive Sciences, 15,* 352–357.

Kim, A., & Osterhout, L. (2005). The independence of combinatory semantic processing: Evidence from event-related potentials. *Journal of Memory and Language, 52,* 205–255.

Kim, U. K., Jorgenson, E., Coon, H., Leppert, M., Risch, N., & Drayna, D. (2003). Positional cloning of the human quantitative trait locus underlying taste sensitivity to phenylthiocarbamide. *Science, 299,* 1221–1225.

King, A. J., Schnupp, J. W. H., & Doubell, T. P. (2001). The shape of ears to come: Dynamic coding of auditory space. *Trends in Cognitive Sciences, 5,* 261–270.

King, W. L., & Gruber, H. E. (1962). Moon illusion and Emmert's law. *Science, 135,* 1125–1126.

Kish, D. (2012, April 13). *Sound vision: The consciousness of seeing with sound.* Presentation at Toward a Science of Consciousness, Tucson, AZ.

Kisilevsky, B. S., Hains, S. M. J., Brown, C. A., Lee, C. T., Cowperthwaite, B., Stutzman, S. S., et al. (2009). Fetal sensitivity to properties of maternal speech and language. *Infant Behavior and Development, 32,* 59–71.

Kisilevsky, B. S., Hains, S. M. J., Lee, K., Xie, X., Huang, H., Ye, H. H., et al. (2003). Effects of experience on fetal voice recognition. *Psychological Science, 14,* 220–224.

Klatzky, R. L., Lederman, S. J., Hamilton, C., Grindley, M., & Swendsen, R. H. (2003). Feeling textures through a probe: Effects of probe and surface geometry and exploratory factors. *Perception & Psychophysics, 65,* 613–631.

Klatzky, R. L., Lederman, S. J., & Metzger, V. A. (1985). Identifying objects by touch: An "expert system." *Perception and Psychophysics, 37,* 299–302.

Kleffner, D. A., & Ramachandran, V. S. (1992). On the perception of shape from shading. *Perception and Psychophysics, 52,* 18–36.

Klimecki, O. M., Leiberg, S., Ricard, M., & Singer, T. (2014). Differential pattern of functional brain plasticity after compassion and empathy training. *SCAN, 9,* 873–879.

Knill, D. C., & Kersten, D. (1991). Apparent surface curvature affects lightness perception. *Nature, 351,* 228–230.

Knopoff, L., & Hutchinson, W. (1983). Entropy as a measure of style: The influence of sample length. *Journal of Music Theory, 27,* 75–97.

Kobayashi, K., Kobayakawa, R., Matsumoto, H., Oka, Y., Imai, T., Ikawa, M., et al. (2007). Innate versus learned odour processing in the mouse olfactory bulb. *Nature, 450,* 503–510.

Koelsch, S. (2005). Neural substrates of processing syntax and semantics in music. *Current Opinion in Neurobiology, 15,* 207–212.

Koelsch, S. (2014). Brain correlates of music-evoked emotions. *Nature Reviews Neuroscience, 15,* 170–180.

Koelsch, S., Gunter, T., Friederici, A. D., & Schroger, E. (2000). Brain indices of music processing: "Nonmusicians" are musical. *Journal of Cognitive Neuroscience, 12,* 520–541.

Koffka, K. (1935). *Principles of Gestalt psychology.* New York: Harcourt Brace.

Kohler, E., Keysers, C., Umilta, M. A., Fogassi, L., Gallese, V., & Rizzolatti, G. (2002). Hearing sounds, understanding actions: Action representation in mirror neurons. *Science, 297,* 846–848.

Kolb, N., & Whishaw, I. Q. (2003). *Fundamentals of neuropsychology* (5th ed.). New York: Worth.

Kondo, H. M., & Kashino, M. (2009). Involvement of the thalmocortical loop in the spontaneous switching of percepts in auditory streaming. *Journal of Neuroscience, 29,* 12695–12701.

Kourtzi, Z., & Kanwisher, N. (2000). Activation of human MT/MST by static images with implied motion. *Journal of Cognitive Neuroscience, 12,* 48–55.

Kourtzi, Z., Krekelberg, B., & van Wezel, R. J. A. (2008). Linking form and motion in the primate brain. *Trends in Cognitive Sciences, 12,* 230–236.

Kroner, T. (1881). Über die Sinnesempfindungen der Neugeborenen. *Breslauer aerzliche Zeitschrift.* (Cited in Peterson & Rainey, 1911)

Kross, E., Berman, M. G., Mischel, W., Smith, E. E., & Wager, T. D. (2011). Social rejection shares somatosensory representations with physical pain. *Proceedings for the National Academy of Sciences, 108,* 6270–6275.

Kruger, L. E. (1970). David Katz: Der Aufbau der Tastwelt [The world of touch: A synopsis]. *Perception and Psychophysics, 7,* 337–341.

Krumhansl, C. L. (1985). Perceiving tonal structure in music. *American Scientist, 73,* 371–378.

Krumhansl, C. L., & Kessler, E. J. (1982). Tracing the dynamic changes in perceived tonal organization in a spatial representation of musical keys. *Psychological Review, 89,* 334–368.

Kuffler, S. W. (1953). Discharge patterns and functional organization of mammalian retina. *Journal of Neurophysiology, 16,* 37–68.

Kuhl, P. K. (2000). Language, mind and brain: Experience alters perception. In M. Gazzaniga (Ed.), *The new cognitive neurosciences* (pp. 99–115). Cambridge, MA: MIT Press.

Kuhl, P. K. (2004). Early language acquisition: Cracking the speech code. *Nature Reviews Neuroscience, 5,* 831–843.

Kuhl, P. K. (2007). Is speech learning 'gated' by the social brain? *Developmental Science, 10,* 110–120.

Kuhl, P. K. (2010). Brain mechanisms in early language acquisition. *Neuron, 67,* 713–727.

Kuhl, P. K., Ramirez, R. R., Bosseler, A., Lin, J.-F. L., & Imada, T. (2014). Infants' brain responses to speech suggest Analysis by Synthesis. *Proceedings of the National Academy of Sciences, 111,* 11238–11245.

Kuhl, P. K., Stevens, E., Hayashi, A., Deguchi, T., Kiritani, S., & Iverson, P. (2006). Infants show a facilitation effect for native language phonetic perception between 6 and 12 months. *Developmental Science, 9,* F13–F21.

Kuhl, P. K., Tsao, F.-M., & Liu, H.-M. (2003). Foreign-language experience in infancy: Effects of short-term exposure and social interaction on phonetic learning. *Proceedings of the National Academy of Sciences, 100,* 9096–9101.

Kujawa, S. G., & Liberman, M. C. (2009). Adding insult to injury: Cochlear nerve degeneration after "temporary" noise-induced hearing loss. *Journal of Neuroscience, 45,* 14077–14085.

Kushner, T. (1993). *Angels in America.* New York: Theatre Communications Group.

LaBarbera, J. D., Izard, C. E., Vietze, P., & Parisi, S. A. (1976). Four- and six-month-old infants' visual responses to joy, anger, and neutral expressions. *Child Development, 47,* 535–538.

Laing, D. D., Doty, R. L., & Breipohl, W. (Eds.). (1991). *The human sense of smell.* New York: Springer.

Lamble, D., Kauranen, T., Laakso, M., & Summala, H. (1999). Cognitive load and detection thresholds in car following situations: Safety implications for using mobile (cellular) telephones while driving. *Accident Analysis and Prevention, 31,* 617–623.

Lamm, C., Batson, C. D., & Decdety, J. (2007). The neural substrate of human empathy: Effects of perspective-taking and cognitive appraisal. *Journal of Cognitive Neuroscience, 19,* 42–58.

Land, E. H. (1983). Recent advances in retinex theory and some implications for cortical computations: Color vision and the natural image. *Proceedings of the National Academy of Sciences, USA, 80,* 5163–5169.

Land, E. H. (1986). Recent advances in retinex theory. *Vision Research, 26,* 7–21.

Land, E. H., & McCann, J. J. (1971). Lightness and retinex theory. *Journal of the Optical Society of America, 61,* 1–11.

Land, M. F., & Hayhoe, M. (2001). In what ways do eye movements contribute to everyday activities? *Vision Research, 41*, 3559-3565.

Land, M. F., & Horwood, J. (1995). Which parts of the road guide steering? *Nature, 377*, 339-340.

Land, M. F., & Lee, D. N. (1994). Where we look when we steer. *Nature, 369*, 742-744.

Larsen, A., Madsen, K. H., Lund, T. E., & Bundesen, C. (2006). Images of illusory motion in primary visual cortex. *Journal of Cognitive Neuroscience, 18*, 1174-1180.

Lavie, N. (1995). Perceptual load as a major determinant of the locus of selection in visual attention. *Perception and Psychophysics, 56*, 183-197.

Lavie, N. (2005). Distracted and confused? Selective attention under load. *Trends in Cognitive Sciences, 9*, 75-82.

Lavie, N. (2010). Attention, distraction, and cognitive control under load. *Current Directions in Psychological Science, 19*, 143-148.

Lavie, N., & Driver, J. (1996). On the spatial extent of attention in object-based visual selection. *Perception and Psychophysics, 58*, 1238-1251.

Lawless, H. (1980). A comparison of different methods for assessing sensitivity to the taste of phenylthiocarbamide PTC. *Chemical Senses, 5*, 247-256.

Lawless, H. (2001). Taste. In E. B. Goldstein (Ed.), *Blackwell handbook of perception* (pp. 601-635). Oxford, UK: Blackwell.

Lederman, S. J., & Klatzky, R. L. (1987). Hand movements: A window into haptic object recognition. *Cognitive Psychology, 19*, 342-368.

Lederman, S. J., & Klatzky, R. L. (1990). Haptic classification of common objects: Knowledge-driven exploration. *Cognitive Psychology, 22*, 421-459.

Lee, D. N., & Aronson, E. (1974). Visual proprioceptive control of standing in human infants. *Perception and Psychophysics, 15*, 529-532.

LeGrand, Y. (1957). *Light, color and vision*. London: Chapman & Hall.

LeGrand, Y. (1959). About theories of color vision. *Proceedings of the National Academy of Sciences, 45*, 89-96.

Lerdahl, R., & Jackendoff, R. (1983). *A generative theory of tonal music*. Cambridge, MA: MIT Press.

Lesham, M. (1998). Salt preference in adolescence is predicted by common prenatal and infantile mineral fluid loss. *Physiology & Behavior, 63*, 699-704.

Lewis, E. R., Zeevi, Y. Y., & Werblin, F. S. (1969). Scanning electron microscopy of vertebrate visual receptors. *Brain Research, 15*, 559-562.

Li, F. F., Van Rullen, R., Koch, C., & Perona, P. (2002). Rapid natural scene categorization in the near absence of attention. *Proceedings of the National Academy of Sciences, 99*, 9596-9601.

Li, L., Sweet, B. T., & Stone, L. S. (2006). Humans can perceive heading without visual path information. *Journal of Vision, 6*, 874-881.

Li, X., Li, W., Wang, H., Cao, J., Maehashi, K., Huang, L., et al. (2005). Pseudogenization of a sweet-receptor gene accounts for cats' indifference toward sugar. *PLoS Genetics, 1*(1), e3.

Liberman, A. M., Cooper, F. S., Harris, K. S., & MacNeilage, P. F. (1963). A motor theory of speech perception. *Proceedings of the Symposium on Speech Communication Seminar*, Royal Institute of Technology, Stockholm, Paper D3, Volume II.

Liberman, A. M., Cooper, F. S., Shankweiler, D. P., & Studdert-Kennedy, M. (1967). Perception of the speech code. *Psychological Review, 74*, 431-461.

Liberman, M. C., & Dodds, L. W. (1984). Single-neuron labeling and chronic cochlear pathology: III. Stereocilia damage and alterations of threshold tuning curves. *Hearing Research, 16*, 55-74.

Lindquist, K. A., Wager, T. D., Kober, H., Mliss-Moreau, E., & Barrett, L. F. (2012). The brain basis of emotion: A meta-analytic review. *Behavioral and Brain Sciences, 35*(3), 121-143.

Lindsay, P. H., & Norman, D. A. (1977). *Human information processing* (2nd ed.). New York: Academic Press.

Litovsky, R. Y. (2012). Spatial release from masking. *Acoustics Today, 8*(2), 18-25.

Litovsky, R. Y., Colburn, H. S., Yost, W. A., & Guzman, S. J. (1999). The precedence effect. *Journal of the Acoustical Society of America, 106*, 1633-1654.

Litovsky, R. Y., Rakerd, B., Yin, T. C. T., & Hartmann, W. M. (1997). Psychophysical and physiological evidence for a precedence effect in the median saggital plane. *Journal of Neurophysiology, 77*, 2223-2226.

Liu, T., Abrams, J., & Carrasco, M. (2009). Voluntary attention enhances contrast appearance. *Psychological Science, 20*, 354-362.

Lomber, S. G., & Malhotra S. (2008). Double dissociation of "what" and "where" processing in auditory cortex. *Nature Neuroscience, 11*, 601-616.

London, J. (2004). *Hearing in time: Psychological aspects of musical meter*. New York: Oxford University Press.

Loomis, J. M., DaSilva, J. A., Fujita, N., & Fulusima, S. S. (1992). Visual space perception and visually directed action. *Journal of Experimental Psychology: Human Perception and Performance, 18*, 906-921.

Loomis, J. M., & Philbeck, J. W. (2008). Measuring spatial perception with spatial updating and action. In R. L. Klatzky, B. MacWhinney, & M. Behrmann (Eds.), *Embodiment, ego-space, and action* (pp. 1-43). New York: Taylor and Francis.

Lord, S. R., & Menz, H. B. (2000). Visual contributions to postural stability in older adults. *Gerontology, 46*, 306-310.

Lorteije, J. A. M., Kenemans, J. L., Jellema, T., van der Lubbe, R. H. J., de Heer, F., & van Wezel, R. J. A. (2006). Delayed response to animate implied motion n human motion processing areas. *Journal of Cognitive Neuroscience, 18*, 158-168.

Lotto, A. J., Hickok, G. S., & Holt, L. L. (2009). Reflections on mirror neurons and speech perception. *Trends in Cognitive Sciences, 13*, 110-114.

Lowenstein, W. R. (1960). Biological transducers. *Scientific American, 203*, 98-108.

Luck, S. J., Chelazzi, L., Hillyard, S. A., & Desimone, R. (1997). Neural mechanisms of spatial selective attention in areas V1, V2, and V4 of macaque visual cortex. *Journal of Neurophysiology, 77*, 24-42.

Lundy, R. F., Jr., & Contreras, R. J. (1999). Gustatory neuron types in rat geniculate ganglion. *Journal of Neurophysiology, 82*, 2970-2988.

Lyall, V., Heck, G. L., Phan, T.-H. T., Mummalaneni, S., Malik, S. A., Vinnikova, A. K., et al. (2005). Ethanol modulates the VR-1 variant amiloride-insensitive salt taste receptor: I. Effect on TRC volume and Na+ flux. *Journal of General Physiology, 125*, 569-585.

Lyall, V., Heck, G. L., Vinnikova, A. K., Ghosh, S., Phan, T.-H. T., Alam, R. I., et al. (2004). The mammalian amiloride-insensitive non-specific salt taste receptor is a vanilloid receptor-1 variant. *Journal of Physiology, 558*, 147-159.

Mack, A., & Clarke, J. (2012). Gist perception requires attention. *Visual Cognition, 20*, 300-327.

Mack, A., & Rock, I. (1998). *Inattentional blindness*. Cambridge, MA: MIT Press.

Maess, B., Koelsch, S., Gunter, T. C., & Friederici, A. D. (2001). Musical syntax is processed in Broca's area: An MEG study. *Nature Neuroscience, 4*, 540-545.

Maguire, E. A., Wollett, K., & Spiers, H. J. (2006). London taxi drivers and bus drivers: A structural MRI and neuropsychological analysis. *Hippocampus, 16*, 1091-1101.

Mainland, J. D., Keller, A., Li, Y. R., Zhou, T., Trimmer, C., Snyder, L. L., et al. (2014). The missense of smell: Functional variability in the human odorant receptor repertoire. *Nature Neuroscience, 17*, 114-120.

Malcolm, G. L., & Shomstein, S. (2015). Object-based attention in real-world scenes. *Journal of Experimental Psychology: General, 144*, 257-263.

Malhotra, S., & Lomber, S. G. (2007). Sound localization during homotopic and hererotopic bilateral cooling deactivation of primary and nonprimary auditory cortical areas in the cat. *Journal of Neurophysiology, 97*, 26-43.

Malhotra, S., Stecker, G. C., Middlebrooks, J. C., & Lomber, S. G. (2008). Sound localization deficits during reversible deactivation of primary auditory cortex and/or the dorsal zone. *Journal of Neurophysiology, 99*, 1628-1642.

Malnic, B., Hirono, J., Sata, T., & Buck, L. B. (1999). Combinatorial receptor codes for odors. *Cell, 96*, 713-723.

Mamassian, P. (2004). Impossible shadows and the shadow correspondence problem. *Perception, 33*, 1279-1290.

Mamassian, P., Knill, D., & Kersten, D. (1998). The perception of cast shadows. *Trends in Cognitive Sciences, 2*, 288-295.

Marino, A. C., & Scholl, B. J. (2005). The role of closure in defining the "objects" of object-based attention. *Perception and Psychophysics, 67*, 1140-1149.A

Marr, D., & Poggio, T. (1979). A computation theory of human stereo vision. *Proceedings of the Royal Society of London B: Biological Sciences, 204*, 301-328.

Mather, G., Verstraten, F., & Anstis, S. (1998). *The motion aftereffect:*

A modern perspective. Cambridge, MA: MIT Press.

Maxwell, J. C. (1855). Experiments on colour, as perceived by the Eye, with remarks on Colour-Blindness. *Transactions of the Royal Society of Edinburgh, 21,* 275-278.

Mayer, D. L., Beiser, A. S., Warner, A. F., Pratt, E. M., Raye, K. N., & Lang, J. M. (1995). Monocular acuity norms for the Teller Acuity Cards between ages one month and four years. *Investigative Ophthalmology and Visual Science, 36,* 671-685.

McAlpine, D. (2005). Creating a sense of auditory space. *Journal of Physiology, 566,* 21-22.

McAlpine, D., & Grothe, B. (2003). Sound localization and delay lines: Do mammals fit the model? *Trends in Neurosciences, 26,* 347-350.

McBurney, D. H. (1969). Effects of adaptation on human taste function. In C. Pfaffmann (Ed.), *Olfaction and taste* (pp. 407-419). New York: Rockefeller University Press.

McCarthy, G., Puce, A., Gore, J. C., & Allison, T. (1997). Face-specific processing in the human fusiform gyrus. *Journal of Cognitive Neuroscience, 9,* 605-610.

McCartney, P. (1970). *The long and winding road.* Apple Records.

McFadden, S. A. (1987). The binocular depth stereoacuity of the pigeon and its relation to the anatomical resolving power of the eye. *Vision Research, 27,* 1967-1980.

McFadden, S. A., & Wild, J. M. (1986). Binocular depth perception in the pigeon. *Journal of Experimental Analysis of Behavior, 45,* 149-160.

McGettigan, C., Fulkner, A., Altarelli, I., Obleser, J., Baverstock, H., & Scott, S. K. (2012). Speech comprehension aided by multiple modalities: Behavioural and neural interactions. *Neuropsychologia, 50,* 762-776.

McGurk, H., & MacDonald, T. (1976). Hearing lips and seeing voices. *Nature, 264,* 746-748.

McIntosh, R. D., & Lashley, G. (2008). Matching boxes: Familiar size influences action programming. *Neuropsychologica, 46,* 2441-2444.

McRae, J. F., Jaeger, S. R., Bava, C. M., Beresford, M. K., Hunter, D., Jia, Y., et al. (2013). Identification of region associated with variation in sensitivity to food-related odors in the human genome. *Current Biology, 23,* 1596-1600.

Mehler, J. (1981). The role of syllables in speech processing: Infant and adult data. *Transactions of the Royal Society of London, B295,* 333-352.

Meister, I. G., Wilson, S. M., Deblieck, C., Wu, A. D., & Iacoboni, M. (2007). The essential role of premotor cortex in speech perception. *Current Biology, 17,* 1692-1696.

Meltzoff, A. N. (1995). Understanding the intentions of others: Re-enactments of intended acts by 18-month-old children. *Developmental Psychology, 31,* 838-850.

Meltzoff, A. N., & Moore, M. K. (1977). Imitation of facial and manual gestures by human neonates. *Science, 198,* 75-78.

Meltzoff, A. N., Williamson, R. A., & Marshall, P. J. (2013). Developmental perspectives on action science: Lessons from infant imitation and cognitive neuroscience. In W. Prinz, M. Beisert, & A. Herwig (Eds.), *Action science: Foundations of an emerging discipline* (pp. 281-306). Cambridge, MA: MIT Press.

Melzack, R. (1992). Phantom limbs. *Scientific American, 266,* 121-126.

Melzack, R. (1999). From the gate to the neuromatrix. *Pain, Suppl. 6,* S121-S126.

Melzack, R., & Wall, P. D. (1965). Pain mechanisms: A new theory. *Science, 150,* 971-979.

Melzack, R., & Wall, P. D. (1983). *The challenge of pain.* New York: Basic Books.

Melzack, R., & Wall, P. D. (1988). *The challenge of pain* (Rev. ed.). New York: Penguin Books.

Menashe, I., Man, O., Lancet, D., & Gilad, Y. (2003). Different noses for different people. *Nature Genetics, 34,* 143-144.

Meng, M., Cherian, T., Singal, G., & Sinha, P. (2012). Lateralization of face processing in the human brain. *Proceedings of the Royal Society B, 279,* 2052-2061.

Mennella, J. A., Jagnow, C. P., & Beauchamp, G. K. (2001). Prenatal and postnatal flavor learning by human infants. *Pediatrics, 107*(6), 1-6.

Mennella, J. A., Johnson, A., & Beauchamp, G. K. (1995). Garlic ingestion by pregnant women alters the odor of amniotic fluid. *Chemical Senses, 20,* 207-209.

Menz, M. D., & Freeman, R. D. (2003). Stereoscopic depth processing in the visual cortex: A coarse-to-fine mechanism. *Nature Neuroscience, 6,* 59-65.

Menzel, R., & Backhaus, W. (1989). Color vision in honey bees: Phenomena and physiological mechanisms. In D. G. Stavenga & R. C. Hardie (Eds.), *Facets of vision* (pp. 281-297). Berlin: Springer-Verlag.

Menzel, R., Ventura, D. F., Hertel, H., deSouza, J., & Greggers, U. (1986). Spectral sensitivity of photoreceptors in insect compound eyes: Comparison of species and methods. *Journal of Comparative Physiology, 158A,* 165-177.

Merigan, W. H., & Maunsell, J. H. R. (1993). How parallel are the primate visual pathways? *Annual Review of Neuroscience, 16,* 369-402.

Merskey, H. (1991). The definition of pain. *European Journal of Psychiatry, 6,* 153-159.

Mesgarani, N., Cheung, C., Johnson, K., & Chang, E. F. (2014). Phonetic feature encoding in human superior temporal gyrus. *Science, 343,* 1006-1010.

Meso, A. I., & Zanker, J. M. (2009). Speed encoding in correlation motion detectors as a consequence of spatial structure. *Biological Cybernetics, 100,* 361-370.

Meyer, K., Kaplan, J. T., Essex, R., Damasio, H., & Damasio, A. (2011). Seeing touch is correlated with content specific activity in primary somatosensory cortex. *Cerebral Cortex, 21,* 2113-2121.

Meyer, L. B. (1956). *Emotion and meaning in music.* Chicago: University of Chicago Press.

Micelli, G., Gainotti, G., Caltagirone, C., & Masullo, C. (1980). Some aspects of phonological impairment in aphasia. *Brain and Language, 11,* 159-169.

Micheyl, C., & Oxenham, A. J. (2010). Objective and subjective psychophysical measures of auditory stream integration and segregation. *Journal of the Association for Research in Otolaryngology, 11,* 709-724.

Miller, G. A., & Heise, G. A. (1950). The trill threshold. *Journal of the Acoustical Society of America, 22,* 637-683.

Miller, G. A., & Isard, S. (1963). Some perceptual consequences of linguistic rules. *Journal of Verbal Learning and Verbal Behavior, 2,* 212-228.

Miller, J., & Carlson, L. (2011). Selecting landmarks in novel environments. *Psychonomic Bulletin & Review, 18,* 184-191.

Miller, J. D. (1974). Effects of noise on people. *Journal of the Acoustical Society of America, 56,* 729-764.

Miller, S. L., & Maner J. K. (2010). Scent of a woman: Men's testosterone responses to olfactory ovulation cues. *Psychological Science, 21,* 276-283.

Milner, A. D., & Goodale, M. A. (1995). *The visual brain in action.* New York: Oxford University Press.

Mishkin, M., Ungerleider, L. G., & Macko, K. A. (1983). Object vision and spatial vision: Two central pathways. *Trends in Neuroscience, 6,* 414-417.

Molenberghs, P., Hayward, L., Mattingley, J. B., & Cunnington, R. (2012). Activation patterns during action observation are modulated by context in mirror system areas. *NeuroImage, 59,* 608-615.

Moller, A. R. (2006). *Hearing: Anatomy, physiology, and disorders of the auditory system* (2nd ed.). San Diego: Academic Press.

Mollon, J. D. (1989). "Tho' she kneel'd in that place where they grew…" *Journal of Experimental Biology, 146,* 21-38.

Mollon, J. D. (1997). "Tho she kneel'd in that place where they grew …" The uses and origins of primate colour visual information. In A. Byrne & D. R. Hilbert (Eds.), *Readings on color: Vol. 2. The science of color* (pp. 379-396). Cambridge, MA: MIT Press.

Mollon, J. D. (2003a). Introduction: Thomas Young and the trichromatic theory of colour vision. In J. D. Mollon, J. Pokorny, & K. Knoblauch (Eds.), *Normal and defective color vision.* Oxford, UK: Oxford University Press.

Mollon, J. D. (2003b). The origins of modern color science. In S. Shevell (Ed.), *The science of color* (pp. 1-39). Oxford, UK: Elsevier.

Mondloch, C. J., Dobson, K. S., Parsons, J., & Maurer, D. (2004). Why 8-year-olds cannot tell the difference between Steve Martin and Paul Newman: Factors contributing to the slow development of sensitivity to the spacing of facial features. *Journal of Experimental Child Psychology, 89,* 159-181.

Mondloch, C. J., Geldart, S., Maurer, D., & LeGrand, R. (2003). Developmental changes in face processing skills. *Journal of Experimental Child*

Psychology, 86, 67–84.

Montagna, W., & Parakkal, P. F. (1974). *The structure and function of skin* (3rd ed.). New York: Academic Press.

Mon-Williams, M., & Tresilian, J. R. (1999). Some recent studies on the extraretinal contribution to distance perception. *Perception, 28*, 167–181.

Monzée, J., Lamarre, Y., & Smith, A. M. (2003). The effects of digital anesthesia on force control using a precision grip. *Journal of Neurophysiology, 89*, 672–683.

Moon, R. J., Cooper, R. P., & Fifer, W. P. (1993). Two-day-olds prefer their native language. *Infant Behavior and Development, 16*, 495–500.

Moore, B. C. J. (1995). *Perceptual consequences of cochlear damage*. Oxford, UK: Oxford University Press.

Morton, J., & Johnson, M. H. (1991). CONSPEC and CONLEARN: A two-process theory of infant face recognition. *Psychological Review, 98*, 164–181.

Moser, E. I., Moser, M.-B., & Roudi, Y. (2014). Network mechanisms of grid cells. *Philosophical Transactions of the Royal Society B, 369*, 20120511.

Moser, E. I., Roudi, Y., Witter, M. P., Kentros, C., Bonhoeffer, T., & Moser, M.-B. (2014). Grid cells and cortical representation. *Nature Reviews Neuroscience, 15*, 466–481.

Moulton, D. G. (1977). Minimum odorant concentrations detectable by the dog and their implications for olfactory receptor sensitivity. In D. Miller-Schwarze & M. M. Mozell (Eds.), *Chemical signals in vertebrates* (pp. 455–464). New York: Plenum Press.

Mountcastle, V. B., & Powell, T. P. S. (1959). Neural mechanisms subserving cutaneous sensibility, with special reference to the role of afferent inhibition in sensory perception and discrimination. *Bulletin of the Johns Hopkins Hospital, 105*, 201–232.

Movshon, J. A., & Newsome, W. T. (1992). Neural foundations of visual motion perception. *Current Directions in Psychological Science, 1*, 35–39.

Mozell, M. M., Smith, B. P., Smith, P. E., Sullivan, R. L., & Swender, P. (1969). Nasal chemoreception in flavor identification. *Archives of Otolaryngology, 90*, 131–137.

Mueller, K. L., Hoon, M. A., Erlenbach, I., Chandrashekar, J., Zuker, C. S., & Ryba, N. J. P. (2005). The receptors and coding logic for bitter taste. *Nature, 434*, 225–229.

Mukamel, R., Ekstrom, A. D., Kaplan, J., Iacoboni, M., & Fried, I. (2010). Single neuron responses in humans during execution and observation of actions. *Current Biology, 20*, 750–756.

Mullally, S. L., & Maguire, E. A. (2011). A new role for the parahippocapal cortex in representing space. *Journal of Neuroscience, 31*, 7441–7449.

Murphy, C., & Cain, W. S. (1980). Taste and olfaction: Independence vs. interaction. *Physiology and Behavior, 24*, 601–606.

Murphy, K. J., Racicot, C. I., & Goodale, M. A. (1996). The use of visuomotor cues as a strategy for making perceptual judgements in a patient with visual form agnosia. *Neuropsychology, 10*, 396–401.

Murray, M. M., & Spierer, L. (2011). Multisensory integration: What you see is where you hear. *Current Biology, 21*, R229–R231.

Murray, S. O., Olshausen, B. A., & Woods, D. L. (2003). Processing shape, motion and three-dimensional shape-from-motion in the human cortex. *Cerebral Cortex, 13*, 508–516.

Murthy, V. N. (2011). Olfactory maps in the brain. *Annual Review of Neuroscience, 34*, 233–258.

Myers, D. G. (2004). *Psychology*. New York: Worth.

Mythbusters. (2007). Episode 71: Pirate special. Program first aired on the Discovery Channel, January 17, 2007.

Naselaris, T., Prenger, R., Kay, K., Oliver, M., & Gallant, J. (2009). Bayesian reconstruction of natural images from human brain activity. *Neuron, 63*, 902–915.

Nassi, J. J., & Callaway, E. M. (2009). Parallel processing strategies of the primate visual system. *Nature Reviews Neuroscience, 10*, 360–372.

Nathans, J., Thomas, D., & Hogness, D. S. (1986). Molecular genetics of human color vision: The genes encoding blue, green, and red pigments. *Science, 232*, 193–202.

Nationwide Insurance. (2008, May). Driving while distracted: Public relations research. www.nationwide.com/pdf/dwd-2008-survey-results.pdf.

Natu, V., & O'Toole, A. J. (2011). The neural processing of familiar and unfamiliar faces: A review and synopsis. *British Journal of Psychology, 102*, 726–747.

Neff, W. D., Fisher, J. F., Diamond, I. T., & Yela, M. (1956). Role of the auditory cortex in discrimination requiring localization of sound in space. *Journal of Neurophysiology, 19*, 500–512.

Neisser, U., & Becklen, R. (1975). Selective looking: Attending to visually specified events. *Cognitive Psychology, 7*, 480–494.

Neri, P. (2005). A stereoscopic look at visual cortex. *Journal of Neurophysiology, 93*, 1823–1826.

Neri, P., Bridge, H., & Heeger D. J. (2004). Stereoscopic processing of absolute and relative disparity in human visual cortex. *Journal of Neurophysiology, 92*, 1880–1891.

Newsome, W. T., & Paré, E. B. (1988). A selective impairment of motion perception following lesions of the middle temporal visual area (MT). *Journal of Neuroscience, 8*, 2201–2211.

Newsome, W. T., Shadlen, M. N., Zohary, E., Britten, K. H., & Movshon, J. A. (1995). Visual motion: Linking neuronal activity to psychophysical performance. In M. S. Gazzaniga (Ed.), *The cognitive neurosciences* (pp. 401–414). Cambridge, MA: MIT Press.

Newton, I. (1704). *Optiks*. London: Smith and Walford.

Newtson, D., & Engquist, G. (1976). The perceptual organization of ongoing behavior. *Journal of Experimental Psychology: General, 130*, 29–58.

Nickerson, D., & Newhall, S. M. (1943). A psychological color solid. *Journal of the Optical Society of America, 33*, 419–421.

Nikonov, A. A., Finger, T. E., & Caprio, J. (2005). Beyond the olfactory bulb: An odotopic map in the forebrain. *Proceedings of the National Academy of Sciences, 102*, 18688–18693.

Nodal, F. R., Kacelnik, O., Bajo, V. M., Bizley, J. K., Moore, D. R., & King, A. J. (2010). Lesions of the auditory cortex impair azimuthal sound localization and its recalibration in ferrets. *Journal of Neurophysiology, 103*, 1209–1225.

Norcia, A. M., & Tyler, C. W. (1985). Spatial frequency sweep VEP: Visual acuity during the first year of life. *Vision Research, 25*, 1399–1408.

Nordby, K. (1990). Vision in a complete achromat: A personal account. In R. F. Hess, L. T. Sharpe, & K. Nordby (Eds.), *Night vision* (pp. 290–315). Cambridge, UK: Cambridge University Press.

Norman-Haignere, S., Kanwisher, N., & McDermott, J. H. (2013). Cortical pitch regions in humans respond primarily to resolved harmonics and are located in specific tonotopic regions of anterior auditory cortex. *Journal of Neuroscience, 33*, 19451–19469.

Noton, D., & Stark, L. W. (1971). Scanpaths in eye movements during pattern perception. *Science, 171*, 308–311.

Novick, J. M., Trueswell, J. C., & Thomson-Schill, S. L. (2005). Cognitive control and parsing: Reexamining the role of Broca's area in sentence comprehension. *Cognitive, Affective and Behavioral Neuroscience, 5*, 263–281.

Novotny, M., Harvey, S., Jemiolo, B., & Alberts, J. (1985). Synthetic pheromones that promote inter-male aggression in mice. *Proceedings of the National Academy of Sciences, 82*, 2059–2061.

Nozaradan, S., Peretz, I., Missal, M., & Mouraux, A. (2011). Tagging the neuronal entrainment to beat and meter. *Journal of Neuroscience, 31*, 10234–10240.

O'Craven, K. M., Downing, P. E., & Kanwisher, N. (1999). fMRI evidence for objects as the units of attentional selection. *Nature, 401*, 584–587.

O'Doherty, J., Rolls, E. T., Francis, S., Bowtell, R., McGlone, F., Kobal, G., et al. (2000). Sensory-specific satiety-related olfactory activation of the human orbitofrontal cortex. *Neuroreport, 11*, 893–897.

O'Keefe, J., & Dostrovsky, J. (1971). The hippocampus as a spatial map. Preliminary evidence from unit activity in the freely-moving rat. *Brain Research, 34*, 171–175.

O'Keefe, J., & Nadel, L. (1978). *The hippocampus as a cognitive map*. Oxford, UK: Clarendon Press.

O'Toole, A. J. (2007). Face recognition algorithms surpass humans matching faces over changes in illumination. *IEE Transactions on Pattern Analysis and Machine Intelligence, 29*, 1642–1646.

O'Toole, A. J., Abdi, H., Jiang, F., & Phillips, P. J. (2007). Fusing face recognition algorithms and humans. *IEEE Transactions on Systems, Man and Cybernetics, 37*, 1149–1155.

O'Toole, A. J., Harms, J., Snow, S. L., Hurst, D. R., Pappas, M. R., & Abdi, H. (2005). A video database of moving faces and people. *IEE*

Transactions on Pattern Analysis and Machine Intelligence, 27, 812–816.

Oberman, L. M., Hubbard, E. M., McCleery, J. P., Altschuler, E. L., Ramachandran, V. S., & Pineda, J. (2005). EEG evidence for mirror neuron dysfunction in autism spectrum disorders. *Cognitive Brain Research, 24*, 190–198.

Oberman, L. M., Ramachandran, V. S., & Pineda, J. A. (2008). Modulation of mu suppression in children with autism spectrum disorders in response to familiar or unfamiliar stimuli: The mirror neuron hypothesis. *Neuropsychologia, 46*, 1558–1565.

Ohzawa, I. (1998). Mechanisms of stereoscopic vision: The disparity energy model. *Current Opinion in Neurobiology, 8*, 509–515.

Okamoto, T., Teismann, H., Kakigi, R., & Pantev, C. (2011). Broadened population-level frequency tuning in human auditory cortex of portable music player users. *PLoS ONE, 6*(3): e17022. Doi:10.1371/journal.pone.0017022.

Oliva, A., & Schyns, P. G. (2000). Diagnostic colors mediate scene recognition. *Cognitive Psychology, 41*, 176–210.

Oliva, A., & Torralba, A. (2001). Modeling the shape of the scene: A holistic representation of the spatial envelope. *International Journal of Computer Vision, 42*, 145–175.

Oliva, A., & Torralba, A. (2006). Building the gist of a scene: The role of global image features in recognition. *Progress in Brain Research, 155*, 23–36.

Oliva, A., & Torralba, A. (2007). The role of context in object recognition. *Trends in Cognitive Sciences, 11*, 521–527.

Olkkonen, M., Witzel, C., Hansen, T., & Gegenfurtner, K. R. (2010). Categorical color constancy for real surfaces. *Journal of Vision, 10*(9), 1–22.

Olshausen, B. A., & Field, D. J. (2004). Sparse coding of sensory inputs. *Current Opinion in Neurobiology, 14*, 481–487.

Olsho, L. W., Koch, E. G., Carter, E. A., Halpin, C. F., & Spetner, N. B. (1988). Pure-tone sensitivity of human infants. *Journal of the Acoustical Society of America, 84*, 1316–1324.

Olsho, L. W., Koch, E. G., Halpin, C. F., & Carter, E. A. (1987). An observer-based psychoacoustic procedure for use with young infants. *Developmental Psychology, 23*, 627–640.

Olson, C. R., & Freeman, R. D. (1980). Profile of the sensitive period for monocular deprivation in kittens. *Experimental Brain Research, 39*, 17–21.

Olson, H. (1967). *Music, physics, and engineering* (2nd ed.). New York: Dover.

Olson, R. L., Hanowski, R. J., Hickman, J. S., & Bocanegra, J. (2009). Driver distraction in commercial vehicle operations. U. S. Department of Transportation Report No. FMCSA-RRR-09-042.

Orban, G. A., Vandenbussche, E., & Vogels, R. (1984). Human orientation discrimination tested with long stimuli. *Vision Research, 24*, 121–128.

Osmanski, B. F., Martin, C., Montaldo, G., Laniece, P., Pain, F., Tanter, M., & Gurden, H. (2014). Functional ultrasound imaging reveals different odor-evoked patterns of vascular activity in the main olfactory bulb and the anterior piriform cortex. *Neuroimage, 95*, 176–184.

Osterhout, L., McLaughlin, J., & Bersick, M. (1997). Event-related brain potentials and human language. *Trends in Cognitive Sciences, 1*, 203–209.

Oxenham, A. J. (2013). The perception of musical tones. In D. Deutsch (Ed.), *The psychology of music* (3rd ed., pp. 1–33). New York: Elsevier.

Oxenham, A. J., Micheyl, C., Keebler, M. V., Loper, A., & Santurette, S. (2011). Pitch perception beyond the traditional existence region of pitch. *Proceedings of the National Academy of Sciences, 108*, 7629–7634.

Pack, C. C., & Born, R. T. (2001). Temporal dynamics of a neural solution to the aperture problem in visual area MT of macaque brain. *Nature, 409*, 1040–1042.

Pack, C. C., Livingston, M. S., Duffy, K. R., & Born, R. T. (2003). End-stopping and the aperture problem: Two-dimensional motion signals in macaque V1. *Neuron, 59*, 671–680.

Palmer, A. R. (1987). Physiology of the cochlear nerve and cochlear nucleus. In M. P. Haggard & E. F. Evans (Eds.), *Hearing* (pp. 838–855). Edinburgh: Churchill Livingstone.

Palmer, C. (1997). Music performance. *Annual Review of Psychology, 48*, 115–138.

Palmer, S. E. (1975). The effects of contextual scenes on the identification of objects. *Memory and Cognition, 3*, 519–526.

Palmer, S. E. (1992). Common region: A new principle of perceptual grouping. *Cognitive Psychology, 24*, 436–447.

Palmer, S. E., & Rock, I. (1994). Rethinking perceptual organization: The role of uniform connectedness. *Psychonomic Bulletin and Review, 1*, 29–55.

Paré, M., Smith, A. M., & Rice, F. L. (2002). Distribution and terminal arborizations of cutaneous mechanoreceptors in the glabrous finger pads of the monkey. *Journal of Comparative Neurology, 445*, 347–359.

Parker, A. J. (2007). Binocular depth perception and the cerebral cortex. *Nature Reviews Neuroscience, 8*, 379–391.

Parkhi, O. M., Vedaldi, A., Zisserman, A., & Jawahar, C. V. (2012). Cats and dogs. *Proceedings of the IEEE Conference on Computer Vision and Pattern Recognition (CVPR)*.

Parkhurst, D., Law, K., & Niebur, E. (2002). Modeling the role of salience in the allocation of overt visual attention. *Vision Research, 42*, 107–123.

Parkin, A. J. (1996). *Explorations in cognitive neuropsychology*. Oxford, UK: Blackwell.

Pascalis, O., de Schonen, S., Morton, J., Deruelle, C., & Fabre-Grenet, M. (1995). Mother's face recognition by neonates: A replication and an extension. *Infant Behavior and Development, 18*, 79–85.

Pascual-Leone, A., Amedi, A., Fregni, F., & Merabet, L. B. (2005). The plastic human brain cortex. *Annual Review of Neuroscience, 28*, 377–401.

Pasternak, T., & Merigan, E. H. (1994). Motion perception following lesions of the superior temporal sulcus in the monkey. *Cerebral Cortex, 4*, 247–259.

Patel, A. D. (2008). *Music, language, and the brain*. New York: Oxford University Press.

Patel, A. D., Gibson, E., Ratner, J., Besson, M., & Holcomb, P. J. (1998). Processing syntactic relations in language and music: An event-related potential study. *Journal of Cognitive Neuroscience, 10*, 717–733.

Peacock, T. (1855). *Life of Thomas Young MD, FRS*. London: John Murray.

Pecka, M., Bran, A., Behrend, O., & Grothe, B. (2008). Interaural time difference processing in the mammalian medial superior olive: The role of glycinergic inhibition. *Journal of Neuroscience, 28*, 6914–6925.

Pei, Y.-C., Hsiao, S. S., Craig, J. C., & Bensmaia, S. J. (2011). Neural mechanisms of tactile motion integration in somatosensory cortex. *Neuron, 69*, 536–547.

Pelchat, M. L., Bykowski, C., Duke, F. F., & Reed, D. R. (2011). Excretion and perception of a characteristic odor in urine after asparagus ingestion: A psychophysical and genetic study. *Chemical Senses, 36*, 9–17.

Pelphrey, K. A., Mitchell, T. V., McKeown, M. J., Goldstein, J., Allison, T., & McCarthy, G. (2003). Brain activity evoked by the perception of human walking: Controlling for meaningful coherent motion. *Journal of Neuroscience, 23*, 6819–6825.

Pelphrey, K. A., Morris, J., Michelich, C., Allison, T., & McCarthy, G. (2005). Functional anatomy of biological motion perception in posterior temporal cortex: An fMRI study of eye, mouth and hand movements. *Cerebral Cortex, 15*, 1866–1876.

Penfield, W., & Rasmussen, T. (1950). *The cerebral cortex of man*. New York: Macmillan.

Peng, J.-H., Tao, Z.-A., & Huang, Z.-W. (2007). Risk of damage to hearing from personal listening devices in young adults. *Journal of Otolaryngology, 36*, 181–185.

Pereira, C. S., Teixeira, J., Figueiredo, P., Xavier, J., Castro, S. L., & Brattico, E. (2011). Music and emotions in the brain: Familiarity matters. *PLoS One, 6*(11), e27241, 1–9.

Perl, E. R. (2007). Ideas about pain, a historical view. *Nature Reviews Neuroscience, 8*, 71–80.

Perl, E. R., & Kruger, L. (1996). Nociception and pain: Evolution of concepts and observations. In L. Kruger (Ed.), *Pain and touch* (pp. 180–211). San Diego, CA: Academic Press.

Perrett, D. I., Rolls, E. T., & Caan, W. (1982). Visual neurons responsive to faces in the monkey temporal cortex. *Experimental Brain Research, 7*, 329–342.

Perrodin, C., Kayser, C., Logothetis, N. K., & Petkov, C. I. (2011). Voice cells in the primate temporal lobe. *Current Biology, 21*, 1408–1415.

Peters, J. (2004, November 26). "Hi, I'm your car. Don't let me distract you." *New York Times*.

Peterson, F., & Rainey, L. H. (1911). The beginnings of mind in the

newborn. *Bulletin of the Lying-In Hospital, 7*, 99–122.
Peterson, M. A. (1994). Object recognition processes can and do operate before figure-ground organization. *Current Directions in Psychological Science, 3*, 105–111.
Peterson, M. A. (2001). Object perception. In E. B. Goldstein (Ed.), *Blackwell handbook of perception* (pp. 168–203). Oxford, UK: Blackwell.
Peterson, M. A., & Kimchi, R. (2013). Perceptual organization in vision. In D. Reisberg (Ed.), *The Oxford handbook of cognitive psychology* (pp. 9–31). New York: Oxford University Press.
Peterson, M. A., & Salvagio, E. (2008). Inhibitory competition in figure-ground perception: Context and convexity. *Journal of Vision, 8*(16), 1–13.
Pfaffmann, C. (1974). Specificity of the sweet receptors of the squirrel monkey. *Chemical Senses, 1*, 61–67.
Pfeiffer, C. A., & Johnston, R. E. (1994). Hormonal and behavioral responses of male hamsters to females and female odors: Roles of olfaction, the vomeronasal system, and sexual experience. *Physiology and Behavior, 55*, 129–138.
Philbeck, J. W., Loomis, J. M., & Beall, A. C. (1997). Visually perceived location is an invariant in the control of action. *Perception & Psychophysics, 59*, 601–612.
Phillips, J. R., & Johnson, K. O. (1981). Tactile spatial resolution: II: Neural representation of bars, edges, and gratings in monkey primary afferent. *Journal of Neurophysiology, 46*, 1177–1191.
Phillips-Silver, J., & Trainor, L. J. (2005). Feeling the beat: Movement influences infant rhythm perception. *Science, 308*, 1430.
Phillips-Silver, J., & Trainor, L. J. (2007). Hearing what the body feels: Auditory encoding of rhythmic movement. *Cognition, 105*, 533–546.
Piqueras-Fiszman, G., Alcaide, J., Roura, E., & Spence, C. (2012). Is it the plate or is it the food? Assessing the influence of the color (black or white) and shape of the plate on the perception of the food placed on it. *Food Quality and Preference, 24*, 205–208.
Pitcher, D., Dilks, D. D., Saxe, R. R., Triantafyllou, C., & Kanwisher, N. (2011). Differential selectivity for dynamic versus static in face-selective cortical regions. *Neuroimage, 56*, 2356–2363.
Plack, C. J. (2005). *The sense of hearing*. New York: Psychology Press.
Plack, C. J. (2014). *The sense of hearing* (2nd ed.). New York: Psychology Press.
Plack, C. J., Barker, D., & Hall, D. A. (2014). Pitch coding and pitch processing in the human brain. *Hearing Research, 307*, 53–64.
Plack, C. J., Barker, D., & Prendergast, G. (2014). Perceptual consequences of "hidden" hearing loss. *Trends in Hearing, 18*, 1–11.
Plack, C. J., Drga, V., & Lopez-Poveda, E. (2004). Inferred basilar-membrane response functions for listeners with mild to moderate sensorineural hearing loss. *Journal of the Acoustical Society of America, 115*, 1684–1695.
Plassmann, H., O'Doherty, J., Shiv, B., & Rangel, A. (2008). Marketing actions can modulate neural representations of experienced pleasantness. *Proceedings of the National Academy of Sciences, 105*, 1050–1054.
Plug, C., & Ross, H. E. (1994). The natural moon illusion: A multifactor account. *Perception, 23*, 321–333.
Poggio, G. F., Gonzalez, F., & Krause, F. (1988). Stereoscopic mechanisms in monkey visual cortex: Binocular correlation and disparity selectivity. *Journal of Neuroscience, 8*, 4531–4550.
Pointer, M. R., & Attridge, G. G. (1998). The number of discernible colours. *Color Research and Application, 23*, 52–54.
Pokorny, J., Shevell, S. K., & Smith, V. C. (1991). Color appearance and color constancy. In P. Gouras (Ed.), *The perception of color: Vol. 6. Vision and visual dysfunction* (pp. 43–61). Boca Raton, FL: CRC Press.
Porter, R. H., Cernoch, J. M., & McLaughlin, F. J. (1983). Maternal recognition of neonates through olfactory cues. *Physiology & Behavior, 30*, 151–154.
Posner, M. I., Nissen, M. J., & Ogden, W. C. (1978). Attended and unattended processing modes: The role of set for spatial location. In H. L. Pick & I. J. Saltzman (Eds.), *Modes of perceiving and processing information*. Hillsdale, NJ: Erlbaum.
Potter, M. C. (1976). Short-term conceptual memory for pictures. *Journal of Experimental Psychology (Human Learning), 2*, 509–522.
Price, D. D. (2000). Psychological and neural mechanisms of the affective dimension of pain. *Science, 288*, 1769–1772.
Prinzmetal, W., Shimamura, A. P., & Mikolinski, M. (2001). The Ponzo illusion and the perception of orientation. *Perception & Psychophysics, 63*, 99–114.
Proffitt, D. R. (2006). Distance perception. *Current Directions in Psychological Science, 15*, 131–135.
Puce, A., Allison, T., Bentin, S., Gore, J. C., & McCarthy, G. (1998). Temporal cortex activation in humans viewing eye and mouth movements. *Journal of Neuroscience, 18*, 2188–2199.

Quinlan, P. (2003). Visual feature integration theory: Past, present, and future. *Psychological Bulletin, 129*, 643–673.
Quiroga, R. Q., Reddy, L., Kreiman, G., Koch, C., & Fried, I. (2005). Invariant visual representation by single neurons in the human brain. *Nature, 435*, 1102–1107.
Quiroga, R. Q., Reddy, L., Kreiman, G., Koch, C., & Fried, I. (2008). Sparse but not "grandmother-cell" coding in the medial temporal lobe. *Trends in Cognitive Sciences, 12*, 87–91.

Rainville, C., Joubert, S., Felician, O., Chabanne, V., Ceccaldi, M., & Peruch, P. (2005). Wayfinding in familiar and unfamiliar environments in a case of progressive topographical agnosia. *Neurocase, 11*, 1–13.
Rainville, P. (2002). Brain mechanisms of pain affect and pain modulation. *Current Opinion in Neurobiology, 12*, 195–204.
Rainville, P., Hofbauer, R. K., Paus, T., Duncan, G. H., Bushnell, M. C., & Price, D. D. (1999). Cerebral mechanisms of hypnotic induction and suggestion. *Journal of Cognitive Neuroscience, 11*, 110–125.
Ramachandran, V. S. (1992, May). Blind spots. *Scientific American*, 86–91.
Ramachandran, V. S., & Hirstein, W. (1998). The perception of phantom limbs. *Brain, 121*, 1603–1630.
Rao, H., Han, S., Jiang, Y., Xue, Y., Gu, H., Cui, Y., et al. (2004). Engagement of the prefrontal cortex in representational momentum: An fMRI study. *Neuroimage, 23*, 98–103.
Ratliff, F. (1965). *Mach bands: Quantitative studies on neural networks in the retina*. San Francisco: Holden-Day.
Ratner, C., & McCarthy, J. (1990). Ecologically relevant stimuli and color memory. *Journal of General Psychology, 117*, 369–377.
Rauschecker, J. P. (1997). Processing of complex sounds in the auditory cortex of cat, monkey, and man. *Acta Otolaryngol, 532*(Suppl.), 34–38.
Rauschecker, J. P. (1998). Cortical processing of complex sounds. *Current Opinion in Neurobiology, 8*, 516–521.
Rauschecker, J. P. (2011). An expanded role for the dorsal auditory pathway in sensorimotor control and integration. *Hearing Research, 271*, 16–25.
Rauschecker, J. P., & Scott, S. K. (2009). Maps and streams in the auditory cortex: Nonhuman primates illuminate human speech processing. *Nature Neuroscience, 12*, 718–724.
Rauschecker, J. P., & Tian, B. (2000). Mechanisms and streams for processing of "what" and "where" in auditory cortex. *Proceedings of the National Academy of Sciences, USA, 97*, 11800–11806.
Recanzone, G. H. (2000). Spatial processing in the auditory cortex of the macaque monkey. *Proceedings of the National Academy of Sciences, 97*, 11829–11835.
Reddy, L., Reddy, L., & Koch, C. (2006). Face identification in the near-absence of focal attention. *Vision Research, 46*, 2336–2343.
Reddy, L., Wilken, P., & Koch, C. (2004). Face-gender discrimination is possible in the near-absence of attention. *Journal of Vision, 4*, 106–117.
Reddy, S. (1976). Speech recognition by machine: A review. *Proceedings of the IEEE, 64*, 501–531.
Regev, M., Honey, C. J., Simony, E., & Hasson, U. (2013). Selective and invariant neural responses to spoken and written narratives. *Journal of Neuroscience, 33*, 15978–15988.
Reichardt, W. (1969). Movement perception in insects. In W. Reichardt (Ed.), *Processing of optical data by organisms and machines*. New York: Academic Press.
Rennaker, R. L., Chen, C.-F. F., Ruyle, A. M., Sloan, A. M., & Wilson, D. A. (2007). Spatial and temporal distribution of odorant-evoked activity in the piriform cortex. *Journal of Neuroscience, 27*, 1534–1542.
Rensink, R. A. (2002). Change detection. *Annual Review of Psychology, 53*, 245–277.
Rensink, R. A., O'Regan, J. K., & Clark, J. J. (1997). To see or not to see: The need for attention to perceive changes in scenes. *Psychological Science, 8*, 368–373.
Repacholi, B. M., & Meltzoff, A. N. (2007). Emotional eavesdropping: Infants selectively respond to indirect emotional signals. *Child Devel-*

opment, 78, 503–521.
Restrepo, D., Doucette, W., Whitesell, J. D., McTavish, T. S., & Salcedo, E. (2009). From the top down: Flexible reading of a fragmented odor map. *Trends in Neurosciences, 32*, 525–531.
Rhode, W. S. (1971). Observations of the vibration of the basilar membrane in squirrel monkeys using the Mössbauer technique. *Journal of the Acoustical Society of America, 49*(Suppl.), 1218–1231.
Rhode, W. S. (1974). Measurement of vibration of the basilar membrane in the squirrel monkey. *Annals of Otology, Rhinology & Laryngology, 83*, 619–625.
Rhudy, J. L., Williams, A. E., McCabe, K. M., Thu, M. A. Nguyen, V., & Rambo, P. (2005). Affective modulation of nociception at spinal and supraspinal levels. *Psychophysiology, 42*, 579–587.
Riesenhuber, M., & Poggio, T. (2000). Models of object recognition. *Nature Neuroscience Supplement, 3*, 1199–1204.
Riesenhuber, M., & Poggio, T. (2002). Neural mechanisms of object recognition. *Current Opinion in Neurobiology, 12*, 162–168.
Ringbach, D. L. (2003). Look at the big picture (details will follow). *Nature Neuroscience, 6*, 7–8.
Risset, J. C., & Mathews, M. W. (1969). Analysis of musical instrument tones. *Physics Today, 22*, 23–30.
Rizzolatti, G., Forgassi, L., & Gallese, V. (2000). Cortical mechanisms subserving object grasping and action recognition: A new view on the cortical motor functions. In M. Gazzaniga (Ed.), *The new cognitive neurosciences* (pp. 539–552). Cambridge, MA: MIT Press.
Rizzolatti, G., Fogassi, L., & Gallese, V. (2006, November). Mirrors in the mind. *Scientific American, 295*, 54–61.
Rizzolatti, G., & Sinigaglia, C. (2010). The functional role of the parieto-frontal mirror circuit: Interpretations and misinterpretations. *Nature Reviews Neuroscience, 11*, 264–274.
Robbins, J. (2000, July 4). Virtual reality finds a real place. *New York Times*.
Robertson, L., Treisman, A., Friedman-Hill, S., & Grabowecky, M. (1997). The interaction of spatial and object pathways: Evidence from Balint's syndrome. *Journal of Cognitive Neuroscience, 9*, 295–317.
Robinson, D. L., & Wurtz, R. (1976). Use of an extra-retinal signal by monkey superior colliculus neurons to distinguish real from self-induced stimulus movement. *Journal of Neurophysiology, 39*, 852–870.
Robles-De-La-Torre, G. (2006). The importance of the sense of touch in virtual and real environments. *IEEE Multimedia, 13*(3), pp. 24–30.
Rocha-Miranda, C. (2011). Personal communication.
Rock, I., & Kaufman, L. (1962). The moon illusion: Part 2. *Science, 136*, 1023–1031.
Rollman, G. B. (1991). Pain responsiveness. In M. A. Heller & W. Schiff (Eds.), *The psychology of touch* (pp. 91–114). Hillsdale, NJ: Erlbaum.
Rolls, E. T. (1981). Responses of amygdaloid neurons in the primate. In Y. Ben-Ari (Ed.), *The amygdaloid complex* (pp. 383–393). Amsterdam: Elsevier.
Rolls, E. T., & Baylis, L. L. (1994). Gustatory, olfactory, and visual convergence within the primate orbitofrontal cortex. *Journal of Neuroscience, 14*, 5437–5452.
Rolls, E. T., Critchley, H. D., Verhagen, J. V., & Kadohisa, M. (2010). The representation of information about taste and odor in the orbito-frontal cortex. *Chemical Perception, 3*, 16–33.
Rolls, E. T., & Tovee, M. J. (1995). Sparseness of the neuronal representation of stimuli in the primate temporal visual cortex. *Journal of Neurophysiology, 73*, 713–726.
Rosenstein, D., & Oster, H. (1988). Differential facial responses to four basic tastes in newborns. *Child Development, 59*, 1555–1568.
Rowe, M. J., Turman, A. A., Murray, G. M., & Zhang, H. Q. (1996). Parallel processing in somatosensory areas I and II of the cerebral cortex. In O. Franzen, R. Johansson, & L. Terenius (Eds.), *Somesthesis and the neurobiology of the somatosensory cortex* (pp. 197–212). Basel: Birkhauser Verlag.
Roy, M., Peretz, I., & Rainville, P. (2008). Emotional valence contribute to music-induced analgesia. *Pain, 134*, 140–147.
Rubin, E. (1958). Figure and ground. In D. C. Beardslee & M. Wertheimer (Eds.), *Readings in perception* (pp. 194–203). Princeton, NJ: Van Nostrand. (Original work published 1915)
Rubin, P., Turvey, M. T., & Van Gelder, P. (1976). Initial phonemes are detected faster in spoken words than in spoken nonwords. *Perception & Psychophysics, 19*, 394–398.
Rushton, S. K., & Salvucci, D. D. (2001). An egocentric account of the visual guidance of locomotion. *Trends in Cognitive Sciences, 5*, 6–7.
Rushton, S. K., Harris, J. M., Lloyd, M. R., & Wann, J. P. (1998). Guidance of locomotion on foot uses perceived target location rather than optic flow. *Current Biology, 8*, 1191–1194.
Rushton, W. A. H. (1961). Rhodopsin measurement and dark adaptation in a subject deficient in cone vision. *Journal of Physiology, 156*, 193–205.
Russell, M. J. (1976). Human olfactory communication. *Nature, 260*, 520–522.
Rust, N. C., Mante, V., Simoncelli, E. P., & Movshon, J. A. (2006). How MT cells analyze the motion of visual patterns. *Nature Neuroscience, 9*, 1421–1431.
Sacks, O. (1985). *The man who mistook his wife for a hat.* London: Duckworth.
Sacks, O. (1995). *An anthropologist on Mars.* New York: Vintage.
Sacks, O. (2006, June 19). Stereo Sue. *The New Yorker*, p. 64.
Sacks, O. (2010). *The mind's eye.* New York: Knopf.
Saffran, J. R., Aslin, R. N., & Newport, E. L. (1996). Statistical learning by 8-month-old infants. *Science, 274*, 1926–1928.
Sakata, H., & Iwamura, Y. (1978). Cortical processing of tactile information in the first somatosensory and parietal association areas in the monkey. In G. Gordon (Ed.), *Active touch* (pp. 55–72). Elmsford, NY: Pergamon Press.
Sakata, H., Taira, M., Mine, S., & Murata, A. (1992). Hand-movement-related neurons of the posterior parietal cortex of the monkey: Their role in visual guidance of hand movements. In R. Caminiti, P. B. Johnson, & Y. Burnod (Eds.), *Control of arm movement in space: Neurophysiological and computational approaches* (pp. 185–198). Berlin: Springer-Verlag.
Salapatek, P., Bechtold, A. G., & Bushnell, E. W. (1976). Infant visual acuity as a function of viewing distance. *Child Development, 47*, 860–863.
Salasoo, A., & Pisoni, D. B. (1985). Interaction of knowledge sources in spoken word identification. *Journal of Memory and Language, 24*, 210–231.
Samuel, A. G. (1981). Phonemic restoration: Insights from a new methodology. *Journal of Experimental Psychology: General, 110*, 474–494.
Samuel, A. G. (1990). Using perceptual-restoration effects to explore the architecture of perception. In G. T. M. Altmann (Ed.), *Cognitive models of speech processing* (pp. 295–314). Cambridge, MA: MIT Press.
Samuel, A. G. (1997). Lexical activation produces potent phonemic percepts. *Cognitive Psychology, 32*, 97–127.
Samuel, A. G. (2001). Knowing a word affects the fundamental perception of the sounds within it. *Psychological Science, 12*, 348–351.
Sato, M., Ogawa, H., & Yamashita, S. (1994). Gustatory responsiveness of chorda tympani fibers the cynomolgus monkey. *Chemical Senses, 19*, 381–400.
Saygin, A. P. (2007). Superior temporal and premotor brain areas necessary for biological motion perception. *Brain, 130*, 2452–2461.
Saygin, A. P. (2012). Sensory and motor brain areas supporting biological motion perception: Neuropsychological and neuroimaging studies. In K. Johnson & M. Shiffrar (Eds.), *People watching: Social, perceptual, and neurophysiological studies of body perception* (pp. 369–387). New York: Oxford University Press.
Saygin, A. P., Wilson, S. M., Hagler, D. J., Jr., Bates, E., & Sereno, M. I. (2004). Point-light biological motion perception activates human premotor cortex. *Journal of Neuroscience, 24*, 6181–6188.
Schaal, B. (1986). Presumed olfactory exchanges between mother and neonate in humans. In J. LeCamus & J. Conier (Eds.), *Ethology and psychology* (pp. 101–110). Toulouse, France: Privat-IEC.
Schaal, B., & Porter, R. H. (1991). "Microsmatic humans" revisited: The generation and perception of chemical signals. In P. J. B. Slater, J. S. Rosenblatt, & Colin Beer (Eds.), *Advances in the study of behavior* (Vol. 20, pp. 135–199). San Diego: Academic Press.
Schaette, R., & McAlpine, D. (2011). Tinnitus with a normal audiogram: Physiological evidence for hidden hearing loss and computational model. *Journal of Neuroscience, 31*, 13452–13457.
Scherf, K. S., Behrmann, M., Humphreys, K., & Luna, B. (2007). Visual category-selectivity for faces, places and objects emerges along different developmental trajectories. *Developmental Science, 10*, F15–F30.

Schiffman, H. R. (1967). Size-estimation of familiar objects under informative and reduced conditions of viewing. *American Journal of Psychology, 80*, 229-235.

Schiffman, S. S., & Erickson, R. P. (1971). A psychophysical model for gustatory quality. *Physiology and Behavior, 7*, 617-633.

Schiller, P. H., & Carvey, C. E. (2005). The Hermann grid illusion revisited. *Perception, 34*, 1375-1397.

Schiller, P. H., Logothetis, N. K., & Charles, E. R. (1990). Functions of the colour-opponent and broad-band channels of the visual system. *Nature, 343*, 68-70.

Schinazi, V. R., & Epstein, R. A. (2010). Neural correlates of real-world route learning. *NeuroImage, 53*, 725-735.

Schlack, A., Sterbing-D'Angelo, J., Hartung, K., Hoffmann, K.-P., & Bremmer, F. (2005). Multisensory space representations in the macaque ventral intraparietal area. *Journal of Neuroscience, 25*, 4616-4625.

Schmuziger, N., Patscheke, J., & Probst, R. (2006). Hearing in nonprofessional pop/rock musicians. *Ear & Hearing, 27*, 321-330.

Schnapf, J. L., Kraft, T. W., & Baylor, D. A. (1987). Spectral sensitivity of human cone photoreceptors. *Nature, 325*, 439-441.

Scholz, J., & Woolf, C. J. (2002). Can we conquer pain? *Nature Neuroscience, 5*, 1062-1067.

Schubert, E. D. (1980). *Hearing: Its function and dysfunction*. Wien: Springer-Verlag.

Scott, T. R., & Giza, B. K. (1990). Coding channels in the taste system of the rat. *Science, 249*, 1585-1587.

Scott, T. R., & Plata-Salaman, C. R. (1991). Coding of taste quality. In T. V. Getchell, R. L. Doty, L. M. Bartoshuk, & J. B. Snow (Eds.), *Smell and taste in health and disease* (pp. 345-368). New York: Raven Press.

Scoville, W. B., & Milner, B. (1957). Loss of recent memory after bilateral hippocampus lesions. *Journal of Neurosurgery and Psychiatry, 20*, 11-21.

Sedgwick, H. (2001). Visual space perception. In E. B. Goldstein (Ed.), *Blackwell handbook of perception* (pp. 128-167). Oxford, UK: Blackwell.

Segui, J. (1984). The syllable: A basic perceptual unit in speech processing? In H. Bouma & D. G. Gouwhuis (Eds.), *Attention and performance X* (pp. 165-181). Hillsdale, NJ: Erlbaum.

Senior, C., Barnes, J., Giampietro, V., Simmons, A., Bullmore, E. T., Brammer, M., et al. (2000). The functional neuoroanatomy of implicit-motion perception or "representational momentum." *Current Biology, 10*, 16-22.

Shackman, A. J., Salomons, T. V., Slagter, H. A., Fox, A. S., & Winter, J. J. (2011). The integration of negative affect, pain and cognitive control in the cingulate cortex. *Nature Reviews Neuroscience, 12*, 154-167.

Shahbake, M. (2008). *Anatomical and psychophysical aspects of the development of the sense of taste in humans* (Unpublished doctoral dissertation). University of Western Sydney, New South Wales, Australia.

Shamma, S. A., Elhilali, M., & Micheyl, C. (2011). Temporal coherence and attention in auditory scene analysis. *Trends in Neurosciences, 34*, 114-123.

Shamma, S. A., & Micheyl, C. (2010). Behind the scenes of auditory perception. *Current Opinion in Neurobiology, 20*, 361-366.

Shannon, R. V., Zeng, F.-G., Kamath, V., Wygonski, J., & Ekelid, M. (1995). Speech recognition with primarily temporal cues. *Science, 270*, 303-304.

Shapley, R., & Hawken, M. J. (2011). Color in the cortex: Single- and double-opponent cells. *Vision Research, 51*, 701-707.

Shepherd, G. M. (2012). *Neurogastronomy*. New York: Columbia University Press.

Sherf, K. S., Behrmann, M., Humphreys, K., & Lina, B. (2007). Visual category-selectivity for faces, places and objects emerges along different developmental trajectories. *Developmental Science, 10*, F15-F30.

Sherman, P. D. (1981). *Colour Vision in the Nineteenth Century: The Young-Helmholtz-Maxwell Theory*. Bristol: Adam Hilger.

Sherman, S. M., & Koch, C. (1986). The control of retinogeniculate transmission in the mammalian lateral geniculate nucleus. *Experimental Brain Research, 63*, 1-20.

Shiffrar, M., & Freyd, J. (1990). Apparent motion of the human body. *Psychological Science, 1*, 257-264.

Shiffrar, M., & Freyd, J. (1993). Timing and apparent motion path choice with human body photographs. *Psychological Science, 4*, 379-384.

Shimamura, A. P., & Prinzmetal, W. (1999). The mystery spot illusion and its relation to other visual illusions. *Psychological Science, 10*, 501-507.

Shimojo, S., Bauer, J., O'Connell, K. M., & Held, R. (1986). Pre-stereoptic binocular vision in infants. *Vision Research, 26*, 501-510.

Shinoda, H., Hayhoe, M. M., & Shrivastava, A. (2001). What controls attention in natural environments? *Vision Research, 41*, 3535-3545.

Shuwairi, S. M., & Johnson, S. P. (2013). Oculomotor exploration of impossible figures in early infancy. *Infancy, 18*, 221-232.

Silbert, L. J., Honey, C. J., Simony, E., Poeppel, D., & Hasson, U. (2014). Coupled neural systems underlie the production and comprehension of naturalistic narrative speech. *Proceedings of the National Academy of Sciences, 111*, E4687-E4696.

Silver, M. A., & Kastner, S. (2009). Topographic maps in human frontal and parietal cortex. *Trends in Cognitive Sciences, 13*, 488-495.

Simion, F., Regolin, L., & Bulf, H. (2008). A predisposition for biological motion in the newborn baby. *Proceedings of the National Academy of Sciences, 105*, 809-813.

Simons, D. J., & Chabris, C. F. (1999). Gorillas in our midst: Sustained inattentional blindness for dynamic events. *Perception, 28*, 1059-1074.

Simonyan, K., Aytar, Y., Vedaldi, A., & Zisserman, A. (2012). Presentation at Image Large Scale Visual Recognition Competition (ILSVRC2012).

Singer, T., & Klimecki, O. M. (2014). Empathy and compassion. *Current Biology, 24*, R875-R878.

Singer, T., Seymour, B., O'Doherty, J., Kaube, H., Dolan, R. J., & Frith, C. D. (2004). Empathy for pain involves the affective but not sensory components of pain. *Science, 303*, 1157-1162.

Singh, D., & Bronstad, M. P. (2001). Female body odour is a potential cue to ovulation. *Proceedings of the Royal Society of London B, 268*, 797-801.

Sinha, P. (2002). Recognizing complex patterns. *Nature Neuroscience, 5*, 1093-1097.

Siveke, I., Pecka, M., Seidl, A. H., Baudoux, S., & Grothe, B. (2006). Binaural response properties of low-frequency neurons in the gerbil dorsal nucleus of the lateral lemniscus. *Journal of Neurophysiology, 96*, 1425-1440.

Slagter, H. A., Johnstone, T., Beets, I. A. M., & Davidson, R. J. (2010). Neural competition for conscious representation across time: An fMRI study. *PLoS ONE, 5*, e10556.

Slater, A. M., & Findlay, J. M. (1975). Binocular fixation in the newborn baby. *Journal of Experimental Child Psychology, 20*, 248-273.

Slater, A. M., Morison, V., & Rose, D. (1984). Habituation in the newborn. *Infant Behavior and Development, 7*, 183-200.

Slater, A. M., Morison, V., Somers, M., Mattock, A., Brown, E., & Taylor, D. (1990). Newborn and older infants' perception of partly occluded objects. *Infant Behavior and Development, 13*, 33-49.

Sloan, L. L., & Wollach, L. (1948). A case of unilateral deuteranopia. *Journal of the Optical Society of America, 38*, 502-509.

Sloboda, J. A. (2000). Individual differences in music performance. *Trends in Cognitive Sciences, 4*, 397-403.

Sloboda, J. A., & Gregory, A. H. (1980). The psychological reality of musical segments. *Canadian Journal of Psychology, 34*, 274-280.

Small, D. M. (2008). Flavor and the formation of category-specific processing in olfaction. *Chemical Perception, 1*, 136-146.

Small, D. M. (2012). Flavor is in the brain. *Physiology and Behavior, 107*, 540-552.

Smith, D. V., & Scott, T. R. (2003). Gustatory neural coding. In R. L. Doty (Ed.), *Handbook of olfaction and gustation* (2nd ed.). New York: Marcel Dekker.

Smith, D. V., St. John, S. J., & Boughter, J. D., Jr. (2000). Neuronal cell types and taste quality coding. *Physiology and Behavior, 69*, 77-85.

Smith, M. A., Majaj, N. J., & Movshon, J. A. (2005). Dynamics of motion signaling by neurons in macaque area MT. *Nature Neuroscience, 8*, 220-228.

Smithson, H. E. (2005). Sensory, computational and cognitive components of human colour constancy. *Philosophical Transactions of the Royal Society of London B, Biological Sciences, 360*, 1329-1346.

Smithson, H. E. (2016). Perceptual organization of colour. In J. Wagemans (Ed.), *Oxford handbook of perceptual organization*. Oxford, UK: Oxford University Press.

Sobel, E. C. (1990). The locust's use of motion parallax to measure distance. *Journal of Comparative Physiology A, 167*, 579-588.

Solomon, S. G., & Lennie, P. (2007). The machinery of color vision. *Nature Reviews Neuroscience, 8*, 276-286.

Solstad, T., Boccara, C. N., Kropft, E., Moser, M.-B., & Moser, E. I. (2008). Representation of geometric borders in the entorhinal cortex. *Science, 322*, 1865-1868.

Sommer, M. A., & Crapse, T. B. (2010). Corollary discharge. In E. B. Goldstein (Ed.), *Sage encyclopedia of perception*. Thousand Oaks, CA: Sage.

Sommer, M. A., & Wurtz, R. H. (2006). Influence of the thalamus on spatial visual processing in frontal cortex. *Nature, 444*, 374-377.

Sommer, M. A., & Wurtz, R. H. (2008). Brain circuits for the internal monitoring of movements. *Annual Review of Neuroscience, 31*, 317-338.

Sosulski, D. L., Bloom, M. L., Cutforth, T., Axel, R., & Sandeep, R. D. (2011). Distinct representations of olfactory information in different cortical centres. *Nature, 472*, 213-219.

Soto-Faraco, S., Lyons, J., Gazzaniga, M., Spence, C., & Kingstone, A. (2002). The ventriloquist in motion: Illusory capture of dynamic information across sensory modalities. *Cognitive Brain Research, 14*, 139-146.

Soto-Faraco, S., Spence, C., Lloyd, D., & Kingstone, A. (2004). Moving multisensory research along: Motion perception across sensory modalities. *Current Directions in Psychological Science, 13*, 29-32.

Soucy, E. R., Albenau, D. F., Fantana, A. L., Murthy, V. N., & Meister, M. (2009). Precision and diversity in an odor map on the olfactory bulb. *Nature Neuroscience, 12*, 210-220.

Spector, A. C., & Travers, S. P. (2005). The representation of taste quality in the mammalian nervous system. *Behavioral and Cognitive Neuroscience Reviews, 4*, 143-191.

Spence, C. (2015). Multisensory flavor perception. *Cell, 161*, 24-35.

Spence, C., Levitan, C. A., Shankar, M. U., & Zampini, M. (2010). Does food color influence taste and flavor perception in humans? *Chemical Perception, 3*, 68-84.

Spence, C., & Read, L. (2003). Speech shadowing while driving: On the difficulty of splitting attention between eye and ear. *Psychological Science, 14*, 251-256.

Srinivasan, M. V., & Venkatesh, S. (Eds.). (1997). *From living eyes to seeing machines*. New York: Oxford University Press.

Stark, L., & Bridgeman, B. (1983). Role of corollary discharge in space constancy. *Perception & Psychophysics, 34*, 371-380.

Steiner, J. E. (1974). Innate, discriminative human facial expressions to taste and smell stimulation. *Annals of the New York Academy of Sciences, 237*, 229-233.

Steiner, J. E. (1979). Human facial expressions in response to taste and smell stimulation. *Advances in Child Development and Behavior, 13*, 257-295.

Steiner, J. E. (1987). What the neonate can tell us about umami. In Y. Kawamura & M. R. Kare (Eds.), *Umami: A basic taste* (pp. 97-103). New York: Marcel Dekker.

Stern, K., & McClintock, M. K. (1998). Regulation of ovulation by human pheromones. *Nature, 392*, 177-179.

Stevens, J. A., Fonlupt, P., Shiffrar, M., & Decety, J. (2000). New aspects of motion perception: Selective neural encoding of apparent human movements. *NeuroReport, 111*, 109-115.

Stevens, S. S. (1957). On the psychophysical law. *Psychological Review, 64*, 153-181.

Stevens, S. S. (1961). To honor Fechner and repeal his law. *Science, 133*, 80-86.

Stevens, S. S. (1962). The surprising simplicity of sensory metrics. *American Psychologist, 17*, 29-39.

Stiles, W. S. (1953). Further studies of visual mechanisms by the two-color threshold method. *Coloquio sobre problemas opticos de la vision* (Vol. 1, pp. 65-103). Madrid: Union Internationale de Physique Pure et Appliquée.

Stoffregen, T. A., Smart, J. L., Bardy, B. G., & Pagulayan, R. J. (1999). Postural stabilization of looking. *Journal of Experimental Psychology: Human Perception and Performance, 25*, 1641-1658.

Strayer, D. L., Cooper, J. M., Turrill, J., Coleman, J., Medeiros-Ward, N., & Biondi, F. (2013). *Measuring driver distraction in the automobile*. Washington, DC: AAA Foundation for Traffic Safety.

Strayer, D. L., & Johnston, W. A. (2001). Driven to distraction: Dual-task studies of simulated driving and conversing on a cellular telephone. *Psychological Science, 12*, 462-466.

Sufka, K. J., & Price, D. D. (2002). Gate control theory reconsidered. *Brain and Mind, 3*, 277-290.

Suga, N. (1990, June). Biosonar and neural computation in bats. *Scientific American*, 60-68.

Sugovic, M., & Witt, J. K. (2013). An older view on distance perception: Older adults perceive walkable extents and farther. *Experimental Brain Research, 226*, 383-391.

Sumby, W. H., & Pollack, J. (1954). Visual contributions to speech intelligibility in noise. *Journal of the Acoustical Society of America, 26*, 212-215.

Sumner, P., & Mollon, J. D. (2000). Catarrhine photopigments are optimized for detecting targets against a foliage background. *Journal of Experimental Biology, 23*, 1963-1986.

Sun, H.-J., Campos, J., Young, M., Chan, G. S. W., & Ellard, C. G. (2004). The contributions of static visual cues, nonvisual cues, and optic flow in distance estimation. *Perception, 33*, 49-65.

Svaetichin, G. (1956). Spectral response curves from single cones. *Acta Physiologica Scandinavica Supplementum, 134*, 17-46.

Swets, J. A. (Ed.). (1964). *Signal detection and recognition by human observers*. New York: Wiley

Taira, M., Mine, S., Georgopoulis, A. P., Murata, A., & Sakata, H. (1990). Parietal cortex neurons of the monkey related to the visual guidance of hand movement. *Experimental Brain Research, 83*, 29-36.

Tan, S.-L., Pfordresher, P., & Harre, R. (2010). *Psychology of music: From sound to significance*. New York: Psychology Press.

Tanabe, S., Haefner, R. M., & Cumming, B. G. (2011). Suppressive mechanisms in monkey V1 help to solve the stereo correspondence problem. *Journal of Neuroscience, 31*, 8295-8305.

Tanaka, J. W., & Presnell, L. M. (1999). Color diagnosticity in object recognition. *Perception & Psychophysics, 61*, 1140-1153.

Tanaka, J. W., Weiskopf, D., & Williams, P. (2001). The role of color in high-level vision. *Trends in Cognitive Sciences, 5*, 211-215.

Tanigawa, H., Lu, H. D., & Roe, A. W. (2010). Functional organization for color and orientation in macaque V4. *Nature Neuroscience, 13*, 1542-1548.

Tatler, B. W., Hayhoe, M. M., Land, M. F., & Ballard, D. H. (2011). Eye guidance in natural vision: Reinterpreting salience. *Journal of Vision, 11*(5): 1-23.

Taube, J. S. (2007). The head-direction signal: Origins and sensory-motor integration. *Annual Review of Neuroscience, 30*, 181-207.

Teghtsoonian, R. (1971). On the exponents in Stevens's Law and the constant in Ekman's Law. *Psychological Review, 78*, 78-80.

Teller, D. Y. (1997). First glances: The vision of infants. *Investigative Ophthalmology and Visual Science, 38*, 2183-2199.

Tenenbaum, J. B., Kemp, C., Griffiths, T. L., & Goodman, N. D. (2011). How to grow a mind: Statistics, structure, and abstraction. *Science, 331*, 1279-1285.

Terwogt, M. M., & Hoeksma, J. B. (1994). Colors and emotions: Preferences and combinations. *Journal of General Psychology, 122*, 5-17.

Thaler, L., Arnott, S. R., & Goodale, M. A. (2011). Neural correlates of natural human echolocation in early and late blind echolocation experts. *PLoS One, 6*(5), e20162 doi:10.1371.journal.pone.0020162.

Theeuwes, J. (1992). Perceptual selectivity for color and form. *Perception & Psychophysics, 51*, 599-606.

Todrank, J., & Bartoshuk, L. M. (1991). A taste illusion: Taste sensation localized by touch. *Physiology and Behavior, 50*, 1027-1031.

Tolman, E. C. (1938). The determinants of behavior at a choice point. *Psychological Review, 45*, 1-41.

Tolman, E. C. (1948). Cognitive maps in rats and men. *Psychological Review, 55*, 189-208.

Tong, F., Nakayama, K., Vaughn, J. T., & Kanwisher, N. (1998). Binocular rivalry and visual awareness in human extrastriate cortex. *Neuron, 21*, 753-759.

Tonndorf, J. (1960). Shearing motion in scalia media of cochlear models. *Journal of the Acoustical Society of America, 32*, 238-244.

Tootell, R. B. H., Nelissen, K., Vanduffel, W., & Orban, G. A. (2004). Search for color 'center(s)' in macaque visual cortex. *Cerebral Cortex, 14*, 353-363.

Torralba, A., Oliva, A., Castelhano, M. S., & Henderson, J. M. (2006). Contextual guidance of eye movements and attention in real-world scenes: The role of global features in object search. *Psychological Review, 113*, 766–786.

Tracey, I. (2010). Getting the pain you expect: Mechanisms of placebo, nocebo and reappraisal effects in humans. *Nature Medicine, 16*, 1277–1283.

Trainor, J. J., Gao, X., Lei, J.-J., Lehtovaara, K., & Harris, L. R. (2009). The primal role of the vestibular system in determining musical rhythm. *Cortex, 45*, 35–43.

Treisman, A. (1986). Features and objects in visual processing. *Scientific American, 255*, 114B–125B.

Treisman, A. (1988). Features and objects: The fourteenth Bartlett memorial lecture. *Quarterly Journal of Experimental Psychology, 40A*, 207–237.

Treisman, A. (1999). Solutions to the binding problem: Progress through controversy and convergence. *Neuron, 24*, 105–110.

Treisman, A., & Gelade, G. (1980). A feature-integration theory of attention. *Cognitive Psychology, 12*, 97–113.

Treisman, A., & Schmidt, H. (1982). Illusory conjunctions in the perception of objects. *Cognitive Psychology, 14*, 107–141.

Tresilian, J., R., Mon-Williams, M., & Kelly, B. (1999). Increasing confidence in vergence as a cue to distance. *Proceedings of the Royal Society of London, 266B*, 39–44.

Troiani, V., Stigliani, A., Smith, M. E., & Epstein, R. A. (2014). Multiple object properties drive scene-selective regions. *Cerebral Cortex, 24*, 883–897.

Truax, B. (1984). *Acoustic communication.* Norwood, NJ: ABLEX.

Tsao, D. Y., Freiwald, W. A., Tootell, R. B., & Livingstone, M. S. (2006). A cortical region consisting entirely of face-selective cells. *Science, 311*, 670–674.

Tsuchiya, N., & Koch, C. (2009). The relationship between consciousness and attention. In S. Lawreys & G. Tononi (Eds.), *The neurology of consciousness* (pp. 63–79). London: Elsevier.

Turano, K. A., Yu, D., Hao, L., & Hicks, J. C. (2005). Optic-flow and egocentric-directions strategies in walking: Central vs peripheral visual field. *Vision Research, 45*, 3117–3132.

Turatto, M., Vescovi, M., & Valsecchi, M. (2007). Attention makes moving objects be perceived to move faster. *Vision Research, 47*, 166–178.

Turk, D. C., & Flor, H. (1999). Chronic pain: A biobehavioral perspective. In R. J. Gatchel & D. C. Turk (Eds.), *Psychosocial factors in pain* (pp. 18–34). New York: Guilford Press.

Turman, A. B., Morley, J. W., & Rowe, M. J. (1998). Functional organization of the somatosensory cortex in the primate. In J. W. Morley (Ed.), *Neural aspects of tactile sensation* (pp. 167–193). New York: Elsevier Science.

Turner, S. R. (1993). Vision studies in Germany: Helmholtz versus Hering. *OSIRIS, 8*, 80–103.

Turner, S. R. (1994). *In the mind's eye: Vision and the Helmholtz-Hering controversy.* Princeton, NJ: Princeton University Press.

Tye-Murray, N., Spencer, L., & Woodworth, G. G. (1995). Acquisition of speech by children who have prolonged cochlear implant experience. *Journal of Speech and Hearing Research, 38*, 327–337.

Tyler, C. W. (1997a). Analysis of human receptor density. In V. Lakshminarayanan (Ed.), *Basic and clinical applications of vision science* (pp. 63–71). Norwell, MA: Kluwer Academic.

Tyler, C. W. (1997b). *Human cone densities: Do you know where all your cones are?* Unpublished manuscript.

Uchida, N., Takahashi, Y. K., Tanifuji, M., & Mori, K. (2000). Odor maps in the mammalian olfactory bulb: Domain organization and odorant structural features. *Nature Neuroscience, 3*, 1035–1043.

Uchikawa, K., Uchikawa, H., & Boynton, R. M. (1989). Partial color constancy of isolated surface colors examined by a color-naming method. *Perception, 18*, 83–91.

Uddin, L. Q., Iacoboni, M., Lange, C., & Keenan, J. P. (2007). The self and social cognition: The role of cortical midline structures and mirror neurons. *Trends in Cognitive Sciences, 11*, 153–157.

Uka, T., & DeAngelis, G. C. (2003). Contribution of middle temporal area to coarse depth discrimination: Comparison of neuronal and psychophysical sensitivity. *Journal of Neuroscience, 23*, 3515–3530.

Umeda, K., Tanabe, S., & Fujita, I. (2007). Representation of stereoscopic depth based on relative disparity in macaque area V4. *Journal of Neurophysiology, 98*, 241–252.

Ungerleider, L. G., & Haxby, J. V. (1994). "What" and "where" in the human brain. *Current Opinion in Neurobiology, 4*, 157–165.

Ungerleider, L. G., & Mishkin, M. (1982). Two cortical visual systems. In D. J. Ingle, M. A. Goodale, & R. J. Mansfield (Eds.), *Analysis of visual behavior* (pp. 549–580). Cambridge, MA: MIT Press.

Valdez, P., & Mehribian, A. (1994). Effect of color on emotions. *Journal of Experimental Psychology: General, 123*, 394–409.

Vallbo, A. B., & Johansson, R. S. (1978). The tactile sensory innervation of the glabrous skin of the human hand. In G. Gordon (Ed.), *Active touch* (pp. 29–54). New York: Oxford University Press.

Vallortigara, G., Regolin, L., & Marconato, F. (2005). Visually inexperienced chicks exhibit spontaneous preference for biological motion patterns. *PLoS Biology, 3*, e208.

Van Doorn, G. H., Wuilemin, D., & Spence, C. (2014). Does the colour of the mug influence the taste of the coffee? *Flavour, 3*, 1–7.

Van Essen, D. C., & Anderson, C. H. (1995). Information processing strategies and pathways in the primate visual system. In S. F. Zornetzer, J. L. Davis, & C. Lau (Eds.), *An introduction to neural and electronic networks* (2nd ed., pp. 45–75). San Diego: Academic Press.

Van Kemenade, B. M., Muggleton, N., Walsh, V., & Saygin, A. P. (2012). Effects of TMS over premotor and superior temporal cortices on biological motion perception. *Journal of Cognitive Neuroscience, 24*, 896–904.

Van Rullen, R., & Thorpe, S. J. (2001). The time course of visual processing: From early perception to decision making. *Journal of Cognitive Neuroscience, 13*, 454–461.

Van Wanrooij, M. M., & Van Opstal, A. J. (2005). Relearning sound localization with a new ear. *Journal of Neuroscience, 25*, 5413–5424.

van Wassenhove, V., Grant, K. W., & Poeppel, D. (2005). Visual speech speeds up the neural processing of auditory speech. *Proceedings of the National Academy of Sciences, 102*, 1181–1186.

Varner, D., Cook, J. E., Schneck, M. E., McDonald, M., & Teller, D. Y. (1985). Tritan discriminations by 1- and 2-month-old human infants. *Vision Research, 25*, 821–831.

Vecera, S. P., Vogel, E. K., & Woodman, G. F. (2002). Lower region: A new cue for figure–ground assignment. *Journal of Experimental Psychology: General, 131*, 194–205.

Veldhuizen, M. G., Nachtigal, D., Teulings, L., Gitelman, D. R., & Small, D. M. (2010). The insular taste cortex contributes to odor quality coding. *Frontiers in Human Neuroscience, 4*(Article 58), 1–11.

Verhagen, J. V., Kadohisa, M., & Rolls, E. T. (2004). Primate insular/opercular taste cortex: Neuronal representations of viscosity, fat texture, grittiness, temperature, and taste of foods. *Journal of Neurophysiology, 92*, 1685–1699.

Vermeij, G. (1997). *Privileged hands: A scientific life.* New York: Freeman.

Vingerhoets, G. (2014). Contribution of the posterior parietal cortex in reaching, grasping, and using objects and tools. *Frontiers in Psychology, 5*, 151.

Violanti, J. M. (1998). Cellular phones and fatal traffic collisions. *Accident Analysis and Prevention, 28*, 265–270.

Vo, M. L. H., & Henderson, J. M. (2009). Does gravity matter? Effects of semantic and syntactic inconsistencies on the allocation of attention during scene perception. *Journal of Vision, 9*(3), 1–15.

von der Emde, G., Schwarz, S., Gomez, L., Budelli, R., & Grant, K. (1998). Electric fish measure distance in the dark. *Nature, 395*, 890–894.

Von Hippel, P., & Huron, D. (2000). Why do skips precede reversals? The effect of tessitura on melodic structure. *Music Perception, 18*, 59–85.

von Kriegstein, K., Kleinschmidt, A., Sterzer, P., & Giraud, A. L. (2005). Interaction of face and voice areas during speaker recognition. *Journal of Cognitive Neuroscience, 17*, 367–376.

Vonderschen, K., & Wagner, H. (2014). Detecting interaural time differences and remodeling their representation. *Trends in Neurosciences, 37*, 289–300.

Vos, P. G., & Troost, J. M. (1989). Ascending and descending melodic intervals: Statistical findings and their perceptual relevance. *Music Perception, 6*, 383–396.

Vuust, P., Ostergaard, L., Pallesen, K. J., Bailey, C., & Roepstorff, A. (2009). Predictive coding of music: Brain responses to rhythmic incongruity. *Cortex, 45*, 80–92.

Wald, G. (1964). The receptors of human color vision. *Science, 145*, 1007–1017.

Wald, G. (1968). Molecular basis of visual excitation [Nobel lecture]. *Science, 162*, 230–239.

Wald, G., & Brown, P. K. (1958). Human rhodopsin. *Science, 127*, 222–226.

Waldrop, M. M. (1988). A landmark in speech recognition. *Science, 240*, 1615.

Walker, S., Stafford, P., & Davis, G. (2008). Ultra-rapid categorization requires visual attention: Scenes with multiple foreground objects. *Journal of Vision, 8*, 1–12.

Wall, P. D., & Melzack, R. (Eds.). (1994). *Textbook of pain* (3rd ed.). Edinburgh: Churchill Livingstone.

Wallace, G. K. (1959). Visual scanning in the desert locust Schistocerca Gregaria Forskal. *Journal of Experimental Biology, 36*, 512–525.

Wallace, M. N., Rutowski, R. G., Shackleton, T. M., & Palmer, A. R. (2000). Phase-locked responses to pure tones in guinea pig auditory cortex. *Neuroreport, 11*, 3989–3993.

Wallach, H. (1963). The perception of neutral colors. *Scientific American, 208*, 107–116.

Wallach, H., Newman, E. B., & Rosenzweig, M. R. (1949). The precedence effect in sound localization. *American Journal of Psychology, 62*, 315–336.

Walls, G. L. (1942). *The vertebrate eye*. New York: Hafner. (Reprinted in 1967)

Wandell, B. A. (2011). Imaging retinotopic maps in the human brain. *Vision Research, 51*, 718–737.

Wandell, B. A., Dumoulin, S. O., & Brewer, A. A. (2009). Visual areas in humans. In L. Squire (Ed.), *Encyclopedia of neuroscience*. New York: Academic Press.

Wang, R. F. (2003). Spatial representations and spatial updating. In D. E. Irwin & B. H. Ross (Eds.), *The psychology of learning and motivation: Advances in research and theory* (Vol. 42, pp. 109–156). San Diego, CA: Elsevier.

Wang, X., Zhang, M., Cohen, I. S., & Goldberg, M. E. (2007). The proprioceptive representation of eye position in monkey primary somatosensory cortex. *Nature Neuroscience, 10*, 640–646.

Wann, J., & Land, M. (2000). Steering with or without the flow: Is the retrieval of heading necessary? *Trends in Cognitive Science, 4*, 319–324.

Warren, R. M. (1970). Perceptual restoration of missing speech sounds. *Science, 167*, 392–393.

Warren, R. M., Obuseck, C. J., & Acroff, J. M. (1972). Auditory induction of absent sounds. *Science, 176*, 1149.

Warren, W. H. (1995). Self-motion: Visual perception and visual control. In W. Epstein & S. Rogers (Eds.), *Handbook of perception and cognition: Perception of space and motion* (pp. 263–323). New York: Academic Press.

Warren, W. H. (2004). Optic flow. In L. M. Chalupa & J. S. Werner (Eds.), *The visual neurosciences* (pp. 1247–1259). Cambridge, MA: MIT Press.

Warren, W. H., Kay, B. A., & Yilmaz, E. H. (1996). Visual control of posture during walking: Functional specificity. *Journal of Experimental Psychology: Human Perception and Performance, 22*, 818–838.

Warren, W. H., Kay, B. A., Zosh, W. D., Duchon, A. P., & Sahuc, S. (2001). Optic flow is used to control human walking. *Nature Neuroscience, 4*, 213–216.

Watkins, L. R., & Maier, S. F. (2003). Glia: A novel drug discovery target for clinical pain. *Nature Reviews Drug Discovery, 2*, 973–985.

Weber, A. I., Hannes, P. S., Lieber, J. D., Cheng, J.-W., Manfredi, L. R., Dammann, J. F., & Bensmaia, S. J. (2013). Spatial and temporal codes mediate the tactile perception of natural textures. *Proceedings of the National Academy of Sciences, 110*, 17107–17112.

Webster, M. A., (2011). Adaptation and visual coding. *Journal of Vision, 11*, 1–23.

Weinstein, S. (1968). Intensive and extensive aspects of tactile sensitivity as a function of body part, sex, and laterality. In D. R. Kenshalo (Ed.), *The skin senses* (pp. 195–218). Springfield, IL: Thomas.

Weisenberg, M. (1977). Pain and pain control. *Psychological Bulletin, 84*, 1008–1044.

Weissberg, M. (1999). Cognitive aspects of pain. In P. D. Wall & R. Melzak (Eds.), *Textbook of pain* (4th ed., pp. 345–358). New York: Churchill Livingstone.

Werner, L. A., & Bargones, J. Y. (1992). Psychoacoustic development of human infants. In C. Rovee-Collier & L. Lipsett (Eds.), *Advances in infancy research* (Vol. 7, pp. 103–145). Norwood, NJ: Ablex.

Wertheimer, M. (1912). Experimentelle Studien über das Sehen von Beuegung. *Zeitschrift für Psychologie, 61*, 161–265.

Wever, E. G. (1949). *Theory of hearing*. New York: Wiley.

Wexler, M., Panerai, I. L., & Droulez, J. (2001). Self-motion and the perception of stationary objects. *Nature, 409*, 85–88.

Wiech, K., Ploner, M., & Tracey, I. (2008). Neurocognitive aspects of pain perception. *Trends in Cognitive Sciences, 12*, 306–313.

Wightman, F. L., & Kistler, D. J. (1992). The dominant role of low-frequency interaural time differences in sound localization. *Journal of the Acoustical Society of American, 91*, 1648–1661.

Wightman, F. L., & Kistler, D. J. (1998). Of Vulcan ears, human ears and "earprints." *Nature Neuroscience, 1*, 337–339.

Wilkie, R. M., & Wann, J. P. (2003). Eye-movements aid the control of locomotion. *Journal of Vision, 3*, 677–684.

Willander, J., & Larsson, M. (2007). Olfaction and emotion: The case of autobiographical memory. *Memory and Cognition, 35*, 1659–1663.

Williams, J. H. G., Whiten, A., Suddendorf, T., & Perrett, D. I. (2001). Imitation, mirror neurons and autism. *Neuroscience and Biobehavioral Reviews, 25*, 287–295.

Williams, Z. M., Elfar, J. C., Eskandar, E. N., Toth, L. J., & Assad, J. A. (2003). Parietal activity and the perceived direction of ambiguous apparent motion. *Nature Neuroscience, 6*, 616–623.

Williamson, S. J., & Cummins, H. Z. (1983). *Light and color in nature and art*. New York: Wiley.

Wilson, D. A. (2003). Rapid, experience-induced enhancement in odorant discrimination by anterior piriform cortex neurons. *Journal of Neurophysiology, 90*, 65–72.

Wilson, D. A., Best, A. R., & Sullivan, R. M. (2004). Plasticity in the olfactory system: Lessons for the neurobiology of memory. *Neuroscientist, 10*, 513–524.

Wilson, D. A., & Stevenson, R. J. (2006). *Learning to smell*. Baltimore: Johns Hopkins University Press.

Wilson, D. A., & Sullivan, R. M. (2011). Cortical processing of odor objects. *Neuron, 72*, 506–519.

Wilson, D. A., Xu, W., Sadrian, B., Courtiol, E., Cohen, Y., & Barnes, D. C. (2014). Cortical odor processing in health and disease. *Progress in Brain Research, 208*, 275–305.

Wilson, J. R., Friedlander, M. J., & Sherman, M. S. (1984). Ultrastructural morphology of identified X- and Y-cells in the cat's lateral geniculate nucleus. *Proceedings of the Royal Society, 211B*, 411–436.

Wilson, S. M., & Iacobini, M. (2006). Neural responses to non-native phonemes varying in producibility: Evidence for the sensorimotor nature of speech perception. *Neuroimage, 33*, 316–325.

Winawer, J., Huk, A. C., & Boroditsky, L. (2008). A motion aftereffect from still photographs depicting motion. *Psychological Science, 19*, 276–283.

Winston, J. S., O'Doherty, J., Kilner, J. M., Perrett, D. I., & Dolan, R. J. (2007). Brain systems for assessing facial attractiveness. *Neuropsychologia, 45*, 195–206.

Wissinger, C. M., VanMeter, J., Tian, B., Van Lare, J., Pekar, J., & Rauschecker, J. P. (2001). Hierarchical organization of the human auditory cortex revealed by functional magnetic resonance imaging. *Journal of Cognitive Neuroscience, 13*, 1–7.

Witt, J. K. (2011a). Action's effect on perception. *Current Directions in Psychological Science, 20*, 201–206.

Witt, J. K. (2011b). Tool use influences perceived shape and parallelism: Indirect measures of perceived distance. *Journal of Experimental Psychology: Human Perception and Performance, 37*, 1148–1156.

Witt, J. K., & Dorsch, T. (2009). Kicking to bigger uprights: Field goal kicking performance influences perceived size. *Perception, 38*, 1328–1340.

Witt, J. K., Linkenauger, S. A., Bakdash, J. Z., Augustyn, J. A., Cook, A. S., & Proffitt, D. R. (2009). The long road of pain: Chronic pain increases perceived distance. *Experimental Brain Research, 192*, 145–148.

Witt, J. K., & Proffitt, D. R. (2005). See the ball, hit the ball: Apparent ball size is correlated with batting average. *Psychological Science, 16*, 937–938.

Witt, J. K., Proffitt, D. R., & Epstein, W. (2010). When and how are spatial perceptions scaled? *Journal of Experimental Psychology: Human Perception and Performance, 36*, 1153–1160.

Witt, J. K., & Riley, M. A. (2014). Discovering your inner Gibson: Reconciling action-specific and ecological approaches to perception-action. *Psychonomic Bulletin & Review, 21*, 1353-1370.

Witt, J. K., & Sugovic, M. (2010). Performance and ease influence perceived speed. *Perception, 39*, 1341-1353.

Wolfe, J. M. (1994). Guided search 2.0: A revised model of visual search. *Psychonomic Bulletin & Review, 1*, 202-238.

Wolpert, D. M., & Ghahramani, Z. (2004). Bayes rule in perception, action and cognition. In R. L. Gregory (Ed.), *The Oxford companion to the mind* (2nd ed.). New York: Oxford University Press.

Womelsdorf, T., Anton-Erxleben, K., Pieper, F., & Treue, S. (2006). Dynamic shifts of visual receptive fields in cortical area MT by spatial attention. *Nature Neuroscience, 9*, 1156-1160.

Womelsdorf, T., Schoffelen, J.-M., Oostenveld, R., Singer, W., Desimone, R., Engel, A. K., et al. (2007). Modulation of neural interactions through neuronal synchronization. *Science, 316*, 1609-1612.

Woo, C.-W., Koban, L., Kross, E., Lindquist, M. A., Banich, M. T., Ruzic, L., et al. (2014). Separate neural representations for physical pain and social rejection. *Nature Communications, 5*, Article 5380. doi:10.138/ncomms6380.

Woods, A. J., Philbeck, J. W., & Danoff, J. V. (2009). The various perception of distance: An alternative view of how effort affects distance judgments. *Journal of Experimental Psychology: Human Perception and Performance, 35*, 1104-1117.

Wozniak, R. H. (1999). Classics in psychology, 1855-1914: Historical essays. Bristol, UK: Thoemmes Press.

Wyatt, T. D. (2010). Pheromones and signature mixtures: Defining species-wide signals and variable cues for identity in both invertebrates and vertebrates. *Journal of Comparative Physiology A, 196*, 685-700.

Wysocki, C. J., & Preti, G. (2009). *Human pheromones: What's purported, what's supported* (Sense of Smell Institute white paper). New York: Fragrance Foundation.

Yang, M.-H. (2009). Face detection. In S. Z. Li (Ed.), *Encyclopedia of biometrics* (p. 308). New York: Springer.

Yang, S., Bo, L., Want, J., & Shapiro, L. (2012). Unsupervised template learning for fine-grained object recognition. *Neural Information Processing Systems Conference*.

Yarbus, A. L. (1967). *Eye movements and vision*. New York: Plenum Press.

Yau, J. M., Pesupathy, A., Fitzgerald, P. J., Hsiao, S. S., & Connon, C. E. (2009). Analogous intermediate shape coding in vision and touch. *Proceedings of the National Academy of Sciences, 106*, 16457-16462.

Yaxley, R. H., & Zwaan, R. A. (2005). Attentional bias affects change detection. *Psychonomic Bulletin & Review, 12*, 1106-1111.

Yonas, A., & Granrud, C. E. (2006). Infants' perception of depth from cast shadows. *Perception and Psychophysics, 68*, 154-160.

Yonas, A., & Hartman, B. (1993). Perceiving the affordance of contact in four- and five-month old infants. *Child Development, 64*, 298-308.

Yonas, A., Pettersen, L., & Granrud, C. E. (1982). Infant's sensitivity to familiar size as information for distance. *Child Development, 53*, 1285-1290.

Yoshida, K. A., Iversen, J. R., Patel, A. D., Mazuka, R., Nito, H., Gerain, J., et al. (2010). The development of perceptual grouping biases in infancy: A Japanese-English cross-linguistic study. *Cognition, 115*, 356-361.

Yoshida, K., Saito, N., Iriki, A., & Isoda, M. (2011). Representation of others' action by neurons in monkey medial frontal cortex. *Current Biology, 21*, 249-253.

Yost, W. A. (1997). The cocktail party problem: Forty years later. In R. H. Kilkey & T. R. Anderson (Eds.), *Binaural and spatial hearing in real and virtual environments* (pp. 329-347). Hillsdale, NJ: Erlbaum.

Yost, W. A. (2001). Auditory localization and scene perception. In E. B. Goldstein (Ed.), *Blackwell handbook of perception* (pp. 437-468). Oxford, UK: Blackwell.

Yost, W. A. (2009). Pitch perception. *Attention, Perception and Psychophysics, 71*, 1701-1705.

Yost, W. A., & Sheft, S. (1993). Auditory processing. In W. A. Yost, A. N. Popper, & R. R. Fay (Eds.), *Human psychoacoustics* (pp. 193-236). New York: Springer-Verlag.

Young, R. S. L., Fishman, G. A., & Chen, F. (1980). Traumatically acquired color vision defect. *Investigative Ophthalmology and Visual Science, 19*, 545-549.

Young, T. (1802). The Bakerian Lecture: On the theory of light and colours. *Philosophical Transactions of the Royal Society of London, 92*, 12-48.

Youngblood, J. E. (1958). Style as information. *Journal of Music Theory, 2*, 24-35.

Young-Browne, G., Rosenfield, H. M., & Horowitz, F. D. (1977). Infant discrimination of facial expression. *Child Development, 48*, 555-562.

Yuille, A., & Kersten, D. (2006). Vision as Bayesian inference: Analysis by synthesis? *Trends in Cognitive Sciences, 10*, 301-308.

Yuodelis, C., & Hendrickson, A. (1986). A qualitative and quantitative analysis of the human fovea during development. *Vision Research, 26*, 847-855.

Zacks, J. M. (2004). Using movement and intentions to understand simple events. *Cognitive Science, 28*, 979-1008.

Zacks, J. M., Braver, T. S., Sheridan, M. A., Donaldson, D. I., Snyder, A. Z., Ollinger, J. M., et al. (2001). Human brain activity time-locked to perceptual event boundaries. *Nature Neuroscience, 4*, 651-655.

Zacks, J. M., Kumar, S., Abrams, R. A., & Mehta, R. (2009). Using movement and intentions to understand human activity. *Cognition, 112*, 201-206.

Zacks, J. M., & Swallow, K. M. (2007). Event segmentation. *Current Directions in Psychological Science, 16*, 80-84.

Zacks, J. M., & Tversky, B. (2001). Event structure in perception and conception. *Psychological Bulletin, 127*, 3-27.

Zampini, M., & Spence, C. (2010). Assessing the role of sound in the perception of food and drink. *Chemical Perception, 3*, 57-67.

Zeidman, P., Mulally, S. L., Schwarzkopf, S., & Maguire, E. A. (2012). *Neuroreport, 23*, 503-507.

Zeki, S. (1983a). Color coding in the cerebral cortex: The reaction of cells in monkey visual cortex to wavelengths and colours. *Neuroscience, 9*, 741-765.

Zeki, S. (1983b). Color coding in the cerebral cortex: The responses of wavelength-selective and color coded cells in monkey visual cortex to changes in wavelength composition. *Neuroscience, 9*, 767-781.

Zeki, S. (1990). A century of cerebral achromatopsia. *Brain, 113*, 1721-1777.

Zhang, T., & Britten, K. H. (2006). The virtue of simplicity. *Nature Neuroscience, 9*, 1356-1357.

Zhao, G. Q., Zhang, Y., Hoon, M., Chandrashekar, J., Erienbach, I., Ryba, N. J. P., et al. (2003). The receptors for mammalian sweet and umami taste. *Cell, 115*, 255-266.

Zihl, J., von Cramon, D., & Mai, N. (1983). Selective disturbance of movement vision after bilateral brain damage. *Brain, 106*, 313-340.

Zihl, J., von Cramon, D., Mai, N., & Schmid, C. (1991). Disturbance of movement vision after bilateral brain damage. *Brain, 114*, 2235-2252.

致教师的一封信

尊敬的老师：

您好！

感谢您选择"万千心理"的教材！

为了支持您的教学工作，我们将特别为您提供以下周到贴心的服务：

1. 免费样书： 如果您选用了"万千心理"的教材进行授课，我们将免费提供教师样书；

2. 免费教辅： 丰富的教学辅助资料，包括教师用书、教学演示PPT及习题库等；

3. 好书推荐： 我们将定期以电子邮件和宣传手册的形式为您推荐优秀教材、教辅，以及您感兴趣领域的最新书目和"万千心理"畅销书单；

4. 会员折扣： 您可享受全年最优购书折扣以及不定期的会员特惠活动；

5. 出版机会： 您将有可能成为我们优先选择的签约作者或译者。

北京万千电子图文信息有限公司（简称"万千公司"）是中国轻工业出版社与美国万国图文公司共同投资兴办的合资企业。"万千心理"是万千公司推出的心理学类图书品牌。十多年来，万千公司与美国心理学会（APA）、美国咨询协会（ACA）等心理机构进行了多项卓有成效的合作，并与世界排名前十位的出版集团，如培生教育有限公司（Pearson Education）、圣智学习出版集团（Cengage Learning）、麦格劳希尔公司（McGraw Hill）、约翰威利父子有限公司（John Wiley & Sons Inc.）等著名出版机构建立了良好的版权贸易与合作关系。时至今日，万千公司成功地策划并引进了数百种心理类图书，包括"心理学专业教材与教辅系列"、"心理学公共课教材系列"、"跨专业心理学教材系列"、"心理咨询与治疗系列"以及"心理自助系列"等心理学读物，共10余个系列、510余种图书。"万千心理"得到了心理学科领域专业人士的一致认同，受到了广大读者的喜爱。

"万千心理教学支持计划"，真诚期待您的加入！

此致

敬礼！

"万千心理"敬上

欢迎任课教师加入教学支持计划！

咨询电话：010-65181109，65125990

读者信箱：1012305542@qq.com

新浪微博：万千心理官方微博